Arthur von Oettingen

Die Schule der Physik

I0053212

SE**V**ERUS
Verlag

Oettingen, Arthur von: Die Schule der Physik,
Hamburg, SEVERUS Verlag 2010.
Nachdruck der Originalausgabe, Braunschweig 1910.

ISBN: 978-3-942382-18-2
Druck: SEVERUS Verlag, Hamburg, 2010

Bibliografische Information der Deutschen Nationalbibliothek:
Die Deutsche Nationalbibliothek verzeichnet diese Publikation in der
Deutschen Nationalbibliografie; detaillierte bibliografische Daten sind im
Internet über http://dnb.d-nb.de abrufbar.

SE**V**ERUS
Verlag

Über Arthur von Oettingen

Arthur von Oettingen (1836 – 1920) lehrte Physik als Professor an den Universitäten von Dorpat (heute die Nationaluniversität Estlands) und Leipzig. Er leistete wichtige Beiträge zu den verschiedensten Bereichen seines Fachgebiets, vor allem zu Elektronik, Thermodynamik und Meteorologie. Seine Forschungen aber reichten weit über die Grenzen seines Faches hinaus und beinhalteten neben Astronomie, Geometrie und Anatomie vor allem auch die Musiktheorie, in der er, in Anschluß an Hermann von Helmholtz' Studien, ein duales Harmoniesystem entwickelte. Zwischen 1913 und 1916 gelangen ihm einige musikwissenschaftliche Sensationen, als er nicht nur sein Orthotonophonium (das erste spielbare Harmonium reiner Stimmung mit 53 Tönen in einer Oktave) entwickelte, sondern auch ein neues System der Messung musikalischer Intervalle vorlegte, welches sich allerdings nicht durchsetzen konnte.

Neben seiner eigenen wissenschaftlichen Arbeit hat sich von Oettingen vor allem einen Namen gemacht durch seine Tätigkeit als Herausgeber zahlreicher Klassiker, Nachschlage- und Standardwerke der Naturwissenschaften, und als Autor einer Reihe von Lehrbüchern zur Vermittlung wissenschaftlicher Erkenntnisse und Prinzipien an Schulen, unter denen das vorliegende aufgrund seiner umfassenden und verständlichen Darstellung des weiten Felds der Physik zu den bedeutendsten zählt.

VORWORT.

„Die Schule sei keine Tretmühle, sondern ein heiterer Tummelplatz des Lebens."

Comenius.

Schon vor längerer Zeit forderte die Verlagsanstalt mich auf, eine „Schule der Physik" zu verfassen, nach einem ähnlichen Plane, wie ihn Professor Wilhelm Ostwald in seiner „Schule der Chemie" in Angriff nahm und alsbald durchführte. Durch andere wissenschaftliche Arbeiten in Anspruch genommen, konnte ich damals der ehrenvollen Aufgabe nicht entsprechen; jetzt liegt die ganze Darstellung vor, und es sollen wenig Worte über den Plan gesagt werden.

Auch hier ist die Form des Zwiegespräches gewählt und passend gefunden worden. Sie erfordert keine größere Ausdehnung des Textes, gestattet aber eine eigentümliche Freiheit in der Behandlung des Stoffes. An den Schüler zu stellende Fragen ordnen und beleben den Gedankengang. Eine elementare Bekanntschaft mit den Anfangsgründen tut der Schüler kund, infolgedessen der Lehrer sich kürzer fassen kann. Auch können dem Schüler naheliegende häufig vorkommende Fehler und Irrtümer in den Mund gelegt werden, wodurch der behandelten Frage erhöhte Aufmerksamkeit zuteil wird.

Der Lehrer oder Meister wurde als erfahrener Mann gedacht, der seine eigene Auffassung zur Geltung bringt und den Schüler anhält, stets in seiner Umgebung Ohr und Auge offen zu halten.

Der Schüler ist kein Durchschnittsschüler mit mittelmäßiger oder gar schwerfälliger Auffassung, sondern ein strebsamer Kopf, wie ein Lehrer ihn sich wünscht. Er ist begabt, wißbegierig und vor allem fleißig, was dadurch kund wird, daß er alles Besprochene, einmal Erfaßte, nachhaltig bearbeitet und sich einprägt; er ist klug und unterscheidet das Wesentliche vom Untergeordneten; er hat feinen, ästhetischen Sinn und gibt seiner Freude lebendigen Ausdruck, wenn der Ernst wissenschaftlicher Lehre seine Seele erhebt; der Geistesflug der Wissenschaft erweitert seinen Horizont, und jeder neue weittragende Ausblick fesselt ihn an die Arbeit, die ihn mehr erhebt und erquickt als ermüdet. Fausts Famulus, in seiner zwar einseitig, aber doch in sich harmonischen Natur, hat nicht unrecht, wenn er ausruft: „Da werden Winternächte hold und schön, Ein selig Leben wärmet alle Glieder"; aber der hohe Flug seines Meisters läßt ihn nicht nur kalt, sondern stößt ihn ab. Begegnet er doch der Empfänglichkeit für die Erhabenheit der Natur mit den köstlichen Worten: „Ich hatte selbst oft grillenhafte Stunden." Unser Schüler versteht seinen Meister, wenn dieser ihm seine tiefe Liebe zur Wissenschaft in freier Lehrtat offenbart.

Der geplante geringe Umfang gebot äußerste Beschränkung auf das Wichtigste. Wir glaubten den in der Bürgerschule herangebildeten Jüngling allmählich immer höher hinaufführen zu dürfen. Unser Schüler soll sich in der Mathematik das Fehlende durch Selbststudium erarbeiten und soll immer mehr und tiefer in die Mathematik hineinwachsen. Mit den kärglichen Andeutungen, die wir im mathematischen Teile bringen, ist selbstverständlich nur angedeutet, in welcher Richtung das zu geschehen hat. Eine Übung im algebraischen Rechnen muß verlangt werden, ebenso das Rechnen mit Logarithmen. Zum Schluß berühren wir auch die Elemente der Differentialrechnung, um deren Unentbehrlichkeit in der Physik darzutun und den Schüler zu gründlichem Studium dieser wundervollen Lehre anzuregen. Gegenwärtig ist wiederholt den Universitäten vorgeworfen worden, ihre Vorträge über Physik seien zu elementar. In Verbesserungsvorschlägen wird der Wunsch laut, die Elemente der höheren Analysis in den Lehrgang der Mittelschulen aufzunehmen. Denselben Wunsch hat der Verfasser schon 1872 ausgesprochen und ausführlich begründet. Hierbei wird oft übersehen, daß es sich gar nicht darum handeln kann, Mathematikern oder Physikern solche Vorbildung zu gewähren. Diese holen alles bald auf der Hochschule ein. Aber gerade denen, die später keine mathematische Grundlage sich aneignen, den Biologen, Medizinern — die Chemiker dürfen hier gar nicht mehr genannt werden —, gerade diesen tut eine Kenntnis der höheren Mathematik not. Ja selbst den historisch-philologischen Wissenschaftlern sollte ein Einblick in diese Gebiete gewährt werden.

Wozu werden diese Leute mit endlosen algebraischen Rechnungen geplagt? Statt dessen böte ihnen die höhere Mathematik eine Vorstellung von der Macht dieser Darstellungsform. Bis zu selbstständiger Anwendung brauchen sie es nicht zu bringen. Wenn sie auch später alles wieder vergessen, so haben sie doch einen bleibenden Eindruck von hohem Werte gewonnen. Auch die Planimetrie wird vergessen und hat doch als Bildungsmittel gewirkt. Viel höher oder mindestens ebenso hoch muß der Bildungswert der Funktionentheorie eingeschätzt werden.

An eigenartigen Darstellungen im vorliegenden Buche wäre hervorzuheben: in der Einleitung: die Methode neue Begriffe zu bilden auf Grund von Proportionen; in der Mechanik: die möglichst streng durchgeführte Scheidung von Molar- und Molekularphysik; in der Wärmelehre: die Auffassung der spezifischen Wärme als schwankend zwischen $+$ und $-\infty$, je nach dem Änderungswege; in der Lehre vom Schall: die ganze Harmonielehre und in dieser besonders der Akkordaufbau, der Begriff der Dissonanz als Doppelkonsonanz, die gegensätzliche Herleitung der Akkorde und der Tongeschlechter. In der Optik ist dem vollständig entwickelten analytischen Teile ein ganz neu entworfener projektiver Teil beigeschlossen, mit neuen Bildkonstruktionen. Dieser sonst für trocken geltende Abschnitt der Optik gewinnt an mathematischer Anschaulichkeit und Schönheit. In der Elektrizitätslehre wurde von Anfang an die Elektronenannahme zugrunde gelegt, was der Leser als zweckmäßig empfinden wird. Die schöne von van't Hoff, Arrhenius und Ostwald geschaffene Lösungstheorie wurde auf Osmose gegründet und mehr, als sonst üblich ist, gewürdigt.

Der Student der Hochschule sollte sich nicht scheuen, unsere Schule der Physik zu beachten, und die Herren Kollegen an Mittel- und Hochschulen bitte ich, den Lehrgang ihrer Beurteilung zu unterziehen.

Leipzig, Januar 1910.

v. Oettingen.

INHALTSVERZEICHNIS.

I. Mathematische Vorbegriffe.

II. Topische Mechanik.

Anhang.

III. Molare Physik.

Erster Teil. Elastizitätslehre.

Anhang.

Berichtigungen.

S. 406, Z. 11 v. u. lies: „Durchmesser" statt Halbmesser.
S. 420, Formel (34) lies: $\tilde{a}_1$ statt a_1.

I. Mathematische Vorbegriffe.

1. Nutzen der Buchstabenrechnung. Proportionen. Graphik. Qualität und Quantität. Einheit. Begriffsbestimmung. Bewegung.

Schüler: Endlich, Meister, seid ihr angekommen. Ich habe euch sehnlich erwartet. Ihr verspracht mir, hier am Strande täglich Unterweisung in der Physik zu erteilen. Ich habe schon manche Frage an euch zu stellen.

Meister: Gut, daß du mich an mein Versprechen gemahnst. In freier Natur, in frischer Luft wollen wir unsere Gedanken sammeln und geordnet zum Ausdruck bringen. Dazu gehört ein Plan für unser Unternehmen, denn das Gebiet ist sehr umfangreich. Wir wollen uns zunächst über einiges aus der elementaren Mathematik unterhalten, denn nichts fördert in solchem Maße das Verständnis, wie die mathematische Form der Darstellung.

Schüler: Das ist mir jetzt noch ziemlich dunkel, wie man mit Mathematik der Natur beikommen kann.

Meister: Um so dringender muß ich dir die gründliche Aneignung der Grundlehren empfehlen. Wie weit seid ihr in der Schule gekommen. Habt ihr Algebra und Geometrie kennen gelernt?

Schüler: Wir haben wohl mit Buchstaben gerechnet, erfuhren aber nicht zu welchem Zwecke. Mir fiel es immer auf, daß, wenn a und b addiert werden sollen, es immer nur bei $a + b$ bleibt; man kann daraus doch keine neue Zahl bilden.

Meister: Allerdings, solange durch a und b nicht bestimmte Zahlen vorgestellt werden, genügt das Zeichen $a + b$, um anzudeuten, daß die Zahlen addiert werden sollen, sobald sie gegeben sind. Dasselbe gilt für das Produkt $a \cdot b$, das auch so lange stehen bleibt, bis für a und b Zahlen eingesetzt werden können. Setzen wir z. B. zwei gerade Linien aneinander, a und b, wie lang sind sie zusammen?

Schüler: $a + b$.

Meister: Und wenn ich ein Rechteck mit den Seiten a und b bilde, wie groß wird der Inhalt sein?

Schüler: Der ist gleich $a \times b$.

Meister: Das heißt also: Im ersten Falle wird b zu a addiert, im anderen wird a mit b multipliziert; in Formeln:

Es ist die Summe: $\quad S = a + b,$

und der Inhalt: $\quad I = a \times b.$

Es geben uns diese **Formeln** Regeln an, nach denen man **immer** S und I findet, wie groß auch a und b seien. In der Wissenschaft gibt es unzählig viel Gelegenheit, solche Regeln anzugeben, aber sie sind nicht immer so einfach wie unsere Beispiele.

Schüler: Es wäre mir doch angenehm, ein wissenschaftliches Beispiel kennen zu lernen.

Meister: Habe noch etwas Geduld. Nehmen wir jetzt lieber ein Beispiel aus dem Alltagsleben. Du kaufst eine Ware und du kennst den Preis. 1 m Stoff koste 20 Pf., so werden 6 m davon 1,20 M. kosten. Wenn ich aber sage: 1 m kostet p Pf., was kosten a m?

Schüler: Die kosten $a \cdot p$ Pf. Das wäre allerdings sehr einfach. Aber ist das nicht selbstverständlich?

Meister: Durchaus nicht, es könnten andere Bedingungen verabredet werden; z. B. je mehr du kaufst, um so billiger wird die Ware. Der Verkäufer könnte sagen: „Ich gebe 1 m für 20 Pf., 2 m für 39 Pf., 3 m für 57 Pf." — Merke nun, wenn der Preis für jede neue Warenmenge derselbe bleibt, so sagt man: die Zahlung ist der Warenmenge proportional.

Schüler: Das Wort „proportional" wurde in unserer Schule nicht gebraucht. Ich habe es aber sehr oft gehört, ohne damit eine deutliche Vorstellung verbinden zu können.

Meister: Der Begriff Proportion ist von so hervorragender Bedeutung, daß wir vor allem ihn uns klären wollen. Du wirst deine Freude daran haben, zu sehen, wie alle Begriffsbestimmungen in der Physik auf der einfachen Proportion beruhen. Dabei wollen wir solche Beispiele heranziehen, die teils dem praktischen Leben entnommen sind, zum anderen Teil die Hauptbegriffe und Grundlagen der Physik bilden.

Schüler: Was heißt ursprünglich das Wort: Proportion?

Meister: Pro heißt „für" und eine Portion ist eine Menge. Proportion ist der kurze Ausdruck dafür, daß zwei Größen in solcher Be-

Fig. 1.

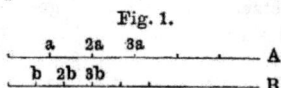

ziehung zueinander stehen, daß für jede Portion, um die die eine Größe wächst, auch die andere um eine Portion wächst. Wollen wir zunächst zwei Linien miteinander vergleichen. Ich zeichne hier (Fig. 1) zwei Linien in den Sand. Ich verlängere beide und sage: Die obere A sei immer der unteren Linie B proportional. Ich teile die obere in gleiche

Teile a, $2a$, $3a$, $4a$, die untere in gleiche Teile b, $2b$, $3b$, $4b$, und ich denke mir die Längen beider Linien immer weiter wachsend, mit der Bedingung, daß die eine proportional der anderen bleibe, so finde ich viele Stellen heraus, die zusammen gehören, wie die Endpunkte von a, $2a$, $3a$, $4a$ und die von b, $2b$, $3b$, $4b$.

Schüler: Ich erinnere mich jetzt, daß uns solches in der Schule auch gelehrt wurde. Man sagte dann: „A verhält sich zu B wie a zu b" und schrieb:

$$A : B = a : b \quad \ldots \ldots \ldots \quad (1)$$

Meister: Richtig. Statt dessen kann man auch schreiben:

$$\frac{A}{B} = \frac{a}{b}, \text{ oder } A = \frac{a}{b} \times B, \quad \ldots \ldots \quad (2)$$

und auf diese Form will ich dich besonders aufmerksam machen. Wir schreiben nämlich immer, sobald A proportional B sein soll, sofort

$$A = k \times B, \quad \ldots \ldots \ldots \quad (3)$$

woraus du erkennst, daß k für a/b gesetzt worden ist. Sobald a und b in Zahlen angegeben sind, ist auch k eine ganz bestimmte Zahl, und zwar eine Verhältniszahl.

Schüler: Das begreife ich wohl, doch ist es mir noch nicht klar, wie die Anwendung im praktischen Leben möglich ist — wie ihr vorhin behauptetet.

Meister: Nur Geduld. Zunächst zeige ich dir eine andere Art der Darstellung proportionaler Linien, die wir oft anwenden. Zeichne dir eine lange Linie hin und stelle dir auch vor, daß sie ohne Ende verlängert werden könnte. In einem beliebigen Punkte errichte eine Senkrechte und stelle dir auch diese Linie verlängert vor (Fig. 2). Dann haben wir ein Linienkreuz vor uns, bestehend aus zwei sogenannten Achsen X und Y. Auf ihnen können wir beliebige Strecken

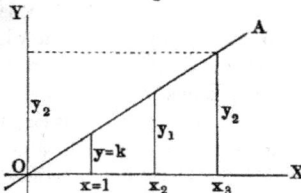
Fig. 2.

abtragen, immer vom Kreuzungspunkt 0 an gemessen. Die Strecken nennt man Koordinaten, d. h. einander zugeordnete Strecken. Die Zuordnung aber wird erst dann deutlich, wenn wir parallel den Achsen durch die Endpunkte der Koordinaten Linien ziehen und bemerken, daß die vom Endpunkte von x sich erhebende Linie gleich der Strecke y ist, die wir auf der Achse Y abtrugen. Wir stellen fest, es solle die Strecke, die wir y nennen, nicht auf der Achse Y, sondern immer am Ende von x parallel der Achse Y aufgetragen werden. Die Achse X heißt Abszissenachse und die Strecken darauf heißen „Abszissen", d. h. abgeschnittene Stücke. Die Achse Y heißt die

1*

Ordinatenachse und das abgeschnittene Stück, das wir aber übertragen an den Endpunkt x, heißt die „Ordinate", d. h. zugeordnete Linie. Endlich heißen beide Achsen zusammen „Koordinatenachsen" und beide Strecken, Abszisse und Ordinate, heißen zusammen auch Koordinaten, d. h. einander zugeordnete Strecken oder Werte.

Schüler: Warum sagt ihr Strecken oder Werte?

Meister: Weil wir durch solche Strecken in der Physik sehr verschiedenartige Werte abbilden werden, z. B. Zeitgrößen, Massen, Temperaturen und vieles andere. Alle solche Wertarten nennt man kurz Qualitäten. Dieses Wort Qualität wird in der Physik viel allgemeiner angewandt, als sonst im praktischen Leben. Wir suchen die Begriffe festzustellen, die zur Naturbeschreibung erforderlich sind, und schreiben jedem Begriff eine Qualität zu. Strecken, Flächen, Räume, Massen, Zeiten, Temperaturen, Elektrizitäten, das alles sind Qualitäten. Ferner: In der Wissenschaft soll jede Qualität als gemessene Größe gedacht werden können. Dazu ist stets ein Maß erforderlich. Solch ein Maß heißt eine Einheit. Nach ihr geben wir die Menge unserer Qualität an. Die Menge aber nennt man eine Quantität. So siehst du, daß bei jedem Begriff eine Zahl und zwei Beiworte, eines für die Qualität und eines für die Quantität nötig sind.

Schüler: Jetzt wäre ich wohl begierig, Beispiele zu erhalten.

Meister: Die „Strecke" war vorhin eine Qualität, für die Quantität brauchen wir eine Streckeneinheit.

Schüler: Das könnte 1 m sein. Also sagen wir z. B. 5 m Strecke.

Meister: Sehr oft lassen wir den Namen der Qualität weg; z. B. bei der Qualität „Geld" sagen wir nicht 5 M. Geld, weil der Name der Einheit, Mark, nur für diese Qualität „Geld" eingeführt ist. Wir sagen aber wohl 3 Liter Wasser, 20 ha Acker, 6 m Wollstoff, aber nur 20 Sekunden, ohne das Qualitätswort „Zeit" hinzuzufügen. Du siehst aber, daß stets zwei solche Namen den ganzen Begriff umfassen.

Schüler: Könnten die 20 Sekunden nicht auch mißverstanden werden? Es könnten doch 20 Sekunden eines Bogens gemeint sein?

Meister: Du hast recht; sobald ein Mißverständnis denkbar ist, muß der Qualitätsname genannt werden. Ebenso spricht man von 15 Grad.

Schüler: Ja, da könnten wieder zwei verschiedene Qualitäten gemeint werden, Winkel oder Temperaturen. Ist das nicht ein Fehler, daß so verschiedene Begriffe denselben Einheitsnamen haben?

Meister: Jawohl, es ist recht schlimm. Aber das läßt sich kaum ändern. Zum Glück kommen dieselben Einheitsnamen meist bei Begriffen vor, die eine Verwechselung ausschließen. Aber gerade die Zeitgrößen und die Winkelmaße werden viel aufeinander bezogen, in

solchen Fällen müssen immer die Qualitätsnamen den Einheitsbezeich-
nungen vorgesetzt werden. Wir unterscheiden: Zeitsekunden und
Winkelsekunden. Andererseits gibt es auch Qualitäten, deren Einheit
schon mit der Qualität gegeben ist. So z. B. überall, wo wir nach
Stücken rechnen. Wir sagen sechs Birnen und meinen sechs Stück
Birnen, lassen aber das Einheitswort Stück weg, weil es mit dem
Qualitätsnamen gegeben ist. Es ist aber ebenso verständig, von 6 kg
Birnen zu reden.

Schüler: Kann ich nun die Abszissen auch Qualitäten nennen
und ebenso die Ordinaten?

Meister: Gewiß, und welches ist der Quantitätsname?

Schüler: Da brauche ich wohl eine Streckeneinheit?

Meister: Diese kann man hier beliebig wählen. Beachte, daß
die Streckeneinheit für die Abszisse eine andere als für die Ordinate
sein darf. Kehren wir nun zu unserer Proportionalität der Linien
zurück. Zeichne die Achsen hin und ziehe durch den Kreuzungspunkt,
den wir immer „Anfangspunkt der Koordinaten" nennen, irgend
eine gerade Linie OA. Ich zeichne dir nun mehrere Abszissen x,
x_1, x_2 hin. Welches sind die Ordinaten? (Fig. 2.)

Schüler: Ich zeichne y, y_1, y_2 und merke schon, daß alle diese
y den x proportional sind. Es ist $y:y_1 = x:x_1$.

Meister: Hast du das erkannt, so erwarte ich, daß du
in Zukunft immer sofort hinschreibst: $y = k \times x$.

Schüler: Inwiefern ist dieser Ansatz derselbe wie der andere?

Meister: Wenn zur Abszisse x der Wert y gehört, so ist nach
der Gleichung:

$$y = k \cdot x \quad \ldots \ldots \ldots \ldots (4)$$

aber auch wenn y_1 zu x_1 gehört:

$$y_1 = k \cdot x_1 \quad \ldots \ldots \ldots \ldots (5)$$

Hieraus folgt, wenn die linken Seiten und die rechten durcheinander
dividiert werden:

$$\frac{y}{y_1} = \frac{x}{x_1} \quad \ldots \ldots \ldots \ldots (6)$$

oder:

$$y:y_1 = x:x_1 \quad \ldots \ldots \ldots \ldots (7)$$

Du siehst also, daß die dir bekannte Form der Proportion sofort aus
der Gleichung herzuleiten ist.

Schüler: Welches ist aber der Vorteil der Schreibweise, die ihr
vorzieht?

Meister: Der Vorteil besteht darin, daß der Buchstabe k, der das
Maß der Proportion angibt, in der Physik allemal einem neuen Begriff, einer neuen Qualität entspricht.

Schüler: Das kann ich noch nicht verstehen.

Meister: Nun, sowohl y als x sind gemessene Qualitäten. Was k sei, kann man auf zweierlei Art untersuchen. Erstens setze einmal in der Gleichung $y = k.x$ den Wert von $x = 1$, was wird dann aus y?

Schüler: Es wird $y = k$. Also hat doch k die Qualität von y?

Meister: Durchaus nicht. Es ist y eine Strecke, k aber ist das Verhältnis zweier Strecken. Der große Unterschied zwischen den Qualitäten von y und k wird dir bald in vielen Beispielen entgegentreten. Das zeigt dir auch der andere Weg der Untersuchung von k. Es ist immer $k = y/x$. Wenn man eine Größe durch eine andere teilt, so erhält man stets die Größe des Zählers, die sich auf den Nenner $= 1$ bezieht. Z. B. $\frac{8}{4}$ ist $= 2$, d. h. $\frac{2}{1}$, $\frac{27}{3} = 9$, d. h. $\frac{9}{1}$ und so fort.

Schüler: Das habe ich wohl verstanden, doch fehlt mir noch eine Anschauung für die Größe k.

Meister: Nun, versuche einmal, mir den Wert von k in unserer Zeichnung zu zeigen.

Schüler: Das bringe ich noch nicht fertig.

Meister: Und doch ist es so einfach. Denke daran, daß $y = k$ ist, sobald $x = 1$ ist.

Schüler: Dann nehme ich $x = 1$ und errichte die Senkrechte; diese ist gleich k. Also k ist doch eine Ordinate wie y.

Meister: Ja, aber nur diese eine Ordinate bei $x = 1$. Sie allein gibt dir den Wert von k. An allen anderen Stellen kannst du auch k erfahren, mußt aber den Wert von y durch den von x teilen.

Schüler: Ich glaube nun wohl den Unterschied erfaßt zu haben, wäre euch aber doch für ein Beispiel dankbar.

Meister: Nun so nehmen wir eines aus dem Alltagsleben: Es sei die geleistete Zahlung proportional der gekauften Warenmenge: wie lautet die Gleichung?

Schüler: Ich setze y Mark $= k.x$ Meter Stoff.

Meister: Und was wird nun k sein?

Schüler: Die Zahlung für $x = 1$, d. h. für 1 m Stoff.

Meister: Und wie nennt man das?

Schüler: Das ist ja der Preis der Ware.

Meister: Richtig. Du siehst, daß der Preis eine neue Qualität ist; es ist die Beziehung der Geldmenge auf die andere Qualität, die Ware. Zeichne mir noch in Koordinaten das Abbild unseres Beispieles auf. Es kosten 5 m Stoff 15 Pf.; zeige mir die Proportion und den Preis.

Schüler: Ich nehme 5 Einheiten in der Abszisse (Fig. 3) und 15 Einheiten in der Ordinate, ziehe die Linie OA, errichte in $x = 1$ eine Senkrechte, so finde ich richtig den Preis $k = 3$ (Fig. 3).

Meister: Ich hoffe, du hast absicht-
lich verschieden große Längeneinheiten gewählt, denn das Maß für die Pfennige und das andere für die Meter sind unab-hängig voneinander. Da du viele Pfennige einzutragen hattest, nahmst du kleinere Streckeneinheiten, um Raum zu sparen.

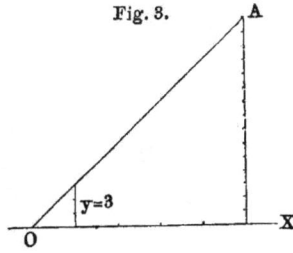

Fig. 3.

Schüler: Hätte man auch ansetzen können: x m Ware $= k \cdot y$ Pf.?

Meister: Gewiß. Nimm aber statt k einen anderen Buchstaben, denn die Bedeutung hat sich völlig geändert. Setze x m Ware $= h \cdot y$ Pf., oder kurz $x = h \cdot y$. Untersuche, was h bedeutet.

Schüler: Ich setze $y = 1$ und finde, daß h die Warenmenge für einen Pfennig ist.

Meister: Wie nennt man solch eine Beziehung?

Schüler: Ich finde keinen Namen dafür.

Meister: Man kann es die Billigkeit der Ware nennen, denn je mehr man für 1 Pf. erhält, um so billiger ist sie.

Schüler: Kommt denn das im praktischen Leben vor?

Meister: Zuweilen; z. B. im Markbazar, wo es heißt: Je mehr ich für 1 M. erhalte, um so billiger ist die Ware. Wir wollen hierbei einen neuen Begriff feststellen. Wir hatten gesetzt: $y = k \cdot x$ und auch $x = h \cdot y$. Aus der ersten Gleichung folgt auch $x = \frac{1}{k} \cdot y$; also ist $h = \frac{1}{k}$. Zwei solche Zahlen wie k und h, also auch k und $\frac{1}{k}$ nennt man einander reziprok. Auch die entsprechenden Qualitäten sind einander reziprok.

Schüler: Es war k der Preis und h die Billigkeit, also sind Preis und Billigkeit reziproke Qualitäten.

Meister: Beachte nun deren Größen in unserem Beispiel.

Schüler: Der Preis war 3 Pf. für 1 m und die Billigkeit war $^1/_3$ m für 1 Pf. Und richtig, je mehr ich für 1 Pf. bekomme, um so billiger ist die Ware.

Meister: Wir werden Proportionen kennen lernen, wo die aus der Proportion erwachsende neue Beziehung neue Namen erfordert. Die Physik versucht nämlich, mit möglichst wenig Einheiten auszu-kommen, indem sie auf drei Grundeinheiten alle anderen zurückführt.

Schüler: Da bin ich begierig zu erfahren, welches diese drei Grundeinheiten sind.

Meister: Sie sind dir wohl bekannt. Es sind die der Qualitäten: Zeit, Strecke und Masse. Kannst du mir ihre Einheitsnamen nennen?

Schüler: Für die Einheit der Zeit haben wir: Jahr, Tag, Stunde, Minute, Sekunde.

Meister: In der Physik wird die Sekunde angenommen, anderenfalls der Einheitsname hinzugefügt. Nennen wir die Zeit t und sagen t sei $= 7$, —

Schüler: So heißt das, t sei gleich 7 Sekunden Zeit.

Meister: Die Einheitsnamen für Strecken kennst du wohl auch?

Schüler: Meter, Dezimeter, Zentimeter, Millimeter; auch Kilometer $= 1000$ m.

Meister: In der Physik nimmt man immer das Zentimeter als Einheit an, anderenfalls muß die Einheit genannt werden. Für Flächen gilt in der Physik das Quadratzentimeter. Diese langen Einheitsnamen wollen wir durch Silben ersetzen. Wir wollen ein Zentimeter ein „Zent" nennen, und ein Quadratzentimeter ein „Kar".

Schüler: Wir lernten noch, daß ein Quadrat von 10 m Seite ein „Ar" heißt.

Meister: Darum ist ein Quadratmeter $= \frac{1}{100}$ Ar und $= 10000$ Kar.

Schüler: Ist die Einheit „Kar" gebräuchlich?

Meister: Nein, es fehlt ein Ersatz für das sechssilbige Wort. Für Raummaß haben wir das Kubikzentimeter als einzige Einheit, wenn nichts hinzugefügt wird. Wir wollen dafür die Silbe „Kub" gebrauchen, immer nur der Kürze wegen. Es ist Aufgabe internationaler Versammlungen, endgültige Beschlüsse zu fassen.

Schüler: Wir lernten noch ein Liter $= 1000$ Kub.

Meister: Nun aber die Masse. Wie war es mit dieser Qualität?

Schüler: Wir nannten die Masse Wasser in einem Kub ein Gramm und lernten dazu alle Teileinheiten: Dezigramm, Zentigramm, Milligramm; dann auch die höheren Einheiten: Kilogramm $= 1000$ g.

Meister: In der Physik nehmen wir stillschweigend immer ein Gramm als Einheit an, anderenfalls muß die Einheit angegeben werden.

Schüler: Wir haben also für die drei Qualitäten Zeit, Strecke und Masse die Einheiten: Sekunde, Zent, Gramm.

Meister: Alle anderen Qualitäten in der Physik versucht man auf diese drei zu beziehen; es sind also zusammengesetzte Qualitäten.

Schüler: Da bin ich wohl auf ein Beispiel gespannt.

Meister: Nehmen wir sogleich einen der wichtigsten Begriffe, die Bewegung. Zunächst der Einfachheit und Klarheit wegen denken wir nur an die geradlinige Bewegung eines Punktes. Sie kann gleichförmig oder ungleichförmig sein. Zu jeder Bewegung ist Zeit erforderlich. Versuche nun meine Aussage zu erfassen: Bei gleichförmiger Bewegung sind die zurückgelegten Strecken den Zeitgrößen proportional.

Schüler: Das heißt also: Zu jeder Portion Zeit gehört eine Portion Strecke. Darf ich nun schreiben: y Sekunden Zeit $= k . x$ Zent Strecke?

Meister: Nicht unrichtig, aber praktischer nimm x für die Zeit, y für die Strecke, weil wir gewöhnlich die Zeit als gegeben betrachten und fragen, welche Strecke dazu gehört; erstere setzt man auf die rechte, diese auf die linke Seite der Gleichung.

Schüler: Dann sage ich: y Zent Strecke $= k . x$ Sekunden Zeit.

Meister: Da wir die Einheiten festgestellt haben, schreiben wir sie in der Gleichung gar nicht mehr hin. Wir merken uns für jeden Fall Qualität samt Einheitsnamen und schreiben kurz $y = k . x$. Untersuche nun, was k sei.

Schüler: Ich setze $x = 1$ und finde $y = k$; also ist k die Strecke für eine Sekunde.

Meister: Und wie nennt man solch eine Strecke?

Schüler: Ich finde keinen Namen dafür.

Meister: Wenn du 15 km in drei Stunden gehst, wie weit kommst du in einer Stunde?

Schüler: 5 km.

Meister: Und wenn du schneller gehen willst, wie gibst du das an?

Schüler: Ich sage 6 oder 7 km in der Stunde. Also wäre wohl Geschwindigkeit die neue Qualität?

Meister: Jawohl. Es ist k die Geschwindigkeit und zwar die von k Zent in der Sekunde; kannst du mir nun die Einheit der Geschwindigkeit angeben?

Schüler: Ein Zent in der Sekunde.

Meister: Bemerkst du, wie lang dieser Einheitsname klingt. Es wäre sehr praktisch, wenigstens in der Wissenschaft, hierfür eine kurze Silbe zu haben. Ich werde sie ein Cel nennen. Man hat auch kürzlich „Kin" vorgeschlagen, vom griechischen „Kinein", bewegen.

Schüler: Also ein Cel ist ganz dasselbe wie „1 Zent in der Sekunde", und k Cel sind k Zent in der Sekunde; das ist allerdings kurz und deutlich.

Meister: Bisher konnte kein Einheitsname gegeben werden; es gab gar zu viele Einheitsnamen für die Strecke: Faden, Ellen, Fuße, Zolle, und diese in verschiedenen Staaten verschieden. Eine einzige Ausnahme bildet das auf dem Meere übliche Wort „Knoten": das ist eine englische Seemeile in der Stunde. Es wäre falsch, zu sagen: 12 Knoten in der Stunde, man sagt: „das Schiff fährt 12 Knoten". Heute ist das Zent für Wissenschaft, Handwerk, Technik und fürs ganze praktische Leben für alle Länder der Erde angenommen; jetzt ist es an der Zeit, einen kurzen Namen zu haben. Die Silbe Cel erinnert an das lateinische „Celer", was schnell bedeutet.

Schüler: Wird die Einheit Cel schon oft angewandt?

Meister: Nein, leider nicht, obwohl sie auch für das praktische Leben sehr bequem ist. Wir gehen 100 bis 200 Cel, wir fahren mit Pferden mit 300 bis 500 Cel; die Eisenbahn bringt es bis zu 3000 Cel und erstrebt 6000 Cel.

Schüler: Bei Eisenbahnfahrten hörte ich oft von Kilometern in der Stunde reden.

Meister: Richtig. Das wäre auch eine Einheit, die einen be-besonderen Namen verdiente. Ich finde die Bezeichnung „Horokil" brauchbar, denn „Hora" heißt Stunde und Kil erinnert an' Kilometer. Gib einmal an, wieviel Cel auf ein Horokil gehen.

Schüler: Da ein Horokil 1000 m oder 100 000 Zent in 3600 Se-kunden sind, so ist ein Horokil $^{100\,000}/_{3600}$ Cel $= 27^7/_9$ Cel.

Meister: Nun rechne einmal aus: Wenn wir heute 5 Horokil beim Gange leisten, wieviel Cel sind das?

Schüler: Offenbar $5 \times 27^7/_9$, also nahe 139 Cel.

Meister: Beide Angaben sind praktisch brauchbar. In jener stellen wir uns die Strecken vor, die wir in einer oder mehreren Stunden erreichen, in diesem Falle gewinnen wir eine Vorstellung von unserer Fortbewegung in einer Sekunde.

Schüler: Mir scheint die Angabe von 5 Horokil praktischer als die von 139 Cel.

Meister: Du magst recht haben; das liegt daran, daß wir meist nach den großen, in Stunden zu erreichenden Strecken fragen. Übrigens steckt in unserem Beispiel noch ein zweiter Begriff. Du wolltest an-fänglich selbst schreiben: y Sekunden Zeit $= k \cdot x$ Zent Strecke.

Schüler: Das ist ja auch richtig: je weiter ich kommen will, um so mehr Zeit brauche ich.

Meister: Nenne jetzt die Zeit z, die Strecke s und das Verhält-nis beider l.

Schüler: Dann ist $z = l \cdot s$. Ich merke schon: je mehr Zeit ich für eine Strecke brauche, um so langsamer muß ich gehen.

Meister: Darum ist auch l die Langsamkeit; und ihre Einheit?

Schüler: Ihre Einheit ist die Zeit, die für die Strecke l gebraucht wird. Sind nun Geschwindigkeit und Langsamkeit nicht reziproke Begriffe?

Meister: Jawohl. Ich sehe, daß du die Sache erfaßt hast. Jetzt will ich dir einen Reichtum unserer deutschen Sprache zeigen. Wir können aus verschiedenen Wörtern ein einziges neues Wort bilden. Für alle unsere Verhältniszahlen, die uns neue Qualitäten brachten, können wir immer ein einziges Wort angeben, das den ganzen neuen

Begriff enthält. Schreibe noch einmal die vier Gleichungen, die wir besprachen, auf, wobei die Zeit z, die Strecken s, das Geld mit m und die Ware mit w bezeichnet sei.

Schüler: Dann ist:

$$s = k \cdot z \ldots \ldots \ldots \quad (8)$$
$$z = l \cdot s \ldots \ldots \ldots \quad (9)$$
$$w = p \cdot m \ldots \ldots \ldots \quad (10)$$
$$m = b \cdot w \ldots \ldots \ldots \quad (11)$$

Meister: Hier ist k die Geschwindigkeit, also die Strecke für die Zeit 1, wofür wir kurz sagen die „Zeiteinheitsstrecke".

Schüler: Dann ist ja 1, die Langsamkeit, die „Streckeneinheitszeit"!

Meister: Richtig, und nun die anderen Beziehungen?

Schüler: Die ergeben: Preis ist „Wareneinheitsgeld", Billigkeit ist „Geldeinheitswarenmenge". Das ist hübsch. Das ist mir ganz klar.

Meister: So wollen wir denn damit heute schließen.

2. Die Erde. Ihre Krümmung. Meeresfläche. Streckenschätzung. Erdgrade. Abstecken des Grades. Winkelmessung und -einheiten. Umläufe. Phasen. Periodenbegriff.

Meister: Hast du versucht, zusammenzufassen, was wir in Swinemünde behandelt haben.

Schüler: Es betraf die Lehre von den Proportionen. Man schreibt $y = k \cdot x$, sobald zwei veränderliche Werte y und x in solcher Beziehung zueinander stehen, daß, wenn die eine, x, um eine Einheit wächst, die andere, y, um eine Größe k zunimmt. Wir lernten die Veränderlichen durch Koordinaten, Abszisse und Ordinate, darstellen und sahen, daß k dem Werte von y entspricht, der zur Abszisse $x = 1$ gehört. Auch konnte x aus jedem Wertepaare als y/x gefunden werden.

Meister: Vergiß nicht, daß ein Bruch y/x immer den auf $x = 1$ reduzierten Wert von y bedeutet.

Schüler: Wir sahen ferner, daß die Physik mit verschiedenen Qualitäten zu tun hat. Zu jeder Qualität gehört eine Quantitätsangabe. Diese erfordert einen besonderen Namen für die Einheit. Das Verhältnis zweier Qualitäten erkannten wir als eine neue Qualität, die einen neuen Namen beansprucht.

Meister: Und wie war es mit der Bewegung?

Schüler: Die Qualitäten Zeit und Strecke mit ihren Einheiten Sekunde und Zent gaben die neue Qualität „Geschwindigkeit", deren Einheit ein „Cel" genannt ward.

Meister: Merke dir noch ein Hektocel $= 100$ Cel und besonders für sehr große Werte ein Megacel $= 1\,000\,000$ Cel.

Schüler: Ein Horokil war gleich $27^7/_9$ Cel. Wir besprachen reziproke Begriffe und reziproke Zahlen; Geschwindigkeit und Langsamkeit, sowie Preis und Billigkeit waren Gegensätze. Dann gingen wir auf die drei physikalischen Grundeinheiten über; zuletzt zeigtet ihr, wie man jede neue Qualität im Deutschen durch ein einziges Wort ausdrücken könne. Heute aber wolltet ihr einen Plan über unsere ganzen Unterredungen mitteilen.

Meister: Das möchte ich auch heute nur andeuten, denn du mußt viel Geduld haben. Laß uns nicht die Grundlehren überhasten. Nichts fördert so sehr das Studium, wie eine feste Grundlage. Die Sprache gewinnt nachher an Kürze und die Vorstellungen an Deutlichkeit. Soviel will ich dir sagen, daß der erste grundlegende Teil der Physik Mechanik genannt wird.

Schüler: Das ist wohl die Lehre von den Maschinen?

Meister: Nicht doch. Die Maschinen bilden nur einen Teil der angewandten Mechanik und werden auch in anderen Gebieten der Physik behandelt, in der Lehre von der Wärme, der Elektrizität u. a.

Schüler: Dann ist es wohl die Lehre von der Kraft?

Meister: Das stimmt schon besser. Was ist aber Kraft? Dieses Wort wird in verschiedenem Sinne gebraucht. Man spricht von Muskelkraft, elektrischer, Dampf-, chemischer Kraft. Hier sind gar verschiedene Dinge durcheinander geworfen.

Schüler: Nun aber bin ich begierig zu hören, wie ihr die Kraft verdeutlichen werdet, besonders nachdem ihr mir schon gesagt habt, daß jeder Begriff in der Physik auf die drei Grundbegriffe zurückgeführt wird.

Meister: Kehre dich um und sage mir, wodurch das Dampfboot dort sich fortbewegen mag.

Schüler: Nun, doch wohl durch Dampfkraft.

Meister: Das lehrt allerdings schon der Name des Fahrzeuges. Aber vielleicht steht die Maschine eben still.

Schüler: Das glaube ich nicht, denn sonst würde auch das Dampfboot still stehen.

Meister: Woran hast du also erkannt, daß eine Kraft dort tätig ist?

Schüler: Ich merke, ihr meint an der Bewegung. Darf ich euch hier unterbrechen? Ich sah hier in Ahlbeck zum erstenmal das schöne offene Meer. Ich war erschüttert vom Anblick. Bitte, sagt mir, was liegt hier vor uns, uns gegenüber?

Meister: Da liegt Bornholm und dann folgt Schweden und westlich davon Dänemark; das müßtest du aus der Schule wissen. Ihr habt doch in der Schule Geographie getrieben?

Schüler: O freilich; auf vielen Karten wurden die Orte mit dem Stock angezeigt, wir aber waren leider so oft unaufmerksam. Warum sehen wir denn nicht Bornholm? Ich sehe nur Wasser und Segelboote, und die fernen Segel sieht man nur in der oberen Hälfte, als tauchten die Schiffe tief ins Wasser hinein.

Meister: Bornholm ist zu weit von Ahlbeck. Da die Erde rund ist, verschwindet für unseren Standpunkt Schweden und Dänemark und selbst Bornholm.

Schüler: Ich weiß wohl, daß die Erde eine Kugel ist, aber ich begreife noch nicht, wie das Wasser sich dazu verhält. Die Oberfläche einer Flüssigkeit muß doch flach sein.

Meister: Nicht flach, du meinst, sie müsse eben sein. Nun, das ist nicht richtig. Deine Frage aber kommt uns zustatten, da wir von der Kraft handeln wollten. Denke mal zunächst an deine Kraft; woran erkennst du sie?

Schüler: Ich kann Lasten heben.

Meister: Und das kostet Anstrengung. Woher kommt das? Warum steigt die Last nicht von selbst in die Höhe?

Schüler: Sie ist doch schwer; sie muß fallen, wenn man sie nicht unterstützt.

Meister: Richtig. Hast du darüber nachgedacht, warum die Last fallen will? Wir stehen hier vor der Erfahrung, daß alle Körper schwer sind und zur Erde streben. Wir nehmen an, daß die Erde es ist, die alle Körper anzieht, daher sprechen wir von der Schwerkraft, die von der Erde ausgeübt wird. Welche Gestalt hat denn die Erde?

Schüler: Die Erde ist eine sehr große Kugel, die sich im Weltenraume bewegt. Sie läuft in einem Jahre um die Sonne herum, wobei sie zugleich in 24 Stunden sich einmal um ihre Achse dreht. Man zeigte uns in der Schule einen großen Globus, auf dem die Länder und Meere zu sehen waren.

Meister: Dann hat man euch auch gezeigt, daß die Meere eine der Erdform entsprechende kugelförmige Oberfläche haben. Diese Fläche kann doch keine Ebene sein, da überall die Schwere nach dem Mittelpunkt der Erde hingerichtet ist. Wir wollen versuchen, uns die Sache zu klären. Du wirst sehen, daß wir es auch hier wieder mit Proportionen zu tun haben. Wie weit ist es vom Pol bis zum Äquator der Erde?

Schüler: Das sind 10 000 km oder 10 000 000 m.

Meister: Es scheint, dir ist das Metermaß geläufig.

Schüler: O ja; wir mußten Strecken an der großen Tafel und auf der Schiefertafel aufzeichnen, die Längen schätzen und dann ausmessen. Dabei machten wir häufig Fehler und das gab viel scherzhafte Stunden. Im Freien mußten wir große Strecken nach Metern abschätzen, und der Lehrer zeigte uns auch die Kilometersteine und deren Abteile am Wege, so daß wir angeben konnten, in wieviel Minuten wir 1 km

Weges zurückgelegt hatten. Bald ließ er uns schneller, bald langsamer gehen, aber immer wieder die Minuten schätzen. Da haben wir sehr verschiedene Zeiten für 1 km gebraucht. Da meinte der Lehrer, es sei nicht zu billigen, daß man, wie es so oft zu sehen ist, die Entfernung bis zu einem Dorfe in Viertelstunden anschreibt.

Meister: Da hatte euer Lehrer wohl sehr recht. Strecken müssen nach Längenmaßen und nicht nach Zeitgrößen angegeben werden. Nun zurück zur Erdgestalt. Es gibt Kugeln sehr verschiedener Größe. Stelle dir vor runde Samenkörnchen, dann größere, Wassertropfen, noch größere Billardbälle.

Schüler: Unser Globus hatte 50 Zent Durchmesser.

Meister: Und in Paris war 1900 ein Globus von 20 m Durchmesser zu sehen. Aber bis zum Durchmesser der Erde von 13 000 000 m ist es schwer, mit der Vorstellung zu folgen. Allen diesen Kugeln spricht man eine gewisse Krümmung zu. Je größer der Durchmesser, um so kleiner ist die Krümmung, um so mehr nähert sich die Oberfläche einer Ebene. Die Erdkugel ist so groß, daß die Krümmung für die nächste Umgebung verschwunden zu sein scheint. Unser Verstand muß uns eines Besseren belehren.

Schüler: Danach wären die Samenkörnchen und Wassertropfen stark gekrümmt, unser Globus weniger, die Erde noch viel weniger.

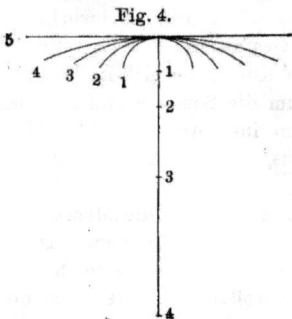

Fig. 4.

Meister: Und je kleiner die Krümmung, um so ebener erscheint die Oberfläche (Fig. 4). Beim Wassertropfen sprichst du nicht mehr von einer ebenen Oberfläche. Warum erwartest du nun, daß die kugelförmige Erde eine ebene Oberfläche habe? Sie muß uns zwar eben erscheinen, doch hier am weitschauenden Strande sehen wir bereits die Krümmung. In Fig. 4 gehören die Kreise 1 bis 4 zu den bezeichneten Mittelpunkten. Und zum Kreise 5 gehört ein sehr entfernter. Laß uns überlegen, wie wir die Krümmung der Erde von hier bis Bornholm darstellen können.

Schüler: Ich erfuhr gestern, daß es bis dort 120 km sind.

Meister: Dann kannst du ausrechnen, welchen Bogen diese Strecke auf der Erdkugel in Graden ausmacht. Habt ihr in der Schule die Winkelmessung gelernt?

Schüler: Jawohl. Ein Viertel des Kreises wird in 90 Grade geteilt, ein Grad in 60 Minuten und 1 Minute in 60 Sekunden.

Meister: Wenn nun vom Pol bis zum Äquator 10 000 km gehen und 90 Grad auf dieser Strecke abgeteilt werden sollen, wieviel Kilometer gehen dann auf jeden Grad?

Schüler: Da muß ich 10 000 durch 90 teilen, das gibt $111^1/_9$ km für jeden Grad. Danach wäre Bornholm mit 120 km etwas mehr als einen Grad von Ahlbeck entfernt, etwa 1,08 Grad.

Meister: Kannst du dir nun eine Vorstellung verschaffen von der Krümmung der Wasserfläche bis dahin?

Schüler: Das will mir noch nicht gelingen.

Meister: Nimm zunächst irgend eine bestimmte Strecke, z. B. 10 Zent als Halbmesser an und zeichne einen Kreisbogen hin. In diesem nimm irgend einen Punkt a an und zeichne mir dann einen Punkt, der genau um einen Grad von a entfernt liegt.

Schüler: Das wird mir nicht gelingen.

Meister: Ich will dir das einfachste Verfahren anzeigen, aber merke wohl: Wenn unser Halbmesser ein Abbild des Erdhalbmessers ist, so wird der Gradbogen ein Abbild der Erdkrümmung von hier bis Bornholm sein, denn die Bogenlängen sind den Halbmessern proportional. Zeichne dafür ein Beispiel.

Fig. 5.

Schüler: Den Punkten a, a_1, a_2 entsprechen die proportionalen Bogen b, b_1, b_2 (Fig. 5). Wie aber soll ich einen Grad bestimmen?

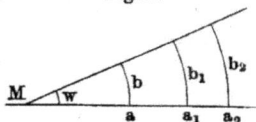

Meister: Nimm einen neuen Halbmesser und zwar nach diesem Maßstabe gleich 57,3 mm (Fig. 6), ziehe den Kreisbogen, nimm darin einen Punkt a an und 1 mm weiter den Punkt b. Jetzt gibt ab einen Grad an.

Fig. 6.

————————————————————— 1 mm

Schüler: Dieses Kreisbogenstück erscheint mir sehr klein und die Krümmung kann ich kaum wahrnehmen.

Meister: Und doch, wenn du 90 mal den kleinen Bogen ab nebeneinander hinzeichnetest, würde ein rechter herauskommen.

Schüler: Das sehe ich ein. Wie aber kamt ihr auf die Zahl 57,3 mm?

Meister: Kennst du das Verhältnis zwischen der Länge des Halbkreises und der dazugehörigen Länge des Halbmessers?

Schüler: Doch wohl. Der Halbkreis ist nahezu $^{22}/_7$ des Halbmessers, oder der Halbmesser ist $^7/_{22}$ des Halbkreises. Diese Zahl wurde mit einem griechischen Buchstaben π (pi) bezeichnet.

Meister: Nun soll der Halbkreis in 180 Grade geteilt werden, so daß jeder Grad ein Millimeter lang wird. Also muß der Halbkreis 180 mm lang sein.

Schüler: Und der Halbmesser muß $^7/_{22} \times 180$ lang sein, das gibt richtig die Zahl 57,3, die ihr mir angabt.

Meister: Nimm jetzt den Halbmesser zehnmal länger.

Schüler: Auch jetzt, da der Bogen schon 10 mm lang ist, kann ich keine deutliche Krümmung erkennen.

Meister: Wenn nun der Erdhalbmesser genommen wird, ist der Gradbogen ebenso gestaltet.

Schüler: Jetzt darf ich auch 2, 3 oder 4 Grade auf meinem Kreise abteilen.

Meister: Halt, doch nur angenähert, denn wir erhalten unsere Gradlänge nicht genau. Wir sollten die Bogenlängen abmessen, statt dessen nahmen wir die Entfernungen der Endpunkte, die man, wie du weißt, Sehnen nennt.

Schüler: Unsere Messung war also nicht ganz richtig.

Meister: Wir wollten ja auch nur eine Schätzung der Gradbogen beschaffen. Für einen Grad sind Sehne und Bogenlänge nicht sehr verschieden. Obwohl wir nun beide keine Krümmung deutlich wahrnehmen, sind wir doch fest von einer solchen überzeugt.

Schüler: Ich sehe wohl ein, daß die Meeresfläche gekrümmt sein muß und gar nicht eben sein kann. Wie aber steht es nun mit der Schwerkraft hier und in Bornholm?

Meister: Wie beim Kreise an jeder Stelle die Richtung nach dem Mittelpunkte wechselt, so muß auch auf der Erde die Richtung der Schwere senkrecht zur Oberfläche sein. Von Ort zu Ort ändert sich die Richtung der Schwere. Kämen wir über Bornholm hinweg immer weiter um 180° um die Erde, so stünden wir in Neuseeland und würden die Richtung oben nennen, die wir hier als unten auffassen.

Schüler: Ich kann mir das schwer vorstellen. Mir will es immer scheinen, als stünden die Menschen überall schief, nur nicht hier.

Meister: Wir sind so gewöhnt, das oben zu nennen, was für uns oben ist, daß wir alle anderen Richtungen mit der unserigen vergleichen. Du mußt hier den Sachverhalt mit dem Verstande erfassen. Du kennst doch das Bleilot, das immer nach unten weist. Verläßt du diesen Ort, auf dem du stehst, so ändert sich sofort die Richtung des Bleilotes.

Schüler: Aber von hier bis Swinemünde doch nicht merklich.

Meister: Das hängt davon ab, was man merklich nennt. Die Astronomen messen den Unterschied genau, da sie auch Bogensekunden messen. Rechne aus, wie weit du gehen mußt, um eine Bogensekunde von mir entfernt zu sein.

Schüler: Da ein Grad 3600 Bogensekunden hat, muß ich $111\frac{1}{9}$ km oder 111111 m durch 3600 teilen. Ich finde 30,8 m. Das ist ja erstaunlich wenig! Ich weiß, daß meine Schritte $^3/_4$ m lang sind, ich gehe also 41 Schritte von euch fort. Jetzt bin ich um eine Bogensekunde gegen euch geneigt.

Meister: Und stelle dich dicht neben mich hin, so sind unsere Richtungen gegen die Erde schon um etwa eine hundertstel Bogensekunde verschieden.

Schüler: Das ist wirklich merkwürdig.

Meister: Welche Proportionalität haben wir die ganze Zeit vorausgesetzt? Nenne den Bogen b und den Halbmesser r, deren Verhältnis w.

Schüler: Dann ist
$$b = w.r \qquad \qquad (1)$$

Meister: Und was ist w?

Schüler: Eine neue Qualität und zwar der Bogen b, wenn der Halbmesser gleich 1 ist, oder $w = b/r$, wo irgend welche Wertpaare mit b und r bezeichnet sind.

Meister: Nun, man nennt w den gemessenen Winkel.

Schüler: Winkel? Ein Winkel ist doch nicht ein Bogen.

Meister: Freilich ist der Winkel kein Bogen, wohl aber ein Bogen, geteilt durch den Halbmesser, oder ein Bogen für den Halbmesser 1. Es gibt b/r für jedes beliebige Wertpaar immer ein und denselben Zahlenwert, und der ist besonders geeignet, den Winkel zu messen. Streng genommen muß man die Worte „Grad" und „Gradbogen" voneinander trennen. Sie haben verschiedene Qualitäten. Der Wert von 1^0 ist ein ganz bestimmter Richtungsunterschied, unabhängig von der Wahl des Kreishalbmessers, von dem die Länge des Gradbogens für 1^0 abhängt. Gewöhnlich aber braucht man auch das kurze Wort Grad statt Gradbogen, weil der Halbmesser immer als gegebene Länge angesehen wird und dann die Grade den Gradbögen proportional sind. Schreibe die Proportion auf.

Schüler: Es ist
$$b = r.w \qquad \qquad (2)$$
Es sind rechts die Faktoren vertauscht gegen früher.

Meister: Wie aber sieht die entsprechende Zeichnung aus?

Schüler: Ich nehme mehrere Bogenstücke und sehe deutlich, wie sie den Winkeln proportional sind (Fig. 7). Hier aber erscheint r als neue Qualität!

Fig. 7.

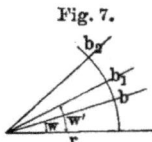

Meister: Ganz gut, aber es wäre unpraktisch, den Bogen durch den Winkel zu messen, denn der Winkel entzieht sich einer unmittelbaren Messung. Die erste Form ist zur Begriffsbestimmung vorzuziehen. Immerhin beachte die Verschiedenheit der beiden Gleichungen (1) und (2). Die Vertauschung der Faktoren ist auch in vielen anderen Fällen lehrreich.

Schüler: Erlaubt mir aber noch eine Frage. Der Wert von b/r oder von b für $r = 1$ stimmt nicht mit der Messung der Winkel nach Graden.

Meister: Sehr richtig. Die Einheiten sind verschieden. Sobald $w = b/r$ gesetzt ist, ist der Winkel $w = 1$, wo der Bogen b gleich dem Halbmesser r ist.

Schüler: Und dieser Winkel ist doch kein Grad.

Meister: O nein, rechne ihn selbst aus.

Schüler: Wie soll ich das zustande bringen?

Meister: Sehr einfach. Der Halbkreis hat 180 Grad. Der Bogen, den wir suchen, ist so lang wie der Halbmesser.

Schüler: Also ist er $^7/_{22}$ des Halbkreises und $^7/_{22} . 180$ gibt 57,3°. Das ist ja dieselbe Zahl, die wir vorhin für den Halbmesser annahmen.

Meister: Jawohl. Ich wußte, daß dann der Halbkreis 180 mm lang werden mußte.

Schüler: Und dann mußte allerdings ein Grad 1 mm lang werden. Es werden also die Winkel, nach Halbmessern gemessen, 57,3 mal kleinere Zahlen haben als nach Graden.

Meister: Gut, aber „Winkel nach Halbmessern gemessen" ist ein sehr langer Ausdruck. Der Winkel, dessen Bogen gleich dem Halbmesser ist, muß einen Einheitsnamen erhalten. Wir wollen ihn „Radiant" nennen.

Schüler: Das läßt sich leicht behalten, da der Halbmesser auch Radius heißt.

Meister: Gib mir an, wie viel Radianten in einem gestreckten Winkel von 180° enthalten sind.

Schüler: Ich denke, es sind $^{22}/_7$ oder π Radianten.

Meister: Diese Zahl in Form eines Dezimalbruches ist gleich 3,14159265... Von dieser Zahl kennt man 708 Dezimalstellen.

Schüler: Daß dieses π aber Radianten mißt, ist mir etwas ganz Neues.

Meister: Berechne nun noch, wie viel Grade, Minuten, Sekunden ein Radiant hat, und zwar genau, denn das sind wichtige Zahlen.

Schüler: Dann will ich 180 durch 3,14159 teilen. Ich finde

$$\begin{aligned}
1 \text{ Radiant} &= \quad\; 57,2958 \text{ Grad} \\
&= \quad 3437,748 \text{ Minuten} \\
&\doteq 206264,88 \text{ Sekunden.}
\end{aligned}$$

Meister: Es ist gut, daß du Rechnungen mit großen Zahlen und mit Dezimalbrüchen nicht scheust. Wir wollen, wie es üblich ist, die Grade, Minuten und Sekunden mit ° ′ ″ andeuten und zugleich die üblichen Zeichen für Stunden, Minuten und Sekunden einführen: ^{h}, ^{m}, ^{s}. Merke dir für immer die abgerundeten Zahlen 1 Radiant = 57,3° = 3438′ = 206265″. Zweckmäßig sind noch folgende Winkeleinheitsnamen:

$$\begin{aligned}
1 \text{ Oktant} &= 45° = 0,5 \text{ Rechte} \\
1 \text{ Sextant} &= 60° \\
1 \text{ Quadrant} &= 90° = 1 \text{ Rechter oder } 1 R.
\end{aligned}$$

Ferner empfehle ich den einem Vollkreise entsprechenden Winkel einen „Gyrant" zu nennen, da „gyros" im Griechischen „Umlauf" heißt. Wie verhalten sich nun alle diese Winkel zueinander?

Schüler: Es ist ein Gyrant $= 4$ Quadr. $= 4$ R. $= 6$ Sext. $= 8$ Okt., auch 1 Gyrant $= 2\pi$ Radianten $= 360^0$.

Meister: In der Physik mißt man oft nach Radianten und läßt dann den Namen Radiant fort, gerade so wie wir früher sahen, daß man nicht 5 Mark Geld sagt. Man spricht von Winkeln 2π, π, $\pi/2$ und meint immer so viel Radianten.

Schüler: Also ist kurz $\pi/2$ ein Rechter, π ein Gestreckter und 2π ein Gyrant. Mir tut es leid, die Namen fortzulassen, denn durch sie ist mir die Sache recht klar geworden. Jetzt bitte ich aber dringend um ein Beispiel physikalischer Anwendung.

Meister: Ich will dir einige der allerwichtigsten Anwendungen aus der Bewegungslehre zeigen, es wird dir viel Bekanntes aus dem Leben begegnen. Wenn Körper sich um eine Achse drehen, beschreibt jeder Punkt einen Kreis. So beschreibt jeder Punkt der Erde im Laufe des Tages einen Kreis in bezug auf die Erdachse. Ein Planet läuft in einer Kreisbahn um die Sonne, der Mond ebenso um die Erde. Bei jedem Umlauf kommt der betrachtete Punkt oder Körper mit der Zeit in alle Punkte des Kreisumfanges. Diese verschiedenen Stellungen nennt man Phasen.

Schüler: Ich kenne diese Bezeichnung für den Mond, der erst Neumond, dann Halbmond, dann Vollmond, dann wieder Halbmond ist.

Meister: Diese vier Stellungen heißen Hauptphasen. Zwischen je zwei Hauptphasen kann man sich unzählig viele Zwischenstellungen denken, also ebenso viele Phasen.

Schüler: Die vier Hauptphasen bezeichnen also die vier Quadranten oder die Stellungen bei 0^0, 90^0, 180^0 und 270^0.

Meister: Es sei ferner G ein Gyrant und f ein beliebiger Bruch, dann ist $f.G$ eine Phase, die durch f deutlich gekennzeichnet ist. Was mag f sein für die vier Hauptphasen?

Schüler: Offenbar $1/4$, $1/2$, $3/4$ und 1.

Meister: Und wie würdest du dieselben Hauptphasen nach Radianten bezeichnen?

Schüler: Ich denke $\pi/2$, π, $3\pi/2$, 2π. Kann ich nun eine beliebige Phase durch $2\pi f$ Radianten ausdrücken?

Meister: Gewiß. Nun betrachten wir den Mondumlauf. Er dauert etwa 29 Tage. Daher sind die Tag für Tag aufeinander folgenden Phasen um $1/29$ des Umlaufes voneinander entfernt. Und f ist folgeweise gleich $1/29$, $2/29$, $3/29$... Hier wäre es sehr unpraktisch, die Mondphasen nach Graden anzugeben.

Schüler: Das begreife ich wohl. Man erspart eine unnötige Rechnung. Was heißt denn „Phase"?

Meister: Man kann es durch „Erscheinungsform" übersetzen. Zuerst wurde das Wort wohl für die Abwandlungen des Mondes an-

gewandt, jetzt bezieht man es auf jede Kreisbewegung. Ein Rad am
Wagen durchläuft alle Phasen bei jedem Umlauf. Den Umlauf nennt
man eine Periode. Das griechische „Peri" heißt „Herum" und „Hodos"
heißt Weg oder Strecke, wofür wir zusammengesetzt „Umlauf" sagen
können. Die Zeit, in der der Umlauf geschieht, heißt „Periodendauer". Dauert der Umlauf eines Rades t Sekunden und macht das
Rad n Umläufe in einer Minute, so ist $t = 60/n$ Sekunden. Die Techniker nennen n die Tourenzahl.

Schüler: Weil Tour dasselbe ist wie Umlauf. Wenn aber n in
60 nicht ohne Rest aufgeht?

Meister: Dann ist der Umlauf auch nicht in ganzen Sekundenzahlen angebbar. Nimm die Tourenzahl 11.

Schüler: Dann ist $t = 5^5/_{11}$ Sekunden.

Meister: Und wenn $n = 90$ ist?

Schüler: So wird $t = {}^{60}/_{90} = {}^2/_3$ Sekunden; also werden drei
Umläufe zwei Sekunden andauern.

Meister: Die Physik hat es oft mit sehr großen Tourenzahlen zu
tun. Foucault hat Spiegel auf einer Achse angebracht, die in einer
Sekunde 800 Umläufe vollbrachten.

Schüler: In einer Sekunde? Ihr meint in einer Minute.

Meister: Nicht doch, in einer Sekunde.

Schüler: Die Periodendauer wäre dann wirklich $^1/_{800}$ Sekunde.
In dieser kurzen Zeit würden alle Phasen durchlaufen?

Meister: Im täglichen Leben gibt es Perioden, deren Phasen wir
sehr genau angeben. Fasse einmal den Verlauf eines Tages als Periode
auf, wie gibst du die Phasen des Tages an?

Schüler: Ihr meint wohl nach Stunden?

Meister: Gewiß und genauer nach h, m und s. Wenns nötig ist,
kann man noch Bruchteile der Sekunde angeben.

Schüler: Ich habe aber niemals von Tagesphasen sprechen gehört.

Meister: Ich wollte dir ja auch nur zeigen, daß die Zeitangaben
Phasen sind. Eine andere Periode ist das Jahr. Überlege dir die
Phasen des Jahres.

Schüler: Das sind wohl die Monate.

Meister: Und genauer?

Schüler: Das Datum und an jedem Datum noch Stunde, Minute
und Sekunde.

Meister: Gut. So geht eine Periode, die des Tages, in die andere,
die des Jahres ein, entsprechend der Tagesumdrehung der Erde und
ihrer Fortbewegung in ihrer Bahn. Bei Umläufen mußt du ferner
beachten, daß sie sich wiederholen, wobei alle Phasen nacheinander
wiederkehren. Man drückt das so aus, daß, wenn n eine ganze Zahl
und f wieder einen Bruch bedeutet, die Phase $n + f$ gleich der Phase f

ist. So kehren für den Mond nach 29 Tagen alle Phasen wieder, welcher Phase entspricht der Tag 40?

Schüler: Wohl dem Tage 11, denn 40 — 29 = 11.

Meister: Es werden $n + f$ Gyranten immer dieselbe Stelle anzeigen wie f Gyranten.

Schüler: Dann könnte man aber n ganz fortlassen.

Meister: Doch nicht. Zuweilen braucht man gerade den Wert von n, ein anderes Mal den von f.

Schüler: Ich bitte um entsprechende Beispiele.

Meister: Wenn wir viele Touren zählen, z. B. die einer Walze, so darf man f unberücksichtigt lassen, weil man die Periodendauer bestimmen will.

Schüler: Das verstehe ich wohl; die Umlaufsphase ist in diesem Falle kaum von Belang.

Meister: Im anderen Falle erwarten wir etwa ein Ereignis nach vielen Jahren an einem bestimmten Tage. Die vielen Jahre sind unser n, und dieses kann uns wohl von Bedeutung sein, aber wir beachten besonders das Datum; dieses wäre unser f. Nun aber gib mir an, in welcher Tagesphase wir stehen.

Schüler: Es ist der 24. Juni, $10^h\,23^m\,16^s$.

Meister: Du mußt deine Angaben nicht übertreiben. Während du sprichst, verstreichen schon mehrere Sekunden. In gewissen Zeitangaben genügt die Angabe des Jahres, in anderen das Datum. Astronomen geben oft bis auf zehntel Sekunden die berechneten Ereignisse an. Doch wollen wir über solche Schwierigkeiten hinweggehen. Wir schließen heute und besprechen morgen das Weitere.

3. Winkelmaß durch gerade Strecken. Periodische Funktionen. Wellenzeichnung. Projektion. Sinusbewegungen. Potenzen. Wurzeln und Logarithmen. Kopfrechnen.

Schüler: Meister, es war mir diesmal nicht leicht, alles kurz zusammenzufassen. Die Erde und ihre Gestalt, ihre Oberfläche und deren Krümmung wurde besprochen. Die Krümmung eines Kreises oder einer Kugel war um so kleiner, je größer der Halbmesser war.

Meister: Du darfst sagen: Die Krümmung k ist reziprok dem Halbmesser r, denn man setzt die Krümmung $k = 1/r$.

Schüler: Wir sprachen von der Schwerkraft, die überall nach dem Erdmittelpunkte gerichtet ist. Die Winkelmessung wurde durchgesprochen und die Qualität des Winkels als Verhältnis von Kreisbogen und Halbmesser erkannt. Die Qualitäten konnten sowohl nach Graden als nach Radianten und Gyranten angegeben werden; auch besprachen wir die Zahl π, deren Einheit immer ein Radiant ist, daher dieser

Einheitsname auch fortgelassen werden darf. Den Radianten fanden
wir $= 57{,}3^0 = 3438' = 206265''$. Ihr verspracht mir, Anwendungen
dieser Zahlen zu geben.

Meister: Das will ich sogleich nachholen. Sieh dort am Schaufenster die Landschaft. Da hat der Maler den Mond hineingemalt.
Scheint dir die Größe richtig zu sein?

Schüler: Das wage ich nicht zu beurteilen.

Meister: Jedes Gemälde wird so gedacht, daß das Auge des Beschauers eine bestimmte Entfernung vom Bilde einhält. Sobald der
Maler diese Entfernung gewählt hat, ist auch die
Größe aller Gegenstände seines Gemäldes bestimmt.
Heute wollen wir nur die Größe des zu verzeichnenden Mondbildes überlegen. Ob es nun der Mond
oder die Sonne sei, ist hier gleichgültig, denn beide
Körper erscheinen uns gleich groß, d. h. unter
demselben Winkel, der etwa $^1/_2{}^0$ beträgt. Es sei $ABCD$ das Gemälde
(Fig. 8). Wie nennt man die Gerade DB?

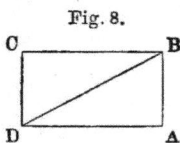

Fig. 8.

Schüler: Das ist die Diagonale des Rechteckes $ABCD$.

Meister: Gut. Die Maler nehmen gern die Länge der Diagonale
als Entfernung des Auges vom Bilde an. Schätze einmal die Länge
der Diagonale auf der Landschaft.

Schüler: Es mag mehr als ein Meter sein.

Meister: Ich schätze 120 Zent. Wie groß muß nun der Mond sein?

Schüler: Das weiß ich nicht zu bestimmen.

Meister: Ich sagte dir doch, er müsse einen halben Grad ausmachen. Nun stehen wir etwa 120 Zent vom Bilde entfernt, also vom
Auge bis zum Mondbildrande denke dir einen Halbmesser, mit dem du
einen Kreis vollführst. Nun wirst du doch die Bogenlänge für einen
halben Grad angeben können, nachdem du gestern einen Grad abstecken
gelernt hast.

Schüler: Ach so. Es war 1^0 der 57. Teil des Halbmessers, also
ist $^1/_2{}^0$ der 114. Teil. Da unser Halbmesser 120 Zent lang ist, muß der
Mond etwas mehr als 1 Zent im Durchmesser haben.

Meister: Genauer 1,05 Zent oder 10,5 mm.

Schüler: Der Maler scheint mir aber 40 mm genommen zu haben.

Meister: Das findest du fast immer so. Ich habe sehr selten
richtige Größen angetroffen. Man sagt wohl, die Maler wollten die
große Helligkeit durch größere Fläche ersetzen, aber sehr oft ist Mangel
an Überlegung der wahre Grund. Der Photograph muß dagegen der
Physik gehorchen, wenn er nicht mit seinen Fingern den Mond hineinmalt.

Schüler: Bei Photographien aber gibt es doch keine bestimmte
Entfernung des Auges?

Meister: Doch. Es ist die Brennweite des Objektivs.

Schüler: Ich habe heute meinen Apparat 13:18 mitgebracht, dessen Brennweite nahe 20 Zent ist. Teile ich nun 200 mm durch 114, so finde ich 1,8 mm für den Monddurchmesser. Das ist überraschend klein.

Meister: Bei Sonnenuntergang wollen wir den Apparat auf die Sonne einstellen und unsere Schätzung prüfen. Nun aber vollende deinen Bericht über das gestern Gelernte.

Schüler: Wir berechneten die Strecken, um die wir fortgehen mußten, um uns um Bogensekunden zu entfernen. Ich merkte mir die 30,8 m, die schon einer Bogensekunde der Erdkugel entsprachen. Wir besprachen noch die Proportionalität von Bogen und Halbmesser, dann die von Bogen und Winkel. Endlich spracht ihr von Kreisbewegungen, von Phasen, Perioden und Periodendauer; wir fanden, daß die Tourendauer das Umgekehrte der Tourenanzahl war.

Meister: Nicht das Umgekehrte, sondern . . .

Schüler: sondern der reziproke Wert. Die Phase wurde durch $f . G$ dargestellt, als Bruchteil eines Gyranten. Tageszeit und Datum erkannten wir als Phase eines Tages und des Jahres.

Meister: Du hast den umfangreichen Stoff gut zusammengefaßt. Ist dir noch eine Unklarheit nachgeblieben?

Schüler: Eine Frage wollte ich allerdings an euch richten. Ihr sagtet, es sei die Winkelmessung durch Bogen und Halbmesser das geeignetste Verfahren. Das brachte mich zur Überlegung, ob es denn auch andere Mittel gebe, wenn auch weniger geeignete. Es will mir nämlich gar nicht praktisch erscheinen, daß man den Halbmesser auf den Kreisbogen aufwickeln soll.

Meister: Die Aufwickelung darf dir keine Sorge machen, denn praktisch wird sie gar nicht verlangt, sondern nur in der Vorstellung.

Schüler: Daher kamen wir auch durch bloße Rechnung zum Ziel.

Meister: Ganz richtig; beachte, daß die Zahl π keineswegs durch Aufwickelung gefunden worden ist, sondern durch geometrische Behandlung der eingeschriebenen und umschriebenen Vielecke.

Schüler: Und hat man einmal π, so ist auch der Radiant in Gradwerten bekannt.

Meister: Richtig. Dein Verlangen nach einem nicht gekrümmten Maß des Winkels ist aber ganz verständig und es soll voll befriedigt werden. Nur darfst du nicht vor mathematischen Begriffen und Benennungen dich fürchten, die man zu den höheren und schwerer verständlichen rechnet, was sie aber gar nicht sind. Ich will dir jetzt auf einmal drei Mittel angeben, durch geradlinige Strecken die Winkel zu messen. Zugleich gebe ich dir die Versicherung, daß wir alle drei Ausdrücke oft anwenden werden, wiederum in der Absicht, die späteren Betrachtungen zu kürzen und die Bestimmtheit und Deutlichkeit der Aussagen zu fördern.

Schüler: Ich bin sehr gespannt und bitte gleich um die Namen dieser drei Zaubermittel, denn Namen, das ahne ich, werden sie haben.

Meister: Wenn wir einen Winkel w nennen, so heißen die drei Zaubergrößen: Sinus von w, Cosinus von w und Tangens von w, wofür man stets kürzer schreibt:

$$sin\,w, \quad cos\,w, \quad tang\,w.$$

Male mir nun in den feuchten Strandsand (Fig. 9) irgend einen Winkel w, nimm irgend einen Halbmesser r an und ziehe mit deinem Stock

Fig. 9.

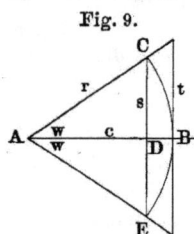

den Bogen CB; schreibe die Buchstaben ABC hin; von C aus fälle eine Senkrechte auf AB. Jetzt treten dir zwei Strecken entgegen, CD und AD.

Schüler: Das sind ja die Katheten des rechtwinkeligen Dreieckes ACD, und AC nannten wir Hypotenuse. Ich habe aber nicht erfahren, was diese Namen bedeuten.

Meister: Sie sind griechisch. Hypotenuse heißt: die ausgespannte Linie, Kathete die niedergelassene Linie. Erinnerst du dich auch eines berühmten Lehrsatzes?

Schüler: Es war der Pytagoräische: $AC^2 = AD^2 + DC^2$; dann lehrte man uns die Zimmermannsregel: Wenn $CD = 3$, $AD = 4$ ist, so wird $AC = 5$, denn es ist $3^2 + 4^2 = 5^2$ oder $9 + 16 = 25$ (Fig. 10). Hier habe ich eine Schnur. Ich mache einen Knoten, nehme irgend ein

Fig. 10.

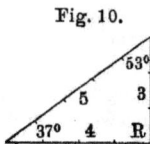

Stöckchen als Maß, messe drei Längen ab und mache einen Knoten, messe weiter vier Längen und mache einen Knoten, endlich fünf Längen und mache einen Knoten, den ich sogleich mit dem ersten Knoten verbinde. Haltet ihr nun die beiden anderen Knoten und spannen wir die Schnur, so haben wir ein schönes rechtwinkeliges Dreieck.

Meister: Ja, der Winkel bei R ist ein rechter, die beiden anderen sind jetzt aber auch bestimmt, der eine ist nahe $36^0\,52'$; wie groß ist nun der andere?

Schüler: Der ist gleich $90^0 - 36^0\,52'$; also gleich $53^0\,8'$.

Meister: In unserer Zeichnung heißt nun die Linie CD, die dem Winkel w gegenüberliegt, die Sinuslinie des Winkels w; aber das Verhältnis der Strecke CD zur Hypotenuse AC heißt der Sinus des Winkels w, kurz $sin\,w$.

Schüler: Was bedeutet das Wort Sinus?

Meister: Es hat eine sonderbare Entstehung. Sieh her, ich nehme unseren Winkel w doppelt, ziehe den Bogen CBE; dann ist die Gerade CE die Sehne, lateinisch „chorda". Die halbe Sehne CD, heißt „Semichorda". Eingeschriebene halbe Sehne heißt „Semichorda inscripta".

Das schrieb man abgekürzt „S. ins." und aus diesem entstand der Sinus. Bezeichnen wir nun die Sinuslinie mit s, die Hypotenuse mit r und die Linie AD mit c. Das Verhältnis s/r ist also *sin w*. Die dem Winkel w anliegende Linie c heißt die Cosinuslinie[1]) und es ist c/r der *cos w*.

Schüler: Dann ist wohl der Sinus proportional dem Winkel w?

Meister: Durchaus nicht! Der Winkel ist nur proportional dem Bogen. Zeichne doch nebenbei größere Bögen, vergleiche die Sinuslinien mit den Bogenlängen. Die Sinuslinie wächst zwar auch mit dem Winkel, aber immer weniger, bis sie bei 90° gleich dem Halbmesser wird.

Schüler: Das sehe ich ein. Also mißt der Sinus nicht den Winkel w?

Meister: Doch, aber in anderem Sinne, denn zu einem bestimmten Winkel gehört nur ein, und ein ganz bestimmter Sinus, nur ist keine einfache Proportionalität vorhanden. Ich will dir das noch auf andere Weise zeigen. Nimm für denselben Winkel w verschiedene Halbmesser und wiederhole die Zeichnung (Fig. 11). Du siehst nun, daß die Sinuslinien den zugehörigen Halbmessern proportional sind.

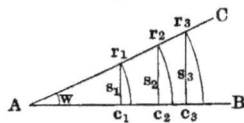

Fig. 11.

Schüler: Dann darf ich schreiben $s = k \cdot r$.

Meister: Und was ist dann k?

Schüler: k ist gleich s/r; das ist ja das, was ihr *sin w* genannt habt.

Meister: Jawohl. Nun siehst du, wie zwar zu einem Winkel verschieden lange Sinuslinien gehören, aber nur ein Sinus.

Schüler: Kann man denn wirklich und praktisch die Winkel durch ihre Sinus messen?

Meister: Gewiß. Man hat Tabellen berechnet, aus denen zu jedem Sinus sofort der zugehörige Winkel abgelesen werden kann und umgekehrt zu jedem Winkel sein Sinus. Die Sinuslinien können wir nun mit einem Maßstabe messen, ebenso die Halbmesser. Haben wir nun s/r gemessen und ausgerechnet, und nehmen die Sinustabelle zur Hand, so erfahren wir sofort den zugehörigen Winkel.

Schüler: Jetzt verstehe ich. Den Cosinus kann man wohl ebenso verwerten?

Meister: Selbstverständlich, da es der Sinus des Ergänzungswinkels ist. Auch ersiehst du aus unserer Figur, daß bei ein und demselben Winkel auch die Cosinuslinien proportional dem Halbmesser sind. Weiter weißt du doch, daß die Hypotenuse immer länger ist, als irgend eine der Katheten s oder c, daher ist s/r, sowie c/r immer ein Bruch oder kleiner als 1.

---

[1]) Entstanden aus „Complementi Semichorda inscripta", gekürzt Co. s. ins. Der Winkel bei C heißt nämlich das Komplement, d. h. die Ergänzung zu Winkel w.

Schüler: Bei 90° ist aber $s = r$, also $s/r = 1$!

Meister: Ja, du siehst ferner aus der Figur, daß das der größte Wert ist, den ein Sinus haben kann.

Schüler: Aber wenn w größer als 90° wird?

Meister: Blicke hierher (Fig. 12). Ich nehme einen sogenannten Leitstrahl AB und führe ihn aus der Lage AB um den Punkt A herum. Dann gerät der Punkt B nach C und so fort in alle Phasen des Kreises.

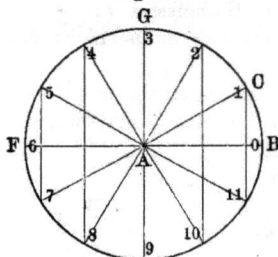

Fig. 12.

Auch hier muß deine Phantasie die Vorstellung des Bildes unterstützen und ergänzen; hinzeichnen kann man nur einzelne, voneinander getrennte Phasen. Wir wollen 12 Phasen annehmen in gleichen Abständen. Zeige die Punkte an, wo alsdann sich der Punkt B befindet.

Schüler: Ich teile den Umfang in 12 Teile oder jeden Quadranten in drei gleiche Teile.

Meister: Zu jeder Phase fälle ein Lot nach der ruhenden Geraden FAB, so sind alle diese Lote Sinuslinien. Sie wachsen bei der Bewegung des Leitstrahles von B über C hinaus bis G.

Schüler: Ich sehe schon, daß $s = r$ wird bei Phase 3; hier also ist $s/r = 1$ und der $sin\,90° = 1$.

Meister: Läuft der Leitstrahl weiter, so wird der Winkel $w > 90°$.

Schüler: Mir scheint, die Sinuslinien werden wieder kleiner, bis bei weiterer Fortbewegung über 3 hinaus Phase 6 erreicht ist. Da scheint die Sinuslinie verschwunden zu sein.

Meister: Richtig, es ist $sin\,180° = 0$.

Schüler: Nun sind ja alle Sinuslinien im zweiten Quadranten ebenso groß wie die im ersten.

Meister: Genauer gesagt, sie sind in symmetrischer Lage einander gleich, z. B. in 1 und 5, 2 und 4. Kurz gesagt, es ist $sin\,(180 - w) = sin\,w$.

Schüler: Es kann also der Winkel nicht genau bestimmt sein, wenn sein Sinus bekannt ist?

Meister: Doch wohl, bis auf die eine Frage, ob es der Winkel w oder sein Supplement $180 - w$ ist. Das wird durch die Art der Aufgabe meist unzweideutig entschieden.

Schüler: Wenn nun aber der Leitstrahl AB über 6 hinaus nach 7 kommt?

Meister: Dann ist die Sinuslinie nach unten gerichtet. Wir nennen sie negativ.

Schüler: Und alle Werte der positiven Sinuslinien kehren jetzt wieder.

Meister: Und zwar symmetrisch zur Achse AB. Wir sagen also: $sin (180 - w) = - sin w$.

Schüler: Das verstehe ich wohl. Nun laßt mich selbst den vierten Quadranten betrachten. Darf ich sagen $sin 360^0 - w = - sin w$?

Meister: Ganz richtig. Lasse ich nun den Leitstrahl über 12 hinauswandern, so gerät der Kreispunkt wieder in den ersten Quadranten.

Schüler: Es kehren ja auch alle Phasen wieder.

Meister: Da nun alle früheren Sinuswerte wiederkehren, nennt man den Sinus eine periodische Funktion.

Schüler: Daß der Sinus periodisch ist, wenn der Leitstrahl herumläuft, habe ich vollkommen verstanden, aber das Wort „Funktion" ist mir neu.

Meister: Der Begriff „Funktion" deckt sich vollkommen mit dem Worte „Abhängigkeit". Daher ist er überall von grundlegender Bedeutung. Du könntest auch sagen: „Der Sinus steht in periodischer Abhängigkeit vom Winkel w." Ich will dir eine Tabelle geben, in der zu Werten von w für 15^0, 30^0 usf. die zugehörigen Sinus und Cosinus für 24 Phasen verzeichnet sind:

Winkel w		$sin\,w$	$cos\,w$
in Phasen	in Graden		
0	0	0	1,000
1	15	0,259	0,966
2	30	0,500	0,866
3	45	0,707	0,707
4	60	0,866	0,500
5	75	0,966	0,259
6	90	1,000	0,000
7	105	0,966	— 0,259
8	120	0,866	— 0,500
9	135	0,707	— 0,707
10	150	0,500	— 0,866
11	165	0,259	— 0,966
12	180	0,000	— 1,000
13	195	— 0,259	— 0,966
14	210	— 0,500	— 0,866
15	225	— 0,707	— 0,707
16	240	— 0,866	— 0,500
17	255	— 0,966	— 0,259
18	270	— 1,000	0,000
19	285	— 0,966	0,259
20	300	— 0,866	0,500
21	315	— 0,707	0,707
22	330	— 0,500	0,866
23	345	— 0,259	0,966
24	360	0,000	1,000
25	375	0,259	0,966

Schüler: Ihr habt also 24 Phasen innerhalb der Periode angenommen.

Meister: Darum breche ich die Tabelle bei 25 ab, obwohl sie mit den Phasen 26, 27... ohne Ende fortgesetzt werden könnte.

Schüler: Ich verstehe das; es kehren die Phasen 1, 2, 3... wieder, da 24 den Gyranten ausfüllen. Vergleiche ich die Werte des Cosinus mit denen des Sinus, so scheinen sie mir ganz gleich zu sein; die Cosinustabelle ist nur um 90⁰ gegen die andere verschoben.

Meister: Ganz richtig, das muß doch so sein, da man sie als eine Sinustabelle auffassen kann.

Schüler: Ach ja, als die des komplementären Winkels $90^0 - w$. Also der $cos\,15^0 = sin\,75^0 = sin\,105^0$ und $cos\,0^0 = sin\,90$. Und $cos\,45^0$ muß $= sin\,45^0 = sin\,135^0$ sein.

Meister: Das bestätigt dir die Tabelle. Es ist $cos\,w = sin\,(90^0 - w)$ $= sin\,(90^0 + w)$.

Fig. 13.

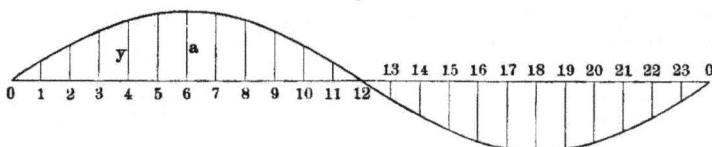

Schüler: Wenn nun w größer wird als 90?

Meister: „Größer als" schreibt man $>$; wenn also $w > 90^0$, so ist immer wieder $cos\,w = sin\,(90^0 + w)$; das ergibt aber für den Sinus einen negativen Wert, denn von 180^0 bis 360^0 sind die Sinus negativ.

Schüler: Und die Cosinus sind von 90⁰ an negativ?

Meister: Jawohl. Sobald die Cosinuslinie nach links gerichtet ist, ist sie negativ, ebenso wie die nach unten gerichtete Sinuslinie negativ ist.

Schüler: Ich will mir später diese Tabelle noch gründlich durchdenken, da sie von solcher Wichtigkeit sein soll.

Meister: Dazu wird dir ein graphisches oder figürliches Verfahren sehr dienlich sein, das dich zugleich für große Gebiete der Physik vorbereitet. Verzeichne mir auf Koordinatenachsen die Sinuswerte. Nimm die Gradwerte der Winkel von 24 Phasen zu Abszissen und die dazu gehörenden Sinuswerte als Ordinaten y.

Schüler: Dann nehme ich vom Anfangspunkte 0 an 24 gleiche Strecken auf der X-Achse für die 24 Phasen des Umfanges, entnehme der Tabelle die entsprechenden Sinuswerte und trage sie als Ordinaten y auf (Fig. 13).

Meister: Beachte, daß negative y-Werte nach unten abgesenkt werden. Verbinde nun die Endpunkte aller Ordinaten aus freier Hand.

Schüler: Das gibt ja eine schöne Wellenlinie!

Meister: Und wie heißt die abgebildete Funktion?

Schüler: Ich denke, es ist $y = \sin x$.

Meister: Wir hatten in unserer Tabelle den Halbmesser gleich 1 angenommen; wie wäre es, wenn wir ihn gleich 2 gesetzt hätten?

Schüler: Dann wäre wohl $y = 2 \sin w$.

Meister: Und wenn der Halbmesser gleich a gesetzt wird?

Schüler: Dann wird $y = a \sin w$.

Meister: Suche nun den Wert von a in unserer Figur auf.

Schüler: Dann muß ich $\sin 90^0 = 1$ nehmen, denn dann ist $y = a$.

Meister: Diesen Wert nennt man die Wellenhöhe, auch Amplitude. Ferner, da von 0 bis 24 ein Gyrant abgebildet ist und nun die Periode von neuem einsetzt, so stellt der Umfang des Gyranten die Wellenlänge dar; wir wollen diesen mit l bezeichnen. Nun zurück zur Winkelmessung. Wir hatten den Winkel in der Figur nach Gradwerten aufgetragen. Was können wir statt dieser ansetzen?

Schüler: Wir können die Phasen durch Bruchteile des Gyranten darstellen, also durch Bruchteile der Wellenlänge. Wir könnten also sowohl $f . 2 \pi$, als $f . G$, als auch $f . l$ schreiben statt des Winkels w.

Meister: Wie sähe dann die Wellengleichung aus?

Schüler: $y = a \sin 2 \pi . f$.

Meister: Statt f nimm lieber x/l; dann erkennt man sogleich, welcher Bruchteil der Wellenlänge das f angibt.

Schüler: Dann ist $y = a \sin 2 \pi . x/l$.

Meister: In dieser Form werden alle Wellen geschrieben. Welche Größen können hier beliebig gewählt oder angenommen werden?

Schüler: Ich denke l und auch a, also Wellenlänge und Amplitude.

Meister: Was bedeutet nun unser x?

Schüler: x ist der Gradbogen und x/l die Phase.

Meister: Und y nennt man die Elongation, d. h. Entfernung von der Null- oder Ruhelage. Du scheinst mir nun alles richtig erfaßt zu haben. Zeichne mir deshalb eine neue Sinuswelle, wähle dir eine Wellenlänge und eine Wellenhöhe.

Schüler: Dann muß ich doch meine Sinustabelle mit dem gewählten Wert von a multiplizieren?

Meister: Gut. Unterlasse nicht, dich auch im Zeichnen von Cosinuswellen zu üben. Das Bild ihrer Wellen muß genau dem der Sinuswellen entsprechen, nur erscheinen die Phasen um 90^0 verschoben. Heute sollst du zum Schlusse noch eine schöne Verwendung von Sinus und Cosinus kennen lernen. Denke noch einmal an unsere erste Koordinatenzeichnung einer Linie $O A$ (Fig. 2, auf S. 3).

Schüler: Deren Punkte hatten die Koordinaten y und x, und y war proportional x. Jetzt eben erkenne ich, daß x und y Sinus- und Cosinuslinien von w sind.

Meister: Die Strecken x und y nennt man auch senkrechte Projektionen der Linie r auf die beiden Achsen.

Schüler: Woher stammt dieses Fremdwort Projektion?

Meister: Aus dem Latein. Es bedeutet eigentlich „niederwerfen". Sieh hier meinen Stock, den ich schräg halte und mit dem Ende auf den Boden stütze. Denke dir nun, die Sonne stünde gerade über uns und wir besähen den Schatten.

Schüler: Der Schatten auf der Erde wäre also die Projektion des Stockes.

Meister: Der Schatten wäre der Cosinus des Neigungswinkels. Um den Sinus zu erhalten, müßten wir uns die Strahlen der untergehenden Sonne denken und hier eine zu den Sonnenstrahlen senkrechte Wand, auf der wir den Schatten auffangen. Solche Projektionen auf zwei senkrecht zueinander stehende Ebenen kommen sehr oft vor, aber eine der schönsten will ich dir zum Schlusse zeigen. Bringe mir den dünnen Reif her, den der Knabe am Wegrande hat liegen lassen.

Schüler: Hier ist er.

Meister: Mit dem Finger durchlaufe ich den Umfang mit gleichförmiger Geschwindigkeit, den ganzen Bogen entlang.

Schüler: Also in gleichen Zeiten gleiche Bogen durchlaufend. Ich merke schon, die Bögen sind proportional den Zeitgrößen, also $b = c \cdot x$.

Meister: Sage lieber $b = c \cdot t$. Man nimmt meist den Buchstaben t für die Zeit; es erinnert t ans lateinische „tempus", Zeit. Welches ist die Einheit von t?

Schüler: Nun, doch Sekunden. Und $c = b/t$ ist die Geschwindigkeit.

Meister: Ja, aber längs der Kreisbahn! Wir können also die Phasen des Kreises als Kennzeichen der Zeitphasen ansehen, denn wenn der Finger herumgelaufen ist bis zum Anfangspunkt, so ist eine gewisse Zeit T vergangen.

Schüler: Die nanntet ihr Periodendauer, und die Phasen sind jetzt Bruchteile von T. Der Kreisumfang ist das Bild der Periodendauer.

Meister: Schreibe darum $f = b/G = x/l = t/T$.

Schüler: Das ist mir alles vollständig klar.

Meister: Nun stelle dich weit von mir auf in der Ebene des Reifens. Ich werde mit dem Finger den Umfang durchlaufen, du aber sollst nur an die Auf- und Abbewegung meines Fingers denken. Wie erscheint dir nun diese Bewegung?

Schüler: Ich sehe eure Fingerspitze bald schneller in der Mitte, bald langsamer, sowohl oben, als unten sich fortbewegen. Aber ist das nicht die Projektion der Bewegung im Kreise auf eine senkrechte Achse?

Meister: Jawohl, darum siehst du jetzt eine Sinusbewegung. Schreibe die Gleichung auf.

Schüler: $y = a \cdot \sin 2\pi \cdot t/T$.

Meister: Stelle dir nun vor, du könntest von oben die Hin- und Herbewegung verfolgen.

Schüler: Ich sehe schon, dann hätte ich die Projektion auf die horizontale Achse, also die Gleichung $x = a \cdot \cos 2\pi t/T$. Das ist in der Tat ganz wunderbar schön und einfach.

Meister: Solche Bewegungen heißen Schwingungen, T ist die Schwingungsdauer, t/T die Schwingungsphase.

Schüler: Mir ist noch eines unklar. Was hat die Schwingung eines Punktes mit der Bewegung im Kreisumfange zu tun?

Meister: Die gleichförmige Bewegung im Kreisumfange war nur ein bequemes Mittel, die Zeiten abzubilden, und wir erkannten, daß die Projektionen der richtige Ausdruck der Sinus- und Cosinusschwingung waren. Diese Schwingungsarten sind aber die Grundlage der meisten physikalischen Erscheinungen.

Schüler: Wollt ihr mir nicht ein Beispiel geben?

Meister: Die Bewegung des Uhrpendels, einer Stimmgabel, einer elastischen Feder. Jeder Ton ist eine Summe von Sinusschwingungen, Licht-, Wärmestrahlen und Elektrizitätsstrahlen, das sind alles Sinusschwingungen.

Schüler: Wäre das nicht bald die ganze Physik?

Meister: Das Hören und Sehen beruht auch darauf, auch das farbige Aussehen unserer bunten Umgebung und vieles andere.

Schüler: Warum fehlt denn diese Lehre in unseren Schulbüchern der Physik?

Meister: Die fehlt aus Angst vor mathematischen Formeln, deren volles Verständnis angeblich nicht den Schülern zugemutet wird.

Schüler: Mir scheint diese Lehre nicht so schwierig zu erfassen.

Meister: Nur gemach! Ich gab dir die ersten und einfachsten Grundbegriffe. Ich will deine Auffassungsfähigkeit gleich prüfen. Statt mit meinem Zeigefinger den Kreisumfang zu durchlaufen, versuche ich sofort eine Sinusschwingung mit dem Finger auf und ab zu vollführen.

Schüler: Ich erkenne die Schwingung wohl.

Meister: Bist du aber sicher, daß es genaue Sinusschwingungen sind? Könnte ich nicht in der Mitte zu schnell, oder oben zu langsam den Finger bewegen?

Schüler: Ach so; nun verstehe ich erst ganz, warum ihr mir die Projektionen zeigtet. Es ist eine gleichförmige Bewegung im Kreise

herum wohl ziemlich leicht auszuführen, dagegen fehlt beim unmittelbaren Auf- und Abgehen der Zeitmaßstab.

Meister: So ist es. Wir gingen von der gleichförmigen Zeit-
führung aus. Nun weiter. Wenn mein Finger auf- und abgeht und es
wäre eine genaue Sinusführung, dann decken sich doch alle Phasen der
verschiedenen aufeinander folgenden Schwingungen; wenn ich drei oder
vier vollführt habe, so bleibt als gezeichnete Spur auf dem Papier nur
ein Strich zurück. Jetzt werde ich nochmals Schwingungen mit der
Spitze des Bleistiftes ausführen, du aber sollst bestimmen, ob meine
Hand richtige Sinusschwingungen ausgeführt hat.

Schüler: Wie soll ich das zustande bringen?

Meister: Viel einfacher als du glaubst. Während ich auf und
ab gehe auf ein und derselben Stelle, ziehe du das Papier langsam
hinweg, aber mit gleichförmiger Geschwindigkeit.

Schüler: Das ist schön! Es sind drei Sinuswellen entstanden!

Meister: Das nennt man das räumliche Abbild eines zeitlichen Vorganges.

Schüler: Die Wellen sind aber lange nicht so schön, wie unsere
früheren. Ihr habt also keine genaue Sinusschwingung ausgeführt.

Meister: Gemach! Vielleicht ist nicht meine Bewegung an der
Unschönheit schuld.

Schüler: Sondern die meinige. Wahrscheinlich sind wir beide
daran beteiligt.

Meister: Diese doppelte Mangelhaftigkeit wird vermieden, wenn
statt deiner Handbewegung eine Maschine eine wirklich gleichförmige
Bewegung vollführt. Nur dann könnte meine Handbewegung beurteilt
werden. Anders könnte statt meiner Hand eine elastische Feder
schwingen, und wenn du das Papier hinweg ziehst, könnte deine Bewegung beurteilt werden. Schön fallen die Linien nur dann aus, wenn
beide Unfähigkeiten ausgeschlossen werden. Überlege dir gründlich die
Formeln des räumlichen Vorganges:

$$y = a . sin\, 2 . \pi\, x / l$$

und die des zeitlichen Vorganges:

$$y = a . sin\, 2 . \pi\, t / T.$$

Schüler: Jene ist eine Welle, diese eine Schwingung. Ich
fühle mich heute wunderbar gehoben durch diese Erweiterung meines
Horizontes!

Meister: Aus der Fig. 9 (S. 24) erkennst du, daß aus einem
Cosinuswert sogleich der Sinus gefunden werden kann, denn wir fanden:

$$c^2 + s^2 = r^2 \quad . \quad . \quad . \quad . \quad . \quad . \quad . \quad (1)$$

Dividiere nun beide Seiten durch r.

Schüler: Es wird $\dfrac{c^2}{r^2} + \dfrac{s^2}{r^2} = 1$, also:

$$sin^2 w + cos^2 w = 1 \quad . \quad . \quad . \quad . \quad . \quad . \quad (2)$$

Meister: Und auch

$$sin\, w = \sqrt{1 - cos^2 w} \quad . \quad . \quad . \quad . \quad . \quad (3)$$

und

$$cos\, w = \sqrt{1 - sin^2 w} \quad . \quad . \quad . \quad . \quad . \quad (4)$$

ferner war $t:r = s:c$. Dividiere alle vier Glieder durch r.

Schüler: Es wird $t/r : 1 = s/r : c/r$.

Meister: Den Wert t/r nennt man Tangente des Winkels w. Eigentlich ist die Tangente, d. h. die Berührungslinie, unendlich lang, hier aber beschränkt man das Wort auf die Strecke t, die durch den Leitstrahl begrenzt wird. Setze $t/r = tang\, w$.

Schüler: Es wird

$$tang\, w = \frac{sin\, w}{cos\, w}. \quad . \quad . \quad . \quad . \quad . \quad . \quad (5)$$

Meister: Die beiden Gleichungen (2) und (5) muß man immer zur Hand haben. Die Tangente kann auch aus dem Sinus berechnet werden.

Schüler: Es wird

$$tang\, w = \frac{sin\, w}{\sqrt{1 - sin^2 w}}. \quad . \quad . \quad . \quad . \quad (6)$$

Meister, hier kommen Potenzen und Wurzeln vor. Wollt ihr mir über diese einige Andeutungen geben, da ich keine genügenden Kenntnisse darin besitze?

Meister: Gern, aber mehr können wir davon nicht vornehmen, als andeuten, welche Kenntnisse die allernotwendigsten sind. Eine Übung im Algebrarechnen mußt du dir ernstlich vornehmen. Zum Schlusse unserer mathematischen Betrachtungen wollen wir also die Potenzen und deren beide Umkehrungen, die Wurzeln und Logarithmen, betrachten.

Schüler: Von Logarithmen weiß ich noch gar nichts.

Meister: Ihre praktische Verwendung ist äußerst wichtig und gar nicht schwierig.

Schüler: An Übung will ichs nicht fehlen lassen.

Meister: Es kommt oft eine und dieselbe Zahl als Faktor in einem Produkt vor. Es sei z. B. $2 \times 2 \times 2 \times 2 \times 2$ oder 3×3 gegeben. Solche Produkte nennt man Potenzen, man schreibt sie einfacher: 2^5 und 3^2. Der wiederholt vorkommende Faktor, 2 oder 3, heißt Grundzahl und die oben hingeschriebene Zahl, 5 oder 2, heißt Exponent der Potenz.

Schüler: Die Potenz besteht also aus gleichen Faktoren gleich der Grundzahl und der Exponent zeigt an, wie oft der Faktor zu nehmen ist.

Meister: Richtig. Man hüte sich besonders, den Exponenten als Faktor anzusehen. Rechne dir einige Potenzen aus, z. B. 2^{10}, und wenn du mehr Zeit hast, auch 2^{64}, eine vielgenannte Zahl.

Schüler: Inwiefern ist sie vielgenannt?

Meister: Laß dir einmal eine Geschichte erzählen, die in Persien spielte, wo ein Schlaukopf eine Belohnung vom Schah sich erbat. Auf das erste Feld des Schachbrettes sollte ein Korn kommen, auf das zweite zwei Körner, aufs dritte das Doppelte usf., immer das Doppelte vom vorhergehenden.

Schüler: Das wäre also 1, 2, 2^2, 2^3, 2^4 usf. Körner bis 2^{63}.

Meister: Alle diese Körnerhaufen vom zweiten bis zum letzten betragen zusammen 2^{64} Körner. Versuche zu schätzen, wieviel Tonnen Korn das sind; heute dürfen wir uns damit nicht aufhalten.

Schüler: Ihr nanntet vorhin auch die Wurzeln. Ich weiß, daß, wenn $2^4 = 16$ ist, 2 die vierte Wurzel aus 16 ist; man schreibt $2 = \sqrt[4]{16}$.

Meister: Gut. Eine Wurzel ist also die Zahl, die als Faktor gedacht werden muß, um eine gegebene Zahl als Potenz darzustellen.

Schüler: So ist auch 3 die zweite Wurzel aus 9 oder die Quadratwurzel; $3 = \sqrt{9}$.

Meister: Kannst du den Inhalt eines Würfels angeben, wenn ich dir die Länge einer Seite gebe?

Schüler: Es ist der Inhalt gleich der dritten Potenz der Seite.

Meister: Und umgekehrt?

Schüler: Die Seite ist die dritte Wurzel aus dem Inhalt.

Meister: Wichtig sind die Potenzen von 10, schreibe sie hin.

Schüler: $10^1 = 10$, $10^2 = 100$, $10^3 = 1000$ usf.

Meister: Und $10^6 =$ Million, $10^9 =$ Milliarde, $10^{12} =$ Billion. Wir gehen nun auf Buchstaben über und schreiben $a^n = b$.

Schüler: Also ist a die Grundzahl, n der Exponent und b die Potenz.

Meister: Aus je zwei dieser Größen a, b und n kann immer die dritte berechnet werden.

Schüler: Das kenne ich: Es ist a die $n$te Wurzel aus b oder $a = \sqrt[n]{b}$, und wenn a und n gegeben sind, findet man b durch Multiplikation. Wenn aber a und b gegeben sind?

Meister: Hier stockst du! Dann ist n der Logarithmus von b für die Grundzahl a.

Schüler: Vorhin nanntet ihr, wenn $a^n = b$ ist, die Zahl n Exponent und jetzt Logarithmus.

Meister: Alle drei Größen haben doppelte Namen, je nachdem sie gegebene oder gesuchte Größen sind. So heißt a Grundzahl und wenn sie gesucht wird: Wurzel; n heißt Exponent und wenn gesucht: Logarithmus, b heißt Potenz und wenn gesucht: Numerus. Vorhin hatten wir die Potenzen von 10 hingeschrieben. Wenn nun der Logarithmus von 100 gleich 2 und der von 1000 gleich 3 ist, so liegen alle Logarithmen für Zahlen von 100 bis 1000 zwischen 2 und 3.

Schüler: Dann müssen es Brüche sein. Diese zu bestimmen, muß wohl schwierig sein.

Meister: Dazu sind freilich höhere Rechnungen nötig; man hat aber Logarithmentafeln zusammengestellt, in denen zu jeder Zahl b sofort der Logarithmus hingeschrieben steht, und zwar nur für die Grundzahl 10. Fürs praktische Rechnen mit Logarithmen genügt nämlich diese eine Grundzahl, woraus du ersiehst, daß n eine Funktion von b allein wird und umgekehrt b eine Funktion von n allein. Unter dem Logarithmus einer Zahl versteht man also immer nur den Exponenten für diese Grundzahl 10. Um dir nun eine Vorstellung vom Rechnen mit Logarithmen zu geben, zeige ich dir kurz einige Lehrsätze. Wir können uns dabei beschränken auf Potenzen mit einer und derselben Grundzahl a. Wie multipliziert man zwei Potenzen a^m und a^n miteinander?

Schüler: Es ist $a^m . a^n = a^{m+n}$; aber ich weiß nicht warum.

Meister: Nun das ist einfach genug: Es ist:

$$a^m = a.a.a.a\ldots (m\,\text{mal}) \quad \ldots \ldots \quad (7)$$

$$a^n = a.a.a.a\ldots (n\,\text{mal}) \quad \ldots \ldots \quad (8)$$

also

$$a^m . a^n = a.a.a.a\ldots (m+n)\,\text{mal,}$$

also

$$a^m . a^n = a^{m+n} \quad \ldots \ldots \ldots \quad (9)$$

Spezieller ist $10^m . 10^n = 10^{m+n}$.

Setzen wir nun eine gegebene Zahl $g = 10^m$ und $h = 10^n$, und suchen $g.h$. Wie groß ist nun der Logarithmus von $g.h$?

Schüler: Der ist gleich $m+n$.

Meister: Wie findest du den Logarithmus von g und den von h?

Schüler: Die finde ich wohl in den Tafeln. Ich kann sie niederschreiben und sodann addieren.

Meister: Nun suche zur Summe $m+n$ in derselben Tafel den Numerus auf, was gibt dir der?

Schüler: Der gibt mir $g.h$.

Meister: Blicke noch einmal auf die Gleichungen (7) und (8). Soll a^m durch a^n dividiert werden, so heben sich so viele Faktoren a

3*

auf, als der eine, der den kleineren Exponenten hat, anzeigt, und wie
viele bleiben übrig?

Schüler: Es bleiben $m - n$ nach, also wäre die Regel bewiesen:
$a^m : a^n = a^{m-n}$. Ich könnte also zu $m - n$ den Numerus aufschlagen
und die Division wäre fertig.

Meister: Jawohl. Von Vorteil ist diese Rechnung besonders dann,
wenn viele Faktoren im Zähler und vielleicht auch noch im Nenner
vorliegen, z. B. es sei $x = \dfrac{a \cdot b \cdot c}{d \cdot e}$ auszurechnen, so schreibt man:
$log\, x = log . a + log . b + log\, c - log . d - log . e$ und findet sofort zu
dem erhaltenen $log . x$ den Numerus, der gleich dem gesuchten x ist.

Schüler: Ich verspüre große Lust, mich darin zu üben. Kann
man nicht Sinus und Cosinus auch ähnlich berechnen?

Meister: Jawohl; dazu gibt es Tafeln der Logarithmen von Sinus
und Cosinus. Wie würdest du $a\, sin\, w$ berechnen?

Schüler: Da hätte ich die beiden Logarithmen, den von a und
von $sin\, w$, aufzuschreiben, zu addieren und für ihre Summe den Numerus
zu suchen.

Meister: Richtig. Fasse nun zusammen, was wir heute besprochen haben, damit wir morgen sogleich Neues vornehmen können.

Schüler: Die Winkelmessung durch geradlinige Strecken führte
uns zu den Funktionen Sinus, Cosinus und Tangente. Erstere erkannten
wir als Projektionen des Halbmessers.

Meister: Diese Projektionen nannten wir Sinus- und Cosinuslinien.

Schüler: Ach ja, die Verhältnisse zum Halbmesser hießen Sinus
und Cosinus. Ihre Werte schwanken zwischen $+ 1$ und $- 1$; es war
stets $cos^2 w + sin^2 w = 1$ und $tang\, w = \dfrac{sin\, w}{cos\, w}$.

Meister: Hieraus folgt, daß $log\, tang\, w = log\, sin\, w - log\, cos\, w$ ist;
trotzdem hat man auch Tafeln für $log\, tang$. Die Tangente kommt
übrigens in der Physik niemals als periodische Funktion vor, weil sie
schon im ersten Quadranten von 0 bis unendlich wächst.

Schüler: Das habe ich erkannt, als ich versuchte, Tangenten für
Winkel von 80° und mehr zu verzeichnen; für 90° wird sie unendlich lang.

Meister: Das ersieht man auch aus der Gleichung $tang\, w = \dfrac{sin\, w}{cos\, w}$;
setze die Werte ein.

Schüler: Ich finde $tang\, 90° = 1/0$.

Meister: Nun und was ist das?

Schüler: Das kann man nicht berechnen.

Meister: Solch ein Ausdruck 1/0 kommt sehr oft vor, der Wert ist unendlich; wir haben dafür das Zeichen ∞. Verstehst du, daß $1 : 1/a = a$ ist?

Schüler: Allerdings; z. B. $1 : \frac{1}{10}$ ist $= 10$.

Meister: Also je kleiner der Bruch, den du in 1 dividieren sollst, um so größer wird der Quotient.

Schüler: Ich sehe ein, daß der Quotient a ohne Ende wachsen muß, da a immerfort zunimmt und $1/a$ nahe 0 wird.

Meister: Welche Begriffe schlossen wir an die Potenz an?

Schüler: Wir fanden die Doppelnamen Grundzahl, oder, wenn gesucht, Wurzel, Exponent oder Logarithmus, Potenz oder Numerus. Zuletzt gabt ihr die Regeln der Multiplikation und Division mit Hilfe von Logarithmen.

Meister: Wir werden z. B. die Fliehkraft kennen lernen: $F = \dfrac{m \cdot v^2}{r}$. Wie würdest du sie berechnen?

Schüler: Ich nehme zunächst die drei Logarithmen und schreibe $log F = log\, m + log\, v^2 - log\, r$.

Meister: Statt $log\, v^2$ schreibe $2\, log\, v$ nach folgender Regel: Der Logarithmus einer Potenz ist gleich dem Exponenten mal dem Logarithmus der Grundzahl.

Schüler: Also $log\, (a^n) = n\, log\, a$, mithin $log\, v^2 = 2\, log\, v$; das ist schön!

Meister: Hier habe ich dir eine Logarithmentafel mitgebracht (s. Anhang am Schluß des Bandes). Die Bestimmung der Stellen, besonders auch beim Rechnen mit Dezimalbrüchen, wird dir noch schwierig vorkommen. Doch wollen wir hierauf nicht eingehen, du mußt dich an einen mathematisch begabten Kameraden wenden. Schließlich will ich noch erwähnen, daß wir meist bei Schätzungen die Logarithmen anwenden. Die genaue Auswertung von Produkten, wobei man alle Stellen haben will, macht man lieber durch gewöhnliche Multiplikation; aber auch da gibt es ein rasches Verfahren. Seien noch so viele Stellen miteinander zu multiplizieren, immer muß man gleich das Resultat hinschreiben und alle Zwischenrechnungen im Kopfe ausführen.

Schüler: Wie ist das möglich?

Meister: Das ist viel leichter, als es erscheint.

Schüler: Wenn also z. B. 2346 mit 7108 zu multiplizieren ist, so macht ihr keine Zwischenrechnung?

Meister: Doch ja, ich schreibe aber nichts davon auf, sondern finde sofort 16 675 368. Nun rechne nach, ob es stimmt.

Schüler: Es stimmt wirklich. Das, Meister, müßt ihr mir auch beibringen.

Meister: Gerne. Hier hast du noch den Schlüssel zur Multiplikation. Es ist:

$$(a + b + c + d)(e + f + g) = d.g + (c.g + d.f) + (bg + cf + de)$$
$$+ (ag + b.f + c.e) + (af + be) + ae$$

oder im Zehnersystem:

$$(a.1000 + b.100 + c.10 + d)(e.100 + f.10 + g) = (d.g)1$$
$$+ (c.g + d.f)10 + (b.g + c.f + d.e)100 + (a.g + b.f + c.e)1000$$
$$+ (a.f + b.e)10000 + a.e.100000.$$

Was hier in Klammern geschlossen ist, kann leicht im Kopfe ausgerechnet werden. Es verlangt ein wenig Übung, in richtiger Folge die Stellen zu gruppieren. Genügt dir diese Andeutung nicht, so wende dich wieder an deinen Freund. Nimm als Beispiel erst zweistellige Zahlen, dann drei- und mehrstellige, dann auch ungleiche Anzahl von Stellen.

Schüler: Hier findet sich noch ein Plätzchen für ein Zahlenbeispiel. Bitte!

Meister: Die Fläche eines Kreises mit dem Halbmesser gleich 5 Zent soll in 75 Teile geteilt werden.

Schüler: Dann ist $x = \dfrac{\pi.5^2}{75}$. Da $\pi = 3{,}14$ ist, brauche ich diese Zahl nur durch 3 zu teilen.

Meister: Dadurch erleichtere ich dir die Prüfung der logarithmischen Ausrechnung. Man schreibt:

$$log\, 3{,}14 = 0{,}4969$$
$$2\, log\, 5 = 1{,}3980$$
$$\text{D. E. } log\, 75 = 0{,}1249 - 2$$
$$\overline{log\, x = 2{,}0198 - 2 \quad = 0{,}0198}$$
$$x = \text{Num. } 0{,}0198 = 1{,}0467$$

Schüler: Was bedeutet D. E.?

Meister: „Dekadische Ergänzung". Der $log\, 75$ ist $= 1{,}8751$. Statt diese abzuziehen, addiert man deren Ergänzung zur nächsten ganzen Zahl 2. Überlege, daß das Abziehen von 1,8751 dasselbe gibt, wie das Hinzufügen von 0,1249, wenn 2 Ganze negativ hinzugefügt werden.

II. Topische Mechanik.

1. Begriff der Abstraktion. Kraft. Parallelogramm. Geneigte Ebene. Arbeit.

Meister: Heute will ich dich mit einem Fremdwort von besonderer Wichtigkeit bekannt machen. Kennst du die Worte: Abstraktion, abstrahieren, abstrakt?

Schüler: Gehört habe ich sie wohl, aber ich bitte um eine Erklärung.

Meister: Die Worte sind lateinisch; „ab" und „abs" ist dasselbe, wie das deutsche „ab", im Sinne von „fort"; „trahere" heißt „ziehen". Abstrahieren also „abziehen" im Sinne von „fortnehmen" oder „absehen". Die Vorgänge in der Natur sind nämlich immer sehr verwickelt; wer sie erklären will, muß sich die Aufgabe vereinfachen und das gelingt durch „Abstraktion", d. h. durch Fortnehmen oder besser durch Außerachtlassen gewisser Eigenheiten.

Schüler: Bitte, gebt ein Beispiel.

Meister: Du sollst gleich eins der wichstigsten erhalten. Wir sprachen schon davon, daß jeder Körper einen Raum einnimmt und Masse hat.

Schüler: Diesen Raum nannten wir Volumen.

Meister: Jawohl. Nun wollen wir vom Volumen absehen und doch von Körpern sprechen, die nur Masse haben; wir nennen sie Massenpunkte.

Schüler: Kann es denn solche geben?

Meister: Danach fragen wir gar nicht. Es ist eine abstrakte Vorstellung zwecks einfacherer Betrachtung.

Schüler: Wie kann das richtig und zweckmäßig sein, was in der Natur nicht vorhanden ist?

Meister: Auf Grund dieser Abstraktion sind ganze Wissenschaften herangebildet worden. Die Astronomie z. B. nimmt zunächst die Sonne, die Erde, den Mond als Massenpunkte an; sie untersucht deren Bewegungen im Weltenraume und abstrahiert von der Gestalt.

Schüler: Aber die Erde dreht sich doch um ihre Achse. Als Punkt genommen ist ihre Drehung nicht mehr vorstellbar.

Meister: Sehr richtig. Die Abstraktion ist nicht so zu fassen, als wäre das Volumen und ihre Gestalt geleugnet. Du hast selbst ein treffendes Beispiel herangezogen. Spricht man von der Jahresbewegung der Erde, so abstrahiert man von ihrer Gestalt. Geht man weiter und betrachtet die Tageserscheinungen, so faßt man die Erde als Kugel und abstrahiert von der mannigfachen Gestaltung der Oberfläche. Aber auch diese Abstraktion läßt man wieder fallen, sobald man auf Geographie übergeht.

Schüler: Jetzt merke ich wohl die Wichtigkeit und könnte mir in der Geographie weitere Abstraktionen ausdenken.

Meister: So abstrahiert man von den Bewohnern, betrachtet nur ihre Oberfläche als fest, flüssig und gasförmig.

Schüler: Ist sie auch gasförmig?

Meister: Wir atmen doch.

Schüler: Ja so, ich hatte die Luft vergessen.

Meister: Du hattest von ihr abstrahiert, ohne es zu wollen.

Schüler: Nun bin ich vollständig beruhigt und warte auf die Massenpunkte.

Meister: Wir beginnen also mit der abstrakten Mechanik. Statt des Wortes „abstrakt" gebrauche ich gern einen anderen Ausdruck. Ich nenne diesen Wissenszweig „Topische Mechanik". „Topos" ist ein griechisches Wort und bedeutet „Ort", hier in dem Sinne von Punkt gedacht. Während nämlich „abstrakt" nur andeutet, daß man von Eigenheiten absieht, zeigt das Beiwort „Topisch" an, daß wir von Massenpunkten reden wollen.

Schüler: Dann folgt wohl auf die topische Mechanik eine andere Wissenschaft, die die Eigenheiten aufnimmt, von denen abstrahiert worden war?

Meister: Jawohl. Die nach der einfachsten topischen Mechanik aufgebaute Wissenschaft nenne ich „Molare Mechanik". „Moles" heißt „Masse". Auch diese enthält viele Abstraktionen. Sucht man immer tiefer die Körperwelt auszugestalten, so arbeitet man in der „Molekularen Mechanik". Die molare Mechanik sucht den Zustand der Körper zu beschreiben; das aber ist ohne Abstraktionen anderer Art gar nicht ausführbar. Der Versuch, die Eigenheiten der Körper immer gründlicher zu erforschen, führt zur „molekularen Mechanik". Die kleinsten Teilchen der Körper nennt man „Molekeln".

Schüler: Dann wäre die molekulare Mechanik die letzte und am wenigsten abstrakte Art der Fassung.

Meister: Richtig. Sie bildet ein unbegrenztes Wissensgebiet. Laß uns nun mit der topischen Mechanik beginnen. Das Wesen der Kraft besteht darin, Bewegung zu erzeugen. Wir unterscheiden dabei, ob eine Kraft beharrlich wirkt oder ob sie nur augenblicklich einen

Antrieb erzeugt. Eine beharrlich wirkende Kraft ist z. B. die Schwere. Solche Kräfte kann man Fernkräfte nennen. Augenblicklich auftretende Kräfte nennen wir Stoßkräfte. Bei diesen nehmen wir an, daß in einem Augenblick einem Massenpunkt, den wir A nennen wollen, eine Geschwindigkeit erteilt wird. Wir erhalten ein Bild von den Stoßkräften, wenn wir den Weg hinzeichnen, den A etwa in einer Sekunde zurücklegen würde. Die Linie AB (Fig. 14) hat eine Richtung, gerade so wie auch die Kraft; wir bringen bei B eine Pfeilspitze an, um anzudeuten, daß A den Stoß nach B hin erhält. Die Stärke des Stoßes deuten wir durch die Länge der Linie AB an. Was wird nun geschehen nach dem Ende der ersten Sekunde?

Schüler: Der Punkt wird von B aus weiterfliegen.

Meister: Richtig, und mit unveränderter Geschwindigkeit, denn es ist kein zureichender Grund angegeben für die Änderung seines Bewegungszustandes.

Schüler: Mir scheint, daß ihr von der Luft abstrahiert?

Meister: Und auch von der Schwere. Wir denken uns einen Raum, der der Bewegung keinen Widerstand entgegensetzt.

Schüler: Jetzt besinne ich mich darauf, daß man solch eine fortdauernde Bewegung „Gesetz der Trägheit" nannte; es wollte uns gar nicht einleuchten, warum eine fortgesetzte Tätigkeit Trägheit sein sollte.

Fig. 14.

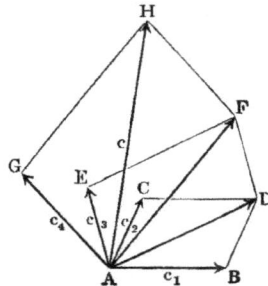

Meister: Fortgesetzte Bewegung ist keine Tätigkeit. Trägheit ist ein bildlicher Ausdruck für das Beharren in demselben Zustande. Du magst dabei denken, der Körper sei zu träge, die Bewegung zu ändern. Galilei hat das zuerst erkannt und damit einen großen Erkenntnisfortschritt erzielt. Wenn nun Stoßkräfte in verschiedener Richtung und Stärke auf A wirken, wie AB und AC, was wird dann geschehen?

Schüler: Des erinnere ich mich wohl. Ich ziehe BD parallel AC und CD parallel AB. Der Schnittpunkt D mit A verbunden gibt dann die Bewegung von A an. Diesen Satz nannten wir das „Parallelogramm der Kräfte".

Meister: Oder der „Geschwindigkeiten". Wie ist es nun, wenn der Winkel zwischen AB und AC immer kleiner wird?

Schüler: Dann wird AD immer größer und wenn AB und AC zusammenfallen, ist $AD = AB + AC$, weil gleich $AB + BD$ geworden.

Meister: Wenn aber AB und AC immer mehr voneinander abweichen?

Schüler: Dann wird AD immer kleiner und am kleinsten, wenn AB und AC um 180° voneinander abweichen. Es ist dann so, als käme nur eine Kraft $AB - AC$ zustande.

Meister: Wenn aber jetzt noch $AB = AC$ ist, so tritt ein neuer wichtiger Fall ein.

Schüler: Die Stoßkräfte heben sich auf und A bleibt in Ruhe.

Meister: Beachte stets diesen wichtigen Satz: Wenn zwei gleiche Kräfte in entgegengesetzten Richtungen auf einen Punkt wirken, so bleibt er in Ruhe. Wo ist die Gegenkraft?

Schüler: Mir scheint das so selbstverständlich, daß ich nicht begreife, warum ihr den Satz wichtig nennt.

Meister: Das will ich dir zeigen: Ich sage: ist eine Kraft da, so muß sie wirken; tut sie es nicht, so muß eine Gegenkraft vorhanden sein, die sie aufhebt. Wir sitzen hier auf einem Kreidefelsen und wissen, daß wir schwer sind. Dennoch fallen wir nicht, sondern verharren in Ruhe. Wo ist die Gegenkraft?

Schüler: Der Felsen ist davor und verhindert unseren Fall.

Meister: Richtig, aber diese Verhinderung muß in einer Gegenkraft Ausdruck finden, die unserem Gewichte gleich ist, sonst könnten wir nicht in Ruhe bleiben. Du findest keine Antwort. Nun, der Felsen übt die Gegenkraft aus. Ich nehme einen Stein; strecke deinen Arm aus. Ich lasse den Stein auf deinen Arm nieder; nun soll er in Ruhe beharren.

Fig. 15.   Fig. 16.

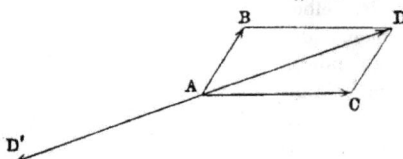 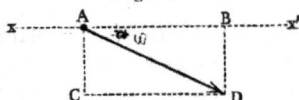

Schüler: Ich verspüre den Gegendruck, den ich ausüben muß. Aber wie macht es der Felsen?

Meister: Das behandeln wir später. Vorläufig denken wir uns, er werde zusammengedrückt und es entstehen elastische Widerstandskräfte, die zunehmen, bis Gleichgewicht gegen unser Gewicht eintritt. — Nun nehmen wir wieder an, es wirken zwei beliebige Kräfte AB und AC auf den Punkt A. Durch welche Kraft könnten wir beiden Kräften das Gleichgewicht halten? Du stockst. Vorhin gabst du mir richtig die Resultante AD an.

Schüler: Ach so; ja dann bringe ich eine Kraft gleich AD' (Fig. 15) in entgegengesetzter Richtung an A an.

Meister: Besonders häufig ist der Fall, wo AB und AC einen rechten Winkel miteinander einschließen.

Schüler: Ich zeichne (Fig. 16) in die Kreide AB und AC und finde wie früher AD. Jetzt aber ist $AD^2 = AB^2 + AC^2$.

Meister: Gut. In Fig. 14 überlege, wie man mehrere Kräfte zu einer Resultante AH vereinigt. — Wie wir Kräfte zusammengesetzt haben, so muß oft eine gegebene Kraft in zwei andere zerlegt werden. Es sei die Richtung dieser beiden bekannt, wie findet man ihre Stärken?

Schüler: Wenn (Fig. 15) AC und AB nur der Richtung nach gegeben sind, so kann man, wenn AD gegeben ist, durch D Parallellinien zu AB und AC ziehen und das Parallelogramm ist wieder da. Die gesuchten Kräfte sind jetzt AB und AC.

Meister: Kehre nun zurück zur vorigen Fig. 16. Denke dir, AD sei wieder gegeben, AC und AB auch der Richtung nach; sie bilden aber miteinander den Winkel von 90°.

Schüler: Dann ist ja $AB = AD \cdot \cos w$ und $AC = AD \cdot \sin w$, denn AB und BD sind einander gleich.

Meister: AB und AC nennt man die Projektionen von AD auf die gegebenen Richtungen. Jetzt sei AD eine „Geneigte Ebene", die man gewöhnlich — aber schlecht — „Schiefe Ebene" nennt. Der Massen-punkt S übt infolge seiner Schwere einen Druck aus $= SG$ (Fig. 17). Er soll in Ruhe verharren.

Fig. 17.

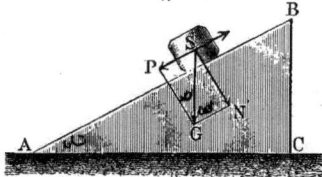

Schüler: Dann muß eine Kraft der Richtung SP entgegenwirken.

Meister: Richtig; die Kraft SG muß zunächst in zwei Komponenten zer-teilt werden, deren Richtungen parallel AB und senkrecht darauf zu nehmen sind.

Schüler: Dann habe ich ja die Projektionen zu bilden; es wird

$$SP = SG \cdot \sin w \quad \text{und} \quad SN = SG \cdot \cos w.$$

Meister: Der Winkel SGP ist gleich BAC, also ist

$$\sin w = PS/SG = BC/AB = h/l,$$

wenn h und l Höhe BC und Länge AB der geneigten Ebene sind.

Schüler: Also ist $SP : SG = h : l$. Wenn ich die Ebene stärker neige, so wird SP proportional der Höhe sich ändern.

Meister: Nun will ich dir einen neuen Begriff erläutern, der grundlegend für die ganze Physik ist. Die Überwindung einer Kraft durch Fortrückung ihres Angriffspunktes nennt man „Arbeit". Sie wird bestimmt durch das Produkt der Kraft in die Strecke, um die der Angriffspunkt zurückgedrängt wird.

Schüler: Die Arbeit ist also proportional der Kraft und zugleich der Strecke?

Meister: Richtig, verwechsele nur nicht diese Strecke mit der Strecke SG, die ein Bild der Kraft war; ein Bild für das, was eintreten würde, wenn die Bewegung erfolgt. Hier aber sprechen wir von einer Gegenkraft, die jene überwindet. Sie schiebt den Angriffspunkt zurück um eine beliebige Strecke s, daher setzen wir Arbeit $A = k.p.s.$ Wir finden hier zwei bekannte Begriffe p und s zu einem Produkt vereinigt, daher wird A eine neue Qualität sein; das ist die Arbeit. Wir dürfen für diese ein beliebiges Einheitsmaß einführen; am einfachsten setzen wir $k = 1$ und es wird nun die Arbeit

$$A = p.s.$$

Schüler: Die Einheit von s sind Zentimeter, aber die von p kenne ich noch nicht.

Meister: Ganz richtig. Die Krafteinheit heißt „Dyne", nach dem griechischen „Dynamis", Kraft, gebildet. Sagen wir statt Zentimeter Zent, so wird die Einheit der Arbeit ein Dynenzent, d. h. eine Dyne mal einem Zent. Dieser Name ist indes nicht gebräuchlich, man hat statt dessen die noch kürzere Benennung „Erg" eingeführt.

Schüler: Ein Erg oder Dynenzent ist also die Arbeit, die zu verrichten ist, wenn ein Massenpunkt mit der Kraft einer Dyne über die Strecke von 1 Zent geführt wird.

Meister: Hiermit wollen wir heute schließen und morgen dieselben Fragen weiter ausspinnen.

2. Schwere. Beschleunigung und deren Einheit. Fall der Körper. Gewicht. Energie. Deren Einheiten.

Schüler: Gestern, Meister, spracht ihr von der Notwendigkeit von Abstraktionen bei aller Naturbetrachtung. Dann unterschiedet ihr topische, molare und molekulare Mechanik. Wir betrachteten Stoßkräfte und solche, die beständig Bewegung erzeugen. Wir bildeten die Kräfte durch Linien ab. Ihr erläutertet das Parallelogramm der Kräfte und Spezialfälle, insbesondere auch Bedingungen des Gleichgewichtes.

Meister: Versäume nicht, dir später einmal die bezüglichen Formeln anzueignen, dazu gebe ich dir dieses Blatt mit (Anhang A, S. 91).

Schüler: Ihr spracht ferner von der Zerlegung einer gegebenen Kraft in zwei Kräfte, speziell auch von den Projektionen auf zwei zueinander senkrechte Ebenen. Der Widerstand fester Körper äußert sich immer senkrecht zur Berührungsfläche.

Meister: Eine gegebene Kraft, genannt „Resultante", kann man nach Belieben immer aus zwei Kräften, genannt „Komponenten", zusammensetzen. Man wählt die Richtungen so, wie die Aufgabe es verlangt.

Schüler: Zuletzt stelltet ihr den Begriff der Arbeit auf als Produkt von Kraft und Weg.

Meister: Von Stoßkräften waren wir ausgegangen. Heute wollen wir von beschleunigenden Kräften reden. Darunter verstehen wir solche, die beständig wirken.

Schüler: Und die Schwere verhält sich so.

Meister: Richtig. Die Schwerkraft müssen wir umsichtig und gründlich behandeln, weil sie nicht nur an sich von hervorragender Bedeutung ist, sondern auch weil wir an ihr ein Beispiel und Vorbild haben für viele andere physikalische Erscheinungen, namentlich im Gebiete der Elektrizität. Die Aufgabe bietet namhafte Schwierigkeiten dar. Hast du diese überwunden, so magst du dir großen Gewinn davon versprechen.

Schüler: Am guten Willen soll es mir nicht fehlen.

Meister: Wir sprechen wieder nur von Massenpunkten, die von der Erde angezogen werden.

Schüler: Diese Abstraktion bereitet mir keine Sorge.

Meister: Wird ein Massenpunkt m von der Erde angezogen, so äußert sich die Kraft durch Erzeugung von Geschwindigkeit, deren Betrag wir mit v bezeichnen wollen. Ich sage nun, die erste und einfachste Annahme sei die, daß die Geschwindigkeit v gleichförmig zunimmt, d. h. sie wächst in jeder Sekunde um den gleichen Betrag an. Zu der bereits vorhandenen Geschwindigkeit wird immerfort ein in jeder Sekunde gleich großer Betrag hinzugefügt.

Schüler: Ist dann die Geschwindigkeit v nicht proportional der Zeit?

Meister: Jawohl. Nenne die Zeit t und wähle den Buchstaben g für die Proportion.

Schüler: Es ist $v = g.t$. Aber was ist dieses g? Ich denke, es muß eine neue Qualität sein?

Meister: Gut und aus welchen bekannten Qualitäten?

Schüler: Aus Geschwindigkeit und Zeit, deren Einheiten Cel und Sekunde sind.

Meister: Und was ist nun g?

Schüler: Es ist $g = v/t$ oder $g = v$, wenn $t = 1$ Sekunde.

Meister: Nun entschließe dich doch, die Qualität von g zu bezeichnen.

Schüler: Es ist die von Geschwindigkeit und Zeit und die Einheit ist Cel/Sekunde.

Meister: Richtig. Wir sagen, g sei die in der Sekunde erzeugte Geschwindigkeit.

Schüler: Ist denn das nicht die Qualität Geschwindigkeit?

Meister: Durchaus nicht, denn Geschwindigkeit ist Weg durch Sekunden, also der Zeiteinheitsweg; hier aber haben wir bei der Kraft die erzeugte Zeiteinheitsgeschwindigkeit, und da Geschwindigkeit schon Weg durch Zeit ist, können wir sagen: Beschleunigung ist Weg durch Zeit mal Zeit.

Schüler: Ich bekenne, daß ich den Unterschied noch nicht erfasse.

Meister: Beim Stoß war angenommen, daß im Augenblick der Körper eine Geschwindigkeit erlangt habe, die unverändert fortbesteht. Hier aber erzeugt die Schwere in einer Sekunde eine Geschwindigkeit von g Cel, in zwei Sekunden von $2\,g$ Cel usf., in t Sekunden von $g.t$ Cel. Fassen wir in Gedanken den Massenpunkt am Ende einer gewissen Zeit auf und nehmen an, es höre plötzlich der Einfluß der Schwere auf, so können wir die bis dahin erlangte Geschwindigkeit eine „Endgeschwindigkeit" nennen. Diese Bezeichnung ist auch zutreffend, wenn die Schwere nicht plötzlich aufhört. In diesem Falle suchen wir den Bewegungszustand des fallenden Körpers in einem Zeitmomente uns in Gedanken vorzustellen. Wir sagen, wenn auch die Schwere den Punkt m noch weiter beschleunigt, so erfassen wir die Endgeschwindigkeit nur dann richtig, wenn wir uns den Zeiteinheitsweg vorstellen, den m zurücklegen würde, wenn die Schwere plötzlich aufhörte.

Schüler: Ich glaube, das Wort Endgeschwindigkeit macht den Sachverhalt besonders deutlich.

Meister: Welchen Namen soll nun die Qualität bekommen?

Schüler: Ich finde keinen.

Meister: Wenn in jeder Sekunde die Geschwindigkeit anwächst, so heißt solch eine Bewegung eine beschleunigte; also heißt die neue Qualität „Beschleunigung".

Schüler: Das begreife ich jetzt. Die Beschleunigung ist die in der Zeiteinheit hinzukommende Geschwindigkeit.

Meister: Wollen wir den Begriff durch ein einziges Wort darstellen, so ist Beschleunigung der „Zeiteinheitsgeschwindigkeitszuwachs".

Schüler: Schwere und Beschleunigung sind also ein und dasselbe?

Meister: Ja, sofern jene nur durch die Beschleunigung sich kund tut; da die Schwere an einem Orte allzeit denselben Wert g hat, sagt man, g sei der Betrag der Gravitation oder Schwere an diesem Orte.

Schüler: Hat die Beschleunigung auch einen Einheitsnamen?

Meister: Deine Frage ist berechtigt; ich sehe wieder, daß du dir die Methode der Proportionen gut angeeignet hast. Nun, für die Geschwindigkeit haben wir uns die Einheit „Cel" gebildet; für die Beschleunigung hatte man bisher noch keinen Einheitsnamen.

Schüler: Das ist bedauerlich, denn die Einheitsnamen sind nicht nur der Kürze des Ausdrucks förderlich, sie helfen auch die Begriffe zu klären und festzuhalten.

Meister: Die Gesetze der Schwere hat schon 1638 Galilei entdeckt und sogleich in großer Vollendung ausgearbeitet. Ihn zu ehren liegt daher sehr nahe. Ich nenne die Einheit der Beschleunigung ein „Gal".

Schüler: Demnach wäre ein Gal die Erzeugung von g Cel in einer Sekunde.

Meister: Wir gewinnen dadurch eine stattliche Kürzung des Ausdruckes. Versuche einmal denselben Satz auszusprechen, wenn die Namen Cel und Gal fehlen.

Schüler: Dann wären g Gal „die Erzeugung einer Geschwindigkeit von g cm in einer Sekunde".

Meister: Noch nicht richtig! Du mußt hinzufügen, daß auch die Erzeugung in einer Sekunde geschieht.

Schüler: Also g Gal ist die in einer Sekunde erzeugte Geschwindigkeit von g cm in einer Sekunde.

Meister: So ist es richtig! Erst Galilei erkannte, daß alle Körper gleich schnell fallen. Sein Schüler Simplicio wollte das anfänglich nicht zugeben. Bei diesem wichtigen Gesetze wird vom Luftwiderstand abstrahiert; auch stellt man Versuche im luftleeren Raume an; da fällt selbst ein Papierblättchen ebenso schnell wie ein Stück Metall.

Schüler: Woran liegt es, Meister, daß auch ich mich versucht fühle, anzunehmen, daß der schwerere Körper schneller fällt?

Meister: Das Wort „schwer" hast du hier nicht richtig angewandt. Alle Körper sind gleich schwer, da sie alle dieselbe Beschleunigung erfahren. Du hättest sagen müssen, ob nicht die größeren Massen schneller fallen. Daß das sich nicht so verhält, ist unschwer einzusehen. Hier habe ich zwei nahezu gleich große Steine. Daß diese beiden gleich schnell fallen, ist selbstverständlich. Halte ich sie näher aneinander, so ist ihr Fallen kein anderes, selbst wenn ich sie sich berühren lasse; wenn sie neben- oder übereinander fallen, tritt keine Änderung ein, ebensowenig wenn sie einen einzigen Körper bilden von doppelter Masse. Es fällt immer jeder Stein für sich. Denken wir uns die ganze Masse aus Molekeln bestehend, so fällt jedes Teilchen für sich, ebenso alle zusammen neben- und übereinander.

Schüler: Das ist allerdings verständlich.

Meister: Galilei zeigte dem Simplicio, daß seine Annahme zu Widersprüchen führt. Gesetzt, sagt er, A sei größer als B und falle schneller; dann halte man A über B und lasse beide zusammen fallen; jetzt müßte B den Fall von A aufhalten; also würden beide zusammen langsamer fallen als A allein, mithin der größere Körper $A + B$ langsamer als der kleinere A allein.

Schüler: Somit war die Annahme falsch; das ist wohl ganz klar!

Meister: Dein Ausspruch führt uns zur weiteren Frage, wie die Kraft mit der Beschleunigung und Masse zusammenhängt. Eine jede

Masse hat an einem Orte, wo die Gravitation wirkt, ein Gewicht, und zwar ist das Gewicht gleich dem Produkt aus Masse und Beschleunigung

$$p = m \cdot g.$$

Diese Kraft p, das Gewicht der Masse m, hängt immer von beiden Größen m und g ab. Die Masse kann man herumtragen an beliebige Orte, ohne daß sie sich ändert; dagegen ist ihr Gewicht verschieden, je nach dem Werte von g, denn selbst auf der Erde ist g an verschiedenen Orten verschieden, in höheren Breiten größer als am Äquator.

Schüler: Dann ist also auch dieser Stein in höheren Breiten schwerer.

Meister: Ja, aber nur weil er stärkere Beschleunigung erfährt. Stelle dir vor, du brächtest den Stein auf die Mondoberfläche, so wäre dort die Beschleunigung sechsmal kleiner als hier.

Schüler: Dann wäre also auch das Gewicht sechsmal kleiner.

Meister: Und auf der Sonne wäre dieselbe Masse m 28 mal schwerer als auf der Erde. Und nun umgekehrt: Wir bleiben hier am Orte, wo allzeit die Schwere dieselbe bleibt, dann ist das Gewicht um so größer, je größer die Masse ist.

Schüler: Weil $p = m \cdot g$ ist und wir m ändern.

Meister: Wie nannten wir nun die Einheit der Kraft?

Schüler: Das war eine „Dyne"; also ist die Gewichtseinheit eine Dyne.

Meister: In der Formel $p = m \cdot g$ sind zwei Einheiten miteinander verhaftet.

Schüler: Die Einheit von m ist Gramm und die von g ist Gal.

Meister: Darum können wir sagen: die Dyne ist ein Grammogal.

Schüler: Das ist schön! Nun erkenne ich, wie zur Einheit der Masse in Grammen die Beschleunigung in Gal hinzukommt.

Meister: Und zwar als Faktor! Jetzt kehren wir zum Arbeitsbegriff zurück; deren Einheit war welche?

Schüler: Ein Erg oder Dynenzent. Hier kommen ja drei Einheiten zusammen, da Dyne Grammogal ist: Gramm, Gal und Zent.

Meister: Richtig. Bei jedem dieser Einheitsnamen hat man eine Vorstellung.

Schüler: Bei Gramm: die Masse, bei Gal: die Beschleunigung, und zwar durch Strecken und Zeit bestimmt, bei Zent: die Erhebung gegen die Richtung der Schwere.

Meister: Wie also heißt die Einheit der Arbeit?

Schüler: Diese Einheit ist ein Grammogalzent.

Meister: Und kürzer Dynenzent.

Schüler: Und kurz: Erg! Woher stammt dieses Wörtchen?

Meister: Erg ist die Abkürzung vom griechischen „Ergon", was Werk bedeutet. Werk und Arbeit sind ein und dasselbe.

Schüler: Dann könnte ich sagen: Erg ist die Werkeinheit?

Meister: Sehr gut. Noch ein anderes überaus wichtiges Wort wird für Werk oder Arbeit gebraucht, nämlich: „Energie". Man kann es durch „Werkinhalt" übersetzen, denn die Vorsilbe „En" deutet darauf hin. Das Wort ist dem geistigen Leben entnommen. War es dir bekannt?

Schüler: Ich glaube, energisch ist dasselbe wie tatkräftig.

Meister: Da hast du es! Die Tat und die Kraft; sehr gut. Man spricht auch von toter Kraft und versteht darunter den Fall, wo die Kraft durch eine andere Kraft im Gleichgewicht gehalten wird. Erst wenn diese Gegenkraft überwunden wird, kommt es zur Tat, und wie sind die bezüglichen Formeln?

Schüler: Es ist $p = m.g$ für die Kraft und $A = p.s$ für die Arbeit.

Meister: Sei nun energisch im Festhalten der gewonnenen Begriffe. Wir wollen morgen weitergehen, den Fall der Körper fortsetzen und zu Ende bringen.

3. Bewegungsgröße. Gesetze des freien Falles. Erhaltung der Energie. Aufstieg bewegter Körper.

Meister: Nun fasse recht kurz unseren gestrigen Tag zusammen, denn heute brauchen wir viel Zeit.

Schüler: Die Beschleunigung fand sich als neue Beziehung, entsprechend der Proportion $v = g.t$, d. h. es war die Endgeschwindigkeit beim freien Fall proportional der Zeit. Der neue Begriff erhielt als Einheitsnamen ein Gal. Wir führten die Einheiten Dyne und Erg auf Gramm, Sekunde und Zent zurück. Ihr schloßt mit Erläuterung des Wortes „Energie".

Meister: Gut. Wir nehmen nun nochmals unsere Gleichung der Endgeschwindigkeit vor.

Schüler: Also: $$v = g.t \quad \ldots \ldots \ldots \quad (1)$$

Meister: Sowohl v als g sind mit der Masse m, wie wir sahen, verhaftet, daher liegt es nahe, beiderseits die Gleichung mit m zu multiplizieren, zudem war

$$m.g = p \quad \ldots \ldots \ldots \quad (2)$$

Schüler: Ich erhalte

$$m.v = m.g.t,$$

hier aber ist ja $m.g$ gleich der Kraft p.

Meister: Richtig, setze also p dafür ein.

Schüler: Es wird: $$m.v = p.t \quad \ldots \ldots \ldots \quad (3)$$

Meister: Beim Begriffe des Gewichtes p erschien die Masse m mit g verhaftet, jetzt dagegen ist auf der linken Seite m mit v verhaftet.

Schüler: Ist das nicht ganz ähnlich, denn v ist eine beliebige Endgeschwindigkeit und g ist die Endgeschwindigkeit nach einer Sekunde.

Meister: Das ist nicht ganz richtig; die Gleichung (1) zeigt es deutlich an, daß die Qualitäten von v und g verschieden sind.

Schüler: Nun bin ich begierig, den Namen für die neue Qualität $m \cdot v$ zu erfahren.

Meister: Die neue Qualität heißt „Bewegungsgröße"; das ist so zu verstehen, daß eine bewegte Masse um so mehr Bewegung hat, je größer ihre Geschwindigkeit und je größer sie selbst ist.

Schüler: Hat die Einheit einen besonderen Namen?

Meister: Wir können leicht aus m und v den Namen bilden; üblich ist er nicht.

Schüler: Das müßten Grammocel sein.

Meister: Richtig. Auf Grund dieser Gleichung hat man versucht. die Kraft p zu bestimmen; es ist:

$$p = m \cdot v \cdot t \ . \ . \ . \ . \ . \ . \ . \ . \ (4)$$

Gib diese Gleichung in Worten wieder.

Schüler: Kraft ist gleich der in der Zeiteinheit erzeugten Bewegungsgröße.

Meister: Ich muß dich darauf aufmerksam machen, daß diese Art, die Kraft zu definieren, ihre großen Bedenken hat. Doch kannst du später dich dieser etwas schwierigen Frage widmen. Ich gebe dir ein Gedenkblatt mit (Anhang B, S. 91). Wir gehen nun weiter. Nachdem wir die Endgeschwindigkeit unseres Massenpunktes erkundet haben, suchen wir den von ihm zurückgelegten Weg zu ergründen.

Schüler: Es war der Weg $s = c \cdot t$, der Weg proportional der Zeit.

Meister: Das galt damals, als die Geschwindigkeit als beständig angenommen war. Hier ändert sich diese fort und fort, die Strecken sind nicht mehr proportional der Zeit; daher kommen wir nur auf sehr umständlichem Wege zum Ziel. Statt einer ganzen Sekunde, in der die Endgeschwindigkeit g war, denken wir uns die Hundert Hundertstel-Sekunden, die in ihr enthalten sind. Es ist die Endgeschwindigkeit

$$\begin{aligned}
&\text{in der} \quad 1. \ \ ^1/_{100} \text{ Sekunde} \ . \ . \ . \ . = \ ^1/_{100} \, g \\
&\quad \text{\textquotedblright} \quad \ \ 2. \quad \ \text{\textquotedblright} \quad \ . \ . \ . \ . = \ ^2/_{100} \, g \\
&\quad \text{\textquotedblright} \quad \ \ 3. \quad \ \text{\textquotedblright} \quad \ . \ . \ . \ . = \ ^3/_{100} \, g \\
&\qquad\qquad\qquad\qquad \text{usf.} \\
&\text{in der} \quad 98. \ ^1/_{100} \text{ Sekunde} \ . \ . \ . \ . = \ ^{98}/_{100} \, g \\
&\quad \text{\textquotedblright} \quad \ \ 99. \quad \text{\textquotedblright} \quad \ . \ . \ . \ . = \ ^{99}/_{100} \, g \\
&\quad \text{\textquotedblright} \quad 100. \quad \text{\textquotedblright} \quad \ . \ . \ . \ . = \ ^{100}/_{100} \, g
\end{aligned}$$

Wir nehmen nun für einen Augenblick an, in jeder dieser $^1/_{100}$ Sekunden sei die Geschwindigkeit gleichförmig gewesen, so wären auch die zurückgelegten Wege proportional diesen Geschwindigkeiten; die ganze Strecke wäre gleich der Summe der Teilstrecken. Um diese Summe zu erhalten, fassen wir immer je zwei Teilstrecken zusammen und überlegen: die erste Strecke, bei der die Geschwindigkeit $1/_{100}$ und die Zeit $1/_{100}$ Sekunde ist, ist also gleich $1/_{100} g \cdot 1/_{100}$; mit dieser paare ich die $99/_{100}$ Sekunde, bei der die Teilstrecke gleich $99/_{100} \cdot 1/_{100}$ ist, zusammen $(1/_{100} + 99/_{100}) g \cdot 1/_{100}$ Sekunde $= g \cdot 1/_{100}$. Dann nehmen wir die zweite und die vorletzte zusammen; sie geben $(2/_{100} + 98/_{100}) g \cdot 1/_{100}$, also zusammen wieder $g \cdot 1/_{100}$; ebenso die dritte und drittletzte zusammen $g \cdot 1/_{100}$. Nun sind rechts lauter gleiche Faktoren und wir nehmen auch noch die Werte $(0/_{100}$ und $100/_{100}) g \cdot 1/_{100}$, was auch $g \cdot 1/_{100}$ gibt. Nun bleibt noch zu überlegen, wie viel solcher gleicher Durchschnittsteilstrecken vorhanden sind.

Schüler: Da wir 100 Zeitteilchen haben und immer zwei zusammengefaßt wurden, müssen es wohl 50 ganz gleiche Summanden sein. Also wird die ganze Strecke gleich $50 \cdot g \cdot 1/_{100} = 1/_2 \cdot g$ sein!

Meister: Richtig. Bei der gleichförmig beschleunigten Bewegung ist also die Fallstrecke in der ersten Sekunde $1/_2 g$. Wie groß ist sie nun in der zweiten Sekunde?

Schüler: Gewiß viel größer, da die Beschleunigung anhält; aber wie groß sie sein mag, kann ich noch nicht einsehen.

Meister: Wie groß ist denn die Endgeschwindigkeit nach der zweiten Sekunde?

Schüler: Die ist gleich $2 g$, denn sie wächst von g bis $2 g$.

Meister: Oder von $100/_{100} g$ bis $200/_{100} g$.

Schüler: Ich merke schon. Ich paare nun die erste mit der letzten, die zweite mit der vorletzten usf.; das gibt lauter Summanden $300/_{100} \cdot g \cdot 1/_{100}$ Sekunden; und nun habe ich wieder 50 gleiche Summanden, also kommt $3 \cdot 50/_{100} \cdot g = 3/_2 g$ heraus.

Meister: Jetzt eilen wir vorwärts, setzen sogleich für jede Sekunde den Durchschnittswert, d. h. die Hälfte der Summe der Endgeschwindigkeiten am Anfang und am Ende der Sekunde an. Also für

In der Zeit	Erlangte End-geschwindigkeit	Fallstrecken in jeder einz. Sek.	Gesamtstrecken
Sek.	Cel	Zent	Zent
1	$1 g$	$1 \cdot g/_2$	$1 \cdot g/_2$
2	$2 g$	$3 \cdot g/_2$	$4 \cdot g/_2$
3	$3 g$	$5 \cdot g/_2$	$9 \cdot g/_2$
4	$4 g$	$7 \cdot g/_2$	$16 \cdot g/_2$
5	$5 g$	$9 \cdot g/_2$	$25 \cdot g/_2$
6	$6 g$	$11 \cdot g/_2$	$36 \cdot g/_2$
7	$7 g$	$13 \cdot g/_2$	$49 \cdot g/_2$
t	$t \cdot g$	$(2 t - 1) \cdot g/_2$	$t^2 \cdot g/_2$

die dritte Sekunde $^5/_2\, g$, dann $^7/_2\, g$, usf. Hier gebe ich dir eine Tabelle (s. **v. S.**), in der du alles Besprochene und noch weiteres zusammengestellt findest. Die drei ersten Kolonnen wirst du sogleich wiedererkennen. Erkläre mir diese Tabelle.

Schüler: In der zweiten Kolonne sind die Endgeschwindigkeiten verzeichnet, die im Lauf der in der ersten Rubrik stehenden Sekunden erreicht sind. Die dritte Kolonne bringt die Fallstrecken, die wir eben erläutert haben; die Überschrift der letzten zeigt, daß die Zahlen ·der dritten Rubrik folgeweise zusammengezählt worden sind. Meister, in der zweiten Rubrik folgen die Zahlen in der natürlichen Reihe, in der dritten folgen sie wie die ungeraden Zahlen, und in der vierten folgen sich lauter Quadratzahlen!

Meister: Versuche diese Zahlen unter eine Formel zu bringen; beachte, daß diese Quadratzahlen allgemein gleich t^2 sind.

Schüler: Ach so; dann wäre die Formel für die Gesamtstrecke s

$$s = \frac{g \cdot t^2}{2} \quad \cdots \cdots \cdots \quad (5)$$

Meister: Der allgemeine Beweis dafür ist schnell ausgeführt. Die ungeraden Zahlen sind:

$$1, 3, 5, \quad \cdots \cdots \quad \text{bis } 2\,t - 1.$$

Ähnlich wie oben fasse die erste und letzte Zahl zusammen.

Schüler: Sie geben $2\,t$.

Meister: Dann die zweite und vorletzte.

Schüler: Sie geben $3 + (2\,t - 3)$ auch $2\,t$; und ebenso weiter bekomme ich lauter gleiche Summanden gleich $2\,t$.

Meister: Nun ist es noch zu bestimmen, wie viele solcher Summanden es gibt. Es sind genau $\dfrac{t}{2}$ Glieder.

Schüler: Also ist die Summe gleich $2 \cdot t \cdot \dfrac{t}{2} = t^2$.

Meister: Nun kommt noch der gemeinsame Faktor $g/2$ hinzu.

Schüler: Also wird schließlich $s = {}^1/_2\, g \cdot t^2$.

Meister: Aus den beiden Gleichungen:

$$v = g \cdot t \quad \cdots \cdots \cdots \quad (6)$$

$$s = {}^1/_2\, g \cdot t^2 \quad \cdots \cdots \quad (7)$$

wollen wir nun durch Rechnung den wichtigsten Lehrsatz der Mechanik und der ganzen Physik herleiten. Erhebe die erste Gleichung ins Quadrat und multipliziere die zweite mit $2\,g$.

Schüler: Ich bekomme: $v^2 = g^2 \cdot t^2 \quad \cdots \cdots \quad (8)$

und $2 \cdot g \cdot s = g^2 \cdot t^2 \quad \cdots \cdots \quad (9)$

da hier rechts gleiche Größen vorkommen, darf ich auch die Werte links einander gleich setzen; es wird:

$$v^2 = 2\,g \cdot s \quad \cdots \cdots \cdots \quad (10)$$

Meister: Multipliziere noch beide Seiten mit $\frac{m}{2}$, und besinne dich darauf, daß $m \cdot g = p$ ist.

Schüler: Dann ist:

$$\frac{m v^2}{2} = m \cdot g \cdot s \text{ oder } \frac{m v^2}{2} = p \cdot s \quad \cdots \quad (11)$$

Ich habe rechts die Arbeit erhalten, aber was ist nun der Ausdruck links?

Meister: Wenn rechts Arbeit oder Energie erhalten worden ist, so muß die linke Seite auch dieselbe Qualität haben, also auch Energie sein. In der Tat nennt man beide Ausdrücke „Energie", aber zu ihrer Unterscheidung heißt $\frac{m v^2}{2}$ aktuelle Energie oder lebendige Kraft. Die rechte Seite $p \cdot s$ nannten wir Arbeit oder Werk, jetzt aber, als Gegensatz zur anderen, auch potentielle Energie.

Schüler: Was wir Arbeit nannten, glaube ich erfaßt zu haben. Jetzt aber wird mir alles wieder bedenklich; was hat unser Massenpunkt, der von der Erde in Bewegung gesetzt wird, mit Arbeit zu tun?

Meister: Beantworte mir zunächst folgende Frage. Wenn du ein Gewicht hebst, verrichtest du dabei eine Arbeit?

Schüler: Gewiß. Sie ist gleich der Kraft mal der Hubhöhe.

Meister: Richtig. Wenn nun das gehobene Gewicht irgendwie in die Anfangslage zurückversetzt wird, ist darin nicht ein Vorgang zu erkennen, der das Gegenteil von geleisteter Arbeit ist?

Schüler: Das könnte ich wohl zugeben.

Meister: Nun sage ich: das Herabfallen des Gewichtes sei verbrauchte Arbeit.

Schüler: Auch das leuchtet ein.

Meister: Verbrauchte Arbeit kann ich auch verwirkte Arbeit nennen. Wenn ein Körper fällt, so stellt die rechte Seite der Gleichung (11), nämlich ps, die verbrauchte oder die verwirkte Energie dar; das Maß der Wirkung aber steht auf der linken Seite.

Schüler: War denn nicht $m \cdot v$ das Maß der Wirkung?

Meister: Nein. Es ist deshalb $m \cdot v$ nicht das Maß der Wirkung, weil $m \cdot v = p \cdot t$ ist. Dieses Produkt besagt, daß die Kraft t Sekunden lang gedauert hat. Arbeit verlangt aber als Maß das Produkt aus Kraft in den Weg. Überhaupt ist die Energiegleichung $\frac{m v^2}{2} = p \cdot s$ unabhängig von der Zeit. Ob $p \cdot s$ langsam oder schnell verbraucht wird, immer ist die potentielle Energie gleich der erzeugten aktuellen.

Schüler: Nun aber bin ich begierig, die Bedeutung von potentiell und aktuell zu erhalten.

Meister: Potentiell hängt mit dem lateinischen „Potentia" zusammen, was hier Macht oder Herrschaft andeutet. Es steht in unserer

Macht, eine Kraft wirken zu lassen, indem wir ihre Gegenkraft fortschaffen. Hier halte ich einen Stein. Er wird erst dann fallen, wenn
ich ihn loslasse. So lange ich ihn halte, vollführt er keine Arbeit; in
ihm steckt aber das Vermögen zu arbeiten; kaum losgelassen, fällt er
und die beim Fallen verbrauchte Arbeit ist verwirkt; sie hat dabei
aktuelle Energie gewirkt oder verursacht. Aber auch umgekehrt kann
aktuelle Energie schwinden, jedoch nur so, daß dafür wieder potentielle
entsteht.

Schüler: Bitte, erklärt mir das noch näher.

Meister: Gesetzt, ich erteile diesem Steine genau dieselbe Geschwindigkeit v, die er beim Fall erhielt, aber nach oben, so würde er
genau um die Strecke emporsteigen, die aus der Gleichung (11) zu errechnen ist. Das Emporsteigen einer schweren Masse ist als Arbeit von
uns schon anerkannt. Beim Steigen wird die Geschwindigkeit abnehmen;
im Augenblick, wo die Strecke s erreicht worden ist, ist die Geschwindigkeit gleich Null geworden. Halten wir ihn jetzt fest. Die Arbeit $p \cdot s$
ist nun geleistet, genau so gut, als hättest du ihn mit Händen gehoben.

Die Rechnung lehrt, daß wieder $p \cdot s = \dfrac{m v^2}{2}$ ist. Diesesmal aber ist

$\dfrac{m v^2}{2}$ geschwunden oder besser verwirkt, und Arbeit $p \cdot s$ ist gewirkt

oder verursacht worden. Der ganze Vorgang stellt uns die Gesetze von Ursache und Wirkung dar, das sogenannte Kausal-
gesetz. Es umfaßt alles, was in der Welt geschieht, denn schwindende
potentielle Energie ist beim Fallen Ursache und entstehende aktuelle
Energie ist die Wirkung; zudem ist die Ursache $p \cdot s$ der Größe nach

gleich der Wirkung $\dfrac{m v^2}{2}$. Beim Emporsteigen ist die Ursache die

schwindende aktuelle Energie, die Wirkung ist die überwundene Kraft,
genauer gesagt: die entstandene potentielle Energie.

Schüler: Warum heißt jene aktuell?

Meister: Die Energie bewegter Massen ist aktuell, weil sie sich
nicht aufhalten läßt und wirken muß. „Actio" heißt Wirkung oder
Tätigkeit. Im Gleichgewicht können Kräfte beliebig lange gehalten
werden.

Schüler: Wollt ihr mir nun ein Beispiel geben.

Meister: Wohl! Der Wassermüller arbeitet mit Wasser, das er
durch Schleusen aufhält, so lange es ihm beliebt. Sobald er die
Schleusen öffnet, fällt das Wasser herab, er benutzt damit dessen
potentielle Energie $p \cdot s$, wo s die Fallhöhe bedeutet; es entsteht aktuelle
Energie der bewegten Wassermassen. Der Windmüller ist auf aktuelle
Energie bewegter Luftmassen angewiesen. Nutzt er den Wind nicht
aus, so geht ihm dessen Energie verloren.

Schüler: Könnte man nicht irgendwie die aktuelle Energie ansammeln, denn der Müller hat nicht zu jeder Zeit Arbeitsstoff?

Meister: Er kann es, aber nur indem er die aktuelle Energie des Windes in potentielle umwandelt. Hat der Windmüller nichts zu mahlen, so kann er Massen heben lassen oder Elektrizität erzeugen oder beliebige andere potentielle Energiearten hervorrufen und ansammeln.

Schüler: Potentielle Energie also läßt sich ansammeln, aktuelle nicht.

Meister: Man kann auch aktuelle ansammeln und aufspeichern, aber in nicht allzugroßer Menge. Das geschieht beim Schwungrade. Eine Maschine hat Widerstände zu überwinden. Man läßt aber die Kraft noch mehr leisten, indem man ein großes Rad von beträchtlicher Masse sich mitbewegen läßt. Solches Rad verbraucht einen Teil der potentiellen Energie der Maschine, indem es aktuelle Energie ansammelt. Diese wird als Schwung verwandt, so daß, wenn einmal die antreibenden Kräfte nachlassen oder zeitweilig aufhören, der Schwung vorhält. Auf Kosten der schwindenden Energie arbeitet dann die Maschine noch eine Zeitlang weiter, bis das Schwungrad stillsteht. Mit solchem Schwungrade erreicht man auch einen gleichmäßigeren Gang der Maschine.

4. Aufstieg. Fallversuche. Der freie Fall.

Meister: Was hast du aus der vorigen Unterhaltung behalten?

Schüler: Wir sprachen von der Kraft, die als Gewicht, d. h. als Produkt aus Masse und Beschleunigung dargestellt wurde. Die Größe $m \cdot v$ nanntet ihr Bewegungsgröße, ihre Einheit ist Grammocel. Die Fallstrecke wurde ermittelt und als $s = \frac{1}{2} g \cdot t^2$ gefunden. Die Fallstrecken in den einzelnen Sekunden verhalten sich wie die ungeraden Zahlen. Aus den Formeln für v und s wurde durch Rechnung

$$\frac{m v^2}{2} = p \cdot s$$

hergeleitet; $p \cdot s$ ist die vom Steine geleistete Arbeit.

Meister: Sage lieber: die bei der Fortbewegung von der Schwere verrichtete Arbeit. Zwei Massenpunkte, die sich anziehen, stellen immer einen Energievorrat oder eine Arbeitsquelle dar, denn wenn sie sich einander nähern, wird ihre Entfernung geringer und es ist ein Teil Energie verbraucht. Weil nun im Entferntsein Energie steckt, hat Prof. Ostwald vorgeschlagen, diese Energie „Distanzenergie" zu nennen; Distanz heißt „Entfernung". Hierbei wird der Nachdruck auf den Faktor s in dem Produkt $p \cdot s$ gelegt, während bei der Bezeichnung „Potentielle Energie" der Nachdruck auf dem Faktor p liegt. Beim Namen „Arbeit" oder „Werk" sind beide Faktoren zugleich berücksichtigt.

Schüler: An Stelle der verbrauchten Arbeit ist die Bewegung getreten.

Meister: Sage: es ist die aktuelle Energie dadurch erzeugt worden.

Schüler: Ich verstehe; entfernt man nun die sich anziehenden Massen voneinander, so wird wieder Arbeit erzeugt, wobei aktuelle Energie schwindet, z. B. beim emporgeworfenen Stein. Immer ist die Ursache schwindende Energie und zwar ist sie dem Betrage nach gleich der Wirkung, der erzeugten Energie.

Meister: Nun können wir wohl weiter gehen.

Schüler: Verzeiht; nur eines ist mir noch nicht klar, daß nämlich der Punkt m, wenn er eine Geschwindigkeit v erhält, um s emporsteigen wird, der obigen Formel gemäß.

Meister: Den Beweis bin ich dir noch schuldig; dazu ist eine kleine interessante Rechnung nötig. Gesetzt, wir erteilen dem Massenpunkte m eine Geschwindigkeit gleich a, genau in der der Schwerkraft entgegengesetzten Richtung.

Schüler: Dann wird er steigen, seine Bewegung wird verzögert werden durch die Schwere.

Meister: Setze diese Verzögerung wieder proportional der Zeit an $= g.t$ und schreibe $v = a - g.t$.

Schüler: Also die vorhandene Geschwindigkeit a wird in jeder folgenden Sekunde um g vermindert; das begreife ich wohl.

Meister: Untersuche, wie lange der Punkt steigen wird. Setze die Zeit des Emporsteigens gleich T und setze v gleich 0; so fragt man nach dem Moment des Stillstandes T.

Schüler: Also $0 = a - g.T$, folglich

$$T = a/g \quad . \quad . \quad . \quad . \quad . \quad . \quad . \quad . \quad (12)$$

Meister: Hier hast du die Antwort auf deine Frage; es ist nicht schwer, diese Gleichung zu deuten.

Schüler: Der Körper steigt a/g Sekunden, d. h. so viel Sekunden, als g in a enthalten ist.

Meister: Richtig. Nun untersuche die Steighöhe; die Strecke wird jetzt auch durch zwei Glieder dargestellt. Dem a entspricht der Weg $a.t$, der Schwere der Weg $\frac{1}{2} g.t^2$, mithin ist allgemein

$$s = a.t - \frac{1}{2} g.t^2.$$

Nun setze s gleich der Steighöhe, die H heißen soll.

Schüler: Dann ist, da der Wert H zur Zeit T gehört:

$$H = a.T - \frac{1}{2} g.T^2.$$

Es geht also einfach von dem nach dem Gesetz der Trägheit erfolgenden Wege $a.T$ der andere Teil ab.

Meister: Weiter; es war für die Aufstiegzeit $T = a/g$.

Schüler: Das muß ich einsetzen; es wird:

$$H = a \cdot T - \tfrac{1}{2} g \cdot T^2 \text{ und da } T = a/g \text{ ist,}$$

$$H = \frac{a^2}{g} - \tfrac{1}{2} \cdot g \cdot \frac{a^2}{g^2} = \frac{a^2}{g} - \tfrac{1}{2} \frac{a^2}{g},$$

mithin
$$H = \tfrac{1}{2} \frac{a^2}{g} \quad \cdots \cdots \cdots \quad (13)$$

Meister: Also ist
$$g \cdot H = \tfrac{1}{2} a^2 \quad \cdots \cdots \quad (14)$$

und
$$p \cdot H = \tfrac{1}{2} m \cdot a^2 \quad \cdots \cdots \quad (15)$$

Man findet also die Steighöhe, wenn man die anfänglich mitgeteilte Energie $\tfrac{1}{2} m \cdot a^2$ durch die Kraft p, d. h. durch das Gewicht des Massenpunktes dividiert. Überlege noch, daß dieses Resultat ohne weiteres hätte hingeschrieben werden können.

Schüler: Ich verstehe wohl; denn die Geschwindigkeit a ergibt eine Energie $\tfrac{1}{2} m a^2$ und $p \cdot H$ muß die zu erzeugende Arbeit sein. — Später aber, von der Zeit T an, fällt der Körper wieder.

Meister: Das ergibt ja unsere Formel auch, denn wenn t weiter zunimmt, wird das zweite Glied größer als das erste, also wird v negativ.

Schüler: Und das zeigt an, daß die Bewegung die entgegengesetzte Richtung hat.

Meister: Rechne aus, wo sich der Punkt befindet, wenn nochmals die Zeit T verstrichen ist.

Schüler: Es wird dann $s = a \cdot 2 T - \tfrac{1}{2} g \cdot 4 T^2$,

also
$$s = a \cdot 2 T - 2 g \cdot T^2 = a \cdot \frac{2a}{g} - 2 g \cdot \frac{a^2}{g^2} = 0 \quad \cdots \quad (16)$$

Meister: Warum bist du überrascht? Was bedeutet das Resultat 0?

Schüler: Es war doch $s = 0$ am Anfang der Bewegung.

Meister: Nun und gerade an derselben Stelle befindet sich jetzt der Körper auch. Die Fallhöhe ist gleich der Steighöhe. Wie groß ist aber in diesem Augenblicke die aktuelle Energie?

Schüler: Da $v = a - 2 g \cdot T = a - 2 g \cdot \dfrac{a}{g}$ ist, wird

$$v = - a \quad \cdots \cdots \cdots \quad (17)$$

also die aktuelle Energie $= \tfrac{1}{2} m (-a)^2$.

Meister: Und das ist $= \tfrac{1}{2} m \cdot a^2$. Ob die Geschwindigkeit positiv oder negativ erscheint, hat für die aktuelle Energie keine Bedeutung. Die Geschwindigkeit hat wohl eine Richtung, nicht aber die Energie, die immer positiv ist.

Schüler: Ich hörte einmal sagen, eine senkrecht nach oben geschossene Flintenkugel komme mit derselben Geschwindigkeit wieder unten an, mit der sie den Lauf verließ; das wollten wir nicht glauben.

Meister: Sie wird allerdings einbüßen an Geschwindigkeit, weil sowohl hinauf als hinunter der Luftwiderstand entgegenwirkt.

Fig. 18.

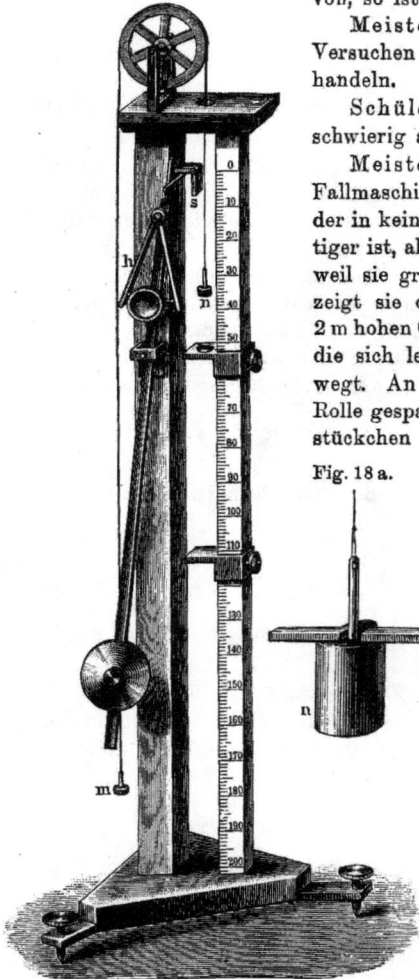

Schüler: Abstrahiert man aber davon, so ist die Sache so doch ganz richtig.

Meister: Heute wollen wir noch von Versuchen zur Prüfung des Fallgesetzes handeln.

Schüler: Diese Versuche müssen sehr schwierig anzustellen sein.

Meister: Sie sind ausführbar mit der Fallmaschine von Atwood, ein Apparat, der in keiner Schule fehlen sollte und wichtiger ist, als alle Elektrisiermaschinen u. a., weil sie grundlegend ist. Diese Abbildung zeigt sie dir (Fig. 18). An einem etwa 2 m hohen Gestell ist eine Rolle angebracht, die sich leicht in ihren Achsenlagern bewegt. An den beiden Enden der über die Rolle gespannten Kordel sind zwei Massenstückchen m und n befestigt, deren Gewichte, da $m = n$ ist, keine

Fig. 18 a.

Bewegung erzeugen. Wird nun rechts eine kleine Masse r hinzugefügt, so wird alsbald eine Bewegung eintreten; es wird die Beschleunigung, die wir g' nennen, proportional sein der Kraft $p = r \cdot g$, aber zugleich umgekehrt proportional den fortzubewegenden Massen $(2n + r)$.

Schüler: Aber rechts sinkt $n + r$, links steigt n.

Meister: Darauf kommt es nicht an. Wir nutzen diese entgegengesetzten Richtungen aus, um langsamere Bewegungen zu erzeugen.

Schüler: Das fühlt man allerdings sogleich heraus. Das kleine Übergewicht muß der großen Masse Geschwindigkeit erteilen.

Meister: Die Senkung von n, rechts, verwirkt ebensoviel Energie wie links beim Steigen von m geleistet wird, daher wird nur die Senkung von r Arbeit leisten, wie groß?

Schüler: Offenbar gleich $r.s$, wenn es um s herabsinkt.

Meister: Vergiß nicht die Hauptsache, die Arbeit ist $r.g.s$; die erzeugte aktuelle Energie kann also auch nur gleich $r.g.s$ sein. Nennen wir die erzeugte Geschwindigkeit v, so kann man die Energiegleichung ansetzen.

Schüler: Es muß $r.s.g = \frac{1}{2}(2n+r).v^2$ werden.

Meister: Richtig, und die Gleichung für die Bewegungsgröße?

Schüler: Die wird $(2n+r).v = r.g.t$, also

$$v = \frac{r}{2n+r} \cdot g \cdot t \quad \cdots \cdots \quad (18)$$

Meister: Aus beiden Gleichungen ist zu ersehen, daß die Beschleunigung g' bei der Atwoodschen Maschine vermindert ist.

Schüler: Ich suche sie zu finden, indem ich frage, wie groß ist v, wenn $t=1$ ist. Dieses v setze ich gleich g' und finde:

$$g' = \frac{r}{2n+r} \cdot g \quad \cdots \cdots \quad (19)$$

Meister: Ganz richtig. Nun schnell ein Beispiel: es sei $n = 49\,g$, $r = 2\,g$.

Schüler: Dann wird

$$g' = \frac{2}{2.49+2}\,g = \frac{1}{50} \cdot 980\,\text{Gal} = 19,6\,\text{Gal}.$$

Die Endgeschwindigkeit nach einer Sekunde wird also nur 19,6 Cel sein, 50 mal kleiner als beim freien Falle!

Meister: Schreibe nun die Werte für 1, 2, 3, 4 usf. Sekunden auf, und zwar für die Endgeschwindigkeiten, für die Fallstrecken in jeder Sekunde und für die Gesamtfallstrecken.

Sekunden Fallzeit	Endgeschwindigkeit Cel	Fallstrecken	
		in einer Sek. Zent	Gesamtstrecke Zent
1	19,6	9,8	9,8
2	39,2	29,4	39,2
3	58,8	49,0	88,2
4	78,4	68,6	156,8
5	98,0	88,2	245,0

Am Fallapparat können diese Zahlen geprüft werden. Nehmen wir die dritte Zeile. Die Fallstrecke ist 88,2 für 3 Sekunden; am Maßstabe sind zwei Stücke anzuschrauben; das obere hat eine kreisförmige Öffnung, durch die die Masse n hindurchgehen kann. Das Massen-

stückchen *r* dagegen hat eine längliche Gestalt erhalten (Fig. 18 a);
es wird aufgehalten, wodurch erreicht wird, daß am Ende der dritten
Sekunde genau das Übergewicht zu wirken aufhört.

Schüler: Das ist ja wunderbar schön! Es hat plötzlich genau
am Ende der dritten Sekunde die Schwere keinen Einfluß mehr!

Meister: Und was geschieht von diesem Augenblicke an?

Schüler: Die Massen *m* und *n* werden nach dem Gesetz der
Trägheit sich fortbewegen. Ich bin erstaunt, daß das wirklich ausgeführt und gesehen werden kann!

Meister: Mit welcher Geschwindigkeit werden sich die beiden
bewegen?

Schüler: Nun mit der Endgeschwindigkeit, also nach der Tabelle
mit 58,8 Cel. Kann man das auch messen?

Meister: Überlege es dir selbst.

Schüler: Ich stelle das untere Tischchen 58,8 Zent tiefer als das
obere, also auf 88,2 + 58,8 = 147,0 Zent ein.

Meister: Nachdem alles eingestellt worden ist, erhebt man das
Pendel, wodurch zugleich die Massen in Ruhe gehalten werden. Läßt
man das Pendel los, so beginnt genau mit der Schwingung zugleich
auch die Bewegung. Man zählt laut: 0, 1, 2 und mit drei hört und
sieht man, wie *r* abgehoben wird.

Schüler: Und mit 4 schlägt *n* auf das untere Tischchen! Solche
Versuche möchte ich anstellen! Alles ist beisammen: Sekundenzähler,
Endgeschwindigkeit gemessen und die Beschleunigung berechnet!

Meister: Nun können die Versuche mannigfach geändert werden.

Schüler: Nach der Tabelle. Und statt einer, vierten Sekunde,
hätten wir auch zwei Sekunden hindurch die beständige Geschwindigkeit beobachten können. Das untere Tischchen käme auf 250,8 Zent.
Der Apparat ist zu kurz!

Meister: Vergiß nicht, daß auch die Massen *m* und *n* verändert
werden können. Der wichtige Satz, daß die Beschleunigung proportional
dem Übergewicht und zugleich umgekehrt proportional der Gesamtmasse ist, kann mannigfach geprüft werden. Was geschieht, wenn 2*n*
kleiner genommen wird?

Schüler: Dann wird die Beschleunigung g' zunehmen.

Meister: Wir lassen 2*n* immer kleiner werden und zuletzt gleich
Null, was wird dann aus der Beschleunigung g'?

Schüler: Es wird $\quad g' = \dfrac{r}{r}\, g = g \quad$ . . . . (20)

Meister: Die erste Form $g' = \dfrac{r}{r} \cdot g$ ist gerade lehrreich, weil

$g' = \dfrac{p}{r}$ zeigt, wie die Bewegung zwar proportional dem Gewicht

$p = r \cdot g$, aber zugleich wegen der Trägheit der Masse auch umgekehrt proportional r sich gestaltet.

Schüler: Und so wird die Beschleunigung unabhängig von der Masse! Das gleich schnelle Fallen aller ist mir jetzt klar und geläufig.

Meister: Nun haben wir noch das Newtonsche Gesetz zu überlegen, demgemäß eine jede Kraft gleich ist einer Gegenkraft. Zieht ein Massenpunkt die Erde an, so zieht der Punkt die Erde ebenso stark an. Entsprechende Größen für die Erde bezeichnen wir mit großen, für die fallende Masse mit kleinen Buchstaben.

Es gibt Gl. (2): $\qquad M \cdot G = p \qquad$ und $\quad m \cdot g = p$ . . . . . . (21)

$\qquad$ Gl. (4): $\qquad M \cdot V = p \cdot t \qquad$ und $\quad m \cdot v = p \cdot t$ . . . . . (22)

$\qquad$ Gl. (5): $\qquad S = \frac{1}{2} G \cdot t^2 \qquad$ und $\quad s = \frac{1}{2} g \cdot t^2$ . . . . . (23)

$\qquad$ Gl. (11): $\qquad E = \frac{1}{2} M \cdot V^2 \qquad$ und $\quad e = \frac{1}{2} m \cdot v^2$ . . . . . (24)

folglich: $\qquad G : g = V : v = S : s = E : e = m : M$ . . . . (25)

d. h. alle Elemente des freien Falles verhalten sich umgekehrt wie die Massen, insbesondere auch der Energieumsatz. Deshalb darf man bei Betrachtung des Falles die Gegenbewegung der Erde außer acht lassen. Es ist die Kraft gleich der Gegenkraft, aber keineswegs die Wirkung gleich der Gegenwirkung, wie man das häufig hört und liest.

5. Arbeit längs geneigten Ebenen. Hebel. Virtuelle Arbeit. Kräfte an starren Systemen.

Meister: Heute nehmen wir eine Erweiterung des Arbeitsbegriffes vor und eine allgemeinere Auffassung der Energie. Wenn an unserer geneigten Ebene (Fig. 17) wir, statt durch ein Gegengewicht das Gleichgewicht hervorzubringen, den Massenpunkt m längs der geneigten Ebene hinaufbefördern wollen, muß eine Arbeit geleistet werden.

Schüler: Ich suche wieder Kraft mal Weg auf. Aber jetzt ist die Kraft nicht $m \cdot g$, sondern, wie wir schon sahen, $m \cdot g \cdot \sin BAC$. Ist nun der Weg gleich l, so ist die Arbeit gleich $m \cdot g \cdot \sin BAC \cdot l$.

Meister: Dies ist eine bemerkenswerte Gleichung. Ich schreibe sie dir in zweifacher Art hin. Ich setze die Höhe der Ebene gleich h und ihre Länge sei l, der Winkel BAC sei gleich w; dann ist

$\qquad$ Arbeit $= (p \cdot \sin \cdot w) \cdot l = SP \cdot l$ (I. Form) . . . (26)

oder $\qquad = p \cdot (l \cdot \sin \cdot w) = SG \cdot h$ (II. Form) . . . (27)

Sieh dir die beiden Faktoren an und versuche die Gleichungen zu deuten.

Schüler: In der I. Form habt ihr die Kraftkomponente SP mit dem langen Wege l gepaart, in der zweiten dagegen die ganze Kraft SG mit der Projektion h des Weges l.

Meister: Ganz richtig; das aber führt zu der Erkenntnis, daß die Arbeit immer nur den Weg in der Richtung der Kraft zu überwinden hat, denn beide Ausdrücke sind einander gleich.

Schüler: Ich verstehe es so, daß es auf dasselbe herauskommt, ob man die Projektion der Kraft in der Richtung des Weges multipliziert mit dem Wege oder die ganze Kraft mit der Projektion des Weges in der Richtung der Kraft nimmt.

Meister: So ist es. Ob jemand die ganze Last SG um die Höhe h erhebt, oder die Projektion SP um die Strecke l, ist gleich, sofern ein und dieselbe Arbeit geleistet worden ist.

Schüler: In beiden Fällen ist ja auch die Masse um den Betrag h von der Erde entfernt worden.

Meister: Jawohl; wir könnten auch die eine Bewegung längs der Ebene ersetzen durch zwei Komponenten-Bewegungen.

Schüler: Ich verstehe wohl: durch eine horizontale und eine vertikale. Horizontale Fortbewegung kostet keine Arbeit. Aber wir brauchen unsere Zugtiere auch auf horizontalem Wege.

Meister: Freilich, aber diese geben dem Gefährt nur anfänglich Bewegung. Nachher bei gleichförmiger Fahrt haben die Zugtiere nur die Widerstände zu überwinden, z. B. die Arbeit der Reibung zu leisten, sonst aber, wenn das besorgt ist, läuft der Wagen von selbst weiter.

Schüler: Ich verstehe, nach dem Gesetz der Trägheit.

Fig. 19.

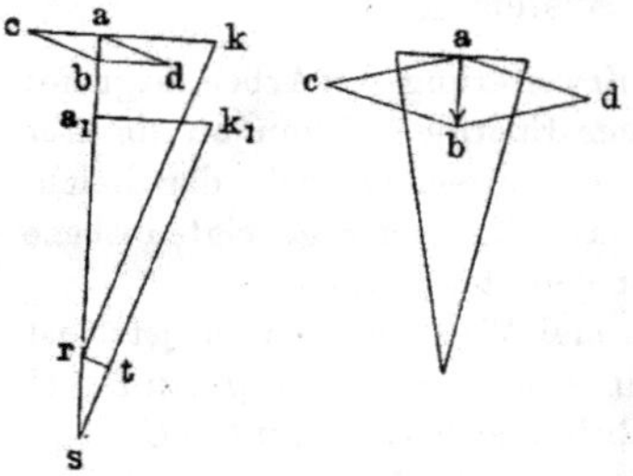

Meister: Zur Theorie der geneigten Ebene gehören viele Werkzeuge. Eins der wichtigsten ist der Keil. Wir unterscheiden den rechtwinkligen und den gleichseitigen Keil (Fig. 19). Die Kraft ab wird angewandt, um Widerstände zu überwinden, die als Druck gegen Seitenwände des Keiles auftreten. Zerteile darum die gegebene Kraft ab nach den beiden Richtungen der Widerstände.

Schüler: Dann suche ich die Komponenten auf, die senkrecht zu den Seitenflächen gerichtet sind. Ich ziehe von b aus Linien parallel den verzeichneten Richtungen senkrecht zu den Keilseiten und finde ac und ad. Beide Kräfte sind ja größer als ab! Ist das richtig?

Meister: Warum denn nicht. Untersuche nun die Arbeitsgrößen. Der Keil rückt vorwärts; die zu ak senkrechte Seite rückt vor um aa_1; die andere kr rückt fort, um wieviel?

Schüler: Ich zeichne den Keil in der vorgerückten Lage; die Spitze ist von r nach s gelangt, mithin die verwirkte Arbeit gleich $ab \cdot rs$.

Meister: Nun hat die geneigte Seite den Widerstand um rt fortgerückt.

Schüler: Also ist die gewirkte Arbeit gleich $ad.rt$.

Meister: Das Gleichgewicht ergäbe also $ab.rs = ad.rt$. Nun aber ist $rt:rs = B:L$, wenn wir mit B die Breite des Keiles und mit L seine Länge bezeichnen; setze auch die Kraft $ab = K$ und den Widerstand $ad = W$.

Schüler: Es wird nun $K.L = W.B$. Jede Vermehrung von K würde Bewegung veranlassen.

Meister: Und es ist $K = W.B/L$, in Worten?

Schüler: Die beim Keil anzuwendende Kraft ist proportional dem zu überwindenden Widerstande W, auch proportional der Keilbreite B und umgekehrt proportional der Keillänge L.

Meister: Man könnte B/L die Stumpfheit nennen. Du erkennst doch, daß auch das Messer hierher gehört. Je größer B, um so stumpfer ist das Messer.

Schüler: Man spricht aber doch immer nur von der Schärfe des Messers; könnten wir nicht den reziproken Begriff L/B so nennen?

Meister: Sehr gut, so ist es. Setze fürs Messer $W = K.L/B$.

Schüler: Aber das Messer ist doch ein gleichseitiger Keil.

Meister: Da hast du schon wieder ganz recht. Die Zeichnung überlasse ich dir auszuführen; es wird $K = 2\ WB/L$. Übrigens hat unsere Messertheorie noch eine Lücke; die anzuwendende Kraft ist meist noch viel kleiner, weil wir die Schneide nicht bloß gegen den Widerstand drücken, wie das beim Keile geschieht, sondern wir lassen es gleiten.

Schüler: Dadurch wird der Weg länger und die Kraft deshalb im umgekehrten Verhältnis kleiner.

Meister: Bei der Schere wirken zwei Keile gleichzeitig, ohne zu gleiten; nur der Widerstandspunkt entfernt sich und neue Stellen der Keilflächen treten ins Spiel.

Schüler: Wir haben zu Hause eine Schere, bei der eine der beiden Schneiden auch gleitet.

Meister: Das ist wohl eine Gartenschere; die hat große Widerstände zu überwinden.

Schüler: Man könnte also sagen, es sei ein Messer gegen einen Keil fortgeschoben.

Meister: Ja und die Kraftersparnis ist groß. Bei diesen Kraftscheren werden lange Griffe angebracht, während die Papierschere lange Schneiden und kurze Griffe hat. Das aber gehört schon zum Hebelgesetz, das wir heute noch besprechen. Ich erwähne nur noch die Schraube, die vielfach zu Werkzeug gestaltet wird. Sie kann als eine auf einen Zylinder aufgewickelte geneigte Ebene angesehen

werden; die Schraubenhöhe entspricht der Höhe der Ebene und der
Schraubenumfang ihrer Länge. Ich überlasse das deinem Nachdenken.
Wir gehen nun weiter in der Lehre von den Kräften. Hier hast du
einen geraden gleichförmigen Stab. In horizontaler Lage muß er in
der Mitte unterstützt werden. Wenn wir nun an beiden Enden gleich
große Massen anhängen —

Schüler: So besteht unverändert das Gleichgewicht.

Meister: Wenn aber verschieden große Massen angebracht werden?

Schüler: Dann muß man den Unterstützungspunkt nach der
Seite der größeren Last verschieben. Ich kenne wohl das Hebelgesetz,
nach dem die Kräfte sich umgekehrt wie die Entfernungen vom Unter-
stützungspunkte verhalten müssen.

Meister: Gut. Wir denken uns parallele Kräfte p und q; ihre
Entfernungen a und b vom Stützpunkt nennen wir Hebelarme; wie
lautet nun das Hebelgesetz?

Schüler: Wenn $p:q = b:a$, so besteht Gleichgewicht.

Meister: Hieraus folgt $a.p = b.q$; das Produkt aus der Kraft
in den Hebelarm, an dem sie angebracht ist, nennt man das „statische
Moment" der Kraft. Deute die letzte Formel.

Schüler: Beim Gleichgewicht zweier Kräfte p und q sind ihre
statischen Momente gleich.

Meister: Hierauf kommen wir bald zurück. Ich will dir jetzt
einige Sätze mitteilen, durch die die Behandlung von Kräften wesentlich gefördert worden ist. Man spricht von starren Systemen, an denen
die Kräfte angebracht werden; darunter ver-
steht man bald Linien, bald Flächen, bald
starre Körper, und abstrahiert von deren
Schwere. Angenähert ist ein unterstütztes
Stück Holz ein starres Gebilde. Es sei
(Fig. 20) AK eine starre Linie, an der in ihrer Richtung in A eine
Kraft p angebracht sei. Denken wir uns nun bei K zwei Kräfte x
und $-x$, beide gleich p, so kann keine Änderung des Zustandes
eintreten.

Fig. 20.

Schüler: Weil x und $-x$ sich gegenseitig aufheben.

Meister: Nun kann man die Sache auch so auffassen, daß p und
$-x$ sich aufheben, denn AK ist starr.

Schüler: Dann bleibt ja die Kraft x beim Punkte K nach.

Meister: Richtig. Das ergibt den Satz: Den Angriffspunkt A
einer Kraft p kann man versetzen in irgend einen Punkt der Richtungs-
linie von p.

Schüler: Ich glaube das verstanden zu haben und meine, daß,
wenn ich an einem festen Körper ziehe, ich dasselbe erziele, wenn ich
den Angriffspunkt weiter vor oder zurück rücke.

Meister: Denke dir nun verschieden gerichtete Kräfte p und q (Fig. 21) an einer starren Platte angebracht. Um ihnen Gleichgewicht zu halten, verfährt man so: man überträgt, nach dem vorigen Satze, eine jede von ihnen in ihrer Richtung nach dem Durchschnittspunkte C von p und q, wobei C mit A und mit B starr verbunden sei.

Schüler: Dann bringe ich p und q an denselben Punkt C und kann sie nun wohl nach dem Parallelogrammsatze weiter behandeln. Ich verzeichne ihre Resultante R.

Meister: Mit einer Kraft $-R$ könnten wir also dem R oder den beiden Kräften p und q das Gleichgewicht halten.

Schüler: Kann man nun auch den Angriffspunkt von $-r$ verschieben?

Meister: Gewiß, aber ein Punkt in der Richtung der Resultante ist besonders wichtig. Angenommen, wir änderten die Richtungen von p und auch von q nach ein und derselben Seite hin um einen Winkel w; dann würden die beiden Kräfte immer noch denselben Winkel v untereinander bilden. Der Punkt C wäre nach

C' gerückt. Hieraus folgt aber, daß man einen Kreis durch die vier Punkte A, B, C und C' hindurchlegen kann, denn v und v' sind dann Peripheriewinkel. Bei allmählicher Änderung der Richtungen von p und q müßte der Punkt C diese Kreisperipherie durchlaufen. Überlegen wir nun die Richtungen der Resultanten, so müssen sie sich in einem Punkte M des Kreises schneiden, weil alle Winkel

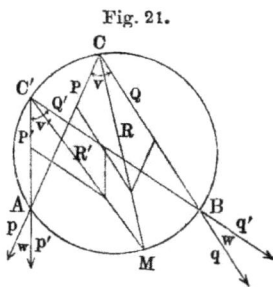

Fig. 21.

bei den C-Punkten gleich v, also auch Peripheriewinkel desselben Kreises sind. Bei allen diesen Stellungen tritt uns also der Punkt M als ausgezeichnet — wodurch — hervor?

Schüler: Dadurch, daß alle Resultanten, wenn sie dahin versetzt werden, immer an einem und demselben Punkte angreifen.

Meister: Deshalb bringen wir die Antiresultante $-r$ auch an diesem Punkte an und haben den Satz: Greifen zwei Kräfte an beliebigen Punkten A und B an, so gibt es einen Punkt M, an dem die Gegenkraft anzubringen ist. Ändern alle drei Kräfte um gleiche Winkel ihre Richtungen, so wird das Gleichgewicht nicht gestört. Wir betrachten nun weiter den Fall, wo die beiden Kräfte ihre Richtungen ändern, aber nach entgegengesetzten Seiten hin, p weiche nach rechts, q nach links aus; was geschieht mit dem Punkte C?

Schüler: C rückt weiter fort, hinauf. Der Kreis wird immer größer. Aber M, scheint mir, nähert sich der Geraden AB.

Meister: Freilich. Wenn nun p und q einander parallel geworden sind, wo liegt dann C?

Schüler: Dann schneiden sich die Richtungen gar nicht mehr.

Meister: Man sagt dann, sie schneiden sich im Unendlichen.

· **Schüler:** Aber weder C noch M werden gefunden.

Meister: Doch; durch einen niedlichen Kunstgriff. Zeichne dir nochmals p und q hin; jetzt aber einander parallel (Fig. 22). In A und B nehmen wir nun zwei gleiche, entgegengesetzte Kräfte x und $-x$ an.

Schüler: Diese ändern nichts am Gleichgewicht, aber ich kann ihre Resultanten P und Q verzeichnen; diese versetze ich wie vorhin, nach ihrem Durchschnitt C. Jetzt finde ich wieder die Resultante aus P' und Q'.

Fig. 22.

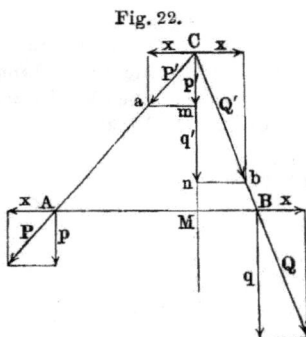

Meister: Halt! Das wäre zwar richtig, aber sehr unpraktisch. Zerlege erst die versetzten Kräfte P' und Q', eine jede in zwei Komponenten, deren eine gleich x ist, parallel den früheren x.

Schüler: Ja so. Dann heben sich x und $-x$ wieder auf und es bleiben p' und q' übrig. Diese geben wieder die Resultante $p' + q' = p + q$.

Meister: Jetzt erst versetze die Resultante in ihrer Richtung nach dem Punkte M auf der Geraden AB.

Schüler: Ist denn das der frühere Punkt M?

Meister: Gewiß. Als der Kreis ACB immer größer wurde, mußte der Teil AMB zuletzt in die Linie AB fallen. Nun aber die Hebelarme. Erkenne, daß die Dreiecke CAM und Cam einander ähnlich sind. Ebenso ist $CBM \sim cbn$; also $p:x = CM:a$.

Schüler: Und $q:x = CM:b$, mithin wird $p.a = q.b$. Richtig, unser Hebelgesetz!

Meister: Aus dieser Gleichung lassen sich noch andere herleiten. Addiere auf beiden Seiten die Größe $q.a$ hinzu und hebe die gleichen Faktoren heraus.

Schüler: Ich erhalte $p.a + q.a = q.b + q.a$

oder $(p + q).a = q.(b + a)$.

Meister: Nun ist $p + q = r$ und setze die ganze Hebellänge $= l$.

Schüler: Dann wird $r.a = q.l$.

Meister: Denke dir nun A als Drehungspunkt; dann halten sich $r.a$ und $q.l$ das Gleichgewicht, nur müssen sie nach entgegengesetzten Seiten drehen. Solch einen Hebel nennt man einen einarmigen, was wenig gescheit ist. Es sind wie vorhin zwei Arme da, nur liegen sie auf derselben Seite vom Stützpunkt. Du konntest auch $p.b$ beiderseits hinzuaddieren, es wäre $p.l = r.b$ gefunden worden.

Schüler: Dann ist wohl B der Drehungspunkt?

Meister: Ja, und B ist zugleich Stütze und die beiden Kräfte wirken wieder nach entgegengesetzten Richtungen.

Schüler: Können wir nun Beispiele vornehmen?

Meister: An die gleicharmige Wage brauche ich dich wohl nicht zu erinnern. Bei der ungleicharmigen (Fig. 23) ist der Wagebalken für sich im Gleichgewicht.

Schüler: Da er in der Mitte unterstützt ist. Außerdem sieht man 1 kg am Arme 1 im Gleichgewicht mit $\frac{1}{4}$ kg am Arme 4.

Fig. 23.

Meister: Der geringste Überdruck auf irgend einer Seite brächte Bewegung hervor.

Schüler: Daß man mit $\frac{1}{4}$ kg 1 kg heben könne, war mir stets verwunderlich; mein Lehrer meinte, was hier an Kraft gewonnen wird, gehe an Zeit verloren.

Meister: Es ist schlimm, daß man dir diesen ganz falschen Satz vorgetragen hat. Indes ich weiß, daß er in kleinen Physikbüchern vorkommt[1]). Es ist gut, daß wir diese Frage hier erörtern und ich werde dir bei dieser Gelegenheit zeigen, daß das Hebelgesetz auch anders, nämlich auf Grund des Energiesatzes, abgeleitet werden kann. Es sei (Fig. 24) wieder AB unser Hebel mit den beiden Kräften p und q. Wir denken uns, q führe eine Bewegung aus, so daß der Punkt B um die kleine Größe BB' sich senke; dann hat q eine Arbeit verwirkt gleich $q.BB'$. Zugleich ist aber A auch nach A' gelangt, also ist die Arbeit $p.AA'$ gewonnen. Ist die eine Arbeit positiv, so ist die andere durchaus negativ, und sind beide gleich groß, so ist ebensoviel gewirkt wie verwirkt. Weil alle diese Arbeitsgrößen nur gedachte sind, nennt man sie virtuelle Arbeiten, d. h. gedachte oder vorgestellte, wie sie mit den gestellten Bedingungen verträglich sind. Wenn ihre Summe gleich Null ist, so kann keine Bewegung entstehen und so wird das Gleichgewicht verständlich.

Fig. 24.

Schüler: Ich kann also sagen: Wenn A sich senkt, muß B gehoben werden, und wenn $p.AA' = q.BB'$ ist, so fehlt ein Übergewicht, das Bewegung hervorbrächte.

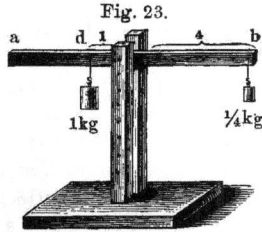

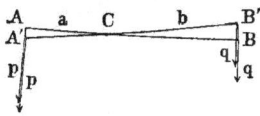

[1]) R. Schulze: Resultate des physikalischen Unterrichts in einfachen Volksschulen, mittleren und höheren Bürgerschulen, Fortbildungsschulen und Seminarien. Auf S. 11 steht wörtlich: „Was man an Kraft erspart, gibt man an Zeit zu!"

Meister: Und da wir kein solches anbringen, tritt Ruhe ein. Den Winkel $w = BCB' = ACA'$ nennt man den virtuellen — gedachten — Winkel. Nun ist aber, wie wir sahen, ein Radius b und der Bogen BB' sowie Radius a und Bogen AA' durch eine Gleichung zu verbinden.

Schüler: Es ist $BB' = b.w$, auch $AA' = a.w$.

Meister: Die Gleichheit der beiderseitigen Arbeiten verlangt:

$$p.AA' = q.BB'.$$

Schüler: Also auch $p.a.w = q.b.w$; hier hebt sich ja w heraus und es kommt unser Hebelgesetz $p.a = q.b$ heraus!

Meister: Die Bewegung würde zwar Zeit erfordern, aber rechts und links ganz dieselbe Zeit; sie hat also mit dem Resultat gar nichts zu tun und das ist gerade wesentlich. Die Energieerhaltung ist immer von der verflossenen Zeit ganz unabhängig.

Schüler: Diese Herleitung des Hebelgesetzes scheint mir klarer und verständlicher als die geometrische.

Meister: Und zudem kürzer; aber auf die Möglichkeit eines geometrischen Beweises muß immerhin gewiesen werden. Wir erhalten

Fig. 25.

eine Bekräftigung des Satzes von der Erhaltung der Energie. Von den zahlreichen Apparaten, die hierher gehören, nenne ich dir nur einige. Erkläre mir den Hebebaum (Fig. 25).

Schüler: Man übt bei K einen Druck aus, um die Last L zu heben. Der Drehungspunkt ist c. Der bei K ausgeübte Druck muß allmählich wachsen bis zum Gleichgewicht. In dem Augenblick ist $L.a = K.b$ und jeder Überdruck bringt L in die Höhe. Aber wo ist nun unsere Resultante r?

Fig. 26 b.

Fig. 26 a.

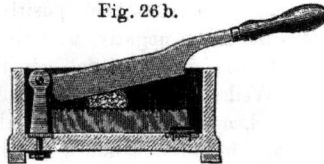

Meister: Suche sie selbst herauszufinden.

Schüler: Die Stütze bei c wird von L und von K aus gedrückt.

Meister: Richtig und wenn L sehr groß ist, dagegen c nachgibt, so hast du das Bild eines Nußknackers (Fig. 26 a) oder auch einer Zuckerhacke (Fig. 26 b).

Schüler: Dann muß L unüberwindlich groß sein.

Meister: Sonst zerbrechen die Scharniere. In Fig. 25 muß die Stütze fest sein, d. h. sie übt einen Widerstand aus; wie groß?

Sch ü l er: Offenbar gleich *r* und da haben wir unsere Gegenresultante.

Meister: Den Grundgedanken dieser Vorrichtung findet man bei vielen Apparaten, z. B. bei der Schaufel. In hartes Erdreich gestoßen, findet man bald einen Stützpunkt. Je länger der Stiel *cK* (s. Fig. 25), um so eher kann die Scholle *L* gehoben werden. Schaufelt man lockeren Sand, so gibt die rechte Hand den Punkt *c* und zwar möglichst niedrig, man drückt mit der linken Hand den Stiel bei *K* nieder und verleiht mit gesteigertem Druck in *c* der gehobenen Masse Bewegung, um sie fortzuschleudern.

6. Wagen. Schwerpunkt. Gleichgewichte.

Schüler: Gestern besprachen wir zuerst die Arbeit, im Falle Kraft und Weg verschiedene Richtung haben; es wird dann die Projektion des Weges auf die Kraftrichtung zu nehmen sein oder die Projektion der Kraft in die Wegrichtung. Dann gingen wir zur Theorie der Kräfte, die an starren Systemen wirken, über. Wir fanden die Resultante von Kräften, die an verschiedenen Punkten angreifen; es fand sich ein ausgezeichneter Punkt, an dem die Resultante auch bei allen Drehungen anzubringen war.

Meister: Diesen Punkt *M* nennt man auch, nicht sehr zutreffend, den Mittelpunkt der Kräfte.

Schüler: Wurden die Kräfte einander nähergerückt, so daß sie parallel wurden, so ergab sich das Hebelgesetz. Die Gleichheit der Drehungsmomente erkannten wir als Stellvertreter von virtuellen Arbeitsgrößen.

Meister: Man kann sagen: Beim Gleichgewicht sind die Summen der virtuellen Arbeitsgrößen in bezug auf beliebige gewählte Drehungspunkte gleich Null.

Schüler: Dann aber sind die Drehungen nach entgegengesetzten Seiten mit entgegengesetzten Zeichen zu nehmen.

Meister: Wenn diese energetische Auffassung des Hebelgesetzes im Volke verbreitet wäre, würden nicht mehr so zahlreiche Bemühungen statthaben, ein „Perpetuum mobile" herzustellen. Du weißt doch, daß das Apparate sind, die von selbst sich bewegen sollen.

Schüler: Ich verstehe das wohl, denn es sind die Arbeitsgrößen und nicht die Kräfte im Gleichgewicht. Auch kann niemals Energie gewonnen werden.

Meister: Wohl aber Energie verloren, d. h. vergeudet werden; dann geht sie für unsere Zwecke verloren. Auch verwechseln die Leute vielfach Kraft und Energie.

Schüler: Zuletzt besprachen wir noch verschiedene Hebelvorrichtungen. In Kaufläden habe ich mir bisweilen die Schnellwage angesehen; das sind doch auch Hebelapparate?

Meister: Jawohl, und zwar gibt es deren sehr verschiedene. Bei einer Art (Fig. 27) hat die Hand nicht bloß die ganze unbelastete Wage zu tragen, sondern außerdem noch die Lasten P und das Laufwerk Q.

Schüler: Ich setze wieder $P \cdot a = Q \cdot b$.

Meister: Zu merken ist, daß hier das Laufgewicht eine beständige gegebene Masse ist, auch ist a eine gegebene unveränderliche Strecke. Wenn P sich ändert, muß dementsprechend b sich ändern.

Schüler: Nach der Gleichung ist dann P dem b proportional.

Meister: Und deshalb ist der Maßstab über dem Laufgewichte Q in gleiche Teile geteilt. Bei alten kleinen Schnellwagen ist das anders. Denke dir das Laufgewicht Q am Ende B fest angebracht, der Unterstützungspunkt C dagegen beweglich. Überlege dir die Skala. Eigen-

Fig. 27.

Fig. 28.

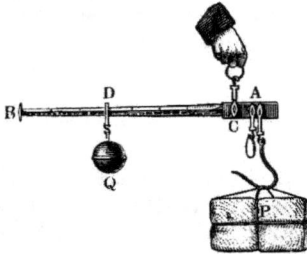
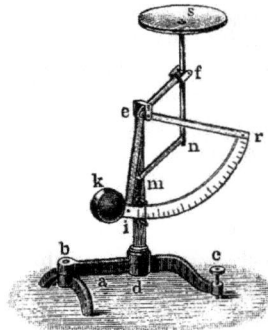

tümlich verhalten sich die Hebelarme bei der Briefwage (Fig. 28). Wird die Schale s belastet, so verändert sich ein wenig ihr Hebelarm. Dasselbe findet, aber im stärkeren Maße, für k statt. Erhebt sich k, so folgt auch die damit befestigte Bogenskala. Bei anderen Briefwagen ist die Skala fest und nach der anderen Seite gerichtet.

Schüler: Die Zeigerstellung gestattet dann, das Gewicht abzulesen. Wollt ihr mir nicht ein Wort über die Brückenwage sagen? Ich habe oft dabei gestanden und mich gewundert, wie große Lasten sehr schnell gewogen wurden, wobei gar nicht beachtet wurde, auf welcher Stelle der Brücke die Last lag.

Meister: Das hast du gut beobachtet. Die energetische Betrachtung gibt dir leicht die richtige Lösung. In Fig. 29 sind alle hierzu nötigen Bezeichnungen eingetragen. Fürs Gleichgewicht war die Gleichheit der virtuellen Arbeitsgrößen erforderlich. Die Last liegt irgendwo auf der Brücke FC. Es gilt nun zu erkennen, daß bei einer virtuellen Bewegung die Punkte F und C sich um gleichviel senken oder heben.

Schüler: Das ist schön, und einfach und vollkommen klar.

Meister: Nimm nun an, es senke sich E um ein Stück a, dann kannst du alle damit verbundenen Bewegungen selbst herausfinden.

Schüler: Die von F ist auch a; die von B und auch von K ist $5\,a$, also die von I oder von C gleich a, also heben oder senken sich F und C immer um gleichviel!

Meister: Wie steht es denn mit dem Punkte A?

Schüler: A erhebt sich um $10\,a$, also kann G nur $^{1}/_{10}$ von L betragen.

Meister: Darum nennt man die Brückenwage auch Dezimalwage.

Schüler: Der von B herabgehende Stab ist an K befestigt. Er hat wohl einen Ring, durch den die Stütze CF der Brücke hindurchstreicht. Ich sehe jetzt, es muß $UB = 5\,.\,UE$ sein und

$$KD = 5\,.\,ID$$

und $$AU = 10\,.\,UE.$$

Meister: Ganz richtig, und die Strecken UE und ID können beliebig groß gewählt werden. In der Landwirtschaft werden solche

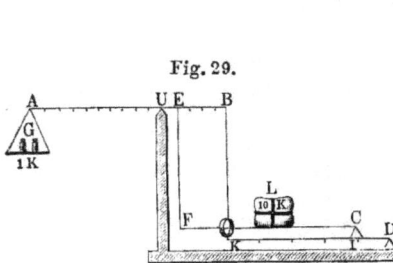

Fig. 29.

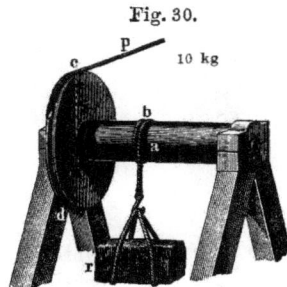

Fig. 30.

Wagen so groß gebaut, daß beladene Frachtwagen auf die Brücke fahren können. — Überlege dir nun einmal die Welle (Fig. 30); wo stecken da die Hebelarme?

Schüler: Das sind doch die Halbmesser der Welle und des Rades.

Meister: Die abgewickelten Stricklängen L und l sind zugleich die Arbeitsstrecken der Kräfte p und r.

Schüler: Also ist

$$p\,.\,L = r\,.\,l \quad . \quad . \quad . \quad . \quad . \quad . \quad . \quad (1)$$

Meister: Und auch

$$p\,.\,R = r\,.\,W \quad . \quad . \quad . \quad . \quad . \quad . \quad . \quad (2)$$

wenn R und W die Halbmesser von Rad und Welle bedeuten.

Schüler: So erhalten wir wieder die statischen Momente statt der Arbeiten.

Meister: Gleichung (1) ist energetisch, dagegen (2) ist statisch. Was ist hier in Fig. 31 und 32 abgebildet?

Schüler: Das sind Flaschenzüge. Die kenne ich, kann sie aber nicht recht deuten.

Meister: In Fig. 31 hängt die Last an sechs Schnüren. Wird bei p 10 kg angehängt, so tritt Gleichgewicht ein.

Schüler: Jeder kleinste Überdruck gestattet, die 60 kg zu heben.

Fig. 31.   Fig. 32.

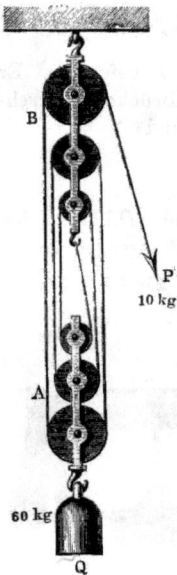 

Meister: Unser Hebelgesetz birgt noch einen neuen sehr wichtigen Begriff. Wir nehmen nochmals die Fig. 24 vor.

Schüler: Da waren p und q an den Armen a und b im Gleichgewicht.

Meister: Nun können wir die Gewichte durch ihre Massen ersetzen. Der Unterstützungspunkt c wird auch der Schwerpunkt der Massen m und n genannt, denn hierher überträgt sich, dem Drucke $p + q$ entsprechend, die Last $m + n$. Denkt man sich nun durch c hindurch, senkrecht, also in der Richtung der Schwere, eine Linie, so kann der Stab AB gestützt werden durch Anbringung einer Gegenkraft in irgend einem Punkte der Linie c.

Unterstützt man c selbst, so nennt man das Gleichgewicht „unbestimmt" oder „indifferent". Ist die Unterstützung unterhalb c angebracht, so nennt man den Zustand „balancieren" und das Gleichgewicht heißt „labil" oder „unbeständig", weil bei virtueller Verrückung sofort beschleunigende Kräfte das System umwerfen.

Ist endlich eine Unterstützung oberhalb von c angebracht, so nennt man den Zustand „hängen" und das Gleichgewicht „beständig" oder „stabil". Ein solcher hängender Körper heißt, wissenschaftlich gesprochen, ein „Pendel". Deute mir nun die drei Figuren 33, 34 u. 35.

Schüler: Die erste Lage ist indifferent, die zweite labil, die dritte stabil; also die dritte gibt ein Pendel!

Meister: Ist dagegen die Unterlage eine Ebene, so unterscheidet man zwei Gleichgewichtslagen: stehen und liegen. Ein rechteckiger Körper habe drei aufeinander senkrecht stehende Flächen, und es sei $A > B > C$. Berührt A die Unterlage, so...?

Schüler: So liegt er, berührt C die Unterlage, so steht er, aber daß er, wenn die Fläche B die Unterlage trifft, stehen soll, ist nicht ganz klar.

Meister: Es ist freilich der mittlere Fall; der Körper steht auf der langen Seite B, und kann als aufgerichtet bezeichnet werden.

Schüler: Also ein Buch steht auf dem Spinde, es liegt auf dem Tisch.

Meister: Wir stehen am Ufer, wir liegen im Sande. Überlege nun genau, welche Unterschiede hinsichtlich der virtuellen Arbeiten in den drei Fällen statthaben. Liegt der Körper, so muß bei einer Erhebung der Schwerpunkt emporsteigen. Steht er auf der schmalsten Seite, so muß auch der Schwerpunkt gehoben werden, aber um ein viel kleineres Stück. Hat man ihn auf die mittlere Kante gestellt, so ist

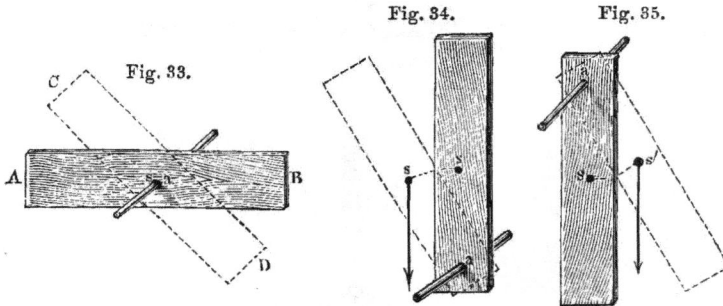

Fig. 34.   Fig. 35.   Fig. 33.

das Gleichgewicht verschieden, je nachdem man ihn um die längere oder um die kürzere Seite umzuwerfen versucht. Es fehlt uns in der Sprache ein treffender Ausdruck für das Hinstellen auf die mittlere Fläche.

Meister: Heute wollen wir nur noch einige Worte über die feineren Wagen wechseln. Sie werden bei wissenschaftlichen Untersuchungen angewandt, sowie in der Technik, sobald es auf genaue Massenbestimmung ankommt. Am Wagebalken (Fig. 36) ist in der Mitte eine scharfe Schneide aus Stahl angebracht; sie ruht auf einer Achatplatte. Der Schwerpunkt des Wagebalkens liegt ein wenig unterhalb der Schneide.

Schüler: Dann kann man also sagen: der Wagebalken hängt.

Meister: Ganz richtig; doch wird man wegen seiner länglichen Form meistens sagen: er liegt auf der Unterlage, aber richtiger bleibt es doch, ihn als hängend zu bezeichnen. Oben ragt eine Schraube in die Höhe: die darauf gesteckte Schraubenmutter kann gehoben oder gesenkt werden nach Belieben, zur Hebung oder Senkung des Schwerpunktes.

Schüler: Kann diese geringe Änderung in der Stellung der Schraube einen merklichen Einfluß haben?

Meister: Doch; denn der Schwerpunkt liegt bereits sehr nahe unter dem Stützpunkte. Je höher der Schwerpunkt hinaufrückt, um so empfindlicher wird die Wage. Unter Empfindlichkeit versteht man den am Zeiger merklichen Ausschlag bei einer bestimmten Belastung der einen Seite. An den Enden des Wagebalkens sind Stahlansätze mit Ringen angebracht, die innen scharfe Schneiden haben, auf denen die Wageschalen angehängt werden. Zur Schonung der drei Schneiden

Fig. 36.

wird eine Arretierung benutzt; die Schalen nämlich sowie der Wagebalken werden in die Höhe gehoben, mittels der als Handhabe zu gebrauchenden unten vorstehenden Schraube. Zu einer feinen Wage gehört ein feiner Massensatz von Zentigrammen an, bis zu 50 oder 100 g; die Milligramme bestimmt man mit einem Reiter aus Aluminium oder aus sehr dünnem Platindraht, der mittels eines Schiebers von außen her auf den Wagebalken aufgesetzt werden kann. Der Balken ist in 100 Teile geteilt; jeder Teilstrich entspricht also $1/10$ mg.

Schüler: Kann man so kleine Massen noch sicher wägen?

Meister: In Eichinstituten werden sogar bei großer Belastung noch $1/1000$ mg beobachtet.

Schüler: Ich kann mir kaum so kleine Massen vorstellen.

Meister: Nun, das ist doch nicht so schwierig; beschreibe mir einen Würfel aus Wasser, der $1/_{1000}$ mg enthält.

Schüler: 1 mm³ enthält 1 mg Wasser. Ich denke mir also einen Würfel von $1/_{10}$ mm Seite; dann habe ich das Verlangte.

Meister: Die Wageschalen sind Pendel, deren Aufhängepunkte ganz besondere Sorgfalt beanspruchen, da die Hebellänge davon abhängt.

Schüler: Sind die Schwingungen der Wage nicht der Wägung hinderlich?

Meister: Sie dürfen nicht allzu groß sein; aber gerade während der Schwingungen wird meist die Wage beobachtet, weil man die Ruhelage gar nicht abwarten kann. Wie man aus den Ausschlägen des Zeigers während dieser Schwingungen die Ruhelage berechnet, das kannst du dir aus umfangreicheren Werken ansehen, sobald du die Sache kennen lernen willst.

7. Pendelschwingungen.

Schüler: Wir besprachen verschiedene Formen von Wagen, insbesondere auch die Brückenwage, deren energetische Theorie sofort ihre Artung erkennen ließ.

Meister: Ich wende mich nun zum Pendel, d. h. zu den Schwingungen hängender Körper.

Schüler: Haben solche Schwingungen auch wissenschaftliche Bedeutung?

Meister: Sowohl wissenschaftliche, als praktische. Denke doch an die Pendeluhren. Die Uhrpendel sind meist Stangen mit einer Schneide an deren oberem Ende, während unten eine größere Masse, genannt Linse, befestigt ist. Solch hängende Körper beliebiger Gestalt heißen physische Pendel. Hängt man an einen dünnen Faden eine Kugel, so ist das auch ein physisches Pendel. Wir müssen aber zuerst abstrakt das Pendel behandeln. An einem gewichtlosen Faden ist eine punktförmige Masse angebracht — solch einen Begriff nennt man ein mathematisches Pendel.

Schüler: Der Massenpunkt unterliegt, wie vorhin, der Schwere.

Meister: Ja, und sehr angenähert findet man die Gesetze des mathematischen Pendels bestätigt, wenn man eine kleine an einen Faden gebundene dichte Kugel beobachtet. Zunächst aber sage mir, was wird geschehen, wenn wir diese Kugel zur Seite ablenken und dann loslassen?

Schüler: Sie wird bis zum tiefsten Punkte fallen und dann auf der anderen Seite emporsteigen.

Meister: Und zwar bis zu derselben Höhe, wie sie erhoben ward.

Schüler: Dann wird sie umkehren und so sich hin- und herbewegen.

Meister: Eine solche Hin- und Herbewegung heißt eine Schwingung, die dazu nötige Dauer die Schwingungsdauer. An irgend einer Stelle während der Schwingung hat der Punkt eine gewisse Bogenentfernung, von der untersten Stelle an gerechnet, die dem Ruhezustande entspricht. Dieser Bogen heißt die Ausweichung oder Elongation. Die höchste Ausweichung heißt Schwingungsweite oder Amplitude. Den Zustand in irgend einem Augenblicke nennt man Schwingungsphase.

Schüler: Das entspricht ja alles der Wellentheorie, die wir schon kennen lernten. Ist hier Phase nicht ganz dasselbe, wie dort bei kreisförmigen Bewegungen?

Meister: Die Pendelbewegung ist eine periodische, nicht insofern Kreisbewegungen ausgeführt werden, sondern insofern, als in regelmäßiger Folge alle Phasen durchlaufen werden und in gleicher Weise sich wiederholen. Es war ja nicht nur die Kreisbewegung eine periodische, sondern auch andere, wie die Sinus- und Kosinusbewegungen. Das sind alles Kreisfunktionen, denn die Werte zeigen sich darstellbar durch Auftragung der Zeit auf einen Kreis und die hierbei gewonnenen Linien zeigen den periodischen Charakter, wie wir schon gesehen haben.

Schüler: Ich darf also sagen: es gehöre zu jedem Zeitmomente eine bestimmte Phase der Schwingung?

Meister: Richtig. Das Pendel hat ferner eine gewisse Länge l, die vom Befestigungspunkte bis zum Massenpunkte reicht, sie heißt Pendellänge. Wir nennen die Schwingungsweite a, die Masse des Punktes m; wie heißt die Beschleunigung?

Schüler: Die ist gleich g und zwar g Gal. Hiervon muß die Bewegung abhängen.

Meister: Nun schreibe ich dir das berühmte Pendelgesetz hin. Es heißt

$$t = \pi \cdot \sqrt{l/g} \quad \ldots \ldots \ldots \quad (1)$$

wenn t die Schwingungsdauer bedeutet. Erhebe diese Gleichung ins Quadrat.

Schüler: Es wird $\qquad t^2 = \pi^2 \cdot l/g \quad \ldots \ldots \ldots \quad (2)$

Meister: In diesem Ausdrucke finden wir vier Lehrsätze, die ich dir nun folgweise nennen werde. 1. Das Quadrat t^2 der Schwingungsdauer t ist proportional der Pendellänge l. Zu einer anderen Pendellänge l_1 gehöre nämlich die Zeit t_1, dann ist ebenso

$$t_1^2 = \pi^2 \cdot l_1/g \quad \ldots \ldots \ldots \quad (3)$$

Dividiere die beiden Ausdrücke (2) und (3) durcheinander.

Schüler: Es wird $\qquad t^2 : t_1^2 = l : l_1 \quad \ldots \ldots \ldots \quad (4)$

Meister: Diesen ersten Satz kann man auch sofort schon aus Gleichung (2) herauslesen.

Hier habe ich ein Steinchen an einen Faden gebunden und ein anderes Steinchen an einen anderen Faden. Ich nehme nun den ersten Faden in die Linke, den zweiten, viermal so kurzen, in die Rechte und lasse durch Schwenkung beide schwingen. Du siehst, wie merklich das lange Pendel zweimal so lange Zeit für eine Schwingung gebraucht.

Schüler: Und ein neunmal kürzeres Pendel würde drei Schwingungen vollführen in derselben Zeit, wie das lange für eine Schwingung gebraucht. Mir erscheint es erstaunlich, daß sich die Bewegung nur nach der Länge des Pendels richtet, unabhängig von der Masse.

Meister: Schon die Formel lehrt das. Du hast damit aber schon das zweite wichtige Pendelgesetz ausgesprochen:

2. Die Schwingungsdauer ist von der Masse unabhängig. Das verhält sich ganz ähnlich, wie beim Falle der freien Körper. Zwei Pendel, die gleiche Masse haben, schwingen ganz gleich nebeneinander, wie sollte sich das ändern, wenn wir sie näher aneinander halten. Das dritte Gesetz lautet:

3. Die Schwingungsdauer ist unabhängig von der Schwingungsweite.

Schüler: Auch dieses Gesetz ist überraschend; man möchte meinen, eine weite Schwingung bedinge eine größere Dauer.

Meister: Galilei entdeckte das Gesetz, als er in Pisa in der Kirche war. Die Kronleuchter wurden angezündet und erhielten dabei eine Schwingungsbewegung. Diese hielt sehr lange an, die Weiten wurden immer geringer, aber die Dauer schien unverändert zu bleiben. Das vierte Gesetz endlich ergibt sich auch aus der Formel, denn es kommt g im Nenner vor:

4. Das Quadrat der Schwingungsdauer ist umgekehrt proportional der Schwere g.

Schüler: Aber g hat doch immer ein und denselben Wert.

Meister: An verschiedenen Orten ist auch g verschieden, es sei an einem anderen Orte g_1, dann ist

$$t^2 : t_1^2 = g_1 : g \quad \ldots \ldots \ldots \quad (5)$$

Schüler: Und da steht nun das vierte Gesetz.

Meister: Man hat es auch sofort aus der Formel

$$g = \pi^2 . l/t^2 \quad \ldots \ldots \ldots \quad (6)$$

Schüler: Dann können wir ja g aus l und t berechnen! Das ist schön, das möchte ich gleich ausführen.

Meister: Einen angenähert richtigen Wert könntest du wohl finden; rechne lieber umgekehrt aus t und g das l heraus.

Schüler: Dann setze ich

$$l = \frac{g \cdot t^2}{\pi^2} \quad \cdots \quad \cdots \quad \cdots \quad (7)$$

Ist denn der genaue Wert von g durch Pendelversuche bestimmt worden?

Meister: Nun, mathematische Pendel gibt es ja nicht; die physischen Pendel aber unterliegen viel verwickelteren Bedingungen. Ich will dir den Grund dafür angeben und wenn du in deinen Studien weiter schreitest, so sieh dir die Lehre vom Reversionspendel an, die du in umfangreicheren Lehrbüchern finden wirst. Soviel nur heute, daß infolge der schön ausgedachten Theorie von Huygens dieses Reversionspendel die allergenauesten Werte von g ergeben hat.

Schüler: Ist das derselbe Forscher, der auch das Pendel bei Uhren verwandte?

Meister: Jawohl. Zum Schluß wollen wir noch die Kräfte während einer Schwingung uns überlegen und den energetischen Ansatz besprechen. In Fig. 37 sei A unser Massenpunkt, BA der Faden, dann ist AG die Kraft, die auf A wirkt. Wie groß ist sie?

Fig. 37.

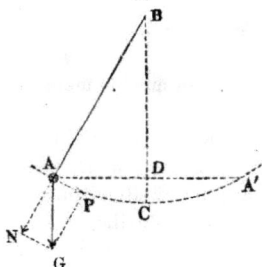

Schüler: Sie ist gleich $m \cdot g$; aber wir müssen wohl die Kraft zerlegen in die Richtung des Fadens und senkrecht darauf.

Meister: Richtig. Die Komponente AN wird den Faden spannen. Beachte, daß Winkel $NAG = ABC$ ist.

Schüler: AP allein kann beschleunigend sein. Ich schreibe die beiden Projektionen hin:

$$AN = AG \cdot \cos w$$
$$AP = AG \cdot \sin w,$$

wobei ich den Winkel ABC gleich w gesetzt habe.

Meister: Nun ist w veränderlich, daher auch die Beschleunigung veränderlich, während sie beim freien Falle beständig war. Wie groß ist die Kraft im tiefsten Punkte C?

Schüler: Offenbar gleich Null und weiterhin wird die Kraft die Bewegung verzögern.

Meister: Bis zum höchsten Punkte A'. Welchen Wert hat nun die Beschleunigung in irgend einer Phase?

Schüler: Den der Projektion, also $g \cdot \sin w$.

Meister: Überlege die Arbeit, die vom höchsten Punkte an bis zu dieser Phase verwirkt ist.

Schüler: Das will mir noch nicht gelingen.

Meister: Nenne die vertikale Senkung des Punktes, also von D aus gedacht, x, dann weißt du auch, wie groß die verbrauchte Arbeit ist, da sie nur von der Verminderung der Erdentfernung abhängt.

Schüler: Ach so; dann ist $m.g.x$ verbraucht.

Meister: Richtig; nenne die erzeugte Geschwindigkeit v, wie groß ist dann die erzeugte Energie?

Schüler: Die ist gleich $m.v^2/2$.

Meister: Berechne nun v aus $mv^2/2 = m.g.x$.

Schüler: Ich finde: $v^2 = \dfrac{2\,m.g.x}{m} = 2.gx$, also $v = \sqrt{2.g.x}$.

Meister: Siehst du nun, daß sich die Masse des Punktes herausgehoben hat?

Schüler: Ganz wie beim freien Fall!

Meister: Die Schwingungsweite CA tritt nicht in die Gleichung ein; die Geschwindigkeit im tiefsten Punkte heiße a und es sei die Senkung des Punktes $DC = h$.

Schüler: Dann wird $m.g.h = m.a^2/2$, also $a = \sqrt{2.g.h}$.

Meister: Diese Beziehung ist die Grundlage für den Beweis unserer Pendelformel. Wir wollen uns damit nicht weiter abgeben, weil bei einer strengen Theorie nur die Hilfsmittel der höheren Mathematik die Sache untersuchen lassen.

8. Trägheitsmoment. Winkelgeschwindigkeit.

Schüler: Wir lernten gestern das vierfache Pendelgesetz kennen, und zwar gab es zwei Abhängigkeiten und zwei Unabhängigkeiten; erstere bezogen sich auf die Schwere und die Pendellänge, letztere auf die Masse und die Weite. Zuletzt erwähntet ihr das Reversionspendel, das ganz genaue Werte von g liefert. Fürs Sekundenpendel habe ich die Länge 99,4 Zent gefunden.

Meister: Heute wollen wir uns auf die Kreisbewegungen vorbereiten, und dazu zwei neue Begriffe in die Betrachtung einführen. Bei allen Drehungen eines Körpers um eine Achse und so auch bei Bewegungen um einen Punkt herum, spricht man jedem Massenpunkte und ebenso auch dem ganzen Körper ein Trägheitsmoment zu. Es ist gleich dem Produkt aus der Masse m in das Quadrat der Entfernung r des Punktes von dem Aufhänge- oder Drehungspunkte, oder von der Drehungsachse. Wir nennen es T.

Schüler: Demgemäß wäre also $T = m.r^2$ für jeden Massenpunkt m in der Entfernung r.

Meister: Um dir diesen wichtigen Begriff klar zu machen, muß ich dir noch einen anderen Begriff vorführen, die Winkelgeschwindigkeit. Denke dir (Fig. 38) einen beliebigen Körper K, dessen Schwerpunkt in s liege; in m befinde sich eine Punktmasse, in m_1 ein anderer Punkt usf. Dreht sich nun der Körper um D herum, so beschreibt ein

jeder seiner Teile einen Bogen, der um so größer sein wird, je größer
seine Entfernung r. Auch der Schwerpunkt s beschreibt einen Bogen ss_1

Fig. 38.

bis zur tiefsten oder Ruhelage. Allen
diesen Bewegungen kommt etwas Ge-
meinsames zu. Zwar sind die beschrie-
benen Bögen verschieden, aber die
Winkel, von D aus gesehen, sind für
alle Punkte gleich. Du siehst, wie die
Gleichheit der Winkel in der Zeichnung
erhalten worden ist; es wurden die
gleichen Bögen $a\,b$, $a'b'$, $a''b''$ ab-
gemessen und dann in die verschiedenen Entfernungen übertragen. Drücke
mir nun die entsprechenden Winkel
aus:

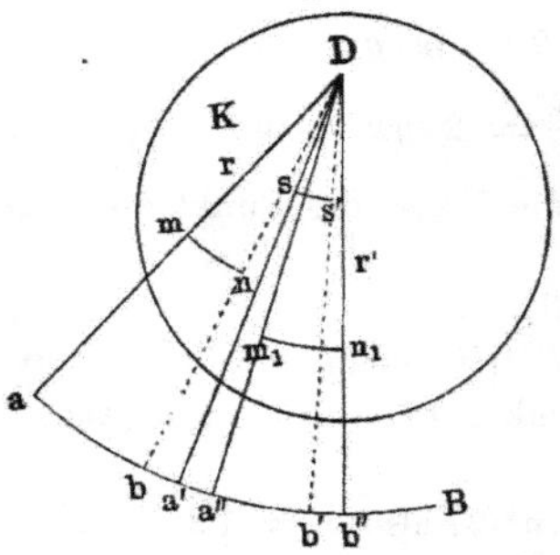

Schüler: Es wird $mn = r.w$ und $m_1 n_1 = r'.w$, $ss_1 = R.w$.

Meister: Die bei der Drehung erzeugten Geschwindigkeiten im
Bogen sind nun gleich $\dfrac{mn}{t}$, $\dfrac{m_1 n_1}{t}$, $\dfrac{ss_1}{t}$, ... und alle sind verschieden.

Diese Geschwindigkeiten kannst du aber anders ausdrücken, durch
Einführung des Winkels w.

Schüler: Es ist $\dfrac{mn}{t} = r\cdot\dfrac{w}{t}$, $\dfrac{m_1 n_1}{t} = r'\cdot\dfrac{w}{t}$, $ss_1 = R\cdot\dfrac{w}{t}$, und
hier sind jetzt die Größen w/t immer dieselben.

Meister: Deshalb spricht man von einer allen Punkten gleichen
Winkelgeschwindigkeit, die $= w/t$ ist.

Schüler: Das glaube ich vollständig erfaßt zu haben.

Meister: Schwingt der Körper, so kann zunächst die verwirkte
Arbeit für jeden Augenblick sofort ausgedrückt werden. Es sei die
Masse aller Punkte zusammen gleich M, so wissen wir schon, daß $M.g$
die Resultante aller Kräfte ist, die im Schwerpunkt s angreift. Die verwirkte Arbeit ist also $M.g.h$, wenn h die Senkung des Schwerpunktes
ist. Diese muß in aktuelle Energie der schwingenden Massenpunkte
umgesetzt sein. Es sei, wenn s am tiefsten steht, dieses Punktes Geschwindigkeit $v = R.W$, wenn W an dieser Stelle die Winkelgeschwindigkeit bedeutet. Wäre der ganze Körper, statt im Raume verteilt zu
sein, als Punkt in s vereinigt, so wäre $M\cdot v^2/2 = M\cdot R^2\cdot\dfrac{W^2}{2}$ die erzeugte
Energie. Aber nun haben alle Punkte verschiedene Geschwindigkeiten
und Massen; ihre einzelnen Energien sind:

$$m\cdot\frac{r^2\,W^2}{2}, \quad m_1\cdot\frac{r_1\,W^2}{2}\ldots$$

Schüler: Auch das glaube ich vollständig erfaßt zu haben.

Meister: Die gesamte aktuelle Energie E des Körpers, wenn der Schwerpunkt sich am tiefsten befindet, ist gleich der Summe der Energien aller einzelnen Massenpunkte in diesem Augenblick, also

$$E = mr^2 \frac{W^2}{2} + m_1 r_1^2 \cdot \frac{W^2}{2} + \cdots,$$

soviel Punkte m, m_1, m_2 ... da sein mögen. Hebe nun den allen Summanden gemeinsamen Faktor heraus.

Schüler: Dann ist $E = [mr^2 + m_1 r_1^2 + m_2 r_2^2 + \cdots] \dfrac{W^2}{2}$.

Meister: Die in Klammer geschlossene Summe setzen wir gleich T und nennen T das **Trägheitsmoment des Körpers in bezug auf den Drehungspunkt**, also ist $E = T \cdot \dfrac{W^2}{2}$; in Worten?

Schüler: Die aktuelle Energie im tiefsten Punkte ist gleich dem Trägheitsmoment T des Körpers, multipliziert mit dem halben Quadrate $W^2/2$ der Winkelgeschwindigkeit W.

Meister: Das ist noch nicht ganz richtig. Sage: Trägheitsmoment in bezug auf die Drehungsachse, denn nur in bezug auf eine solche kann von einem Trägheitsmoment gesprochen werden. Wir sind jetzt soweit, daß wir die Schwingungsdauer des physischen Pendels bestimmen könnten. Ich gebe dir dieses Blatt mit, in der Meinung, daß du später einmal dir diese Lehre aneignen wirst, denn sie ist doch immerhin nicht so ganz einfach (s. Anhang C, S. 92). Eine Verwendung des Begriffes Trägheitsmoment findet bei den Schwungrädern statt. Sie werden bei Maschinen angebracht, um deren Gang regelmäßiger zu gestalten. Die Massen versetzt man möglichst weit von der Drehungsachse weg.

Schüler: Ich verstehe wohl, daß dadurch das Trägheitsmoment des Schwungrades groß wird.

Meister: Die Maschine verwendet etwas Energie, um das Rad in Schwung zu bringen und zu erhalten; läßt aber die Kraft nach, so kann die Energie des Rades noch eine Zeitlang genutzt werden, um den Gang der Maschine aufrecht zu erhalten.

Schüler: Das ist ja eine Aufspeicherung der aktuellen Energie, von der ihr sagtet, sie werde nur in geringer Menge angesammelt.

Meister: Ganz recht. Damit haben wir den kreisförmigen Bewegungen tüchtig vorgearbeitet.

9. Kreisbewegung. Zentralkraft. Fliehkraft.

Meister: Ich nehme an, daß dir nun die Winkelgeschwindigkeit und das Trägheitsmoment eines Körpers in bezug auf eine Drehungsachse ganz geläufige Begriffe sind.

Schüler: Ihr wolltet heute die kreisförmigen Bewegungen anschließen.

Meister: Wir nehmen erst diese vor, weil sie die einfacheren sind. Die neuen Begriffe aber gelten auch für beliebig gekrümmte Bahnen, z. B. für die elliptischen Planetenbahnen.

Fig. 39.

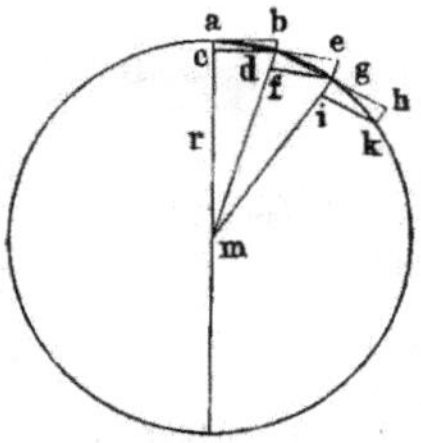

Es vollführe a (Fig. 39) eine kreisförmige Bewegung um den Punkt m herum. Es kann a ein Massenpunkt sein, der von m angezogen wird, oder a ist ein Punkt einer starren Scheibe, die sich um m als Achse herumbewegt. Hat nun a eine Geschwindigkeit, so können wir diese seine Bewegung durch ab darstellen. Da aber a nicht nach b, sondern nach d gelangt, muß eine Kraft ac auf ihn gewirkt haben.

Schüler: Aber ad ist doch gekrümmt und daher nicht die richtige Resultante von ab und ac.

Meister: Ganz recht. Wir denken uns die verflossene Zeit so klein, daß ad als geradlinig gelten kann; es sind ab und ac die Strecken für etwa eine milliontel Sekunde oder noch kleinere Zeitteilchen. Von d aus hat der Massenpunkt eine Bewegung $de = ad$. Aber m zieht ihn wieder an mit der Kraft df, so daß er in der Diagonale dg sich fortbewegt.

Schüler: Ich verstehe wohl, daß die Bahn dg eine gekrümmte sein wird, da von m aus eine Kraft stetig wirkt.

Meister: Versuche nun weiter in derselben Art die Überlegung fortzusetzen.

Schüler: Ich verzeichne $gh = dg$ und nehme gi senkrecht, so kommt der Punkt nach k.

Meister: Die nach m hin gerichtete Kraft heißt Zentripetalkraft. Das lateinische „petere" heißt „streben." Wäre diese Kraft nicht vorhanden, so würde a seine Eigenbewegung beibehalten.

Fig. 40.

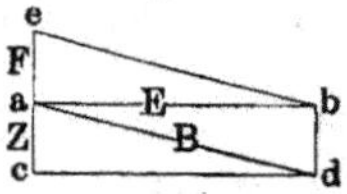

Schüler: Nach dem Gesetz der Trägheit?

Meister: Jawohl. Nun überlegen wir noch einmal den ersten Zeitverlauf. Ich nenne die Eigenbewegung E, und ac die Zentralkraft Z (Fig. 40).

Schüler: Dann ist die Bahnbewegung B die Resultante von E und Z.

Meister: Nun fasse ich die Sache anders an. Man kann die Eigenbewegung E in zwei Komponenten zerteilen, so zwar, daß die eine von ihnen gleich B ist; wie ist dann die andere beschaffen?

Schüler: Ich denke mir dann E als Resultante, ziehe daher be parallel da und von a aus eine Gerade parallel db; dann ist ae die gesuchte andere Komponente.

Meister: Richtig. Ich nenne die Kraft *ae* die Fliehkraft und nenne sie *F*, und sage: die Eigenbewegung *E* äußert sich genau so wie zwei gleichzeitige Kräfte *B* und *F*.

Schüler: Das verstehe ich vollkommen gut.

Meister: Da nun *B*, die Bahnbewegung, zustande kommt, so muß die Kraft *F* aufgehoben worden sein; es muß $F = Z$ sein, was auch aus der Zeichnung ersichtlich ist. Es ist also die Fliehkraft ein Streben des Körpers, sich vom Anziehungsmittelpunkte zu entfernen. Die Fliehkraft heißt auch Zentrifugalkraft, vom lateinischen „fugere", fliehen.

Schüler: Ich bitte um ein Beispiel, denn ich begreife noch nicht, wie bei einer Kreisbewegung solch ein Gleichgewicht der beiden Kräfte gedacht werden kann. Kann man die Kräfte nachweisen?

Meister: Bis jetzt haben wir sie nur in Gedanken als notwendig vorhanden erkannt. Dort drüben liegt noch unser erstes Pendel; der Bindfaden ist stark genug, so daß wir unseren Apparat auch als Schleuder benutzen können. Du wirst beide Kräfte sofort spüren, sobald du den Stein herumschleuderst. Die Fliehkraft spannt den Faden, die Zentralkraft aber steckt im Faden; sie ist nämlich aus deiner Hand erzeugt und bis an den Stein übertragen.

Schüler: Beim Schleudern fühle ich, wie der Stein meine Hand fortreißt.

Meister: Und deine Hand muß um so stärker der Fliehkraft sich entgegenstemmen, je schneller du den Stein herumschleuderst.

Schüler: Das ist wunderbar schön. Der Stein reißt so stark, daß ich die Hand nicht ruhig halten kann.

Meister: Sei nicht so stürmisch; führe die Bewegung ruhig aus.

Schüler: Ich fühle noch immer die Fliehkraft.

Meister: Und ebenso die von ihr geweckte Gegenkraft, die du ausüben mußt. Nun will ich dir zeigen, von welchen Größen der Betrag der Fliehkraft *F* abhängt. Die Geschwindigkeit in der Bahn sei *v* und die Entfernung vom Mittelpunkt sei *r*; es ist zugleich der Halbmesser des Kreises; dann ist $F = M . v^2/r$. Da wir *M*, *v* und *r* beliebig ändern können, so liegen hier drei Abhängigkeiten vor.

Schüler: Es ist *F* eine Funktion dieser drei Größen.

Meister: Fasse diese Abhängigkeiten in Worte.

Schüler: Die Fliehkraft ist direkt proportional der Masse des Punktes, sowie dem Quadrate seiner Geschwindigkeit und umgekehrt proportional dem Halbmesser der Kreisbahn. Nun bin ich gespannt auf die Herleitung der Formel.

Meister: Bei Kreisbahnen im Weltenraume gelten alle Betrachtungen ebenso wie vorhin. Während aber bei der Schleuder die Zentralkraft in der Spannung des Fadens sich äußert, haben wir es dort mit der Schwere.

zu tun. In Fig. 41 stellt m den anziehenden Massenpunkt dar; a
wird von m angezogen und vollführt eine Kreisbahn, von der nur die
Strecken ab und die bei n verzeichnet sind.

Schüler: Es ist hier ac die Zentralkraft, die den Punkt a zwingt,
von der Tangente der Bahn abzuweichen; so wird er gezwungen, die
Bahn ab als Resultante zu beschreiben.

Fig. 41.

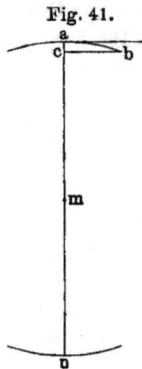

Meister: Richtig. Nun sind die Dreiecke abc und
nba einander ähnlich, mithin ist $ac : ab = ab : 2r$, wo
$an = 2r$ der Durchmesser der Bahn ist. Also ist auch:

$$ac = \frac{(ab)^2}{2r}.$$

Jetzt aber ist ac auch als Fallstrecke anzusehen infolge
der Schwere; setzen wir, wie früher, $m \cdot g = p$, so wird
$ac = \frac{1}{2} \frac{p}{m} \cdot t^2$; dann wird:

$$\frac{1}{2} \frac{p}{m} = \frac{(ab)^2}{t^2} \cdot \frac{1}{2r} \quad \text{und da } \frac{ab}{t} = v \text{ ist,}$$

$$p = m \cdot \frac{v^2}{r}.$$

Schüler: Und das ist die gesuchte Formel. Sie erinnert mich an
die aktuelle Energie von m, denn die ist doch $m \cdot v^2/2$.

Meister: Ganz richtig und für das Gedächtnis günstig. Hüte
dich nur vor Verwechselung; es ist $m \cdot v^2/2$ eine Energiegröße, mithin

Fig. 42.   Fig. 43.

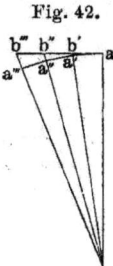

von anderer Qualität als die Kraft $m \cdot v^2/r$.
Als Kraft hast du sie verspürt, und als Kraft
werden wir sie bald messen lernen. Ich will
dir zuvor noch eine Anschauung dieser wichtigen Formel hinzeichnen. Ich nehme zwei
Fälle an; es soll in derselben Kreisbahn mit
dem Halbmesser r der Punkt a in dem einen
Falle die doppelte Geschwindigkeit haben
wie in dem anderen Falle. Nun verzeichne
ich in Fig. 42 den Punkt a, der nach b' oder
nach b'' angetrieben sein soll. Die Strecke
$a''b''$ aber ist das Vierfache von $a'b'$, wie du
aus der Geometrie des Kreises lernst, und

wäre ab''' gleich $3 \cdot ab'$ genommen, so ergäbe sich $a'''b''' = 9 \cdot a'b'$.

Schüler: Jetzt sehe ich die Abhängigkeit der Zentralkraft vom
Quadrat der Geschwindigkeit klar vor mir. Könnte ich nicht die andere
Abhängigkeit, die von r, ebenso zu sehen bekommen?

Meister: Sehr wohl. Zeichne einen Kreis (Fig. 43) und einen
zweiten mit dem doppelten Durchmesser; zeichne an beide die gemein-

same Tangente ab, und die hierdurch bezeichnete Geschwindigkeit sei für beide Bahnen gleich groß. Der Punkt gelangt nach a_1 im kleinen Kreise, nach a_2 im großen.

Schüler: Und richtig erscheint $a_1 b = 2 . a_2 b$. Dann könnte ich auch beide Beziehungen in einer Figur darstellen.

Meister: Versuche es. Der Formel $F = \dfrac{m v^2}{r}$ pflegt man noch andere Gestalt zu geben. Bei Kreisbahnen nimmt man an, die Geschwindigkeit sei eine gleichförmige. Kennt man die Umlaufsdauer T, so ist $v = 2 \pi . r / T$; setze das für v ein.

Schüler: Es wird:

$$F = \frac{m . v^2}{r} = \frac{4 \pi^2 . r^2}{T^2 . r} \cdot m = \frac{4 \pi^2}{T^2} \cdot r \cdot m.$$

Meister: Vorhin sagten wir, die Fliehkraft sei umgekehrt proportional dem Bahnhalbmesser; hier erscheint sie direkt proportional. Den scheinbaren Widerspruch löst man leicht auf. Die vorige Proportionalität gilt für zwei Vergleichsfälle, wo die Geschwindigkeiten dieselben sind, hier dagegen werden gleiche Umlaufsdauern vorausgesetzt. Nun noch eine Überlegung. Wenn die Zentralkraft plötzlich aufhört, was geschieht dann?

Schüler: Dann folgt der Punkt seiner Eigenbewegung nach der Tangente der Bahn.

Meister: Man findet oft angegeben, es schwinde alsdann auch die Fliehkraft; doch ist das unrichtig. Die Fliehkraft ist eine Kom-

Fig. 44.

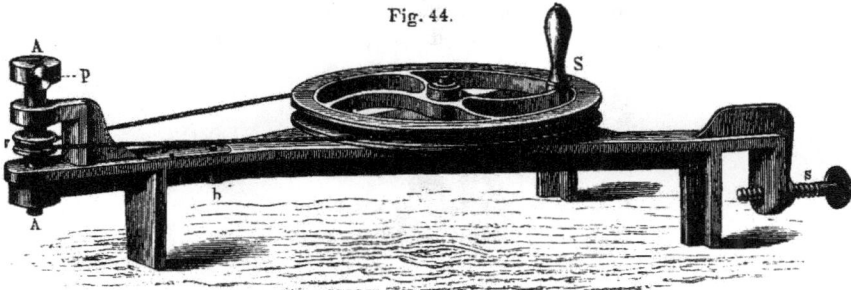

ponente der Eigenbewegung, daher kann sie nie erlöschen; wird sie nicht mehr aufgehoben, so tritt sie mit der Bahnbewegung zusammen wieder auf und der Körper läuft in der Tangente fort.

Schüler: Aber nachweisen oder empfinden läßt sie sich doch nicht mehr, wenn die Zentralkraft aufgehört hat?

Meister: Empfinden natürlich nicht, nachweisen aber sehr wohl; sogar den Augen deutlich vorführen.

Schüler: Das bitte ich mir mitzuteilen.

Meister: Es gibt einen schönen Apparat, bei dem der Erfolg der Fliehkraft sichtbar wird, gerade dann, wenn die Zentralkraft aufgehört hat. Der Apparat ist die Fliehkraftmaschine, fälschlich gewöhnlich Schwungmaschine genannt. In Fig. 44 erkennt man sofort, daß die Achse AA in Rotation versetzt werden kann. In die obere Öffnung können verschiedene Vorrichtungen eingesetzt werden; die wichtigste ist in Fig. 45 abgebildet. Die beiden Zylinder sind durch einen Faden miteinander verbunden. Sind die Massen gleich groß, so wird bei eintretender Rotation die Masse, die weiter vom Mittelpunkte entfernt ist, die andere nach sich ziehen, bis beide am Rahmen aufgehalten werden. Nimmt man ungleiche Massen, so halten auch diese sich bei jeder Geschwindigkeit das Gleichgewicht, sobald $m.r = m_1.r_1$ gemacht ist, wie du aus der Formel $\dfrac{4\pi.m.r}{T^2} = \dfrac{4\pi.m_1.r_1}{T^2}$ erschließen kannst.

Fig. 45.

Schüler: Hier hat wohl T auf beiden Seiten der Gleichung denselben Wert?

Meister: Richtig. Sobald man nun die Entfernung ändert, so tritt bei einer gewissen Geschwindigkeit, wenn nämlich die Reibungen

Fig. 46.

überwunden sind, eine Bewegung in der Richtung der Fliehkraft ein, und zwar — nach welcher Seite?

Schüler: Offenbar nach der Seite, die das größere Produkt $m.r$ hat. Es kann also auch ein kleinerer Zylinder einen größeren nach sich ziehen?

Meister: Gewiß. Aber auch messen kann man den ganzen Betrag der Fliehkraft mit dem Aufsatz Fig. 46. Der Rahmen $abcd$ wird auf die Achse AA aufgeschraubt. Die Masse bei g kann längs des Stabes ef fortgleiten bei Überwindung einer geringen Reibung. Rotiert der Apparat, so erhält g eine Fliehkraft nach f hin. Sie wird aufgehalten durch einen Faden, der, nachdem er über die Rolle bei i gegangen ist, an eine beliebig zu verändernde Masse, die in der Mitte ruht, befestigt ist. Das Gewicht der vier Platten überträgt sich durch den Faden auf die Kugel g, deren Fliehkraft geradezu gewogen wird. Die Entfernung r von der Achse wird gemessen; durch Steigerung der Geschwindigkeit kann die Fliehkraft allmählich vergrößert werden. Im Augenblick, wo sie den Wert $M.g$ erreicht hat, wo also:

$$\frac{m \cdot v^2}{r} = P = M \cdot g$$

ist, wird die Kugel g nach f hin wandern und die Masse M erheben.

Schüler: Das ist ein schöner Versuch. Man erkennt, daß die Fliehkraft dieselbe Qualität wie ein Gewicht hat.

Meister: Sollte der Faden zwischen i und g plötzlich reißen, was müßte eintreten?

Schüler: Die Kugel müßte in der Tangente der Bahn fortfliegen; aber das wird man wohl schwerlich sehen können.

Meister: Freilich; dafür aber sehen wir die von der Eigenbewegung getrennte Fliehkraft in den Spuren, die sie hinterlassen hat. Die Maschine dreht sich immer weiter fort, und wenn sie stillsteht, so sehen wir nichts mehr von der Rotation, aber die Erfolge der Fliehkraft erkennen wir deutlich.

Schüler: Ich verstehe wohl, weil die Kugel g sich am Rahmen befindet. Wir sehen also die ganze Richtung der Fliehkraft vor uns.

Meister: Also ist es falsch, zu sagen, die Fliehkraft werde von der Zentralkraft geweckt, sie wird vielmehr von ihr überwunden, und erweckt bei der Schleuder die Zentralkraft.

10. Keplers Gesetze. Newtons Gravitationsgesetz. Mondbewegung.

Meister: Die Bewegungen der Körper in unserem Sonnensystem geschehen zum Teil in nahezu kreisförmigen Bahnen. Die größte Masse besitzt die Sonne selbst, dagegen sind die der Planeten und Kometen nur gering, so daß der gemeinsame Schwerpunkt aller noch in einen Punkt der Sonne hineinfällt. Von diesem Schwerpunkte aus gehen alle Anziehungen aus, und um ihn als Anziehungspunkt bewegen sich alle, auch die Sonne selbst.

Schüler: Was bedeutet das Wort „Planet"?

Meister: Es kommt aus dem lateinischen „planare", wandeln, daher man auch von Wandelsternen spricht. Während nämlich die meisten Sterne am Himmel sehr ferne Sonnen sind, die uns wegen der großen

Entfernungen immer als bloße Punkte erscheinen, die einen festen Platz am Himmel einnehmen, sind die Planeten Körper, die sich, wie auch die Erde, um die Sonne bewegen und daher, von der Erde aus gesehen, sehr starke Ortsveränderungen am Himmel zeigen, daher der Name. Wie die Erde, so drehen sich alle anderen Planeten um eine Achse; sie fliegen dabei schnell fort in einer Bahn, die wir nun besprechen wollen. Ich nenne dir die von Kepler entdeckten Gesetze ohne Beweise, nur damit du von ihnen Kunde hast. Es sind folgende:

1. Die Sonne, sowie die Planeten und Kometen, bewegen sich in elliptischen Bahnen um den gemeinsamen Schwerpunkt, der mit einem Brennpunkt der Ellipsenbahnen zusammenfällt.

2. Der von einem Planeten nach dem Schwerpunkt des Systems gezogene Leitstrahl (Fig. 47) bewegt sich so fort, daß in gleichen Zeitgrößen gleich große Flächen beschrieben werden.

Fig. 47.

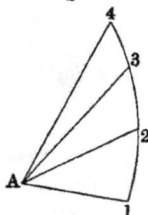

3. Sind die Umlaufszeiten zweier Planeten t und T und ihre Entfernungen vom Schwerpunkt r und R, so ist $t^2 : T^2 = r^3 : R^3$ oder besser: es ist $t^2 = a . r^3$ für alle Planeten und Kometen, wo die Größe a überall denselben Wert hat.

Schüler: Den ersten Satz habe ich wohl erfaßt. Wir haben schon in der Schule schöne Ellipsen in den Sand gezeichnet. Wir steckten zwei Pfähle in den Boden, über die wir eine Schnur warfen, deren Enden miteinander verbunden wurden; nun spannten wir unsere Schnur durch einen Stift und gingen um die Pfähle herum. Die Pfahlpunkte waren die Brennpunkte. Je näher die beiden Brennpunkte aneinander lagen, um so mehr näherte sich die Ellipse einem Kreise.

Meister: Vortrefflich. Deine Schnur gibt zugleich den Leitstrahl an; in Fig. 47 erkennst du den zweiten Satz. Aus ihm ersehen wir sofort, daß der Planet um so langsamer sich fortbewegt, je weiter er vom Brennpunkt entfernt ist.

Schüler: Das habe ich auch verstanden; aber das dritte Gesetz?

Meister: Es ist überaus wichtig in seinen Folgerungen. Zunächst kannst du einige Größen berechnen aus gegebenen Zahlen. Für die Erde ist t, wie du weißt, nahezu 365 Tage und die Entfernung von der Sonne, die wir als Anziehungsmittelpunkt ansehen können, gleich 150 Mill. Kilometer. Der Planet Mars hat eine beobachtete Umlaufszeit von 686 Erdtagen, wie groß ist nun seine Entfernung von der Sonne?

Schüler: Es ist:

$$R^3 = r^3 \cdot \frac{T^2}{t^2} = \frac{150\,000\,000^3 \cdot 686^2}{365^2}.$$

Das will ich nachher ausrechnen. So erfahre ich, wie weit der Mars von der Sonne entfernt ist. Das ist wunderbar schön!

Meister: Ich will dir das Resultat schon jetzt sagen; es sind etwa 228 Mill. Kilometer. Aber noch viel bedeutsamer ist dieses dritte Gesetz, sofern es uns verraten hat, welche Kräfte im Weltenraume zwischen den Körpern und insbesondere zwischen der Sonne und den Planeten statthaben. Diese Kräfte sind nichts anderes als die Schwere oder Gravitation. Daß nicht bloß die Gegenstände unserer Umgebung schwer sind, d. h. von der Erde angezogen werden, sondern daß dieselbe Anziehung zwischen allen Weltkörpern besteht und von ihrer Masse und Entfernung abhängt, — das hat Newton aus dem dritten Gesetz erschlossen. Dazu brauchte er nur noch den von Huygens kurz vorher aufgefundenen Begriff der Fliehkraft und deren Formel hinzuzunehmen.

Schüler: Die Fliehkraft einer Masse m war $F = m \cdot \dfrac{v^2}{r}$ und auch gleich $m \cdot \dfrac{4\pi^2 \cdot r}{t^2}$, wo t die Umlaufszeit war.

Meister: Hier setzen wir nach Kepler $t^2 = a \cdot r^3$ ein, so wird $F = \dfrac{4\pi^2 \cdot m}{a \cdot r^2}$, und hieraus erkannte Newton, daß die Fliehkraft umgekehrt proportional dem Quadrate der Entfernung war, denn die übrigen Größen sind beständig. Der Fliehkraft aber, wie wir erkannten, ist die Zentripetalkraft gleich, und daraus folgt, daß, je weiter zwei Körper voneinander entfernt sind, um so schwächer ihre gegenseitige Anziehung ist, und in welchem Verhältnis?

Schüler: Bei doppelter Entfernung ist die Anziehung nur noch ein Viertel, bei dreifacher ein Neuntel.

Meister: Nun berechne ein Beispiel, an dem ich erkennen will, ob du die Sache erfaßt hast. Wie groß ist die Beschleunigung hier auf der Erde?

Schüler: Es sind ungefähr 980 Gal.

Meister: Wir sind vom Erdmittelpunkte entfernt um eine gewisse Größe r; der Mond ist $60 \cdot r$ von der Erde entfernt. Wie groß ist also dort die von der Erde ausgehende Beschleunigung? — Du schweigst. Nun, der Mond ist 60 mal weiter als wir vom Erdmittelpunkt, also ist dort die Schwere nur $\dfrac{1}{60^2}$ von der hiesigen, d. h. sie ist 3600 mal kleiner.

Schüler: Also wäre sie $^{980}/_{3600}$ Gal.

Meister: Richtig, das sind 0,27 Gal. In jeder Sekunde erhielte der Mond diese Geschwindigkeit.

Schüler: Das sind ja nur 2,7 mm in der Sekunde!

Meister: Freilich; das erscheint uns sehr gering. Wollen wir sehen, ob das mit der Fliehkraft des Mondes stimmt. Nimm die Formel

$$F = \frac{4\,\pi \cdot R}{T^2} \cdot$$ In dieser ist R gleich 60 Erdradien, und T sind 27 Tage,

7 Stunden und 43 Minuten; diese müssen in Sekunden umgerechnet werden.

Schüler: Ich finde 2 360 580 Sekunden.

Meister: Setze nach der Formel die Zahlen ein und beachte, daß $2\,\pi \cdot r = 40$ Mill. Meter sind, wenn r den Erdhalbmesser bedeutet.

Schüler: Also ist:

$$F = \frac{4\,\pi^2 \cdot R}{T^2} = \frac{2\,\pi \cdot 2\,\pi r \cdot 60}{2\,360\,580^2} = \frac{2\,\pi \cdot 40\,000\,000 \cdot 60}{2\,360\,580^2}.$$

Meister: Und setze $\pi = {}^{22}/_7$. Willst du das Resultat in Millimetern, wie vorhin, erhalten, so — —

Schüler: So muß der Zähler noch mit 1000 multipliziert werden.

Meister: Die Rechnung mußt du abkürzen, da es sich um eine

Schätzung handelt. Schreibe: $F = \dfrac{2 \cdot \pi \cdot 4 \cdot 6}{236^2} \cdot 1000$ Dezigal.

Schüler: Ihr habt oben 8 Nullen gestrichen und unten nur vier, weil da eine Quadratzahl steht. Ich finde:

$$F = \frac{150\,571}{55\,696} = 2,7;$$

also richtig 2,7 mm, wie oben! Das ist so wunderbar und schön, daß ich noch viel darüber nachdenken will.

Meister: Als Newton vor mehr als 200 Jahren diese Rechnung anstellte, stimmte sie nicht so gut wie die unsere. Das lag daran, daß die Entfernung des Mondes von der Erde nur angenähert bekannt war, so daß die damals geltenden Zahlen eine so große Verschiedenheit zwischen Fliehkraft und Beschleunigung ergaben, daß Newton sein Gesetz anzweifelte. Hiermit wollen wir die topische Mechanik schließen und zur molaren übergehen, vorher jedoch fasse die gestrige und heutige Lehre kurz zusammen.

Schüler: Wir besprachen die kreisförmige Bewegung. Die den Punkt aus seiner Eigenbewegung ablenkende Kraft nannten wir Zentripetalkraft. Ihr ist die Fliehkraft oder Zentrifugalkraft entgegengerichtet und an Größe gleich. Sie erschien uns als Komponente der Eigenbewegung, wenn die Bahnbewegung als zweite Komponente angesehen wird. Da von der Eigenbewegung nur die Bahnbewegung zustande kommt, muß die andere Komponente, die Fliehkraft, aufgehoben worden sein. Beim geschleuderten Steine übt man die Zentripetalkraft aus, indem sie von der Fliehkraft geweckt wird. Beide Kräfte spannen den Faden, der zerreißen würde, wenn er nicht fest genug wäre. Der Betrag dieser Kräfte ist: $F = m \cdot \dfrac{v^2}{r}$, und diese Formel konnten wir durch eine Zeichnung anschaulich machen. Ihr erklärtet ferner die drei Keplerschen Gesetze und das Gesetz der Schwere von Newton, demgemäß die Körper im Weltenraume sich gegenseitig anziehen, direkt proportional ihren Massen und umgekehrt proportional dem Quadrat ihrer gegenseitigen Entfernungen. An der Mondbewegung prüften wir die Formeln der Fliehkraft einerseits und der Gravitation andererseits.

Meister: Recht so.

Anhang zur topischen Mechanik.

A. Zum Kräfteparallelogramm (siehe S. 42).

Es sei C die Resultante der Kräfte A und B, die den Winkel $c = a + b$ einschließen (Fig. 48). Es ist

$$C^2 = A^2 + B^2 + 2 \cdot A \cdot B \cos c, \quad \ldots \ldots \quad (1)$$

auch ist, da $\sin (180 - c) = \sin c$ ist,

$$A : B : C = \sin a : \sin b : \sin c, \ldots \ldots \quad (2)$$

eine Beziehung. die auch dann gilt, wenn man als C die Antiresultante nimmt. Von den drei Kräften A, B, C hält eine jede den beiden anderen das Gleichgewicht. Aus Gleichung (2) folgt auch:

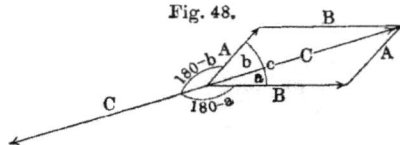

Fig. 48.

$$A : B : C = \sin (180^0 - a) : \sin (180^0 - b) : \sin c, \ldots \quad (3)$$

daher verhalten sich die drei Kräfte zueinander wie die Sinus der gegenüberliegenden Winkel.

B. Zur Kraftdefinition (siehe S. 50).

Die Gleichung (4) gilt nur in ganz speziellen Fällen unter einschränkenden Bedingungen. Allgemein gültig wäre nur der Differentialquotient $\dfrac{dv}{dt}$ statt $\dfrac{v}{t}$. Es ist die Kraft $p = m \cdot \dfrac{dv}{dt} = m \cdot g$, und dies Beschleunigung g ist im allgemeinen keine beständige Größe, daher ist auch nicht allgemein $m v = p \cdot t$.

C. Das physische Pendel (siehe S. 81).

Bei der Bestimmung der Schwingungsdauer des physischen Pendels sind zwei Größen maßgebend: Erstens die bei der Senkung h des Schwerpunktes bis zu dessen Tiefstande verwirkte Arbeit A. Ist die Masse $\Sigma m = M$, so ist diese Arbeit

$$A = M \cdot g \cdot h \quad \ldots \ldots \ldots \quad (1)$$

Nicht so einfach war zweitens die Bestimmung der Bewegungsenergie B im Augenblicke des Tiefstandes. Sie ergab sich erst aus der Herleitung des Trägheitsmomentes T in bezug auf die Achse und war bei der Winkelgeschwindigkeit w gleich

$$B = T \cdot \frac{w^2}{2} \quad \ldots \ldots \ldots \quad (2)$$

Das physische Pendel verlangt die Beantwortung der Frage: „Welche Masse $\mathfrak{M}$ muß im Schwerpunkte, dessen Entfernung vom Drehungspunkte s sei, angebracht werden, damit die Bewegungsenergie gleich B sei?" Hat man $\mathfrak{M}$ bestimmt, so ist das physische Pendel mit der beliebig verteilten Masse M in ein topisches Pendel verwandelt, dessen Länge s ist, während die zu bewegende topische Masse $\mathfrak{M}$ ist.

Einen jeden Punkt m in der Entfernung r von der Drehungsachse ersetzen wir durch eine Masse $\mathfrak{m}$ im Schwerpunkte mit der Bedingung:

und ähnlich:

$$\left.\begin{array}{l} \mathfrak{m} \cdot s^2 = m \cdot r^2 \\ m_1 \cdot s^2 = m_1 \cdot r_1^2 \\ m_2 \cdot s^2 = m_2 \cdot r_2^2 \\ \ldots \ldots \end{array}\right\} \quad \ldots \ldots \quad (3)$$

also ist

$$(\mathfrak{m} + m_1 + m_2 + \cdots) s^2 = T \quad \ldots \ldots \quad (4)$$

oder das gesuchte

$$\mathfrak{M} = \frac{T}{s^2} \quad \ldots \ldots \ldots \quad (5)$$

Die treibende Kraft ist $M \cdot g$; die fortzubewegende Masse ist $\mathfrak{M}$; daher muß für das physische Pendel statt g

$$g' = \frac{M \cdot g}{\mathfrak{M}} \quad \ldots \ldots \ldots \quad (6)$$

gesetzt werden, und da in der Formel

$$t = \pi \sqrt{\frac{l}{g}} \quad \ldots \ldots \ldots \quad (7)$$

l durch s zu ersetzen ist, wird

$$t = \pi \sqrt{\frac{s \cdot \mathfrak{M}}{M \cdot g}} \quad \ldots \ldots \ldots \quad (8)$$

also

$$t = \pi \sqrt{\frac{s \cdot T}{M \cdot g \cdot s^2}}, \quad \text{oder} \quad t = \pi \sqrt{\frac{T}{M \cdot g \cdot s}} \quad \ldots \quad (9)$$

Diese Formel geht richtig über in die Formel (7), wenn man die gegebene Masse M topisch im Schwerpunkte angebracht denkt, denn alsdann wäre $T = M \cdot s^2$; es hebt sich M auf und s bleibt im Zähler übrig. Die Gleichung (9) zeigt, daß t wächst, wenn s abnimmt, während in Gleichung (7) t wächst, wenn l zunimmt. Dieser Umstand ist ein wesentlicher beim physischen Pendel: ist s klein, so kann nämlich die verwirkte Arbeit $M \cdot g \cdot s$ auch nur klein sein. Die Massenpunkte $m, m_1, \ldots$ aber können weit von der Achse liegen, so daß das Trägheitsmoment T groß wird. Da nun $A = B$ sein muß [Gleichung (1) und (2)], so kann die Winkelgeschwindigkeit w nur klein werden. Aus Gleichung (9) ersieht man, daß es einen Wert von l geben muß, der einem topischen Pendel angehört, dessen Schwingungsdauer genau gleich unserem t in Gleichung (9) wäre. Es ist

$$l = \frac{T}{M \cdot s} \quad \cdots \quad \cdots \quad (10)$$

Den Punkt, der in der Entfernung l von der Drehungsachse liegt, nennt man den „Schwingungspunkt des physischen Pendels", und die Länge l heißt die „reduzierte Pendellänge".

Es ist l immer größer als s; denn sei T_s das Trägheitsmoment in bezug auf eine durch den Schwerpunkt gelegte Achse; für eine andere im Abstand a angebrachte, aber jener parallelen Achse, sei das Trägheitsmoment T_a, dann gilt die Beziehung

$$T_a = T_s + a^2 \cdot M \quad \cdots \quad \cdots \quad (11)$$

Es sei nämlich in Fig. 49 ein Durchschnitt des Körpers mit der Masse M gedacht; O sei der Schwerpunkt, und es soll das Trägheitsmoment für O' berechnet werden. Das Trägheitsmoment τ_s eines Massenpunktes m ist

Fig. 49.

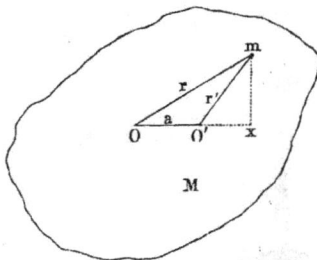

$$\tau_s = m \cdot r^2 = m \cdot (x^2 + y^2), \quad \cdots \quad (12)$$

nun ist

$$\tau_a = m \cdot r_1^2 = m \cdot \{(x-a)^2 + y^2\} \quad (13)$$

$$= m \cdot x^2 + m \cdot y^2 - 2 m \cdot a \cdot x + m \cdot a^2;$$

mithin

$$\tau_a = \tau_s + m \cdot a^2 - 2 m \cdot a \cdot x \quad (14)$$

Ähnliche Formeln wie (14) bilde man für alle Massenpunkte und addiere alle Gleichungen, dann wird, weil Σm, die Summe aller Massen, gleich M ist,

$$T_a = T_s + M \cdot a^2 - 2 a \cdot \Sigma(m \cdot x) \quad \cdots \quad (15)$$

Hier ist nach der Definition des Schwerpunktes

$$\Sigma(m \cdot x) = 0, \quad \cdots \quad \cdots \quad (16)$$

also geht Gleichung (15) in Gleichung (11) über, was zu erweisen war.
Es ist also in Gleichung (10)

$$T = T_s + s^2 . M \quad \ldots \ldots \ldots (17)$$

weil der Drehungspunkt in der Entfernung s vom Schwerpunkte liegt;
also ist

$$l = \frac{T_s + s^2 . M}{s . M} \quad \ldots \ldots \ldots (18)$$

oder

$$l = \frac{T_s}{s . M} + s \quad \ldots \ldots \ldots (19)$$

folglich ist

$$l > s \quad \ldots \ldots \ldots (20)$$

Ferner sind T_s und M ganz feste Größen für ein gegebenes Pendel;
daher ist l nur noch von s abhängig. Daraus folgt, daß, wenn man in
gleichen Abständen s vom Schwer-

Fig. 51.   Fig. 50.

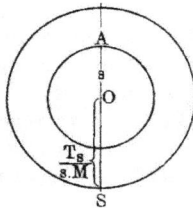

punkte Achsen anbringen, die
Schwingungsdauer immer ein und
denselben Wert haben wird.

In Fig. 50 sei O der Schwerpunkt,
A der Aufhängepunkt in der Entfernung s. In allen Punkten des
Kreises durch A und durch S
um O herum wäre die Schwingungsdauer und auch die redu-
zierte Pendellänge ein und dieselbe. Der Schwingungspunkt liegt in S, so zwar, daß OS nach dem Satze
[Gleichung (19)] $= \dfrac{T_s}{s . M}$ ist. Denkt man sich nun eine
Achse im Punkte S angebracht, so muß Gleichung (18), die
für die Achse in A galt, auf diesen Punkt S als Drehungspunkt umgeformt werden. Da wir in Gleichung (18)
$\dfrac{T_s}{s . M}$ für s zu setzen haben, wie Fig. 50 verdeutlicht, so
wird für den Drehungspunkt S die gesuchte Länge

$$l^1 = \frac{T_s}{\dfrac{T_s}{s . M} . M} + \frac{T_s}{s . M},$$

oder

$$l^1 = s + \frac{T_s}{s . M}, \quad \ldots \ldots \ldots (21)$$

mithin ist

$$l^1 = l . \quad \ldots \ldots \ldots (22)$$

in Worten: Bringt man im Schwingungspunkte eine Achse an,
so ist die Schwingungsdauer dieselbe wie beim anfänglichen
Drehpunkte. Es können also A und S als Drehpunkte vertauscht

werden ohne Änderung der Schwingungsdauer. Sie sind einander konjugiert. Hierauf beruht das Reversionspendel (Fig. 51), bei dem in a und b Schneiden angebracht sind, deren Entfernung voneinander gleich der Länge eines topischen Pendels von gleicher Länge werden soll. Man läßt erst a, dann b die Schwingungsachse sein, und ändert die Stellung der Linsen so, daß die beiden Schwingungsdauern einander gleich werden. Bei diesem Verfahren wird sowohl der Schwerpunkt als auch das Trägheitsmoment geändert, bis der gesuchte Wert für Gleichung (21) sich ergibt. Bei anderen Vorrichtungen kann die Schneide b verstellt werden, bis jene Gleichheit eintritt. Doch ist die in der Figur gewählte Einrichtung vorzuziehen, da die Messung von l ein für allemal ausgeführt werden kann und nur noch die Schwingungsdauer zu bestimmen übrig bleibt, wofür es mehrere durch Genauigkeit ausgezeichnete Verfahren gibt. Für eine gewisse Schwingungsdauer gibt es immer zwei einander konjugierte Achsenkreise. Es war nach Gleichung (19):

$$l = \frac{T_s}{s \cdot M} + s, \quad \text{also ist} \quad s^2 - s \cdot l + \frac{T_s}{M} = 0 \quad . \quad . \quad . \ (23)$$

oder

$$s = \frac{l}{2} \pm \sqrt{\frac{l^2}{4} - \frac{T_s}{M}} \quad . \quad . \quad . \quad . \ (24)$$

Die zwei Werte entsprechen den konjugierten Kreisen (Fig. 52). Sie liegen zu beiden Seiten eines Kreises, in dem die beiden Werte zusammenfallen, wenn nämlich

$$l = 2 \cdot \frac{T_s}{M} \quad . \quad . \quad . \quad . \quad . \quad . \ (25)$$

In diesem Falle ist $s = \dfrac{l}{2}$ und die Schwingungsdauer ist die

kleinste, die bei diesem Körper als Pendel möglich ist. Dieser kleinste Kreis wird gefunden, wenn man einen Kreis über AS als Durchmesser zeichnet. Ein Lot auf den Durchmesser, in O errichtet, schneidet den Kreis im Punkte b, und Ob als Radius gibt den kleinsten Kreis, der die einander nächsten konjugierten Punkte a_1 und s_1 bestimmt. Alle anderen durch b gehenden Kreise, deren Mittelpunkte in der Linie AS liegen, treffen konjugierte Punktepaare, die ein elliptisches Punktensystem bilden mit der Potenz Ob^2.

Fig. 52.

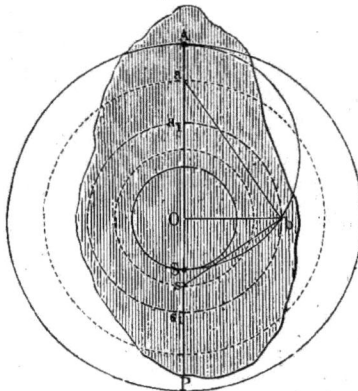

III. Molare Physik.

Erster Teil. Elastizitätslehre.

1. Elastizität fester Körper.

Meister: Heute wäre es am Platze, den ganzen ersten Teil kurz zusammenzufassen, doch möchte ich das dir überlassen mit dringender Empfehlung. Ich teilte dir schon mit, daß die molare Physik sich damit beschäftigt, die Zustände und die Zustandsänderungen der Körper zu untersuchen und zu beschreiben. Jede Größe, die dazu dient, heißt ein Parameter, worunter eine Eigenheit des Körpers zu verstehen ist. Vor allem nenne ich dir ein Begriffspaar, das dir bekannt vorkommen wird: Rauminhalt und Druck. Statt Rauminhalt sagt man meist Volumen; da der Druck lateinisch „pressio" heißt, hat man diese Größen mit V und P bezeichnet. Die Masse m, die ein Stoff hat, soll nun nicht mehr punktförmig gedacht werden, sondern sie soll das Volumen V haben. Ich behaupte nun, wenn der Körper gleichartig in seiner ganzen Masse ist, so wird seine Masse proportional seinem Volumen sein, und ich schreibe

$$M = D.V.$$

Schüler: Dann ist ja D ein neuer Begriff, eine neue Qualität.

Meister: Beschreibe diese Qualität!

Schüler: Es ist $D = M$, wenn $V = 1$ ist, also ist D die Raumeinheitsmasse.

Meister: Gut; diese muß einen Namen haben — sie heißt „Dichtigkeit".

Schüler: Die Raumeinheit ist 1 Kub, also die Dichtigkeit die darin enthaltene Masse.

Meister: Jawohl. Wir könnten sagen: Kubogramm. Gibt es einen Stoff, dessen Volumeneinheit die Masse 1 g hat?

Schüler: Das ist doch das Wasser; dessen Dichtigkeit ist $= 1$ gesetzt.

Meister: Stelle dir nun vor, du hättest viele Einkubikzentimeterwürfel vor dir aus verschiedenen Stoffen, etwa Wasser, Quecksilber, Eisen,

Alkohol u. a. Sobald du weiter dir vorstellst, wieviel Gramm diese gleichen Räume enthalten, so hast du auch ein Bild von ihren Dichtigkeiten.

Schüler: Wollt ihr mir nicht einige Zahlen nennen?

Meister: Die Dichtigkeit des Wassers bei 0⁰ ist 1, Quecksilber 13,6, Gold 19, Eisen 8, Bergkristall 2,65, Alkohol 0,8, ...

Schüler: Diese Zahlen sind, wie mir scheint, dieselben, die wir als spezifische Gewichte kennen gelernt haben.

Meister: Ganz richtig. In der älteren Physik und auch heute noch im Alltagsleben hört man mehr vom spezifischen Gewicht als von Dichtigkeit reden. Beim spezifischen Gewicht erfaßte man das Gewicht eines Stoffes von beliebigem Volumen und verglich es mit dem Gewicht von Wasser von demselben Volumen; dadurch erhielt man eine reine Verhältniszahl, während die Dichtigkeit als neue Qualität sich darbot.

Schüler: Als Volumeneinheitsmasse.

Meister: Kehre nun einmal unsere Proportion um und bedenke, daß auch das Volumen proportional der Masse ist.

Schüler: Ich setze etwa $V = W \cdot M$, und da $V = \dfrac{1}{D} \cdot M$ ist, so ist $W = \dfrac{1}{D}$; oder es ist W reziprok der Dichtigkeit — am Ende gar eine Dünnheit.

Meister: Ganz gut, doch ist dieser Ausdruck nicht üblich; man sagt in Anlehnung an die ältere Physik „spezifisches Volumen".

Schüler: Demnach wäre das spezifische Volumen das Masseneinheitsvolumen, und wenn $M = 1$ ist, so ist $V = W$.

Meister: Wir dachten uns vorhin einen Würfel mit verschiedenen Stoffen gefüllt; deren Menge gab uns deren Dichtigkeiten. Jetzt nimm von jedem Stoff 1 g und überlege die Räume, die sie einnehmen werden.

Schüler: Das Quecksilber wird nur $1/_{13}$, Eisen $1/_8$ Kub einnehmen. Ich verstehe jetzt eben gar nicht, wie der Begriff Dünnheit hier zutreffen könnte.

Meister: Nun, je dünner der Stoff, um so größer der von ihm eingenommene Raum. Das wird noch deutlicher erscheinen, wenn wir die Gase betrachten werden. 1 g Luft bei gewöhnlichem Druck nimmt 773 Kub ein.

Schüler: Luft ist also 773 mal dünner als Wasser.

Meister: Nun weise ich auf einen Vorzug des Begriffes Dünnheit gegen den der Dichtigkeit hin. Bei dieser denkt man an die in 1 Kub enthaltene Masse, und wenn der Stoff erwärmt wird, wird er meist dünner, denn er dehnt sich aus; mithin tritt aus dem Würfel ein Teil des Stoffes heraus. Dagegen bleibt 1 g Stoff, erwärmt, immer 1 g.

Schüler: Ich verstehe; es ist ein Vorteil, bei der Dünnheit immer von derselben Masse zu reden.

Meister: Darum ist es oft sachgemäßer, vom spezifischen Volumen statt von der Dichtigkeit zu reden. Zu beachten ist auch noch, daß das Volumen ein sehr abstrakter Begriff ist, sofern er nicht auf die Art der Ausfüllung des Raumes achtet. Das Volumen ist der Ausdruck für

die äußere Begrenzung eines Körpers. Ehe wir nun den anderen Parameter, den Druck, besprechen, gilt es, die sogenannten **Aggregatformen** oder **Formarten** anzuführen.

Schüler: Wir unterschieden feste, flüssige und gasförmige Körper. Die festen haben eine Gestalt und bestimmtes Volumen, die flüssigen haben nur ein bestimmtes Volumen und die Gase weder Gestalt noch Volumen, sondern füllen stets den dargebotenen Raum aus.

Meister: Gut. Nur beziehen sich deine Angaben auf diese Formarten, sofern wir sie **handhaben**. Denkt man sich die Körper freischwebend im Weltenraume, so nehmen auch die flüssigen und gasförmigen Gestalt an. Diese aber wird durch viele Bedingungen bestimmt und ist namentlich auch von der Bewegung abhängig. Fürs erste behandeln wir diese Körper so, wie sie sich bei uns unter dem Einfluß der Schwere verhalten. Wir beginnen mit der Elastizität fester Körper. Unter **Elastizität** versteht man alle bei Zustandsänderungen auftretenden

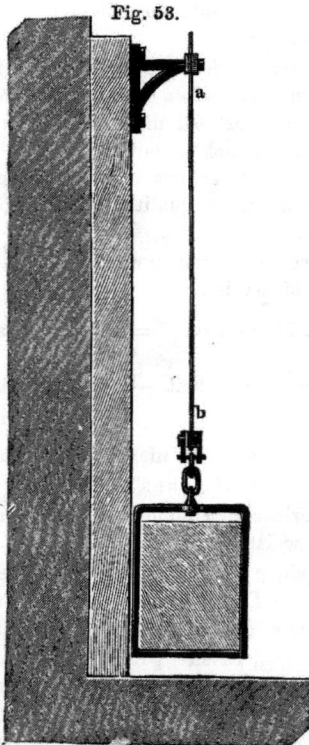

Fig. 53.

Eigenschaften. Feste Körper können in verschiedenen Hauptarten einem äußeren Zwange unterworfen werden, durch

1. Zug oder Tension,
2. Druck oder Pression,
3. Biegung oder Flexion,
4. Drillung oder Torsion.

Wird ein längsgestreckter Körper, z. B. ein Draht, am oberen Ende an einem Gestell befestigt (Fig. 53) und am unteren Ende belastet, so ändert er seine Gestalt. Er dehnt sich aus und zugleich vermindert

er um ein geringes seine Dicke. Nennen wir seine Länge L, die Verlängerung l, das spannende Gewicht P und den Flächeninhalt des
Querschnittes q, so ist $l = e \cdot P \cdot L/q$. Sprich den Satz in Worten aus!

Schüler: Die Verlängerung ist proportional dem spannenden Gewicht und der Länge, und umgekehrt proportional dem Querschnitt.
Aber e muß eine neue Qualität sein.

Meister: Diese heißt Elastizitäts- oder besser Dehnungskoeffizient. Wir könnten sagen: Arbeitsdehnungsmaß.

Schüler: Also wäre der Dehnungskoeffizient e gleich der Verlängerung l, wenn L, P und q gleich 1 sind.

Meister: Weil die Drähte sehr wenig dehnbar sind, so hat man
als Einheit für L Meter, für q Quadratmillimeter und für P Kilogramme
in der Praxis gewählt: auch dann noch ergeben sich für e sehr kleine
Zahlen.

Schüler: Darf ich um einige Beispiele bitten?

Meister: Sehr bald. Zunächst überlegen wir noch unsere Formel.
Das angehängte Gewicht ruft im Draht eine innere Spannung hervor,
die sich von Schicht zu Schicht von unten nach oben bis zum Aufhängepunkt fortpflanzt; diese innere Spannung muß gleich P sein,
gleich dem angehängten Gewicht, da Gleichgewicht eintritt. Die innere
Spannung wächst mit vermehrter Dehnung. Stelle die Formel so um,
daß wir sehen, wovon P abhängt.

Schüler: Ich finde $P = \dfrac{1}{e} \cdot \dfrac{l \cdot q}{L}$.

Meister: Es kann $\dfrac{1}{e} = E$ gesetzt werden; dann wird:

$$P = \frac{E \cdot l \cdot q}{L}.$$

Schüler: Hier müssen doch e und E reziproke Begriffe sein,
$E = \dfrac{1}{e}$.

Meister: E heißt der Elastizitätsmodulus oder besser
Dehnungsmodul.

Schüler: Der Dehnungsmodul ist gleich dem Gewicht P, wenn
$l = 1$, $q = 1$ und $L = 1$.

Meister: Auch hier hat die Praxis andere Bedingungseinheiten
angenommen; es ist $E = P$, wenn $q = 1$ qmm und $l = L$. Dann
nämlich hebt sich l gegen L auf, einerlei wie groß beide sind; E und
P werden in Kilogrammen angegeben.

Schüler: Ich bitte wieder um Zahlenbeispiele.

Meister: Ich habe dir diese Tabelle mitgebracht; aus ihr wird
dir die Sache anschaulich entgegentreten.

Stoff	e mm	E kg	Festigkeitsgrenze kg
Blei	0,58	1 727	0,25
Gold	0,18	5 600	—
Silber	0,14	7 100	11 (3)
Stahl	0,058	17 300	43 (15)
Eisen	0,048	20 809	32 (5)

e gibt die Dehnung für 1 m lange Drähte, wenn ein Gewicht von 1 kg den Stab von 1 qmm Querschnitt dehnt. Du siehst, daß Eisen am

Fig. 54.

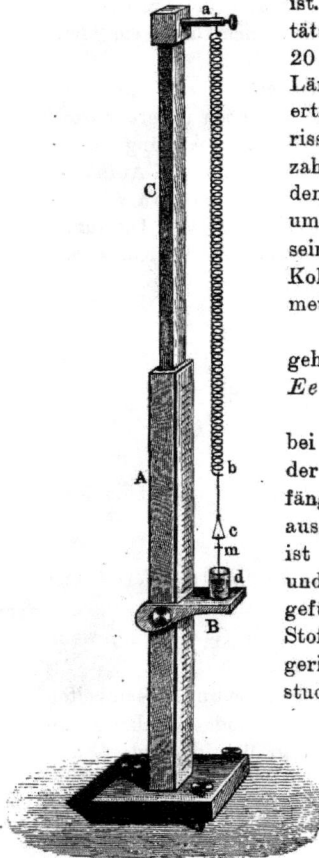

wenigsten: 0,048, Blei am meisten: 0,58, dehnbar ist. Die zweite Kolumne gibt dir den Elastizitätsmodul; am Eisenstab z. B. müßte man 20 809 kg anhängen, damit er bis zur doppelten Länge ausgedehnt werde. Solch eine Belastung erträgt zwar kein Metall, weil es längst zerrissen worden wäre. E ist vielmehr eine Maßzahl für die Rechnung; z. B. es würden 20,8 kg den Eisendraht um $1/1000$ verlängern und 1 kg um $1/20800$, und dieser Bruch muß gleich 0,000 048 sein, dieselbe Zahl, die wir auch in der ersten Kolumne finden, wenn wir sie, statt auf Millimeter, auf Meter beziehen.

Schüler: Dann geben wohl alle zusammengehörenden Werte von E und e die Beziehung $Ee = 1$, weil sie reziprok sind?

Meister: Jawohl. Bei allen Körpern tritt bei zunehmender Dehnung eine Grenze ein, bei der sie nach der Entlastung nicht mehr die anfängliche Länge wieder annehmen; sie bleiben ausgereckt. Die hierbei beobachtete Belastung ist in der Tabelle in letzter Rubrik verzeichnet und in Klammern noch das Gewicht hinzugefügt, das für „angelassene" Drähte desselben Stoffes gilt. Da die Dehnbarkeit der Metalle gering ist, nimmt man, um die Gesetze zu studieren, zweckmäßig Spiralfedern. Du kannst dir selbst solche herstellen oder du verschaffst sie dir von einem Klavierbauer, der sie für seine Baßsaiten gebraucht. Solche Spiralen sind sehr dehnbar und eignen sich vorzüglich zu Versuchen (Fig. 54). Das untere Ende wird bei c belastet, während d in ein Gläschen mit Wasser taucht, wodurch die sonst störenden Schwingungen beruhigt oder „gedämpft" werden. Bei m ist eine Marke, die man auf ihr Spiegelbild einstellt; dieses entsteht im Glasstreifen am Gestell. Der Träger B kann verstellt werden, bis die Marke m einsteht.

Schüler: Diese Versuche anzustellen, spüre ich große Lust.

Meister: Auch mit weniger vollkommenen Einrichtungen wirst du viel zulernen. Betrachten wir nun die Druckgesetze. Es sind dieselben wie beim Zuge; es braucht nur l als Verkürzung aufgefaßt zu werden. Doch tritt bald eine Abweichung vom Gesetze ein, so zwar, daß die Zusammendrückbarkeit um so geringer wird, je mehr der Druck anwächst.

Fig. 55.

Schüler: Kann man das auch an Spiraldrähten deutlich hervortreten lassen?

Meister: Jawohl; nur müssen die Spiraldrähte viel dicker genommen werden, da sie sonst seitlich ausweichen. Die Briefwage (Fig. 55) ist von dieser Art, ein hübsches Instrument, lehrreich und praktisch.

Schüler: Ihr spracht schon davon, daß diese Wage nicht Massen, sondern Gewichte messen läßt.

Meister: Ganz recht. Ein und dieselbe Masse würde bei uns z. B. Teilstrich 12, auf dem Monde aber nur Teilstrich 2 anzeigen. — Nimmt man das Dämpfungsgefäß (Fig. 54) fort, belastet die Schale bei c und stellt die Ruhelage her, so lassen sich weitere schöne Versuche ausführen. Senkt man nämlich durch Zug das Gewicht um ein beliebiges Stück k und läßt plötzlich los, so vollführt die Spirale schöne langsame Schwingungen, deren Dauer unabhängig ist von der Schwingungsweite k. Hierbei findet zuerst eine Zusammendrückung der Spirale statt, bis die Stelle der Ruhelage erreicht ist. Auf Kosten der Arbeit der inneren Spannkräfte ist aktuelle Energie erzeugt, und besonders die Masse des spannenden und mitschwingenden Massenstückes ist deren Träger.

Schüler: Ich denke, nun wird die gehobene Masse weiter sich bewegen und die Spirale zusammendrücken.

Meister: Gut, und wie lange?

Schüler: Bis die aktuelle Energie verbraucht ist zur Überwindung der inneren abstoßenden Spannungskräfte. Ich freue mich, solche Beobachtungen anzustellen.

Meister: Überlege dabei die Abhängigkeit von der Größe der schwingenden Masse von P. Beim Pendel fand ferner die Unabhängigkeit der Dauer vom Ausweichwinkel nur angenähert statt, d. h. nur für kleine Schwingungsweiten; hier dagegen ist das Gesetz genauer, weil die Spannkräfte genau proportional der augenblicklichen Senkung oder Hebung sind.

Schüler: Ich will versuchen, die Abhängigkeit der Schwingungsdauer von der Länge der Spirale und von der Belastung zu bestimmen.

Fig. 56.   Fig. 57.

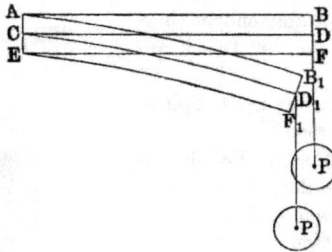
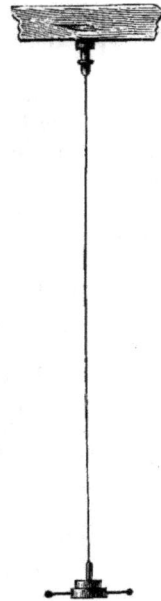

Meister: Wir betrachten nun noch kurz die Biegung. Ein Stab wird gebogen (Fig. 56), wenn er an einem Ende befestigt ist, am anderen belastet wird. Das belastete Ende senke sich um b, dann ist:

$$b = \frac{B \cdot P \cdot l}{d^3},$$

wo d die Dicke des Stabes ist. Hier ist P wieder im Gleichgewicht mit den Spannungskräften im gebogenen Stabe. Ich teile dir nur soviel mit: Man unterscheidet Längsfasern im Stabe. Die mittlere Faser CD behält ihre Länge bei, die untere EF ist zusammengedrückt, die obere AB ist ausgedehnt. Daher hat AB_1 eine anziehende, EF_1 eine abstoßende Spannung. Beide Kräfte widerstreben der Biegung. Hebt man plötzlich das Gewicht P auf, so kommt der Stab in Schwingungen. Ist statt des Stabes ein plattes Metallstück eingeklemmt worden, so nennt man es eine Feder oder Zunge. Schwingende Zungen dieser Art findet man beim Harmonium.

Schüler: Auch hier darf ich wohl die innere Spannung berechnen und setzen:

$$P = \frac{1}{B} \cdot \frac{b \cdot d^3}{l}.$$

Meister: Richtig. Laß uns nun noch die Drillung betrachten. Sie wird auch Torsion genannt. Wird ein Draht (Fig. 57) mit einem Ende befestigt und das andere herabhängende Ende belastet, so kann der Draht um seine vertikale Längsachse gedreht werden. Dabei widerstehen innere Spannungen dieser Drillung, die man Torsions- oder Drillungselastizität nennt. Der Winkel, um den der unterste Teil gedrillt ist, heißt Torsionswinkel w. Es ist:

$$w = \frac{t \cdot P \cdot l}{q^2}.$$

Hieraus erschließen wir eine innere Torsionskraft; wie groß ist sie?

Schüler: Sie ist: $P = \frac{1}{t} \cdot \frac{w \cdot q^2}{l}$.

Meister: Wenn im gegebenen Falle q und l bekannt sind, so ist P, die innere Torsionskraft, hiernach zu berechnen.

Schüler: Sie ist dem Torsionswinkel w proportional.

Meister: Deshalb sind die Torsionsschwingungen wieder unabhängig von der Schwingungsweite.

Schüler: Woher, Meister, kommt hier das q^2 in die Formel, demgemäß ein zweimal so dicker Draht viermal so stark entgegenwirkt?

Meister: Nicht viermal, sondern 16 mal so stark; denn der Querschnitt q ist selbst schon proportional dem Quadrat des Halbmessers, also ist q^2 durch $\pi^2 \cdot r^4$ auszudrücken. Ich will dir zeigen, wie man sich diese Abhängigkeit erklären kann. Die Größe der Fläche ace (Fig. 58) ist viermal abd; denkt man sich abc von der Lage ade aus verschoben, im Sinne des Pfeiles, so sind bei doppeltem Halbmesser viermal so viele Teile gegeneinander verschoben, außerdem aber sind sie durchschnittlich viermal so stark verschoben, also wird bei Drillung 4×4 mal so große Gegenkraft geweckt. Drähte aus den festesten Stoffen, z. B. aus Stahl, sind, wenn sie dünn sind, leicht zu drillen, dicke Drähte schwer.

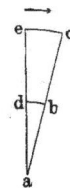

Fig. 58.

Schüler: Das will ich mir wohl überlegen.

2. Adhäsion. Reibung.

Schüler: Wir besprachen den Begriff der Parameter, Größen, die als Eigenheiten der Körper aufzufassen sind. Sie dienen zur Bestimmung der Körperzustände und Zustandsänderungen. Aus der Proportionalität des Volumens mit der Masse wurden zwei einander reziproke Begriffe hergeleitet: Dichtigkeit und Dünnheit, oder spezifisches Gewicht und spezifisches Volumen.

Meister: Als Parameter gilt das spezifische Volumen, denn das allein kennzeichnet einen Zustand des Stoffes. Ein Körper kann je nach

der Menge ein beliebiges Volumen haben, das spezifische Volumen dagegen ist eine Eigenheit des Stoffes.

Schüler: Ihr bespracht ferner die drei Formarten und gabt für
die festen Körper die Elastizitätsgesetze für Zug, Druck, Biegung und
Drillung. Dem Elastizitätskoeffizienten war der Modul reziprok.

Meister: Einen Hauptgedanken hast du hier nicht erwähnt. Bei
allen Versuchen gaben die belastenden Gewichte zugleich eine Vorstellung — wovon?

Schüler: Von den inneren Spannkräften bei jeder Gestalts-
änderung.

Meister: Darum kehrten wir die Gleichungen um und fanden die
Abhängigkeit der inneren geweckten Kräfte von den äußerlich zu beob-
achtenden Änderungen. Wir gehen nun weiter: Adhäsion nennt man
die Anziehung zweier sich berührender Körper zueinander. Frisch
geglättete Metallplatten haften sehr fest aneinander. Dieses Haften
ist besonders stark, wenn zwischen die sich berührenden Körper eine
Flüssigkeit warm aufgetragen wird, die nachher erkaltet und fest wird.
Hierauf beruht das Kitten, Leimen, Löten, wobei viele technische Fertig-
keiten nötig sind. Will man z. B. Glas an Metall kitten und bringt den
heißflüssigen Lack auf kaltes Metall, so wird sich beides wieder voneinander nach der Erkaltung abtrennen.

Schüler: Beim Leimen ist es auch gut, mit der heißen Flüssigkeit
beide Teile zu bestreichen, sonst haften die Flächen nicht und es trennt
sich die Leimschicht von der kaltgebliebenen Holzseite ab.

Meister: Unter den erweckbaren Kräften spielt eine wichtige
Rolle die Reibung, die zwischen zwei sich berührenden Flächen auftritt.

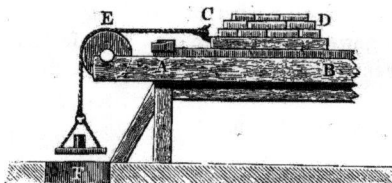
Fig. 59.

In Fig. 59 ruht die Last auf
der Tischplatte AB. Die
Schnur ist über eine Rolle E
an einer Schale befestigt. Erst
bei einer gewissen Belastung
fängt die Last D an zu gleiten.
Die gegen eine Fortrückung
der sich berührenden Flächen
auftretende Gegenkraft heißt
Reibung. Da diese Kraft gleich ist dem Gewicht bei F, so kann man
sie messen. Man findet: $F = f.P$. In dieser einfachen Formel sind
zwei Gesetze enthalten.

Schüler: Offenbar heißt das eine: Die Reibung ist proportional
der Belastung, aber das andere?

Meister: Das andere folgt aus den Versuchen: die Maßgröße f,
der Reibungskoeffizient, ist nur von der Eigenheit der sich berührenden
Stoffe abhängig und unabhängig von der Größe der sich be-

rührenden Flächen. Das ist das zweite sehr bemerkenswerte Gesetz. Angenommen, das Kästchen CD ruhe auf schmalen Schienen, so ist die Reibung genau ebenso groß, wie wenn als Unterlage eine volle Fläche genommen wird. Ebenso darf die untere Fläche unter CD jede beliebige Größe haben.

Schüler: Mir erscheint das sehr unerwartet.

Meister: Ganz recht und in der Praxis wird dieses Gesetz oft verkannt, wenn man meint, durch Verminderung der Berührungsflächen die Reibung zu verkleinern. Beim Schlitten hat z. B. die Breite der Sohlen keinen Einfluß; Holzsohlen kann man sehr breit nehmen; eiserne dagegen nimmt man schmal, um die Last nicht unnötig zu vermehren.

Schüler: Ist denn f nicht eine neue Qualität, da es die bei der Belastung $P = 1$ auftretende Reibung ist?

Meister: Gewiß, doch genügt dafür der Name Reibungskoeffizient. Man bestimmt f durch Beobachtung von P und F.

Schüler: Dann ist $f = F/P$.

Meister: Aber einen artigen Versuch will ich dir noch beschreiben, den wir sogleich ausführen wollen. Lange mir einmal das Brettchen, das da liegt, her. Hier habe ich ein Stück Ziegel gefunden und will nun f zwischen diesen beiden Stoffen, Holz und Ziegel, bestimmen.

Schüler: Wie soll das möglich sein, da uns alle Belastungsmittel fehlen?

Meister: Wir kommen ohne solche zum Ziel. Ich tue den Stein aufs Brett und das Brett auf die Bank. Schiebe den Stein vorwärts.

Schüler: Ich fühle den Widerstand und das ist die geweckte Reibung; aber messen kann ich sie nicht.

Meister: Nun erhebe ich das Brett auf einer Seite und zwar so lange, bis der Stein anfängt zu gleiten.

Schüler: Jetzt gleitet er — bleibt aber wieder stehen.

Meister: Das liegt daran, daß Reibungsgrößen keine ganz genau bestimmbaren Größen sind. Ich erhebe noch ein wenig mehr das Brett; nun gleitet er fort bis nach unten. Versuche die hier geweckten Kräfte darzustellen.

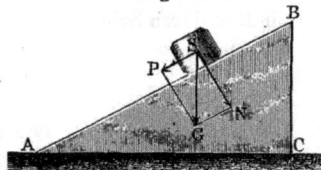

Fig. 60.

Schüler: Es ist (Fig. 60) SG das Gewicht, dessen Projektionen wir schon besprachen. Es ist SN der Druck gegen die geneigte Ebene und SP die beschleunigende Kraft.

Meister: Hier nun tritt keine Bewegung ein; wir erfassen den Augenblick des eingetretenen Gleichgewichtes. Wodurch wird die Komponente SP aufgehoben?

Schüler: Ich verstehe, durch die Reibung F. Also ist $SP = F$ $= SG \cdot \sin BAC = SG \cdot \sin W$.

Meister: Nun weiter: du kennst den Druck SN.

Schüler: Es ist $SN = SG \cdot \cos W$.

Meister: Und nun wende das Reibungsgesetz an.

Schüler: $F = f \cdot SN$; also $SG \cdot \sin W = f \cdot SG \cdot \cos W$. Aber hier hebt sich ja beiderseits SG auf und es wird $\sin W = f \cdot \cos W$.

Meister: Also ist $f = tang\, W = \dfrac{\text{Höhe } H}{\text{Grundfläche } B}$.

Schüler: Jetzt messen wir H und B und erhalten wirklich f!

Meister: Schätze sie nur, das genügt.

Schüler: $H = 11$ cm und $B = 33$ cm, also ist $f = \frac{1}{3}$; das ist fein!

Meister: Du wirst noch mehr Freude erleben. Du hast bemerkt, daß in deiner Gleichung beiderseits SG stand und sich aufhob. Daraus folgt aber, daß der Winkel W unabhängig von diesem Druck ist, denn es ist $tang\, W = f \cdot \dfrac{SG}{SG} = f$. Bei stärkerer Belastung SG bleibt der Gleitwinkel W derselbe. Reiche mir das große Stück Ziegel. Wir laden es dem unteren auf und versuchen wieder das Brett zu neigen.

Schüler: Richtig, es gleitet bei derselben Neigung wie vorhin!

Meister: Darum nennt man W den Reibungswinkel und dessen Tangente ist der Reibungskoeffizient.

Schüler: Ich will doch viele Versuche anstellen mit verschiedenen Stoffen.

Meister: Du wirst annähernd finden:

Eisen auf Eisen	0,14
Messing auf Eisen	0,19
Eiche auf Eiche { parallel gestellt	0,48
{ gekreuzt	0,32
Eisen auf Eis	0,02

Beim Wagen ruht die Achse in der Nabe des Rades. Die Reibung wird vermindert durch Schmiermittel; sie ist aber unabhängig von der Größe der Berührungsfläche zwischen Achse und Nabe. Auf frisch gefallenem Schnee fährt man leichter mit Schlitten auf Holzsohlen, dagegen auf Eis auf Eisensohlen. Noch einen Lehrsatz will ich erwähnen, den du später einmal zu beweisen versuchen kannst. Gesetzt, es solle eine Last auf ebener Bahn fortgeschleppt werden mittels einer daran befestigten Schnur oder Zugstange Z. Unter welchem Winkel w muß Z (Fig. 61) angebracht werden, wenn die Zugkraft den kleinstmöglichen Wert erhalten soll? Die Lösung lehrt, daß dieser Winkel gleich dem Reibungswinkel zwischen der Last und der ebenen Bahn sein muß.

Fig. 61.

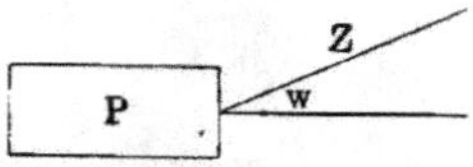

Schüler: Dem entspricht wohl ungefähr die Richtung der Deichsel am Wagen?

Meister: Jawohl. Bisher erschien uns die Reibung als eine Gegenkraft, die zu überwinden oft viel Zeit und Energie beansprucht. Wie groß diese Arbeit ist, mußt du angeben können.

Schüler: Da muß ich die Reibungskraft mit der Wegstrecke multiplizieren.

Meister: Auf ebener Bahn ist das die von den Zugtieren zu leistende Arbeit. Hat das Gefährt einmal die erwünschte Geschwindigkeit erlangt, so läuft es von selbst weiter, wenn nur die Zugtiere die Reibung überwinden. Abgesehen davon, daß wir unsere praktischen Zwecke erreichen beim Fahren auf ebener Bahn von einem Ort zum anderen, geht uns, physikalisch gedacht, die verwirkte Energie verloren, denn Reibungsarbeit geht immer in nutzlos gespendete Wärme der sich berührenden Teile über. Aber auf der

Fig. 62.

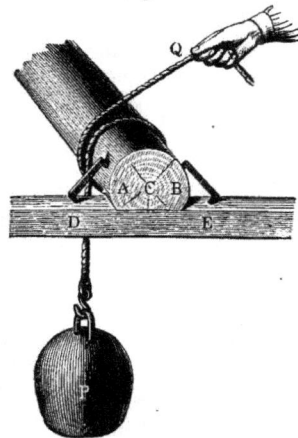

anderen Seite ist uns die Reibung kein Hemmnis, sondern vielmehr eins der höchsten Güter, dem wir die Möglichkeit unseres Daseins verdanken. Ohne Reibung und Adhäsion könnten wir keine Häuser bauen, da sie sonst zerfallen würden. Der Nagel sitzt durch Reibung fest und nutzt nichts in bröckeliger Mauer. In diese pflegt man einen Holzpflock einzujagen, besser einzumauern, d. h. einzukitten.

Schüler: So wird überall starke Reibung genutzt.

Meister: Ein Knabe kann eine sehr große Last herabgleiten lassen (Fig. 62), wenn er sie an ein Tau befestigt und das Tau $1\frac{1}{2}$ mal oder nach Belieben $2\frac{1}{2}$ mal um eine Walze schlingt. Seine geringe Kraft zusammen mit der Reibung halten der Last das Gleichgewicht; sobald er nachläßt, gleitet das Tau herab.

Schüler: Und das gleitende Tau wird die Walze erwärmen.

Meister: In diesen Fällen nutzen wir die Reibung als Hilfskraft aus. Aber noch viel bedeutsamer ist sie bei jeglicher Fortbewegung, beim Gehen, Fahren, Radeln. Es ist durchaus nicht leicht, diese Beziehungen richtig zu erfassen. Wir sahen, daß dem fallenden Stein die Erde entgegenfällt (s. S. 61); — beim Gehen müssen wir, um vorwärts zu kommen, die Erde in einer dem Gange entgegengesetzten Richtung fortbewegen.

Schüler: Aber das ist doch kaum zu glauben, daß die Erde wirklich fortrückt.

Meister: Doch. Man kann nicht umhin; denn das Gegenteil kann als Irrtum sogleich erkannt werden. Meinst du fortzugehen, ohne die Erde zu bewegen, so glaubst du den gemeinsamen Schwerpunkt von dir und der Erde verschoben zu haben.

Schüler: Das ist freilich wahr! So wenig es auch sei, ich erkenne an, daß ich beim Gehen die Erde fortbewege.

Meister: Das ist hierbei so erstaunlich, daß wir der Natur keine Fehler zumuten dürfen; sie gehorcht fehlerlos. Wenn die ganze Erde die Schwere hervorruft, können wir kein Teilchen der Erde angeben, das nicht seinen Beitrag dazu lieferte und zwar unfehlbar richtig.

Schüler: Meister, ich besinne mich auf eine Erzählung unseres Lehrers. Ein großer alter Gelehrter habe gesagt: „Gib mir einen Stützpunkt, so will ich die Erde bewegen."

Meister: Das war Archimedes. Er dachte daran, den Schwerpunkt der Erde samt seiner Person zu bewegen, sonst hätte er es einfacher gehabt, seine Person getrennt von der Erde sich vorzustellen.

Schüler: Er brauchte nur wie wir spazieren zu gehen.

Meister: Es gibt noch eine Art der Reibung, die man die rollende nennt. Wenn eine Walze auf ebener Bahn liegt und man sucht sie fortzurollen, so tritt eine nunmehr viel schwächere Gegenkraft auf, die darauf zurückzuführen ist, daß die Last die Unterlage elastisch zusammendrückt, so daß sie beim Rollen fort und fort gehoben werden muß, wobei von neuem die Unterlage zusammengedrückt wird.

Schüler: Ist die Unterlage weich, so muß diese rollende Reibung besonders groß werden, dagegen klein auf harter Bahn.

Meister: Die rollende Reibung beim Wagen ist auch proportional der Last. Hierzu kommt die Reibung in den Achsen; diese ist aus zwei Gründen sehr gering. Erstlich durch Verwendung von Schmieren, dann aber durch Verminderung des Reibungsweges. Wenn die Halbmesser von Achse und Rad r und R heißen, so ist die Reibungsarbeit

$$A = \left(f_r \cdot P + f_s \frac{r}{R} \cdot P\right) \times \text{Weg},$$

wo f_r die rollende Reibung ist und f_s die gleitende der Schmiere. Läuft das Rad einmal herum, so ist der Weg $= 2\pi \cdot R$, die Achse aber hat nur den Weg $2\pi \cdot r$ zu überwinden; daher im Verhältnis r/R die Reibungsarbeit von f vermindert wird. Auch siehst du ein, daß die Zeit der Fortbewegung gar keinen Einfluß auf den Betrag der Arbeit hat.

Schüler: Also wären große Räder und dünne Achsen am vorteilhaftesten.

Meister: Ja, aber das hat seine Grenzen, denn die Achse darf nicht zu dünn sein, sonst wird sie verbogen und es treten neue, viel größere störende Reibungen auf.

Schüler: Meister, für diese Belehrung bin ich euch sehr dankbar.

Meister: Erweitere deine Gedanken im täglichen Leben. Wenn ein Radler scharf um die Ecke biegt und hinfällt, überlege dir das Spiel der Kräfte.

3. Stoß der Körper.

Schüler: Wir haben gestern die Adhäsion und das Doppelgesetz der Reibung besprochen und durch viele schöne Versuche erläutert.

Meister: Wir gehen nun zu einem neuen sehr wichtigen Kapitel über, zur Lehre vom Stoß der Körper.

Schüler: Bitte, deutet mir sogleich die Wichtigkeit an.

Fig. 63.

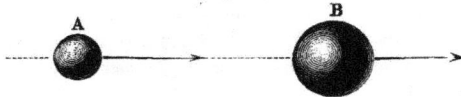

Meister: Bei der Lehre vom Stoß handelt es sich um die Grundlage der gesamten Wellenlehre.

Schüler: Das ist freilich viel, da Wärme, Licht, Schall u. a. sich auf die Wellenlehre stützen.

Meister: Darum werden wir den Hauptteil der Wellenlehre bald vornehmen. Hier darfst du vor Rechnungen nicht flüchten, denn hier offenbart uns die Rechnung Beziehungen, die wir sonst vergeblich zu ergrübeln uns bemühen würden. Ein wenig Algebra ist nötig.

Fig. 64.

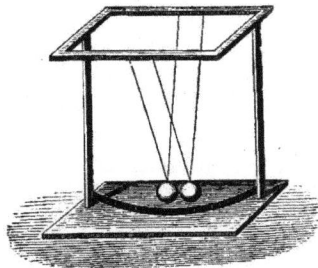

Schüler: Meister, davor fürchte ich mich niemals.

Meister: Wir behandeln unser Gebiet unter mehreren Vereinfachungen. Die zwei Körper A und B (Fig. 63), die aufeinander stoßen, sollen Kugeln sein aus gleichförmigem Stoff. Zu den Versuchen dient ein Gestell (Fig. 64), an dem Kugeln herabhängen. Die Bewegung soll auf gerader Linie vor sich gehen. Die Massen seien M und M_1, ihre Geschwindigkeiten c und c_1 und zwar positiv nach einer Seite, etwa rechts. Es folge M dem M_1, also muß $c > c_1$ sein, da sie sonst nicht zusammentreffen könnten. Trifft nun M auf M_1, so werden beide Körper elastisch zusammengedrückt werden auf Kosten der Bewegungsenergie; dabei vermindert sich die Geschwindigkeit von M und die von M_1 nimmt zu; das dauert so lange, bis M und M_1 gleiche Geschwindigkeiten haben. Das ist der Augenblick der stärksten Zusammendrückung. Jetzt kann kein gegenseitiges Zusammendrücken mehr statthaben; vielmehr arbeiten nun die elastischen Spannkräfte und befördern die Geschwindigkeit von M_1 bis zu einem Werte v_1; zugleich hemmen sie die Geschwindigkeit von M bis zu einem Werte v. Sobald die Kugeln sich nicht mehr berühren, fliegt M_1 mit der Geschwindigkeit v_1 fort, während M die Geschwindigkeit v beibehält. Es müssen v und v_1, die beiden Geschwindigkeiten nach dem Stoße, bestimmt werden.

Schüler: Das muß aber sehr schwierig sein.

Meister: Wir kämen damit nicht so einfach zu Strich, wenn wir nicht die allgemeinen Gesetze allein verwendeten, ohne die Gestaltänderungen zu verfolgen. Wir nehmen an, daß die Bewegungsgröße, die M verliert, gleich dem Gewinn der Bewegungsgröße von M_1 ist.

Schüler: Bewegungsgröße war das Produkt aus Masse in die Geschwindigkeit. Also soll $Mc - Mv = M_1 v_1 - M_1 c_1$ sein.

Meister: Zweitens darf auch an Energie nichts verloren gehen.

Schüler: Demnach muß

$$\frac{Mc^2}{2} - \frac{Mv^2}{2} = M_1 \frac{v_1^2}{2} - M_1 \frac{c_1^2}{2} \text{ sein.}$$

Meister: Der Faktor $1/2$ hebt sich auf; schreibe:

$$M(c^2 - v^2) = M_1 (v_1^2 - c_1^2) \quad \ldots \ldots \quad (1)$$

Schüler: Und auch $M(c - v) = M_1 (v_1 - c_1)$ $\quad \ldots \ldots \quad (2)$

Meister: Die erste Gleichung kann man so umformen:

$$M(c - v)(c + v) = M_1 (v_1 - c_1)(v_1 + c_1) \quad \ldots \quad (1\,\mathrm{a})$$

und nun dividiere diese Gleichung durch die Gleichung (2).

Schüler: Ich erhalte einfach

$$c + v = v_1 + c_1. \quad \ldots \ldots \ldots \quad (3)$$

Das ist überraschend!

Meister: In Worten: **Die Summe der Geschwindigkeiten vor und nach dem Stoß ist für den stoßenden Körper dieselbe wie für den gestoßenen**, oder: da aus der Gleichung (3) folgt, daß $c - c_1 = v_1 - v$ ist: **Der Unterschied der Geschwindigkeiten beider Körper ist nach dem Stoße derselbe wie vorher**, wie groß auch die beiden Massen seien. Es hat die stoßende M den Betrag $c - c_1$ auf die gestoßene M_1 übertragen. Weiter: Es war

$$Mc - Mv = M_1 v_1 - M_1 c_1. \quad \ldots \ldots \quad (2)$$

aber auch $\qquad Mc + Mv = Mv_1 + Mc_1, \quad \ldots \ldots \quad (3\,\mathrm{a})$

wenn Gleichung (3) beiderseits mit M multipliziert worden ist. Addiere nun beide Gleichungen, so kannst du v_1 bestimmen aus den vier gegebenen Größen M, M_1, c und c_1.

Schüler: Es wird

$$2 Mc = (M + M_1) v_1 + (M - M_1) c_1,$$

also ist

$$v_1 = \frac{2 Mc - (M - M_1) c_1}{M + M_1} \dots \dots (4)$$

Meister: Wenn wir ebenso Gleichung (3) mit M_1 multiplizieren und zu (2) addieren, so kommt?

Schüler: $\quad v = \dfrac{2 M_1 c_1 - (M_1 - M) c}{M_1 + M} \dots \dots (5)$

Meister: Wie zu erwarten war, sind nun v und v_1 Funktionen der vier Größen, und nun behandeln wir die wichtigsten Einzelfälle. Zunächst — und das ist der wichtigste Fall — seien die beiden Kugeln an Masse und Stoff gleich, $M = M_1$.

Schüler: Dann wird $\quad v = \dfrac{2 M_1 c_1}{M_1 + M} \dots \dots (6)$

und $\quad v_1 = \dfrac{2 Mc}{M_1 + M} \dots \dots (7)$

Meister: Bemerkst du nicht, daß beide Nenner einander gleich und auch $= 2 M = 2 M_1$ sind?

Schüler: Dann wird ja $\quad v = c_1 \dots \dots (8)$

und $\quad v_1 = c. \dots \dots (9)$

Ist das wirklich richtig?

Meister: Jawohl. In Worten: „Die beiden Massen tauschen ihre Geschwindigkeiten aus." Weiter: Die Kugel M_1 ruhe, dann wäre $c_1 = 0$, dann wird nach dem Stoß M die Geschwindigkeit $v = c_1 = 0$ haben, die gestoßene erhält $v_1 = c$.

Schüler: Also läuft sie mit der Geschwindigkeit fort, die M hatte!

Meister: Das ist eben der Austausch.

Schüler: Wenn sie aber gegeneinanderprallen?

Meister: Dann muß man die Geschwindigkeit der Stoßenden c_1 negativ nehmen; mithin wird v negativ.

Schüler: Richtig. M prallt zurück und M' läuft fort, denn v_1 war negativ und wird $= c$, also positiv.

Meister: Die betrachteten Einzelfälle sind die wichtigsten für die Wellenlehre. Schau, dort drüben liegen Balken aufgeschichtet; die sollen uns die Sache bestätigen. Hier, ich klopfe an den Balken an dem einen Ende und du hörst gleich darauf einen zweiten gleichen Ton. Der Stoß, den ich der ersten Schicht erteile, pflanzt sich von Schicht zu Schicht im Balken fort. Stelle dich ans andere Ende und horche.

Schüler: Ja ich höre es, wie der Stoß hier ankommt.

Meister: Und standest du hier, so hörtest du ihn, nachdem er zurückgekehrt war. Jetzt nehmen wir einen anderen Einzelfall an. Es sei die gestoßene M_1 sehr groß. Setzen wir sie unendlich groß; das entspräche einer festen Wand oder Bande, wie beim Billard. Zu dem Zwecke mußt du die Gleichungen (4) und (5) durch M_1 dividieren.

Schüler: Ich erhalte

$$v_1 = \frac{2\,\dfrac{M}{M_1}\,c - \left(\dfrac{M}{M_1} - 1\right) c_1}{\dfrac{M}{M_1} + 1} \quad \ldots \ldots \quad (10)$$

und

$$v = \frac{2\,c_1 - \left(1 - \dfrac{M}{M_1}\right) c}{1 + \dfrac{M}{M_1}} \quad \ldots \ldots \quad (11)$$

Meister: Die Größe $\dfrac{M}{M_1}$ muß man $= 0$ setzen.

Schüler: Dann wird $\quad v_1 = c_1 \ldots \ldots \ldots (12)$

und $\qquad\qquad\qquad v = 2\,c_1 - c \ldots \ldots \ldots (13)$

Meister: Ganz richtig. Nun setze noch $c_1 = 0$, denn die Wand soll ruhen.

Schüler: Es wird jetzt $\quad v_1 = 0 \ldots \ldots \ldots (14)$

und $\qquad\qquad\qquad v = -\,c \ldots \ldots \ldots (15)$

Meister: Also die Wand oder Bande M_1 bleibt nach wie vor in Ruhe, aber M prallt mit derselben Geschwindigkeit ab, mit der die Kugel ankam. Überlege dir auch Gleichung (12) und (13). Wenn nämlich die Wand mit der Geschwindigkeit c_1 sich bewegt, so bleibt nach dem Stoße $v_1 = c_1$.

Schüler: Also die Wand bewegt sich ungestört weiter fort, sehr verständlich. Aber v wird $= 2\,c_1 - c$; das ist auffallend!

Meister: Ja, und v kann $= 0$ werden trotz Anprall.

Schüler: Wenn $c = 2\,c_1$; also wenn M doppelt so schnell wie die Wand aufprallt, dann bleibt M stehen!

Meister: Überall wird von der Schwere abstrahiert.

Schüler: Ist aber in allen diesen Fällen noch $v + c = v_1 + c_1$?

Meister: Gewiß, überzeuge dich selbst davon. Noch einen dritten Fall wollen wir besprechen: Es seien M und M_1 von ungleicher Größe. Dann bestehen die Gleichungen (4) und (5).

Schüler: Dann darf ich beliebige Größen für M, M_1, c und c_1 annehmen und erfahre sogleich v und v_1.

Meister: Am wichtigsten in der Anwendung ist wieder der Einzelfall, wo die gestoßene Kugel M_1 ruht.

Schüler: Wo also $c_1 = 0$ ist. Ich erhalte dann

$$v_1 = \frac{2\,Mc}{M + M_1} \qquad \ldots \quad \ldots \quad (16)$$

und

$$v = \frac{(M - M_1)'c}{M + M_1} \qquad \ldots \quad \ldots \quad (17)$$

Meister: Wenn nun M_1, die gestoßene, größer als M, so wird v negativ.

Schüler: Prallt also von M_1 ab. Aber v_1 ist immer positiv.

Meister: Lehrreich ist auch die Annahme, die gestoßene M_1 sei sehr klein — sagen wir $= 0$.

Schüler: Dann finde ich aus (4) und (5):

$$v_1 = 2\,c - c_1 \qquad \ldots \quad \ldots \quad (18)$$

und

$$v = c \qquad \ldots \quad \ldots \quad (19)$$

Also die stoßende behält ihre Geschwindigkeit bei.

Meister: Das aber muß richtig gedeutet werden. Als ich vorhin den Balken klopfte, ging der Stoß von Schicht zu Schicht; jede stoßende Schicht blieb in Ruhe. Aber die allerletzte Schicht im Balken hatte keine Nachbarschicht (M_1 war $= 0$), daher behielt diese Schicht ihre Geschwindigkeit c bei und diese pflanzte sich rückwärts im Balken fort. Das führt uns auf das Gesetz der Spiegelung oder des Reflexes. Der Stoß wird in zwei Fällen reflektiert, sowohl an einer festen Wand mit einer Geschwindigkeit $v = -c$, als auch an einer leeren Stelle; hier aber bleibt $v = +c$. Wir erkennen hieraus ferner, daß es auch Zugstöße geben kann. Reflexe negativer Art werden wir bei Flüssigkeiten und auch bei Gasen kennen lernen. Nun noch einige Bemerkungen über den Stoß unelastischer Körper. Sie erleiden leicht bleibende Formveränderungen. Es wird keine Gegenkraft geweckt. Die gestoßenen Teilchen weichen aus; solche Stoffe heißen plastisch, d. h. bildsam, sie sind knetbar, wie feuchter Lehm. Bei hinreichendem Feuchtigkeitsgehalt sind sie schmierbar; sind sie zu trocken, so erscheinen sie bröckelig. Aber auch Blei ist sehr unelastisch. Läßt man eine Bleikugel auf hartes Gestein fallen, so prallt die Masse nicht zurück, sondern bleibt sofort liegen und die Berührungsstelle der auffallenden Bleikugel ist eingedrückt. Haben die Massen gleiche Geschwindigkeit v erlangt, so bewegen sie sich mit dieser fort. Mithin ist

$$M\,(c - v) = M_1\,(v - c_1),$$

hieraus kann man v berechnen. Es wird

$$v = \frac{Mc + M_1 \cdot c_1}{M + M_1} \qquad \ldots \quad \ldots \quad (20)$$

4. Elastizität flüssiger Körper.

Schüler: Wir behandelten zuletzt den Stoß der Körper und zunächst der elastischen.

Meister: Vollkommen elastische, wie wir sie vorausgesetzt haben, kommen in der Natur ebenso wenig vor, wie die vollkommen unelastischen; wir haben also die äußersten Grenzfälle besprochen.

Schüler: Bei gegebenen Massen und Geschwindigkeiten wurden die Geschwindigkeiten nach dem Stoß entwickelt auf Grund zweier Gesetze: Erhaltung der Bewegungsgröße und der Energie. Dann wurden Spezialfälle untersucht, darunter die wichtigsten, nämlich der Stoß gleich großer Kugeln und der gegen feste Wände.

Meister: Ebenso wichtig sind ungleiche Massen. Wir gehen nun zur Behandlung flüssiger Körper über. Infolge der Schwere stellt sich die Oberfläche eben und horizontal ein. Am Gefäßrande aber erhebt sich meist die Flüssigkeit infolge einer zwischen Flüssigkeits- und Gefäßwand auftretenden Anziehungskraft, die auch „Adhäsion" genannt wird. Wird die Flüssigkeit erschüttert, so folgt sie der Erregung. Es treten Bewegungen ein, die periodisch sein können mit einer eigenen Dauer, die vom Stoff und von der Ausdehnung, nach Länge und Tiefe abhängt. Die ruhende Flüssigkeit im Gefäße ist in horizontaler Richtung allseits von gleicher Dichte; nach der Tiefe hin dagegen nimmt die Dichte mit jeder Schicht, die wir uns vorstellen, zu. Hier wie bei festen Körpern

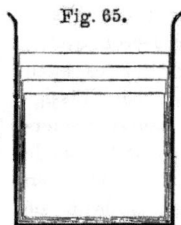
Fig. 65.

nehmen wir an, daß die Flüssigkeiten nicht gleichförmig den ganzen Raum ausfüllen, sondern daß sie aus Teilchen — Molekeln — bestehen, die sich nicht berühren; sie werden durch innere abstoßende Kräfte im Gleichgewicht erhalten.

Schüler: Ist nicht aus dieser Vorstellung der Begriff der Dichte hervorgegangen, denn die Teilchen liegen wirklich dichter beieinander, wenn sie zusammengepreßt werden?

Meister: Ganz richtig. Die oberste Schicht (Fig. 65), mit der Masse m_1, ist schwer, hat ein Gewicht $p_1 = m_1 \cdot g$; sie nähert sich der Schicht 2 mit der Masse m_2, bis eine Abstoßung dem p_1 Gleichgewicht hält. Nun drückt ein Gewicht $(m_1 + m_2) g$ gegen die Schicht 3, mit der Masse m_3. Eine unmeßbar kleine Verdichtung zwischen 2 und 3 ist die notwendige Folge.

Schüler: Ich merke, es nimmt nach der Tiefe hin mit der Anzahl der Schichten auch die Dichtigkeit zu, sonst wäre Ruhe nicht vorstellbar. In der Tiefe muß eine große Dichte herrschen.

Meister: Das ist ein Irrtum. Die Verdichtung ist zwar meßbar, aber äußerst gering. Bei Flüssigkeiten ist die Druckelastizität sehr stark, d. h. sehr kleine Verdichtungen erwecken schon sehr große Widerstandskräfte, ganz ähnlich wie bei festen Körpern. Glas z. B. ist sehr wenig kompressibel, es ist sehr druckfest. Wasser ist etwas stärker zusammendrückbar als Glas.

Schüler: Kann man das sehen und messen?

Meister: Mit einem sinnreichen Apparat, dem Piezometer. Die Fig. 66 wird dir später ohne Beschreibung verständlich sein; das Wasser,

Fig. 66.

Fig. 67.

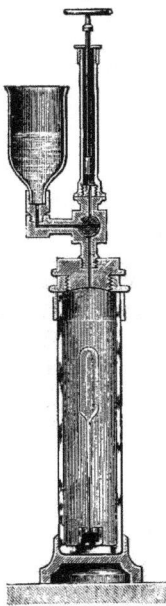
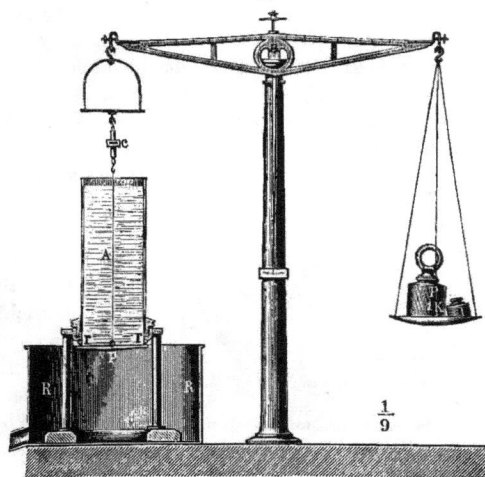

$\frac{1}{9}$

das den Zylinder und auch das im Innern aufgestellte Gefäß ausfüllt, wird zusammengedrückt, wenn man den Kolben hinabstößt; das Quecksilber, das im engen Rohre das Wasser absperrt, steigt im engen Rohr empor, weil das Wasser, gedrückt, weniger Raum einnimmt. Die Verdichtung findet nach allen Richtungen statt, es wird in jeder Schicht, auch in horizontaler Richtung, ganz dieselbe Verdichtung eintreten, weil die Teilchen der Flüssigkeiten leicht verschiebbar sind.

Schüler: Die Gefäßwand wird also von innen nach außen hin gedrückt und der Boden nach unten.

Meister: Der Bodendruck wird mittels der hydrostatischen Wage gemessen (Fig. 67), wobei sehr beachtenswerte Umstände statthaben. Vom Gefäße A ist der Boden abgetrennt. Der Zylinder A ist an ein Gestell festgeschraubt. Die Platte soll den Boden bilden; sie erhält eine kleine Öse, in die ein Kettchen greift, das an den einen Arm der Wage befestigt ist. Zuerst belastet man die Wagschale so, daß die Bodenplatte gerade an den Gefäßboden sich anlegt. Gießt man nun Wasser ins Gefäß, so fließt es bei r heraus. Belastet man aber vorher die Wagschale, so kann dieser Last entsprechend Wasser eingegossen werden, bis es eine Höhe h im Gefäße erreicht. Weiteres Zugießen läßt wieder die Bodenplatte ausweichen. Man findet nun die Last $m = h.d.b$, wo b die Grundfläche bedeutet. Wie wird es sich verhalten bei einer anderen Flüssigkeit mit der Dichte d_1 und der Höhe h_1?

Schüler: Ich denke, wenn dieselbe Last m rechts angebracht wird, muß $m = h_1.d_1.b$ sein; also käme $h.d = h_1.d_1$. Die Höhen würden sich umgekehrt wie die Dichten verhalten.

Meister: Richtig; bei gleichem Bodendruck b. Bringen wir aber bei der ersten Flüssigkeit statt der Last m die Belastung $2\,m$ an, so beobachteten wir die doppelte Höhe $2\,h$, denn daß jetzt d sich etwas vergrößert hat, ist am Volumen nicht zu erkennen, wohl aber am Bodendruck, der jetzt gleich dem $2\,m$ entspricht; also ergibt sich welches Gesetz?

Schüler: Der Bodendruck ist proportional der Bodenfläche b, der Höhe der Flüssigkeitssäule h, sowie der Dichte d der Flüssigkeit.

Fig. 68.

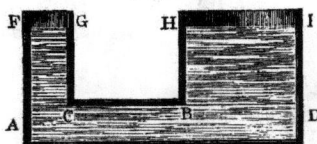

Meister: Gut. Der Druck ist von drei Größen abhängig. Weiter aber gilt es, einen wichtigen Unterschied der Benennungen festzustellen: Wird eine Flüssigkeit in ein sogenanntes kommunizierendes Gefäß, wie in Fig. 68 gegossen, wo beiderseits die Querschnitte verschieden sind, so werden die Oberflächen FG und HI ganz gleich hoch sein. Wie groß ist nun rechts und links der Gesamtdruck?

Schüler: Rechts ist er $P = h.d.B.g$, links ist er $p = h.d.b.g$; also sind die Drucke verschieden.

Meister: Jawohl; der Gesamtdruck ist verschieden, aber es ist auch $P:p = B:b$ oder $P = B.p/b$, und diese Gleichheit bedingt das Gleichgewicht. Du weißt, wie Quotienten zu deuten sind.

Schüler: Es ist $P\!\cdot\!B$ sowohl als auch p/b der Flächeneinheitsdruck.

Meister: Da hast du es. Es herrscht in gleicher Tiefe gleiche Dichtigkeit und diese muß dem Druck, aber nur auf gleich großen Flächen, entsprechen.

Schüler: Jetzt ist mir das vollkommen klar und ich erwarte einen Namen für die Qualität „Flächeneinheitsdruck".

Meister: Ein solcher fehlt, sowohl für die Qualität als für die Einheit. Man kann indes sagen, die Qualität heiße „spezifischer Druck", in der Voraussetzung, daß das Beiwort „spezifisch" sich nur auf die Flächeneinheit beziehen kann.

Schüler: Ich bedauere, daß die Qualität nicht benannt ist, denn das unterstützt allemal das Gedächtnis.

Meister: Wir können sagen, daß bei Flüssigkeiten und auch bei Gasen unter „Druck" p meist der Flächeneinheitsdruck zu verstehen sei, anderenfalls man vom Gesamtdruck P oder dem Bodendruck redet, wie schon oben geschah. Gut wäre es, man entschlösse sich, die Einheit des Flächeneinheitsdruckes etwa „preß" zu nennen.

Schüler: Dann aber wären Druck und Gesamtdruck von verschiedener Qualität, denn Druck hätte als Einheit ein Preß, und der Gesamtdruck eine Dyne.

Meister: Allerdings; $P = B \cdot p$; hier ist $p = h \cdot d \cdot g$, da $b = 1$ gesetzt ist. Es ist $p = \dfrac{\text{Dynen}}{\text{Kar}}$. Ein zweiter Umstand ist zu beachten: Es ist unbequem, den an einem Orte gleich bleibenden Faktor g mitzuschleppen; und wenn auch die Dichtigkeit d in Versuchen dieselbe bleibt, so wird der Druck p nur noch dem h proportional sein; man setzt deshalb $p = k \cdot h$, wo k eine beständige Größe ist, auf die man zurückgreift, wenn es nötig wird.

Schüler: Weil $k = d \cdot g$ ist.

Meister: Und der Gesamtdruck erfordert noch den Faktor b. In Fig. 67 können wir sagen, es sei der Gesamtdruck verschieden, aber der Druck ist beiderseits derselbe. Wir kehren nun zum Bodendruck zurück. Berechne folgende Aufgabe: Es sei die Höhe der Wassersäule 20 Zent, die ganze Wassermasse A betrage 1 Liter; welchen Durchmesser hat die Bodenplatte b?

Schüler: Es ist $b = \pi \cdot x^2/4$, und da $m = h \cdot b$, ist $m = h \cdot \pi \cdot x^2/4$ und $x = 2\sqrt{\dfrac{m}{h \cdot \pi}}$; ich setze $m = 1000$ Kub, $h = 20$ Zent, $\pi = {}^{22}/_7$, mithin $x = 2 \cdot \sqrt{\dfrac{1000 \cdot 7}{20 \cdot 22}}$ Zent.

Fig. 69.   Fig. 69 a.

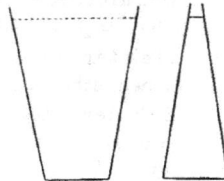

Meister: Gut. Nimm die Ausrechnung mit Logarithmen vor; sie gibt sehr nahe $x = 8$ Zent. Jetzt aber stellen wir in Fig. 67 andere Gefäßformen auf, wie Fig. 69 und 69 a mit derselben Bodenplatte b. Wir finden durch Wägung den Bodendruck genau ebenso groß wie vorhin, weil er nur der Dichte entspricht und die Dichte nur von der Höhe abhängt.

Schüler: Daß bei Fig. 69 sich derselbe Bodendruck ergibt, scheint mir verständlich, sofern die Wände die übrige Wassermasse tragen, aber bei Fig. 69 a fehlt die nötige Menge und doch ist der Druck vorhanden.

Meister: Man sieht daraus, daß nicht das Gewicht den Bodendruck bestimmt, sondern die Dichte der Flüssigkeitsschicht, die den Boden berührt. Das Rätsel löst sich bei Betrachtung des Druckes, den die Gefäßwände jetzt von unten nach oben hin erfahren. Der Druck auf eine geneigte Wand gibt eine nach oben gerichtete Komponente. Dieser Kraft hält die Druckelastizität des Glases das Gleichgewicht. Übrigens kann hier der Druck nach oben nur dann sich äußern, wenn der Druck nach unten auch statthat und am Boden der Gegendruck des Glases auftritt.

Fig. 70.

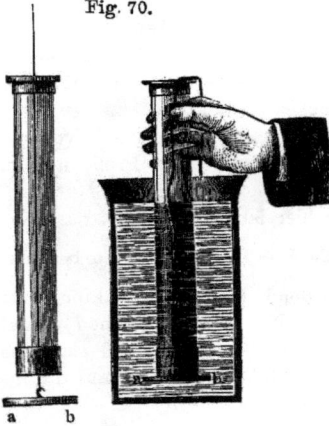

a   b

Schüler: Auch Fig. 69a gibt denselben Bodendruck?

Meister: Jawohl. Die nach oben von unten her von der Flüssigkeit ausgeübte Kraft nennt man Auftrieb. Der Auftrieb ist auch proportional der Dichte und kann erwiesen werden. Der Zylinder (Fig. 70) ist leer, und die Bodenplatte ab hängt an einer Schnur. Diese gestattet, die Bodenplatte stramm anzuziehen. Taucht man nun den Zylinder ins Wasser, so wird der von außen sie treffende Wasserdruck zuerst das Gewicht der Bodenplatte aufheben und bei tieferer Senkung die Bodenplatte an den Zylinder herandrücken. Nun kann man die Schnur loslassen, ohne daß die Bodenplatte abfällt.

Schüler: Dieser Auftrieb wird doch durch dieselbe Formel wie oben dargestellt; also $A = h.b.d$?

Meister: Wenn du nicht den Wert von p einführst, darf auch g nicht fehlen.

Schüler: Also ist der Auftrieb $A = h.b.d.g$ Dynen oder Grammogal, oder $= p.b$, weil $p = h.d.g$ ist.

Meister: Gut. Du weißt doch, daß alle Körper, die in Wasser eintauchen, scheinbar an Gewicht verlieren.

Schüler: Das weiß ich wohl; wir könnten sonst auch nicht schwimmen. Auch besinne ich mich darauf: Der Gewichtsverlust ist genau gleich dem Gewicht der vom eingetauchten Körper verdrängten Flüssigkeit.

Meister: Das ist das Gesetz von Archimedes. In Fig. 71 wird der Seitendruck den Körper unmerklich zusammendrücken; er kann ihn aber nicht heben. Wie groß aber sind die Druckwerte von oben und von unten her?

Schüler: Der obere ist $h.b.d.g$, der untere ist stärker: $h'.b.d.g$, also ist der Auftrieb $A = (h' - h).b.d.g$.

Meister: Und $(h' - h).b$ ist genau gleich dem Volumen v des Zylinders und $v.d$ ist gleich m.

Schüler: Aber bei anderen Formen des Körpers?

Meister: Da findet dasselbe statt. Jede geneigte Fläche wird in einer auf ihr senkrechten Richtung gedrückt, es lassen sich dann die Projektionen der Druck-kraft in horizontaler und vertikaler Richtung bilden, und die horizontalen heben sich auf, während die vertikalen den Auf-trieb ergeben, gerade so groß, wie wenn die Druck-fläche horizontal wäre. Überlege dir die geome-trische Zeichnung dazu. Einfacher noch kann man sich durch folgenden Versuch das Verhalten erklären. Man stellt auf eine Wage (Fig. 72) ein mit Wasser gefülltes Gefäß und wägt es. Nach eingetretener Ruhe läßt man einen an ein Seidenfädchen gebundenen Körper hineintauchen, befestigt aber das Fädchen an einem Gestell, weil die Hand viel zu un-ruhig wäre. Nun ist es klar, daß im Gefäß das Wasser emporsteigen wird, genau dem verdrängten Körpervolumen entsprechend. Die Druck- und Dichteverhältnisse in der Flüssigkeit können aber keine anderen sein als sie wären, wenn das Gefäß nur Wasser mit vermehrtem Volumen ent-hielte. Wägt man also nach Eintauchen des Fremdkörpers, so findet man eine dem Volumen des Körpers entsprechende Zunahme des Gewichtes.

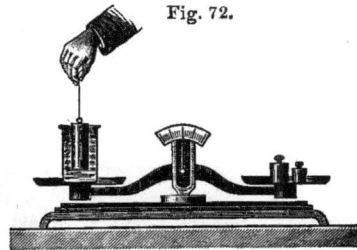

Fig. 71. Fig. 72.

Schüler: Der Auftrieb, den der eingetauchte Körper erleidet, pflanzt sich nach unten fort.

Meister: Ganz richtig, das stimmt wieder mit Newtons drittem Gesetz: Es kann keine Kraft ohne eine gleich große Gegenkraft geweckt werden. Dem Auftrieb wirkt stets ein Niedertrieb (Pfaundler) entgegen.

Schüler: Taucht man also einen Kub Eisen oder Gold ins Wasser, so wird die Wage immer ein Gramm Massenzunahme anzeigen?

Meister: Richtig. Und umgekehrt; was geschieht, wenn man erst den Körper, der mittels eines Seidenfädchens an der Wage hängt, auf-wägt, und dann die Wägung wiederholt, während der Körper in ein mit Wasser gefülltes Gefäß taucht?

Schüler: Die Wage wird entlastet werden müssen um eine Masse, die dem verdrängten Flüssigkeitsvolumen entspricht.

Meister: Wir erfahren also erst die Masse m des Körpers und dann sein Volumen v.

Schüler: Dann können wir seine Dichte berechnen aus $d = M/v$.

Meister: Doch nur, wenn die Flüssigkeit Wasser ist und auch dann muß noch die Temperatur beachtet werden. Diese Versuche sind einer sehr großen Genauigkeit fähig und führen zu den feinsten Bestimmungen der Dichte der Körper. Doch ist das sehr umständlich, da Temperatur, Luftdruck und Feuchtigkeit ihren Einfluß bei jeder Wägung haben. Allgemein sagen wir, daß das Gewicht K des untertauchenden Körpers um den Auftrieb A vermindert wird. $K - A$ nennt man das scheinbare Gewicht. Wenn $K = A$ wird, so schwebt der Körper in der Flüssigkeit, mit der er nun gleiche Dichte hat. Solch ein schwebender Körper stellt sich in der Tiefe ein, die eine der seinigen genau gleiche Dichte hat. Durch solche Versuche läßt sich erkennen, daß die Dichte nach der Tiefe hin zunimmt.

Schüler: Das würde ich gerne sehen.

Meister: Begegnet dir einmal ein Apparat, den man „Kartesianischen Taucher" nennt, so überlege dir wohl das Spiel der Kräfte.

5. Aräometrie. Schwimmen. Ausfluß.

Schüler: Wir begannen voriges Mal mit dem Gewicht der Flüssigkeiten und der dadurch bedingten Verdichtung nach der Tiefe hin. Wir

Fig. 73.   Fig. 74.

maßen den Bodendruck und den Auftrieb. Beide sind durch die Höhe der Flüssigkeit und ihre Dichte bestimmt. Die Zunahme der Dichte ist sehr gering. Ihr erklärt den Seitendruck, der auch durch die Höhe bestimmt ist, weil die Dichte auch in horizontaler Richtung sich ebenso verhält wie in der gleichen Tiefe nach unten hin. Dividiert man den Gesamtdruck durch die Bodenfläche, so erhält man den Flächeneinheitsdruck.

Meister: Ich zeige dir noch einen artigen Versuch. In Fig. 73 steht ein Mann auf einem mit Wasser gefüllten Sack. Die Grundfläche betrage 1000 Kar; wie hoch wird das Wasser in der kommunizierenden Röhre emporsteigen, wenn der Mann etwa 80 kg wiegt?

Schüler: Der Gesamtdruck 80000 g auf 1000 Kar gibt einen Druck 80 Zent Höhe entsprechend; also wird das Wasser 80 Zent hoch emporsteigen. Das ist erstaunlich wenig.

Meister: In der Zeichnung scheint man einen nur 40 kg wiegenden Mann vorausgesetzt zu haben.

Schüler: Denn 80 Zent sind ungefähr die halbe Manneshöhe.

Meister: Wir wollen nun das Schwimmen etwas genauer betrachten. Wir gießen etwas Quecksilber in eine Glasröhre (Fig. 74) und tauchen sie in Wasser. Der Schwerpunkt der Röhre liegt nun tief, etwa in s. Der Auftrieb muß als eine Summe von Kräften angesehen werden, deren Resultante in dem Punkte angreift, der der Schwerpunkt der verdrängten Flüssigkeit wäre, also in m, in der halben Höhe der verdrängten Flüssigkeit. Diesen Punkt nennt man den Angriffspunkt des Auftriebes. Der Punkt m liegt über s. Neigt man nun die Röhre und läßt sie wieder los, so kehrt sie in die senkrechte Lage zurück. Solch eine Lage heißt stabil.

Fig. 75.

Schüler: Kann denn der Schwerpunkt s auch über m liegen?

Meister: Gewiß und zwar immer, wenn der Körper weniger dicht als Wasser ist und keine Hohlräume enthält. Es gibt Holz, dessen Dichte nahe $1/_2$ ist. Der Einfachheit wegen nehmen wir eine dicke gleichförmige Platte, Fig. 75. Der Schwerpunkt s liegt jetzt in allen drei Fällen genau im Mittelpunkte und mithin in der Ebene der Wasseroberfläche.

Schüler: Und der Auftriebsangriffspunkt s liegt wohl links am tiefsten, rechts am höchsten?

Meister: Nur die letztere Lage ist stabil, die beiden anderen sind labil. Um dieses zu erfassen, stelle dir einen Holzkörper wie Fig. 76 vor. In der „Mittellinie" ab liegen die Punkte s und etwas tiefer m. Verrückt man den Körper (Fig. 77), so kann s seinen Ort nicht verändern, aber die verdrängte Wassermasse hat einen neuen Angriffspunkt m. Eine senkrechte Linie trifft die Mittellinie in q und dieser Punkt q heißt das Metazentrum. Das Gewicht des Holzkörpers wirkt an s abwärts, der Auftrieb in q aufwärts.

Schüler: Es kehrt also der schwimmende Körper in die Anfangslage zurück?

Meister: Das findet offenbar immer statt, wenn das Metazentrum q über dem Schwerpunkte s liegt. Das Verrücken des
Körpers muß aber nach allen Seiten hin untersucht werden. Nennen wir

Fig. 76.   Fig. 77.

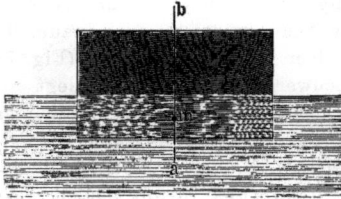 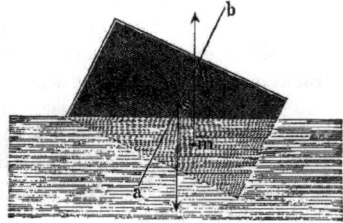

z. B. in Fig. 75 die Seiten a, b, c und ist c die kleinste, so muß diese
senkrecht stehen, der Punkt s ist dabei möglichst nahe an m herangerückt.

Schüler: Ich will später die beiden anderen Stellungen untersuchen. Bei diesen muß q unter s liegen.

Fig. 78.

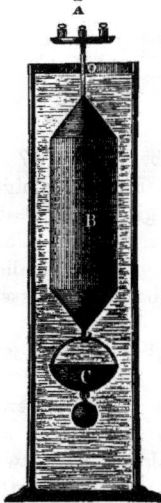

Meister: Du wirst finden, daß die erste Lage
durchaus labil ist, die zweite dagegen erscheint stabil,
wenn man den Körper rechts senkt, links sich erheben
läßt, aber nach vorn geneigt wird er labil sein. Das
Verhalten war ähnlich beim Stehen und Liegen.

Schüler: Von der Seite besehen erscheint er
auch steil schwimmend wie der erste, dagegen liegt
der dritte immer flach.

Meister: Wie ist es beim Schwimmen einer
vollen Holzkugel?

Schüler: Da ist auch m tiefer als s; aber bei
geänderter Stellung bleibt m unverändert und q fällt
wohl mit s zusammen.

Meister: Solch ein Gleichgewicht heißt indifferent oder unbestimmt. Jetzt sind wir vorbereitet
zum Verständnis der Aräometer. Man unterscheidet
Gewichtsaräometer und Volumen- oder Skalenaräometer. — Fig. 78 bringt das Gewichtsaräometer von Nicholson. Es ist B ein Hohlzylinder aus Blech, an dem ein Körbchen C hängt;
oben ragt ein Metallstift o aus dem Wasser hervor und trägt eine Schale
zum Aufladen von Massen. Das Instrument kann als sehr feine und
empfindliche Wage angesehen werden. Dazu wird A mit einer Masse m
belastet, bis das Aräometer an einer Marke bei o die Wasseroberfläche trifft.
Soll nun ein Körper K gewogen werden, so entlastet man die Schale, tut
K hin und fügt soviel Masse m' hinzu, daß die Marke wieder einspielt.

Schüler: Ich begreife schon; die Drucke sind die gleichen, also ist

$$m = K + m' \quad \text{und} \quad K = m - m'.$$

Meister: Nun kann aber auch das Volumen v von K gefunden werden. Man nimmt K oben fort und tut es ins Körbchen C hinein. Überlege, welche Belastung m'' wird jetzt oben zur Markeneinstellung nötig sein?

Schüler: Mir scheint, das Gesamtgewicht des Aräometers mitsamt dem K ist jetzt um den Auftrieb von K gegen vorhin vermindert worden; demnach ist $m = K - v + m''$, und zwar muß ich $m'' > m'$ finden, denn es ist $v = m'' - m'$.

Meister: Berechne nun die Dichte von K.

Schüler: Sie ist:

$$D = \frac{K}{v} = \frac{m - m'}{m'' - m'}.$$

Meister: Du hast dabei wohl bedacht, daß die Dichte des Wassers $= 1$ ist. Besser laß die Dichte des Wassers gleich d sein und schreibe:

$$m = K - v \cdot d + m'' \quad \text{und} \quad v \cdot d = m'' - m'.$$

Schüler: Also

$$D = \frac{m - m'}{m'' - m'} \cdot d,$$

und jetzt kann ich $d = 1$ setzen.

Meister: Oder d den Tabellen entnehmen, die in der Wärmelehre für die Wasserdichte bei verschiedenen Temperaturen mitgeteilt werden. Viele Flüssigkeiten sind dichter als Wasser, z. B. Salzlösungen und Säuren. Deren Dichte kann man auch mit dem Gewichtsaräometer ermitteln, dessen Masse A bestimmt werden muß. Für Wasser war die Aufladmasse m Gramm nötig, für eine Salzlösung etwa n Gramm; nun rechne.

Schüler: Da die verdrängten Volumina der Flüssigkeiten in beiden Fällen dieselben sind, so ist

für Wasser . . . . $v \cdot d = A + m,$

für Salzlösung . . . $v \cdot D = A + n,$

also

$$D = \frac{A + n}{A + m} \cdot d,$$

wo man $d = 1$ setzen oder den Tabellen entnehmen kann.

Meister: Und dieses D gilt nur für die herrschende Temperatur der Flüssigkeit. Überlege noch die Empfindlichkeit dieses Apparates. Der Querschnitt des Halses bei o sei 1 qmm; gesetzt, die Unsicherheit der Markeneinstellung betrage 1 mm — was schon zu viel sein dürfte —, so ist das eintauchende Volumen unsicher in welchem Grade?

Schüler: Um 1 cmm; dem entspricht, wenn es Wasser ist, das verdrängt wird, genau 1 mg.

Meister: Schätzen wir also Bruchteile von Millimetern, etwa b, so ist die Genauigkeit b Milligramm und wenn der Querschnitt q Quadratmillimeter hat?

Schüler: Dann ist $q.b$ die noch merkliche Massenzulage. Es wäre also eine ganz feine Wage.

Meister: In der Praxis zieht man dennoch meist Skalenaräometer vor, weil man mit einmaligem Eintauchen und Ablesen sein Ziel erreicht; nur ist das Verfahren auf Bestimmung der Dichte von Flüssigkeiten beschränkt. Fig. 79 zeigt dir den Apparat für Flüssigkeiten, die dichter als Wasser sind. Eine Glasröhre, unten erweitert, trägt am Ende eine mit Quecksilber gefüllte Kugel. Der obere enge Röhrenteil ist sorgfältig ausgewählt, so daß die Teilung eine gleichförmige Zunahme des Volumens andeutet. Es haben die Flüssigkeiten die Dichten D und D', und ihre Volumina seien V und V'. Das Aräometer hat immer ein und dasselbe Gewicht mit einer Masse A, dann ist

Fig. 79.

$$A.g = V.D.g = V'.D'.g.$$

Schüler: Also ist: $D' = \dfrac{V'}{V} \cdot D.$ Wenn auch D bekannt ist, so ist immer noch V' und V zu bestimmen nötig.

Meister: Das eben geschieht ein für allemal mit dem gegebenen Apparat. Die aufgetragene Skala gibt die Volumina des bis zu einem Strich eintauchenden Apparates an. Die Glaskünstler liefern die Apparate mit solchen geprüften Skalen. Sie nehmen zwei Flüssigkeiten verschiedener Dichte, die sie mit dem Gewichtsaräometer bestimmen, und erhalten so zwei feste Punkte der Skala und danach teilen sie die ganze Röhre ein.

Schüler: Könnte ich nicht mit Kochsalzlösung solche Versuche anstellen?

Meister: Dazu kannst du dir ein Aräometer selbst anfertigen. Nimm eine Glasröhre von etwa 8 mm Durchmesser, blase das eine Ende zu, schütte eine kleine Menge Schrot hinein und stecke einen mit einer Teilung versehenen Papierstreifen an die Innenwand; verschließe die Röhre mit einem Kork und das Aräometer ist fertig.

Schüler: Das will ich ausführen. Aber wie soll ich die Volumina bestimmen, die den Teilen meiner Skala entsprechen?

Meister: Ebenso wie die Glaskünstler es tun oder aber durch Rechnung, denn dein Aräometer hat eine einfache Form, die sich einigermaßen genau ausmessen läßt. Solch einen Apparat kann man auch Volumenometer nennen. Man verfertigt die Skalenaräometer meist gesondert: für Flüssigkeiten, die dichter als Wasser sind und andere für solche, die weniger dicht sind, wie z. B. Alkohol. Endlich gibt es welche mit Doppelskala, deren eine die Volumina anzeigt, während die andere für Lösungen geeicht ist: Säuren, Salzlösungen, Zuckerlösungen, Alkohol.

Schüler: Wir haben ein Laktometer. Je dichter die Milch ist, um so dünner ist sie.

Meister: Sage doch um so magerer. Fett und Sahne sind allerdings weniger dicht, also dünner als Wasser.

Schüler: Nach dem Abrahmen muß mein Apparat tiefer einsinken.

Meister: Denk nur nach, ob das wohl richtig ist! — In neuerer Zeit baut man noch Thermometer ins Innere der Aräometer hinein und benutzt dessen Quecksilberkugel als Beschwerung des unteren Teiles. Man kann übrigens die Dichte der Flüssigkeiten auch mittels der kommunizierenden Röhren erweisen und messen. In Fig. 80 ist zuerst Quecksilber eingegossen worden; dann wurde links Wasser eingeführt. Es bildet die Säule BF, während das Quecksilber um EA sich erhebt. Offenbar herrscht in A und B die gleiche Dichte des Quecksilbers.

Schüler: Also sind in dieser Höhe die Drucke gleich.

Meister: Und woher stammen sie?

Schüler: Links aus dem Wasser, rechts aus dem Quecksilber.

Meister: Darum sind die Höhen umgekehrt proportional den Dichten.

Schüler: Also $H : h = 1 : 13$.

Meister: Zum Schluß gebe ich dir noch einen Satz über die Geschwindigkeit, mit der eine Flüssigkeit aus einer Gefäßöffnung ausfließt.

Es ist $$v = \sqrt{2 \cdot g \cdot h}.$$

Schüler: Also wäre diese Geschwindigkeit proportional der Quadratwurzel aus der Höhe.

Meister: Und was das wichtigste ist: diese Geschwindigkeit ist unabhängig von der Dichte. Denke dir zwei Gefäße wie in Fig. 81, mit ganz gleich großen Öffnungen im Boden; das eine sei mit Wasser gefüllt, das andere mit Quecksilber; dann findet bei gleicher Höhe der Ausfluß in gleichen Zeiten statt.

Schüler: Das würde ich gerne sehen; es kommt mir kaum glaublich vor?

Meister: Die Fig. 82 zeigt die Form, die ein Wasserstrahl annimmt, wenn er aus Öffnungen verschiedener Höhe ausfließt.

Fig. 80.

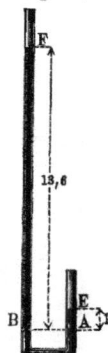

13,6

Fig. 81.

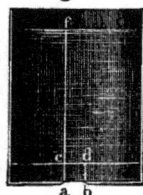

Schüler: Diese Formen sind gewiß dieselben, die beim Wurf besprochen wurden?

Meister: Jawohl; es sind Parabeln. Wichtig ist ferner, daß, sobald ein Strahl seitlich ausfließt, das Gefäß einen Stoß nach entgegengesetzter Seite erfährt. Hinge das Gefäß an einem Faden, so würde es zurückgetrieben. Das Segnersche Wasserrad (Fig. 83) zeigt diese Gegenkraft, die auch Arbeit verrichten kann, indem das Gewicht gehoben wird.

Schüler: So werden auch durch Wasserdruck Maschinen getrieben?

Fig. 83.

Fig. 82.

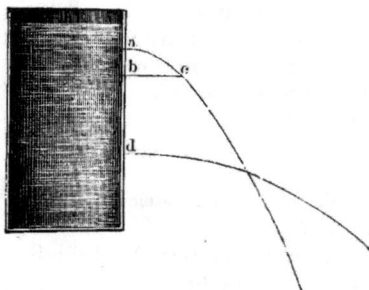

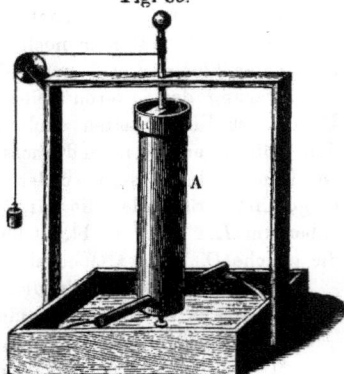

Meister: Freilich. Gelegentlich sieh dir genau die Wassermotoren an; sie werden auch schon im Kleingewerbe und in Laboratorien verwandt.

Schüler: Hierher gehören doch auch die Wassermühlen?

Meister: Ja; aber hier ist es kein Tiefen- oder Seitendruck, sondern es wird Gravitationsarbeit verbraucht, die sich auf die Getriebe übertragen läßt. Die Wassertechnik ist eine große eigene Wissenschaft geworden. Man hat es weit gebracht, sofern die Ausnutzung der Energie bis 88 Proz. möglich geworden ist. — Uns erübrigt jetzt noch ein Abschnitt aus der Lehre von den Flüssigkeiten, der der Molekularphysik angehört.

Schüler: Gehörte nicht die Erläuterung des Tiefendruckes auch schon zur Molekularphysik?

Meister: Da hast du wohl recht. Die Zusammendrückung wurde uns erst dann verständlich, wenn wir das Volumen nicht ganz von den Teilchen ausgefüllt uns dachten.

6. Adhäsion, Kohäsion. Kapillarität.

Schüler: Wir besprachen die verschiedenen Arten der Dichtigkeitsbestimmung fester und flüssiger Körper. Dazu ward die Theorie des Schwimmens erörtert und die Beziehungen des Schwerpunktes schwimmender Körper zum Metazentrum. Je höher das Metazentrum liegt, um so stabiler ist das Gleichgewicht.

Meister: Bei festen Körpern begannen wir mit der Zugelastizität; eine solche gibt es auch bei Flüssigkeiten.

Schüler: Bei diesen aber kann man doch keinen Zug ausüben?

Meister: Doch wohl. Alle Flüssigkeiten haben eine wenn auch nur geringe Festigkeit oder Kohäsion. Tauche einen Körper in Wasser und hebe ihn heraus. Es hängt ein Tropfen daran, der nicht abfällt. Es tritt also Ruhe und Gleichgewicht ein. Nun frage ich, warum die untersten Teile nicht fallen, da sie doch schwer sind?

Schüler: Ich sehe wohl ein, daß eine Gegenkraft geweckt sein muß, und mir scheint, da das Gewicht der Schichten nach oben hin zunimmt, so müssen die oberen Teile weniger dicht sein, als die unteren.

Meister: Ganz richtig, nur wird diese geringe Ungleichheit der Beobachtung sich entzieht — aber folgerichtig hast du es bedacht. Warum aber fällt nicht der ganze Tropfen vom Körper herunter?

Schüler: Da muß wieder eine merkliche Anziehung zwischen dem Körper und der Flüssigkeit bestehen.

Meister: Und das ist die Adhäsion.

Schüler: Aber so hieß auch die Anziehung zwischen festen Körpern, worauf das Leimen und Kleben beruhte.

Meister: Ganz richtig; also benennt man jede Anziehung zwischen Berührungsflächen. Das lateinische „haerere" heißt hängen und „adhaerere" heißt anhängen. Die Folge der Adhäsion ist die Benetzung des aus der Flüssigkeit herausgehobenen Körpers, doch findet man eine solche nur dann, wenn die Adhäsion größer als die Kohäsion ist.

Schüler: Kommt denn das Umgekehrte auch vor?

Meister: Ja; nehmen wir Wasser, so haftet es an den meisten Körpern, aber z. B. nicht an fettigen Stoffen. An einem fettigen Löffel bleibt kein Tropfen Wasser hängen. Quecksilber hat eine starke Kohäsion und diese überwiegt die gar nicht geringe Adhäsion an Glas, daher haftet kein solcher Tropfen am Glase.

Schüler: Ich hatte oft Gelegenheit, verschüttetes Quecksilber zu sehen; es bildet dann immer hübsche kleine Kugeln.

Meister: Das ist auch eine Folge der Kohäsion der Quecksilberteilchen. Solche Kugelformen sieht man auch im Olivenöl, wenn es in

verdünnten Alkohol gewisser Mischung gegossen wird (Fig. 84). Hat
die Mischung dieselbe Dichte wie das Öl, so schwebt das Öl darin. Gießt
man etwas Wasser hinzu, so verdichtet sich die Flüssigkeit.

Schüler: Und die Ölkugel steigt empor; und umgekehrt, wenn
man Alkohol zugießt.

Meister: Mit diesen Kräften hängen zwei bemerkenswerte Erscheinungen zusammen, die Oberflächenkrümmung am Rande von
Gefäßen und das Verhalten in engen Röhren, die man Haarröhrchen
nennt, und da Haar lateinisch „capilla" heißt, so nennt man alle hierher
gehörenden Erscheinungen auch Kapillarität. Taucht man eine enge
Röhre (Fig. 85) in Wasser, so steigt dieses im Innern der Röhre empor
bis zu einer gewissen Höhe h, die umgekehrt proportional dem Halbmesser der Röhre ist.

Schüler: Also ist $h = \dfrac{a}{r}$ und a eine beständige Größe.

Fig. 84.

Fig. 85.

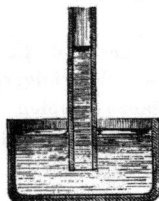

Fig. 86.

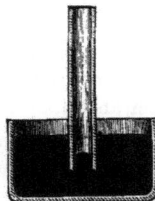

Meister: Ja, und taucht man dasselbe Rohr (Fig. 86) in Quecksilber, so steht dieses in der Röhre niedriger ein als außerhalb. Damit
hängt zusammen, daß das Wasser am Gefäßrande emporsteigt und eine
Hohlfläche nach außen aufweist, während beim Quecksilber eine erhabene
Oberfläche sich kundtut.

Schüler: Auf eine Erklärung dieser Erscheinungen bin ich sehr
gespannt.

Meister: Wenn sie gründlich sein soll, verlangt sie eingehende
mathematische Betrachtungen. Von Wichtigkeit ist die Erkenntnis, daß
eine jede Oberfläche eine gewisse Spannung hat, die einen
Druck nach innen hervorruft. Dieser Druck findet schon bei ebener
Oberfläche statt und wird molekular erklärt. Während nämlich im
Innern der Flüssigkeit ein Teilchen allerseits von Nachbarteilen umgeben ist, so daß deren molekulare Anziehungen sich aufheben, wird
ein Teilchen an der Oberfläche nur von innen her angezogen und so
entsteht der Oberflächendruck.

Schüler: Ist solch ein Druck sehr groß?

Meister: Er hängt von der Krümmung der Oberfläche ab. Ist sie hohl, so ist der Druck kleiner als bei ebener Oberfläche, ist sie erhaben, so ist er größer. In allen diesen Fällen ist aber der Oberflächendruck sehr beträchtlich.

Schüler: Dann sind unsere Wägungen des Bodendruckes mangelhaft, denn es hieß, er sei genau gleich $b.d.g.h.$ Käme hier nicht der Oberflächendruck hinzu?

Meister: Nicht doch. Die Bodenplatte berührt gleichfalls eine Oberfläche, deren Druck dem der oberen Fläche entgegengerichtet ist.

Schüler: Ich verstehe wohl, daß sich dann beide Drucke aufheben aber die Flüssigkeit muß stärker verdichtet sein, als wir annahmen.

Fig. 87 a. Fig. 87 b. Fig. 87 c. Fig. 88 a. Fig. 88 b.

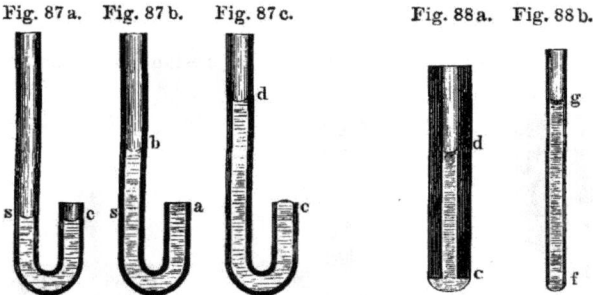

Meister: Das mag sein; die Dichte ist durchaus davon abhängig. Unsere Betrachtung enthält aber keinen Fehler, sofern wir eine gewisse Dichte oben annahmen und deren Zunahme allein in Betracht kam. Jetzt aber sollst du die Verdichtung sehen. Wir stellen kommunizierende Röhren her aus weiten und sehr engen Röhren. Schon Fig. 85 zeigte dir, daß erst in beträchtlicher Tiefe in der engen Röhre die Dichtigkeit erreicht wird, die außen statthat, und in Fig. 86 siehst du, wie die stärker gekrümmte Quecksilberfläche im engen Rohre sofort eine Dichtigkeit erzeugt, die außen erst in größerer Tiefe entsteht.

Schüler: Das ist in der Tat sehr merkwürdig.

Meister: Ebenso schön sieht man die Oberflächenspannung an einer Röhre wie Fig. 87 a, wo das Wasser in s und c gleich hoch steht. Gießt man nun vorsichtig in den längeren Schenkel Wasser ein, bis es bis a einsteht (Fig. 87 b), so bildet es hier bald eine ebene Fläche; im langen Schenkel erhebt sich das Wasser bis b und bildet eine Hohlfläche.

Schüler: Das ist wunderbar schön und verständlich, denn unten fehlt jetzt die Adhäsion der Glaswand.

Meister: Gieße vorsichtig noch Wasser oben hinzu, es steigt im langen Rohre noch höher hinauf (Fig. 87 c).

Schüler: Und unten bei c hat sich eine hübsche gewölbte Fläche gebildet!

Meister: Taucht man eine Röhre ins Wasser (Fig. 88 a), so bleibt nach dem Herausheben eine Säule von bestimmter Höhe cd zurück, während unten bei c sich eine erhabene Oberfläche bildet. Bei dünner Glaswand (Fig. 88 b) ist die Wassersäule noch länger.

Schüler: Besteht denn hier ein Gleichgewicht zwischen den Oberflächenspannungen und dem Gewicht der Flüssigkeit?

Meister: Ja, d. h. dem Tiefendruck entsprechend, wir wollen indes die Theorie nicht vornehmen, da sie gar zu schwierig ist.

Schüler: Ich möchte noch fragen, ob ebenso schöne Versuche mit Quecksilber angestellt werden können zum Nachweis der Oberflächenspannung?

Meister: Hier muß man anders vorgehen, da Quecksilber nicht durchsichtig ist. Nimm eine Glasröhre von beliebigem Querschnitt, etwa von 1 Zent Durchmesser, und blase das eine Ende aus, so daß es eine sehr enge, kegelförmig sich verengende Röhre bc bildet (Fig. 89). Gieß oben Quecksilber hinein, — es wird unten nicht leicht herausfließen, denn je enger der Querschnitt, um so stärker ist unten die Krümmung.

Fig. 89.

Schüler: Ist hier Krümmung derselbe Begriff, den wir in der Einleitung besprachen.

Meister: Ganz derselbe, denn in sehr engen Röhren sind die Oberflächen kugelförmig.

Schüler: Also ist die Krümmung $= \dfrac{1}{r}$.

Meister: Richtig. Ich habe einmal bei a das eine Ende eines Kautschukschlauches befestigt; das andere Ende hatte ich um 4 m in die Höhe gehoben, einen Glastrichter oben mit dem Kautschukschlauch verbunden und dicht unter der Zimmerdecke auf einem Gestell angebracht. Nun goß ich Quecksilber oben in den Trichter und sah, wie allmählich die untere Fläche von b bis c herabging.

Schüler: Und es floß nicht bei c heraus?

Meister: Nein; erst dann, als die Quecksilbersäule über 4 m hoch war, entkamen einige kaum sichtbare Tröpfchen, dann trat wieder Ruhe und Gleichgewicht ein. Setzen wir bei ebener Oberfläche den Druck $= K$, so wird er bei Hohlfläche $K - \dfrac{H}{R}$ sein, wenn H eine beständige Größe ist, die von der Flüssigkeit abhängt.

Schüler: Und bei erhabener Oberfläche ist wohl der Innendruck:

$$K + \frac{H}{R}.$$

Meister: Richtig, und dieses zweite Glied kann sehr groß werden, wenn R sehr klein ist, sogar unbegrenzt groß.

Schüler: Der Versuch setzt mich um so mehr in Erstaunen, als doch Quecksilber ein sehr dichter Körper ist.

Meister: Bei Seifenblasen wirkt auch die äußere Fläche stärker als die innere, die hohl ist. Wenn der Halbmesser R ist, so kannst du den Überdruck berechnen. Es ist wieder:

$$\text{von außen} \quad \ldots \ldots \quad K + \frac{H}{R}$$

$$\text{von der inneren Seite} \quad \ldots \quad K - \frac{H}{R}.$$

Schüler: Der Unterschied beider ist $= \dfrac{2H}{R}$.

Meister: Darum kostet es Arbeit, wenn dieser Gegendruck überwunden wird beim Vergrößern der Seifenblase, und wenn die Röhre vom Munde abgenommen wird —

Schüler: Dann wird die Blase schnell kleiner; das kenne ich.

Meister: Wunderbar schön werden Seifenblasen in einem Drahtgestelle wie Fig. 90. Man taucht es in Seifenwasser und erhält eine ganz bestimmte Form. Die Seitenflächen der Blasen sind eben; daraus folgt, daß innen im Seifenringe ein Druck herrscht gleich dem äußeren Luftdruck. Die ringförmige Fläche ist eine doppelt gekrümmte; parallel den Seitenflächen ist sie erhaben,

Fig. 90.

senkrecht darauf aber hohl, die beiden Krümmungsradien sind in der Tat gleich groß, wodurch der Verdichtungseinfluß sich aufhebt. Er ist in der einen Hauptrichtung $K - \dfrac{H}{R}$ und in der anderen $K + \dfrac{H}{R}$, also durchschnittlich $= K$. — Hiermit wollen wir schließen und morgen zu den Gasen übergehen.

7. Gase. Dichte. Barometrie. Boyle-Mariottesches Gesetz.

Schüler: Es wurde erklärt, daß infolge der Adhäsion und Kohäsion das Wasser an den Gefäßwänden und in engen Röhren emporsteigt. Ist die Oberfläche erhaben, so findet eine Herabdrückung der Oberfläche statt. Es gibt eine Oberflächenspannung, die gleich K gesetzt ward bei ebener Oberfläche; sie ist dann bei gekrümmter Fläche gleich $K \pm \dfrac{H}{R}$, wo R der Halbmesser der Krümmung ist. Zahlreiche Versuche

9*

wurden besprochen und auch die Ausflußmengen aus Gefäßen als nur **von der Höhe abhängig** und **von der Dichte unabhängig** erkannt.

Meister: Wir gehen nun zu den Gasen über. Wie alle Körper, so sind auch die Gase schwer.

Schüler: Davon spracht ihr schon in der Einleitung. Kann man Gase auch irgendwie wiegen?

Fig. 91.

Meister: Jawohl. Fig. 91 zeigt dir eine große Glaskugel, deren Inhalt mittels des Hahnes verschlossen werden kann. Man wägt den Apparat bei geöffnetem Hahn.

Schüler: Wenn er also voll Luft ist.

Meister: Man bringt ihn auf die Luftpumpe, die dir gewiß schon bekannt ist; man pumpt die Luft aus und verschließt den Hahn.

Schüler: Auf der Wage muß er jetzt leichter sein. Ist das auch merklich?

Meister: Durchaus. Je nach der Größe des Ballons und je nach der Temperatur fällt das Gewicht verschieden aus. Nehmen wir vorläufig an, es sei die Temperatur 0^0 gewesen, und es sei der herrschende Luftdruck auch ein ganz bestimmter von 760 mm, wie wir bald besprechen werden, so zeigt die Wägung eine Masse, die dem Volumen V proportional ist.

Schüler: Also ist $M = l \cdot V$, und es ist $l = \dfrac{M}{V}$, also dasselbe, was wir mit Dichte d bezeichneten.

Meister: Richtig, schreibe also $M = D_0 V$, wo der Index 0 die besprochenen Bedingungen andeutet. Die Zahlenwerte, die in solcher Weise für die Dichte verschiedener Gase erhalten werden, sind von großer Wichtigkeit für die Chemie und Molekulartheorie. Vorläufig genüge die Angabe, daß für Luft D_0 sich gleich 0,001 293 ergeben hat. Welche Einheit hat diese Zahl und welche Vorstellung hast du von ihr und besonders von ihrem reziproken Wert?

Schüler: Es sind in 1 Kub 0,001 293 g Luft enthalten. Der reziproke Begriff muß das Volumen von 1 g sein.

Meister: Sehr gut. Welchen Raum v nimmt nun 1 g Luft ein?

Schüler: Es ist:

$$v = \frac{1}{D} = \frac{V}{M} = \frac{1}{0,001\,293} = 773 \text{ Kub.}$$

Meister: Überlege gelegentlich, wieviel Kilogramm Luft in deinem Zimmer sich befinden.

Schüler: In einem Liter sind 1,293 g, in 1 cbm ebensoviel Kilogramm. Mein Zimmer ist 4 m lang, 3 m breit und 4 m hoch, hat also

48 cbm. Und die darin enthaltene Luft würde demnach 62 kg betragen; das erscheint mir sehr viel.

Meister: Das Volumen der Gase ist ganz vom Druck abhängig, unter dem sie stehen. Unsere Behandlung der Gase ist dadurch erschwert, daß wir sie nicht wie feste und flüssige Körper handhaben können, denn wir befinden uns selbst in der Tiefe des Luftmeeres. Da die Luft schwer ist und doch in Ruhe sich befindet, muß in der ganzen Atmosphäre ganz wie in einer Flüssigkeit eine Schicht auf der benachbarten unteren ruhen.

Schüler: Es muß also ebenso wie bei Flüssigkeiten die Dichte nach unten zunehmen.

Meister: Und zwar nimmt sie in weit stärkerem Maße zu. Strenge nun deine Vorstellungskraft an: Angenommen, die Luft hier draußen sei hinauf bis in die höchsten Höhen in Ruhe.

Schüler: Das ist denkbar, auch wenn es selten vorkommen mag.

Meister: Wir können uns nun eine kommunizierende Röhre vorstellen, die mit ihren zwei Schenkeln bis in die höchsten Höhen über die Atmosphäre hinaufreicht.

Schüler: Auch das kann ich mir vorstellen.

Meister: Angenommen, in den Apparat, der über die Atmosphäre hinausragt, hätten wir zuerst nur Quecksilber eingegossen. Wie würde sich dieses einstellen?

Schüler: In beiden Schenkeln wird es gleich hoch sich einstellen.

Meister: Nun bringen wir über dem Quecksilberspiegel in dem einen, z. B. dem linken Schenkel ein Loch an, was würde geschehen?

Schüler: Da die äußere Luft Dichte hat, wird sie einströmen.

Meister: Und zwar bis Gleichgewicht eintritt. Was meinst du nun weiter, wie wird solch Gleichgewicht möglich, denn ohne Ende wird das Gas doch nicht einströmen?

Schüler: Mir scheint, es wird allmählich den ganzen Schenkel ausfüllen und eine ähnliche Dichte und Dichtezunahme haben, wie die äußere Luft.

Meister: Nicht bloß eine ähnliche, sondern ganz dieselbe. Was aber werden wir an unserem Quecksilber beobachten?

Schüler: Es wird von der untersten und dichtesten Luftschicht gedrückt werden, sinken und im anderen Schenkel emporsteigen.

Meister: Ganz richtig. Dabei ist festzuhalten, daß im anderen Schenkel über dem Quecksilber keine Luft vorhanden ist. Da er luftleer ist, können wir auch in einer geringen Höhe über dem hinaufgestiegenen Quecksilber den Raum absperren, ohne irgend etwas am Gleichgewicht zwischen Luft und Quecksilber zu ändern.

Schüler: Auch das ist mir klar.

Meister: Und wir haben nun den Vorteil, den einen hohen Schenkel rechts abbrechen zu können. Aber auf der anderen linken Seite ist, wie du selbst erläutert hast, die Luft außen und innen nach eingetretenem Gleichgewicht in ganz gleichem Zustande.

Schüler: Auch das sehe ich ein.

Meister: Also frisch gewagt. An der Stelle und jetzt noch tiefer, nämlich etwas über dem Quecksilberspiegel bei a, können wir bei d das hohe Glasrohrstück abbrechen und nun steht vor uns ein handlicher schlichter Apparat, genannt Barometer (Fig. 92). „Barys“ ist

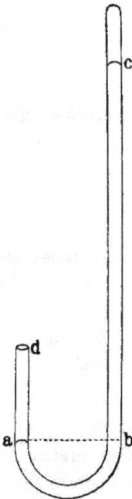

Fig. 92.

griechisch und heißt schwer. In der Tat ist die lange Quecksilbersäule, um welche der eine Quecksilberhorizont den anderen überragt, ebenso schwer wie die ganze Luftsäule, die in dem offenen Schenkel auf dem Quecksilber lastet, doch genauer gesprochen wird diese offene Quecksilberoberfläche nur durch die Dichte der sie berührenden Luftschicht herabgedrückt.

Schüler: Das ist erstaunlich. Diese Luftdichte soll einer Quecksilbersäule von der Höhe bc entgegenwirken und diesem starken Druck Gleichgewicht entgegensetzen?

Meister: In der Tat, es erscheint wunderbar. Berechne mir nun diesen Luftdruck A an der Stelle a. Er ist ebenso groß wie in gleicher Höhe der Quecksilberdruck in b.

Schüler: In b ist er gleich dem Gewicht der Quecksilbersäule. Ich setze es an, so wie wir es bei den Flüssigkeiten gelernt haben. Ich nenne die Grundfläche B, die Höhe $bc = H$, die Dichte D, so ist $A = B \cdot D \cdot H \cdot g$ Grammogal oder Dynen.

Meister: Das wäre der Gesamtdruck auf die Fläche B. Glaubst du aber, daß, wenn wir engere oder dickere Röhren nehmen, eine andere Höhe sich ergäbe?

Schüler: Nach dem Gesetz der kommunizierenden Röhren, d. h., weil der Tiefendruck nur von der Höhe abhängt, kann sich die Höhe H nicht ändern. Wir hatten ja schon festgesetzt, daß bei Flüssigkeiten der Druck nur auf die Flächeneinheit bezogen werden soll.

Meister: So ist es auch bei Gasen. Das Wort „Druck“ wird immer auf die Flächeneinheit von 1 Kar bezogen, und wenn er durch Quecksilber von 0^0 ausgedrückt werden soll, so ist D in der Formel fest angenommen. Da g eine für jeden Ort beständige Größe ist, so bleibt, wenn der Luftdruck sich ändert, auch nur H in deiner Formel als veränderliche Größe nach. Daher ist es üblich, den Luftdruck durch die Höhe H anzugeben. Eine gewisse Höhe hat einen Namen erhalten.

Wenn nämlich $H = 76$ Zent ist, so nennt man solchen Luftdruck eine „Atmosphäre". Das ist ein Einheitsname, der oft angewandt wird. Man bestimmt z. B. die Verdichtung der Flüssigkeiten bei Zunahme des Druckes um 1 Atm. Sie beträgt für Wasser nahe $1/_{20\,000}$, für Alkohol $1/_{11\,000}$, für Glas $1/_{3000}$.

Schüler: Ich habe oft von 5 und 6 Atm. Dampfkraft reden hören.

Meister: Ganz recht. Zunächst bleiben wir bei einer anderen Einheit, nämlich Centimeter oder Zent Höhe.

Schüler: Demnach wäre 1 Atm. $= 76$ Zent Quecksilberhöhe.

Meister: Berechne nun den Druck P_0 für die Grundfläche von 1 Kar.

Schüler: Dann habe ich das Gewicht der darüber befindlichen Quecksilbersäule zu berechnen. Ich setze $B = 1$ Kar, die Höhe $H = 76$ Zent, $D = 13,6$, $g = 980$ Gal und erhalte:

$$P_0 = 13,6 \times 76 \times 980 \text{ Grammogal oder Dynen.}$$

Meister: Da $13,6 \frac{\text{gr}}{\text{Kub}}$ sind und jetzt 76, aus $B \cdot H$ entstanden, auch Kub sind, so bleiben für P_0 die Grammogale nach. Wenn du nun den Wert für P_0 in Zahlen ausdrücken willst, so ist es praktisch üblich, zunächst nur die Gramme zu berechnen, denn das sind die Massenstücke, die wir vor uns sehen.

Schüler: Dann ist $P_0 = 1033,6$ gr $\times g$; es ist also P_0 das Gewicht, das etwas mehr als 1 kg ausübt.

Meister: Und die Druckfläche ist nur ein Kar. Weise deine Hand her, wie groß schätzest du die Oberfläche der Mittelhand?

Schüler: Etwa 8×8 Kar; also 64 kg Last soll meine Hand empfinden?

Meister: Du staunst. Du empfindest also nichts von diesem großen Druck.

Schüler: Meister, das ist ja beinahe euer Körpergewicht. Wie soll ich das glauben?

Meister: Gase verhalten sich wie Flüssigkeiten in bezug auf Dichte und Druck, also denke an den Auftrieb. Was geschieht an der Unterseite deiner Hand?

Schüler: Sie erfährt den Auftrieb, der noch ein wenig größer ist! Nun verstehe ich, weshalb meine Hand nicht zu Boden fällt, — aber ein neues Rätsel tut sich auf; warum wird meine Hand nicht von beiden Drucken zerquetscht?

Meister: Weil auch das Innere unseres Körpers unter diesem Druck im Gleichgewicht ist, ähnlich wie das Innere einer Flüssigkeit überall Druck und Gegendruck aufweist. Was geschieht, wenn du an einer Stelle deiner Hand saugst? Es dringt sehr bald das Blut durch die Poren der Haut, was ein Zeichen des innen vorhandenen Druckes ist.

Schüler: Ich verstehe jetzt; es pflanzt sich der Druck ins Innere fort und das Blut muß eine Dichte haben, die dem Luftdruck Gleichgewicht hält.

Meister: Und nun überlegen wir nachträglich, daß auch jede Flüssigkeit in einem Gefäß, außer der Oberflächenspannung, die wir K nannten, und außer dem Tiefendruck $H.D.g$, noch dem Luftdruck P_0 ausgesetzt ist, so z. B. in Fig. 65.

Schüler: Von dem hatten wir also abstrahiert!

Meister: Ja, aber keinen großen Fehler begangen, sofern er sich aufhebt, von oben und von unten her.

Schüler: Aber unten war ja Glas und keine Luft.

Meister: Die Dichtigkeit der untersten Wasserschicht empfängt vom Glase den entsprechenden, fürs Gleichgewicht nötigen Gegendruck, und das Glas wird von unten her so vom Luftdruck getroffen, daß sich alle diese Kräfte fast gänzlich aufheben.

Schüler: Warum fast gänzlich?

Meister: Weil der Auftrieb ein wenig größer ist, als der obere Luftdruck.

Schüler: Ähnlich wie beim Gesetz des Archimedes?

Meister: Nicht ähnlich, sondern genau so; denn der Gewichtsverlust eines Körpers ist gleich dem Gewicht des verdrängten Volumens Gas.

Schüler: Dann sind wir, hier in der Tiefe des Luftmeeres uns befindend, auch leichter, als wir es ohne Luftmeer wären.

Meister: Jawohl, nur werden wir den Betrag nie empfinden, weil die Luft uns immer ein wenig hebt. Rechne aus, wie viel an Gewicht du durch den Auftrieb von der Luft getragen wirst.

Schüler: Ich überlege, — ich schätze mich, da ich 55 kg wiege, auf ein Volumen von 55 Liter. Da ein Liter Luft nahe 1 g enthält, so werde ich um 55 g leichter sein. Das ist freilich nicht viel, — aber dennoch setzt mich die Vorstellung in Erstaunen und Bewunderung.

Meister: Du hast Recht, und wirst noch mehr staunen, wenn du sehen wirst, wie in unserer Umgebung selbst bei einem Höhenunterschiede von wenigen Centimetern sich die Verdichtung nach unten kundtut. Du hast wohl schon Luftpumpen gesehen, die wir auch bald besprechen werden. Hier zeige ich dir eine (Fig. 93) mit einem absonderlichen Druckmesser, genannt Manometer. Unter der Glasglocke g ist es auf den Teller dd der Luftpumpe gestellt. Es besteht aus einem Wagebalken mit Zeigervorrichtung; an den Wagearmen sind zwei Kugeln ins Gleichgewicht gebracht, rechts eine kleine volle Bleikugel, links eine rings geschlossene Hohlkugel aus Messing. Beide Kugeln erfahren einen Auftrieb.

Schüler: Der Auftrieb muß links größer sein, weil mehr Luft verdrängt ist.

Meister: Und wie groß sind die beiden hebenden Kräfte?

Schüler: Links $V.d.g$ und rechts $v.d.g$, da die Dichte d der Luft beiderseits gleich ist.

Meister: Das wahre Gewicht der Kugeln ist $M.g$ und $m.g$, aber die kleine Wage zeigt nicht an, daß $M.g = m.g$ ist, sondern was?

Schüler: Sie zeigt an, daß $M.g - V.d.g = m.g - v.d.g$ ist.

Fig. 93. Fig. 94.

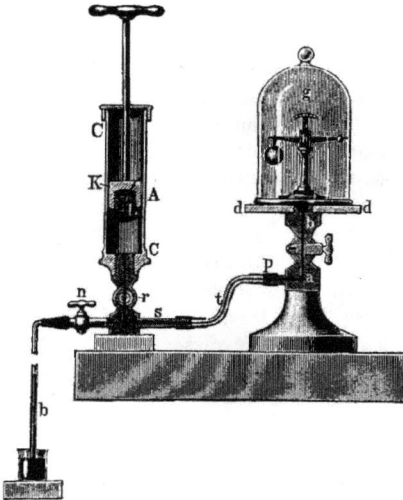
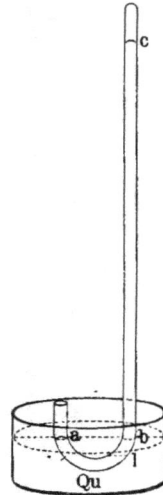

Meister: Wenn nun die Luft in der Glocke verdünnt wird, welche Größe ändert sich dann?

Schüler: Offenbar nur d. Ich merke schon: Da $V > v$, so wird die linke Seite bei Luftverdünnung weniger aufgetrieben als zuerst, sie wird sinken müssen. Ist das wirklich sichtbar?

Meister: Sehr merklich und zwar so genau, daß aus dem Ausschlag des nach oben weisenden Zeigers nach links die Dichte gemessen werden kann.

Schüler: Und darum nanntet ihr es ein Manometer?

Meister: Es gibt Barometer, die die Gestalt der Fig. 92 haben, — eine kleine Phantasieüberlegung wird dir noch weiter nützen. Ich tauche unser gekrümmtes Barometerrohr (Fig. 92) in eine Glasschale (Fig. 94) und gieße Quecksilber hinein, bis es auch außen genau in der Marke a

einsteht. Erkennst du, daß das Quecksilber im offenen Schenkel wie im umgebenden Quecksilber ganz gleiche Dichte haben wird?

Schüler: Gewiß, denn auf beiden lastet der gleiche Luftdruck, und die Höhe ist dieselbe.

Meister: Wenn ich dann eine Öffnung in der Glasröhre mir angebracht denke, — wird dann durch k Quecksilber aus- oder eintreten?

Schüler: Nein, es herrscht Gleichgewicht.

Meister: Und wenn ich bei l das Glasrohr ganz durchschneide, — kann jetzt Quecksilber ein- oder austreten?

Schüler: Nein, — auch dann ist Gleichgewicht.

Meister: Also können wir nun das abgeschnittene Glasrohrstück bis l entfernen. Vorhin war unser Barometer ein sogenanntes Heberbarometer, jetzt haben wir es in ein Gefäßbarometer verwandelt. So ist es in Fig. 94 abgebildet; nun kann es noch mit einer Skala versehen

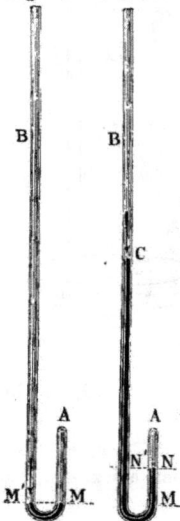

Fig. 95.   Fig. 96.

werden. Die Berechnung der Barometerhöhe ist sehr umständlich, denn in der Wissenschaft braucht man diese Größe in großer Genauigkeit. Es ist zu bedenken, daß das Quecksilber seine Dichte sehr merklich mit der Temperatur ändert, desgleichen die Skala, sei sie aus Glas oder Messing gefertigt. Dazu kommt, besonders bei engen Röhren, der Einfluß der gewölbten Quecksilberoberfläche.

Schüler: Infolge dieser Wölbung würde die Säule zu kurz werden.

Meister: Nur wenn es ein Gefäßbarometer wie Fig. 94 ist, im Heberbarometer (Fig. 92) hebt sich diese Größe beiderseits auf. Wir können alle diese wichtigen Fragen auf die Wärmelehre verschieben; hier handelt es sich um Feststellung der Grundbegriffe. Ich überlasse dir, die Konstruktion von Metallbarometern in umfangreicheren Lehrbüchern anzusehen; wir wollen uns heute weiter mit dem Verhalten der Luft beschäftigen. Bei den Flüssigkeiten sahen wir, daß jede Druckvermehrung die Dichte veränderte.

Schüler: Aber nur sehr wenig, wie das Piëzometer zeigte, weil die geweckten inneren Elastizitätskräfte sehr rasch mit der Dichte anwachsen; bei Gasen, das fühlt man schon, muß das viel merklicher sein.

Meister: Fig. 95 und 96 zeigen einfache Apparate, die nicht mit Fig. 92 verwechselt werden dürfen. Es ist in beiden Figuren der längere Schenkel B oben offen, unten umgebogen und bei A zugeschmolzen. Man gießt etwas Quecksilber oben ein; es stellt sich unten gleich hoch ein bei M_1 und M, wenn man vorsichtig durch Kippen der Röhre etwas

Luft aus dem kurzen Schenkel durchs Quecksilber austreten läßt. Nun ist von A bis M eine Luftmenge abgesperrt, — von welcher Dichte?

Schüler: Da M und M_1 gleich hoch stehen, so ist die Luft von derselben Dichte innen über M wie außen über M'.

Meister: Mit dieser abgesperrten Luftmenge wollen wir Versuche anstellen. Ihr Volumen sei jetzt V, sie stehe unter dem Drucke P und ihre Dichte sei D. Können wir diese drei Größen messen?

Schüler: P können wir messen mit dem Barometer, das nebenbei aufgestellt werden kann, die Dichte D haben wir zu 0,001 293 bestimmt, das spezifische Volumen zu 773.

Meister: Das ist freilich die Grundlage. Diese Dichte gilt nur für 0^0 Temperatur und wir wollen vorläufig von dem verhältnismäßig geringeren Einfluß der Erwärmung abstrahieren. Aber wir wollen nicht das spezifische, sondern das wahre Volum V einführen im Raume über M. Ich frage, wieviel Kub enthält der Raum AM. Hat man vorher die Strecke AM mit einer Zent-Skala versehen, so kann man sie kalibrieren, d. h. die Volumina auswerten. Man gießt vor allen anderen Versuchen Quecksilber in die Röhre, läßt es durch Kippen nach MA fließen und kehrt das obere Ende nach rechts herum hinunter, so daß B unten, das Quecksilber von A nach M sich erhebt. Man beobachtet die Stelle der Skala, gießt das Quecksilber wieder aus und bestimmt seine Masse q. Wie groß ist dann das Volumen v?

Schüler: Es ist $v = \dfrac{q}{d} = \dfrac{q}{13,6}$.

Meister: Das wiederholt man mehreremal und beachtet, daß bei A eine gewölbte Stelle sich befindet, die auch für sich durch besondere Wägung zu bestimmen ist. Ist diese Arbeit fertig, so geht man an die Versuche. Gieße nun Quecksilber oben ein.

Schüler: Es steigt schnell an bis C, unten nur bis N.

Meister: Bezeichne nun diese Höhe auf dem anderen Schenkel mit N_1 und miß die Quecksilberhöhe CN_1.

Schüler: Die Höhe CN_1 scheint gerade so groß zu sein, wie die Barometerhöhe.

Meister: Und das Volumen AN ist sichtlich die Hälfte vom vorigen AM. Nun überlegen wir den Druck und die Dichte.

Schüler: Im Punkte C haben wir den Druck der Barometerhöhe P, in N' also $2P$.

Meister: Und wenn das Gas, das vorher in AM war, jetzt in AN eingeschlossen ist, so ist dessen Dichte verdoppelt worden. Also sind beide Größen, P und D, verdoppelt. Dasselbe findet nun immer statt. Die Dichte zeigt sich dem Druck proportional.

Schüler: Also ist $P = R \cdot D$ und R wird uns einen neuen Begriff geben.

Meister: Das ist ganz richtig, doch liegt uns das jetzt fern. Wir müssen noch weitere Versuche anstellen. Wir fragen zunächst, ob dieses Gesetz auch dann besteht, wenn die Dichte kleiner wird und dementsprechend auch der Druck.

Fig. 97.

Schüler: In der Atmosphäre muß doch die Dichte in allen kleineren Werten vorkommen.

Meister: Ebendarum wollen wir den Versuch anstellen. Man nimmt dazu ein schlichtes, an einem Ende zugeschmolzenes Rohr (Fig. 97). Ein Gestell trägt ein langes Gefäß rr, das oben bei ab erweitert ist. Man gießt Quecksilber hinein bis ab. Die Röhre aber füllt man vorher auch mit Quecksilber an und läßt nur ein wenig Luft darin; man verschließt dieses Rohr mit dem Finger, so daß eine gewisse nicht zu große Luftmenge abgesperrt wird und kippt die Röhre um. Die eingeschlossene Luft steigt empor ans andere Ende. Nun taucht man das untere Ende in das lange Quecksilbergefäß und läßt mit dem Finger erst dann los, wenn der Glasrand der Röhre bei ab ganz unter Quecksilber steht. Sofort fängt das Quecksilber an, aus der Röhre ins Gefäß zu fließen; erkläre mir, warum das geschieht.

Schüler: Es muß wohl der Tiefendruck in der Röhre über dem vorgehaltenen Finger groß sein, denn die abgesperrte Luft hatte die gewöhnliche Dichte; sie drückt also aufs Quecksilber, und in diesem nimmt der Tiefendruck nach unten zu; daher muß es herausfließen, wenn man den Finger abhebt.

Meister: Gut; aber in dem Maße, als es herausfließt, wird oben der Raum, der Luft enthält, vergrößert.

Schüler: Also nimmt oben die Dichte ab und auch unten nimmt der Tiefendruck ab.

Meister: Und der muß bald den Wert erreichen, der dem äußeren gleich ist. — Es stellt sich das Gleichgewicht etwa so ein, wie in Fig. 97. Die obere Luft, über s, ist nun verdünnt, die Dichte sei D_1. Unter welchem Druck sie steht, erfährt man am einfachsten, wenn man ein Barometerrohr nebenbei in dasselbe Gefäß taucht. Man kann sich jetzt ein aus beiden Röhren bestehendes kommunizierendes U-Rohr vorstellen. Der Druck bei s ist ebensogroß wie nebenbei im Barometer in gleicher Höhe. Ist dessen Quecksilbersäule $= b$ und in unserer Röhre $= sn$, so herrscht in s ein Druck der Quecksilberhöhe $(b - sn)$ entsprechend. Hat man vorher kalibriert, so kennt man die Volumina und die Dichtigkeiten und durch solche Versuche ist das obige Gesetz bestätigt worden auch für geringe Drucke und verschiedene Dichtigkeiten. Sobald man das Rohr hineinstößt ins Gefäß oder es herauszieht, hat man immer eine neue Beziehung zwischen Dichte und Druck beobachtet. Man kann das Rohr so hineindrücken, daß s mit nn gleich hoch steht.

Schüler: Dann hat die Luft die anfängliche Dichte.

Meister: Und auch das anfängliche Volumen. Für diesen Fall ist erforderlich, daß rr so lang genommen ist, daß die ganze Röhre hineinpaßt. Unser Gesetz wird oft anders ausgesprochen, indem der Druck mit dem Volumen in Beziehung gesetzt wird.

Schüler: Dann wird $P = \dfrac{R}{V}$.

Meister: Hier ist P der „Druck" der Flächeneinheit und V das spezifische Volumen. Es ist mithin

$$P \cdot V = R$$

und R eine beständige Größe. Die Form dieses Gesetzes bleibt dieselbe, wenn wir statt des spezifischen Volumens das wahre Versuchsvolumen v einsetzen, denn es ist, wenn die Masse M heißt,

$$v = V \cdot M \quad \text{und} \quad V = \frac{v}{M}.$$

Schüler: Also wird $\dfrac{Pv}{M} = R$.

Meister: Oder $P \cdot v = R \cdot M$, und beachten wir, daß auch $R \cdot M$ eine beständige Größe ist, die wir $= c$ setzen, so ist $P \cdot v = c$. Demgemäß heißt das Gasgesetz auch: Der Druck ist umgekehrt proportional dem Volumen. Nach den beiden Entdeckern nennt man es das Boyle-Mariottesche Gesetz. Die Hauptform $PV = R$ ist theoretisch die wichtigste, weil R eine besondere Bedeutung gewinnt, sobald V das spezifische Volumen ist, wie in der Wärmelehre zu erläutern sein wird.

8. Apparate. Gas und Flüssigkeit. Pumpen.

Schüler: Wir begannen mit dem Gewicht der Gase und knüpften daran die Bestimmung ihrer Dichte. Ich merkte mir sogleich die der Luft = 0,001 293 und ihr spezifisches Volumen = 773.

Meister: Nenne mir doch deren Einheiten.

Schüler: Die 773 sind $\frac{\text{Kub}}{\text{gr}}$. Ihr bespracht dann die Zunahme der Dichte in der freien Luft und leitetet auf Grund des Gesetzes der kommunizierenden Röhren das Barometer her.

Meister: Der luftleere Raum wird auch „Vacuum" genannt.

Schüler: Wir unterschieden Heberbarometer und Gefäßbarometer und berechneten den Luftdruck, der stets auf ein Kar Grundfläche angegeben wird, aus der Höhe, da die übrigen den Druck bestimmenden Größen als beständig anzusehen sind.

Meister: Es ist also der Luftdruck proportional der Barometerhöhe.

Schüler: Kann man auch sicher sein, daß auch im Zimmer der Luftdruck richtig erhalten wird?

Meister: Das kannst du dir selbst beantworten. Nimm an, die Dichte im Zimmer sei eine andere als draußen — und du weißt, daß die Dichte es ist, die den Druck ausübt —, was würde geschehen?

Schüler: Es würden die Scheiben zertrümmert werden.

Meister: Nun, nicht gleich so stürmisch! Es finden sich immer Zugänge ins Zimmer; in Fensterfugen, Schlüssellöchern, durch die hindurch beständig ein Aus- und Eindringen von Luft statthat.

Schüler: So wird das Gleichgewicht innen und außen schnell wieder hergestellt; das ist wohl verständlich.

Meister: Es hat die Luft auch alle ihr benachbarten Körper durchdrungen.

Schüler: Sie durchsetzt ja auch alle Stoffe unseres Körpers, weshalb wir keine Pressung empfinden. Unser Eigengewicht wird nach dem Gesetz von Archimedes um ein geringes vermindert; es ist der Auftrieb, der mit dem Manometer unter der Luftpumpe sichtbar wurde. Ihr erläutertet dann das Boyle-Mariottesche Gesetz, demgemäß das Volumen umgekehrt proportional dem Drucke ist.

Meister: Das gilt aber nur bei beständig gleich bleibender Temperatur.

Schüler: Man konnte auch sagen: Bei Gasen ist die Dichte direkt proportional dem Druck. Wir prüften das Gesetz an Apparaten für Drucke sowohl größer als auch kleiner als eine Atmosphäre.

Meister: Sieh dir nun genau die Luftpumpe (Fig. 93 a. S. 137) an und versuche mir den Apparat zu beschreiben.

Schüler: Ich sehe einen Hohlzylinder CC, in dem ein Kolben K steckt.

Meister: Den Hohlzylinder nennt man den Stiefel.

Schüler: Ein enger Gang verbindet den Stiefelraum mit der Luft in der Glocke. Erhebt man den Kolben, so wird die Luft verdünnt. Der Apparat bei g war das Manometer.

Meister: Jawohl; aber b ist auch ein Manometer; man öffnet den Hahn n, dann, sagt man, ist das Manometer eingeschaltet.

Fig. 98.

Fig. 99.

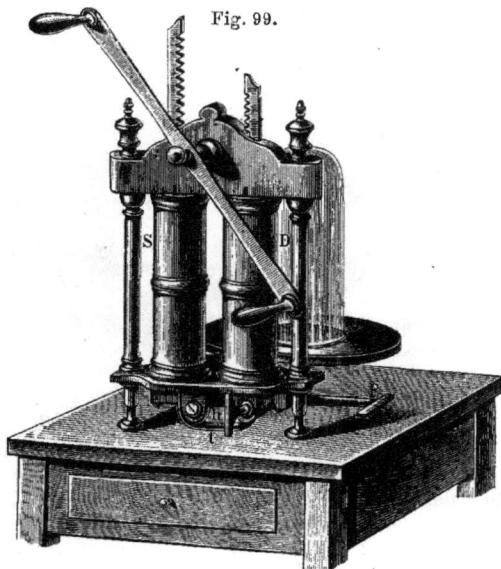

Schüler: Die Dichte der Luft wird wohl gemessen durch die Erhebung des Quecksilbers?

Meister: Oft ist statt b ein abgekürztes Manometer angebracht (Fig. 98). Beachte die Teilung der Skala; wenn die Luft immer weiter verdünnt wird, sinkt endlich das Quecksilber rechts.

Schüler: Und links steigt es; ist der Druck gänzlich verschwunden, so müßten die Oberflächen beiderseits gleich hoch einstehen. Die Skala gestattet die beiden Ablesungen zu addieren.

Meister: Darum geht die Teilung rechts von unten nach oben, und links umgekehrt.

Schüler: Den Hahn r kann ich noch nicht deuten.

Meister: Er gestattet, nach Belieben den Stiefel mit dem Raume D gegen die Glocke abzusperren. In Fig. 99 siehst du eine zweistiefelige Pumpe. Dreht man an der Handhabe, so erhebt sich der Kolben einerseits, während er andererseits sinkt.

Schüler: Der sinkende Kolben verdichtet wieder die Luft in D.

Meister: Ja; aber für diesen Kolben ist der Zugang zur Glocke verschlossen. Das geschieht entweder durch Umstellung eines Hahnes oder durch sogenannte Ventile; das sind Vorrichtungen, die den Flüssigkeiten oder Gasen den Durchgang nur nach einer Seite gestatten. Wir müssen aber die sehr mannigfaltigen Einrichtungen übergehen; du tust besser, bei Gelegenheit die Hahnluftpumpen dir genau anzusehen. Hast du gehört vom berühmten Versuch mit den Magdeburger Halbkugeln? (Fig. 100.)

Fig. 100.

Schüler: Nein; da ihr aber von Halbkugeln sprecht, so müssen wohl die beiden Teile gut aufeinander passen und inwendig luftleer sein.

Meister: Den von außen wirkenden Luftdruck zu überwinden, sind jederseits zwei Pferde vorgespannt.

Schüler: Ich sehe ein, daß ein starker Druck zu überwinden ist.

Meister: Es sind offenbar nur die Projektionen der Druckkräfte in den Zugrichtungen zu überwinden. Wir wollen diese Kräfte berechnen. Es sei die Fläche der sich berührenden Halbkugeln (Fig. 101)

Fig. 101.

$= F$; wie groß ist alsdann der von beiden Seiten ausgeübte Druck D, wenn der äußere P, der innere p genannt wird?

Schüler: Dann ist
$$D = F.(P - p).$$

Meister: Wenn nun $p = 0$ ist, so wird P nahezu 1033 g Grammogal. Nimm nun an, es sei $F = 60$ Kar, so ist jederseits ein Zug gleich dem Gewicht von nahe 60 kg auszuüben.

Schüler: Warum heißen die Kugeln Magdeburger?

Meister: Weil der berühmte Bürgermeister von Magdeburg, Otto von Guericke, die Luftpumpe erfand und diesen Versuch ersann und ihn in großem Maßstabe ausführte. Seine Halbkugeln hatten eine Grundfläche von 1650 Kar.

Schüler: Also wäre jederseits eine Zugkraft gleich dem Gewicht von 1700 kg anzuwenden!

Meister: Und das ist das Gewicht von etwa 20 Männern. Guericke hatte jederseits acht Pferde ziehen lassen und auch die Kraft gewogen. — Nun will ich dir noch die Namen mehrerer Pumpen nennen, damit du gelegentlich sie sorgfältig beachtest. Vor allem die verschiedenen Quecksilberluftpumpen, die die weitgehendste Verdünnung zustande bringen ließen; darunter eine der merk-würdigsten von Töpler, ohne Hahn und ohne Ventile.

Fig. 102.

Schüler: Wie ist so etwas möglich?

Meister: Durch Quecksilberverschluß und Quecksilberpumpung. — Ferner ist sehr merk-würdig die Sprengelsche Quecksilberpumpe, Bunsens wichtige Wasserluftpumpe, endlich verschiedene Verdichtungs- oder Druckluftpumpen. Du findest sie alle in größeren Lehrbüchern beschrieben. Von den dort zahlreich abgebildeten Apparaten will ich dir nur einige nennen und zeigen. Erkläre mir das Tintenfaß (Fig. 102), das zum Gebrauch anfänglich ganz voll gegossen wird.

Schüler: Dazu muß es so gehalten werden, daß die untere Kante rechts nach oben steht; dann allein kann die Luft beim Eingießen völlig austreten.

Meister: Beim Gebrauch stellt sich in der Schnauze die Tinte immer ziemlich gleich hoch ein.

Fig. 103.

Schüler: Ich verstehe; wenn ein wenig Tinte verbraucht ist, wird ein Luftbläschen ein- und eine kleine Tintenmenge austreten.

Meister: Ein wichtiges einfaches Instrument ist der Stechheber (Fig. 103). Zum Gebrauch, wenn eine Menge Wasser einem Gefäß zu entnehmen ist, tut man den Zeigefinger in den Griff, taucht den Apparat ins Wasser, bis er gehörig voll ist und verschließt die obere Öffnung mit dem Daumen.

Schüler: Nun kann man das Ganze herausheben, ohne daß Wasser herausfließt.

Meister: Überlege es genauer. Etwas Wasser fließt meist heraus.

Schüler: Ja, wenn der Apparat nicht ganz voll Wasser ist; bald aber wird ein Gleichgewicht sich einstellen.

Meister: Warum fließt denn das Wasser nicht heraus?

Schüler: Mir scheint, das würde wohl eintreten, aber nur wenn der untere Röhrenteil eine weite Öffnung hat.

Meister: So ist es. Ist die Öffnung eng, und soll eine Luftblase
eintreten, so müßte das Wasser nebenbei austreten, dabei müßte
ferner eine erhabene Oberfläche erzeugt werden; der Gegendruck
dieser befördert das Gleichgewicht. Auch die Pipette ist ein Stechheber. Kennst du den Versuch Fig. 104?

Schüler: O ja; ich weiß aber nicht, warum das Wasser nicht
mitsamt dem vorgehaltenen Papier herausfällt.

Meister: Auch hier ist es der äußere Luftdruck, der das Gleichgewicht hergibt.

Schüler: Dann muß aber das Glas ganz voll gegossen sein, ehe
man das Papier darauf tut, sonst könnte beim Umkehren die über dem
Wasser befindliche Luft sich verdünnen.

Fig. 104.   Fig. 105.

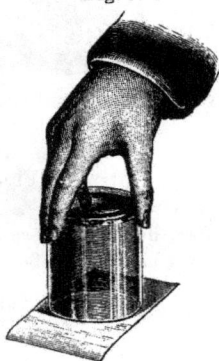 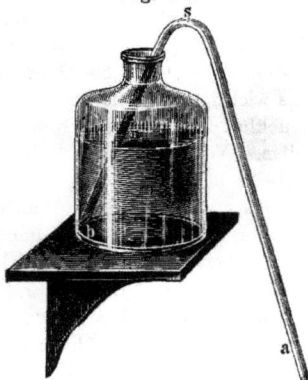

Meister: Nun, eine kleine Menge Luft verträgt der Versuch
noch. Was stellt Fig. 105 dar?

Schüler: Das ist der Heber. Das Wasser wird in der Röhre
über s gehoben und fließt bei a aus.

Meister: Zur Erklärung überlege, daß bei a Luftdruck herrscht,
von a bis s die Dichte abnehmen und von s bis n wieder ein wenig zunehmen muß.

Schüler: Bei n herrscht außen und innen Luftdruck.

Meister: Aber innen nur von unten her — also ist ein Gleichgewicht nicht möglich. Der Versuch wird sehr bemerkenswert, wenn
man ihn ein wenig ändert. Man nimmt die Röhre sa sehr lang — am
einfachsten ist es, in a eine Kautschukröhre anzusetzen. Je tiefer das
untere Ende hinabreicht, um so stärker und schneller fließt das Wasser
in den Heber hinein. Das fließende Wasser übt eine Saugkraft aus, die
man sichtbar macht durch Erweiterung des Raumes bei s, wie Fig. 106

zeigt. Sobald das Wasser tief unten bei *G* ausfließt, wird die Luft in *s* verdünnt. Es tritt aus der kleinen Öffnung *n* das Wasser mit kräftigem Strahl empor, so daß es an den Kork *k* heranschlägt. Den Kautschuk-schlauch *l* kann man recht lang nehmen und ein Glasrohr *G* an-schließen; je nachdem man *G* senkt oder hebt, wird die Stärke des Strahles verändert. Das längs der Innenwand herabfließende Wasser sammelt sich unter *n* an und fließt bei *m* nach unten, bis es bei *G* austritt.

Fig. 106.

Fig. 107.

Fig. 108.

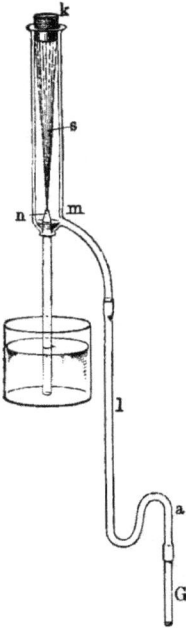

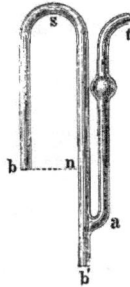

Fig. 109.

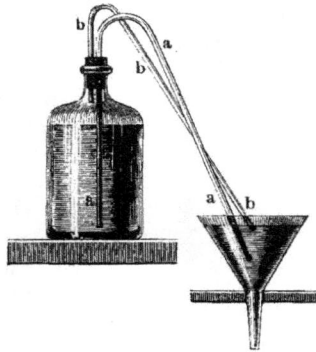

Schüler: Den Versuch möchte ich wohl anstellen!

Meister: In Fig. 107 siehst du den Giftheber. Es ist dem ge-wöhnlichen Heber *bsb'* nur der Ansatz *at* beigefügt. Um den Heber zu füllen, kann man bei *t* saugen, während *b* in die zu hebende Flüssigkeit getaucht und die Öffnung *b'* verschlossen wird. In Fig. 108 wird der Heber *cde* durch Hineinblasen bei *a* gefüllt. Alles Wasser kann aus-fließen, wenn die Innenröhre bis zum Boden reicht. Wenn aber *a* mit dem Finger verschlossen wird?

Schüler: Dann kann nur noch wenig Wasser ausfließen, bis die Luft in der Flasche soweit verdünnt ist, daß das Gleichgewicht mit dem äußeren Druck bei *e* hergestellt ist.

Meister: In Fig. 109 siehst du noch eine sinnreiche Vorrichtung, bei der der ganze Flascheninhalt allmählich durch den Heber *aaa* ohne Nachhilfe auf das Filter im Trichter ausfließt. Überlege den Apparat, worin unterscheidet er sich vom vorigen?

Schüler: Der Heber *cde* dort ist ganz gleich dem Heber *aaa* hier, und dem Rohr *ba* entspricht das Glasrohr *bbb*. — Ich merke schon, die Öffnung *b* wird vom ausfließenden Wasser verschlossen. Es fließt also ein Teil durch das Filter *ab*, bis *b* frei wird und der Luftdruck wieder Zugang zum Innern der Flasche findet. Es fließt aber wiederum nur so viel aus in den Trichter, bis *b* verschlossen wird. Das ist fein ersonnen!

Meister: Dieser Art gibt es zahlreiche Apparate, die wir nicht alle besprechen können. So der Heronsball, die verschiedenen Arten Feuerspritzen u. a.

Schüler: Aber einen Apparat bitte ich noch zu besprechen — die Wasserpumpe.

Meister: Du wirst sie dir sehr wohl erklären können, bei richtiger Anwendung der Gesetze des Luftdrucks und des Tiefendrucks (Fig. 110).

Schüler: Ich weiß, daß eine Holzröhre in den Brunnen hineinragt und eine Handhabe einen Kolben in dem Holzzylinder auf und ab zu bewegen gestattet.

Meister: Bei der Bewegung hinauf wird die Luft verdünnt.

Fig. 110.

Schüler: Also wird das Brunnenwasser im Rohr emporsteigen; aber nun geht der Kolben wieder hinunter.

Meister: Nun da verschließt ein Ventil *C* den Zugang der Luft zum Rohre *B* und der Kolben hat ein Ventil *H* für den Durchtritt der Luft oder des Wassers in den Raum *D*.

Schüler: Aber nur von unten nach oben.

Meister: Jawohl. Wird weiter gepumpt, so tritt bald das Wasser an den Kolben heran, nun wird beim Aufgang des Kolbens das darüber befindliche Wasser gehoben.

Schüler: Nun erkenne ich, daß es bei *E* wird ausfließen können.

Meister: In dieser Weise kann das Wasser beliebig hochgehoben werden, nur wird die Handhabung um so mühseliger, je höher das Rohr *E* über dem Kolben angebracht ist. Übrigens dürfen die Brunnenrohre *B* nie länger als etwa 10 m genommen werden, da das Wasser unter dem Kolben nicht höher hinauf kann.

Schüler: Bitte erläutert mir das.

Meister: Durch den Kolbenhub wird, wie du sagtest, zunächst die Luft verdünnt und beim Niedersinken des Kolbens fortgeschafft; das wiederholt sich bei jedem Kolbenhube. Dabei steigt das Wasser immer höher hinauf. Die äußerste Grenze des Steigens wird erreicht, wenn unter dem Kolben ein luftleerer Raum entstanden ist. Alsdann haben wir ein Wasserbarometer vor uns.

Schüler: Etwa unserer Fig. 94 entsprechend?

Meister: Richtig. Jene gehobene Quecksilbersäule hielt dem äußeren Luftdruck Gleichgewicht. Höher konnte die Quecksilbersäule nicht erhalten werden, sonst wäre ihr Tiefendruck größer als der Luftdruck geworden.

Schüler: Die Säule hätte alsdann doch wieder sinken müssen. Ich verstehe nun, die Wassersäule von 10 m Höhe gibt einen Tiefendruck, der ebensogroß ist wie der der Quecksilbersäule von 76 Zent.

Meister: Oder von einer Atmosphäre. Aus den Dichten von Wasser und Quecksilber kannst du die Höhe des Wasserbarometers berechnen.

Schüler: Die Dichte von Quecksilber war 13,6 — also kann die Wassersäule 13,6 mal höher sein. Ich finde $76 \times 13,6 = 1033,6$ Zent $= 10,336$ m, das ist die Höhe, die ihr vorhin angabt. Aber, Meister, diese Zahl erkenne ich wieder als dieselbe, die wir bei Auswertung des Luftdruckes erhalten hatten.

Meister: Das wirst du dir bald erklären. Dort hatten wir 1033 Grammogal erhalten, wie sollte hier etwas Anderes sich ergeben?

Schüler: Ach, ich sehe es ein; die Wasserhöhe auf ein Kar bezogen gibt ein Wasservolumen, dessen Dichte 1 ist. Für Wasser ist die Zahl für Volumina und für Massen ja ein und dieselbe.

9. Bewegungsapparate. Drachen. Flieger. Luftschiff. Bumerang.

Schüler: Wir besprachen die Luftpumpen, berechneten den Magdeburger Versuch und andere Vorrichtungen für den Ausfluß des Wassers, auch den schönen Spritzheber und zuletzt die Wasserpumpen.

Meister: Manch nützliche Vorrichtung wird dir in Büchern begegnen, so auch in Ostwalds Schule der Chemie. Allemal suche sie dir gründlich zu erklären. Wir wollen heute nur noch einige Vorrichtungen besprechen, bei denen feste und gasförmige Körper ins Spiel treten.

Wir wollen uns kurz fassen, du magst dir selbst Rechenschaft geben
über die Umstände, die zum Verständnis führen. Du hast doch Luft-
ballons steigen sehen?

Schüler: Wir haben oft kleine Bälle auf der Messe erstanden;
wir ließen sie im Zimmer steigen und banden Fäden mit Papier belastet
an, bis die Ballons in mittlerer Höhe des Zimmers schwebten.

Meister: Da habt ihr ja eine richtige Wägung ausgeführt. Bei
großen Ballons geht das nicht an, da muß gerechnet werden; man bestimmt die durchschnittliche Dichtigkeit für die feste Masse und das
eingeschlossene Gas.

Schüler: Zum Aufsteigen ist erforderlich, daß diese durchschnittliche Dichte kleiner sei als die der Luft.

Fig. 111.   Fig. 112.

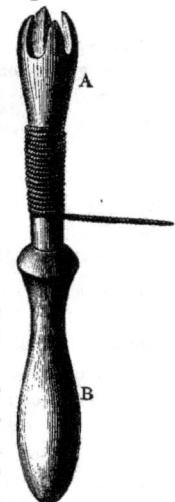

Meister: Und zwar viel kleiner, wenn der Ballon
Tragkraft haben soll.

Schüler: Ich bin auf der Ausstellung im Fessel-
ballon mit aufgestiegen; wir waren acht Personen im
Korbe.

Meister: Da kannst du berechnen, wie groß der
Ballon gewesen ist. In neuerer Zeit werden Riesen-
apparate gebaut mit Maschinen, die ein Fortschreiten
und ein Steuern ermöglichen. Dazu bedient man sich der
Flügelschraube, die auch bei Dampfbooten angewandt
wird. Bei solchen Flügeln benutzt man den Widerstand des Wassers
oder der Luft.

Schüler: Wir hatten ein Spielzeug dieser Art, mit dem wir eine
Flügelschraube hoch in die Luft trieben; wir nannten ihn „Flieger“
(Fig. 111 u. 112).

Meister: Solche Flügel werden auf Luftschiffen als „Propeller“
benutzt; sie werden von Gasmotoren getrieben und bewegen sich mit
großer Geschwindigkeit, so daß selbst bei starkem Gegenwinde eine
Fortbewegung erreicht wird.

Schüler: Ich habe doch am 30. Mai 1909 den Grafen Ferdinand
Zeppelin in Leipzig in seinem Luftschiffe in voller Fahrt gesehen!

Wir konnten beobachten, wie das Schiff willkürlich gehoben, gesenkt und gerichtet wurde. Nachher lasen wir, daß das Schiff 136 m lang ist, 13 m Durchmesser hat und 15000 cbm faßt!

Meister: Und zwei Daimlermotoren von je 110 Pferdekräften geben den Flügelschrauben gegen 16 Umläufe in einer Sekunde. Bewundernswert ist die Sicherheit der Steuerung.

Schüler: Wir erfuhren, daß es Seiten- und Höhensteuer gibt. Sie erinnerten uns an die Kastendrachen (Fig. 113), die wir in Groß-Borstel bei Hamburg hatten aufsteigen sehen.

Meister: Es gilt, den Widerstand der Luft zu überwinden und eben dieser Widerstand ist es, dem wir nicht nur die Möglichkeit der Fortbewegung, sondern auch die der Steuerung verdanken.

Schüler: Das Schiff hat vorn zwei und auch hinten zwei Höhensteuern, eine jede aus vier übereinander liegenden horizontalen Flächen bestehend; durch Erheben ihrer vorderen Kante erwirkt man eine Erhebung, und umgekehrt: durch Neigen eine Senkung des Schiffes. Neben dem hinten angebrachten Hauptsteuer sind noch zwei Nebensteuern aus je zwei vertikalen Flächen bestehend, angebracht.

Fig. 113.

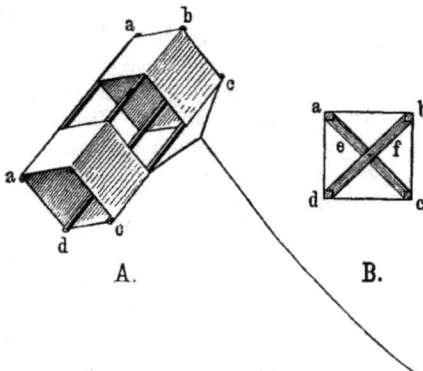

Fig. 114.

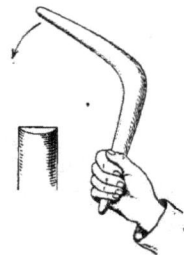

A. B.

Meister: Bei allen Bewegungen müssen viele Umstände beachtet werden, die bei Wasserschiffen nicht von solchem Belang sind. Man verlangt „Stabilität", d. h. eine Sicherheit gegen Umkippen, was beim starren Luftschiff besonders wichtig ist. Es werden Stabilitätsflächen hinten in horizontaler Lage angebracht, und auch eine vertikale Flosse oben. Ferner muß immer der jeweilige Schwerpunkt beachtet und nach Bedarf geändert und verschoben werden. In neuerer Zeit werden auch die Drachen so zweckmäßig gebaut (Fig. 113), daß der Wind sie selbst erhebt; freilich muß er mindestens .500 Cel betragen.

Schüler: Im Abteil *a b c* werden meteorologische Apparate angebracht.

Meister: Das beweist, daß auch das Landen mit aller nötigen Sanftheit bewerkstelligt wird.

Schüler: Wir haben auch den Bumerang fliegen lassen; nach einiger Übung gelang es uns, ihn so zu werfen, daß er fast genau zu uns zurückkehrte.

Meister: Man hat verschiedene Formen; doch sind alle diese merkwürdigen Hölzer eigentümlich gekrümmt (Fig. 114). Wenn solche Instrumente von Wilden erfunden werden, so sieht man, daß der praktische Sinn oft weit der wissenschaftlich gründlichen Erkenntnis vorauseilt. Alle die Drehungen, Widerstände der Luft und die Reibung richtig anzusetzen, ist keine leichte Aufgabe. Viele Spielzeuge — so auch der Kreisel — sind wissenschaftlich hochinteressante Werkzeuge, und die mathematische Theorie des Billardspieles reicht nicht von fern an die praktischen Künste erfahrener Spieler heran. Die Flügelschraube, wie viel Verwendung hat sie gefunden, von der Windmühle bis zu den Schraubendampfern, von deinem Spielzeug bis zum Luftschiff! Ein Franzose aber hat einen Wagen durch Luftflügelschrauben in Bewegung gesetzt und der durch seine Flugapparate bekannte Brasilianer Santos Dumont baute einen „Hydroplan", mit dem er eine Fortbewegung auf dem Wasser durch eine Luftschraube erreichen wollte.

Schüler: Da scheint es mir doch natürlicher, den Wagen durch Reibung an der Erde, und die Fortbewegung auf dem Wasser durch Reibung am Wasser hervorzubringen. Das muß doch wirksamer sein!

Meister: Gewiß; letzteres war auch nur ein Versuch infolge einer Wette; beide Versuche scheinen aufgegeben zu sein.

Schüler: Aber der 15jährige Cromwell Dixon baute sich ein Luftveloziped und benutzte nur seine Körperkraft zur Fortbewegung! Glaubt ihr, Meister, daß in Zukunft man allgemein die Luftschiffe gebrauchen wird?

Meister: Wer kann in die Zukunft schauen! Die Erfindungen des letzten Jahrhunderts zeigen, daß es ungeahnte Fortschritte gibt. Hat doch der große Mathematiker Gauss bei Erfindung des Telegraphen an den Astronomen Olbers geschrieben, er hoffe sicher, daß „man auch von Göttingen bis Hannover werde telegraphieren können!"

Schüler: Und heute haben wir Kabel, Telephone und drahtlose Telegraphie!

Der molaren Physik
Zweiter Teil. Wärmelehre.

1. Einleitung. Wärmeerscheinungen. Thermometrie.

Meister: Heute haben wir es mit dem zweiten Teile der „molaren Physik" zu tun. Wir müssen den Horizont unserer Gedanken um ein großes Stück erweitern.

Schüler: Ihr sagtet, die molare Physik sei die Lehre von den Körperzuständen und von den Zustandsänderungen.

Meister: Ganz richtig. Im ersten Teile haben wir von vielen Eigenheiten der Körper abstrahiert.

Schüler: Ich denke hauptsächlich von der Temperatur. Ich freue mich schon auf deren Begriffsbestimmung, sowie auf die der Wärme.

Meister: Erwarte nicht zuviel davon. Soviel steht fest, daß Wärme eine Energieform ist, da sie schwinden und dafür Arbeit geleistet werden kann. Das ergibt einen sicheren Boden für weitere Untersuchungen. Was aber das Wesen der Temperatur sei, ist eine viel schwieriger zu beantwortende Frage, der man in der Thermomechanik und der Molekularphysik näher zu kommen versucht. Hier wird es klar dargelegt, daß ebenso wie Druck und Volumen eines Körpers nur Hilfsbegriffe sind, die nicht zum Wesen des Stoffes gehören, so auch die Temperatur nichts Wirkliches angibt, sondern nur eine unseren Sinnen zugängliche Erscheinungsform ist.

Schüler: Ich verstehe euch wohl. Ein Stoff erfüllt nicht das ganze ihm zugesprochene Volumen; das Volumen bestimmt nur eine äußere Umgrenzung.

Meister: Und dennoch erkannten wir in diesem Begriff eine meßbare Größe von Bedeutung. Auch der Druck ist so ein Durchschnittsbegriff, der nicht zum Wesen der Körper gehört und der doch ein wichtiger Parameter ist.

Schüler: Die Temperatur nanntet ihr auch einen Parameter; sie dient also auch zur Beschreibung des Körperzustandes.

Meister: Gewiß. Jeder Körper hat jeweilig eine gewisse Temperatur, die wir als Wärmezustand empfinden. Das Organ dieser Empfindung ist die ganze Hautoberfläche.

Schüler: Auch die innere Haut, wie z. B. im Munde?

Meister: Jawohl, indes reicht die Wärmeempfindung nicht weit; sie geht bald in Schmerz- oder Tastgefühl über.

Schüler: Das Organ der Wärmeempfindung ist also wohl dasselbe wie das der Druck- oder Tastempfindung?

Meister: Allerdings. Doch spielt bei dieser das Muskelgefühl eine Rolle. Der Tastsinn, der uns Druck und Volumen kundtut, ist ganz anders geartet.

Schüler: Auch unterscheiden wir Wärme und Kälte.

Meister: Die Sprache hat viele Ausdrücke für Temperaturen: warm, lau, kühl, heiß, kalt u. a. Man ersieht daraus, daß die Temperatur meßbar sein muß. Zunächst begnügen wir uns mit der Erkenntnis, daß die Temperatur den Wärmezustand bezeichnet, den wir in seinen großen Verschiedenheiten aus der Erfahrung kennen; wir versuchen ein Meßinstrument herzustellen.

Fig. 115.

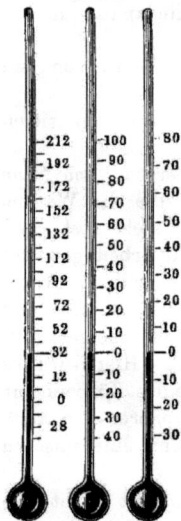

Schüler: Das ist doch das Thermometer. Ich kenne die Skalen von **Fahrenheit**, **Réaumur** und **Celsius** (Fig. 115). Jedes Thermometer erfordert die Feststellung zweier Temperaturen, die stets leicht herzustellen sind. Das ist der **Schmelzpunkt des Eises** und der **Siedepunkt des Wassers.**

Meister: Dieser Forderung wurde nur Celsius gerecht. **Réaumur** und **Fahrenheit** begingen so große Fehler, daß ihre Skalen keinen Eingang in die Wissenschaft verdienten. **Fahrenheit** hat das Verdienst, das Quecksilber als Thermometerflüssigkeit eingeführt zu haben; auch fand er, daß der Siedepunkt des Wassers vom Luftdruck abhängt. Aber er hatte drei feste Punkte angenommen, von denen nur der Schmelzpunkt des Eises brauchbar war. Als zweiten festen Punkt wählte er die Temperatur der Hand und als dritten die Temperatur einer Mischung von Eis und Salz, ohne anzugeben, wieviel davon zu nehmen sei. Natürlich war das ganz unzuverlässig.

Schüler: Aber nach **Fahrenheit** geben noch alle englischen Völker die Temperatur an.

Meister: Leider, und bei uns nach dem Franzosen **Réaumur**, der den Siedepunkt des Wassers als zweiten Fixpunkt annahm und zu bestimmen versuchte mit seinen Thermometern, die nicht Quecksilber, sondern Alkohol enthielten, wobei die Röhre oben offen war. Du wirst bald erkennen, welch ein Riesenfehler hierin steckt.

Schüler: Sind denn die Skalen von Réaumur und Fahrenheit falsch?

Meister: O nein; sie waren damals ganz falsch, jetzt hat man sie ebenso, wie schon Celsius verfuhr, mit richtigen Fixpunkten, die du vorhin angabst, hergestellt. Jetzt sind nur noch die Fixpunkte anders benannt. Immerhin sollte man dem internationalen Beschluß, nur die hundertteilige Celsiusskala zu benutzen, Folge leisten. Es ist höchst einfältig, alle Thermometer mit Doppelskalen zu versehen.

Schüler: Es wäre viel Arbeit erspart, wenn man nur die Celsiusskala gebrauchte; aber nun sind die anderen Skalen schon verbreitet und überall im Gebrauch.

Meister: Das ist eben der Mißstand. Das Publikum wird nichts für Einführung der einheitlichen Skala tun; eine bleibende Änderung kann nur von zwei Stellen aus mächtig gefördert werden: zunächst und allermeist von den Regierungen oder Behörden. Wenn man an öffentlichen Orten, in Behörden, Schulen, an Läden und in Badeanstalten nur Celsiusthermometer anbrächte, würde man sich bald an diese Skala gewöhnen. Die Mechaniker und Glaskünstler bilden die andere nicht minder geeignete Schar zu kräftigem Einschreiten.

Schüler: Das hundertteilige oder Celsiusthermometer hat wohl auch sonst Vorzüge?

Meister: Kaum; es wäre jede Skala brauchbar, wenn sie gut und klar bestimmt worden ist. Einige sehr geringe Rechenvorteile kommen allerdings dieser Skala zu, allein das entscheidende bleibt die Gleichförmigkeit ihrer Einführung in allen Ländern der Erde für Wissenschaft und Technik — was bereits erreicht ist — wie für das praktische Leben. Wir werden bald den „absoluten Nullpunkt" kennen lernen; er beträgt — 273°, eine Zahl, die nach Réaumur und Fahrenheit nie genannt wird. Diese Zahl aber spielt eine große Rolle; es hängen damit noch andere wichtige Größen zusammen. Welche unnütze Verwirrung und Arbeit entsteht, wenn alle diese wichtigen Zahlen nach anderen Skalen auch auszuwerten wären.

Schüler: In Frankreich soll man nur das Celsiusthermometer gebrauchen.

Meister: Alle romanischen Länder sind uns darin voraus. Bei ihren Thermometern wird nicht einmal der Name Celsius angegeben, und wir werden von Graden auch nur in diesem Sinne reden. Ist dir klar, daß Temperatur einen auf Wärme bezogenen Zustand eines Körpers anzeigt?

Schüler: Das scheint mir unschwer zu verstehen; doch ist mir die Beziehung der Temperatur zur Wärmemenge noch unklar.

Meister: Wärme und Temperatur sind zwei verschiedene Qualitäten. Wärme, eine Energieart, ist nur positiv denkbar. Wir werden eine Einheit suchen müssen und die Wärmemengen messen. Die Temperatur dagegen bezeichnet zunächst nur Namen für den Wärmezustand; der Name Null Grad oder 0^0 leugnet nicht die Wärme im schmelzenden Schnee, bezieht sich also durchaus nicht auf den Wärmeinhalt.

Schüler: Hat Schnee auch Wärmeinhalt?

Meister: Gewiß; er kann ja kälter werden, man kann ihm Wärme entziehen.

Schüler: Seine Temperatur wird dann negativ.

Meister: Auch diese negativen Temperaturen sind zunächst bloße Namen.

Schüler: Dann gibt es also keine Mengen der Temperatur?

Meister: Doch; aber in anderem Sinne. Vergleicht man zwei Temperaturen miteinander, so bildet ihr Unterschied eine gewisse Menge, in Graden angebbar. Es kann ein Maß der Erwärmung eines Stoffes, in anderem Falle ein Maß der Abkühlung sein.

Schüler: Kann aus der Erwärmung oder Abkühlung die zugefügte oder abgeführte Wärme erschlossen werden?

Meister: Jawohl, aber dazu müssen wir uns einen neuen Begriff klären. Jeder Körper hat eine gewisse Fähigkeit, erwärmt zu werden; die Temperatursteigerung um einen Grad erfordert bei einem Körper mehr, beim anderen weniger Wärmemenge. Versuche selbst den Ansatz zu machen: Wir wollen einen gleichartigen oder „homogenen" Körper erwärmen. Hierzu müssen wir eine Temperaturskala haben, die dir schon bekannt ist, die wir bald genauer besprechen wollen. Ich sage nun: Die einem Körper mitzuteilende Wärmemenge W_m ist proportional seiner Masse m und zugleich proportional der Temperatursteigerung. Die Anfangstemperatur heiße t, die Endtemperatur t_1.

Schüler: Dann ist $W = a \cdot m \cdot (t_1 - t)$ .... Hier ist wohl eine Verwechselung von Wärme W und Temperatur t unmöglich! Es muß a ein neuer Begriff, eine neue Qualität sein!

Meister: Sehr richtig. Definiere sie.

Schüler: Es ist a die Wärmemenge, die erforderlich ist zur Erwärmung der Masseneinheit um einen Grad, denn wir nehmen jetzt $t_1^0 - t^0 = 1^0$, also $t_1 = t + 1$.

Meister: Diese neue Qualität heißt: „Spezifische Wärme des Stoffes". Du erinnerst dich dessen, daß wir die Eigenheiten eines „Stoffes" immer auf dessen Masseneinheit beziehen, während wir einem „Körper" eine beliebige Masse m zuteilen.

Schüler: Demnach wäre $a = \dfrac{W}{m \cdot (t_1 - t)}$. Wir können m messen, ist aber auch W und t meßbar?

Meister: Das haben wir nun zu erwägen. Wenn wir Körper erwärmen wollen, so geschieht das durch Berührung mit wärmeren Körpern. Von diesen geht Wärme auf kältere Körper über. Das lehrt uns die tägliche Erfahrung. Ein in eine Flamme gesteckter Metallstab wird warm. Die ihm mitgeteilte Wärme pflanzt sich im Stabe fort, daher spricht man allen Stoffen eine „Leitungsfähigkeit" zu. Sie ist ganz besonders festen Körpern eigen, daher wir bei diesen die bezügliche Lehre besprechen wollen. Flüssige Metalle, wie z. B. Quecksilber, leiten auch die Wärme gut, aber Wasser, Alkohol und andere Flüssigkeiten sind durchweg schlechte Wärmeleiter.

Schüler: Unter den festen Körpern aber gibt es doch auch schlechte Leiter. Man lehrte uns, es sei Wolle ein solcher Stoff, daher er zur Kleidung als Schutz gegen Kälte zweckmäßig sei.

Meister: Bei der Messung von Wärmemengen stützen wir uns auf die Tatsache, daß von einem wärmeren Körper zum anderen, kälteren, Wärme übergeht. Die Erwärmung geschieht bei wissenschaftlichen Untersuchungen niemals in gewöhnlicher Weise durch Berührung mit Flammen; denn bei solchem Verfahren ließe sich kein Maß finden; vielmehr wird immer der zu untersuchende Körper mit einer Flüssigkeit in Berührung gebracht. Der eine Körper verliert dabei so viel Wärme, wie der andere aufnimmt; der eine kühlt sich ab, der andere erwärmt sich. Wärme ist Energie und kann nicht verloren gehen.

Schüler: Es beruht also die Wärmemessung auf einem Vergleich der Zustandsänderungen beim Austausch ihrer Wärmemengen.

Meister: Ganz richtig. Es ist daher ersichtlich, daß irgend ein Stoff als Vergleichsstoff den Versuchen zugrunde zu legen ist. Versuche nun selbst den Ansatz zu machen. Ein Körper, dessen Masse m_1 und spezifische Wärme a_1 sei, der die Temperatur t_1 hat, berühre eine Flüssigkeit, deren Masse m, spezifische Wärme a und Temperatur t sei. Sie haben nach einiger Zeit beide die gleiche Endtemperatur T, dann hört der Wärmeübergang auf; es sei $t > t_1$.

Schüler: Der Körper gewinnt die Menge

$$W_k = a_1 . m_1 (T - t_1) \quad . \quad . \quad . \quad . \quad . \quad (1)$$

die Flüssigkeit verliert

$$W = a . m . (t - T) \quad . \quad . \quad . \quad . \quad . \quad (2)$$

und da $W_k = W$ angenommen wird, ist

$$a_1 m_1 . (T - t_1) = a . m . (t - T) \quad . \quad . \quad . \quad . \quad (3)$$

Meister: Die drei Temperaturen t_1, t und T werden wir bestimmen lernen; aus dem Alltagsleben hast du bereits eine Vorstellung davon.

Schüler: Auch m_1 und m können wir bestimmen durch Wägung. Aber a_1 und a bleiben als zwei Unbekannte nach.

Meister: Richtig. Man nimmt als Erwärmungsflüssigkeit Wasser und setzt dessen spezifische Wärme $a = 1$.

Schüler: Wir setzen also die Wärmemenge $a = 1$, die ein Gramm Wasser bei Abkühlung um ein Grad abgibt.

Meister: Oder bei Erwärmung aufnimmt. Diese Wärmemenge ist die Wärmeeinheit und heißt Kalorie — vom lateinischen „calor" — Wärme. Die Wärmemenge W, die Wasser bei Abkühlung von t^0 auf T^0 abgibt, kann immer gleich $m.(t-T)$ gesetzt werden.

Schüler: Nun kann auch a_1 berechnet werden nach Gleichung (3),

es ist:
$$a_1 = \frac{m.(t-T)}{m_1(T-t_1)} \quad \cdots \cdots \cdots (4)$$

Es erübrigt also noch die drei Temperaturen genau zu bestimmen.

Meister: Welches ist die Einheit von a_1 in Gleichung (4)?

Schüler: Da a eine Kalorie war, muß auch a_1 nach Kalorien gezählt werden. Es ist eine Energiegröße wie die Wärme.

Meister: Das ist nicht richtig; die Qualität ist

$$\frac{\text{Energie}}{\text{Masse} \times \text{Temperaturgrade}} = \frac{E}{M.T}.$$

Schüler: Ich verstehe das wohl. W ist eine Energiegröße. Die spezifische Wärme a bezieht sich auf den Stoff oder auf die Masseneinheit und auf die Gradeinheit.

Meister: Besser auf den Temperaturunterschied 1^0. Du hast nun erkannt, daß die Messung von Wärmemengen ganz und gar auf der Möglichkeit beruht, Temperaturen zu messen. Wir wollen daher das nächste Mal uns der Thermometrie zuwenden. Erst wenn diese abgetan ist, wenden wir uns der Hauptaufgabe der Wärmelehre zu, zu den Beschreibungen der Körperzustände und der Zustandsänderungen. Es folgt dann noch ein Abschnitt über die spezifische Wärme der Körper für alle drei Formarten; dann handeln wir von der Erzeugung von Wärme und tun einen kurzen Ausblick in die Theorien der Molarphysik und der Molekularphysik.

2. Thermometrie.

Meister: Fasse nun unsere in die Wärmelehre einführenden Gedanken kurz zusammen.

Schüler: Ihr begannt mit der Versicherung, die Wärme sei eine Energieart.

Meister: Du, Schalk, hast nicht ganz unrecht. Ich sagte dir aber doch, daß sie in Arbeit verwandelt werden kann. Den Beweis dafür bin ich dir schuldig geblieben; in der Wissenschaft muß man oft vorgreifen und späteren Nachweisen die tiefere Begründung vorbehalten.

Schüler: Meister, eure Versicherung hat mich nicht überrascht; ich weiß doch, daß man durch Wärme Maschinen treibt, und das ist doch Arbeitsleistung.

Meister: Gut, aber du wirst später genaueres darüber kennen lernen. Wie nannten wir die Wärmeeinheit?

Schüler: Kalorie; es war die zur Erwärmung von 1 g Wasser um einen Grad erforderliche Wärmemenge.

Meister: Du wirst erfahren, daß dieser Menge eine ganz bestimmte Arbeitsmenge entspricht, die man das „mechanische Wärmeäquivalent" nennt.

Schüler: Dann entspricht wohl auch einem Erg eine bestimmte Wärmemenge?

Meister: Selbstverständlich, und diese heißt „kalorisches Arbeitsäquivalent".

Schüler: Diese Untersuchung muß aber interessant und wichtig sein. Wir besprachen ferner den Begriff der spezifischen Wärme, der eine Eigenheit des Stoffes ausdrückt. Die Leitfähigkeit der Körper gestattet einen Ausgleich der Temperaturen. Am bemerkenswertesten erschien mir die Forderung, alle Erwärmungen durch Berührung mit Wasser vorzunehmen.

Meister: Man wendet statt Wasser auch Quecksilber, Alkohol, Benzin an, muß aber zuvor deren spezifische Wärme bestimmen. Hat man das getan, so können sie ebenso zur Kalorienbestimmung dienen. Wir gehen nun zur Thermometrie über. Man stellt einen einfachen Versuch an zur Darlegung der Unzuverlässigkeit unserer Temperaturempfindung. Man schafft drei Gefäße mit Wasser, erwärmt davon das eine B, ein anderes C stärker und A behalte seine Temperatur. Nun tauche man die linke Hand in das wärmste C, die rechte in das kälteste A und trockne die Hände ab. Selbst nach geraumer Zeit wird die Linke, in B getaucht, die Empfindung als „kalt" bezeichnen, die Rechte, gleichfalls in dasselbe B getaucht, wird das Urteil „warm" fällen.

Schüler: Dann hilft uns also auch eine Übung in der Schätzung der Temperaturen wenig, da wir die vorangehenden Zustände unseres Körpers gar nicht beachten.

Meister: Ganz wahr; selbst geübte Schätzung gewährt keine Sicherheit. Der Bademeister unterscheidet zwar sehr geringe Temperaturunterschiede, er nimmt aber doch Thermometer hinzu.

Schüler: Es ist so wie beim Wägen. Manches Fräulein schöpft immer richtig $1/4$ oder $1/2$ kg Ware, aber mit der Wage prüft sie doch die Richtigkeit.

Meister: Wir behandeln nur die hundertteilige Skala, da die beiden anderen als völlig überflüssige Hindernisse beseitigt werden müssen. Worauf beruht die Herstellung von Thermometern?

Schüler: Ich denke, auf der Ausdehnung der Körper.

Meister: Richtig; ihr spezifisches Volumen ist eine Funktion der Temperatur. Im allgemeinen hängen die drei Parameter, Druck, spezifisches Volumen und Temperatur voneinander so ab, daß man, wenn zwei von ihnen gegeben sind, die dritte berechnen kann. Jeder Parameter ist eine Funktion der beiden anderen Parameter.

Schüler: Aber nach dem Mariotteschen Gesetz war doch der Druck der Gase eine Funktion des spezifischen Volumens allein.

Meister: Damals abstrahierten wir von der Temperatur, sofern wir annahmen, die Temperatur sei unverändert geblieben. Sonderbarerweise wird es — wenigstens anfänglich — bei der Thermometrie notwendig, vom Druck zu abstrahieren, indem man ihn zwar nicht leugnet, aber als beständig voraussetzt.

Schüler: Dann wäre das spezifische Volumen eine Funktion der Temperatur allein.

Meister: Und ebenso das Volumen einer beliebigen Masse m.

Schüler: Ich weiß, daß beim Thermometer das Volumen sich beträchtlich bei Erwärmung vergrößert; aber an den Druck hatte ich gar nicht gedacht.

Meister: Bei festen und flüssigen Körpern sind ja die Dichtigkeitszunahmen durch Druck sehr gering; daher darf man getrost das Volumen als Merkmal der Temperatur ansehen.

Schüler: Nun erkenne ich auch, daß beim gewöhnlichen Quecksilberthermometer, wo das Quecksilber vom Glase eingeschlossen wird, der Luftdruck keinen Einfluß auf die Dichte der Flüssigkeit haben kann.

Meister: Da du das Quecksilberthermometer bereits kennst, so ist dir auch bekannt, wie der Glaskünstler die beiden festen Punkte bestimmt.

Schüler: Die ganze Anfertigung wurde uns gelehrt und vorgeführt.

Meister: Ein Thermometer mit zylindrischem Behälter t hatte anfänglich die Gestalt der Fig. 116.

Schüler: Wir durften die Füllung mit Quecksilber selbst vornehmen; wir erwärmten über dem Lämpchen den Behälter t, tauchten dann das Rohr umgekehrt mit der oberen Spitze ins Quecksilber. Nun kühlte sich die eingeschlossene Luftmasse wieder ab und es trat Quecksilber ein. Es gelingt nach und nach den ganzen Innenraum zu füllen.

Meister: Wenn der Behälter t voll Quecksilber ist, kann man die Ausdehnung des Quecksilbers benutzen, die Füllung des Rohres zu vollenden.

Schüler: Wir tauchten dann den Behälter in siedendes Wasser; bald war das dünne Rohr bis oben hin voll Quecksilber.

Meister: Immerhin hat wohl euer Lehrer den schwierigsten Teil der Herstellung euch erlassen. Der Behälter t und das enge Rohr müssen die geeigneten Räume für das kalte und das erwärmte Quecksilber fassen. Die hierzu erforderliche Rechnung ist leicht ausgeführt, aber die Herstellung verlangt die große Übung und Geschicklichkeit unserer Glaskünstler.

Fig. 117.

Fig. 118.

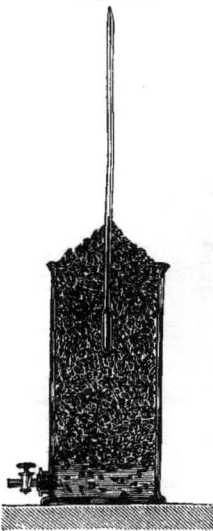

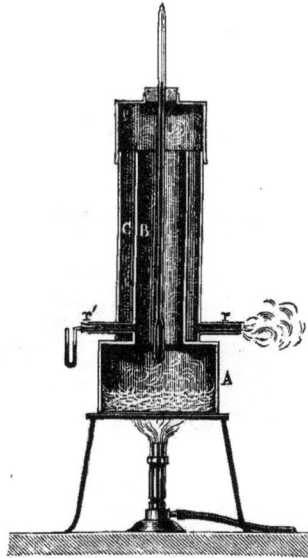

Schüler: Die Punkte 0⁰ und 100⁰ durften wir auch selbst bestimmen; dann wurde das Füllstück h abgeschmelzt und somit das Rohr geschlossen.

Meister: Es darf aber im Thermometer keine Luft zurückbleiben; daher muß beim Abschmelzen das Quecksilber wieder erwärmt sein bis etwas über 100⁰. Meist bleibt dabei doch noch eine kleine Luftmenge im Rohre zurück.

Schüler: Wir haben auch an fertigen Thermometern die Punkte 0⁰ und 100⁰ bestimmt.

Meister: Im schmelzenden Eise oder Schnee kann (Fig. 117) der Nullpunkt ziemlich leicht beobachtet werden. Man findet meist, daß das Quecksilber dabei nicht auf 0⁰ einsteht, sondern etwas höher, etwa $1/2$⁰. Glas hat nämlich die Eigenschaft; im Laufe der Jahre ein wenig zusammenzuschrumpfen; dadurch wird der Behälter etwas kleiner. Habt ihr auch den Siedepunkt genau bestimmt?

Schüler: Es wurde uns nur das Gefäß gezeigt, das ihr hier (Fig. 118) habt.

Meister: Das siedende Wasser hat verschiedene Temperaturen, je nach dem außen herrschenden Luftdruck. Wir wollen das später erläutern und vorläufig annehmen, der Punkt 100° sei genau bestimmt worden. Von 0° bis 100° kann man sich nun alle dazwischenliegenden Grade denken. Auch setzt man die gewonnene Skala unter 0° und über 100° fort.

Schüler: Man kann doch auch andere Flüssigkeiten als Quecksilber nehmen?

Meister: Jawohl, aber die Skala muß anders hergestellt werden. Wir betrachten das später, wenn wir das Verhalten der Flüssigkeiten

Fig. 119.

besprechen. Heute sage ich dir nur noch so viel, daß auch die Skala des Quecksilberthermometers nicht als Temperaturskala gilt, sondern das Wasserstoffthermometer.

Schüler: Aber Wasserstoff ist doch ein Gas?

Meister: Ebendarum ist die Handhabung äußerst verwickelt und schwierig. Wie wir auch Thermometer herstellen mögen, wir können sie alle miteinander vergleichen und später entscheiden, welcher Stoff sich am meisten den Forderungen der Wissenschaft fügt. Das Quecksilberthermometer weicht übrigens zwischen 0° und 100° nur wenig vom Wasserstoffthermometer ab.

Schüler: Unser Lehrer zeigte uns noch ein Maximum-Minimum-Thermometer und lehrte uns den Gebrauch.

Meister: Ich habe dir auch die Abbildung des Sixschen gebracht (Fig. 119). Der Behälter A ist mit Alkohol angefüllt, der auch in die Röhre hineinragt, in der Abbildung bis 16°; dann folgt Quecksilber, das im umgebogenen Schenkel auf der anderen Seite bis 16° reicht; dann folgt wieder Alkohol bis zum Behälter B, wo ein Teil Alkoholdampf enthält. Auf jeder Seite findet man Eisenstäbchen liegen, die mit Magneten von außen her bewegt werden können. Man treibt sie bis zum Quecksilber. Bei Temperaturänderungen verschieben sich diese Stäbchen. Überlege in welchem Sinne.

Schüler: Das Stäbchen im oberen Teile wird bei Abkühlung verschoben.

Meister: Und dabei bleibt das Stäbchen im unteren Teile liegen.

Schüler: Und umgekehrt bei Erwärmung. Ich verstehe es so, als müsse das obere die Minima, das untere die Maxima anzeigen.

Meister: Richtig. Darum sind beiderseits Skalen angebracht.

Schüler: Die Herstellung solcher Thermometer muß wohl schwierig sein.

Meister: Besonders da man verlangt, daß die Quecksilberoberflächen immer auf den gleichen Stand auf beiden Seiten weisen müssen. Die obere Skala geht von rechts nach links, die untere umgekehrt, daher versehen sich die Beobachter leicht.

Schüler: Ich habe mir auch die Fieberthermometer angesehen und bemerkt, daß ein Stückchen Quecksilber da liegen bleibt, wo der höchste Stand erreicht war, aber ich konnte dieses Stückchen nicht wieder herabzwingen.

Meister: Nun, das ist nicht schwierig. Man packt das Instrument am oberen Ende an und schwenkt den Arm kräftig und mutig einmal fort. Die Fliehkraft tritt sichtbar in Wirkung, da das Quecksilberstückchen fortgeschleudert wird und zur unteren Quecksilbermasse sich bewegt, ohne ganz mit ihr sich zu verbinden, weil ein winziges Luftbläschen es daran hindert.

3. Zustandsänderungen der Körper ohne Änderungen der Formart.

Meister: Die Zusammenfassung unserer letzten Besprechung wird dir leicht geworden sein.

Schüler: Wir besprachen die Herstellung von Thermometern und die Bestimmung der beiden festen Punkte.

Meister: Und zwar unter dem Vorbehalt, später genauer auf das Verfahren zurückzukommen. Beide Punkte sind vom äußeren Luftdruck abhängig.

Schüler: Auch der Gefrierpunkt?

Meister: Auch der, obwohl in sehr geringem Maße.

Schüler: Zuletzt besprachen wir das Sixthermometer.

Meister: Beachte dessen große Zweckmäßigkeit, denn die höchste und besonders die niedrigste Temperatur sind wirtschaftlich von Bedeutung.

11*

Schüler: Ihr meint gewiß für Gärtner und Landwirte.

Meister: Allerdings, aber jedermann hat dafür Verständnis, wie du das fast täglich erfahren kannst. Wir gehen nun weiter und behandeln das Verhalten fester Körper.

a) Zustandsänderungen fester Körper.

Schüler: Bei Druckänderungen haben wir schon den Elastizitätskoeffizienten und dessen reziproken Begriff, den Modulus, kennen gelernt.

Meister: Ganz recht, aber jene Versuche geschahen ohne Rücksicht auf die Beziehungen zur Wärme.

Schüler: Druck und Volumen waren die veränderlichen Parameter.

Meister: Und jetzt wollen wir den Druck beiseite lassen, oder besser ihn als beständig voraussetzen. Wir denken uns den Körper erwärmt und fragen nach der Änderung welchen Parameters?

Schüler: Nach der des Volumens.

Meister: Gut, aber bei festen Körpern ist es bequemer, statt die Ausdehnungen nach drei Richtungen, zunächst nur eine zu betrachten, und zwar die Länge, denn auch hier legt man langgestreckte Körper dem Versuch zugrunde. Zur Vereinfachung unserer Formeln wollen wir mit t nicht mehr Temperaturen bezeichnen, sondern deren Änderungen oder Temperaturunterschiede.

Schüler: Also soll t dasselbe sein, was zuletzt mit $T - t$ bezeichnet ward.

Meister: Ja. Denke dir nun, wir erwärmen einen Stab von der Länge l_0 um t Grad; dann beobachten wir für verschiedene t die eintretende Verlängerung v und finden, daß sie proportional dem t ist, und wenn wir verschiedene Längen l_0 wählen, so zeigt sich v auch dieser „Anfangslänge" proportional.

Schüler: Demnach setze ich

$$v = A . l_0 . t \quad \ldots \ldots \ldots (1)$$

Hier ist A eine neue Qualität, und zwar die Verlängerung v, die für die Stablänge $l_0 = 1$ und Temperatursteigerung $t = 1^0$ erhalten wird.

Meister: Richtig; es heißt A „thermischer Ausdehnungskoeffizient".

Schüler: Können wir diesen Namen auch durch ein einziges rein deutsches Wort angeben?

Meister: Bei der Abhängigkeit von zwei Veränderlichen ist das kaum möglich; außerdem fehlt uns ein Wort für „Koeffizient". Gestatten wir uns dafür „Maß" zu sagen, so wäre A als „Wärmedehnungsmaß" das einfachste.

Schüler: Und der Elastizitätskoeffizient wäre dementsprechend das „Zugdehnungsmaß".

Meister: Wir dürfen auch sagen „Druckdehnungsmaß", wenn wir im Auge behalten, daß der „Druck" auch negativ sein kann und dann „Zug" bedeutet. Nenne nun die Stablänge l und schreibe hin, wie lang er geworden ist.

Schüler: Er hatte anfangs die Länge l_0; es kommt die Verlängerung v hinzu. Also ist

oder
$$\left.\begin{array}{l} l = l_0 + v \\ \quad = l_0 + A \cdot l_0 \, t \\ \quad = l_0 \, (1 + A \cdot t) \end{array}\right\} \quad \cdots \cdots \cdots \quad (2)$$

Meister: Du hast erkannt, daß man A aus Beobachtungen finden kann, denn es ist

$$v = A \cdot l_0 \cdot t \quad \cdots \cdots \cdots \quad (3)$$

oder, da $v = l - l_0$ ist,

$$A = \frac{l - l_0}{l_0 \cdot t} \quad \cdots \cdots \cdots \quad (4)$$

Hat man für viele feste Stoffe A bestimmt, so kann die Gleichung (4) auch dazu dienen, den Temperaturunterschied t zu messen.

Schüler: Es ist:

$$t = \frac{l - l_0}{A \cdot l_0} \quad \cdots \cdots \cdots \quad (5)$$

Meister: Richtet man den Versuch so ein, daß die Länge l_0 der Temperatur 0^0 entspricht, so wird t die Temperatur angeben. Das führt zum Metallthermometer. Es wird dir nicht schwer fallen,

Fig. 120.

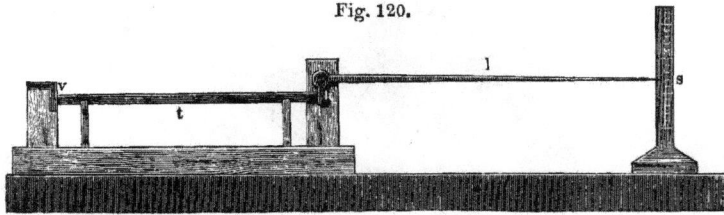

den Apparat Fig. 120 zu verstehen. Es ist das ein Apparat, der zugleich zur Ermittelung der Dehnungsmaße wie als Thermometer gebraucht werden kann. Da die Dehnungsmengen meist sehr klein sind, hat man einen „Fühlhebel" l von k bis s angebracht.

Schüler: Die geringsten Veränderungen des Stabes müssen auf der Skala s deutlich sichtbar werden.

Meister: Zur gleichmäßigen Erwärmung des Stabes muß freilich ein Bad angewandt werden, in das man den Stab tauchen läßt. Ich teile dir eine kleine Tabelle mit.

Wärmedehnungsmaße.

Diamant . . 0,0000012	Silber . . 0,000019	Glas . . . 0,0000088
Platin . . 0,0000088	Messing . . 0,000016	Hartgummi 0,000081
Eisen . . . 0,000012	Zink . . . 0,000029	Eis 0,00011
Gold . . . 0,000014	CdPb . . . 0,000090	Guttapercha 0,00069
Kupfer . . 0,000015	Jenaer Glas 0,0000069	Paraffin . 0,004

Schüler: Diese Zahlen scheinen mir auffallend klein zu sein. Ich bin erstaunt, daß man sie hat bestimmen können.

Meister: Vergiß nicht, daß man sie aus größeren Werten gefunden hat.

Schüler: Ach ja; die beobachteten Ausdehnungen wurden durch l_0 und t geteilt.

Meister: Nun überlegen wir noch die Volumenzunahme durch Erwärmung. Es sei das Anfangsvolumen v_0, wie lautet der Ansatz?

Schüler: Vermutlich ist $v = v_0(1 + Kt)$, da zu v_0 der Anwuchs $v_0 . K . t$ hinzukommt.

Fig. 121.

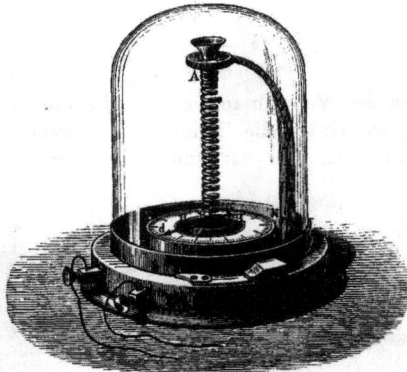

Fig. 122.

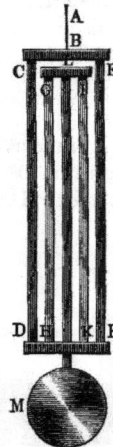

Meister: Und K ist das kubische oder räumliche Wärmedehnungsmaß. Wir müssen hier die Bezeichnung „kubisch" beibehalten, denn unter räumlich versteht man einen jeden im Raume geschehenen Vorgang. Der lineare Wert ist auch räumlich. Der Wert von K ist sehr nahe das dreifache von A. An die Zahlwerte knüpft sich manche Tatsache. Man kann z. B. Platindraht in Glas hineinschmelzen und die Verbindung besteht nach dem Erkalten fort; das ist mit dehnsameren Stoffen, wie Kupfer, Gold, nicht ausführbar. Sieh dir nun die bezüglichen Zahlen an.

Schüler: Ich finde für Platin und Glas genau dieselben Zahlen 0,0000088.

Meister: Man kann auch einen Kupferdraht in Glas einschmelzen, aber nach dem Erkalten wackelt er in der Öffnung.

Schüler: Weil er sich viel stärker zusammengezogen hat.

Meister: Die ungleichen Ausdehnungsmaße werden auch vielfach verwandt, sogar zur Herstellung von Thermometern. In Fig. 121 siehst du Breguets Metallthermometer. Es hat drei dünne Streifen von Silber, Gold und Platin, die zusammengenietet, dann ausgewalzt und als Spirale an ein Gestell befestigt sind. Die unten angebrachte Nadel weicht bei Temperaturänderung aus. Das dehnsamere Metall ist das äußere.

Schüler: Bei Erwärmung wird die Spirale sich zuwinden, bei Abkühlung aufwinden.

Meister: Viele andere Thermometer sind ähnlich eingerichtet. Auch dient die ungleiche Metallausdehnung bei Herstellung von Uhren, deren Gang von der Temperaturänderung unabhängig gemacht wird. Laß dir von Uhrmachern die Kompensationspendel (Fig. 122) zeigen und die Kompensationsunruh der Taschenuhren.

b) Zustandsänderungen flüssiger Körper.

Meister: Bei Flüssigkeiten gibt es nur eine kubische Ausdehnung. Das Verhalten ist aber nicht so einfach wie bei den festen Körpern, denn ihre Erwärmungszunahme ist zwar der Masse oder auch dem Volumen proportional, nicht aber dem Temperaturzuwachs.

Schüler: Dann kann man wohl keine so einfache Formel aufstellen?

Meister: Höchstens noch für Quecksilber, das sich fast genau jenem einfachen Gesetze fügt. Sonst hätten wir es nicht als Thermometerstoff verwerten dürfen.

Schüler: Für Quecksilber darf ich also schreiben:

$$V = V_0 (1 + A \cdot t).$$

Meister: Und für A merke dir den überaus wichtigen Wert 0,00018, den man stets zur Hand haben muß, wenn man die Länge von Quecksilbersäulen mißt und ausrechnen will, wie groß sie wären bei der Temperatur 0^0; auch hier gilt der Ansatz:

$$L = L_0 (1 + A \cdot t).$$

Schüler: Also ist $L_0 = \dfrac{L}{1 + A \cdot t}$ die gesuchte Länge. Aber hier wäre doch, da die Länge und nicht das Volumen eingeführt ist, nur $\frac{1}{3} A$ als Maßgröße zu nehmen.

Meister: Nicht doch. Man nimmt an, der Querschnitt sei in dem Glase, das sich unmerklich ausdehnt, unverändert geblieben. Anders

betrachtet, handelt es sich um die Dichtigkeit des Quecksilbers. Die
Verkürzung der Säule bei Abkühlung ist eine Folge der Verdichtung
und diese ist der reziproke Wert des spezifischen Volumens.

Schüler: Das kommt, wie ihr erwähnt, in Betracht bei Ermittelung der Barometerhöhe.

Meister: Richtig, und dabei ist zu beobachten, daß auch die
Skala sich zusammenziehen würde, wenn die Beobachtung bei 0° ausgeführt wäre, d. h. wir hätten eine größere Länge beobachtet. Überlege das wohl.

Schüler: Ich verstehe es so: es rücken alle Zahlen der Skala bei
der Erwärmung hinauf und zwar proportional der Strecke.

Meister: Richtig. Nur ist das Dehnungsmaß für Messing, woraus
gewöhnlich die Skalen bestehen, $= 0,000016$, viel kleiner als für
Quecksilber. Den Unterschied beider $0,00018 - 0,000016 = 0,000164$
nennt man das scheinbare Dehnungsmaß (für Messing). Wie groß
wäre es für eine Glasskala?

Schüler: Offenbar $0,00018 - 0,0000088 = 0,0001712$.

Meister: Der nächstwichtigste Stoff ist das Wasser.

Schüler: Ich weiß, daß es bei nahe 4° am schwersten ist.

Meister: Sage: am dichtesten. Wird es abgekühlt, so dehnt es
sich aus; erwärmt man es von 4° an, so dehnt es sich auch aus, so daß
die Dichtigkeit bei 0° und bei 8° nahe dieselbe ist. Bei weiterer Erwärmung dehnt es sich immer mehr aus und bei 100° hat das Volumen
schon um vier Hundertstel zugenommen.

Schüler: Haben noch andere Flüssigkeiten ein dem ähnliches
Verhalten?

Meister: Allerdings. Viele Salzlösungen müssen sich so verhalten, wenigstens bei geringem Salzgehalt. Wichtig sind noch Alkohol, Äther und einige andere Flüssigkeiten, namentlich die zu Thermometern verwandten. — Wir wollen das nächste Mal die Gase behandeln. Du tätest gut daran, dich dazu vorzubereiten, indem du das
Boylesche Gesetz nochmal durchdenkst. Auch empfehle ich dir aus
Ostwalds Schule der Chemie den Abschnitt 23 „die Luft" gründlich
durchzunehmen. Wir dürfen uns dann kurz fassen.

c) Zustandsänderungen der Gase.

Meister: Bei den Gasen haben wir es wieder mit einfachen
Formeln zu tun. Hier aber dürfen wir uns nicht mehr damit begnügen, das Verhalten bei ein und demselben Druck zu betrachten.

Schüler: Wahrscheinlich deshalb, weil jetzt eine Druckänderung
eine beträchtliche Dichtigkeitsänderung bedingt, während eine solche
bei festen und flüssigen Stoffen kaum merklich war.

Meister: Ganz gut; aber außerdem haben jene Körper, wenn sie unter verschiedenen Drucken untersucht wurden, immer dieselben Wärmedehnungsmaße beobachten lassen. Wie lautete das Boylesche Gesetz?

Schüler: Es ist für alle Gase das Produkt pv konstant.

Meister: Das gilt für irgend eine Temperatur. Nun trete ein Temperaturzuwachs t ein und ich sage die Zunahme z des anfänglichen Produktes $p_0 v_0$ ist proportional eben diesem Punkte $p_0 v_0$ und zugleich dem Temperaturanstieg t. Als Maßgröße wähle den üblichen griechischen Buchstaben Alpha (α).

Schüler: Dann ist $z = \alpha . p_0 v_0 . t$.

Meister: Und wie groß ist nun das Produkt, das wir pv nennen wollen, geworden?

Schüler: Ganz ähnlich wie früher schreibe ich jetzt

$$pv = p_0 v_0 + \alpha . p_0 v_0 . t$$

oder
$$pv = p_0 v_0 (1 + \alpha . t) \quad \ldots \ldots \ldots \quad (1)$$

Mich befremdet hier, daß wir links zwei Parameter haben und mithin weder den einen, noch den anderen bestimmen können.

Meister: Die Bestimmung ist sofort ausführbar, wenn wir die Versuchsbedingungen feststellen. Es steht uns nämlich frei, den Druck oder das Volumen nach Belieben festzusetzen und je die andere Größe als abhängige zu betrachten. Wichtig, zweckmäßig und zugleich lehrreich ist es, den Versuch so einzurichten, daß zuerst etwa das Volumen v beständig bleibt, setze deshalb $v = v_0$ an.

Schüler: Dann hebt sich das Volumen heraus; es wird

$$p = p_0 (1 + \alpha t) \quad \ldots \ldots \ldots \quad (2)$$

Meister: Und wenn der Druck beständig bleibt?

Schüler: Dann ist das veränderliche Volumen

$$v = v_0 (1 + \alpha t) \quad \ldots \ldots \ldots \quad (3)$$

Darf ich versuchen α zu beschreiben?

Meister: Das dürfte dir kaum gelingen, jedenfalls nicht mit einem Worte. Man nennt α den „thermischen Ausdehnungskoeffizienten" oder das Wärmedehnungsmaß, wobei man die Gleichung (3) im Auge hat. Die Gleichung (2) würde den Namen „thermischer Druckkoeffizient" erfordern, wofür man Wärmepressungsmaß sagen könnte.

Schüler: Hat denn α in Gleichung (2) und (3) denselben Wert? Es sind doch ganz verschiedene Vorgänge, in Gleichung (2) Druckänderung, in Gleichung (3) Volumänderung?

Meister: In der Tat, der Wert ist derselbe; sonst gälte nicht die Gleichung (1), denn (2) und (3) sind nur vereinzelte Fälle. — Der Zahlenwert von α ist $0,003\,65$ oder $1/_{273}$.

Schüler: Für Luft gilt doch dieser Wert?

Meister: Und auch für mehrere andere Gase.

Schüler: Das ist erstaunlich.

Meister: Und von größter Bedeutung, wie du dir denken kannst. Ebendeshalb hat man vorgeschlagen, die Gleichung (3) als Grundlage der Thermometer zu nehmen. Das gab Anlaß zur Herstellung des Luftthermometers und noch besser des Wasserstoffthermometers, weil dieses Gas am meisten bei Abkühlung der Verflüssigung widersteht.

Fig. 123.

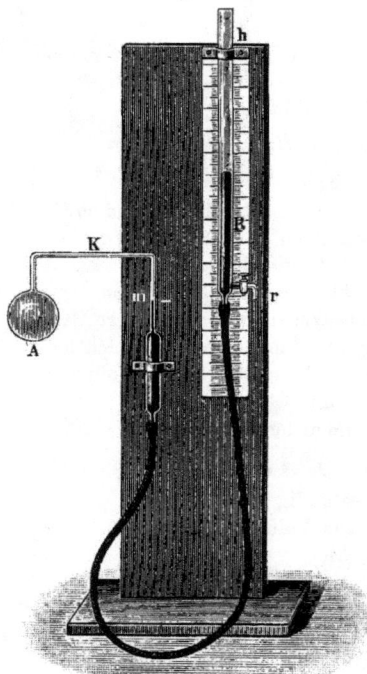

Schüler: Nun bin ich begierig, den bezüglichen Apparat zu sehen.

Meister: In Fig. 123 siehst du ein Wasserstoffthermometer, einen Apparat, der zugleich zur Bestimmung von α für alle Gase gebraucht werden kann. Die Glaskugel A enthält das Gas, das auch in der Haarröhre K sich bis zu m hin erstreckt, wo es durch Quecksilber gegen die äußere Luft abgesperrt ist. Alles übrige mußt du nun selbst herausfinden.

Schüler: Die Glasröhre rechts ist wohl in der Fassung h verschiebbar; außerdem wird wohl der Hahn bei r gestatten, Quecksilber ausfließen zu lassen.

Meister: Die Versuche erfordern viel Vorbereitung. Schon die Füllung von A mit trockenem Gase erfordert anderweitige Vorrichtungen. Die Kugel A wird mit Eis oder besser Schnee umgeben, und das Quecksilber bei m eingestellt. Nun kann der Druck gemessen werden.

Schüler: Der Druck ist gleich der Quecksilbersäule rechts, soweit sie höher als m steht.

Meister: Hierzu kommt der Druck der Atmosphäre, falls über h das Glasrohr offen ist. Dann hat man den Druck p_0. — Nun taucht man die Kugel A in einen geschlossenen Behälter, auf dessen Boden Wasser im Sieden erhalten wird.

Schüler: Dann wird der Druck zunehmen und das Quecksilber bei m sinken.

Meister: Ja, aber man kann durch Aufgießen, oder durch Erheben des Rohres R den Druck steigern, so daß das Quecksilber immer wieder bei m einsteht.

Schüler: Wird so das Volumen beständig erhalten?

Meister: Ja, bis auf kleine auszurechnende Berichtigungen, denn das Glas der Kugel hat sich auch ausgedehnt.

Schüler: Also hat sich das Volumen ein wenig vergrößert. Ich erkenne wohl die Schwierigkeit, genaue Versuche anzustellen.

Meister: Um bei beständigem Druck die Volumzunahme zu messen, muß auch der Rauminhalt des zylindrischen Rohres unter m bestimmt werden. Bei allen diesen Schwierigkeiten dürfen wir uns nicht aufhalten. Eine Umformung der Gleichung (1) wollen wir vornehmen und schreiben:

$$p\,v = p_0 \cdot v_0\,(1 + \alpha t) = p_0 \cdot v_0 \cdot \alpha \left(\frac{1}{\alpha} + t \right).$$

Nun ist $\dfrac{1}{\alpha} = 273^0$, denn α war $= \dfrac{1}{273}$. Also ist auch

$$p\,v = p_0 v_0 \alpha\,(273 + t) \quad \ldots \ldots \ldots \quad (4)$$

Wir setzen die Größe

$$p_0 v_0 \alpha = R \quad \ldots \ldots \ldots \ldots \quad (5)$$

und

$$273^0 + t = T \quad \ldots \ldots \ldots \ldots \quad (6)$$

dann wird

$$p\,v = R \cdot T \quad \ldots \ldots \ldots \ldots \quad (7)$$

T ist aber nichts anderes, als ein anderer Name für die Temperaturgrade, wie Gleichung (6) aussagt. Beim Gefrierpunkt ist $t = 0$, also $T = 273^0$, beim Siedepunkt ist $t = 100$, also

$$T = 273 + 100 = 373^0.$$

Schüler: Also ist doch T immer um 273^0 größer, als die Celsiusskala angibt.

Meister: Richtig. Man nennt den Wert T die „absolute Temperatur". Kühlt man nämlich das Gas unter $t = 0^0$ ab, so wird $p\,v$ immer kleiner. Fragt man nun, ob und wann $p\,v = 0$ wird, so findet man als Antwort:

$$(1 + \alpha t) = 0 \quad \text{oder} \quad t = -\frac{1}{\alpha},$$

also

$$t = -273^0\,\mathrm{C} \quad \ldots \ldots \ldots \quad (8)$$

Soll nun das Produkt $p\,v = 0$ werden, so wird das für den Faktor v

nicht denkbar sein, wohl aber für den Druck p. — Bei der Temperatur — 273° würde aller Gasdruck aufhören. Es ergibt sich hieraus, daß es für die Temperatur einen „absoluten Nullpunkt" gibt, d. h. einen solchen, unter dem es keine weitere Abkühlung gibt. In der Molekularphysik wird die Temperatur eines Körpers auf Bewegungen seiner kleinsten Teilchen zurückgeführt. Temperatur ist demnach die Bewegungsenergie dieser Teilchen. Von der Bewegung ist aber andererseits auch der Gasdruck bedingt. Schwindet die Bewegung, so hört der Druck auf und zugleich der Wärmeinhalt, und dieser Zustand der ruhenden Teilchen wird als Nullpunkt des Wärmezustandes oder was dasselbe ist, als Nullpunkt der Temperatur angesehen.

Fig. 124.

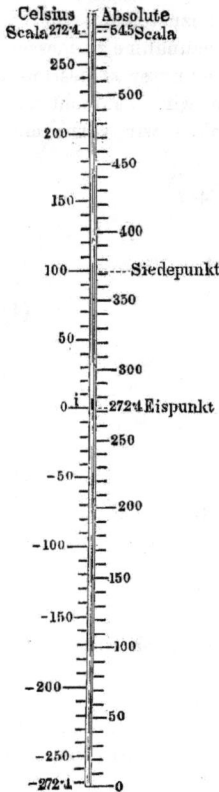

Schüler: Was wir gewöhnlich 0° nennen, könnte man also als 273° absolut bezeichnen und hätte damit eine Vorstellung eines Wärmezustandes gewonnen; unsere Empfindung beim Gefrierpunkt des Wassers entspricht allerdings nicht einer so hohen Zahl wie 273.

Meister: Eine Abbildung der beiden Skalen siehst du hier in Fig. 124. Die Gleichung (7) ist ebenso wie Gleichung (1) die Zustandsgleichung der Gase. Sprich Gleichung (7) in Worten aus.

Schüler: Das Produkt aus den Parametern Druck und Volumen ist stets der absoluten Temperatur proportional.

Meister: Jetzt müssen wir noch die wichtige Größe R bestimmen. Es war Gleichung (5)

$$R = p_0 \cdot v_0 \cdot \frac{1}{273}.$$

Die Größen p_0 und v_0 müssen auf einen bestimmten Anfangszustand bezogen werden. Wie gewöhnlich geschieht, nehmen wir als Anfangstemperatur 0° an, und den Druck von 76 Zent Quecksilberhöhe. Nehmen wir Luft als behandelten Stoff an, so kennen wir schon deren spezifisches Volumen v_0.

Schüler: Es war $v_0 = 773$ Kub pro Gramm.

Meister: Sagen wir 773 Grammokub.

Schüler: Auch p_0 haben wir schon berechnet. Es war p_0 der Druck pro Kar gleich $76 \times 13{,}59 \times 981$ in Dynen pro Kar.

Meister: Es ist unbequem, die Beschleunigung mit in Rechnung zu nehmen. Man läßt sie fort und nimmt sie wieder auf, wenn es sich um Kraftäußerungen handelt.

Schüler: Dann ist $R = \dfrac{76 \times 13{,}59 \times 773}{273}$.

Meister: Berechne das logarithmisch; hier ist die Tafel.

Schüler: Ich habe die meinige auch bei mir. Es ist

$$
\begin{aligned}
log \ 76 &= 1{,}8808 \\
log \ 13{,}59 &= 1{,}1332 \\
log \ 773 &= 2{,}8882 \\
D.E \, log \ 273 &= 0{,}5638 - 3 \\
\hline
log \ R &= 3{,}4660 \\
R &= 2924
\end{aligned}
$$

Meister: Merke dir diese Zahl 2924. Wir werden sie bald noch weiter umrechnen, indem wir den Versuch nicht auf ein Gramm Substanz beziehen, sondern auf ein Mol. Was darunter zu verstehen ist, werden wir bald kennen lernen. Nur soviel verrate ich dir schon jetzt, daß die Zahl 2924 sich nur auf Luft bezieht. Ausgewertet auf Mol ergibt sich eine andere Zahl und diese gilt alsdann für alle Gase.

Schüler: Das muß aber eine interessante Sache sein.

Meister: Bezähme deinen Wissensdrang nur noch kurze Zeit. Jetzt wollen wir noch eine andere Frage erläutern. Was für eine Qualität hat das Produkt $R.T$?

Schüler: Offenbar dasselbe wie $p.v$.

Meister: Und welche Qualität hat $p.v$? Das haben wir noch nicht besprochen. Überlege, daß das Volumen durch das Produkt einer Grundfläche b mit einer Höhe h dargestellt werden kann. Wenn p der Druck ist auf der Flächeneinheit, so wird $p.b$ eine Kraft sein.

Schüler: Und $p.b.h$ sind Dynenzent oder Erg, also eine Energiegröße.

Meister: Und folglich ist auch $R.T$ eine Energiegröße. Druck und Volumen sind zwei Parameter, die nicht nur den Zustand des Stoffes bezeichnen, es sind auch die Größen, die den Stoff gegen die gesamte Außenwelt unterscheiden. Mittels des Druckes behauptet der Stoff sein Dasein gegenüber dem Gegendruck, den er erleidet.

Schüler: Ist denn der Druck dem Gegendruck gleich?

Meister: Wenn Ruhe oder Gleichgewicht herrscht, gewiß; anderenfalls muß Bewegung eintreten. Der Körper überwindet z. B. den Gegendruck, sobald sein Druck wächst; er erobert sich Volumen aus der Außenwelt. Es sei das Gesamtvolumen zuerst V, dann V_1. —

Schüler: Dann ist die Zunahme $V_1 - V$, und die verrichtete Arbeit ist $p.(V_1 - V)$.

Meister: Und geschah der Vorgang durch Erwärmung des Gases von T bis T_1, bei konstant erhaltenem Druck, —

Schüler: So war die Arbeit $p \cdot (V_1 - V) = R (T_1 - T)$.

Meister: Und das ist zugleich $R (t_1 - t)$.

Schüler: Ich verstehe, — es ist der Unterschied der absoluten Temperaturen immer gleich dem Unterschiede der gewöhnlichen Gradzahlen.

Meister: Darin, daß es immer nur auf Temperaturunterschiede ankommt, liegt der Grund für Beibehaltung der nun schon einmal eingebürgerten Celsiusgrade. Auf alle diese Fragen kommen wir im Kapitel über die spezifische Wärme zurück. Jetzt erst, nachdem wir das Boyle-Mariotte-Gay-Lussacsche Gesetz, wie man Gleichung (1) nennt, kennen gelernt haben, können wir die überaus wichtige Frage nach der Bestimmung der Dichte der Körper erledigen. Bei festen und flüssigen Körpern wird die Dichte aus der Gleichung $D = \dfrac{m}{v}$ gewonnen. Die Masse m ändert sich nicht bei der Erwärmung, wohl aber das Volumen. Da der Druck als von geringem Einfluß unbeachtet bleibt, und bei festen Körpern $v = v_0 (1 + \alpha t)$ gesetzt werden kann, läßt sich, wenn α bestimmt worden ist, auch die mit der Temperatur veränderliche Dichtigkeit berechnen.

Schüler: Es ist $D = \dfrac{m}{v_0 (1 + \alpha t)}$.

Meister: Wir können $\dfrac{m}{v_0} = D_0$, gleich der Dichtigkeit bei 0^0 setzen.

Schüler: Dann wird $D = \dfrac{D_0}{1 + \alpha t}$. Es nimmt also die Dichte mit steigender Temperatur ab.

Meister: Im allgemeinen ja; es gibt aber einige wenige Stoffe, die ein negatives α haben, so z. B. Kautschuk.

Schüler: Erwärmt zieht es sich also zusammen.

Meister: Bei Flüssigkeiten läßt sich solch eine einfache Formel nicht verwenden.

Schüler: Außer bei Quecksilber. Wie macht man es bei Wasser, Alkohol u. a.?

Meister: Da werden graphisch die Volumina als Funktion der Temperatur dargestellt. Solchen Zeichnungen oder Diagrammen entnimmt man die Volumwerte für die in Frage stehende Temperatur. Beobachtet hat man zwar nur einzelne Fälle. Die Zeichnung gestattet aber eine Verbindung der Beobachtungspunkte durch krumme Linien oder Kurven. Das Entnehmen von Werten zwischen den beobachteten nennt man „interpolieren“, und wagt man es, auch außerhalb der beobachteten Strecken Werte der frei fortgesetzten Kurve zu entnehmen, so nennt man das Verfahren „extrapolieren". Letzteres ist selbstverständlich weniger zuverlässig.

Schüler: Bei den Gasen aber darf man zur Bestimmung der Dichte wieder die Formel anwenden.

Meister: Jawohl. In der Gleichung (1)

$$p \cdot v = p_0 \cdot v_0 \cdot (1 + \alpha t)$$

waren v und v_0 die Grammvolumina. Nennen wir die untersuchte Masse m, so ist $p \cdot v \cdot m = p_0 \cdot v_0 \cdot m \cdot (1 + \alpha t)$; nun ist $v \cdot m = V$ und $v_0 \cdot m = V_0 \ldots$

Schüler: Also wird auch $p \cdot V = p_0 \cdot V_0 \cdot (1 + \alpha t)$.

Meister: Solange die Dichtigkeit als unbekannt gilt und bestimmt werden soll, ist V die beobachtete, V_0 die zu berechnende gesuchte Größe. Man nennt V_0 das auf den Normalzustand reduzierte Volumen.

Schüler: Also schreiben wir $V_0 = \dfrac{p}{p_0} \cdot \dfrac{V}{1 + \alpha t}$. Ich überlege nun, daß α bekannt ist, der Temperaturanstieg beobachtet; p_0 entspricht 76 Zent Quecksilberhöhe.

Meister: Bemerke, daß die Qualität von p in Zähler und Nenner vorkommt.

Schüler: Daher kann ich mit den beobachteten Quecksilberhöhen rechnen. Aber die Werte p und V müssen beobachtet werden.

Meister: Ganz richtig. Den hierzu dienlichen Apparat siehst du in Fig. 125. Das zu untersuchende Gas nimmt den ablesbaren Raum v ein. Wie groß ist der Druck p in diesem Raume?

Fig. 125.

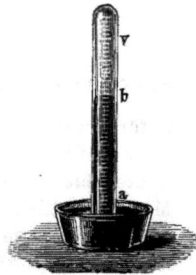

Schüler: Das haben wir bei der Elastizität der Gase besprochen. Im Außengefäße herrscht der barometrisch gemessene Luftdruck B, also ist der Druck $p = B - ab$ Quecksilberhöhe.

Meister: Hier ist Gelegenheit, sowohl B als ab auf 0^0 zu reduzieren.

Schüler: Der Wert von V kann abgelesen werden. Dann haben wir $V_0 = \dfrac{p \cdot V}{760 \cdot (1 + \alpha \cdot t)}$ zu berechnen.

Meister: Zur Ermittelung der Dichte fehlt uns nun noch die Bestimmung wovon?

Schüler: Von der Gasmasse m, denn die gesuchte Dichte ist $D = \dfrac{m}{V_0}$, die Volumeinheitsmasse; die Masse aber muß schwierig zu ermitteln sein!

Meister: Das geschieht, wie wir schon besprochen haben, durch Wägung.

Schüler: Ich besinne mich wohl darauf. Jetzt aber erkennen wir, daß bei der Ermittelung des Gewichtes die Ausdehnung des Glases unserer Kugel, die eingeschlossene Gasmasse und ihre Temperaturen zu beobachten sind.

Meister: Vergiß nicht den im Ballon herrschenden Druck zu nennen, der wie bestimmt wird?

Schüler: Durch Beobachtung der Barometerhöhe und deren Reduktion auf 0^0.

Meister: Abgesehen von allen diesen wichtigen Versuchen dürfen wir die Dichtigkeit zweier Gase mit D' und D und deren Dichtigkeit im Normalzustande mit D_0' und D_0 bezeichnen und ansetzen:

Es war Gleichung (1): $$p\,v = p_0 v_0 (1 + \alpha t),$$

also auch $$\frac{v}{v_0} = \frac{p_0 (1 + \alpha t)}{p}$$

oder $$\frac{D_0}{D} = \frac{p_0 (1 + \alpha t)}{p} \quad \cdots \cdots (9)$$

Denken wir uns nun ein zweites Gas, so gilt für dieses auch die Gleichung (9):

$$\frac{D_0'}{D'} = \frac{v'}{v_0'} = \frac{p_0 (1 + \alpha t)}{p} \quad \cdots \cdots (10)$$

Wir dürfen nämlich beide Gase bei derselben Temperatur t und bei demselben Druck p handhaben. Da nun α für alle Gase gleich ist, so folgt: $$\frac{D_0}{D} = \frac{D_0'}{D'} \quad \cdots \cdots (11)$$

Schüler: Ich überlege: es ist $\frac{D_0}{D}$ das Verhältnis der Dichten eines Gases für zwei beliebige Temperaturen bei einem gewissen Druck; dasselbe Verhältnis gilt für irgend ein anderes Gas. Das Verhältnis der Dichten bleibt also für alle Gase dasselbe?

Meister: Richtig, sofern α denselben Wert hat. — Dieses Gesetz hat dazu geführt, die Gasdichte als relative Größe anzugeben, d. h. als Verhältniszahl, indem man sie bei jeder Temperatur auf die Dichte der Luft, besser aber auf die Dichte des Wasserstoffs bezog.

Schüler: Warum wäre das besser?

Meister: Weil Wasserstoff ein bestimmter Stoff ist und zudem der dünnste, den wir kennen. Er ist 14,44mal dünner als Luft.

Schüler: Ihr vergleicht schon jetzt beide Gase bei gleichen Temperaturen.

Meister: Und bei gleichem Druck. Aber du ersiehst nun den großen Vorteil.

Schüler: Es genügt die Angabe einer einzigen Zahl 14,44; für alle Temperaturen gültig.

Meister: Schreibe mir nun die Zustandsgleichung für Wasserstoffgas auf.

Schüler: Ich denke, die Gleichung (1) oder (7) besteht unverändert fort, nur ist v_0 um 14,44 größer, denn der dünnere Stoff nimmt größeren Raum ein.

Meister: Und die Masseneinheit nimmt welchen Raum ein?

Schüler: Die der Luft 773 Kub, also die des Wasserstoffs $773 \times 14,44 = 11\,162$ Kub oder 11,162 Liter.

Meister: Nimm nun die Gleichung (7) vor. Wie groß wird R?

Schüler: R war für Luft $= 2924$; für Wasserstoff also 14,44 mal größer, mithin $= 42\,223$, für Wasserstoff also ist $pv = 42\,223\,T$ (12).

Meister: Diese Gleichung gilt, wenn man ein **Gramm** Wasserstoff zugrunde legt. Diese Masse nennt man ein **Grammatom**. Zwei Gramm **Wasserstoff** aber nennt man ein **Gramm-Mol** oder kurz **Mol**. Du weißt aus der Chemie, was man ein Atom nennt?

Schüler: Atome sind die kleinsten Teilchen, aus denen ein Element besteht.

Meister: Und Mol ist abgekürzt aus Molekel hergeleitet. Hier sind in den Worten **Grammatom** und **Gramm-Mol** die angehängten Worte anders gefaßt; sie sind nicht mehr die kleinsten Teilchen.

Schüler: Bitte erläutert mir das.

Meister: Weißt du, was man Atomgewicht nennt?

Schüler: Das Gewicht der kleinsten Teile — aber eigentlich nur das Gewicht im Verhältnis zum Gewicht des Wasserstoffs.

Meister: Das Wort Gewicht ist nicht gut gewählt. Die Verwirrung der Worte Masse und Gewicht greift auch hier störend ein. Das Atomgewicht ist das Atommassenverhältnis eines beliebigen Atoms zu einem Atom Wasserstoff. Das Gewicht spielt dabei gar keine Rolle. Statt Atommassenverhältnis kann man auch sagen „die relative Atommasse". Die Namen Grammatom und Gramm-Mol sind auf Massen bezogen, die so viel Gramme enthalten, als das Atomgewicht oder das Molekulargewicht anzeigt. Wie lautet nun Gleichung (7) für ein Mol Wasserstoff?

Schüler: Da ein Mol Wasserstoff zwei Gramme enthält, muß ich statt Gleichung (12) schreiben

$$p\,v_m = 84\,446\,T \quad . \quad . \quad . \quad . \quad . \quad . \quad (13)$$

und v_m ist hier das Volum von 2 g Wasserstoff.

Meister: Die Buchstaben, mit denen man die chemischen Elemente verzeichnet, sind dir ja bekannt. Ich will dir nun die Dichten einiger

Gase mitteilen und zugleich die Massenverhältnisse ihrer Atome, die
sogenannten Atomgewichte; die neuesten Bestimmungen ergaben folgende
Werte:

G a s e	Atomgewicht = Massenverhältnis	Dichte Kubogramm	Mol-Volumen Kub
Wasserstoff	1	0,000089551	22334
Sauerstoff	15,96	0,001429234	22318
Stickstoff	14,0	0,00125461	22328
Luft	—	0,0012935	—

Diese wenigen Zahlen zeigen eine bemerkenswerte Beziehung. Was
bedeuten zunächst die Zahlen 15,96 und 14,0?

Schüler: Daß ein Atom Sauerstoff 15,96 mal und ein Atom Stickstoff 14,0 mal mehr Masse hat, als ein Atom Wasserstoff.

Meister: Du weißt auch, daß das die Verbindungsmassen
sind, so daß 2 g Wasserstoff sich mit 15,96 g Sauerstoff zu Wasser verbinden, daher schreibt man Wasser $H_2 O_1$.

Schüler: Ich verstehe es so, daß auch zwei Atome Wasserstoff
mit einem Atom Sauerstoff zu einer Molekel Wasser sich verbinden.

Meister: Richtig. Die Buchstaben H und O bedeuten also erstens
den Stoff und zweitens ein Atom davon.

Schüler: Die angehängten Ziffern deuten an, wieviel Atome in
die Verbindung eingetreten sind.

Meister: Gut. Jetzt will ich dir zeigen, daß die angehängten
Ziffern noch eine zweite Bedeutung haben. Vergleiche die Dichtezahlen
miteinander und rechne mir aus, wieviel mal dichter Sauerstoff ist als
Wasserstoff.

Schüler: Ich muß 0,089551 in 1,429234 hineindividieren. Ich finde

$$log\ 1,429234 = 0,1551$$
$$log\ 0,089551 = 0,9521 - 2$$
$$log\ x = 1,2030$$
$$\text{folglich } x = 15,96,$$

also ist Sauerstoff 15,96 mal dichter als Wasserstoff. Aber das ist ja
das Atomgewicht oder Massenverhältnis!

Meister: Nun besinne dich darauf, was wir Dichte genannt haben.

Schüler: Dichte ist die Volumeinheitsmasse.

Meister: In einem Liter z. B. sei Wasserstoff enthalten, in einem
anderen Liter Sauerstoff bei gleicher Temperatur und gleichem Druck.

Schüler: Dann verhalten sich, wie wir eben sahen, die darin enthaltenen Massen wie 1 : 15,96.

Meister: Wenn nun jedes Atom Sauerstoff schon 15,96mal mehr Masse hat als ein Atom Wasserstoff, was kann man nun schließen?

Schüler: In beiden Litergefäßen müssen wohl gleich viel Atome der beiden Gase sein!

Meister: Richtig, so allein kommt das Dichteverhältnis heraus. Es sind also zwei Tatsachen, die uns zu dem Schlusse führen, daß, wie in einem Liter, so überhaupt in gleichen Räumen die Anzahl Atome die gleiche ist. Welches sind diese beiden Erfahrungstatsachen?

Schüler: Es sind die bekannten Verbindungsgewichte und das Verhältnis der Dichten.

Meister: Hierzu kommt noch eine Erfahrung der Chemiker: Es verbinden sich zwei **Raumteile** Wasserstoff mit einem **Raumteil** Sauerstoff zu **Wassergas** und zwar entstehen dabei **zwei Raumteile** Wassergas. Das ist eine Tatsache der Erfahrung, die wir zu deuten versuchen müssen. Es dürfte nun erwartet werden, daß zwei Liter H und ein Liter O genau ein Liter H_2O ergeben und nicht zwei, wie beobachtet ist, denn an jedes Sauerstoffatom gesellen sich zwei Wasserstoffatome und bilden eine Molekel H_2O. Nun aber entstehen zwei Raumteile H_2O! Um das zu erklären, wurde eine hochwichtige Annahme gemacht, die sich vielfach bestätigte. Sowohl Wasserstoff als Sauerstoff wurden als doppelatomige Molekel gedacht.

Schüler: Man nahm also in jedem Liter Wasserstoff Molekel H_2 an, im Sauerstoff Molekel O_2.

Meister: Betrachten wir jetzt das Gemenge aus zwei Liter H_2 und ein Liter O_2, genannt Knallgas. Die O_2-Molekel werden zerspalten und jedes Atom verbindet sich mit H_2. Es entstehen nun zwei Raumteile H_2O.

Schüler: Die Hälfte von O_2 gibt mit dem einen Liter H_2 ein Liter H_2O, ebenso die andere Hälfte. Das ist fein!

Meister: Diese Annahme stimmte nun für zahlreiche andere Verbindungen. Es geben 1 Vol. Wasserstoff und 1 Vol. Chlor zusammen 2 Vol. Chlorwasserstoff. Wären es einatomige Gase, so ließe sich nur 1 Vol. der Verbindung HCl erwarten. Nun aber bildet, wenn man H_2 und Cl_2 ansetzt, die Hälfte des Wasserstoffs mit der Hälfte des Chlors schon ein ganzes Volum HCl.

Schüler: Und die andere Hälfte wird auch zur Verbindung gelangen, so daß wirklich 2 Vol. entstehen können.

Meister: Die ersten Bestimmungen der Gasdichten führte ein Franzose Gay-Lussac aus; nach ihm wird auch unsere Zustandsgleichung benannt. Er erkannte auch, daß die Gasdichten den Atomgewichten proportional waren; aber daß in gleichen Räumen gleich viel Molekel sind, erkannte zuerst, und zwar schon 1811, der berühmte Italiener Avogadro Conte di Quaregna. Avogadros Entdeckung blieb 50 Jahre unbeachtet; die darauf fußenden Theorien beherrschen aber heute das ganze Gebiet der Chemie. Zu diesem wichtigen und grundlegenden Teile der Chemie kommt nun noch eine Tatsache hinzu. Ist dir bekannt, was man Valenz nennt?

Schüler: Die Atome haben verschiedene Valenz oder Wertigkeit oder Verbindungseinheiten. Einwertig sind Cl, J, Br, daher auch nur je ein Atom in die Verbindung mit dem gleichfalls einwertigen Wasserstoff eingeht, z. B. HCl, HJ, HBr.

Meister: Einwertig sind ferner K, Na, Ag.

Schüler: Sie bilden die einfachen Salze KCl, NaCl, AgCl. — Zweiwertig sind O, S, d. h. sie vermögen sich mit zwei einwertigen Elementen zu verbinden, z. B. H_2O und H_2S.

Meister: Und auch Metalle Ba, Sr, Ca, Mg sind zweiwertig, daher die Oxyde BaO u. a.

Schüler: Dreiwertig ist N, P, As, daher NH_3 als Ammoniak sich bildet.

Meister: Bleiben wir hierbei stehen. Auch Stickstoff bildet Molekel und muß N_2 geschrieben werden. Die Ziffern in N_1H_3 zeigen nach unserer Annahme an, daß drei Volumen H_2 und ein Volumen N_2 sich verbinden. Erkenne nun selbst, wieviel Volumina Ammoniak NH_3 entstehen müssen bei dieser Annahme.

Schüler: Offenbar zwei, denn das eine Volumen N_2 kann nur zwei Volumina der Verbindung NH_3 bilden.

Meister: Überlege noch, daß auch in diesem Falle die einatomige Hypothese nicht der Erfahrung genügt; es bilden sich nämlich wirklich zwei Volumina NH_3 und nicht ein Volum.

Schüler: Die Wertigkeit der Elemente, Meister, steht aber nicht in den chemischen Formeln.

Meister: Nein, und das ist ganz gut; du weißt, daß die Wertigkeit keine ganz feste ist. Stickstoff z. B. kann drei- und fünfwertig sein; überhaupt sind die Atome geradzahlwertig oder ungeradzahlwertig.

Schüler: Wir können jetzt auch die Dichte des Ammoniaks vorausberechnen. Dazu nehme ich dessen Molekulargewicht, vergleiche es mit Wasserstoff, und dieses Verhältnis ist gleich der Dichte des Ammoniaks im Vergleich zu Wasserstoff.

Meister: Die Rechnung ist also äußerst einfach.

Schüler: Es ist:
$$
\begin{array}{r}
N = 14 \\
3H = 3 \\
\hline
\end{array}
$$
Molekulargewicht $NH_3 = 17$

also die Dichte $= \dfrac{17}{2} \times 0{,}00008955 = 0{,}000761$.

Meister: Richtig. Nun berechne auch die Dichte der Luft.

Schüler: Aber Luft ist doch keine chemische Verbindung.

Meister: Sie ist aber ein bekanntes Gemisch aus ungefähr 21 Teilen O_2 und 79 Teilen N_2. Das gibt eine durchschnittliche Dichte

$$x = \frac{21.32 + 79.28}{100},$$ wo ich der Schätzung wegen 15,96 zu 16 abgerundet habe, so daß $O_2 = 32$ genommen ist.

Schüler: Ich finde $x = \dfrac{672 + 2212}{100} = 28{,}84.$

Meister: Und da H_2 das Molekulargewicht 2 hat, so wird

$x = \dfrac{28{,}84}{2} = 14{,}42$, und das ist dieselbe Zahl, mit der wir $R = 2924$ multiplizierten, um die Gleichung (7) für Wasserstoff auszuwerten.

Schüler: Das ist fein! Das will ich auch noch gründlich überlegen. Gebt mir, bitte, noch Aufgaben, denn Gasdichten zu berechnen ist ja ein wahres Vergnügen.

Meister: Es freut mich, daß du das empfindest. Die meisten Anfänger scheuen sich vor Zahlenrechnungen, und gerade diese machen den Denker sicher! Das liegt daran, daß er alle grundlegenden Beziehungen, alle Begriffsbestimmungen beständig zur Hand haben muß, oder vielmehr im Kopfe. — Berechne nun die Kohlensäure, richtiger das Kohlendioxyd.

Schüler: Kohle ist vierwertig; die Verbindung mit zwei zweiwertigen O ist gesättigt. CO_2 gibt $12 + 32 = 44$; also die Dichte im Vergleich zu Wasserstoff 44.

Meister: Das ist nicht richtig. Du mußt CO_2 mit H_2 vergleichen.

Schüler: Ach ja; also ist die relative Dichte $\dfrac{44}{2} = 22$; die Dichte auf Wasser bezogen also $= 22 \times 0{,}000\,089\,55 = 0{,}001\,97.$

Meister: Gewöhnlich findet man die Dichte in bezug auf Luft angegeben.

Schüler: Die wäre gleich $\dfrac{44}{28{,}84} = 1{,}52.$

Meister: Fassen wir nun die Beziehung in Formeln. Wenn M und M_1 die Molekulargewichte sind, so ist für zwei Gase $\dfrac{M}{M_1} = \dfrac{D}{D_1}$, oder

es ist $\dfrac{M}{D} = \dfrac{M_1}{D_1} = M.v = M_1.v_1$ eine beständige Zahl für viele Gase.

Schüler: Stimmt das nicht für alle Gase?

Meister: Nein; aber selbst die Übereinstimmung für einige Gase kann kein Zufall sein. Abweichungen von einer Regel sind immer lehrreich. Man erforscht die möglichen Gründe, und hat man sie gefunden, so werden meist neue Beziehungen kund.

Schüler: Kann ich für Abweichungen ein Beispiel erhalten?

Meister: Mehrere und mit Abweichungen in beiderlei Sinne: zu groß und zu klein erscheinende Dichten. Manche Gase sind nämlich nahe ihrer Verflüssigung durch Druck oder Abkühlung. Man nimmt an, daß alsdann sich immer mehr Molekel aneinander gesellen. Solche Molekelgruppen nennt man „Tagmen".

Schüler: Je mehr Tagmen sich gebildet haben, um so größere Dichte wird man beobachten.

Meister: Jawohl, bis zuletzt sich alle vereint haben zur „Flüssigkeit". Erhöht man die Temperatur solcher Gase und bestimmt die relativen Dichten, so findet man zu große Zahlen; bei höherer Temperatur nimmt die Dichte ab, bis schließlich die vorausberechnete eintrifft.

Schüler: Dann hat man die Temperatur erreicht, bei der es keine Tagmen mehr gibt.

Meister: Und in solchem Zustande heißen sie „vollkommene Gase".

Schüler: Also ist das Molvolumen eine beständige Zahl nur für alle vollkommenen Gase?

Meister: Ja. Bei Abweichungen nach der anderen Seite nimmt man an, daß die doppelatomigen Molekel zerfallen. Jedes Teilatom beansprucht den Raum einer Molekel; deshalb wird das Volumen größer.

Schüler: Und die beobachtete Dichte kleiner als die berechnete.

Meister: Solch ein Zerfall der Molekel wird „Dissoziation" genannt. Sie ist besonders beim Jod beobachtet worden, das leicht aus J_2 die Teile $J + J$ bildet, bis bei höherer Temperatur alle Molekel zerfallen sind.

Schüler: Das Molekularvolumen muß ja dann genau den doppelten Betrag aufweisen.

Meister: Ich habe dir absichtlich zuerst viele Beispiele vorgelegt, um dir die Zahlenansätze geläufig werden zu lassen. Jetzt entschließe dich, unsere Gleichung (7) für die Molmassen umzugestalten. Rechne!

Schüler: Es war $p . v = p_0 . v_0 . \alpha . T$ die Gleichung auf die Masseneinheit bezogen. Ich multipliziere sie mit der Molmasse M und nenne das Molvolumen v_m, dann ist $p . v_m = p_0 . M . v_0 . \alpha . T$.

Meister: Nimm zunächst $p_0 . \alpha$ zusammen und vergiß nicht, daß beim Druck wir den Faktor g fortlassen.

Schüler: Es ist $p_0 = 1033{,}4\,g$, $\alpha = \frac{1}{273}$, also $p_0 . \alpha = 3{,}785\,g$. Um $M . v_0$ zu bestimmen, nehme ich Wasserstoff H_2. Es ist $M = 2$,

$$v_0 = \frac{1}{0{,}000\,089\,551} = 11\,167 \text{ Grammokub, also } M . v_0 = 22\,334 \text{ Kub.}$$

Das sind ja 22,334 Liter!

Meister: Jawohl; das ist das Volumen von einem Mol H_2.

Schüler: Und auch das Molvolumen eines jeden vollkommenen Gases. Ich nehme noch Luft: $M = 14,44$.

Meister: Nicht richtig!

Schüler: Ach ja, $M = 28,88$, $v_0 = \dfrac{1}{0,001\,293} = 773,1$ Kub,

also $M \cdot v_0 = 22\,327$ Kub.

Meister: Genauer kann es nicht stimmen, wegen M, das aus einem Gemisch berechnet ist. Nimm lieber den Sauerstoff O_2.

Schüler: Es ist $M = 31,92$ und $v_0 = \dfrac{1}{0,001\,429\,2} = 699,7$ Kub.

Also das Molvolumen $= 31,92 \times 699,7 = 22\,334$. Das stimmt genau mit dem Wasserstoff!

Meister: Nun berechne das R in Gleichung (7) für alle Gase.

Schüler: Es ist $p_0 \cdot \alpha = 3,785\,g$, $M \cdot v_0 = 22\,334$,

$$\text{also } \log 3,785 = 0,5781$$
$$\log 22\,334 = 4,3490$$
$$\log p_0 \cdot \alpha \cdot M \cdot v_0 = \log \cdot R = 4\,9271$$
$$R = 84540.$$

Für alle vollkommenen Gase ist also

$$p \cdot v_m = 84\,540 \cdot T.$$

Meister: Hier haben beide Seiten mechanische Arbeitseinheiten. Später werden wir sehen, daß unsere Wärmeeinheit, Grammkalorie, $= 42\,250 \cdot g$ Erg ist, also auch ein Erg $= \dfrac{1}{42\,250 \cdot g}$ Kalorie; in Wärmeeinheiten hieße es also $p \cdot v_m = 2 \cdot T$. Zum Schluß wollen wir noch hervorheben, daß die Doppel- und Mehratomigkeit der Elemente in Gasform sehr glaubwürdig erscheint: Du weißt, daß nicht von selbst Knallgas sich zu Wassergas verbindet.

Schüler: Es wird durch elektrische Funken zur Explosion gebracht. Woher kommt es, daß eine heftige Erschütterung die Verbindung einleiten muß?

Meister: Es kommt eben daher, daß H_2 sowohl als O_2 für sich schon gesättigte Verbindungen sind. Die Erschütterung nähert einander die Teilatome O und H. Sie verbinden sich zunächst zu Hydroxyl OH, das aber nicht gesättigt ist, da O zweiwertig ist.

Schüler: Darum tritt noch ein Atom H zum HO hinzu und es entsteht Wasser H_2O.

Meister: Hierbei wird Wärme frei, und die Erschütterung wird dadurch vermehrt. So schreitet die Verbindung zwar sehr schnell, aber doch nicht sprungweise fort; es findet auch hier, wie überall in der Natur, kein Sprung statt.

Schüler: Von dem Abschnitt über die Gaszustände hätte ich nicht so viel Schönes und Wunderbares erwartet.

Meister: Und doch haben wir die Gaslehren noch lange nicht abgeschlossen; wir werden noch andere hochwichtige Gesetze und Beziehungen kennen lernen.

4. Bestimmung der spezifischen Wärme. Atomwärme. Molwärme.

Meister: Fasse nun den langen vorigen Abschnitt zusammen.

Schüler: Ich habe wegen des reichen Stoffes das Ganze ausgearbeitet. Bei Ausdehnung der festen und der flüssigen Stoffe sahen wir von Druckänderungen ab; dadurch wurde die Ausdehnung bloß eine Funktion des Temperaturanstiegs oder es konnte die Temperatur aus der Ausdehnung berechnet werden.

Meister: Ja, aber nur wenn das Wärmedehnungsmaß schon bekannt ist.

Schüler: Für feste Körper wurde der lineare Wert vom kubischen unterschieden; sie stehen im Verhältnis 1:3.

Meister: Vergiß nicht, daß eine angenäherte Rechnung dem zugrunde liegt.

Schüler: Die Maßzahlen oder Koeffizienten gestatteten verschiedene Anwendungen bei Uhren, Thermometern.

Meister: Die Reduktion beobachteter Längen oder Räume auf 0^0 ist nicht zu vergessen!

Schüler: Bei Flüssigkeiten hatte nur Quecksilber eine einfache Formel.

Meister: Und auch diese gilt nur angenähert.

Schüler: Für Wasser und andere Flüssigkeiten wurde ein graphisches Verfahren zur Darstellung der Funktion empfohlen.

Meister: Und nun die Gase!

Schüler: Bei Gasen ist die Volumenzunahme bei gleichbleibendem Druck so wie die Druckzunahme bei gleichbleibendem Volumen proportional der Temperatur.

Meister: Nicht der Temperatur, sondern —?

Schüler: Dem Temperaturanstieg; das Wärmedehnungsmaß war gleich dem Wärmepressungsmaß; der Koeffizient war derselbe für alle Gase $= \frac{1}{273}$.

Meister: Doch mit Vorbehalt. Wir werden sehen, daß alle Gase durch Druck und Abkühlung verflüssigt werden können. In der Nähe dieses Vorganges befolgen sie nicht mehr das Boyle-Gay-Lussacsche Gesetz (1) S. 169.

Schüler: Alsdann wurde gefragt, wann der Gasdruck $p = 0$ werde; das führte zur Temperatur $t = -273^0$. Nahm man diese Temperatur als Nullpunkt der hundertteiligen Skala an, so mußten alle Celsiusgradzahlen um 273 vermehrt werden. Wir setzten die absolute Temperatur

$$T = 273 + t$$

und es wurde die Zustandsgleichung in die Form

$$p \cdot v = R \cdot T$$

gebracht, wo

$$R = p_0 \cdot v_0 \cdot \alpha$$

war. Nachdem wir R für mehrere Gase berechnet hatten, formten wir unsere Gleichung um und bezogen sie auf Molgramme. Beobachtungen hatten gezeigt, daß die Gasdichten sich wie die Molmassen verhalten. Hieraus ergab sich die Avogadrosche Beziehung, d. h. die Erkenntnis, daß in gleichen Raumteilen zweier vollkommener Gase immer gleichviel Molekel sich befinden.

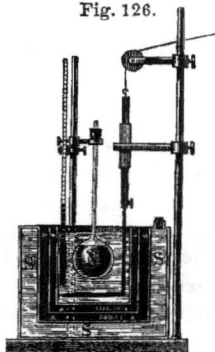

Fig. 126.

Meister: Und was folgte für die Elemente?

Schüler: Daß auch sie Molekel bilden, die zweiatomig sind.

Meister: Es gibt auch mehratomige, wie z. B. Ozon $= O_3$ und andere, wie die Chemie lehrt.

Schüler: Die Zustandsgleichung entwarfen wir für Molmassen und es ward für alle Gase

und

$$p \cdot v_m = 84\,540\,g \cdot T$$
$$p \cdot v_m = 2 \cdot T \text{ (Kaloriemaß)}.$$

Meister: Nun gehen wir weiter und behandeln das Gebiet der spezifischen Wärme. Wir haben zu besprechen 1., wie sie gemessen wird und 2., was die gemessenen Zahlen lehren. Der Apparat (Fig. 126), genannt Kalorimeter, enthält ein Gefäß mit Wasser gefüllt, das ein Thermometer aufnimmt samt dem zu untersuchenden Körper N. Entweder ist N fest oder eine Flüssigkeit in einem Glasfläschchen. Das wasserhaltende Gefäß muß gegen äußere Wärmeeinflüsse geschützt werden. Es ist deshalb von mehreren Metallgefäßen umgeben, deren letztes in das Gefäß, das bei S Wasser enthält, gestellt wird.

Schüler: Ich bemerke noch rechts einen Teil, der offenbar bewegt werden kann, wie ich aus der über die Rolle gespannten Schnur erkenne.

Meister: Das ist der „Rührer". Wasser ist eine die Wärme schlecht fortleitende Flüssigkeit. Rühren wir das Wasser sorgfältig um, so ist es gerade so, als hätten wir einen sehr gut leitenden Stoff angewandt. Wie würdest du nun mit diesem „Kalorimeter" Versuche anstellen?

Schüler: Nach dem in der Einleitung Besprochenen muß N erwärmt ins Kalorimeter getaucht werden. Dabei kühlt sich N von seiner Temperatur t ab bis zur Endtemperatur T, das Wasser wird erwärmt von t_1 bis T.

Meister: Und die Formel dazu war?

Schüler: Es war (S. 157), da die von N abgegebene Wärme W_k gleich der vom Wasser aufgenommenen war, $W_k = W$, also:

$$a_1 m_1 (T - t_1) = a \cdot m \cdot (t - T) \quad \ldots \ldots \quad (1)$$

und hieraus finden wir das gesuchte

$$a_1 = \frac{m \cdot (t - T)}{m_1 (T - t_1)} \cdot a,$$

und da a für Wasser $= 1$ ist,

$$a_1 = \frac{m (t - T)}{m_1 (T - t_1)} \text{ Kalorien} \cdot \quad \ldots \ldots \quad (2)$$

Meister: Es gibt noch andere Methoden, die spezifische Wärme zu bestimmen; ich nenne dir die Eisschmelzmethode, die durch Bunsens Vorrichtungen den höchsten Grad der Genauigkeit zu erreichen gestattete. Diese Methode behandeln wir später ausführlich. Ferner gibt es eine Erkaltungsmethode. In umfangreichen Werken findest du die genaue Beschreibung. Ehe ich dir die für feste und flüssige Stoffe gefundenen Zahlen mitteile, wollen wir noch das Verfahren bei Gasen besprechen.

Schüler: Die Bestimmungen müssen da wohl sehr schwierig auszuführen sein.

Meister: Gewiß; aber nicht nur die Versuche bergen allerhand Mühsal, auch der Begriff muß viel allgemeiner aufgefaßt werden. Die Anordnung der Versuche will ich dir nur andeuten. Man läßt bestimmte Gasmengen durch ein dünnes, recht langes metallenes Schlangenrohr streichen, das im Wasserkalorimeter sich befindet. Das hindurchstreichende Gas, nachdem es seine Wärme, durch die Wände des Schlangenrohres fortgeleitet, dem Wasser mitgeteilt hat, wird in einer Blase aufgefangen; man läßt mehrmals das Gas hin- und zurückstreichen, bis es stark abgekühlt ist, und berechnet dann ähnlich der Formel (1) die spezifische Wärme.

Schüler: Hierbei müssen wieder viele Korrektionen erforderlich sein.

Meister: Zum mindesten dieselben wie vorhin; das ganze Gefäß, der Rührer, das Thermometer, sie alle werden mit erwärmt. Man bestimmt die von ihnen beanspruchte Wärmemenge; das ist der sog.

„Wasserwert" des Kalorimeters. Aber hier, bei den Gasen, kommt, wie ich schon sagte, eine neue begriffliche Schwierigkeit hinzu; es muß die spezifische Wärme in ihrer großen Mannigfaltigkeit erfaßt werden. Die ausführliche Lehre wollen wir erst am Schlusse in der Thermomechanik besprechen, dagegen heute nur zwei Arten spezifischer Wärme kennzeichnen; die eine nennen wir c_p, die andere c_v. Der angehängte Buchstabe in c_p bedeutet, daß bei der Erwärmung des Gases der Druck p konstant erhalten wurde.

Schüler: Und bei c_v wurde also das Volumen konstant erhalten. Diese beiden Arten der Zustandsänderung haben wir ja schon bei Bestimmung von α angenommen.

Meister: Gut; in beiden Fällen sind die zuzuführenden Wärmemengen ganz verschieden; der Grund dafür liegt nahe. Bei c_v ist das Volumen beständig, folglich ist keine Arbeit nach außen geleistet worden, der Außendruck mußte nur gesteigert werden, um das Volumen konstant und den Innen- und Außendruck im Gleichgewicht zu erhalten; wenn aber das behandelte Gas sich ausdehnt, muß der Außendruck überwunden werden; berechne die zu verrichtende Arbeit.

Schüler: Bei c_v ist das Volumen v auf $(v + v \cdot \alpha)$ gestiegen; der Unterschied $v \cdot \alpha$ ist die Volumzunahme, also ist die Arbeit bei 1^0 Erwärmung gleich $p \cdot v \cdot \alpha$.

Meister: Diese Arbeit entstammt einem Teil der dem Körper zugeführten Wärmemenge c_p. Es ist der Unterschied beider $c_p - c_v$ die in Arbeit umgewandelte Wärme; dies war der erste Grundgedanke des berühmten Robert Mayer aus Heilbronn. Er suchte das Arbeitsäquivalent A aus der Gleichung $A \cdot p_0 \cdot v_0 \alpha = c_p - c_v$ zu bestimmen; weil $p_0 \cdot v_0$ nach Erg, c_p und c_v nach Kalorien gemessen wurde, mußte die Verhältniszahl A eingeführt werden.

Schüler: Das haben wir besprochen bei Auswertung der Molkonstante R. Es war 1 Erg $= \dfrac{1}{42\,270 \cdot g}$ Kal., also $A = \dfrac{1}{42\,270 \cdot g}$.

Meister: Ganz wahr. Bei den festen Körpern haben wir übrigens c_p gemessen und den Druck unverändert gelassen, ja wir haben ihn kaum beachtet. Wir gestatteten jenen Körpern sich auszudehnen; der Betrag der Volumzunahme war sehr gering.

Schüler: Also war auch die nach außen geleistete Arbeit $c_p - c_v$ sehr klein.

Meister: Und darum durften wir sie vernachlässigen. Dort wäre es kaum ausführbar, das Volumen bei Erwärmung konstant zu erhalten; die Theorie aber muß auch für jene Körper a_p und a_v trennen.

Schüler: Bei Gasen kann man auch im Versuche nach Belieben p oder v konstant erhalten.

Meister: Allerdings bei Bestimmung von α; aber c_v läßt sich sehr schwer beobachten; man hat bisher meist nur c_p durch Beobachtung ermittelt, während c_v sich durch theoretische Beziehungen erkennen ließ. — Nur noch so viel sage ich dir, daß beide Fälle ganz spezielle Annahmen sind, außer und zwischen denen unendlich viel andere Zustandsänderungen denkbar sind. Laß uns aber diese Frage später behandeln und jetzt die sehr interessanten Zahlenwerte besprechen. Zunächst die spezifische Wärme fester Körper. Du weißt, daß die Atommassen der verschiedenen Elemente innerhalb weiter Grenzen schwanken, von 1 bis 240; dieselbe Größe der Schwankung weisen die spezifischen Wärmen auf, nur in gerade entgegengesetztem Sinne. In folgender Tabelle sind zuerst die Atommassen verzeichnet. Je größer diese sind, um so kleiner ist c_p. In der letzten Reihe ist das Produkt $A \cdot c_p$ gebildet, das man „Atomwärme" nennt.

Atomgewicht, spezifische Wärme c_p und Atomwärme fester Körper.

Stoff	A	c_p	Atomwärmen $A \cdot c_p$
Silber	108,0	0,057	6,16
Kupfer	63,4	0,0949	6,02
Eisen	56,0	0,1138	6,37
Platin	197,4	0,0325	6,42
Zink	65,2	0,0956	6,23
Blei	207,0	0,0314	6,50
Natrium	23,0	0,2934	6,75
Lithium	7,0	0,9408	6,59
Aluminium	27,4	0,2143	5,87
Jod	127,0	0,0541	6,87

Was entnehmen wir nun für eine Beziehung aus der letzten Reihe?

Schüler: Die Atomwärmen der festen Körper sind nahezu einander gleich.

Meister: Daß sie nicht ganz gleich sind, läßt darauf schließen, daß es sich bei der Erwärmung fester Körper nicht bloß um die Arbeit der vermehrten Temperatur handelt, sondern daß außerdem noch molekulare Arbeiten zu verrichten sind. Immerhin ist die nahe Gleichheit in hohem Grade beachtenswert. Die Molekularphysik gewinnt daraus den Schluß, daß ein jedes Atom gleich viel Wärmezufuhr für 1^0 Erhöhung bedarf. Freilich gibt es Stoffe, die kleinere Atomwärmen haben, so z. B. C, Si und B. Aber die beobachteten Werte fallen ganz verschieden aus, je nach den Beschaffenheiten. Während Diamant die allerkleinste bisher beobachtete Atomwärme 1,35 hat, findet man für

Holzkohle 3,13; Si geschmolzen hat 3,89, kristallinisch 4,67. — Ferner zeigten alle diese Körper eine bei höherer Temperatur größere Zahl, die sich dem Werte 6 nähert.

Schüler: Gilt dieses Gesetz auch für zusammengesetzte Körper, wie etwa für Salze?

Meister: Salze stehen auch wieder zusammen, aber gruppenweise; die Oxyde RO z. B. haben 11,0, die Verbindungen R_2O_3 haben 27,0; RNO_3 haben 24. Alle diese Werte kann man auch berechnen unter gewissen Annahmen, doch führt uns das zu weit in die Chemie und Molekularphysik.

Schüler: Wie groß aber ist der Wert bei den vollkommenen Gasen, wo doch die größte Einfachheit zu erwarten ist?

Meister: Allerdings, bis auf den immer möglichen Zerfall der doppelatomigen Molekel in Atome; man fand für

	Molmassen	c_p	Molwärme $M . c_p$
Sauerstoff	31,92	0,2175	6,94
Wasserstoff	2,0	3,4090	6,82
Stickstoff	28,0	0,2438	6,83

Schüler: Das ist doch auch eine wunderbare Übereinstimmung!

Meister: Auffallend groß ist c_p für Wasserstoff. Alle Stoffe, die man untersucht hat, haben $c_p < 1$, ausgenommen einige Salzlösungen und Wasserstoff. Andere zwei- und mehratomige Gase haben, mit steigender Temperatur untersucht, immer höhere Werte für c_p.

Schüler: Ihr sprecht, Meister, immer nur von c_p; wie steht es denn mit c_v, wo keine äußere Arbeit zu leisten ist?

Meister: Es gibt eine Theorie der Schallfortpflanzung, die wir später kennen lernen werden, aus der sich ein Zahlenwert für das Verhältnis $k = c_p/c_v$ ergibt, und zwar ein sehr genauer Wert = 1,41. Die reine Molwärme $M . c_v$ ist für Wasserstoff

$$M . c_p/k = 6,82 : 1,41 = 4,83;$$
also $$M . (c_p - c_v) = 6,82 - 4,83 = 1,99 = AR,$$

wo A das kalorische Arbeitsäquivalent ist. Dieselbe Zahl ergab sich S. 177 (Gleichung 13), denn 84446 : 42270 ist auch = 1,99.

5. Zustandsänderungen bei Formartwechsel.

Schüler: Wir besprachen gestern die Handhabung des Kalorimeters zur Messung der spezifischen Wärme in Kalorien. Ihr erwähntet auch andere Methoden, die des Eisschmelzens und die des Erkaltens.

Nur bei Gasen wurden die Werte c_p und c_v unterschieden. Der Unterschied beider ward gleich der Konstante R der Gasformel erkannt und das Äquivalent A eingeführt. Es fand sich die Atomwärme der festen Elemente nahe gleich 6.

Meister: Das nennt man das Dulong-Petitsche Gesetz.

Schüler: Molwärmen der Gase waren auch einander gleich, etwa 6,8, aber bei konstantem Volum = 4,8.

Meister: Ausnahmen hiervon führen allemal zu neuen Erkenntnissen.

a) Übersicht der Formartwechsel.

Meister: Wie heißen die Übergänge aus fest in flüssig?

Schüler: Aus fest in flüssig — „Schmelzen“, aus flüssig in fest — „Erstarren“, auch „Gefrieren“.

Meister: Nur wenn diese Formänderung infolge von Energiezufuhr statthat, nennt man die Verflüssigung „Schmelzen“.

Schüler: Ihr meint doch Wärmezufuhr?

Meister: Nicht diese allein; auch durch mechanische Arbeitsleistung, durch Anwendung von Druck kann man das Schmelzen veranlassen. Es gibt aber noch eine Art der Verflüssigung fester Körper, die bei Berührung verschiedener Stoffe, namentlich fester und flüssiger, eintritt.

Schüler: Ihr meint die „Auflösung“.

Meister: Richtig. Und der Gegensatz hat viele Namen: „Niederschlagen“, „Ausfällen“, „Auskristallisieren“.

Schüler: In der Chemie habe ich das kennen gelernt.

Meister: Da gehören diese Erscheinungen vorzüglich hin; aber die Molarphysik darf sie nicht übergehen, weil es Zustandsänderungen sind, und die Werte der Parameter, Druck, Volumen, Temperatur, eine Hauptrolle spielen. Auch wird ein neuer Parameter uns entgegentreten.

Schüler: Welcher kann das wohl sein?

Meister: Vielleicht ist er dir noch nicht begegnet. Wenn die Masseneinheit eines Stoffes bei der Schmelztemperatur sich befindet, so ist sie zum Teil fest, s, zum anderen flüssig, f, und der Bruch f/s ist ein Parameter.

Schüler: Ich verstehe das so, daß dieser Bruch den Zustand der Masseneinheit mitbestimmt.

Meister: Wenn zwei Formarten eines Stoffes beisammen sind, sagt man, er habe zwei Phasen.

Schüler: Aber „Phase“ war doch die Gesamtheit der Eigenheiten während einer periodischen Erscheinung?

Meister: Ganz richtig; hier siehst du wieder eine bedauerliche Spracharmut. Und wenn es gilt, neue Begriffe zu kennzeichnen, greift man immer wieder zu Fremdwörtern, die bereits eine wichtige feste Bedeutung erhalten haben. Der hochverdiente Amerikaner Gibbs hat das Wort eingeführt.

Schüler: Warum wählte er nicht ein neues Wort?

Meister: Vielleicht weil er nicht umsichtig danach suchte. Zum Trost können wir uns sagen, daß die Stoffphasen schwerlich mit Periodenphasen verwechselt werden können, weil diese Begriffe nicht gleichzeitig angewandt werden. In der Thermomechanik wird uns dasselbe Wort in einer dritten Art verwandt begegnen; da aber dürfen wir es ablehnen. Welche weitere Formänderungen kennst du?

Schüler: Aus dem flüssigen in den gasförmigen Zustand, das ist das „Sieden".

Meister: Oder „Verdampfen", zuweilen „Verflüchtigen" genannt. Aber hier wollen wir einen Unterschied einführen. Die Flüssigkeit geht in „Dampf" über. Das Wort „Gas" wollen wir für eine vierte Formart vorbehalten.

Schüler: Aber wir behandelten doch schon die Gasgesetze; waren die nicht richtig?

Meister: Wir haben nur von wirklichen Gasen gesprochen; die neue Formart ist der Dampf, daher wir für diesen neue Gesetze erwarten können. Wie heißt nun das Gegenteil vom Verdampfen?

Schüler: Ich weiß es nicht genau.

Meister: Auch da herrscht eine Armut des Ausdruckes. Man nennt es am besten „Verflüssigen", schlechter erscheint mir „Kondensieren", auch „Niederschlagen".

Schüler: Und „Niederschlag" hieß auch schon das Ausfällen fester Körper aus chemischen Lösungen!

Meister: Der Vorgang der „Verdampfung" und sofort wieder vorgenommenen „Verflüssigung" heißt „Destillation". Dafür gibt es kein deutsches Wort; es ist auch keins erforderlich. Nun erübrigt noch der Übergang aus fest in dampfförmig; dafür gibt es wieder keinen anderen Namen als „Verdampfen" oder „Verflüchtigen". Den umgekehrten Vorgang aber nennt man „Sublimation" wofür zu deutsch wieder nur „Niederschlag" sich vorfindet.

Schüler: Jetzt bin ich begierig, zu erfahren, wie denn die Körper in den gasförmigen Zustand geraten, da Flüssigkeiten nur in Dampfform übergehen.

Meister: Ich will es fürs erste nur andeuten. Du weißt, was der Schmelzpunkt ist?

Schüler: Es ist die Temperatur, bei der feste Körper schmelzen.

Meister: Du weißt auch, was man Siedepunkt nennt?

Schüler: Es ist die Temperatur, bei der flüssige Körper verdampfen.

Meister: Das ist ganz ungenügend. Verdampfung findet bei jeder Temperatur statt.

Schüler: Ach ja, je nach dem äußeren Drucke ist auch der Siedepunkt verschieden.

Meister: Siedepunkt einer Flüssigkeit ist eine Temperatur, bei der der Druck der Flüssigkeit gleich ist dem äußeren Drucke. Die hierauf sich beziehenden Versuche werden wir bald besprechen.

Schüler: Ist der Schmelzpunkt auch vom Druck abhängig?

Meister: Jawohl; die Änderung des Schmelzpunktes ist zwar gering, kann aber ganz beträchtlich werden bei starken Druckwerten. Nun gibt es noch einen Übergangspunkt: den aus Dampf- in Gasform. Diese Temperatur heißt der „kritische Punkt".

Schüler: Von einem solchen habe ich noch nichts gehört!

Meister: Zur kritischen Temperatur gehört auch ein kritischer Druck und kritisches Volum.

Schüler: Das heißt: Masseneinheitsvolumen?

Meister: Jawohl. Bei noch höherer Temperatur tritt der Gaszustand ein, den man deshalb auch „überkritischen" oder „hyperkritischen" Zustand nennen kann.

Schüler: Aber ihr sagtet vorhin, Luft, Wasserstoff, Sauerstoff, Stickstoff seien Gase?

Meister: Richtig; bei gewöhnlicher Temperatur und noch weit hinab sind sie überkritisch, also Gase, denn ihr kritischer Punkt liegt tief unter 0, bei Wasserstoff bei etwa — 250⁰. Doch laß uns nun von vorn anfangen und das Schmelzen betrachten.

b) Schmelzen und Erstarren.

Meister: Was werden wir zu beobachten suchen?

Schüler: Die drei Parameter: Schmelztemperatur, Schmelzdruck und die Volumänderung.

Meister: Bei beständigem Druck haben die wichtigsten Körper auch eine konstante Schmelztemperatur; die Energiezufuhr bedingt nur beim Volumen eine Änderung. Noch eine Größe mußt du mir nennen, die bei allen Vorgängen die Hauptrolle spielt.

Schüler: Ihr meint die zuzuführende Wärmemenge.

Meister: Richtig; wir könnten aber allgemeiner und philosophisch gewissenhafter sagen: die Energiemenge. Indes wollen wir vom Schmelzen durch Druckarbeit vorläufig absehen und uns auf die Wärmezufuhr als die weitaus wichtigere beschränken.

Schüler: Die Schmelztemperatur haben wir schon bei der Thermometrie besprochen und erkannt, daß sie dieselbe ist, wie die Erstarrungstemperatur.

Meister: Dabei ist große Vorsicht erforderlich, denn wo die Wärme im Spiele ist, muß man immer an Störungen denken, Verlust nach außen durch Leitung und Strahlung.

Schüler: Und ebenso von außen her.

Meister: Nun bleibt uns zunächst für Eis die Wärmezufuhr zu bestimmen übrig.

Schüler: Ich weiß, daß man viel Wärme zuführt, während Eis oder Schnee schmilzt, und daß dabei die Temperatur nicht steigt. Ebenso behält Wasser, wenn es abgekühlt wird, seine Gefriertemperatur, bis alles erstarrt ist.

Meister: Wie nennt man die der Masseneinheit zuzuführende Schmelzwärmemenge?

Schüler: Das ist die „latente Wärme".

Meister: Und deren Betrag?

Schüler: Ist 79 Kalorien.

Meister: Das ist eine veraltete Zahlenangabe, die immer noch gelehrt wird. Bunsen bestimmte sie genau zu 80,025 Kalorien.

Schüler: Das heißt: man könnte 80 g Wasser mit dieser Wärmemenge um 1^0 erwärmen.

Meister: Die Bestimmung geschieht nach der Mischungsmethode. Nimm an, wir hätten m_e g Eis mit m_w g Wasser von der Temperatur t zusammengebracht, und setze die Schmelzwärme $= 80$ an, die Endtemperatur sei T.

Schüler: Dann wäre $80 . m_e = m_w . (t - T)$.

Meister: Das ist nicht richtig. Nachdem die Masse m_e geschmolzen ist, muß sie noch bis T erwärmt werden.

Schüler: Dann ist $m_e (80 + T) = m_w (t - T)$.

Meister: Richtig. Setze statt 80 eine Unbekannte x, nämlich die zu bestimmende latente Schmelzwärme; alle anderen Größen: t, T, m_e und m_w, sollen beobachtet werden.

Schüler: Dann wird $x = \dfrac{m_w (t - T) - m_e . T}{m_e}$.

Meister: Nur sind hierbei alle Korrektionen vernachlässigt. Ich überlasse das deinen späteren gründlicheren Studien.

Schüler: Kann man ähnlich die Schmelzwärmen bei anderen Stoffen bestimmen?

Meister: Allerdings, doch zeigen sich manche Eigentümlichkeiten. Zuweilen, z. B. bei Fettkörpern, tritt eine Erweichung ein, eine allmähliche Verflüssigung, der Schmelzpunkt erscheint etwas höher als der

Erstarrungspunkt. Übrigens läßt sich auch Wasser unter 0⁰ abkühlen, ohne daß es gefriert. Man nennt das „Unterkühlung", auch „Erstarrungsverzug". Ein hübscher Versuch wird mit dem „Gefrierthermometer" (Fig. 127) angestellt. Der zylindrische Queck-silberbehälter ist in ein Glasgefäß eingeschlossen, das reines luftleeres Wasser enthält, denn die Spitze ist in der Flamme zugeschmolzen worden, während das Wasser siedendheiß war. Taucht man diese Vorrichtung in eine Kältemischung von — 12⁰, so sinkt die Temperatur um 8 bis 10⁰

Fig. 127. unter 0, und das eingeschlossene Wasser bleibt flüssig und

wasserhell.   Bei einer mäßigen Erschütterung erstarrt das Wasser zu einem Wassereisschwamm, und sofort zeigt das Thermometer den richtigen Gefrierpunkt 0⁰. Der Masseneinheit Wasser von — 10⁰ waren bei der Unterkühlung nur 10 Kalorien entzogen; die Masse behielt also noch 70 Kalorien, daher kann nur $1/8$ Eis neben $7/8$ Wasser entstanden sein.

Schüler: Den Versuch möchte ich gern sehen!

Meister: Du kannst einen ähnlichen viel leichter anstellen. Fülle das wohlfeile Salz unterschwefligsaures Natron in einen Ballon und stelle ein Thermometer hinein. Der Schmelz-punkt des Salzes ist 48⁰. Wenn alles durch Erwärmung ge-schmolzen ist, laß den Ballon stehen; die Masse kann sich bis 18⁰ unterkühlen. Eine Erschütterung und noch sicherer das Hineinwerfen eines Kristallstückchens bringt sofort die ganze Masse zum Erstarren, und das Thermometer, was wird es zeigen?

Schüler: Einen Anstieg bis 48⁰!

Meister: Nun wollen wir noch beobachten, daß die Schmelztemperaturen sehr verschieden sind. Ich gebe dir eine kleine Tabelle, in die wir auch die Volumänderung eintragen wollen.

Schüler: Ich weiß, daß Wasser beim Gefrieren sich stark aus-dehnt.

Meister: Jawohl. Bunsen fand die Dichte des Eises gleich 0,916. Deute mir diese Zahl.

Schüler: Es sind so viel Gramm in einem Kub Eis. Deutlicher ist ja der reziproke Wert v_0. Es ist

$$v_0 = 1,0917,$$

also ist das Volumen 1 des Wassers um 0,0917 Kub gewachsen, fast ein Zehntel!

Meister: Daher der ungeheuer große Druck, den gefrierendes Wasser ausüben kann. Ist dir die Wirkung im Leben begegnet?

Schüler: Doch wohl; im Winter zerbrach eine in der Handkammer gelassene mit Wasser gefüllte Flasche.

Meister: Man hat auch Bomben sprengen können. Obwohl bei hohem Druck der Gefrierpunkt tief unter Null liegt, erstarrt endlich das Wasser doch, sprengt die Bombe, und man sieht den erstarrten, also kurz zuvor noch flüssigen Stoff als erstarrte Scheibe hervorsprießen (Fig. 128).

Schüler: Das muß gut aussehen und wohl gehörig knallen?

Meister: Ich glaube nicht; den Versuch habe ich nie gesehen. Ein Knall entsteht, wenn bei einem plötzlichen Zerreißen Luft von allen Seiten einströmt. Der Luftstoß pflanzt sich fort, die kräftige Erschütterung empfinden wir als Schall.

Schüler: Hier allerdings füllt das erkaltete Wasser sofort den entstandenen Riß.

Meister: Die in der freien Natur vom gefrierenden Wasser verrichtete Arbeit ist gewaltig groß, wie denn überhaupt das Wasser die unebene Erdoberfläche fort und fort umgestaltet.

Schüler: Auch das flüssige Wasser?

Fig. 128.

Meister: Gewiß, als Träger von Bewegungsenergie, die aus Gravitationsenergie erzeugt ist. Mittels Reibung arbeitet diese und fördert große Massen aus den Höhen in die Tiefen.

Schüler: In den Flüssen?

Meister: Und in Bächen, bis ins Meer hinein, das immer mehr Gebirgsstoff aufnimmt. Aber zuvor hat das Wasser die Felsen zerspaltet und „Klamme“ gebildet, d. h. breite Felswände erzeugt, auch als Eis die Felsen fortgeschoben, „Mulden“ und „Kessel“ erzeugt, auch die Felsen zertrümmert und fortgeschoben; das sind „Moränen“.

Schüler: So ist wohl auch der feine Sand hier am Strande vom Wasser so fein zerrieben?

Meister: Zum größten Teile. Die Energie der brandenden Wellen zerreibt mit der Zeit die härtesten Felsen.

Schüler: Es ist wohl erstaunlich, daß das Wasser so viel Arbeit verrichten kann.

Meister: Und dabei ist das Wasser eine so milde Substanz, daß alle Lebewesen es genießen und darin leben können. Es ist der Träger zahlloser Tiere, und es gibt kein Geschöpf, das ohne Wasser leben kann. Seine Eigenheit, viele Stoffe auflösen zu können, verleiht ihm auch eine wichtige Vermittlerrolle. Bedenke, daß alle unsere Nahrung flüssig werden muß, wenn unser Körper sie ins Blut aufnehmen soll; darauf beruht alle Verdauung.

Schüler: Aber wir können uns doch sättigen, ohne Getränk zu uns zu nehmen.

Meister: Trotzdem ist viel Wasser dabei tätig, denn alle Nahrung enthält einen großen Teil Wasser.

Schüler: Dabei ist, wie ihr sagtet, das Wasser so milde.

Meister: Es ist weder sauer, noch basisch, noch salzig, und deshalb so sehr geeignet, Träger der Lebewelt zu sein. Das Salzwasser des Ozeans kann nicht genossen werden, es ist wunderbar, daß Tiere darin gedeihen können.

Schüler: Sie müssen darauf eingerichtet sein.

Meister: Sicher; Süßwasserfische kommen darin um, und umgekehrt.

Schüler: Nehmen alle Stoffe beim Erstarren größeren Raum ein?

Meister: O nein, die wenigsten. Unter den Metallen sind es nur zwei: 1 g Eisen um 0,0085 Kub und 1 g Wismut um 0,0034 Kub; daraus kannst du berechnen, um welchen Bruchteil ein Kub Fe oder Bi sich beim Erstarren ausdehnt.

Schüler: Eisen hat die Dichte 6,5 und also $v_0 = \dfrac{1}{6,5}$. Dieses v_0 nimmt zu um 0,0085, also 1 Volumen um 0,0552.

Meister: Alle anderen Metalle werden dichter beim Erstarren, um 1 bis 5 Proz. des Anfangsvolumens.

Schüler: Wollt ihr mir nicht mitteilen, wie die Schmelztemperatur vom äußeren Druck abhängt?

Meister: Es erniedrigt 1 Atm. Druckzunahme den Schmelzpunkt des Eises um 0,0076°. Allgemein ist die Erniedrigung proportional dem Druck.

Schüler: Also ist sie gleich — 0,0076 × p.

Meister: Ja, aber p in Atmosphären gemessen!

Schüler: Kann man den Schmelzpunkt nicht ohne den äußeren Druck beobachten?

Meister: Gewiß; im luftleeren Raum ist der Schmelzpunkt + 0,0076°, was mit sehr feinen Thermometern bestimmt worden ist. Interessant ist es, daß eben diese Zahl vor allen Versuchen theoretisch vorausgesagt worden ist, gleichzeitig von Clausius und W. Thomson. Mousson schätzt den Druck, den er in einem Stahlmörser ausübte, auf etwa 10 000 Atm. Das Eis wurde dabei flüssig bei — 18°! — Tammann hat sehr viel Versuche bei Drucken bis über 3000 Atm. angestellt und glaubt drei Eiszustände unterscheiden zu müssen, von denen einer eine Dichte > 1 bei hohem Druck ergibt.

Schüler: Sind die Schmelztemperaturen und Schmelzwärmen für alle Stoffe bestimmt worden?

Meister: Das wäre doch unmöglich, aber für sehr viele. Ich gebe dir eine Tabelle über beide Größen für eine der wichtigsten Stoffe.

Schmelztemperatur und Schmelzwärme.

Stoff	Schmelz-tempera-tur	Latente Schmelz-wärme	Stoff	Schmelz-tempera-tur	Latente Schmelz-wärme
Wasserstoff . .	— 259	—	Bi$_4$ Pb Sn$_2$ Cd$_2$.	+ 68	—
Sauerstoff . . .	— 227	—	Bi$_7$ Sn$_6$ Pb$_4$ . . .	+ 90	—
Stickstoff . . .	— 211	—	Natrium . . .	+ 98	—
Argon	— 188	—	Schwefel . . .	+ 119	—
Äthyläther . .	— 118	—	Zinn	+ 232	14,3
Salzsäure . . .	— 112	—	Cadmium . . .	+ 322	—
Äthylalkohol .	— 112	—	Blei	+ 327	5,4
Chlor	— 102	—	Zink	+ 420	28,1
Kohlendioxyd .	— 60	—	Chlornatrium .	+ 820	—
Salpetersäure .	— 42	—	Silber	+ 960	23,0
Quecksilber . .	— 39	2,8	Gold	+1068	—
Terpentinöl . .	— 10	—	Kupfer	+1085	43,0
Brom	— 7	16,2	Glas	+{1000 / 1400}	—
Wasser	0	80,0			
Phosphor . . .	+ 44	5,0	Gußeisen . . .	+1200	—
Stearin	+ 56	—	Nickel	+1480	—
Kalium	+ 62	13,6	Eisen	+1600	—
Jod	+ 63	—	Platin	+1760	—

c) Lösen, Niederschlagen, Kristallisieren.

Meister: Beim Auflösen fester Körper handelt es sich erstens um die in der Volumeinheit lösbare Menge; sie ist eine Funktion der Temperatur.

Schüler: Und wohl auch des Druckes?

Meister: Gewiß auch, doch in geringem Grade. Zweitens tritt die Lösungswärme in Frage.

Schüler: Ist das nicht die Temperatur?

Meister: Verwechsele doch nicht Wärme mit Wärmegrad. Wie zum Schmelzen Schmelzwärme erforderlich war, so auch zum Lösen Lösungswärme.

Schüler: Aber beim Lösen führt man doch keine Wärme hinzu.

Meister: Ganz richtig. Zur Verflüssigung ist aber durchaus Wärme erforderlich; der sich lösende Körper entnimmt sie seiner Umgebung, vor allem aber sich selbst und dem Lösungsmittel, sei es Wasser oder eine andere Flüssigkeit.

Schüler: Dann wird eine Abkühlung der Flüssigkeit während des Lösens zu beobachten sein.

Meister: Stelle dein Thermometer in ein Gefäß mit Wasser, schütte Zucker oder Salz, besonders bequem Salmiak hinein, und die Temperatur sinkt rasch, selbst unter 0°.

Schüler: Ohne zu gefrieren?

Meister: Wie soll das erstarren können; die Erstarrung entbindet ja Wärme, so wie Lösung Wärme bindet. Das wird dir bald klar werden; wir wollen eine bestimmte Lösung als Beispiel vornehmen. Fast alle löslichen Stoffe zeigen eine mit der Temperatur zunehmende Lösungsmenge. Nimmt die Lösung keine Substanz mehr auf, so nennt man sie gesättigt; sonst ist sie ungesättigt. Was wird nun geschehen, wenn wir eine gesättigte Lösung vom festen Stoff abgießen und sie nun erwärmen?

Schüler: Da sie bei höherer Temperatur mehr Stoff auflösen könnte, wird sie ungesättigt werden.

Meister: Und wenn wir der Lösung Wärme entziehen?

Schüler: Dann bleibt sie gesättigt.

Meister: Dann wird sie entweder übersättigt, denn es fällt nicht sogleich der Stoff aus, weil auch hier ein Fällungsverzug beobachtet wird — oder sie bleibt gesättigt, nämlich weil der Stoff herausfällt oder herauskristallisiert. Aber es gibt noch eine dritte Möglichkeit; es kann bei Abkühlung die Lösung erstarren.

Schüler: Welches ist aber die Erstarrungstemperatur?

Meister: Eben diese kommt in Frage. Denken wir uns eine ungesättigte Lösung und suchen die Gefriertemperatur auf, so zeigt sich diese unter 0^0, und zwar ist die „Gefrierpunktserniedrigung" fast proportional der gelösten Menge. Dabei aber erstarrt nur das Wasser, das Lösungsmittel; dadurch wird die nachbleibende Lösung gesättigter; folglich sinkt die Gefriertemperatur usf. immer weiter, bis ein tiefster Punkt erreicht ist, nämlich wo durch Ausscheiden von Eis eine gesättigte Lösung entstanden ist. Von jetzt an bleibt die Gefriertemperatur beständig, es fällt aber neben dem festen Stoffe auch so viel Eis mit heraus, daß die Lösung unveränderte Zusammensetzung behält. Der sich ausscheidende Stoff wird ein „Kryohydrat" genannt, vom griechischen „kryos", Kälte.

Schüler: Gilt das für alle Salzlösungen?

Meister: Wahrscheinlich wohl; denn es läßt sich zeigen, daß es solch eine tiefste Temperatur geben muß. Wenn nämlich die gesättigte warme Lösung abgekühlt wird, fällt nur Salz heraus, die Lösung bleibt gesättigt, weil die Temperatur sinkt; man kann sie unter 0^0 abkühlen, und zwar so lange, bis jene Temperatur des entstehenden Kryohydrats erreicht ist. Die Figur 129 enthält alles verzeichnet, was zum Verständnis erforderlich ist. Die Gefrierkurve beschrieb ich vorhin, ihr muß die besprochene Sättigungskurve begegnen.

Schüler: Also bei 76,3 g Salz in 100 g Wasser könnte man eine Abkühlung bis — 17,5^0 vornehmen, ohne daß Salz oder Eis sich ausscheidet. Bei weiterer Abkühlung fiele das Kryohydrat heraus.

Meister: Ganz richtig; und wenn die Lösung verdünnter ist?

Schüler: Z. B. bei 60 Proz. Salz würde erst bei — 15⁰ die Erstarrung beginnen und wieder nur bis — 17,5⁰ herabgehen.

Meister: Und wenn wir 100 Proz. bei 20⁰ gelöst hätten?

Schüler: Dann könnten wir abkühlen bis etwa — 8⁰, ohne daß
etwas niederfällt; bei der weiteren Abkühlung fiele nur Salz heraus, die
Lösung wird verdünnter, bleibt aber gesättigt, bis sie nur noch 76,3⁰
enthält. Das ist wunderbar schön!

Meister: Diese Zahlen beziehen sich auf das Ammoniumnitrat.
Aber ähnlich verhalten sich andere Lösungen. Was wird aber geschehen,
wenn wir dieses Salz oder ein anderes mit Eis oder Schnee zusammen-
bringen?

Fig. 129.

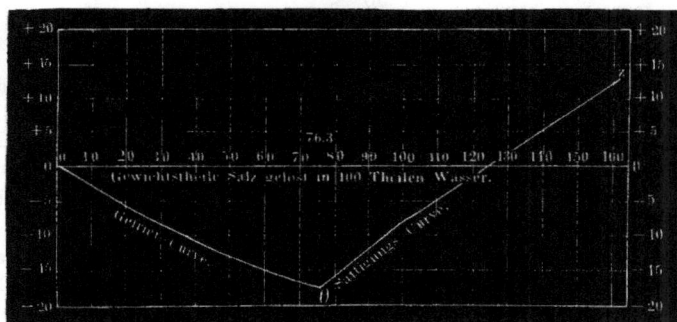

Schüler: Dann haben bald beide Stoffe 0⁰, denn das etwas
wärmere Salz wird etwas Schnee schmelzen lassen, bis beide Stoffe 0⁰
haben. Bei dieser Temperatur aber können sie nicht feste Stoffe bleiben.

Meister: Richtig; da wo sie sich berühren, tritt sofort beiderseits
Verflüssigung ein.

Schüler: Dazu war Wärme nötig, und wenn keine zugeführt wird,
muß unsere Mischung sie sich selbst entnehmen. Sie wird kalt werden.

Meister: Und bei dieser Abkühlung wird immer mehr Salz und
Eis gesättigte Lösung bilden; wie lange kann das so fortdauern?

Schüler: Ich denke bis zur Kryohydrattemperatur, denn kälter
kann ja die Mischung niemals werden.

Meister: Daraus erkennen wir den Nutzen dieses Begriffes. Die
Mischung aus Salz und Schnee heißt „Kältemischung". Auf eine sehr
interessante Beziehung zum Molekulargewicht sei noch hingewiesen. Es
war 1 Mol = M Gramm; nehmen wir m Gramm, setzen $\dfrac{m}{M} = \mu$, und

lösen m in 100 g Lösungsmittel, so ist die Gefrierpunktserniedrigung t proportional μ.

Schüler: Also $t = E \cdot \mu$, und E ist $= t$, wenn $\mu = 1$ ist, d. h. wenn ein Mol Stoff in 100 g Lösungsmittel ist.

Meister: Und E hat für jedes Lösungsmittel einen festen Wert, für Wasser 18,9⁰, für Essigsäure 39⁰, für Benzol 49⁰.

Schüler: Das ist wieder erstaunlich! Nehmen wir z. B. von NaCl 23 + 35 = 58 g und mischen das mit 100 g Schnee, so könnten wir — 18,9⁰ erreichen?

Meister: Das wäre richtig, wenn 58 g löslich wären. In der Gleichung gilt als äußerste Grenze der Anwendung das Maximum der Löslichkeit, bei NaCl etwa 30 Proz.

Schüler: Also nur $= \dfrac{30}{58}$ und $t = \dfrac{30}{58} \times 18{,}9$ gibt 9,8⁰ als kälteste mit NaCl zu erreichende Temperatur.

Meister: Doch stimmt das nicht genau, und wir überlassen den Chemikern das Feld der Untersuchung. Noch ein anderes Gebiet wollen wir nur kurz berühren, obwohl es theoretisch und praktisch von Bedeutung ist. Weißt du, was eine Legierung ist?

Schüler: Ein Gemisch aus zwei oder mehr Metallen; wenn aber Quecksilber dabei ist, nennt man es ein Amalgam.

Meister: Die Legierungen, deren einige du in der Tabelle findest, haben oft Schmelzpunkte, die viel tiefer liegen als die Schmelzpunkte ihrer Bestandteile. Du findest welche angegeben, die unter 100⁰, also schon in warmem Wasser, schmelzen, und das ist technisch verwertet worden. Ein Lötmittel ist auch eine Legierung.

Schüler: Deren Schmelzpunkt muß ja auch niedriger sein als der, den die beiden miteinander zu verlötenden Metalle haben.

d) Verdampfen. Kondensieren.

Meister: Kannst du nun in äußerster Kürze das umfangreiche Gebiet wiedergeben?

Schüler: Erlaubt mir, mich zu beschränken auf Nennung aller wichtigen Gesetze, die sich auf Verflüssigung und Erstarren beziehen. Die Schmelztemperatur ist auch die des Erstarrens, ausgenommen viele allmählich beim Erwärmen erweichende Stoffe. Es findet beim Schmelzen eine Wärmezufuhr ohne Temperaturänderung statt.

Meister: Die pro Gramm zuzuführende Wärme heißt „latente Schmelzwärme", vom lateinischen latent = verborgen; sofern sie nicht in Zunahme der Temperatur sichtbar hervortritt.

Schüler: Sie ist auf innere oder Molekulararbeit verbraucht. Beim Erstarren wird Wärme frei oder entbunden.

Meister: Die Schmelztemperaturen für verschiedene Stoffe schwanken zwischen — 271° für Helium bis zu unerreichten Graden, wie für Kohle und Molybdän. Und wie hießen die beiden Formarten, wenn sie gemengt sind?

Schüler: Die hießen Phasen eines Stoffes. Wir besprachen die Unterkühlung und daß plötzlich beim Erstarren die richtige Schmelztemperatur erreicht wird. Die Volumänderung beim Eise war beträchtlich, und daran schloßt ihr viele Bemerkungen über die Arbeit des Wassers auf der Erde. Zuletzt besprachen wir das Verhalten der Salzlösungen und der Legierungen.

Meister: Das Molekulargesetz für Gefrierpunktserniedrigung hat E. Beckmann angewandt zur Bestimmung der Molekulargewichte.

Schüler: Die niedrigste durch Kältemischung erreichbare Temperatur konnte durch dieses Gesetz gefunden werden und es war zugleich die Temperatur der sich bildenden Kryohydrate.

Meister: Diese sind immer Gemenge von Salz und Eis und keine chemischen Verbindungen. Wir gehen nun zur Verdampfung über. Ich beginne gleich mit der Tatsache, daß Energiezufuhr wie zum Schmelzen, so auch zum Verdampfen nötig ist. Nun kann solches auch ohne Wärmezufuhr durch Parameteränderung statthaben. Man braucht nur das Gleichgewicht aufzuheben, z. B. den lastenden Außendruck fortzuschaffen.

Schüler: Dann wird der verdampfende Stoff sich selbst die Wärme entziehen müssen, wie es bei der Verflüssigung von Salz neben Schnee war.

Meister: Ganz richtig. Du wirst wohl erstaunen, wenn ich dir nun sage: die flüssige Formart ist nur durch Gewalt erhaltbar, d. h. durch äußeren Druck. Nimmt man den fort, so verdampft die Flüssigkeit schneller oder langsamer. Wenn es sehr schnell geschieht, nennt man es „explodieren". Die Geschwindigkeit des Verdampfens kann nämlich dadurch gehemmt werden, daß der entstandene Dampf einen Gegendruck ausübt. Ist der dem entstehenden Dampfe dargebotene Raum groß, so kann nur langsam ein Gegendruck sich entwickeln; ist der Raum klein, so entsteht bald vollständiges Gleichgewicht.

Schüler: Gleichgewicht? Zwischen welchen Kräften?

Meister: Der entstehende Dampf übt, eingeschlossen, einen Druck aus, das ist die „Dampfspannung". Aber auch der Flüssigkeit spricht man eine Spannkraft zu, infolge deren die Dampfbildung sich vollzieht. Diese Spannung ist eine nur von der Temperatur der Flüssigkeit abhängende Größe.

Schüler: Ist die Spannung der Temperatur proportional?

Meister: O nein, sie wächst viel schneller; das zeigt sich bei allen Flüssigkeiten. Davon reden wir bald. Fürs erste muß uns die Spannkraft beschäftigen. Du weißt, daß Wasser in einem offenen Gefäße verdunstet. Was nennt man Verdunstung?

Schüler: Es geht das flüssige Wasser in Dampf über.

Meister: Und dieser Dampf ist unsichtbar; erscheint er uns nebelartig, so ist das kein Dampf, denn dieser Nebel besteht aus flüssigen Wasserkügelchen.

Schüler: Ist denn Dampf immer unsichtbar?

Meister: Meist — sobald er keine Farbe hat.

Schüler: Wie Chlor-, Jod- und Bromdampf.

Meister: Dringt Dampf in Luft ein, so kann er sichtbar werden, solange die Massen nicht gleichförmig durchmischt sind; doch sind das Fragen, die wir in der Lichtlehre zu besprechen haben. Hier sollte darauf hingewiesen werden, daß wir, im Luftmeer lebend, in unseren Versuchen entweder die Anwesenheit von Luft zu beachten haben oder daß wir sie zu entfernen suchen müssen. Denke dir eine Menge warmen Wassers in einem Gefäße. Könnten wir die Luft mit ihrem Druck plötzlich entfernen, so würde das Wasser explodieren.

Schüler: Woher weiß man das, da man die Luft nicht entfernen kann?

Meister: Wir werden sie sehr bald vollkommen entfernen — leider aber nur aus geschlossenem, nicht sehr großem Raume; dennoch sollst du Explosionen sehen, die um so stärker auftreten, je wärmer das Wasser ist. Aber bei 30^0 sind sie noch deutlich sichtbar. Jetzt sperren wir Wasser oder Alkohol oder eine noch flüchtigere Flüssigkeit, Äther, in einem Glasrohr mit Quecksilber gegen die äußere Luft ab. Wir nehmen ein über 80 Zent langes Glasrohr von 1 Zent Durchmesser und füllen es mit ausgekochtem Quecksilber an, lassen aber die letzten 2 Zent frei und gießen aufs Quecksilber Äther, schließen den Äther mit dem Zeigefinger gut ab, kehren das Rohr um.

Schüler: Dann wird die dünnere Äthermasse nach oben ans verschlossene Ende des Glasrohres aufsteigen.

Meister: Nun stellen wir das Rohr in ein mit Quecksilber gefülltes Gefäß v (Fig. 130) und nehmen nun den Finger fort. Was wird jetzt wohl eintreten?

Schüler: Hätten wir keinen Äther zugegossen, so wäre ein Barometer hergestellt. Das Quecksilber würde sinken und ein leerer Raum entstehen, von nahe 4 Zent Höhe, denn dann wäre die Höhe von 76 Zent als Gleichgewicht gegen den äußeren Luftdruck da.

Meister: Dieses Barometer siehst du links (Fig. 130) angebracht. Das mittlere Rohr ist aber das unserige. Die Ätherflüssigkeit ist über dem Quecksilber sichtbar. Wird das so bleiben?

Schüler: Ich sehe schon ein, daß sich Dampf entwickeln wird, der die Quecksilbermasse hinunterschleudern und aus dem Rohre hinaus-

treiben wird. Muß die Explosion nicht das Rohr emporheben und fort-
schleudern?

Meister: Das würde denkbar sein, wenn der dargebotene Raum
nicht so klein wäre.

Schüler: Ich sehe an der Figur, daß im dritten Rohr der Dampf
den Raum b'' einnimmt. Kann ich nun den Dampfdruck messen?

Fig. 131. Fig. 132.

Fig. 130.

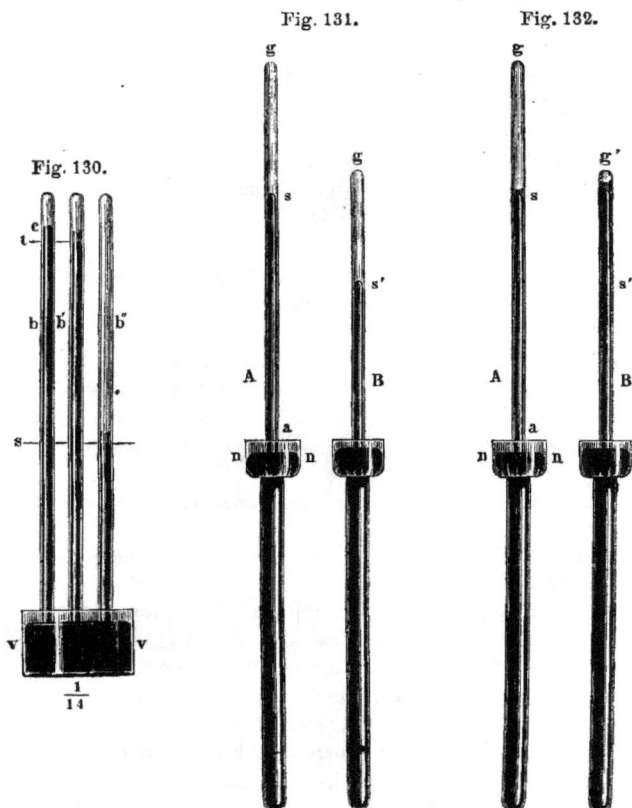

Meister: Und was mißt du damit zugleich?

Schüler: Die Spannung im Äther. Sie ist gleich dem Druck der
Quecksilbersäule cs.

Meister: Richtig. Wenn wir die mit Äther und Dampf erfüllte
Strecke erwärmen — wenn auch nur mit der Hand —, so sehen wir
sofort das Quecksilber sinken. Besser ist es, ein Wasserbad um das
Rohr herum anzubringen.

Schüler: Dann könnten wir Versuche bei gleichmäßiger Temperatur anstellen.

Meister: Doch nur bis 35⁰ hinauf, wenn es Äther ist, weil dann der Dampfdruck schon 1 Atm. beträgt.

Schüler: Ist das nicht der Siedepunkt des Äthers?

Meister: Allerdings; der Äther siedet bei 35⁰, wenn Luft von 76 Zent Quecksilberhöhe auf ihm lastet. Bei geringerem Druck siedet er auch schon früher.

Schüler: Also schon bei niederer Temperatur, auch schon in warmer Hand gehalten.

Meister: Unsere Versuche werden noch lehrreicher, wenn wir das Gefäß vv durch das tiefe Rohrgefäß Fig. 97, S. 140, ersetzen. Einfacher abgebildet bringt dir dasselbe Fig. 131 und 132. Enthält der obere Raum gs Luft, und wir senken das Rohr hinab, so sinkt das Quecksilber bis s'. Warum?

Schüler: Weil die Dichte zunimmt, also der Druck wächst.

Meister: Wenn aber gar keine Luft, sondern nur Äther sich über dem Quecksilber befindet?

Schüler: Dann wird, wie die Zeichnung rechts anzeigt, der Druck unverändert bleiben. Der Dampf muß wieder flüssig geworden sein!

Meister: Daraus erkennst du, daß der Dampf den bei dieser Temperatur höchstmöglichen Wert hatte. Jede Kompression verflüssigt jetzt den Dampf.

Schüler: Und heben wir das Rohr empor, so entwickelt sich wieder Dampf.

Meister: Weil sonst kein Gleichgewicht vorhanden wäre. Für jede Temperatur gibt es ein Maximum der Spannkraft des Dampfes. Ist diese Spannung vorhanden, so nennt man den Raum „mit Dampf gesättigt". Du siehst auch ein, daß, je größer der Raum sg, um so eher die Flüssigkeit sich insgesamt in Dampfform umgewandelt haben wird. Denke dir nun, wir hätten wenig Äther eingegossen, so daß gs zwar gesättigt, aber keine Flüssigkeit mehr zugegen wäre. Was wird geschehen, wenn wir das Glasrohr höher hinauf rücken?

Schüler: Das Quecksilber wird die alte Höhe einnehmen.

Meister: Aber der Dampf nimmt doch einen größeren Raum ein.

Schüler: Dann hat allerdings seine Dichte abgenommen.

Meister: Er wird also „ungesättigt" sein. Dann hat aber auch der Druck abgenommen, und das Quecksilber —?

Schüler: Muß wohl steigen, bis Gleichgewicht eintritt. Nun kann man ja den Druck des ungesättigten Dampfes messen?

Meister: Richtig. Er befolgt das Boylesche Gesetz, doch nicht genau, weil zuerst immer noch Tagmen in Molekeln sich verwandeln.

Schüler: Also je ferner vom Sättigungspunkt, um so näher dem Gesetz der Gase.

Meister: Man nennt die ungesättigten Dämpfe auch überhitzte. Stelle dir vor, wir hätten vorhin, als der Raum *gs* mit Dampf gesättigt und keine Flüssigkeit mehr zugegen war, nicht das Rohr erhoben, sondern nur erhitzt.

Schüler: Dann konnten sich keine neuen Dämpfe entwickeln; es bestände nicht mehr das Maximum der Spannkraft; der nun erhitzte Dampf wäre zugleich ein ungesättigter. Das habe ich begriffen.

Meister: In den beiden Ausdrücken ungesättigt und überhitzt wird angedeutet, durch welche Parameteränderung ein neuer Zustand aus dem gesättigten veranlaßt worden ist.

Schüler: Ungesättigt: durch Raumvergrößerung und dadurch bedingte Druckverminderung; überhitzt: durch Temperatursteigerung.

Meister: Richtig, dort wird Druckarbeit geleistet, und hier Wärmeenergie zugeführt. — In der Fig. 133 denke dir den Zylinder von unten her mit Dampf erfüllt. In der verzeichneten Stellung des Kolbens betrüge der untere Raum 1 Liter. Wieviel Gramm Wasserdampf von 100⁰ würde er enthalten?

Schüler: Das kann ich doch nur angeben, wenn ich die Dichte oder besser das spezifische Volumen kenne.

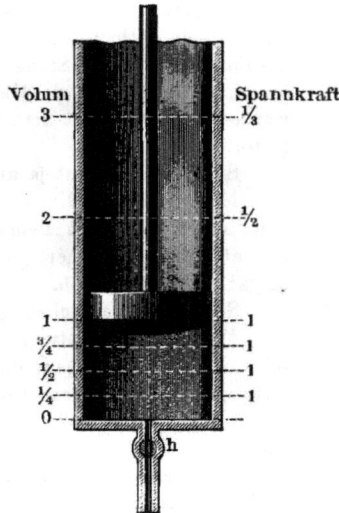

Fig. 133.

Meister: Sehr gut. 1 g nimmt bei 100⁰ 1687 Kub ein.

Schüler: Dann faßt 1 Liter oder 1000 Kub $\frac{1000}{1687}$ Gramm, also nahe 0,6 Gramm Dampf.

Meister: Nun sperren wir den Hahn *h* ab und erheben den Kolben.

Schüler: Dann ist der Dampf ungesättigt. Auch sehe ich links das Volumen, rechts den Druck oder die Spannkraft hingeschrieben, also dem Gasgesetz entsprechend.

Meister: Und was geschieht beim Niedergang des Kolbens bis zum Boden?

Schüler: Der Dampf wird verdichtet, aber nur bis zum Maximum in der Anfangsstellung. Dann beharrt weiterhin dieser Druck, wie rechts angedeutet ist, und der Dampf wird verflüssigt.

Meister: Die hier eintretenden verschiedenen Stellungen geben immerhin verschiedene Zustände der Masse 0,6 g an; dennoch sind p und t unverändert.

Schüler: Aber v hat sich verändert. Es ist in zwei Teile zerspalten.

Meister: Es ist $v = W + D$ geworden. Nebeneinander bestehende Formarten nannten wir Phasen. Das Verhältnis $q = \dfrac{D}{W}$ ist ein Parameter, warum?

Schüler: Weil dadurch der Zustand bestimmt werden kann. Eis ist wohl auch eine Wasserphase?

Meister: Jawohl. Es können alle drei Phasen beieinander vorhanden sein. Doch ist das neue unglücklich gewählte Wort nicht auf die Formarten eines Stoffes beschränkt. Tritt noch ein anderer Körper hinzu, und erfaßt man das Ganze als System, dessen Zustand beschrieben werden soll, so nennt man die chemisch verschiedenen Körper „Komponenten".

Schüler: Das ist ja auch ein schon verbrauchtes Wort!

Meister: Allerdings. Ein ganz neuer Begriff sollte immer ein ganz neues Wort als Beigabe erhalten. Z. B. wäre hier statt Komponenten viel einfacher „Stema" gesagt. Mehrere Stemen bilden ein „System" von Stoffen.

Schüler: Versuchen wir, Meister, Stemen beizubehalten.

Meister: Meinetwegen, da es dir Vergnügen zu bereiten scheint. Ich muß dir noch sagen, daß selbst, wenn mehrere Stemen zusammentreten, alle ihre Phasen zusammengezählt werden; die erst in neuester Zeit erkannten Gesetze sind äußerst lehrreich. Doch davon handeln wir später.

Schüler: Aber um ein Beispiel für die Phasen eines Systems darf ich doch bitten.

Meister: Nicht gern, weil die Frage zu tief in die Chemie eingreift. Was nämlich ein „Stema" sei, ist recht schwer zu erkennen; auch ist oft die „Phase" schwer zu bestimmen. Halte dich daran, daß Phasen die gleichartigen oder homogenen Bestandteile eines Systemes sind, die aber mechanisch abtrennbar sein müssen. Eine Salzlösung z. B. ist nur ein Stema und hat eine Phase. Ist Dampf über der Lösung, so haben wir zwei Stemen und zwei Phasen. Hierbei sind folgende Voraussetzungen von Bedeutung. Ein System nennen wir eine Gesamtheit sich berührender Körper, die ein Volumen V einnehmen, sich unter einem Druck p befinden und alle eine Temperatur t haben. Solche Systeme denkt man sich im Zustande des Gleichgewichts.

Schüler: Das setzt wohl voraus, daß die möglichen Änderungen schon vor sich gegangen sind.

Meister: So zwar, daß weder physikalische noch chemische Änderungen mehr vorkommen. Einige Beispiele sind für zwei Stemen und drei Phasen: eine ungesättigte Salzlösung, Eis und Dampf, für zwei Stemen und zwei Phasen: eine gesättigte Salzlösung und Dampf. Hierbei könnte noch ein Stema hinzutreten, nämlich das feste Salz.

Schüler: Die gesättigte Lösung gäbe also nur ein Stema, da mechanisch sich kein ungleichartiger Teil davon trennen läßt.

Meister: Ganz richtig. Deine Wißbegier zu stillen, teile ich dir mit, daß es in einem System nie mehr als eine gasförmige Phase geben kann, denn zwei Gase nebeneinander sind nie im Gleichgewicht, selbst wenn sie gleichen Druck haben. Sie durchdringen sich und der dargebotene Raum wird schließlich von beiden Gasen eingenommen.

Schüler: Doch so, daß sie zuletzt ein gleichartiges Gemenge bilden.

Meister: Also sind sie dann ein Stema und eine Phase. Die gegenseitige Durchdringung von Gasen und auch von Dämpfen oder von Gasen und Dämpfen nennt man „Diffusion", was nichts anderes bedeutet als Durchdringung. Hat das Gemenge den Druck P, so stammt dieser aus den Teildrucken p_1 und p_2, auch p_3, falls noch ein drittes Gas denselben Raum erfüllt, und es ist $P = p_1 + p_2 + p_3 + \cdots$, in Worten?

Schüler: Der Druck eines Gasgemenges ist gleich der Summe der Teildrucke.

Meister: Man nennt das das Daltonsche Gesetz. Es gilt ganz ebenso für Dämpfe. In feuchter Luft unterscheidet man den Teildruck des Wasserdampfes p_1 vom Teildruck p_2 der „trockenen Luft".

Schüler: Auch hier ist $P = p_1 + p_2$.

Meister: Die feuchte Luft heißt auch gesättigt, wenn p_1 der der herrschenden Temperatur entsprechende Maximaldruck ist: sonst spricht man von ungesättigter Luft.

Schüler: Nun bin ich immer noch begierig zu erfahren, wie man die Spannkraft bei verschiedenen Temperaturen mißt.

Meister: Für Drucke, die eine Atmosphäre nicht übersteigen, haben wir das Verfahren besprochen. Es braucht bloß das Versuchsrohr Fig. 130 in ein Wasserbad getaucht zu werden. Für höhere Drucke denke dir eine Vorrichtung wie Fig. 134; deute mir den Gebrauch!

Schüler: Im kurzen Schenkel ist die zu untersuchende Flüssigkeit und über ihr wohl nur deren Dampf, dessen Druck gemessen wird. Das lange Rohr ist oben zugeschmolzen; aber was enthält es?

Meister: Da wir hohe Temperaturen anwenden und starke Spannungen messen wollen, so darf es nicht luftleer sein.

Schüler: Es könnte also Luft enthalten, aus dessen Volumen sich nach dem Boyleschen Gesetze der Druck berechnen ließe.

Meister: Ehe das Rohr oben verschmolzen wurde, herrschte jedenfalls Atmosphärendruck im offenen Schenkel. Dieser Schenkel ist kalibriert worden, d. h. es ist das „Kaliber" oder der Rauminhalt bestimmt worden von dem oberen Ende bis zu jeder Stelle im Rohre.

Schüler: Dann läßt sich bei jeder Beobachtung das Volumen der Luft, also auch die Zusammendrückung und daraus der Druck berechnen.

Fig. 134.

Meister: Für sehr hohe Drucke müssen noch andere Vorrichtungen dienen. In umfangreichen Lehrbüchern findest du deren viele beschrieben. Kannst du mir nun sagen, was man unter „Sieden" zu verstehen hat?

Schüler: Es ist das Verdampfen bei Atmosphärendruck.

Meister: Das ist viel zu eng gefaßt. Sieden ist die Verdampfung bei irgend einer Temperatur, wenn die Spannkraft der Flüssigkeit gleich ist dem äußeren Drucke.

Schüler: Aber dann findet doch Gleichgewicht statt?

Meister: Sehr richtig bemerkt. Was muß nun geschehen, damit die Verdampfung fortgesetzt stattfinde?

Schüler: Es muß Wärme zugeführt werden.

Meister: Oder — was könnte noch versucht werden?

Schüler: Man könnte den bestehenden Druck fortschaffen oder wenigstens vermindern.

Meister: Siehst du, daß es also zwei recht verschiedene Arten des Siedens wird geben müssen.

Schüler: Die gewöhnliche Art ist doch die Wärmezufuhr durch untergesetzte Flammen?

Meister: Jawohl, aber in der Wissenschaft muß man oft anders vorgehen, wann?

Schüler: Wenn die zugeführte Wärmemenge gemessen werden soll.

Meister: Die der Masseneinheit zu ihrer Verdampfung nötige Wärmemenge nennt man „Verdampfungswärme", auch mit dem Zusatz „latente Verdampfungswärme".

Schüler: Offenbar weil auch hier wie beim Schmelzvorgang die Temperatur der siedenden Flüssigkeit beständig bleibt, trotz Wärmezufuhr. Ist der Betrag ein sehr großer?

Meister: Viel größer als beim Schmelzen. Es sind bei 100° gegen 537 Kal. Je höher die Siedetemperatur liegt, um so kleiner ist die Verdampfungswärme. Wir werden bald sehen, daß es eine hohe Temperatur geben muß, bei der diese Verdampfungswärme gleich Null geworden ist; man nennt diesen Zustand den „kritischen", und du wirst erkennen, daß es für jede Flüssigkeit einen kritischen Zustand und eine kritische Temperatur gibt; wird der Körper weiter erhitzt, ist er nicht mehr ein Dampf; er ist ein Gas geworden.

Schüler: Also hier tritt die neue, vierte Formart auf!

Meister: Jawohl. Zunächst aber überlegen wir noch, daß beim Sieden durch Wärmezufuhr es zwei Arten von Energie gibt, in die die zugeführte Wärme umgewandelt wird. Könntest du dich auf diese besinnen?

Schüler: Es wird gewiß ein großer Teil Molekulararbeit erforderlich sein zur Trennung der Molekeln voneinander.

Meister: Diesen Teil nennt man „innere Arbeit", weil sie dem erwärmten Stoff verbleibt.

Schüler: Der andere Teil muß also „äußere Arbeit" sein; sie wird gleich der Überwindung des äußeren Druckes, multipliziert mit dem Wege sein.

Meister: Gut; aber Druck mal Weg gibt noch keine Arbeit.

Schüler: Wir müssen den Gesamtdruck nehmen, d. h. den Druck mal der Grundfläche des äußeren Druckes. Gesamtdruck mal Weg aber erkannten wir gleich Druck mal Volumen.

Meister: Und welches Volumen kommt hier in Frage?

Schüler: Bei 100⁰ wird es das von euch genannte sein von 1687 Kub.

Meister: Richtig, also $p \cdot v = 1033,6 \times 1687\, g$ Erg.

Schüler: Das sind 1 743 683,2 g Erg: das ist ja erstaunlich viel!

Meister: Nur erst umrechnen in Kalorien!

Schüler: Es waren 42 270 g Erg = 1 Kal.; also wäre $p \cdot v$

$$= \frac{1\,743\,683,2}{42\,270} = 41,4 \text{ Kal.} \quad \text{Die Verdampfungswärme war 537 Kal.;}$$

da bleibt für die innere Arbeit allerdings noch viel übrig: 496 Kal.

Meister: Nun besprechen wir die andere Siedeart. Den lastenden Druck fortzuschaffen vermag man durch stete Verflüssigung der entstehenden Dämpfe. Kennst du diesen Apparat, Fig. 135?

Schüler: Doch ja! Ich besinne mich darauf. Das Wasser im Ballon B hat man durch gewöhnliches Verfahren zum Sieden gebracht und dann verschlossen.

Meister: Das Auskochen dauert 30 bis 40 Minuten, wenn man alle im Wasser eingeschlossene Luft austreiben will.

Schüler: Kehrt man nun den Ballon um und gießt kaltes Wasser auf, so fängt das Wasser heftig an zu kochen.

Meister: Und du kannst, vorsichtig abkühlend, beobachten, wie hübsch die Flüssigkeit nur in ihren oberen Schichten kocht, und das Aufbrodeln reicht um so tiefer hinab, je kälter der Wasseraufguß ist. Warum kocht das Wasser nicht von unten her?

Schüler: Weil wir oben abkühlen.

Meister: Es kommt noch ein Grund hinzu. Denke an den Tiefendruck.

Schüler: Ach ja, in der Tiefe des Wassers herrscht stärkerer Druck. Aufsteigende Dämpfe hätten von unten her größeren Gegendruck zu überwinden.

Meister: Statt Wasser aufzugießen, kann man auch die kühle Hand auf den Ballon tun und damit allein das Sieden veranlassen.

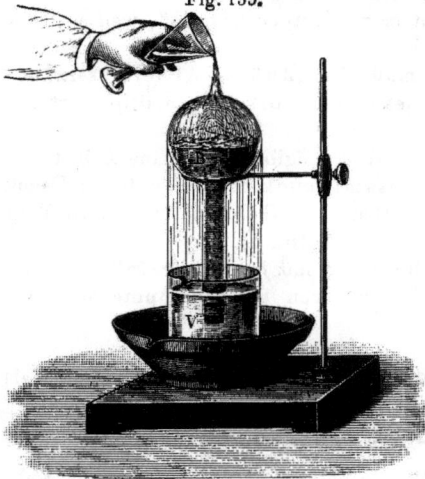

Fig. 135.

Schüler: Das muß aber schön aussehen!

Meister: Freilich muß das Wasser ziemlich viel wärmer als die Hand sein.

Schüler: Bitte, Meister, sagt mir, wie verhält es sich jetzt mit der Energie? Wir führen keine zu und doch verdampft fort und fort unser Wasser im Ballon.

Meister: Wir entziehen jetzt dem Dampfe Wärme, er wird deshalb verflüssigt, das aufgegossene Wasser läuft wärmer ab; das siedende aber — ?

Schüler: Das entzieht die zur Verdampfung nötige Wärme sich selbst; es wird also abgekühlt werden!

Meister: Richtig, und zwar ziemlich schnell.

Meister: Nun zeige ich dir noch einen Apparat Fig. 136. Das ist ein Papinscher Kessel zur Erwärmung des Wassers über 100°. Der Kessel ist durch ein Ventil verschlossen. Die angehängte Masse entspreche einem Drucke von 1033,6 g; unter welchem äußeren Druck stehen alsdann die Wasserdämpfe im Innern?

Schüler: Da der Luftdruck auch 1033,6 g beträgt, sind es zwei Atmosphären. Die Dämpfe können also diese Spannung erreichen, ehe das Ventil gehoben wird.

Meister: Richtig. Aus der Spannkraftstabelle (S. 213) siehst du, daß das Wasser 120,6° hat, wenn das Ventil sich öffnet. Diese Temperatur würde ein in das Quecksilber a getauchtes Thermometer zeigen. Ich gebe dir zunächst die Spannkräfte dreier wichtiger Flüssigkeiten an von — 10 bis 100° in Zent Quecksilberhöhe.

Temp.	Wasser	Alkohol	Äther	Temp.	Wasser	Alkohol	Äther
— 10	0,2	0,6	11,3	50	9,2	21,5	127
0	0,46	1,2	18,5	60	14,9	35,1	174
10	0,92	2,4	28,6	70	23,4	54,1	230
20	1,74	4,4	44,0	80	35,6	81,2	300
30	3,16	7,8	63,6	90	52,6	118,8	390
40	5,50	13,4	92,0	100	76,0	169,0	495

Untersuche auf Grund dieser Zahlen, bei welcher Temperatur der gewöhnliche Siedepunkt liegt.

Schüler: Wasser bei 100°, denn 76 Zent entsprechen einer Atmosphäre, Alkohol aber bei weniger als 80° und Äther zwischen 30° und 40°.

Fig. 136.

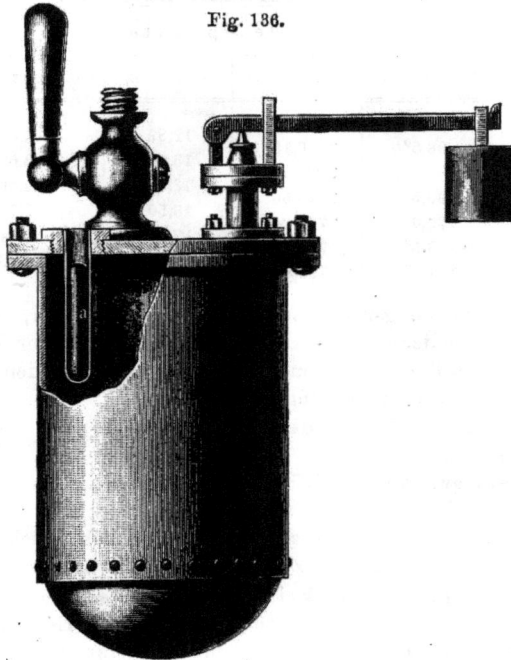

Meister: Behufs einer Schätzung kannst du „interpolieren", d. h. Rechnungswerte einschalten. Z. B. für Alkohol beträgt das Anwachsen der Spannkraft 27,1 Zent für 10°, also für die Strecke von 76 bis

14*

81,2 Zent, d. h. für 5,2 Zent $\dfrac{5,2}{27,1} \cdot 10 = 1,9^0$. Das gäbe 78,1⁰ Siede-

punkt bei 76 Zent Druck. Viel sicherer gelingt die Interpolation oder Einschaltung durch ein graphisches Verzeichnen der Funktion. Nimm als Abszissen die Temperaturen, als Ordinaten die Spannkräfte.

Schüler: Die Beobachtungen trage ich als einzelne Punkte auf mein quadriertes Millimeterpapier ein.

Meister: Und dann verbinde diese Punkte durch eine gefällige Kurve. Hierzu bedient man sich eines Kurvenlineals, das man möglichst an drei, besser aber an vier oder fünf Punkte anlegt. Für Wasser gebe ich hier noch zwei Tabellen mit: die eine gibt genaue Spannkräfte in der Nähe von 100⁰; sie dient zur genauen Beobachtung des Siedepunktes, wenn man Thermometer auf ihre Richtigkeit prüfen will:

Spannkräfte des Wasserdampfes.

Siedepunkte

Temperatur	Spannkraft	Differenz	Differenz pro 0,1⁰
98,0⁰	707,26		
98,5⁰	720,15	12,89	2,58
99,0⁰	733,21	13,06	2,62
99,5⁰	746,50	13,29	2,66
100,0⁰	760,00	13,50	2,70
100,5⁰	773,71	13,71	2,74
101,0⁰	787,63	13,92	2,78

Du wirst mit einiger Überlegung dich zurechtfinden, sonst aber suche deinen gescheiteren Kameraden auf. Der Zweck der Tafel ist dir bekannt, es soll der Siedepunkt aus dem herrschenden Luftdruck auf Hundertstel Grad genau angegeben werden.

Schüler: Ich will das wohl überlegen, und was bedeutet die folgende Tabelle?

Meister: Aus der Überschrift mußt du alles zum Verständnis Notwendige herauslesen.

Schüler: Ich glaube alles begriffen zu haben; ich weiß nur nicht, warum die letzten beiden Zahlen so stark hervorgehoben sind.

Meister: Weil der kritische Punkt erreicht ist. Bei weiterer Erwärmung ist der Dampf ein Gas geworden. Es besteht bei höherer Temperatur kein Unterschied mehr zwischen einer flüssigen und einer anderen Formart, Dampf oder Gas.

Schüler: Und das ist ein Zustand, der bei jedem Stoff bei einer gewissen Temperatur eintritt?

Dampfspannung des Wassers in Atmosphären:

Atm.	Temp.	Atm.	Temp.	Atm.	Temp.	Atm.	Temp.
1	100	9	176	70	282	140	335
2	120,6	10	180,3	80	292	150	341
3	133,9	20	211	90	301	160	346
4	144	30	236	100	309	170	351
5	152	40	252	110	317	180	357
6	159	50	262	120	324	190	362
7	165	60	272	130	329	194,6	364
8	171						

Meister: Ich will dir diese Notwendigkeit dartun. Wenn Wasser erwärmt wird, nimmt das Volumen zu und in höherem Maße, je höher die Temperatur ist. Bei 100⁰ ist das Volumen um 0,04 angewachsen.

Schüler: Also nimmt 1 Liter bei 0⁰ schon 1040 Kub bei 100⁰ ein.

Meister: Überschau diese kleine Tabelle, deren Überschriften dir genügend den Inhalt kundtun.

Bei der Temperatur	Gesättigter Wasserdampf			Flüssiges Wasser
	Spannkraft Zent Höhe	Dichte Kubigramme	Spez. Volum Grammikub	Spez. Volum Grammikub
0	0,46	0,000 004 9	203 521	1,0
50	9,2	0,000 083 1	12 030	—
100	76,0	0,000 594 7	1 681	1,043
150	357,8	0,002 676 0	374	1,090
200	1 168,8	0,007 216 7	140	1,158
250	2 995,1	—	—	—
300	6 762,0	—	—	—
364,1	14 790	0,263	3,8	3,8

Was ersiehst du aus den beiden letzten Reihen?

Schüler: Das Volum von 1 g Wasser, das bei 0⁰ als Dampf gegen 203 Liter betrug und als Flüssigkeit nur 0,001 Liter, nimmt als Dampf rasch ab, bis es die Zahl 3,8 Kub erreicht. Der Dampf wird stark verdichtet. Das erwärmte Wasser wird dagegen immer dünner und erreicht endlich dieselbe Zahl 3,8 Kub. Ich sehe wohl ein, daß ein ähnliches Verhalten bei allen Flüssigkeiten statthaben muß.

Meister: Und zwar nennt man die drei Parameter beim kritischen Punkt kritische Parameter; für Wasser ist $p_k = 14\,790$ Zenthöhe $= 195$ Atmosphären, $v_k = 3,8$ Kub und $t_k = 364,1$ Grad. Von

diesen drei Werten gehört t_k unvermeidlich zum kritischen Zustande,
dagegen können v und p ihre Werte auf der Isotherme t_k ändern.

Schüler: Was ist eine Isotherme?

Meister: Das griechische „isos" heißt gleich. Unter Isotherme
versteht man die Gesamtheit von möglichen Zuständen der Stoff-
masseneinheit bei ein und derselben Temperatur. Als wir anfänglich das Boylesche Gesetz behandelten, setzten wir beständige Temperaturen voraus.

Schüler: Wenn t oder T konstant blieb, wurde $p \cdot v$ eine beständige
Größe.

Meister: Die Gleichung $pv = const.$ mußt du dir graphisch ver-
gegenwärtigen. Nimm irgend einen Wert an, z. B. $pv = 48$, und nimm v
als Abszisse, p als Ordinate an, rechne die zusammengehörenden Wertepaare aus nach der Gleichung $p = \dfrac{48}{v}$; verbinde die erhaltenen Punkte
durch eine stetig gekrümmte Linie. Sie heißt Hyperbel, kehrt ihre
erhabene Seite den beiden Achsen zu. Wir wollen das nächste Mal
deine gezeichnete Kurve besprechen und eine Betrachtung des Kohlendioxyds anknüpfen.

e) Kritischer Punkt und Gaszustand.

Schüler: Wir besprachen gestern die Verdampfung. Flüssigkeiten
können durch Gewalt, d. h. nur durch äußeren Druck ihre Formart
beibehalten, sonst explodieren sie.

Meister: Jedenfalls verdampfen sie und die Schnelligkeit hängt
wovon ab?

Schüler: Vom Gegendruck, der durch Verdampfung erzeugt wird,
also auch vom dargebotenen Raum.

Meister: Vergiß nicht, daß zur Verdampfung Energie nötig ist.

Schüler: Ach ja; daher kühlt der Körper ab und seine Spannkraft wird kleiner. Wir unterschieden auch zwei Arten des Siedens,
je nachdem wir Wärme zuführten, oder den Druck fortschafften.

Meister: Man könnte den Druck mechanisch fortschaffen. Wir
aber sprachen von der Abkühlung, bei der der Dampf kondensiert
wird, d. h. als Flüssigkeit niedergeschlagen wird. „Verdampfen" und
sofort „Niederschlagen" heißt „Destillieren" (siehe Ostwald, Schule
der Chemie, Fig. 30, S. 114).

Schüler: Wir beobachteten und maßen die Spannkraft im Baro-
meterrohre und erkannten, daß es ein Maximum gibt. Wir unterschieden gesättigten und ungesättigten Dampf. Ihr bespracht das
Daltonsche Gesetz. Dann berechneten wir die mechanische Arbeitsleistung beim Sieden; sie bildete nur $^1/_{12}$ der ganzen latenten Verdampfungswärme und war berechnet aus der Volumvergrößerung beim

Sieden. Ihr gabt mir die Spannkraftmessungen für drei Stoffe, insbesondere noch eine zur Thermometrie unentbehrliche für Wasser und

Fig. 137.

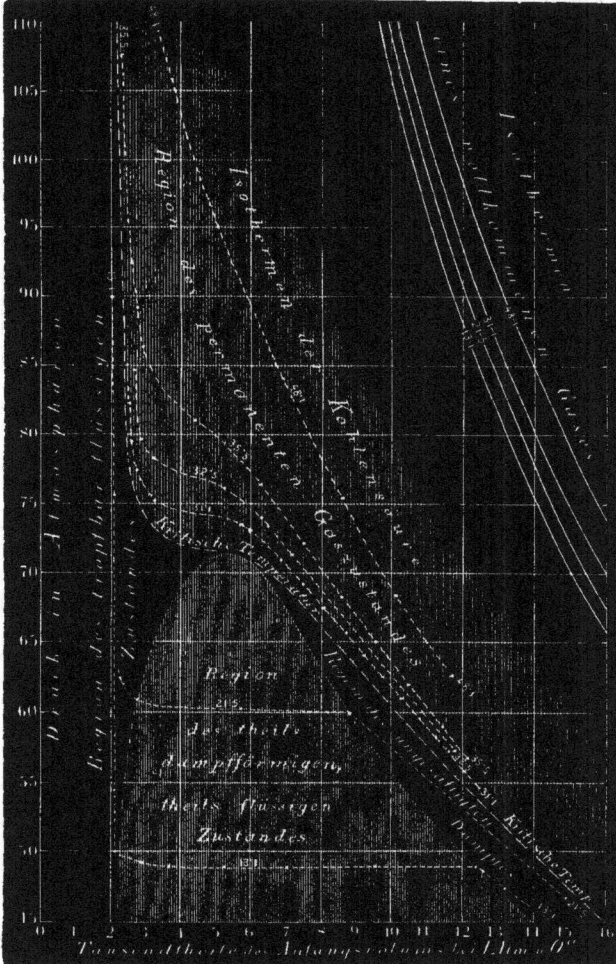

eine dritte Tabelle für hohe Temperaturen bis zum kritischen Punkt, bei dem Wasserdampf in Wassergas übergeht und verspracht, heute die vier Formarten am Kohlendioxyd zu besprechen.

Meister: Nachträglich teile ich dir noch mit, daß Flüssigkeiten nicht immer sieden, wenn der lastende Druck abnimmt. Es findet hier oft ein Siedeverzug statt. Bei einer Erschütterung aber können dann starke Explosionen eintreten. Du hattest auch schon eingesehen, daß jede Flüssigkeit einen kritischen Punkt haben muß.

Schüler: Weil das spezifische Volum der Flüssigkeit mit der Temperatur zunimmt, das des gesättigten Dampfes aber abnimmt, so daß sie sich begegnen müssen.

Meister: Hast du Isothermen gezeichnet?

Schüler: Nachdem ich eine mit 48 fertig hatte, gefiel mir die Kurve so, daß ich gleich noch mehrere andere, größere und kleinere Zahlenwerte annahm.

Meister: Das war sehr gut; dann wirst du auch auf der Zeichnung Fig. 137 rechts oben Stücke von Kurven erkennen, die Isothermen eines vollkommenen Gases bedeuten.

Schüler: Es sind die Isothermen für die Temperatur 48,1, 31,1, 21,5 und 13,1 eingetragen.

Meister: Wollte man diese Kurven vollständig geben, müßte das Blatt unmäßig groß sein. Du mußt dir das Blatt nach drei Seiten fortgesetzt denken, nur nicht nach links.

Schüler: Nach oben und nach rechts ist eine Fortsetzung sofort verständlich.

Meister: An der Ordinatenachse sind die Werte eingetragen. Unten neben 0 steht 45 Atmosphären Spannkraft und jedes Zent bedeutet 5 Atm. mehr.

Schüler: Dann kann man nach unten die Tafel bis zur Abszissenachse fortsetzen, die doch die Druckachse beim Drucke 0 schneiden muß.

Meister: Richtig. Die Abszissen kann man in jeder beliebigen Höhe aufschreiben; das ist hier bei der Stelle $p = 45$ Atm. geschehen. Denke dir nur das spezifische Volum des Kohlendioxyds bei 1 Atm. und 0^0.

Schüler: Das haben wir schon berechnet, es war $\dfrac{773}{1,52} = 508$ Kub.

Meister: Gut. Drücken wir es zusammen bis zu 45 Atm. bei $13,1^0$. Welchen Raum müßte es als vollkommenes Gas einnehmen?

Schüler: Die Erwärmung vermehrt das Volumen auf

$$508 \times \left(1 + \frac{13,1}{273} \right) = 532 \text{ Kub.}$$

Die Druckvermehrung bewirkte eine Raumverminderung auf

$$\frac{532}{45} = 11,8 \text{ Kub.}$$

Meister: Welcher Bruchteil des Anfangsvolumens ist das?

Schüler: Es ist $\dfrac{11,8}{508} = 0,023$.

Meister: Statt dessen beobachtet man eine viel kleinere Zahl 0,0042.

Schüler: Ich sehe, daß die Tausendteile des Anfangsvolumens als Abszissen eingetragen sind und da unten rechts setzt auch eine Kurve 13,1 an.

Meister: Nun hat der Engländer Andrews (spr. Ehndrius) alle Werte bei der Temperatur 13,1 beobachtet. Aus der Figur mußt du jetzt alles selbst herauslesen.

Schüler: Er hat den Druck vermehrt, denn die Kurve steigt an; dabei ist naturgemäß das Volum vermindert; bei 49 Atm. Druck begann ein Teil CO_2 flüssig zu werden.

Meister: Wie kann man auf der geradlinigen Strecke die Zustände unseres Grammes CO_2 voneinander unterscheiden?

Schüler: Die Parameter t und p sind unverändert; aber v hat verschiedene Werte und $v = F + D$, Flüssigkeit + Dampf, und $\dfrac{D}{F}$ ist der bestimmende Parameter; das haben wir besprochen.

Meister: Die gerade Linie krümmt sich nach oben zwischen zwei und drei Tausendstel. Vielleicht sind das Versuchsfehler infolge einer kleinen Luftbeimengung.

Schüler: Bei 0,0021 steigt die Isotherme 13,1 in die Höhe.

Meister: Weil aller CO_2-Dampf in Flüssigkeit übergegangen ist.

Schüler: Und nun widersteht der Stoff stärkeren Drucken. Mir scheint bei 90 Atm. das Volum 0,002 erreicht!

Meister: Das ist das relative; das wahre Volum ist dann wie groß?

Schüler: Es ist $= 508 \times 0,002 = 1,016$; das ist ja beinahe die Dichte 1, wie bei Wasser!

Meister: Jawohl; die Flüssigkeit ist dann auch wasserhell. Lies nun die Kurve 21,5 des CO_2 durch und deute dann, was du siehst.

Schüler: Die Beobachtung beginnt bei 47 Atm. Druck und beim relativen Volumen 0,015. Die Kompression bei 21,5° konstanter Temperatur bewirkt bei 60 Atm. ein relatives Volumen 0,0088.

Meister: Bis hierher war das CO_2 ungesättigter Dampf.

Schüler: Das ist auch hingeschrieben. Nun beginnt bei weiterer Kompression eine starke Volumabnahme durch Verflüssigung. Jetzt erkenne ich den Sinn der Grenzlinie zwischen der schraffierten und der benachbarten schwarzen Fläche. Es ist die Grenzlinie zwischen ungesättigtem und gesättigtem Dampf. In der schraffierten Fläche sind zwei Phasen vorhanden.

Meister: Und die linke Grenzlinie?

Schüler: Sie gibt den Übergang aus dem Zweiphasenzustande in den einphasigen, flüssigen; und wieder widersteht die Flüssigkeit stark bei der Druckvermehrung.

Meister: Nun die dritte, die $31,1^0$-Isotherme.

Schüler: Ich sehe sofort, daß sie die schraffierte Fläche nicht erreicht; sie ist schon in der schraffierten „Region des permanenten Gaszustandes".

Meister: Aus dem Dampf CO_2 ist nun Gas CO_2 geworden; aber es mag sehr viel Tagmen enthalten, sonst hätte es die rechts oben verzeichnete Kurve für $31,1^0$.

Schüler: Der kritische Zustand muß überschritten sein.

Meister: Andrews meinte, er läge bei $30,92^0$. Er verzeichnete die kritische Isotherme. Beschreibe nach der Zeichnung deren Charakter.

Schüler: Nimmt der Druck ab, so wächst das Volumen, der Stoff bleibt auf der Grenze zwischen Dampf und Gas. Zusammengedrückt hat er bei 72 Atm. seinen kritischen Druck.

Meister: Und nur bei diesem Druck nennt man sein Volumen ein kritisches. Sobald der Stoff bei diesem Volumwert erwärmt oder abgekühlt wird, ist es kein kritisches Volumen mehr. Wie der Stoff sich ändert, lies aus der Zeichnung heraus.

Schüler: Kühle ich ab, so nimmt der Druck ab; es kommt der Stoff in den Zweiphasenzustand; erwärme ich, so wird er Gas, einphasig und der Druck wächst.

Meister: Und wenn du den kritischen Druckwert konstant sein läßt?

Schüler: Dann bringt Erwärmung Volumvermehrung und Gasform, dagegen Abkühlung einphasige Flüssigkeit.

Meister: Wir sehen also, daß hier, wie überall, ein einzelner Parameter keinen bestimmten Zustand darstellt, sondern eine unendliche Mannigfaltigkeit von Zuständen bedeuten kann. Sie werden sämtlich durch Wertepaare der beiden anderen Parameter gekennzeichnet. Beschreibe noch einmal die Zustände $t_k = const.$, $p_k = const.$ und $v_k = const.$

Schüler: Es ist $t_k = const.$ die Gesamtheit aller Grenzzustände zwischen Dampf und Gas, sowie zwischen Flüssigkeit und Gas. Meister, ich lese das aus der Zeichnung heraus, bin aber erstaunt, daß Gas flüssig werden kann, ohne den Dampfzustand durchzumachen.

Meister: Das ist gerade wesentlich! Sehr lehrreich sind Versuche bei konstantem Volumen. Denke dir ein kleines, nur 5 Zent langes Glasrohr von etwa 2 bis 3 mm innerem und 4 mm äußerem Durchmesser. Ein Ende ist zugeschmolzen; man gießt etwa $^1/_3$ des Innenraumes voll Äther, bringt den durch gelinde Erwärmung zum Sieden und schmilzt die fein ausgezogene Spitze zu. Dieses Röhrchen hängt man frei auf in ein Luftbad aus Blechkästen mit Glaswänden. Bei der Erwärmung sieht man das Volumen des flüssigen Teiles zunehmen, bald wächst es sehr rasch und wird dabei merklich flacher und plötzlich ist die Grenzfläche, die man „*Meniscus*" nennt, zwischen Flüssigkeit und Dampf verschwunden.

Schüler: Und nun ist der kritische Punkt erreicht.

Meister: Es sei die angewandte Masse m, der Rauminhalt v, so ist jetzt $v_k = \dfrac{v}{m}$. Ist zuviel m genommen oder v zu klein gewählt worden, so könnte v_k möglichenfalls nicht erreicht werden. Ich gebe dir wieder eine kleine Tabelle.

Stoff	Kritische Parameter			Siede-punkt bei 1 Atm.	Schmelz-punkt
	t_k Grad	p_k Atm.	v_k relativ		
Kohlendioxyd CO_2 . .	30,9	77	0,0066	— 78,0	— 65
Schwefelwasserstoff H_2S	100	88,7	—	—	—
Chlor Cl_2	141	83,9	—	— 36,6	— 102
Brom Br_2	302	—	0,006	—	—
Äther $C_4H_{10}O$	197	35,8	0,016	+ 34,9	— 118
Alkohol C_2H_6O	244	62,8	0,007	+ 78,1	— 130
Wasser H_2O	364	194,6	0,00386	+ 100	0
Luft	— 140	39	—	— 191	—
Stickstoff N_2	— 146	35	—	— 195	— 211
Sauerstoff O_2	— 118	51	—	— 183	— 227
Wasserstoff H_2	— 242	20	—	— 252	— 259
Helium He	unter — 267	—	—	—	—

Ich erinnere nochmals daran, daß v_k eine reine Verhältniszahl ist.

Schüler: Ich weiß es; das Anfangsvolumen des Dampfes oder Gases bei 0^0 und 1 Atm. ist $= 1$ gesetzt.

Meister: Oder, wenn das Anfangsvolum v und das kritische wahre Volumen k, so ist $v_k = \dfrac{k}{v}$. Zum Verhalten des CO_2 bemerke ich noch, daß dessen Verdampfungswärme ziemlich groß ist. Nun ist aber auch die Spannung groß. Der Schmelz - oder Gefrierpunkt liegt bei — 65°, und bei dieser niedrigen Temperatur ist die Dampfspannung noch gleich 5 Atmosphären.

Schüler: Das Kohlendioxyd CO_2 hat also gar keinen Siedepunkt bei 1 Atm. Druck?

Meister: Im flüssigen Zustande nicht. Bei weiterer Abkühlung nimmt die Dampfspannung der erstarrten schneeartigen Masse rasch ab, bis sie bei -78^0 eine Atmosphäre beträgt.

Schüler: Dann könnte man sagen: es siedet CO_2 nach gewöhnlichem Sprachgebrauch im festen Zustande!

Meister: Du hast gewiß die eisernen Bomben gesehen, in denen das Kohlendioxyd CO_2, meist — aber unrichtig — Kohlensäure genannt, in den Handel gebracht wird. Der Stoff ist bei gewöhnlicher Temperatur, 15 bis 20⁰, flüssig, der Druck $< p_k$, etwa 50 bis 60 Atm. Öffnet man den Hahn, so strömt der Dampf mit großer Gewalt heraus, leistet dabei mechanische Arbeit, neue Flüssigkeit verdampft.

Schüler: Da keine Wärmezufuhr statthat, muß eine Erkaltung statthaben.

Meister: Und diese ist so groß, daß der Dampf sofort sublimiert und als Schnee ausfällt. Man fängt ihn in Filzbeuteln auf; man kann ihn zusammenstampfen und herumreichen von Hand zu Hand.

Schüler: Dabei ist der Schnee — 80⁰ kalt!

Meister: Und seine Spannkraft ist 1 Atm. Er verdampft dabei sichtlich, aber langsam.

Schüler: Wegen der latent werdenden Wärme. Gibt es noch andere Stoffe, die im festen Zustande ihren Atmosphärensiedepunkt haben?

Meister: Ich weiß keinen zu nennen. Die bisher für permanent gehaltenen Gase, H_2, O_2, N_2, Luft, sieden alle im flüssigen Zustande; auch für das Helium soll kürzlich der kritische Punkt gefunden worden sein.

Schüler: Da die kritischen Temperaturen bei den zuletzt genannten Stoffen so sehr niedrig liegen, so sind sie bei gewöhnlicher Temperatur vollkommene Gase?

Meister: Es gibt eben keinen noch so.großen Druck, bei dem man die Trennungsfläche zwischen Gas und Flüssigkeit wahrnehmen könnte.

Schüler: Aber wir sahen doch beim CO_2, daß es aus dem Gaszustande in den flüssigen übergehen kann.

Meister: Gewiß, durch Abkühlung, wobei es durch die kritische Isotherme hindurch muß. Der flüssige Zustand kennzeichnet sich aber nur durch den Widerstand gegen Zusammendrückung.

Schüler: Wollt ihr mir nicht etwas über die Versuche der Verflüssigung der Gase mitteilen?

Meister: Die bezüglichen Arbeiten sind sehr zahlreich; außer den in der Tabelle angeführten Stoffen sind noch sehr viel andere untersucht worden. Unter den zahlreichen und sinnreichen Apparaten ragt der von Linde als bahnbrechend für die ganze Lehre hervor. Es sind zwei Grundgedanken, auf denen alle Verfahren starker und schneller

Abkühlung beruhen. Durch Kältemischungen werden erstens die Gase allmählich immer mehr abgekühlt und zwar unter hohem Druck. Zweitens läßt man diese Gase ausströmen gegen einfachen Atmosphärendruck, wobei die nachbleibende Masse wieder abgekühlt wird, natürlich höchstens bis zu ihrem Siedepunkt bei 1 Atm. Weitere Abkühlung erreicht man durch Pumpen. Ein dritter Grundgedanke wurde von Linde benutzt. Die abgekühlten Gasmassen wurden zugleich benutzt, um neu herbeiströmende abzukühlen. Sein „Gegenstromapparat" bedingt einen sogenannten „Regenerativprozeß". Ich will dir nur ein Schema zeigen, das den Hauptgedanken am einfachsten darstellt. In Fig. 138 ist alles Wesentliche angedeutet. Schreibe die Zahlen in die Figur

Fig. 138.

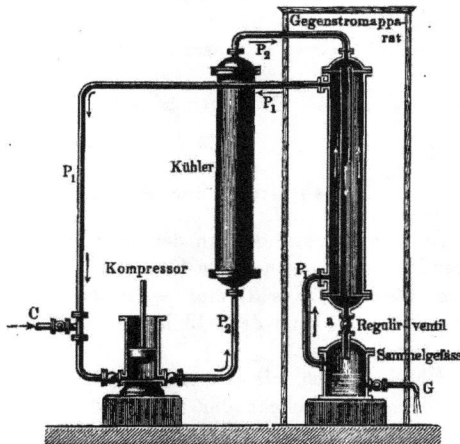

und verfolge die Richtung der Pfeile in folgender Weise: 1. Der Kompressor: wenn der Kolben sich erhebt, ist das Ventil nach rechts hin geschlossen, nach links öffnet es sich und saugt Luft auf; beim Niedergange ist das Ventil nach links geschlossen, die Luft wird nach P_2 gedrückt. 2. Im „Kühler" wird die durch Kompression entstandene Wärme fortgeschafft. 3. Das Gas kommt in den „Gegenstromapparat", geht hinunter, 4. in das „Sammelgefäß", zuerst noch gasförmig; dabei ist der Hahn nach G hin geschlossen. Das Gas streicht 5. durch das Rohr links in den Gegenstromapparat hinauf, und geht 6. oben durch das Rohr P_1 wieder hinunter, wo es 7. als kaltes Gas vom Kompressor wieder aufgesogen wird. Bei diesem Kreislauf nimmt die Temperatur immer weiter ab, bis sie — 190⁰ erreicht und die Luft flüssig ist, und 8., wenn der Hahn bei G geöffnet wird, bei G ausfließt. — Der Gegenstromapparat besteht aus einem 100 m langen Doppelrohr, in

dessen innerem 4 Zent Durchmesser haltendem Teile die Luft heran-
strömt (s. Nr. 3), und im äußeren mit 10 Zent Durchmesser zurück-
strömt (s. Nr. 5).

Schüler: Kann man in dieser Weise viel Luft verflüssigt auffangen?

Meister: Linde erhielt damals in 20 Stunden 8 Liter, heute
werden Apparate gebaut, mit denen man in einer Stunde 50 Liter
flüssige Luft erhält. Dewar (spr. Djüa) benutzt flüssige Luft zur
Vorabkühlung von Wasserstoff, wovon er am 10. Mai 1898 schon
20 Kub flüssig erzielte.

Schüler: Welches ist die kälteste bis jetzt erreichte Temperatur?

Meister: Kamerlingh Onnes glaubt 1,7 absoluter Temperatur
gefunden zu haben, also etwa — 271,3. Dabei wurde das Helium flüssig.

Schüler: Das sind wohl wunderbare Sachen, — man kann nie
genug davon anhören.

Meister: Das nächste Mal gehen wir zur Ausbreitung der
Wärme über.

6. Ausbreitung der Wärme.

Schüler: Wir besprachen gestern den kritischen Zustand, in den
bei zunehmender Erwärmung eine jede Flüssigkeit gelangen muß. Er
bezeichnete den Übergang aus Dampf — in die Gasformart. Das
Kohlendioxyd wurde auf Grund der Abbildung von Andrews in allen
Beziehungen durchgesprochen.

Meister: Überlege auch, wie es flüssig und kalt werden kann, ohne
daß in irgend einem Augenblicke der flüssige Zustand vom anderen
getrennt gesehen werden kann.

Schüler: Dazu dient eine Abkühlung, hoch in der Kurve, also
bei hohem Druck, — über 72 Atm.

Meister: Ganz richtig, — übrigens sind die bei Änderung eines
Parameters, z. B. des Gesamtvolumens eintretenden Zustandsänderungen
durchaus nicht leicht zu überlegen.

Schüler: Auf der Ausstellung in Berlin sah ich einen „Kohlen-
säurewagen", aber man konnte ihn nicht fahren sehen.

Meister: Dieser Wagen hat vielleicht Zukunft, wenn erst die
Parameteränderungen mit Sicherheit beherrscht werden können.

Schüler: Wird er auch weit fahren können?

Meister: Das wird selbstverständlich angestrebt. Aber wenn
auch nur verhältnismäßig kurze Strecken überwunden werden, sind
mehrfach Vorteile gegen die Benzinfahrzeuge zu erwarten. Dem Er-
finder kann man nur besten Erfolg wünschen.

Schüler: Ihr bespracht dann das Verhalten der früher für permanent gehaltenen Gase. Jetzt ist erkannt, daß sie alle einen kritischen Punkt haben, der aber bei sehr tiefer Temperatur liegt. Über dieser Temperatur können sie durch Druckvermehrung nie sichtbar flüssig werden.

Meister: Wohl aber durch Abkühlung.

Schüler: Dabei muß der Druck kleiner sein als beim kritischen Punkt.

Meister: Das ist nicht durchaus erforderlich. Sieh dir nochmals das Gebiet des flüssigen Zustandes an.

Schüler: Freilich sind große und kleine Druckwerte möglich.

Meister: Es war ja die bei Druckverminderung geleistete Arbeit der Grund für den Eintritt noch niedrigerer Temperaturen. Selbst wenn der Atm.-Siedepunkt erreicht ist, bringt man durch Auspumpen noch weit niedrigere Kältegrade hervor. Wir gehen nun zur Wärmeausbreitung über.

Schüler: Schon in der Einleitung erwähntet ihr der Wärmeleitung, die sowohl innerhalb eines Körpers stattfindet, als auch von einem Körper zum anderen.

Meister: Ein Körper hat immer irgend eine Temperatur. Je höher diese ist, um so heftiger sind die Bewegungen seiner kleinsten Teile. Es ist von dieser Anschauung aus verständlich, daß die Bewegung sich der inneren und äußeren Nachbarschaft mitteilt. Darum unterscheidet man eine innere und eine äußere Leitung.

Schüler: Die äußere aber muß von der Natur des angrenzenden Stoffes abhängen.

Meister: Darum spricht man nur von einer inneren Leitungsfähigkeit. Außerdem hat jeder Körper noch die Fähigkeit, strahlende Energie auszusenden. Die nach Einheiten der Oberfläche in der Zeiteinheit gespendete Strahlenergie heißt „Emissionsvermögen". Andererseits verwandelt jeder Körper die Strahlenergie, die ihn trifft, zum Teil in Wärme. Diese Energiemenge, auf die Zeiteinheit und Oberflächeneinheit bezogen, heißt: „Absorptionsvermögen".

Schüler: Was bedeuten diese Fremdwörter?

Meister: Emission heißt Aussendung, Absorption ist Aufnahme. Hier aber sind die Fremdwörter nützlich. Beides sind Qualitäten, die wir später in der Lehre von der Strahlenergie zu behandeln haben.

Schüler: Das ist wohl ein Teil der Lichtlehre?

Meister: Man hat Strahlenergie bald Licht, bald Wärme genannt. Indes gibt es nur eine Art. Trifft sie deine Hand, so spürst du deren Erwärmung, gelangt sie in dein Auge, so empfindest du Licht.

Schüler: Demnach wäre Wärme und Licht ein und dasselbe?

Meister: Durchaus nicht. Wärme ist eine Energieart, die dem Körper angehört, daher wir von seinem Wärmeinhalt reden.

Schüler: Aber wenn er leuchtet?

Meister: Dann entsendet er einen Teil seiner Wärme, aber nicht als solche, sondern als Strahlenergie.

Schüler: Und erst wenn diese meine Hand trifft, geht sie wieder in Wärme meiner Hand über?

Meister: Licht ist immer nur die durchs Auge empfundene Strahlenergie.

Schüler: Man sagt aber doch, daß das Licht photographisch wirksam ist.

Meister: Ganz recht; dann ist der Ausdruck etwas ungenau; es ist Strahlenergie, die so wirkt, und weil wir die Wirkung als Licht empfinden, so benennt man ganz zweckmäßig jene Strahlen nach unseren Lichteindrücken.

Schüler: Wenn ich euch recht verstehe, bildet die Lehre von der Strahlenergie ein eigenes Gebiet.

Meister: Es gehört zur Wärmelehre nur sofern sie absorbiert und in Wärme umgewandelt werden kann. Im übrigen schließt man sie der Lichtlehre an. Diese, die Lichtlehre, ist der größte Teil der allgemeineren Strahlungslehre und besonders die sprachliche Verständigung ist die bündigste auf dieser Grundlage. Sie hat aber auch bedingt, daß man von „unsichtbarem Licht" spricht.

Schüler: Das sind Strahlen, die nicht sichtbar sind, aber Wärme wirken.

Meister: Oder auch chemische Zersetzung. Wir wollen alle Erscheinungen unseren Sinnen zugänglich machen. Deshalb verfolgen wir alle Verwandlungen der Strahlung; die Lichtempfindung ist unser höchstes und kostbarstes Gut. Die Feinheit unseres Augapparates gestattet uns, Strahlungsgesetze kennen zu lernen, die sonst nie erkundet worden wären.

Schüler: So haben wir es denn heute mit der Wärmeleitung zu tun.

Meister: Um die innere Leitungsfähigkeit zu erfassen, stellen wir Beobachtungen an, die folgendes Gesetz bestätigen. Im Inneren eines Körpers denken wir uns dessen Querschnitt; ferner seien in einem längsgestreckten Körper von gleichbleibendem Querschnitt q verschiedene Temperaturen, und zwar in jedem Querschnitte dieselbe Temperatur, dagegen in einer Entfernung l zwei verschiedene Temperaturen t und t'; dann findet ein Wärmeabfluß statt vom wärmeren zum kälteren Querschnitt; diese abfließende Wärmemenge W ist proportional dem Querschnitt und dem Temperaturunterschied $(t - t_1)$, und umgekehrt proportional der Entfernung l der beiden Schichten. Also in einer Formel?

Schüler: Es ist $W = \dfrac{L \cdot q \cdot (t - t_1)}{l}$. Hier ist L eine neue Qualität, und zwar die durch 1 Kar fließende Menge, wenn in der Entfernung
$l = 1$ Zent ein Temperaturunterschied von 1^0 statthat. Dieses L ist
wohl das innere Leitungsvermögen und deren Einheit, — das errate
ich schon —, hat wieder keinen Namen!

Meister: Er ist auch wirklich entbehrlich. Es ist ein Koeffizient,
und solche Koeffizienten müssen immer mit anderen Qualitäten multipliziert werden, wenn es gilt, die Gesamtenergie auszuwerten. In deiner
Formel nennt man den Wert $\dfrac{t - t_1}{l}$ das „Gefälle der Temperatur".
Deute mir das in Worten.

Schüler: Das Temperaturgefälle ist der auf die Entfernung
1 Zent reduzierte Temperaturunterschied. Woher stammt diese
Bezeichnung?

Meister: Aus der Mechanik des Wassers. Ein Fluß hat ein
Gefälle, das du jetzt auch bei etwas Nachdenken wirst beschreiben
können. Beim Fluß gibt es anstatt der Temperaturunterschiede Druck-
unterschiede.

Schüler: Also wäre das Gefälle gleich dem Druckunterschied oder
Wasserhöhenunterschied in einem Zent Entfernung. Dieser Wert aber
muß sehr klein sein!

Meister: Das erscheint dir nur deshalb so, weil wir 1 Zent zugrunde legen. Wenn auf ein Kilometer Entfernung ein Meter Wasserhöhenunterschied statthat, so ist das schon ein ganz wirksames Gefälle.

Schüler: Dann ist es gleich $\dfrac{100}{100\,000} = \dfrac{1}{1000}$, also auf ein Zent
nur $\dfrac{1}{100}$ mm.

Meister: Nichts hindert dich, das auf 1 Zent angegebene Gefälle
sofort auf beliebige größere Entfernung zu übertragen.

Schüler: Ist das Gefälle beim Flußlauf überall dasselbe?

Meister: Sicherlich nicht. Deine Frage aber kommt uns zustatten.
Da der Begriff des Gefälles in mehreren Gebieten der Physik vorkommt,
wollen wir es gründlich an dem Beispiel betrachten, wo alle mitspie-
lenden Größen augenfällig auftreten; das findet statt beim Wasserstrom. Denke dir einen Kanal von gleichförmigem Querschnitt q. An
einem Ende nehmen wir eine unerschöpfliche Quelle an; du magst dabei
an einen See denken; am anderen Ende befinde sich gleichfalls ein
großes Wasserbecken, dessen Wasserhöhe beständig bleibe.

Schüler: Dazu könnten wir annehmen, es sei in bestimmter Höhe
ein steter Abfluß vorhanden.

Meister: Ganz gut. Bezeichne mir nun den Wasserstrom W in der Zeit T.

Schüler: Es wird wieder $W = \dfrac{L \cdot q \cdot (h_1 - h)}{l} \cdot T$ sein, wo T die Anzahl Sekunden, h_1 und h die Wasserhöhen am höheren und tieferen Ende des Kanales von einer Länge l und Querschnitt q bedeutet. Aber wie soll ich jetzt L benennen? Es ist die Wassermenge, die in der Zeiteinheit durch ein Kar Querschnitt fließt, wenn das Gefälle 1 Zent Höhenunterschied auf 1 Zent Kanallänge beträgt.

Meister: Setze zunächst nur $q = 1$ Kar und $T = 1$ Sek., dann wird $W = W_1$ die „**Stromstärke**" genannt. Nenne das Gefälle G; dann ist

$$G = \frac{h_1 - h}{l}.$$

Schüler: Und es wird $W_1 = L \cdot G$; auch ist

$$W = W_1 \cdot q \cdot T = L \cdot G \cdot q \cdot T.$$

Meister: Das L entspricht unserer Leitfähigkeit. Diese ist für verschiedene Körper sehr verschieden; es gibt **gute** und **schlechte** Leiter.

Schüler: Bei den guten geht offenbar die Wärme schnell auf die Nachbarteile über.

Meister: Die verschiedene Leitfähigkeit wollen wir auch für unseren Wasserkanal sichtbar machen und erkünsteln. Wir denken uns im ganzen Kanal, soweit er Wasser führt, Zylinder aus festem Stoff, die in gleicher Dicke in der Stromrichtung von oben nach unten laufen und den Kanal mehr oder weniger **verengen**. Statt des sichtbaren Querschnittes q haben wir nun einen wahren Querschnitt $L \cdot q$.

Schüler: Ich verstehe das jetzt wohl. Und für $q = 1$ Kar stellt L wirklich das Wasserleitvermögen des Kanals dar.

Meister: In der weiteren Überlegung stimmt nun alles mit dem Wärmestrom überein. Es sei zu Anfang eine Schleuse oben an der Quelle. Öffnen wir sie, so stürzt das Wasser in Menge in den Kanal. Diesen Anfangszustand wollen wir nicht weiter überlegen. Aber nach einiger Zeit fließt das Wasser im Strombette gleichmäßig. Es bilden die Wasserhöhen von oben bis unten eine gerade, ein wenig geneigte Linie, die Wasserhöhen behalten fortan ihren Stand bei. Diesen Zustand nennt man „**stationär**".

Schüler: Kann man das deutsch bezeichnen?

Meister: Es ist der „**Beharrungsstand**". Während beim Gleichgewicht Ruhe herrscht, besteht hier eine andere Art von Gleichheit. Es fließt in jedem Querschnitt des Kanals zu jeder Zeit gleich viel Wasser hindurch.

Schüler: Das Gefälle ist an allen Stellen dasselbe, und auch die Stromstärke.

Meister: Ganz richtig. Nun denken wir uns unseren Kanal verändert. Eine Strecke l' lang sei der Querschnitt nicht q, sondern q_1; dabei sei der Beharrungsstand auch wieder eingetreten. Es kann jetzt die Stromstärke verschieden sein, aber die Strommenge soll überall die gleiche sein.

Schüler: Die Strommenge war gleich $w \cdot q$, also muß $w \cdot q = w_1 \cdot q_1$ sein beim Beharrungsstande.

Meister: Und in Worten?

Schüler: Die Stromstärke ist umgekehrt proportional den Querschnitten. Kann man das auch sehen?

Meister: Hast du niemals den Wasserstrom beobachtet, wenn er aus einem breiten Bette unter eine Brücke geleitet wird?

Schüler: Doch wohl; das Wasser fließt da wirklich schneller hindurch.

Meister: Und zwar in dem Maße, als der Querschnitt verengert ist.

Schüler: Und auch hier gibt es einen Beharrungsstand?

Meister: Jawohl. Vielleicht hast du auch dabei überlegt, wie das Gefälle sich gestaltet.

Schüler: Es ist unter der Brücke stärker geneigt.

Meister: Weil im Beharrungsstande bei gleichem L

$$\frac{q \cdot (h_1 - h)}{l} = q_1 \frac{(H_1 - H)}{l_1}$$

sein muß, also $q \cdot G = q_1 \cdot G_1$.

Schüler: Sonst könnte die Strommenge W nicht dieselbe sein.

Meister: Das Wasser würde sich sonst anstauen. Bei plötzlich hervorgerufener Verengung tritt das auch sichtlich ein, bis sich das stärkere Gefälle hergestellt hat.

Schüler: Wird das nun bei der Wärmeleitung sich ganz ebenso verhalten?

Meister: Hier treten immer neue und beträchtliche Schwierigkeiten ein. Wenn die Wände unseres Wasserkanals das Wasser hindurchsickern lassen, könnte dann unser Beharrungsgesetz noch gelten?

Schüler: Ich denke, es würde viel verwickelter aussehen, und zwar um so mehr, je durchlässiger die Wände sind.

Meister: Bei der Wärmeleitung sucht man die Verluste nach außen zu mindern; man umgibt den leitenden Körper mit schlechten Wärmeleitern; immerhin müssen diese Verluste und etwa die durch Strahlung veranlaßten beachtet werden. Betrachte nun die Fig. 139. Das Gefälle der Temperaturen bezeichnet die Linie $a \ldots a^{VI}$. Es sind das die Stände der in Quecksilber getauchten Thermometer.

Schüler: Und die Linie müßte eine gerade sein, da der Quer-schnitt des Stabes gleichförmig ist, wenn keine Verluste nach außen da wären.

Meister: Diese Verluste sind am wärmeren Ende größer, darum ist da auch das Gefälle größer als am kühleren Ende. Im Versuche

Fig. 139.

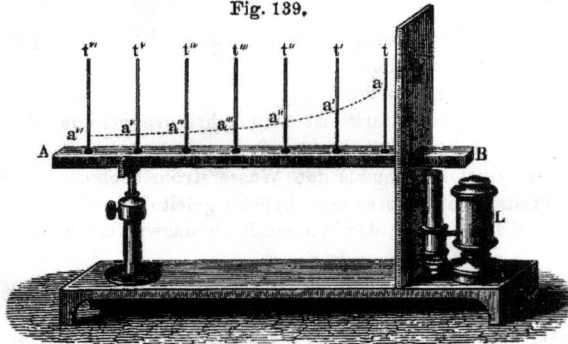

müßte man *B* in siedendes Wasser und *A* in Eis stellen, durch Hüllen die Verluste mindern, dann sähe man ein nahezu geradliniges Gefälle.

Schüler: Wie aber bestimmt man die Wärmestrommenge?

Meister: Das ist nach sehr verschiedenen, oft sehr verwickelten Verfahren gelungen. Du findest sie in großen Werken beschrieben. Einer der besten Wärmeleiter ist das Silber und seine Leitfähigkeit ist nahe gleich 1 gefunden worden; in Worten?

Schüler: Im Silber läuft sehr nahe 1 Calorie durch 1 Kar in 1 Sek., wenn in 1 Zent Entfernung 1^0 Unterschied besteht.

Meister: In folgender Tabelle findest du einige Zahlen, denen die später zu besprechende elektrische Leitfähigkeit hinzugefügt worden ist: Es sind diese Zahlen die relativen Leitfähigkeiten.

Schüler: Wie ich sehe, ist für beide Leitvermögen Silber gleich 100 gesetzt, also sind die absoluten Leitvermögen 100 mal kleiner bei allen Stoffen.

Meister: Ganz richtig.

Relatives Leitvermögen.

	Ag	Cu	Au	Fe	Pb	Pt	Bi
Thermisch	100	74	53	12	9	8	1,8
Elektrisch	100	73	58	13	11	10	1,9

Die absoluten Leitvermögen sind nur durch hohe mathematische Rechnungen erkundet worden. Mit viel Mühe gelang es auch, schlechte Wärmeleiter zu untersuchen. Ich gebe dir eine kleine Tabelle, wo wieder Silber gleich 100 gesetzt ist, und füge gleich die für Flüssigkeiten und Gase gefundenen Werte bei.

Relatives Leitvermögen von schlechtern Leitern, Flüssigkeiten und Gasen.

Stoff	Kreide	Glas	Eis	Paraffin	Wolle
Leitvermögen	0,002	0,002	0,005	0,0002	0,000 04

Stoff	Queck-silber	Wasser	Alkohol	Wasser-stoff	Luft
Leitvermögen	0,020	0,0015	0,0005	0,0004	0,000 05

Schüler: Demnach leitet Wasserstoff 8 mal besser als Luft. Und Quecksilber 13 mal besser als Wasser! Man sieht aber auch, weshalb man im Winter wollene Kleider trägt.

Meister: Bei Flüssigkeiten und Gasen leitet man im Versuch die Wärme von oben nach unten, sonst würden infolge der Erwärmung Bewegungen innerhalb der Stoffe eintreten. Wenn durch solche Bewegungen Wärme fortgeführt wird, so nennt man das „Konvektion", was ebensoviel ist wie „Mitführung".

Schüler: Ich verstehe das so, daß hier Wärme von Stoffteilchen an andere Stellen mitgeführt wird, was bei festen Körpern nicht statthat.

Meister: Das Erheizen von Zimmerluft beruht auf Konvektion, ebenso das „Lüften", um frische kühle Luft herbeizuschaffen. Das gibt ein großes praktisch-technisches Gebiet, die sogenannte Ventilation, bei der allerdings nicht gerade warme, aber schlechte Luft fortgeschafft wird.

Schüler: Ich kenne wohl solche Ventilatoren, die die Luft aus dem Zimmer fortschaffen. Es tritt die warme Luft oben am Fenster aus dem Zimmer hinaus ins Freie.

Meister: Der meist dabei klappernde Apparat mag wohl der schlechteste Ventilator sein, denn die ausströmende Luft muß doch ersetzt werden.

Schüler: Da dringt neue Luft durch Fugen und Ritzen ins Zimmer.

Meister: Eben diese Luft ist staubig und schlecht. In neuerer Zeit ventiliert man nur so, daß ein Apparat frische erwärmte Luft ins Zimmer hineintreibt, die schlechte verbrauchte Luft mag sich dann auf beliebigen Wegen entfernen; besser ist es, man bestimmt auch diese Wege.

Schüler: Ich verstehe das wohl; nicht fortschaffen die schlechte, sondern gute Luft hineinschaffen ist der Grundgedanke.

Meister: Noch ein Wort über anisotrope Körper, d. h. solche, die nach verschiedenen Richtungen andere Eigenschaften haben. Dahin gehören die meisten Kristalle. Bestreicht man eine Kristallplatte mit Wachs, berührt eine Stelle mit dem Ende eines Stabes, den man erwärmt, so schmilzt das Wachs, wobei es durchsichtiger wird und dunkler aussieht. Die Schmelzgrenze hat eine elliptische Gestalt. Diesen Versuch kannst du mit Gipsblättchen anstellen.

7. Erzeugung von Wärme.

Schüler: Wir haben gestern die Wasserströmung behandelt; es wurde das Gefälle definiert und der stationäre Zustand angenommen. Wir fanden die Strommenge proportional dem Gefälle, dem Querschnitt und der Zeit. Die Stromstärke war die neue Qualität, die sich auf 1 Kar, 1 Sekunde und das Gefälle 1 bezog.

Meister: Das Gefälle braucht nicht gleich 1 zu sein, denn Stromstärke war die bei beliebigem Gefälle G fließende Menge.

Schüler: Dann war es das Leitvermögen L, das ein Gefälle 1 voraussetzte.

Meister: Richtig; denn Stromstärke war $S = L \cdot G$.

Schüler: Es wurde ferner das innere Leitvermögen als Eigenschaft des Stoffes erkannt und bestimmt. Im Versuch konnte kein geradliniges Temperaturgefälle erhalten werden, weil die unvermeidlichen Verluste nach außen mit der Temperatur wachsen.

Meister: Wir wollen nun die Wärmequellen besprechen und zu ordnen versuchen. Während Schall und Licht unsere feinsten Sinnesorgane erregen und Vermittler unseres geistigen Lebens sind, gestaltet die Wärme ganz hervorragend unser physisches Leben. Tiere und Pflanzen richten ihr Leben nach der dargebotenen Wärme ein; die meisten können auch der Strahlung nicht entbehren. Jeder Lebensvorgang steht mit der Wärmeenergie in irgend einer Beziehung. Welches ist wohl die Hauptquelle aller Wärme, die uns auf der ganzen Erde umgibt?

Schüler: Das ist doch die Sonne.

Meister: Die Sonne selbst ist sehr heiß; man hat nie eine Abnahme ihrer Hitze beobachten können.

Schüler: Und doch strahlt sie viel aus.

Meister: Jawohl; das ist die Strahlenergie. Die dadurch bedingte Abnahme scheint durch andere Wärmequellen ersetzt zu werden.

Für uns gilt als allerwichtigste Quelle der Wärme 1. die Sonnenwärme oder die von ihr ausgesandte Strahlenergie. Die nächstbedeutsamste Quelle ist 2. die chemische Energie. Unsere ganze Industrie hängt von ihr ab und viele Verrichtungen in unserem Alltagsleben.

Schüler: Ich habe gehört, daß auch der Lebensvorgang in unserem Körper darauf beruht.

Meister: Richtig; alle anderen Quellen können wir 3. zusammenfassen als Wärmeerzeugung durch Arbeit.

Schüler: Davon spracht ihr schon bei Gelegenheit der spezifischen Wärme der Gase.

Meister: Ganz recht, und jetzt wollen wir das ganze Gebiet überblicken.

Schüler: Gehören in diesen dritten Teil auch die Maschinen?

Meister: Bei den Maschinen ist meist der umgekehrte Vorgang von Belang.

Schüler: Ach ja; es wird da Wärme in Arbeit umgesetzt.

Meister: Den drei großen Quellen entsprechend hätten wir drei Abschnitte zu betrachten. Die Strahlung müßte demgemäß den ersten bilden; doch genügt uns in der Wärmelehre die bloße Erkenntnis, daß die Körper Strahlenergie aussenden und andere Körper diese Strahlen aufnehmen und dadurch erwärmt werden können. Das übrige sehr umfangreiche Wissensgebiet der Strahlenergie verweisen wir in die Lichtlehre. Die Verbrennungs- und Verbindungswärme wollen wir auch sehr kurz behandeln, da dieser Teil ein Hauptgebiet der Chemie bildet, auch von ihr in aller Ausführlichkeit bearbeitet wird.

Schüler: Dann bliebe uns hauptsächlich der dritte Teil übrig.

Meister: Das ist unser Hauptgebiet. Wir behandeln zuerst die Wärmeerzeugung durch Arbeit, und fassen dann unter dem üblichen Namen „Thermomechanik" die Grundzüge der gesamten Molarmechanik zusammen.

a) Chemische Wärmeerzeugung.

Meister: Was ist dir aus der Chemie bekannt?

Schüler: Ich kenne die Elemente und weiß, daß sie sich nach bestimmten Massenverhältnissen miteinander verbinden, wobei meist Wärme frei wird. Geht die Verbindung langsam vor sich, so zerstreut sich leicht die erzeugte Wärme, infolgedessen keine so große Temperaturerhöhung statthat.

Meister: Wir wollen annehmen, daß alle entstehende Wärme der neugebildeten Verbindung erhalten bleibe; können wir alsdann die Temperaturerhöhung berechnen? Versuche den Ansatz zu machen: Es ist die Verbindungswärme proportional der Masse m der neuentstandenen Verbindung.

Schüler: Ich setze dann $W = b . m$; hier wäre b die Verbindungswärme für 1 g der neuentstandenen Verbindung.

Meister: Man bezieht die Verbindungswärmen meist auf 1 g des verbrennenden Stoffes, sei es Kohle oder Wasserstoff, wenn diese mit Sauerstoff oder mit Chlor oder sonst wie sich verbinden. Hier aber, wo wir die Temperaturerhöhung zu überlegen haben, bleiben wir bei unserem Ansatz. Es sei die spezifische Wärme der neuen Verbindung c, die Temperaturerhöhung betrage t.

Schüler: Dann darf ich wohl $b = c . t$ setzen und $t = b/c$; demnach wäre t proportional der Verbindungswärme und umgekehrt proportional der spezifischen Wärme der neuen Verbindung.

Meister: Du kannst noch hinzufügen: unabhängig von der Masse.

Schüler: Die Verbindung wird doch nur dann Verbrennung genannt, wenn sie rasch vor sich geht?

Meister: Meist wohl, doch ist der Unterschied kein wesentlicher; ebenso ist das Auftreten einer Flamme keine notwendige Bedingung. Zur Ergänzung deiner Kenntnisse will ich mich auf zwei Fragen beschränken: 1. auf die zur Messung angewandten Verfahren und 2. auf die bei Verbrennung einiger Stoffe zu gewissen Verbindungen erhaltenen Wärmemengen.

Schüler: Das Ausmessen muß wohl sehr schwierig sein?

Meister: Wie alle Wärmemessungen und hier ganz besonders deshalb, weil die entstandenen Körper oft gasförmig sind. Man läßt solche Gase durch ein langes Schlangenrohr in ein Wasserkalorimeter eintreten, in dem sie die Wärme an das umgebende Wasser abgeben. Solch einen Apparat zeigt Fig. 140. Es ist A der Verbrennungsraum. Durch den Spiegel c kann man hineinblicken und sehen, wie der am Boden aufgestellte, zuvor gewogene Körper brennt. Durch das Rohr o wird Sauerstoff hineingetrieben. Die entstandenen Gase entweichen durch das Schlangenrohr. Wassermengen, die etwa gebildet werden, schlagen sich bei s nieder. Die Stangen q halten die ringförmige Rührscheibe.

Schüler: Und in B sind gewiß schlechte Leiter angebracht?

Meister: Obwohl da ein Schwanenpelz hineingesetzt ist, müssen doch noch die Verluste untersucht werden. Man tut heißes Wasser ins Kalorimeter und beobachtet am Thermometer die langsame Abkühlung. Sehr genaue Resultate erhält man mit Bunsens Eiskalorimeter, das wir schon bei Bestimmung der spezifischen Wärme hätten brauchen können. Da wir aber erst später die latente Wärme beim Schmelzen kennen lernten, so habe ich bis heute die Besprechung aufgeschoben. Fig. 141

enthält den ganzen Apparat; nur oben bei R mußt du dir eine Fortsetzung denken in Gestalt einer sorgfältig kalibrierten Kapillarröhre, an
der die Messungen vorgenommen werden. Das Gefäß A enthält Säge-
späne als schlechte Leiter; das folgende Gefäß mit dem Hahn enthält
Schnee S. In diesen Schnee taucht das Kalorimeter; Q ist Quecksilber,
W ist Wasser, E Eis und im Eise befindet sich der Zylinder, in den
die zu untersuchenden erwärmten Körper getaucht werden.

Fig. 140.

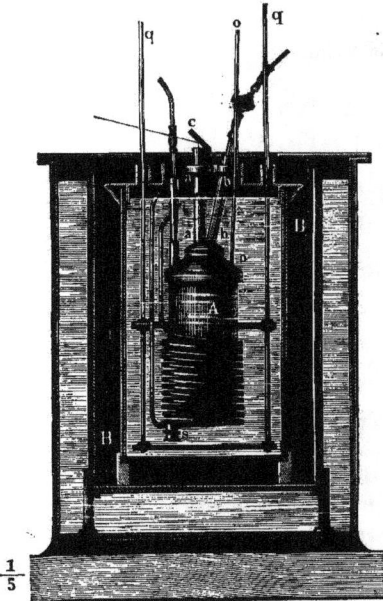

Fig. 141.

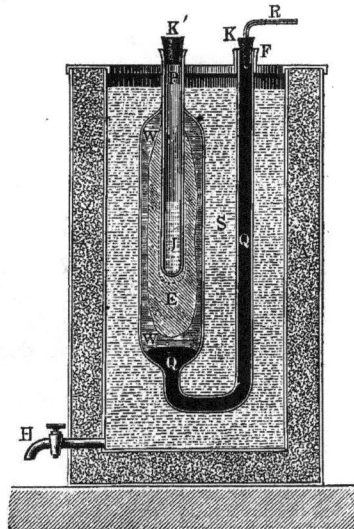

$\frac{1}{5}$

Schüler: Wenn diese Körper sich abkühlen, haben sie zuletzt die
Temperatur 0^0; das ist bequem für die Ausrechnung.

Meister: Und auch für die Beobachtung; es entfällt die Beobachtung der Schlußtemperatur. Welche Folgen aber hat die Abkühlung
des hineingetauchten Körpers?

Schüler: Es wird Eis schmelzen und dementsprechend das Volumen zunehmen.

Meister: Ist das wohl richtig?

Schüler: Ach nein; Wasser ist ja dichter als Eis.

Meister: Das spezifische Volumen nimmt ab, in den frei gewordenen Raum dringt Wasser aus W nach.

Schüler: Und dann muß auch das Quecksilber in Q folgen.

Meister: Jetzt begreifst du auch, daß Quecksilber bei R in die Kapillarröhre eintreten und sie beim Anfang der Versuche erfüllen muß. Aus dem Zurücktreten des Quecksilbers wird die Volumverminderung und daraus die Wärmemenge berechnet. Sie ist proportional der geschmolzenen Masse Eis.

Schüler: Dann setze ich die Volumverminderung $v = k \cdot m$.

Meister: Diese Zahl k hat **Bunsen** sehr genau bestimmt. 1 Kub Eis gab 0,916 Kub Wasser.

Schüler: Wenn also 1 Kub Eis schmilzt, so nimmt das Volum um 0,084 Kub ab.

Meister: Berechne nun hieraus die Wärmemenge.

Schüler: Zum Schmelzen von 1 g Eis sind 80 Kalorien nötig. 1 g Eis hat das Volumen $\frac{1}{0{,}916} = 1{,}0917$ Kub; also ist die Volumverminderung für 1 g Eis 0,0917 Kub; das gibt $80 \times 0{,}0917 = 7{,}336$ Kal. für jedes geschmolzene Gramm Eis.

Meister: In der kalibrierten Röhre bei R muß der Rauminhalt bestimmt werden, und zwar der absolute Wert für alle Teile der Röhre, die selbstverständlich auf einer Skala liegt; alle diese Teile werden mit Schnee umgeben und am besten arbeitet man in einem Zimmer bei 0⁰.

Schüler: Dann wird der Beobachter wohl sich warm kleiden müssen!

Meister: Wer einen Pelz hat, ziehe ihn an und auch warme Filzstiefel; dann kann man 8 bis 10 Stunden am Tage arbeiten.

Schüler: Wird das Quecksilber nicht sehr schnell aus der Röhre R ins Innere nach Q sich zurückziehen?

Meister: Nein. Mit ganz kleinen Massen erzielt man schon genaue Resultate. Die Ermittelung der Maßzahlen kann auch höchst einfach erhalten werden. Denke dir, J in der Figur wäre eine Menge von m g Wasser, das wir, erwärmt auf t^0, hineingegossen hätten.

Schüler: Sofort würde Eis schmelzen und das Quecksilber zurücktreten in der R-Röhre.

Meister: Und zwar seien es S Skalenteile.

Schüler: Das Wasser ist von t^0 bis 0^0 abgekühlt und also sind dem Eise $m \cdot t$ Kalorien mitgeteilt worden; ich setze $S = mt$; ein Skalenteil entspricht mithin $\frac{mt}{S}$ Kalorien. Jetzt möchte ich das alles sehen!

Meister: Da warte nur den kommenden Winter ab! Ich gebe dir nun eine Tabelle über Verbrennungswärmen, aus denen du ersehen wirst, wie bedeutend die Unterschiede sein können.

Verbrennungswärmen einiger Stoffe mit Sauerstoff.

Wasserstoff	34 230		Natrium	3 300
Kohle	8 000		Calcium	3 300
Schwefel	2 200		Quecksilber	150
Phosphor	5 700		Kohlenoxyd	2 430
Eisen	1 300		Sumpfgas	13 001
Kupfer	600		Alkohol	6 800

Hierbei ist vorausgesetzt, daß eine vollständige Verbrennung mit Sauerstoff statthat.

Schüler: Also bei Wasserstoff die Verbindung zu H_2O?

Meister: Ja. Die Kohle zeigt verschiedene Werte nach der Beschaffenheit; als Diamant und Graphit weniger. Verbrennt die Kohle nur zu Kohlenoxyd, CO, so erhält man 2140 Kal., erst wenn CO zu CO_2 verbrennt, treten noch $8000 - 2140 = 5860$ Kal. auf.

Schüler: Es muß also jedesmal beachtet werden, welche Verbindung entstanden ist.

Meister: Nun finden noch Verbindungen statt, die man nicht Verbrennung nennen darf, wenn nämlich bereits zusammengesetzte Stoffe zu neuen Verbindungen zusammentreten. Die Chemiker unterscheiden Neutralisationswärmen, Verdünnungswärmen, Lösungswärmen, —

Schüler: Von denen sprachen wir schon.

Meister: Auch von Umsetzungswärmen, und Absorptionswärmen, wenn Flüssigkeiten Gase aufnehmen. Alle diese Fragen überlassen wir den Chemikern.

b) Mechanische Wärmeerzeugung. Äquivalentbestimmung.

Meister: Wir haben schon das mechanische Wärmeäquivalent benutzt.

Schüler: Es war die Arbeit, die der Energie einer Kalorie gleich ist.

Meister: Wir wollen diese Größe mit J bezeichnen; dann ist 1 Kal. $= 42500 . g$ Erg $= J . g$ Erg. Auf sehr viele, sehr verschiedene Arten ist J bestimmt worden: durch Reibung, durch Stoßversuche, durch Gaserwärmung und durch Kompression. Wir wollen zuerst die sehr genaue Bestimmung durch Reibung besprechen. Es ist auch der allererste genau beobachtete Umsatz von Arbeit in Wärme. Es war der Engländer Joule (spr. Dshaul), der den Apparat Fig. 142 ersann. Fig. 143 zeigt das Innere des mit Wasser oder mit Quecksilber gefüllten eisernen Gefäßes G.

Schüler: Ich erkenne in I den Aufriß, in II den Grundriß.

Meister: Ganz richtig. Alles übrige kannst du aus der Figur herauslesen, da du weißt, wie Arbeit gemessen wird.

Schüler: Verstehe ich recht, so läßt man beiderseits (Fig. 142) die Massen ee sinken.

Meister: Jawohl. Die Massen betrugen etwa 13 kg, die Senkung 1600 Zent. Die Senkung ging langsam vor sich, weil die Schaufeln das Wasser umrühren, wodurch ein großer Widerstand entsteht.

Fig. 142.

Schüler: Ich verstehe noch nicht den Zweck der Kurbel.

Meister: Die durch eine Senkung hervorgebrachte Temperatursteigerung ist nur gering; die Massen ee wurden wieder gehoben, um die Senkung zu wiederholen. Während der Hebung ruhten die Schaufeln, denn die Walze f wurde bei s vom unteren Teile abgetrennt. Nach

Fig. 143.

I.　　　　　　　II.

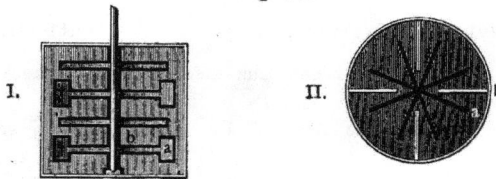

20 maliger Wiederholung des Versuches war das Wasser etwa um 0,28° erwärmt worden. — Bei Versuchen mit Quecksilber befand sich eine andere Reibungsvorrichtung im Kalorimeter; es waren Scheiben aus Gußeisen, die unter Reibung gegeneinander fortbewegt wurden; die Temperaturerhöhung war schließlich gleich 1,33°. Aus beiden Versuchsreihen ergab sich nahe der gleiche Wert $42500 \cdot g$ Erg. Rechne die Zahl aus.

Schüler: Also es fand sich 1 Grammkalorie $= 42500 \times 981$ Erg $= 41\,692\,500$ Erg.

Meister: Und das wären 4,169 Joule, denn man nennt 10 Millionen Erg ein Joule. Die Zahl g für die Beschleunigung muß für den Ort genommen werden, an dem die Reibungsversuche angestellt werden. Und die vom Orte abhängige Zahl 42500 ist noch aus einem anderen Grunde keine ganz feste, denn es kommt auch darauf an, wie man eine Kalorie definiert. Ich will dir eine niedliche Tabelle aus Pfaundlers Physik zeigen; ich ändere sie nur ein wenig, da ich nur Grammozent und Grammkalorien anführe:

Tabelle der wahrscheinlichen Werte des mechanischen Wärmeäquivalents für eine Grammkalorie.

Wärme, gemessen bei der Temperatur	Grammozente in		absolut in Joule (1 Joule = 10 Erg)
	Berlin Br. 52° 30′ $g = 981,13$ Gal	München Br. 48° 9′ $g = 980,77$ Gal	
18,6	42 560	42 580	4,176
15,6	42 620	42 640	4,182
11,5	42 720	42 740	4,192

Schüler: Es gelten nur die Werte der letzten Rubrik für beide Orte?

Meister: Und für jeden anderen auch. Doch sind es drei Werte, je nachdem man die Kalorie definiert hat, wie die erste Rubrik andeutet. Die spezifische Wärme des Wassers wächst nämlich mit der Temperatur; deshalb erscheint bei 18,6° das Äquivalent kleiner. Wir hätten nur eine Äquivalenzzahl nötig, wenn man eine feste Definition der Kalorie zugrunde legte. Die Versuche sind später vielfach wiederholt und verfeinert worden. Wir gehen nun zum Verfahren durch Gaserwärmung über.

Schüler: Wir hatten doch schon erkannt (s. S. 189), daß der Unterschied $c_p - c_v$ der spezifischen Wärmen $= A \cdot R$ sei.

Meister: Richtig. Wir wollen jetzt die Frage von allgemeinerem Gesichtspunkte aus erfassen. Die genannten beiden Werte bezeichnen ganz bestimmte Änderungswege des Gaszustandes.

Schüler: Es war bei c_p der Druck beständig und bei c_v das Volumen.

Meister: Das sind die bequemsten und am leichtesten vorstellbaren Zustandsänderungen. Wir könnten aber noch ganz andere Bedingungen uns ausdenken und für den Versuch vorschreiben. Ich erinnere daran, daß wir schon bei Anstellung der Versuche nach Boyles Gesetz die Bedingung aussprachen, es solle die Temperatur beständig bleiben.

Schüler: Des erinnere ich mich sehr wohl. Es wurde v als Abszisse, und p als Ordinate gewählt; ich habe viele Kurven gezeichnet für Isothermen, deren Gleichung $p \cdot v = R \cdot T$ war.

Fig. 144.

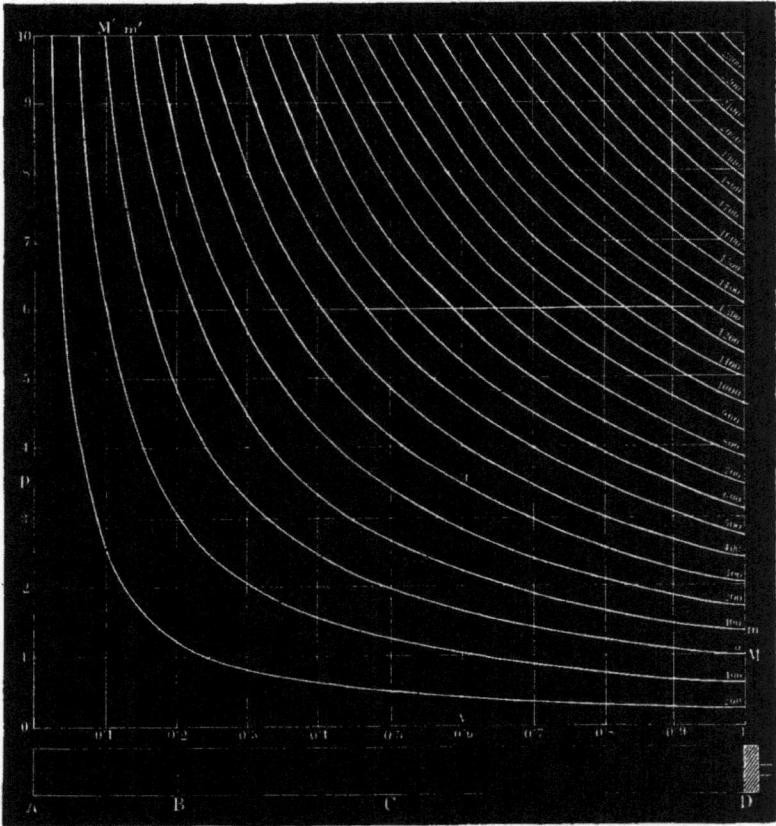

Meister: Und für jedes neue T bekamst du neue Isothermen.

Schüler: Es waren alles Hyperbeln.

Meister: Ich bringe dir hier eine sorgfältige Zeichnung mit (Fig. 144). Überlege die Zahlen rechts.

Schüler: Von M nach M' läuft die Isotherme 0^0; von m nach m' die für 100^0 usf. bis hinauf zum kleinen Hyperbelstück 2400^0. Auch negative Isothermen, für -100^0 und -200^0, finde ich verzeichnet.

Meister: Aus dieser Tafel kann man zu zwei beliebigen Parametern den dritten herauslesen. Es sei $v = 0{,}7$, $p = 4$ Atm., wie groß ist t?

Schüler: Es ist $t = 500^0$.

Meister: Der Zeichnung liegt also zugrunde die Gleichung $p \cdot v = p_0 \cdot v_0 (1 + \frac{1}{273} t)$; nur ist $p_0 = 1$ Atm. gesetzt und auch $v_0 = 1$.

Schüler: Es beziehen sich also die Kurven auf die in einem Kub enthaltene Masse. Für ein Gramm Luft darf ich alle Zahlen für v mit 773 multiplizieren?

Meister: Richtig. Wenn nun $p = 2$ Atm., $t = 0^0$ ist, wie groß ist dann v?

Schüler: Ich finde $v = 0{,}5$; das ist richtig das halbe Volumen, entsprechend dem doppelten Druck.

Meister: Und welches Volumen hätte die Luftmasse m g?

Schüler: Die hätte ein Volumen $0{,}5 \cdot 773 \cdot m$ Kub.

Meister: Wenn endlich $t = 100^0$, $v = 0{,}6$?

Schüler: Dann wäre $p = 2\frac{1}{4}$ Atm.

Meister: Solche Schätzungen müssen immer in Dezimalbrüchen angegeben werden; also 2,25 Atm., wobei höchstens noch Hundertstel zu beachten sind. Für Schätzungen genügen Zehntel. Beschreibe mir nun die Zustandsänderungen bei Erwärmungen von 0^0 an bis 300^0 für die Bedingung $p = 3{,}5$ Atm.

Schüler: Es wächst v von 0,28 bis 0,6.

Meister: Und wenn $v = 0{,}6$ bleiben soll?

Schüler: Dann kann der Druck von 1,7 bis 3,5 Atm. steigen. Überhaupt erkenne ich, daß horizontale Linien die Zustände für konstanten Druck, jede vertikale die für konstantes Volumen darstellt.

Meister: Gut; beide Linien stellen also Änderungsbedingungen dar und wir nennen die Wärmemengen c_p und c_v, die auf diesen Wegen zuzuführen sind. Wir können aber noch unendlich viele andere Bedingungen vorschreiben und jedesmal nach der zuzuführenden Wärme c fragen. Ein jeder Punkt der Tafel gehört nur einem Zustande an.

Schüler: Ich verstehe wohl, z. B. $p = 3{,}5$, $v = 0{,}6$, $t = 300^0$.

Meister: Und von jedem beliebigen Punkte aus gibt es unendlich viele Richtungen, in denen die Änderung vor sich gehen kann.

Schüler: Nun sehe ich ein, daß p und v, als beständig gedacht, zwei Hauptrichtungen sind, für die wir die Wärmezufuhr kennen.

Meister: Eine andere Richtung geht längs einer Isotherme weiter.

Schüler: Dann verfolge ich von einem Punkte t aus die Isotherme t.

Meister: Die auf diesem Wege zuzuführende Wärme kann c_t genannt werden. Es ist Wärmezufuhr erforderlich, wenn v wächst, — Abfuhr, wenn v kleiner wird.

Schüler: Im letzteren Falle muß das Gas zusammengedrückt werden.

Meister: Sehr richtig; dabei entsteht sicher Wärme.

Schüler: Entsprechend der angewandten Arbeit; das begreife ich.

Meister: Um die Bedingung $t = const.$ zu erfüllen, müssen wir also die entstandene Wärme fortnehmen. Der Körper aber behält seine Temperatur und doch haben wir ihn erwärmt oder abgekühlt. Es muß diese Wärmemenge $W = c_t . t'$ sein, wenn t' die Temperatursteigerung bedeutet. Da aber $t' = 0$ ist, und W doch Wert hat, so muß $c_t = \infty$ sein.

Schüler: Das ist schwer vorstellbar!

Meister: Durchaus nicht! Alle erzeugte Wärme wird fortgeführt, die abzuführende Menge müßte unendlich groß werden, da der Körper nie eine Temperaturänderung erfahren soll.

Schüler: Aber dieser Wert $c_t = \infty$ kann doch keine praktische Verwertung finden?

Meister: Doch wohl. Da $c_t = \dfrac{W}{t}$ und $t = 0$, so gibt jede Verschiebung schon $c_t = \infty$. — Es gibt aber auch eine spezifische Wärme, die den Wert 0 hat.

Schüler: Wie ist denn das denkbar?

Meister: Die spezifische Wärme erfaßt nur die als Wärme zugeführte Energie. Das erkennst du auch beim Begriff c_p, wo wir die zugeführte Wärme uns dachten, — ohne Abzug der dabei geleisteten Arbeit. — Nun kann ich aber ein Gas um 1º erwärmen, ganz ohne Wärme zuzuführen.

Schüler: Das können wir durch Zusammendrücken erreichen.

Meister: Alles durch äußere Arbeit allein! Solch eine Bedingung bezeichnet man mit „adiabatischer Zustandsänderung". Das griechische Wort „Diabainein" heißt hindurchstreichen; adiabatisch deutet an, daß Wärme nicht durch die Begrenzungen des Körpers hindurchstreichen kann.

Schüler: Wie kann man das verhindern?

Meister: Durch adiathermane Umhüllung, d. h. solche, die Wärme nicht leitet. Aber darauf kommt es hier gar nicht an, sondern nur auf den Gedanken.

Schüler: Ich bin bereit, von der Ausführbarkeit zu abstrahieren.

Meister: Man nennt solche Zustandsänderungen den „adiabatischen Weg".

Schüler: Es muß ja eine Kurve geben, die dieser Bedingung entspricht!

Meister: Die wollen wir bald hinzeichnen. Es sei nun die spezifische Wärme auf adiabatischem Wege c_a, so sage mir, wie groß ist c_a? Wir haben nichts an Wärme zu- oder abgeführt und der Körper ist 1º wärmer geworden.

Schüler: Ich merke; es ist $c_a = 0$.

Meister: Jawohl; denn wenn $W = c_a \cdot t$ gesetzt wird und die zugeführte Wärme W einen Wert 0 hat, t aber $= 1^0$ ist, so muß $c_a = 0$ sein.

Schüler: Diese adiabatischen Kurven bin ich nun gespannt zu sehen.

Meister: Wenn wir von irgend einem Punkte unserer Tafel ausgehen, und das Gas zusammendrücken, was geschieht dann mit den anderen Parametern?

Schüler: Wenn p zunimmt, muß v abnehmen; dabei aber wächst t.

Meister: Richtig. Wenn wir alle durch Arbeit erzeugte Wärme entfernen, welche Kurve haben wir dann?

Schüler: Eine Isotherme durch die Anfangstemperatur. Da aber die Wärme nicht entfernt wird, wird die Kurve steiler emporsteigen, da im Vergleich mit der Isotherme bei gleichem Volumen t größer geworden ist.

Meister: Man kann eine Gleichung aufstellen, nach der bei adiabatischer Zustandsänderung sofort das Volumen aus dem eingetretenen Druck berechnet werden kann, oder aus dem beobachteten Volumen der Druck.

Schüler: Bitte, teilt mir diese Formel mit, damit ich danach rechnen kann.

Meister: Sie heißt „Poissons Gesetz" und lautet

$$p = p_0 \cdot \left(\frac{v_0}{v}\right)^k \quad \cdots \cdots \cdots \quad (1)$$

wo k eine bemerkenswerte Bedeutung hat. Es ist

$$k = \frac{c_p}{c_v} \quad \cdots \cdots \cdots \cdots \quad (2)$$

dieselbe Größe, die wir zur Auswertung von c_v schon benutzten (s. S. 189). Man kennt die Zahl k am besten aus Versuchen über die Fortpflanzungsgeschwindigkeit der Schallwellen; das werden wir später behandeln. Für jetzt nur soviel, daß man $k = 1{,}41$ für vollkommene Gase mit zweiatomigen Molekeln gefunden hat, während für einatomige $k = 1{,}67$ ist. Alle Zwischenwerte können vorkommen: größere bei Gasen, deren Molekel zum Teil dissoziiert sind, kleinere Werte, wenn Tagmen vorkommen.

Schüler: Ich darf also p_0 und v_0 beliebig annehmen und zu jedem v den Druck p berechnen?

Meister: Nimm zunächst unseren Punkt $t = 300^0$.

Schüler: Also $p_0 = 3{,}5$, $v_0 = 0{,}6$. — Aber muß ich nicht $p_0 = 1$ und $v_0 = 1$ annehmen, wie es in der Formel steht?

Meister: Diese Vorsicht ist anzuerkennen. Wir haben $\dfrac{p}{p_0} = \left(\dfrac{v_0}{v}\right)^k$,

also auch $\dfrac{p_1}{p_0} = \left(\dfrac{v_0}{v_1}\right)^k$. Dividiere beide Gleichungen durcheinander.

Schüler: Es wird $\dfrac{p}{p_1} = \left(\dfrac{v_1}{v}\right)^k$; also darf ich wirklich frei wählen. Aber da $k = 1{,}41$, so muß ich mit Logarithmen rechnen.

Meister: Um rasch ein Resultat zu haben, sei $p = 1$ Atm. Untersuche, welches Verhältnis $\dfrac{v_1}{v_0}$ bei $p = 2$ Atm. zu erwarten ist.

Schüler: Dann ist $\dfrac{1}{2} = \left(\dfrac{v_1}{v_0}\right)^{1{,}41}$,

also

$$\frac{v_1}{v_0} = \left(\frac{1}{2}\right)^{\frac{1}{1{,}41}} = \left(\frac{1}{2}\right)^{0{,}709}$$

und

$$log\left(\frac{v_1}{v_0}\right) = 0{,}709 \cdot log\left(\frac{1}{2}\right) = 0{,}709 \times (-0{,}30103)$$

$$= -0{,}21343 = 0{,}78657 - 1,$$

also

$$\frac{v_1}{v_0} = Num\,(0{,}78657 - 1) = 0{,}6118.$$

Meister: Isotherm wäre, wenn $p \cdot v = const.$ angenommen wird, nach Boyles Gesetz 0,5 gekommen.

Schüler: Adiabatisch aber 0,6118! Da kann ich genau den Punkt auf der Tafel angeben; das ist fein! Die entstandene Temperatur kann ich jetzt auch der Tafel entnehmen.

Meister: Du magst sie schätzen. Aber sie kann ebensogut berechnet werden. Multipliziere die Gleichung

$$\frac{v}{v_0} = \left(\frac{p_0}{p}\right)^{\frac{1}{k}}$$

beiderseits mit p/p_0 und beachte, daß $vp = RT$, $v_0 p_0 = R \cdot T_0$ ist.

Schüler: Es wird

$$\frac{vp}{v_0 p_0} = \frac{p}{p_0} \cdot \left(\frac{p_0}{p}\right)^{\frac{1}{k}} = \left(\frac{p}{p_0}\right)^{\frac{k-1}{k}},$$

also

$$\frac{T}{T_0} = \left(\frac{p}{p_0}\right)^{\frac{k-1}{k}} \quad \circ \quad \cdot \quad \cdot \quad \cdot \quad \cdot \quad \cdot \quad \cdot \quad (3)$$

Nun ist
$$\frac{k-1}{k} = \frac{0{,}41}{1{,}41} = 0{,}2907,$$

also
$$\frac{T}{T_0} = \left(\frac{p}{p_0}\right)^{0{,}2907}$$

Meister: Die adiabatische Formel zwischen v und T ist:

$$\frac{T}{T_0} = \left(\frac{v_0}{v}\right)^{\frac{1}{k-1}} \quad \ldots \ldots \ldots \quad (4)$$

Schüler: Jetzt will ich T erst schätzen und dann berechnen!

Meister: Du wirst $T = 333$ finden, also $t = 60^0$. Nachdem wir nun vier Hauptwege kennen gelernt haben, wollen wir alle anderen dazwischenliegenden Möglichkeiten kennzeichnen und auch aufzeichnen. Vorher aber noch ein neues Wort: Die drei Hauptwege hießen:

$t = const.$ der Weg konstanter Temperatur, wobei . . $c_t = \overline{+}\ \infty$

$v = const.$ der Weg konstanten Volumens, wobei . . . $c_v = 0{,}168$

$p = const.$ der Weg konstanten Druckes, wobei . . . $c_p = 0{,}237$

Ich füge nun eine Zeile hinzu und sage:

$u = const.$ der Weg konstanter Adiabate, wobei . . . $c_u = 0$.

Die Zahlen beziehen sich auf Luft. Die vier Kurven wollen wir nun zeichnen und das Wort Adiabate soll dir andeuten, daß es alle Zustände bezeichnet, die ohne Wärmezufuhr ein Körper haben kann.

Schüler: Ich dachte, es müsse eine Größe sein ähnlich den drei Parametern.

Meister: Das ist sie auch; die Adiabate ist ein Parameter. Wir haben doch erkannt, daß ein Parameter immer eine unendliche Mannigfaltigkeit von Zuständen bezeichnet. Es war für irgend einen Wert von v, z. B. für $v = 0{,}6$, die ganze vertikale Linie das Bild dieser unendlich vielen Zustände. Die horizontale Linie durch $p = 3{,}5$ ist das Bild aller Zustände bei diesem Druckwerte.

Schüler: Ebenso war $t = 300^0$ eine Kurve, und zwar das Bild der unendlich vielen Zustände längs dieser Isotherme. Nun muß wohl die adiabatische Kurve auch unendlich viel Zustände darstellen.

Meister: Und das gilt für jeden einzelnen Adiabatenwert.

Schüler: Es gibt viele adiabatische Kurven, wie es auch viele Isothermen gibt.

Meister: Sie bilden eine Folge von Kurven, die sämtliche Isothermen schneiden, so daß ein krummliniges Netz beider Kurvenarten entsteht. Wir wollen in unser Netz von einander senkrecht schneidenden geraden Linien das Netz von Isothermen und Adiabaten uns eingetragen denken. Zunächst erfassen wir einen beliebigen

Punkt und verzeichnen nur die durch ihn hindurchstreichenden vier
Linien des Doppelnetzes. (Fig. 145.)

Schüler: Es sind, wie ich sehe, den vier Linien die spezifischen
Wärmen hinzugefügt.

Meister: Wenn man von der Richtung der Adiabate an immer
neue Richtungen einschlägt
— so ändert sich allmäh-
lich der Betrag der spezifischen Wärme.

Fig. 145.

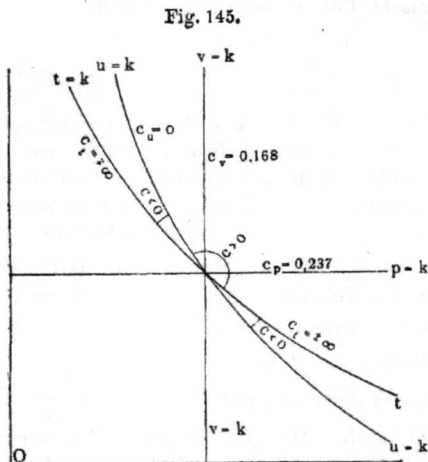

Schüler: Ich denke an
die Richtungen zwischen
der Adiabate und der Vertikalen. Es wächst c vom
Werte $c_u = 0$ offenbar allmählich an bis $c_v = 0,168$.

Meister: Und weiter
steigt der Wert bis $c_p =
0,237$.

Schüler: Bei weiterer
Änderung der Richtung
wächst c auffallend schnell
bis $c_t = \infty$ auf der Isotherme.

Meister: Ich habe $\pm \infty$ hingeschrieben, um damit anzudeuten,
daß bei weiterer Richtungsänderung c negativ wird. Drückten wir von
Anfang an längs der Adiabate den Körper zusammen, so war $c_u = 0$.
Wählen wir einen etwas weniger steilen Weg, so erwärmt sich der
Körper bei Wärmeabfuhr.

Schüler: Ich sehe das wohl ein; diese Wärmemenge, die abzuführen ist, wächst bis zur Isotherme, wo ihr wieder $c_t = \mp \infty$ hingezeichnet habt. Es sind also im Spielraum von 180^0 in allen Richtungen Werte von c zwischen $+\infty$ und $-\infty$ möglich! Kommen diese
vielen Zwischenrichtungen zwischen den anderen auch praktisch vor?

Meister: Genau genommen werden es immer solche sein, obwohl
man meist in der Theorie unsere vier Hauptrichtungen behandelt.
Da sie aber im Versuche nicht streng einzuhalten sind, gerät man in
andere Richtungen.

Schüler: Wir besprachen aber nur 180^0 Spielraum.

Meister: Das genügt, denn bei jeder Kurve gibt es die beiden
entgegengesetzten Richtungen.

Schüler: Ich verstehe es so, daß in der einen Richtung $c_p = 0,237$
die Zufuhr bei Erwärmung und zugleich in der entgegengesetzten die
Abfuhr bei Abkühlung andeutet.

Meister: So ist es richtig.

Schüler: Wie ist das zu erklären, daß der negative Spielraum für c so eng ist, während der von c_v bis c_p volle 90° Richtungsunterschied enthält?

Meister: Das hängt mit der Wahl der Koordinaten zusammen. Wir können, da u und t Parameter sind, auch diese als Achsenrichtungen annehmen, dann wird das Bild ein ganz anderes.

Schüler: Das möchte ich auch verzeichnen lernen!

Meister: Geduld. Ich teile dir das nächste Mal neue Gesichtspunkte mit, wo die andere Achsenwahl sehr nützlich wird.

8. Begriff des Differentiales und Integrales.
Physikalische Verwendung.

Meister: Heute wirst du den Eindruck gewinnen, als entfernten wir uns weit von unserer Aufgabe. Ich will dich mit den ersten Grundzügen der höheren Mathematik bekannt machen. Sie werden in der Schule meist gar nicht gelehrt, angeblich, weil sie „zu hoch" sind, — aber sehr mit Unrecht.

Schüler: Da ich nicht die geringste Kenntnis davon habe, freue ich mich ganz besonders darauf.

Meister: Auch hier kann ich dir nicht mehr bieten, als eine Andeutung der Grundbegriffe. Ganz besonders liegt mir daran, deren Unentbehrlichkeit fürs Denken in der Physik dir darzutun. Du wirst eine Ahnung von der Macht mathematischer Sprachkunst erhalten. Wir wollen folgenden Gang einhalten:

Erstens stellen wir den Begriff des Differentiales fest. Hierzu wählen wir als Beispiel das graphische Verhalten von geraden und gekrümmten Linien.

Zweitens wird der allgemeine Begriff des Differentialquotienten entwickelt und auf die physikalischen Begriffe bezogen: Geschwindigkeit, Beschleunigung, Dichtigkeit, Druck- und Temperaturgefälle, Stromstärke und Wärmefluß, — das sind alles Differentialquotienten.

Schüler: Ihr nennt ja bald alle bisher definierten physikalischen Größen.

Meister: Ebenso alle Koeffizienten der Elastizität und der Erwärmung, auch die Arbeits- und Wärmezufuhr.

Schüler: Aber die Parameter, sind die auch Differentialquotienten?

Meister: Sie können als solche auftreten; besonders aber bieten sie welche untereinander dar. Gerade die Differentiale der Parameter spielen die Hauptrolle in der Molarmechanik. Wir haben

Drittens die Gegensätze von Arbeit und Wärme durchzuführen und die sogenannten „Kreisprozesse" zu besprechen; das alles aber ist nicht mehr als der erste Schritt ins Gebiet der Thermomechanik, die auch theoretische Molarphysik genannt werden kann.

a) Das Differential und der Differentialquotient. Physikalische Definitionen.

Meister: Du erinnerst dich unseres allerersten Ansatzes, als y proportional x gesetzt wurde?

Schüler: Gewiß. Es war $y = k.x$ gesetzt und $k = \dfrac{y}{x}$, womit der auf $x = 1$ „reduzierte Wert" von y erhalten wurde. Auch war $k = \dfrac{y'}{x'}$ (Fig. 2 auf S. 3), wenn y' und x' zusammengehörende Wertpaare waren.

Meister: Denke dir nun, wir hätten unser x um ein kleines Stück wachsen lassen (Fig. 146). Solche kleine Stücke bezeichnet man mit

Fig. 146.   Fig. 147.

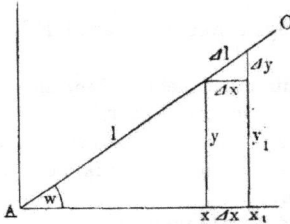 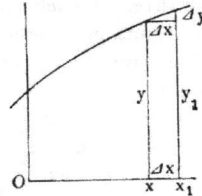

Delta x und schreibt es $\varDelta x$, was nicht ein Produkt von $\varDelta$ und x sein soll, sondern nur ein Stück Linie neben dem Endpunkte von x.

Schüler: Zu diesem neuen $(x + \varDelta x)$ gehört aber ein neues y.

Meister: Ja; es ist y um ein Stück gewachsen.

Schüler: Ihr habt es mit $\varDelta y$ bezeichnet.

Meister: Da oben sind $\varDelta y$ und $\varDelta x$ die Katheten eines kleinen Dreiecks.

Schüler: Ihr habt die Länge der Linie $A O$ bis zum Endpunkt von y mit l und das hinzukommende Stück mit $\varDelta l$ bezeichnet.

Meister: Man nennt $\varDelta x$ eine „Differenz" von x; man denkt sich nämlich x bis auf x_1 gewachsen; dann ist

$$x_1 - x = \varDelta x,$$

und auch
$$y_1 - y = \varDelta y,$$

sowie
$$l_1 - l = \varDelta l.$$

Nun geben die drei kleinen Stücke mehrere Beziehungen, die dir ganz bekannt sind.

Schüler: Ich kann die Neigung w der Linie l durch sie ausdrücken. Es ist $tang\, w = \dfrac{\varDelta y}{\varDelta x}$ und — —

Meister: Halt ein. Ehe du weiteres vorbringst, erkenne, daß $\dfrac{\varDelta y}{\varDelta x}$ gerade so gut die Neigung bestimmt, wie beliebige Wertepaare von y und x.

Schüler: Weil $\dfrac{\varDelta y}{\varDelta x} = \dfrac{y}{x}$.

Meister: Wenn man sich die beiden Zuwüchse kleiner denkt, aber die in der Zeichnung gegebene Beziehung festhält, kann das Verhältnis sich ändern?

Schüler: Ich denke nein.

Meister: Wir entschließen uns hier, den Zuwachs unendlich klein zu nennen, schreiben aber alsdann dy und dx. Das sind dann die Differentiale von y und x, und $\dfrac{dy}{dx}$ ist ein Differentialquotient.

Es muß also immer noch $tang\, w = \dfrac{dy}{dx}$ sein.

Schüler: Noch sehe ich keinen Vorteil bei dieser Anschauungsweise.

Meister: Der Vorteil tritt bei Darstellung einer geraden Linie nicht hervor. Er ist nur in der wichtigen Erkenntnis zu finden, daß ein Differentialquotient eine sichere endliche Größe wie $tang\, w$ darstellt, und daß das Verhältnis selbst verschwindend kleiner Größen solchen Winkel messen kann. Nun laß uns eine Kurve hinzeichnen. Nimm zwei Wertepaare x und y, x_1 und y_1 und bilde den Differenzenquotienten (Fig. 147).

Schüler: Jetzt drückt $\dfrac{\varDelta y}{\varDelta x}$ nicht mehr den Lauf der Kurve aus, wohl aber die Richtung durch die Endpunkte von y und y_1.

Meister: Und diese Linie heißt immer eine „Sekante". Laß nun in Gedanken x_1 kleiner werden, was geschieht mit der Sekante?

Schüler: Sie wird, da der Punkt x, y fest bleibt, etwas steiler werden.

Meister: Nun Mut! Laß nun x_1 immer weiter an x herankommen.

Schüler: Ich glaube, die Sekante wird zuletzt eine Tangente an der Kurve!

Meister: Ja zuletzt! In keiner Zeichnung ist das zu erreichen. Unsere derben Linien zeichnen immer nur Sekanten. Das unendlich kleine Wachstum ist immer nur ein kühner Gedanke, der aber zu unermeßlicher Fruchtbarkeit sich ausgestaltet.

Schüler: Nenne ich wieder w die Richtung der Tangente, so ist $tang\, w = \dfrac{dy}{dx}$. Mir ist es so, als sähe ich doch das unendliche kleine Dreieck aus dem Sekantendreieck entstehen.

Meister: Wenn wir statt x einen beliebigen anderen Abszissenwert genommen hätten, was hätte sich wohl bei dieser Kurve gezeigt (Fig. 147)?

Schüler: Hätten wir x größer genommen, so wäre $\dfrac{dy}{dx}$ kleiner geworden; die Tangente ist weniger geneigt.

Meister: Laß nun — in Gedanken — dein Auge längs der Kurve hingleiten und stelle dir immer die Richtung der Tangente vor, dann hast du eine Vorstellung von dem, was man nennt: „eine stetige Veränderung“. Diese zu erfassen dient nur der Differentialquotient. Alle Vorgänge in der Natur sind stetige Veränderungen, daher erwächst eine Mannigfaltigkeit von Anwendungen.

Schüler: Bitte, sagt mir, welches wäre der Gegensatz zu einer stetigen Veränderung?

Meister: Der Gegensatz wäre unstetige Änderung; sie kann auch gedacht werden, aber kaum jemals bei Vorgängen. Ein Beispiel für unstetige Änderung ist die Verteilung verschiedener Stoffe im Raume. Der Gegensatz von Änderung überhaupt ist das Gleichbleiben. In einem homogenen gleichförmigen Körper z. B. ist die Dichte gleichbleibend, doch nur wenn man von der Schwere abstrahiert und sich auf die molare Betrachtungsweise beschränkt. Von einem Körper zum anderen, ihn berührenden, ändert sich die Dichte plötzlich oder unstetig.

Schüler: Nun bin ich begierig, zu erfahren, wie man bei einer Kurve die Differentialquotienten bestimmt.

Meister: Das ist die Aufgabe der Differentialrechnung. Wenn ich dir das lehren wollte, kämen wir nicht weiter in unserer Physik. Aber einen Rat gebe ich dir. Wende dich an deinen mathematischen Kameraden, er wird dir in wenigen Stunden die Grundlehren beibringen, er wird dich „differenzieren“ lehren, d. h. zu jeder Kurve, ja zu jeder Funktion y von x die Differentialquotienten zu bestimmen.

Schüler: Dann könnte ich zu jedem x die Richtung der Tangente an die Kurve ermitteln?

Meister: Jawohl. Überlege nun noch, daß die Kurven Abbildungen physikalischer Vorgänge sind. Wir haben mehrere Funktionen kennen gelernt. Ob die Veränderlichen x und y oder p und v heißen, ist gleichgültig.

Schüler: Ich wäre wieder sehr dankbar, wenn ihr mir ein Beispiel nennen wolltet.

Meister: Wir sind gerade dabei, die in der Physik auftretenden zu kennzeichnen. Dazu nehmen wir alle unsere Definitionen der Mechanik und der gesamten molaren Physik der Reihe nach durch. Wie hieß die Gleichung für die gleichförmige Bewegung?

Schüler: Es war $s = c.t$ und daraus $c = \dfrac{s}{t}$. Da s und t die Veränderlichen sind, kann ich auch schreiben $c = \dfrac{ds}{dt}$.

Meister: Und dieser Wert ist beständig, weil s proportional t sein sollte. Wie war es aber beim freien Fall?

Schüler: Da war die Geschwindigkeit v eine stetig wachsende und beim Anstieg eine stetig abnehmende Größe. Wir konnten sie nicht mehr gleich $\dfrac{s}{t}$ setzen.

Meister: Wohl aber ist $v = \dfrac{ds}{dt}$, denn das entspricht einer unendlichen kleinen Strecke ds und Zeit dt. Im nächsten Augenblicke schon ist $v' = \dfrac{ds'}{dt}$ ein anderer Wert. Setzen wir $v' - v = dv$.

Schüler: Dann ist dv das Differential der Geschwindigkeit.

Meister: Wir setzten damals die veränderliche Endgeschwindigkeit $v = g.t$.

Schüler: Und es war $g = \dfrac{v}{t}$, d. h. die in der Zeiteinheit erzeugte Geschwindigkeit. Darf ich nun auch $g = \dfrac{dv}{dt}$ setzen? und $\dfrac{dv}{dt}$ ist immer eine Beschleunigung.

Meister: Gewiß; im allgemeinen braucht g keine Konstante zu sein. Tatsächlich nähert sich ein fallender Körper der Erde und in jedem Augenblicke ändert sich deren Anziehung.

Schüler: Nach dem Newtonschen Gesetz.

Meister: Wir wollen hier den Gegenstand verlassen. Du hast nun den Gewinn der Erkenntnis, daß auch eine wachsende Beschleunigung g durch den Gedanken eines Differentialquotienten Ausdruck findet. Weitere Schlüsse werden bei Kenntnis der Differentialrechnung in Fülle sich ergeben.

Schüler: Ihr spannt, Meister, immer höher mein Verlangen.

Meister: Nun zur molaren Physik. Wie kamen wir zum Dichtebegriff?

Schüler: Es wurde die Masse proportional dem Volumen gesetzt, $M = D.V$, also war $D = \dfrac{M}{V}$.

Meister: Nun schließe immer gleich weiter nach ähnlichem Verfahren. Der vorstehende Ansatz setzt einen homogenen oder gleichförmigen Stoff voraus. Wenn aber die Dichte sich stetig ändert, wie z. B. bei allen der Schwere unterliegenden Körpern, so fällt dieser Ansatz fort.

Schüler: Dafür tritt aber der Begriff stetiger Dichteänderung ein, und es ist $D = \dfrac{dM}{dV}$.

Meister: Da $\dfrac{dM}{dV}$ eine Reduktion der Masse auf die Volumeinheit gibt, die Volumeinheit aber keine gleichförmige Dichte hat, so muß man in Worten sich so fassen: Es ist an der betrachteten Stelle die Dichte $D = \dfrac{dM}{dV}$ so groß, wie die Volumeinheit sie haben würde bei gleichbleibender Beschaffenheit.

Schüler: Laßt mich versuchen, die veränderliche Geschwindigkeit $v = \dfrac{ds}{dt}$ in Worten zu geben: es ist das der Wert des Weges, der in der Zeiteinheit zurückgelegt werden würde, wenn die Geschwindigkeit fortan die gleiche bliebe.

Meister: Vollkommen richtig, nur müßtest du hinzufügen, daß $\dfrac{ds}{dt}$ die Geschwindigkeit in einem betrachteten Zeitpunkte ist. Nun nehmen wir die Wärmekoeffizienten vor. Es war bei konstantem Volumen der veränderliche Druck $p = p_0 + p_0 . \alpha . t$ und nach Erwärmung $p_1 = p_0 + p_0 . \alpha . t_1$, also $p_1 - p = p_0 . \alpha . (t_1 - t)$, und $\alpha = \dfrac{1}{p_0} . \dfrac{p_1 - p}{t_1 - t}$. Im allgemeinen braucht nun α nicht konstant zu sein. Es könnte α stetig mit der Temperatur wachsen; was wird dann aus dieser Gleichung?

Schüler: Statt $\dfrac{\varDelta p}{\varDelta t}$ setze ich gleich die Differentiale ein und es wird $\alpha = \dfrac{1}{p_0} . \dfrac{dp}{dt}$; also ist α proportional der Druckzunahme, die bei fortan gleichförmigem Verhalten für $t = 1^0$ eintreten würde.

Meister: Recht so. Man tut gut, immer durch einen Index anzudeuten, welche Größe konstant bleibt; man fügt sie dem in Klammern geschlossenen Differentialquotienten hinzu: $\left(\dfrac{dp}{dt}\right)_v$. Wie würdest du den Ausdehnungskoeffizienten bei konstantem Druck schreiben?

Schüler: Der wäre $\alpha = \dfrac{1}{v_0}\left(\dfrac{dv}{dt}\right)_p$.

Meister: Setze die spezifische Wärme an.

Schüler: Es war (s. S. 156) die zugeführte Wärme $W = a.m.(t_1 - t)$ und $a = \dfrac{1}{m} \cdot \dfrac{W}{t}$, wo aber t der Temperaturanstieg war. Wenn a sich mit der Temperatur stetig ändert, so wird also $a = \dfrac{1}{m} \cdot \dfrac{dW}{dt}$; ist hier auch ein Index hinzuzufügen?

Meister: Erst recht. Zwar war bei festen Körpern immer nur die Bedingung konstanten Druckes angenommen; aber bei Gasen unterschieden wir doch schon c_p und c_v. Bei allen Flüssigkeiten ist die spezifische Wärme mit der Temperatur stark veränderlich.

Schüler: Also ist auch die spezifische Wärme ein Differentialquotient.

Meister: Wie war es mit dem Wärme- und Wasserfluß?

Schüler: Es war die Strommenge $S = s \cdot q \cdot \dfrac{p_1 - p}{l_1 - l}$, wo q der Querschnitt und $G = \dfrac{p_1 - p}{l_1 - l}$ das Gefälle hieß. Beim Wärmefluß zeigte Fig. 139 ein krummliniges Gefälle; kann ich $G = \dfrac{dp}{dl}$ setzen?

Meister: Jawohl, aber auch für das Druckgefälle des Wasserstromes, wenn der Kanal sickert und infolgedessen das Gefälle krummlinig wird.

Schüler: Für das Temperaturgefälle ist dann $G = \dfrac{dt}{dl}$, und diesem proportional ist die Strommenge S. Die Stromstärke s ist $= \dfrac{S}{q} \cdot G$.

Meister: Richtig. Alle Zustandsänderung beruhte ferner auf Energiezufuhr. Auch diese kann in der Zeit t konstant oder veränderlich sein. Wird in der Zeit dT die Energie dE zugeführt, so wäre die auf die Zeiteinheit reduzierte Menge $\dfrac{dE}{dT}$. Sie kann aus Wärme $\dfrac{dW}{dT}$ oder Arbeit $\dfrac{dA}{dT}$ bestehen. Darum setzen wir

$$\frac{dE}{dT} = \frac{dW}{dT} + \frac{dA}{dT},$$

gültig sowohl für beständige als auch für veränderliche Zufuhr. Du siehst, daß die Nenner beiderseits die gleichen sind. Wir entschließen uns, sie fortzulassen und schreiben — — wie?

Schüler: $dE = dW + dA$.

Meister: Der Sinn eines solchen Ansatzes enthält den Vorbehalt des Geschehens in unendlich kleiner Zeit dT; man gewinnt an Kürze. Besonders in der Thermomechanik wird meist mit Differentialen angesetzt statt mit Differentialquotienten.

Schüler: Ich finde keine Schwierigkeit in der Vorstellung, daß der unendlich kleine Zuwachs dE aus zwei Teilen besteht.

Meister: Nun gut. Wir sind jetzt gerüstet, auch zusammengesetzte Funktionen zu behandeln. Wie hieß das Gay-Lussacsche Gesetz?

Schüler: Es lautet:

$$p.v = R.T \quad \text{und} \quad p.v_m = R_m.T \quad \text{und} \quad R_m = \frac{p_0 v_m}{T_0}$$

war für alle vollkommenen Gase $84500.g$.

Meister: Uns genügt hier die erste Form. Wenn wir die Temperatur von t bis t_1 sich ändern lassen, so wird $p.v$ in $p_1.v_1$ übergehen.

Schüler: Dann ist $p_1.v_1 = R.T_1$.

Meister: Subtrahiere die vorige von dieser Gleichung.

Fig. 148.

Schüler: Es ist

$$p_1.v_1 - p.v = R.(T_1 - T).$$

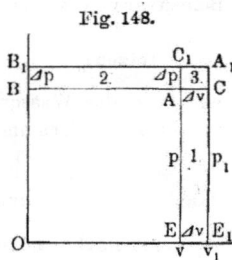

Meister: Und wenn die Änderung unendlich klein ist, so schreiben wir

$$d(p.v) = R.dT.$$

Schüler: Was ist aber dieses $d(p.v)$?

Meister: Das sollst du graphisch ergründen (Fig. 148). Wenn p und v Koordinaten eines Punktes A sind, was stellt das Produkt $p.v$ dar?

Schüler: Ich denke den Flächeninhalt $OBAE$, und $p_1.v_1$ den Inhalt der größer gewordenen Fläche $OB_1A_1E_1$.

Meister: Die Zunahme ist also $p_1v_1 - p.v$ und hierin setzen wir, wie früher,

$$p_1 = p + dp \quad \text{und} \quad v_1 = v + dv.$$

Dann ist $\qquad p_1.v_1 = (p + dp).(v + dv)$

oder $\qquad p_1.v_1 = p.v + p.dv + v.dp + dv.dp,$

also ist $\qquad p_1.v_1 - p.v = p.dv + v.dp + dv.dp.$

Versuche das an der Figur zu deuten.

Schüler: Der Zuwachs der Gesamtfläche besteht aus drei Stücken, 1, 2, 3. Es ist:

$$1 = p.dv. \qquad\qquad 2 = v.dp. \qquad\qquad 3 = dv.dp.$$

Meister: Es wird also

$$R.dT = p.dv + v.dp + dv.dp.$$

Die Zustandsänderung geschehe in der Zeit dt, dann ist

$$R.\frac{dT}{dt} = p.\frac{dv}{dt} + v.\frac{dp}{dt} + \frac{dv.dp}{dt}.$$

Hierzu ist zweierlei zu bemerken: Das letzte Glied ist unendlich klein und muß $= 0$ gesetzt werden.

Schüler: Aber in der Figur ist 3 doch ein merkliches Stück.

Meister: Nur so lange $\varDelta v$ und $\varDelta p$ Differenzen sind. Sobald sie Differentiale geworden sind, ist das Produkt 3 unendlich klein und $= 0$.

Schüler: Also wäre nur 1 und 2 als Zuwachs anzusehen. Aber die sind auch unendlich klein.

Meister: Richtig, aber die Quotienten $\frac{dp}{dt}$ und $\frac{dv}{dt}$ sind endlich; es sind die endlichen Zuwüchse, die in der Sekunde ...

Schüler: statthaben würden, wenn ...

Meister: Nun also! Selbst auf die Sekunde bezogen ist aber $\frac{dv.dp}{dt}$ unendlich klein. Das gesamte Wachstum von $p.v$ zerfällt in zwei Teile. Nun kann äußere Arbeit nur geleistet oder verbraucht werden, wenn das Volumen sich ändert, darum setze ich

$$dA = -p.dv;$$

dieser Ausdruck zeigt an, daß, wenn v konstant bleibt, also $dv = 0$ ist, auch die äußere Arbeit $dA = 0$ ist. — Jede Energieform besteht aus zwei Faktoren, deren einer den Charakter einer Intensität, der andere den einer Quantität hat, wie zuerst von Helm ausgesprochen worden ist. Besser erscheint für den zweiten Faktor der von Ostwald vorgeschlagene Name Kapazitätsfaktor. Bei der Arbeit ist im Produkte „Kraft mal Weg", $f.s$, die Kraft f die Intensität und beim Produkte $p.v$ ist es der Druck p, während s und v die Kapazitätsfaktoren sind. Wir sahen vorhin, daß $-p.dv$ die mechanische Arbeit ist, die gleich Null bleibt, sobald $dv = 0$ ist, wie groß auch der Faktor p sein mag. Darum hat Ostwald diese Energieform „Volumenergie" genannt. Nach dem Intensitätsfaktor kann sie ebensogut Druckenergie heißen. Im Worte „Arbeit" kommen beide Faktoren zur Geltung. Der Begriff „Volumen" eines Körpers ist seine Aufnahmefähigkeit für äußere Arbeit und Aufnahmefähigkeit heißt lateinisch „Kapazität". Ob aber eine Arbeit überhaupt zustande kommt, hängt von den Intensitätsgrößen ab, denn diese bestimmen die Richtung der Änderung. Es kommt darauf an, ob der innere Druck oder äußere Gegendruck der größere ist.

Schüler: Das ist klar; der kleinere Druck vermag nie den größeren zu überwinden. Es bestimmt also p die Richtung des Geschehens, v bedingt die Menge des Energieumsatzes.

Meister: Nun finden wir ein Gegenbild in der Wärmezufuhr. Wir hatten $W = a.m.T$ gesetzt. Welches wird in dieser Energiegröße der Intensitätsfaktor sein?

Schüler: Ich denke die Temperatur T.

Meister: Richtig; das liegt auch schon im Begriff: Wärmegrad. Liegt es nicht nahe, zu versuchen, den Helmschen Gedanken wie auf $p.v$, so auch auf die Wärme W anzuwenden? Den Intensitätsfaktor T haben und kennen wir; damit stimmt überein, daß ein Wärmestrom nur von höheren zu tieferen Temperaturen möglich ist. So wie nun v Arbeitsaufnahme bedingt, so denken wir uns bei Wärme den anderen, den Kapazitätsfaktor, als Wärmeaufnahmefähigkeit. Ich nenne ihn u und setze, t als absolute Temperatur gedacht,

$$dW = t.du.$$

Es hat bei jedem Körper t immer irgend einen Wert; wenn aber u sich nicht ändert, so findet auch keine Wärmezufuhr statt. Wir haben schon von einer adiabatischen Kurve gesprochen.

Schüler: Da wurde keine Wärme zugeführt, es war $u = const.$ und $c_u = 0$.

Meister: In Worten also: Längs der Adiabate bleibt $du = 0$. Wie wir nun vorhin $p.v$ untersuchten, so wollen wir auch $t.u$ behandeln. Es wachse $X = t.u$ bis $X_1 = t_1.u_1$, dann wird ganz ähnlich wie vorhin, $dX = t.du + u.dt + dt.du$.

Schüler: Wollen wir doch das dritte Glied sofort gleich Null setzen, da es unendlich klein wird gegen die anderen.

Meister: Brav. Also $dX = t.du + u.dt$.

Schüler: Meister, ich durchschaue das Gegenstück zum vorigen; es ist $t.du$ nicht ohne Wärmezufuhr zu erwirken.

Meister: Überlege dir die folgende Zusammenstellung und male dir zu jeder Behauptung die Figur hin. Es ist immer die ganze Arbeit $= -p.dv$, die ganze Wärme $= t.du$. Es ist ferner $-p.dv = 0$, wenn $v = const.$; $t.du = 0$, wenn $u = const.$; es ist $-p.dv$ reine Arbeit, wenn $u = const.$; $t.du$ reine Wärme, wenn $v = const.$

Schüler: Ihr nennt die Energieform rein, wenn sie allein die Zustandsänderung erwirken muß. Reine Energiezufuhren sind also nur bei u und $v = const.$ möglich.

Meister: Richtig. Auf allen anderen Wegen ist die Zufuhr eine gemischte.

Schüler: Warum schriebt ihr $-p.dv$, aber $+t du$?

Meister: Man pflegt die Wärmezufuhr von außen positiv zu nehmen, daher soll die zugeführte Arbeit auch positiv sein. Da in diesem Falle das Volumen notwendig verkleinert werden muß, so bedingt eben das negative Vorzeichen einen positiven Zuwachs, da dv selbst negativ ist.

Schüler: Wenn der Körper sich ausdehnt, so ist dv positiv; also wird die nach außen abgegebene Arbeit richtig negativ werden.

Meister: Man wählt die Zeichen im Hinblick auf die Energie des Körpers. Wir nennen sie E und schreiben $dE = t.du - p.dv$; es sind hiermit alle Möglichkeiten der Energieänderung E durch Wärme und mechanische Arbeit erschöpft.

Schüler: Man kann also dem Körper erst die Wärme $t.du$ und dann die Arbeit $-p.dv$ zuführen?

Meister: Nein, das ist ein Irrtum. Im allgemeinen finden stets beide Änderungen auf einmal und gleichzeitig statt.

Schüler: Das verstehe ich noch nicht. Warum kann ich nicht erst den Körper erwärmen und dann zusammendrücken?

Meister: Freilich kann man das; aber es wäre ein spezieller Fall, für den du die Änderungswege sofort angeben kannst.

Schüler: Es müßte erst v, dann u konstant bleiben.

Meister: Im allgemeinen aber schreibt man irgend einen Änderungsweg vor; das ist eine Beziehung zwischen t und u oder nach Belieben zwischen p und v. Man kann die Änderungskurve von p und v bis zum Punkte p_1, v_1 verzeichnen. Auf diesem Wege ist die Wärmezufuhr $t.du$, während gleichzeitig $p.dv$ die vom Körper geleistete Arbeit anzeigt.

Schüler: Ich glaubte, es sei $p.v$ ein Wert, der die Energie des Körpers angebe, denn p und v sind doch seine Parameter.

Meister: Wenn das richtig wäre, so müßte auch $dE = d(p.v)$ sein, was aber durchaus nicht der Fall ist, denn es ist $d(p.v) = R.dt$. Die Energie eines Körpers ist überhaupt nicht bestimmbar, nur ihre Änderung kann behandelt werden. Der Ausspruch: die Energie der Welt sei eine beständige Größe, muß beanstandet werden, weil diese Energie gar nicht faßbar ist. Der erste Hauptsatz bezieht sich auch nur auf die Äquivalenz der Energieumsätze.

Schüler: Mir ist dennoch unklar geblieben, durch welche Energiezufuhr der Zuwachs $v.dp$ entsteht.

Meister: Das braucht uns nicht zu beschäftigen. Bei konstantem Druck ist der Wert gleich Null, bei konstantem Volumen kann er nur durch Wärme entstanden sein, längs der Adiabate nur durch die Arbeit $-p.dv$, wobei gleichzeitig p angestiegen ist ohne besondere Energiezufuhr; bei konstanter Temperatur ist sogar $vdp = -p.dv$. Alle solche Beziehungen können in speziellen Fällen erwogen werden. Im allgemeinen haben wir es nur mit $dE = t.du - p.dv$ zu tun. Wir sehen also, welche andere Bedeutung die Zuwüchse der Kapazitäts-

faktoren haben im Gegensatz zu den Änderungen der Intensitätsfaktoren. Morgen erläutern wir den Begriff des Integrales, der uns
von unendlich kleinen Zustandsänderungen zu endlichen führt.

b) Der Begriff des Integrales. Theorie der Zustands-änderungen.

Meister: Nun versuche einmal, den Inhalt der vorigen Besprechung zusammenzufassen.

Schüler: Ihr begannt mit Erinnerung an den Begriff der Proportion mit Einführung der „Differenzen", die, unendlich klein gedacht,
„Differentiale" wurden. Daran schloßt ihr, erst für die gerade Linie,
dann für beliebige Kurven, den Begriff des Differentialquotienten,
der ein Ausdruck der Tangente war, gewonnen aus der Sekante, durch
Annahme immer kleineren Wachstumes der Koordinaten. Ihr bewieset
die Endlichkeit des Wertes, der, wie jeder andere Quotient, eine Reduktion auf die Einheit des Nenners bedeutet.

Meister: Und welche Art der Änderung vermochte nur der
Differentialquotient darzustellen?

Schüler: Die stetige Veränderung, und diese ist ganz besonders den Begriffen der molaren Physik eigen. Kurven sind Abbildungen von physikalischen Vorgängen.

Meister: Und das sind immer Zustandsänderungen.

Schüler: Wir erkannten dann, daß alle molaren Begriffe sich im
allgemeinen nur durch Differentialquotienten darstellen lassen, sobald
sie sich auf stetige Änderungen beziehen. Das wurde an den Haupt-
begriffen der Mechanik, wie an denen der Elastizitäts- und Wärmelehre
durchgeführt.

Meister: Vergiß nicht die Lehre von den Temperatur- und Strom-
gefällen.

Schüler: Zuletzt erläutertet ihr das Wachstum eines Produktes
wie $p.v$ und stelltet der Arbeitsaufnahmefähigkeit v die Wärmeaufnahmefähigkeit u gegenüber und setztet die Wärmezufuhr $dW = t.du$.
Wir unterschieden Intensitäts- und Kapazitätsfaktoren und untersuchten
das Wachstum der inneren Energie.

Meister: Und was bedeutete die Größe u?

Schüler: Es ist u ein Parameter, die Adiabate, die konstant
bleibt, wenn nur Arbeit wirksam ist. Wenn nur Wärmezufuhr statthat, so wächst durchaus der Wert der Adiabate. Alle Adiabaten und
Isothermen bilden ein Kurvennetz. Wir hatten schon früher die vier
Hauptwege der Zustandsänderung festgestellt und erkannt, daß die
spezifischen Wärmen zwischen $+$ und $-\infty$ liegen können, je nach
dem Änderungswege.

Meister: Heute knüpfen wir unmittelbar an das zuletzt Besprochene an, indem wir vorher den Begriff des Integrals feststellen und als Beispiel die Zustandsänderungen wählen. Es bezeichne in Fig. 149 AB die Zustandsänderung.

Schüler: Ihr habt die Koordinatenpaare $x_1 y_1$, $x_2 y_2$, ... bis $x_n y_n$ bezeichnet.

Meister: Wir denken uns nun die Kurve AB aus Punkten zusammengesetzt, mit den angedeuteten Koordinaten. Der Zwischenraum zwischen zwei Abszissenwerten ist dann $x_2 - x_1$, $x_3 - x_2$, ... bis $x_n - x_{n-1}$, oder wenn wir die Punkte unendlich nahe aneinander gerückt uns vorstellen, dx_1,

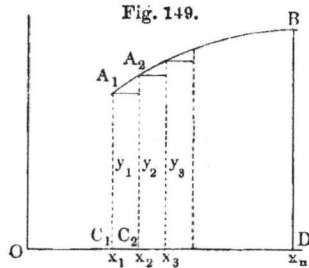
Fig. 149.

dx_2, dx_3, ... dx_{n-1}. Was erhalten wir, wenn wir nun diese vielen dx uns zusammenaddiert denken?

Schüler: Doch wohl den Wert der ganzen Abszisse von x_1 bis x_n, also $x_n - x_1$.

Meister: Richtig, und wir können schreiben $x_n - x_1 = S dx$, wo der Buchstabe S die Summe solcher dx-Werte bezeichnet. Um das in Sprache und Schrift deutlich zum Ausdruck zu bringen, daß es sich um eine ganz eigene Art von Summieren handelt, nämlich um die endliche Summe unendlich vieler unendlich kleiner Größen, schreibt man einen stark in die Länge gezogenen Buchstaben $\int$ und nennt es ein Integral. Das Summieren nennt man dementsprechend „Integrieren". Unsere Gleichung wird so geschrieben:

$$x_n - x_1 = \int dx.$$

Schüler: Das bedeutet also, $x_n - x_1$ ist gleich dem Integral über dx.

Meister: Man deutet auch Anfang und Ende der Kurve an, von wo an bis wohin integriert worden ist, schreibt die Endwerte der Abszisse an das Integralzeichen:

$$x_n - x_1 = \int_{x_1}^{x_n} dx$$

und sagt: es sei $x_n - x_1$ gleich dem Integral über dx von x_1 bis x_n. Wenn die beiden Punkte fest bestimmt worden sind, spricht man von einem „bestimmten Integral".

Schüler: Gibt es denn auch unbestimmte?

Meister: Jawohl, aber erst lies in Worten:

$$x_2 - x_1 = \int_{x_1}^{x_2} dx.$$

Schüler: Das heißt $x_2 - x_1$ ist gleich dem Integral von x_1 bis x_2 über dx. Sollte aber von x_1 bis x_2 nicht bloß ein einziges dx liegen?

Meister: Wir denken uns jetzt nicht zwei benachbarte Punkte, sondern die Abszissen eines beliebig langen Kurvenstückes, von etwa A_1 bis A_2.

Schüler: Vorhin also hatten wir die Abszissenwerte von x_1 bis x_n, jetzt nur von x_1 bis x_2 integriert.

Meister: Nun weiter; wie groß ist in Fig. 149 die Fläche $A_1 A_2 C_1 C_2$?

Schüler: Sie besteht aus zwei Teilen. Es ist

$$A_1 A_2 C_1 C_2 = y_1 \cdot dx_1 + \tfrac{1}{2} \cdot dx_1 \cdot dy_1.$$

Meister: Da hast du schon $A_1 A_2$ als geradlinige Sehne angenommen und das war in diesem Falle gut, denn wir gehen jetzt zum Differential der Fläche über.

Schüler: Dann rückt A_2 an A_1 und zugleich C_2 an C_1 immer näher heran, bis zuletzt die Fläche unendlich klein $= y_1 \cdot dx_1$ wird, denn das kleine Dreieck oben darf wohl als Punkt gegen das andere Flächenstück gleich Null gesetzt werden.

Meister: Wie wir nun uns vorhin zwischen x_1 und x_n unendlich viele dx vorstellten, so denken wir uns jetzt jedes dieser dx mit seinem zugehörigen y multipliziert und die Produkte addiert. Was wird uns die Summe dieser vielen Flächenstücke geben?

Schüler: Offenbar die Fläche $A_1 B C_1 D$.

Meister: Das schreibt man

$$A_1 B C_1 D = \int_{x_1}^{x_n} y \cdot dx.$$

Schüler: Ist aber das Element $y\,dx$ wirklich unendlich klein, da doch y eine endliche Länge hat?

Meister: Freilich ist die Länge endlich, aber die Breite?

Schüler: Die allein ist unendlich klein.

Meister: Wie ein jeder Wert mit Null multipliziert gleich Null wird, so gibt auch jeder endliche Wert mit einem unendlich kleinen multipliziert eine unendlich kleine Fläche.

Schüler: Ich überlege jetzt, daß ja auch schon $p \cdot dv$ eine unendlich kleine Fläche war.

Meister: Und wie damals die Kurve gegeben werden konnte als Funktion zwischen p und v, so fassen wir jetzt auch y auf als eine Funktion von x.

Schüler: Das heißt: zu jedem x gehört ein gewisses y.

Meister: Richtig, und integrieren heißt wiederum die Summe der vielen kleinen Flächenelemente ausrechnen. Diese Rechnung kann man nur dann ausführen, wenn die Kurve bekannt ist.

Schüler: Ich möchte wohl integrieren lernen.

Meister: Das Integrieren ist das Umgekehrte vom Differenzieren, gerade so wie Dividieren das Umgekehrte vom Multiplizieren. Beim Differenzieren lernt man zugleich das Integrieren. Beides mußt du lernen; selbst die geringsten Kenntnisse darin fördern dein Auffassungsvermögen. Wenn wir nun wirklich statt x und y, p und v schreiben, was stellt uns dann unsere Fläche dar?

Schüler: Offenbar die ganze von außen zugeführte Arbeit.

Meister: Oder die vom Körper geleistete. Wie kannst du die beiden Fälle unterscheiden?

Schüler: Im ersten Falle muß das Volumen schwinden, im zweiten Falle dagegen wachsen.

Meister: Und wählen wir als Koordinaten u und t und verzeichnen den Änderungsweg, —

Schüler: Dann wird die Fläche das Integral von $t.du$ geben, also die ganze zugeführte Wärme.

Meister: Dabei lassen sich die Anfangs- und die Endwerte beliebig wählen. Selbst bei unseren so einfachen vier Hauptwegen ist die Kenntnis der Integralrechnung nötig. Aber auch ohne diese Kenntnis hast du in der Zeichnung, die man ein „Diagramm" nennt, ein deutliches Bild vom Rechnungsresultate. Ich gebe dir eine kleine Tabelle zur Überlegung mit; es bedeutet hier c eine beliebige Konstante.

Werte der $-\int p.dv$ und $\int t.du$ auf vier Hauptwegen:

Weg	$-\int p.dv$	$\int t.du$	Weg
$v = c$	0	0	$u = c$
$p = c$	$-p.(v_2 - v_1)$	$t(u_2 - u_1)$	$t = c$
	Flächengrenze:	Flächengrenze:	
$u = c$	Adiabate	Isopykne	$v = c$
$t = c$	Isotherme	Isobare	$p = c$

In dieser Tabelle mußt du alles verstehen; ich erinnere nur daran, daß in den beiden letzten Zeilen als Flächenbegrenzung nur die Kurve bezeichnet worden ist, die von den Koordinaten gebildeten Grenzen sind fortgelassen. Isopykne heißt der Weg konstanten Volumens.

Schüler: Ich weiß, daß $p.dv$ von zwei Ordinaten und einer Abszisse begrenzt ist; aber wie mache ich es mit $t.du$?

Meister: Am einfachsten ist es, als Koordinaten t und u zu wählen, dann sind beiderseitig die Gegensätze vollständig.

Schüler: Kann man auch andere Parameterpaare als Koordinaten wählen?

Meister: Gewiß. Irgend zwei der vier Größen p, v, t und u gestatten sechs Paare zu bilden. Beachtenswert ist das Paar u und v.

Schüler: Davon sprachen wir schon. Es werden dann die Wege reiner Energiezufuhr die horizontalen und die vertikalen Linien sein.

Meister: In späteren Studien wirst du die Integration auf beliebigen Wegen ausführen können; für das, was wir noch vorhaben, genügt vorläufig die Kenntnis der Diagramme und deren Bedeutung.

9. Kreisprozesse. Die Hauptsätze der Molarmechanik.

Schüler: Ihr habt gestern das Integral als eine Summe unendlich vieler Differentiale erläutert. Es wurde das allgemeine Integral vom bestimmten unterschieden; bei letzterem waren die Grenzen gegeben. Die Anwendung bezog sich auf eine beliebige veränderliche Zahl, oder auf eine Abszisse, oder auf eine Fläche. Die Diagramme gestatteten eine Darstellung der Wärme- und Arbeitszufuhr auf gegebenen Wegen. Die Gleichungen der Hauptwege wurden in p- und v-, oder in t- und u-Koordinaten verzeichnet.

Meister: Wir wollen nun den sogenannten „Kreisprozeß" vornehmen. Wir stellten in unserer Tafel die Zustände eines Körpers durch irgend zwei seiner Hauptparameter dar.

Schüler: Ein jeder Punkt bezeichnete einen bestimmten Zustand, denn wenn z. B. p_1 und v_1 gegeben sind, so ist auch seine Temperatur t_1 und seine Adiabate u_1 bestimmt.

Meister: Richtig und zwar nach den früher hingeschriebenen Gleichungen (S. 242 und 243). Aber noch eine wichtige Größe hat einen bestimmten Wert, das ist die innere Energie des Körpers.

Schüler: Ihr spracht schon davon, daß man dem Körper auf Kosten dieser Energie Wärme und äußere Arbeit entziehen kann.

Meister: Ebenso kann man Energie ihm zuführen. Allgemein galt die Gleichung

$$dE = dW + dA = t.du - p.dv,$$

wo wieder positive oder negative Werte gedacht werden können. Deute die Gleichung!

Schüler: Die Energieänderung ist gleich der Summe von Wärme- und Arbeitszufuhr.

Meister: Diese Gleichung dürfen wir auch integrieren und schreiben

$$E_2 - E_1 = (W_2 - W_1) + (A_2 - A_1).$$

Wenn wir nun mit einem beliebigen Körper allerlei Zustandsänderungen vornehmen, ihn aber zuletzt wieder in seinen Anfangszustand versetzen, so heißt der ganze Vorgang ein „Kreisprozeß". Das

Wort „Kreis" soll nichts anderes bezeichnen, als die Rückkehr zum Anfangszustande.

Schüler: Dann muß aber auch der Endwert E_2 wieder = E_1 geworden sein.

Meister: Richtig und was folgt daraus?

Schüler: Daß $W_2 - W_1 = - (A_2 - A_1)$ sein muß. Wird aber nicht jeder dieser beiden Ausdrücke auch gleich Null werden?

Meister: Es kann $W_2 = W_1$ und $A_2 = A_1$ sein; dann müßten die Änderungen auf demselben „Wege" zurück vorgenommen werden, wie hin. Wir nehmen aber an, der Weg sei ein beliebig im Diagramm in sich geschlossener, dann ist allgemein

$$W_2 - W_1 = - (A_2 - A_1);$$

in Worten?

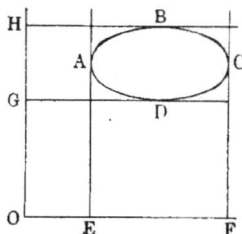

Fig. 150.

Schüler: Beim Kreisprozeß ist die zugeführte Wärme gleich der abgegebenen äußeren Arbeit.

Meister: Eine beliebige, in sich geschlossene Linie stellt also einen Kreisprozeß dar. In Fig. 150 bildet $ABCD$ einen solchen; wie groß ist die Arbeit auf dem Wege ABC?

Schüler: Die war gleich $EABCF$.

Meister: Und auf dem Wege CDA?

Schüler: Da ist $CFEAD$ die Arbeit.

Meister: Erstere ist negativ, letztere positiv zu nehmen, denn auf dem Wege ABC wächst das Volumen.

Schüler: Und bei der Rückkehr nimmt es ab; also hat der Körper mehr Arbeit abgegeben als empfangen.

Meister: Gerade das solltest du ohne alle Integralrechnung aus dem Diagramm herauslesen.

Schüler: Der Überschuß, $EABCF - CFEAD$, ist ja gerade genau gleich der umschlossenen Fläche $ABCD$!

Meister: Und wie groß ist die Wärmezufuhr? Ist sie positiv oder negativ?

Schüler: Sie muß ebenso groß sein und zwar positiv, d. h. es mußte Wärme zugeführt werden, sonst wäre nicht $ABCD$ außen als Arbeit gewonnen worden.

Meister: Du kannst auch die Wärme aus dem Diagramm erschauen. Sie ist nämlich gleich dem $\int v \cdot dp$, was aber nur für den geschlossenen oder Kreisprozeß richtig ist. Dieses Integral ist auch gleich dem Unterschied zweier Flächen, nämlich $HBCDG$ und $DGHBA$.

Schüler: Das ist ja dieselbe Fläche $ABCD$!

Meister: Ich will dir den Beweis mitteilen, damit du nicht in anderen Fällen auch die Wärmezufuhr aus $v.dp$ herzuleiten unternimmst. Allgemein ist nämlich

$$dW = t.du,$$

also auch

$$dW = dE + p.dv;$$

nun ist $R.dt = v.dp + p.dv$ oder $p.dv = R.dt - v.dp$,

also

$$dW = dE + R.dt - v.dp$$

und integriert

$$W_2 - W_1 = E_2 - E_1 + R.(t_2 - t_1) - \int v.dp.$$

Hier aber soll $E_2 = E_1$ und $t_2 = t_1$ sein, da der Prozeß in sich geschlossen ist.

Schüler: Dann kommt richtig $W_2 - W_1 = - \int v.dp$.

Meister: Du siehst, daß nur im Kreisprozeß diese letzte Gleichung gültig ist, weil sonst noch E- und t-Werte hinzukommen. Durchschaue auch die positiven und negativen Teile des $\int v.dp$: Von A bis B wächst p, also ist dp positiv, von B über C bis D ist dp negativ und von D bis A wieder positiv.

Schüler: Daher kommt richtig $ABCD$ heraus und zwar positiv.

Meister: Und endlich überzeuge dich auch, daß diese betrachteten Flächenstücke einzeln durchaus nicht der wirklichen Wärmezufuhr auf diesen Strecken entsprechen. — Es gibt einen besonderen geschlossenen Weg, den man den Carnotschen Kreisprozeß nennt. Fig. 151 zeigt ihn dir. Es sind vier Änderungswege und zwar von A nach B auf der Isotherme t_1, die im Zustande A durch v_1 und p_1 bestimmt ist. In den Eckpunkten sind die Parameter hingeschrieben; der Weg BC soll adiabat sein, von C nach D isotherm und DA wieder adiabat. Wie groß ist die gesamte nach außen gelieferte Arbeit?

Schüler: Die ist gleich der Fläche $ABCD$, in der Figur σ (Sigma) genannt. Die zugeführte Wärme muß ebenso groß sein.

Meister: Aber auf den Wegen BC und DA, wie viel Wärme ist da zugeführt?

Schüler: Gar keine; die Wege sind ja adiabat.

Meister: Darum siehst du nur dem Wege AB Q_1 beigesetzt, und dem Wege CD die Wärmemenge Q_2.

Schüler: Aber Q_1 muß zugeführt werden, da der Körper die Arbeit $ABEG$ leistet bei gleichbleibender Temperatur.

Meister: Ebenso erkennt man, daß Q_2 abzuführen ist.

Schüler: Darum steht auch $Q_1 - Q_2 = A\sigma$ da, und A ist das kalorische Arbeitsäquivalent.

Meister: Verfolgt man genauer die vier Stadien, so erkennt man, daß nicht nur die Wärme $Q_1 - Q_2$ geschwunden und dafür Arbeit in gleicher Menge geleistet ist, sondern noch etwas anderes in der Außenwelt sich bleibend verändert hat: Ein Teil der Menge Q_1, die einer Wärmequelle von höherer Temperatur t_1 entstammte, ist bleibend nach einem kälteren Orte hingekommen; dieser Anteil ist gleich Q_2 und beide zusammen, $Q_1 - Q_2$ und das übertragene Q_2, geben richtig wieder Q_1. Der ganze Vorgang kann auch umgekehrt ausgeführt werden auf dem Wege $A D C B A$. Versuche den Erfolg zu schildern.

Schüler: Es wird von außen Arbeit $A . \sigma$ gewirkt und in Wärme umgewandelt sein, dabei ist diese neue Wärme auf den Körper von hoher Temperatur gebracht; zugleich ist die Menge Q_2 vom kalten auf einen wärmeren Körper übertragen.

Meister: Man sieht hieraus, daß die Wärme, die nur von warm zu kalt sich zu verbreiten strebt, auch aus kalten Körpern geschöpft und auf wärmere übertragen werden kann, wenn nur zugleich noch Wärme aus Arbeit erzeugt wird. Damit ein Prozeß umkehrbar sei, sind in bezug auf die Wärmequellen und äußeren Druckwerte besondere Bedingungen einzuhalten. Es dürfen die Intensitätsfaktoren des Körpers von denen der Außenwelt nur unendlich wenig verschieden

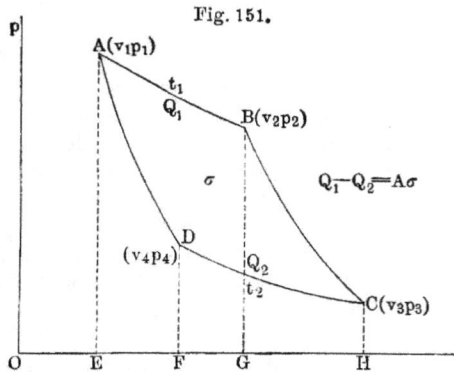

Fig. 151.

sein, sonst tritt Wärmesturz ein, der nicht umkehrbar ist, oder beschleunigte Bewegungen, wenn die Druckwerte verschieden sind. Zustandsänderungen dieser Art sind nicht umkehrbar. Die Unterscheidung von umkehrbaren und nicht umkehrbaren Veränderungen spielt eine große Rolle, namentlich auch in der Elektrizitätslehre. In der Molarphysik wird meist dem Temperatursturz alle Aufmerksamkeit zugewandt, während die durch Druckdifferenzen bedingten Bewegungen zu wenig beachtet werden. Daß die Energiearten ineinander umwandelbar sind, nennt man den ersten Hauptsatz. Der zweite Hauptsatz wird in sehr verschiedene Formen gekleidet; so verschieden, daß man kaum den Inhalt als gleichbedeutend erkennt. Er bezieht sich zunächst auf die Richtung, in der die Energieumwandlungen eintreten müssen. Über diese sagt der erste Hauptsatz nichts aus.

Schüler: Der erste spricht, wenn ich recht verstehe, nur die Äquivalenz von Wärme und Arbeit aus.

Meister: Und noch mehr, sofern unter Arbeit auch andere als rein mechanische zu erfassen ist, wie elektrische oder chemische, und statt Wärme muß allgemeiner jegliche Form Bewegungsenergie gedacht werden. Der zweite Hauptsatz enthält immer eine Entscheidung über die Richtung, wie das auch im Carnotschen Kreisprozeß zur Geltung kommt: Wärmezufuhr von kalt zu warm ist nur unter Arbeitsaufwand bei Arbeitsumsatz in Wärme möglich, — Überwindung hohen Druckes nur unter Wärmeaufwand und Übergang eines Teiles von warm zu kalt. Beachtenswert ist ferner, daß der Carnotsche Satz unabhängig ist von der Eigenheit des behandelten Körpers.

Schüler: Die Richtung der Umwandlung hatten wir doch schon früher dahin gekennzeichnet, daß sie durch den Unterschied der Intensitätsfaktoren bestimmt wird; er muß positiv sein.

Meister: Das ist ganz richtig, und der umgekehrte Vorgang, den man einen negativen nennen könnte, ist nur durch Anwendung äußerer Energiequellen möglich, während Temperatur- und Druckausgleich auch „von selbst" statthaben. Mit dem zweiten Hauptsatze hängt eine andere wichtige Frage zusammen, nämlich die der Parameteränderung. Wird Wärme oder Arbeit einem Körper zugeführt — positiv gedacht —, so werden dessen Temperatur und Druck sicher nicht vermindert.

Schüler: Sie werden doch beide vermehrt?

Meister: Das ist nicht gewiß; bei zwei Phasen, z. B. Wasser und Dampf, werden t und p nahezu konstant bleiben, aber es ändert sich dann das Phasenmengenverhältnis.

Schüler: Das hatten wir schon als Parameter erkannt.

Meister: Wenn nur Eis und Wasser vorhanden ist, so nimmt bei Wärmezufuhr der Druck ab.

Schüler: Aber v muß doch bei Wärmezufuhr wachsen und bei äußerer Arbeit abnehmen?

Meister: Das erstere ist nicht notwendig; es kann v bei Wärmezufuhr auch abnehmen; so z. B. bei Wasser zwischen 0 und 4⁰.

Schüler: Ach ja, und wenn man den Körper drückt, muß da nicht immer eine Temperatur wachsen?

Meister: Auch das ist nicht notwendig. Bei vollkommenen Gasen ist es freilich so; wenn man aber Wasser von 3⁰ preßt, so wird es kälter; und wenn man Eis und Wasser preßt, was wird dann geschehen?

Schüler: Das Phasenverhältnis wird sich ändern, aber ich weiß nicht, ob Eis schmelzen oder Wasser erstarren wird.

Meister: Gerade das will ich dich noch zu entscheiden lehren. Dazu dient das Gesetz von Le Chatelier-Braun: Jede Energiezufuhr ruft solche Parameteränderung hervor, daß der Widerstand des Körpers gegen die ausgeübte Tätigkeit vermehrt wird.

Schüler: Das möchte ich wohl an vielen Beispielen durchdenken.

Meister: Zuvörderst ersieht man aus diesem Gesetze, daß es die Kenntnis anderer Gesetze der Zustandsänderung voraussetzt, sonst kann man nicht wissen, wodurch ein Widerstand bedingt ist. Es hängt der Erfolg eines Vorganges von der Artung eines anderen Vorganges ab, mit anderen Worten: Ein Vorgang — der uns bekannt ist — läßt uns den Erfolg des anderen hinsichtlich des Zeichens der Parameteränderung erkennen.

Schüler: Nur des Zeichens, nicht des Betrages?

Meister: Der Betrag wird durch Gleichungen der Molarphysik auch bekannt, aber unser Gesetz gibt zunächst die Richtung an, und das ist von Wert und von Interesse.

Schüler: Für ein paar Beispiele wäre ich doch dankbar, wenn ich auch erst bei späteren Studien eurer Anregung gedenken will.

Meister: Vielleicht ist die folgende Fassung des Gesetzes bequemer: Ändert sich ein Parameter x, so ändert sich ein anderer y in dem Sinne, daß dem Einfluß der x-Veränderung widerstrebt wird.

Schüler: Ohne Beispiel kann ich euch nicht folgen.

Meister: Wir dehnen einen Stab, also vermehren wir den Parameter l. Die Folge ist eine Änderung der inneren Spannung p und seiner Temperatur t. Es wird p vermehrt und widerstrebt dem dehnenden Zuge, aber t könnte steigen oder abnehmen. Wenn Erwärmung, also Zunahme von t, den Stab verlängert, so wird er bei Dehnung sich abkühlen.

Schüler: Weil er dann der Dehnung widerstrebt.

Meister: Einige Körper aber verkürzen sich beim Erwärmen, z. B. Kautschuk.

Schüler: Dann wird Kautschuk, wenn er gedehnt wird, sich erwärmen. Ich fange an es zu begreifen.

Meister: Wir haben Eis und Wasser ohne Luft! Wir üben Druck aus; dann wird der Übergang aus einer Phase in die andere vor sich gehen, bei dem das kleinere Volumen sich einstellt.

Schüler: Es wird also Eis schmelzen.

Meister: Und die Temperatur wird sinken, der Druck zunehmen. Wenn aber Wasser und Dampf gedrückt wird?

Schüler: Dann wird sich Dampf verflüssigen. Ich sehe aber hierin keinen Widerstand gegen die Druckvermehrung.

Meister: Insofern doch, als diese Verflüssigung zugleich die Temperatur t erhöht, denn es wird latente Wärme frei; daher ist auch die

Spannung erhöht, wenn auch nur wenig und der Widerstand gegen den ausgeübten Druck ist dadurch bedingt. Nur noch ein chemisches Beispiel: Wir bringen Salz in reines Wasser, wie wird die Temperatur bei der Auflösung sich ändern? Es wird die Auflösung möglichst gehindert, die Lösung wird sich abkühlen, wenn die Löslichkeit mit der Temperatur steigt, sie wird sich erwärmen, im entgegengesetzten, viel seltener vorkommenden Falle.

Schüler: Ich ahne wohl den weiten Horizont, den das Gesetz von Le Chatelier-Braun eröffnet.

Meister: Nun, das wollte ich erreichen. Der Gegenstand ist äußerst schwierig und schafft selbst geübten Denkern manch Kopfzerbrechen. In der Elektrizitätslehre gibt es unzählige und darunter sehr wichtige Fälle.

10. Ausblick in die Molekularmechanik.

Schüler: Wir besprachen gestern den Kreisprozeß und erkannten, daß der vermittelnde Körper zuletzt alle anfänglichen Parameterwerte, darunter auch seine innere Energie, wieder erlangte, während in der Außenwelt ein Energieumsatz stattgehabt hat, wobei zur Leistung von Arbeit eine äquivalente Menge Wärme verwirkt worden ist, während zugleich der übrige, dem Körper mitgeteilte Wärmebetrag schließlich auf die Umgebung niedrigerer Temperatur übertragen war.

Meister: Und wenn der Prozeß umgekehrt wird?

Schüler: Dann geht äußere Arbeit, in Wärme verwandelt, auf den Körper von höherer Temperatur über und zugleich ist ein Betrag Wärme von kalt zu warm übertragen.

Meister: Diese Umkehr ist nur möglich, wenn dafür gesorgt wird, daß die Intensitätsfaktoren innen und außen unendlich wenig sich unterscheiden.

Schüler: Das kann aber doch kaum ausführbar sein?

Meister: Darum ist der Carnotsche Prozeß nur ein wichtiger, theoretischer Gedanke. In der Natur sind die Vorgänge nicht umkehrbar, weil immer Temperatursturz und endliche Druckdifferenz vorhanden ist. Der Sturz bedingt Vergeudung von verwendbarer Energie.

Schüler: Ihr bespracht dann die zwei Hauptsätze. Während der erste die Äquivalenz der Energiewandlungen ausspricht, bestimmt der zweite die Richtung, in der ein Ereignis eintritt.

Meister: Zum Schluß will ich dir einen Einblick in die Molekularmechanik verschaffen, soweit sie die Zustandslehre betrifft. Es wird der Wärme W und zugleich den beiden Intensitätsfaktoren t und p eine Anschauung zugrunde gelegt, die die ganze Wärmelehre dem Gebiete der Mechanik anschließt.

Schüler: Und die Mechanik war die Lehre von den Kräften und Bewegungen.

Meister: Ganz richtig. Es gilt den Versuch zu wagen, die Wärme als Bewegungsenergie aufzufassen; auch Temperatur und Druck werden auf Bewegungen der Molekeln zurückgeführt. Dabei wird erkannt, daß weder Druck noch Temperatur einer Wirklichkeit entsprechen, wie auch das Volumen nur ein scheinbares ist.

Schüler: Wir erkannten schon, daß das Volumen nicht stetig mit gleichartiger Masse angefüllt ist, sondern mit Molekeln und Atomen, die sich wahrscheinlich auch nicht berühren.

Meister: Diese kleinsten Teile sind nun in einem sonst ruhenden Körper entweder in Ruhe oder sie sind in Bewegung.

Schüler: Ich denke, wenn sie sich bewegen, würden sie bald durch Reibung zur Ruhe gebracht werden.

Meister: Und wo bliebe die Energie ihrer Bewegung?

Schüler: Die wird in Wärme umgesetzt.

Meister: Wenn aber nun Wärme nichts anderes wäre, als eben die Bewegungsenergie der Molekel, dann ist kein Umsatz weiter denkbar.

Schüler: Die Teilchen sollten sich also immerfort bewegen? Das ist schwer vorstellbar.

Meister: Durchaus nicht; es stimmt mit dem Energiesatz. Nur wenn zu einer Umwandlung Gelegenheit geboten ist, kann sie statthaben. Wie die Planeten sich mit gleicher Energie um die Sonne bewegen, so die Atome um ihre Gleichgewichtslage. Wärme ist nach dieser Anschauung die letzte Bewegungsform, die immer auftritt, wo sichtbare Bewegung schwindet.

Schüler: Die letzte Bewegungsform, das ist faßbar!

Meister: Auch die Temperatur läßt sich durch den Betrag der Bewegungsenergie der Teilchen darstellen. Wärmeleitung erscheint als eine Übertragung der Bewegung auf Nachbarteile nach bekannten Stoßgesetzen; sogar der Druck läßt sich aus der Bewegung herleiten.

Schüler: Auf diese Herleitung bin ich gespannt.

Meister: Wir beginnen mit der Annahme, in einem leeren Raume von Würfelgestalt befinde sich ein Atom, wir abstrahieren von der Schwere. Das Atom habe die Masse m und eine Geschwindigkeit c; es prallt an eine Wand an. Die Richtung sei senkrecht zur Wand; diese erhält den Stoß $2\,m.c$; weil sie fest ist, prallt das Atom zurück mit der Geschwindigkeit $-c$ und erreicht die Gegenwand; auch diese erhält einen Stoß $2mc$ nach außen. Die Würfelseite habe die Länge l. Nun ist $2\,l$ die Länge des Weges von einem Anprall bis zum folgenden; die dabei vergehende Zeit sei t.

Schüler: Dann muß $c.t = 2\,l$ sein.

Meister: Und die Anzahl N von Stößen in einer Sekunde gibt $N = \dfrac{1}{t} = \dfrac{c}{2\,l}$. Da ferner ein Stoß durch $2mc$ ausgedrückt wird, so werden N Stöße $2\,Nmc$ in der Sekunde ergeben. Setze hier $N = \dfrac{c}{2\,l}$ ein und nenne das Resultat p_1.

Schüler: Es ist $\quad p_1 = 2\,N.m.c = \dfrac{m.c^2}{l}$ . . . . . . (1)

Meister: Wenn statt eines Atoms deren n in derselben Richtung fliegen, so wird der Stoß n mal größer.

Schüler: Also $\qquad p_n = \dfrac{n.m.c^2}{l}$ . . . . (2)

Meister: Wir wollen vorläufig nur von Gasen reden. Man stellt sich vor, daß deren Teilchen nach allen denkbaren Richtungen sich bewegen. Um alsdann die Stöße gegen die Wand zu berechnen, sind weitläufige höhere Rechnungen nötig. Diese haben aber ergeben, daß das Resultat wesentlich dasselbe ist, wenn man annimmt, daß in einem Würfel nur drei Richtungen der Bewegung vorkommen und zwar senkrecht auf eine jede Wand. Unter dieser Voraussetzung vereinfacht sich die Überlegung: Von den vorhandenen n Atomen wird also der dritte Teil gegen eine Wand stoßen.

Schüler: Dann wird der Stoß nur $\dfrac{n.m.c^2}{3.l}$ betragen.

Meister: Richtig. Mit Übergehung der Beweise für beliebige andere Gefäßformen setzen wir nun

$$p = \frac{n.m.c^2}{3.l} \qquad . . . . (3)$$

und dieses p ist zugleich der Gegendruck, den die elastische Wand ausübt.

Schüler: Ich verstehe noch nicht, inwiefern Stöße einen Druck hervorrufen.

Meister: Denk an die Gleichung der Mechanik, die sich auf die Bewegungsgröße bezog.

Schüler: Es war $m.V = p.t$, also $p = \dfrac{m.V}{t}$; das ist allerdings die in der Sekunde erzeugte Bewegungsgröße. Diese Gleichung aber bezog sich auf den freien Fall.

Meister: Freilich. Aber die Übertragung auf unsere Aufgabe liegt nahe. Hier rufen die Stöße einen Druck hervor, sonst könnte kein Abprallen stattfinden. — Unsere Gleichung gibt aber den Gesamtdruck auf die eine Würfelseite an.

Schüler: Ach ja; deren Flächeninhalt ist l^2; also wird nun der „Druck“, d. h. auf die Flächeneinheit

$$p = \frac{n \cdot m \cdot c^2}{3 \cdot l^3} = \frac{n \cdot m \cdot c^2}{3 \cdot v} \quad \cdots \cdots \quad (4)$$

sein, da $l^3 = v$ ist.

Meister: Oder $\quad p \cdot v = \frac{n \cdot m \cdot c^2}{3} \quad \cdots \cdots \cdots \quad (5)$

Schüler: Das erinnert an das Gaszustandsgesetz

$$p \cdot v = R \cdot T \quad \cdots \cdots \cdots \quad (6)$$

Meister: Eben darum versuchen wir den entsprechenden Ansatz.

Schüler: Ihr meint $\quad R \cdot T = \frac{n \cdot m \cdot c^2}{3} \quad \cdots \cdots \quad (7)$

Meister: Wie groß ist die Bewegungsenergie e eines Teilchens m?

Schüler: Offenbar $\quad e = \frac{m \cdot c^2}{2} \quad \cdots \cdots \cdots \quad (8)$

Also wird $\quad\quad\quad T = \frac{2 \cdot n \cdot e}{3 \cdot R} \quad \cdots \cdots \cdots \quad (9)$

Meister: Und was folgt aus dieser Erkenntnis, da $\frac{2 \cdot n}{3 \cdot R}$ eine doch beständige Größe ist?

Schüler: Die absolute Temperatur ist proportional der Bewegungsenergie e der Teilchen.

Meister: So haben wir denn das Gesetz von Gay-Lussac erhalten und zugleich eine sehr naheliegende Vorstellung vom Begriff der „absoluten Temperatur" gewonnen. Dehnt sich ferner unser Gas adiabatisch aus, so vermindert sich der Druck p, weil das Volumen größer wird.

Schüler: Aber T sinkt dabei auch.

Meister: Weil die Wand bewegt wird und der Abprall mit geringerer Geschwindigkeit statthat; es ist Arbeit auf Kosten der Bewegungsenergie geleistet, wenn der Vorgang umkehrbar geschieht, d. h. Arbeit leistend. Strömt dagegen ein Gas in einen leeren Raum aus, so bleibt die Temperatur konstant, wie durch Versuche erwiesen worden ist. Die Teilchen behalten ihre Geschwindigkeit, nur der Druck hat abgenommen.

Schüler: Das Gas ist also längs einer Isotherme in einen neuen Zustand geraten?

Meister: In diesem läuft eine höhere Adiabate hindurch; und doch haben wir gar keine Wärme zugeführt. Erscheint dir das nicht auffällig?

Schüler: Da $t \cdot du$ gleich Null ist, konnte die Adiabate doch nicht wachsen?

Meister: So sieht das freilich aus; doch ist das nicht richtig; es läßt sich nachweisen, daß jetzt die Größe u, die Adiabate, wachsen mußte. Beim Ausströmen in den leeren Raum wird keine äußere Arbeit

geleistet. Es ist ein Drucksturz vorhanden, infolgedessen eine fortschreitende Bewegung entsteht, also auf Kosten der inneren Energie.
Diese erzeugte Sturzbewegung ist äquivalent der Arbeit, die nach außen
hätte abgegeben werden müssen bei umkehrbarem, adiabatischem Vorgange. Da wir diese Energie dem Gase belassen haben, wird sie schnell
umgesetzt werden in Wärme, und zwar in einem Betrage genau entsprechend dem Element $t \cdot du$.

Schüler: Und so wird wirklich die Zunahme der Adiabate verständlich. Ich will mir merken, daß die erzeugte Sturzbewegung äquivalent ist einer Wärmezufuhr von außen.

Meister: Nun weiter: Wir drücken unser Gas adiabatisch zusammen.

Schüler: Dann nimmt v ab, aber T nimmt zu.

Meister: Und auch p, weil die Stöße häufiger sich wiederholen.
Auch ist die Geschwindigkeit der Teilchen c gewachsen, weil die äußere
Arbeit in Bewegungsenergie der Teilchen gewandelt ist und die Energie e
jedes Teilchens vermehrt hat. Wir fragen uns nun, ob diese Energie,
die gleich $\dfrac{n \cdot m \cdot c^2}{2} = \tfrac{3}{2} p \cdot v$ ist, den ganzen Wärmeinhalt darstellen
kann. Es ist

$$\tfrac{3}{2} \frac{A \cdot p \cdot v}{T} = \tfrac{3}{2} A \cdot R = \tfrac{3}{2} (c_p - c_v) . \quad . \quad . \quad . \quad (10)$$

wie wir S. 189 gesehen haben. Wir wissen nun, daß die Energiezufuhr zur Steigerung von T um 1^0 gleich c_v ist. Also empfängt die
Masse der Teilchen nur den Bruchteil

$$q = \tfrac{3}{2} \frac{c_p - c_v}{c_v} = \tfrac{3}{2} (k - 1) \quad . \quad . \quad . \quad . \quad (11)$$

und da $k = 1{,}41$ war, so wird

$$q = \tfrac{3}{2} \cdot 0{,}41 = 0{,}615 . \quad . \quad . \quad . \quad . \quad (12)$$

Dasselbe zeigt auch folgende Überlegung: Es war die Zunahme von
$p \cdot v$ gleich $\tfrac{3}{2} p_0 \cdot v_0 \cdot \alpha$, wenn T um einen Grad wächst. Aber es ist

$$\tfrac{3}{2} p_0 \cdot v_0 \cdot \alpha = 4397 \cdot g \text{ Erg} = \frac{4397}{42\,500} \text{ Kal.} = 0{,}1037 \text{ Kal.;}$$

da aber $c_v = 0{,}1686$ ist, so erhalten wir wieder nur den Bruchteil

$$\frac{0{,}1037}{0{,}1686} = 0{,}615,$$

also ganz wie vorhin in Gl. (12).

Wir schließen daraus, daß die betrachtete Teilbewegung nicht
die einzige ist, die durch Energiezufuhr geweckt wird, und knüpfen
daran die Annahme, daß die Atome in der Molekel auch untereinander
Bahnbewegungen ausführen, wohl auch gegeneinander schwingen, wie
das bei festen und flüssigen Körpern wahrscheinlich ist. — Es gibt

übrigens viele Gase oder Dämpfe, für die k größer ist, und fragen wir, welchen Zahlenwert k haben muß, wenn $q = 1$ sein soll, mit anderen Worten, wenn die ganze Wärmezufuhr in fortschreitende Bewegungsenergie übergehen soll, so wird $c_v = \frac{3}{2}(c_p - c_v)$, also $c_p = \frac{5}{3} c_v$, mithin $k = \frac{5}{3} = 1{,}67$. Diesen Wert hat Kundt durch Schallversuche für Quecksilberdampf gefunden. Für viele andere Metalldämpfe sowie für die neuentdeckten Edelgase ist $k = \frac{5}{3}$ gefunden worden. Alle diese Gase sind einatomig.

Schüler: Nun ist es mir noch schwer, Wärme und Temperatur zu unterscheiden; beide kommen auf Bewegungsenergie zurück.

Meister: Die Temperatur wird durch $m.c^2/2$ bestimmt, und dieses entspricht dem Wärmegrade, während die mitgeteilte Wärme sowohl zur Vermehrung von $n.m.c^2/2$, als auch zu anderen Bewegungsenergien dienen kann.

Schüler: Die Begriffe sind aber einander doch sehr nahe verwandt?

Meister: Allerdings, und doch welch großer Unterschied! Beim Schmelzprozeß z. B. bleibt t, also auch c konstant; die zugeführte Wärme bewirkt keine Temperaturerhöhung, sondern leistet mannigfache Molekulararbeit. Beachte weiter folgendes: Bei zwei Gasen nebeneinander ist nur bei gleichem p und t Gleichgewicht vorhanden. Da auch die Volumina gleich sind, ist

$$p = \frac{n.m.c^2}{3.v} = \frac{n.m_1.c_1^2}{3.v} \quad \cdots \quad (13)$$

zu setzen; das verlangt weiter wegen der gleichen Temperatur

$$m.c^2 = m_1.c_1^2 \quad \cdots \quad (14)$$

Schüler: Wenn ich das einsetze, so erhalte ich

$$n = n_1 \quad \cdots \quad (15)$$

Meister: Also bei gleichem p und t ist die Anzahl von Molekeln dieselbe.

Schüler: Das ist ja Avogadros Satz!

Meister: Solcher überraschend schöner Folgerungen gibt es noch mehrere. Zunächst kann auch für c ein Zahlenwert gefunden werden; es war $p = \dfrac{n.m.c^2}{3v}$. Rechne c aus und nenne M die Masse, die gleich $n.m$ ist.

Schüler: Es wird

$$c^2 = \frac{3.p.v}{n.m} = \frac{3.p.v}{M} \quad \cdots \quad (16)$$

Meister: Also da M/v die Dichte ist

$$c^2 = \frac{3 \times 1033}{0,001\,293} \cdot 981 \cdot \frac{T}{T_0} \text{ für Luft und } c^2 = 3 \cdot 1033 \quad 773 \cdot 981 \cdot w \cdot \frac{T}{T_0},$$

wo w das spezifische Volumen in bezug auf Luft ist.   Rechne!

Schüler: Ich finde $c = 48\,500 \cdot \sqrt{\dfrac{T}{T_0} \cdot w}.$

Meister: Für $T = T_0$ kann man also sofort c berechnen.

Es ist für   Wasserstoff $c = 1844$ Hektocel.

Und legen wir diesen Wert zugrunde, so hat man durch Division

durch $\sqrt{\dfrac{\mathfrak{M}}{2}}$, wo $\mathfrak{M}$ das Molekulargewicht, den Wert von c für jedes

andere Gas.

Schüler: Ich finde so für

Sauerstoff $c = 461$ Hektocel

und für

Stickstoff $c = 492$ „

Das sind ja große Werte! Bei Wasserstoff fast 2 km in einer Sekunde! Davon merkt man doch nichts.   Unsere Luft scheint doch
vollkommen ruhig zu sein.

Meister: Dieser Einwand und noch andere sind oft erhoben,
aber siegreich niedergeschlagen worden.   Dabei wurde meist eine Erweiterung der Lehre gewonnen.   Zunächst also sind in Unmenge Zu-
sammenstöße der Teilchen zu erwarten.   Da aber eine vollkommene
Elastizität ihnen zuzusprechen ist, so findet nur ein Austausch der Geschwindigkeiten statt

Schüler: Und die Resultate sind hinsichtlich des Stoßes dieselben
wie bei freiem Fluge der Teilchen.

Meister: Ferner ist es sicher, daß nicht ein und dieselbe Geschwindigkeit allen Teilchen zukommt; vielmehr ist unser c nur ein
Durchschnittswert.   Mithin ist auch T nur ein solcher und so siehst
du, wie unser Parameter T, den wir messen können und der eine so
große Rolle spielt, doch keine Wirklichkeit hat.

Schüler: Also ebenso wie v nur ein Scheinbegriff ist.

Meister: Sagen wir lieber ein Molarbegriff.   Aber auch der
Druck ist eine Art Mittelwert aus den zahlreichen Stößen
in einer Sekunde, und die einzelnen Stöße sind einander sicher
nicht gleich.   Diese Stoßtheorie ist wichtig bei der Diffusion der
Gase, da nicht eher Gleichgewicht eintritt, als bis gegenseitige Durchdringung vollendet ist — und auch dieses Gleichgewicht ist nur ein
molar gedachtes.   Molekular wird es zum Schein, denn ein reger Aus-

tausch hört nimmer auf. Und bei der Verdampfung ist es klar, daß die Molekeln aus einer Flüssigkeit aufsteigen müssen, die augenblicklich am schnellsten sich bewegen; auch Explosionen werden begreiflich, wenn der Gegendruck fehlt. Das Gleichgewicht bei zwei Phasen eines Stoffes ist auch nur ein scheinbares; eine Flüssigkeit entsendet sicher die bewegtesten Molekeln in den Dampfraum, aber es kehren ebensoviele zurück und das Gleichgewicht ist scheinbar „statisch" zu nennen, in Wahrheit aber „stationär"; es ist ein Beharrungsstand.

Schüler: Wie ist es aber bei festen Körpern?

Meister: Es wird T ebenso als Durchschnittswert gedacht, aber die Schwingungsbewegungen mögen ergiebiger sein, weil die Molekel und ihre Teile in ihrem Bannkreise verbleiben müssen. Übrigens kommen auch, namentlich bei Kristallen, Wanderungen vor. Während einige sich auflösen, schlagen sich ebensoviel andere nieder. Die Dissoziation der Molekel ist auch ein stationärer Vorgang. Es zerfallen so viel Molekel, als gleichzeitig neue gebildet werden. Für die Reibung der Gase hat sich ein Gesetz erschließen lassen, das niemand vorher kannte und das sehr Unerwartetes kundtat. Die „kinetische Gastheorie", wie diese Lehre genannt wird, lehrt nämlich, daß die Reibung eines in einem Gase sich bewegenden festen Körpers unabhängig ist vom Gasdruck p.

Schüler: Das ist erstaunlich; das dichtere Gas muß doch größeren Widerstand ausüben?

Meister: Das erwartete jedermann. Dennoch zeigte es sich, daß die Hemmung eines schwingenden Pendels fast unabhängig war vom Druck der umgebenden Luft. Die Hemmung oder die „Dämpfung" ist dieselbe geblieben bei 22 Atm. wie bei 1 Atm. Druck! Kurz gesagt, die kinetische Theorie ist eine mächtige Stütze der Forschung und hat sich als fruchtbar bewährt.

Schüler: Ist sie auch auf chemische Vorgänge angewandt worden?

Meister: In hohem Maße. Der kinetischen Theorie verdanken wir eine wohlausgebildete Theorie der Lösungen, die in den letzten 20 Jahren ausgearbeitet worden ist und die tief in andere Gebiete hinein ihren Einfluß ausgeübt hat. Ich erwähne nur noch die neuesten Theorien der Elektrizität, die, wie wir sehen werden, von der Elektrolyse ausgeht, und letztere stützt sich auf die kinetische Theorie der Lösungen. Später werden wir diese Lehren kennen lernen. Außerdem empfehle ich dir die kinetischen Deutungen der latenten Verdampfungswärme, die als Überwindung der Oberflächenspannung erkannt worden ist, ferner die Theorie der Dampfspannung über Salzlösungen und vieles andere, bis zu den Versuchen, die Größe der Atome zu bestimmen und auch ihre Anzahl.

Schüler: Konnte sogar diese Anzahl erkundet werden?

Meister: Nur bei vollkommenen Gasen, und zwar sind von verschiedenen Gesichtspunkten aus nahezu dieselben Werte gefunden worden.

Schüler: Bei vollkommenen Gasen war ja die Anzahl ein und dieselbe für alle, daher möchte ich diese Zahl kennen lernen.

Meister: Bei 0⁰ und 1 Atm. Druck sind es 55 Trillionen im Kubikzentimeter. Also wieviele nebeneinander?

Schüler: Im Zent liegen fast 4 Millionen nebeneinander, im Millimeter 400 000; also beträgt die durchschnittliche Entfernung etwa 2¹/₂ milliontel Millimeter.

Meister: Man nennt ein tausendstel Millimeter ein Mikron und ein milliontel Millimeter ein Mikromikron, in griechischen Zeichen μ und $\mu\mu$. Wir behandeln demnächst die Wellenlehre, dann die Lehren vom Schall, vom Licht und von der Elektrizität.

IV. Wellenlehre.

1. Erregung von Schwingungen und Wellen.
Fortpflanzungsgeschwindigkeit. Fortschreitende und stehende Wellen.

Meister: Hast du dich darauf besonnen, welche Lehren, die von uns bereits behandelt waren, als Grundlage der Wellenlehre anzusehen sind?

Schüler: Es waren zwei Gebiete, die ich mir zu diesem Zwecke von neuem eingeprägt habe: die Darstellungen von Schwingungen durch Sinusfunktionen mit deren räumlichen Bildern als Wellen (S. 26 bis 32) und zweitens die Lehre vom Stoß elastischer Körper (S. 109 bis 113).

Meister: Und wie lauteten die bezüglichen Formeln?

Schüler: Wir fanden die Gleichungen

$$y = a . sin\, 2\,\pi . t/T \text{ für Schwingungen,}$$

$$y = a . sin\, 2\,\pi . x/L \text{ für Wellen.}$$

Es war y die Elongation oder Ausweichung,
a die Amplitude oder Schwingungsweite oder Wellenhöhe,
T die Schwingungsdauer,
L die Wellenlänge;
t/T sowohl als x/L bestimmen die Phase.

Meister: Hier nun handelt es sich darum, die Entstehung oder Erregung von Wellen in elastischen festen Körpern zu erfassen. Um möglichst einfach die Betrachtung zu gestalten, denken wir uns eine Punktreihe, die durch Kohäsionskräfte ihre Festigkeit und das Gleichgewicht der Massenpunkte erlangt hat. Der Stoß, den wir dem ersten Punkte erteilen, pflanzt sich fort, indem, ebenso wie der erste, jeder folgende Punkt seine Bewegung auf den gleich großen, ruhenden Nachbar überträgt.

Schüler: Bis dann am Ende der Punktreihe keine Abgabe statthaben kann.

Meister: Jetzt wollen wir uns die Punktreihe endlos vorstellen. Zwischen Sonne und Erde sind 150 Millionen Kilometer Entfernung und ebenso lange Punktreihen wollen wir uns denken. Wenn nun der

erste Punkt statt eines einzelnen Stoßes eine Schwingung ausführt, so
kann diese aus vielen einander folgenden Stößen zusammengesetzt
gedacht werden, und jeder Teilstoß überträgt sich folgeweise auf den
gleich großen Nachbar. Der zweite, der dritte Punkt usw., sie geraten
alle der Reihe nach in Bewegung und vollführen eine Schwingung wie
der erste Punkt. Es vergeht dabei eine gewisse Zeit, die jede
Übertragung der Bewegung erfordert. Die Punktreihe erhält eine
Änderung ihrer Gestalt. Diese aber hängt von der Art der Schwingung
des ersten Punktes ab. Geschieht die Schwingungsbewegung in einer
Richtung senkrecht zur Punktreihe, so nennt man die Schwingung
transversal, geschieht sie aber in der Richtung der Punktreihe,
so heißt sie longitudinal. Wir wollen die Schwingungsdauer in vier

Fig. 152.

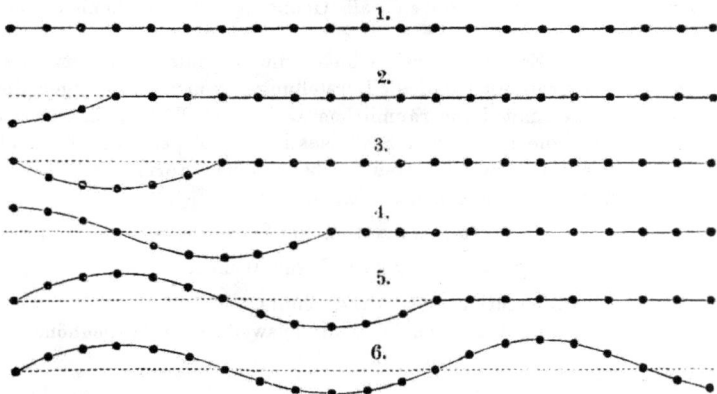

Teile zerteilen. In Fig. 152 (1) ist die ruhende Punktreihe. Nach
dem ersten Teile $= \frac{1}{4} T$ ist die Bewegung um $\frac{1}{4}$ Wellenlänge fort-
gepflanzt, während das erste Teilchen die Schwingungsweite nach
unten erreicht hat (2). Es kehrt zurück, hat bei (3) die Ruhelage erreicht und es folgen ihm die Nachbarpunkte; eine halbe Welle ist entstanden und bei (4) $\frac{3}{4}$ Welle; bei (5) ist das erste Teilchen wieder
in der Ruhelage nach Vollendung der ersten Schwingung und neben ihm
hat sich eine ganze Welle entwickelt. Bei (6) hat das erste Teilchen
wieder irgend eine der Ruhelagen erreicht.

    Schüler: Während einer ganzen Schwingung des ersten Teilchens
ist genau eine Welle erzeugt. Später sind so viel Wellen entstanden,
als das erste Teilchen Schwingungen vollführt hat.

    Meister: Solche Schwingungen können von kurzer Periode sein,
so daß in einer Sekunde etwa n Schwingungen vollführt sind.

Schüler: Dann sind auch n Wellen entstanden.

Meister: Ja, in einer Sekunde. Und wenn die Wellenlänge L ist, wie groß ist dann die ganze in einer Sekunde erregte Strecke c der Punktreihe?

Schüler: Es ist offenbar $c = n.L$ . . . . (1)

Meister: Dieses c nennt man Fortpflanzungsgeschwindigkeit. Sie hängt vom Elastizitätsmodulus und von der Dichtigkeit des Stoffes ab. Wir haben schon früher besprochen, daß $T = \dfrac{1}{n}$ Sekunde ist; setze für n den Wert $1/T$ ein.

Schüler: Dann wird $c = \dfrac{L}{T}$, das ist ebenso hübsch wie einfach und verständlich.

Meister: Und ebenso wichtig. Wenn zwei von den drei Größen c, L und T bekannt sind, kann man die dritte berechnen.

Schüler: Denn eine jede von ihnen ist Funktion der beiden anderen. Ich habe auch

$$T = \frac{L}{c} \text{ und } L = c.T \quad . \quad . \quad . \quad . \quad (2)\ (3)$$

Meister: Und eine jede dieser drei Gleichungen kannst du dir sofort überlegen als verständlich, sobald du festhältst, wie T und L in der Erscheinung zusammenhängen und was c und n bedeuten. Ist z. B. die Erregung in einer Sekunde bis c gelangt, so wird sie in T Sekunden bis $c.T$ gelangt sein; aber in T Sekunden ist eine Welle mit der Länge L erregt, also ist $L = c.T$ und ebenso überlege alle die anderen Beziehungen. Hier habe ich eine Schnur mitgebracht. Befestige das eine Ende dieser langen Schnur an jenem Nagel und halte das andere Ende in der Hand und spanne die Schnur. Vollführe rasch eine Schwingung und du wirst sehen, wie eine Welle sich entwickelt, die bis zum Nagel an der Wand sich fortpflanzt, von dort aber zurückkehrt, weil der letzte Teil nur rückwärts Nachbarn hat.

Schüler: Ich will mit längerer Schnur den Versuch wiederholen und zwei, dann drei Schwingungen ausführen; es müssen dann ebensoviel Wellen entstehen.

Meister: Verschaffe dir lange Stücke Gummischlauch — dann wird es hübscher. Bei longitudinalen Schwingungen stelle dir vor, daß die Ausweichungen nicht nach oben und unten, sondern nach rechts und links hin und her gehen. Bei der Longitudinalwelle entstehen keine Erhebungen und Senkungen der Punkte, sondern Verdichtung und nachfolgende Verdünnung, deren Vorstellung nicht so leicht ist. Bei Transversalwellen haben wir ein deutliches Bild in den Wasserwellen, die man erregen kann, wenn man in der ruhenden Fläche an einer Stelle einen Gegenstand auf und ab taucht. Es entstehen kreisförmige Wellen rings um den Anfangspunkt.

Schüler: Und gewiß auch nur so viel Wellen, als Schwingungen
ausgeführt werden.

Meister: Die bisher betrachteten Wellen heißen fortschreitende.
Man kann die Bewegung eines jeden beliebigen Punktes der Reihe
durch eine einzige Gleichung herstellen. Hast du begriffen, daß eine
Schwingung durch

$$y = a \cdot sin\, 2\,\pi\,\frac{t}{T} \quad \cdots \cdots \quad (4)$$

vollständig für jede beliebige Zeit t gilt, so ist nur ein kleiner Zusatz
nötig, um einen fernliegenden Punkt in seiner Bewegung darzustellen.

Schüler: Ich bitte sehr, mir das mitzuteilen.

Meister: Der in der Entfernung x befindliche Punkt beginne
seine Schwingung zur Zeit t', so ist die für ihn geltende Gleichung

$$y = a\, sin\, 2\,\pi\,\frac{t - t'}{T} \quad \cdots \cdots \quad (5)$$

hier ist die Anfangsphase der Schwingung da, wo die Zeit t den Wert t'
erreicht hat, denn alsdann gibt die Gleichung alle Sinuswerte wie früher
mit wachsender Zeit an.

Schüler: Ist es nicht so, als ob die Zeitzählung von der Zeit t'
an beginne, denn wenn $t = t'$ ist, wird der $sin = 0$?

Meister: Ganz richtig. Da sich der fragliche Punkt in der Entfernung x vom Anfang der Punktreihe befindet, so ist

$$x = c \cdot t', \quad \text{und da auch} \quad L = c \cdot T$$

ist, so folgt durch Diversion

$$\frac{t'}{T} = \frac{x}{L} \quad \cdots \cdots \quad (6)$$

Setze das ein in die Gleichung.

Schüler: Ich bekomme

$$y = a\, sin\, 2\,\pi\, \left(\frac{t}{T} - \frac{x}{L} \right) \quad \cdots \cdots \quad (7)$$

Meister: In dieser Form schreibt man fortschreitende Wellen.
Du tust wohl daran, dich in die wunderbare Mannigfaltigkeit dieser
schlichten Form zu vertiefen. Du kannst für x beliebige Werte einsetzen und so die Bewegung eines jeden beliebigen Punktes der
Punktreihe darstellen. Insbesondere sind die Stellen sofort zu erkennen,
die in derselben Phase wie der Anfangspunkt sich befinden, denn da
ist $x = L$ oder $= 2\,L$ oder allgemein ein Vielfaches $= k \cdot L$; weise
mir das nach.

Schüler: Es ist
$$y = a \sin 2\pi \left(\frac{t}{T} - \frac{kL}{L} \right)$$
$$= a \sin \left(2\pi \frac{t}{T} - k \cdot 2\pi \right) \quad \Big\} \quad \cdots \cdots \quad (8)$$

Wenn k eine ganze Zahl ist, so ist der Wert derselbe wie der von $a \sin 2\pi \frac{t}{T}$, also wie der des ersten Punktes.

Meister: Im Gegensatz zu den bisher betrachteten fortschreitenden Wellen betrachten wir noch eine ganz andere Art, die sogenannten stehenden Wellen. Sie entstehen dadurch, daß sich in einer Punktreihe Wellenzüge gleicher Länge von entgegengesetzten Seiten her begegnen. Jeder Punkt erhält zu jeder Zeit einen Anstoß von jeder Seite her. Nur durch Rechnung kann man die resultierende Bewegung darstellen. Ich will hier zunächst das Resultat mitteilen. Wenn wieder a die Schwingungsweite bedeutet, so ist

$$y = a \cdot \sin 2\pi \frac{t}{T} \cdot \cos 2\pi \frac{x}{L} \cdot \quad \cdots \cdots \quad (9)$$

Schüler: Ist das nicht dieselbe Gleichung wie vorhin?

Meister: Durchaus nicht. Ihre Deutung führt zu ganz anderer Bewegungsform der Punktreihe und auch eines jeden einzelnen Punktes. Wir wollen erst diese Deutung vornehmen und dann erst Versuche besprechen, die uns das Entstehen solcher Wellen erkennen lassen. Die Gleichung besteht jetzt aus zwei periodischen Faktoren. Die Cosinuswerte sind von der Zeit t unabhängig, die Sinuswerte sind von der Stelle x unabhängig. Wir setzen erst einmal $t = \frac{1}{4} T$, was wird dann aus dem Sinuswert $\sin 2\pi \frac{t}{T}$?

Schüler: Es wird $= \sin 2\pi \cdot \frac{1}{4} \frac{T}{T} = \sin \frac{\pi}{2} = 1$.

Meister: Also hat y jetzt auf jeder Stelle der Punktreihe den dort höchstmöglichen Wert $a \cdot \cos 2\pi \frac{x}{L}$.

Schüler: Das ist ja eine Cosinuswelle, die wir gezeichnet haben.

Meister: Erkenne nun weiter die Stellen, wo $y = 0$ ist.

Schüler: Das trifft ein bei $x = \frac{1}{4} L, \frac{3}{4} L, \frac{5}{4} L \ldots$

Meister: Die Punkte an diesen Stellen bleiben immerfort in der Ruhelage, denn wie auch die Zeit fortschreite, der Cosinusfaktor bleibt hier immer $= 0$. Diese Stellen heißen Knotenpunkte. Deren Nachbarpunkte können immer nur kleine Schwingungsweiten haben, weil der Cosinuswert klein ist. Er nimmt weiterhin zu, und wo ist der größte Wert?

Schüler: Bei $x = 0$, $\frac{1}{2}L$, L, $\frac{3}{2}L$, $2L$, $\frac{5}{2}L$ . . ., denn da ist der Cosinuswert abwechselnd $+1$ und -1.

Meister: Diese Stellen vollführen also die größten Schwingungen, sie heißen Schwingungsbäuche, und ist z. B. bei $x = \frac{1}{2}L$ der Wert von $y = a$ geworden, wenn nämlich $t = \frac{1}{4}T$ ist, so hat die Stelle $x = \frac{3}{2}L$ den Wert $y = -a$. In Worten: Ist ein Punkt mitten zwischen zwei Knoten am höchsten, so ist der Punkt zwischen der folgenden Knotenschwingung am tiefsten. In Kürze: Die ganze Punktenreihe hat immer die Form einer Welle. Die Punkte schwingen alle gleichzeitig hin und her. Noch kürzer gesagt: Alle Punkte haben zeitlich ein und dieselbe Phase; örtlich bilden sie eine Wellenreihe, die Punkte innerhalb einer Welle sind örtlich stets in verschiedenen Phasen.

Schüler: Das Wort „örtlich" bezieht sich also auf den $cos\,\pi\,\dfrac{x}{L}$.

Meister: Nun zum Versuch. Ich nehme eine Schnur in die Hand und du weißt schon, daß die Welle vom Nagel aus zurückkehrt. Ich fahre fort in der Erregung von Schwingungen.

Schüler: Dann begegnen sich ja die hingehenden und die zurückkommenden Schwingungen.

Meister: Ja, aber man darf nicht einhalten mit der Erregung.

Schüler: Jetzt sind zwei stehende Wellen entstanden.

Meister: Und noch ein Stück dazu vom nächsten Knotenpunkt bis zu meiner Hand. Jetzt aber schwinge ich merklich schneller.

Schüler: Es sind drei halbe Wellen entstanden!

Meister: Nun schwinge ich viel langsamer.

Schüler: Die ganze Schnur bildet eine einzige Welle.

Fig. 153.

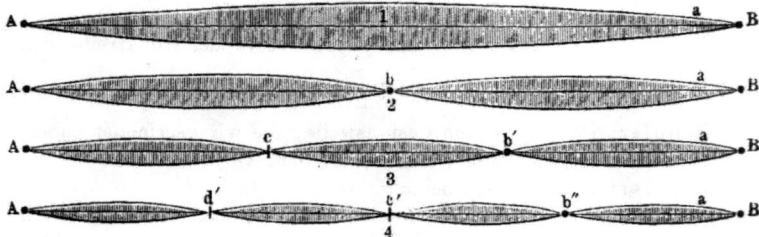

Meister: Und zwar sind alle die Stücke, die du als Welle gezählt hast, nur halb so lang wie die fortschreitende Welle war. Nun können wir uns die mühevolle Erregung von Schwingungen ersparen. Hier habe ich eine Drahtsaite (Fig. 153), die an beiden Enden A und B

befestigt und straff gespannt ist; am besten nimmt man dazu solch eine
Spirale von 2 bis 3 m Länge, wie wir sie bei Dehnungsversuchen verwandten (siehe Fig. 54, S. 100). Wir zupfen sie in der Mitte und sie
vollführt eine stehende Welle.

Schüler: Jetzt aber fehlt die Erregung.

Meister: Nicht doch — die Saite braucht nur einmal gezupft zu
werden. Die Schwingungen pflanzen sich jetzt unaufhörlich nach beiden
Seiten fort, begegnen sich also fortwährend, weil sie an beiden Enden
reflektiert werden wie an einer festen Wand (s. S. 113).

Schüler: Das ist schön! Können wir auch mehrere stehende Wellen
hervorrufen?

Meister: Dazu braucht man nur eine Knotenstelle zu berühren;
man achte aber darauf, daß Knotenstellen nur in ganzzahligen
Abteilen der Spirale möglich sind; sonst kommt keine stehende
Welle zustande. Diese Voraussetzung wird auch bei der mathematischen
Herleitung der Formel gemacht, die wir das nächste Mal kennen lernen
werden.

2. Interferenz von Wellen gleicher Länge.

Meister: Fasse nun kurz zusammen was wir gestern erörtert haben.

Schüler: Wir besprachen zuerst die Erregung einer, dann
mehrerer anfeinanderfolgender Wellen. Die Gleichung wurde entwickelt. Es ergab sich ein Wert für die Fortpflanzungsgeschwindigkeit als Funktion von Wellenlänge und Schwingungsfrequenz. Dann
gingen wir zu den stehenden Wellen über. Ihr zeigtet deren Entstehung durch zwei sich begegnende fortschreitende Wellen und es
wurde bewiesen, daß örtlich alle Punkte in verschiedenen Phasen verharren, zeitlich dagegen alle Punkte immer in derselben Phase sich
befinden.

Meister: Wenn zeitlich die Phase 0 durch den Sinusfaktor gegeben ist, sind augenblicklich alle Punkte in der Ruhelage.

Schüler: Es schwingt eine halbe Welle nach der einen, die beiden
Nachbarteile nach der entgegengesetzten Seite.

Meister: Die Bäuche werden durch Knotenpunkte voneinander
getrennt.

Schüler: Zuletzt bespracht ihr Versuche mit der gespannten Spirale,
die nur gezupft zu werden braucht, um längere Zeit zu schwingen.

Meister: Heute mache ich dich mit einer der wichtigsten Lehren
bekannt. Das ist das Prinzip der Interferenz, oder der Übereinanderlagerung der Wellen. Wenn zwei Kräfte in derselben Richtung
auf einen Punkt wirken, so sahen wir, daß die Bewegung der
Summe beider Erregungen entspricht. Dasselbe gilt nun
auch für alle schwingenden Punkte. Wird ein Punkt gezwungen

eine schwingende Bewegung auszuführen, so kann man ihm zugleich
noch eine zweite Schwingungsbewegung erteilen. Dabei können sehr
wohl die beiden Schwingungen verschiedene Phasen haben, d. h. wenn
die eine Schwingung beginnt, so kann die andere in einem beliebigen
Zeitpunkt inmitten der Schwingung sich befinden. Wie heißt die
Gleichung einer fortschreitenden Welle?

Schüler: Es war Gleichung (7):

$$y_1 = a_1 . sin\, 2\, \pi\, (t/T - x/L).$$

Meister: Nun bilden wir eine Gleichung für eine Welle, die einen
Phasenunterschied $2\,\pi\,d/L$ gegen jene erste Welle hat. Wir schreiben:

$$y_2 = a_2 . sin\, 2\pi \left(\frac{t}{T} - \frac{x-d}{L} \right) \quad \cdots \cdots \quad (10)$$

und unser Interferenzsatz fordert den Ansatz, demzufolge eine Wellen-
art eintritt mit Elongationen Y, gleich der Summe beider.

Schüler: Also ist

$$Y = y_1 + y_2 = a_1\, sin\, 2\,\pi \left(\frac{t}{T} - \frac{x}{L} \right) + a_2\, sin\, 2\,\pi \left(\frac{t}{T} - \frac{x-d}{L} \right) (11)$$

Wie soll ich diese Rechnung ausführen?

Meister: Das sieht schwieriger aus als es in der Tat ist. Doch
zuvor sollst du die Addition graphisch ausführen. Nimm eine beliebige
Welle an und zeichne sie hin.

Schüler: Ich habe eine ganze Sammlung davon zu Hause.

Meister: Um so besser. Nimm zwei Wellen, beachte aber, daß
sie gleiche Wellenlänge haben müssen, denn wir beschränken uns
zunächst auf diesen Fall. Die Amplituden können dagegen verschieden
sein. Für die zweite Welle nimm einen anderen Anfangspunkt an, so
hast du bereits eine Phasendifferenz. Dann bleibt noch übrig, an jedem
Punkte die Summe der beiden Elongationen hinzuzeichnen. Das geht
freilich nicht für alle die unendlich vielen Punkte; führe es zunächst
für die 12 gewählten Phasen aus.

Schüler: Ich nehme die eine Amplitude doppelt so groß wie die
andere, zeichne (Fig. 154 I) zwei konzentrische Kreise hin und denke
mir alle Sinuslinien gezogen und nebenbei als Ordinaten aufgetragen.
Ich wähle als Phasendifferenz $^1/_{12}$ des Gyranten. So ergeben sich die
beiden Sinuswellen.

Meister: Nun addiere an jeder Abszissenstelle die beiden zugehörigen Ordinatenwerte.

Schüler: Das kann ich am besten mit einem Zirkel ausführen. —
Ich erhalte (Fig. 154 II) eine Kurve, die wieder ebenso schön aussieht
wie eine Sinuswelle!

Meister: Es ist auch eine solche, wie du aus der Zeichnung erkennst, die ich dir nebenbei hinmale. Ich habe nämlich deinen größeren Kreis unverändert abgezeichnet und habe an das Ende eines jeden Halbmessers die Länge des kleinen Halbmessers hinzugefügt, jedoch unter einem Winkel von 30°, entsprechend der von dir gewählten Phasendifferenz. Wenn man von den Endpunkten der angesetzten

Fig. 154.

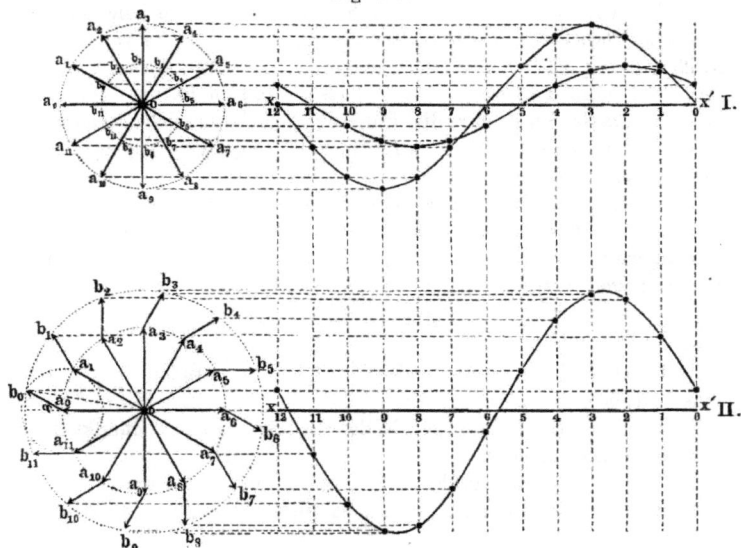

Strecken Lote nach dem horizontalen Durchmesser zieht, so werden diese genau gleich sein der Summe deiner beiden Sinusse. Auch ist die Entfernung der Enden b_0, b_1, b_2 ... vom Mittelpunkte 0 eine ganz beständige Größe gleich der Amplitude der neu entstandenen Welle. — Nun ist es möglich, sofort den Betrag dieser Amplitude hinzuschreiben. Besinne dich darauf, daß man $o b_0$ aus den beiden anderen Seiten des Dreiecks $o a_0 b_0$ berechnen kann, wenn, wie hier, auch der Winkel $o a_0 b_0$ bekannt ist.

Schüler: Es ist $o b_0^2 = o a_0^2 + (a_0 b_0)^2 + 2 . o a_0 . a_0 b_0 . cos \varphi$, wenn mit φ die Phasendifferenz bezeichnet wird.

Meister: Nennen wir die beiden ersten Amplituden a_1 und a_2 und die resultierende A, so wird

$$A^2 = a_1^2 + a_2^2 + 2 a_1 . a_2 . cos \varphi \quad . \quad . \quad . \quad . \quad (12)$$

Und φ ist gleich $2 \pi . d/L$. Es entsteht eine neue Phasendifferenz gegen beide Teilwellen. Wir wollen sie $2 \pi D/L$ nennen; sie ist gleich dem

Winkel $a_0 o b_0$; also ist sie auch sofort durch die gegebenen Größen darstellbar. Das von b_0 gefällte Lot kann sowohl durch Winkel $b_0 a_0 o$ als auch durch $a_0 o b_0$ bestimmt werden.

Schüler: Es ist

$$ob_0 . sin\, b_0\, o a_0 \,=\, b_0\, a_0 . sin\, b_0\, a_0\, o \;\Big\}$$

oder $\qquad A . sin\, 2\,\pi\, D/L = a_2 . sin\, 2\,\pi\, d/L \;\Big\}$ . . . . (13)

Meister: Diese Formeln sowohl, als auch unsere Zeichnung, läßt übersehen, was für Wellen sich ergeben, wenn wir die veränderlichen Größen a_1, a_2 und d sich ändern lassen. Verfolge das mit Hilfe der Fig. 154, dann kannst du später dasselbe durch Rechnen bestimmen. Zunächst lassen wir nur die Phasenverschiebung sich ändern. Wir erteilen dem angesetzten b verschiedene Neigungen gegen die erste Amplitude.

Schüler: Dann kann ich um alle a-Punkte herum dem Stücke ab eine gleiche Drehung erteilen. Ohne Phasendifferenz fiele ab in die Verlängerung von $o a_0$; bei $\varphi = 180^0$ dagegen müßten die ab von allen ao abgezogen werden. Die resultierende Amplitude wird dann

$$A = a_1 - a_2 \quad . \quad . \quad . \quad . \quad . \quad . \quad . \quad (14)$$

sein.

Meister: Wenn jetzt noch die beiden Amplituden a_1 und a_2 einander gleich genommen werden.

Schüler: Dann fällt das Ende von b in den Mittelpunkt hinein! Was kann das bedeuten?

Meister: In diesem Falle hättest du in der ersten Figur zwei symmetrisch einander nach oben und unten gegenüberliegende, sonst aber gleiche Wellen erhalten.

Schüler: Die Summe der Amplituden gäbe dann für jede Stelle den Wert Null. Ich verstehe, es heben sich die allzeit gleichen Impulse auf!

Meister: So ist es. Und das alles kannst du ebenso aus unseren Formeln herauslesen. Beispiele werden wir in Menge in der Lehre vom Schall und vom Licht erhalten. Die wichtigen Gleichungen (12) und (13) kann man ohne geometrische Hilfefigur rechnerisch, auf Grund sehr einfacher trigonometrischer Sätze, herleiten. Es war Gleichung (11):

$$Y = a_1 . sin\, 2\,\pi \left(\frac{t}{T} - \frac{x}{L} \right) + a_2 . sin\, 2\,\pi \left(\frac{t}{T} - \frac{x}{L} + \frac{d}{L} \right).$$

Wir benutzen den Satz:

$$sin\,(a + b) = sin\,a . cos\,b + cos\,a . sin\,b \quad . \quad . \quad . \quad (15)$$

setzen hier

$$a = 2\,\pi \left(\frac{t}{T} - \frac{x}{L} \right) \quad \text{und} \quad b = 2\,\pi \frac{d}{L},$$

dann ist

$$Y = \sin 2\pi\left(\frac{t}{T} - \frac{x}{L}\right)\left\{a_1 + a_2\cos 2\pi\frac{d}{L}\right\}$$
$$+ \cos 2\pi\left(\frac{t}{T} - \frac{x}{L}\right)\left\{a_2\sin 2\pi\frac{d}{L}\right\} \qquad \cdots \cdots (16)$$

Wir setzen nun

$$a_1 + a_2\cos 2\pi\frac{d}{L} = A\cos 2\pi\frac{D}{L} \quad \cdots \cdots (17)$$

und

$$a_2\sin 2\pi\frac{d}{L} = A\sin 2\pi\frac{D}{L} \quad \cdots \cdots (18)$$

Durch diese zwei Gleichungen, deren Sinn und Möglichkeit auch aus der Fig. 154 erhellt, wird aus Gleichung (16) erhalten:

$$Y = A \cdot \sin 2\pi\left(\frac{t}{T} - \frac{x}{L}\right) \cdot \cos 2\pi \cdot \frac{D}{L}$$
$$+ A \cdot \cos 2\pi\left(\frac{t}{T} - \frac{x}{L}\right) \cdot \sin 2\pi \cdot \frac{D}{L} \qquad \cdots \cdots (19)$$

woraus sofort nach dem Satze Gleichung (15) folgt:

$$Y = A\sin 2\pi\left(\frac{t}{T} - \frac{x - D}{L}\right) \quad \cdots \cdots (20)$$

und hier haben wir dasselbe Resultat, das wir vorhin durch geometrische Überlegung fanden. Deute diese Gleichung (20).

Schüler: Ich erkenne eine fortschreitende Welle, mit derselben Dauer T und Länge L, aber mit der neuen Phasendifferenz $2\pi\dfrac{D}{L}$ gegen die erste Welle und mit einer Amplitude A.

Meister: Den Wert von A hatten wir geometrisch in Gleichung (12) gefunden. Ganz dasselbe ergeben die Gleichungen (17) und (18). Erhebe beide ins Quadrat und addiere sie zusammen, so kommt, da immer $\sin^2 w + \cos^2 w = 1$ ist:

$$A^2 = a_1^2 + a_2^2 + 2a_1 a_2\cos 2\pi\frac{d}{L}.$$

Zur Bestimmung von D dividiere dieselben beiden Gleichungen (17) und (18) durcheinander.

Schüler: Es ist, da $\sin w / \cos w = \tan g\, w$ ist:

$$\tan g\, 2\pi\frac{D}{\lambda} = \frac{a_2 \cdot \sin 2\pi\, d/L}{a_1 + a_2 \cdot \cos 2\pi\, d/L} \quad \cdots \cdots (21)$$

Meister: Auch dieses Resultat siehst du rein geometrisch in Fig. 154 II bestätigt. — Wie wir zwei Wellen übereinander gelagert haben, so können wir noch beliebig viele andere mit Amplituden $a_3, a_4, a_5 \ldots$ hinzufügen. Wenn T und L dieselben sind, so kann die resultierende Welle immer nur eine einfache Sinuswelle werden, welches auch die Phasendifferenzen seien.

Schüler: Darf ich nun um ein Beispiel bitten.

Meister: Dazu müßten wir zuvor die Elemente der Schall- oder der Lichtempfindung besprechen. Fürs erste laß dir daran genügen, daß eine Übereinanderlagerung von Wellen beim Wasser deutlich sichtbar ist. Später werden wir erkennen, daß Schall- und Lichtwellen sich sowohl verstärken als auch vernichten können, wie wir vorhin (Gleichung 14) nachwiesen.

Schüler: Als ihr die stehenden Wellen bespracht, hatten wir es doch auch schon mit einer Interferenz zu tun. Ihr verspracht mir eine mathematische Herleitung.

Meister: Sehr richtig. Die Betrachtung gehört eigentlich hierher; ich nahm sie schon dort vor, um den großen Unterschied zwischen fortschreitenden und stehenden Wellen voranzustellen. — Die dir in Aussicht gestellte Herleitung ist folgende: Die beiden Wellen sollen sich begegnen; das wird mathematisch dargestellt. Die eine Welle sei wie vorhin (Gleichung 7):

$$y = a \cdot \sin 2\,\pi_1 \left(\frac{t}{T} - \frac{x}{L} \right) \quad \cdots \cdots \quad (22)$$

Die dieser begegnende Welle setzt man mit derselben Amplitude an, weil nur dieser Anteil zur stehenden Welle beiträgt. Es liege nun die Quelle der entgegenlaufenden Welle in der Entfernung d vom Anfang der ersten Welle (Gleichung 22), dann wäre für die von dort auslaufende Welle zu setzen:

$$y_1 = a \cdot \sin 2\,\pi_1 \left(\frac{t}{T} - \frac{x_1}{L} \right) \quad \cdots \cdots \quad (23)$$

Beziehen wir nun y und y_1 auf ein und denselben Punkt, so ist

$$x + x_1 = d \quad \cdots \cdots \cdots \quad (24)$$

oder

$$x_1 = d - x \quad \cdots \cdots \cdots \quad (25)$$

Dieses in Gleichung (23) eingesetzt gibt:

$$y = a \cdot \sin 2\,\pi \left(\frac{t}{T} + \frac{(x-d)}{L} \right) \quad \cdots \cdots \quad (26)$$

Jetzt sind die Amplituden beider Wellen einander gleich; desgleichen T und L. Die Strecke d ist die Entfernung der beiden Punkte, von denen die Erregungen ausgehen. Die Wellen pflanzen sich in entgegengesetzter Richtung fort, weil in Gleichung (22) der Wert $-\dfrac{x}{L}$ dem

Werte $+\dfrac{x}{L}$ in Gleichung (26) gegenübersteht. Während nämlich dort ein um x entferntes Teilchen immer später die Periode beginnt, je größer x ist, verhält es sich in Gleichung (26) gerade umgekehrt: Je größer x, um so früher beginnt die Periode; daher müssen sich die Wellen begegnen. Nun ist

demnach:
$$sin\, a + sin\, b = 2 \cdot sin \cdot \tfrac{1}{2}\,(a+b) \cdot cos \cdot \tfrac{1}{2}\,(a-b) \quad \cdot \quad \cdot \ (27)$$

$$Y = 2\,A \cdot sin \cdot 2\,\pi \left(\frac{t}{T} - \frac{d}{2\,L}\right) \cdot cos \cdot \pi \cdot \frac{d-2\,x}{L} \quad \cdot \quad \cdot \ (28)$$

oder

$$Y = 2\,A \cdot sin \cdot 2\,\pi \left(\frac{t}{T} - \frac{d}{2\,L}\right) \cdot cos \cdot \pi \cdot \frac{2\,x-d}{L} \quad \cdot \quad \cdot \ (29)$$

Dieser Ausdruck vereinfacht sich, wenn man die Distanz d gleich einem Vielfachen n der Wellenlänge L setzt:

$$d = n.L \quad \cdot \quad \cdot \quad \cdot \quad \cdot \quad \cdot \quad \cdot \quad \cdot \ (30)$$

In der Tat kommt nur dann eine stehende Welle zustande. Es wird

$$Y = 2\,A \cdot cos \cdot 2\,\pi \left(\frac{x}{L} - n\right) \times sin \cdot 2\,\pi \left(\frac{t}{T} - \frac{n}{2}\right) \quad \cdot \quad \cdot \ (31)$$

und da n eine ganze Zahl und das Zeichen von Y von keinem Belang ist,

$$Y = 2\,A \cdot cos \cdot 2\,\pi \cdot \frac{x}{L} \times sin \cdot 2\,\pi \frac{t}{T} \quad \cdot \quad \cdot \quad \cdot \quad \cdot \ (32)$$

Das aber ist die Gleichung einer stehenden Welle, bei der der erste Teil die **Form** der Welle bringt, während der zweite Teil die gleichen **Zeitphasen** allen Punkten zuweist, wie schon vorhin (S. 279) untersucht worden war.

3. Zusammensetzung von Wellen nach aufeinander senkrecht stehenden Richtungen.

Meister: Bisher nahmen wir an, daß der erste die Welle erregende Punkt seine Schwingungen nach ein und derselben Richtung ausführe; es mußte daher auch jeder Punkt der Punktreihe die Impulse nach derselben Richtung erfahren. Jetzt aber nehmen wir an, es werde der erste Punkt nach zwei aufeinander senkrecht stehenden Richtungen erregt. In Fig. 155 sei O der schwingende Punkt, der sowohl in der x-Richtung PQ als auch zugleich nach der y-Richtung nach RS schwinge. Wir schreiben:

$$x = a.sin\ 2\,\pi.t/T \ \cdot \ \cdot \ \cdot \ \cdot \ \cdot \ \cdot \ \cdot \ \cdot \ (1)$$
$$y = b.sin\ 2\,\pi.t/T \ \cdot \ \cdot \ \cdot \ \cdot \ \cdot \ \cdot \ \cdot \ \cdot \ (2)$$

Schüler: Ich überlege, daß die Bewegungen gleiche Periodendauer T haben und für $t = 0$ gleichzeitig ihre Schwingungen beginnen
und bei $t = T$ auch gleichzeitig beenden.

Meister: Nach dem Satz vom Parallelogramm der Kräfte wird
die Bewegung erhalten. Sie geschieht einfach und geradlinig in der
Richtung GOF. Dividiere beide Gleichungen durcheinander.

Schüler: Es wird

$$x/y = a/b \dots \dots \dots \dots (3)$$

Also verhalten sich die gleichzeitigen Elongationen wie die Amplituden.

Meister: Diese Eigenschaft gilt nur dann, wenn die Bewegung
längs der geraden Linie GOF statthat. Besteht aber ein Phasenunterschied, so tritt eine andere Bewegung ein, wie das in Fig. 156 darge-

Fig. 155.   Fig. 156.

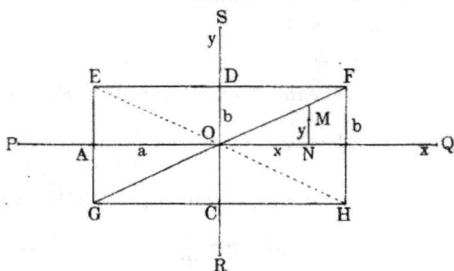
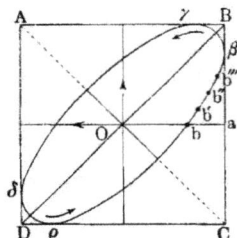

stellt ist. Wenn in horizontaler Richtung der Punkt aus O nach b gelangt ist, beginnt erst die Schwingung nach oben.

Schüler: Es werden offenbar die Stellen b, b', b'', b''' folgeweise
erreicht; der Pfeil deutet die Bewegung links herum an.

Meister: Die Form hängt ganz von der Phasendifferenz ab. Zu
unserer Gleichung (1) kommt jetzt eine andere hinzu:

$$y = b \cdot \sin 2\pi \cdot (t - t_1)/T \dots \dots \dots (4)$$

Es ist nicht schwer, aus Gleichung (1) und (4) die Zeit t zu eliminieren;
man erhält als Bahnlinie eine Ellipse; darum heißen solche Schwingungen „elliptisch". In der Fig. 156 ist zudem noch $b = a$ angenommen worden. Die Ellipse hat zwei Achsen; die große ist nach OB,
die kleine nach OA gerichtet. Wächst die Phasendifferenz t_1/T, so
wächst die kleine Achse und die große nimmt ab; sie werden einander
gleich, wenn $t = 1/4 \cdot T$ ist. Überlege diesen Fall.

Schüler: Es hat der Punkt die Stelle a erreicht, wenn die Bewegung nach oben beginnt; und wenn der Punkt horizontal eine halbe
Schwingung vollendet hat, so ist in senkrechter Richtung genau $1/4$

Schwingung zustande gekommen; der Punkt ist oben angelangt, sollte er nicht eine Kreisbahn beschreiben?

Meister: So ist es, und durch Rechnung zu beweisen. Wir wollen uns dabei nicht aufhalten; es genügt die Anschauung. Solche Schwingungen heißen zirkuläre. Bei noch größerer Phasendifferenz entstehen wieder Ellipsen, die nach links gestreckt erscheinen, bis die geradlinige Bewegung nach OA erfolgt.

Schüler: Mir scheint die Ellipse jetzt eine kleine Achse $= 0$ zu haben.

Meister: Am schnellsten erfaßt man die Sache bildlich, Fig. 157. Sämtliche Stellungen sind durch Phasenunterschiede zu kennzeichnen,

Fig. 157.

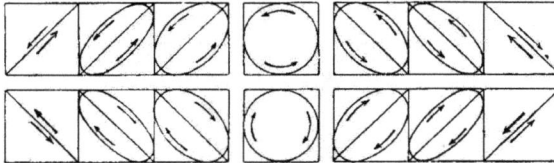

so namentlich auch, ob die Bewegung rechts oder links herum geht. Mit dem an einem Nagel befestigten Gummischlauch können wir Versuche anstellen. Ich errege das Ende durch eine elliptische oder kreisförmige Bewegung und die Erregung pflanzt sich fort in schraubenähnlichen Formen, die wir aber rechnerisch nicht weiter verfolgen wollen.

4. Interferenz von Wellen verschiedener Länge.
Fouriers Satz.

Meister: Schon beim Wasser sieht man oft, wie sich eine Welle über einer anderen größeren entwickelt. Das Prinzip der Interferenz ist auch hier nur eine Übereinanderlagerung von Teilwellen. Die Schwingungen mögen verschiedene Dauer haben. Ihre Gleichungen sind:

$$y = a . \sin 2\,\pi . t/T \ldots \ldots \ldots \ldots (1)$$

$$y = b . \sin 2\,\pi . (t - t_1)/T_1 \ldots \ldots (2)$$

Wir beschränken uns auf die praktisch sehr wichtigen Fälle, in denen $T = n . T_1$ ist, wo n eine ganze Zahl sein soll. Wie wird nun die Gleichung des räumlichen Bildes oder der entsprechenden Welle lauten?

Schüler: Es wird $t/T = x/L$ gesetzt und $(t - t_1)/T_1 = (x - d)/L_1$, also:

$$y = a . \sin 2\,\pi . x/L \ldots \ldots \ldots \ldots (3)$$

$$y = b . \sin 2\,\pi . (x - d)/L_1 \ldots \ldots \ldots (4)$$

Meister: Auch hier wollen wir uns mit der geometrischen Darstellung begnügen. Nimm für Gleichung (3) eine beliebige Wellenlänge
an, und Amplitude A, für Gleichung (4) eine Länge $L_1 = \frac{1}{2}L$ oder
$\frac{1}{3}L$ usf., während d zuerst gleich Null, nachher beliebig verändert wird.

Schüler: Ich habe (Fig. 158) zwei Wellen von verschiedener
Amplitude gezeichnet, dann auf die erste die zweite gesetzt und erhalte

Fig. 158.

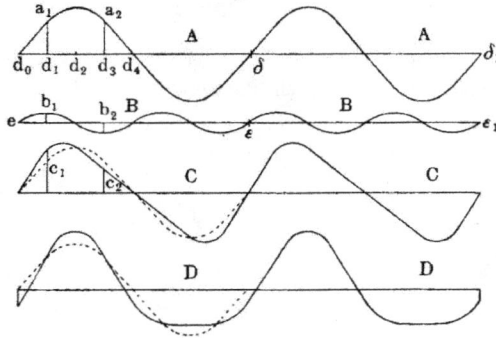

in CC die zusammengesetzte Welle. Die gestrichelte Welle ist dieselbe
wie AA; füge ich nun BB hinzu, so entsteht CC.

Meister: Nimm alsdann sogleich eine Phasendifferenz entsprechend
$d = \frac{1}{4}L_1$.

Schüler: Dann wird $d/L_1 \cdot 2\pi = \frac{1}{4} \cdot 2\pi = \frac{1}{2}\pi$; d. h. die
Schwingung beginnt um $\frac{1}{4}T$ später. Ich bekomme nun DD; diese
Kurve sieht ganz anders aus!

Meister: Jetzt erinnere ich dich wieder einmal daran, daß
Wellen auch Abbilder der Schwingungen sind. Wenn du mit dem
Finger den Wellenzug verfolgt hast, so wiederhole denselben Zug, ohne
von links nach rechts fortzurücken.

Schüler: Ich verstehe euch wohl. Mir erscheint es leichter, einfache Sinusschwingungen auszuführen, als diese zusammengesetzten
Formen.

Meister: Jede solche zusammengesetzte Welle kann wieder in
einfache Wellen zerteilt werden. Diese Zerlegung ist von großer
Wichtigkeit, denn die Teilwellen sind es, die wir beim Schall und beim
Licht empfinden. Dabei werden wir erkennen, daß den Formen CC
und DD ganz gleiche Empfindungen entsprechen.

Schüler: Und doch sind die Formen so verschieden.

Meister: Bei jeder Phasenverschiebung treten neue Wellenformen
auf. Diese Unterschiede fallen in der Empfindung fort, weil nur den

Teilwellen Empfindungen entsprechen und bei diesen ist der
Phasenanfang ganz ohne Einfluß.

Schüler: Ich will mir noch viele solche Zeichnungen anfertigen.

Meister: Nimm die zweite Amplitude etwas größer als zuvor;
auch $L_1 = \frac{1}{3} L$ und $= \frac{1}{4} L$. Ich zeige dir Fig. 159.

Schüler: Da ist auch $L_1 = \frac{1}{2} L$ genommen und ganz andere
Formen haben sich ergeben.

Meister: Ich will dir nun den allerwichtigsten Satz mitteilen:
Mag irgend eine Wellenform gegeben sein, so hat Fourier bewiesen,
daß diese immer sich als eine Summe von einfachen Sinuswellen darstellen läßt und
zwar so, daß eine Grund-
welle der ganzen Länge
der gegebenen Wellen-
form gleich ist, während
die übrigen den ganzzah-
ligen Unterabteilungen
angehören; ferner bewies

Fig. 159.

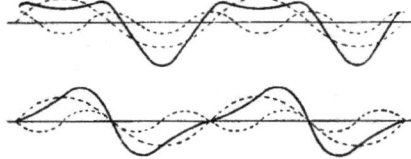

er, daß jeder Teilwelle eine ganz bestimmte Amplitude zukommt und endlich, daß solch eine Zerlegung in Teilwellen
bei jeder gegebenen Wellenform nur auf eine einzige Art
möglich ist.

Schüler: Ich kann mir wohl denken, daß ihr mir hierfür den
Beweis nicht mitteilen werdet.

Meister: Du kannst darauf verzichten, weil wir beim Schall den
wunderbar tiefen Sinn und die Richtigkeit des Satzes mit unserem
Gehör bestätigen werden. Die Formel aber, die den Fourierschen
Satz ausdrückt, ist leicht aufzufassen. Mit einigem Nachdenken wirst
du selbst den Ansatz machen können. Nenne die Ausweichung aus
der Ruhelage eines Punktes Y und die der Teilwellen $y_1, y_2, y_3 \ldots$, so
sagt das Interferenzprinzip, daß

$$Y = y_1 + y_2 + y_3 + y_4 + \quad \ldots \ldots \ldots (5)$$

sei. Nun schreibe dem obigen Wortlaut gemäß den Satz hin und zwar
Teilwellen ohne Phasenverschiebung, denn der Satz ist so allein praktisch wichtig.

Schüler: Dann setze ich:

$$Y = a_1 \cdot \sin 2 \pi x/L + a_2 \cdot \sin 2 \pi x/\tfrac{1}{2} L + \cdots$$
$$= a_1 \cdot \sin 2 \pi x/L + a_2 \cdot \sin 4 \pi x/L + \cdots \quad \ldots \ldots (6)$$

Meister: Die Anzahl der Glieder ist streng genommen unendlich;
praktisch aber sind die ersten Glieder von Belang, d. h. von hervorragender Bedeutung.

19*

Schüler: Kann ich nicht jetzt schon ein Beispiel für diese Zerlegung erhalten?

Meister: Gut. Nimm deine Spiralsaite, die zwischen zwei festen Zwingen eingespannt ist und errege folgeweise die Schwingungen, die wir in Fig. 153 (S. 280) abgebildet haben.

Schüler: Wir konnten damals deutlich sichtbar die vier Formen erhalten, wenn wir erst die Spirale in der Mitte zupften, dann folgeweise in den Knotenpunkten $1/2$, $1/3$, $1/4$ . . . der Länge.

Meister: Halte jetzt nochmals den Finger auf den Knotenpunkt b' und in dem Augenblick, wo du deutlich die drei Halbwellen erblickst, verlasse die Spirale, nun aber so, daß du mit dem Finger der Knotenstelle b' einen Stoß erteilst. Infolgedessen schwingt die erste Form zugleich und es entsteht die Übereinanderlagerung von 1 und 3.

Schüler: Das ist wunderbar schön, und wenn ich recht schwach diesen Ruck ausgeführt habe, so sieht man die $1/3$-Teilwelle deutlich.

Meister: Was wir hier ausführen nennt man Klangsynthese. Nun kannst du auch die Zerlegung oder die Klanganalyse ausführen. Berühre einen Augenblick die Knotenstelle b', sofort schwindet die Welle 1, aber die Welle 3 bleibt bestehen. Diesen schönen Versuch werden wir bald mit Wahrnehmung des Schalles wiederholen.

5. Zusammensetzung von Schwingungen verschiedener Dauer in senkrecht aufeinander stehenden Richtungen.

Meister: Nur in Kürze seien die bezüglichen Erscheinungen erwähnt, weil sie praktisch selten vorkommen. Die Durcharbeitung indes wird dir nützen. Sieh dir die Fig. 160 an und durchdenke sie genau. Die feinpunktierte Kurve entsteht durch Schwingungen nach zwei Richtungen, eine nach unten und oben, die andere nach rechts und links; in gleicher Zeit kommen dort zwei, hier drei Schwingungen zustande. Die ausgezeichnete Kurve hat ganz dieselben Schwingungszeiten, aber jetzt ist ein kleiner Phasenunterschied da. Am besten machst du dir selbst solche Zeichnungen, die keine Schwierigkeit darbieten.

Schüler: Ich kann meine Sinustabelle gebrauchen, muß die Amplituden und Phasen beliebig annehmen, die Koordinaten x und y getrennt berechnen und ihre Zuordnung in eine Tabelle bringen.

Meister: Und wie die Tabelle, so kannst du ein quadratisches Sinusschema dir herstellen. Die Entfernung der Punkte vom Mittelpunkte entspricht genau den Sinuswerten in 24 Phasen. Verfolge die beiden Kurven, verbinde bestimmte Punkte miteinander, und zwar horizontal mit Auslassung zweier Punkte, vertikal nur eines Punktes. In Fig. 161 siehst du die beiden Amplitudenkreise in 32 Phasen geteilt;

es wurden dann parallel den Achsen die Sinuslinien gezogen und dann die Kurve hineingezeichnet. Die Amplituden kann man in beiden Richtungen ändern. Durchdenke das Schema der Fig. 161; verfolge längs der Kurve die 32 eingetragenen Phasen; den Amplituden entsprechen Fig. 160.

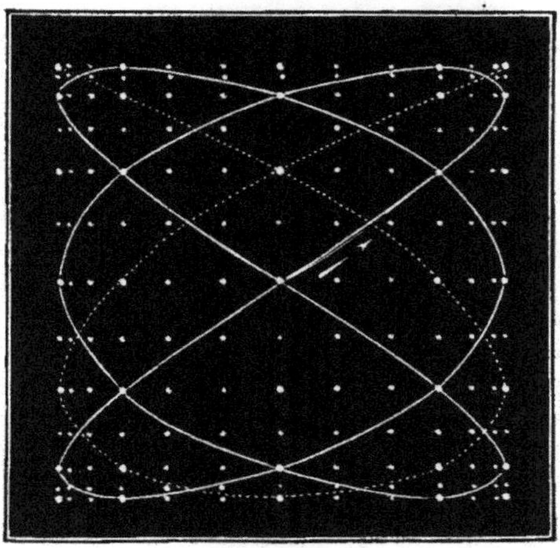

Fig. 162.

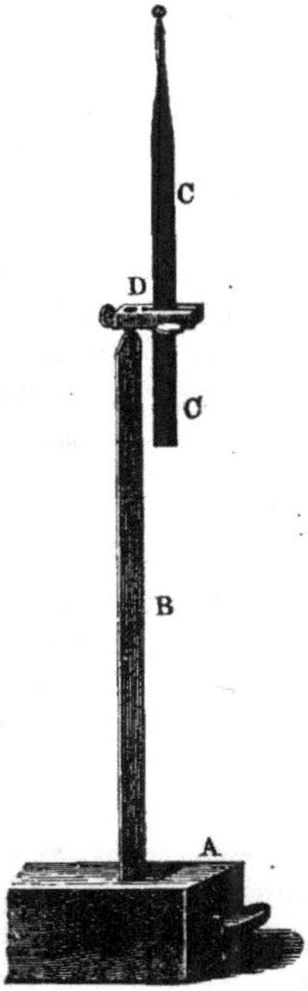

Fig. 161.

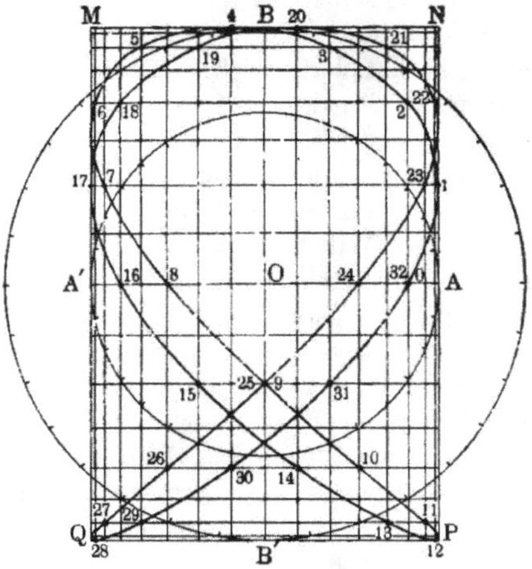

die beiden Grundkreise. — Zur Prüfung der Rechnungen dient ein Kaleidophon, Fig. 162. Im Gestell A ist eine Feder B eingespannt; sie trägt bei D ein Ansatzstück, in das die zweite Feder C an verschiedenen Stellen eingeklemmt werden kann.

Schüler: Am Gestell unten erkenne ich, daß B von rechts nach links schwingt, dagegen C von vorn nach hinten.

Meister: Oben bei C ist ein glänzendes Metallkügelchen angebracht. Kippe erst mittels der Schraube die Feder B nach links, ziehe dann das Kügelchen zu dir; lasse erst dieses, dann jenes los.

Schüler: Ich verstehe vollkommen, daß das Kügelchen den beiden Schwingungen entsprechend Kurven zeichnen wird, die durch die Sinusrechnung darstellbar sind.

6. Fortpflanzungsgeschwindigkeit der Wellen.

Meister: Gib mir einen Überblick über die bisher besprochene Wellenlehre.

Schüler: Wir begannen mit der Erregung einer Punktenreihe durch longitudinale oder transversale Schwingungen des ersten Punktes, erkannten, daß während einer Schwingung eine Welle von der Länge L entsteht, daß die Schwingungsdauer reziprok der Schwingungszahl n und die Fortpflanzungsgeschwindigkeit $c = L/T = n \cdot L$ war. Jede beliebige Schwingungsrichtung kann in zwei Komponenten zerlegt werden, eine longitudinale und eine transversale. Ihr gabt alsdann die (Gl. 7, S. 278) einer fortschreitenden Welle, die Ausweichungen für jeden einzelnen Punkt der Punktenreihe angibt. Im Gegensatz zu fortschreitenden Wellen entwickeltet ihr die stehenden Wellen (Gl. 9, S. 279), bei denen die Punkte stets eine Wellenlinie bilden, jeder Punkt einer anderen örtlichen Phase angehört, während sie zeitlich alle in gleicher Phase sich befinden. Die Herleitung beruhte auf dem Prinzip der Interferenz. Zuerst wurden fortschreitende Wellen gleicher Länge übereinander gelagert; es ergaben sich wieder Sinuswellen derselben Länge trotz aller Phasenunterschiede, was durch geometrische Anschauung und durch Rechnung erwiesen wurde. Wir besprachen dann die Zusammensetzung von Schwingungen in verschiedenen Richtungen und fanden je nach den Phasenunterschieden geradlinige, elliptische oder zirkuläre Bewegungen, die auch geometrisch und rechnerisch zu finden waren. Endlich behandelten wir die Übereinanderlagerung von Wellen verschiedener Länge; daran schloßt ihr den Fourierschen Satz, demgemäß jede beliebige Wellenform aus einer Reihe von Sinuswellen sich zusammensetzen läßt, deren Längen die ganzen Unterabteile der Hauptwelle sind. Alle Amplituden können verschiedene Werte haben.

Meister: Und vergiß nicht, daß solche Darstellung nur auf eine Weise möglich ist.

Schüler: Zuletzt berührtet ihr noch die Zusammensetzung von Schwingungen nach verschiedenen Richtungen bei verschiedener Schwingungsdauer. Die Kurven konnten durch das Kaleidophon dargestellt werden, wie auch durch Rechnung und durch Zeichnung auf einem Sinusschema.

Meister: Als Ergänzung zu allem vorhergehenden wollen wir auf die Fortpflanzungsgeschwindigkeit zurückkommen. Du erwähntest schon die Beziehung $L = c \cdot T$ oder $c = n \cdot L$, von der wir ausgegangen sind. Sind L und T gegeben, so kann c berechnet werden. Aber sowohl L als T kann wechseln, während c für einen gegebenen Körper ein ganz bestimmter Wert ist, der nur von der Elastizität und der Dichte D abhängt. Es ist

$$c = \sqrt{E/D}. \quad \ldots \ldots \ldots \ldots (1)$$

eine Beziehung, die nur durch höhere Rechnungen zu erhalten ist. Überlege zunächst, ob der Wurzelausdruck, wie sichs gebührt, Cel gibt.

Schüler: Es waren damals E Kilogramme und D Gr./Kub; es stimmt gar nicht!

Meister: Beim Auswerten von Zahlen ist große Vorsicht geboten. Nähmst du aus der Tabelle (S. 100) für Stahl die Zahl 17 300, so sind das 17 300 000 g, und für D die Dichte des Stahles gesetzt, so bleibt immer noch zu überlegen, daß E die Kraft bedeuten sollte, die den 17 300 kg entspricht; das sind aber 17 300 . 1000 . 981 Grammogal. Und hierzu kommt noch ein Faktor 100, denn es bezog sich E auf ein Quadratmillimeter; wir müssen aber die Kraft auf 1 Kar $= 100$ qmm beziehen. Also wird

$$c = \sqrt{17\,300 \cdot 1000 . 981 . 100/7,622.}$$

Schüler: Jetzt habe ich im Zähler Grammogal/Kar, im Nenner Gramm/Kub; es kommen richtig Cel heraus. Ich wills ausrechnen:

$$
\begin{array}{llll}
log & 17\,300 & = & 4,2380 \\
log & 100\,000 & = & 5,0000 \\
log & 981 & = & 2,9917 \\
\text{Dek. Erg. } log & 7,622 & = & 0,1179 - 1 \\
\hline
log & E/D & = & 11,3476 \\
log \sqrt{E/D} & & = & 5,6738 \\
c = \sqrt{E/D} & & = & 471\,800 \text{ Cel} = 4718 \text{ Hektocel.}
\end{array}
$$

Ich will mir noch andere Stoffe ausrechnen; die Dichten habe ich in der Tabelle der spezifischen Gewichte und die Größen E kann ich immer mit demselben Faktor 98 100 000 multiplizieren.

Meister: Hier hast du einige Zahlen zur Übung:

	D Kubigramm	E Kilogramm	c Hektocel
Blei	11,4	1727	1300
Silber	10,5	7100	2600
Gold	19,3	5600	2100
Aluminium	2,6	6900	5100
Glas	2,6	7900	5600
Tannenholz ‖	0,47	1110	4810
„ ⊥	0,47	95	1410

Nun bleibt noch eines zu überlegen. Hat sich nicht doch noch ein Denkfehler in unsere Formel eingeschlichen? — An welchem Orte mögen die Dehnungsversuche angestellt worden sein?

Schüler: Ich verstehe; es müßte für g gerade der Wert genommen werden, der dort herrschte.

Meister: Diesen allerdings nur geringen Unterschied hat man immer unbeachtet gelassen. — Wir wollen nun flüssige Körper betrachten. Da ist $E = P/d$ zu setzen, wo P den Druck bedeutet, der eine Dichteänderung d hervorbrächte.

Schüler: Es ist dann P/d die Kraft, der die Einheit der Verdichtung entspräche.

Meister: Für Wasser nehmen wir $P = 1$ Atm. Druck; dieser Druckzunahme entspricht eine Verdichtung $d = 47,85$ Milliontel. Wir setzen $P = 76.13,59.981/0,00004785$ und $D = 1$. Rechne!

Schüler: Ich finde $c = 145460$ Gel $= 1454$ Hektocel. Mir ist noch nicht verständlich, warum ihr die Verdichtung in den Nenner bringt.

Meister: In der Formel $c = \sqrt{E/D}$ bedeutet E die Kraft, die erforderlich wäre zur Verlängerung gleich der Anfangslänge. Beim Zusammendrücken muß entsprechend die Kraft genommen werden, die zur Verdichtung um die Einheit nötig wäre, also ist zu setzen $E = P/d$.

Schüler: Also auch hier ist es eine Reduktion auf die Einheit von d. Aber wenn diese Verdichtung physisch nicht erreichbar ist?

Meister: Das kommt hier gar nicht in Betracht; es ist $E = P/d$ ein Reduktionsfaktor; es ist auch bei Dehnung fester Körper falsch hinzuzufügen „wenn der Draht nicht vorher zerrissen wäre", denn E ist nur ein Koeffizient, der für jede Dehnung maßgebend ist. Auch der Zusatz, den man oft antrifft, „vorausgesetzt, daß der Körper eine solche Dehnung ohne Überschreitung der Elastizitätsgrenze ertragen könnte", ist falsch und verstößt gegen den Begriff einer Maßzahl.

Schüler: Ich würde gern noch andere Flüssigkeiten berechnen, wenn ich ihre Zusammendrückbarkeit hätte.

Meister: Hier hast du einige Zahlen:

Flüssigkeit	Dichte Kubigramm	Zusammendrückbarkeit durch eine Atmosphäre	Fortpflanzungs- geschwindigkeit Hektocel
Alkohol	0,795	94,95 Milliontel	1158
Äther	0,712	131,35 „	1049
Wasser	1,000	47,85 „	1455
Quecksilber . . .	13,59	3,38 „	1484

Für Gase gilt die Verdichtung $= 1$ nach Boyles Gesetz bei 1 Atm. Druckzunahme. Berechne nun die Luft.

Schüler: Ich nehme die Dichte $= 0,001\,293$ oder das spezifische Volum zu 773, es wird, da

$$log\ 1\ \text{Atm.} = log\ 76 \cdot 13,59 \cdot 981 = 6,0057$$

und

$$log\ 773 = 2,8882$$

$$log\ E/D = 8,8939; \qquad log\ c = 4,4469$$

also

$$c = 27\,975\ \text{Cel} = 279\ \text{Hectocel.}$$

Meister: Diese Zahl ist zwar richtig ausgerechnet, stimmt aber gar nicht mit den Versuchen überein, wie man bei Messung der Geschwindigkeit des Schalles gefunden hat. Schon der berühmte La Place hat eine Lücke in der Herleitung der Formel $c = \sqrt{E/D}$ für Gase gefunden. Er erkannte, daß, wenn Gase zusammengedrückt werden, sie sich erwärmen, wodurch die Widerstände wachsen; bei der nachfolgenden Verdünnung kühlen sie sich ab, wobei die elastischen Kräfte gleichfalls widerstehen und größer sind als ohne Erwärmung. Aus beiden Gründen wird ein größerer Wert als E im Zähler anzusetzen sein und zwar $E \cdot k$, wo k das uns bekannte Verhältnis der spezifischen Wärmen $= c_p/c_v$ bedeutet.

Schüler: Für Luft war $k = 1,41$ (s. S. 189); also setze ich $c = \sqrt{E \cdot k/D}$; es ist $log\ k = 0,1492$, $log\ E \cdot k/D = 9,0429$ und $log\ c = 4,5214$, mithin $c = 33\,220$ Cel $= 332$ Hektocel.

Meister: Und dieser Wert stimmt mit den Schallversuchen überein. Für Wasserstoff findest du $c = 1280$ Hektocel. Bei Gasen ist übrigens noch ihre Dichteänderung mit der Temperatur zu beachten. Setze $D_0 = D_t/(1 + a \cdot t)$.

Schüler: Dann wird $c = \sqrt{E \cdot k \cdot (1 + at)/D_t}$.

Meister: Es wächst also c mit der Temperatur. Aber auch der Luftdruck hat merklich Einfluß. Setze die Dichte

$$D_0 = D_t \cdot (b - 0,378 \cdot f)/(1 + at) \cdot 76.$$

Hier bedeutet b den herrschenden Luftdruck und f die Spannkraft des
Wasserdampfes; beide in Zent Höhe. Der Druck der Luft ist nämlich
$(b - f)$ und hierzu kommt die Spannkraft der Dämpfe, deren Dichte
aber nur 0,622 ist in bezug auf Luft; es ist mithin die Dichte D_t
noch mit dem Faktor $(b - f + 0{,}622 \cdot f) = (b - 0{,}378 \cdot f)$ zu multiplizieren und durch 76 zu dividieren. Die Feuchtigkeit der Luft vermehrt also auch ein wenig die Fortpflanzungsgeschwindigkeit. Bei
anderen Gasen ist nur die bezügliche Dichtigkeit zu berücksichtigen.

Schüler: Also für Sauerstoff $c = 1280/\sqrt{16} = 320$ Hektocel.

Meister: Hat man nun den Wert von c für irgend ein Mittel
bestimmt, so hat man sofort zu jedem T das zugehörige L.

Schüler: Auf Grund der Formel $L = c \cdot T.$ Ist aber jeder
Wert von T möglich?

Meister: Je nach der Art der Erregung. Ist diese möglich, so
ist alles übrige bestimmt. Doch bezieht sich das auf Körper unbegrenzter
Ausdehnung. Sobald Körper gegebener Gestalt vorliegen, sind nur gewisse L und T möglich; es treten Reflexionen ein, wie wir schon besprochen haben. Unter den festen Körpern sind es vorzüglich drei
Gestaltungen, die praktisch wichtig sind: 1. Langgestreckte Körper,
die zwischen festen Punkten eingespannt sind: Saiten; 2. Flächen, die
am Rande straff eingespannt werden: Membranen oder Häute; 3. Feste
Körper, die an einer Stelle befestigt sind: Platten, Glocken, Federn oder
Zungen, Gabeln, Uhrspiralen. In all diesen Fällen ist die Größe c zu
untersuchen; das übrige behandeln wir in der Schalllehre.

7. Räumliche Ausbreitung von Wellen. Huygens Prinzip. Reflexion. Brechung. Beugung.

Meister: Von einem schwingenden Punkte aus denkt man sich
nach allen Richtungen des räumlich gedachten Körpers Wellen erregt.
Im gleichförmigen oder homogenen Mittel entstehen alsdann in gleichen
Abständen vom Punkte Erregungen. Die gleichzeitig erregten Punkte
liegen in einer Kugelfläche, der Wellenfläche. Alle Radien heißen
Strahlen. Jeder Strahl steht senkrecht auf der Wellenfläche. Während
einer Schwingung entsteht auf jedem Strahl eine Welle. Die ganze
Wellenfläche schreitet vor. Zwischen benachbarten gleichen Phasen
befindet sich je eine Kugelwelle.

Schüler: Wenn jetzt die Erregung auf immer größer werdende
Kugelflächen sich verbreitet, kann doch die Amplitude nicht mehr dieselbe bleiben?

Meister: Ganz richtig; sie muß kleiner werden und zwar in
welchem Grade muß das geschehen, wenn wir keinen Verlust an Energie
zulassen?

Schüler: Die erregten Massen werden im Verhältnis des Quadrates der Entfernung zunehmen, also werden die Amplituden im umgekehrten Verhältnis abnehmen.

Meister: Das Quadrat a^2 der Amplitude a ist ein Maß der Energie, weil die Geschwindigkeit v im Augenblick stärkster Bewegung genau proportional der Amplitude a ist; da nun $1/2\,m.v^2$ der Ausdruck der Energie ist, so ist diese auch proportional a^2. Andererseits ist jene Energiegröße auch das, was man die Intensität i des Strahles nennt. Nun ist

$$m.v^2 : m_1 v_1^2 = \pi.r^2.a^2 : \pi.r_1^2.a_1^2, \text{ also } a^2 : a_1^2 = r_1^2 : r^2 = i : i_1.$$

Schüler: Demnach nimmt die Intensität umgekehrt proportional dem Quadrat der Entfernung von der Quelle ab. Kann man das nicht bei Wasserwellen beobachten?

Meister: O nein; es pflanzen sich nach diesem Gesetz nur elastische Schwingungen fort, die als Schallwellen hörbar erscheinen; ganz anders die an der Oberfläche von Flüssigkeiten auftretenden Wellen, die durch Schwere veranlaßt werden. Die Wasserwellen haben eine Fortpflanzungsgeschwindigkeit, die von der Wellenlänge, der Höhe und sogar von der Tiefe abhängt. In einem Kanale bleibt die Amplitude beständig, auf einer großen Fläche dagegen nimmt sie umgekehrt proportional der Entfernung ab. Außerdem ist sie nahezu unabhängig von der Dichte der Flüssigkeit. Die Schwingungen geschehen in gekrümmten Bahnen. Ich teile dir nun Huygens' Prinzip mit, das zur Erklärung vieler Erscheinungen sich eignet: **Jeder schwingende Punkt kann als wellenerregender Punkt angesehen werden, von dem aus eine Welle kugelförmig sich ausbreitet.** Ist in Fig. 163 C der schwingende Punkt und AB die erregte Wellenoberfläche, so kann diese auch durch beliebige Punkte $\alpha, \beta, \gamma, \delta$ innerhalb der Wellenkugel erregt gedacht werden. Diese Punkte haben gleichzeitig die sogenannten elementaren Kugelwellenflächen a, b, c, d erregt. Es gibt nun eine Fläche AB, die alle jene Teilwellen umhüllt, und in denen ein und dieselbe Phase herrscht.

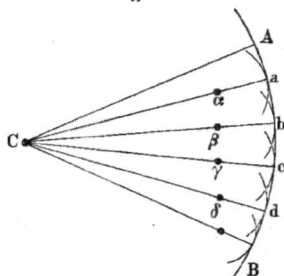
Fig. 163.

Schüler: Ich denke die Phasen müssen den Strahlweglängen entsprechen und deshalb sind sie einander gleich an der Wellenfläche AB. Ich verstehe nur nicht, was daraus werden soll, wenn wir ganz beliebige Punkte als Quellen ansehen. Das gibt ja eine Übereinanderlagerung in AB und ebenso in jeder anderen Wellenfläche, die gar nicht mehr vorzustellen ist.

Meister: Ich verkenne nicht die Berechtigung deines Einwandes. Das Verhalten ist ein so verwickeltes, daß wir versuchen müssen, mit einfachen Denkmitteln dem Verständnis näher zu kommen. Ja, ich könnte deinen Einwand noch verstärken. Von jedem Punkte aus können wir jeden Punkt unserer Umgebung sehen, d. h. es gehen Strahlen von jedem Punkte nach allen Punkten der Umgebung. Dennoch stören sich diese Wellen gegenseitig nicht. Stelle dir einen beliebigen Punkt hier im Raume vor und überlege, daß aus unendlich vielen Richtungen Strahlen durch ihn hindurchgehen; das sind alles Wellen, die sich richtig fortpflanzen. Das Prinzip von Huygens greift nur einen geringen Bruchteil der denkbaren Wellen heraus. Hauptsache ist, daß das Prinzip sich fruchtbar erweist. So bei der Spiegelung.

Schüler: Wir sprachen schon davon, daß ein Reflex eintritt, sobald eine Punktenreihe ihre Beschaffenheit ändert.

Fig. 164.

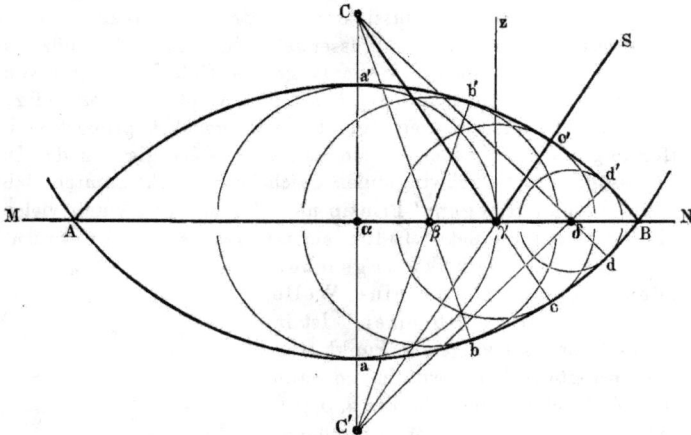

Meister: Jetzt aber sprechen wir von räumlich sich ausbreitenden Wellen. Trifft eine solche auf eine ebene Fläche von anderer Beschaffenheit, so wird jeder Punkt dieser Fläche Quelle einer neuen Erregung. Es sei (Fig. 164) C die Quelle, MN die trennende Fläche, so sind α, β, γ, δ Punkte neuer Erregung.

Schüler: Ist das so aufzufassen, wie bei der Lehre vom Stoß der Kugeln, wo die getroffene Kugel gestoßen ward, die stoßende aber nicht ruhen blieb, sondern einen Teil der Bewegung zurückbehielt?

Meister: Ganz richtig. Solch ein zurückbleibender Teil kommt in jedem Zeitdifferential hinzu.

Schüler: Dann wird das Grenzteilchen in der Tat eine richtige Schwingung ausführen.

Meister: Außer der durch die Grenzfläche hindurchtretenden Welle wird durch diese letzten Teilchen der Grenzfläche eine Erregung in den ersten Körper zurück erfolgen; das ist die gespiegelte Welle.

Schüler: Ich kann mir nun die Zeichnung deuten. Die fort und fort erregten Punkte α, β, γ, δ haben die Wellen a, b, c, d über die Grenze MN hinaus erregt und gleichzeitig die Wellen nach a', b', c', d'.

Meister: Und das ist die gespiegelte Welle; wo liegt ihr Mittelpunkt?

Schüler: Offenbar in C' und deshalb ist wohl C' das Spiegelbild von C.

Meister: Wenn es Lichtstrahlen sind, ja; auch kann der Name in übertragenem Sinne von jeder bei MN zurückgeworfenen Welle gebraucht werden.

Schüler: Aber bei Wasserwellen wird das kaum statthaft sein.

Meister: Unter Umständen doch. Die langen Wellen, wie wir sie am Meeresufer sahen, haben einen sehr fernen Ursprung. Wirft man aber in eine glatte Wasserfläche ein Steinchen, so entstehen Wellen, wie wir sie von C aus zeichneten. Stellt man ein Brett in den Weg, so sieht man die gespiegelte Welle.

Schüler: Und die ist gekı nt als käme sie von C' her.

Meister: Unsere Zeichnung lehrt aber noch mehr. Verfolgen wir den einzelnen Strahl, etwa $C\gamma$, so ist auch ein gespiegelter zu finden.

Schüler: Das ist $C'c'$. Ich kenne das Gesetz: Der einfallende Strahl $C\gamma$ und der gespiegelte γS liegen in einer Ebene mit dem Lote $z\gamma$ und bilden mit ihm oder auch mit der spiegelnden Ebene gleiche Winkel. Es ist $C\gamma z = z\gamma S$, $C\gamma M = S\gamma N$, ebenso $C\beta M = b'\beta N$.

Meister: Oft findet Reflex an einer gekrümmten Fläche statt. Dann untersucht man die Spiegelung an der Berührungsebene an der getroffenen Stelle. Wichtig ist noch der Fall, wo die Strahlen aus großer Ferne an eine ebene

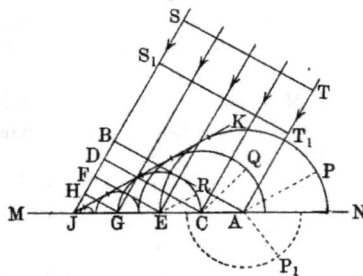

Fig. 165.

Fläche herantreten. In Fig. 165 ist ST die ebene Wellenfläche, die fortrückt bis MN. Das übrige ersiehst du selbst.

Schüler: Die Strahlen TA bis SJ werden folgeweise MN treffen und von A, C, E, G, J aus Erregungspunkte sein. Die gespiegelte

Welle ist die Berührungsebene JK, die nun senkrecht auf JK sich
fortpflanzt.

Meister: Wenn in der Trennungsfläche MN ein anderer Stoff
sich anschließt, so muß in diesen auch eine Welle sich ausbreiten. Das
ist die gebrochene Welle; jeder Strahl erleidet einen Knick an der
Brechungsstelle. Auch hier gibt uns Huygens' Prinzip die Erklärung.

Fig. 166.

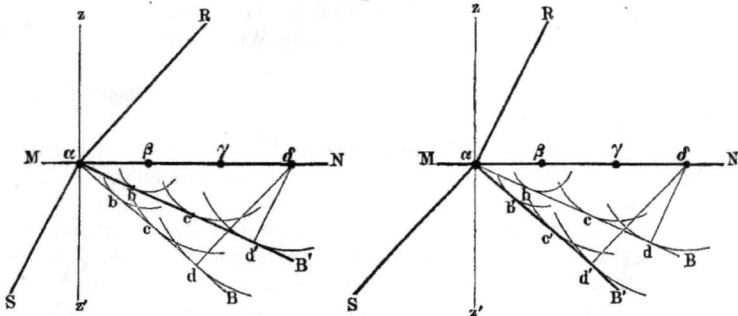

In Fig. 166 sind zwei Fälle verzeichnet, die du nun selbst wirst deuten
können.

Schüler: Die einfallende Welle ist vom Strahle $R\alpha$ begrenzt, die
Wellenfläche also senkrecht zu $R\alpha$. Die Welle würde ohne Trennungs-
fläche die Stellung $abcd$ einnehmen. In α, β, γ, δ werden aber neue
Wellen erregt, die mit anderer Fortpflanzungsgeschwindigkeit in den
neuen Stoff eindringen und zwar in I mit kleinerer, in II mit größerer
Geschwindigkeit.

Meister: Nenne mir noch die gebrochenen Strahlen.

Schüler: In I wie in II sind es $\beta b'$, $\gamma c'$, $\delta d'$.

Meister: Also der Strahl $R\alpha$ ist nach αS gebrochen.

Schüler: In I zum Lote hin, in II fort vom Lote.

Meister: Auch liegen einfallender und gebrochener Strahl in einer
Ebene mit dem Lote. Nennen wir nun die Geschwindigkeiten c_1 und c_2,
so ist

$$\delta d : \delta d' = c_1 : c_2 \quad \dots \dots \dots (1)$$

Setze den Einfallswinkel $R\alpha z = i$ und den Ausfallswinkel $S\alpha z' = r$,
und bemerke, daß die Wellen mit der Trennungsfläche denselben Winkel
bilden, wie die Strahlen mit dem Lot; also $\delta\alpha d' = R\alpha z = i$ und
$\delta\alpha d' = S\alpha z' = r$.

Schüler: Ich finde

$$\delta d = \alpha\delta . \sin i \dots \dots \dots (2)$$

und

$$\delta d' = \alpha\delta . \sin r \dots \dots \dots (3)$$

Meister: Dividiere beide Gleichungen durcheinander und beachte die Gleichung (1).

Schüler: Es wird

$$\delta d/\delta d' = c_1/c_2 = \sin i/\sin r \quad . \quad . \quad . \quad . \quad . \quad . \quad (4)$$

Meister: Man kann i beliebig wählen, aber für jedes i erhält man ein anderes r. Das Verhältnis $\sin i : \sin r$ bleibt stets konstant, denn die beiden Werte c_1 und c_2 sind konstant als Eigenheiten des Körpers.

Schüler: Sie hängen nur vom Stoff ab und sind unabhängig von der Strahlenrichtung.

Meister: Wir schreiben:

$$\sin r = c_2/c_1 . \sin i \quad . \quad . \quad . \quad . \quad . \quad . \quad . \quad (5)$$

$$\sin r = n . \sin i \quad . \quad . \quad . \quad . \quad . \quad . \quad . \quad . \quad (6)$$

Man nennt n das Brechungsverhältnis der beiden Stoffe.

Schüler: Es ist also das Brechungsverhältnis gleich dem Verhältnis der Sinus des Brechungs- und des Einfallswinkels und stets

Fig. 167.

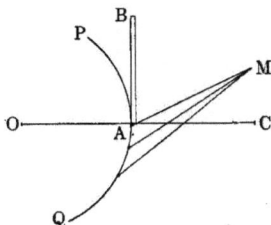

Fig. 168.

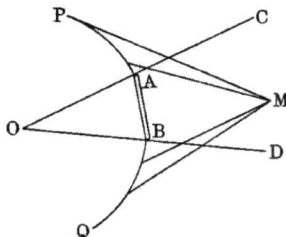

auch gleich dem Verhältnis der beiden Fortpflanzungsgeschwindigkeiten.

Meister: Beim Licht werden wir sehen, daß die c-Werte auch von der Schwingungsdauer abhängen. Meist entsprechen längeren Dauern auch größere Fortpflanzungsgeschwindigkeiten; darauf beruht die Dispersion oder Farbenzerstreuung. Diese behandeln wir in der Lichtlehre. Nun wollen

Fig. 169.

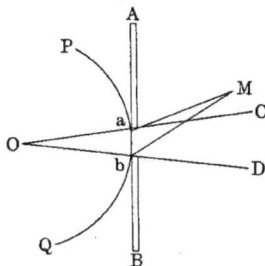

wir noch der Beugung erwähnen. Sobald ein Hindernis der Ausbreitung entgegentritt, kommt diese zur Geltung. Es sind drei Fälle von Interesse, die in den Fig. 167, 168 und 169 dargestellt sind.

Schüler: Offenbar ist überall O die Quelle und PQ die Kugelwelle.

Meister: Und die Störung der Wellen tritt ein durch den einerseits oder beiderseits begrenzenden Schirm AB oder in Fig. 169 durch
den Schirm AB, der den Spalt ab enthält. Die geradlinige Ausbreitung
der Welle brächte sie in Fig. 167 nach OC, in Fig. 168 jenseits OC und
OD, in Fig. 169 zwischen OC und OD.

Schüler: Ich merke schon, daß Teilwellen von der Kugelwelle
aus angenommen worden sind. Es gelangen Erregungen in allen drei
Fällen nach M.

Meister: Und diese sind es, die deutlich bei Wasserwellen erhalten
werden. Sie sind besonders stark bei Schallwellen, weil deren Wellenlängen groß sind, und sie spielen auch beim Licht eine wichtige Rolle.
Durch Huygens' Prinzip und Fresnels und Kirchhoffs Betrachtungen wird erklärt, wodurch alle Erregungen von Schwingungen auch
um die Ecke gehen können; doch sind diese Rechnungen nicht einfach.

V. Akustik oder die Lehre vom Schall.

Meister: Die molare Physik behandelte Erscheinungen, die sich auf die Bestimmung des Zustandes der Körper bezogen. Mit welchen Sinnesorganen konnten wir diese Vorgänge wahrnehmen?

Schüler: Durch unseren Gesichts- und Tastsinn und anderenteils durch die Wärmeempfindung.

Meister: Auch die Bewegungen haben wir kennen gelernt. Wir konnten die Schwingungen elastischer Körper fühlen. Eben diese Bewegungen sind es, die uns in noch ganz anderer Weise zugänglich werden: durch unser Gehörorgan. Freilich sind diese Wahrnehmungen auf ein gewisses Gebiet beschränkt. Zunächst überlegen wir, unter welchen Umständen eine Schallwahrnehmung zustande kommt.

Schüler: Der Schall muß doch wohl irgendwie erregt werden?

Meister: Jawohl. Die Schallquellen sind schwingende Massen, besonders fester Körper. Die Schwingungen übertragen sich auf die angrenzende Luft. Die in dieser sich fortpflanzende Welle breitet sich im Raume aus, trifft unser Ohr und wir hören einen Schall. Diese Tatsache setzt dreierlei voraus: 1. Die Schallquelle, 2. die Fortleitung des Schalles, 3. die Erregung des Organes. Demgemäß haben wir zu betrachten die verschiedenen Mittel der Erzeugung von Schall, dann die Leitung in der Luft und 3. das Prinzip des „Mitschwingens". Man unterscheidet unter den Schallempfindungen „Töne" und „Geräusche". Töne entsprechen solchen Erregungen, die geordneten Schwingungsbewegungen entstammen; Geräuschen liegen ungeordnete Schwingungen zugrunde. Ist dir bekannt, welches die Eigenheiten eines Tones sind?

Schüler: Wir unterschieden Tonhöhe, Tonstärke und Tonfarbe. Die Tonhöhe lernten wir nach Schwingungszahlen und nach Buchstaben anzugeben, desgleichen wurde uns am Tasteninstrument die Stellung der Töne gelehrt, und deren Benennung.

Meister: Gut; wenn nun ein Ton einer geordneten Schwingungsbewegung entspricht, so können wir auch angeben, von welchen Elementen der Schwingung jene drei Eigenheiten abhängen. Die Welle erkannten wir als die räumliche Darstellung des zeitlichen Vorganges. Du erinnerst dich noch dessen, daß die Wellenlänge der Schwingungsdauer entsprach. Die Tonhöhe wird durch die Schwingungszahl oder durch die Schwingungsdauer bestimmt. Wovon wird wohl die Tonstärke abhängig sein?

Schüler: Offenbar von der Amplitude oder Schwingungsweite, und zwar besprachen wir schon, daß die Intensität vom Quadrat der Amplitude abhängt.

Meister: Nun bleibt noch die dritte Eigenheit übrig, die Tonfarbe, die man besser Klangfarbe nennt. Sie hängt von der Form der Welle ab.

Schüler: Sind es jene verschiedenen Formen, die wir bei der Interferenz kennen lernten?

Meister: Genau diese. Eine Schwingung oder eine Welle kann keine anderen Eigenheiten haben; so kann auch ein Ton keine anderen haben. Zunächst besprechen wir die Tonhöhen und ordnen sie so, daß wir später immer die dafür eingeführten Namen anwenden können. Die Tonstärke wird uns von geringerer Bedeutung sein, dagegen beansprucht die Tonfarbe unser größtes Interesse. Nachdem wir diese Eigenheiten festgelegt haben werden, gehen wir zur Tonerregung über und besprechen zuletzt die Tonwahrnehmung. Zu dieser gehört auch die sogenannte Harmonielehre, die wir nur kurz berühren können. Von allen Künsten ist keine so innig mit der Physik verquickt, wie die Musik, daher die Elemente dieser Kunst auch immer in der Physik behandelt worden sind.

1. Die Eigenheiten des Tones.

a) Die Tonhöhe. Intervalllehre. Millioktavenmaß. Halbtonstufenmaß.

Meister: Da dir die Namen bekannt sind, können wir uns rasch verständigen. Zur Wahrnehmung eines Tones ist eine gewisse Zahl von Schwingungen und eine gewisse Stärke erforderlich. Es kann ein Ton so schwach sein, daß man ihn noch gar nicht hören kann. Die eben vernehmbare Stärke nennt man die Empfindungsschwelle. Außerdem muß die Schwingungszahl mindestens 16 betragen; dann hören wir den tiefsten Ton. Bei vermehrter Frequenz wird der Ton immer höher und etwa bei 32000 schwindet wieder die Hörbarkeit. Innerhalb dieses Gebietes wollen wir Namen für die verschiedenen Tonhöhen einführen und dabei an die dir bekannten Namen uns halten. Als Grundlage dient das wichtige Gesetz der Tonvergleichung. Wir bestimmen nämlich die Beziehung zweier Töne aufeinander nicht nach dem Unterschied der Schwingungszahlen, sondern nach ihrem Verhältnis.

Schüler: Jetzt besinne ich mich darauf. Das Verhältnis zweier Töne nennt man ein Intervall. Die Oktave entspricht zwei Tönen, deren Schwingungszahlen sich wie 1 : 2 verhalten.

Meister: Hier habe ich dir heute das „Monochord" mitgebracht (Fig. 170).

Schüler: Dessen Schwingungen haben wir schon ausführlich besprochen. Wir konnten die ganze, dann die halbe, dann das Drittel in Schwingung versetzen.

Meister: Zupfe also die Saite im ganzen; berühre sie dann einmal in der Hälfte, dann aber im Viertel, dann im Achtel.

Schüler: Ich höre deutlich nach dem ersten Tone dessen Oktave, dann auch dessen Oktave usw.

Meister: Geben wir nun unserem ersten, tiefsten Tone einen Namen, z. B. den Namen f, so heißen alle höheren Oktaven auch f, da-

Fig. 170.

durch ist ihre Ähnlichkeit angedeutet. Den Unterschied geben wir durch Zahlen an: f^I, f^{II}, f^{III}, f^{IV}, f^V usf. Man nennt übrigens auch Oktave nicht nur die beiden Töne, die im Verhältnis 1 : 2 stehen, sondern auch das ganze dazwischen liegende Gebiet. Und so kann ich fragen: wieviel Oktaven sind uns überhaupt hörbar?

Schüler: Der tiefste Ton soll 16 Schwingungen machen, also reicht die erste tiefste Oktave von 16 bis 32, die zweite von 32 bis 64, die folgenden bis 128, dann 256, und folgeweise bis 512, 1024, 2048, 5096, 10192, 20384, und damit hört bald die Hörbarkeit auf.

Meister: Damit ist das ganze Gebiet erschöpft und in 11 Oktaven eingeteilt. Nun suchen wir Namen innerhalb einer jeden Oktave, wobei klar ist, daß wir nur eine einzige Oktave zu benennen brauchen.

Schüler: Weil die Namen in den anderen Oktaven nur durch Akzente unterschieden werden. Ich kenne auch die Quinte, das Intervall 2 : 3.

Meister: Nenne mir also gleich die Quinten von f an beginnend.

Schüler: Es sind die Buchstaben f, c, g, d, a, e, h. Wenn f n Schwingungen vollführt, so macht c deren $^3/_2 . n$, g macht $^3/_2 . ^3/_2 . n$.

Meister: Das wären $^9/_4 . n$, also ginge dieses g schon in die nächst höhere Oktave hinüber.

Schüler: Man kann dann die tiefere sofort erhalten, indem man durch 2 dividiert; dann wird g $= ^9/_8 . n$ Schwingungen vollführen.

Meister: Wenn wir nun so innerhalb unserer Oktave bis zu einem Tone h gelangt sind, wie kommen wir dann weiter?

Schüler: Indem wir von h wieder eine neue Quinte bilden; sie heißt fis, und nun folgt wieder die Reihe: fis, cis, gis, dis, ais, eis, his.

Meister: Du weißt also auch, daß dieses Verfahren ohne Ende fortgesetzt werden könnte, indem man noch weiter geht und fisis, cisis, gisis usf. bildet. Wie man Intervalle nach der Höhe aufsucht, so kann man solche auch nach der Tiefe bestimmen.

Schüler: Die tiefere Quinte findet man durch das Verhältnis $^2/_3 . n$.

Meister: Man nennt sie Unterquint und findet leicht die entsprechenden Namen durch Anhängen der Silbe „es". So erhält man die Reihe: fes, ces, ges, des, as, es, b, wo leider in der Musik b statt hes gesagt wird.

Schüler: Auf dem Klavier liegen nebeneinander die Töne a, h, c, d, e, f, g. Ich habe mich immer gewundert, warum man den Ton h genannt hat, und warum man ihn nicht b nennt.

Meister: In der Tat, so müßte er heißen; die Engländer nennen ihn auch so. Indes folgen wir dem in der Musik eingeführten System, weil wir durch eine Änderung, sei sie auch sonst sehr erwünscht, viel Verwirrung in die Musik brächten. Die Gesamtheit von Tönen, die wir festgelegt haben, bildet eine Quintgeneration. Obwohl es unendlich viel Töne sind, ist doch kein Ton gleich einem anderen; denn wir haben nur die Ziffer 3 als Faktor benutzt und ein Produkt von lauter Dreien kann niemals durch 2 restlos aufgehen.

Schüler: Auch das hat man uns gelehrt: Die zwölfte Quinte, von f aus, heißt eis, und dieser Ton kann nicht derselbe sein wie f, aber die Tonhöhe ist nahezu dieselbe. Auf dem Klavier stimmt man deshalb alle Quinten etwas tiefer als zur reinen Stimmung nötig wäre.

Meister: Und dadurch entsteht der sogenannte Quintenzirkel. Es wird jede Quinte um so viel vertieft, daß die zwölfte Quinte gleich dem Ausgangstone wird. Dieses Prinzip der Stimmung heißt „Temperierung". Es ist eine große Kunst, temperiert zu stimmen; es verlangt viel Übung und ein gutes Gehör. Für die praktische Musik ist es von sehr hohem Werte. Aber für das ganze Orchester braucht man die Kenntnis der sogenannten reinen Stimmung. Dazu ist noch das Intervall der reinen großen Terz erforderlich.

Schüler: Das ist das Verhältnis 4 : 5. Von c ist die reine Terz e.

Meister: Das e, das wir als vierte Quinte von c kennen lernten, kann nicht die reine Terz sein; es macht $\dfrac{3.3.3.3}{2.2.2.2} = {}^{81}/_{16}$ Schwingungen, und um zwei Oktaven zurückversetzt ${}^{81}/_{64}$. Die reine große Terz $= {}^5/_4$ ist aber $= {}^{80}/_{64}$.

Schüler: Also um ${}^{80}/_{81}$ tiefer.

Meister: Dieses kleine Intervall ${}^{80}/_{81}$ nennt man ein **Komma**. Der Ton liegt ganz nahe bei unserem e; die Vertiefung um ein Komma deuten wir durch einen Strich an und schreiben $c : \bar{e} = 64 : 80 = 4 : 5$. Dieses $\bar{e}$ benutzen wir als Ausgang einer neuen Quintgeneration; sie gibt uns die Reihe: $\bar{a}$, $\bar{e}$, $\bar{h}$, $\overline{fis}$ usf. Ganz ebenso wie vorhin wir die Quinten nach der Tiefe hin bildeten, so verfahren wir jetzt auch mit den Terzen. Es entsteht wieder eine unendliche Tonreihe, von denen kein einziger Ton dem anderen und den früheren gleich ist. Endlich gehen wir von dieser zu einer neuen Quintgeneration wieder weiter und bilden nach oben und nach unten neue Reihen. So entsteht eine doppelt unendliche Mannigfaltigkeit, die übersichtlich dieses Schema dir zeigt:

Buchstaben-Tonschrift.

−8	−7	−6	−5	−4	−3	−2	−1	0	+1	+2	+3	+4	+5	+6	+7	+8	
d̿	a̿	e̿	h̿	fis	cis	gis	dis	ais	eis	his	fisis	cisis	gisis	disis	aisis	eisis	+II
b̄	f̄	c̄	ḡ	d̄	a	e	h	fis	cis	gis	dis	ais	eis	his	fisis	cisis	+I
ges	des	as	es	b	f	c	g	d	a	e	h	fis	cis	gis	dis	ais	0
ses	bb	fes	ces	ges	des	as	es	b	f	c	g	d	a	e	h	fis	−I
ses	geses	deses	ases	eses	bb	fes	ces	ges	des	as	es	b	f	c	g	d	−II

In der Mitte steht der Ton d, und zwar weil es der einzige auf dem Klaviere ist, zu dem die anderen **symmetrisch liegen**.

Schüler: Ihr habt oben und rechts die Anzahl von Generationen angedeutet und zwar acht Quintgenerationen, aber nur zwei Terzgenerationen nach oben und unten.

Meister: Und das ist viel mehr als wir brauchen. Sowohl in der Physik, als auch in der Musik braucht man zu einem beliebigen Ausgangston immer nur die nächsten Verwandten, die um den Anfangston im Schema herumliegen. In der Wissenschaft wird meist c oder f oder a als Ausgang gewählt; in der Musik dagegen kann man an beliebigen Stellen des Schemas den Anfang annehmen.

Schüler: Und dann hat man sogleich die nächsten Verwandten zur Stelle.

Meister: Die Schwingungszahlen braucht man zwar sehr selten, aber schnell kann man sie aus dem Schema herauslesen. Da es auf die Oktaven nicht ankommt, so kann man, bei Berechnung von Schwingungen, immer den Faktor 2, sowohl im Zähler als im Nenner, hinzufügen oder fortnehmen; man kommt dadurch nur von der einen Oktave in eine andere; es ergibt sich für die Berechnung die Regel: Von einem beliebigen Tone des Schemas aus sind für jeden benachbarten Ton nach rechts die Schwingungszahlen dreimal größer, nach links dreimal kleiner; für jeden nach oben benachbarten Ton fünfmal größer, nach unten fünfmal kleiner.

Schüler: In letzterem Falle ist die Oberterz $5/4$ oder die Unterterz $4/5$ und der Faktor 4 fällt fort.

Meister: Wenn d eine Schwingung macht, so finden wir z. B. für $\overline{eis}$ $3^5.5 = 1215$, und diese Zahl kann man so oft durch 2 dividieren, als nötig erscheint, um in die gewählte Oktave hineinzukommen.

Schüler: Es ist also auch $\overline{gis}$ ein ganz anderer Ton als $\underline{as}$, denn

$$\overline{gis} = 3 \cdot 3 \cdot 5 \text{ und } \underline{as} = \frac{1}{3 \cdot 3 \cdot 5}.$$

Meister: Vergleiche lieber $\underline{as}$ mit $\overline{\overline{gis}}$. Nimm $\underline{as} = 1$ als Ausgang, so wird $\overline{\overline{gis}} = 5 \cdot 5 \cdot 5 = 125$, also auch $\dfrac{5^3}{2^7}$ oder $\overline{\overline{gis}} : \underline{as} = 125$: 128. Vor allem sind die um ein oder mehrere Komma unterschiedenen Töne zu beachten, wie d und $\overline{d}$ oder e und $\overline{e}$. Alle diese für die Musiktheorie und für die Physik wichtigen Unterschiede fallen auf dem Tastinstrument fort. Alle Töne, die den gleichen Tasten angehören, heißen „enharmonisch verwandt". — Unter den vielen Tönen des Schemas gibt es solche, die fast genau miteinander übereinstimmen und auf einen derartigen Fall will ich dich hinweisen. Nimm irgend einen Ton an und zähle acht Quinten nach links, und darauf noch eine Terz nach unten, so triffst du einen enharmonisch verwandten Ton an, und solche zwei Töne sind einander gleich bis auf ein Tausendstel einer Schwingung, was praktisch = 0 ist.

Schüler: Z. B. ich zähle von h abwärts bis es und gelange von es zu ces; also ist nahezu h = $\underline{ces}$.

Meister: Es ist:

$$ces : h = 1 : \frac{3^8 \cdot 5}{2^{15}} = 2^{15} : 3^8 \cdot 5 = 32\,768 : 32\,805 = 1 : 1{,}001.$$

Hierauf beruht die Herstellung reingestimmter Harmoniums in ausgezeichnet praktischer Klaviatur. Es müssen nun auch die Tonhöhen

praktisch bestimmt werden. Dazu braucht man bloß e i n e n Ton zu
untersuchen; aus Intervallverhältnissen ergibt sich alsdann jeder andere
Ton. — Eines der einfachsten Instrumente ist S e e b e c k s S i r e n e (Fig. 171).
Die Scheibe A wird in Rotation versetzt und mittels der Röhre B ein
kräftiger Luftstrom gegen die Löcher geblasen; es ist das eine unmittel-
bare Erregung der Luft in zählbaren Stößen.

Schüler: Da die Tonhöhe von der Schwingungszahl abhängt, wird
man die Umdrehungsgeschwindigkeit messen müssen und die Anzahl
der Löcher auszählen auf jedem der Umkreise.

Fig. 171.

Meister: Wir machen n Umdrehungen in der Minute und es sei
z die Anzahl der Löcher.

Schüler: Dann ist $n.z/60$ die Schwingungszahl.

Meister: Wenn die Löcherzahl 20, 25, 30 und 40 beträgt, so
können vier Töne erzeugt werden mit den Intervallen 4 : 5 : 6 : 8. Sie
bilden einen A k k o r d. Je schneller wir drehen, um so höher erscheint
der ganze Akkord. Er hat eine beständige Tonhöhe, wenn man mit
gleichförmiger Geschwindigkeit die Kurbel dreht. Statt der Loch-
scheibe benutzte Savart ein am äußeren Rande gezahntes metallenes
Rad. Man hält eine Karte gegen die Zahnreihe.

Schüler: Der Ton, den man hört, wird dann durch dieselbe
Formel $n.z$ bestimmt.

Meister: Savart fand für a^V der mittleren Oktave 440 Schwingungen. In neuerer Zeit gibt man einem etwas tieferen Tone, von

435 Schwingungen, den Namen Normalton a. Diese normale Stimmung ist von allen Nationen anerkannt worden. Von diesem Tone a aus stimmt man die 12 Tasten der Tastinstrumente. Die Klaviatur oder Tastatur zeigt dir die Fig. 172.

Schüler: Die schwarzen Tasten sind unbezeichnet, offenbar weil jede mehrere Namen hat; das haben wir in der Schule kennen gelernt.

Meister: Die Tastatur heißt 12stufige Temperierung. In jeder Oktave gibt es 12 Töne oder es ist die Oktave in 12 gleiche Stufen geteilt; eine Stufe heißt musikalisch „Halbton" und ist das Intervall $1 : \sqrt[12]{2}$.

Schüler: Man hatte 12 temperierte Quinten nacheinander gestimmt. Wie kommen dadurch die 12 gleichen Halbtonstufen zustande?

Fig. 172.

Meister: Die Doppelquinte führt doch zu einem Ganzton.

Schüler: Jawohl; ich begreife, daß sechs ganz gleiche temperierte Ganztonstufen eine Oktave ausmachen.

Meister: Etwas umständlicher gestalten sich die 12 Halbtonstufen. Eine solche entstand durch 7 Quintschritte hinauf, z. B. von f bis fis; also zwei Halbtonstufen durch 14 Quintschritte. Da aber deren 12 zum Anfang zurückführen, so kann man für 14 auch 2 Quintschritte setzen. Schreib dir alle 12 Halbtonstufen auf und führe sie auf weniger Quinten zurück.

Schüler: Die Stufen

$$1, 2, 3, 4, 5, 6, 7, 8, 9, 10, 11, 12$$

erfordern

$$7, 14, 21, 28, 35, 42, 49, 56, 63, 70, 77, 84,$$

davon sind folgende Vielfache von 12 abzuziehen:

$$12, 12, 24, 24, 36, 48, 48, 60, 60, 72, 84$$

also bleibt nach:

$$7, 2, 9, 4, 11, 6, 1, 8, 3, 10, 5, 0.$$

Das ist aber hübsch; die 7. Halbstufe findet sich richtig sowohl durch 49, als auch durch einen Quintschritt ein!

Meister: Bemerke auch, daß wenn von f bis fis 7 Quintschritte führen, so von f abwärts bis ges nur 5 Quintschritte.

Schüler: Nämlich b, es, as, des, ges. Darum steigen auch die Ziffern der letzten Reihe um 7 oder sie fallen um 5.

Meister: Nun will ich dich noch mit dem Oktavenmaß bekannt machen. Es habe ein Intervall das Verhältnis i, so setzen wir $i = 2^x$ und erkennen, daß ebenso wie i auch x geeignet ist, das Intervall zu kennzeichnen, denn x ist eine Funktion von i.

Schüler: Es ist $x = \log i/\log 2 = (1/030\,103) . \log i$. Also sind die x-Werte proportional dem Logarithmus von i. Warum nehmt ihr 2 als Grundzahl?

Meister: Weil $i = 2$ die Oktave gibt. Setze oben $i = 2$, so wird $x = 1$, und wenn $i = 1$ ist?

Schüler: Dann ist $x = 0$; was bedeutet das?

Meister: Es bedeutet, daß $x = 0$ den Ausgangston angibt, $x = 1$ die Oktave, $x = 2$ die Doppeloktave, $x = 3$ die 3. Oktave. Alle Zwischenstufen zwischen 0 und 1 sind Bruchteile der Oktave. Du weißt, daß wir Intervalle aneinander fügen können und die Verhältniszahlen miteinander multiplizieren. Es ist das neue Intervall

$$J = i . i_1 = 2^x . 2^{x_1} = 2^{x + x_1}.$$

Schüler: Jetzt erkenne ich es. Ich brauche die x-Werte nur zu addieren, um das neue Intervall zu erhalten! Und das gilt für beliebig viel weitere Anschlüsse.

Meister: Am einfachsten gestaltet sich die Rechnung in temperierter Stimmung, Bei dieser gibt die aus 12 temperierten Quinten erzeugte Stufenfolge 12 gleiche Abteile, von denen jeder ein „Halbton" genannt wird. Es ist, wenn solch eine Halbtonstufe H heißt, $H^{12} = 2$, denn 12 Halbstufen H sollen die Oktave ergeben, mithin ist $H = 2^{1/12}$; also unser $x = 1/12$. Gewöhnlich setzt man die Oktave $= 1000$; demnach wäre anzusetzen $i = 2^{\frac{x}{1000}}$ und $x = 1000 . \log i/\log 2$.

Schüler: Ich bekomme für H dann $1000/12 = 83,\dot{3}\ldots$

Meister: Schreibe dir die 12 stufige Leiter hin in Millioktavenmaß 1000.

Schüler: Es wird:

c,	cis,	d,	dis,	e,	f,	fis,	g,
0,	83,$\dot3$,	166,$\dot6$,	250,	333,$\dot3$,	416,$\dot6$,	500,	583,$\dot3$,

gis,	a,	ais,	h,	c.
666,$\dot6$,	750,	833,$\dot3$,	916,$\dot6$,	1000.

Wäre es aber nicht noch einfacher, man setzte die Oktave $= 1200$, dann wäre jede Halbstufe genau $= 100$; alle Töne erhalten volle Hunderte, die Quarte 500, die Quinte 700.

Meister: Das ist vollkommen wahr und nicht übel ersonnen. So berechne noch nach deinem Vorschlage unsere Buchstabentonschrift (S. 309).

Schüler: Dazu brauche ich ja nur zwei Intervalle: für die Quinte ist

$$x = (1200 \cdot log\, 3/2)/log\, 2 \doteq 1200 \cdot 0{,}17\,609/0{,}30\,103$$
$$= 1200 \cdot 0{,}584\,962 = 702{,}1344.$$

Für die reine große Terz ist

$$x = (1200 \cdot log\, 5/4)/log\, 2 = 1200 \cdot 0{,}09\,691/0{,}30\,103$$
$$= 1200 \cdot 0{,}321\,947 = 386{,}32\,164.$$

Meister: Recht so. Die Oktave = 1000 gibt 584,96, also fast genau für die reine Quinte 585 Millioktaven, für die große Terz 321,93, also fast genau 322 Millioktaven,.Zahlen, die du mit den temperierten Quintentönen vergleichen kannst. Die temperierten Quinten sind recht rein.

Schüler: Die Abweichung beträgt nur 584,96 — 583,33 = 1,63 Millioktaven; nach dem 1200-System 702,13 — 700, ungefähr 2 hundertstel Halbstufe.

Meister: Aber die Terz ist recht unrein.

Schüler: Ich finde 400 — 386,3 = 13,7 hundertstel Halbstufe!

Meister: Und die kleine Terz?

Schüler: Die hat temperiert 250 Millioktaven und sollte haben 584,96 — 321,93 = 263,03. Sie ist also viel zu tief. Nach Halbstufen müßte sie haben 315,8, hat aber nur 300, also ist sie um 15,8 hundertstel Halbstufe zu tief.

Meister: Ich überlasse es dir, zu jedem Tone unserer Tonschrift die logarithmischen Schwingungszahlen zu berechnen, sei es nun nach Millioktavenmaß oder nach hundertstel Halbstufen —. Letzteres dürfte immer bequem sein bei Berechnung der Abweichung der temperierten Stimmung von der reinen.

b) Die Tonstärke.

Meister: Daß die Tonstärke mit der Amplitude wächst kann man schon mit bloßem Auge sehen. Du erinnerst dich noch der Formel für die Intensität der Schwingungen?

Schüler: Es war die Tonstärke proportional dem Quadrat der Amplitude; die größte Geschwindigkeit während einer Schwingung tritt beim Hindurchgehen durch die Ruhelage ein, und diese Geschwindigkeit ist proportional der Amplitude, daher ist auch die Energie dem Quadrat der Amplitude proportional.

Meister: Bei der Ausbreitung des Schalles ist indes stets zu beachten, wie der Raum beschaffen ist, in dem die Ausbreitung vor sich geht, denn im Falle einer ungestörten kugelförmigen Ausbreitung nimmt die Stärke umgekehrt proportional dem Quadrat der Entfernung ab, bei Ausbreitung in einer Fläche dagegen nur umgekehrt proportional der einfachen Entfernung. Und pflanzt sich die Erregung in einem Kanale fort, so bleibt die Amplitude beständig, wenn man von Verlusten durch Reibung absieht. So erklärt sich die Anwendung des Sprachrohres.

c) Die Ton- oder Klangfarbe.

Meister: Die Töne, die wir im Alltagsleben oder wenn Musik ans Ohr dringt, hören, können auch bei gleichbleibender Tonhöhe sehr verschiedenen Charakter haben. Die menschliche Stimme singt Töne, die eine Violine angibt, aber sie hat einen ganz anderen Klang. Flöte, Klarinette, Trompete, sie klingen verschieden, und diesen charaktervollen Unterschied nennt man Klangfarbe. Oft wird auch nur das Wort „Klang" für diesen Unterschied gebraucht.

Schüler: Und wie ihr sagtet, beruht er auf der Form der Welle.

Meister: Und diese Form ist zugleich das Abbild der Schwingungsform oder Schwingungsart.

Schüler: Wir versuchten schon, diese Arten mit dem Finger der Welle nachzubilden.

Meister: Mit dieser Deutung der Form hat man sich lange begnügt, bis es Helmholtz gelang, ein ganz neues Licht in die Sache hineinzubringen. Er bezog sich dabei auf drei schon lange vor ihm ausgesprochene Gesetze, die er bloß zusammenzufassen brauchte, um vollständige Klärung zu erhalten. Das sind die Gesetze von Mersenne, Ohm und Fourier. Mersenne erkannte, daß, wenn eine Saite schwingt, man nicht bloß einen Ton vernimmt, sondern eine ganze Reihe von Tönen, und zwar folgende, wenn der tiefste Ton, nach dem die Wahrnehmung gewöhnlich benannt wird, gleich c^I angenommen wird:

$$c^I \quad c^{II} \quad g \quad c^{III} \quad \bar{e} \quad g \quad (i) \quad c^{IV} \quad d \quad \bar{e} \quad (k) \quad g \quad (l) \quad (i) \quad h \quad c^V \ldots$$

Ich habe deren nur 16 hingeschrieben; die Reihe kann aber unbestimmt weit fortgesetzt werden. Einfacher als durch Noten erscheint die Reihe, wenn man nur die bezüglichen Schwingungszahlen nimmt; es ist dann die Reihe:

$$1 \quad 2 \quad 3 \quad 4 \quad 5 \quad 6 \quad 7 \quad 8 \quad 9 \quad 10 \quad 11 \quad 12 \quad 13 \quad 14 \quad 15 \quad 16 \ldots$$

Bei diesen Schwingungszahlen kannst du sogleich die Tonnamen, wie sie oben stehen, hinzufügen.

Schüler: Ich erkenne die sechs ersten Töne wohl aus dem Verhältnis der Schwingungszahlen, aber wie ist es mit den folgenden?

Meister: Den siebenten Ton haben wir nicht als Intervall besprochen; er kommt in der Musik nicht vor; ich habe ihn i genannt.

In der Musikwissenschaft hat er den Namen der „natürlichen Septime".
Von den folgenden Tönen mußt du die zu 8, 9, 10, 12, 15 und 16 gehörenden Namen finden können, denn 8 ist die Oktave von 4 und 9 ist
die Quinte von 6; 10 die Oktave von 5; auch 12 und 15 mußt du bestimmen können. Die Töne, die nicht in der Musik vorkommen, habe
ich mit k und l bezeichnet.

Schüler: Nehme ich einen anderen Grundton, so ändern sich
alle Töne.

Meister: Ja, in dem angegebenen Verhältnis. Die ganze Reihe
heißt die harmonische, die einzelnen Töne nennt man Teil- oder
Partialtöne des Klanges. Von diesen sind die sechs ersten besonders
stark und deutlich. Um sie kennen zu lernen, gibt es verschiedene
Methoden. Am besten ist es, sie einzeln zu Gehör zu bringen.

Schüler: Dann brauche ich ja nur in den Knotenpunkten die
Saite zu berühren, während ich sie errege, und wir sahen schon, daß
man zwei Wellen übereinander lagern kann.

Meister: Aber wenn die Saite irgendwo gezupft wird, ist es
nicht ganz leicht, die Partialtöne herauszuhören. Die Klaviertöne sind
auch reich an Obertönen. Will man einen einzelnen bestätigen, z. B.
den dritten, so drückt man sanft die betreffende Taste nieder und
schlägt dann kräftig den Grundton an; dieser sei c^{III}.

Schüler: Dann muß die Taste g^{IV} gesenkt werden.

Meister: Und dann hört man dieses g^{IV} nachklingen, weil es
vom dritten Oberton des c^{III} in Mitschwingung versetzt worden war.
Das Mitschwingen ist ein wichtiges, in der ganzen Physik wiederholt
vorkommendes Prinzip. Es beruht darauf, daß, wenn zwei Gegenstände,
die schwingen können, die gleiche Schwingungsdauer haben, die eine
von ihnen jedesmal ertönt, wenn die andere erregt worden ist. So z. B.
zwei Saiten eines Monochordes; aber auch zwei gleichgestimmte Saiten
zweier verschiedener Apparate. Das Mitschwingen ist allemal kräftiger,
wenn der erregte Schall sich nicht bloß durch die Luft, sondern auch
durch die festen Körper der Umgebung fortpflanzt.

Schüler: Ist nicht auch deshalb der Ton so wunderbar tief und
schön, den man hört, wenn man einen großen Metallkörper an einen
Faden bindet und diesen ans Ohr hält, während man den Körper
anstößt.

Meister: Ganz richtig; hier hat man die Leitung des Schalles
durch den dünnen Faden und gewaltige Schwingungen gelangen ins
Gehörorgan. Beim Mitschwingen kommt es darauf an, daß ein Körper
genau seiner Eigenschwingung entsprechend Stöße erhält und zwar im
geeigneten Augenblicke. Ebenso kann man eine Schwingung aufhalten.
Ein kleiner Knabe kann eine große Kirchenglocke zum Schwingen

bringen, indem er sich immer dann an den Hebebaum der Glocke anhängt, wenn er hoch steht. Mit jeder Senkung vermehrt er die anfangs kleine Schwingung, bis endlich die Glocke ertönt. Ebenso kann er sie anhalten.

Schüler: Aber dann muß er sich in den Augenblicken anhängen, wo der Hebebaum emporsteigen will.

Meister: Hohlräume haben auch Eigentöne, in denen die eingeschlossene Luft schwingen kann. In Fig. 173 siehst du eine Klangkugel oder Resonator. Man steckt die Stelle *b* ans Ohr. Ertönt ein obertonreicher Klang, so gibt der Resonator nur den ihm eigenen Ton durch Mitschwingen wieder; man hört ihn laut. Ich überlasse es dir, die Partialtonreihe für beliebige Grundtöne auch in Notenschrift darzustellen. — Wir betrachten nun das Gesetz von Ohm. Er sagte, das menschliche Ohr vernehme nur Sinusschwingungen als Töne. So erklärte er sich, daß man bei einer angeschlagenen Saite die Teiltöne hören könne. Ohm kannte die Töne, die man durch Bestimmung von Knotenpunkten erhalten kann. Die Musiker nennen sie Flageoletttöne. Fouriers Satz aber haben wir schon kennen gelernt.

Fig. 173.

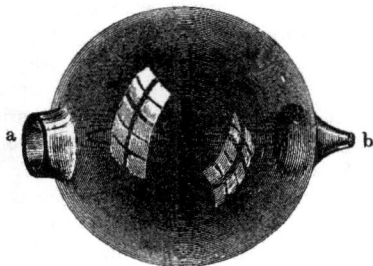

Schüler: Nach Fourier kann jede Welle durch eine Sinusreihe dargestellt werden; dabei hat jedes Glied eine bestimmte Amplitude und die Wellenlängen entsprechen den ganzen Zahlen.

Meister: Nun kam Helmholtz und erkannte, daß nach Fouriers Satz und nach Ohms Regel nicht nur die Beobachtung von Mersenne erklärt war, sondern er faßte den Gedanken, daß die Klangfarbe nichts anderes sei, als die Verschmelzung dieser Menge von Teiltönen zu einer einheitlichen Wahrnehmung, die wir Klang nennen. Der so sehr verschiedene Charakter der menschlichen Stimme, der Saitentöne, der Orchesterinstrumente, beruht nur auf Verschiedenheit der Teiltöne. Eingehendes darüber gehört in die Lehre von der Tonerzeugung.

Schüler: Ich glaube das alles erfaßt zu haben, begreife aber noch nicht, warum wir nur Sinusschwingungen als einzelne Töne hören können.

Meister: Auch darüber gab Helmholtz Auskunft. In der Tat, es ist erstaunlich, daß wir mit unserem Ohre genau dieselbe Analyse ausführen, wie Fourier sie durch hohe mathematische Rechnung darstellt

Schüler: Hören wir denn wirklich die Teiltöne in der Stärke, die in Fouriers Reihe errechnet wird?

Meister: Allerdings, und das verrichten wir ohne alle Mühe, ja sogar unwillkürlich, denn, wenn wir überhaupt die Teiltöne hören gelernt haben, so sind es eben jene berechneten.

Schüler: Da bin ich aber gespannt, wie das zu erklären ist.

Meister: Eben wieder durch das Mitschwingen. Unser Gehörorgan ist verschlossen durch das „Trommelfell". Das ist eine Haut, die allseits an der Wandung befestigt ist. Die Luftschwingungen erregen diese Haut. Sie vollführt ebenso verwickelte Bewegungen, wie sie in der erregenden Welle vorhanden sind. Nun kommt es darauf an zu erkennen, wodurch die Auflösung in Sinusschwingungen zustande kommt. Die Bewegungen des Trommelfells pflanzen sich durch mehrere Knöchelchen ins innere Ohr fort. Dort befindet sich ein Organ, genannt das Cortische. Es besteht aus einer Reihe von Fasern, die ebenso ausgespannt sind, wie die Saiten eines Klavieres. Es sind etwa 4000 nebeneinander aufgereiht und alle haben verschiedene Eigenschwingungen, von tiefsten bis zu höchsten Tönen. Diese Fasern werden in Mitschwingung versetzt, aber eine jede einzelne nur durch die ihrer Eigenheit entsprechende Sinusschwingung.

Schüler: Nun verstehe ich, wodurch unsere Meisterleistung zustande kommt. Das Mitschwingen hat die Fouriersche Rechnung mechanisch ausgeführt! Das ist wunderbar schön!

. Meister: Von jeder Faser des Corti-Organes gehen Nervenfäden ins Gehirn und erzeugen da die Empfindung „Schall". Du erkennst auch, daß der Schall nur eine seelische Empfindung ist und außer unserem Körper als solcher nicht vorhanden ist, da dort nur bewegte Körper zu erkennen sind.

Schüler: Wie ist es aber möglich, daß das Trommelfell alle diese verwickelten Bewegungen richtig aufnimmt?

Meister: Das ist dadurch möglich, daß eine Membran oder Haut durch jede Art von Schwingungen in Mitschwingung versetzt werden kann. Sie kann nämlich, wie wir sehen werden, in unendlich viel verschiedenen Formen schwingen.

2. Die Schallerzeugung.

Schüler: Wir haben zuletzt die Eigenheiten des Schalles erkannt und Tonhöhe, Tonstärke und Klangfarbe unterschieden. Sie entsprechen der Schwingungsdauer, der Amplitude und der Wellenform. Wir besprachen die Buchstabentonschrift; das Schema gestattete, sofort jede Schwingungszahl zu berechnen nach Quint- und Terzintervallen. Wir lernten das Millioktavenmaß und das Hundertstel-Halbstufenmaß kennen. Drei Intervalle, Oktave, Quinte und große Terz wurden besprochen und durch deren Zusammensetzung eine doppelt-unendliche Generation von Tönen hergestellt. Der Klang besteht nach Mersenne aus einer Menge von Teiltönen, die nach verschiedenen Methoden zum Gehör gebracht werden können, nach dem Prinzip des Mitschwingens. Dieses beruht darauf, daß Körper ihre Eigentöne haben, die erklingen, wenn von irgend einer Tonquelle aus eben dieser Ton angegeben worden ist. Wir hören die Teiltöne nach dem Gesetz von Ohm und gemäß der Analyse von Fourier, da die Darstellung jeder Form durch Sinusreihen immer und zwar nur auf eine Art möglich ist. Dieselbe Analyse vollführt unser Gehörorgan, indem das Cortische Organ in Mitschwingung gerät, und zwar nur die Fasern, die den Teiltönen des Klanges entsprechen.

Meister: Diese Kenntnisse kommen uns nun zustatten, denn bei der Erzeugung von Klängen sind die Teiltöne wichtig. Wir behandeln zuerst die durch äußere Kräfte gespannten Körper, also Saiten und Membranen, dann die durch Elastizität vermittelten Klänge, und zwar zuerst feste Körper, dann Gase, die von festen Körpern eingefaßt werden.

a) Schwingungen von Saiten und Membranen.

Meister: Mit den Saiten sind wir bald im reinen, denn die Hauptfragen sind früher erledigt worden. Wenn die Saite in k Teilen schwingt, und L die Länge der Saite, l die Länge der Schallwelle bedeutet, ist

$$\frac{k \cdot l}{2} = L \cdot \cdot \cdot \cdot \cdot \cdot \cdot \cdot \cdot \cdot \cdot \cdot (1)$$

Hier ist auch $l = c/n$, wo n die Schwingungszahl und c die Fortpflanzungsgeschwindigkeit ist. Es erübrigt noch, den Wert von c zu bestimmen. In unserer Formel $c = \sqrt{\dfrac{E}{D}}$ muß E durch $\dfrac{P}{q}$ ersetzt werden; hier ist P das spannende Gewicht und q der Querschnitt der Saite.

Schüler: Also ist $\dfrac{P}{q}$ die auf den Querschnitt 1 Kar bezogene Spannung und

$$c = \sqrt{\frac{P}{q \cdot D}} \cdot \cdot \cdot \cdot \cdot \cdot \cdot \cdot \cdot (2)$$

Meister: Die Formel gilt nur, sofern die Saite eingespannt, unelastisch ist. Bei metallischen Saiten spielt die eigene Elastizität mit. Bei Saiten kann man die Klangfarbe mannigfach verändern; dazu braucht man nur an verschiedenen Stellen die Saite zu zupfen oder zu streichen, mit dem Violinbogen. Je zackiger die Form der Saite wird, um so reicher an Teiltönen wird der Klang. Einen artigen Versuch von Young will ich dir noch zeigen. Er beruht auf dem bemerkenswerten Gesetz, demgemäß, wenn man eine Saite an einer Knotenpunktstelle zupft, in der Klangmasse der Teilton fehlt, dem der Knotenpunkt zugehört. Ich zupfe z. B. in 1/3 und dann in 1/5 der Saite.

Schüler: Dann soll der dritte und nachher der fünfte Teilton fehlen.

Meister: Nun horche. Ich zupfe, rasch wechselnd, die beiden Stellen; wir hören zwar jedesmal den Grundton der Saite, aber zuerst fehlt der dritte, nachher der fünfte Teilton. Die Aufmerksamkeit richtet sich bald auf diese Teiltöne; es klingt wie ein Wechselgesang zwischen den Tönen g^{III} und $\bar{e}^{\mathrm{IV}}$, wenn die Saite auf c^{II} gestimmt worden war.

Schüler: Ich zupfe an den Stellen 1/3 und dann 1/2, richtig, es wechseln die Töne g^{III} und c^{III}. So kann ich nun lernen die höheren Teiltöne zu hören.

Meister: Die vom zweiten an sich folgenden Teiltöne heißen auch Obertöne; bequemer ist der Ausdruck „Teiltöne", weil der erste der Grundton ist, also die Bezeichnung des Teiltones mit der Schwingungszahl übereinstimmt. — In betreff der Membranen erwähne ich nur zunächst die Versuche von Savart. Er spannte in ein quadratisches Gestell Membranen ein, die er durch darüber gehaltene Stimmgabeln in Schwingung versetzte. Wenn die Haut mit Sand bestreut war, so stellte sich dieser in allerlei Linien ein, je nach der Tonhöhe. Wird aber die Tonhöhe aus irgend einer Quelle allmählich erhöht, so ändert sich die Figur. So erhielt er die Fig. 174, wo in jeder Reihe die sechs nebeneinander stehenden Gestalten auftraten. — In Hinsicht auf die menschlichen Stimm- und Gehörmittel sind die Membranen von hervorragender Bedeutung. Wir sahen schon, daß das Trommelfell alle Töne aufnimmt. Aber auch die menschliche Stimme wird durch gespannte Häute hervor-

Fig. 174.

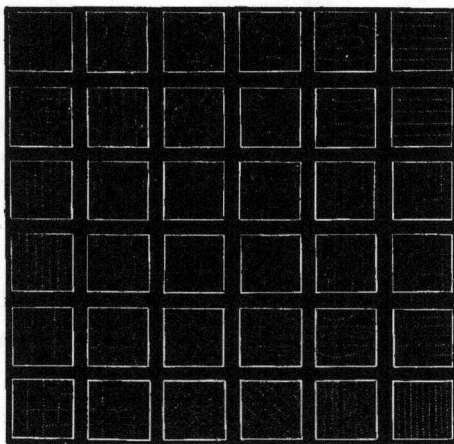

gebracht. In Fig. 175 sind *cc* die unteren Stimmbänder, die in Schwingung geraten durch den aus der Lunge kommenden Luftstrom. Man kann künstlich Ähnliches erreichen, wenn man (Fig. 176) Kautschukhäute über eine Röhre spannt und Luft von unten hineinbläst. Die Spannung der Stimmbänder kann willkürlich verändert werden und

Fig. 175.   Fig. 176.

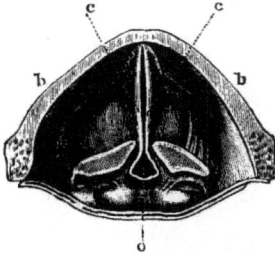

damit ist eine beliebige Änderung der Tonhöhe gegeben. An Obertönen ist die menschliche Stimme sehr reich.

Schüler: Haben die Tiere auch solche Gehör- und Stimmorgane?

Meister: Beides kommt in verschiedensten Formen vor. Singvögel haben ein feingebildetes Stimmorgan, das tief unten in ihrem Halse steckt. Bei Säugetieren sind die Organe den menschlichen analog, aber auch Amphibien, Frösche, Krokodile haben Stimmbänder. Bei Insekten ist die Tonbildung höchst mannigfaltig, doch führt uns das zu weit. Alle Teile der Schalllehre kommen da zur Geltung, vom klappernden Storch bis zu den Reibungstönen der Grillen und sogar schreienden Fischen. Es ist ein endloses Gebiet der Forschung.

b) Schwingungen von Stäben, Zungen, Spiralen, Gabeln, Platten, Glocken.

Meister: Bei Stäben gestaltet sich deren Schwingungsdauer verschieden, je nachdem wo und wie sie befestigt werden. Selbst wenn man sie an Fäden hängt, müssen die Stellen sorgfältig gewählt werden, wo sie gefaßt sind, weil da Knotenstellen entstehen. Man muß zunächst Longitudinal- und Transversalwellen unterscheiden. Erstere können durch Reiben am Stabe erregt werden. Die Schwingungszahl n ist umgekehrt proportional der Länge:

$$n = (1/2\,L) \cdot \sqrt{E/D} \quad \ldots \ldots \ldots \ldots (1)$$

Schüler: Und E und D sind wie früher Elastizitätsmodul und Dichte.

Meister: In Fig. 177 ist der kleinste Stab halb so lang wie der größte.

Schüler: Er wird also die Oktave angeben; die beiden anderen Stäbe haben gewiß die Längen $3/2 . L$ und $5/4 . L$, also große Terz und Quinte.

Meister: Ganz anders ist es bei Transversalschwingungen. Man darf die Masse durchaus nicht wie bei Punktenreihen behandeln, denn

Fig. 177.   Fig. 178.

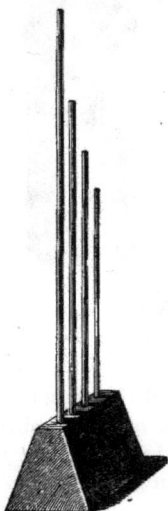 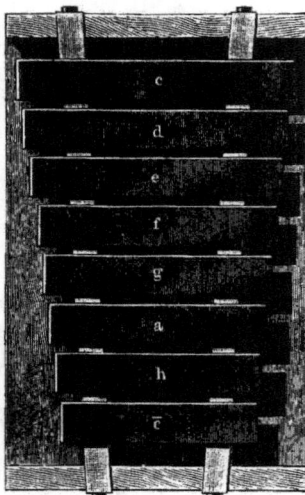

hier tritt Biegungselastizität ins Spiel. Die Theorie ist äußerst verwickelt; ich will dir nur die beiden wichtigsten Gesetze anführen. Sie stecken in der Formel:

$$n = (c . d/L^2) . \sqrt{E/D},$$

wo L die Stablänge und d die Dicke bedeutet, genommen in der Richtung der Durchbiegung. In dieser Formel fehlt die Breite B. Sprich nun das Gesetz in Worten aus.

Schüler: Die Schwingungszahl ist unabhängig von der Breite, proportional der Dicke und umgekehrt proportional dem Quadrat der Länge.

Meister: In Fig. 178 siehst du ein Glockenspiel. Die Stäbe sind von gleicher Dicke und Breite. Nun soll die kleinste Platte die Oktave der größten angeben.

Schüler: Dann muß $L^2 : L_1^2 = 2 : 1$ sein, mithin ist $L = L_1 . \sqrt{2}$.

Meister: Und da $\sqrt{2} = 1,4$ ist, so kannst du sofort die Abbildung prüfen.

Schüler: Ich messe $L_1 = 2,7$; es muß $L = 3,8$ sein. Es stimmt!

Meister: Eine jede Platte ist in ihrem ersten und dritten Viertel auf die Unterlage gestellt, entsprechend der tiefsten noch möglichen Schwingung mit zwei Knotenpunkten.

Fig. 179.

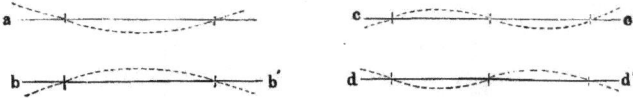

Schüler: Geben diese Platten auch Teiltöne je nach Anzahl von Knotenpunkten?

Meister: Teiltöne haben sie wohl, aber es ist nicht die harmonische Reihe ganzzahliger Töne, sondern eine ganz andere, unharmonische Reihe. In Fig. 179 sind die Schwingungen ganz ähnlich denen unserer Punktenreihen, aber die Schwingungszahlen befolgen ein anderes Gesetz: bei 2, 3, 4…k Knotenpunkten verhalten sich die Schwingungszahlen wie 3^2, 5^2, 7^2…$(2k-1)^2$. Ferner siehst du in Fig. 180 die

Fig. 180.

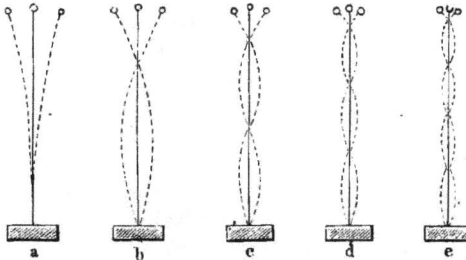

möglichen Formen eines an einem Ende befestigten Stabes. Der Befestigungspunkt ist immer Knotenpunkt. Im Stabe gibt es dann 1, 2, 3 oder mehr Knoten. — Schwingende Federn oder Zungen finden vielfach Anwendung, so bei der Harmonika und beim Harmonium, aber auch in der Orgel. Da sind Register von großer Stärke, obwohl die Tonquelle eine winzige Zunge ist. In Fig. 181 siehst du die Orgelpfeife, die man Trompete nennt. Die Luft tritt unten hinein, bringt die Zunge zum Schwingen und das kegelförmige Schallrohr verstärkt die ungeradzahligen Teiltöne. Diese Zunge ist eine durchschlagende; nebenbei in Fig. 182 ist eine aufschlagende Zunge, wie sie der Posaune eigen

21*

ist. — Die Stimmgabel hat auch unharmonische Teiltöne; meist sind
sie schwach und man hört einen farblosen Sinuston, der um so geeigneter ist zur Angabe der Tonhöhen. Bei der Hauptschwingung vollführt jede Zinke ihre Schwingung ähnlich, wie wenn sie einen festen
Fuß hätte. Die Punkte p und q (Fig. 183) sind solche Knotenpunkte.

Fig. 181.   Fig. 182.   Fig. 184.

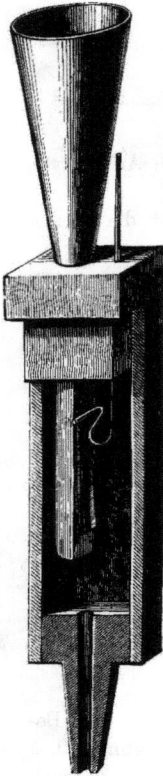

Fig. 183.

Schüler: Der Teil zwischen p
und q scheint auch zu schwingen.

Meister: Jawohl, und er vermittelt eine Fortpflanzung der Schwingungen durch den Stiel. Hält man
den Fuß der Gabel mit den Zähnen
fest und kneift die Zinken nach innen,
so hört man einen lauten Ton, der in
allen Knochenteilen des Schädels sich
fortpflanzt. Auch Stimmgabeln setzt
man auf Resonanzkästen (Fig. 184). —
Platten von Glas oder Metall faßt man
in Schraubenzwingen oder man faßt
sie, wenn sie kleiner sind, mit den
Fingern. Man streut Sand auf und
streicht mit dem Violinbogen den Plattenrand. Zahllose Figuren kann
man so erhalten, die ganz ähnlich denen sind der Fig. 174 (S. 320).

Schüler: Haben Glocken harmonische Teiltöne?

Meister: O nein; es ist Zufall, ob die Teiltöne günstig ausfallen.
Es entstehen Knotenlinien, die den Glockenmantel in 4, 5, 6 ... Teile
teilen mit den Schwingungszahlen 2^2, 3^2, 4^2 ... k^2. Die Tonhöhe wird

um so höher, je dicker der Glockenkörper ist, aber um so tiefer, je größer die Oberfläche.

c) Orchesterinstrumente. Orgelpfeifen.

Meister: Bei vielen Instrumenten ist es die Luft, die unmittelbar in Schwingung versetzt wird, sowohl im Orchester als in der Orgel.

Schüler: Ich weiß, daß das Orchester aus dem Streichquartett besteht, dem Holzquartett und den Metallblasinstrumenten.

Meister: Hierzu kommen noch Lärminstrumente und seltener gebrauchte, wie Harfe. In diesem Abschnitt wollten wir von Schwingungen der Luft sprechen als Tonquellen. Bei Streichinstrumenten kommen solche auch in Betracht; ihre Töne wären nämlich kaum hörbar, wenn sie nicht durch Resonanz verstärkt würden. Am einfachsten gestaltet sich die Theorie bei Metallblasinstrumenten. Der Ton wird durch die angesetzten Lippen erzeugt, deren Spannung zum Teil die Tonhöhe bestimmt. Anderenteils ist nämlich ein solches Instrument ein Rohr, dessen Länge man überschaut, wenn man es gerade streckt. Die Krümmungen haben keinen Einfluß auf die Tonbildung. Die Gesamtlänge des Rohres ist die halbe Wellenlänge des tiefsten Tones, den der Apparat geben kann. Es können aber auch 2, 3, 4 . . . Knotenpunkte entstehen.

Schüler: Und dann haben wir die harmonische Teiltonreihe.

Meister: Wenn die Rohre eng sind, so sprechen die tiefsten Töne schwer oder gar nicht an. So z. B. beim Waldhorn, das auf f² gestimmt ist. Man kann nur f³, c⁴, f⁴, a⁴, c⁵ herausbringen. Andere Töne ermöglichen die Klappen, die herabgedrückt das Rohr um ein bestimmtes Stück verlängern, es sinken alle Töne um einen Halbton.

Schüler: Es entstünde also e³, h³, e⁴, gis⁴, h⁴ . . .

Meister: Eine zweite Klappe vertieft um einen Ganzton und man erhält die Töne es³, b³, es⁴, g⁴, b⁴ . . . Drückt man nun beide Klappen zugleich nieder, so wird der Ton um 1½ Halbstufen vertieft.

Schüler: Man erhält also die Töne d³, a³, d⁴, fis⁴, a⁴ . . .

Meister: So erhält man fast alle auf dem Klavier nebeneinander liegenden Töne. Nur in der tiefsten Oktave sind Lücken nachgeblieben; diese zu füllen hat man eine dritte Klappe angebracht mit Verlängerung um 1½ Stufen. Durch Benutzung zweier oder aller drei Klappen werden nun alle Töne erreichbar.

Schüler: Ich habe auch Blechinstrumente gesehen ohne Klappen bei denen das Rohr sichtbar verlängert wurde.

Meister: Das sind die Posaunen, deren es drei gibt im großen Orchester. Die Klangbestandteile sind bei allen diesen Instrumenten dieselben, bei Waldhorn, Kornett, Tuba und Posaune. Sie haben alle die harmonischen Teiltöne, alle in großer Reinheit und Schönheit, in gleichmäßig abnehmender Stärke. Besonders sind es die sechs ersten Teiltöne, die die Klangfarbe kennzeichnen; bei Trompeten und Posaunen kommen noch viele höhere hinzu, so daß der Klang einen bald schmetternden, bald näselnden Charakter hat. — Das Holzquartett besteht aus Flöte, Klarinette, Oboe und Fagott. Nur die Flöte ist ein einfaches Luftrohr, das anspricht, wenn man die Luft durch Anblasen erschüttert. Die Tonhöhe ist ganz unabhängig von der Lippenspannung, nur abhängig von der Länge des Luftrohres vom oberen Ende bis zu den offen gelassenen Stellen, an denen Wellenbäuche entstehen. — Bei der Klarinette entsteht der Ton durch Schwingung eines Blättchens im Mundstück, bei Oboe und Fagott gibt es Doppelblättchen. Die Schwingungen dieser Blättchen einesteils und anderenteils die Stellung der Löcher im Rohr bedingen die Tonhöhe. Es fehlen bei diesen Instrumenten die ganzzahligen Teiltöne, daher der näselnde Charakter. Die Flöte ist obertonarm, sie hat fast reine Sinusschwingungen.

Schüler: Warum sind im Orchester die Streichinstrumente mehrfach besetzt, die Bläser nur einfach?

Meister: Das liegt an der geringen Tonstärke der Streichinstrumente, trotz der angebrachten Resonanz. — In der Orgel unterscheidet man Lippen- und Zungenpfeifen. Letztere besprachen wir schon bei Gelegenheit der schwingenden Zungen.

Schüler: Die Klangfarbe bei durchschlagenden Zungen war viel sanfter als bei aufschlagenden.

Meister: Auch das liegt daran, daß bei letzteren zahllose hohe Teiltöne auftreten mit großer Schallstärke. Das winzige Metallstück erzeugt jene schmetternden Töne des vollen Orgelwerkes. Man unterscheidet bei den Lippenpfeifen zwei Arten: offene und gedeckte (Gedakte). Bei den offenen ist mindestens ein Knotenpunkt in der Mitte der Röhre, und die Röhrenlänge ist zugleich die halbe Wellenlänge des Tones. Bei stärkerem Anblasen können sich 2, 3, 4 ... Knoten bilden.

Schüler: Also besteht der Klang aus der harmonischen Teiltonreihe.

Meister: Ja, doch verstummen bald die höheren Teiltöne, daher der Klang oft sanft erscheint. Bei engeren, namentlich metallenen Orgelpfeifen treten mehr Obertöne im Klange auf. Bei den gedeckten Pfeifen ist der Ton immer eine Oktave tiefer als bei den offenen, weil ein Knoten bei dem am oberen Pfeifenende angebrachten Deckel entsteht; die Röhrenlänge ist jetzt nur $1/4$ der sich fortpflanzenden Welle. Die gedeckten Pfeifen haben gar keine geradzahligen Obertöne. Hat eine offene Pfeife die Schwingungszahlen 1, 2, 3, 4 ..., so hat die Gedakte derselben Länge $1/2$, $3/2$, $5/2$, $7/2$ ... Die ungeradzahligen Teiltöne bedingen einen eigentümlichen Klangcharakter. In Fig. 185 ist eine

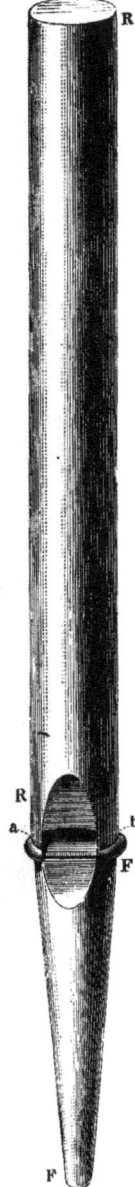

Wand der Holzpfeife abgetrennt. Man sieht nun deutlich den Fuß, durch den die Luft aus den Blasebälgen einströmt, ferner das Mundstück mit dem Spalt cd, durch den die Luft gegen die Lippe ab bläst und die Luft im Rohre erschüttert. Am oberen Ende findet Reflex statt.

Schüler: Weil die Wand nicht mehr die Erregung einengt.

Meister: Deshalb kommt eine stehende Welle zustande.

Schüler: Hat der Stoff, aus dem die Orgelpfeifen gebaut sind, Einfluß auf die Klangfarbe?

Meister: Es scheint wohl so, obwohl es schwer zu erklären ist. In Fig. 186 siehst du eine metallische Lippenpfeife.

Schüler: Solche sind in der Kirchenorgel vorn angebracht.

Meister: Einen artigen Versuch will ich dir zum Schluß mitteilen: Verschaffe dir den unteren Teil einer Lippenpfeife, so daß ein nicht gar zu dickes Glasrohr über dem Mundstück eingesetzt werden kann. Das Glasrohr mag $1\frac{1}{2}$ bis 2 cm im Lichten haben und etwa 80 cm lang sein. Die obere Röhrenöffnung verschließe mit einem Kork, nachdem zuvor eine Menge sehr feiner Korkfeile ins Rohr geschüttet worden war. Lege nun das Rohr horizontal auf einen Tisch, nachdem der Korkstaub gleichmäßig im Rohre verteilt worden war. An den Fuß kann man einen Kautschukschlauch ansetzen, dessen Ende man in den Mund steckt. Je nachdem

Fig. 185.

Fig. 186.

man schwächer oder stärker hineinbläst, entwickelt sich ein höherer oder tieferer Teilton, wobei der Korkstaub an den Knotenstellen r u h e n bleibt, während er überall sonst lebhaft hin und her gestoßen wird,

Fig. 187.

so daß er sich steil wie eine Wand erhebt.   Die entstehenden Figuren heißen K u n d t s c h e S t a u b f i g u r e n (Fig. 187).

S c h ü l e r: Ich wundere mich, daß bei Orgelpfeifen die Töne so leicht ansprechen, wodurch entstehen die Luftschwingungen?

M e i s t e r: Das Ansprechen beruht sicher auf der Reflexion der ersten Stöße.   Es paßt sich die Bewegung dem Eigenton der ein-

Fig. 189.

Fig. 188.

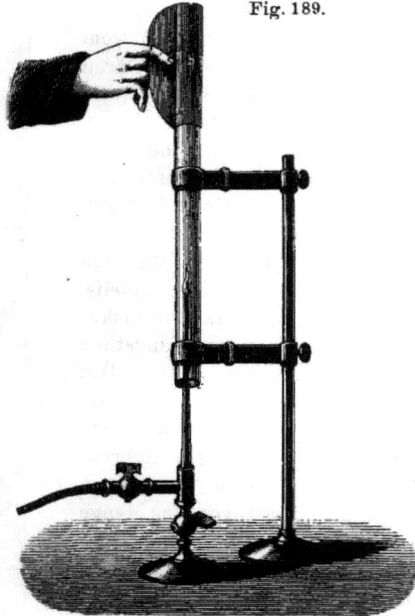

geschlossenen Luft an.   Wie leicht läßt sich eine beliebige Röhre an-blasen, wie Fig. 188 zeigt, und bringt man eine Flamme in ein Glasrohr, so beginnt sie alsbald zu singen (Fig. 189).   Mittels eines rotierenden Spiegels können die zeitlichen Schwingungsbilder der Flammen räumlich dargestellt werden.

3. Zusammenklang von Tönen. Schwebungen. Kombinationstöne. Interferenz.

Meister: Wir sahen, daß, wenn zwei Töne zugleich erklingen, das Trommelfell zwar nur eine Bewegung ausführt, die Empfindung der Teiltöne aber dennoch zustande kommt.

Schüler: Das beruhte auf Fouriers Satz und auf dem Prinzip des Mitschwingens.

Meister: Richtig. Wir führen eine Analyse aus, genau der mathematischen Darstellung entsprechend. Dieses nun erleidet eine bemerkenswerte Ausnahme: Erklingen zwei Töne, deren Schwingungszahlen wenig verschieden sind, so hört man einen Ton mittlerer Höhe,

Fig. 190.

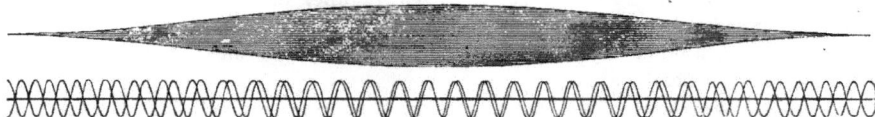

der aber an Stärke wechselt. Man sagt, die Töne geben Stöße oder Schwebungen. In Fig. 190 findest du die Erklärung. Es sind 30 mit 31 Schwingungen zur Interferenz gebracht.

Schüler: Ich kann dann die Summen der Amplituden bilden, ähnlich wie früher.

Meister: Du würdest finden, daß sich die Erregungen anfänglich fast aufheben, daß sie allmählich stärker und in der Mitte bei 15 Schwin-

Fig. 191.

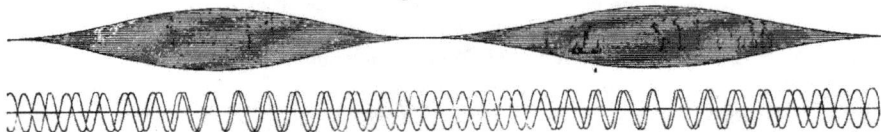

gungen am stärksten werden. Die schraffierte Figur zeigt nur die Grenzen an, bis wohin die Amplituden der Interferenzwelle reichen. Überlege die andere Fig. 191 ebenda.

Schüler: Es sind 30 Schwingungen mit 32 zur Interferenz gebracht; also ist schon in der halben Zeit die entgegengesetzte Phase eingetreten.

Meister: Während 30 Schwingungen schwillt der erste Ton einmal, der andere Ton zweimal an; das Unterscheidungsvermögen für die Tonhöhen der beiden Töne hat auch gelitten. Denke dir nun einen

Ton in mittlerer Lage von 400 Schwingungen und es entstehe ein
zweiter von 420, so werden 420 — 400 = 20 Stöße zu hören sein. Sie
sind besonders leicht zu hören am Harmonium. Die beiden tiefsten Töne
haben da meist 40 und 43 Schwingungen, sie geben richtig drei Stöße
in der Sekunde. Jede Oktave höher läßt die Zahl verdoppeln. Bei
höheren Tönen werden die Stöße so zahlreich, daß man sie nicht mehr
zählen kann. Jetzt aber entsteht auf Grund derselben Erklärung eine
neue Erscheinung. Gesetzt, man habe 400 mit 500 interferieren lassen;
dann würden 100 Schwebungen entstehen. Diese aber vernimmt man
nicht mehr, weil durch Mitschwingen im Cortischen Organ ganz getrennte Fasern erregt worden sind. Immerhin wird das Trommelfell
in der Sekunde 100 mal stärker und 100 mal schwächer erregt; infolgedessen gerät eine tiefe Faser in Mitschwingung, die nämlich 100 Schwingungen entspricht.

Schüler: Aber dieser tiefe Ton ist doch gar nicht in den beiden
Tönen enthalten.

Meister: Eben darum klingt das sehr wunderbar. Erklingt
irgendwo eine große Terz, 4:5, so ist es der Ton 1, also die Unter-
doppeloktave des tieferen Tones, der gehört wird. Solche Töne heißen
Kombinationstöne, auch Differenztöne.

Schüler: Weil ihre Schwingungszahl genau gleich der Differenz
der Interferenztöne ist. Sieht man die Figuren an, so kommt es einem
verständlich vor, daß eine tiefere Faser in Mitschwingung gerät.

4. Die menschliche Sprache.

Meister: Welches sind die Bestandteile der Worte unserer Sprache?
Schüler: Die Stimmlaute und die Mitlaute.
Meister: Erstere, auch Vokale genannt, sind klanghaft; die
Mitlaute oder Konsonanten sind Geräusche. Jeder Vokal kann
bei jeder Spannung der Stimmbänder erklingen. Der Klang wird nur
durch Resonanz der Mundteile bestimmt. Die Änderung der Mundstellung beobachtet man am besten, wenn man vom Laute a ausgeht
und in drei verschiedenen Reihen zu neuen Lauten übergeht:

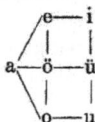

Schüler: In der ersten Reihe fühle ich, wie der Mund sich immer
mehr schließt, aber zugleich in die Breite sich öffnet.
Meister: Und beim i bildet die Zunge mit dem Gaumen einen
feinen Kanal, in dem die hohen Resonanztöne sich ausprägen.

Schüler: Die zweite Reihe ist der ersten ähnlich hinsichtlich des Mundverschlusses, aber die Mundwinkel vollführen eine der vorigen entgegengesetzte Bewegung.

Meister: Und beim ü ist die hohe Resonanz nicht zwischen Zunge und Gaumen, sondern zwischen den beiden Lippen.

Schüler: Die dritte Reihe ist der zweiten in jeder Hinsicht ähnlich, nur werden die Lippen weniger geschlossen.

Meister: Und beim u findet eine tiefe Resonanz in der ganzen Mundhöhle statt. Bei einigen Vokalen ist deutlich eine doppelte Resonanz hörbar. Die Stellung der Mundhöhle gibt Helmholtz in Noten an:

u   o   a   ä   e   i   ö   ü

Bemerkenswert ist es, daß die Mundhöhle eine Resonanz bestimmter Tonhöhe hat, unabhängig von gesprochenen Tönen. Forme deinen Mund zu einem u oder o und halte diese Stimmgabel von 435 Schwingungen vor den Mund.

Schüler: Es ist ein ganz deutliches o; wenn die Mundhöhle mitschwingen soll, kann ich die Mundstellung gar nicht ändern!

Meister: Bei anderen Nationen kann man noch ganz andere Vokalreihen aufstellen. Auch gibt es zahllose Vokale als Übergänge zwischen je zweien in vertikaler Richtung.

Schüler: Besonders von i über ü nach u empfinde ich den starken Wechsel der Mundstellung, und zwischen ü und u zieht sich die Zunge zurück.

Meister: Sie schafft zuletzt den großen Resonanzraum. — Nun wollen wir noch schnell die Konsonanten besprechen. Sieh dir folgende Einteilung an:

1. Hauchlaut: h,
2. Zungengeräusche: l, r.
3. Halbvokale: m, n, ng,
4. Konsonanten:

a) Stimmhafte:	b) Stimmlose:
b, d, g, w,	p, t, k, f,
s (am Wortanfang),	s (auslautend),
j (neben e und i),	ch (neben e und i),
g (neben a, o, u),	ch (neben a, o, u),
ž (z. B. Genie).	sch.

Schüler: Ich fühle bei den Halbvokalen die veränderte Stellung der Lippen und der Zunge.

Meister: Bei allen dreien muß der Nasengang offen sein; darum heißen sie auch Nasenlaute. Von allen Konsonanten sind sie es, die am weitesten gehört werden. Jedem stimmhaften ist ein stimmloser zugesellt, weil ganz dieselben Mundbewegungen ausgeführt werden.

Schüler: Wie kommt es, Meister, daß so viele Menschen die stimmlosen von den stimmhaften nicht unterscheiden können?

Meister: Das liegt an einer Nachlässigkeit in der Erziehung. Willst du den großen Unterschied einem Menschen beibringen, so lehre ihn die Bewegung seiner Stimmbänder fühlen. Er halte eine Hand an seinen Kehlkopf und versuche n — d — n — d zu sprechen. Die Mundstellung ist zwischen diesen Tönen gar nicht zu verändern, nur die Zunge läßt plötzlich das d hervorsprießen. Dabei wird der Stimmlaut nicht unterbrochen, und man fühlt auch die Erzitterungen des Kehlkopfes. — Nun aber lasse ihn n — t — n — t sprechen; zwischen n und t werden die Stimmbänder schlaff; der Ton muß zwischen beiden verstummen. Verwandte Mundstellung haben auch die anderen Paare.

Schüler: Ich versuche es mit m — b — m — b. Ich kann es ohne Unterbrechung hersagen; aber bei m — p — m — p klappt die Stimme zusammen.

Meister: Verwandt sind auch ng — g und ng — k.

Schüler: Ihr habt s in eine neue Zeile gebracht.

Meister: Im Deutschen ist in den meisten Dialekten das s am Wortanfang stimmhaft, dagegen immer stimmlos beim Auslaut. Leider haben wir kein besonderes Zeichen für das stimmhafte s, das die Franzosen mit z bezeichnen. Die übrigen Paare magst du dir überlegen; für das weiche sch fehlt leider im Deutschen das Zeichen.

Schüler: Warum aber bringt ihr ch zweimal?

Meister: Weil es nach a, o, u und andererseits nach e und i verschiedene Laute sind. Sprich: ach und ich. Zum letzteren ch haben wir stimmhaft das j, z. B. ja, jetzt. Zum anderen ch übernimmt das g den stimmhaften Laut, z. B. Tage; aber auch hier herrscht Unbestimmtheit.

Schüler: Meint ihr, Meister, daß man jedermann den Unterschied der harten und der weichen Mitlaute beibringen kann?

Meister: Ganz gewiß. Es hat seine Schwierigkeiten, wenn in einem Dialekte statt der klar gesonderten harten und weichen ein Mittellaut für beide gebraucht wird. Da hat die Volksschule einzugreifen und sollte den Unfug nicht dulden.

Schüler: Beim Flüstern sind doch die Stimmbänder schlaff, und doch hören wir alle Buchstaben.

Meister: Die harten und weichen sind alsdann schwer zu unterscheiden; doch bei vorsichtigem Sprechen werden die weichen sanfter ausgestoßen, und dadurch ersetzen wir den fehlenden Stimmton. Die Bezeichnung hart und weich kommt gerade beim Flüstern zur Geltung.

5. Harmonielehre.

Meister: Unter Harmonie versteht man die Verbindung von Tönen zu einem wohlgefälligen Ganzen. Sie führt zu einem Kunstgebiete.

Schüler: Ihr meint die Musik. Gehört sie auch zur Physik?

Meister: Physik ist Wissenschaft, Musik ist Kunst. Zahlreich sind ihre Berührungspunkte. Man pflegt in der Physik die Elemente der Harmonie zu begründen, und diese Begründung ist zum Teil physikalisch, zum anderen Teil physiologisch und psychologisch. Wir betrachten erst die Akkorde und Intervalle. Wir stellen auf Grund der Erfahrung das Prinzip der Konsonanz auf und führen eine Symbolik ein. Demnächst unterscheiden wir den Akkordfortschritt, und es werden dann die Tongeschlechter aufgebaut. Bei dieser Untersuchung kommen wir zu einer Erklärung der Dissonanz und ihrer Auflösung. Die Verwandtschaft der Tongeschlechter und die Bewegung innerhalb eines Verwandtenkreises führt zur Modulation. Hierbei wird ein Einblick gewonnen in die Metharmonik und Enharmonik.

Schüler: Ich freue mich auf diese Lehren, da ich praktisch auf meiner Violine schon eine Grundlage erlernt habe; nur fehlt mir der Einblick in den Zusammenhang.

a) Konsonanzbegriff. Akkorde. Intervalle. Symbolik.

Meister: In der Musik kennt man nur zwei Arten konsonanter Dreiklänge.

Schüler: Ihr meint den Dur- und den Mollakkord.

Meister: Dieser Gegensatz ist es, den wir zuvörderst deuten und untersuchen wollen, denn darauf beruht das ganze Gebäude der wissenschaftlichen und der praktischen Harmonielehre. Die Notenschrift gibt uns ein vortreffliches Bild dieses Gegensatzes. Wir knüpfen an den Begriff des Klanges an. Im Schema hier überlege die erste Reihe. Du siehst fünffache Notenzeilen übereinander. Du kennst den Baßschlüssel, bei dem die mittlere der fünf Zeilen d heißt. Ich nenne diesen Schlüssel den D-Schlüssel und verwende ihn über das ganze Tongebiet hin. Die vorgesetzten Zeichen II D und IV D geben die um zwei und vier Oktaven höher liegenden Töne an und —II D und —IV D die tieferen Oktaven.

Schüler: Nach oben erstreckt sich die Obertonreihe; es sind die Bestandteile eines d-Klanges.

Meister: Richtig, und als Spiegelbild ist nach unten die Untertonreihe verzeichnet; das ist die Reihe von Tönen, die d als Oberton enthalten. Um das deutlich zu verstehen, drücke auf dem

A.

I.	II.	III.
Obertonreihe von D.	Phonische Konsonanz von D$^\mathbf{O}$.	Phonische Diskordanz von D+.

IV D

II D

D

−II D

−IV D

| Untertonreihe von D. | Tonische Konsonanz von D+. | Tonische Diskordanz von D$^\mathbf{O}$. |

Klaviere die Taste d nieder; alsdann sind nämlich dessen Saiten vom Dämpfer befreit. Sobald nun kurz und kräftig irgend einer der Untertöne angeschlagen wird, geraten die Saiten des d in Mitschwingung, bei jedem anderen Tone bleiben sie stumm.

Schüler: Ich will solche Versuche mit verschiedenen Tönen anstellen.

Meister: Die sechs untersten Teiltöne nach oben und nach unten sind die wichtigsten. In der oberen Reihe erkennst du den d-Dur-Akkord.

Schüler: Und in der unteren finde ich den g-Moll-Akkord.

Meister: Für beide Gebilde kannst du die Schwingungszahlen hinschreiben. Setzen wir

$$d : \overline{fis} : a = 4 : 5 : 6,$$

so wird

$$g : \underline{b} : d = \tfrac{1}{6} : \tfrac{1}{5} : \tfrac{1}{4},$$

denn die Schwingungszahlen der Untertonreihe sind die reziproken der Obertonreihe.

Schüler: Verstehe ich recht, so hat $g = \tfrac{1}{6}$ als sechsten Partialton den Ton $d = 1$.

Meister: Richtig. Wir erfassen nun den gefundenen Gegensatz, der in den Schwingungszahlen sich durch **Reziprozität** kundtut und in den Noten durch **symmetrische Lage**. Im Gehör finden wir den Gegensatz nach **Höhe und Tiefe**; außerdem aber noch als **passives und aktives Verhalten**.

Schüler: Letzteres habe ich nicht verstanden.

Meister: Besinne dich auf die Theorie des Mitschwingens und auf die Tätigkeit des **Cortischen Organes**. In diesem tritt der Gegensatz in folgender Weise hervor: Erklingt ein d-Klang, so schwingen die Fasern der Teiltöne. Wir verschmelzen alle Teiltöne zu einem klangreichen Begriff d. Ertönt nun ein Dreiklang d — $\overline{fis}$ — a, so erkennen wir ihn wieder als Teiltöne eines tiefen d-Klanges. Die drei Töne sind gleichsam eingespannt, und darum heißt das Gebilde „tonisch". Wir schreiben dafür das Symbol d^{+}. Das ist das Zeichen für die **geistige Wahrnehmung eines Zusammenklanges. Es ist der Ausdruck der tonischen Konsonanz.**

Schüler: Wie steht es nun mit der Untertonreihe?

Meister: Die drei Töne g — $\underline{b}$ — d haben alle drei denselben Oberton d, und zwar **ganz reell**, was besonders am Harmonium gut zu hören ist. Dieser Gemeinsamkeit geben wir Ausdruck, indem wir für den konsonanten Dreiklang g — $\underline{b}$ — d das Symbol d^{o} einführen und nennen das Gebilde „phonisch d".

Schüler: Wie bleibt es denn mit dem Namen g-Moll?

Meister: Den müssen wir vermeiden, weil er die ganze Theorie in Verwirrung bringt. Beachte den Gegensatz der beiden Konsonanten. In d^{+} ist zum Tone d die große reine **Oberterz** und die **Oberquinte** hinzugestellt, in d^{o} dagegen zum Tone d die große **Unterterz** und die **Unterquinte**.

Schüler: Das ist schön! Nun bin ich gespannt auf die Erklärung der beiden anderen Notenreihen. Aus der Überschrift erkannte ich schon die vollkommenen Gegensätze.

Meister: Zu jedem Tone des Dreiklanges wurden seine Obertöne und zum Gegengebilde die Untertöne hingezeichnet. Während g — b — d reell — d. h. phonisch — konsoniert in vielen d-Obertönen, erscheint d — f̅i̅s — a nebenbei zwar sehr reich an Obertönen, aber sie harmonieren nicht; daher ist der Klang hart, — Dur heißt hart.

Schüler: Und daher die Überschrift: Phonische Diskordanz von d.

Meister: Und nun untersuche die Spiegelbilder. Die zeigen, daß d — f̅i̅s — a tonisch konsonant, während g — b̲ — d tonisch diskordant ist.

Schüler: Wir lernten den Gegensatz von Dur und Moll darin finden, daß der Dur-Akkord die große Terz, der Moll-Akkord die kleine Terz hat.

Meister: Das hängt damit zusammen, daß man für einen konsonanten Akkord das Bedürfnis eines Grundbasses empfindet. Man mag g den Grundbaß nennen, das hindert nicht, den großartigen Gegensatz von tonisch und phonisch fallen zu lassen. Die kleine Terz ist kein so einfaches Intervall, wie die große Terz; bei dieser kommt nur der eine Faktor 5 zur Geltung; bei der kleinen Terz dagegen kommen die Faktoren 3 und 5 vor, wie du aus dem Verhältnis 5 : 6 erkennst. In unserer Symbolik hat d$^+$ die Oberterz $^5/_4$ und die Oberquint $^3/_2$, dagegen d^0 die Unterterz $^4/_5$ und die Unterquint $^2/_3$. Der tonische Akkord steigt aus der Tiefe nach der Höhe empor, der phonische senkt sich in die Tiefe. Fassen wir nun das Ganze zusammen: Es gibt zwei einander entgegengesetzte Prinzipe der Konsonanz: Tonizität und Phonizität. Tonizität ist die Eigenschaft von Tönen, als Bestandteile eines Grundtones aufgefaßt werden zu können. Phonizität ist die Eigenschaft von Tönen, gemeinsame Teiltöne zu haben. Der tonische Grundton und der phonische Oberton entsprechen den Symbolen der Konsonanz. Die Zeichen d$^+$ und d^0 bedeuten keine Töne, sondern Auffassungen, psychische Wahrnehmungen, die der Erfahrung entnommen sind. Der tonische, der Dur-Akkord, ist nur tonisch konsonant, phonisch diskordant, der phonische Akkord ist nur phonisch konsonant, tonisch diskordant. Die Diskordanz des Dur-Akkordes ist eine reelle, während die Konsonanz des phonischen reell ist. — Jetzt erst gehen wir zu den Intervallen über. In jedem Dreiklang gibt es drei Intervalle, deren Eigenschaften folgendes Schema übersehen läßt:

B. Konsonanz-Amphibolie der Intervalle.

2:3	4:5	4:3	8:5	5:6	5:3
Quinte	große Terz	Quarte	kleine Sexte	kleine Terz	große Sexte

C. Konsonanz-Amphibolie der Intervalle.

3:2	5:4	3:4	5:8	6:5	3:5
Quinte	große Terz	Quarte	kleine Sexte	kleine Terz	große Sexte

Zu jedem Intervall gibt es ein Ergänzungsintervall zur Oktave; es entspricht

der großen Terz 4 : 5 die kleine Sexte 5 : 8,
der Quinte   2 : 3 die Quarte   3 : 4,
der kleinen Terz 5 : 6 die große Sexte 3 : 5.

Schüler: Ihr habt zu jedem Intervallton die Ober- und Untertöne hinzugefügt.

Meister: Das geschah allemal nur bis zum zusammenfallenden Ober- oder Unterton. Unter IV ist z. B. die kleine Sexte verzeichnet 8 : 5, und es stimmt der fünfte Oberton des höheren mit dem achten des unteren Tones überein (Teilton 7 ist nicht verzeichnet worden). Allgemein: wenn zwei Töne m und n Schwingungen vollführen, so ist m . n ihr gemeinsamer Oberton. Je kleiner die Zahlen m und n, um so verwandter erscheinen die beiden Töne als Intervall.

Schüler: Bei der Quinte stimmt schon der dritte des einen mit dem zweiten des anderen überein.

Meister: Und bei der Oktave fallen alle zusammen.

Schüler: Da sieht man deutlich, warum die Oktavtöne einander so gleich erscheinen.

Meister: So daß sie oft verwechselt werden. Aus unserem Bilde aber erkennen wir noch einen wichtigen Umstand. Der tonische Grundton ist allemal ebenso weit wie der phonische Oberton von den beiden Intervalltönen entfernt, denn es gilt, weil $1 : m . n = 1/m . n : 1$

für den tonischen Grundton: $1 : m : n : m . n$,
für den phonischen Oberton: $1/(m . n) : 1/m : 1/n : 1$.

Jedes Intervall ist tonisch oder phonisch ganz gleich konsonant. Daher sind zweistimmige Gebilde amphibol, d. h. zweideutig. Diese Unentschiedenheit empfindet man besonders bei der Quinte, z. B. $g — d$; sie kann als g^+ oder als d^0 aufgefaßt werden. Erst ein hinzutretendes h oder b̲ entscheidet unzweideutig die Auffassung. Ebenso bei der Terz, z. B. $f — \overline{a}$; sie könnte f^+ oder $\overline{a}^0$ bedeuten. Beim Hinzutreten von $\overline{d}$ oder von c wird die Amphibolie beseitigt.

Schüler: Demgemäß erscheint es wichtig, daß die Dreiklänge einseitig konsonant sind?

Meister: Ganz gewiß, sonst gäbe es keine feste Symbolik, d. h. keine sichere ruhige Auffassung.

b) Akkordfortschritt. Tongeschlechter.

Meister: Wir sahen, daß Töne eines Intervalles einander verwandt sind, und zwar um so näher, je kleiner das Verhältnis ihrer Schwingungszahlen ist. Aber auch wenn die Töne nacheinander erklingen, erkennen wir ihre nahe Beziehung. Das erklärt uns denn auch, daß nahe verwandte Akkorde einander folgen können; die Akkordfolge nennt man verständlich, bei der die Beziehung erkannt, d. h. empfunden wird. Ob die Folge gefällig ist, ist eine weitere Frage. Da die Oktave gar zu nahe Töne enthält, fangen wir gleich mit der Quinte an. Wir beobachten, daß Quintschritte immer verständlich sind, wenn die Akkorde homonom sind, d. h. tonisch-tonisch oder phonisch-phonisch.

Schüler: So kann ich von f^+ über c^+ nach g^+ oder von $\bar{e}^0$ über $\bar{a}^0$ nach $\bar{d}^0$ fortschreiten.

Meister: Du bist in Dur-Akkorden hinauf, in den phonischen hinunter gegangen; das war ganz gut, aber die umgekehrten Folgen sind ebenso gut verständlich. Lassen wir aber nach f^+ sogleich g^+ erklingen, so vermissen wir den Zwischenakkord. Befriedigend folgt jetzt das Bindeglied c^+. Solch einen Doppelquintschritt $f^+ - g^+$ nennen wir vorgreifende Folge.

Schüler: Demgemäß wäre auch $\bar{h}^0 - \bar{a}^0$ eine vorgreifende Folge, und es müßte das Bindeglied $\bar{e}^0$ befriedigend folgen.

Meister: Wir sind nun so weit, daß wir die reinen Tongeschlechter aufbauen können. Ich wähle einen Ton, z. B. d, und füge den Symbolen d^+ und andererseits d^0 ihre homonomen oberen und unteren Quintensymbole hinzu. Ich bilde so ein

rein tonisches Geschlecht   rein phonisches Geschlecht
$$g^+ - d^+ - a^+, \qquad\qquad g^0 - d^0 - a^0.$$

Schreibe nun die entsprechenden Dreiklänge hin.

Schüler: Ich erhalte:

$$g - \bar{h} - d - \overline{fis} - a - \overline{cis} - e \qquad\qquad c - \underline{es} - g - \underline{b} - d - \underline{f} - a.$$

Meister: Ordne sie nun nach der Tonhöhe.

Schüler:

$$d - e - \overline{fis} - g - a - h - \overline{cis} - d$$
$$1 - \tfrac{9}{8} - \tfrac{5}{4} - \tfrac{4}{3} - \tfrac{3}{2} - \tfrac{5}{3} - \tfrac{15}{8} - 2$$

$$d - \underline{es} - f - g - a - \underline{b} - c - d$$
$$\tfrac{1}{2} - \tfrac{8}{15} - \tfrac{3}{5} - \tfrac{2}{3} - \tfrac{3}{4} - \tfrac{4}{5} - \tfrac{8}{9} - 1$$

Meister: Ich habe dir gleich die Schwingungszahlen hinzugefügt und die beiden Pfeile. Die tonische Leiter steigt empor aus der Tiefe; die phonische mußt du abwärts singen.

Schüler: Abwärts gelingt es mir sofort, aufwärts empfinde ich eine Unsicherheit.

Meister: Durch etwas Übung kann man beide Leitern auf und ab singen, aber sobald man einen neuen Anfangston wählt, ist immer wieder die absteigende phonische Leiter bequemer.

22*

Schüler: Die erste Leiter ist die Dur-Tonleiter, die andere kenne ich nicht.

Meister: Sie ist in der europäischen Musik vernachlässigt worden und verdrängt von einem Mischgeschlecht, das große Kraft hat und das wir bald kennen lernen werden. Die Griechen kannten das reine Tongeschlecht; es hieß das dorische und wurde von oben nach unten gesungen und auch benannt. In beiden Geschlechtern ist der Ton d der Mittelpunkt. Wir nennen das Symbol d^+ die Tonika, und d^0 die Phonika. Die Seitensymbole heißen:

a^+ die Dominante, g^0 die Regnante,

g^+ die Unterdominante, a^0 die Oberregnante.

das erste Paar, a^+ und g^0, nennt man die starken Seitensymbole.

Schüler: Also ist im Phonischen die untere Seite die starke.

Meister: Ganz richtig. Demgemäß bildet man Kadenzen, d. h. schlichte, schließende Akkordfolgen:

Im zweiten Beispiele ist dem Bedürfnis nach einem Grundbaß entsprochen worden. Das erste enthält genaue Spiegelbilder. Auf diese aber kommt es nicht an, weil unsere Empfindungen in den hohen Tonlagen ganz andere sind als in den tieferen.

Schüler: Ich bemerke noch, daß die Schwingungszahlen, die ihr oben den Leitern hinzufügtet, einander genau reziprok sind.

Meister: Das darf dich nicht überraschen, da der Aufbau beider Geschlechter genau derselbe ist, nur nach entgegengesetzten Richtungen.

Schüler: Nun möchte ich wissen, wie hieraus die Molleiter entstanden ist.

Meister: Wir werden sie bald in ihrer berechtigten Weise herleiten. Die gewöhnliche Begründung aber beruht auf einer Verstümmelung unseres rein phonischen Geschlechtes. Zunächst verkannte man, daß im Dreiklang g — b — d der Ton d der bestimmende war; man nannte den Akkord g-Moll und gesellte ihm c-Moll und d-Moll hinzu. Das gab freilich ganz dieselbe Tonmasse, wie in unserem phonischen Geschlecht, aber man fing die Leiter mit g an und führte sie in tonischer Weise von unten nach oben. So entstand die Leiter:

$$g — a — b — c — d — es — f — g.$$

Die weitere Tonisierung forderte zum Haupttone g eine Dominante d+, und das ergab die Einführung von fis statt f. So kam die aufsteigende Leiter g — a — b — c — d — es — fis — g zustande.

Schüler: Wir nannten sie die instrumentale Molltonleiter.

Meister: Den Sprung es — fis zu vermeiden, wurde sogar ein e statt es eingeführt, aber niemand versuchte dessen Stimmung zu bestimmen; war es ē, die Terz von c, oder war es e, die Quint von a. Beides ist dem Geschlecht fremd, und das fühlt man auch an der Leiter wenn man sie harmonisieren will.

Schüler: Aber absteigend gebrauchten wir wieder die Töne

$$es — f — g.$$

Meister: Daraus erkennt man wieder das dunkle Bestreben, dem phonischen Prinzip Geltung zu verschaffen. Wenn man sich erlaubte, ähnlich das tonische Geschlecht zu verstümmeln, so nenne a-Dur den Akkord d — fis — a; versetze den Anfang um eine Quinte nach oben, und spiele die Leiter von oben nach unten und verwandle noch h in b:

$$a — b — cis — d — e — fis — g — a,$$

und nenne diese Leiter a - Dur! Das wäre ein phonisiertes Dur, das Spiegelbild der Moll-Verstümmelung!

Schüler: Wenn ich diese Leiter zu singen versuche, so fühle ich deutlich, daß sie umgekehrt, d. h. von unten nach der Höhe, leichter zu treffen ist. Auch empfindet man d als Zentrum, und nicht a.

c) Die Mischgeschlechter. Dissonanz und Auflösung. Modulation.

Schüler: Jetzt, Meister, bin ich gespannt auf eure Herleitung des Mollgeschlechtes.

Meister: Die ist höchst einfach, aber interessant. Nur muß zunächst der Name Moll vermieden werden. Wir kommen zu zwei einander entgegengesetzten Mischgeschlechtern. Als Akkordfortschritt hatten wir bis jetzt nur den homonomen Quintschritt und den homonomen Doppelquintschritt kennen gelernt. Nun bietet sich uns noch eine wichtige unmittelbar verständliche Akkordfolge dar; das ist der **antinome Gegensatz**, d. h. die **antinomen Symbole eines und desselben Tones**.

Schüler: Also die Folgen:

$$d - \overline{fis} - a = d^+$$
$$g - \underline{b} - d = d^o$$

oder umgekehrt.

Meister: Und ähnlich in allen Umlagerungen des Dreiklanges. Dadurch tritt das tonische Geschlecht von d, das wir mit d^τ bezeichnen, in solchen Gegensatz zum phonischen d^φ, daß sie einander verständlich folgen können.

Schüler: Mir scheint, daß man zu einem jeden der drei Akkorde des einen Geschlechtes seinen antinomen Gegensatz ergreifen kann und so sofort im anderen Geschlecht sich befindet.

Meister: Das ist ganz richtig. Einen jeden Wechsel des Tongeschlechtes nennt man **Modulation**. Sie findet ebenso schon durch homonome Quintschritte statt, von d^τ z. B. kann man sofort nach a^τ modulieren, dazu braucht man nur den Quintschritt nach

$$e^+ = e - \overline{gis} - h$$

auszuführen. Man empfindet alsdann, daß der Mittelpunkt von d^+ nach a^+ verschoben worden ist. Nun aber können wir auf Grund des antinomen Gegensatzes neue Tongeschlechter aufbauen. Es sei wieder d das Zentrum, dann führen wir zu d^+ das Symbol d^o hinzu und umgekehrt auch zu d^o das Symbol d^+. So erhalten wir die Systeme:

Halbtonisch $d^{(\tau)}$	Halbphonisch $d^{(\varphi)}$
d^o, d^+, a^+.	g^o, d^o, d^+.

In beiden Fällen haben wir die schwachen Seiten verändert, dagegen die starken unverändert stehen lassen, sowohl den Dominantakkord a^+, als auch den Regnantakkord g^o. Schreibe nun die Akkordtöne hin.

Schüler: Ich erhalte die Akkordreihen:

Halbtonisch $d^{(\tau)}$:	Halbphonisch $d^{(\varphi)}$:
$g - \underline{b} - d - \overline{fis} - a - \overline{cis} - e$	$c - es - g - \underline{b} - d - \overline{fis} - a$
$d - e - \overline{fis} - g - a - \underline{b} - \overline{cis} - d$	$d - es - \overline{fis} - g - a - \underline{b} - c - d$

Meister: Hier hast du rechts die richtig gedeutete und richtig geschriebene Molltonleiter; sie heißt bei uns nicht g, sondern halbphonisch-d, mit dem Zeichen $d^{(\varphi)}$. Der Hauptakkord ist durchaus nicht $d - \overline{fis} - a$, sondern $g - b - d = d^{\circ}$. Den Gegensatz bietet ein halbtonisches Geschlecht dar: $\overline{d}^{(\tau)}$. Die Kadenzen sind äußerst interessant, weil in beiden Mischgeschlechtern zwei starke Seiten vorhanden sind, die starke Oberdominante und die starke Unterregnante. Diese Mischgeschlechter sind in vieler Hinsicht den reinen überlegen, und das führt uns zum Begriff der Dissonanz. Was verstehst du darunter?

Schüler: Dissonanz nannten wir einen Mißklang oder einen gestörten Zusammenklang.

Meister: Das muß ganz anders gefaßt werden, denn in der Musik sind die Dissonanzen ein Hauptelement der Schönheit; sie sind die Würze des Ganzen, das ohne sie fade wäre. Du hast bemerkt, daß unsere Tonleitern immer nur aus je sieben Tönen bestehen.

Schüler: Ja; ich habe mich stets gewundert, daß solche sieben Töne mit ihren Oktavtönen hinreichen, ganze Kunstwerke zu erzeugen.

Meister: Da hast du vollkommen recht; der Reichtum an Formen innerhalb solcher sieben Töne ist erstaunlich groß. In der Musik kommen Zusammenstellungen von Tönen vor, die verschiedenen unserer Symbole zugleich entsprechen. Jeder Ton vertritt zunächst das Symbol, durch das er ins System eingeführt worden ist. Da nun ein Symbol der Ausdruck einer Konsonanz ist, so erhalten wir Doppelkonsonanzen mannigfacher Art. Eine jede Dissonanz ist eine Doppelkonsonanz, wofür man sagen kann Bikonsonanz oder kürzer Bissonanz.

Schüler: Bitte um ein Beispiel.

Meister: Spiele die folgenden Akkorde; du wirst die Deutung empfinden, die in den beigefügten Symbolen sich kundtut. Also:

$$c - \overline{e} - g - c = c^{+}$$
$$c - \overline{e} - g - \overline{h} = c^{+} + g^{+}$$
$$c - f - \overline{a} = f^{+}$$
$$c - \overline{e} - g = c^{+}$$

Schüler: Ich begreife vollkommen, daß $c - \overline{e} - g - \overline{h} = c^{+} + g^{+}$ ist.

Meister: Wenn nun Dissonanz eine Doppelkonsonanz ist, so ist unter Auflösung eine Akkordfolge zu verstehen, die zu den Teilen der Doppelkonsonanz oder Bissonanz verständlich folgen kann. Die Auflösung kann auch wieder eine Bissonanz sein. Oft folgt eine verständliche Kette von Bissonanzen, aber endlich muß doch eine Einzelkonsonanz als Auflösung erfolgen.

d) Metharmonik. Enharmonik. Verwandtschaft der Tongeschlechter.

Schüler: Wenn irgend welche Töne innerhalb eines Tonstückes vorkommen, muß man da immer die einführenden Symbole festhalten? Wir lernten in C-dur drei Moll-Akkorde finden: d-Moll, a-Moll und e-Moll.

Meister: Das ist ganz falsch. Diese drei Akkorde sind gar keine Moll-Akkorde, solange sie in C-dur vorkommen. Sie sind der Einführung gemäß Bissonanzen, z. B. ist $\overline{e} - g - \overline{h} = c^+ + g^+$, wie wir vorhin sahen. [Die andere Deutung $= \overline{h}^o$ liegt zwar unserem Gehör nahe; tritt sie ein, so hat ein Wandel in unserer Auffassung stattgefunden; wir schreiben dann $c^+ + g^+ \sim \overline{h}^o$. Solcher Wandel der Auffassung heißt Metharmonik. Das Zeichen $\sim$ bedeutet „metharmonisch gleich". Folgender Versuch wird dir die Sache klären: Die Symboldeutung im letzten Beispiele hast du als richtig anerkannt. Wiederhole jetzt den Satz und lasse nur das tiefe c fort; die Deutung [ist sicher nicht verändert; es ist:

$$1. \quad \overline{e} - g - c = c^+$$
$$2. \quad \overline{e} - g - \overline{h} = c^+ + g^+$$
$$3. \quad c - f - \overline{a} = f^+$$
$$4. \quad c - \overline{e} - g = c^+$$

Schüler: Das muß ich zugeben; die Deutung ist sicher richtig.

Meister: Und da siehst du, daß $\overline{e} - g - \overline{h}$ eine Bissonanz ist! Wir können sie eine Scheinkonsonanz nennen. Überhaupt muß akustische und musikalische Konsonanz unterschieden werden. Das Gebilde 2. ist akustisch konsonant, musikalisch im vorliegenden Falle bissonant.

Schüler: Aber wie ist es mit der möglichen Metharmonik nach $\overline{h}^o$?

Meister: Spiele dir folgendes vor:

$$1. \quad \overline{e} - g - c = c^+$$
$$2. \quad \overline{e} - g - \overline{h} = c^+ + g^+ \sim \overline{h}^o$$
$$3. \quad \overline{dis} - \overline{fis} - \overline{h} = \overline{h}^+$$
$$4. \quad \overline{e} - g - \overline{h} = \overline{h}^o$$

Sobald der dritte Akkord erklungen ist, hat unser Gehör den metharmonischen Wandel vollzogen. Ja noch mehr: bei wiederholtem Spielen dieser Folge fassen wir bald sogar den Akkord 1. als Scheinkonsonanz auf und deuten $\overline{e} - g - c$ als $\overline{e}^o + \overline{h}^o$. Den Schritt $c - \overline{h}$ empfinden wir dabei als Vorhalt. Im Geschlecht $\overline{h}^{(\varphi)}$ kommen die Töne c, e, g vor.

Schüler: Ich bin erstaunt, was alles so ein Sätzchen lehren kann, denn ich empfinde die angegebenen Symbole gerade so.

Meister: Die Umwandlung der Auffassung der Bissonanzen spielt eine hervorragende Rolle in der höheren Musik. Dabei muß oft die Stimmung eines Tones verändert werden, z. B. $\underline{as}$ in $\overline{gis}$ oder a in $\overline{a}$. Solch eine Stimmungsänderung heißt „enharmonischer Wechsel". Es findet dabei ein Symbolwechsel statt, der die Enharmonik genau kennzeichnet. Auf 12 stufig temperiertem Instrument bleibt die Taste dieselbe.

Schüler: Die Änderung um einen Halbton nannten wir immer Alteration.

Meister: Das ist nur ein kärglicher Notbehelf, ein leeres Wort, das „Änderung" bedeutet. Solch eine Änderung, wie z. B. f in $\overline{fis}$, gehört aber in ein ganz bestimmtes Gebiet des Akkord- und Stimmenfortschrittes. Mit „Alteration" und „chromatischer Änderung" ist nur einer Tatsache Ausdruck gegeben; eine Erklärung enthalten diese Worte durchaus nicht; nur Symbolfolgen können Erklärungen abgeben. Zum Schluß gebe ich dir noch Winke über die Verwandtschaft der Tongeschlechter untereinander, denn auch dieses Gebiet, obwohl es tief in die Musik hineingreift, entbehrt nicht der physikalischen Grundlage. Die erste einfachste Verwandtschaft ist die Quintverwandtschaft homonomer Geschlechter.

Schüler: Also etwa c^{τ} mit g^{τ} oder f^{τ}; e^{φ} mit a^{φ} oder d^{φ}.

Meister: Kennst du den Namen „parallele Tonarten"?

Schüler: Wir nannten so c-Dur und a-Moll, weil beide keine Vorzeichen haben.

Meister: Richtig muß es heißen: c-Dur mit phonisch-$\overline{e}$. Untersucht man diese zwei Geschlechter, so findet man alle ihre Töne einander gleich mit Ausnahme des Tones d, der Doppelquint von c, während sie in $\overline{e}^{\varphi}$ die Doppelunterquint von $\overline{e}$ ist. In beiden Geschlechtern sind alle drei Symbole verschieden.

Schüler: Es hat c^{τ}: f^{+}, c^{+}, g^{+}, dagegen $\overline{e}^{\varphi}$: $\overline{a}^{o}$, $\overline{e}^{o}$, $\overline{h}^{o}$.

Meister: Du siehst, daß es eine einfache antinome Terzverwandtschaft ist, die auf Metharmonik beruht. Bei jedem der drei Akkorde, hier oder da, kann der metharmonische Wechsel vollzogen werden. Zudem liegt solch ein Wechsel unserem Gehör sehr nahe. Außer dieser Parallelverwandtschaft hatten wir schon eine durch homonome Quintschritte erkannt. Sie beruhte auf völliger Gleichheit der Symbole. Endlich gibt es noch eine Verwandtschaft von tiefster Bedeutung, die zu sehr übersehen wird, obwohl sie in der praktischen Musik sich immerfort geltend macht. Sie beruht auf dem antinomen Wechsel der Akkorde.

Schüler: Demgemäß wäre also auch d^{τ} mit d^{φ} verwandt.

Meister: Und zwar nennen wir diese Verwandtschaft die reziproke. Halte nun die Haupteigenheiten fest: Worauf beruht die Quintverwandtschaft?

Schüler: Auf Gleichheit der Symbole verschiedener Geschlechter. Die Parallelverwandtschaft beruht auf Metharmose und die reziproke auf dem antinomen Gegensatz.

Meister: Und was war Metharmose?

Schüler: Die Umwandlung der Scheinkonsonanzen oder Bissonanzen eines Geschlechtes in Konsonanzen der parallelen Tonart.

Meister: Man kann noch entferntere Verwandtschaften aufstellen; sie beruhen auf Gleichheit der Symbole neben Metharmose oder auf Metharmose und antinomem Wechsel zugleich; das alles überlassen wir einer verständigen Musiktheorie. Beachtenswert aber ist es, daß die Quintverwandtschaft nur homonome Geschlechter verbindet.

Schüler: Die Parallelverwandtschaft führt zur nächsten terzverwandten Quintgeneration.

Meister: Oder wieder zurück! Die reziproke Verwandtschaft allein eröffnet erst die Möglichkeit, beliebig entfernte terzverwandte Quintgenerationen sowohl tonisch als phonisch zu erreichen. Überlege das wohl! — Eine sinnreiche Erfindung will ich zum Schluß dir noch mitteilen. Der Volksschullehrer Karl Eitz hat ein „Tonwort" ersonnen, d. h. eine Benennung der Töne der Höhe nach und zwar durch sangbare Silben. Sehr praktisch ist die Verteilung von 12 Konsonanten über die Töne der temperierten Oktave. Die Vokale sind so beigefügt, daß sowohl der Quintenzirkel als auch die Tonleiter einfachen Gesetzen gehorcht. Zudem schließt sich das sinnreiche System eng an die übliche Notenschrift an; auch eignet sie sich vollkommen gut für die reine Stimmung. Unsere Buchstabentonschrift (S. 309) ließe sich sofort ins Tonwort übersetzen. — Das System hat sich zunächst beim Gesangunterricht in Volks- und mittleren Schulen bewährt; die Erfahrung wird darüber entscheiden, ob es geeignet ist, die alten, nicht sangbaren Buchstabennamen jemals zu verdrängen.

VI. Die Lehre vom Licht.

Optik.

Meister: Der Schall vermittelt uns die hörbare Welt; die Sprache ist die Trägerin der geistigen Beziehungen; sie ist es, die uns Gedanken in feste Gestalten zu bringen gestattet. Das Denken ist eine in der Zeit verlaufende Tätigkeit; so sind auch alle dem Schall entstammenden Wahrnehmungen zeitliche. Dem gegenüber bringt uns das Sehvermögen ein räumliches Bild der Außenwelt. Unser Auge ist ein Apparat von mathematisch faßbarem Bau und von erstaunlicher Leistung. Der Begriff „Bild" erschließt uns den Reichtum der Welt mit ihren Formen und Farben, mit ihrem Wechsel in der Zeit, in allen Beziehungen zu unserem Denken, Fühlen und Wollen. Die Schrift gestattet uns sogar, das zeitliche Wortbild in ein räumliches zu wandeln. Beim Lesen hören wir mittels der Augen. — Zwar tut sich auch anders als durch Lichtempfindung Strahlenergie kund, durch Wärmewirkung, chemische Veränderung u. a. Aber die Feinheit der Sinneswahrnehmung ragt beim Licht so hoch hervor, daß es vollauf berechtigt, zweckmäßig und notwendig erscheint, im Lehrgange vorläufig von allen anderen Umsetzungsarten der Strahlenergie abzusehen und lediglich das beschränkte Strahlgebiet zu behandeln, das als Licht dem Versuch zugänglich ist. Wir wollen zwei Teile unterscheiden. Der erste, die geometrische Optik, verzichtet darauf, die Wesenheit des Lichtes zu ergründen. Sie beruht auf Versuchen, die nur die Geradlinigkeit der Strahlen voraussetzt, die Ausbreitung im Raume, die Hemmnisse durch Schirme, die Spiegelung und Brechung und die Farbenzerstreuung. Diese letztere bildet den Übergang zum zweiten Teile, der physischen Optik, wo das Licht als Schwingungs- und Wellenerscheinung behandelt wird. In beiden Teilen werden zahlreiche Apparate besprochen, die teils die Leistungen des Auges verschärfen — wie Fernrohr und Mikroskop —, teils Eigenheiten der Lichtwellen oder auch der Stoffe in ihren Beziehungen zum Licht kundtun.

Der Lichtlehre erster Teil.

A. Geometrische Optik.

1. Geradlinige Ausbreitung des Lichtes. Schatten. Lochbilder. Fortpflanzungsgeschwindigkeit des Lichtes.

Meister: Du kennst doch den Unterschied zwischen selbstleuchtenden und beleuchteten Körpern?

Schüler: Letztere sind dunkel und nur dann sichtbar, wenn sie beleuchtet werden.

Meister: Trifft ein Strahl einen Körper, so geht ein Teil in den Körper hinein, ein anderer wird von der Oberfläche zurückgeworfen.

Schüler: Wenn die Oberfläche glatt ist, so findet Spiegelung statt. Sichtbar erscheint die Oberfläche nur, wenn sie rauh ist.

Meister: Es gibt auch eine unvollkommene Glätte. Die Zeichnung dieses polierten Holzes siehst du nicht in der Richtung der Spiegelung, wohl aber in anderen Richtungen. Das kommt von der Spiegelung aus tieferen Schichten. Die meisten Körper in unserer Umgebung erscheinen uns in dieser Weise als beleuchtete sichtbar. Wir sahen schon, daß Wellen sich geradlinig fortpflanzen; wie kann man das auch für Licht nachweisen?

Schüler: Das erwiesen wir durch Schatten. Hielt man dem Licht einen undurchsichtigen Schirm entgegen (Fig. 167 auf S. 303), so lag die Grenze der Erleuchtung C mit A und O in einer Linie, und ähnlich bei Fig. 168 und 169.

Fig. 192.

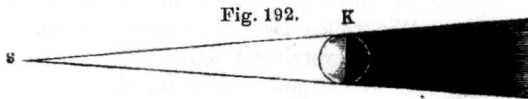

Meister: Ist die Leuchtquelle ein Punkt, so ist der Schatten hinter einem Körper durch den Strahlenmantel bestimmt (Fig. 192). Wie aber ist der Schatten beschaffen, wenn der Lichtkörper ausgedehnt ist?

Schüler: Wir unterschieden alsdann den Kern- und den Halbschatten; wir haben auch die Mondfinsternisse, die durch den Schatten der Erde entstehen, kennen gelernt.

Meister: Dann kennst du wohl auch die Lochbilder?

Schüler: Wir ließen durch ein kleines Loch das Licht in ein dunkles Zimmer scheinen, hielten ein Blatt Papier vor, auf dem man alle Gegenstände von jenseits verkehrt abgebildet sieht.

Meister: Streng genommen darf man diese Abbildung nicht Bild nennen, denn jeder leuchtende Punkt sendet von außen ein ganzes Bündel von Strahlen durch das Loch, und die beleuchtete Fläche ist um so ausgedehnter, je größer das Loch ist.

Schüler: Und auch je weiter das auffangende Papier entfernt wird. Bei größerer Öffnung wird daher die Abbildung unkenntlich.

Meister: Nun kennst du wohl auch die Messungen der Fortpflanzungsgeschwindigkeit des Lichtes?

Schüler: Olaus Römer hat die Verfinsterung der Jupitermonde beobachtet und gefunden, daß der erwartete Eintritt sich um 987 Sekunden verspätete, wenn die Beobachtung einmal in geringster, dann in größter Entfernung der Erde vom Jupiter stattfand. Das Licht hatte in letzterem Falle einen größeren Weg zu durchlaufen, und zwar den Durchmesser der Erdbahn von nahe 300 Millionen Kilometern. Das gab für eine Sekunde einen Weg von $3 . 10^8 / 987$ km in der Sekunde.

Meister: Neuere Messungen ergeben fast genau 300 000 km in der Sekunde oder $3 . 10^{10}$ Cel $= 30\,000$ Megacel.

Schüler: Diese Zahl ist wohl erstaunlich groß.

Meister: Eben darum fand sie damals, im Jahre 1675 keinen Glauben, bis 1727 Bradley nach ganz anderer Methode fast denselben Wert erhielt. Er suchte nach einer Parallaxe der Fixsterne; fand aber etwas ganz anderes, die Aberration des Lichtes. Denke dir die Erde in zwei um ein halbes Jahr voneinander getrennten Stellungen in ihrer Erdbahn.

Fig. 193.

Schüler: Dann beträgt die Entfernung der beiden Stellungen 300 Millionen Kilometer.

Meister: Denkt man sich in diesen beiden Stellungen Strahlen nach einem sehr weiten Fixstern gezogen, so bilden diese einen Winkel miteinander, und dieser Winkel heißt die Parallaxe des Sternes in bezug auf die Erdbahn. Die meisten beobachteten Sterne waren so weit entfernt, daß sich gar keine Parallaxe finden ließ. Statt dessen fand aber Bradley, daß je nach der augenblicklichen Fortbewegung der Erde das Beobachtungsfernrohr nach der Bewegungsrichtung hin geneigt werden mußte, wenn man den Stern einstellte. In Fig. 193 ist AB der Strahl im Fernrohr; für diese Strecke AB braucht er eine gewisse sehr kleine Zeit; in derselben Zeit aber ist der Mittelpunkt des Rohres B mitsamt der Erde nach BC gelangt. Der Beobachter beurteilt die Sternrichtung nach dem Wege AC und versetzt den Stern aus der Richtung $A\alpha$ nach AX. Der Winkel αAX heißt Aberrationswinkel. Es ist sehr nahe $tg\ \alpha AX = CB/AB$. Es fand sich $tg\ \alpha AX = tg\ 20,5''$. Nun ist $CB/AB = C_e/C_l = {}^1/_{10000}$, wo C_e die Geschwindigkeit der Erde und C_l die des Lichtes ist; C_e ist den Astronomen bekannt und nahe = 29 600 Hektocel, also die gesuchte Geschwindigkeit $C_l = 2,96 \cdot 10^8$ Hektocel oder rund 30 000 Megacel.

Schüler: Da der Äquator 40 000 km lang ist, könnte das Licht ihn $7^1/_2$ mal in einer Sekunde umkreisen!

Meister: Trotz dieser ungeheuren Geschwindigkeit ist es Fizeau und Foucault auch gelungen, die Geschwindigkeit irdischen Lichtes zu messen. Das Schema ihres Versuches zeigt Fig. 194. Von q her strömt das Licht aus, wird an der Glasplatte s gespiegelt nach f hin, wo es durch eine Lücke des Zahnrades $r\,r$ nach einer Linse geht, nach zweimaliger Brechung, als in P gespiegelt, auf demselben Wege zurückkehrt, die Platte s durchsetzt und ins Auge gelangt.

Fig. 194.

Die Strecke zwischen den beiden Stationen betrug 8633 m. Also war der Lichtweg hin und zurück 17 266 m. Es konnte dafür eine Zeit von $17 / 300 000 = 0,000 057$ Sekunden erwartet werden. Nun ließ man das Rad $r\,r$ sich drehen, vermehrte die Geschwindigkeit, bis das Lichtbild verschwand; es war unterdes ein Zahn an die Stelle der Lücke getreten. Die Verdunkelung trat ein bei 12,6 Umdrehungen in der Sekunde, und bei 25,2 erglänzte der Lichtpunkt wieder. Das Rad hatte 720 Zähne, also ist die Dauer von Lücke zu Lücke gleich $1/25,2 \cdot 720$ Sekunde. In dieser Zeit hatte das Licht 17 266 m durchmessen, hiernach ist die Lichtgeschwindigkeit $= 25,2 \cdot 720 \cdot 17 266 = 313 274 304$ Hektocel. Neue genaue Versuche von Cornu ergaben 29 995 Megacel. Denkwürdig sind auch die Versuche von Foucault, der für Weglängen nur die Räume seines Laboratoriums benutzte. Er fand 29 800 Megacel; er maß auch die Geschwindigkeit in Wasser und fand sie kleiner als in Luft, $= ^3/_4$ davon.

Schüler: Ist die Geschwindigkeit für die verschiedenen Farben ein und dieselbe?

Meister: Das haben wir später eingehend zu erörtern. Hier sei erwähnt, daß in dichten Körpern sie für rotes Licht größer ist als für blaues. Doch gilt das nicht für den luftleeren Raum, wo das Licht aller Farben sich gleich schnell fortpflanzt; sonst würden die Jupitermonde nach einer Verfinsterung erst rot aufleuchten, was nicht statthat.

2. Helligkeit. Photometrie.

Meister: Bei kugelförmiger Ausbreitung des Lichtes besprachen wir schon das Gesetz der Abnahme der Intensität.

Schüler: Bei Ausbreitung der Kugelwellen nahm sie umgekehrt proportional dem Quadrat der Entfernung von der Quelle ab.

Meister: Das gilt auch für das Licht.

Schüler: Wie kann man die Helligkeit messen?

Meister: Mit dem bloßen Auge gelingt es zwar, Unterschiede zu erkennen, nicht aber, sie genau zu messen. Dazu dienen verschiedene Photometer oder Lichtmesser. Sie beruhen sämtlich auf der Fähigkeit unseres Auges, zu erkennen, ob zwei benachbarte Flächen gleich stark erleuchtet sind. In Fig. 195 ist AB die obere Seite einer Röhre, deren Wandung bei a eine Öffnung hat.

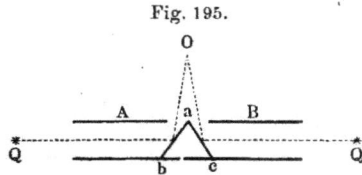

Fig. 195.

Schüler: Q und Q_1 sind offenbar Lichtquellen. Die Strahlen dringen in das Rohr und gelangen von den Flächen ab und ac gespiegelt ins Auge O.

Meister: Bouguer nahm ab und ac aus Papier; das Auge verglich die Helligkeit. Man entfernt die eine Lichtquelle, bis die beiden Flächen gleich hell erscheinen. Ritchie nahm zwei Spiegel, verklebte aber die Öffnung bei a mit Papier, auf dem nun zwei beleuchtete Hälften nebeneinander sichtbar werden. Es sei nun Q_1 viermal so hell wie Q, was wird die Beobachtung lehren?

Schüler: Es wird Q_1 in der zweifachen Entfernung stehen müssen, damit die Felder ab und ac gleich viel Licht erhalten.

Meister: Zur Ausführung bedient man sich der Photometerbank. Die beiden Lichtquellen befinden sich an den beiden Enden in der Entfernung l voneinander. Dazwischen ist das Photometer auf einem Schlitten beweglich angebracht. Findet Gleichheit statt und sind hierbei die Entfernungen der beiden Lichtquellen von der Photometermitte e und e_1, so sind die Helligkeiten $H : H_1 = e_1^2 : e^2$, und es wird $H_1 = H \cdot e^2 / (l-e)^2$, weil $e_1 = l - e$ ist; solche Bestimmungen sind in der Leuchttechnik äußerst wichtig. Für H ist eine Einheit allgemein eingeführt worden: die Hefnerkerze; man erzielt immer dieselbe Helligkeit, wenn man die Lampe mit Amylacetat speist und die Flamme 4 cm hoch werden läßt.

3. Spiegelung.

a) Spiegelung an ebenen Flächen.

Meister: Besinne dich nun auf die Gesetze der Spiegelung (S. 301).

Schüler: Das auf eine ebene glatte Fläche fallende Licht wird so gespiegelt, daß der ausfahrende Strahl mit dem einfallenden und dem Lote in einer Ebene liegt und daß beide Strahlen gleiche Winkel mit der Ebene oder mit dem Lote bilden.

Meister: Wir haben damals auch vom Bildpunkte gesprochen.

Schüler: Das war der Durchschnittspunkt der von einem Punkte ausgehenden Strahlen nach ihrer Spiegelung.

Meister: Ein Leuchtpunkt ist ein Punkt, von dem geradlinige Strahlen ausgehen. Solche Strahlen nennt man homozentrisch. Ob nun diese Strahlen gespiegelt oder gebrochen worden sind, in ihrer Zusammengehörigkeit fassen wir sie auf; ihr Schnitt ist der Bildpunkt.

Schüler: Wenn aber die gespiegelten oder gebrochenen Strahlen immer weiter auseinandergehen, dann kommt doch kein Bild zustande?

Fig. 196.   Fig. 197.

 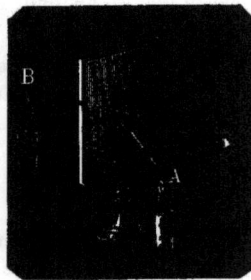

Meister: Reell allerdings nicht. Verfolgt man rückwärts die Strahlen, so findet man ihren geometrischen Durchschnittspunkt. Im Gegensatz zu reellen heissen solche Bildpunkte virtuell.

Schüler: Beim ebenen Spiegel gibt es virtuelle Bilder.

Meister: Beim Betrachten eines Leuchtpunktes gelangen auseinanderfahrende Strahlen in unser Auge (Fig. 196). Diese vereinigen sich durch Brechung im Auge auf dem Hintergrunde als Bildpunkt. Die Nerven werden erregt, erzeugen die Vorstellung „Bild" und was das wunderbarste ist — unsere Vorstellung versetzt das Empfundene · in die Außenwelt, dahin, wo der Leuchtpunkt sich befindet. Nun besieh die Fig. 197.

Schüler: Ich merke wohl. Das Auge hat nur von der Tafel gespiegelte Strahlen empfangen; es wird die Vorstellung eines Leuchtpunktes in B geweckt.

Meister: Nun wird es dir auch möglich sein, Bilder von ausgedehnten Gegenständen darzustellen.

Schüler: Man kann sie als eine Reihe von leuchtenden Punkten ansehen.

Meister: Man wählt von allen Strahlen nur das Bündelchen aus, das ins Auge dringt (Fig. 198). Die Lage des Bildes zum Leuchtgegen-

Fig. 198.

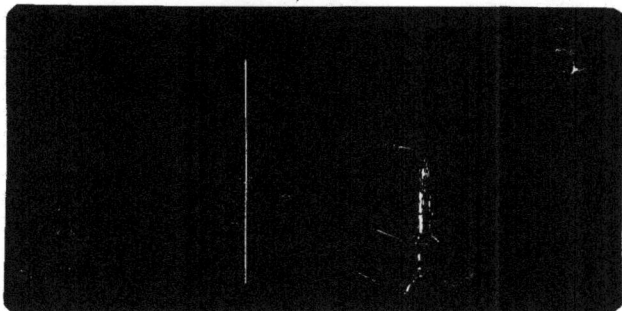

stande nennt man eine symmetrische. Viele wichtige Apparate beruhen auf Spiegelung. Mit dem Heliostat sendet man nach fernen Orten einen gespiegelten Sonnenstrahl.

Fig. 199.

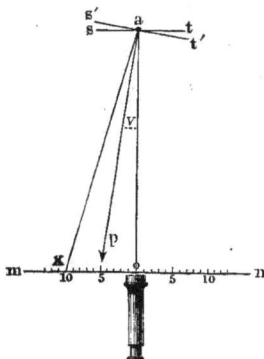

Schüler: Ganz ähnlich wie wir in Unart unsere Kameraden zu blenden versuchten.

Meister: Sollen sehr kleine Drehungen beobachtet werden, so versieht man den Körper mit einem Spiegel, und durch ein Fernrohr beobachtet man das Bild einer in Millimeter geteilten Skala (Fig. 199).

Schüler: Man mißt also den Winkel sas'?

Meister: Und zwar ist er gleich v; also ist die beobachtete Ablenkung $X = tg\,2\,v$. Meist braucht man v gar nicht zu berechnen, weil die Kenntnis von X genügt. Der ebene Spiegel wird auch bei Sextanten angewandt, ein Apparat zur Winkelmessung aus freier Hand.

Schüler: Ich beobachtete kürzlich das Bild einer Kerzenflamme im Spiegel, fand aber eine ganze Reihe von Bildern.

Meister: Der Spiegel war auf 'der hinteren Seite mit Quecksilber belegt. Diese Fläche gibt das kräftige Hauptbild; ein schwächeres stammt von der vorderen Seite. Das von der hinteren Fläche gespiegelte Bild gelangt nur zum Teil nach außen; ein Teil kehrt zurück.

Schüler: Und wird offenbar nochmals gespiegelt. Ich verstehe, daß in dieser Weise viele immer schwächer werdende Bilder entstehen.

Meister: Für wissenschaftliche Zwecke werden Spiegel verwandt, die nur von der vorderen Fläche spiegeln. Dazu verfertigt man Beschläge von Silber oder von Platin auf Glas; man fertigt sie selbst an.

Schüler: Das möchte ich wohl lernen.

Meister: Bereite zwei Lösungen A und B. Für A nimm $10\,g$ Silbernitrat, gelöst in $25\,g$ Ammoniak, ferner $4\,g$ Natriumhydrat in $500\,g$ destilliertem Wasser; gieße beide zusammen und füge noch $500\,g$ Wasser hinzu. Für B nimm $25\,g$ Zucker in $500\,g$ destilliertem Wasser gelöst, gieße $25\,g$ Alkohol hinzu und 15 Tropfen chlorfreie Salpetersäure. Koche diese Lösung und filtriere sie. Nimm 5 Teile A und 1 Teil B, gieße sie zusammen und tue die zu versilbernde Glasplatte hinein. Es bildet sich ein dicker glänzender Silberniederschlag.

Schüler: Wir besitzen noch ein hübsches Spielzeug, das Kaleidoskop heißt. Da sind zwei lange Spiegelstücke unter einem Winkel von 45^0 gegeneinander gestellt. Man blickt nach allerhand buntem Kram hin, der achtfach erscheint.

Meister: Diese Bilder geometrisch zu entwerfen, ist sehr unterhaltend. Die ersten beiden rechts und links haben wir schon besprochen; um die anderen zu erhalten, behandle das virtuelle Bild links als Leuchtbild für den rechten Spiegel.

Schüler: Und das erste rechts als Leuchtbild für den linken Spiegel. Die folgenden Bilder werden immer lichtschwächer bis zum letzten dunkelsten.

b) Spiegelung an Kugelflächen.

α) Harmonische Punkte und Strahlen.

Meister: Zunächst will ich dir eine mathematische Beziehung mitteilen, die uns zustatten kommen wird. Weißt du, was harmonische Punkte in einer Linie sind?

Schüler: Bisher kenne ich nur harmonische Teiltöne.

Meister: Dann darfst du dich auf etwas Neues freuen. Eine Gerade A und ein Punkt B können aufeinander bezogen werden.

Die Gerade A (Fig. 200) denken wir uns unendlich lang. In ihr liegen unendlich viel Punkte, von denen immer nur einzelne benannt werden, wie 𝖆, 𝖇, 𝖈. In Gedanken ergänzen wir die Strecken zwischen 𝖆 und 𝖈, zwischen 𝖈 und 𝖇 und von 𝖇 bis in die Unendlichkeit, und von der Unendlichkeit auf der anderen Seite zurück bis 𝖆. Die gedachte Gesamtheit heißt eine Punktreihe.

Fig. 200.

A————𝖆————𝖈————𝖇————

Durch einen Punkt B (Fig. 200a) gehen unendlich viel Strahlen, von denen wir immer nur einzelne benennen können, wie a, c, b. In Gedanken ergänzen wir die unendliche Mannigfaltigkeit zwischen a und c, zwischen c und b und von b bis a. Im halben Umlauf um B herum erschöpfen wir alle Strahlen, deren Gesamtheit ein Strahlbüschel heißt.

Fig. 200a.

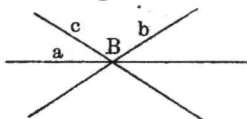

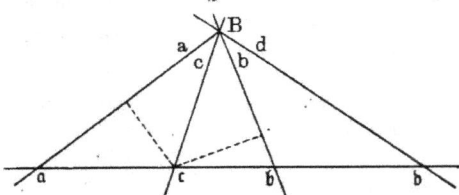

Die Punktreihe A und der Strahlbüschel B werden nun aufeinander bezogen, indem (Fig. 201) jedem Punkte von A ein bestimmter Strahl von B und jedem Strahle von B ein bestimmter Punkt von A entspricht. Die Benennung ist in beiden Fällen die entsprechende. Zwei solche Gebilde heißen projektivisch. Ihre Lage in der Zeichnung heißt perspektivisch. Man kann nämlich die Beziehung festhalten, aber die Lage ändern, indem man etwa A mit seinen bestimmten Punkten in eine andere Lage bringt. Die Gebilde bleiben dann projektivisch, aber die Lage ist nicht mehr perspektivisch, sondern schief. Insbesondere geht ein Strahl b parallel der Geraden A; wo schneidet er sie?

Fig. 201.

Schüler: Ich denke, er schneidet sie gar nicht.

Meister: Diesem Umstande verleiht man einen positiven Charakter, indem man sagt: der Parallelstrahl schneidet die Gerade A im Unendlichen, und zwar im unendlich fernen Punkt q, der zugleich auf der einen und der anderen Seite unendlich weit liegend angesetzt wird. Es gibt auf einer Geraden nur einen Punkt q im Unendlichen, wie es nur einen Parallelstrahl gibt.

Schüler: Was kann uns der unendlich ferne Punkt nützen, da er doch unerreichbar ist?

Meister: Wir kennen die Richtung, in der er zu suchen ist, und durch die Möglichkeit, ihn zu projizieren, wird er von großer Bedeutung. Nun bestehen zwischen projektivischen Gebilden A und B

23*

Größenbeziehungen zwischen den Strecken auf A und den Sinussen der von den Strahlen eingeschlossenen Winkel. Wir wollen irgend zwei Punkte, etwa $\mathfrak{b}$ und $\mathfrak{c}$, sowie andererseits $\mathfrak{a}$ und $\mathfrak{d}$ einander zugeordnet nennen. Einen Winkel zwischen Strahlen b und c bezeichnen wir mit (bc) und den Winkel, den ein Strahl a mit A bildet, mit $(\mathfrak{a})$. In Fig. 201 ist nach dem bekannten Sinussatz:

$$\mathfrak{ab} \cdot \sin(\mathfrak{a}) = B\mathfrak{b} \cdot \sin(ab), \text{ ebenso } \mathfrak{ac} \cdot \sin(\mathfrak{a}) = B\mathfrak{c} \cdot \sin(ac) \quad . \quad (1)$$

und

$$\mathfrak{bb} \cdot \sin(\mathfrak{b}) = B\mathfrak{b} \cdot \sin(db) \quad \text{sowie} \quad \mathfrak{bc} \cdot \sin(\mathfrak{b}) = B\mathfrak{c} \cdot \sin(dc) \quad . \quad (2)$$

Diese vier Gleichungen ergeben sofort:

$$\frac{\mathfrak{ab}}{\mathfrak{bb}} : \frac{\mathfrak{ac}}{\mathfrak{bc}} = \frac{\sin(ab)}{\sin(db)} : \frac{\sin(ac)}{\sin(dc)} \quad . \quad . \quad . \quad . \quad . \quad . \quad (3)$$

In dieser Gleichung (3) kommen nicht mehr die Längen der Strahlen vor, sondern nur die Strecken auf A und die Sinusse der Strahlenwinkel. In Worten: Wenn je drei Elemente, etwa $\mathfrak{a}$, $\mathfrak{b}$ und $\mathfrak{d}$ und a, b und d gegeben sind, so kann zu einem beliebigen vierten Element $\mathfrak{c}$ das entsprechende c gefunden werden oder umgekehrt. Anders ausgedrückt: Bei irgend vier Elementen ist ein Doppelverhältnis aus vier Abschnitten $\mathfrak{ab}/\mathfrak{bb} : \mathfrak{ac}/\mathfrak{bc}$ gleich dem entsprechenden Doppelverhältnis

$$\frac{\sin(ab)}{\sin(db)} : \frac{\sin(ac)}{\sin(dc)}.$$

Schüler: Dürfen denn ganz beliebige Elementenpaare einander zugeordnet werden?

Meister: Sicher; denn wir haben nichts über die Lage vorausgesetzt. Nun weiter:

Hat man zwei Gerade A und A', die mit ein und demselben Büschel B projektivisch sind, so besteht für eine jede dieser Geraden ein Doppelverhältnis aus entsprechenden Elementen, das dem aus den Sinussen gebildeten gleich ist, folglich ist:

$$\frac{\mathfrak{ab}}{\mathfrak{bb}} : \frac{\mathfrak{ac}}{\mathfrak{bc}} = \frac{a'b'}{b'b'} : \frac{a'c'}{b'c'} \quad . \quad . \quad (4)$$

Solche Gerade heißen auch projektivisch, und B ist ihr Projektionspunkt.

Hat man zwei Büschel B und B', die mit ein und derselben Geraden A projektivisch sind, so besteht für ein jedes dieser Büschel aus entsprechenden Elementen ein Doppelverhältnis, das dem aus den Strecken gebildeten gleich ist, folglich ist:

$$\left.\begin{array}{l} \dfrac{\sin(ab)}{\sin(db)} : \dfrac{\sin(ac)}{\sin(dc)} \\[2mm] = \dfrac{\sin(a'b')}{\sin(d'b')} : \dfrac{\sin(a'c')}{\sin(d'c')} \end{array}\right\} \quad . \quad (4\,\mathrm{a})$$

Solche Büschel heißen auch projektivisch, und A heißt ihr perspektivischer Durchschnitt.

Schüler: Dann kann man auch für gleichartige Gebilde drei Elementarpaare annehmen und festsetzen, sie sollen projektivisch sein.

Meister: Jawohl. In der Optik kommt nun ein spezieller Fall in Betracht, bei dem die Doppelverhältnisse in einfache übergehen. Wenn nämlich die vier Punkte so liegen, daß das Doppelverhältnis in Gleichung (1) gleich 1 wird, dann ist:

$$\frac{ab}{bb} = \frac{ac}{bc} \quad \ldots \ldots \ldots \ldots \quad (5)$$

oder

$$\frac{ab}{ac} = \frac{bb}{bc} \quad \ldots \ldots \ldots \ldots \quad (5a)$$

und auch

$$\frac{sin\,(ab)}{sin\,(db)} = \frac{sin\,(ac)}{sin\,(dc)} \quad \ldots \ldots \ldots \quad (6)$$

d. h. die vier Punkte liegen so, daß die Abstände zweier zugeordneter Punkte (a und d) von den zwei anderen (b und c) gleiches Verhältnis haben.

Unter diesen Bedingungen heißen die vier Punkte vier harmonische Punkte.

d. h. die vier Strahlen liegen so, daß die Sinusse der Winkel, die zwei zugeordnete Strahlen (a und d) mit den beiden anderen (b und c) einschließen, gleiches Verhältnis haben.

Unter diesen Bedingungen heißen die vier Strahlen vier harmonische Strahlen.

Die Gleichungen (3) und (4) liefern uns auch den Satz: Wenn bei irgend zwei projektivischen Gebilden irgend vier Elemente des einen Gebildes harmonisch sind, so sind auch die ihnen entsprechenden vier Elemente des anderen Gebildes harmonisch. In etwas anderer Auffassung folgt aus der Gleichheit der Doppelverhältnisse,

daß vier harmonische Strahlen eines Büschels von jeder Geraden in vier harmonischen Punkten geschnitten werden.

daß vier harmonische Punkte einer Geraden in jedem Punkte der Ebene vier harmonische Strahlen bestimmen.

Schüler: Nun aber bin ich begierig, Näheres über die Lage harmonischer Punkte zu erfahren!

Meister: Wir müssen genau die Eigenheiten von vier harmonischen Punkten betrachten, woraus dann das Verhalten von vier

Fig. 202.

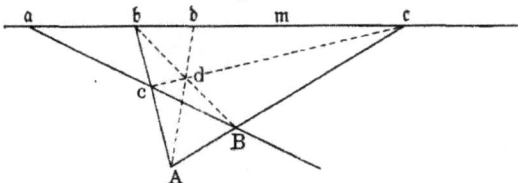

harmonischen Strahlen entnommen werden kann. Wir nehmen nun an, b und c bleiben fest (Fig. 202), während a und b beweglich seien, so jedoch, daß es immer vier harmonische Punkte sind. In der unendlich langen Linie unterscheiden wir die beiden Hälften rechts und links von $\mathfrak{m}$, der Mitte von $\mathfrak{bc}$. Lassen wir nun $\mathfrak{d}$ wandern, zunächst nach links. Je näher $\mathfrak{d}$ an $\mathfrak{b}$ heranrückt, um so kleiner wird das Verhältnis $\mathfrak{db}/\mathfrak{dc}$, und da dieses $=\mathfrak{ab}/\mathfrak{ac}$ ist (Gl. 5a), rückt auch $\mathfrak{a}$ heran. Jetzt fällt $\mathfrak{d}$ auf $\mathfrak{b}$; dann ist das Verhältnis gleich Null, also ist $\mathfrak{a}$ entgegengekommen und auch in den Punkt $\mathfrak{b}$ hineingefallen. Bei weiterer Wanderung gelangt nun $\mathfrak{d}$ nach außen und $\mathfrak{a}$ nach innen; sie tauschen ihre Rollen aus. Je weiter $\mathfrak{d}$ nach außen rückt, um so mehr nähert sich der Wert von $\mathfrak{db}/\mathfrak{dc}$ der 1, und er scheint ihn nie erreichen zu können, weil $\mathfrak{dc}$ immer größer als $\mathfrak{db}$ bleibt. Man sagt nun: der Wert 1 wird erreicht, wenn $\mathfrak{d}$ im Unendlichen liegt; d. h. niemals, man mag noch so weit fortgehen. Untersuche aber, wo $\mathfrak{a}$ hingeraten ist.

Schüler: Es muß auch $\mathfrak{ab}/\mathfrak{ac}$ sich der 1 nähern; also kommt $\mathfrak{a}$ schließlich nach $\mathfrak{m}$. Hier aber ist das Verhältnis wirklich gleich 1 geworden!

Meister: Daraus ersieht man wieder, warum von einem einzigen unendlich fernen Punkte gesprochen wird. Er ist dem Mittelpunkte $\mathfrak{m}$ zugeordnet, und sofern es nur einen Mittelpunkt gibt, so hat man auch nur einen unendlich fernen Punkt anzunehmen. Sobald nun $\mathfrak{a}$ sich weiter nach rechts bewegt, so erkennen wir, daß $\mathfrak{b}$ aus der Unendlichkeit links in die Unendlichkeit rechts hinüberspringt und nun von daher sich dem $\mathfrak{c}$ nähert. Jetzt wächst das Verhältnis $\mathfrak{db}/\mathfrak{dc}$; daher muß wieder $\mathfrak{a}$ entgegenkommen, bis beide Punkte in $\mathfrak{c}$ aufeinanderfallen und ihre Rollen abermals vertauschen. Hat $\mathfrak{d}$ die Mitte erreicht, so ist $\mathfrak{a}$ in den unendlich fernen Punkt geraten; endlich nimmt $\mathfrak{d}$ wieder den anfänglichen Platz ein, und auch $\mathfrak{a}$ ist heimgekehrt. Für Strahlbüschel ergibt sich, daß die einander zugeordneten Strahlenpaare wechseln müssen. Wenn ferner ein Strahl d den Winkel der zugeordneten (b, c) hälftet, so ist

$$\frac{sin\,(db)}{sin\,(dc)} = 1, \text{ mithin muß auch } \frac{sin\,(ab)}{sin\,(ac)} = 1$$

sein, woraus folgt, daß a auf d senkrecht steht. Wir fassen alles in folgende Lehrsätze zusammen:

I. Zu irgend zwei festen Punkten $\mathfrak{b}$, $\mathfrak{c}$ einer Geraden A gibt es unzählige Paare zugeordneter harmonischer Punkte $\mathfrak{d}$, $\mathfrak{a}$, und namentlich ist der in der Mitte zwischen $\mathfrak{b}$ und $\mathfrak{c}$ liegende Punkt $\mathfrak{m}$ und der unendlich entfernte Punkt $\mathfrak{q}$ der Geraden ein solches Paar; und ferner ist in jedem der beiden Punkte $\mathfrak{b}$, $\mathfrak{c}$ selbst ein solches Paar vereinigt.

Ia. Zu irgend zwei festen Strahlen b, c eines Büschels B gibt es unzählige Paare zugeordneter harmonischer Strahlen a, d, und namentlich sind die zwei Strahlen, die die von jenen Strahlen eingeschlossenen Winkel hälften, mithin zueinander senkrecht sind, ein solches Paar; und ferner ist mit jedem der Strahlen a, d ein solches Paar vereinigt.

II. Zu irgend einem festen Punkte m einer Geraden A und zu ihrem unendlich fernen Punkte q gibt es unzählige zugeordnete harmonische Punktenpaare, wie etwa b, c, und zwar sind je zwei solcher Punkte gleich weit von jenem festen Punkte entfernt; und umgekehrt: je zwei Punkte, die gleich weit von jenem festen Punkte entfernt sind, sind solch ein Paar.

III. Liegt von vier harmonischen Punkten einer in der Mitte zwischen zwei einander zugeordneten, so ist sein zugeordneter unendlich entfernt; und umgekehrt: ist von den vier harmonischen Punkten einer unendlich entfernt, so liegt sein zugeordneter in der Mitte zwischen den anderen zugeordneten Punkten.

IIa. Zu irgend zwei zueinander senkrechten und festen Strahlen, etwa b, c, eines ebenen Strahlbüschels B gibt es unzählige zugeordnete harmonische Strahlenpaare, wie etwa a, d, und zwar sind je zwei solche Strahlen gleich weit von jedem der zwei festen Strahlen entfernt; und umgekehrt: je zwei Strahlen, deren Winkel von jenen zwei festen Strahlen gehälftet werden, sind ein solches Paar.

IIIa. Schließt von vier harmonischen Strahlen einer mit zwei anderen einander zugeordneten gleiche Winkel ein, so tut sein zugeordneter ein gleiches; und umgekehrt: sind zwei zugeordnete Strahlen zueinander senkrecht, so hälften sie die von den beiden anderen Strahlen eingeschlossenen Winkel.

Eine schöne Folgerung läßt sich noch gewinnen, die wir bald verwenden wollen. Alle Strecken sollen fortan von links nach rechts positiv genommen werden, nach links hin negativ; dann ist z. B.

$$a b + b a = 0.$$

Für vier harmonische Punkte ist

$$bb/bc + ab/ac = 0.$$

Setzt man in jede Strecke die Abstände von m hinein, so kommt:

$$\left(\frac{bm + mb}{bm + mc}\right) + \left(\frac{am + mb}{am + mc}\right) = 0.$$

Schaffe alle Nenner fort durch Multiplikation.

Schüler: Ich erhalte:

$$(bm + mb).(am + mc) + (bm + mc).(am + mb) = 0.$$

Meister: Beachte nun, daß

$$bm = mc \quad \text{oder} \quad mb = -mc$$

und multipliziere aus.

Schüler: Es wird:

$$bm.am + bm.mc + mb.am + mb.mc + bm.am + bm.mb$$
$$+ mc.am + mc.mb = 0,$$

also

$$2.bm.am + 2.mb.mc = 0, \quad \text{und da} \quad mb.mc = -mb^2 = -mc^2,$$
$$am.bm = mb^2 = mc^2 \quad . \quad . \quad . \quad . \quad . \quad . \quad . \quad (7)$$

Meister: Das gibt uns den Satz IV: Bei vier harmonischen Punkten ($\mathfrak{bc}, \mathfrak{ab}$) ist das Rechteck aus den Abständen zweier zugeordneter Punkte ($\mathfrak{a}, \mathfrak{b}$) vom Punkte $\mathfrak{m}$, der die Strecke zwischen dem anderen Paare hälftet, gleich dem Quadrat des halben Abstandes des letzten Paares voneinander. Jetzt wollen wir noch den Satz der Gleichung (2), nachdem wir die Nenner wegmultipliziert haben, in Worte fassen: V: Bei vier harmonischen Punkten ist das Rechteck aus den äußeren Strecken ($\mathfrak{ab} . \mathfrak{bc}$) gleich dem Rechteck aus dem mittleren und der ganzen Strecke ($\mathfrak{ac} . \mathfrak{bb}$). Jetzt will ich dir noch ein Verfahren anzeigen, rasch zu drei gegebenen Punkten den vierten harmonischen zu finden. Ziehe irgend welche Gerade durch $\mathfrak{a}$, $\mathfrak{b}$ und $\mathfrak{c}$ (Fig. 202, S. 357), die sich in C, A und B schneiden mögen; verbinde C mit $\mathfrak{c}$ und B mit $\mathfrak{b}$; den Durchschnitt dieser beiden Linien d verbinde mit A, so wird der gesuchte Punkt $\mathfrak{b}$ getroffen. Das beruht auf den Sätzen vom vollständigen Viereck und Vierseit, die dein mathematischer Freund dir erläutern wird. Wir sind schon gar zu weit in dieses Gebiet eingedrungen.

Schüler: Ich bin euch sehr dankbar für die Anregung.

Meister: Du wirst später einmal erkennen, daß die harmonischen Punkte noch mehrfach in der Lehre vom Sehen Anwendung finden; besonders in der Lehre vom perspektivischen Zeichnen. Wir gehen nun zur Spiegelung an sphärischen Flächen über.

β. Anwendung auf Spiegelung. Katakaustika.

Meister: Man unterscheidet konvexe, d. h. erhabene, und konkave, d. h. Hohlspiegel. Es sei C der Mittelpunkt der Trennungsfläche zwischen zwei Stoffen. Vom Leuchtpunkte L (Fig. 203) falle ein

Fig. 203.

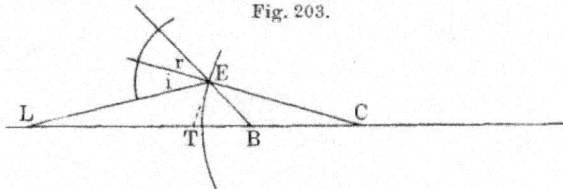

Strahl auf den Punkt E; eine Tangente in E schneide die Mittellinie, die wir Achse nennen, in T. Der Winkel $r = i$ gibt den gespiegelten Strahl, der aus B zu kommen scheint. Denke dir die ganze Figur um die Achse LC herumgedreht, so beschreibt E einen Kreis; alle Strahlen von L nach Punkten dieses Kreises werden sich in B schneiden.

Schüler: Also ist B ein virtueller Bildpunkt.

Meister: Ja, aber nur für diesen Strahlenkegel, denn ein anderes E gibt ein anderes T, also auch ein anderes B. Auf der Achse haben wir nun vier Punkte: das Zentrum C, den Schnittpunkt T der Tangente, und diese beiden Punkte nennen wir einander zugeordnet.

Schüler: Gewiß sind Leucht- und Bildpunkt das andere zugeordnete harmonische Paar!

Meister: Richtig geraten. Aber der Beweis darf dir nicht schwer fallen. Alle einfallenden Strahlen bilden in E ein Strahlbüschel und alle gespiegelten Strahlen gleichfalls.

Schüler: In E haben wir vier Strahlen, die nach L, T, B und C gerichtet sind. Zwei stehen senkrecht aufeinander und hälften die Winkel LEB, weil $r = i$ ist, also sind nach Satz III auf S. 359 die vier Strahlen harmonisch, und folglich sind es auch die vier getroffenen Punkte!

Meister: Ganz recht. Nimm dir aber auch die Mühe, den Satz aus der Fig. 203 zu beweisen, indem du die Sinussätze auf die Dreiecke LET und BET einerseits, dann auf die anderen, LEC und BEC, anwendest. Sprich die gefundene Beziehung in Worten aus.

Schüler: Zum Mittelpunkt C der Trennungsfläche und dem Schnittpunkt der Tangente T an irgend einem Einfallspunkt E als zugeordnetes harmonisches Punktenpaar bildet ein beliebiger Leucht- und sein Bildpunkt, L und B, das andere zugeordnete harmonische Paar.

Meister: Da du das Verhalten harmonischer Punktenpaare kennst, so ist damit zugleich der Zusammenhang zwischen Leucht- und Bildpunkt erledigt. Laß nun den Leuchtpunkt wandern.

Schüler: Zuerst nach links, dann rückt B nach rechts, aber sehr langsam, denn erst wenn L unendlich weit ist, wird B in M oder $^1\!/_2\,TC$ angekommen sein.

Meister: Und diesen Bildpunkt nennt man den Brennpunkt für den Einfallspunkt E.

Schüler: Aber nun vermag ich nicht den Punkt L nach der rechten Seite in die Unendlichkeit hinüberzuwerfen.

Meister: Man muß alsdann virtuelle Leuchtpunkte zulassen; durch Spiegel und durch Linsen kann man konvergierende Strahlen herstellen und untersuchen, wie der dazwischen gestellte Spiegel wirkt. Laß aber erst den Leuchtpunkt dem Spiegel sich nähern.

Schüler: Es kommt B langsam dem L entgegen. Berührt L den Spiegel, so fallen L und B zusammen.

Meister: Ein Blick genügt zur Erkenntnis, daß nunmehr bei weiterer Wanderung L und B ihre Rollen vertauschen. L hinter dem Spiegel wird virtuell; das Bild vor dem Spiegel reell.

Schüler: Bis L in M angekommen ist; dann ist B unendlich weit.

Meister: Die ganze Strecke rechts vom Scheitel kann man auch als reelle Leuchtstrecke ansehen, wenn die Leuchtpunkte rechts reell angenommen werden und von rechts nach links strahlen. Wir haben dann einen Hohlspiegel. Besser aber fertige eine neue Zeichnung an, ähnlich der vorigen, nur liege jetzt C links von der Fläche.

Schüler: Ich verzeichne wieder T und finde nun den Brennpunkt vor dem Spiegel, also reell.

Meister: Wie alle Bilder zwischen welchen Grenzen?

Schüler: Ein reelles Bild muß links vom Spiegel liegen.

Meister: Gut. Wir wollen nun den Einfallspunkt E verändern. Er rücke nach dem Scheitel, den wir mit S bezeichnen, hin.

Schüler: Für jedes neue E finde ich ein neues T, also einen neuen Brennpunkt!

Meister: Für jeden Inzidenzkreis gibt es einen anderen Brennpunkt. Denkt man sich alle gespiegelten Strahlen verzeichnet, so umhüllen sie die sogenannte Brennfläche oder Katakaustika, die du nun zeichnen kannst.

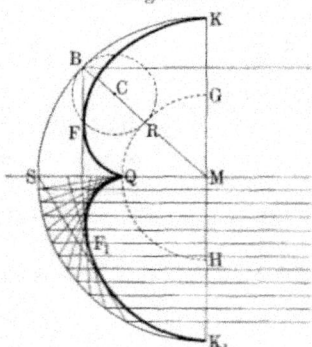

Fig. 204.

Schüler: Jeder Strahl ist nach der Hälfte von TC gerichtet (Fig. 203). Ich verzeichne also mehrere Tangenten und halbiere immer die Strecken TC auf der Achse.

Meister: In Fig. 204 ist für einen Hohlspiegel die kaustische Linie verzeichnet. Du wirst alles selbst deuten können, insbesondere auch den gespiegelten Strahl BF, der, weil $BMS = 45^{0}$ ist, senkrecht steht zur Achse. Die Brennlinie kann dadurch erzeugt werden, daß man einen Kreis mit dem Durchmesser $^1/_2\,SM$ auf einem Kreise $GRQH$ mit dem Halbmesser $^1/_2\,SM$ rollen läßt; darum ist die Katakaustika eine Epizykloide. — Fortan wollen wir den Zeichnungen nur den Hauptbrennpunkt zugrunde legen, der den Mittelstrahlen entspricht. Für T tritt dann der Scheitel S ein.

Schüler: Der Hauptbrennpunkt liegt also in $^1/_2\,SM$, oder in Q.

γ. Bildkonstruktion.

Meister: Man bezeichnet zweckmäßig die konjugierten Punktgebiete mit Zahlzeichen, Leuchtpunkte in Gebieten I bis IV, Bildpunkte in 1 bis 4. Die vier Gebiete erstrecken sich von ∞ bis M, von M bis F, von F bis S und von S bis ∞.

Schüler: Ich erkenne sofort, daß nur der Leuchtstrecke III zwischen F und S ein virtuelles Bildgebiet 3 von ∞ bis S entspricht.

Meister: Liegt das Leuchtgebiet rechts, so sind 4, 1 und 2 virtuelle Bildergebiete. Alles tritt noch deutlicher hervor, wenn man

Bilder von Gegenständen entwirft. Man braucht bloß zwei Strahlen sich spiegeln zu lassen. Das erfordert die Zeichnung von Bildern solcher Punkte, die neben der Achse liegen. In Fig. 205 sind die Leuchtobjekte, in I bis IV, gleich groß angenommen worden. Allen

Fig. 205.

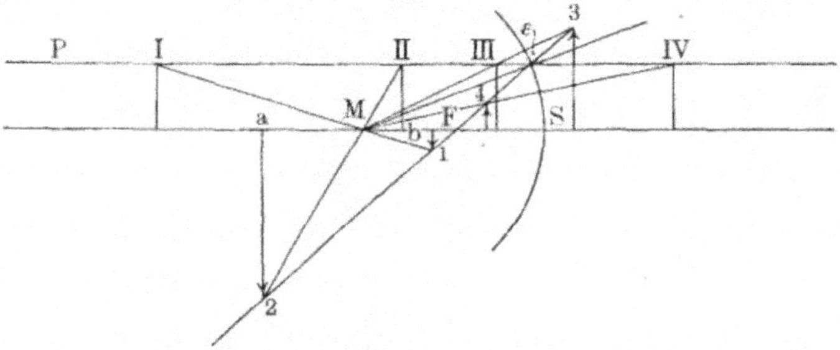

gehört ein und derselbe Parallelstrahl $P\varepsilon$ an; er wird nach dem Brennpunkt F gespiegelt. An diesen Strahl müssen alle Bilder heranreichen. Der andere Strahl zielt nach dem Spiegelmittelpunkt M.

Schüler: Er kehrt in sich zurück; in der Bildspitze schneiden sich die gespiegelten Strahlen.

Meister: Wichtig ist es, die gespiegelten reellen Bilder sehen zu lernen. In Fig. 206 ersieht man das Verfahren. Das Bild B erkennt man erst dann als verkleinertes, wenn es gelingt, es im Raume in B schwebend zu sehen; man ist sehr geneigt, es hinter dem Spiegel sich vorzustellen; dann aber erscheint es viel größer. Hält man ein feines Papierblättchen in B, so kann man das Bild auffangen.

Fig. 206.

Wir müssen unsere Formeln noch in andere Gestalt bringen.

Schüler: Es ist $L\,T/B\,T + L\,C/B\,C = 0$ (Fig. 203), wenn Strecken nach rechts positiv genommen werden, denn L und B sind harmonisch zu T und C.

Meister: Statt T tritt der Scheitel S ein. Setze die Leuchtweite $L\,S = a$, die Bildweite $B\,S = + b$; dann ist $L\,C = a + r$ und $B\,C = -b + r$. Es wird r + gerechnet, wenn es rechts liegt.

Schüler: Ich erhalte $\dfrac{a}{b} = \left(\dfrac{a+r}{-b+r} \right)$,

also $\qquad -ab + ar = ab + br \quad$ oder $\quad ar - br = 2\,ab.$

Körpern für alle Farben verschieden sind. Wenn wir nun von Brechungsexponenten reden werden, Bildergebiete finden und Bilder zeichnen und immer nur ein en Wert des Brechungsvermögens annehmen, so gelten alle diese Betrachtungen nur für eine Farbe. Weißes Licht hat gar keine Brechungsexponenten.

Schüler: Das begreife ich wohl; es besteht aus vielen Farben, und einer jeden entspricht ein anderer Exponent.

a) Lichtbrechung an Ebenen. Prismen.

Meister: Die einfachste Konstruktion des gebrochenen Strahles gibt Fig. 208; für Wasser ist $n = 4/3$ für Gelb. In diesem Verhältnis

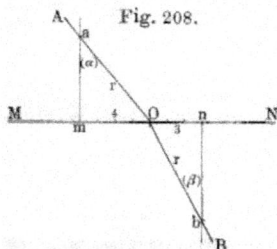

Fig. 208.

stehen auch die Projektionen eines Radius $Oa = Ob$ auf die Trennungsfläche. Überlege die Zeichnung.

Schüler: Genommen ist $On = 3$, $Om = 4$; in n und m sind Lote errichtet; der Winkel α ist derselbe, den ein Lot in O mit AO bildet. ma trifft den gegebenen Strahl AO in a; mit OA ein Kreis geschlagen schneidet den Punkt b; dann ist Ob der gesuchte gebrochene Strahl.

Meister: Wenn der Einfallswinkel immer größer wird und schließlich AO fast mit MO zusammenfällt, so wird der größtmögliche Ausfallswinkel erhalten; das ist der Grenzwinkel; zeichne ihn in die Figur.

Schüler: Nach der vorigen Konstruktion muß jetzt $r = Om$ genommen werden. Der Kreis würde das Lot in n in einem viel näher zu n liegenden Punkte schneiden; auch wäre β größer geworden.

Meister: Alle Strahlenwege sind auch umkehrbar. Tritt aber unter noch geringerer Neigung ein Strahl im dichten Medium an die Grenzfläche, so tritt die totale Reflexion ein, denn es kann gar kein Licht durch die Grenzfläche dringen. Nach Huygens findet dann

Fig. 209.

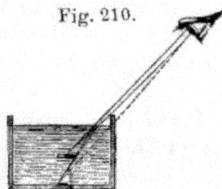

Fig. 210.

keine Umhüllung der Teilwellen mehr statt. Die totale Spiegelung ist in Fig. 209 abgebildet.

Schüler: Die Flamme a, in b an der Oberfläche der Flüssigkeit vollständig gespiegelt, erscheint dem Auge in c als Spiegelbild.

Meister: Die totale Reflexion wird bei vielen Apparaten angewandt; die Spiegelbilder sind sehr hell und rein. Wenn $n = sin\,i/sin\,r$ ist, so findet man $r =$ dem Grenzwinkel g, wenn man $i = 90^0$ setzt. Es wird $sin\,90^0 = 1$, also

$$sin\,g = 1/n \quad \ldots \ldots \ldots \ldots \quad (1)$$

Auch durch Brechung entstehen Bilder (Fig. 210).

Schüler: Man sieht die im Boden liegende Münze über dem Glasrande. Hält man einen Stock ins Wasser, so sieht er geknickt an der Trennungsstelle aus.

Meister: Diese Bilder sind von geringer praktischer Bedeutung im Vergleich zu den Erscheinungen der Brechung in zwei aufeinander folgenden Ebenen. Ein optisches Prisma hat zwei Flächen, deren Neigung gegeneinander der brechende Winkel heißt. Die Schnittlinie der beiden Flächen heißt brechende Kante.

Schüler: Ich weiß, daß der eintretende Strahl zum Einfallslote gebrochen wird, die zweite Fläche erreicht und dort, vom Einfallslote weg gebrochen, nach außen tritt.

Fig. 211.   Fig. 212.   Fig. 211 a.

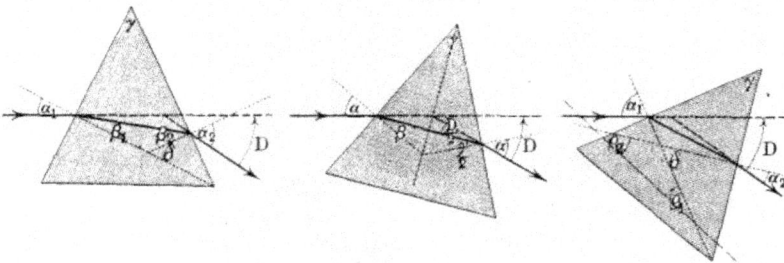

Meister: Es kann (Fig. 211 u. 211 a) die Gesamtablenkung D, die der Lichtstrahl erlitten hat, durch andere Winkel ausgedrückt werden. Was gibt zunächst das Brechungsgesetz?

Schüler: Es ist

$$sin\,\alpha_1 = n\,.\,sin\,\beta_1 \; \Big|$$
$$sin\,\alpha_2 = n\,.\,sin\,\beta_2 \; \Big| \quad \ldots \ldots \ldots \quad (2)$$

Meister: Hierzu kommt, wie leicht zu erweisen ist,

$$\beta_1 + \beta_2 = \gamma \quad \ldots \ldots \ldots \quad (3)$$

und die Gesamtablenkung

$$D = \alpha_1 - \beta_1 + \alpha_2 - \beta_2 = \alpha_1 + \alpha_2 - \gamma \quad \ldots \ldots \quad (4)$$

Bemerken wir sogleich, daß γ einen Grenzwert hat, wenn nämlich $\beta_1 = \beta_2 = g$ dem Grenzwinkel gleich ist (S. 360).

Schüler: Ich sehe schon; es folgt:

$$\frac{\cos \tfrac{1}{2}(\beta_1 - \beta_2)}{\cos \tfrac{1}{2}(\alpha_1 - \alpha_2)} > 1 \quad \ldots \ldots \ldots (18)$$

und das ist der Faktor in Gleichung (13), mithin gibt Gleichung (14) das Minimum.

Meister: Ist $\alpha_1 < \alpha_2$, so versuche den Beweis selbst durchzuführen. Daß das Resultat dasselbe ist, folgt schon aus der Umkehr des Strahlenganges, und da wäre vorhin $\alpha_2 < \alpha_1$ gewesen. Bei Einstellung des Minimums findet man beim streng gleichschenkeligen Prisma, daß der ein- und ausfallende Strahl parallel dem an der Grundfläche einfallenden und gespiegelten Strahl ist. Das gilt aber für jede einzelne Farbe, da der Winkel $\alpha_1 = \alpha_2$ mit der Farbe sich ändert. Auch Gleichung (7) zeigt es, denn γ ist unverändert, aber jeder Farbe gehört eine andere Ablenkung D an.

Fig. 214.

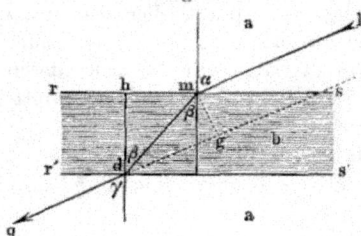

Je kleiner der brechende Winkel, um so kleiner wird die Ablenkung. Ist $\gamma = 0$, so haben wir eine planparallele Platte (Fig. 214). Sie gibt keine Richtungsänderung, wohl aber eine Verschiebung des Strahles, deren Betrag du ausrechnen kannst.

b) Lichtbrechung an Kugelflächen. Linsen und Systeme.

Meister: Den Brechungsexponenten für zwei Stoffe kann man auf die Brechungsvermögen beider Stoffe zurückführen, d. h. auf das Verhältnis der Fortpflanzungsgeschwindigkeiten im Stoff und im luftleeren Raume. Es sei c die im leeren Raume, c_1 die im Körper I, c_2 die im Körper II; dann sind die Brechungsvermögen:

$$n_1 = c/c_1 \quad \ldots \ldots \ldots \ldots (1)$$

und

$$n_2 = c/c_2 \quad \ldots \ldots \ldots \ldots (2)$$

Nun ist

$$sin\, i/sin\, r = c_1/c_2 = n \quad \ldots \ldots \ldots (3)$$

folglich auch

$$n = n_2/n_1 \quad \ldots \ldots \ldots \ldots (4)$$

Der luftleere Raum oder der Äther hat das Brechungsvermögen 1; für Luft von 1 Atm. Druck und 0^0 gilt $n = 1,000\,29$.

c) Brechung und Bildkonstruktion für eine brechende Fläche.

Meister: In Fig. 215 fällt vom Leuchtpunkt L ein Strahl in E ein und bildet mit dem Lot den Winkel α. Der unterm Winkel β gebrochene Strahl trifft die Achse in B. Es ist

$$\sin\alpha : \sin\beta = n_2 : n_1 \quad\ldots\ldots\ldots\quad (5)$$

Das Lot EN gibt:

$$LE . \sin u = EL' . \sin u' \quad\ldots\ldots\ldots\quad (6)$$

Ein Lot, von M gegen LE gefällt, gibt:

$$LM . \sin u = EM . \sin\alpha \quad\ldots\ldots\ldots\quad (7)$$

Ein Lot, von M gegen EL' gefällt, gibt:

$$L'M . \sin u' = EM . \sin\beta \quad\ldots\ldots\ldots\quad (8)$$

Aus Gl. (5), (6) und (8) kommt:

$$LM . \sin u / L'M . \sin u' = n_2 / n_1 \quad\ldots\ldots\quad (9)$$

aus Gl. (6) folgt: $\qquad LE . \sin u / L'E . \sin u' = 1 \quad\ldots\ldots\quad (10)$

Gl. (9) durch (10) dividiert gibt:

$$\frac{LM}{L'M} : \frac{LE}{L'E} = \frac{n_2}{n_1} \quad\ldots\ldots\ldots\quad (11)$$

Diese Gleichung läßt erkennen, daß, wenn E an die Achse heran-, der Punkt B fortrückt; denn LE nimmt ab, während EL' wächst, also

Fig. 215.

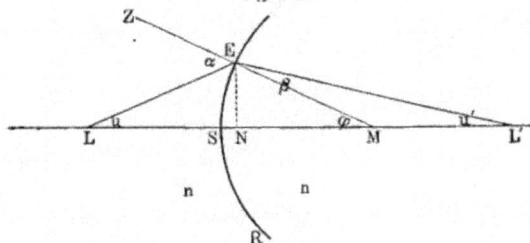

wird LE / EL' kleiner, mithin wird auch $LM / L'M$ kleiner werden; da nun LM fest bleibt, so muß L' sich entfernen. Denkt man sich alle Strahlenkegel, die bei Umdrehung der Zeichnung um die Achse entstehen, so umhüllen sie eine Fläche, die Diakaustika genannt; denselben Namen gibt man der von allen in der Zeichenebene gebrochenen Strahlen umhüllten Kurve. Wir wollen uns auf Mittelstrahlen beschränken und statt E nun den Scheitelpunkt S einführen. Dann wird aus Gleichung (11):

$$\frac{LM}{L'M} : \frac{LS}{L'S} = \frac{n_2}{n_1} \quad\ldots\ldots\ldots\quad (12)$$

oder

$$\frac{LM}{LS} : \frac{L'M}{L'S} = \frac{n_2}{n_1} \quad\ldots\ldots\ldots\quad (12\,\text{a})$$

24*

Und nun wollen wir die Strecken vom Scheitel S aus zählen und setzen:

$$LS = f_1, \quad L'S = f_2, \quad LM = f_1 + r, \quad L'M = f_2 - r,$$

dann wird

$$n_1 \cdot (f_1 + r)/f_1 = n_2 \cdot (f_2 - r)/f_2 \quad \ldots \ldots \quad (13)$$

oder

$$n_1 \cdot \left(1 + \frac{r}{f_1}\right) = n_2 \cdot \left(1 - \frac{r}{f_2}\right) \quad \ldots \ldots \quad (13\,\mathrm{a})$$

Setze nun $f_1 = \infty$ und nenne F_2 das zugehörige f_2.

Schüler: Ich erhalte dann die Brennweite F_2 aus der Gleichung:

$$n_1 = n_2 \cdot \left(1 - \frac{r}{F_2}\right),$$

woraus

$$F_2 = \frac{r \cdot n_2}{(n_2 - n_1)} \quad \ldots \ldots \ldots \ldots \quad (14)$$

Meister: Und wenn $f_2 = \infty$ sein soll, so erhalten wir den Brennpunkt im ersten Körper.

Schüler: Es wird $\quad n_1 \cdot \left(1 + \dfrac{r}{F_1}\right) = n_2,$

woraus

$$F_1 = \frac{r \cdot n_1}{(n_2 - n_1)} \quad \ldots \ldots \ldots \ldots \quad (15)$$

Meister: Bilde noch die Differenz beider Brennweiten und auch ihr Verhältnis.

Schüler: Es wird sehr einfach

$$F_2 - F_1 = r \quad \ldots \ldots \ldots \ldots \quad (16)$$

und

$$F_2/F_1 = n_2/n_1 \quad \ldots \ldots \ldots \ldots \quad (17)$$

also ist die eine Brennweite um r größer als die andere; auch ist B_2 ebensoweit von M entfernt wie B_1 von S!

Meister: Eine schöne Formel ergibt sich, wenn wir die Brennweiten in Gleichung (13a) einsetzen und schreiben:

$$n_1 \cdot r/f_1 + n_2 \cdot r/f_2 = (n_2 - n_1) \quad \ldots \ldots \quad (13\,\mathrm{b})$$

Schüler: Ich brauche nur noch durch $(n_2 - n_1)$ beiderseits zu dividieren, so kommt:

$$F_1/f_1 + F_2/f_2 = 1 \quad \ldots \ldots \ldots \quad (18)$$

Meister: Auch ist

$$F_1 \cdot f_2 + F_2 \cdot f_1 = f_1 \cdot f_2.$$

Hieraus folgt

$$f_1/f_2 = F_1/(f_2 - F_2) \quad \text{und} \quad f_2/f_1 = F_2/(f_1 - F_1) \ . \ . \quad (19)$$

Diese beiden Gleichungen miteinander multipliziert ergeben:

$$1 = F_1 \cdot F_2/(f_1 - F_1) \cdot (f_2 - F_2) \quad \ldots \ldots \quad (20)$$

und wenn man die Entfernungen der Bildpunkte von ihren Brennpunkten $f_1 - F_2 = s_1$ und $f_2 - F_2 = s_2$ setzt,

$$s_1 \cdot s_2 = F_1 \cdot F_2 \quad \ldots \ldots \ldots \ldots (21)$$

Auf dieses allerwichtigste Grundgesetz der Dioptrik kommen wir noch gründlich zurück. Es ist das Produkt der Entfernungen konjugierter Punkte von ihren Brennpunkten konstant. Versuche nun Bilder zu konstruieren.

Schüler: Da nehme ich wieder vom Punkte l des Leuchtobjektes (Fig. 216) den Parallelstrahl $l\,E$, der nach B_2 gebrochen wird, und den

Fig. 216.

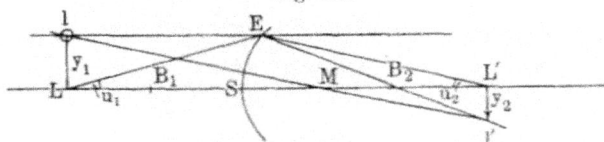

Strahl $l\,M$, der senkrecht die Trennungsfläche trifft und durch M in unveränderter Richtung fortläuft. Der Schnitt ist die Bildspitze l'.

Meister: Richtig. Dieser Strahl $l\,M\,l'$ zeigt, daß die Vergrößerung

$$V = y_2/y_1 = -(f_2 - r)/(f_1 + r) \quad \ldots \ldots (22)$$

ist; nach Gl. (13) wird $V = y_2/y_1 = -n_1 \cdot f_2/n_2 \cdot f_1 \quad \ldots \ldots (23)$

Außer der Formel (22) ergibt sich ein sehr einfacher angenäherter Ausdruck, wenn man ES als gerade ansieht und $y_1 = ES$ setzt; es wird nach Fig. 216:

$$V = y_2/y_1 = -(f_2 - F_2)/F_2 = -s_2/F_2 \quad \ldots (24)$$

und nach der Grundgleichung (21) auch

$$V = -F_1/(f_1 - F_1) = -F_1/s_1 \quad \ldots \ldots (25)$$

Ferner ist $\qquad ES = f_1 \cdot tg\,u_1 = -f_2 \cdot tg\,u_2,$

wenn man von der Achse aus die Richtung linksherum positiv nimmt;

also ist $\qquad f_2/f_1 = -tg\,u_1/tg\,u_2 \quad \ldots \ldots \ldots (26)$

Dieses, in Gleichung (23) eingesetzt, gibt die Beziehung zwischen Strahlrichtung und Vergrößerung, frei von Bild- und Leuchtweite:

$$y_1 \cdot n_1 \cdot tg\,u_1 = y_2 \cdot n_2 \cdot tg\,u_2 \quad \ldots \ldots (27)$$

auch ist $\qquad tg\,u_2/tg\,u_1 = n_1 \cdot y_1/n_2 \cdot y_2 \quad \ldots \ldots (28)$

d. h. die Winkelvergrößerung u_2/u_1 ist reziprok dem Produkt aus der Lateralvergrößerung y_2/y_1 und dem Brechungsexponenten n_2/n_1. Fertige nun neue Zeichnungen an statt der Fig. 216 und laß auch $n_2 < n_1$ sein; nimm die Krümmung bald nach rechts, bald nach links erhaben an. — Ebenso schöne Formeln ergeben sich, wenn man alle Strecken, statt von S, von M aus mißt. Wir setzen $LM = g_1$, $L'M = g_2$, also $LS = g_1 - r$, $L'S = g_2 + r$; dann ist aus Gleichung (12a)

$$n_1 \cdot g_1/(g_1 - r) = n_2 \cdot g_2/(g_2 + r),$$

also
$$n_1 \cdot (g_2 + r)/g_2 = n_2 \cdot (g_1 - r)/g_1 \quad \ldots \ldots (29)$$

Für $g_2 = \infty$ erhalten wir die Brennweite aus

$$n_1 \cdot G_1 = n_2 \cdot (G_1 - r), \quad \text{also} \quad G_1 = n_2 \cdot r/n_2 - n_1 \ \ . \ . \ (30)$$

ebenso
$$G_2 = n_1 \cdot r/(n_2 - n_1) \ . \ \ldots \ldots . (30\,\mathrm{a})$$

Schüler: Jetzt schreibe ich die Gleichung (29)

$$n_1 r/g_2 + n_2 \cdot r/g_1 = (n_2 - n_1)$$

und, wenn man Gleichung (30) und (30a) einsetzt:

$$G_1/g_1 + G_2/g_2 = 1 \ \ldots \ldots \ldots (31)$$

auch ist
$$G_1 - G_2 = r = F_2 - F_1 \quad \text{und} \quad G_1/G_2 = n_2/n_1 = F_2/F_1 \ . \ . \ (32)$$

Meister: Aber auch

$$F_1 = G_2 \quad \text{und} \quad F_2 = G_1 \ \ldots \ldots . (33)$$

wie zu erwarten war. — Ein viel allgemeinerer Satz lautet: **Mißt man alle Abstände von irgend einem konjugierten Paare (L^0, B^0) aus, so erhält man eine ähnliche einfache Formel.** In einer Figur mußt du alle Strecken bezeichnen. Man übersieht bald, daß für die Punktenpaare L^0, B^0 und L, B zunächst die vom Scheitel gemessenen Strecken gelten. Es ist für L^0, B^0:

und für L, B gelte:
$$\left.\begin{array}{l} F_1/f_1 + F_2/f_2 = 1 \\ F_1/q_1 + F_2/q_2 = 1 \end{array}\right\} \quad \ldots \ldots . (34)$$

Die h-Werte werden nun als Abstände von L^0, B^0 gemessen. Es ist

$$h_1 = q_1 - f_1 \quad \text{oder} \quad q_1 = f_1 + h_1 \quad \text{und} \quad q_2 = f_2 + h_2 \ . \ . \ (35)$$

also
$$F_1/(f_1 + h_1) + F_2/(f_2 + h_2) = 1 \ \ldots \ldots (36)$$

oder
$$F_1 \cdot (f_2 + h_2) + F_2 \cdot (f_1 + h_1) = (f_1 + h_1)\,(f_2 + h_2) \ . \ . \ (37)$$

Aus Gl. (34) ist
$$F_1 \cdot f_2 + F_2 \cdot f_1 = f_1 f_2 \ \ldots \ldots \ldots (38)$$

Gleichung (38) von (37) abgezogen gibt:

$$F_1 \cdot h_2 + F_2 \cdot h_1 = h_1 h_2 + h_1 f_2 + h_2 f_1 \ \ldots \ldots (39)$$

also ist
$$(F_1 - f_1) \cdot h_2 + (F_2 - f_2) \cdot h_1 = h_1 \cdot h_2 \ \ldots \ldots (40)$$

d. h.
$$H_1/h_1 + H_2/h_2 = 1 \ \ldots \ldots \ldots (41)$$

wo
$$H_1 = F_1 - f_1 \quad \text{und} \quad H_2 = F_2 - f_2 \ \ldots \ldots (42)$$

Schüler: Das ist überraschend schön! Gleichung (42) zeigt, daß die Brennweiten H_1 und H_2 auch von L^0, B^0 aus gemessen werden müssen. — Meister, wenn ich die Gleichung (12a) ansehe, werde ich an harmonische Punkte erinnert. Das Doppelverhältnis ist hier nur nicht $= -1$, sondern $= n$. Die vier Punkte sind also nicht harmonisch, aber doch besteht etwas damit Verwandtes.

Meister: Ganz gut bemerkt. Wir gehen bald darauf ein, wollen aber erst die analytische Behandlung zu Ende führen. Die Gl. (12a) gibt für Spiegelung einen Spezialfall, wenn man $n_2/n_1 = -1$ setzt. Bei der Brechung aber haben wir statt -1 einen durchaus positiven Wert n. Deshalb kann das Bild B niemals innerhalb SM liegen, sobald L außerhalb sich befindet; liegt aber L zwischen S und M, so muß auch B dazwischen liegen, weil nur dann beide Verhältnisse negativ, das Doppelverhältnis also positiv wird. Kurz: 1. Leucht- und Lichtpunkte liegen stets beide innerhalb oder beide außerhalb der Punkte S und M.

Schüler: Ich erkenne dieses Verhalten auch daraus, daß der einfallende und der gebrochene Strahl immer in gegenüberliegenden Quadranten liegen, bei Spiegelung dagegen in benachbarten.

Meister: Sehr richtig, und daraus folgt weiter, daß 2. sowohl in S als in M aufeinander fallende Punktenpaare vereinigt sind. Das ist insofern auffallend, als 3. die Wanderung von Leucht- und Bildpunkten eine gleichlaufende ist.

Schüler: Bei Kugelspiegeln waren L und B gegenläufig, also mußten bei der Wanderung zwei Begegnungen statthaben, aber wie mag das hier sein?

Meister: Der obige Satz 1. lehrt doch, daß die konjugierten Punkte zugleich ins innere Gebiet ein- und auch austreten müssen.

Schüler: Ach ja. Bei der Zeichnung der Bildergebiete tritt das auch deutlich hervor.

d) Übersicht der strengen Abbildungsmethode für beliebig viele zentrierte Kugelflächen. Kardinalpunkte. Spezialisierung für eine brechende Fläche.

Meister: Es dürfte von besonderem Nutzen sein, den Inhalt unserer letzten Besprechungen zusammenzufassen.

Schüler: Wir begannen mit der Brechung an einer ebenen Fläche und wollten alle Betrachtungen auf eine Farbe beziehen. Wir erkannten, daß es im dichteren Stoffe einen Grenzwinkel geben müsse. Licht, das in solch einen Stoff unter noch größerem Winkel mit dem Einfallslot auffällt, erfährt die totale Reflexion. Wir gingen bald auf das Prisma über und konnten die Gesamtablenkung berechnen, wenn der einfallende Strahl und das Brechungsvermögen gegeben waren. Dann erwies sich ein Minimum der Ablenkung bei symmetrischer Gestaltung aller Strahlen. Diese Stellung wird benutzt zur Ausmessung des brechenden Winkels und der Ablenkung, woraus das Brechungsvermögen sich berechnen läßt. Wir gingen dann zur Brechung an zentrierten Kugelflächen über.

Meister: Vergiß nicht den wichtigen Satz, daß der Brechungsexponent zwischen zwei Stoffen gleich ist dem Verhältnis ihrer Brechungsvermögen.

Schüler: Es wurde alsdann eine brechende Kugelfläche angenommen und die Formel zwischen Bild- und Leuchtweite aufgestellt, auch die Brennweiten eingeführt. Die Formeln gestalteten sich ähnlich, ob man die Strecken vom Scheitel oder vom Mittelpunkt aus maß. Statt der vier harmonischen Punkte fanden wir eine damit verwandte Beziehung. Jedem Zonenkegel kam ein anderer Bildpunkt zu; die gebrochenen Strahlen umhüllten eine Brennfläche, die Diakaustika. Dann beschränkten wir uns auf die Scheitelstrahlen; es ward bewiesen, daß die schlichte Formel $H_1/h_1 + H_2/h_2 = 1$ Geltung hat, wenn alle Strecken bis zu irgend einem konjugierten Punktenpaare gezählt wurden.

Meister: Die Theorie der Brechung in mehreren Flächen ist mit viel Rechnung verbunden. Da du solche nicht scheust, so gebe ich dir eine für Scheitelstrahlen ganz strenge Theorie mit, wie sie zuerst von Gauss entworfen, nachher von Listing und Helmholtz erweitert wurde. Zunächst teile ich dir das Resultat in bezug auf Bilddarstellung mit; daran sollen sich nachher die Beweise anschließen. Man unterschied drei Paare Kardinalpunkte: 1. die Brennpunkte als Bildorte unendlich ferner Leuchtpunkte; 2) die Hauptpunkte, das sind konjugierte Punkte, in denen Leuchtobjekt und Bild gleich groß und gleich gerichtet sind; 3. die Knotenpunkte; ein Strahl, der den ersten Knotenpunkt trifft, verläßt nach allen Brechungen den zweiten Knotenpunkt in einer dem einfallenden Strahl parallelen Richtung. Ebenen durch diese Punktenpaare, senkrecht zur Achse, heißen Brennebenen, Hauptebenen und Knotenebenen. Das System mag aus einer oder aus noch so vielen brechenden Kugelflächen bestehen, zur Darstellung der Bilder genügt stets die Kenntnis dieser drei Punktenpaare, wenn das System zentriert ist, d. h. wenn die Mittelpunkte sämtlicher Kugelflächen auf einer Geraden, der Achse, liegen. Brennweiten heißen die Entfernungen von den Kardinalpunkten, und zwar werden im ersten Stoffe alle Entfernungen der Leuchtpunkte vom ersten Haupt- oder Knotenpunkt gemessen, die Entfernungen im zweiten Stoffe vom zweiten Kardinalpunkte. — Mögen noch so viele brechende Flächen das System bilden, reelle Strahlen gibt es nur innerhalb des betreffenden Stoffgebietes, virtuelle dagegen, sowohl Strahlen, als Leucht- und Bildpunkte, können die ganze

übrige unendlich lange Achse einnehmen. Daher ist der virtuelle Spielraum größer. — Alle Leuchtweiten werden vom ersten Haupt- oder
Knotenpunkt nach links positiv, die Bildweiten dagegen vom zweiten
Haupt- oder Knotenpunkt nach rechts positiv gerechnet. In Fig. 217

Fig. 217.

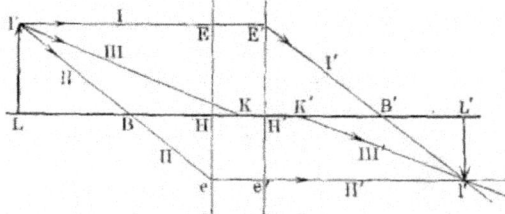

sind die B, H, K die Kardinalpunkte. Für alle Systeme, mögen sie
aus noch so viel Kugelflächen bestehen, gelten folgende Gleichungen,
in denen die Brennweiten BH und $B'H'$ mit F_1 und F_2, sowie BK
und $B'K'$ mit G_1 und G_2 bezeichnet sind:

$$BH = B'K' = F_1 = G_2, \quad B'H' = BK = F_2 = G_1 \quad . . \text{ (1)}$$

$$HH' = KK' \ldots \ldots \ldots \text{ (2)}$$

$$HK = H'K' \ldots \ldots \ldots \text{ (3)}$$

$$F_2/F_1 = G_1/G_2 = n_2/n_1 \ldots \ldots \text{ (4)}$$

Diese wunderbar einfachen Beziehungen werden noch einfacher, wenn
das erste Mittel dasselbe ist wie das letzte, wie das bei allen Fernrohren, Mikroskopen, Lupen der Fall ist. Es ist dann

$$n_2 = n_1 \ldots \ldots \ldots \ldots \text{ (5)}$$

$$F_1 = F_2 = G_2 = G_1 \ldots \ldots \ldots \text{ (6)}$$

$$HK = H'K' = 0 \ldots \ldots \ldots \text{ (7)}$$

in Worten: Die Knotenpunkte fallen mit den Hauptpunkten
zusammen, und die vordere Brennweite ist gleich der hinteren.
In Fig. 217 ist zum Leuchtobjekt lL das Bild $l'L'$ gefunden worden.
Der Strahl lE, parallel der Achse, trifft den Punkt E der Hauptebene,
mithin geht er durch E' der zweiten Hauptebene und muß durch B'
gehen, also ist $E'B'$ der Weg des Strahles im letzten Mittel. Ein
anderer Strahl lK muß in paralleler Richtung durch K' gehen; er trifft
$E'B'$ in l', dem Bilde von l. Ein dritter Strahl könnte durch B gezogen werden, lBe; er muß durch e' und außerdem der Achse parallel
im letzten Mittel laufen; er trifft auch l'. — Man erreicht dasselbe,
wenn man so konstruiert, wie für eine brechende Fläche durchgeführt
war, indem man H als Scheitel, K als Mittelpunkt der Kugelfläche ansieht und B' um eine Strecke gleich HH' nach links verschiebt.

Schüler: Dann wäre lKl'' der ungebrochene Mittelpunktsstrahl, $EB''l''$ der den versetzten Brennpunkt B'' treffende Strahl und l'' der Bildpunkt.

Meister: Dieses Bild muß in unveränderter Größe wieder um HH' nach rechts verschoben werden; das gibt folgenden Satz: In einem beliebigen System von Kugelflächen kann man den ersten Hauptpunkt als Scheitel, den ersten Knotenpunkt als Mittelpunkt einer brechenden Fläche ansehen; das für diese Fläche erhaltene Bild verschiebt man um die Entfernung der beiden Hauptpunkte zurück. — Nun überlegen wir noch den Spezialfall, wo nur eine brechende Fläche vorhanden ist. Was folgt aus Gleichung (24), S. 373, wenn $y_2 = y_1$ sein soll?

Schüler: Es muß $f_2 = 0$ sein, aber dann ist auch $f_1 = 0$ nach Gleichung (25); es fallen also beide Hauptpunkte in den Scheitel S.

Meister: In den Knotenpunkten muß der einfallende Strahl dem ausfallenden parallel bleiben; das trifft zu für den Mittelpunkt M. Jetzt wollen wir zur allgemeinen Herleitung für mehrere Systeme übergehen.

e) Herleitung der allgemeinen Formel für Systeme von mehreren brechenden Flächen.

Meister: Das für eine brechende Fläche geltende Gesetz gilt auch für beliebig viele, d. h. für ein System von Flächen. Wir nehmen deren m an; dann gibt es $m + 1$ voneinander verschiedene getrennte Mittel, deren Brechungsvermögen $n_1, n_2, n_3 \ldots n_{m+1}$ seien. Das vorletzte ist das $m$te. Die Halbmesser seien positiv, wenn die Fläche zum ersten Mittel konvex ist. Leucht- und Bildgebiete sind für jedes Mittel auf der ganzen Achse von $+$ bis $-\infty$ möglich.

Schüler: Reell aber nur zwischen den angrenzenden Mitteln.

Meister: Angenommen, unsere Formel gelte für $m - 1$ Flächen; so läßt sich beweisen, daß sie alsdann auch für m Flächen gilt. Für

Fig. 218.

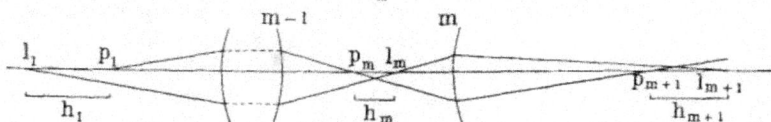

$m = 2$ ist vorhin der Beweis gegeben, d. h. er gilt für eine brechende Fläche. Zufolge des Satzes wird er auch für zwei brechende Flächen gelten.

Schüler: Und da er für zwei gilt, so wäre bewiesen, daß er auch für drei, vier und mehr gilt.

Meister: In Fig. 218 ist nur die erste, die $(m - 1)$te und die $m$te eingezeichnet. Es sind $l_1, l_2 \ldots l_m, l_{m+1}$ und ebenso $p_1, p_2 \ldots p_m, p_{m+1}$

zugeordnete Systempunkte. Von den p-Punkten aus sollen die Strecken gemessen werden. Wir haben zu beweisen, daß, wenn nach der Voraussetzung

$$L_1/h_1 + L_2/h_m = 1 \quad \ldots \ldots \ldots \quad (1)$$

ist, wo L_1 und L_2 die Abstände der Brennpunkte von dem zugeordneten Paare p_1 und p_m sind, und wenn ebenso

$$M_1/-h_m + M_2/h_{m+1} = 1 \quad \ldots \ldots \ldots \quad (2)$$

ist, wo für die letzte Fläche $-h_m$ geschrieben werden muß, weil jetzt l_m Leuchtpunkt und $l_m\, p_m = -h_m$ ist, daß alsdann eine Gleichung

$$H_1/h_1 + H_2/h_2 = 1 \quad \ldots \ldots \ldots \quad (3)$$

für das zusammengesetzte System gilt. H_1 und H_2 sind wieder von den Punkten p_1 und p_{m+1} aus gemessen. Multipliziere die Gleichung (1) mit M_1 und Gleichung (2) mit L_2 und addiere beide Gleichungen; untersuche alsdann die neuen Brennweiten.

Schüler: Es wird

$$L_1 M_1/h_1 + L_2 M_2/h_{m+1} = M_1 + L_2 \quad \ldots \ldots \quad (4)$$

Für $h_{m+1} = \infty$ wird

$$h_1 = H_1 = L_1 M_1/(M_1 + L_2) \quad \ldots \ldots \ldots \quad (5)$$

ebenso, wenn $h_1 = \infty$ wird,

$$h_{m+1} = H_2 = L_2 M_2/(M_1 + L_2) \quad \ldots \ldots \quad (6)$$

und Gleichung (4) wird jetzt

$$H_1/h_1 + H_2/h_{m+1} = 1 \quad \ldots \ldots \ldots \quad (7)$$

Meister: Für jeden Wert von h_{m+1} zwischen $+$ und $-\infty$ gibt es also wieder nur einen Wert von h_1 und umgekehrt.

Schüler: Und h_1 und h_{m+1} können an jedem Punkte der Achse liegen, reell aber sind sie nur je im ersten und letzten Mittel.

Fig. 219.

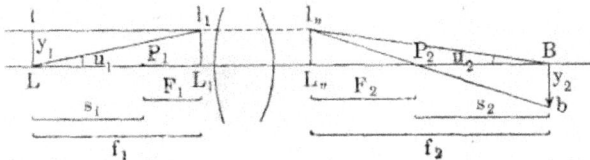

Meister: Um nun die Hauptebenen zu finden, entwickeln wir die Bildgrößen; wo die Vergrößerung $= 1$ ist, da liegen die Hauptpunkte. Es sei (Fig. 219) lL ein Leuchtobjekt; ein Strahl verläuft parallel der Achse und wird im letzten Mittel durch den Brennpunkt P_2 gehen. Die Bildspitze muß in diesem Strahle liegen; es sei in b. Die Bildgröße erscheint nun proportional der Entfernung vom Brennpunkt P_2; sie kann zwischen $+$ und $-\infty$ schwanken. Im Strahle $P_2 b$ muß auch l'' liegen, in der Entfernung von der Achse, wo das Lot $l''L_{,,}$ $= lL$ ist.

Schüler: An dieser Stelle muß die zweite Hauptebene liegen; aber wo wird die erste sein?

Meister: Wir nehmen an, es sei etwa in $l'L_1$. Messen wir jetzt wieder alle Strecken im ersten Mittel von diesem Hauptpunkte aus, so ist, wie früher für eine Kugelfläche, so auch jetzt

$$V = y_2/y_1 = (F_2 - f_2)/F_2 = F_1(F_1 - f_1) = -F_1/s_1 = -s_2/F_2 \quad (8)$$

und mithin auch $$s_1 . s_2 = F_1 . F_2 \quad\ldots\ldots\ldots\ldots (9)$$

Verfolgen wir nun einen Strahl lL_1 durch den Achsenpunkt L_1 der ersten Hauptebene, wo er den Winkel u_1 mit der Achse bildet, weiter; er geht durch die brechenden Flächen und muß zuletzt durch den zweiten Hauptpunkt $L_{,,}$ gehen. Einem Leuchtobjekt $lL = b_1$ entspreche im zweiten Mittel ein Bild von der Größe b_2, im dritten von $b_3 \ldots$, im letzten von b_{m+1}. Es ist nach Gleichung (27), S. 373,

$$
\left.
\begin{aligned}
n_1 . b_1 . tg\, u_1 &= n_2 . b_2 . tg\, u_2 \\
n_2 . b_2 . tg\, u_2 &= n_3 . b_3 . tg\, u_3 \\
&\cdots\cdots\cdots\cdots \\
n_m . b_m . tg\, u_m &= n_{m+1} . b_{m+1} . tg\, u_{m+1}
\end{aligned}
\right\}
\quad\ldots\ldots (10)
$$

ebenso

folglich $$n_1 . b_1 . tg\, u_1 = n_{m+1} . b_{m+1} . tg\, u_{m+1} \quad\ldots\ldots (11)$$

Beziehen wir diese Gleichung auf die Hauptebenen, so liegt b_{m+1} in der zweiten, sowie b_1 in der ersten, daher ist

$$b_1 = b_{m+1} \quad\ldots\ldots\ldots\ldots (12)$$

Schüler: Daraus folgt für die Hauptebenen:

$$n_1 . tg\, u_1 = n_{m+1} . tg\, u_{m+1} \quad\ldots\ldots\ldots (13)$$

Meister: Und sehr nahe auch $u_1/u_{m+1} = n_{m+1}/n_1$.

Nun wollen wir noch das Verhältnis der Brennweiten zu bestimmen versuchen. Eine beliebige konjugierte Bilderreihe nennen wir

$$y_1, y_2, y_3 \ldots y_{m+1},$$

so ist nach Gleichung (11), wenn fortan die Indizes 1 und 2 sich auf das erste und letzte Mittel beziehen:

$$n_1 . y_1 . tg\, u_1 = n_2 . y_2 . tg\, u_2,$$

ferner (siehe Fig. 219):

$$f_1 . tg\, u_1 = -f_2 . tg\, u_2,$$

also ist $$n_1 . y_1/f_1 = -n_2 . y_2/f_2 \quad\ldots\ldots\ldots (14)$$

oder es ist $$-y_2 . f_1/y_1 . f_2 = n_1/n_2 \quad\ldots\ldots\ldots (15)$$

oder $$n_2/n_1 = -(y_1/y_2) . (f_2/f_1) . \quad\ldots\ldots\ldots (16)$$

aber $\qquad -y_1/y_2 = F_2/(f_2 - F_2) = (f_1 - F_1)/F_1$ . . . . (17)

und da $\qquad f_2/f_1 = (f_2 - F_2)/F_1 = F_2/(f_1 - F_1)$ . . . . (17a)

so folgt aus (16), wenn man das Produkt von (17) und (17a) bildet:

$$n_2/n_1 = F_2/F_1 \qquad \ldots \ldots \ldots (18)$$

was zu beweisen war. Ist das erste Mittel von gleicher Art wie das letzte, z. B. Luft, so ist $n_1 = n_2$.

Schüler: Die beiden Brennweiten sind einander gleich!

Meister: Vergiß aber nicht, daß sie von den Hauptpunkten aus gemessen sein müssen. Nun wollen wir die Knotenebenen aufsuchen. Es war Gleichung (11):

$$n_1 \cdot y_1 \cdot tg\, u_1 = n_2 \cdot y_2 \cdot tg\, u_2.$$

Diese Gleichung beziehen wir jetzt auf die Knotenebenen und verlangen

$$u_1 = u_2 \qquad \ldots \ldots \ldots \ldots (19)$$

Schüler: Hieraus folgt

$$n_1 \cdot y_1 = n_2 \cdot y_2 \qquad \ldots \ldots \ldots (20)$$

d. h. die Bildgrößen in den Knotenebenen verhalten sich um-gekehrt wie die Brechungsvermögen des letzten und des ersten Mittels. Wenn aber wieder $n_1 = n_2$ ist, wird auch in den Knotenebenen $y_1 = y_2$ sein! Die Bilder sind gleich groß, also müssen es doch Hauptebenen sein?

Meister: Richtig, Knoten- und Hauptebenen fallen dann zusammen. Sonst aber ist $y_2/y_1 = n_1/n_2$. Es sei nun der Abstand dieses Bildes vom Brennpunkte $= G_2$, dann haben wir sofort, weil $y_2/y_1 = G_2/F_2$ ist, $G_2/F_2 = n_1/n_2$, und da dieses $= F_1/F_2$ ist, folgt:

$$G_2 = F_1 \qquad \ldots \ldots \ldots \ldots (21)$$

Die zweite Knotenebene sei von der zweiten Hauptebene entfernt um $a_2 = F_2 - G_2$, welches $= F_2 - F_1$ ist. Wenn nun a_1 der Abstand der ersten Knotenebene von der ersten Hauptebene ist, so muß, da die zweite Knotenebene das Bild der ersten ist,

$$- F_1/a_1 + F_2/a_2 = 1$$

sein, und da $a_2 = F_2 - F_1$ ist, wird

$$- F_1/a_1 + F_2/(F_2 - F_1) = 1,$$

folglich ist $\qquad a_1 = F_2 - F_1 = a_2$ und $\quad G_1 = F_2$ . . . . (22)

also auch $\qquad\qquad G_1/G_2 = n_2/n_1$ . . . . (23)

f) Aufsuchung der Haupt- und Knotenpunkte eines zusammengesetzten Systems. Spezialisierung für Linsen.

Meister: Sind nun weiter zwei Systeme gegeben, ein jedes mit seinen Haupt- und Knotenpunkten und Brennweiten, so lassen sich die

Formeln für ein aus beiden zusammengesetztes System mit wenig Rechnung bestimmen. Die hier zu gewinnenden Formeln beziehen sich auf Fernrohre, Mikroskope, auf Linsen und Zusammensetzung von Linsen. In Fig. 220 sind h_1, h_2 die Hauptebenen des ersten, h_3 und h_4 die des zweiten Systems, F_1, F_2 die Brennweiten des ersten, F_3, F_4 die des zweiten Systems; die Brennpunkte selbst heißen folgweise p_1, p_2, p_3, p_4.

Fig. 220.

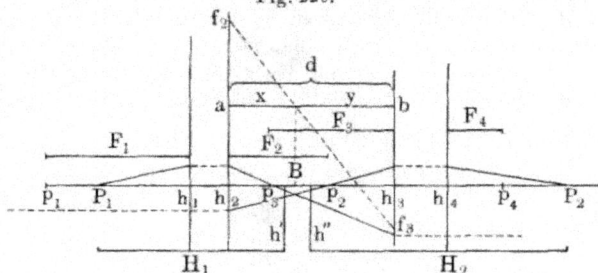

Es fällt ein Strahl parallel der Achse ein, läuft also durch p_2 und habe sein Bild in P_2.

Schüler: Also ist P_2 der gesuchte hintere Brennpunkt. Da kann ich ebenso den anderen finden, da er das Bild von p_3 im ersten System sein muß.

Meister: Wir nennen d die Entfernung $h_2 h_3$. Das wird später die Linsendicke im speziellen Falle werden. Nun bestimmen wir zuerst die Strecke $P_1 h_1$. Es ist P_1 das Bild von p_3, desen Leuchtweite $d - F_3$ gesetzt werden muß; daher wird nach der Grundformel $f_1 = \dfrac{f_2 \cdot F_1}{(f_2 - F_2)}$:

$$P_1 h_1 = (d - F_3) \cdot F_1 / (d - F_3 - F_2) \quad \ldots \ldots \quad (1)$$

ebenso

$$P_2 h_4 = (d - F_2) \cdot F_4 / (d - F_2 - F_3) \quad \ldots \ldots \quad (2)$$

Wir nehmen nun im Zwischenmedium einen Punkt an, der seine konjugierten Bilder in den Systemen haben wird, deren Größen wir mit b_m, b_1, b_2 bezeichnen: dann ist für das erste System

und

$$\left. \begin{aligned} b_1/b_m &= F_2/(F_2 - B h_2) \\ b_2/b_m &= F_3/(F_3 - B h_3) \end{aligned} \right\} \quad \ldots \ldots \ldots \quad (3)$$

Nun wählen wir im Zwischenmedium den Punkt B so, daß seine Bilder b_1 und b_2 gleich groß sind und gleich gerichtet.

Schüler: Dann sind die gefundenen Bildorte die Hauptpunkte des zusammengesetzten Systems. Wie groß auch das mittlere Bild b_m sei, die beiden Werte links in den Gleichungen (3) müssen einander gleich sein.

Meister: Setze $Bh_2 = x$ und $Bh_3 = y$, dann ist $x + y = d$.

Schüler: Es wird

$$F_2/(F_2 - x) = F_3/(F_3 - y) \ . \ . \ . \ . \ . \ . \ (4)$$

also ist

$$x/y = F_2/F_3 \ . \ . \ . \ . \ . \ . \ . \ . \ (5)$$

Nach dieser Beziehung kann ich sofort die Strecke $h_2 h_3 = d$ teilen; an den Enden der Hilfslinie d wird F_2 an a angetragen und in entgegengesetzter Richtung F_3 an b. Die Gerade $f_2 f_3$ teilt nun d in die gesuchten Strecken x und y.

Meister: Es liegen nun die neuen Hauptpunkte, d. h. die Bilder von b, in h' und h''; dann sind die neuen Hauptbrennweiten $P_1 h'$ und $P_2 h''$ und die gesuchte Leuchtweite $h_1 h'$, die gesuchte Bildweite $h_4 h''$. — Da $x + y = d$ ist, so können diese Größen sofort bestimmt werden.

Schüler: Es ist $x/(d - x) = F_2/F_3$, also

$$x = d \cdot F_2/(F_2 + F_3) \ . \ . \ . \ . \ . \ . \ . \ (6)$$

und $(d - y)/y = F_2/F_3$, also

$$y = d \cdot F_3/(F_2 + F_3) \cdot \ . \ . \ . \ . \ . \ . \ . \ (7)$$

Meister: Wir finden nun $h_1 h'$ und $h_4 h''$ aus

$$h_1 h' = x \cdot F_1/(x - F_2) \quad \text{und} \quad h_4 h'' = y \cdot F_4/(y - F_3) \ . \ . \ . \ (8)$$

Die Werte von x und y aus Gleichung (6) und (7) eingesetzt gibt nach etwas Rechnung:

$$h_1 h' = d \cdot F_1/(d - F_2 - F_3) = d \cdot F_1/N \ . \ . \ . \ . \ (9)$$

und

$$h_4 h'' = d \cdot F_4/(d - F_2 - F_3) = d \cdot F_4/N \ . \ . \ . \ . \ (10)$$

wo $N = d - F_2 - F_3$ gleich ist der Entfernung der beiden inneren Brennweiten p_2 und p_3. Nun sind die neuen Hauptbrennweiten sofort zu haben:

$$H_1 = P_1 h_1 - h_1 h' = - F_1 \cdot F_3/N \ . \ . \ . \ . \ (11)$$

und

$$H_2 = P_2 h_4 - h_4 h'' = - F_2 \cdot F_4/N \ . \ . \ . \ . \ (12)$$

Schüler: Und jetzt können alle Strecken von h' und h'' gemessen werden und es ist

$$H_1/h_1 + H_2/h_2 = 1 \ . \ . \ . \ . \ . \ . \ . \ . \ (13)$$

Meister: Ganz ähnlich kann man die neuen Knotenebenen finden. Man versteht alsdann unter b_m das mittlere, den Knotenpunkten entsprechende Bild und setzt nun $b_2/b_1 = n_1/n_2$. Das ergibt k', k'', sowie die Brennweiten G_1 und G_2. Wir begnügen uns indes mit der schon bewiesenen Beziehung $G_2 = H_1$, $G_1 = H_2$. — An diese Formeln pflegt man die Spezialisierung für ein System von zwei brechenden Flächen, also auch für Linsen anzuschließen. Das Verfahren beruht auf schlichter algebraischer Rechnung, da in die Gleichungen (9) bis (12) nun die Formeln (14) und (15) (auf S. 372) einzusetzen sind. Ich überlasse dir

die Rechnung zur Übung; denn ich gebrauche die verzwickt aussehen-
den Resultate niemals. Es ist viel praktischer, jene Formeln (14) und (15)
als Grundlage der weiteren Rechnung stets zur Hand zu haben. Sobald
die Radien und die Brechungsverhältnisse gegeben sind, berechnet man
die Größen F_1 bis F_4 und setzt die Zahlen in vorstehende Formeln (9)
bis (12) ein. Für Linsen wird noch $n_1 = n_3$ gesetzt, dann wird, da die
Hauptpunkte h_1 und h_2 mit dem ersten Scheitel zusammenfallen und h_3,
sowie h_4 mit dem zweiten Scheitel, wenn wir mit h_1 und h_2 die Entfernungen der neuen Hauptpunkte von diesen Scheiteln bezeichnen
und F die Brennweite bedeutet:

$$F_1 = r_1/(n-1), \ F_2 = n.r_1/(n-1), \ \Big| \quad \dots \ (14)$$
$$F_3 = n_1.r_2/(1-n_1), \ F_4 = r_2/(1-n_1) \Big|$$

Ferner ist $\qquad h_1 = d.F_1/N$ und $h_2 = d.F_4/N$ . . . . . (15)

und endlich $\qquad F = -F_1.F_3/N = -F_2.F_4/N$ . . . . . (16)

Als Beispiel nimm eine Linse, deren $r_1 = 50$, $r_2 = -80$ und
$d = 5$; $n = n_1 = 1,5$.

Schüler: Ich erhalte $F_1 = 100$, $F_2 = 150$, $F_3 = 240$, $F_4 = 160$,
sämtlich $+$; ferner $N = d - F_2 - F_3 = -385$ und erhalte

$$h_1 = -1,3, \quad h_2 = -2,08, \quad F = 62,34.$$

Meister: Kennst du die verschiedenen Linsenformen?

Fig. 221.

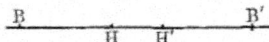

Schüler: Wir unterschieden konvexe und konkave. Erstere sind in
der Mitte dicker als am Rande, letztere
in der Mitte dünner.

Meister: Für alle Formen besteht die Gleichheit der Brennweiten.
Bei den Sammellinsen (Fig. 221) liegt H rechts von B, und H' links
von B'; bei den Zerstreuungslinsen liegt H links von B, d. h. die
Brennweiten sind negativ. Allgemein gilt auch hier:

$$s_1.s_2 = F^2 \quad \text{und} \quad y_2/y_1 = -F/s_1 = -s_2/F \ . \ . \ . \ (17)$$

Schüler: Ich will mir noch viele Zahlenbeispiele ausrechnen.

Fig. 222.

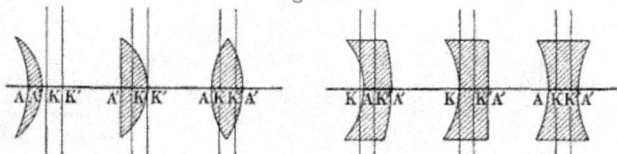

Meister: Du wirst finden, daß bei bikonvexen und auch bei
bikonkaven Linsen gewöhnlicher Dicke die Hauptpunkte im Glase
liegen, nahe beieinander. In Fig. 222 siehst du sechs Formen; die

Hauptpunkte sind mit KK' die Scheitel mit AA' bezeichnet. Die sechs Formen heißen:

konvex-konkav, plankonvex, bikonvex,

konkav-konvex, plankonkav, bikonkav,

Übe dich im Zeichnen der Bilder; unterscheide auf der unendlich langen Achse vier Gebiete für den Leucht- und Bildpunkt nach folgendem Schema, wo auch die Verwendung angedeutet ist:

Grenzpunkte		Verwendung
der Leuchtgebiete	der Bildgebiete	
konvex I. von ∞ bis $2F$	1. von F bis $2F$	Fernrohrobjektiv
II. von $2F$ bis F	2. von $2F$ bis $+\infty$	Mikroskopobjektiv
III. von F bis H_1	3. von $-\infty$ bis H_2	Lupe und Okular
IV. von H_1 bis $-\infty$	4. von H_2 bis F_1	Brille für Weitsicht
konkav I. von ∞ bis H_1	1. von $-F$ bis H_2	
II. von H_1 bis $-F$	2. von H_2 bis $+\infty$	
III. von $-F$ bis $-2F$	3. von $-\infty$ bis $-2F$	Galilei-Okular
IV. von $-2F$ bis $-\infty$	4. von $-2F$ bis $-F$	Brille für Kurzsicht

Dieser Übersicht wäre hinzuzufügen, ob in einem Gebiete die Bilder 1. vergrößert oder verkleinert, 2. aufrecht oder verkehrt, 3. reell oder virtuell sind. Beachte, wie von 1 über 2, 3, 4 bis 1 zurück die Bildspitzen am Brennstrahl hingleiten. Für bloße Schätzung und für Überlegung der Bildorte in praktischen Fällen vernachlässigt man die Linsendicke, läßt die Hauptpunkte mit dem Zentrum der Linse zusammenfallen.

Schüler: So hatten wir Bilder schon in der Schule zu zeichnen gelernt. Ich bekenne aber, daß die Kenntnis der Kardinalpunkte große Befriedigung gewährt. Man hat doch ein gutes Gewissen und weiß genau, bis wohin die Strecken zu messen sind.

Meister: Das ist sehr wahr, vergiß aber nicht, daß wir nur von Zentralstrahlen reden; bei Randstrahlen fängt das Gewissen wieder an sich zu regen. Die Randstrahlen werden stärker gebrochen; unsere Formel (11), S. 371 zeigt das an. Wo die Zentralstrahlen in einem Punkte zusammentreffen, entsteht senkrecht zur Achse ein Lichtkreis, der das Maß der sphärischen Abweichung ist. Die Längsabweichung mißt man auf der Achse ab. Es ist die Entfernung der Brennpunkte der Zentral- und der Randstrahlen. Die Abweichung ist geringer, wenn die stärker gekrümmte Seite dem Objekt zugekehrt ist. Es gibt einen Punkt auf der Achse, für den auch die Randstrahlen denselben Bildpunkt auf der Achse geben, wie die Scheitelstrahlen. Solch ein Punkt heißt aberrationsfrei. Trotzdem aber geben leuchtende Objekte auch

an solchen Stellen keine fehlerfreien Bilder, weil die Leuchtpunkte seitlich der Achse nicht auch durch einen Punkt abgebildet werden; je
weiter von der Achse, um so verwaschener werden die Bilder. Es gibt
Linsen, die auch seitlich reine einfache Bildpunkte geben; sie heißen
aplanatisch. Doch gilt diese Fehlerfreiheit nur für gewisse Leuchtweiten. Diese sind es, die den neuen Mikroskopobjekten zugrunde gelegt werden, denn beim Mikroskop kommen die Objekte in fast ungeän-
derten Entfernungen vom Objektivglase zu stehen, wie wir bald sehen
werden. Wir wollen hier zum Schluß noch einen Spezialfall erwähnen,
der oft vorkommt, nämlich die Ermittelung der Brennweite, wenn zwei
Linsen dicht aneinander liegen. Welches ist da die Brennweite der
aus beiden zusammengesetzten Linse? Diese Frage kehrt bei Bestimmung einer passenden Brille häufig wieder. Es kommt dabei vorläufig
nur auf eine Schätzung an, daher kann man die Entfernung der Linsen
$= 0$ setzen. Die erste Linse entspreche der Gleichung:

$$1/a_1 + 1/b = 1/F_1 \quad \ldots \ldots \ldots \quad (18)$$

wo b die Bildweite ist. Da nun $-b$ die Leuchtweite für die zweite
Linse ist, können wir schreiben:

$$- 1/b + 1/a_2 = 1/F_2 \quad \ldots \ldots \quad (19)$$

wo F_2 die Brennweite der zweiten Linse ist. Beide Gleichungen
addiert geben

$$1/a_1 + 1/a_2 = 1/F_1 + 1/F_2 = 1/F \ldots \quad (20)$$

wo F die Brennweite beider zusammen ist. Mißt man die Brennweite
nach Metern, so nennt man ihren reziproken Wert: Dioptrie. Es ist also

$$D = 1/F = D_1 + D_2 = 1/F_1 + 1/F_2 \quad \ldots \ldots \quad (21)$$

In Worten: Die reziproke Brennweite einer Linsenkombination ist gleich
der Summe der reziproken einzelnen Brennweiten; kürzer gesagt: Die

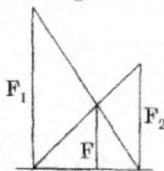

Fig. 223.

neue Dioptrie ist gleich der Summe der Teil-
dioptrien. Wenn man über einer Linie die beiden
Brennweiten einträgt, einander parallel (Fig. 223),
und wechselweise die Endpunkte der Linien mit den
Fußpunkten jeder anderen Linie verbindet, so mißt
der Schnittpunkt in einer Parallelen bis zur Grundlinie die neue Brennweite. Ich überlasse es dir, den
Beweis aufzusuchen. In der Figur ist $F_1 = 30$,
$F_2 = 20$, also $F = 12$. — Wie fällt die Zeichnung aus, wenn eine
der beiden Brennweiten negativ ist?

5. Farbenzerstreuung oder Dispersion des Lichtes.

Schüler: Das letzte Mal gabt ihr die Formeln für zusammengesetzte Systeme, aus denen der Teilsysteme hergeleitet. Auch wurden

die Stellen der neuen Kardinalpunkte entwickelt; dann kam die Anwendung auf zwei Kugelflächen.

Meister: Hiermit erst ist die Aufgabe der Brechung in Kugelflächen abgeschlossen, denn hier erst ist dargestellt, wie aus den allerersten Angaben alle Kardinalwerte berechnet werden.

Schüler: Und zwar aus den Brechungsvermögen und den Halbmessern der Kugelflächen. Auch wurden die allgemeinen Formeln spezialisiert.

Meister: Und jetzt erst war es möglich, alle Bilder, Vergrößerungen, Kardinalwerte in Zahlen auszuwerten. — Nun besinnen wir uns darauf, daß es für jeden Stoff viele Brechungsvermögen gibt.

Schüler: Ihr meint die Farben. Läßt man weißes Licht durch ein Prisma gehen, so treten die Farben auseinander.

Meister: Fig. 224 zeigt, daß der Lichtstrahl, der bei A eindringt, ohne Prisma einen kleinen Kreisfleck beleuchtet.

Schüler: Wenn das Prisma eingeschoben wird, sehen wir die Farbenreihe RV.

Meister: Newton unterschied sieben Farbengattungen und nannte sie: Rot, Orange, Gelb, Grün, Blau, Indigo und Violett.

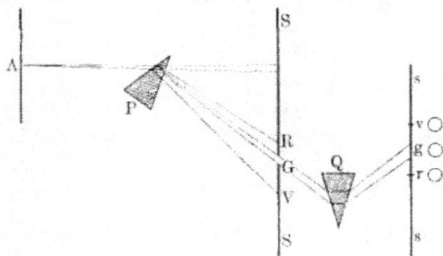

Fig. 224.

Schüler: Wir hatten eine Pappscheibe, auf der diese Farben aufgemalt waren. Wurde die Scheibe in Rotation versetzt, so hatte man den Eindruck eines einförmigen Grau.

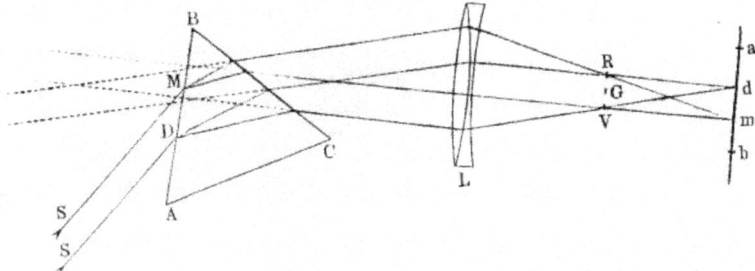

Fig. 225.

Meister: Der Versuch der vorigen Figur ist nicht rein, weil einer jeden Farbe eine Kreisfläche entspricht und diese Flächen sich zum Teil überdecken. Rein dagegen ist der Versuch Fig. 225. Es fallen parallele Strahlen auf das Prisma.

Schüler: Also von einem unendlich fernen Leuchtpunkte.

Meister: Hielte man ohne Prisma eine Linse entgegen, so bekäme man einen Lichtpunkt, wo?

Schüler: Offenbar im Brennpunkt der Linse.

Meister: Das Strahlgebiet liegt zwischen SM und SD.

Schüler: Jetzt sehe ich ein, daß Rot, Gelb, Violett verschieden stark gebrochen werden und sich in den drei Punkten R, G, V in der Brennebene vereinigen.

Meister: So erhielt Fraunhofer ein reines Bild von jeder Farbe. Zugleich ließ sich die Entstehung des weißen Lichtes aus allen Farben zusammengesetzt dartun auf dem Schirme ab. Das ist nämlich der Bildort der Fläche BA.

Schüler: Dann wäre alles durch MD strahlende Licht in dm wieder vereinigt. Hier kommen in jedem Punkte alle Farben wieder zusammen. Aber wie verschafft man sich das parallele Strahlenbündel?

Meister: Nun, das ist doch nicht schwierig; eine konvexe Linse schafft es.

Schüler: In deren Brennpunkt man einen Leuchtpunkt anbringt.

Meister: Statt eines Punktes wendet man gewöhnlich eine Leuchtlinie an; man läßt das Licht durch einen Spalt dringen. Dann gehört jeder Farbe eine Linie an von der Breite des Spaltbildes. Freilich überdecken sich auch hier die Nachbarfarben, allein bei sehr schmalem Spalt ist keine Überdeckung mehr zu spüren. Bei Verwendung von Sonnenlicht ist das Farbenband, genannt Spektrum, von schwarzen Linien durchsetzt, den Fraunhoferschen Linien (s. Spektraltafel). Jede Farbe kann scharf eingestellt werden.

Schüler: Wir sahen schon, daß für jede Farbe eine andere Stellung für das Minimum der Ablenkung gegeben werden muß.

Meister: Und das erkennt man sowohl mit bloßem Auge, als auch im Spektralapparat (Fig. 213a, S. 369). Diese Linien haben vielseitige Verwendung gefunden. Hier zunächst gestatten sie allein eine genaue Benennung einer Spektralfarbe, deren es unendlich viele gibt. Das Spektrum einer Kerzenflamme ist lückenlos oder, wie man sagt, kontinuierlich. Durch Beobachtung eines solchen kann man keine genauen Brechungsexponenten angeben, während bei Einstellung von Linien das möglich ist. Fraunhofer gab sie bis auf sechs Dezimalstellen an. Was wir außerdem für Vorteile aus den Spektrallinien ziehen, behandeln wir später in dem Abschnitt über Emission, Absorption und Spektralanalyse.

Schüler: Wodurch entstehen diese dunklen Linien?

Meister: Eben das behandeln wir später. Jetzt genügt uns die Erkenntnis, daß das Licht an den betreffenden Stellen, wenn auch nicht ganz verlöscht, so doch stark geschwächt ist. Ich gebe dir nun eine

Spektraltafel.

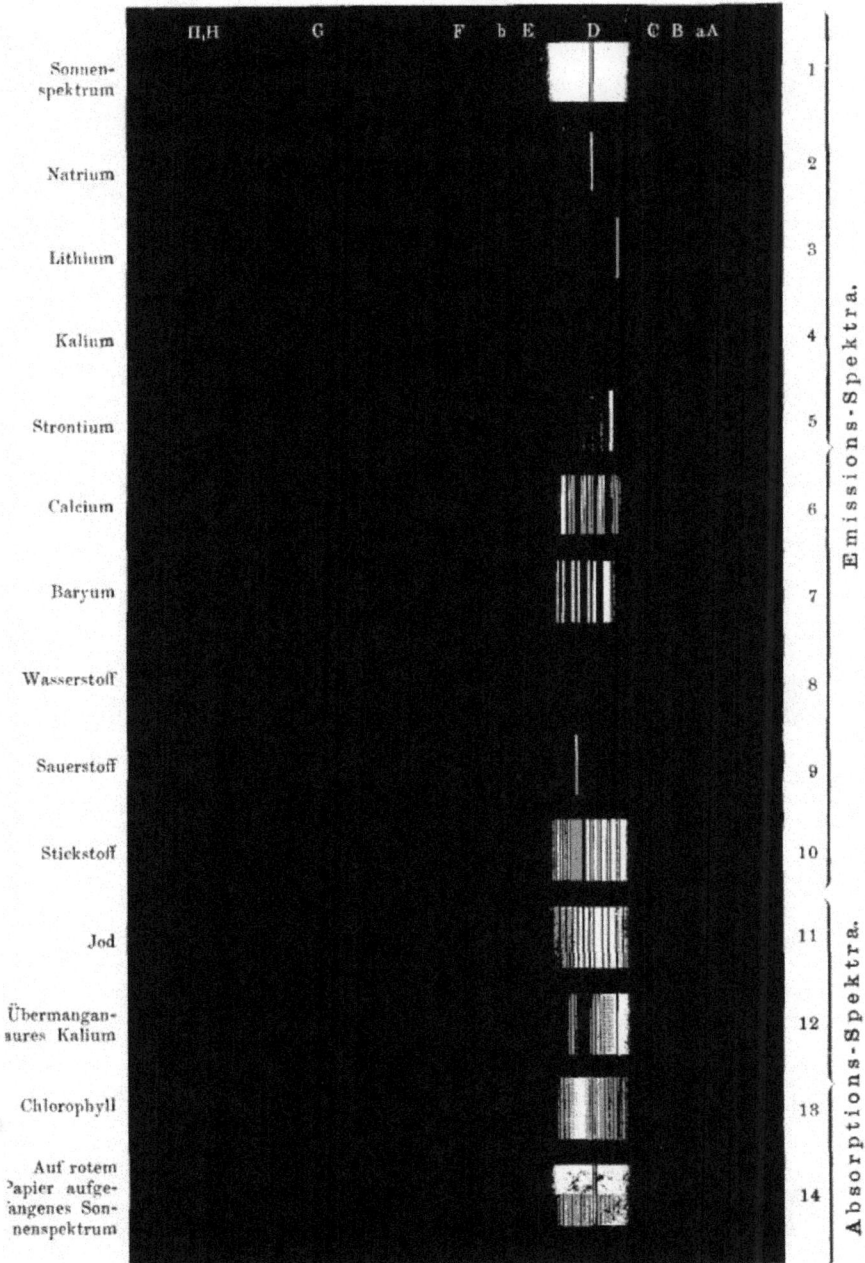

Tabelle der Brechungsexponenten in bezug auf Luft. Wir begnügen uns mit vier Dezimalstellen.

Brechungsexponenten nach Fraunhofer.

Stoffe	B	C	D	E	F	G	H
Flintglas	1,6277	1,6297	1,6350	1,6420	1,6483	1,6603	1,67
Crownglas	1,5258	1,5268	1,5296	1,5330	1,5361	1,5417	1,54
Wasser	1,3309	1,3317	1,3336	1,3359	1,3378	1,3413	1,34
Schwefelkohlenstoff . . .	1,6182	1,6219	1,6308	1,6439	1,6555	1,6799	1,70
Alkohol	1,3628	1,3633	1,3654	1,3675	1,3696	1,3733	1,37

Eine genaue Durchmusterung solcher Zahlen hat zur Erkenntnis geführt, daß 1. die Farbenzerstreuung nicht dem Brechungsvermögen proportional ist, und 2. daß bei gleich starker Gesamtbrechung bei einigen Stoffen die rote, bei anderen die blaue Seite stärker zerstreut

Fig. 226.

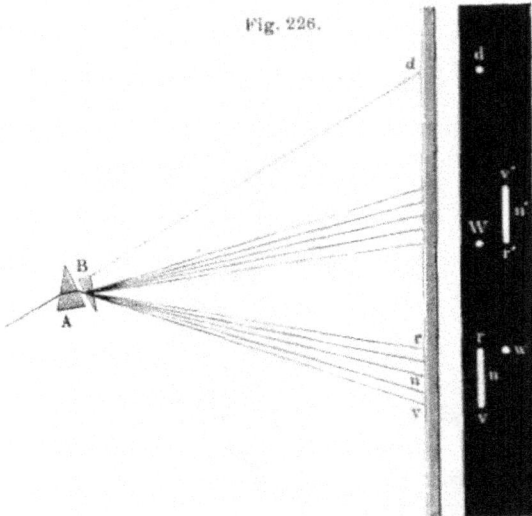

wird. Diese Umstände sind verwertet worden 1. zur Herstellung gebrochenen weißen Lichtes, d. h. zur sogenannten Achromasie, und 2. zu starker Farbenzerstreuung ohne Ablenkung einer mittleren Farbe. In Fig. 226 bilden A und B zusammen ein achromatisches Prismenpaar. A aus Crownglas gäbe allein das Spektrum $r\,n\,v$; B aus Flintglas hat viel kleineren brechenden Winkel und würde allein aus weißem Licht ein Spektrum $r_1\,n_1\,v_1$ geben, das genau ebenso stark

zerstreut ist, wie jenes. Beide Prismen zusammen geben einen stark abgelenkten weißen Punkt, denn die Zerstreuungen haben sich aufgehoben,
nicht aber die Gesamtbrechung. Nimmt man dagegen umgekehrt mehr
brechende Kraft für Flint als für Crown, so kann man mit einem
Crown ebenso stark brechen, wie mit zwei Flintprismen, allein jetzt
wird eine sehr starke Zerstreuung sich ergeben. Man baut solche
Spektroskope mit gerader Durchsicht (Fig. 227). Das ist ein kleiner

Fig. 227.

Taschenapparat, den man aus freier Hand benutzt. Man hält die
Stelle g vor das Auge und richtet den Apparat gegen die Lichtquelle.
Die Lupe bei e ist eine achromatische, d. h. ohne Prismen erhielte man
ein deutliches Bild vom Spalt g'.

Schüler: War nicht die Linse in Fig. 225 auch schon eine
achromatische?

Meister: Jawohl. Die Sammellinse aus Crown und eine konkave
aus Flint von großer Brennweite sind zusammengesetzt. Es gibt
übrigens niemals eine vollständige Achromasie, denn die Forderung,
die Bildpunkte für alle unendlich vielen Farben zu vereinigen, ist un-
erfüllbar. Die nachbleibenden Fehler sind indes zuweilen kaum zu
bemerken.

6. Die optischen Apparate.

a) Das Auge.

Schüler: Wir besprachen zuletzt die Farbenzerstreuung und
ganz besonders die Methode von Fraunhofer, scharfe Spektren zu
erzeugen. Der Spektralapparat (Fig. 213 a) dient auch zur Ausmessung
der Brechungsverhältnisse. Die Spektralfarben können wieder zu Weiß
versammelt werden durch Aufhebung der Zerstreuung im Flintglase
durch die entgegengesetzte im Crown, so daß eine Brechung des weißen
Lichtes ermöglicht wurde, was streng genommen nicht vollkommen
gelingt; es entsteht ein sekundäres Spektrum. Im Gegensatz zu
dieser Achromasie baut man Spektralapparate mit gerader Durchsicht.
Beim Minimum der Ablenkung erhält man im Sonnenspektrum Fraunhofers Linien.

Meister: Wir wollen nun kurz das Auge besprechen. In Fig. 228
sind alle Hauptteile des Auges angedeutet. Es besteht aus vier
brechenden Stoffen: 1. der planparallelen Hornhaut h, durch die das

Licht eindringt in 2. die wässerige Feuchtigkeit *a*. Die Iris *i* bildet eine Blende, so daß das Licht nur durch deren Öffnung, die Pupille *p*, in 3. die Kristallinse *l* dringen kann; diese besteht aus mehreren Schichten. Beim Austritt geht das Licht in 4. den Glaskörper *gl* und gelangt bei *f*, zwischen *g* und *g*, an die Netzhaut *nnn*, in die die Nerven enden und die Lichtempfindung vermitteln. Bei *f* befindet sich die empfindlichste Stelle. Hierher fallen die Bilder, die wir besehen wollen. Die Umgebung erscheint weniger deutlich, wenn auch in nicht geminderter Helligkeit. Bei *e* tritt der Sehnerv ein und breitet sich im ganzen Augenhintergrunde aus. Der Nerveneintrittsfleck *s* ist blind. Man nennt *AB* die Augenachse. Wir verlegen die gesehenen Bilder in die Richtung *BA* nach außen. Das Auge wirkt wie eine Konvexlinse, die 7,5 mm hinter der Hornhaut läge. Denkt man sich deren Zentralebene, so übersieht man auch die Bilddarstellungen.

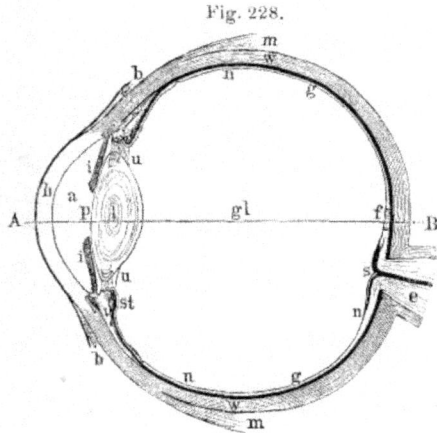

Fig. 228.

Schüler: Die Bilder im Augenhintergrunde sind immer verkehrt und verkleinert, und doch sehen wir die Dinge aufrecht!

Meister: Gerade dadurch werden wir der aufrechten Stellung gewahr. Richten wir unsere Augenachse hinauf, so gelangt gerade bei dieser Bewegung das Bild auf den Fleck *f*, während es vorhin unterhalb *f* war.

Schüler: Wie kommt es aber, daß wir die wahren Größen sehen, während die Bilder doch so sehr klein sind?

Meister: Das Urteil über die Größe kommt durch ganz andere Tätigkeiten zustande. Erst durch das Sehen mit zwei Augen können wir Entfernungen beurteilen, und mit der Vorstellung der Entfernung hängt unsere Wahrnehmung der Größe zusammen. Der Gesichtssinn entwickelt sich zum Teil mit Hilfe des Tastgefühles. Beide zusammen verschaffen uns räumliche Vorstellungen.

Schüler: Kann man denn mit einem Auge keine Entfernungen beurteilen?

Meister: Doch; aber nur auf Grund der Erfahrung über Gestalt und Größe bekannter Gegenstände. Zur Konstruktion der Bilder auf der Netzhaut kann man sich des oben besprochenen Augenzentrums bedienen (Fig. 229).

Schüler: Der Gegenstand AB erscheint als Bild ab verkehrt auf der Netzhaut.

Meister: Man nennt den vom Zentralstrahl gebildeten Winkel den Gesichtswinkel des Gegenstandes. Er ist um so kleiner, je weiter AB vom Auge entfernt wird.

Fig. 229.

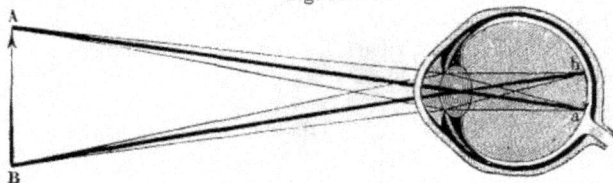

Schüler: Und je näher, um so deutlicher erscheint AB.

Meister: Es gibt aber eine Grenze der Annäherung, über die hinaus kein deutliches Sehen möglich ist. Diese deutliche Sehweite beträgt etwa 25 Zent. Ist sie größer, so ist das Auge weitsichtig.

Schüler: Und wenn kleiner, kurzsichtig.

Meister: Die Fähigkeit, in verschiedenen Entfernungen deutlich zu sehen, heißt Akkommodation oder Anpassungsvermögen. Je weiter man sehen will, um so mehr öffnet sich die Iris.

Schüler: Und blickt man nahe, so wird die Pupille klein.

Meister: Die Pupille verengert sich auch jedesmal, wenn die Helligkeit wächst. Den verschiedenen Mängeln des Auges hilft man durch Brillen ab. Die Weitsichtigen haben ein zu schwach brechendes Auge; sie erhalten Sammellinsen als Brillen; die Kurzsichtigen Zerstreuungslinsen.

Schüler: Ich habe auch von starken und schwachen Brillen sprechen gehört.

Meister: Früher gab man die Brennweite als Maß für die Brillenstärke an. Je größer die Brennweite, um so schwächer war die Brille. Jetzt gibt man den reziproken Wert an, also Dioptrien, und erhält ein Maß, das mit der Stärke auch wirklich zunimmt. Eine Brille von 1 m Brennweite bildet die Einheit; sie hat eine Dioptrie. Bei der Brennweite B und D Dioptrien ist $BD = 1$ m. Mißt man B nach Zent, so setzt man $D = 100/B$; z. B. bei 25 Zent Brennweite sind es vier Dioptrien.

Schüler: Die konkaven Linsen mit ihrer negativen Brennweite haben also auch negative Dioptrien?

Meister: Jawohl. Außer den erwähnten gibt es noch andere Mängel des Auges. Die Hornhaut ist nicht kugelförmig, sondern ellipsoidisch gekrümmt; daher die Strahlen keine scharfen Bildpunkte geben können. Der Fehler wird Astigmatismus genannt, von Stigma, der Punkt, abgeleitet. Man verordnet dagegen Brillen, die die entsprechende negative Krümmung haben und den Astigmatismus aufheben. Auch ist das Auge nicht ganz achromatisch geartet. Listing berechnete ein Augenschema und fand die Brennweite für Rot 20,57, für Blau 20,14 mm. Die Folge davon ist, daß farbige Zeichnungen nicht in einer Ebene zu liegen scheinen. Z. B. gelbe Linien in einer sonst blauen Tapete scheinen um ein gutes Stück vorn vor dem Blau zu schweben.

Schüler: In diesem Falle erkennen wir nur mit einem Auge sehend verschiedene Entfernungen.

Meister: Die Richtung der Augenachsen ist für gewöhnlich das Mittel, die Entfernungen zu beurteilen; hier ist es die Akkommodation zwischen Gelb und Blau. Das Sehen mit einem Auge ist übrigens die Grundlage für die Malerei. Was vor uns im Raume verteilt ist, das wird in einer Ebene dargestellt.

Schüler: Wir haben das in der Zeichenstunde gelernt. Man muß alle Gegenstände so zeichnen, wie sie in einem Auge auf einer vor das Auge gehaltenen Tafel erscheinen.

Meister: Richtig; das ist das perspektivische Bild. Alle hier geltenden Gesetze gehören in die Lehre von der Perspektive. Es führte uns aber zu weit, wollten wir hier diese Lehre gründlich vorbringen. Zwar gehört sie in die Lehre vom Sehen, sie ist aber zu einem selbständigen mathematischen Gebiet ausgebildet worden, dessen Pflege ich dir dringend empfehle.

Schüler: Ich kann mir denken, wieviel sie beim Photographieren nützen kann.

Meister: Das Sehen mit zwei Augen kann auch durch Apparate unterstützt werden.

Schüler: Ihr meint gewiß das Stereoskop. Was bedeutet dieses Wort?

Meister: „Stereos" heißt „körperlich"; „skopein" heißt „sehen".

Schüler: Es geben flache Bilder allerdings den Eindruck einer räumlichen Gestaltung.

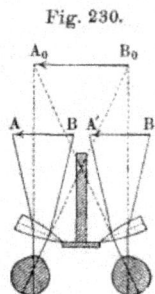

Fig. 230.

Meister: Das wird noch unterstützt durch prismatische Gläser, die eine Parallelstellung der Augenachsen hervorrufen und hierdurch die Vorstellung größerer Entfernung bewirken. In Fig. 230 erscheinen die Bilder AB und $A'B'$ als einfaches fernes Bild $A_0 B_0$. — Zweck aller optischen Apparate, die wir nun besprechen wollen, ist, den Gesichtswinkel, unter dem die Objekte erscheinen, zu vergrößern. Sind die Gegenstände nahe, so daß wir sie handhaben können, so soll

das Netzhautbild durch Apparate größer werden, als es beim Beschauen
aus deutlicher Sehweite erschiene.

Schüler: Da bedient man sich des Mikroskops.

Meister: Oder der Lupe. Solch ein konvexes Glas dient auch
zum Projizieren.

Schüler: Ich kenne die Laterna magica, mit der beliebige
Zeichnungen vergrößert auf die Wand geworfen werden.

Meister: Da kannst du auch ebenso die dir bekannten photo-
graphischen Objektive anführen. Wir wollen erst die einfachen
Apparate besprechen, Lupe und Objektiv, dann die zusammengesetzten,
Mikroskop und Fernrohr.

b) Die Lupe.

Meister: Den ergiebigsten Gebrauch von der Lupe erhält man
nur, wenn man sie dicht vor das Auge hält und den zu betrachtenden
Gegenstand so weit nähert, daß er deutlich erscheint. Hier besieh die
Haut deiner Hand mit dieser Lupe.

Schüler: Ich finde ein vergrößertes Bild, auch wenn ich die Lupe
fern vom Auge über den Gegenstand halte.

Meister: Ganz richtig; gerade dann findet wirklich eine Vergrößerung statt. Nun halte aber die Lupe dicht vors Auge und besieh
dieselbe Stelle.

Schüler: Es erscheint alles viel deutlicher.

Meister: Und auch größer, obwohl wir hierüber meist nicht
urteilen. Gerade aber jetzt ist, streng gesprochen, keine Vergrößerung
vorhanden. Hier habe ich eine 5 mm große Zeichnung. Ich halte sie
mit der Lupe vors Auge, dann nehme ich die Lupe fort, ohne den
Gegenstand zu ändern. Die beiden Bilder sind merklich gleich groß
aber ohne Lupe ist es ganz undeutlich. Darum sagt man, die Lupe
bringt Gewinn; sie gestattet, deutlich in großer Nähe zu sehen.

Schüler: Also mit großem Sehwinkel.

Meister: Ganz richtig. Unter anderem Namen, nämlich als
Okular, werden wir später wieder der Lupe begegnen. Wollen wir
den Gewinn zahlenmäßig ausdrücken, so muß für die deutliche Sehweite ein Wert angenommen werden, und daraus erhellt die Willkür
dieser Angabe.

Schüler: Aber das virtuelle Bild befindet sich doch in der deut-
lichen Sehweite?

Meister: Das ist durchaus nicht notwendig, wir sind nicht an
eine bestimmte Sehweite gebunden. Ein gutes normales Auge sieht
deutlich, auch wenn das virtuelle Bild in der Unendlichkeit liegt.

Schüler: Dann befindet sich der besehene Gegenstand genau im
Brennpunkt der Lupe. Die Vergrößerung wäre ja jetzt unendlich!

Meister: Daraus ersieht man, daß nicht die virtuelle Bildgröße maßgebend ist, sondern . . .

Schüler: Daß es auf die Größe des Netzhautbildes ankommt.

Meister: Eben, und statt dessen kann man sagen, auf das Verhältnis der Gesichtswinkel in beiden Fällen. Dieser ist sehr nahe umgekehrt proportional der Brennweite f, denn der Gegenstand kann, wie wir sahen, im Brennpunkt aufgestellt werden. Ist seine Größe β, so ist $f \cdot tg\, u = \beta$, wo u den Sehwinkel bedeutet, also $tg\, u = \beta/f$.

Schüler: Also je kleiner die Brennweite, um so wirksamer ist die Lupe.

Meister: Hierzu kommt, daß auch die Strahlenmenge reziprok dem Sehwinkel wächst.

Schüler: Um so heller also wird er erscheinen.

Meister: Das nicht; denn dafür ist er in demselben Verhältnis auf eine größere Fläche verteilt. Der Gewinn ist nahe $= d/f$, und die Unbestimmtheit der Größe d zeigt das Ungenügende dieses Begriffes: Gewinn.

c) Die Projektionssysteme.

Meister: Sowohl ferne Gegenstände können durch ein konvexes Glas als reelle Bilder projiziert werden, als auch nahe Gegenstände, letztere zwecks Vergrößerung.

Schüler: Im ersten Falle ist es das Leuchtgebiet I, das reelle verkleinerte Bilder ergibt, im zweiten Falle das Gebiet II zwischen $2F$ und F, mit vergrößerten Bildern im Gebiete zwischen $2F$ und ∞ jenseits der Linse.

Meister: Im ersten Falle gewinnen wir trotz des kleineren Bildes dadurch, daß es bei uns sich befindet und wir nun den Gesichtswinkel beliebig vergrößern können.

Schüler: Im anderen Falle war der Gegenstand schon in unserer Nähe, daher wir sofort vergrößerte Bilder herstellen.

Meister: Unter den Projektionssystemen kann man unterscheiden, ob es gilt, ferne Gegenstände zu projizieren oder nahe, die 1000 fach und mehr vergrößert werden können. An die photographischen Objektive werden viele Anforderungen gestellt, die die höhere Technik mit viel Mühe befriedigt hat. Man wünscht reine scharfe Bilder zu erhalten. Da die Bildweite mit wachsender Leuchtweite abnimmt, so ist es unmöglich, auf einer ebenen Platte alles deutlich zu erhalten. Glücklicherweise ändert sich die Bildweite sehr wenig bei größerer Leuchtweite.

Schüler: Beim Porträt lehrte man mich, scharf auf die Augenpupille einzustellen; bei Landschaften auf Gebäudeteile mit ihren genau geometrischen Formen.

Meister: Die Porträtlinse wird achromatisch und frei von sphärischer Abweichung hergestellt. Letzteres ist sehr notwendig, weil diese Linse lichtstark ist, d. h. groß sein muß; die sphärische Abweichung aber wächst mit dem Kubus der Linsenöffnung!

Schüler: Dann mögen wohl die Blenden wichtig sein?

Meister: Man nimmt stets die statthaft kleinste Blende. Das gilt auch für Weitwinkelobjektive, die sogenannten Euryskope, weil hier besonders der Astigmatismus gefährlich ist; er wächst mit dem Quadrat des Abstandes eines Punktes von der optischen Achse.

Schüler: Der Weitwinkel aber gibt gerade große Seitenabstände.

Meister: Um so wichtiger wird hier die Blende sein. Sie bestimmt die sogenannte Öffnung D. Die Lichtstärke wird $= D/F$ sein.

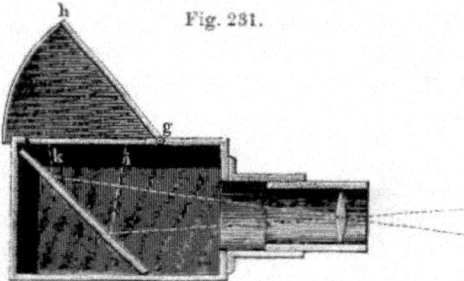

Fig. 231.

Eine wesentliche Anforderung an alle photographischen Objektive besteht darin, daß die violetten Strahlen und die hellsten gelben Strahlen gleiche Brennweiten haben.

Schüler: Das begreife ich, denn die Einstellung geschieht auf Grund der sichtbaren gelben und die Hauptwirkung haben die blauvioletten Strahlen.

Meister: Dem photographischen Apparat entspricht die „Camera obscura" (Fig. 231).

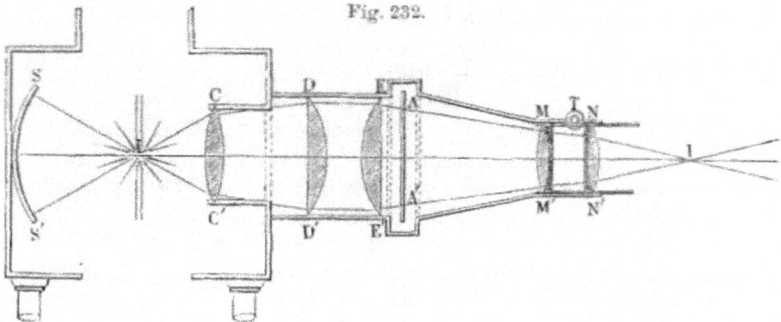

Fig. 232.

Schüler: Das Bild wird durch den unter 45° angebrachten Spiegel nach ik geworfen. Da muß eine matte Glastafel sein, wodurch das Bild dem Beschauer im ganzen sichtbar wird.

Meister: Zum Schluß dieses in der Technik äußerst weit entwickelten Gebietes zeige ich dir eine Abbildung der wissenschaftlichen Projektionsapparate (Fig. 232).

Schüler: Ich begreife, daß der Hohlspiegel SS' das Licht verstärkt ins System CDE gelangen läßt. Es ist AA' die durchsichtige Glasplatte mit der darzustellenden Zeichnung und MN der Linsenkopf.

d) Fernrohr und Mikroskop.

Meister: Diese beiden Instrumente bestehen aus zwei Systemen, einem Objektiv- und einem Okularsystem. Das Objektiv entwirft vom Gegenstande in beiden Fällen reelle Bilder, die mit dem Okular besehen werden.

Schüler: Beim Fernrohr sahen wir schon, daß die reellen Bilder zwar kleiner als die Objekte, aber dafür in unserer Nähe sind.

Meister: Ob nun Objektiv und Okular aus einer Linse oder aus einem System bestehen, immer kommen dieselben Theorien zur

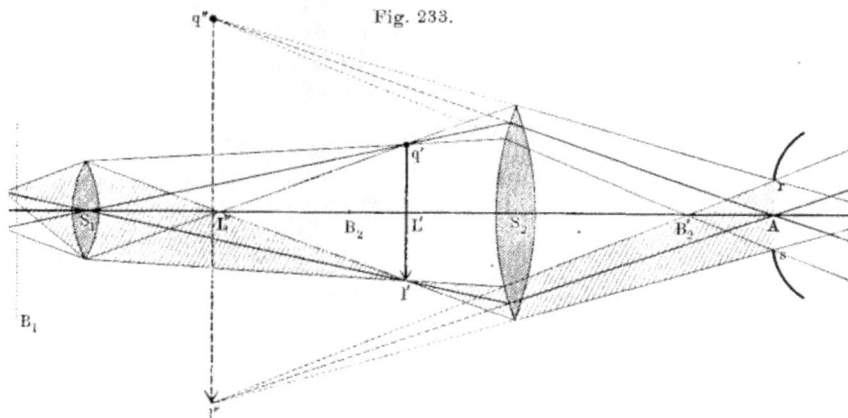

Fig. 233.

Geltung. In Fig. 233 ist das Prinzip aller Mikroskope abgebildet. Deute die Zeichnung.

Schüler: Vom Objekte lq nahe der Brennebene B_1 der Linse S_1 entwirft diese ein vergrößertes Bild $l'q'$, das durch das Okular S_2 ein virtuelles Bild $l''q''$ erzeugt, dessen reeller Strahlenteil durch die Pupille rs ins Auge gelangt.

Meister: Entfernt man das Objekt bis zur Stelle der doppelten Brennweite, so ist die Vergrößerung gleich 1 geworden.

Schüler: Weil dann das Bild auch in der Entfernung $2F$ von der Linse sich befindet.

Meister: Ist der Gegenstand weiter als $2F$ von der Linse entfernt, so haben wir ein Fernrohr.

Schüler: Weil die Bilder nun verkleinert sind. Die Stellen nahe bei $2F$ werden wohl gar nicht gebraucht?

Meister: Wenig, aber doch; es kommt vor, daß man an ein zu beobachtendes Objekt nicht zu nahe herantreten soll; dann benutzt man ein kleines Fernrohr, das nur durch das Okular Vergrößerung schafft.

Schüler: Es wäre so, als gebrauchte man eine Lupe, nur steht man weiter ab.

Meister: Da die Bilder verkehrt sind, so pflegt man eine Einsatzlinse oder ein Einsatzsystem anzubringen, das das vom Objektiv ent-

Fig. 234.

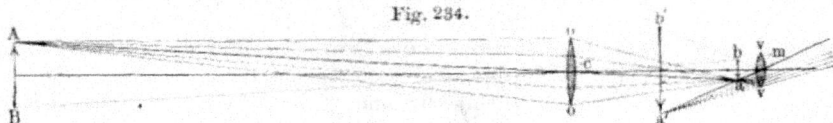

worfene Bild in aufrechte Stellung umzuwandeln hat. In Fig. 234 ist die Wirkung des astronomischen Fernrohres dargestellt, wie es von Kepler genannt wurde. In Fig. 235 ist das terrestrische Okular

Fig. 235.

gezeichnet; der Einsatz besteht aus drei Konvexlinsen, die das Bild ab nach $a'b'$ umkehren. Einsatz und Okular zusammen sind als Mikroskop anzusehen, dessen Objektiv jedoch schwach ist. In Fig. 236 ist

Fig. 236.

das vom Objektiv gewonnene Bild wieder ba. Ehe es zustande kommt, fängt das konkave Okular v die Strahlen auf.

Schüler: Da haben wir ja virtuelle Leuchtstrahlen!

Meister: Jawohl. Das Auge bei m empfängt die gebrochenen Strahlen, als kämen sie von $a'b'$ her.

Schüler: Und das ist das gesehene virtuelle Bild.

Meister: Dieses ist Galileis Fernrohr; es ist sehr lichtstark und wird auf Schiffen im Halbdunkel benutzt — auch als binokulares Glas.

Die Vergrößerung ist meist gering, zwei- bis sechsfach. Als astronomisches Fernrohr ist es kaum von Bedeutung, weil es zu Messungen untauglich ist. Vor dem konvexen Okular werden nämlich Fäden ausgespannt, die genau an der Stelle sich befinden, wo das zu beschauende reelle Bild entsteht. Es gibt also eine scharfe Einstellung des Objektes auf den Faden. In Fig. 237 ist *B* der Brennpunkt des Okulars; da

Fig. 237.

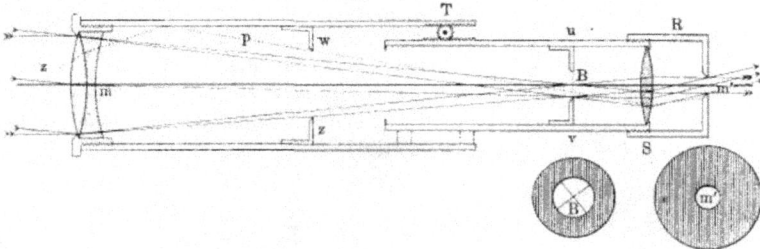

wird das darunter gezeichnete Fadenkreuz angebracht. Der Körper *R S* bildet den Okulardeckel mit der Öffnung *m'*. Nimmt man den Deckel fort, richtet das Fernrohr gegen den hellen Himmel und hält an die Stelle *m'* ein Blatt Papier, so sieht man eine kreisförmig erleuchtete Fläche, so groß wie die Öffnung bei *m'*. Diese Fläche ist das Bild der Objektivöffnung bei *m*. Man kann dabei das Objektivglas abschrauben; der Fleck bleibt derselbe. Man nennt diese Öffnung die Austrittspupille des Fernrohres, denn offenbar müssen alle durch das Objektiv laufenden Strahlen durch diese Pupille hindurch.

Fig. 238.

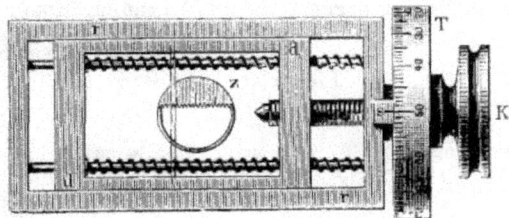

Schüler: Diese Pupille ist der Objektivöffnung konjugiert.

Meister: Noch eine andere Blende ist wichtig; das ist *u v* im Okularbrennpunkt, während *w z* Schutzblende genannt wird; sie hat die von der geschwärzten Röhrenwand herrührenden Strahlen abzuhalten. Störende Strahlen werden vom Okulardeckel aufgefangen.

Schüler: Im Mikroskop kann man doch auch Fadenkreuze anbringen, da das Okular konvex ist?

Meister: Gewiß, und zwar ist das wichtig für jede Messung mikroskopisch kleiner Objekte. In Fig. 238 ist ein Fadenmikrometer abgebildet. Überlege die Vorrichtung.

Schüler: Wird K einmal herumgedreht, so ist die Schraube um eine Windung vorgerückt.

Meister: Man gibt dem Schraubengange $^1/_4$ mm Höhe; dem entsprechen die Zähne z, an denen man die ganzen Umläufe erkennt und abzählt.

Schüler: Ist die Trommel in 250 Teile geteilt, so könnte man tausendstel Millimeter ablesen.

Meister: Die Vergrößerung eines Fernrohres ist gleich dem Verhältnis der Brennweiten von Objektiv und Okular. Praktisch kann sie geschätzt werden, wenn man die Größe des im Fernrohr erblickten Gegenstandes mit der des unmittelbar gesehenen vergleicht. Mit einiger Übung gelingt es, das nicht am Fernrohr stehende Auge offen zu halten und die beiden Bilder gleichzeitig aufzufassen.

B. Projektive Dioptrik.

Meister: Nachdem wir die analytische Behandlung durchgeführt haben, will ich dir nun dartun, daß volle Klarheit erst durch die projektive Darstellung erreicht wird. Mit Hinzuziehung weniger Grundformeln fördern wir mächtig die Auffassung; wir werden zu den bekannten Kardinalpunkten einige neue hinzufügen und den bisher uns bekannt gewordenen erhöhte Bedeutung zuerkennen.

1. Die dioptrischen Grundgleichungen. Projektivische Beziehungen zwischen Geraden. Das projektivische Grundgesetz.

Meister: Wir gehen wieder von den Grundgleichungen für eine brechende Fläche aus. Es war

$$F_1/f_1 + F_2/f_2 = 1 \quad \dots \dots \dots \dots (1)$$

und
$$s_1 \cdot s_2 = F_1 \cdot F_2 \quad \dots \dots \dots \dots (2)$$

Die Gleichung (2) ist die Grundgleichung zur Erkennung projektivischer Beziehungen. Dazu müssen wir nochmals die rein projektivischen Verhältnisse zwischen zwei Geraden betrachten und, da sie bisher noch immer nicht allgemein in den Schulen gelehrt werden, wenigstens in den allerersten Grundzügen dartun. A und A_1 (Fig. 239) sind zwei beliebige Gerade und B ihr Projektionspunkt. Jeder Strahl durch B trifft zugeordnete Punktenpaare, wie a_1, a_2 oder b_1, b_2. Im Durchschnittspunkte liegen entsprechende Pare c_1, c_2 aufeinander. Ein Strahl q trifft den unendlich fernen Punkt q der Geraden A; ihm entspricht q_1 auf A_1.

Schüler: Und der Strahl r ist parallel der Geraden A und trifft A_1 in r_1 im Unendlichen und die Gerade A in r.

Meister: Die Punkte r und q_1 heißen Gegenpunkte; sie sind die Durchschnitte der Parallelstrahlen q und r. Wie lautete nun das Doppelverhältnis für je vier Punktpaare?

Schüler: Es ist

Fig. 239.

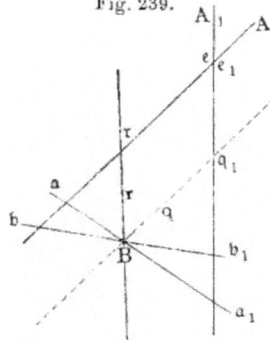

$$a\mathfrak{b}\,\mathfrak{d}\mathfrak{b} : a\mathfrak{c}/\mathfrak{d}\mathfrak{c} = a_1\mathfrak{b}_1/\mathfrak{d}_1\mathfrak{b}_1 : a_1\mathfrak{c}_1/\mathfrak{d}_1\mathfrak{c}_1 \ . \ . \ (3)$$

Meister: Da diese Beziehung für jede vier Paare gilt, so gilt sie auch, wenn statt $\mathfrak{b}, \mathfrak{b}_1$ und $\mathfrak{c}, \mathfrak{c}_1$ die Paare r, r_1 und q, q_1 eingesetzt werden.

Schüler: Dann wird

$$a\mathfrak{r}\,\mathfrak{d}\mathfrak{r} : a\mathfrak{q}/\mathfrak{d}\mathfrak{q} = a_1\mathfrak{r}_1/\mathfrak{d}_1\mathfrak{r}_1 : a_1\mathfrak{q}_1/\mathfrak{d}_1\mathfrak{q}_1 \ . \ . \ (4)$$

Meister: Nun liegen q_1 und r unendlich weit; daher ist das Verhältnis $a\mathfrak{q}\,\mathfrak{d}\mathfrak{q} = 1$ und auch $a_1\mathfrak{r}_1/\mathfrak{d}_1\mathfrak{r}_1 = 1$.

Schüler: Dann wird $a\mathfrak{r}/\mathfrak{d}\mathfrak{r}.a_1q_1/\mathfrak{d}_1q_1 = 1$ sein.

Meister: Das schreiben wir so:

$$a\mathfrak{r}.a_1q_1 = \mathfrak{d}\mathfrak{r}.\mathfrak{d}_1q_1 \ . \ . \ . \ . \ . \ . \ . \ . \ (5)$$

Hier haben wir den mächtigsten Lehrsatz der projektivischen Beziehungen. Da a, a_1 und $\mathfrak{d}, \mathfrak{d}_1$ beliebige Punktpaare sind, so ist allgemein das Produkt aus den Entfernungen konjugierter Punkte von den Gegenpunkten eine beständige Größe p^2.

Schüler: Also ist auch $r\mathfrak{e}.q_1\mathfrak{e}_1 = p^2 \ . \ . \ . \ . \ . \ . \ . \ . \ (6)$

Meister: Wir nennen p^2 die projektivische Potenz der Punktreihe oder kurz Potenz. Wie konstruierst du sie?

Schüler: Ich übertrage $q_1\mathfrak{e}_1$ auf die Gerade A, so daß $r\mathfrak{e}$ und $\mathfrak{e}_1q_1$ nebeneinander liegen, schlage über $r q_1$ einen Halbkreis, so wird das Lot in $\mathfrak{e}$ die Potenz ergeben.

2. Projektivische Doppelgebilde. Elliptische und hyperbolische Involution.

Meister: Nun drehen wir in Gedanken die Gerade A_1 um $\mathfrak{e}\mathfrak{e}_1$ herum. Alle ihre Punkte und so auch q_1 sind fest in der Geraden. Suche den Projektionspunkt der beiden A und A_1 auf.

Schüler: Da die Parallelstrahlen immer parallel bleiben werden, erkenne ich, daß B bei der Drehung von A_1 einen Kreis um r als Zentrum beschrieben wird; auch q_1 bewegt sich in einem Kreise um $\mathfrak{e} \mathfrak{e}_1$ herum.

Meister: Endlich kann bei der Drehung die ganze Gerade A_1 auf A fallen.

Schüler: Dann fällt auch B in die Gerade hinein.

Meister: Die Bewegung von A_1 kann linksherum (I) oder rechtsherum (II) erfolgen, und danach ändert sich die Punktfolge der beiden aufeinander liegenden Geraden (Fig. 240). Zu dem Paare $a a_1$ muß es im Falle (I) ein ihm symmetrisch zu $\mathfrak{r} q_1$ liegendes zweites Paar aufein-

Fig. 240.

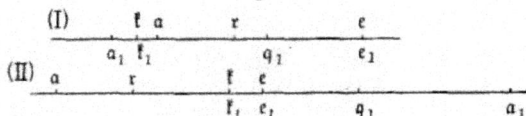

ander liegender Punkte geben, das wir mit $\mathfrak{f}, \mathfrak{f}_1$ bezeichnen; wir brauchen bloß $\mathfrak{r} \mathfrak{f} = q_1 \mathfrak{e}_1$ zu nehmen, denn nach Gleichung (2) muß dann $q_1 \mathfrak{f}_1 = \mathfrak{r} \mathfrak{e}$ werden. Die Punkte $\mathfrak{f}, \mathfrak{f}_1$ und $\mathfrak{e}, \mathfrak{e}_1$ liegen außerhalb der Strecke $\mathfrak{r} q_1$. Auch im Falle (II) muß es ein solches Paar geben, doch liegen jetzt beide Paare innerhalb der Gegenpunkte. Vor allem gilt es zu erkennen, daß die Punktfolge in (I) eine gegenläufige ist.

Schüler: Und bei (II) eine gleichläufige.

Meister: Denken wir uns jetzt die aufeinander liegenden Geraden gegeneinander verschoben, so zwar, daß q_1 und $\mathfrak{r}$ sich einander nähern.

Schüler: Dann fallen die Punktpaare $\mathfrak{e}, \mathfrak{e}_1$ und $\mathfrak{f}, \mathfrak{f}_1$ nicht mehr zusammen.

Meister: Aber immer neue entsprechende Paare werden sich decken. Nur müssen jetzt die Fälle gesondert werden. Bei (I), wo sie

Fig. 241.

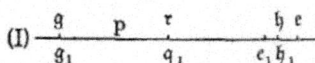

gegenläufig sind, muß es immer aufeinander fallende Paare geben (Fig. 241), und zwar wenn q_1 zur Deckung gebracht ist mit $\mathfrak{r}$, wird in der Entfernung $p = \mathfrak{r} \mathfrak{g} = q_1 \mathfrak{g}_1$ ein Paar sich decken. Die Doppelgerade stellt jetzt eine hyperbolische Involution dar. Verzeichne noch andere entsprechende Paare. Den Doppelpunkt $\mathfrak{r} q_1$ nennen wir m, den Mittelpunkt der Involution.

Schüler: Meister, ich erkenne schon jetzt, daß alle Paare harmonisch sind zu $\mathfrak{g}, \mathfrak{g}_1$ und $\mathfrak{h}, \mathfrak{h}_1$.

Meister: Letztere Punkte nennt man die Asymptoten der Involution. Passender indes ist der Name Symptosen, denn das heißt: zusammenfallende Punkte.

Schüler: Nun sind wir ja bei der sphärischen Spiegelung wieder angelangt!

Meister: Richtig. Deute die Punkte in diesem Sinne.

Schüler: Wenn $\mathfrak{g}, \mathfrak{g}_1$ den Scheitel der spiegelnden Fläche bedeutet, so ist $\mathfrak{h}, \mathfrak{h}_1$ das Zentrum und $\mathfrak{r} q_1$ oder m der Brennpunkt des Spiegels.

Meister: Die Punktpaare einer hyperbolischen Involution sind immer harmonisch zu den beiden Symptosen; das Gesetz harmonischer

Punkte ist jetzt genau dasselbe wie das allgemeine projektivische Gesetz der Gleichung (2). Sobald wir aber die Geraden gegeneinander verschieben, hört diese Gleichheit auf zu bestehen.

Schüler: Bei der hyperbolischen Involution liegen die Punkte r und q_1 aufeinander und sind dem unendlich fernen r_1 oder q zugeordnet; darum ist das allgemeine projektivische Gesetz $r a . q_1 a_1 = p^2$ gleich dem der harmonischen Punkte $m a . m a_1 = p^2$, und der Punkt $r q_1$ entspricht dem Brennpunkt sphärischer Spiegel.

Meister: Ganz richtig. Nun nehmen wir den Fall (II) vor (Fig. 240). Die ganze Strecke links von r entspricht der rechten Seite der anderen Geraden. Aufeinander fallende Punkte können daher nur innerhalb der Strecke $r q_1$ vorkommen. Zwischen r und q_1 können Paare zusammen fallen. Rückt man die Gerade A_1 gegen die andere so heran, daß r und q_1 sich nähern, so fallen schließlich wieder r und q_1 aufeinander, und in dieser Lage heißt das
Doppelgebilde „elliptische Involution". Entsprechende Punktpaare liegen jetzt stets auf entgegengesetzten Seiten des Mittelpunktes der Involution. Fig. 242 gibt dir ein Bild davon. Es sind zur besseren Veranschaulichung Kreise durch entsprechende Paare gezogen. Eine elliptische Kreisschar schneidet rechtwinklig die auf der senkrechten Achse verzeichnete hyperbolische Kreisschar. Für beide Punktsysteme gilt dieselbe Grundgleichung:

Fig. 242.

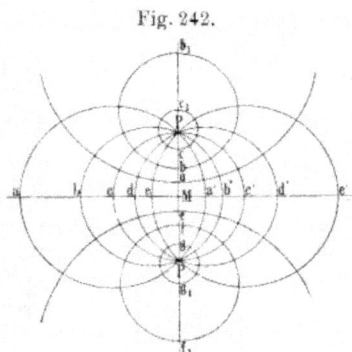

$r a . q_1 a_1 = p^2$. Daraus folgt, daß, wenn mit einem Punkt a ein Punkt b_1 verbunden ist, notwendig auch b mit a_1 zusammenfallen muß.

Schüler: Bei der hyperbolischen Schar liegen konjugierte Paare auf je einer Seite des Mittelpunktes; dort sind sie harmonisch zu den Symptosen, hier können sie es nie sein.

Meister: Sobald nun wieder die eine Gerade gegen die andere verschoben wird, verschwindet wieder alle Involution.

Schüler: Das heißt also, wenn alsdann b_1 mit a zusammenfällt, so decken sich a_1 und b sicher nicht.

Meister: So ist es, und das ist wichtig.

3. Projektivische Beziehung der Bildpunktreihen. Symmetrische Paare und Gegenpaare. Projektionsmethoden.

Meister: Fasse kurz das Vorige zusammen.

Schüler: Zwei Gerade wurden von einem Punkte B aus pro-

jiziert; die Gegenpunkte waren die den unendlich entfernten entsprechenden Punkte. Wir bewiesen das Grundgesetz: Das Produkt der
Entfernungen entsprechender Punkte von den Gegenpunkten hat einen
beständigen Wert. Dann brachten wir durch Drehung die Geraden
aufeinander und verfolgten die sich deckenden Punktpaare. Bei
gegenläufigen Geraden mußte es stets zwei Paare sich deckender Punkte
geben; bei gleichläufigen dagegen nicht.

Meister: Das heißt nicht, wenn r und q_1 sich decken, sonst aber
kann es zwei, ein oder kein Paar geben, je nach der Entfernung der
Punkte r und q_1 voneinander, und zwar muß, wenn die Symptose um
x von r und um x_1 von q_1 entfernt ist, $x . x_1 = p^2$ sein, wobei $x + x_1$
$= d$ bekannt ist $= r q_1$. Also ist $x . (d - x) = p^2$ und

$$x = \frac{d \pm \sqrt{d^2 - 4 p^2}}{2}$$

Es fallen also zwei Punkte zusammen, wenn $d > 2 p$, ein Paar, wenn
$d = 2 p$, und keines, sobald $d < 2 p$ ist.

Schüler: Wenn r und q_1 zusammenfallen, entsteht hyperbolische
oder elliptische Involution. Nur bei jener sind entsprechende Punkte
harmonisch zu den Symptosen. Bei der elliptischen bilden entsprechende
Punkte die Durchmesser von Kreisen, die sich alle in zwei Punkten
schneiden. Bei einer Verrückung der Geraden hört alle Involution auf.

Meister: Nun bilden unsere dioptrischen Punktreihen auf der
Achse auch zwei Gerade, deren konjugierte Paare einem bestimmten
Gesetz unterliegen.

Schüler: Dem Grundgesetz: $s_1 . s_2 = F_1 . F_2$.

Meister: Jetzt wollen wir andere Bezeichnungen einführen. Der
erste Brennpunkt entspricht dem unendlich fernen Punkte, wir wollen
ihn R_1 nennen und ihm den unendlich fernen R_2^∞ zuordnen. Der
andere Brennpunkt heiße Q_2 und sei dem Q_1^∞ zugeordnet. Entsprechende
Punktpaare zählen wir von den Hauptpunkten, die wir stets H_1 und H_2
nennen, während die Knotenpunkte K_1 und K_2 heißen. Mit kleinen
gleichen Buchstaben bezeichnen wir Entfernungen irgend welcher entsprechenden Punkte A_1 und A_2 von den H-Punkten. Die Brennweiten
sind Entfernungen der Hauptpunkte H_1 und H_2 von den Brennpunkten
R_1 und Q_2; wir nennen sie H_r und H_q. Unsere Grundgleichungen (1)
und (2) lauten jetzt:

$$H_r/a_1 + H_q/a_2 = 1 \quad \dots \dots \dots \dots (7)$$
oder
$$a_2 = a_1 . H_q/(a_1 - H_r) \quad \dots \dots \dots (8)$$

Vorläufig zählen wir nur von den Hauptpunkten aus.

Schüler: Warum nennt ihr die Brennweiten nicht H_1 und H_2?

Meister: Weil es nicht konjugierte Strecken sind, die
immer von konjugierten Punkten zu konjugierten reichen müßten.

Auch bei der zweiten Grundgleichung muß man sofort erkennen, daß die Abstände konjugierter Punkte von den Brennpunkten genommen sind. Darum nennen wir

$$a_1 - H_r = a_r \quad \text{und} \quad a_2 - H_q = a_q \quad \ldots \ldots (9)$$

Schüler: Dann lautet unser zweites Gesetz Gl. (2):

$$a_r \cdot a_q = H_r \cdot H_q \quad \ldots \ldots \ldots (10)$$

wo aber statt a_r und a_q auch andere Buchstaben, z. B. x_r und x_q, genommen werden können. Meister, ich durchschaue euren Plan. Unsere Brennpunkte nennt ihr R_1 und Q_2; es sind Gegenpunkte; h_r und h_q sind ja die Entfernungen entsprechender Punkte von diesen Gegenpunkten; also sind unsere Bildpunktreihen miteinander projektivisch.

Meister: So ist es! Eine Fülle von Sätzen erschließt uns diese Erkenntnis. Alles, was wir über projektivische Punktreihen kennen lernten, dürfen wir auf unseren Fall übertragen. Zunächst stellen wir die Art der Projektivität fest: Die Punktfolge ist immer gleichlaufend, wie wir schon früher erkannten.

Schüler: Also kann man sie aus einer elliptischen Involution verschoben sich vorstellen; eine geometrische Konstruktion konjugierter Paare ist sofort möglich.

Meister: Wir denken uns die Brennpunkte gegeben und noch ein Punktpaar. Nun verschieben wir die eine Gerade längs der anderen, bis Q_2 auf R_1 fällt.

Schüler: Das ganze System konjugierter Punkte bildet jetzt elliptische Involution, und dem entspräche die früher besprochene Konstruktion von Punkten. Nachher überträgt man die gefundenen Punkte durch Verschiebung um $R_1 Q_2$ in die richtige Lage zurück.

Meister: Da sieht man also, daß man auch, ohne die Bildgröße zu kennen, die Bildorte der ganzen Schar finden kann. Diese projektiven Beziehungen hat Möbius zuerst entdeckt und für Linsensysteme verwertet, auch gab er eine schöne Konstruktion mittels eines Projektionskreises. Dieses Verfahren findet aber auch bei beliebigen Systemen Verwendung; das erste Mittel braucht nicht mit dem letzten identisch zu sein. Zunächst wollen wir einige allgemeine Folgerungen ziehen und dann sogleich Systeme betrachten. Bei mehreren brechenden Flächen ist doch eine jede Punktreihe mit der folgenden projektivisch?

Schüler: Gewiß; dann aber ist auch eine jede von ihnen mit jeder anderen projektivisch und insbesondere auch die erste mit der letzten, und wir dürfen gewiß behaupten, daß zwischen ihnen auch die Grundgleichung (2) besteht.

Meister: Und mithin auch eine Gleichung (1), die aus (2) sofort folgt. Weiter erkennen wir, daß auch drei Bildpunktpaare beliebig angenommen werden können, womit das ganze System bestimmt ist. Dabei wollen wir fortan nicht mehr vom Leucht- und vom Bildergebiet reden, sondern von den Bildersystemen I und II, denn beide sind Bildergebiete; bald kann dieses, bald das andere das leuchtende sein. Was für Paare stellen die gegebenen Brennpunkte dar?

Schüler: Offenbar zwei konjugierte Paare, nämlich R_1 und R_2^∞, sowie Q_2 und Q_1^∞. Als drittes Paar könnten wir die Hauptpunkte wählen.

Meister: Noch dürfen wir sie nicht so bezeichnen, wenn wir nicht damit zugleich weitere Angaben geben wollen, denn, wenn es Hauptpunkte sind, so steht damit zugleich das Brechungsverhältnis fest

Fig. 243.

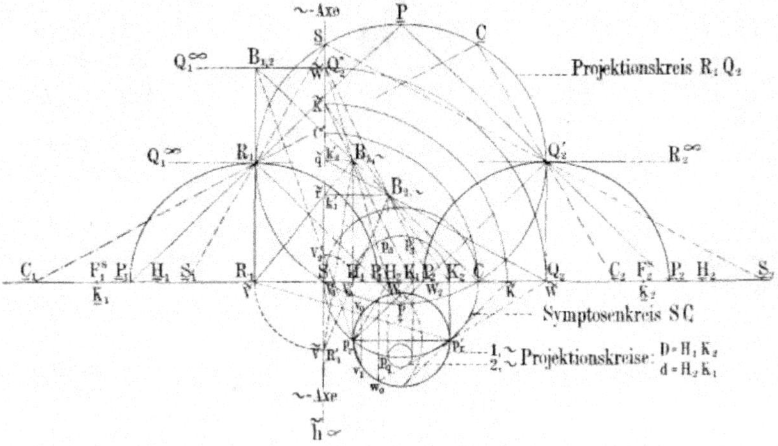

und auch die Brennweiten. Vorläufig seien H_1 und H_2 irgend zwei konjugierte Punkte; damit haben wir sogleich nach Grundgleichung (2) die Potenz, denn es ist $h_r \cdot h_q = P^2$. Errichten wir in den Brennpunkten (Fig. 243) Lote und beschreiben einen Kreis über dem Halbmesser $R_1' Q_2'$, so schneidet dieser die Achse in den Punkten S und C. Dieser Kreis ist der Möbiussche Projektionskreis. Mehrere Punktenpaare sind konstruiert. Von $\underline{S}_1$ z. B. wird ein Strahl durch R_1' bis zum Schnittpunkt S gezogen und dieser, mit Q_2' verbunden, gibt sofort den zugeordneten Punkt $\underline{S}_2$. Statt nämlich durch Konstruktion der elliptischen Involution die Punkte aufzusuchen, ist hier sofort eine Übertragung an die richtige Stelle auf der Achse bewerkstelligt. Bei Verwendung der Involution müßten wir $\underline{S}_1$ mit R_1' verbinden, und ein Lot in R_1' ergäbe den Punkt auf der Achse, der, übertragen um die Strecke $R_1 Q_2$, der gesuchte zu $\underline{S}_1$ zugeordnete Punkt $\underline{S}_2$ wäre. Das aber besorgt schon der Projektionskreis, denn die Projektionsstrahlen sind in den Peripheriepunkten aufeinander senkrecht.

Schüler: Und so gelangt denn durch schlichte zwei Gerade jeder Punkt an seinen richtigen Ort.

Meister: Laß nun in Gedanken die Projektionsstrahlen wandern. Führe den Punkt S in der Peripherie herum, so treffen die durch R_1' und Q_2' streichenden Geraden immer konjugierte Paare auf der Achse. Alle Strahlen bilden übrigens in R_1' mit der Punktreihe (I) ein projektivisches Büschel, mit dem das in Q_2' erzeugte nicht nur projektivisch, sondern projektivisch gleich ist.

Schüler: Weil die Strahlenpaare sich in der Peripherie schneiden, daher immer Peripheriewinkel gleicher Größe miteinander einschließen.

Meister: Kommt der wandernde Punkt in Q_2' an, so weist der eine Strahl nach dem Brennpunkt Q_2, und der andere, senkrecht darauf, weist richtig nach Q_1^∞. Bei der Weiterbewegung weist der R_1'-Strahl auf die rechte Seite der Achse, und der getroffene Punkt kommt schnell heran, bis beide Strahlen in C zusammentreffen.

Schüler: Ein ebensolches Zusammentreffen finden wir auf der anderen Seite bei S. Das sind offenbar die Stellen, wo entsprechende Elemente sich decken?

Meister: Listing fand sie zuerst und nannte sie symptotische Punkte, einfacher Symptosen. Um sie zu errechnen, setzen wir die Strecke $SR_1 = x$ und die ganze Strecke $R_1 Q_2 = G$. Nach Gleichung (2) muß, da in S zwei Punkte sich decken,

$$x.(G-x) = P^2 \text{ sein} \quad . \quad . \quad . \quad . \quad . \quad . \quad (11)$$

Schüler: Hieraus finde ich

$$x = G/2 \pm \sqrt{(G/2)^2 - P^2} \quad . \quad . \quad . \quad . \quad . \quad (12)$$

Meister: Wir setzen die $\sqrt{(G/2)^2 - P^2} = r$, wo r nun der Halbmesser des „Symptosenkreises" ist. Konstruiere x.

Schüler: Ich schlage einen Halbkreis (Fig. 244, S. 409) über $mR_1 = G/2$, trage P als Sehne Rf ein und führe einen Bogen mit dem Halbmesser $r = mf$ nach der Achse hin, so wird S getroffen; dagegen auf der anderen Seite C.

Meister: Außer dieser ist in Fig. 244 eine andere Konstruktion eingetragen in der Voraussetzung, es seien $H_1 H_2$ Hauptpunkte. Alsdann ist Q_2 um die Strecke $H_1 H_2 = e$ nach Q_2' herangerückt, so daß der Halbkreis sofort P ergibt, und zwar als Lot über H_1. Diese Lotlinie ist auf den größeren Halbkreis über $R_1 Q_2$ beiderseits aufgetragen, und von den Durchschnittspunkten sind die Senkrechten bestimmend für die beiden Symptosen. Nach einer anderen Berechnung erhalten wir durch Listings Ansatz:

$$h_1 + e = -h_2 = h_1 . H_q/(H_r - h_1).$$

Es sei s die gesuchte Strecke. Schaffen wir den Nenner weg und schreiben s statt h_1, so kommt:

$$s^2 + s.(H_q + e + - H_r) = e.H_r,$$

und da

$$H_q + e - H_r = D \text{ ist, } s = -D/2 \pm \sqrt{(D/2)^2 + e.H_r} \quad . \ . \ (13)$$

welches $= -D/2 \pm r$ ist; ein Ausdruck, der eine ebenso einfache Zeichnung ergibt wie Gleichung (12). Bemerkenswert ist dabei, daß mf oder

$$r = \sqrt{\left(\frac{G}{2}\right)^2 - P^2} = \sqrt{\left(\frac{D}{2}\right)^2 + p_r^z} = \sqrt{\left(\frac{d}{2}\right)^2 + p_q^z} \quad . \ (14)$$

wo 　　　　$P^2 = H_r.H_q, \quad p_r^z = e.H_r, \quad p_q^2 = e.H_q$

gesetzt worden ist. — Verfolge nun weiter in Fig. 243 den Peripheriepunkt in seiner Wanderung.

Schüler: Die Peripheriepunkte unterhalb der Achse erzeugen konjugierte Paare auch innerhalb der Strecke SC.

Meister: So sehen wir denn die Achse in ein inneres und ein äußeres Gebiet zerteilt. Für beide aber gelten noch folgende Überlegungen: Da $h_r.h_q = P^2$ ist, so gibt es zu jedem Paare ein zu ihm symmetrisch liegendes Paar h'_r, h'_q, wenn nämlich

$$h'_r = -h_q \text{ und } h'_q = -h_r \text{ wird } . \ . \ . \ . \ . \ (15)$$

Schüler: Solche symmetrische Paare sind auch die H und die K, sowie die Symptosen.

Meister: In der Mitte finden wir ein Paar, das sich selbst symmetrisch entgegengesetzt ist; das nennen wir das Potenzpaar $P_1 P_2$.

Schüler: Bei der Wanderung ersieht man, daß sowohl innerhalb wie außerhalb SC es symmetrische Paare geben muß.

Meister: Auch für die außerhalb der Brennweiten liegenden Paare gibt es eine mittlere Stellung, wenn sich der Wanderpunkt im Projektionskreise ganz oben befindet. Es ist das das negative Potenzpaar; es entspricht einem relativen Minimum der Entfernung der Bilder voneinander, so wie das positive ein relatives Maximum ergibt. Wir finden zu jedem Punktpaare ein Gegenpaar; wir brauchen nur $-h_r$ statt h_r zu setzen.

Schüler: Dann muß auch $-h_q$ statt h_q erhalten werden. Ich sehe, daß die Benennung der Punkte in der Fig. 243 dem entspricht.

Meister: So hat auch jedes Kardinalpaar ein Gegenpaar, das wir ein negatives Kardinalpaar nennen können. Die Symmetrie bezieht sich übrigens nur auf die Lage des Paares als eines Ganzen; zur vollständigen Symmetrie müßte auch die Folge sich umkehren. Da aber die Punktpaare gleichläufig sind, so kann das nicht statthaben. Auch sind die Vergrößerungen nicht symmetrisch und auch nicht rezi-

prok, wie das zuweilen irrtümlich behauptet worden ist. Die negativen
Paare haben die gleiche, nur dem Zeichen nach entgegengesetzte
Vergrößerung.

Schüler: Das zeigt auch die Formel an:

$$V = -h_q/H_q = -H_r/h_r \ . \ . \ . \ . \ . \ . \ (16)$$

denn bei Gegenpaaren ist nur das Zeichen von V verändert, nicht der
Betrag. Ich sehe das in Fig. 244 dargestellt; im inneren Gebiet liegen

Fig. 244.

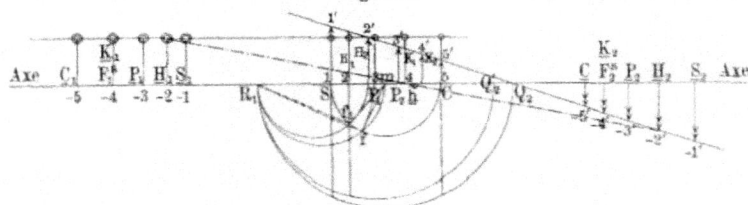

Objekt und Bild beisammen, und die Vergrößerung nimmt stetig und
einseitig ab. Die Vergrößerung bei S und die Verkleinerung bei C
tritt auch deutlich hervor.

Meister: Die Symptosen haben verschiedenen Charakter. Wir
wollen S den ideellen Scheitel des Systems nennen, C das ideelle
Zentrum. Diese beiden Punkte sind von ganz besonderem Werte.

Schüler: Aber im Scheitel S findet eine Vergrößerung statt, was
doch sonst beim Scheitel einer brechenden Fläche nicht der Fall ist.

Meister: Das ist dort ein spezieller Fall. Bei einer brechenden
Fläche fallen die Hauptpunkte in den Scheitel hinein, und nur ihnen ist
die Gleichheit der Bildgrößen zuzuschreiben. Man darf die bestimmenden Eigenheiten eines Begriffes nicht häufen. Zum Wesen des
Scheitels gehört das Zusammenfallen von Objekt und Bild, womit
zusammenhängt, daß Strahlen, die nach dem Punkte S gehen,
auch nach der Brechung durch S gehen.

Schüler: Aber in C scheint der Strahl auch nicht in unveränderter Richtung hindurchzugehen, wie beim Zentrum einer Fläche?

Meister: Ganz richtig. Aber bei einer Fläche ist es die Eigen-
heit von Knotenpunkten, die die Parallelität der Achsenstrahlen bedingt.
Auch hier beschränken wir die Definition des idellen Zentrums auf das
Zusammentreffen der Bilder und auf die Symptose auf der Achse.

Schüler: Worin aber ist nun noch S von C unterschieden?

Meister: Durch die Seitenstellung. Die Knotenpunkte sind auf
der C-Seite, und sie sind es, die im Spezialfall mit C zusammenfallen,
niemals mit S.

Schüler: Das ist freilich entscheidend.

Meister: Nun zeige ich dir noch andere Projektionsmethoden.
Je weniger „Vorbereitung" erfordert wird, um so besser wird sie sein.
— Lege eine beliebige Gerade durch den Punkt S oder C (Fig. 245);
nimm in einem beliebigen Punkte der Ebene ein Büschel B_1, x an; setze
es mit der Punktreihe (I) der Achse und mit der Geraden X projek-

Fig. 245.

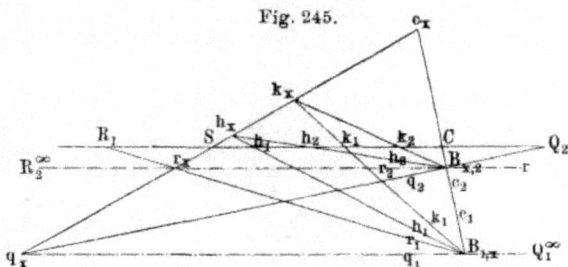

tivisch und perspektivisch. Ziehe auch die Parallelstrahlen und be-
stimme die Punkte h_x, k_x und q_x. Dann werden die Geraden X und
die Punktreihe (II) auch projektivisch sein und auch perspektivisch
liegen. Warum?

Schüler: Weil in S entsprechende Elemente sich decken. Ich
habe h_x mit h_2 verbunden und k_x mit k_2 und erhalte $B_{x,2}$. Auch
gehen $R_2^x r_x$ und $q_x Q_2$ nach demselben Punkt $B_{x,2}$.

Meister: Und zudem liegt noch $B_{x,2}$ im Strahle c_1, weil er die
Symptose C treffen muß. Nun kannst du zu jedem beliebigen a_1 sofort
a_x und durch Verbindung mit $B_{x,2}$ auch a_2 finden.

Fig. 246.

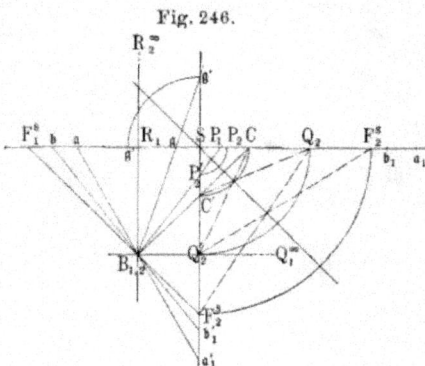

Schüler: Dieses Verfahren
verlangt in der Tat weniger
Vorbereitung als der Möbiussche Kreis. Dafür aber gewannen wir dort die treffliche
Übersicht der Bildorte und
Bildpaare.

Meister: Ähnlich ist das
Verfahren in Fig. 246. Die
Punktreihe (II) ist aus ihrer
Lage herausgedreht um den
Punkt S, unter einem beliebi-
gen Winkel. Es bildet dann
$B_{1,2}$ die Gegenecke im Paral-

lelogramm über $R_1 S$ und $S Q_2'$. Nun kann beliebig projiziert werden,
und die neu gefundenen Punkte werden in die Achse zurück übertragen.
Indes ist das keine andere Methode; sie ist nur spezialisiert. Die Über-

tragung entspricht einer Projektion aus der Unendlichkeit in der Richtung $CB_{1,2}$. Will man keine Parallellinien ziehen, so kann man auch durch Wechselverbindung die Punkte auf II finden mittels einer Geraden, die den Winkel zwischen den Geraden X und A' hälftet. Bald aber werden wir diese Methode noch bedeutsam verbessern. Beiläufig sei noch erwähnt, daß man noch zwei andere Methoden verwenden kann: 1. mit dem „Steinerschen Hilfskreise" und 2. durch „schiefe Projektion"; beide anwendbar, wenn man die symptotischen Punkte nicht kennt oder wenn sie unzugänglich sind.

4. Unterschied projektivischer und optischer Bestimmungselemente.

Meister: Die Symptosen können, wie wir sahen, gefunden werden, wenn die Brennpunkte und noch ein Paar konjugierter Punkte gegeben sind; ebenso sind sie bestimmt durch die Brennpunkte und die Hauptpunkte.· Wenn nun umgekehrt die Symptosen gegeben sind, kann man alsdann die Hauptpunkte angeben?

Schüler: Mir scheint mit S zugleich die Potenz gegeben zu sein, also auch der Potenzkreis und die ganze Schar konjugierter Punkte.

Meister: Richtig; aber welche der einander symmetrisch gegenüber liegenden Paare als Haupt- und Knotenpunkte anzunehmen sind, das bleibt unbestimmt.

Schüler: Aber drei Paar Punkte bestimmen doch die ganze Schar. Müßten dann nicht auch die Kardinalpunkte bestimmt sein?

Meister: Das eben ist bemerkenswert, daß für optische Anwendung immer außerdem noch irgend ein viertes Element gegeben sein muß, sei es der Wert einer Brennweite, wodurch alles übrige erhalten wird, oder der Brechungsindex.

Schüler: Ich verstehe noch nicht, wie die ganze Schar bestimmt sein kann, wenn der Brechungsindex fehlt.

Meister: Es gibt eben unendlich viele optische Systeme, die einem und demselben Potenzwert angehören.

Schüler: Aber die Symptosen sind mit der Potenz doch schon bestimmt?

Meister: Jawohl, aber von der Wahl des Brechungsindex hängt es ab, welche Paare Haupt- und Knotenpunkte sind. Ich will dir vorrechnen, wie in der Fig. 243 bei gegebenen Brennweiten und Symptosen der Wert von n zwischen 1 und 2,5 schwanken kann. Die Zeichnung in der Fig. 243 entspricht einem Werte $n = 1,625$. Wählen wir als Hauptpunkte den Doppelpunkt S selbst, so fallen die Knotenebenen auf C.

Schüler: Ich begreife es; wir haben alsdann nur eine brechende Fläche! S wird wirklicher Scheitel und C wirkliches Zentrum.

Meister: Den anderen Grenzfall finden wir, wenn wir die Hauptebenen mit den Potenzpunkten $P_1 P_2$ zusammenfallen lassen.

Schüler: Dann fallen die Knotenebenen auch hinein; es wird $n = 1$, und wir erhalten das Schema einer Linse.

Meister: Oder eines Systems mit gleichem ersten und letzten Mittel.

Schüler: Kann man denn Bilder konstruieren ohne Kenntnis von n?

Meister: O nein; nur die Bildorte sind bestimmt. Die Bildspitzen reichen doch an den Brennstrahl heran.

Schüler: Ach ja, und der hängt von der Lage der Hauptebenen ab

Meister: Wir wollen nun n in Fig. 243 von 1 bis 2,5 sich ändern lassen und die zugehörigen Werte von H_r, H_q und den Abstand der Hauptpunkte e voneinander berechnen. Es ist immer, wenn n oder H_r gegeben ist, der eine Wert aus dem anderen zu erhalten, weil $H_r . H_q = P^2$, und da $H_q/H_r = n$ ist, so ist auch

$$H_r . n . H_r = P^2 \quad \ldots \ldots \ldots (17)$$

Schüler: Da kann man freilich sofort geometrisch den gesuchten Wert konstruieren.

Meister: In folgender Tabelle wurde ferner auch e aus $e = G - H_r - H_q$ berechnet, sowie auch

$$d = H_q - H_r - e \quad \text{und} \quad D = d + 2e \quad \ldots \ldots (18)$$

Berechnung von Brennweiten für verschiedene Brechungsindices für eine und dieselbe Schar konjugierter Bildpunkte.

n	H_r	H_q	e	d	D
2,5	20	50	0	30	30
2,0	22,4	44,7	2,9	19,4	25,2
1,5	25,8	38,7	5,5	7,4	18,4
1,0	31,6	31,6	6,8	— 6,8	6,8

Schüler: Und zwischen diesen Werten sind noch unendlich viele andere denkbar; und alle diese verschiedenen optischen Systeme haben eine und dieselbe Schar konjugierter Bildorte!

5. Theorie der Ähnlichkeitspunkte. Die Wechselpaare.

Meister: Es gibt noch einen projektiven Zusammenhang zwischen den Systemen I und II, den wir jetzt aufdecken wollen. Wir behandeln jetzt optische Systeme. Zunächst sei eine brechende Fläche gegeben. Der Strahl durch C geht dann ohne Richtungsänderung hindurch. Wo auch das Bild liegen mag, immer wird C der Ähnlichkeitspunkt der konjugierten Punktpaare sein. Die Bildebenen nennen die Geometer kollinear verwandt; auch heißt der Ähnlichkeitspunkt das Zentrum der Kollineation. Fügen wir eine zweite brechende Fläche hinzu, so gilt dasselbe für diese Brechung. Es wird bei noch so vielen Medien das erste Bild auch dem letzten ähnlich sein! Nun fragt es sich aber, wo der Ähnlichkeitspunkt für zwei Punkte, etwa A_1 und A_2, im ersten und letzten Mittel liegt. Wir wollen ihn errechnen. In Fig. 244 sind die Hauptpunkte gegeben; daher auch der Brennstrahl durch Q durch die Bildspitze geht. In der Figur wurden zufällig die negativen Hauptpunkte für A_1 und A_2 gewählt. Verbinden wir die Bildspitzen in I und II miteinander, so treffen wir auf der Achse den gesuchten Punkt. Er stehe um x vom Leuchtpunkt A_1 ab; die ganze Strecke von A_1 bis A_2 ist gleich $a_1 + a_2 + e$, mithin:

$$x/(a_1 + a_2 + e) = b_1/(b_1 - b_2) \quad \ldots \ldots \quad (19)$$

Aber nach Gleichung (16) ist die Vergrößerung

$$V = b_2/b_1 = (H_q - a_2)/H_q \quad \ldots \ldots \quad (20)$$

daraus ergibt sich

$$(b_2 - b_1)/b_1 = - a_2/H_q \quad \text{oder} \quad b_1/(b_1 - b_2) = H_q/a_2,$$

also

$$x/(a_1 + a_2 + e) = H_q/a_2.$$

Setzen wir nach Gl. (8) $a_2 = a_1 . H_q/(a_1 - H_r)$ ein, so wird

$x = a_1 + H_q + e - H_r - e . H_r/a_1$, und da $H_q + e - H_r = D$ ist,

$$x = a_1 + D - e . H_r/a_1 \quad \ldots \ldots \quad (21)$$

Hier ist x vom Leuchtpunkt A_1 aus gemessen. Die Gleichung (21) weist darauf hin, daß es naturgemäß erscheint, den Punkt vom zweiten Knotenpunkt aus zu messen. Die Ähnlichkeitspunkte wollen wir fortan der Kürze wegen Similpunkte nennen und ihren Ort auf der Achse mit dem Buchstaben bezeichnen, der dem zugehörenden Punktpaar zukommt, nur mit Hinzufügung des $\sim$-Zeichens; es ist z. B. $\tilde{a}$ der Similpunkt für A_1 und A_2. Die Strecken der konjugierten Punkte sollen immer nur bis zu den Hauptpunkten gemessen werden, dagegen die Strecken des Similpunktes von den Knotenpunkten; also ist $\tilde{a}_2$ die von $\tilde{a}$ aus bis K_2 gemessene Similstrecke und $\tilde{a}_1$ die von demselben $\tilde{a}$ bis K_1 gemessene Strecke, beide $+$ nach rechts, $-$ nach links. Auch ist stets

$$\tilde{a}_1 = \tilde{a}_2 + e \quad \ldots \ldots \ldots \quad (22)$$

Ferner ist $a_1 + D = x - \tilde{a}_2$ oder

$$\tilde{a}_2 = x - a_1 - D \quad \ldots \ldots \quad (23)$$

also nach Gl. (21)

$$\tilde{a}_2 = - e . H_r/a_1 \quad \ldots \ldots \ldots \quad (24)$$

Zum zweiten Male begegnet uns das Produkt $e . H_r$. Wir setzen es wieder, wie auf S. 408, $= p_r^2$ und nennen es die Potenz des ersten

Hauptpunktes oder des zweiten Knotenpunktes. Statt a_1 und H_r können wir auch a_2 und H_q einführen; da nämlich $H_r/a_1 = 1 - H_q/a_2$ ist, wird

$$\tilde{a}_2 = -e + e \cdot H_q/a_2 \quad \dots \dots \dots \quad (25)$$

Zählen wir jetzt die Similpunkte von K_1 aus, so wird, wegen Gl. (22)

$$\tilde{a}_1 = e \cdot H_q/a_2 \quad \dots \dots \dots \dots \quad (26)$$

und wir nennen $e \cdot H_q = p_q^{\varkappa}$ die Potenz des zweiten Hauptpunktes oder des ersten Knotenpunktes.

Schüler: Ich ersehe aus der Fig. 243 den Sinn der Doppelbenennung; die beiden Potenzen sind Lote im Symptosenkreise in den bezüglichen Kardinalpunkten!

Meister: Die zwei neuen einfachen Formeln (24) und (26) eröffnen uns eine Fülle von neuen und schönen projektivischen Beziehungen zwischen den Bildreihen I und II. Du mußt sie selbst ergründen; bringe den Nenner auf die andere Seite.

Schüler: Dann habe ich

$$\tilde{a}_2 \cdot a_1 = -e \cdot H_r = -p_r^{\varkappa} \quad \dots \dots \quad (27)$$

und

$$\tilde{a}_1 \cdot a_2 = e \cdot H_q = p_q^{\varkappa} \quad \dots \dots \dots \quad (28)$$

Links stehen die Veränderlichen und rechts ein konstanter Wert; also liegen projektivische Beziehungen vor. Eine jede der beiden Bildpunktreihen ist mit der Ähnlichkeitspunktreihe projektivisch!

Meister: Der Kürze wegen nennen wir sie die Similreihe. Untersuche die Gegenpunkte.

Schüler: Ich setze $a_1 = \infty$, es wird $\tilde{a}_2 = 0$, also ist der zweite Knotenpunkt ein Gegenpunkt; und verlange ich $\tilde{a}_2 = \infty$, so wird $a_1 = 0$, also ist H_1 der zweite Gegenpunkt!

Meister: Und wie steht es mit der Gleichung (28)?

Schüler: Das ist sogleich zu erkennen. Die Gegenpunkte für die Systeme II und $\sim$ sind H_2 und K_1; das ist ein schönes Gegenspiel! Und wie hübsch treten die Distanzen der Gegenpunkte d und D auf! Nun können wir alle Punkte durch Projektion finden.

Meister: Dazu bedarf es der Vorbereitung, die du schon kennst. In Fig. 243 sind beide Methoden durchgeführt, und du mußt alles selbst deuten können.

Schüler: Ihr meint die Methode von Möbius und die Projektion durch Büschel.

Meister: Letztere gewinnt hier in hohem Grade an Bedeutung. Wir können nämlich statt einer beliebigen Geraden X, wie wir früher taten, jetzt die Similreihe um S herum aus der Achse herausdrehen. Es ist die Similreihe das natürliche Band zwischen den Bildreihen; wir projizieren von I auf $\sim$ und von $\sim$ auf II oder auch umgekehrt. Beachte dabei, daß die Similreihe auch sogleich in die Achse zurück übertragen werden kann.

Schüler: In der Figur sind ja alle Benennungen deutlich angegeben. Bitte nur meine Gedanken zu lenken.

Meister: Den großen Projektionskreis über $R_1'\,Q_2'$ haben wir schon erledigt. Deute zunächst den Büschelpunkt $B_{1,\,2}$.

Schüler: Es ist der Projektionspunkt in der Ecke des Parallelogramms über R_1 und Q_2', der sowohl I als auch II auf die durch S gelegte Gerade projizieren läßt; durch Übertragung werden, ganz wie vorhin in Fig. 246, die Bildorte auf der Achse erhalten.

Meister: Du wirst bald erkennen, daß diese Methode, mit der Similreihe vorgenommen, viel mehr leistet.

Schüler: Ich merke es wohl, es ist die Similreihe herausgedreht; mit den Büscheln B_1, $\sim$ und B_2, $\sim$ sind die Bildorte auch jetzt durch blos zwei Gerade allemal gefunden. Die Büschelpunkte sind die Gegenecken zu den Gegenpunkten, wie wir sie erkannt haben.

Meister: Und die drei Büschel liegen in einer Geraden, die nach C hin verläuft.

Schüler: Weil S und C allen drei Punktreihen I, II und $\sim$ als Symptosen zukommen!

Meister: Eben darin liegt die Natürlichkeit dieser Projektionsart.

Schüler: Ich sehe, daß die Potenzen p_r^2 und p_q^2 konstruiert worden sind, entsprechend ihrem Werte $e.H_r$ und $e.H_q$. Aber in denselben Potenzpunkten wird auch der Symptosenkreis geschnitten; das kann wohl kein Zufall sein?

Meister: Es war ja $S = -D/2 \pm \sqrt{(D/2)^2 + e.H_r}$; daraus erhellt sogleich die Richtigkeit, denn es ist $S_1 . S_2 = e.H_r$.

Schüler: Jetzt möchte ich die beiden Projektionskreise benutzen. Ich nehme den Punkt V_1 und finde durch den Büschel B_1, $\sim$ den Punkt $\bar{v}$. Aber mittels des Kreises ziehe ich $V_1 p_r$ bis zum Schnittpunkt v_1, finde aber keine Projektion durch p_r'!

Meister: Man muß erst v_1 nach v_0 übertragen, dann gibt $p_r' v_0$ den gesuchten Punkt V_2 auf der Achse. Das liegt daran, daß die Reihen gegenläufig sind.

Schüler: Um K_2 zu finden, ziehe ich $K_1 p_r$; der Schnittpunkt ist durch einen Bogen übertragen und p_r' führt richtig nach K_2.

Meister: Auch W_1 ist projiziert worden und über $w_0 p_r'$ ist W_2 gefunden. Nun aber weiter: Von den gefundenen Similpunkten müssen die Bildorte für II gefunden werden.

Schüler: Ich sehe, daß dazu der kleine Projektionskreis dient, weil H_2, K_1 Gegenpunkte sind. Diese Projektion muß etwas unsicher ausfallen bei der Kleinheit des Kreises.

Meister: Darum ist auch in der Figur auf Anwendung dieser Methode verzichtet worden. Nun deute den Büschel B_1, $\sim$ und sofort auch B_2, $\sim$.

Schüler: Wie vorhin die Gerade X die Übertragung vermittelte, so jetzt eine Similachse, die um S herausgedreht ist. Fällt aber auch sicher $\tilde{s}$ mit S zusammen?

Meister: Da die Bilder, die nicht von gleicher Größe sind, dort zusammenfallen, so muß auch der Similpunkt darin liegen. Gerade dieses Zusammenfallen macht die Vermittelung der gedrehten Similachse zu einem natürlichen Verfahren.

Schüler: Und die drei Büschelpunkte $B_{1,2}$, B_1, $\sim$ und B_2, $\sim$ liegen in der Geraden, die wieder C trifft; offenbar weil auch C ein dreifacher Punkt ist. Ferner entspricht $B_{1,2}$ der Gegenecke des Parallelogramms über SR_1 und SQ''_2; dagegen B_1, $\sim$ der Gegenecke über H_1 und K_2, B_2, $\sim$ über H_2 und K_1.

Meister: Auch sieht man $\tilde{K}$ aus der Similachse auf die optische übertragen und man kann sagen, das geschehe durch Projektion aus dem Unendlichen in der Richtung BC. Weise nun nach, daß $\tilde{h}$ im Unendlichen liegt.

Schüler: Da $\tilde{h}_2 = e \cdot H/h_1$ und $h_1 = 0$ sein soll, wird $\tilde{h}_2 = \infty$.

Meister: Richtig. Nun wollen wir die Similpunkte der beiden Gegenpunktpaare aufsuchen

Schüler: Ich setze in Gleichung (27) $a_1 = H_r$ und finde $\tilde{r}_2 = -e$, also fällt $\tilde{r}$ auf K_1. Aber die Gleichung (28) muß das bestätigen: Ich setze $a_2 = \infty$ und richtig wird $\tilde{r}_1 = 0$. Offenbar wird nun $\tilde{q}$ auf K_2 fallen. Ich setze in (28) $a_2 = H_q$ und finde $\tilde{q}_1 = e$, also richtig: es fällt $\tilde{q}$ auf K_2.

Meister: Prüfe noch die Stellen S und C und weise durch Rechnung nach, daß $\tilde{s}$ und $\tilde{c}$ sich mit S und C decken. Aus allen diesen Beziehungen sieht man, daß, während I und II gleichläufige Reihen sind, die Similreihe zu jenen beiden gegenläufig sich verhält. S aber und C sind die Begegnungspunkte.

Schüler: Hieraus folgt ja, daß, wenn man die Similreihe um $D = H_1 K_2$ nach links verschiebt, alle Similpunkte zu den Bildorten I harmonisch liegen, denn sie bilden dann eine hyperbolische Involution! Und ebenso entsteht eine solche für die Similreihe und System II bei Verschiebung um $d = H_2 K_1$.

Meister: Sehr richtig und gut. Die bisherigen Symptosen fallen dann auseinander; neue Potenzpunkte p_r und p_q liegen dann gleich weit vom Mittelpunkt der Involution und werden ihre Symptosen. Das gibt einen schätzbaren Lehrsatz, der zur Klärung der Lage aller konjugierten Paare nützlich ist. Zur Übersicht der Lage der Similpunkte ist dieser Satz gut verwertbar. Die Stellung der Similpunkte muß als festbleibend gedacht werden, dagegen werden I und II bis zur Involution verschoben.

Schüler: Ich will mir die Zeichnung als Doppelgerade herstellen und die beiden hyperbolischen Kreisscharen eintragen. Nun fällt mir ein Verfahren ein, auch die Systeme I und II in harmonische Beziehung zu bringen. Ich setze den Zirkel in m, also in der Mitte zwischen R_1 und Q_2 ein und übertrage alle beide Systeme auf irgend eine Gerade, die durch m hindurchgeht, oder, was dasselbe ergibt, ich übertrage irgend eines von beiden Systemen auf das andere durch Drehung um 180°. Alle konjugierten Paare stehen dann in hyperbolischer Involution und liegen harmonisch zu den Potenzpunkten $\overset{-}{P}$ und $\overset{+}{P}$.

Meister: Sehr gut! Und ein einziger der Übertragungskreise wird auch ein Kreis der hyperbolischen Kreisschar bleiben! Jedem Kreise der Schar rechts steht ein ebenso großer Kreis der entsprechenden negativen Paare links gegenüber. In Fig. 247 sind jederseits vier Kreise um die neuen Symptosen P herum

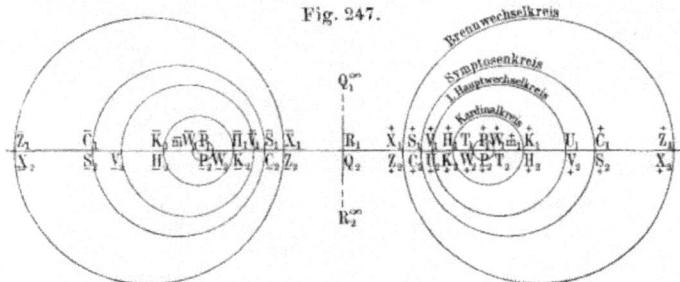

Fig. 247.

gezeichnet, und zwar folgt auf ein Wechselpaar TW der Kardinalkreis, darauf wieder ein Wechselkreis UV, dann der Symptosenkreis SC und schließlich beiderseits der Brennwechselkreis XZ; eine praktische Bedeutung kann indes dem Verfahren nicht zugesprochen werden, weil die harmonischen Zeichnungen immer viel Vorbereitung verlangen. (Vgl. Aufg. 9, S. 427.) Wie kann aber unsere gedrehte Gerade zurückversetzt werden in die optische Lage?

Schüler: Offenbar durch Drehung und zwar einfach um den Mittelpunkt des positiven Symptosenkreises herum!

Meister: So ist es richtig.

6. Die Similpotenzen und die Wechselpunktpaare.

Meister: Die bisher aufgesuchten Similpunkte haben wir meist auf Kardinalpunkten liegend gefunden. Diese Punkte sollen uns die

konjugierten Gebiete voneinander zu trennen helfen; es sind Trennungs-
punkte von hervorragender Nützlichkeit. Nun bieten sich uns zwei
neue wichtige Punktpaare dar, die wir auch in Fig. 243 schon aufnahmen und die wir jetzt behandeln wollen. Es falle mit H_1 ein Punkt
V_2 zusammen und mit H_2 ein Punkt W_1. Untersuche die zugeordneten
Punkte V_1 und W_2, sowie $\tilde{v}$ und $\tilde{w}$.

　　　Schüler: Wenn ich in $\tilde{w}_2 = - e . H_r/w_1$, $w_1 = - e$ einsetze,
so finde ich $\tilde{w}_2 = H_r$, also ist der Brennpunkt Q_2 zugleich auch $\tilde{w}$,
denn von K_2 bis Q_2 reicht die Strecke H_r! Und nach (28), da jetzt
$v_2 = - e$ ist, $\tilde{v}_1 = - H_q$, d. h. um H_q von K_1 aus nach links liegend;
also fällt $\tilde{v}$ auf R_1!

　　　Meister: Da die neuen Paare sich einerseits mit den Hauptpunkten decken, nur mit ausgewechselten Indices in bezug auf die

Fig. 248.

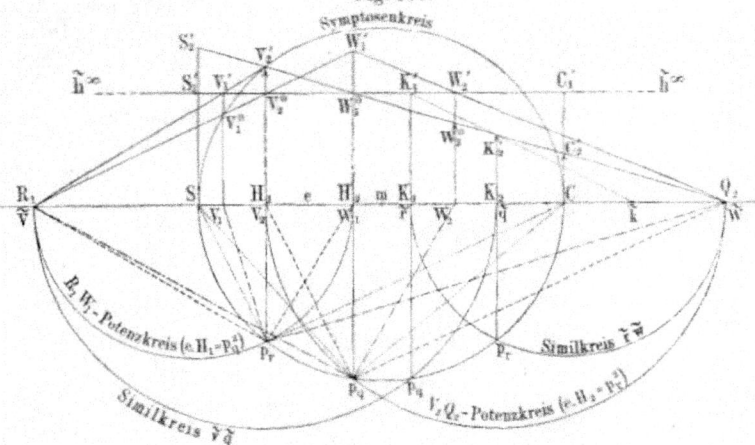

Systeme I und II, so wollen wir sie Wechselpaare nennen. In
Fig. 248 ist alles diesen Wechselpaaren gewidmet. Zunächst verzeichnen
wir die beiden Potenzkreise $e . H_r = p_r^2$ und $e . H_q = p_q^2$. Die
Formeln (27) und (28) gehen über in

$$\tilde{a}_2 = - p_r^2/a_1 \ \ . \ \ . \ \ . \ \ . \ \ . \ \ . \ \ . \ \ . \ \ (29)$$
und
$$\tilde{a}_1 = p_q^2/a_2 \ \ . \ \ . \ \ . \ \ . \ \ . \ \ . \ \ . \ \ . \ \ (30)$$

Daß die Potenzlinien p_r und p_q zugleich den Symptosenkreis schneiden,
haben wir schon bewiesen (s. S. 414). Zwei andere Kreise nennen wir
Similkreise; ihre Durchmesser gehen von den Brennpunkten zu den
beiden Knotenpunkten. Ein Kreis über $V_1 Q_2$ als Durchmesser geht
auch durch p_r und ebenso ein Kreis über $R_1 W_2$ durch den Punkt p_q.
Beweise das!

Schüler: Ich nenne v_1 die Strecke $V_1 V_2$; dann ist weil $v_2 = - e$ ist,

$v_1 = v_2 . H_r/(v_2 - H_q) = - e . H_r/(- e - H_q) = p_r^2/(e + H_q)$. (31)

aber es ist $e + H_q = H_1 Q_2 = V_2 Q_2$, also $v_1 . V_2 Q_2 = p_r^2$. Ebenso ist

$w_2 = w_1 . H_q/(w_1 - H_r) = - e . H_q/(- e - H_r) = p_q^2/(e + H_r)$ (32)

und $e + H_r = R_1 H_2 = R_1 W_1$, also $w_2 . R_1 W_1 = p_q^2$, w. z. b. w.

Meister: Gut. Hinsichtlich unserer Wechselpaare ist noch folgendes zu überlegen: In Fig. 248 ist eine Parallele zur Achse gezogen zur Begrenzung von Bildern gleicher Größe. Welches sind die Brennstrahlen?

Schüler: Über H_2 ist von W_1^0 aus eine Gerade nach Q_2 gezogen, ebenso über H_1 von V_2^0 nach R_1. An diese beiden Strahlen müssen alle in II oder I erzeugten Bilder heranreichen. Zu W_1^0 gehört das Bild W_2^0, dagegen zum Bilde bei V_2^0 das Objekt bei V_1^0.

Meister: Das eben ist bemerkenswert, daß von allen gleich großen Leuchtobjekten das im zweiten Hauptpunkt liegende das letzte ist in der Reihe, sofern durch dessen Spitze zugleich der Brennstrahl läuft.

Schüler: Jetzt begreife ich auch, daß $\tilde{w}$ auf Q_2 fällt und ganz ebenso ist V_2^0 das letzte von rechts herangewanderte Objekt in II, das dort steht, wo der Brennstrahl nach R_1 einsetzt.

Meister: Hierdurch ergibt sich die Konstruktion zur Bestimmung der Bilder und zugleich der Orte V_1 und W_2. Der Brennstrahl $W_1^0 Q_2$ schneidet die Hauptebene H_1 im Punkte V_2', und dieser Punkt, mit R_1 verbunden, gibt sofort V_1', von dem ein Lot gegen die Achse den Punkt V_1 finden läßt. Dieses Lot schneidet den Brennstrahl in V_1^0, und nun haben wir zwei Objekte V_1^0 und V_1'; deren Bilder reichen bis V_2^0 und V_2'. Erweise dasselbe für das andere Wechselpaar $W_1 W_2$.

Schüler: Der Brennstrahl $R_1 V_2^0$ trifft die zweite Hauptebene in W_1' und dessen Verbindung mit Q_2 liefert den Punkt W_2', von dem ein Lot den Achsenpunkt W_2 trifft. Hier ist W_2' das Bild von W_1' und W_2^0 das Bild von W_1^0.

Meister: Dieses Verhalten wird dir bald noch klarer werden auf Grund der Vergrößerungsformeln. Überlege nun noch einmal den

Fig. 249.

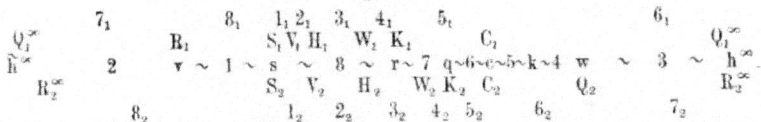

ganzen Verlauf der Similreihe. Nimm S als Ausgangspunkt. Nach rechts fortschreitend sind (Fig. 249) acht Abteile unterschieden, von denen fünf im inneren, drei im äußeren Gebiete liegen. In der Mittellinie ist die Similreihe eingetragen.

Schüler: Ich bemerke, daß das innere Gebiet genau dem äußeren der Similreihe entspricht und umgekehrt. Im äußeren Gebiete sind 6 und 8 auf gleichen Seiten gelegen, dagegen nur 7 beiderseitig.

Meister: Und gerade dieser Strecke entspricht die Similstrecke von K_2 bis K_1 oder von $\tilde{q}$ bis $\tilde{r}$. In Fig. 250 sind alle Kardinalpunkte

Fig. 250.

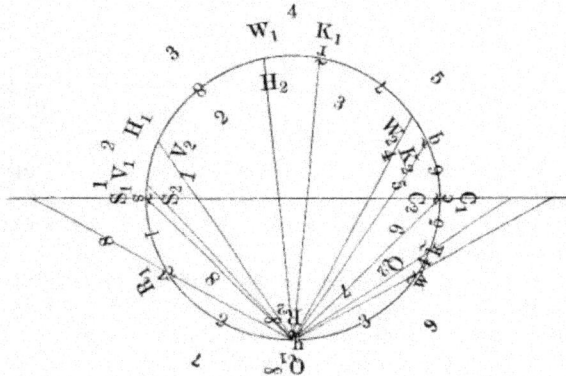

auf den Symptosenkreis vom untersten Punkte aus projiziert. Die Similformeln bergen noch eine beachtenswerte Beziehung. Es war Gleichung (27) und (28):

$$\tilde{a}_2 = -e.H_r/a_1 \quad \text{und} \quad \tilde{a}_1 = e.H_q/a_2.$$

Die Größen rechts verraten ihre nahe Beziehung zur Grundformel:

$$H_r/a_1 + H_q/a_2 = 1.$$

Multiplizieren wir sie mit e, so wird, da $e.H_r = p_r^2$ und $e.H_q = p_q^2$,

$$p_r^2/a_1 + p_q^2/a_2 = e \quad \ldots \ldots \ldots (33)$$

aber auch: $\qquad a_1 - \tilde{a}_2 = e \quad \ldots \ldots \ldots \ldots (34)$

Letztere Gleichung gibt uns nichts neues, sofern sie nur besagt, daß die aus I und die aus II errechnete Similreihe als ein und dieselbe Reihe sich ergibt.

Schüler: Es erscheint aber doch wunderbar, daß in der Grundformel die beiden Größen die Similpunkte bezeichnen!

Meister: Schließlich erinnere ich daran, daß an die Grundformel (1) sich beliebig viele andere anschließen; beachtenswert sind in der alten Bezeichnungsweise:

$$K_r/k_1 + K_q/k_2 = 1 \quad \ldots \ldots \ldots (35)$$
$$S_r/s_1 + S_q/s_2 = 1 \quad \ldots \ldots \ldots (36)$$
$$C_r/c_1 + C_q/c_2 = 1 \quad \ldots \ldots \ldots (37)$$

Ferner ist $\qquad H_q = n \cdot H_r,$ also $P^2 = n \cdot H_r^2$ . . . . . . (38)

aber, da $\qquad\quad e \cdot H_r = p_r^2$ und $e \cdot H_q = p_q^2,$

$$p_q^2 = n \cdot p_r^2 \quad . . . . (39)$$

7. Similreihe und Vergrößerung.

Meister: Versuche die Formeln für Similpunkte und Vergrößerung, die wir bereits entwickelt haben, aufeinander zu beziehen.

Schüler: Es war Gleichung (27), (28) und 16:

$$\tilde{a}_2 = - e \cdot H_r / a_1 \quad \text{und} \quad \tilde{a}_1 = e \cdot H_q / a_2$$

$$V = - H_r / a_r = - a_q / H_q = H_r / (H_r - a_1) \left.\begin{array}{r}\\ \\\end{array}\right\} \quad . . \quad (40)$$
$$= (H_q - a_2)/H_q = b_2/b_1 \quad\left.\begin{array}{r}\\\end{array}\right.$$

Meister: Also ist

$$- a_2 / H_q = (b_2 - b_1)/b_1 = - e/\tilde{a}_1$$

oder, wenn der Unterschied der Bildgrößen, d. h. ihre lineare Zunahme mit z bezeichnet wird.

$$\tilde{a}_1 \cdot z = b_1 \cdot e \quad . . . . (41)$$

Ebenso ergibt sich

$$(H_r - a_1)/H_r = b_1/b_2, \text{ folglich } b_2/(b_2 - b_1) = - \tilde{a}_2/e \quad . . \quad (42)$$

Schüler: Mithin ist

$$\tilde{a}_2 \cdot z = - b_2 \cdot e \quad . . . . (43)$$

Da haben wir wieder eine so einfache Beziehung zwischen den Veränderlichen z und $\tilde{a}_1$, wenn wir b_2 und dort b_1 als konstant betrachten.

Meister: Ob nun b_2 oder b_1 leuchtet, ist gleichgültig; wir dürfen beide $= b$ setzen in der Zeichnung. Die Bilddifferenzen z sind reziprok den Similstrecken $\tilde{a}_1$ oder $\tilde{a}_2$.

Schüler: Demnach wird die Potenz für beide dieselbe $= b \cdot e$. Jetzt möchte ich sie zeichnen an der Stelle, wo K_1 oder K_2 liegt.

Meister: Wir denken uns senkrecht zur Achse in K_1 und K_2 zwei Gerade als Träger der Similreihe, wählen eine Gerade in einiger Entfernung parallel der Achse als Bilderhöhenreihe, bald für I, bald für II. Um $b \cdot e$ zu erhalten, werden die Strecken $= e$ an die Bildhöhe angefügt; zwei Halbkreise geben sogleich die Potenzlinien p_r und p_q, in deren Endpunkten p_r' und p_q' alle konjugierten Strahlen rechte Winkel bilden müssen, denn da wir elliptische Involution haben, finden wir zu jeden Similpunkt den zugehörigen Bildhöhenpunkt. Zunächst werden die acht Hauptsimilpunkte von der Achse aus auf beide Normalen übertragen; als Anfang der Übertragung wird bei K_1 der Punkt $\tilde{r}$, dagegen für K_2 $\tilde{q}$ gewählt und die Übertragung geschieht nach entgegengesetzten Seiten. Es führt z. B. der Strahl $\tilde{s}p_r'$ durch das Lot in p_r' nach einem Punkte s_1, und s_1 bestimmt mittels einer Parallelen zur

Achse die Bildhöhe in S; und ähnlich für alle Similpunkte. Die so gefundenen Stellen sind die z-Werte und können sofort durch Parallellinien auf den Brennstrahl übertragen werden. Diese Parallelen treffen genau die Bildpunkte, die schon vorher durch Lote in den bekannten Bildorten errichtet wurden. Ganz dasselbe gilt für die Similreihe in der Linie über K_2; es gibt $\tilde{w}$ das Lot $p'_r z_w$ und parallel nach links den Bildpunkt über W_1. — Noch einfacher ist die Beziehung der Bilddifferenz zu den Bildweiten a_1 und a_2. Untersuche das!

Schüler: Es war

$$b_2/b_1 = (H_q - a_2)/H_q = H_r/(H_r - a_1),$$

also $(b_2 - b_1)/b_1 = - a_2/H_q$ oder $z_2 = - b \cdot a_2/H_q$ . . . (44)

und $(b_1 - b_2)/b_2 = - a_1/H_r$, also $z_1 = - b \cdot a_1/H_r$ . . . (45)

wo zuletzt die Bildgrößen b_1 und b_2 wieder gleich b gesetzt wurden.

Meister: So wie Gl. (41) und (43) über den Knotenpunkten die Beziehungen zwischen Similreihe und Bilddifferenz darstellten, so hier Gl. (44) und (45) Bildweite und Bilddifferenz.

Schüler: Es ist z_2 proportional a_2 und z_1 proportional a_1.

Meister: Und wenn $a_2 = H_q$ oder wenn $a_1 = H_r$, so wird allemal $z = b$.

Schüler: Das vermag ich aus der Figur nicht zu ersehen.

Meister: In den Brennpunkten ist die Bildgröße $= 0$, also $z = 1$.

Schüler: Ach ja, es ist die Entfernung von der Achse!

Meister: Jetzt können wir zur Bildkonstruktion übergehen. Sie ist zwar vielfach schon berührt worden, indes haben wir noch den schönsten und wichtigsten Teil zu besprechen.

8. Bildkonstruktion und Similreihe.

Meister: Die üblichen Konstruktionen mittels der Eigenschaften der Haupt- und Knotenpunkte sind nur spezielle Fälle eines bemerkenswerten allgemeinen Prinzips wie das sogleich erhellen wird. Die zu Konstruktionen bisher nicht verwandten Symptosen sind dazu die geeignetsten Punkte. Sind die Brennpunkte gegeben, so kann jedes beliebige konjugierte Punktpaar die Konstruktion der Bilder vermitteln. Ob wir ein beliebiges oder eines der Wechselpaare oder die Hauptpunkte hinzuziehen, ist gleichgültig; bei jedem sind nur gewisse Vorteile zu beachten. Bei den Wechselpaaren z. B. sind die Similpunkte zugleich mit den Brennpunkten gegeben. Sonst ist das Verfahren ganz dasselbe wie bei beliebig anderen Paaren, wie etwa a_1 und a_2 samt $\tilde{a}$. Deute die Fig. 251.

Schüler: Der Brennstrahl nach Q_2 ist wie gewöhnlich gezogen und reicht an die Bildspitze a'_2. Als zweiter Strahl ist der nach S

gerichtete gewählt. Nach der Brechung muß er im letzten Mittel wieder durch S hindurchgehen; aber in welcher Richtung?

Meister: Das siehst du zunächst bei den Hauptebenen gezeichnet. Ein Strahl, der die H_1-Ebene in h_1 trifft, muß zuletzt durch h_2 hindurchgehen.

Schüler: Also ist Sh_2 der ausfahrende Strahl! Er geht richtig • nach der Bildspitze.

Meister: Verfolge nun denselben nach S gerichteten Strahl, wie er folgeweise die Punkte v_1, h_1, w_1 und k_1 erreicht.

Fig. 251.

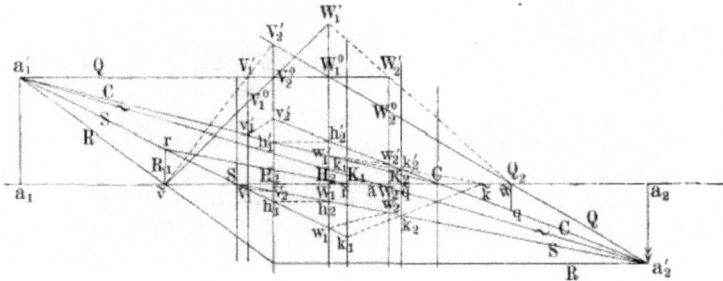

Schüler: Es ist eine Gerade von w_1 nach w_2 geführt, nach Q_2 zielend; es ist Q_2 als $\tilde{w}$ benutzt worden und w_2 ist der konjugierte Punkt zu w_1; also ist Sw_2 der Strahl, der zur selben Bildspitze führt!

Meister: Mit anderen Worten, man wird w_2 auf dem bereits gezogenen Strahle Sh_2 antreffen. Weiter!

Schüler: Die Knotenebene wird vom einfallenden Strahle in k_1 getroffen und man konstruierte k_2 durch $\tilde{k}$. Also jedes konjugierte Paar gibt so den gebrochenen Strahl, mit Ausnahme der Hauptpunkte, wo die Höhe die gleiche ist.

Meister: Wie kannst du nur glauben, daß das eine Ausnahme sei; wo liegt denn $\tilde{h}$?

Schüler: Ach ja, $\tilde{h}$ liegt im Unendlichen; also ist $h_1 h_2$ auch durch den Similpunkt bestimmt. Wenn aber früher die nach K_1 auf der Achse gezogenen Strahlen nachher parallel im letzten Mittel waren, da war das doch nach einem anderen Prinzip? denn $\tilde{k}$ liegt ganz nahe bei K_2.

Meister: Auch hier ist der Similpunkt entscheidend, aber in anderer Weise. Weil K_1 zugleich $\tilde{r}$ und K_2 zugleich q ist, müssen die nach den Achsenpunkten K_1 und K_2 gezogenen Strahlen einander parallel sein. Das ist etwas schwieriger zu erfassen. Stelle dir ein Leuchtbild in R_1 vor; dann ist dessen Bild unendlich groß in R_2^∞ und

$\tilde{r}$ liegt in K_1. Der vom Bilde nach K_1 gerichtete Strahl muß nach der Brechung durch K_2 gehen. Denke dir von K_1 eine Gerade nach der Bildspitze über R_1 gezogen, so ist diesem Strahle der Brennstrahl durch Q_2 parallel; also muß auch der gebrochene Strahl durch K_2, da er nach R_2^x gerichtet ist, diesem parallel sein; es muß der austretende Strahl parallel dem eintretenden sein und das gilt für jede Bildgröße des Leuchtobjektes in R_1.

Schüler: Ganz dasselbe ergäbe also ein Bild über Q_2 und K_1 als $\tilde{q}$, weil von K_1 nach der unendlich fernen Bildspitze ein Strahl parallel dem Brennstrahl durch R_1 verläuft.

Meister: Richtig. Deute nun die Ausnutzung des anderen symptotischen Punktes C.

Schüler: Ich sehe, wie der nach C gerichtete einfallende Strahl folgeweise v_1', h_1', w_1', k_1' erreicht und wie der austretende auch durch C streichende Strahl durch die Punkte v_2', h_2', w_2', k_2' geht, die sämtlich nur durch ihre Similpunkte gefunden wurden. — Scheitel und Zentrum bieten also als Symptosen wirklich die bequemsten Hilfsmittel dar und mir scheint das Zusammenfallen von $\tilde{r}$ und $\tilde{q}$ mit K_1 und K_2 von besonderem Werte!

Meister: Noch eine sehr lustige Ausnutzung der beiden Brennebenen ist dir entgangen. Der nach S gerichtete Strahl trifft die erste Brennebene in r; also muß der gebrochene Strahl durch S zugleich parallel der Geraden $r\tilde{r}$ sein.

Schüler: Und $\tilde{r}$ fällt auf K_1! Nun muß ich dasselbe mit dem C-Strahl in der zweiten Brennebene versuchen. Ich nehme den aus dem System II kommenden Strahl durch C; er trifft die Brennebene in q und richtig ist der vorhin einfallende Strahl $a_1'\,C$ durch C, der jetzt der gebrochene ist, parallel der Linie $\tilde{q}q$!

Meister: Der Hauptgewinn liegt im Durchschauen des inneren Zusammenhanges, denn keine noch so einfache Konstruktion kommt an Genauigkeit der analytischen Rechnung gleich. Ich empfehle dir bei Zeichnungen stets die durch Konstruktion zu erhaltenden Werte voraus zu berechnen; das übt im Erfassen des Ganzen und fördert die Güte der Zeichnung, in der jeder Irrtum oder Fehler sofort kund wird.

9. Die Kardinalpunktpaare.

Meister: Jetzt erst wollen wir die Kardinalpaare aufzählen, ihre Namen und Eigenheiten übersichtlich zusammenstellen. Wir unterscheiden neun Paare, zu denen einige Forscher noch die negativen Paare hinzugesellen, da sie zu Konstruktionen eigener Art führten. Indes scheint der Vorteil gering. In einer Tabelle stellen wir unsere neun Paare zusammen und zwar in den Gegensätzen, die zum Teil auf

Symmetrie der Lage, zum Teil auf Wechsel der Bedeutung beruhen oder auf einem Gegensatz der Eigenheiten. So stehen die Wechselpaare hinsichtlich ihrer Lage im Gegensatz zu den Hauptpunkten; anders aber hinsichtlich ihrer Similpunkte.

Schüler: Es liegt $\tilde{h}$ im Unendlichen bei R_2^∞ und Q_1^∞, dagegen liegen $\tilde{v}$ und $\tilde{w}$ bei den Gegenpunkten R_1 und Q_2.

Meister: Im schlichtesten Gegensatze stehen die beiden Symptosen; anders dagegen stehen Haupt- und Knotenebenen einander gegenüber, sofern ihre Simileigenheiten wie passiv und aktiv sich gestalten; die Hauptpunkte haben einen unendlich fernen Similpunkt, die Knotenpunkte sind Similpunkte der unendlichen Ferne.

Zur Übung empfehle ich dir, alle negativen Kardinalpaare zu berechnen. Ihre Similpunkte bieten hübsche Konstruktionen dar. Die Orte der Similpunkte sind in nebenstehender Übersicht fortgelassen wegen der nahen Beziehung zur Vergrößerung nach Gl. (41) und (43).

Übersicht der neun Kardinalpunktpaare mit ihren Haupteigenschaften.

Kardinalpaare	Orte der konjugierten Paare in den Systemen:		Entfernung von den Hauptpunkten:		Entfernung von den Gegenpunkten:		Vergrößerung II/I
	I	II	H_1	H_2	R_1	Q_2	
I. Gegenpunktpaar	R_1	R_2^∞	H_r	$\pm\infty$	0	$\pm\infty$	$\mp\infty$
I. Symptose: Scheitel	S_1	S	$H_r - S_r$	$H_q - S_q$	S_r	$- S_q$	$H_r/S_r = S_q/H_q$
I. Wechselpaar	V_1	V_2	$p_r^2/(e+H_q)$	$- e$	$p_r^x/(v+H_q)$	$-(e+H_q)$	$(H_q + e)/H_q$
Hauptpunktenpaar	H_1	H_2	0	0	H_r	$- H_q$	1
Potenzpaar	P_1	P_2	$H_r - P$	$H_q - P$	P	$- P$	$1/\sqrt{n}$
II. Wechselpaar	W_1	W_2	$- e$	$p_q^2(e+H_r)$	$H_r + e$	$- p_q^x(e+H_r)$	$H_r/(H_r + e)$
Knotenpunktenpaar	K_1	K_2	$H_r - H_q$	$H_q - H_r$	H_q	$- H_r$	$H_r/H_q = 1/n$
II. Symptose: Zentrum	C	C	$H_r - C_r$	$H_q - C_q$	C_r	$- C_q$	$C_q/H_q = H_r/C_r$
II. Gegenpunktpaar	Q_1^∞	Q_2	$\mp\infty$	H_q	$\mp\infty$	0	0

10. Spezialfälle und Aufgaben.

Meister: Es ist nicht ohne Interesse zu überlegen, welche Kardinalpaare in speziellen Fällen zusammenfallen und wie die Potenzwerte ineinander übergehen.

Schüler: Wir stellten als Grenzfälle die Linse und eine einzige brechende Fläche auf. Bei Linsen fallen die H und K mit den P zusammen.

Meister: Auch bei Systemen mit gleichen ersten und letzten Mitteln. Überlege die Wechselpaare.

Schüler: Sie liegen bei Linsen symmetrisch und die Vergrößerungen sind reziprok; $\tilde{v}$ und $\tilde{w}$ bleiben in den Brennpunkten R_1 und Q_2, dagegen liegt $\tilde{k}$ bei $\tilde{h}$ im Unendlichen.

Meister: Überlege auch den anderen Fall mit einer brechenden Fläche.

Schüler: Da sahen wir schon, daß die H in den Scheitel fallen und die K ins Zentrum. Beide Wechselpaare fallen mit den H in S zusammen.

Meister: Nun aber die Similpunkte. Wir wissen schon, daß C für alle Punkte der ganzen Achse Similpunkt ist. Somit entspricht $\tilde{c}$ allen Bildorten I und II, während für die in S sich deckenden Paare jeder Punkt der ganzen Achse Similpunkt sein kann. Insbesondere hindert nichts anzunehmen, daß die H ihr $\tilde{h}$ im Unendlichen behalten und die $\tilde{v}$ und $\tilde{w}$ mögen in den Brennpunkten liegend angesehen werden.

Schüler: Wie ist das aber nun mit der projektivischen Beziehung geblieben? Ist sie für eine brechende Fläche nicht mehr vorhanden?

Meister: Doch wohl; aber wenn bei zwei Geraden der Projektionspunkt in eine von ihnen hineinfällt, so entsteht ein spezieller Fall, den du selbst überlegen kannst.

Schüler: Ich erkenne wohl, daß der Büschelpunkt B selbst allen Punkten der anderen Geraden entspricht, so daß er Similpunkt für alle Orte bleibt.

Meister: Zum Schluß gebe ich dir einige Aufgaben zur Übung mit:

1. Die Paare zu errechnen und zu zeichnen, deren Similpunkte auf H_1 und H_2 fallen? Die Lösung führt zu gefälligen Konstruktionen, die durch Büschelprojektion zu prüfen sind.

2. Wo liegen die Wechselpaare bei einer Linse und wo die Symptosen? Was wird aus den Potenzen $p_r^{\tilde{v}}$ und $p_q^{\tilde{v}}$?

3. Ausführung der Bildkonstruktion für Linsen mit Wechselpaaren, Bilddifferenz und Bildweite. Wie verhalten sich die Similreihen?

4. Wechselpaare in den K-Punkten anzunehmen, etwa T_2 und U_1, ihre Eigenheiten zu prüfen und zu konstruieren. Welche Beziehung haben diese Knotenwechselpaare zu den Hauptwechselpaaren?

5. Zwei beliebige Systeme sind gegeben. Es soll durch Projektion das zusammengesetzte gefunden werden.

6. Zwei brechende Flächen gegeben; auch die Brechungsverhältnisse. Wo liegen alle Kardinalpunkte des Systems?

7. Projektionen für verschiedene Linsenformen auszuführen mit Benutzung der Similpunkte, Symptosen und Wechselpaare; auch für konkave und plankonkave Linsen.

8. Die Bildkonstruktion wie in Fig. 251 für Punkte des inneren Gebietes auszuführen, sowie in den äußeren Strecken 6 und 8 mittels Symptosen und Wechselpaaren.

9. Das zweite Doppelwechselpaar für die Knotenpunkte zu untersuchen. Wo liegen T_1 und U_2? Wo liegen $\tilde{i}$ und $\tilde{u}$? Welche Stellung erhalten die T- und die U-Punkte in Fig. 247 und in Fig. 243? Warum sind diese Paare nicht als Kardinalpunkte anzusehen?

10. Mit R_1 falle X_2, mit Q_2 falle Z_1 zusammen. Wo und wie liegen X_1, Z_2, $\tilde{x}$, $\tilde{z}$? Welche Beziehung besteht zwischen diesen Brennwechselpaaren und den Knotenwechselpaaren U und T?

11. Die Division von Gl. (28) durch Gl. (27) gibt einen schönen Lehrsatz. Wie lautet er in Formel und in Worten?

Der Lichtlehre zweiter Teil.

Physische Optik.

Meister: Wir gehen nun zum zweiten Teil der Lichtlehre über. Wir knüpfen an die Farbenzerstreuung an. Erst jetzt gilt es, den Zusammenhang mit der Wellenlehre zu erörtern. Schwingungsdauer und Wellenlänge sind ohne Bedeutung in der geometrischen Optik, hier spielen sie die Hauptrolle. Wir haben zunächst folgende Abschnitte zu behandeln: 1. Das Aussenden von Licht oder die Emission. 2. Dessen Umwandlung in andere Energieformen, besonders in Wärme, genannt Absorption. Im Worte Spektralanalyse fassen wir das Gesamtgebiet der Farbenphysik zusammen. Geschieht die Emission infolge erhöhter Temperatur, so spricht man von Temperaturstrahlung, dagegen nennt man Lumineszenz alle anderen Arten von Lichtaussendung. In neuester Zeit wird noch eine Reaktionsstrahlung oder chemische Strahlung unterschieden.

1. Emission. Absorption. Spektralanalyse.

Meister: Du erinnerst dich doch der Herleitung des Brechungsvermögens aus Eigenheiten des Stoffes?

Schüler: Es ist das Brechungsvermögen gleich dem Verhältnis der Lichtgeschwindigkeiten c_1 des Stoffes zu der c des leeren Raumes. Es ist $n = c_1/c$.

Meister: Da nun die Spektralfarben verschiedene Werte n haben, so müssen auch die c verschieden sein. Wir nehmen hier an, das Licht sei eine Wellenbewegung des Äthers, der auch alle Stoffe durchdringt, und setzen voraus, daß jeder Spektralfarbe eine gewisse Schwingungsdauer T zukomme.

Schüler: Es war auch $L = c \cdot T$; also ist, entsprechend dem T, auch ein L gegeben.

Meister: Ganz richtig. Es steht aber fest, daß nicht L, sondern T für die Farbe das Bestimmende ist, denn wir wissen, daß die Wellenlänge sich ändern kann beim Eindringen in andere Stoffe, nicht aber die Schwingungsdauer; diese bleibt sowohl nach Spiegelung, wie nach Brechung dieselbe. Es ändert sich eine Spektralfarbe nicht, auch wenn sie durch noch so viele Stoffe hindurchgeht. Wenn also in einem Körper

$$L = c \cdot T \quad \ldots \ldots \ldots \ldots (1)$$

und in einem anderen

$$L_1 = c_1 \cdot T \quad \ldots \ldots \ldots (2)$$

so folgt

$$L/L_1 = c/c_1 \quad \ldots \ldots \ldots (3)$$

Schüler: Es verhalten sich also für ein und dieselbe Spektralfarbe die Wellenlängen wie die Fortpflanzungsgeschwindigkeiten, mithin auch wie die Brechungsvermögen.

Meister: Sehr richtig. Die Formel, die wir früher (S. 295) aufstellten, $c = \sqrt{E/D}$, kann in dieser Einfachheit nicht mehr gelten, denn hier fehlt jede Abhängigkeit von der Wellenlänge oder Schwingungsdauer. Viele Theorien sind aufgestellt worden und Formeln, nach denen die Fortpflanzungsgeschwindigkeiten als Funktion der Wellenlänge L auftritt. Sie sind meist recht verwickelt.

Schüler: Gelten solche Formeln auch für den luftleeren Raum?

Meister: Nein, denn da ist die Geschwindigkeit dieselbe für alle Farben; sonst müßten die Jupitermonde nach jeder Verfinsterung erst im roten Licht aufleuchten und die langsameren Farben müßten allmählich nachfolgen; das aber findet durchaus nicht statt. — Von jetzt ab müssen wir die Strahlen auch auf unsichtbare Gebiete ausdehnen. Auf beiden Seiten des sichtbaren Spektrums können Strahlen nachgewiesen werden.

Schüler: Ich kenne die Namen: ultrarote und ultraviolette Strahlen. Jene haben die größeren Wellen und größere Geschwindigkeit. Sie tun sich dadurch kund, daß sie in Wärme umgewandelt werden, die ultravioletten werden durch chemische Wirkung dargetan.

Meister: Die sichtbaren Teile des Spektrums erstrecken sich von 400 bis 800 $\mu\mu$, umfassen also nur eine Oktave, wenn wir diese Bezeichnung aus der Akustik herübernehmen. Bis 100 $\mu\mu$, also noch zwei Oktaven höher, reicht das ultraviolette Gebiet. Kleinere Wellen sind bisher nicht nachgewiesen worden.

Schüler: Wie weit aber reicht das ultrarote Gebiet?

Meister: Das läßt sich nicht begrenzen. Beobachtet sind durch Umwandlung in Wärme Strahlen, deren Wellenlängen bis 6 μ hinaufreichen. Solche Angaben sind immer auf Wellenlängen im luftleeren Raume bezogen, sonst ergäbe sich kein absoluter Maßstab. Viel größere Wellen hat man nur durch elektrische Schwingungen erhalten, die in der Umgebung Strahlen erregen; von solchen soll vorläufig nicht die Rede sein.

Schüler: Ihr spracht von dem sichtbaren Gebiet einer Oktave; da habt ihr doch die Schwingungsdauer proportional der Wellenlänge gedacht. Im Ultraroten wären dann von 0,8 μ bis 6 μ noch nahe drei Oktaven.

Meister: Kürzlich hat man noch Wärmewirkung der Strahlen bis 50 $\mu = \,^1\!/_{20}$ mm nachweisen können.

Schüler: Also noch drei Oktaven mehr. Ich wundere mich, daß unser Auge nur eine Oktave wahrnimmt.

Meister: Und doch; welcher Reichtum der Erscheinung! — Jetzt wollen wir das Strahlungsvermögen der Körper untersuchen. Unter Emissionsvermögen versteht man die Menge Strahlenergie, die von einem Kar Oberfläche in einer Sekunde ausgesandt wird.

Schüler: Wie ist solche Energiemenge meßbar?

Meister: Diese Frage ist sehr berechtigt. Hat doch schon unser Auge versagt, wenn gewisse Grenzen überschritten werden. Du weißt auch, daß das ultraviolette Licht viel chemische Energie auslösen kann, aber nach der roten Seite des Spektrums findet auch die chemische Wirkung bald eine Grenze. Es gibt aber eine Umwandlung der Strahlen, die sich mit der Energie deckt. Treffen die Strahlen einen schwarzen Körper, so ist die Umwandlung in Wärme eine vollkommene.

— Im allgemeinen wird nämlich ein Teil R der Strahlenergie 1, die einen Körper trifft, an der Oberfläche gespiegelt; vom eindringenden Rest $(1 - R)$ wird nur ein Teil A absorbiert, d. h. in Wärme umgewandelt; was dann noch übrig ist, ist die durchgelassene Strahlung D. Also ist

$$R + A + D = 1 \quad \ldots \ldots \ldots \quad (4)$$

Mit Unrecht hat man A Absorptionsvermögen genannt; A ist nur die absorbierte Strahlenergie. — Nun aber denken wir uns einen Körper, der nicht spiegelt und nichts durchläßt.

Schüler: Für den also $R = O$ ist und auch $D = O$, so daß $A = 1$ wird; er absorbiert alles!

Meister: Solch einen Körper nennt man schwarz, und zwar wird verlangt, daß er für alle Farben schwarz sei.

Schüler: Er muß also sowohl die sichtbaren, als auch alle unsichtbaren Strahlen in Wärme umsetzen?

Meister: Ja. Streng genommen gibt es keine solchen Stoffe.

Schüler: Aber Kohle, Ruß sind doch schwarz?

Meister: Nicht im obigen Sinne; sie lassen nämlich einige ultrarote Strahlen durch.

Schüler: Das kann freilich unser Auge nicht entscheiden, aber wie mißt man diese Umwandlung in Wärme?

Meister: Das könnte mit dem Thermometer geschehen; allein man hat empfindlichere Apparate gebaut: elektrische Thermosäulen

Fig. 252.

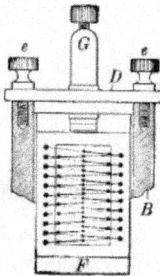

und Bolometer. Die Theorie dieser Apparate werden wir in der Elektrizitätslehre entwickeln; hier genügt die Tatsache, daß, wenn Strahlen den Apparat treffen, der Umsatz in Wärme durch Erzeugung elektrischer meßbarer Ströme geschieht. In Fig. 252 ist das Rubenssche Linearbolometer abgebildet. Die mittlere Punktreihe über F wird bestrahlt und der Strahlenergie entsprechend wird ein Ausschlag beobachtet. Die lineare Anordnung bezweckt eine Beobachtung im Spektrum, wo bei der Fortrückung in andere Gebiete das Dasein Fraunhoferscher Linien sich kundtut.

Schüler: Man kann also zu jedem L oder n im Spektrum einen Wert erhalten?

Meister: Ja. Nun besteht eine andere Schwierigkeit in der Beschaffung eines vollkommen schwarzen Körpers. Dazu müssen wir etwas weit ausholen. Die meisten Körper unserer Umgebung erscheinen uns farbig. Das ist eine Folge davon, daß sie vom auffallenden Lichte nur einen Teil absorbieren; das durchgelassene Licht enthält die nicht absorbierten Farben als Gemenge. Läßt man weißes Licht auf ein Prisma fallen, schaltet aber ein farbiges Glas in den Weg ein, so erhält man ein „Absorptionsspektrum". Vom bloßen Besehen eines farbigen Körpers kann man noch keinen Schluß ziehen auf sein Spektrum. Vollends über sein Verhalten gegenüber dem unsichtbaren Strahlgebiet läßt sich gar nichts aussagen. Ein uns weiß aussehender Körper kann sogar schwarz im unsichtbaren Gebiete sein, z. B. Bleiweiß. Das durchgelassene Licht gibt eine Mischfarbe; man nennt sie komplementär zum Gemisch des absorbierten Teiles.

Schüler: Die Körper erscheinen aber auch farbig an ihrer Oberfläche, wo noch kein Licht eingedrungen sein kann.

Meister: Freilich; das beruht aber doch auf Absorption an der obersten Schicht, denn was nicht eingedrungen ist, erscheint uns als farbloser Glanz. Nun gibt es auch eine innere Diffusion oder Zerstreuung. Wir unterscheiden durchsichtige und trübe Medien. Bei letzteren finden im Inneren zahlreiche Spiegelungen statt nach allen Richtungen. Dadurch kann ein im Stoff ganz durchsichtiger Kristall, wenn er z. B. gepulvert worden ist, trüb aussehen, weiß oder farbig; je feiner das Pulver, um so weißer erscheint es; z. B. Schnee oder Salz.

Schüler: Wenn man aber diese Stoffe anfeuchtet, so sehen sie grau aus.

Meister: Ganz richtig, weil jetzt mehr Licht hineindringt und weniger gespiegelt wird. Weil der Brechungsindex von Wasser viel näher dem der gepulverten Substanz ist, so wird weniger an den Grenzflächen gespiegelt. Dem Absorptionsvermögen steht das Emissionsvermögen gegenüber. Man unterscheidet hauptsächlich zwei ganz verschiedene Arten von Strahlung. Die eine ist eine Funktion der Temperatur und nimmt mit dieser zu; Stoffe dieser Art heißen „Temperaturstrahler“. Dagegen gibt es auch eine Strahlung, unabhängig von der Temperatur und hervorgerufen durch verschiedene Energiewandelungen. Diese Art Strahlung heißt „Lumineszenz“.

Schüler: Die Temperaturstrahlung ist wohl die Hauptquelle der Strahlenergie?

Meister: Allerdings; die Sonne gehört dazu, alle Arten Flammen, auch elektrische Lichtarten, die Glühstrümpfe nicht ausgenommen. Emission und Absorption sind beide Funktionen der Schwingungsdauer, wofür wir auch immer Wellenlänge sagen dürfen, da es alsdann für selbstverständlich gilt, daß nur die Wellenlänge im luftleeren Raume gedacht ist.

Schüler: Da $L = c \cdot T$ ist, und c einen festen Wert hat, so kann immer T sofort berechnet werden. Warum aber bleibt man nicht bei T?

Meister: Weil meist L die gemessene Größe ist, wie wir in der Interferenzlehre sehen werden. Man unterscheidet drei Arten Emissions- und Absorptionsspektren: 1. kontinuierliche, 2. Bandenspektren, 3. Linienspektren. Die meisten festen Körper haben kontinuierliche Spektra, während Gasen und Dämpfen die beiden anderen eigen sind. Die gewöhnliche Kerzenflamme hat auch ein kontinuierliches Spektrum.

Schüler: Aber das ist doch ein Gasspektrum?

Meister: Keineswegs. Es werden in der Flamme, sei sie aus
Öl, Talg, Wachs, Steinöl und selbst aus Leuchtgas entstanden, die
Kohlenwasserstoffe zersetzt; die Kohle ist es, die als fester
Stoff ausgeschieden wird und ehe er mit O zu CO und CO_2
verbrennt, als fester, fast schwarzer Körper hell leuchtet.

Fig. 253.

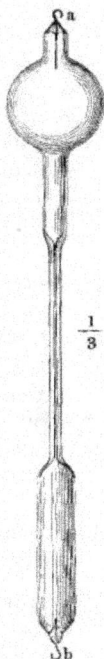

Schüler: Ich weiß wohl, daß Wasser sich in der
Flamme bildet; hält man ein kaltes Messer dicht über die
Flamme, so beschlägt es sofort mit Wasser.

Meister: Ganz ebenso läßt sich das Kohlendioxyd
nachweisen. Hält man eine metallene Kanne, die etwas
flüssige Luft enthält, über die Flamme, so schlägt sich am
Boden das CO_2 in Schneeform nieder.

Schüler: Das möchte ich wohl sehen! Dieser Schnee
hat ja die Temperatur von — 80°.

$\frac{1}{3}$

Meister: Zur Beobachtung der Spektra von Gasen
dienen entweder sogenannte Geißlersche Spektralröhren
(Fig. 253) oder lichtlose Flammen, wie beim Bunsenbrenner,
in die man Salze hineintaucht. Es entstehen Linienspektra,
wie deren einige auf der Spektraltafel abgebildet sind. Metalldämpfe erhält man, wenn man einen elektrischen Funken
zwischen Metallelektroden überspringen läßt. Für Beobachtung dieser und anderer Spektra gewährt das Taschen-
spektroskop gute Dienste (Fig. 227, S. 390).

2. Temperaturstrahlung. Kirchhoffs Gesetz.
Dopplers Prinzip.

Meister: Kirchhoffs Gesetz lautet: Für Strahlen
gewisser Wellenlänge ist das Verhältnis des Emis-
sions- zum Absorptionsvermögen bei allen Körpern dasselbe
und zwar gleich dem Emissionsvermögen des schwarzen
Körpers; auch ist dieses Verhältnis eine Funktion der
Temperatur.

Schüler: Hat denn ein schwarzer Körper auch ein Emissionsvermögen?

Meister: Erst recht und ein stärkeres als alle anderen Körper.
Verwechsele nicht Emission und diffuse Reflexion. Letzteres Vermögen
fehlt ihm; er ist bei jeder Belichtung schwarz, weil er alles auffallende Licht absorbiert. Aber Strahlen sendet er aus bei jeder Temperatur. Je höher diese ist, um so mehr Strahlen entsendet er.

Schüler: Also wohl nur im ultraroten unsichtbaren Gebiete?

Meister: So verhält es sich allerdings bei niedriger Temperatur.
Aber bei 500° fängt er an, auch sichtbare Strahlen auszusenden und
zwar heller als irgend ein anderer Körper bei derselben Temperatur.

Schüler: Das hatte ich freilich nicht überlegt. Der Name „schwarzer Körper" scheint mir dann nicht mehr zutreffend zu sein?

Meister: Doch wohl. Man muß den Namen ganz und gar auf das Absorptionsvermögen beziehen und auf das Emissionsvermögen nur insofern, als dieses gerade bei schwarzen Körpern das größtmögliche bei jeder Temperatur ist.

Schüler: Jetzt verstehe ich es! Sowohl das Leuchten heißer Kohle als auch die dunkle Strahlung warmer Kohle hängt mit dem Schwarzsein zusammen.

Meister: Kirchhoff hat auch erkannt, daß es keine absolut schwarzen Körper gebe, daß man aber einen Ersatz dafür erhalten könne durch einen Hohlraum, der von einer Hülle gebildet wird, die keine Strahlen von außen durchläßt und die überall ein und dieselbe Temperatur hat. Durch eine enge Öffnung kommen aus solchem Raume Strahlen genau so, als kämen sie von einem schwarzen Körper. Dieser Gedanke ist erst vor kurzem von Lummer und Pringsheim ausgebeutet worden. Fig. 254 zeigt ihren schwarzstrahligen Hohlraum, der auf Temperaturen von — 190⁰ bis + 700⁰ gebracht werden konnte.

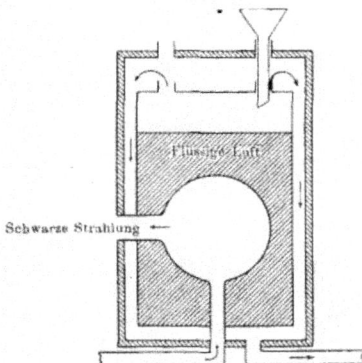

Fig. 254.

Andere Vorrichtungen gestatteten bis über 2000⁰ einen Hohlraum aus Kohle zu erhitzen. Eines der wichtigsten von der Theorie durch Stefan aufgestellten Gesetze, das von Boltzmann bestätigt ward, lautet: Die Gesamtstrahlung S eines schwarzen Körpers ist der vierten Potenz der absoluten Temperatur proportional:

$$S = s \cdot T^4 \quad \ldots \ldots \ldots \ldots (1)$$

Bei der Prüfung war zu beachten, daß das geschwärzte Bolometer nach derselben Formel Strahlen aussendet. Es war daher, wenn T_1 die absolute Temperatur des Bolometers war, die Gleichung $S = s \cdot (T^4 - T_1^4)$ anzusetzen.

Schüler: Das Bolometer konnte nur den Überschuß über die eigene Ausstrahlung anzeigen.

Meister: Mit diesem Gesetz hängt ein anderes zusammen, demgemäß die Strahlen einen Druck ausüben auf jede Fläche, die sie treffen. Das ist durch Versuche von Lebedew auch nachgewiesen worden. — Man hat die Theorie verwertet zur Erklärung der Kometen-

schweife. Es gibt eine gewisse Größe einer Masse — etwa ein Kub —
bei der der Strahlungsdruck die Gravitation überwindet; infolgedessen
werden die Körper dieser Größe von der Sonne abgestoßen. — Von

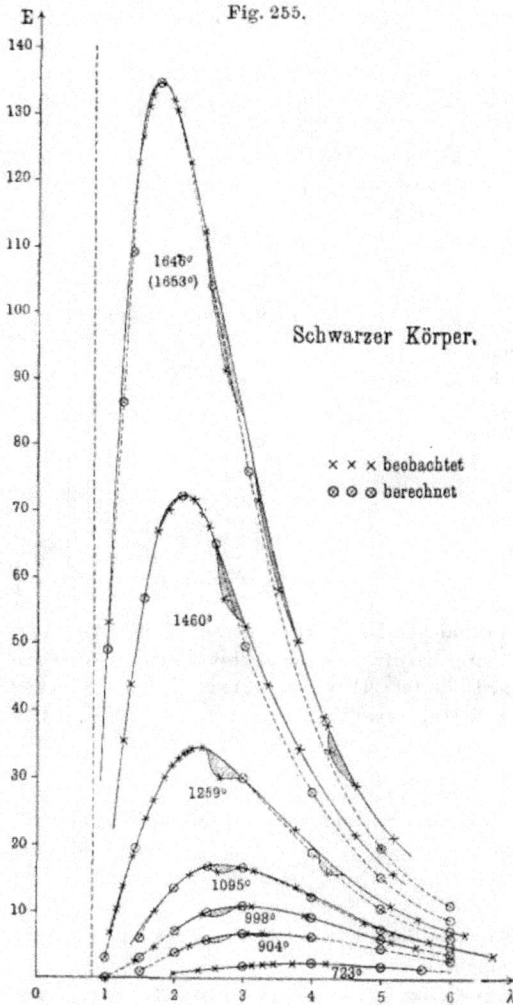

Fig. 255.

Schwarzer Körper.

× × × beobachtet
⊘ ⊘ ⊘ berechnet

1646°
(1653°)

1460°

1259°

1095°
998°
904°
723°

hohem Interesse ist nun
die Verteilung der Ener-
gie der schwarzen Strah-
lung im Spektrum. In
Fig. 255 ist die Kurve der
genannten beiden For-
scher verzeichnet. Die
Abszisse gibt die Wellen-
längen in μ-Einheiten
an, die Ordinate die
Energie E. Prüfe die
Kurven.

Schüler: Ich erkenne,
daß Beobachtung und
Rechnung miteinander
übereinstimmen, daß die
Strahlenergie mit der
Temperatur für alle
Wellenlängen steigt und
zwar rasch. Das Maxi-
mum liegt bei hohen
Temperaturen nach den
kürzeren Wellenlängen
hin.

Meister: Die Kurven
sind nur von Wellen-
längen von 1000 μ an
verzeichnet; das sicht-
bare Gebiet liegt links
von der gestrichelten
Linie. Die Bolometer-
wirkung ist da so klein,
daß sie nicht eingetragen
werden konnte.

Schüler: Aber bei
1646° muß das doch
möglich gewesen sein?

Meister: Auch dann nicht. Du siehst, wie die Kurve herabfällt.
Wenn wir also Licht erzeugen wollen, so sind wir zu großer Energieverschwendung genötigt. Die Leuchttechnik kann nicht Sparsamkeit

mit Temperaturstrahlung erringen. Das Maximum von Energie hängt in einfacher Weise mit der Temperatur zusammen; es findet bei einer Wellenlänge L_m statt, umgekehrt proportional der Temperatur.

Schüler: Also wäre

$$L_m = k/T. \ldots \ldots \ldots \ldots (2)$$

Meister: Und k hat ein und denselben Wert für alle schwarzen Körper; es ist $k = 2960$. — Auch der Betrag von E_m, der Maximalenergie, läßt sich berechnen; er ist proportional der fünften Potenz der Temperatur und die Konstante ist 2188.

Schüler: Also haben wir drei Gesetze:

$$S = s . T^4 \ldots \ldots \ldots \ldots \ldots (1)$$
$$L_m . T = 2960 \ldots \ldots \ldots \ldots (2)$$
und
$$E_m = 2188\,T \ldots \ldots \ldots \ldots (3)$$

Meister: Eine viel verwickeltere Formel stellt die Strahlenergie für jede Wellenlänge bei jeder Temperatur dar. Ähnliche Formeln gelten für Platin, nur sind die Konstanten kleiner. Diese Gesetze haben auch praktisch Temperaturbestimmungen möglich gemacht. Die elektrischen Bogenlampen haben gegen 4000°, die Auerlampen 2300°, eine Kerze etwa 1800°. Auch die Temperatur der Sonne hat sich bestimmen lassen zu 5600°.

Schüler: Aber beim Sonnenlicht müßte sich doch auch eine Wärmewirkung der sichtbaren Strahlen messen lassen?

Meister: Meßbar war sie in allen Fällen, nur nicht darstellbar im Maßstabe der obigen Figur. Man sieht aber, zu welch großer Energieverschwendung die Temperaturstrahlung führt. Die Leuchttechnik müßte versuchen, hohe Strahlung im sichtbaren Gebiet herzustellen bei Vermeidung aller unsichtbaren Strahlen. — Auf Kirchhoffs Gesetz müssen wir nochmals zurückkehren. Emission und Absorption sind Begriffe sehr verschiedener Qualität. Das Emissionsvermögen e, für die Wellenlänge l und die absolute Temperatur t, ist eine auf die Flächeneinheit des strahlenden Körpers bezogene Energiegröße. Das Absorptionsvermögen a ist der Bruchteil, der unter denselben Bedingungen von der auffallenden Strahlenergie in der Dicke 1 absorbiert wird. Wenn den schwarzen Körpern die Größen $E_{l,t}$ und $A_{l,t}$ angehören, so lautet Kirchhoffs Gesetz:

$$e_{l,t}/a_{l,t} = E_{l,t}/A_{l,t} \ldots \ldots \ldots \ldots (4)$$

Da nun der schwarze Körper alles absorbiert, so können wir $A_{l,t} = 1$ setzen. Es wird

$$e_{l,t} = a_{l,t} . E_{l,t} \ldots \ldots \ldots \ldots (5)$$

Schüler: Hier darf $a_{l,t}$ als reine Zahl angesehen werden, denn e und E sind gleicher Qualität.

Meister: Dieses Gesetz ist von weittragender Bedeutung. Ganze Wissensgebiete sind auf dessen Grundlage entstanden. Es läßt sich einfacher so ausdrücken: Emittiert ein strahlender Körper eine gewisse Farbe, so absorbiert er sie auch und emittiert er sie nicht, so absorbiert er sie auch nicht. Denke jetzt an die Spektra der Gase. Es waren die Fraunhoferschen dunklen Linien im Spektrum, die Kirchhoff sofort als Absorptionslinien erkannte. Die Sonne leuchtet im ganzen sichtbaren Gebiet kontinuierlich, aber über ihrer Oberfläche befinden sich heiße Metalldämpfe, die das Licht absorbieren.

Schüler: Das begreife ich nicht. Diese Dämpfe sind doch glühend und man könnte daher nur helle Linien erwarten.

Meister: Das hängt von der Helligkeit des von der Sonne ausstrahlenden Lichtes ab. Die Temperatur des strahlenden Grundes ist gewiß viel höher als die der Sonnenatmosphäre, deren Leuchtkraft verschwindend klein sein dürfte im Vergleich zur Leuchtkraft der benachbarten nicht absorbierten Strahlen. Diese sogenannte Umkehr der Spektrallinien läßt sich am Spektralapparat zeigen. Hält man in den Weg der Sonnenstrahlen eine stark leuchtende Natronperle, so werden die D-Linien dunkler; zuweilen erscheint auf dunklem Grunde die hellleuchtende Natronlinie der Flamme. Ein anderer schöner Versuch ist folgender: Man bringt NaCl in eine große Flamme, die nun gelb leuchtet. Hält man eine mit demselben Salz getränkte Alkoholflamme in den Weg, so erscheint diese von einem dicken schwarzen Saum umgeben.

Schüler: Ihr spracht auch von Wissenschaften, die auf diesem Gesetz beruhen?

Meister: Chemie und Astronomie haben beide viel gewonnen. Kirchhoff und Bunsen erkannten, daß jedem Metall ein eigenes Spektrum zukommt; daraus erwuchs die chemische Spektralanalyse. Sofort nach dieser Erkenntnis entdeckten Bunsen und Kirchhoff zwei neue Metalle, Cäsium und Rubidium, deren Spektren du auf Taf. I siehst. Die Astronomen haben aus den dunklen Linien der Spektren die metallenen Bestandteile der Sonne und der Fixsterne bestimmen können. — Von den über 2000 Linien des Eisens fehlt keine einzige in unserer Sonne. — Aber noch viel bedeutsamer war die neue Spektralmethode zur Bestimmung der Eigenbewegung der Fixsterne. Man hatte bisher nur seitliche Ortsveränderungen der Sterne beobachten können; jetzt wurde es möglich zu beobachten, ob ein lichtstrahlender Körper sich auf uns zu, oder aber von uns fortbewegt; ja es konnte die Geschwindigkeit dieser Bewegung gemessen werden!

Schüler: Bitte, erklärt mir das!

Meister: Es beruht auf dem Dopplerschen Satz: „Bewegt sich ein Hörer einer Schallquelle entgegen oder von ihr fort, so vernimmt er einen höheren, im anderen Falle tieferen Ton, als wenn er ruhte. Dasselbe gilt für eine Bewegung der Schallquelle von oder zum Hörer. Bei gegenseitiger Annäherung kommen offenbar mehr Schwingungen in der Sekunde ins Ohr.

Schüler: Jetzt begreife ich es. Da die Tonhöhenempfindung von der Schwingungsfrequenz abhängt, so ist diese Tatsache sofort erklärt.

Meister: Nun überlege den Einfluß einer Annäherung oder Entfernung einer Lichtquelle.

Schüler: Bei Annäherung wächst die Frequenz, also muß die Empfindung nach dem violetten Ende verschoben werden.

Meister: Richtig. Solch eine Verschiebung der Fraunhoferschen Linien beobachtet man in der Tat. Die mikroskopische Ausmessung gestattet eine Berechnung der relativen Bewegung und Geschwindigkeit. In Fig. 256 ist *a* bei Annäherung, *b* bei gleichbleibender Entfernung und *c* bei Entfernung von der Erde erhalten worden. Auf der Sonne und sogar auf der Venus konnte man Verschiedenheiten der Bewegung auf den beiden entgegengesetzten Seiten beobachten, so daß sich Schlüsse über deren Rotation ziehen ließen.

Fig. 256.

Auf der Eisenbahn hört man oft die Dopplersche Erscheinung. Es ertönen auf einer Station Glockenschläge. Fährt der Zug schnell durch die Station, so erscheint der Ton plötzlich tiefer, sobald man an der Stelle vorbeifährt.

Schüler: Darauf will ich aber achten!

Meister: Zur Spektralanalyse rechnet man auch die Untersuchung der Absorption. Vier Beispiele siehst du auf der Taf. I abgebildet. Aus dem Spektrum die Mischfarbe herauszudenken, muß man sich üben; übermangansaures Kali ist rötlich, Jod ist violettrot. Viel wichtiger aber ist es umgekehrt, die Mischfarbe der Körper spektral zu untersuchen. Es kann viele grüne Stoffe geben, deren Spektra aber ganz verschieden sind. Beim Chlorophyll treten Absorptionsbanden sogar im Gebiete des Grün auf, während die Mischfarbe selbst grün ist.

Schüler: Und rot wird auch zum Teil durchgelassen. Meister, mir fällt auf, daß einfache Elemente, wie Sauerstoff und Stickstoff, so viele Linien haben.

Meister: Das ist ein Zeichen, daß sie keineswegs so einfach geartet sind, wie sie uns chemisch erscheinen; sogar der Wasserstoff hat gegen 30 Linien. Wenn ein Eisenatom 2000 Farben aufweist, und zwar im sichtbaren Gebiet allein, was muß das für ein zusammengesetztes Gebilde sein!

Schüler: Findet denn im Sonnenspektrum die Umkehr der leuchtenden in dunkle Linien für alle Spektrallinien statt?

Meister: Jawohl; ich zeige dir ein Beispiel in Fig. 257 in der Nähe der Spektrallinie *E*. Von den uns bekannten Elementen sind

Fig. 257.

sicher in der Sonnenatmosphäre 35 nachgewiesen worden; darunter einige auf der Erde selten vorkommende. Außerdem aber sind in der Sonne noch Linien, die bisher nicht gedeutet werden konnten.

Schüler: Wenn man nun noch überlegt, daß im unsichtbaren Lichte Leuchtlinien also auch Absorptionslinien vorkommen, so spürt man den Umfang dieses Wissensgebietes.

Meister: Im Ultraroten hat man nicht nur bolometrisch die dunklen Linien nachweisen können, sondern auch optisch, was ich dir im nächsten Abschnitt erklären werde.

Schüler: Beim Anblick der schönen Spektra möchte man an eine Gesetzmäßigkeit der Lage der Linien glauben, besonders bei Jod und Stickstoff, aber auch zum Teil bei Sauerstoff.

Meister: Solche Linienserien hat man vielfach gemessen und festgestellt, sogar unter Formeln gebracht; es liegt hier ein großes Feld zukünftiger Forschung vor. Alkalien und alkalische Erden haben ganz ähnliche Serien mit ziemlich gleichartiger Gesetzmäßigkeit. Bisweilen treten auch Doppelserien, ja sogar dreifache auf. Lenard fand kürzlich, daß der Flammensaum nur die Hauptserie aussendet, die inneren heißen Teile nur Nebenserien. Der innere Teil ist elektrisch, der Saum nicht, und so tritt eine Beziehung zu elektrischen Parametern ins Spiel. Fragen dieser Art lassen auch Schlüsse zu auf die Formart der Sonne. Ihre Dichte ist nicht groß, sie ist durchschnittlich gleich 1,4; die Schwere aber ist sehr groß und die Temperatur hoch; daher ist die Gasformart die wahrscheinlichste. Es ist denkbar, daß die meisten Stoffe dort über ihrer kritischen Temperatur sich befinden.

Schüler: Wenn aber die Sonne nicht aus Gasen besteht, wie kann sie uns als abgeschlossene Kugel erscheinen?

Meister: Die scharfe Abgrenzung ist nur eine scheinbare, es ist eine optische Täuschung. Adolf Schmidt hat gezeigt, daß die

Brechung der Strahlen in der Sonnenatmosphäre eine so große ist, daß
eine scheinbare Oberfläche sich bildet. — Alle absorbierenden Körper
befolgen in der Gegend der Absorptionsbanden ein ganz eigentümliches
Brechungsgesetz, das bekannt ist unter dem Namen der „anomalen
Dispersion". Christiansen entdeckte, daß ein Prisma aus einer
Fuchsinlösung die roten Strahlen stärker ablenkt als die violetten.
Grün und blau werden absorbiert; im Spektrum folgt auf Violett eine
leere Stelle, dann kommt Rot bis Gelb. Wohlverstanden findet die
Anomalität immer nur für ganze Spektralgebiete statt. Diese erscheinen
im ganzen versetzt, im versetzten Gebiete selbst herrscht die gewöhn-
liche Ordnung. Kundt erfand die vortreffliche Methode der gekreuzten
Prismen. In Fig. 258 sind die durch ein Flintglasprisma erhaltenen

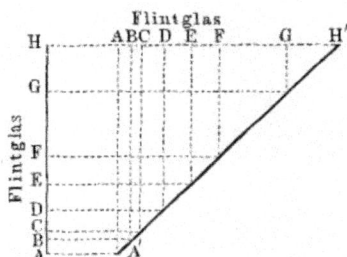

Fig. 258.

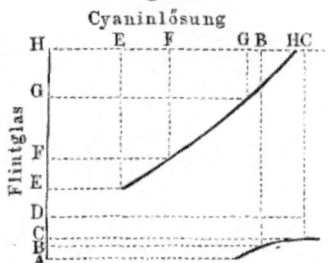

Fig. 259.

Spektrallinien eingetragen. Besieht man dieses Spektrum durch ein
zweites Prisma mit vertikal brechender Kante, so entsteht das Spektrum
A bis H in schräg verlaufender gerader Linie. Wählt man aber als
zweites Prisma eine Cyaninlösung, die Gelb in breiter Bande absorbiert,
so wird A bis C am stärksten gebrochen; viel geringer E, und nun
folgen in gewöhnlicher Ordnung die Farben bis H (Fig. 259). Kundt
erkannte, daß auch Glasprismen in der Gegend ihrer Linien anomal
dispergieren.

3. Lumineszenz. Fluoreszenz. Phosphoreszenz.

Schüler: Wir behandelten zuletzt die Temperaturstrahlung.
Emission und Absorption sind Funktionen von Wellenlänge und Temperatur. Die Schwingungsdauer bedingt die Farbe, wofür auch die
Wellenlänge im luftleeren Raume gesetzt werden kann. Wir unterschieden Oktaven. Die Sichtbarkeit von Licht ist auf eine einzige
Oktave beschränkt. Emissionsvermögen nannten wir die in einer
Sekunde von der Oberfläche 1 ausgesandte Energie. Gemessen wurde
sie durch thermischen Umsatz. Schwarz hieß ein Körper, der alles ihn
treffende Licht absorbiert, sichtbares und unsichtbares. Nur künstlich

läßt sich das herstellen durch einen Hohlraum von gleicher Temperatur mit kleiner Strahlöffnung. Bolometrisch ließen sich auch im ultraroten Gebiete dunkle Linien nachweisen. Kirchhoffs Gesetz wurde betrachtet und die Gesetze der Schwarzstrahlung gefunden. Die Gleichungen galten für alle schwarzen Körper. Für jede Farbe und Temperatur war $e/a = E/A$, und da $A = 1$, ist $e = a \cdot E$. — Dann besprachen wir die Entstehung der Fraunhoferschen Linien und die Versuche zur Umkehrung der Natronlinie. Die Verschiebung der Spektrallinien gestattete auf Grund des Dopplerschen Prinzips die Eigenbewegung der Fixsterne und die Rotation von Sonne und Planeten zu messen. Zuletzt erwähntet ihr der anomalen Dispersion.

Meister: Vergiß nicht die chemische Spektralanalyse, der wir die Entdeckung so vieler Elemente verdanken. Jetzt gehen wir zur Lumineszenz über.

Schüler: Wir stellten sie schon in Gegensatz zur Temperaturstrahlung.

Meister: Wenn Körper bestrahlt werden, so enthält das von ihnen gespiegelte Licht nur Teile des auffallenden. Einige Körper dagegen verwandeln die sie treffende Strahlenergie in sichtbare Strahlen, ohne daß sie dabei erwärmt werden, und diese Strahlen haben andere Schwingungsfrequenz als die auffallenden. Solches Leuchten heißt Fluoreszenz, wenn es nur so lange andauert, wie die Belichtung anhält, dagegen Phosphoreszenz, wenn das Leuchten auch nach Aufhören der Belichtung fortdauert. Fast alle Stoffe phosphoreszieren, wenn auch nur ganz kurze Zeit hindurch. Besonders wirksam sind die Strahlen der violetten Seite. Es sind sowohl feste als flüssige Körper, die fluoreszieren. Chininlösung, Pflanzenextrakte und viele feste Salze der alkalischen Erden fluoreszieren und letztere phosphoreszieren auch besonders stark. Das Lumineszenzspektrum hat meist längere Wellen als die erregenden Strahlen. Läßt man ein Fraunhofersches Spektrum auf eine phosphoreszierende Platte fallen, so sieht man im Dunkeln deutlich die Fraunhoferschen Linien.

Schüler: Das ist ein Beweis, daß an diesen Stellen kein Licht vorhanden ist.

Meister: In wunderbarer Weise gelang es Lommel, das ultrarote Linienspektrum zu photographieren. Sein Verfahren beruhte darauf, daß, während die blaue Seite Phosphoreszenz stark erregt, die rote Lichtseite bis zum Grün hin die Phosphoreszenz auslöscht. Bedeckt man nämlich eine durch Belichtung stark phosphoreszierende Platte zur Hälfte mit einem undurchsichtigen Körper, zur anderen mit einem roten Glase, und läßt so Licht darauf fallen, so erkennt man nachher im Dunkeln, daß der vom roten Glase verdeckte Teil nicht mehr, oder nur schwach leuchtet, während der andere unverändert ist. Lommel

ließ nun auf eine phosphoreszierende Platte das ultrarote Sonnenspektrum fallen. Überlege, was nun erfolgen mußte.

Schüler: Das rote Licht wird die Phosphoreszenz auslöschen; es
wird aber überall da fortbestehen, wo eine Fraunhofersche Linie
hinfiel. Man mußte also statt dunkler helle Linien erhalten. Das
ist fein!

Meister: Richtig, und diese Platte wurde durch Berührung
photographiert. Viel genauere, sehr feine Spektren, bis zu 6000 μ, erhielt Langley bolometrisch.

Schüler: Kann man sich leicht fluoreszierende Stoffe verschaffen?

Meister: Einer der wirksamsten ist der aus Kubaholz zu gewinnende Morin, dessen alkoholische Lösung noch nicht fluoresziert;

Fig. 260.

sobald man aber Alaun hinzufügt, entsteht eine sehr starke malachit-
grüne Fluoreszenz, die nur an der obersten Schicht zu sehen ist. Denn
kaum 1/2 mm dringt das Licht ein. Dieses Licht ist sehr geeignet zu
spektraler Beobachtung. Fig. 260 gibt die Zeichnung der durch gekreuzte Prismen sichtbaren Erscheinung. Das obere, durch ein Prisma
entworfene Spektrum ist auf eine fluoreszierende Substanz geworfen;
deute nun die untere Zeichnung.

Schüler: Die Fluoreszenz erstreckt sich offenbar von F bis N. Es gibt eine Lichtmenge von A bis H, die ihre Farbe behalten hat; von F bis H beginnt ein Teil in Fluoreszenzlicht umgewandelt zu werden und von H bis N ist alles in Fluoreszenz verwandelt.

Meister: Das ist nicht ganz sicher, denn von R bis S reicht das sichtbare Spektrum; ob von H bis N noch unverändert Licht vorhanden ist, könnte man entscheiden, wenn man das Spektrum RS wieder objektiv auf fluoreszierende Stoffe fallen ließe. Verstehst du aber den Teil T bis U?

Schüler: Ich überlege, daß von G bis n hin die obersten Reihen einfarbig rot aussehen müssen. Nach unten folgen, horizontal gerichtet, alle Spektralfarben bis zur letzten bei U liegenden Farbe. Die langgezogenen Fraunhoferschen Linien gehen durch alle Farben von Rot bis Grünblau hindurch, denn das sind schon oben Stellen ohne Licht, mithin ohne Fluoreszenzwirkung.

Meister: So war es richtig. Das Fluoreszenzlicht hat durchweg größere Wellenlänge als das auffallende Licht; man nennt das das Stokessche Gesetz. Doch fanden sich Stoffe, die nicht diese Regel befolgen.

Schüler: Gibt es auch Phosphoreszenz bei großer Kälte?

Meister: Man hat in Bädern von flüssiger Luft bei — 180⁰ starke Phosphoreszenz erhalten.

4. Photochemie. Photographie.

Meister: Da du photographierst, hast du wohl auch einiges darüber gelesen?

Schüler: Die Photographie beruht darauf, daß das Licht chemische Verbindungen trennt.

Meister: Es findet auch ein Umsatz von Strahlenergie in chemische Energie statt; denn chemische Trennungen sind Wiederherstellung von chemischen Anziehungen. Wenn auch seltener, so finden zuweilen doch auch chemische Verbindungen durch Lichteinfluß statt. Bei diesen aber geht doch eine Trennung voraus. Was entsteht beim Gemisch von Wasserstoff mit Chlor?

Schüler: Es bildet sich bei Belichtung Salzsäure.

Meister: Gut; aber dem geht die Trennung von H_2 in $H + H$ voraus, auch die von Cl_2 in Cl und Cl, und dazu wird Strahlenergie verwandt. Auch Chlorstickstoff zerfällt, kann sogar explodieren. Chromsaure Salze werden in Gegenwart von Sauerstoff zersetzt. $AgCl$ und $AgBr$ werden auch zersetzt, jedoch tritt das nicht sichtbar hervor.

Schüler: Ihr meint in den Trockenplatten und lichtempfindlichen Papieren. Ich weiß, daß erst die Entwickelung die Zerlegung der belichteten Teile bewirkt.

Meister: Bei der Belichtung entsteht ein Subchlorid Ag_2Cl, jedoch jedenfalls noch kein metallisches Silber. Die Entwickelung beruht darauf, daß eine Zersetzung in Ag und $AgCl$ durch reduzierende Substanzen, wie Eisenoxydul, Pyrogallus und andere, hervorgerufen wird. Und weshalb muß nach der Entwickelung fixiert werden?

Schüler: Weil das noch vorhandene unbelichtete $AgCl$ aufgelöst und entfernt werden muß. Alles das geschieht bei roter Beleuchtung.

Meister: Die gewaltigste chemische Zersetzungsarbeit bringt die Sonnenstrahlenergie unmittelbar in der Pflanzenwelt zustande. Die absorbierte Energie wird in chemische Energie verwandelt. Die Pflanzen zersetzen CO_2 und H_2O und liefern O der Luft zurück zu Gunsten der Tierwelt. C und H werden dagegen aufgespeichert. Die Pflanzenwelt ist der Tierwelt entgegengesetzt.

Schüler: Ich verstehe das wohl. Die Tiere vorteilen vom Sauerstoff, den die Pflanzen ihnen spenden, die Pflanzen nehmen CO_2 und H_2O, also verbrannte Stoffe auf und stellen die chemischen Kräfte wieder her.

Meister: Sie verwerten also die Auswurfstoffe der Tiere. Die menschliche Kultur aber zehrt fort und fort von der seit Millionen von Jahren von der Sonne gespendeten Energie beim Verbrennen der Steinkohlen. Leider ist der Vorrat in der Erde gar nicht mehr groß. Er hält lange nicht mehr tausend Jahre vor.

Schüler: Was wird man alsdann als Wärmequelle benutzen?

Meister: Man wird sich auf andere Energiewerte einrichten. Wasserkräfte und namentlich die Gezeiten werden sich ausnutzen lassen. Die dazu nötigen Einrichtungen werden viel Unkosten verursachen.

Schüler: Müßte man nicht dem allzugroßen Verbrauch von Kohle entgegenwirken?

Meister: Das wäre eine Pflicht der Jetztzeit, die einer großen Verschwendung beschuldigt werden muß; namentlich auch hinsichtlich der Lichtherstellung. Wie man in allen ökonomischen Fragen dem Raubbau entgegentritt, so müßte auch hier eine Einschränkung vom Staate aus erstrebt werden. — Mit dem was wir vorhin erwähnten, ist die Lichtwirkung noch nicht erschöpft. Es werden zuweilen molekulare Änderungen durch Licht bewirkt. Weißer Phosphor wird im Licht rot; vor allem merkwürdig ist das Selen, das belichtet kristallinisch wird und viel besser die Elektrizität leitet.

Schüler: Ich habe auch von einem photographischen Gummidruck gehört.

Meister: Mit Chromsalzen versetztes Gummi wird durch Belichtung unlöslich; man fixiert mit Wasser.

Schüler: Das löst den unbelichteten Teil auf.

Meister: Streng genommen gibt es keine lichtbeständigen Stoffe. Apparate zur Messung der chemischen Wirksamkeit nennt man Aktinometer.

Schüler: Dahin gehören wohl auch die photographischen Sensitometer?

Meister: Deren gibt es mehrere. Sie bedürfen alle einer konstanten Lichtquelle. Als solche benutzt man phosphoreszierende Platten, die durch 5 Zent Magnesiumband in bestimmter Entfernung belichtet werden.

Schüler: Wollt ihr mir nicht einiges über Photographie mitteilen?

Meister: Der Photograph muß mit den Elementen der geometrischen Optik vertraut sein; er muß die Hauptgesetze der Perspektive kennen und die mannigfachen chemischen Vorgänge erfassen. Auch wissenschaftlich findet die Photographie viel Verwendung. Bei dem großen Umfang dieser Technik wollen wir nur das berühren, was in die Photochemie gehört. Da sind vor allem die Sensibilisatoren zu beachten. Die empfindliche Schicht der Trockenplatten wird in Bädern für rote Strahlen empfindlich gemacht. Mit Erythrorysin wird Gelb bis Rot aktinisch.

Schüler: Ich kenne die orthochromatischen Platten.

Meister: Sie sollen alle Farben gleich stark wirken lassen. Gewöhnlich aber schaltet man doch noch eine Gelbscheibe ein, um die Wirkung von Blau abzuschwächen.

Schüler: Dann aber muß man viel länger belichten. — Wodurch entsteht die Erhöhung der Empfindlichkeit?

Meister: Das beruht jedenfalls auf dem Mitschwingen, wie überhaupt die ganze Photographie in natürlichen Farben auf dieser Grund-

Fig. 261.   Fig. 262.

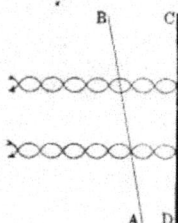 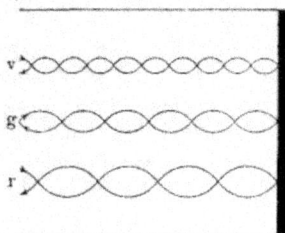

lage ruht. Die grundlegende Tatsache ist die Photographie stehender Wellen, die Wiener entdeckte. In starker Vergrößerung stellt Fig. 261 den Vorgang dar. Die Lichtwelle treffe die photographische Platte CD; sie wird gespiegelt, bildet stehende Wellen mit Knotenpunkten an der spiegelnden Wand. In der Gelatineschicht treten an den Stellen stärkster Erregung, an den Wellenbäuchen, Zersetzungen ein, an den Knotenstellen nicht. Die sehr feine, nur $20\,\mu\mu$ dicke Gelatineschicht wurde unter dem Mikroskop beobachtet. Es fanden sich Streifen in regelmäßigen Abständen. Hiermit war zum erstenmal das Vorkommen stehender Wellen erwiesen. In Fig. 262 ist angedeutet, wie rotes Licht längere Wellen als grünes und violettes haben muß und hierauf beruht die Photographie in natürlichen Farben. Es ist sogar gelungen, das Sonnenspektrum farbentreu zu photographieren, was zuerst Lippmann, dann sehr vollkommen Neuhaus gelang. Übrigens ist die Photographie in natürlichen Farben nur bei objektiver Darstellung, d. h. durch Projektion auf die weiße Wand in großer Vollkommenheit gelungen. Es werden drei Aufnahmen gemacht mit rotem, blauem und grünem Strahlenfilter, und die auf Glas kopierten Platten durch ebensolche Filter gleichzeitig übereinander auf die Wand projiziert. Das Auge erhält eine genaue Addition der Teilfarben und die Mischfarben entsprechen der Wirklichkeit. Werden aber Abdrücke übereinander kopiert, so kommt nicht eine Addition zustande, sondern eine Subtraktion. So gibt Blau und Gelb als Pulver gemischt Grün, dagegen auf die Wand projiziert Weiß oder Grau. Beim Pulver wird das Licht durchgesiebt durch blaue und gelbe Körner; Grün allein wird aber von beiden durchgelassen. Die mit drei solchen Platten hergestellten Bilder verdienen nicht den Namen Naturselbstdruck.

5. Interferenz des Lichtes.

Schüler: Wir behandelten Fluoreszenz und Phosphoreszenz. Für die meisten Fälle gilt Stokes' Gesetz, demgemäß die Umwandlung der Strahlenergie so geschieht, daß die Wellenlänge des Fluoreszenzlichtes länger als die der auffallenden Strahlen ist. Wir besprachen die Fähigkeit der roten Spektralseite, vorhandene Phosphoreszenz auszulöschen, wodurch eine Photographie ultraroten Spektrums gelang. Die Methode der gekreuzten Prismen gestattet eine Analyse des Fluoreszenzlichtes. Die Photochemie behandelt die durch Strahlen erwirkte Herstellung chemischer Energie. Die photographische Entwickelung und Fixierung der Bilder ward erwähnt und schließlich der großartige Umsatz von Energie in der Pflanzenwelt besprochen. Wieners große Entdeckung der stehenden Lichtwellen und die Photographie in natürlichen Farben bildete den Schluß.

Meister: Die stehenden Wellen sind eine Folge von Interferenz.

Schüler: Wie wir schon in der Wellenlehre sahen; die gespiegelten Wellen interferieren mit den hinlaufenden.

Meister: Jetzt nehmen wir die Interferenz in gleicher Richtung verlaufender Wellen vor.

Schüler: Unser allgemeines Gesetz besagte, daß an jeder Stelle die stattfindende Ausweichung der Summe der Teilerregungen entspreche. Treffen genau einander entgegengesetzte Phasen zusammen, so heben sich die Erregungen zu Null auf.

Meister: Doch nur, wenn sie gleich groß sind. Wir nehmen sogleich die Versuche vor. Überlege die Fig. 263, wo L ein Leuchtpunkt ist, dessen Strahlen auf die beiden Spiegel $S'S$ und SS'' fallen.

Fig. 263.

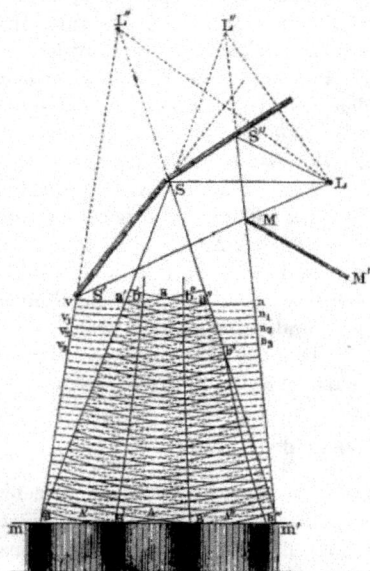

Schüler: Es sind L' und L'' die beiden virtuellen Bilder, denen die Wellen entsprechen. MM' scheint ein Schirm zu sein, so daß der Winkel $SL''S''$ den Strahlenkegel einerseits, $vL'S$ andererseits umfaßt. In der Mittellinie aA treffen gleiche Phasen zusammen; das gibt verstärktes Licht. Beiderseits in $b'B'$ und $b''B''$ heben die entgegengesetzten Phasen sich auf. Noch weiter seitlich, in $a'A'$ und $a''A''$ ist der Gangunterschied eine ganze Wellenlänge, also tritt wieder Helligkeit auf. Diese Erleuchtung gibt, wenn man das Licht auf weißer Fläche auffängt, abwechselnd hellere und dunklere Gebiete.

Meister: Sie sind unter mm' abgebildet. Doch sind das nicht Bilder im optisch-geometrischen Sinne, denn solche sind auf ganz feste Orte beschränkt; hier dagegen ist die Interferenz eine räumliche, ausgedehnte Erscheinung. Die ganzen Strecken aA, $a'A'$, $a''A''$ sind hell.

Schüler: Und ebenso die ganzen Strecken $b'B'b''B''$ dunkel.

Meister: Sowohl die dunklen als die hellen Linien sind nicht gerade, sondern hyperbolisch, wie man sogleich erkennt aus der Bedingung, daß für die dunklen Stellen die Entfernungen r' und r eines Punktes von L' und L'' konstant gleich $\frac{1}{2}L$ oder einem Vielfachen davon sein müssen, was eine der bekanntesten Eigenschaften der Hyperbel ist. Man nennt diese Kurven Interferenzkurven und, wenn L ein leuchtender Spalt ist, Interferenzflächen. Ganz dasselbe erhielt Fresnel mit einem Prisma (Fig. 264). Man kann den Versuch auch so anstellen, daß man mit einer Lupe die Interferenzstreifen beobachtet (Fig. 265).

Von besonderer wissenschaftlicher Bedeutung sind die durch Platten erzielten Interferenzen, weil hier eine scharfe Methode gegeben ist, Wellenlängen zu messen. In Fig. 266 sind SA und $S'C$ die Grenz-

Fig. 264. Fig. 266.

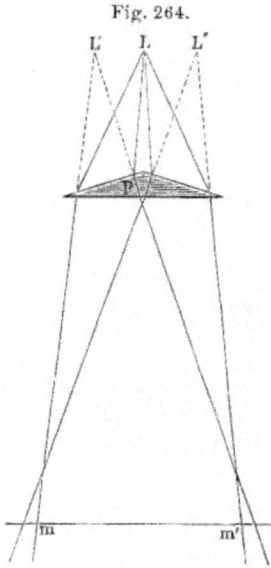

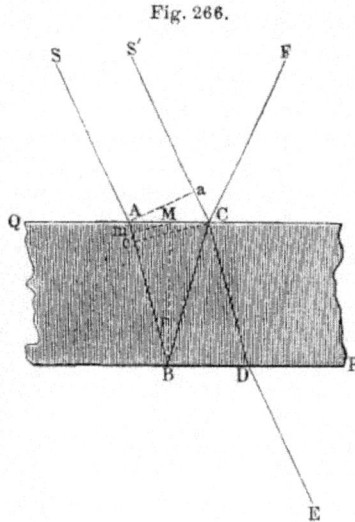

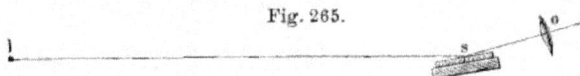

Fig. 265.

strahlen eines von ihnen eingeschlossenen Lichtbündels. Was geschieht wohl in C?

Schüler: Der Strahl CF ist ein gespiegelter; andererseits ist AB als gebrochener Strahl eingedrungen; er wird gespiegelt nach BC, tritt auch in CF aus, wo er zur Interferenz gelangt.

Meister: In c und C beginnen die gleichen Phasen. Es kommt also darauf an, wie $cB + BC$ sich zur Wellenlänge L verhält. Je nachdem

$$cB + BC = (n + 1/2).L \ldots \ldots \ldots (1)$$

oder

$$= n.L \ldots \ldots \ldots \ldots (2)$$

wird Helligkeit oder Dunkelheit auf dem Wege CF entstehen. Auch auf dem gebrochenen und zugleich zweimal gespiegelten Strahl DE findet Interferenz statt, die aber viel lichtschwächer ist.

Schüler: Sieht denn eine Platte unter Umständen ganz dunkel aus?

Meister: Das hängt von der Beleuchtung ab. Hat man ein-farbiges Spektrallicht, das parallel auffällt, so kann wirklich die ganze

Platte dunkel sein. Ist aber die Lichtquelle nahe, so kommen andere
Wege in Betracht; und fällt gar weißes Licht auf, so muß auch das
Interferenzlicht spektral beobachtet werden. Man sieht dann das Inter-
ferenzspektrum als ein von dunklen Banden durchzogenes Gebilde. Je
dicker die Platte, um so zahlreicher, je dünner, um so spärlicher, aber
breiter sind die Banden. Bei ganz dünnen Blättchen können zwei oder
drei oder gar nur eine Bande vorkommen; in solchem Falle erscheint
das Blättchen, auch ohne Prisma betrachtet, farbig. Ein dickes Blättchen kann nicht farbig erscheinen, weil die Banden sich regelmäßig
über das ganze Spektrum ausdehnen; die Mischfarbe ist neutral, das
Gesamtlicht nur geschwächt. Hier hast du ein Glimmerblättchen; fasse
es mit zwei Fingern, so daß es sich zum Zylinder krümmt. Die Sonne
erglänzt gespiegelt als helle Linie; besieh diese durch das Prisma; eine
Reihe prächtiger Banden durchzieht das ganze Sonnenspektrum, in dem
außerdem noch Fraunhofersche Linien zu sehen sind.

Schüler: Und im einfarbigen Lichte könnte wirklich der ganze
Lichtschein verschwinden?

Meister: Ganz gewiß, und das ist unschwer zu beobachten. Aus
der Anzahl von dunklen Banden läßt sich die Blättchendicke berechnen.
Es sei bei L_r die erste dunkelste Stelle im Rot; wenn das Licht senkrecht zur Platte die Wege zurücklegt, ist die Dicke

$$d = (n + \tfrac{1}{2}) \cdot L_r \quad \ldots \ldots \ldots \ldots (3)$$

Gibt es nun a Banden und ist auch

$$d = (a + n + \tfrac{1}{2}) \cdot L_v \quad \ldots \ldots \ldots \ldots (4)$$

so folgt: $(n + \tfrac{1}{2}) \cdot L_r = (a + n + \tfrac{1}{2}) \cdot L_v \quad \ldots \ldots (5)$

Schüler: Wenn also a gezählt worden ist, L_r und L_v als bekannt
angenommen werden, so kann man die Anzahl von Wellen n berechnen.

Fig. 267.

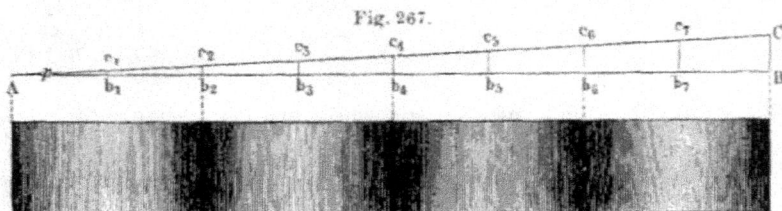

Meister: Und wenn man d mißt, so kann sowohl L_r als L_v berechnet werden; es gibt aber schärfere Methoden hierzu. In keilförmigen
Platten (Fig. 267) muß auch im einfarbigen Lichte eine Bandenreihe
entstehen, deren Eugigkeit oder Anzahl vom Kantenwinkel des Keiles
abhängt.

Schüler: Ich kenne die bunten Ringe, die man sieht, wenn ein Uhrglas auf einer Platte aufliegt.

Meister: Diese Erscheinung mußt du mit Natronlicht beobachten. Zahllose Ringe kann man da verfolgen (Fig. 268).

Schüler: Ist es nicht erstaunlich, Meister, daß eine so kleine Größe, wie die Lichtwellenlänge, als Maßstab einer Plattendicke angepaßt werden kann?

Fig. 268.

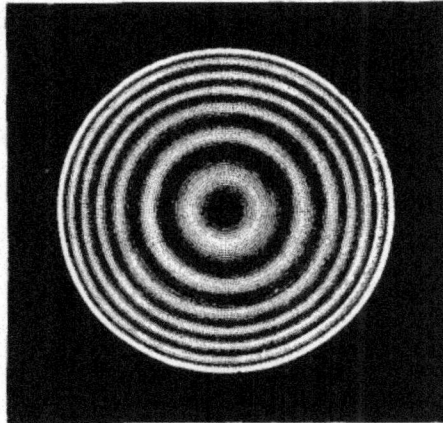

Meister: Gewiß, und wunderbar erscheint es uns, daß, nachdem Fizeau Gangunterschiede bis zu 50 000 beobachtet hatte, Lummer deren bis über eine Million feststellen konnte. Es ergab sich eine strenge Methode zur Prüfung, ob Platten planparallel seien. Fizeau aber bestimmte nach dieser Methode die thermischen Dehnungskoeffizienten fester Körper mit großer Genauigkeit. Endlich hat man auch das Metermaß auf Wellenlängen bezogen. Dazu benutzten Michelson und Breteuil drei Cd-Strahlen und fanden:

$$1\,\mathrm{m} = 1\,553\,163{,}5\ L_R$$
$$1\,\mathrm{m} = 1\,966\,249{,}7\ L_G$$
$$1\,\mathrm{m} = 2\,083\,372{,}1\ L_B,$$

und hieraus

$$L_R = 643{,}847\,\mu\mu,\quad L_G = 508{,}582\,\mu\mu,\quad L_B = 479{,}991\,\mu\mu.$$

Die reinste Erscheinung liefert die rote Cd-Linie, die anderen beiden sind nicht einfach. Sehr interessant verwandte Fizeau die doppelte Natronlinie, deren Wellenlängen $L_1 = 589{,}5$ und $L_2 = 588{,}9$ sind. Wenn nun die eine ein Maximum gibt, so kann die andere ein Minimum aufweisen. Dieser Gegensatz trete auf bei einem Gangunterschiede von p Wellen; dann ist $2\,p \cdot L_1/2 = (2\,p + 1)\,L_2/2$; das ergibt $p = 491$; d. h. beobachtet man Newtons Ringe oder Fizeaus Streifen mit Natronlicht, so wird die Erscheinung undeutlich nach je 491 Streifen und ein Maximum der Deutlichkeit tritt bei 982 auf. Das konnte Fizeau noch mehreremal nacheinander beobachten bei 1473 und 1964 Streifen usf.

6. Beugung des Lichtes.

Schüler: Ich bin begierig die Versuche kennen zu lernen, in denen, wie ihr sagtet, „das Licht um die Ecke geht".

Meister: Beugung siehst du jeden Tag. Wenn du abends ins Licht einer Laterne blickst, erscheinen da nicht lange Streifen von Licht? Das ist Beugung an unseren Augenlidern. Blick durch den

Fig. 269.

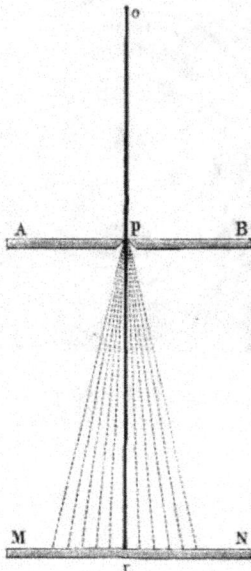

Fig. 270.

Fig. 271.

Spalt, den zwei Finger miteinander bilden, hindurch, so erscheinen Beugungsstreifen. In Fig. 269 tritt Sonnenlicht, durch einen Spalt von o her kommend, in den Spalt AB. Hält man dem Lichtstrahl einen Schirm MN entgegen, so erscheint neben dem hellsten Teile r Licht nach beiden Seiten hin. Auch subjektiv kann man das Auge vor den Spalt AB halten und durch die Öffnung bei p nach dem anderen Spalt bei o hinblicken; je enger p, um so breiter erscheint o ausgereckt, bis bei sehr enger Öffnung das Licht unbegrenzt zur Seite sich ausdehnt. In dem verbreiterten Lichtbilde wechseln auch hier Maxima und Minima miteinander ab. Einfarbig erkennt man die Abhängigkeit von der Wellenlänge. Die beste Beobachtungsmethode gab Fraunhofer an. Er besah einen Spalt mit einem Fernrohr, und tat er dann einen zweiten

Spalt AB unmittelbar vor sein Objektivglas, so erhielt er ein scharfes Beugungsbild. Man tut wohl, durch rote, grüne, blaue, violette Gläser zu beobachten. Fraunhofer erhielt Bilder von einem Spalt wie Fig. 270. Bei weißem Licht decken sich alle diese Bilder übereinander. Brachte er eine kreisförmige Öffnung vor das Objektiv, so war aus dem Bildpunkte die Fig. 271 entstanden. Die Ringe sind um so enger, je größer die vor das Objektiv gebrachte Öffnung ist. Ja, das Objektiv selbst kann als eine Öffnung angesehen werden, die Beugung gibt. Das Bild eines Sternes ist daher ein heller Punkt, umgeben von sehr nahe liegenden dichtgedrängten Kreisen; die Astronomen wissen dieses Beugungsbild vom wahren geometrischen Bilde wohl zu unterscheiden. — Die Theorie dieser Erscheinung gibt eine sehr gute Messung der Wellenlänge ab. In Fig. 272 wird eine (in der Zeichnung fortgelassene) Linse ein geometrisch bestimmtes Interferenzbild entwerfen. Das erste Minimum ist in der Figur dargestellt; es liegt da, wo die von

Fig. 272.

A und von B ausgehenden Strahlen einen Gangunterschied gleich λ haben. Wenn der Neigungswinkel α, so ist $b . \sin\alpha = \lambda$. Für $\sin\alpha$ kann sehr nahe d/D gesetzt werden.

Schüler: So erhält man die Wellenlänge

$$\lambda = b . d/D \qquad \ldots \ldots \ldots \ldots (1)$$

Die Größen rechts kann man wohl genau messen?

Meister: Gewiß, namentlich die Spaltbreite b, und zwar mikroskopisch-mikrometrisch. Nicht bloß das eine Minimum bei d wird gemessen, sondern auch die folgenden, deren Gleichung

$$2\lambda = b . d'/D \qquad \ldots \ldots \ldots \ldots (2)$$

Aber erst Fraunhofers Beugungsgitter geben die schärfsten Messungen. Schaltet man vor das beobachtende Fernrohrobjektiv ein Gitter, d. h. eine Reihe von Spalten gleicher Breite, so ändert sich die Erscheinung wesentlich; sie wird um so reiner, je feiner die einzelnen Spalten sind. Das Licht in der Mitte ist unverändert, nur etwas weniger hell, als wäre kein Spalt vorgesetzt. Neben diesem Hauptbilde folgen beiderseits Minima und Maxima, die von der Gitterbreite abhängen. Sie sind indes sämtlich von so geringer Helligkeit, daß man sie bei sehr engen Gittern gar nicht wahrnimmt. Da tritt plötzlich, und zwar beiderseits, ein sehr helles Maximum auf, da nämlich, wo alle Strahlen in gleicher Phase auftreffen. In Fig. 273 ist die Bedingung hierfür ersichtlich. Die Spaltbreiten sind $= a$, die Breite der Zwischenräume $= b$; es muß

$$(a + b) \cdot sin \, \varphi = L \ldots \ldots \ldots (3)$$

sein; bei größeren Winkeln φ' müssen auch die folgenden Maxima

$$(a + b) \cdot sin \, \varphi' = N \cdot L \ldots \ldots (4)$$

sein. Man ersieht hieraus, daß für jede Farbe eine andere Stelle des Maximums sich finden muß und daß ein solches ausbleibt, wenn eine Farbe nicht vorhanden ist.

    Schüler: Wenn ich recht verstehe, so entsteht ein Spektrum mit Fraunhoferschen Linien.

    Meister: Gitter- oder Beugungsspektrum genannt. Es ist eine der glänzendsten Erscheinungen der Optik. Das Beugungsspektrum sieht anders aus als das Prismenspektrum, denn unsere Theorie zeigt, daß genau proportional den Wellenlängen die Maxima vom mittleren Punkte abstehen, während beim Prisma eine verwickelte Funktion der Wellenlänge besteht. Aber was sehr bemerkenswert ist, — die hellste Stelle im Gelb liegt

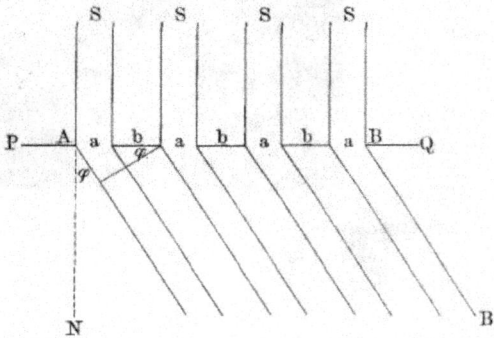

Fig. 273.

genau in der Mitte zwischen den Grenzen der Wahrnehmbarkeit im Rot und im Violett. Die Messungen der Wellenlänge sind die genauesten.

    Schüler: Ihr meint, wenn die Spaltbreiten sehr gering sind?

    Meister: Rutherford hatte 700 Spalten auf einem Millimeter und Rowland sogar 1700! Rowland wandte kein Fernrohr an, denn er brachte die feinen Gitter auf Konkavgläser sehr geringer Krümmung an. Die ausgedehnten Spektren werden objektiv auf Schirmen aufgefangen.

    Schüler: Gibt denn von einem Gitter gespiegeltes Licht auch Beugung?

    Meister: Allerdings, doch ist die strenge Theorie sehr verwickelt. Nach dem ersten Spektrum folgen beiderseits zweite, dann dritte usf.

    Schüler: Und ein jedes von ihnen kann zur Messung von Wellenlängen dienen?

Meister: Rowlands Plangitter geben bei 680 Spalten im Millimeter noch gute Spektren fünfter Ordnung! Eine Vorstellung von der Genauigkeit dieser Messungen gibt folgende Übersicht:

Beobachter	Wellenlänge	Gewicht
Ångström-Thalen . .	589,581 $\mu\mu$	1
Müller und Kempf . .	589,625 „	2
Kurlbaum	589,590 „	2
Peirce	589,620 „	5
Bell	589,620 „	10
Mittel . . .	589,6156 $\mu\mu$	Sa. 20

Schüler: Die einzelnen Zahlen weichen voneinander höchstens um 0,044 $\mu\mu$ ab!

Meister: Und nimmt man nur die neueren Bestimmungen, so ist die Wellenlänge bis auf 0,01 $\mu\mu$ sicher. Nun zum Schluß berechne die Schwingungsfrequenzen.

Schüler: Es ist $N = 1/T = c/L$. Ich muß die 300 000 km durch 589,6 dividieren, also zuerst auf gleiche Einheit bringen, so daß beide Zahlen in $\mu\mu$ ausgedrückt sind; es ist

$$N = 300\,000 . 1000 . 1000 . 1\,000\,000 / 589,6 = 509 . 10^{12} = 509 \text{ Billionen!}$$

Meister: Und für die sichtbaren Grenzen $L = 0,4$ und $L = 0,8 \mu$?

Schüler: Da wird $N_v = 750 . 10^{12}$ und $N_r = 375 . 10^{12}$. Das aber übersteigt doch jedes Maß von Glaubwürdigkeit!

Meister: Vorsicht! Auch die beiden Werte von c wie der von L übersteigen in hohem Maße unser Fassungsvermögen und doch, — wie sicher stehen diese Werte da!

Schüler: Daraus folgt allerdings, daß man auch an die Folgerung, an den Wert von N, glauben muß.

7. Polarisation des Lichtes.

Schüler: Wir besprachen die Interferenzversuche mit geneigten Spiegeln und mit dem Interferenzprisma und erkannten, daß es keine Bilder im geometrischen Sinne gibt, sondern daß Minima- und Maximaflächen im Raume sich bilden. Dann behandelten wir das Glanzlicht planparalleler gebogener dünner Platten. Bei spektraler Untersuchung findet man regelmäßige schwarze Banden, deren Anzahl mit der Plattendicke zunimmt. Sehr dünne Blättchen sehen farbig aus, und die durch Interferenz fehlenden Farben sind zu den sichtbar gespiegelten komplementär. Daran schlossen sich Newtons Ringe.

Meister: Übersieh nicht die Interferenz bei sehr großen Gangunterschieden.

Schüler: Wir lernten **Fraunhofers** Beugungsversuche kennen und die Gitterspektra, die die besten Wellenlängenmessungen gestatten. Schließlich berechneten wir die Schwingungsfrequenzen.

Meister: Heute handeln wir von der Richtung der Lichtschwingungen. Bis jetzt haben wir nur von Lichtwellen gesprochen, ohne entscheiden zu können, ob wir es mit Longitudinal- oder mit Transversalwellen zu tun haben. Jetzt werden wir Versuche kennen lernen, die nur durch Transversalschwingungen zu erklären sind. Trifft das Licht einen Spiegel und wird das gespiegelte Licht auf einen zweiten Spiegel gerichtet, so bemerkt man Helligkeitsunterschiede, je nach der Stellung dieses letzteren. In Fig. 274 hat das von *B* gespiegelte Licht

Fig. 274.

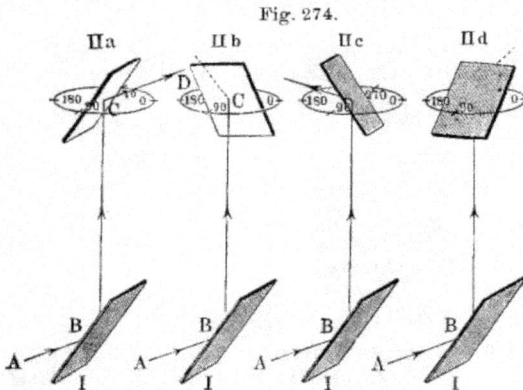

nicht mehr die Eigenheiten natürlichen Lichtes. In der Stellung II a ist der obere Spiegel parallel dem unteren und das Licht wird von *C* nach *D* gespiegelt. Dreht man nun den oberen Spiegel um 90° in die Stellung II b, so müßte die punktierte Linie den gespiegelten Strahl andeuten; allein er ist verschwunden oder nur sehr schwach sichtbar. In der Stellung II c tritt wieder volle Helligkeit ein, in II d das Auslöschen. Man sagt, der Strahl *A* sei bei der ersten Spiegelung polarisiert worden. Dieser Ausdruck ist das Erbe einer alten Vorstellung; man nahm an, die Lichtteilchen hätten Pole und der Spiegel verleihe den Teilchen eine besondere Richtung. Die Wellenlehre dagegen erkennt aus obigem Versuche, daß es sich 1. um **Transversalwellen** handelt, da bei Drehung der Spiegel Longitudinalwellen keinen Einfluß erfahren könnten, und 2. nimmt man an, daß nach der Spiegelung die Schwingungen in einer Ebene statthaben, die senkrecht steht zur Spiegelungsebene *ABC*. Solcher Strahl heißt polarisiert. Weiter gilt 3. die Annahme, das auffallende Licht werde nach zwei Richtungen in Komponenten zerteilt, in Schwingungen parallel der spiegelnden Fläche und solche senkrecht darauf. Erstere werden gespiegelt, letztere dringen in das Glas hinein. Damit sie nicht nochmals an der Hinterfläche gespiegelt werden, wählt man Spiegel aus schwarzem Glase. Solch ein

Spiegel heißt ein Polarisator; er liefert sehr reines polarisiertes Licht,
d. h. es enthält keine Beimengung von Licht der anderen Art. Der
zweite Spiegel heißt Analysator, weil er das polarisierte Licht zu erkennen gestattet. Beide zusammen bilden einen Polarisationsapparat
(Fig. 275). Jede andere Vorrichtung, die polarisiertes Licht liefert,
heißt übrigens auch Polarisator oder je nach Gebrauch Analysator. Zu
Polarisatoren wählt man solche, die ein großes Gesichtsfeld haben und
möglichst reines Licht liefern. Auch ein Plattensatz dient dazu.

Schüler: Ich weiß noch nicht, wozu der Polarisationsapparat
dient.

Meister: Zwischen beide Spiegel können Substanzen eingeschaltet
werden behufs Untersuchung auf ihre polarisierenden Eigenschaften.

Fig. 275.

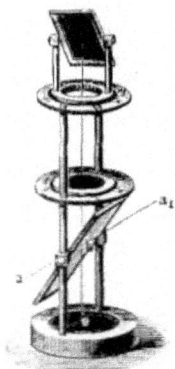

Fig. 276.

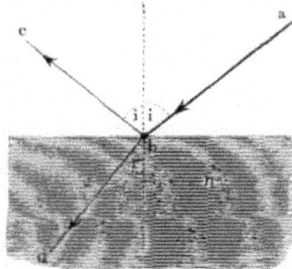

Fig. 277.

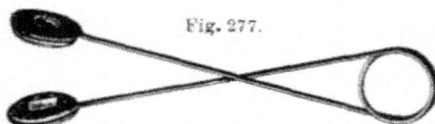

Schüler: Verstehe ich recht, so ist sowohl der gebrochene als
auch der gespiegelte Strahl polarisiert?

Meister: Jawohl, und zwar sind bei der Spiegelung beide im
allgemeinen nicht rein; jeder enthält etwas von der anderen Art. Diese
Beimengung ist vom Auffallswinkel abhängig und hat ein Minimum,
wenn der reflektierte auf dem gebrochenen Strahl senkrecht
steht. Prüfe die Fig. 276 und setze das Brechungsgesetz an.

Schüler: Es ist bc senkrecht auf bd. Ferner da $n = \sin i / \sin r$
und $i + r = 90^0$ sein soll, wird $\sin r = \cos i$, also ist

$$n = \sin i / \cos i = tg\, i \quad \ldots \ldots \quad (1)$$

Meister: Diesen Winkel i nennt man den Polarisationswinkel;
unter diesem ist der Polarisator $a\,a_1$ (Fig. 275) angebracht; seine Tangente ist gleich dem Brechungsvermögen.

Schüler: Also ist er nicht für alle Farben derselbe?

Meister: Richtig; doch ist in der Nähe von 55° stets sehr reine
Polarisation zu erhalten. Ein nur zur Prüfung von dünnen Platten
geeigneter Apparat ist die Tur-
malinzange (Fig. 277). Die beiden
Fassungen enthalten ganz gleiche
Plättchen aus Turmalin; die parallel
der Achse geschliffen sind. Die
Schwingungen des Lichtes parallel
der Hauptachse sind viel intensiver,
weil die andere Art fast ganz absorbiert wird.

Fig. 278.

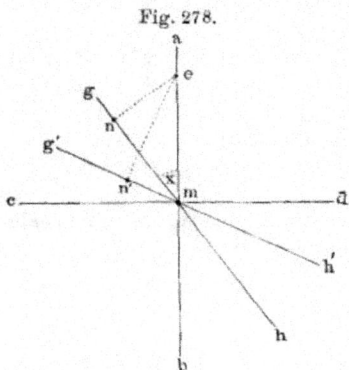

Schüler: Die Schwingungs-
richtung des gespiegelten Lichtes
ist parallel der Spiegelfläche, also
fällt die des gebrochenen Lichtes in
die Brechungsebene.

Meister: Bei der Drehung des Analysators wird die Helligkeit
allmählich vermindert. Zur Theorie des Analysators dient die einfache
Fig. 278. Der vom Polarisator gelieferte Strahl me wird bei der Analyse in der senkrechten Stellung cd gar nicht hindurchgelassen; in den
Stellungen $g'h'$ und gh sind die Amplituden mn' und mn, und wenn x
der Stellungswinkel und A die Amplitude me ist, —

Schüler: Dann ist $mn = A.\cos x$.

8. Doppelbrechung des Lichtes.

Meister: Beim Eintritt in einen Kristall wird das Licht im allgemeinen in zwei Strahlen zerteilt. Man unterscheidet ein- und zwei-
achsige Kristalle. Bei den einachsigen heißt der eine Strahl der ordentliche; er gehorcht dem uns bekannten Brechungsgesetz; der andere
heißt der außerordentliche, weil sich das Brechungsvermögen n nicht
mehr als konstante Größe ergibt. Es ist nämlich die Fortpflanzungsgeschwindigkeit des Strahles je nach der Richtung verschieden.

Schüler: Da $n = c_1/c$ war, so verstehe ich wohl, daß n keine
beständige Größe mehr sein kann.

Meister: Beim Kalkspat ist $n_0 = 1,6585$, dagegen hat n_e je nach
der Richtung einen Wert, der von 1,4865 bis 1,6585 sich ändert. Blickt
man durch einen Kalkspat nach einem Lichtpunkte, so erhält man zwei
Bilder, die rein und genau senkrecht zueinander polarisiert sind.

Schüler: Kann man das mit einem Spiegel prüfen?

Meister: Gewiß; man kann aber auch durch einen zweiten Kalkspat das Licht gehen lassen. Bei beliebiger Stellung erhält man vier
Bilder (Fig. 279).

Schüler: Ich sehe, daß der ordentliche Strahl oO in zwei sich zerteilt hat, Oo und Oe, von denen ersterer gerade hindurcheilt, während der andere Teil zur Seite abweicht. Der außerordentliche Strahl eE wird auch in zwei zerteilt; er liefert den ordentlichen Teil Eo'' und den außerordentlichen Ee''.

Fig. 279.

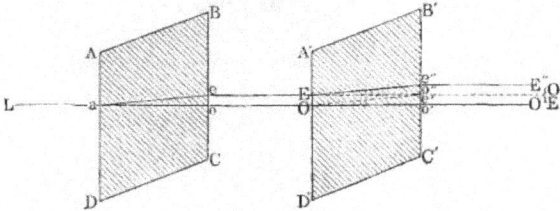

Meister: Bemerke auch, daß La die Richtung ae einschlägt, dann aber in die Richtung eE zurückkehrt. Das alles wird erklärt durch Huygens' Prinzip. Nur sind die Wellenflächen jetzt nicht mehr Kugeln.

Schüler: Die des ordentlichen Strahles wird wohl eine Kugel sein; aber ich bin begierig, die anderen kennen zu lernen.

Meister: Jedem Kristall kommt eine Elastizitätsfläche zu, die die Fortpflanzungsgeschwindigkeit nach jeder Richtung zu bestimmen gestattet. Die Elastizitätsfläche ist ein Ellipsoid bei zweiachsigen Kristallen mit drei verschieden langen Achsen. Bei einachsigen sind irgend zwei Achsen einander gleich; die dritte ist die Richtung der optischen Achse. Zur Konstruktion der Wellenfläche dient folgendes Verfahren:

Fig. 280.   Fig. 281.

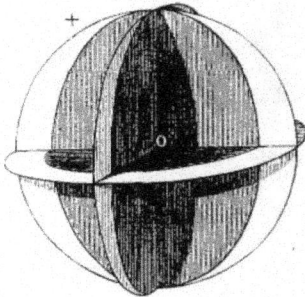 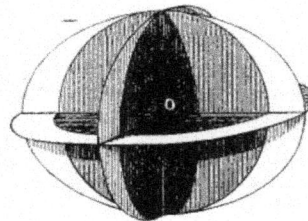

Senkrecht zur Strahlrichtung denkt man sich einen Schnitt durch den Mittelpunkt der Elastizitätsfläche. Dieser Schnitt ist eine Ellipse. Sie hat zwei Achsen, deren Richtung die Schwingungsebenen bestimmt. Bei einachsigen Kristallen wird eine Ellipsenachse immer ein und den-

selben Wert haben; daher wird der ordentliche Strahl immer dieselbe
Geschwindigkeit haben. Der andere dagegen wird je nach der Richtung
andere Werte erhalten. Die Wellenfläche ist ein Doppelgebilde, bestehend
aus einer Kugel und einem sie berührenden Sphäroid. Die Berührungspunkte sind die beiden einzigen gemeinsamen Punkte. Durchschnitte
durch die drei Hauptebenen der Wellenfläche zeigen die Fig. 280 und 281.
Man unterscheidet positive und negative Kristalle.

  Schüler: Ich sehe, daß in positiven die optische Achse dem
höchsten, in negativen dem kleinsten Grenzwerte entspricht.

  Meister: Die zweiachsigen Kristalle haben eine wundersame
Wellenfläche. In der Ebene der kleinsten und größten Elastizität liegen

Fig. 282.   Fig. 283.

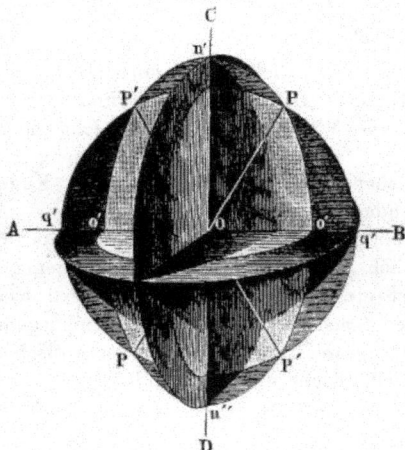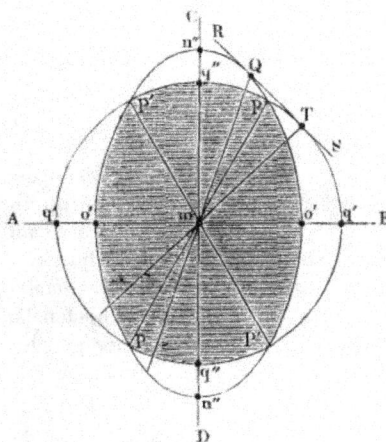

die beiden optischen Achsen; das sind die einzigen beiden Richtungen
gleicher Fortpflanzungsgeschwindigkeit beider Strahlen. Die Elastizitätsfläche wird nur zweimal in einem Kreise geschnitten. Geht man nämlich von der Richtung der kleinsten Achse im Bogen zur Richtung der
größten fort, so muß man einmal den Wert der mittleren Achse treffen.
Senkrecht hierzu steht die eine optische Achse, die andere bildet den
gleichen Winkel mit der Hauptachse. In Fig. 282 ist ein Durchschnitt
der Wellenfläche in den drei Hauptebenen gegeben. Diese merkwürdige
Doppelfläche hat nur vier Punkte, wo der innere mit dem äußeren Teile
zusammenhängt. Und durch diese Punkte hindurch läßt sich der Zusammenhang der inneren mit dem äußeren Teile verfolgen; es geht da
der innere in den äußeren über. Die optischen Achsen liegen sehr nahe
der Richtung der OP. In Fig. 283 ist in der Ebene der optischen

Achsen eine Berührungsebene gelegt, die in den Punkten Q und T in der Schnittebene, sonst aber in einem kleinen Kreise, dessen Durchmesser QT ist, die Wellenfläche berührt. Es ist mT, senkrecht zur Berührungsebene gezogen, die optische Achse. Licht, das in dieser Richtung hindurchgeht, erleidet die konische Refraktion. Zum Schluß seien noch einige wichtige Apparate erwähnt. Die Doppelbrechung liefert uns die besten Polarisatoren, falls man imstande ist, die beiden Bilder gehörig weit voneinander zu trennen. Da hierzu eine sehr beträchtliche Dicke des gewöhnlichen Kalkspatkristalles nötig wäre, so hat man künstliche Fügungen hergestellt. Viel verwandt wird das Nicolsche Prisma. Der Kalkspat $ABCD$ (Fig. 284) wird längs der

Fig. 284.   Fig. 285.

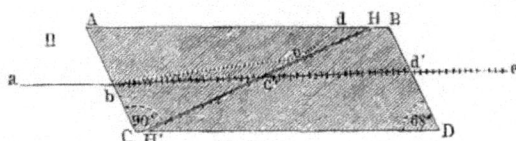
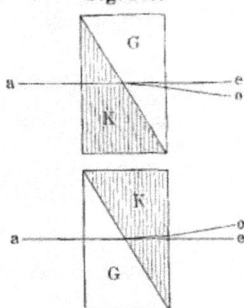

Linie HH' zerschnitten, poliert und wieder zusammengeklebt mit Kanadabalsam. Das natürliche Licht ab zerfällt in zwei Strahlen; der eine wird an der Kanadabalsamschicht total reflektiert und verliert sich als ed in der schwarzen Wand. Der andere geht hindurch und tritt als rein polarisierter Strahl $d'e$ heraus. Viele Polarisationsapparate werden aus zwei Nicols gebildet. Als Polarisatoren sowohl als auch als Analysatoren sucht man Vorrichtungen, die entweder nur einen geradlinig polarisierten Strahl geben oder beide Arten, die aber alsdann weit voneinander getrennt sein sollen. Ein natürlicher Kalkspat müßte sehr groß sein, wenn man etwas größere Felder voneinander trennen wollte. Sehr beliebt ist ein achromatisiertes Kalkspatprisma (Fig. 285). K aus Kalkspat bewirkt Doppelbrechung. Das Glasprisma G führt den außerordentlichen Strahl in die Anfangsrichtung zurück, der ordentliche tritt, stark abgelenkt, seitlich heraus. — Noch einfacher ist Doves rechtwinkliges Kalkspatprisma mit der Kante parallel der Achse. Tritt Licht in eine Kathetenfläche hinein, so wird es doppelt gebrochen, an der Hypotenuse gespiegelt, gelangt an die zweite Kathetenfläche, wo der eine Strahl in der ursprünglichen Richtung farblos austritt, während der andere sehr stark abgelenkt und ein wenig spektralgefärbt seitlich heraustritt. Eine größere Trennung in einem kleinen und lichtstarken Apparat ist kaum denkbar. — Unter den farbigen Kristallen findet man meist eine verschiedene Absorption der beiden Strahlarten. Zur Beobachtung dient Haidingers dichroitische Lupe (Fig. 286).

Ein Kalkspatprisma ist mit zwei Glasprismen a und b bedeckt. Die Öffnung unten befindet sich im Brennpunkt der Lupe. Man sieht zwei Vierecke nebeneinander, die verschieden gefärbt sind und ihre Farben mit jeder Drehung der Lupe ändern. Die Erscheinung wird auch P l e o c h r o i s m u s genannt.

Fig. 286.

9. Interferenz polarisierter Strahlen.

S c h ü l e r : Wir besprachen den Unterschied des polarisierten vom natürlichen Licht. Das gespiegelte sowie das gebrochene Licht ist in senkrecht aufeinander stehenden Ebenen polarisiert. Aus Polarisator und Analysator besteht ein Polarisationsapparat. Je reiner das polarisierte Licht, das ein Polarisator liefert, um so besser ist er. Der Polarisationswinkel ist d e r Einfallswinkel, dessen Tangente g gleich dem Brechungsvermögen ist; gebrochener und gespiegelter Strahl stehen dann senkrecht aufeinander. Kristalle geben Doppelbrechung, d. h. zwei reine aufeinander senkrecht polarisierte Strahlen. Eine Erklärung fanden wir in der Elastizitätsfläche, aus der die Form einer Doppelwelle sich herleiten ließ. Bei einachsigen Kristallen ist ein Strahl ein außerordentlicher, weil die Fortpflanzungsgeschwindigkeit mit der Richtung veränderlich ist. Die Wellenflächen wurden hergeleitet und zum Schluß mehrere Polarisatoren besprochen.

M e i s t e r : Heute haben wir die Benutzung der Polarisationsapparate kennen zu lernen. Bringt man zwischen Polarisator und Analysator eine doppelbrechende Platte, so treten mannigfache Interferenzerscheinungen ein, oft von großer Farbenpracht. Schon bei einfarbigem Licht ist die Theorie oft verwickelt, vollends wo zahllose verschiedenfarbige Bilder sich überdecken. Bei den Polarisationsapparaten unterscheidet man zwei Arten, je nachdem das polarisierte Licht in parallelen Strahlbündeln oder konvergent die zu untersuchende Substanz durchsetzt. — Bei Kristallen fertigt man hauptsächlich Platten an, deren Flächen senkrecht zur Achse oder ihr parallel sind. In konvergentem Licht werden sie beobachtet. In Fig. 287 sammelt der Spiegel S das Licht; es wird vom schwarzen Spiegel P polarisiert und dringt in ein konvexes Linsensystem A, trifft als k o n v e r g e n t e s Bündel die zu untersuchende Kristallplatte, in der jeder Strahl in zwei zerlegt wird, die mit verschiedener Geschwindigkeit den Kristall durchsetzen. Das konvergente Linsensystem B macht die Strahlen wieder parallel. Sie dringen in den Analysator C ein und gelangen ins Auge als geradlinig polarisiertes Licht. Die Erscheinung ist von der Stellung des Analysators A und des Polarisators P abhängig. Man unterscheidet zwei Hauptstellungen, je nachdem man C, das in seiner Fassung sich drehen läßt, einstellt; es sind die Stellungen entweder gekreuzt oder parallel. Alle Erscheinungen sind in diesen beiden Stellungen zueinander komplementär.

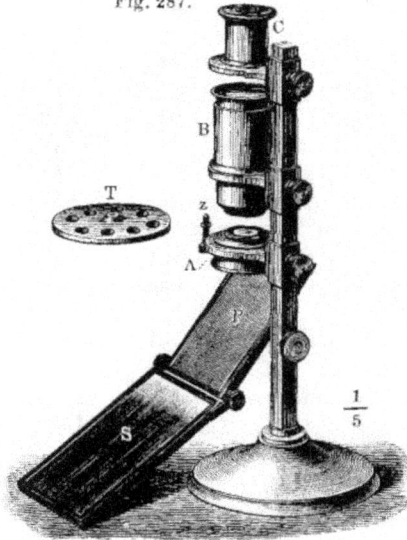

Fig. 287.

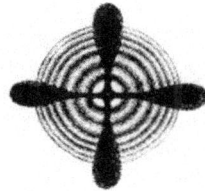

Fig. 288.

Fig. 289.

Einachsige Kristalle in Platten senkrecht zur Achse zeigen die Erscheinung (Fig. 288) bei gekreuzter Stellung; in paralleler dagegen die komplementäre (Fig. 289). In zweiachsigen Kristallen ist die Interferenzfigur (Fig. 290) zu sehen. Es empfiehlt sich eine Beobachtung mit einer einzelnen Farbe. Man sieht dann, daß die beiden Achsen für die verschiedenen Farben im allgemeinen verschieden sind: Achsendispersion; daher auch die „Lemniskatenkurven" sich nicht decken. In weißem Lichte entsteht eine äußerst verwickelte Erscheinung. Aber nicht nur

Fig. 290.

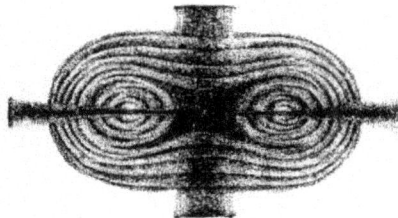

der Winkel zwischen den optischen Achsen ist mit der Farbe veränderlich, sondern auch sogar die Achsenebenen, die zuweilen für die verschiedenen Farben nebeneinander liegen. Ich überlasse dir, die Interferenzen für die oben angegebenen Fälle zu studieren. Wir wollen heute nur noch in Kürze die Drehung der Polarisationsebene erwähnen, die theoretisch und praktisch gleich wichtig ist. Der Quarz und einige andere Kristalle haben die Eigenheit, daß ein eindringender geradlinig polarisierter Lichtstrahl, indem er sich fortpflanzt, zugleich seine Schwingungsrichtung allmählich ändert. Es kommen rechtsdrehende und linksdrehende Quarze vor. Bringt man eine senkrecht zur Achse geschnittene Quarzplatte in den Polarisationsapparat und beobachtet mit rotem Licht, so findet man bei gekreuzten Nicols das Feld in der Mitte nicht dunkel, wie bei einachsigen Kristallen, sondern erhellt. Bei rechtsdrehenden muß man den Analysator um einen Winkel W drehen, damit das Feld ganz dunkel wird. Ersetzt man das rote Licht durch gelbes, so ist der Drehungswinkel größer und für Violett am größten. Die Drehung ist nahe umgekehrt proportional dem Quadrat der Wellenlänge. Außerdem ist sie proportional der Dicke der Kristallplatte; sie ist übrigens ganz gleich groß für rechts- wie für linksdrehende Quarze.

Schüler: Kann man mit rechts- und linksdrehenden Quarzen gleicher Dicke die ganze Drehung aufheben?

Meister: Jawohl. Was wird man nun bei weißem Lichte beobachten, wenn die Nicols gekreuzt sind und dann der Analysator gedreht wird?

Schüler: Es wird eine Mischfarbe zu sehen sein, die mit der Drehung des Analysators langsam sich ändert bis zur Komplementärfarbe bei paralleler Stellung. Ich wüßte gern, wie viel Grad die Drehung beim Quarz beträgt.

Meister: Es sind Bestimmungen vom ultraroten bis hoch ins ultraviolette Gebiet ausgeführt worden. Hier sind einige Zahlen für diese Drehungsdispersion.

Für die Wellenlängen . . .	A	B	D	E	F
Betrag der Drehung	12,67	15,75	21,70	27,54	32,77
Für die Wellenlängen . . .	H	M	O	Q	R
Betrag der Drehung	51,19	58,89	70,59	78,58	84,8

Ultraviolette Linien . . .	$Cd\,17$	$Cd\,23$	$Cd\,26$
Drehung	121	190	236

Ultrarot	0,8	1,4	2,0	2,9 μ
Drehung	11,4	3,6	1,5	0,58

Fig. 291 zeigt eine Doppelquarzplatte von Soleil. A und B sind rechts- und linksdrehende Platten; sie kommen gerade so auch in natürlicher Verwachsung vor als Zwillinge. Bei gekreuzter Stellung sind die Farben ganz gleich; bei der geringsten Drehung des Analysators ändern sich die Farben beider Platten.

Schüler: Ich verstehe. Offenbar in entgegengesetztem Sinne

ändert sich die Mischfarbe; rückt A nach der rötlichen Seite, so B nach der grünlichen hin.

Meister: Beim Quarz ist die Erscheinung vom Bau des Kristalles abhängig. Es gibt aber noch viele Stoffe dieser Art. Der Zinnober dreht ungefähr 15 mal stärker als Quarz. Drehend sind mehrere schwefelsaure Salze der Alkalien, auch organische Verbindungen. Viele Lösungen haben dieselbe Eigenheit, besonders Zucker, der im festen Zustande nicht dreht. Lösungen zeigen eine Drehung proportional der Länge der vom Licht

Fig. 291.

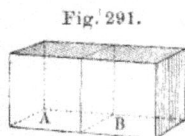

durchlaufenen Schicht, der Dichte S der Lösung ¦und der Konzentration k, d. h. der in der Volumeinheit aufgelösten Masse M, also ist $D = d.L.S.M.$ Und d heißt das spezifische Drehungsvermögen. Besser aber setzt man D_m als Drehungsvermögen einer Mollösung, dann wäre $D_m = d.L.D.m$. Das spezifische Drehungsvermögen des Zuckers ist nahezu 13 mal schwächer als das des Quarzes. Auch Terpentinöl, Kampfer und viele andere Stoffe werden von Chemikern geprüft. Auch vom Lösungsmittel ist die Drehung abhängig; Brucin in Alkohol gibt 35^0, in Chloroform 120^0. Terpentinöl dreht die Polarisationsebene selbst in Dampfform. Rechts drehen: Rohrzucker, Maltose, Stärke, Dextrin, Weinsäure und Apfelsäure und deren Salze, Terpentinöl und viele ätherische Öle und Alkaloide. Links drehen: Linksweinsäure und ihre Salze, Chinin, Morphin, Strychnin. Alle Werte sind von der Temperatur abhängig. Zur Erklärung dieser merkwürdigen Erscheinung gilt Fresnels Hypothese. Er nahm an, der in den Quarz eintretende geradlinig polarisierte Strahl werde in zwei entgegengesetzt zirkulare zerteilt, was mathematisch durchaus tunlich ist. Diese beiden pflanzen sich mit ungleicher Geschwindigkeit fort; der Analysator erhält einen geradlinig polarisierten austretenden Strahl. Für diese Annahme gab Fresnel folgenden Beweis. Er formte sich (Fig. 292) aus Quarz ein Parallelepiped zurecht und zwar bestand der Teil ABC,

Fig. 292.

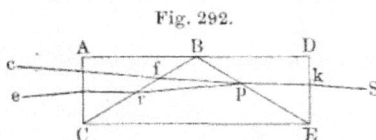

sowie auch BDE aus Rechtsquarz, dagegen CBE aus Linksquarz. Der Strahl Sk wurde bei k in zwei zirkulare ungleicher Geschwindigkeit zerteilt, die bei p auseinander treten mußten nach pf und pr, wo sie abermals gebrochen werden. Bei c und e erscheinen zwei Bilder, die bei jeder Stellung eines Analysators gleich hell bleiben; dasselbe fände freilich auch statt, wenn beide Strahlen natürliches Licht wären; das zirkulare wird aber dadurch als solches erkannt, daß man es mittels einer sogenannten Viertelwellenplatte aus Glimmer in geradliniges Licht verwandelt.

Schüler: Bitte mir das zu erklären!

Meister: Solch eine Glimmerplatte hat ihre Achse parallel der Oberfläche. Jeder Strahl geht hindurch ohne gedreht zu werden, aber der eine von beiden eilt dem anderen um eine viertel Wellenlänge voraus. Nun besteht zirkulares Licht aus zwei geradlinigen Schwingungen, deren eine der anderen um eine viertel Wellenlänge voraus ist. Bei richtiger Stellung treten beide Strahlen in die Platte ein. Nun eilt der eine um eine viertel Wellenlänge voraus; mithin sind sie beim Austritt in gleicher Phase und geben zusammen geradlinig polarisiertes Licht.

Fig. 293.

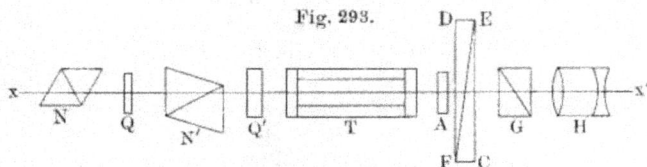

In der Praxis gebrauchen die Chemiker oft Saccharimeter; das sind Apparate zur scharfen Messung der Drehung der Polarisationsebene. Sehr lehrreich ist der Apparat von Soleil (Fig. 293). Das Licht tritt bei x ein. Vorläufig bleiben N und Q weg. N' ist der Polarisator, Q' ein Doppelquarz wie Fig. 291; A ist eine rechtsdrehende Quarzplatte während $DEFC$ ein Quarzkompensator ist; das sind zwei Linksquarze, die gegeneinander verschoben werden können, wobei sich nach Belieben die Dicke einstellen läßt. In der Nullstellung heben sich die Drehungen von A und vom Kompensator auf. Es ist G ein Analysator und H ein kleines Galileisches Fernrohr, das auf Q' eingestellt ist. In der Nullstellung ist Q' gleichgefärbt. Bringt man nun eine drehende Flüssigkeit nach T, so erscheinen die beiden Teile von Q ungleich gefärbt. Nun verstellt man den Kompensator bis zu gleicher Helligkeit.

Schüler: Es wird also die in T erzeugte Drehung in $DEFC$ kompensiert, und zwar kann man erkennen, ob die Lösung rechts oder ob sie links gedreht hat, weil danach der Kompensator nach rechts oder nach links einzustellen war.

Meister: Ganz richtig. Sehr verbreitet ist auch Wilds Polaristrobometer, in dem ein Hauptbestandteil Savarts Polariskop ist. Doch führt uns das zu weit. Solltest du einmal praktisch oder theoretisch dieses Gebiet behandeln, wirst du tiefer den Stoff erfassen müssen.

VII. Die Lehre vom Magnetismus.

Geist der Erde: „So schaff ich am sausenden Webstuhl der Zeit
                Und wirke der Gottheit lebendiges Kleid."
Faust: „Der du die weite Welt umschweifst,
                Geschäftiger Geist, wie nah fühl ich mich dir!"
Geist der Erde: „Du gleichst dem Geist, den du begreifst,
                Nicht mir!"

Meister: In der Molarphysik stellten wir Parameter auf.

Schüler: Es waren Druck und Temperatur die Intensitätsfaktoren der Energie, dagegen Volumen und Entropie die Kapazitätsfaktoren.

Meister: Jetzt haben wir zwei neue Formen der Energie kennen zu lernen, die magnetische und die elektrische.

Schüler: Dann wird es auch magnetische und elektrische Parameter geben müssen. Könnten wir das ganze Gebiet nicht als dritten Teil der Molarphysik bezeichnen?

Meister: Dagegen ließe sich kaum etwas einwenden, denn es handelt sich in der Tat um Körperzustände, die mannigfach verändert werden. Ob dabei die betrachtete Masse ganz unverändert bleibt, ist aber fraglich hinsichtlich des elektrischen Zustandes. Hier wie dort werden die Grundbegriffe auf energetische Anschauungen gestützt. Auch werden wir nicht erwarten, daß unsere neuen Parameter der Wirklichkeit entsprechen.

Schüler: Ich verstehe euch. In der Molekularphysik erkannten wir das; dennoch waren es Begriffe von hohem Wert, denn sie ließen uns Tatsachen aussprechen und Gesetze feststellen auf Grund meßbarer Begriffe.

Meister: Gerade so ist es auch hier. Wir müssen von Tatsachen ausgehen, die uns in bereits bekannte Gebiete führen, besonders in die der Mechanik. Eine Schwierigkeit besteht darin, daß wir keine Magnetismus und Elektrizität empfindenden Organe besitzen. Stelle dir vor, wir hätten keinen Wärmesinn und sollten die damit zusammenhängenden Erscheinungen deuten!

Schüler: Das ist freilich kaum auszudenken möglich. Ist aber der Verzicht auf Erkenntnis der Wirklichkeit nicht betrübend?

Meister: Ich glaube nicht. Der Mensch muß sich seiner Schranken bewußt bleiben; er muß nach dem Erreichbaren streben, und das ist nicht wenig; er sucht die Natur zu begreifen, d. h. er schafft sich Begriffe. Diese sind die Grundlagen der wissenschaftlichen Erkenntnis, die doch zur Beherrschung der Natur führt. — In unserer Zeit ist eine Fülle neuer Erscheinungen beobachtet worden, die einen Umbau der Theorien erfordert. Wir müssen uns indes mit allen, auch den veralteten Annahmen, bekannt machen. Wir wollen zuerst die Gesetze des Magnetismus besprechen, mitsamt dem Erdmagnetismus. Dann behandeln wir die Erscheinungen im elektrischen Felde, die elektrischen Zustände und die elektrische Strömung. Die zahlreichen Beziehungen der Elektrizität zum Magnetismus und die neuen Entdeckungen über Strahlung bilden den Schluß.

1. Magnetismus. Coulombs Gesetz. Stabmagnetismus.

Meister: Welche Grundlehren sind dir bereits bekannt?

Schüler: Man findet natürliche Magneteisensteine, die Eisen stark anziehen. Diese Eigenschaft läßt sich durch Streichen Stahlstäben mitteilen, die dann Magnete heißen. Auch weiches Eisen wird in der Nähe von Magneten magnetisch, verliert aber, von diesen entfernt, den Magnetismus.

Meister: Die Erregung von Magnetismus heißt magnetische Influenz.

Schüler: An den Stabenden sind Pole; der Nordpol weist nach Norden, der Südpol nach Süden, denn die Erde ist auch ein Magnet. Durch zwei Stäbe läßt sich zeigen, daß gleichnamige Pole sich abstoßen, ungleichnamige sich anziehen.

Meister: Zu gegenseitiger Verständigung nehmen wir zunächst an, daß in den Magneten sich zwei Arten von magnetischen Mengen befinden, nord- und südmagnetische Teilchen. Irgend zwei Teilchen seien μ und μ', und ihre Entfernung sei r. Coulomb fand, daß die Kraft sich durch

$$f = c \cdot \mu \cdot \mu'/r^2 \quad \ldots \ldots \ldots (1)$$

ausdrücken läßt. Hier ist c eine Maßgröße, die in der neueren Physik gleich 1 gesetzt wird, so daß in der Luft oder im luftleeren Raume

$$f = \mu \cdot \mu'/r^2 \quad \ldots \ldots \ldots (2)$$

wird. Da f Dynen oder Grammogal sind, so erhellt die Qualität von μ; denn

$$[\mu]^2 = [m] \cdot [l]^3/[t]^2 \quad \ldots \ldots (3)$$

also

$$[\mu] = [m]^{1/2} \cdot [l]^{3/2} \cdot [t]^{-1} \quad \ldots \ldots (4)$$

Schüler: Was kann aber $[m]^{1/2}$, die Wurzel aus einer Masse, bedeuten?

Meister: Die Gleichung (4) hat keine Beziehung zum Wesen einer magnetischen Menge. Unserem Ansatze liegt nur das Prinzip der Energie zugrunde. Die Größe c verbindet die Beziehungen einer Kraft zu magnetischen Größen, deren Qualität uns unfaßbar ist. Das Verschieben auf Begriffe der Mechanik ist ungefährlich, solange man die in Gleichung (2) dargelegte Tatsache festhält. Die so festgelegte Einheit nennen wir die magnetische. Es ist die Einheit der magnetischen Menge eine solche, die in der Entfernung von 1 Zent auf eine gleich große Menge die Kraft einer Dyne ausübt.

Schüler: Jetzt verstehe ich das Wurzelzeichen; die Definition bezieht sich auf das Quadrat einer magnetischen Menge.

Meister: Man hat verschiedene Potenzen von 10 als höhere technische Einheiten eingeführt (s. Anhang am Schluß). Zur Beobachtung der Kräfte kann man eine Magnetnadel auf einem Gestell über einer Spitze frei schwingen lassen (Fig. 294). Die Reibung an der Spitze muß möglichst klein sein; immerhin bleibt eine Unsicherheit nach, die

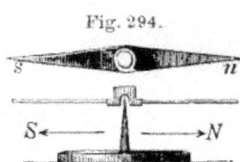

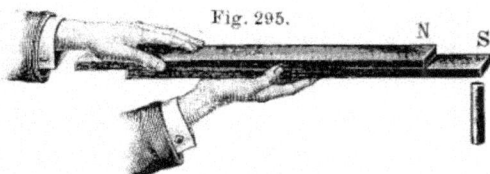

Fig. 294. Fig. 295.

vermieden wird, wenn man die Nadel an einem Seidenfaden aufhängt. Die Ruhelage stellt sich dann fehlerlos ein, wenn der Faden nicht gedrillt ist.

Schüler: Wir haben auch die Anziehung und Abstoßung beobachtet, auch die Influenz gesehen; näherten wir einem Magnet einen Eisenstab, so zog dieser Eisenfeilicht an, entfernten wir den Magnet, so fiel das Feilicht wieder ab.

Meister: Das siehst du in der Fig. 295. In Stahlstäben wirkt die Influenz viel schwächer und langsamer, aber nachhaltiger; man erhält bleibenden Magnetismus. Durch Erwärmen bis zur Rotglut wird Stahl unmagnetisch. Magnetisierung durch Streichen zeigt die Fig. 296. Es ist h ein Stück Holz. Man streicht wiederholt mit entgegengesetzten Polenden s und n in den Pfeilrichtungen. Viel ergiebigere Verfahren lernen wir später kennen. Für jeden Stab gibt es ein Maximum des Magnetismus; man erklärt das durch die Annahme, es seien die magnetischen Teilchen zuerst wirr durcheinander gelegen; zuletzt sind sie alle geordnet in einer Richtung. Von diesem Sättigungszustande gibt Fig. 297 eine Vorstellung. Dagegen spricht allerdings die Tatsache, daß der Magnetismus in der Mitte eines Stabes am stärksten ist, wie

das die Figur nicht andeutet; der Überschuß von s_2 über n_1 ergibt den
freien Magnetismus; ebenso ist $s_3 > n_2$; erst in der Mitte werden die
Magnetismen gleich.　Nach außen wirken nur die freien Magnetismen,
was zur Untersuchung der Pole führt.　Denken wir uns einen linearen

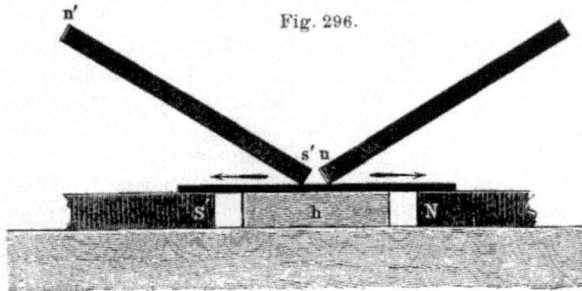

Fig. 296.

Fig. 297.

Magnet NS (Fig. 298), und in a ein magnetisches Teilchen, so wirkt es
abstoßend auf die Hälfte MN, anziehend auf MS, und zwar überall
proportional der freien
magnetischen Menge.　Die
abstoßenden Kräfte haben
den Angriffspunkt P, die
anziehenden P'; die resultierenden Kräfte sind R
und R'.　Diese Angriffs-
punkte sind die Pole.

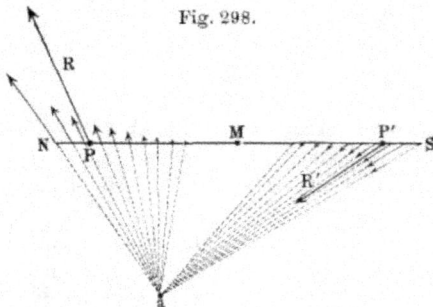

Fig. 298.

Schüler: Sind denn
diese Punkte immer die-
selben, wo auch a sich
befinde?

Meister: Nein; und daraus erhellt, daß der Begriff „Pol" nur angenähert die Bedeutung eines festen Punktes im Stabe hat.　Die stärkere
Magnetisierung in der Mitte erweist man dadurch, daß man viele Stäbe
hintereinander zugleich streicht; der mittelste ist alsdann der stärkste.

Schüler: Wir haben auch Stricknadeln magnetisiert und nachher
zerbrochen; aus einer erhielten wir zehn kleine und die aus der Mitte
waren die stärksten.

Meister: Mit der Temperatur nimmt der Magnetismus ab; er
schwindet bei Rotglut.　Wir nehmen nun an, in den Polen steckten die

Mengen μ und $-\mu$; ihre Entfernung sei gleich l; dann nennt man $\mu . l = M$ das magnetische Moment des Magnets. Jetzt untersuchen wir die Wirkung eines Magnets auf einen anderen. Die Nadel $\nu\sigma$ (Fig. 299) denken wir uns freihängend. In der Entfernung r stellen wir einen

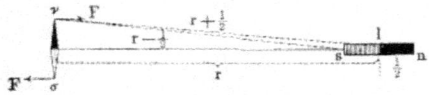

Fig. 299.

ablenkenden Magnet sn auf; dann wirken zwei Kräfte auf ν, die von den Polen s und n ausgeübt werden. Behufs Schätzung vernachlässigen wir die Unterschiede der Richtung und setzen:

$$F = \mu . m/(r - l/_2)^2 - \mu . m/(r + l/_2)^2 = \frac{2\,\mu . m . l . r}{r^4 - 2\,r^2 l^2 + l^4/_{16}} \quad (5)$$

Im Nenner kann das zweite und das dritte Glied als sehr klein gegen das erste r^4 gestrichen werden; dann kommt:

$$F = 2\,\mu . m . l . r/r^4 = 2\,\mu . M/r^3 \ . \ . \ . \ . \ . \quad (6)$$

und auf σ wirkt eine ebenso große Kraft, beide am Arme λ. Das Drehmoment ist $F . \lambda$, und da $\mu . \lambda = M'$, $m . l = M$, so wird:

$$D = 2 . M . M'/r^3 \ . \ . \ . \ . \ . \ . \quad (7)$$

ein sehr zu beachtendes Resultat. Während magnetische Mengen sich umgekehrt proportional dem Quadrat der Entfernung r anziehen oder abstoßen, sehen wir hier, daß Stäbe eine ablenkende Kraft umgekehrt proportional dem Kubus der Entfernung ausüben. Verdoppeln wir r, so sinkt die Kraft auf ein Achtel herab.

2. Erdmagnetismus. Deklination. Inklination. Intensität. Variation.

Meister: Die Erde ist auch als Magnet anzusehen, von dessen Polen die Wirkung auf eine Magnetnadel ausgeht. Der Nordpol der Erde ziehe den Pol a (Fig. 300) mit der Kraft ac an. Derselbe Punkt wird vom Südpol abgestoßen mit der Kraft ad. Nur die Resultante af tritt sichtbar in die Erscheinung.

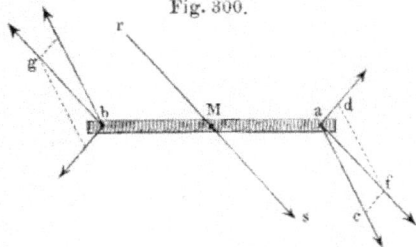

Fig. 300.

Schüler: Ich sehe, daß der andere Pol die entgegengesetzte Kraft bg erfährt; es muß eine Drehung erfolgen.

Meister: Zwei solche gleiche und entgegengerichtete Kräfte bilden ein Kräftepaar. Das Moment des Paares ist gleich der Kraft mal der senkrechten Entfernung der Richtung der beiden

Kräfte. Es ist af oder bg proportional der Menge m, die wir im Pole annehmen. Das Drehmoment hat seinen größten Wert, wenn ab senkrecht zu den Kräften steht. Dann ist das Drehmoment, wenn J die Erdkraft auf die Menge 1 bedeutet:

$$D = J.m.l \quad\ldots\ldots\ldots \quad (8)$$

wo $ab = l$ gesetzt ist. Wird aber ab in die Richtung der Kraft gebracht, so ist das Drehmoment gleich 0. Lassen wir unsere Nadel in einer horizontalen Ebene schwingen, so bildet af mit dieser Ebene einen Winkel i, den man Inklination nennt. Die Komponente

$$H = J.\cos i \quad\ldots\ldots\ldots \quad (9)$$

heißt die horizontale Richtkraft der Erde. Auf eine Nadel mit dem Moment M wirkt ein Drehmoment $H.M$, das wir nächstdem zu bestimmen haben. Freischwebende Nadeln stellen sich in den magnetischen Meridian; das ist die Ebene, die durch die Kraft af oder $H.M$, und eine Vertikallinie im Punkte a oder b bestimmt wird. Der Winkel zwischen dem magnetischen und dem astronomischen Meridian heißt Deklination. Fig. 301 zeigt die Bussole. Das Fernrohr ist parallel der Nullrichtung des geteilten Kreises.

Fig. 301.

$\frac{1}{4}$

Schüler: Zeigt die Nadel auf 0, so ist das Fernrohr nach dem magnetischen Meridian gerichtet.

Meister: Stellt man das Fernrohr auf Gegenstände der Umgebung ein, deren Azimut, d. h. deren Richtung mit dem astronomischen Meridian man kennt, so ergibt die Ablesung des Nadelstandes eine Winkelmessung, aus der sich die Deklination sofort ergibt. Die Deklination ist jenes wichtige Element, ohne das eine Meeresschiffahrt kaum denkbar ist. In neuester Zeit erst fand man einen Ersatz im Kreiselkompaß, der in mancher Hinsicht dem magnetischen überlegen ist. Schon vor 60 Jahren vermutete Foucault, daß ein pendelnd aufgehängter Kreisel seine Rotationsachse in den astronomischen Meridian einstelle. Praktisch ist die Frage noch nicht reif. Der Kreisel versagt auf astronomischen Erdpolen, wie der Magnet auf dem Magnetpol der Erde. — Von geringerer praktischer Bedeutung ist die Inkli-

nation.   Fig. 302 zeigt dir das Inklinatorium.   Der Vertikalkreis
befinde sich im magnetischen Meridian.   Die Nadel ab würde auf dem
Nordpol der Erde genau sich senkrecht einstellen.   Je näher zum
Äquator, um so mehr erhebt sich das Ende a; am magnetischen Äquator stünde ab horizontal.

Schüler: Und jenseits des Äquators würde b sich senken.   Der
Horizontalkreis m dient gewiß zum Einstellen in den Meridian.

Meister: Man sucht die Nadel erst senkrecht zum Meridian einzustellen, sie weist alsdann auf 90^0; d. i. die Ost-West-Richtung.

Schüler: Und senkrecht zu dieser Stellung hat man den Meridian.

Meister: Eine Reihe von
Beobachtungen in je zwei aufeinander senkrechten Einstel-
lungen gestattet auch die Meridianrichtung auszurechnen.
Alle Elemente des Erdmagnetismus sind veränderlich; man
kennt tägliche, jährliche
und säkulare Perioden.

Schüler: Der Kompaß
ist also kein ganz zuverlässiger
Führer?

Meister: Doch wohl. Die
Variationen der Deklination
betragen nur wenige Grade;
außerdem kennt man ihren
Gang; nachts ist sie beständig;
bei Sonnenaufgang geht sie
nach Westen, erreicht ein
Maximum gegen 4 Uhr und
kehrt bis Sonnenuntergang

Fig. 302.

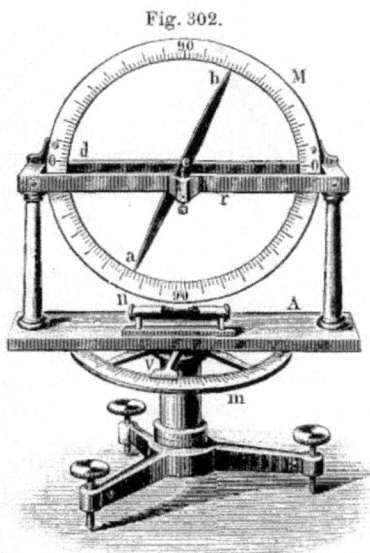

wieder zurück.   Die säkulare Änderung ist sehr groß: in Paris war die
Deklination im Jahre 1580 11^0 östlich, 1663 $= 0^0$, wurde dann westlich
bis zum Maximum von $22^0 34'$ und ist bis jetzt wieder um 8^0 zurück-
gegangen.   Wir wollen nun versuchen, sowohl H als auch M zu bestimmen.   Dazu gehören zwei ganz getrennte Versuchsreihen; die eine
wird $H \cdot M$ ergeben, die andere H/M.   Die Kraft $H \cdot M$ kann man nach
zwei Methoden bestimmen, beide mit Coulombs Torsionswage (siehe
S. 103 u. Fig. 317).   Es hängt eine Magnetnadel an einem Bügel, der an
einem feinen Draht befestigt ist.   Wenn dieser Draht nicht gedrillt ist,
muß die Nadel im magnetischen Meridian sich befinden.   Die Aufhänge-
vorrichtung ist drehbar um meßbare Winkel.   Wäre die Nadel unmagnetisch, so müßte sie jeder Drehung der Aufhängerichtung folgen.

Ist sie dagegen magnetisch, so wirkt die Erde entgegen. Der Torsions-
kreis sei um t^0 gedreht und dabei sei die Nadel, um den Winkel w aus dem
Meridian ab abgelenkt, zur Ruhe gekommen. Ist der Torsionskoeffizient τ,
so ist die drehende Kraft gleich $\tau.(t-w)$. Von der horizontalen Komponente der Richtkraft der Erde dn kommt nur eine Komponente dh

Fig. 303.

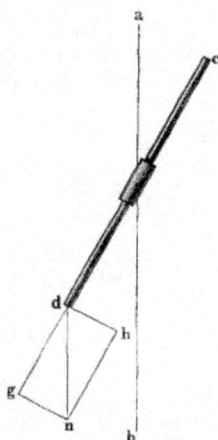

zur Geltung (Fig. 303). Der Winkel dnh
ist gleich w, daher ist beim Gleichgewicht:

$$dh = dn.\sin w = \tau.(t-w) \quad . \quad . \quad (10)$$

und hieraus:

$$dn = \tau.(t-w)/\sin w \quad . \quad . \quad . \quad (11)$$

diese Kraft wirkt am Arme l, und da $m.l = M$,
wird $\quad M.H = \tau.(t-w)/\sin w \quad . \quad . \quad (12)$
und wenn der Inklinationswinkel i heißt, so ist
auch $\quad M\ J = M.H/\cos i \quad . \quad . \quad (13)$
Dieselbe Torsionswage benutzt man auch zu
Schwingungsversuchen; es kommt dann zum
Drehmoment $M.H$ noch der Einfluß der Torsion
hinzu, den man gleich $q.M.H$ setzt, wo q
ein echter Bruch ist. Die Schwingungsdauer
sei T, das Trägheitsmoment K, so ist

$$T = \pi.\sqrt{K/M.H.(1+q)} \quad . \quad . \quad (14)$$

in Worten: Die Schwingungsdauer ist umgekehrt proportional der Wurzel
aus der beschleunigenden Kraft. Auch ist

$$M.H = \pi^2.K/T^2(1+q) \quad . \quad . \quad . \quad . \quad (15)$$

Das T kann man beobachten und K wird berechnet aus der Länge L,
Dicke B und Masse m eines parallelopipedischen Stabes nach der Formel:

$$K = (L^2 + B^2)/12.m \quad . \quad . \quad . \quad . \quad . \quad (16)$$

Wir erhalten q aus Versuchen, die zur Gleichung (10) führten. Mit
Beachtung von Gleichung (12) ist nämlich

$$M.H.\sin w = \tau.(t-w) \quad . \quad . \quad . \quad . \quad (17)$$

also, da $\quad\quad \tau = q.M.H = M.H.\sin w/(t-w) \quad . \quad . \quad . \quad (18)$

das gesuchte $\quad\quad q = \sin w/(t-w) \quad . \quad . \quad . \quad . \quad . \quad (19)$

Da w immer sehr klein ist, setzt man:

$$q = w/(t-w) \quad . \quad . \quad . \quad . \quad . \quad (20)$$

Eine ganz andere Reihe von Versuchen gestattet M/H zu bestimmen.
Fig. 304 zeigt eine auf einem Maßstabe liegende Bussole NS. Der
Magnet sn wird aus unserer Torsionswage herausgenommen und rechts

auf den Maßstab gelegt. Die Bussolnadel wird nun abgelenkt; es treten wieder zwei Kräftepaare auf (Fig. 305, wo der Winkel w mit α

Fig. 304.

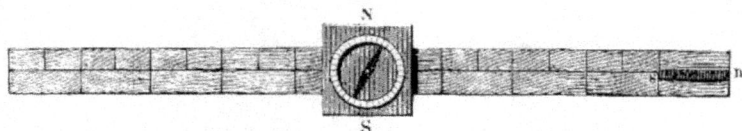

bezeichnet ist). Das eine Kräftepaar F stammt von unserem Stabe her, dessen Moment gleich M war. Die Kraft ist also nach Gl. (7) $F = 2 . m . M/r^3$; die andere, senkrecht darauf, ist $m . H$. Tritt Gleichgewicht ein, so muß

$$m . H . \sin w = 2 . m . M . \cos w / . r^3 \quad . \quad . \quad . \quad . \quad (21)$$

sein, d. h. es ist

$$\operatorname{tang} w = 2 . M / H . r^3 \quad . \quad . \quad . \quad . \quad . \quad (22)$$

Schüler: Der Wert von m kommt hier nicht mehr vor; wie ist das zu verstehen? Ein stärkerer Magnet wird doch stärker abgelenkt werden?

Meister: Durchaus nicht! Er wird freilich stärker beeinflußt, aber in demselben Maße wirkt auch die Richtkraft der Erde $m . H$ stärker. Wir merken uns den wichtigen Satz: Die Ablenkung einer Magnetnadel aus dem Meridian durch einen Magnet ist zwar proportional dem Momente dieses ablenkenden Magnets, aber unabhängig vom Magnetismus der abgelenkten Nadel.

Fig. 305.

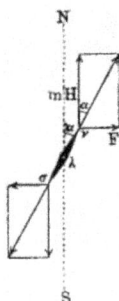

Schüler: Das habe ich wohl erfaßt! Wenn in der Figur beide Kräfte um dasselbe Vielfache wachsen, so bleibt die Richtung der Resultante unverändert.

Meister: Jetzt erst sind wir imstande, sowohl M als auch H zu berechnen, denn wir haben aus Gleichung (15):

$$M . H = \pi^2 . K / T^2 . (1 + q) \quad . \quad . \quad . \quad . \quad (23)$$

und aus Gleichung (22):

$$M / H = (r^3 . \operatorname{tang} w) \cdot 2 \quad . \quad . \quad . \quad . \quad . \quad (24)$$

und alle Größen rechts sind beobachtet oder berechnet.

Schüler: Jetzt ergibt sich:

$$M = (\pi / T) . \sqrt{K . r^3 . \operatorname{tang} w / 2 \, (1 + q)} \quad . \quad . \quad . \quad (25)$$

und

$$H = (\pi / T) . \sqrt{2 \, K \, r^3 . \operatorname{tang} w . (1 + q)} \quad . \quad . \quad . \quad (26)$$

3. Das magnetische Feld. Potential. Niveau. Kraftlinien. Kraftröhren. Feldstärke.

Meister: Den gesamten einen Magnet oder eine topische magnetische Masse umgebenden Raum nennt man das magnetische Feld. In jedem Punkte des Feldes herrscht eine magnetische Kraft. Feldstärke nennt man die auf die magnetische Mengeneinheit bezogene Kraft. In jedem Punkte des Feldes herrscht ein gewisser Wert, den man das Potential nennt, der sich auf die Energie oder auf die Arbeit der Kräfte bezieht. Der Punkt m erfahre von der magnetischen Menge m' die Kraft $-m.m'/r^2$. Wenn diese Mengen sich anziehen, so kostet es Arbeit, sie voneinander zu entfernen.

Schüler: Dann werden wir, wie früher, Kraft mal Weg ansetzen.

Meister: Richtig. Wir sagen, die Arbeit dA gehöre zur Fortrückung dr; dann ist

$$dA = -m.m'.dr/r^2 \quad \ldots \ldots \quad (27)$$

Nun kann aber die Richtung der Fortbewegung von m' sehr verschieden sein.

Schüler: Bei der geneigten Ebene wurde das Produkt aus der Kraft in die Komponente des Weges genommen.

Meister: So ist es auch hier. Wenn der Weg ds die Richtung w mit dem Strahle r bildet, so ist die Arbeit $m.m'.ds.\cos w/r^2$ und $ds.\cos w$ ist immer gleich dr. Es gibt nun eine einfache Funktion in bezug auf Arbeit; das ist der Ausdruck $m.m'/r$, genannt das magnetische Potential der Quelle m auf die Menge m'. Der Wert m/r heißt das in m' herrschende Potential und $1/r$ heißt die Potentialfunktion. Bildet man nämlich den Ausdruck $m.m'/r$ für zwei Feldpunkte in den Entfernungen r_1 und r_2 von der Quelle, so ist ihr Unterschied genau gleich der Arbeit, die zur Überführung von m' aus dem einen in den anderen Punkt zu leisten ist.

Schüler: Demgemäß wäre diese Arbeit:

$$A = m.m'.(1/r_2 - 1/r_1) \quad \ldots \ldots \quad (28)$$

Meister: Um das zu erweisen, nehmen wir an, r_1 sei nur um ein Differential von r_2 verschieden, also $r_2 = r_1 + dr_1$; dann muß vorstehender Ausdruck die Arbeit dA auf der Strecke dr_1 ergeben.

Schüler: Ich erhalte:

$$dA = m.m'.[1/(r_1 + dr_1) - 1/r_1] \quad \ldots \ldots \quad (29)$$
$$= -m.m'.dr_1/r_1.(r_1 + dr_1) \quad \ldots \ldots \quad (30)$$

Meister: Das Differential verschwindet neben der endlichen Größe r_1; anders gedacht ist auf dem Wege dr_1 der Durchschnitt $(r_1 + r_1 + dr_1)_2$ zu nehmen; es wird

$$(r_1 + d\,r_1/_2)^2 = r_1 + r_1 . d\,r_1 + d\,r_1^2/_4 = r_1 . (r_1 + d\,r_1).$$

Gleichung (30) ist also genauer als der Ansatz (27).

Schüler: Meister, ich sehe doch, daß das Differential von $1/r$ gleich $-d\,r\,r^2$ ist, und damit ist der Satz erwiesen.

Meister: Es freut mich, daß du dich darin weiter ausgebildet hast; dann wirst du auch sofort verstehen, daß, wenn wir umgekehrt die Arbeit $dA = -m.m'.\,dr/r^2$ setzen, durch Integration sogleich das Potential erhalten wird; es ist

$$A = -m.m'.\int_{r_1}^{r_2} dr/r^2 = m.m'.(1/r_2 - 1/r_1) \quad . \quad . \quad . \quad (31)$$

d. h. für beliebig große endliche Entfernungen ist die Arbeit gleich dem Unterschiede der Potentialwerte. Setzen wir nun die Entfernung $r_1 = \infty$ und schreiben r für r_2, so kommt der Potentialwert

$$A = m.m'/r \quad . \quad . \quad . \quad . \quad . \quad . \quad . \quad (32)$$

und wenn $m' = 1$ ist, wird

$$\mathfrak{P} = m/r \quad . \quad . \quad . \quad . \quad . \quad . \quad . \quad (33)$$

hieraus folgt: Das Potential $\mathfrak{P}$ in einem Feldpunkte in bezug auf die Quelle m ist gleich der Arbeit, die erforderlich ist zum Heranbringen der magnetischen Mengeneinheit aus der Unendlichkeit auf den betrachteten Feldpunkt. Das Dasein zweier magnetischer Mengen stellt mithin einen Energievorrat gleich $m.m'/r$ dar. Nach allen Richtungen des Raumes können nun Bewegungen von m' gedacht werden. Die dazu erforderliche Arbeit kann $+$ oder $-$ sein. Zwischen diesen Richtungen muß es eine Fläche geben, die die positiven von den negativen Arbeitsgrößen trennt. Solch eine Fläche heißt ein Niveau. Niveauflächen sind Flächen gleichen Potentials; eine Fortbewegung längs solcher Fläche kostet also keine Arbeit.

Schüler: Die Meeresoberfläche war auch solch eine Niveaufläche in bezug auf die Schwere.

Meister: Jawohl. Um einen Magnetpunkt herum sind die Niveaus offenbar Kugelflächen und zwar von bestimmtem Zahlenwerte. Es sei $m = 36$ und es soll r von 18 bis 36 anwachsen, so zwar, daß die Potentiale von 1 bis 2 um je 0,1 abnehmen.

Schüler: Es soll also $\mathfrak{P} = m/r = 36/r$ sein und die Potentiale sollen von 1,1 an zunehmen. Ich setze, weil $r = 36/\mathfrak{P}$ ist, folgweise $r = 36$; 32,7; 30; 27,7; 25,7; 24; 22,5; 21,2; 20; 18 usf.

Meister: Diese Werte siehst du in Fig. 306 verzeichnet. Auf allen den verschiedenen Wegen ist die Arbeit ebenso groß wie auf dem geraden $a\,b$. An jedem Punkte einer Niveaufläche gibt es eine Richtung, die senkrecht zu ihr steht; jede andere Richtung kann man in zwei Komponenten zerlegen; die eine fällt in die Tangente und kostet keine Arbeit, die andere drückt die ganze Arbeit aus. — Zeichnet man Potentialflächen, deren Wert immer um dieselbe Größe abnimmt, so erkennt man die Feldstärke, da sie umgekehrt proportional der Entfernung der Niveauflächen ist. In Fig. 306 beträgt diese Arbeit immer 0,1.

Fig. 306.

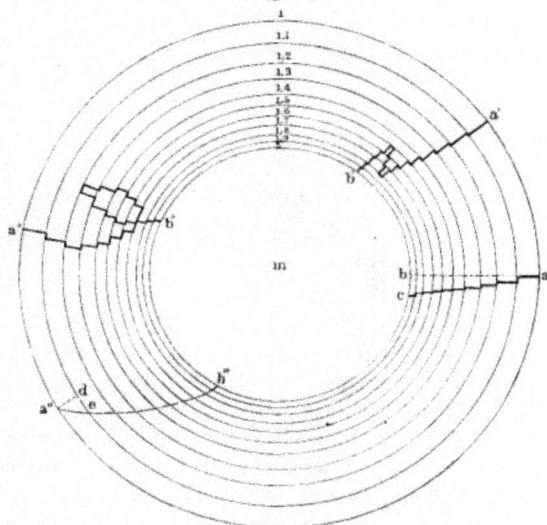

Dieser Wert c soll beständig bleiben, dann ist, wenn D, die Distanz der Nachbarniveaus, den Weg bedeutet und J die Feldstärke, $c = J \cdot D$.

Schüler: Mithin ist $\quad J = c/D$ . . . . (34)

d. h.: die Feldstärke ist bei konstanter Abnahme der Potential-werte umgekehrt proportional den Niveaudistanzen.

Meister: Denke dir nun in irgend einem Feldpunkte die Richtung der Kraft; verfolge sie in dieser Richtung; man gelangt zu immer neuen Niveaus. Die zurückgelegte Bahn heißt Kraftlinie.

Schüler: Das sind ja die ins Unendliche fortlaufenden geraden Linien.

Meister: Nur bei Kugelniveaus trifft das zu. Wir gehen bald zu verwickelten Fällen über; dann sind sie gekrümmt. Zunächst müssen wir auch die Kraftlinien so verzeichnen, daß man zugleich die Feldstärke aus der Zeichnung erkennen kann. Wir denken uns die Kugelfläche in m gleiche Teile geteilt, entsprechend der Quelle m. Jeder Teil sei von einer Linie umgrenzt. Alle Strahlen, die von der Quelle nach dieser Umgrenzung auf die Kugel gehen, bilden einen Kegelmantel;

dessen Inhalt nennen wir eine Kraftröhre. Die Zahl m wollen wir uns sehr groß denken, indem wir statt der absoluten Einheit etwa den millionsten Teil als Einheit wählen. Eine jede Niveaufläche mit beliebigem Halbmesser r erscheint jetzt besät mit m kleinen Flächen; ebensoviel Kraftröhren dringen hindurch. Die Gesamtheit der Röhren füllt den Raum aus. Felddichte nennt man die Anzahl von Kraftröhren pro Kar. Die Dichte mit 4π multipliziert gibt die Feldstärke an der Stelle, denn die Dichte ist gleich $m/4\pi \cdot r^2$, also die Feldstärke richtig gleich m/r^2. Verfolgt man eine Kraftröhre, so ändert sich der Querschnitt q; aber $H \cdot q$ ist immer eine beständige Größe.

Schüler: Also ist die Feldstärke H umgekehrt proportional dem Querschnitt der Kraftröhre.

Meister: Die Einteilung einer Kugel in m gleiche Teile von gleicher Gestalt ist allgemein nicht möglich. Man verzichtet auf gleiche Gestalt

Fig. 307.

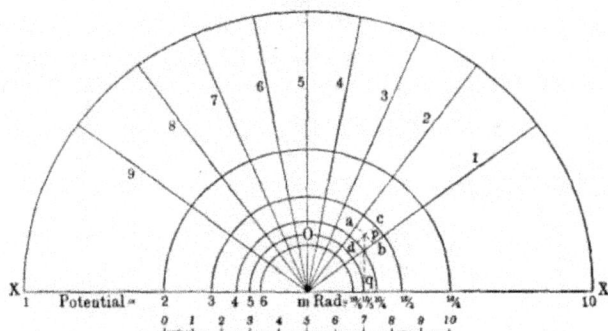

und führt eine Teilung ein, die für die ebene Zeichnung sich sehr eignet. Du wirst Fig. 307 deuten können.

Schüler: Die Niveauflächen einer Quelle m sind verzeichnet; $m = 10$; die Halbmesser der von 1 bis 6 reichenden Potentialniveaukreise sind rechts auf der Achse angeschrieben.

Meister: Wird die Figur um die X-Achse herumgedreht, so entstehen auf jeder Kugelfläche 10 gleich große Flächenstücke, die von den Kegelmänteln der Kraftlinien ausgeschnitten werden.

Schüler: Je zwei benachbarte Kegelmäntel umschließen gleich große Kraftbündel. Ich darf doch jedes Bündel aus vielen Kraftröhren bestehend auffassen. Statt der 10 könnte ich auch 10 Millionen einzeichnen; es erschiene die Mitte, bei 5, dichter schraffiert als bei 1 oder 9.

Meister: Gut. Diese Ungleichheit ist aber nur eine in der ebenen Zeichnung so erscheinende; im Raume ist die Dichte überall dieselbe. Wenn nämlich zwei Nachbarstrahlen mit der Achse die Winkel w_1 und

w_2 bilden, so ist der Flächeninhalt der aus der Kugel ausgeschnittenen Zone gleich

$$f = 2\,\pi\,r^2 \cdot (\cos w_2 - \cos w_1) \quad \ldots \quad \ldots \quad (35)$$

Diese Kosinuswerte sind hier nicht verzeichnet, wohl aber in Fig. 309 auf der Achse aufgetragen; die gleichen Kosinuswerte bestimmen zwar ungleiche Bogenlängen, aber die Umdrehungszonen werden gleich groß.

Schüler: Es wurde also auch in Fig. 307 der Durchmesser in 10 gleiche Abschnitte geteilt und durch die Teilpunkte wurden Lote errichtet, deren Schnittpunkte mit dem zugehörigen Kreise die Kraftlinien 1 bis 10 ergaben.

Meister: Die Feldstärke läßt sich in zwiefacher Weise aus der Zeichnung herauslesen: erstens, wie wir sahen, aus der Strecke D zwischen zwei Niveaus nach Gleichung (34), und nehmen wir statt D das Differential dr, so können wir schreiben:

$$dA = H \cdot dr \quad \ldots \quad \ldots \quad \ldots \quad (36)$$

und

$$H = dA/dr \quad \ldots \quad \ldots \quad \ldots \quad (37)$$

hier tritt die Feldstärke H als Differential des Potentials nach dr genommen auf. Angenähert bestätigt das die Fig. 307. Es ist z. B.

Fig. 308.

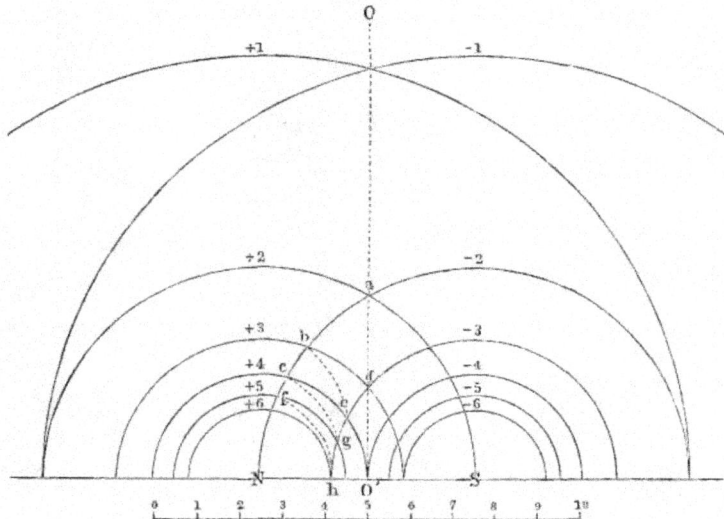

$cd = 10/3 - 10/4 = 10/12$ des Maßstabes, die Feldstärke also 1,2; das muß stimmen mit der Berechnung aus m/r^2; es ist $m = 10$ und $r = 2{,}83$.

Schüler: Ich finde $10/(2{,}83)^2 = 10/8{,}009 = 1{,}24$!

Meister: Bemühe dich, es genauer zu berechnen durch zehnmal enger verlaufende Niveauflächen. Aber auch die Dichte der Kraftlinien gibt zweitens eine Vorstellung von der Feldstärke. Die Distanz ab (Fig. 307) sei gleich B und $pq = r$; dann ist im Punkte p ein Rotationskraftbündel von der Größe $2\pi r \cdot B$; also kommen auf 1 Kar $1/2\pi \cdot r \cdot B$ Kraftröhren, mithin eine Feldstärke $4\pi/2\pi r \cdot B = 2/r \cdot B$; hieraus folgt:

$$H = 1/D = 2/r \cdot B \quad \ldots \ldots \quad (38)$$

Der große Vorteil, den diese Darstellungsmethode darbietet, besteht in der Möglichkeit der Zusammensetzung von Niveaus und von Kraftlinien aus mehreren Quellen. In Fig. 308 ist ein Magnet gedacht mit je 10 Einheiten in jedem Pole.

Schüler: Es sind wieder die Kreise verzeichnet für Potentiale $+$ und $-$ 1 bis 6. $O'O$ bezeichnet die Nulllinie, da die Teilwerte sich aufheben, dagegen sind bc, cg und fh Stücke der Niveaus $+1$, $+2$, $+3$.

Fig. 309.

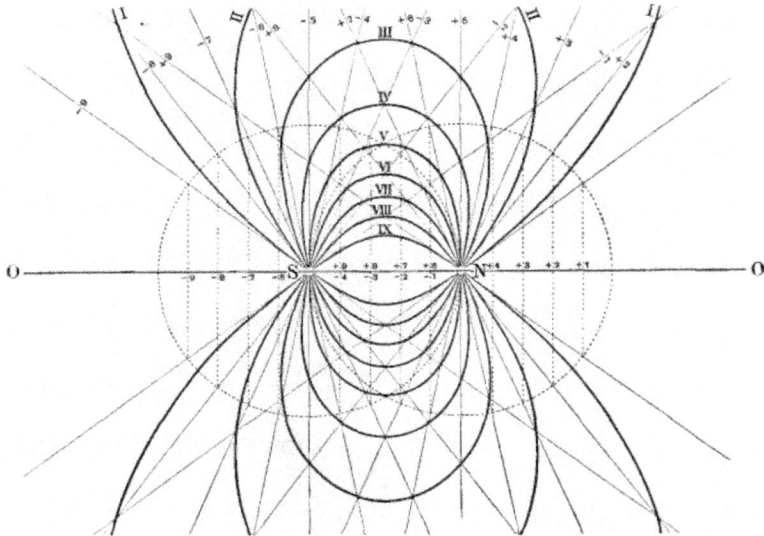

Meister: Zeichnungen dieser Art muß man in großem Maßstabe anfertigen, nachher läßt sich das Resultat verkleinern. In Fig. 309 ist das Kraftfeld eines Magnets ausgeführt.

Schüler: Ich sehe, daß auf der Achse gleich große Abschnitte genommen sind; die Schnittpunkte der Lote in den Teilungspunkten mit dem Kreisumfang ergeben die Richtungen der Kraftlinien.

Meister: Es entstehen in dieser Weise rautenförmige Vierecke, deren Diagonalen die resultierenden Kraftlinien ergeben.

Schüler: Offenbar würde wiederum nur eine differential gedachte Zeichnung stetig gekrümmte Resultantenkräfte ergeben, wie solche in Fig. 309 eingetragen sind.

Fig. 310.

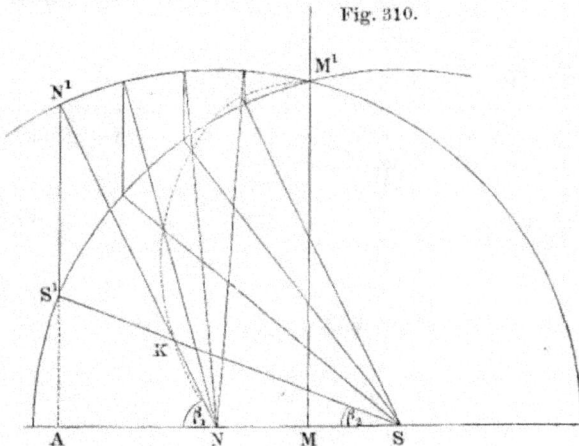

Fig. 311.

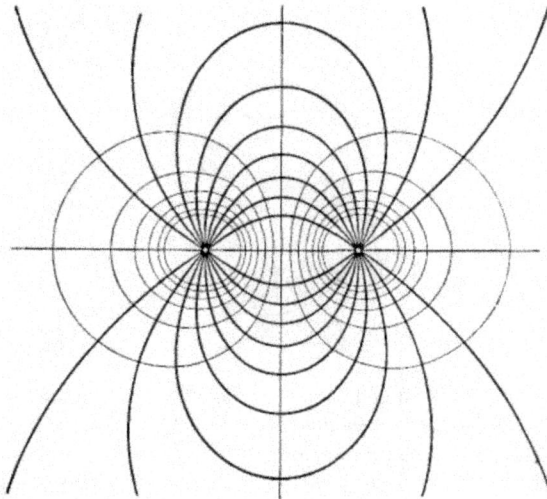

Meister: An irgend einem Punkte einer Kraftlinie denken wir uns nun ein nordmagnetisches Teilchen; es wird von N abgestoßen, von

S angezogen; die Resultante geht in der Richtung der Tangente der Kraftlinie: auch hier ist $H = 2/r \cdot B$, wie in Gleichung (38). Nun will ich dir noch die Gleichung der Kraftlinien entwickeln. In Fig. 310 sind N und S die Pole; es sind Kreise mit gleichem Halbmesser um N und S gezogen.

Fig. 312.

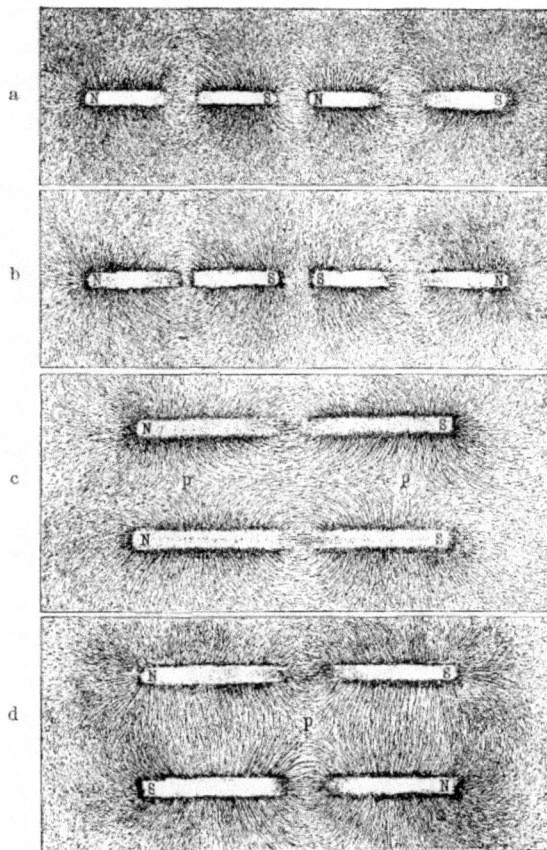

Wir suchen die durch M' streichende Kraftlinie. Man zieht beliebige Linien senkrecht zu NS, z. B. $N'S'$; die Strahlen NN' und SS' schneiden sich im Punkte K der Kraftlinie. Ebenso sind andere Punkte gefunden.

Nun ist $\qquad AS = r \cdot \cos \beta_2$ und $AN = r \cdot \cos \beta_1,$

also $\qquad AS - AN = NS = r \cdot (\cos \beta_2 - \cos \beta_1) \quad . \quad . \quad . \quad (39)$

und $\qquad NS/r = \cos \beta_2 - \cos \beta_1 \quad . \quad . \quad . \quad . \quad . \quad (40)$

Das ist die Gleichung der Kraftlinie mit dem Parameter r, der beliebig gewählt oder gewechselt werden mag. Übe dich in der Zeichnung und nimm verschiedene r an. In Fig. 311 siehst du beide Kurven eingetragen; die Hilfslinien sind fortgelassen. Deutlich stehen die Kraftlinien überall senkrecht zu den Niveaulinien. Durch Eisenfeilicht kann man die Kraftlinien sichtbar machen; bei diesen Abbildungen tritt indes die Feldstärke nicht deutlich hervor, denn dazu wäre erforderlich, daß man die Menge von Feilicht nahezu der Feldstärke entsprechend auftrüge. In Fig. 312 lassen sich die vier Fälle leicht voneinander unterscheiden.

Schüler: Es sind überall zwei Magnete wirksam gewesen; es zeigen a und d die Anziehung ungleicher Pole, b die Abstoßung sich folgender und c nebeneinander liegender gleichnamiger Magnetpole. Zwischen S und N laufen die Kraftlinien verbindend hin, zwischen S und S oder N und N weichen sie einander aus.

Meister: Hieraus ersieht man die Haupteigenheit des Kraftfeldes: in Richtung der Kraftlinien herrscht eine Spannung oder ein Zug; es ist ein Streben zur Verkürzung; senkrecht dazu suchen sich die Kraftlinien abzustoßen. Je enger sie aneinanderliegen, um so stärker ihre Abstoßung, die sich dann auf die Masse der Magnete überträgt.

4. Das magnetische Kraftfeld der Erde. Schirmwirkung.

Meister: Auf der Erde ändert sich die Feldstärke kaum merklich von Ort zu Ort, weil wir uns weit von den Polen befinden. Solch ein Feld nennt man homogen. Eine der vorigen ähnliche Methode ge-

Fig. 313.

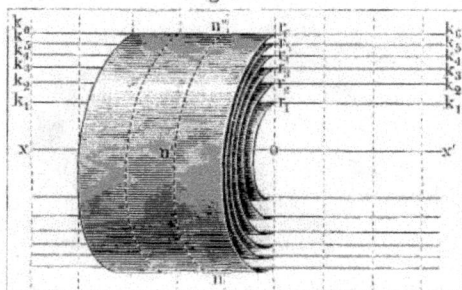

Fig. 314.

stattet Kraftbündel gleicher Größe zu zeichnen, wie vorhin für Umdrehungsflächen. Fig. 313 zeigt das Verfahren. Es ist x die Meridianrichtung und zugleich die Achse. Benachbarte Zylinder umschließen gleichfassende Röhrenbündel, weil ihre Querschnitte gleich groß sind. Es muß dazu $r_1^2 = r_2^2 - r_1^2 = r_3^2 - r_2^2$ usf. sein, also ist

$$r_2^2 = 2 . r_1^2 \text{ oder } r_2 = r_1 . \sqrt{2} \;\Big\}$$
und
$$r_3^2 = 3 . r_1^2 \text{ oder } r_3 = r_1 . \sqrt{3} \;\Big\} \quad \cdots \quad (41)$$

Die Konstruktion dieser Radien gibt Fig. 314. Es ist $ab = r_1$ gesetzt; in a und b sind Lote errichtet.

Schüler: Ich ersehe, daß folgweise der pythagoräische Lehrsatz verwandt worden ist; links über a erscheinen die Wurzeln aus ungeraden, rechts aus geraden Zahlen; man sieht, wie die Linien immer enger werden; aber das Feld ist homogen, weil die Bündeldichte beständig ist!

Meister: Ist H gegeben, so enthält jedes Bündel $H/4\pi$ Kraftröhren. Da wir ein Bündel gleich 1 setzen wollen, müssen die Querschnitte gleich $4\pi/H$ gewählt werden; demgemäß ist $\pi . r_1^2 = 4\pi/H$, also nehmen wir $r_1 = 2/\sqrt{H}$. Ferner ist ein Bündelquerschnitt

$$Q = \pi . (r_2^2 - r_1^2) = \pi . (r_2 + r_1) . B,$$

wenn B die Ringbreite ist; statt $r_2 + r_1$ nehmen wir den Durchschnittswert $2 . (r_2 + r_1)/2 = 2 . r$; dann wird $Q = 2\pi . r . B$, und dieses gleich $4\pi/H$ gesetzt, gibt $H = 2/r . B$, ganz wie vorhin. Das homogene Feld kann man mannigfach mit Feldern von Magneten vereinigen und Resultantenfelder darstellen. Ich empfehle dir solche Übung, da sie sehr lehrreich ist. So hat ein Magnet in der Meridianrichtung ein eigenartiges Feld, in dem Punkte vorkommen, wo die Kraft gleich Null wird; das sind statische Stellen. Immer verrät eine Konvergenz der Kraftlinien eine Zunahme der Feldstärke, eine Divergenz eine Abnahme. Wird unmagnetischer Stahl oder weiches Eisen ins Feld eines Magnets gebracht, so verdichten sich die Kraftlinien im Stoffe, dem man einen Induktionskoeffizienten zuschreibt. Die im Eisen erzeugten Kraftlinien sind nahe proportional

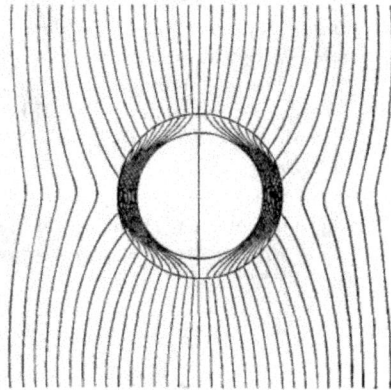

Fig. 315.

der herrschenden Feldstärke. Ein Ring nimmt viele Kraftlinien auf (Fig. 315), und zwar so, daß innerhalb des Ringes ein nahezu kraftfreies Gebiet entsteht. Man spricht daher von einer Schirmwirkung des weichen Eisens. Auch außerhalb ist das Feld verändert. Alle aus dem Eisen heraustretenden Linien lassen das Eisen als Magnet nach außen erscheinen. Setzen wir den induzierten Magnetismus

31*

$$B = \mu . H \quad . \quad . \quad . \quad . \quad . \quad . \quad . \quad . \quad (42)$$

und die nach außen auftretende Kraftlinienzahl $4\,\pi\,.\,J$, so ist

$$4\,\pi . J = B - H \quad . \quad . \quad . \quad . \quad . \quad . \quad (43)$$

Faßt man J als von H abhängig und setzt

$$J = k . H \quad . \quad . \quad . \quad . \quad . \quad . \quad . \quad (44)$$

wo k die **Aufnahmsfähigkeit des Eisens für Kraftlinien** genannt wird, so ist aus Gleichung (42) und (43):

$$4\,\pi . J = H(\mu - 1) . \quad . \quad . \quad . \quad . \quad (45)$$

also, mit Beachtung von Gleichung (44):

$$\mu = 1 + 4\,\pi . k \quad . \quad . \quad . \quad . \quad . \quad (46)$$

Meister: Fasse nun den ganzen Abschnitt kurz zusammen.

Schüler: Nach Feststellung des Gesetzes von Coulomb ward die Formel für die Wirkung von Magneten aufeinander entwickelt. Wir fanden den Einfluß umgekehrt proportional dem Kubus der Entfernung. Daran schlossen wir die Elemente des Erdmagnetismus: Inklination, Deklination und Intensität. Durch zwei Versuche wurden die magnetischen Momente M und zugleich die Feldstärke H bestimmt. Dann wurde das magnetische Feld entwickelt, der Begriff des Potentials, der Niveauflächen und der Kraftlinien hergeleitet und der der Kraftröhren angeschlossen. Wir fanden eine Methode zeichnerischer Darstellung, die mehrere Vorteile darbot: das räumliche Feld wurde durch ebene Zeichnung veranschaulicht; aus der Zeichnung ließ sich die Richtung und auch der Betrag der Feldstärke herauslesen und zwar letzteres in zwiefacher Weise, nämlich 1. durch die Dichte der Niveauflächen und 2. durch die Entfernung benachbarter Kraftlinien. Ein weiterer Vorteil bestand in der Möglichkeit der Zusammensetzung der räumlichen Kraftfelder durch ebene Zeichnung, analog der des Parallelogramms der Kräfte. Das homogene Feld fand besondere Beachtung und gewährte dieselben Vorteile in der Zeichnungsmethode. Zuletzt besprach ihr die Influenz in weichem Eisen und die Schirmwirkung.

VIII. Die Lehre von der Reibungselektrizität.

1. Elektrischer Zustand. Influenz. Leitung. Grundbegriffe.

Meister: Fasse zunächst alles, was dir aus der Elektrizitätslehre bereits bekannt ist, zusammen.

Schüler: Wir unterschieden zwei Arten elektrischer Zustände, die durch Reibung geweckt werden; wir nannten sie Glas- und Harzelektrizität oder auch positive und negative. Beim Reiben werden immer beide Elektrizitäten in gleicher Menge erhalten. Auch Metalle werden, gerieben, negativ, aber man darf sie nicht in der Hand halten, weil der elektrische Zustand durch Ableitung verschwindet.

Fig. 316.

Meister: Man nahm an, es gäbe zwei Arten von feinen Flüssigkeiten, die in allen Stoffen vorhanden seien; ein unelektrischer Körper enthält beide in gleicher Menge, so daß ihre Wirkung sich aufhebt; beim Reiben geht die eine Art auf den anderen Körper über und so werden beide Körper entgegengesetzt elektrisch.

Schüler: Die Anziehungskraft erkannten wir dadurch, daß leichte Körper herangezogen wurden; dazu verwandten wir an Seidenfäden herabhängende Holundermarkkügelchen. Schon von weitem werden sie von geriebenem Lack oder Glas angezogen.

Meister: Aber sofort wieder abgestoßen (Fig. 316). Die Kräfte gehorchen wiederum dem Gesetz von Coulomb. Wir denken uns elektrische Mengen e_1 und e_2 in der Entfernung r.

Schüler: Dann ist $F = c \cdot e_1 \cdot e_2 / r^2$ . . . . (1)

Dürfen wir hier wiederum $c = 1$ setzen?

Meister: Freilich, nur mit Vorbehalt, weil F auch von der Natur des Stoffes abhängt, in dem die Versuche angestellt werden. Davon später.

Schüler: Wir unterschieden ferner gute und schlechte Leiter. In jenen geht der elektrische Zustand rasch weiter; so verhalten sich Metalle.

Meister: Die Entdeckung der Leitfähigkeit verdanken wir Thomas Grey. Um zu sehen, wie weit der Zustand sich fortleiten ließe, spannte er einen Draht aus, den er zufällig an Seidenfäden aufgehängt hatte. Einmal riß ein Aufhängefaden und Grey ersetzte ihn durch ein Stück Draht; nun war plötzlich alle Fortleitungsmöglichkeit verschwunden! Als der Draht durch Seide ersetzt ward, ging die Fortleitung wieder ungestört vor sich; so ward die Leitungsfähigkeit entdeckt. Dieser denkwürdige Versuch der ersten Isolation von Drähten war schon ein richtiger Telegraph, freilich nur mit Reibungselektrizität! Die Wirkung auf entfernte unelektrische Körper heißt Influenz. Die elektrische Quelle zieht im neutralen Körper die entgegengesetzte an und stößt die gleichnamige ab; diese entfernt sich im Leiter durch fortgesetzte Influenz von einem Querschnitt zum folgenden.

Schüler: Wir hatten Elektroskope zur Erkennung der elektrischen Zustände. An einem Metallstäbchen (Fig. 319 auf S. 490) sind zwei Goldblättchen befestigt, die auseinander weichen, sobald sie geladen werden. Sind sie $+$ geladen, so spreizen sie sich noch weiter, wenn man einen $+$-Körper nähert, fallen dagegen zusammen bei Annäherung eines $-$-Stabes, denn dieser zieht die Ladung heran und läßt die Blättchen schwächer elektrisch zurück.

Meister: Bei schlechten Leitern nimmt man an, daß in deren kleinsten Teilchen die Elektrizitäten zwar voneinander getrennt werden, aber das Teilchen nicht verlassen können, ähnlich wie bei Magneten. Außer der vorhin erwähnten gab es noch eine zweite Theorie, die nur eine Elektrizitätsart annahm; das sollte etwa der Äther sein. Eine gewisse Menge davon gehörte zum neutralen Körperzustande; fehlte etwas, so war er $-$ elektrisch und ein Überschuß ließ ihn $+$ erscheinen. Alle diese Vorstellungen sind bei den neuen Anschauungen erkennbar. Es ist nämlich neuerdings erwiesen worden, daß die Elektrizität immer an Masse gebunden ist und damit hängen neue Benennungen zusammen. Diese Massen sind sehr klein, kleiner als das kleinste bisher bekannte Massenatom.

Schüler: Das kleinste ist doch der Wasserstoff?

Meister: Die Träger der negativen Elektrizität sind viel kleiner, etwa 1700 mal kleiner; die der positiven Elektrizität scheinen die uns bekannten Atome zu sein. Dadurch werden wesentliche Unterschiede in den Erscheinungen der positiven und negativen Elektrizität, wie solche vielfach bekannt sind, ermöglicht. Die neu entdeckte kleine Masse konnte wegen ihrer Kleinheit von den Chemikern nicht gefunden werden. Solch eine kleine, mit einer bestimmten Ladung versehene Masse nennt man ein Elektron. Es kann aus dem neutralen Atom durch mancherlei Vorgänge heraustreten, so auch durch Reiben; dabei bleibt das positiv geladene Atom zurück, nicht merklich an Masse vermindert. Ein positiv geladenes Atom heißt ein Ion, d. h. „Wanderer". Ein freigewordenes Elektron verbindet sich leicht mit neutralen Atomen, die alsdann negative Ionen sind. Flüssigkeiten zeigen ein besonderes Verhalten, das auch geklärt ist und zu einer schönen Theorie der Lösungen geführt hat. In Metallen nimmt man an, daß die Elektronen sich von einem Atom zum anderen bewegen können.

Schüler: Demnach gäbe es nur negative Leitung?

Meister: Jede Fortpflanzung negativer Elektrizität in einer Richtung tritt ebenso in die Erscheinung, wie eine Bewegung positiver in entgegengesetzter Richtung. Stillschweigend wird immer die Richtung nach der Bewegung der positiven benannt.

Schüler: Wäre es nicht richtiger, die Richtung der Elektronen als maßgebend anzunehmen?

Meister: Das ist insofern gleichgültig, als die Namen + und — nur Gegensätze andeuten; sie sollen nichts Wesentliches bezeichnen.

Schüler: Wodurch aber geraten die Elektronen in Bewegung?

Meister: Durch elektromotorische Kräfte. Ein + elektrischer Stab zieht die Elektronen an; die zugekehrte Seite eines Körpers wird —, die abgekehrte +, weil ihre Elektronen fortgewandert sind.

Schüler: Können Gase auch als Leiter gelten?

Meister: Nur wenn sie Ionen enthalten; sie sind leitend in dem

Fig. 317.

Maße, als sie ionisiert sind. Früher glaubte man immer, es sei feuchte Luft leitend; jetzt hat man erkannt, daß es nur der auf den Stützen gebildete Niederschlag ist, der die Zerstreuung bedingt. Das umgebende

Gas zerstreut nur, wenn es Ionen enthält. Diese können sehr schnell fortgeschafft werden durch Annäherung des entgegengesetzten Potentials, denn Elektronen bewegen sich mit großer Geschwindigkeit; die Ionisierung verschwindet sofort, wenn nicht fortwährend eine Quelle sie erneuert. Zunächst gilt es, das Coulombsche Gesetz durch Versuche zu erweisen. Man benutzt auch hier die Torsionswage (s. S. 487). Man ersetzt den Magnet durch einen Glasstab Fig. 317, an dessen Ende eine leichte Kugel B angebracht ist, der man eine Ladung mitteilt. Nebenbei wird eine zweite gleich große Kugel durch die Öffnung D hindurch aufgestellt und nun können die Ablenkungen beobachtet werden. Dabei wird der Aufhängedraht gedrillt und der Torsionswinkel mißt die abstoßende Kraft. Auch Schwingungsversuche können angestellt werden.

2. Das elektrische Feld. Energie. Kapazität. Ladung. Dichte.

Meister: Zunächst seien die elektrischen Quellen punktförmig. Ein Einfluß auf die ganze Umgebung findet statt.

Schüler: Es gibt also auch eine Feldstärke; das ist die Kraft, die die Mengeneinheit der Elektrizität in der Entfernung von 1 Zent auf die Mengeneinheit ausübt. Es muß auch ein elektrisches Potential geben:

$$P = e/r \qquad \qquad (2)$$

das ist die Arbeit, die zu verrichten wäre, wenn die elektrische Einheit aus dem Unendlichen an den Punkt gebracht würde.

Meister: Oder im entgegengesetzten Falle die zu gewinnende Arbeit, wenn ungleichnamige Elektrizität hinzukäme. Orte gleichen Potentials wären auch hier wie auf S. 477 Kugelflächen, auf denen die Kraftlinien senkrecht stehen. Untersuche die Dimensionen dieser Begriffe.

Schüler: Auch hier wäre

$$[e] = [m]^{1/2} \cdot [l]^{3/2} \cdot [t]^{-1} \qquad \qquad (3)$$

das sind ja dieselben Qualitäten wie beim Magnetismus!

Meister: Richtig bemerkt. Auch das beweist die Willkür in der Bestimmung der Dimensionen. Dort hatten wir magnetisches, hier elektrostatisches Maß. Wir werden später bewegte Elektrizität der magnetischen Maße anpassen. Dann wird

$$[e] = [m]^{1/2} \cdot [l]^{3/2} \cdot [t]^{-2} \qquad \qquad (4)$$

werden, und das Potential

$$[P] = [m]^{1/2} \cdot [l]^{1/2} \cdot [t]^{-2} \qquad \qquad (5)$$

beides nach elektromagnetischem Maß. Nach den früheren Methoden haben wir jetzt Niveauflächen zu zeichnen, mit dem bedeutsamen Unterschiede, daß die elektrischen Quellen gleichnamig und auch von ver-

schiedenem Betrage sein können; daher sind die Kurven viel mannigfacher als beim Magnetismus. Bemühe dich, solche Zeichnungen auszuführen. Ich empfehle dir als Beispiel $e = 4000$, $e' = -1000$;
deren Entfernung 80 mm. Fig. 318 gibt das auf $^3/_{10}$ verkleinerte Resultat
der Zeichnung. Du wirst erkennen, daß es ein Potential Null gibt, das
stets kreisförmig ist, wie du beweisen kannst. Ferner gibt es einen
ausgezeichneten Punkt, wo die Kraft Null ist; in diesem Beispiel ist es

Fig. 318.

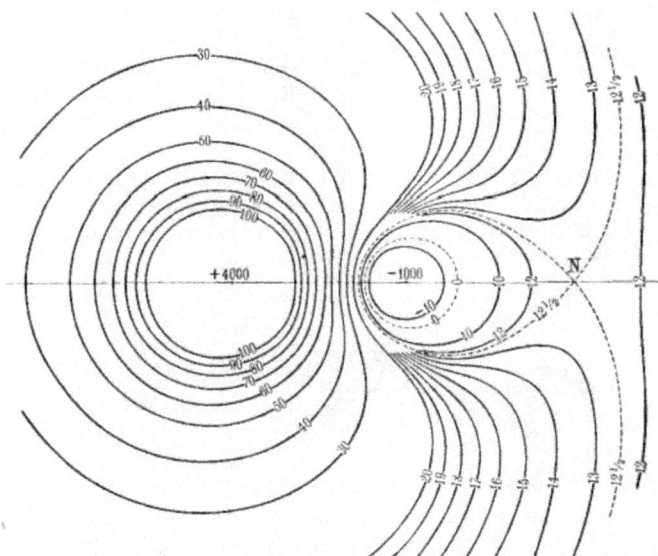

die Kurve $12^1/_2$; sie bildet eine Schleife, deren Kreuzungspunkt N der
neutrale Punkt ist. Nur in solchen Punkten können in Niveaus Schleifen
vorkommen. — Sind die elektrisierten Körper ausgedehnt, so kommen
wir zu neuen Begriffen. Du weist doch, dass im Gleichgewicht Elektrizität nur auf der Oberfläche sich befinden kann?

Schüler: Freilich, und bei — -Ladung kann ich mir den Vorgang
vorstellen; bei $+$ dagegen sehe ich eine Schwierigkeit, da die $+$-Atome
sich nicht frei bewegen können.

Meister: Es sind immer nur die Elektronen, die sich bewegen;
wir müssen annehmen, daß es deren sehr viele gibt; sie sind es, die in
freier Beweglichkeit auch den bereits $+$-Körper verlassen können. Die
auf einem Körper, genannt Konduktor, befindliche Elektrizitätsmenge e
nennt man seine Ladung. Sie ist proportional der Oberfläche s.

Schüler: Dann setze ich an:

$$e = D \cdot s \qquad \ldots \ldots \ldots \ldots \ldots (6)$$

und D ist ein neuer Begriff, nämlich die auf einem Kar befindliche Ladung.

Meister: Richtig; das nennt man die Dichte; bei der Kugel ist $D = e/4 \pi r^2$. In Fig. 319 ist die elektrisierte Metallglocke mit Elektro-

Fig. 319.

skopen verbunden. Am außenstehenden erkennt man das Vorhandensein einer Ladung, das innen befindliche hat keine Elektrizität bei den Goldblättchen. Bringt man eine Kugel in ein elektrisches Feld, so schneiden anfänglich die Niveaus die Kugel; es treten elektromotorische Kräfte (EMK) auf, die so lange die Elektronen bewegen werden, bis ein beständiger Potentialwert erreicht worden ist. Zuletzt kann es nur noch an der Oberfläche Elektrizität geben, denn die Kräfte müssen senkrecht zur Oberfläche gerichtet sein, — da, wo Nichtleiter sie begrenzen. Die Kugel muß selbst eine Niveaufläche sein und mehr als das, denn sie umschließt einen Niveauraum, da auch im Innern überall derselbe Wert herrschen muß.

Schüler: Das war beim Magnetismus ganz anders.

Meister: Es gibt eben keine abtrennbare magnetische Menge einer Art. Da die Kraft f der Feldstärke F und auch der Ladung des Punktes proportional ist, so haben wir $f = F \cdot e$, also:

$$F = f/e \qquad \ldots \ldots \ldots \ldots \ldots (7)$$

der Dimension nach:

$$[F] = [m] \cdot [l] \cdot [t]^{-2} / [m]^{1/2} \cdot [l]^{3/2} \cdot [t]^{-1} = [m]^{1/2} [l]^{-1/2} \cdot [t]^{-1} \quad . \quad . \quad (8)$$

Das herrschende Potential in einem Punkte setzt sich zusammen aus den von allen Teilen herrührenden Anteilen e/r.

Schüler: Dürfen denn diese Werte addiert werden? Sie stammen doch aus ganz verschiedenen Richtungen.

Meister: Kräfte sind gerichtete Größen, die man auch Vektorgrößen nennt; Energien dagegen sind Skalarwerte, d. h. ungerichtete Größen. Da auf der Kugel die Dichte gleichförmig sein muß, und überall der gleiche Potentialwert besteht, so läßt sich der für den

Mittelpunkt geltende Gesamtwert aufstellen; alle Entfernungen von der Oberfläche sind $= r$, mithin ist

$$P = (e_1 + e_2 + e_3 + \cdots)\, 1/r = E/r \quad \ldots \ldots \quad (9)$$

also ist E/r auch der Potentialwert für jeden anderen Punkt im Innern der Kugel. Außerhalb haben die Niveaus dieselbe Gestalt, wie wenn sie einer topischen Quelle im Mittelpunkt entstammten. Bei anderen Körperformen wird die Dichte an der Oberfläche von Punkt zu Punkt sich stetig ändern; die Dichte wäre nicht mehr darstellbar durch e/s, sondern —?

Schüler: Sondern durch de/ds, denn das wäre die Dichte, die statthaben würde, wenn die auf dem betrachteten Punkte vorhandene Dichte auf einem Kar gleichmäßig vorhanden wäre.

Meister: Es ist Aufgabe der höheren Mathematik, die elektrische Verteilung auszurechnen, wenn Ladungsmengen und mathematisch bestimmbare Formen gegeben sind. Ein aber auch praktisch wichtiges Gesetz gilt allgemein. Die Verteilung auf einem Leiter bleibt dieselbe, wie groß auch die Ladung sei. Mit der Größe der Ladung wächst das Potential und auch die Dichte an jeder Stelle in gleichem Maße. Es ist

$$E = C \cdot P \quad \ldots \ldots \ldots \ldots \quad (10)$$

Schüler: Hier muß C ein neuer Begriff sein, und zwar ist C die Ladung, wenn das Potential gleich 1 ist.

Meister: Dieses C nennt man die Kapazität des Leiters. Für die Kugel ist nach Gleichung (9) $E = r \cdot P$, mithin $C = r$. Laden wir zwei Kugeln auf gleiches Potential P, so verhalten sich die Ladungen wie die Halbmesser r_1 und r_2; verbindet man sie jetzt leitend, so wird das Gleichgewicht nicht gestört. Vermehren wir die Ladung, so bleibt das Teilungsverhältnis dasselbe; es richtet sich nach den Kapazitäten. Hat man nämlich für eine Einheitsladung die Dichte an jeder Stelle berechnet, so kann man jede andere Ladung aus gleichen Mengen übereinander gelagerter Ladungseinheiten ansehen. Überlege, daß, wenn auf zwei Kugeln mit Radien $1:2$ die Dichten einander gleich sein sollen, die Ladungen wie $1:4$, die Potentiale wie $1:2$ sich verhalten werden. Zu all diesen Parametern kommt noch ein uns bekannter Begriff hinzu: die Gesamtenergie des geladenen Körpers. Die Energie zweier Teilchen e und e_1 ist gleich $e \cdot e_1/r$. Bezieht man nun jedes Teilchen auf jedes andere, so werden alle Glieder zweimal vorkommen, mithin setzen wir die Gesamtenergie A:

$$A = {}^1/_2 \cdot \Sigma\, e \cdot e_1/r \quad \ldots \ldots \ldots \quad (11)$$

und speziell für die Kugel:

$$A_k = {}^1/_2\, E^2/r = {}^1/_2\, E^2/C = {}^1/_2\, C \cdot P^2 \quad \ldots \ldots \quad (12)$$

Kommt ein neutraler Körper in ein elektrisches Feld, so werden infolge der Influenz die Elektronen sich bewegen, bis ein beständiger Potentialwert auf dem Leiter sich hergestellt hat. Der ganze Leiter hat zuletzt gleiches Potential und ist als konstanter Niveauraum eingebettet ins elektrische Feld. Es macht einen großen Unterschied, ob der Körper isoliert oder g e e r d e t ist, d. h. durch eine Leitung mit der Erde verbunden ist. In letzterem Falle dauert die Influenz länger, bis nämlich das Potential gleich Null geworden ist. Je nach dem Zeichen der Quelle werden Elektronen zu- oder abfließen. Die auf dem abgeleiteten Körper befindliche Ladung nennt man g e b u n d e n. Berührt man nämlich mit der Hand den Körper, so kann man nicht die Ladung fortleiten.

S c h ü l e r: Weil die der Quelle genäherte Hand ja auch gebundene Elektrizität enthalten wird.

M e i s t e r: Ganz richtig. Hängt der Leiter an einem Faden, so entsteht eine Bewegung des Körpers. Solche massenbewegenden Kräfte nennt man p o n d e r o m o t o r i s c h, statt dessen wir den passenderen Ausdruck m o l o m o t o r i s c h gebrauchen wollen. Solange die Elektronen sich auf dem Leiter bewegen, sind es elektromotorische Kräfte, die sie antreiben. Nach eingetretenem Gleichgewicht hören die Kräfte nicht auf, zu bestehen; sie sind aber molomotorisch und streben, den ganzen influenzierten Leiter zu bewegen; ist er befestigt, so wird ein Gleichgewicht durch elastische Gegenkräfte geweckt werden.

3. Das Dielektrikum. Kondensatoren.

M e i s t e r: Wir haben bisher dem Coulombschen Gesetz Fernkräfte zugrunde gelegt, wobei der Zwischenkörper unbeachtet blieb. F a r a d a y stellte eine andere Auffassung auf, dergemäß die elektrische Quelle von Ort zu Ort weiter wirke in Richtung der Kraftlinien. Die Kraftröhren vergleicht er mit Spiralfedern, die bei der Quelle ansetzen und mit dem anderen Ende bis zu dem influenzierten Körper reichen. Der Unterschied gegen die ältere Anschauung besteht nicht nur 1. in der Annahme einer F o r t p f l a n z u n g d e r E r r e g u n g v o n O r t z u O r t, sondern 2. besonders darin, daß in der Erregung des Feldes eine zu l e i s t e n d e A r b e i t erkannt wird, und 3., daß der Betrag der Ladung von der B e s c h a f f e n h e i t d e s Z w i s c h e n k ö r p e r s a b h ä n g i g ist. Waren vorhin die Kraftfelder rein geometrische Gebilde, so sind sie hier p h y s i s c h e Z u s t ä n d e d e r g a n z e n U m g e b u n g von maßgebendem Einfluß.

S c h ü l e r: Die Kraftröhren münden beiderseits an den Leitern; aber wodurch werden sie gehalten?

M e i s t e r: Danach wird gar nicht gefragt; das ist der dunkle Punkt der ganzen Theorie. Das Wesen der Quelle bleibt unerklärt; man geht dagegen von wichtigen Tatsachen aus: Angenommen, es sei A (Fig. 320 a bis d) mit einer Quelle konstanten $+$-Potentials verbunden, dagegen sei B geerdet.

Schüler: Dann wird A eine Ladung aufnehmen und B wird eine negativ gebundene Ladung erhalten.

Meister: Gut. Schiebt man jetzt eine nichtleitende Platte in den Zwischenraum, was wird geschehen?

Schüler: Die Ladung dürfte alsdann kleiner geworden sein.

Meister: Gerade das Gegenteil findet statt. Das war für Faraday der Anlaß zur Aufstellung seiner Theorie; sie ist später von Maxwell, Hertz, Boltzmann, Lorentz u. a. gefestigt und erweitert worden. Jeden Nichtleiter nennt man ein Dielektrikum in Hinsicht

Fig. 320.

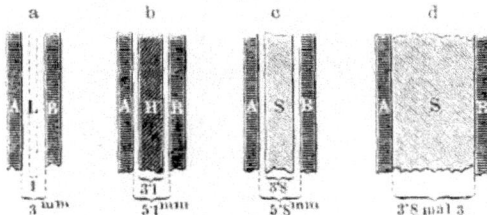

auf sein Verhalten im elektrischen Felde. Zwei Leiter mit einem Nicht-leiter als Zwischenkörper bilden einen Kondensator, sobald der der Quelle genäherte Leiter geerdet ist. Wir setzen, wenn zwischen A und B (Fig. 320 a) Luft sich befindet, wie früher Gleichung (10):

$$E = C \cdot P \qquad \ldots \ldots \ldots \ldots (10)$$

Ist der ganze Zwischenraum mit anderem Stoff erfüllt, etwa Glas, so finden wir:

$$E_1 = C_1 \cdot P \qquad \ldots \ldots \ldots \ldots (13)$$

C und C_1 sind die Kapazitäten der beiden Kondensatoren. Das Ver-hältnis beider, K, heißt Dielektrizitätskonstante; es ist

$$K = C_1 / C \qquad \ldots \ldots \ldots \ldots (14)$$

und wenn P dasselbe geblieben ist, wird $K = E_1 / E$ sein.

Schüler: Die Dielektrizitätskonstante ist also gleich dem Verhält-nis der Ladungen zweier Leiter, die mit gleicher Potentialquelle ver-bunden werden.

Meister: Dabei hast du eine Hauptsache vergessen auszusprechen: es sind die Teile des Kondensators gleich gestaltet; nur der Zwischenkörper ist verschieden. Man setzt K für den luftleeren Raum gleich 1; für Gase ist der Wert ein wenig größer; im übrigen ist für alle Stoffe $K > 1$. Wenn, wie in Fig. 320 a, der Kondensator aus

parallel gestellten Platten besteht, so kann man die Kapazität durch
die Oberfläche S und Dicke d der Zwischenschicht ausdrücken; es ist

$$C = K . S/d \quad\ldots\ldots\ldots\ldots (15)$$

Ist statt eines konstanten Potentials eine bestimmte Ladung E gegeben,
so läßt sich das resultierende Potential aus Gleichung (10) oder (13)
berechnen.

Schüler: Es muß dann

$$P = E . d/K . S$$

werden; also je größer S oder K und je dünner die Schicht, um so
kleiner wird das Potential ausfallen.

Meister: Man kann einen Stoff im Zwischenraum durch einen
anderen von anderer Dicke ersetzt denken, indem man reduzierte
Dicken berechnet. Es seien die Stoffe 1, 2, 3 mit den Dicken d_1, d_2, d_3
vorhanden, dann führt man statt d_2 und d_3 Stoffe der ersten Art, d. h.
mit dem Werte K_1 ein und ermittelt die dazu erforderlichen Dicken x_2
und x_3 durch die Forderung:

$$x_2/K_1 = d_2/K_2; \; x_3/K_1 = d_3/K_3 \quad\ldots\ldots (16)$$

dann wird die Kapazität $C = K . S/(d + x_2 + x_3)$

$$= S/(d_1/K_1 + d_2/K_2 + d_3/K_3) \quad\ldots\ldots (17)$$

In Fig. 320 b ist in dieser Art die Luftschicht von 1 mm Dicke ersetzt
durch Glas von der Dicke 3,15 mm, und in Fig. 320 c durch Schwefel
von 3,84 mm Dicke; endlich ist in Fig. 320 d die ganze 3 mm dicke
Luftschicht durch Schwefel von 3 . 3,84 mm Dicke ersetzt.

Schüler: Nun haben alle vier Kondensatoren dieselbe Kapazität!

Meister: Die neuen Theorien nehmen an, die Elektronen seien in
Leitern frei beweglich von einem Atom zum anderen, dagegen nicht in

Fig. 321 a.   Fig. 321 b.

Dielektriken; da sind sie nur verschiebbar und ihre
Verschiebbarkeit hängt mit der Dielektrizitätskonstante
eng zusammen. Die Elektronen sind nach einer Seite
hingezogen und eine innere Spannung, die dielek-
trische Polarisation, hält ihnen Gleichgewicht.
Solche Zustandsänderung verrät auch eine von
Kerr im Jahre 1875 entdeckte Erscheinung: In ein
Parallelepiped aus Glas (Fig. 321 a) waren zwei
Löcher gebohrt, in die Metallstäbchen hineingesteckt waren, so daß die
Enden in kleinem Abstande voneinander standen. Der Zwischenraum

zwischen beiden Enden sollte auf sein optisches Verhalten geprüft werden, wenn elektrische Ströme herangebracht wurden. Das Glasstück wurde zwischen zwei gekreuzte Nikols gebracht, so daß das Gesichtsfeld dunkel war. Sobald nun elektrische Ströme herankamen, erhellte sich das Feld; es war die Polarisationsebene verändert, und zwar war das Glasstück ähnlich verzerrt, wie wenn es in der Richtung der Ströme zusammengedrückt worden wäre. Im Polarisationsapparat erschienen Bilder ähnlich denen eines einachsigen Kristalls, obwohl diese anders zu erklären sind. Dieselbe Erscheinung fand Kerr 1880 an vielen Flüssigkeiten mit dem Apparat Fig. 321 b. Es gibt positive Flüssigkeiten, wie Schwefelkohlenstoff, Wasser u. a., entsprechend einer Zusammendrückung, aber auch negative, wie die meisten Alkohole, Äther und andere. — Eine umfangreiche Untersuchung stellte Boltzmann an und entdeckte die wichtige Beziehung zum Brechungsexponenten; es ist

$$K = n^2 \quad\ldots\ldots\ldots\ldots\quad (18)$$

gültig nur für Strahlen sehr großer Wellenlänge. Heute werden die ergiebigsten Methoden zur Bestimmung der Dielektrizitätskonstanten

Fig. 322.   Fig. 323.

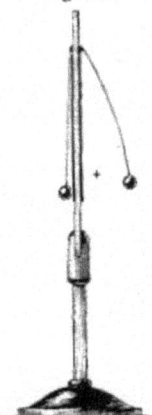

durch Hertzsche Schwingungen erhalten nach J. J. Thomsons Vorgange im Jahre 1889. Später hat Lecher zahlreiche Versuche angestellt. Zur Bestimmung von Kapazitäten ist am bequemsten die Methode der Messung von Ladungen; man verbindet die Kondensatoren durch eine Galvanometerschließung mit einer Quelle konstanten Potentials und vergleicht nach Gleichung (14) mit einer bekannten Kapazität. Als technische Einheit ist das Farad eingeführt gleich $9 \cdot 10^{20}$ elektrostat. Einheiten:

$$1 \text{ Farad} = 1 \text{ Coulomb} / 1 \text{ Volt} \quad\ldots\ldots\quad (19)$$

Praktisch wird meist ein Mikrofarad hergestellt (s. Anhang). Ein schlichter Kondensator ist Franklins Tafel (Fig. 322). Im Zwischenraume kann man bei gleichbleibender Dicke des Glases ein homogenes

Feld annehmen; es wird das Potential von der einen Belegung bis zur anderen, geerdeten, ein geradliniges Gefälle haben, so daß $G = P/d$ gesetzt werden kann; diesem Gefälle proportional ist die Verschiebung der Elektronen im Dielektrikum oder die dielektrische Polarisation anzusetzen. Die gebräuchlichste Form von Kondensatoren ist die Leidener Flasche; solche werden auch zu Batterien miteinander verbunden (Fig. 323); es wächst dann die Kapazität der Batterie proportional der Oberfläche oder der Flaschenanzahl, wenn man gleiche Glasdicke voraussetzen darf.

4. Entladung. Rückstand.

Meister: Stehen zwei geladene Leiter einander gegenüber und erdet man den einen, während man die Ladung des anderen allmählich steigert, so tritt bei einer gewissen Potentialdifferenz ein Funke auf, in dem die Elektrizität des geladenen nach der Erde fortströmt; das ist die Entladung. Der Zwischenkörper kann jede Formart haben.

Schüler: Wir versahen die Flasche mit Leitungsdrähten, die von der inneren nach der äußeren geerdeten Belegung geführt wurden; in der Leitung befand sich ein Funkenmesser.

Meister: Das sind sehr fein gebaute Apparate, bei denen mikrometrisch die Schlagweite gemessen wird (Fig. 324). Bei kleinen Strecken ist die Schlagweite nahe proportional der Ladung oder auch dem Potential; bei größeren Werten sind verhältnismäßig geringere Potentiale erforderlich zum Durchbruch der Funkenstrecke. Auch ist eine Abhängigkeit vom trennenden Gase vorhanden und feste oder flüssige Zwischenkörper bedingen oft sehr hohe Potentialwerte.

Fig. 324.

Schüler: Wir nannten das immer Spannung, was ihr als Potential bezeichnet habt. Sind die Worte gleichbedeutend?

Meister: Leider ist in der Technik das Wort Spannung für Potential allgemein im Gebrauch. Ich will dir die Sache klären und zeigen: 1. den Unterschied beider Begriffe, und 2. die Bedingung, unter der die Begriffe sich decken. Befindet sich auf einer Fläche die Ladung e, so ist die Spannung proportional e^2; das ist das Maß der

Abstoßung der gleichnamigen Teilchen. Herrscht auf einem Leiter ein Potential *P*, so ist Spannung nur auf der Oberfläche vorhanden. Im Innern gibt es keine Spannung, obwohl das Potential im Innern denselben Wert hat, wie oben. Verbinden wir aber unseren Leiter mit einem Elektroskop, so erhält dieses eine gewisse Spannung, infolge dessen die Goldblättchen sich abstoßen. Die Anzeigen sind jetzt proportional dem angelegten Potential und nur in diesem Sinne tritt nun Spannung für Potential auf.

Schüler: Ich hörte so oft von Klemmspannung reden; damit wäre das Potential gemeint bei der Klemme, und man darf sich als Bild den Ausschlag eines damit verbundenen Elektroskops denken.

Meister: Benutzt man den Auslader (Fig. 325), so setzt man die eine Kugel *a* an die geerdete Belegung und berührt erst dann mit *b* die innere Belegung. Die Flasche entladet sich durch den kurzen Bogen *acb*. Nach einiger Zeit erscheint die Flasche wieder geladen, so daß sie nochmals unter Funken entladen werden kann. Dieser wiederauftretende Rückstand entsteht durch eine Art elektrischer Nachwirkung im Glase. Es kehren die verschobenen Elektronen nicht sofort in ihre ursprüngliche Neutralstellung zurück. Hat nach der Entladung der Zwang aufgehört, so kehren die Elektronen allmählich zurück, es wird wieder Elektrizität frei. — Ganz anders ist der Rückstand, wenn die Entladung in der fest eingestellten Funkenstrecke zustande kommt. Der Entladungsrückstand hängt von der Kapazität und besonders vom Schließungsbogen ab. Wir wollen die verschiedenen Entladungsarten behandeln und den hierbei stattfindenden Umsatz von Energie. Mehrere Apparate werden wir beschreiben zur Messung von Kapazität, Ladung, Potential und Energie; auch wollen wir Wirkungsarten besprechen, mechanische, thermische, magnetische, elektrische, chemische und physiologische. Alsdann kommen wir auf die Entladung zurück.

Fig. 325.

5. Elektrisiermaschinen.

Meister: Die dir gewiß bekannte Elektrisiermaschine zeigt die Fig. 326.

Schüler: Mittels der Kurbel wird die Glasscheibe gedreht. Das Reibzeug ist ein mit Amalgam (aus je 1 Teil Quecksilber, Zink und

Zinn) bestrichenes Lederstück; dieses Reibzeug wird negativ elektrisch;
durch Leitung von 0 aus wird es geerdet. Die Scheibe streicht an den
Winterschen Ringen dd vorbei; sie bestehen aus Holz und sind innen
mit Metallspitzen versehen. Aus dem Konduktor aa strömen Elek-

Fig. 326.

tronen in diese Spitzen und entladen vollständig die Glasscheibe, deren
Teile von da an unelektrisch sind bis zum Reibzeug. Der Konduktor
liefert $+$-Elektrizität.

Meister: Ergiebiger und bequemer sind die Influenzmaschinen.
Fig. 327 zeigt die Maschine von Holtz. Scheibe A steht fest; die
vordere B kann gedreht werden. Zum rascheren Verständnis will ich
dir einen artigen Versuch von Holtz beschreiben: Wir reiben eine
10 Zent breite Hartgummiplatte stark — durch Schlagen mit Pelzwerk;
dann nehmen wir einen Metallstab, an dessen Enden ein Metallkamm
wie i oder g angebracht ist, und streichen, mit den Kammzacken die
Hartgummiplatte fast berührend, von oben bis unten. Eine Prüfung
läßt sofort erkennen, daß nunmehr die Platte nicht bloß entladen ist,
sondern daß sie sogar schwach $+$ geworden ist. Die von der $-$-Platte
ausgeübte Influenz ist nämlich, von allen Seiten her stammend, so
stark, daß ein Überschuß von $+$-Elektrizität auf der Platte entsteht.
Nun hat die feste Platte A (Fig. 327) zwei Ausschnitte a und b, neben
denen Papierbelege wie d auf die Glasscheibe geklebt sind. Von diesen
ragen noch zwei am Ende gezahnte Papierzipfel in die Ausschnitte

hinein. Vom Metallkamm $g\,g$ ragt ein Messingstab mit beliebigen Fortsätzen und Handgriffen über f hinaus; ebenso auf der anderen Seite.
Es sind das die mit Saugern i und g verbundenen Konduktoren, zwischen
deren Kugeln die elektrischen Funken auftreten. Der Querkonduktor

Fig. 327.

endet auch beiderseits mit Saugern $t,\ v$. Dreht man ein wenig die Kurbel,
so bewegt sich die vordere Scheibe mit geringer Achsenreibung noch
lange fort; sobald aber die Maschine Elektrizität liefert, empfindet man
an der Kurbel die Leistung der Arbeit. Beim Drehen der Kurbel wird
$+$-Elektrizität herangezogen, kann aber die Papierfläche d nicht entladen, da die Glasscheibe dazwischen ist. Die stark $+$-elektrische
Scheibe B saugt am Kamme t $--$-Elektrizität an, stößt $+$ ab, die auf
die Belegung f sich begibt, die sich $+$ ladet. Der Konduktor f gibt
alle seine Elektrizität an t ab, das $+$ wird, gerade so wie gegenüber die
Elektronen in den Sauger i strömen und den Konduktor $-$ laden.
Durch den Funken entladen sich die Konduktoren und werden fort und
fort neu geladen. Auch ohne Querkonduktor arbeitet die Maschine,
aber anfangs müssen sich die vorderen Konduktorkugeln berühren.
Das Knistern der Funken verrät es, daß die Maschine im Gange ist,
dann erst darf die Funkenstrecke beliebig vergrößert werden. Ohne
Querkonduktor stellt Fig. 328 das Spiel dar; die Umladung der rotierenden Scheibe findet bei den Saugern statt; anders, wenn der Querkon-

duktor angelegt ist; Fig. 329 zeigt, daß die Umladung schon bei t und
v eintritt. Die Papierbelege A und B sind nebenbei angedeutet. Mit
dieser Maschine erschien zugleich im Jahre 1865 eine ·vortreffliche Influenzmaschine von Töpler. Seitdem sind zahlreiche andere gebaut

Fig. 328.

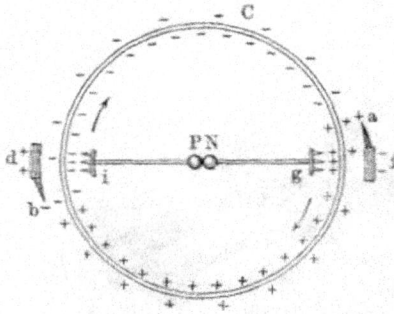

Fig. 329.

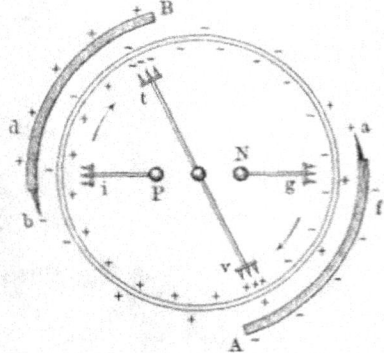

Fig. 330.

worden. — Kennst du den Elektrophor (Fig. 330)?

Schüler: In einer Metallform
befindet sich ein Harzkuchen, der
mit Pelzwerk geschlagen wird; er
wird — durch Influenz, besonders
stark, wenn man die abgestoßene
Elektrizität ableitet. Hebt man jetzt
den Deckel in die Höhe, so ist die
vorher gebundene Elektrizität frei
geworden.

Meister: Der Deckel hatte bei der Berührung mit dem Finger
das Potential Null; isoliert aufgehoben, kann die freigewordene Elektrizität hohes Potential haben.

Schüler: Daher kann man auch unter Funken Kondensatoren
laden durch Berührung mit dem Deckel.

Meister: Im Grunde genommen ist der Elektrophor eine noch
unzweckmäßig arbeitende Influenzmaschine.

6. Elektrische Meßapparate. Elektrometer. Galvanometer. Luftthermometer.

Meister: Die Gesamtenergie einer Ladung E war nach Gl. (12)

$$A = \tfrac{1}{2}\, E^2/C = \tfrac{1}{2}\, C \cdot P^2 \quad \ldots \ldots \ldots \quad (12)$$

Zur Messung des Potentials bedient man sich der Elektrometer. Hierzu kann auch das Goldblattelektroskop dienen, sobald die Ablenkungen mikrometrisch meßbar sind. Ein empfindliches Instrument ist Thomsons Quadrantenelektrometer (Fig. 331). An einem dünnen Draht hängt die Nadel VV, vergrößert nebenbei gezeichnet. Darunter reicht ein Fortsatz bis zum Gefäß mit Schwefelsäure; es ist mit einer Zuleitung versehen, durch die die Nadel elektrisiert wird; sie wird aus Aluminium hergestellt, hat die Form einer 8 und kann schwingen innerhalb eines aus vier metallischen Quadranten gebildeten Gehäuses, das isoliert ist. Je zwei sind, wie $v_1 v_1$ und $v_2 v_2$, leitend miteinander verbunden; sie mögen die Potentiale P_1 und P_2 haben, die Nadel das Potential P. Es tritt eine Ablenkung w ein, die nach der Theorie

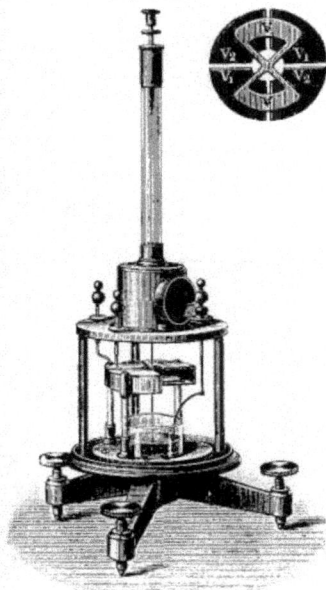

Fig. 331.

$$w = h \cdot (P_1 - P_2) \Big| \\ \cdot [P - (P_1 + P_2)^2] \Big| \quad (20)$$

ist. Einfacher wird die Formel, wenn man $P_1 = -P_2$ macht, was mit galvanischen Batterien möglich ist.

Schüler: Dann wird

$$w = 2h \cdot P_1 \cdot P \quad (21)$$

das gesuchte Potential P wird proportional dem Ausschlag w.

Meister: Die neuesten Elektrometer von Nernst und Dolezalek lassen schon $1/100\,000$ Volt merklich werden. — Zur Messung der Ladung E ist das Galvanometer das geeignetste Instrument; die Beschreibung und Theorie behandeln wir später; hier sei nur erwähnt, daß es nicht nur für beharrende Ströme, sondern auch für Momentanströme brauchbar ist, selbst bei hohen Potentialen; alsdann aber müssen die Drähte gut voneinander isoliert sein. Man beobachtet die erste Abweichung der Magnetnadel; sie ist der Ladung von Kondensatoren proportional, weil sich die Ablenkung aus Elementen zusammensetzt gleich $i \cdot dt$; das ergibt nämlich das Integral:

$$c \cdot \int i \cdot dt = c \cdot \int (de/dt)/ \cdot dt = c \int de = c \cdot E \quad (22)$$

Schüler: Ich besinne mich darauf, daß wir Ladungen mit einer Maßflasche messen konnten.

Meister: Lane's Maßflasche L zeigt Fig. 332. Die $+$-Elektrizität wird vom Konduktor a zugeführt; die äußere Belegung b ist mit dem

Fig. 332.

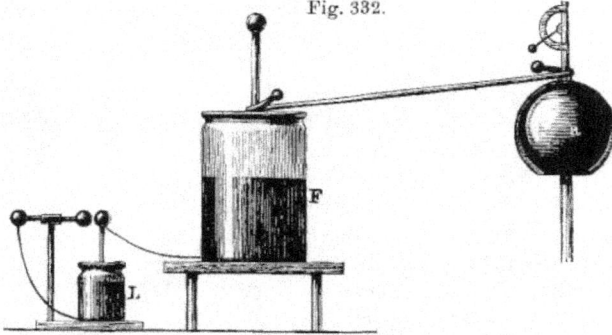

Fig. 333.

Knopf der Maßflasche verbunden, deren Außenbelegung geerdet wird. Man zählt die Funken der zur Erde abfließenden $+$-Elektrizität. Die Methode ist zwar lehrreich, aber sonst schlecht, weil sie die ungenaueste ist. Die Entladungen der Maßflasche sind nämlich recht verschieden trotz gleichbleibender Funkenstrecke; es ist so, als wollte man den Innenraum eines Gefäßes ausmessen und zählt die zur Füllung gebrauchten Maßgläser, die sorglos bald voll, bald $3/4$ voll zugegossen werden.

Schüler: Das gibt freilich ein trauriges Bild!

Meister: Zur Messung der Gesamtenergie der Ladung gebraucht man Riess' Luftthermometer (Fig. 333). Man nimmt den Draht ab in den Schließungsbogen auf; ab befindet sich in einer Glaskugel, deren Hohlraum in die Kapillare mündet, deren Inneres mit gefärbtem Alkohol gefüllt ist. Die Entladung erwärmt den Draht; schnell geht die Wärme an die umgebende Luft über; der Alkoholfaden weicht aus und man beobachtet den Ausschlag. Zur Änderung der Empfindlichkeit kann die Neigung verändert werden. Man kann nun abwechselnd sowohl E als C sich ändern lassen und die Formel (12) bestätigen.

7. Entladung von Kondensatoren und Konduktoren. Die Versuche von Wheatstone, Feddersen und v. Oettingen.

Meister: Den Energieumsatz während einer Entladung haben wir soeben behandelt; jetzt besprechen wir den Vorgang der Entladung. Davon verrät uns der Funke viel Eigentümliches. Den zeitlichen Vorgang im Funken hat Wheatstone zuerst räumlich dargestellt. Er befestigte an einer Achse CD einen Spiegel (Fig. 334), der sehr schnell in der Pfeilrichtung st sich drehte. Befindet sich in a ein Lichtpunkt, so wird ein Auge in o einen Lichtstreifen wahrnehmen. Leuchtet aber a mit Unterbrechungen auf, etwa 50 mal in einer Sekunde, so müßte man jetzt 50 Lichtstriche sehen.

Fig. 334.

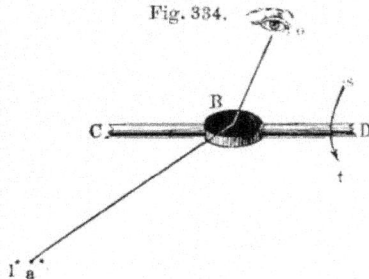

Schüler: Die kurzen Striche messen die Leuchtdauer bei jedem Aufleuchten.

Meister: Wheatstones Spiegel machte 800 Umläufe in der Sekunde; das Bild durchläuft also $800 \cdot 720^0$, denn wenn die Achse einen Winkel von w^0 macht, ist das Bild um $2 w^0$ fortgerückt. Ward die Funkenlänge auf $1/2^0$ geschätzt, so betrug die Entladungsdauer $1/1152000$, d. h. weniger als eine millionstel Sekunde. Fig. 335 deutet an, daß die Innenbelegung der Batterie mit a, die geerdete mit f verbunden war. Die Entladung ging also durch drei Funkenstrecken hindurch; sie gaben Bilder in gerader Linie, dagegen wie Fig. 336, wenn der Spiegel rotierte.

Der mittlere Funke erschien verspätet und die beiden Funken nahe den Belegungen traten gleichzeitig auf; daraus schloß Wheatstone, daß von innen und von außen her zugleich die Elektrizität in den Schließungsbogen sich ergießt. Die Verspätung entsprach der Schließungs-

Fig. 335.

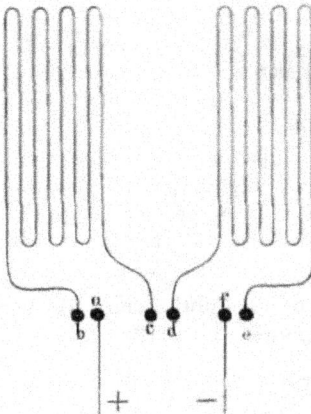

Fig. 336.

länge von b bis c, andererseits von e bis d. Er fand eine Geschwindigkeit von 240 000 km in der Sekunde, also nahe gleich der Lichtgeschwindigkeit. Alle diese Messungen sind sehr unzuverlässig, weil das Entstehen des mittleren Funkens von Influenzwirkungen begleitet ist und das Gefälle im Funken keineswegs nur dem Potential der herausströmenden Elektrizität entspricht. Sehr wertvoll aber bleibt die Methode, die von Feddersen verbessert wurde. Er nahm einen konkaven Spiegel dc, der reelle Bilder gab, die photographiert wurden. Deute das Schema der Versuche Fig. 337.

Fig. 337.

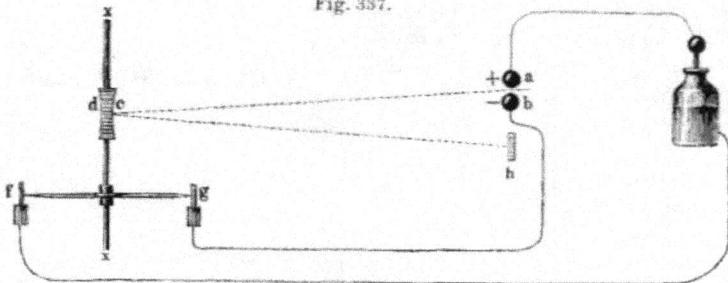

Schüler: Der Funke ab wirft durch die Spiegel c oder d ein reelles Bild auf die Platte h und zwar dann, wenn der Spiegel die richtige Stellung hat, mittels des metallischen Stückes zwischen g und f; dieser Stab ist mitsamt dem Spiegel an der Achse xx befestigt.

Meister: Feddersen untersuchte die Entladung bei verschiedenen Schließungen, Schlagweiten und Kapazitäten. Aus dem umfangreichen Stoffe erwähne ich dir nur eine weittragende Entdeckung. Das Funkenbild bestand aus mehreren nebeneinander auftretenden Lichtstreifen.

Schüler: Es verriet also eine folgweise Entladung.

Meister: Allerdings entsprach das den damals verbreiteten Anschauungen von Partialentladungen, wie sie Riess gelehrt hatte; er meinte, die Elektrizität ströme nach und nach in kleinen Mengen in ein und derselben Richtung aus der Batterie hervor. Feddersen fand, daß diese Vorstellung eine ganz falsche war; die Teilfunken hatten nämlich verschiedenes Aussehen; die positive Seite erschien heller als die negative. Besieh die Fig. 338.

Fig. 338.

Schüler: Auf der einen Seite ist der 1, 3, 5, 7 ... Teilfunke hell, auf der anderen der 2, 4, 6, 8, ...; die Teilentladungen wechseln also ihre Richtung!

Meister: So stellte denn Feddersen 1862 fest, daß diese Entladungen oszillatorische seien, wie schon 1853 W. Thomson und ausführlicher 1857 G. Kirchhoff errechnet hatten. Eine ganz andere Vorstellung von der Entladung erweckt diese Erkenntnis. Beim ersten Teilfunken stürzt die ganze Ladung von innen und die gebundene, jetzt frei gewordene, von außen in die Schließung hinein; sie neutralisieren sich nicht nur, sondern bewegen sich noch darüber hinaus, indem nun die Innenbelegung negativ sich ladet, die äußere positiv; nach einem Moment der Ruhe stürzen nun die Elektrizitäten in einer der vorigen entgegengesetzten Richtung zurück; das ist die zweite Schwingung. So folgen sich hin und her Entladungen mit immer kleiner werdenden Beträgen; denn bei jeder

Fig. 339.

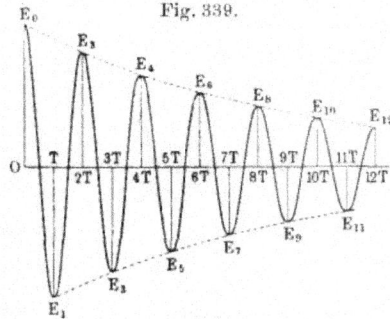

Oszillation wird ein Teil der Energie in Wärme umgewandelt, bis endlich eine Ladung nicht mehr genügendes Potential hat, die Funkenstrecke zu durchbrechen. Die Aufzehrung der Energie bedingt eine Dämpfung der Schwingungen, die durch die Formel

$$E = E_0 \cdot e^{-h \cdot t} \cdot \cos \pi t / T \quad \ldots \ldots \ldots (23)$$

dargestellt wird. Du kennst das Bild einer Welle; denke dir nur, daß eine jede Amplitude verkleinert wird um ein Stück, entsprechend der

punktierten Grenzkurve (Fig. 339). Die neu aufeinander folgenden Maxima
entgegengesetzten Zeichens sind E_0, E_1, E_2, ...; es ist die Dämpfung D

$$D = -e^{-h \cdot T} = E_1/E_0 = E_2/E_1 = \dots \quad \dots \quad (24)$$

wo die E-Werte in den Zeiten T, $2\,T$, $3\,T$, ... genommen sind; da
folgweise der Cosinus $+1$, -1, $+1$, -1, ... ist, wurden die Amplituden $E_0 \cdot D = E_1$ bei $t = T$ und $E_0 \cdot D^2 = E_1 \cdot D = E_2$, bei
$t = 2\,T$ usf. Die Dämpfung ist von der Kapazität und von der Schließung
abhängig.   Bei gerade ausgespannten Drähten wächst die Dämpfung
mit der Länge; die Zahl der Oszillationen nimmt ab und es tritt endlich nur eine Entladung einfacher Richtung auf, die kontinuierliche. Bei noch weiter vermehrter Drahtlänge nimmt die Dauer dieser
Entladung zu, die Lichtstreifen werden länger.   Noch andere
Methoden erweisen die abwechselnde Richtung der Teilentladungen.
Schon Fig. 339 lehrt, daß, wenn die Entladung bei irgend einem Maxi-
mum abbricht, der Rückstand bald positiv, bald negativ ausfallen müßte.
Es war vielfach vergeblich danach gesucht worden, bis es Oettingen
gelang, das Vorkommen nachzuweisen. Er wandte zuerst Schließungen
an, die stark verzögernd wirken, lange spiralförmige Leiter von 60000 m
Länge. Bei kleinen Funkenstrecken erhält man nur die erste Oszillation.
Je größer die Ladung bei vergrößerter Funkenstrecke, um so mehr
Oszillationen kommen zustande.   Entladungen durch lange spiralförmige
Drähte haben eine große Dauer T; infolgedessen brechen die Entladungen
leichter ab in Momenten der Maxima und man erhält beträchtliche
negative Rückstände nach einer jeden ungeradzahligen Oszillation. Bei
vermehrter Ladung traten 2, 3, 4, ... Teilentladungen auf und die Rückstände waren abwechselnd $+$ und $-$.   Bei kurzer Schließung müssen
die Messungen fein sein, weil bei $+$ geladener Batterie der wiederauftretende Rückstand die $--$-Entladungsrückstände verdeckt; je länger
man zuwartet nach der Entladung, um so kleiner erscheinen die beobachteten negativen Rückstände.

Schüler: Wir lernten, daß der Rückstand immer einen bestimmten
Bruchteil der Ladung ausmache.

Meister: Dieses Gesetz ist ganz falsch, wird aber heute noch in
sonst guten Werken angeführt; es vererbt sich immer weiter! Geiss-
lersche Röhren zeigen schön die Oszillationen.   Eine einfach gerichtete Entladung zeigt eine Lichterscheinung wie Fig. 340. Links,
auf der negativen Seite, ist das Licht anders gefärbt; das positive Licht
ist geschichtet von der Elektrode an.   Bei oszillatorischer Entladung
fand Paalzow auf beiden Seiten negatives Licht, und im rotierenden
Spiegel besehen, wechselte die Stellung wie in Feddersens Funken-
bilde.   Stellt man Stahlnähnadeln in der Nähe der Schließung auf, so
fand Savary bald positive, bald negative Magnetisierung, v. Liphart

erhielt bei einer Reihe von Nadeln nebeneinander einen Wechsel des Zeichens. Auch Interferenzen von elektrischen Oszillationen hat Oettingen dargestellt, worauf wir später eingehen. Auch erwies er die Theorie durch folgenden Brückenversuch: Wie Fig. 341 zeigt, werden zwei Flaschen A und B miteinander durch eine Funkenstrecke

Fig. 340.

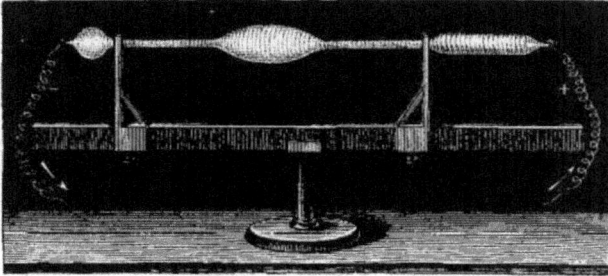

II verbunden, beide Außenbelegungen sind geerdet. Nur der Flasche B gibt man die Möglichkeit, sich direkt zu entladen durch die Funkenstrecke I. Tritt diese ein, würdest du erwarten, daß auch in II ein Funken auftritt?

Schüler: Wenn II kleiner ist als I, wohl.

Meister: Nun aber beobachtet man in II einen laut schallenden Funken, der viel kräftiger sein kann als der in I; man erhält ihn noch, wenn II mehr als doppelt so groß ist wie I, z. B. es war $I = 18$ mm und $II = 63$ mm!

Fig. 341.

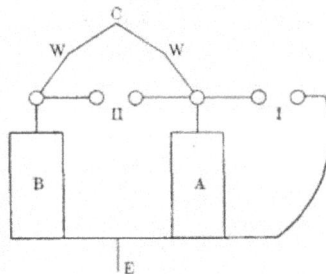

Schüler: Freilich kommt die Flasche A nach der ersten Oszillation auf ein hohes negatives Potential und in II steht das ursprünglich mitgeteilte Potential $+ P$ links einem negativen $- K.P$ rechts gegenüber; das könnte einen Funken entsprechend $(1 + K) . P$ geben; da K ein Bruch ist, kann der Wert $2 P$ nicht erreicht werden.

Meister: Ganz recht; aber die Ladung ist nicht einfach proportional der Funkenstrecke, sondern wächst viel langsamer.

Schüler: Warum aber entladet sich B nicht durch die zuleitende Schließung?

Meister: Weil man diese schlechtleitend gemacht hat, — aus destilliertem Wasser; das genügt zur gleichzeitigen Ladung von A

und B zu stets gleich hohen Potentialen. Tritt aber die Entladung von A ein, so verliert B noch keine merkliche Menge auf dem Wege wcw, so daß das volle Ladungspotential sich noch darauf befindet, wenn die erste Oszillation von B beendet ist.

8. Rückblick.

Meister: Fasse den ganzen vorigen Abschnitt kurz zusammen.

Schüler: Die Erzeugung von Elektrizität durch Reiben und die Leitfähigkeit wurde auf Anziehung und Abstoßung elektrischer Teilchen zurückgeführt. Wir besprachen die Influenz und die verschiedenen Annahmen zur Erklärung. Insbesondere wurde sogleich die neue Theorie der Elektronen eingeführt; den neuesten Forschungen gemäß kommt Elektrizität nur in Verbindung mit Masse vor. Die immer nur negative Elektrizität bergenden Massen sind gegen 1700 mal kleiner als ein Wasserstoffatom. Gase sind Nichtleiter; sie werden leitend, wenn sie ionisiert worden sind, d. h. wenn Elektronen hineingeschleudert worden sind oder aus ihnen herausgetreten sind. In Leitern können Elektronen sich von Atom zu Atom fortbewegen; ihre Bewegungsenergie geht dabei in Wärme über.

Meister: Man spricht auch von Halbleitern, wie Holz, Papier, Baumwolle; da bewegen sich die Elektronen mit mehr Hindernissen.

Schüler: Bei der Kondensation waren die geladenen Leiter durch Nichtleiter voneinander getrennt; in diesen wurde eine Polarisation angenommen von verschiedenem Betrage. Die Dielektrizitätskonstante ist ein Ausdruck für die Verschiebung der Elektronen. Diese Theorie gab Anlaß, die Kraftlinien als physische Gebilde aufzufassen, besonders weil auch die Feldstärke von der Dielektrizität sich abhängig zeigt, sowie die Gesamtenergie.

Meister: Auch die Kapazität, deren Wert zuerst diese Vertiefung der Anschauungen veranlaßte.

Schüler: Das geometrisch berechnete Potential ist die zum Annähern der Einheit aus dem Unendlichen erforderliche Arbeit. Für einen Punkt sowie für eine Kugel ergab sich $P = E\,r$, die Gesamtenergie war gleich $^1/_2\,E^2/r$, die Ladung setzten wir $E = C.P$ und nannten C die Kapazität. Für Kondensatoren war $C = K.S/d$. Zur Messung der Ladung gebraucht man Galvanometer, für Potentiale das Elektrometer und für die Gesamtenergie das Luftthermometer. Die Arten der Entladung wurden mittels des rotierenden Spiegels untersucht und viele Versuche zur Darlegung der elektrischen Oszillationen besprochen.

IX. Berührungselektrizität. Galvanismus.

1. Volta's Gesetz. Ohm's Gesetz.

Meister: Berühren sich zwei Metalle, so treten Elektronen von dem einen zum anderen hinüber; die Folge ist eine Potentialdifferenz auf beiden Körpern, die wir mit $P_1 | P_2$ bezeichnen. Schließt man mehrere Metalle aneinander, so gilt Voltas Gesetz:

$$P_1 | P_2 + P_2 | P_3 + P_3 | P_4 + \cdots + P_{n-1} | P_n = P_1 | P_n \quad . \quad . \quad (1)$$

d. h. die Potentialdifferenz zwischen zwei Metallen ist gleich der Summe der Potentialdifferenzen zwischen beliebig viel eingeschalteten Metallen. Lassen wir auf den n ten Körper wieder das erste folgen, so kommt ein Glied $P_n | P_1$ hinzu; es hebt sich daher alles auf und die Summe wird gleich Null.

Eine beliebige Folge von Metallen gibt an offenen Enden freie Ladungen; beim Schließen der Enden kann aber nie ein Strom entstehen, da der entgegengesetzte Potentialsprung hinzugefügt wird. Der Wert eines Sprunges ist indes von der Temperatur abhängig. In Fig. 342 ist ab ein Stab aus Wismut, $aedb$ ein Kupferdraht.

Fig. 342.

Schüler: Die Potentialdifferenz an den Verbindungsstellen a und b sind einander entgegengerichtet; es kann kein Strom entstehen, weil $P_k | P_w + P_w | P_k = 0$ ist.

Meister: Sobald aber a erwärmt wird, besteht diese Gleichheit nicht mehr; die in a zugeführte Wärme setzt sich in elektrische Energie um; es entsteht ein Thermostrom.

Schüler: Darf ich sagen: Die zugeführte Wärme treibt Elektronen aus einem Metall ins andere; die Elektronen fließen nach der Seite höherer Potentiale ab.

Meister: Richtig. Den Betrag solcher Potentiale und Strömungen behandeln wir später; heute soll uns nur der Begriff eines Stromes beschäftigen. Im vorliegenden Falle haben wir einen einzigen Potentialsprung; diesen einfachsten Fall stellen wir voraus. Noch einfacher denken wir uns einen gleichförmigen Leiter, in dem an irgend einer Stelle eine elektromotorische Kraft vorhanden sei.

Schüler: Dann wird ein Strom entstehen in der Richtung des Gefälles.

Meister: Alles, was wir früher bei der Wärmeleitung besprochen haben, kommt jetzt zur Geltung. Ich setze voraus, daß dir alles erinnerlich ist, was wir damals (S. 225 bis 228) feststellten.

Schüler: Wir erkannten, daß für den Wärme- wie für den Wasserstrom beim Beharrungsstande dieselbe Formel galt:

$$W = L \cdot q \cdot (t_2 - t_1)/l \quad \ldots \ldots \ldots \quad (2)$$

Meister: Genau dieselbe Formel gilt auch hier; wir haben nur die Größen elektrisch umzudeuten. Jetzt ist W die in der Sekunde fließende Elektrizitätsmenge, die wir mit J bezeichnen, q ist wie dort der Querschnitt der Leitung, l ihre Länge und L die **spezifische Leitfähigkeit**. Statt t_2 und t_1 schreiben wir hier die Intensitätsfaktoren der Elektrizität P_2 und P_1.

Schüler: Demgemäß wird jetzt:

$$I = L \cdot q \cdot (P_2 - P_1)/l \quad \ldots \ldots \quad (3)$$

Meister: Der Wert von I wird nach der Definition:

$$I = E/t \quad \ldots \ldots \ldots \ldots \quad (4)$$

d. h. es ist die **Stromstärke** I gleich der in der Sekunde durch einen Querschnitt fließenden Elektrizitätsmenge, im elektromagnetischen Maße ist:

$$[I] = [E] \cdot [t]^{-1} = [m]^{1/2} \cdot [l]^{1/2} \cdot [t]^{-2} \quad \ldots \ldots \quad (5)$$

nach technischem Maß wird I in Amper gemessen (s. Anhang); es ist:

$$1 \text{ Amper} = 1 \text{ Coulomb} / 1 \text{ Sekunde} = 0{,}1 \text{ elektromagn. Einh.} \quad (6)$$

Wir haben erkannt, daß beim Beharrungsstande überall die gleiche Menge fließen muß; denn wenn I verschieden wäre, so entstünden Stauungen.

Schüler: Es mußte deshalb auch das Gefälle überall dasselbe sein; es ist hier das Gefälle:

$$G = (P_2 - P_1)/l = dP/dl \quad \ldots \ldots \quad (7)$$

Meister: Es ist nicht praktisch, das Gefälle auf die Einheit der Länge zu beziehen, da diese ganz verschiedenen Stoffen angehören kann, man daher keine elektrisch bestimmte Einheit erhalten würde. Statt dessen empfiehlt es sich, die Einheit des Widerstandes einzuführen. Wir nannten nämlich **Leitbetrag**

$$\mathfrak{L} = L \cdot q/l \quad \ldots \ldots \ldots \ldots \quad (8)$$

und führen jetzt den reziproken Wert W als **Leitungswiderstand** ein:

$$W = 1/\mathfrak{L} = l/L \cdot q = w \cdot l/q \quad \ldots \ldots \quad (9)$$

wo $w = 1/L$ **spezifischer Widerstand** genannt wird.

Schüler: Der Widerstand ist also proportional der Länge l der Leitung und umgekehrt proportional dem Querschnitte q.

Meister: Der Widerstand bezeichnet nur den reziproken Wert und insofern auch das Gegenteil von Leitfähigkeit und nicht etwa eine Kraft, denn Kräfte treten nicht als Faktoren, sondern als Subtrahenden von anderen Kräften auf. Unser Gesetz Gleichung (3) lautet nun:

$$I = (P_2 - P_1)/W \quad \dots \dots \quad (10)$$

Es heißt das Gesetz von Ohm, und ihn zu ehren ist die technische Einheit der Stromstärke I des Widerstandes W ein Ohm genannt worden. Es soll

$$1 \,\text{Amper} = 1 \,\text{Volt}/1 \,\text{Ohm} \quad \dots \dots \quad (11)$$

sein. Eine andere Einheit, 1 Siemens genannt, ist der Widerstand eines Quecksilberfadens von 100 Zent Länge und 1 mm Querschnitt bei 0°. Man fand:

$$1 \,\text{Ohm} = 1{,}063 \,\text{Siemens} \quad \dots \dots \quad (12)$$

Untersuche noch die Dimension eines Widerstandes.

Schüler: Es war $[i] = [l]^{1/2} . [m]^{1/2} . [t]^{-1}$ nach elektromagnetischem Maß, und Potential: $[V] = [l]^{3/2} . [m]^{1/2} . [t]^{-2}$, also Widerstand:

$$[W] = [V].[i] = [l].[t]^{-1} \quad \dots \dots \quad (13)$$

also eine Geschwindigkeit!

Meister: Das beweist wiederum, daß es kein absolutes Maßsystem gibt; es ist eben ein elektromagnetisches. Die Potentialdifferenz $(P_2 - P_1)$ wollen wir in Zukunft mit V (Volt) bezeichnen und, wie es leider üblich ist, sie elektromotorische Kraft nennen, auch abgekürzt mit EMK schreiben; denn nur das Gefälle, d. h. die auf dem Widerstand 1 reduzierte Potentialdifferenz entspräche einer Kraft. Die EMK ist unabhängig von dem absoluten Werte der P_2 und P_1. Eine geschlossene Stromleitung kann an beliebiger Stelle geerdet werden; die Folge wäre, daß überall auf der Leitung das Potential sich um gleich viel änderte, denn das wesentliche ist die Erregung der Potentialdifferenz, die sich sofort wieder herstellt.

2. Reduzierte Widerstände. Rheostaten.

Meister: Unsere Leitung bestehe aus zwei Teilen mit verschiedenem Widerstande. In Fig. 343 sei der Leiter ZA mit dem anderen AK verbunden; das Potential bei Z sei gleich c; wie groß wird im Beharrungsstande das Potential $AB = v$ sein, wenn es bei $K = 0$ ist?

Schüler: Auf den Strecken ZA wird das Gefälle geradlinig sein; ebenso auf AK; ich nenne den Strom i, die Widerstände W_1 und W_2, dann ist:

$$i = (c - v)/W_1 = v/W_2$$

also wird

$$c . W_2 = v . (W_1 + W_2) \quad \dots \dots \quad (14)$$

und

$$v = c . W_2/(W_1 + W_2) \quad \dots \dots \quad (15)$$

Meister: Es sei

$$W_1 = l_1 . w_1/q_1 \quad \text{und} \quad W_2 = l . w_2/q_2 \quad \ldots \ldots (16)$$

Man kann nun den Widerstand

$$W_2 = l_2 . w_2/q_2 = x . w_1/q_1 \ldots \ldots \ldots (17)$$

setzen, d. h. man kann W_2 und dessen Länge l_2 ersetzt denken durch ein Leiterstück x mit demselben spezifischen Widerstande w_1 und Querschnitte q_1, wie das andere Stück W_1; dann ist

$$l_2 . w_2/q_2 = x . w_1/q_1, \quad \text{und} \quad x = w_2 . q_1 . l_2/w_1 . q_2 \ldots (18)$$

die reduzierte Länge des Leiters l_2. Trägt man dieses x als AK' an ZA an, so wird das Gefälle ABK' durchweg eine gerade Linie bilden, weil $i = (c-v)/w_1$ bleibt, dabei zugleich $= c . q_1/w_1 . (l_1 + x)$

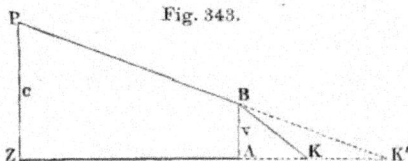

Fig. 343.

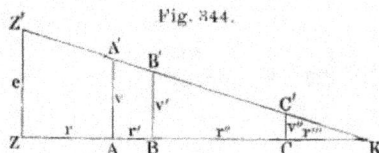

Fig. 344.

wird. Nach der Reduktion erscheint das Ohmsche Gesetz wieder in ein-facher Gestalt und das kann für beliebig viele Leiter ausgeführt werden, wie in Fig 344 geschehen ist. Kommen aber zwei oder mehr EMK vor, so wird die offene Leitung zuerst wie in Fig. 345 abgebildet. Bei I ist nach Volta's Auffassung die EMK von Kupfer|Zink = 100 gesetzt und Zink|Schwefelsäure = 140; in II dagegen ist die EMK = 213 an-

Fig. 345.

I   II

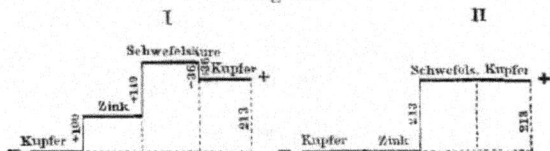

genommen. Taucht man nämlich Zink in Schwefelsäure, so macht sich sofort der Chemismus geltend. Wir behandeln zunächst die Annahme I. Die gesamte EMK ist gleich der Summe der einzelnen EMK; Ohms Gesetz ist anwendbar, sobald die Widerstände reduziert worden sind; sind diese $r_1, r_2, r_3, \ldots$, so wird

$$i = (v_1 + v_2 + v_3 + \cdots)/(r_1 + r_2 + r_3 + \cdots) = \Sigma v/\Sigma r \quad (19)$$

Ein so einfacher Ansatz wäre nicht möglich, wenn man statt der Wider-stände die Leitungsgrößen nähme, denn schon bei zwei Stücken r_1 und r_2 wäre

$$R = r_1 + r_2 = 1/l_1 + 1/l_2 = (l_1 + l_2)/l_1 . l_2 \ldots (20)$$

eine unbequeme Formel. Anders ist es bei Nebenzweigen, wovon
später. Wird eine Leitung geschlossen, so stellt sich fast augenblicklich das Gefälle ein. Man trage auf einer Abszissenachse (Fig. 346)

die reduzierten Wider-
stände ein, übertrage den
Wert 213 auf die eine
Seite, links; dann ver-
tritt die Gerade AB das
Gefälle. Die Linien ab,
cd und ef zieht man
parallel AB und be-
achtet bei b, d und g
die Potentialsprünge als
Ordinaten; man wird zu-
letzt g richtig auf der
Linie AB finden. Wie
Massensätze zum Wägen,
so stellt man Wider-
standssätze her, Rheo-
staten. Eine ältere Form
bestand in Walzen, die
mit Drahtspulen um-
wickelt sind; neuer sind
Stöpselrheostaten.

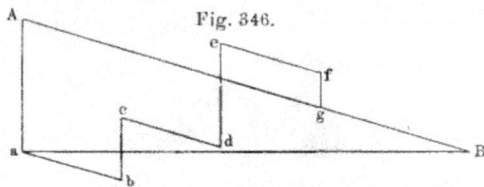

Fig. 346.

Fig. 347.

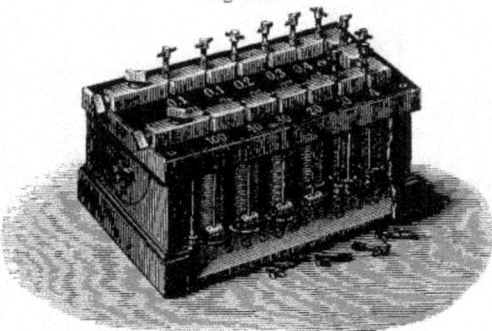

In Fig. 347 sind die einzuschaltenden Drahtlängen in Ohmwerten verzeichnet. Gerade ausgespannte Meßdrähte heißen Rheokorde.

3. Daniell's Element. Strommessung. Galvanometer.
Tangentenbussole.

Meister: Die Herstellung galvanischer Elemente können wir erst
ganz zuletzt behandeln, wollen aber doch die Bekanntschaft mit einem
konstanten Element, etwa dem von Daniell vorausnehmen, ohne die
Theorie zu berühren.

Schüler: Ich kenne es; es besteht aus Zink, verdünnter Schwefelsäure, Kupfervitriollösung und Kupfer; die Flüssigkeiten sind durch eine
poröse Tonzelle voneinander getrennt. Ähnlich ist Bunsens Element;
statt Kupfer in Kupfervitriol ist Kohle in Salpetersäure getaucht.

Meister: Diese Elemente sind so wie Fig. 348 gestaltet; K ist
Kohle, bei Daniell Kupfer; der Hauptsitz der EMK ist die Berührungs-
stelle zwischen Zink und Säure; erdet man K, so zeigt m mit dem
Elektrometer verbunden negative Elektrizität an.

Schüler: Und erdet man m, so zeigt K positive Elektrizität.

Meister: Zunächst erledigen wir alles, was zur Strommessung gehört, und zwar die elektromagnetischen Meßmethoden, die chemischen dagegen später.

Schüler: Ich weiß, daß eine Magnetnadel vom Strome abgelenkt wird und zwar weicht das Nordende nach links, wenn man sich

Fig. 348.

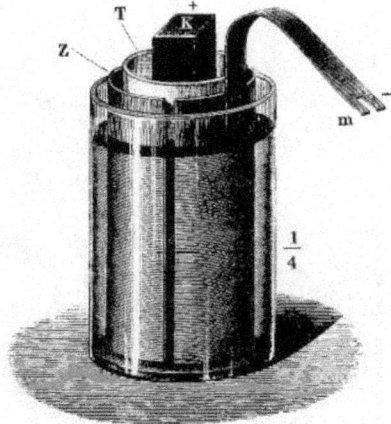

Fig. 349.

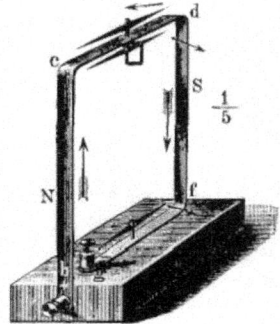

Fig. 350.

mit dem Strome schwimmend denkt und das Nordende ansieht.

Meister: Das zeigt Fig. 349. Diese von Oersted entdeckte Einwirkung wird stark, wenn der Strom die Nadel kreisförmig umschließt mit einem Halbmesser r; die ablenkende Kraft ist dann:

$$f = 2\pi.r.m.i/r^2 = 2\pi.m.i/r \;..\;(21)$$

wo m die in einem Pole gedachte magnetische Menge bedeutet und i die Stromstärke; die Formel zeigt, daß die Feldstärke beim Pole m gleich $2\pi.i/r$ ist, wie wir später erkennen werden. Das findet Anwendung bei der Tangentenbussole (Fig. 350). Man bringt den Kupferreifen in den magnetischen Meridian, wobei die Magnetnadel auf 0 der Teilung hinweist. Wird ein Strom den unten sichtbaren Klemmen zugeführt, so weicht die Nadel aus und kommt zur Ruhe bei einer Ablenkung α (Fig. 350a). Die erdmagnetische Feldstärke sei F_m, die vom Strom erzeugte F_s; die Resultante beider muß

in die Nadelrichtung fallen, d. h. es müssen die senkrecht darauf gebildeten Komponenten einander gleich sein, d. h.:

$$F_m . \sin\alpha = F_s . \cos\alpha \text{ oder } F_s = F_m . tang\,\alpha \quad \dots \quad (22)$$

ferner ist

$$F_m = m . H \quad \dots \dots \dots \dots \quad (23)$$

wo H die erdmagnetische Feldstärke ist; da

$$F_s = 2\,\pi\,i . m/r \quad \dots \dots \dots \quad (24)$$

ist, wird

$$m . H . tang\,\alpha = 2\,\pi\,i . m/r \quad \dots \dots \quad (25)$$

oder

$$i = H . r . tang\,\alpha / 2\,\pi \quad \dots \dots \dots \quad (26)$$

Schüler: Hier ist wieder m herausgefallen, ganz wie damals bei
den rein magnetischen Ablenkungen!

Meister: Und was folgt hieraus?

Schüler: Offenbar, daß die Ablenkung α nicht vom Moment
der Nadel abhängig ist; man braucht es also nicht zu bestimmen.

Fig. 350 a.   Fig. 351.   Fig. 352.   Fig. 352 a.

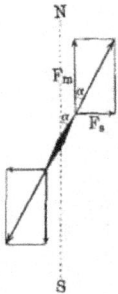
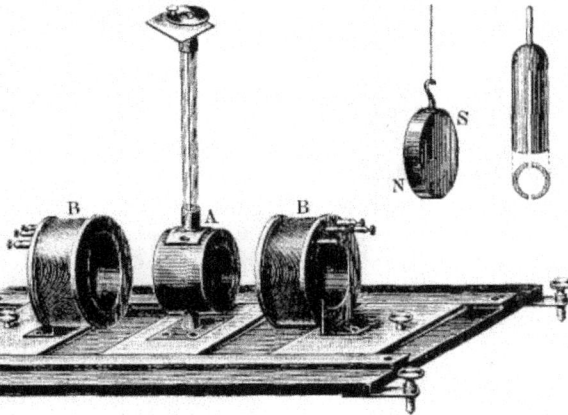
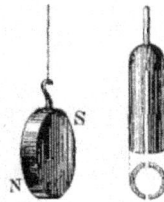

Meister: Die Tangentenbussole wird auch mit mehreren, etwa
mit n kreisförmigen Windungen versehen; die Messung wird empfindlicher, weil in Gleichung (26) der Faktor n hinzukommt. Indes sind
die Galvanometer noch weit empfindlichere Meßapparate nach dem
gleichen Prinzip. Eine bequeme Form zeigt Fig. 351. Die kreisförmigen
Drahtwindungen $B B$ sind auf Holzrollen aufgewickelt. A bildet einen
kupfernen Ring, den Dämpfer, in dessen Höhlung ein magnetischer
Stahlspiegel an einem Kokonfaden hängt (Fig. 352.) Man beobachtet
mit Fernrohr und Skala (siehe Fig. 199 auf S. 353). Die Spulen B
sind je nach dem Zwecke mit langem, dünnem Draht gewickelt oder
mit kurzem, dickem; auch können die Spulen verstellt werden, um die

Empfindlichkeit zu ändern. Erst später werden wir erkennen, daß im Kupferringe Ströme induziert werden, die die Dämpfung hervorrufen. Siemens wandte einen kleinen Hufeisenmagnet an (Fig. 352a), der so starke Dämpfung bewirkte, daß er ohne Schwingungen, also aperiodisch, im Laufe einer Sekunde zur Ruhe kam! Es gibt noch viele Apparate nach demselben Prinzip, Voltmeter, Ampermeter.

Schüler: Können auch Potentialwerte so gemessen werden?

Meister: Allerdings. Es war Ohms Gesetz: $i = V/R$. Bei gleichbleibendem R wird i auch proportional V sein.

4. Galvanische Batterieschaltung.

Meister: Jedes Element hat einen inneren Widerstand w_i; den der Schließung bezeichnet man als äußeren Widerstand w_a. Die Stromstärke wird

$$i = V/(w_i + w_a) \quad \ldots \ldots \ldots \quad (27)$$

Zur Steigerung des Stromes vereinigt man Elemente zu Ketten, unterscheidet dabei Folgeschaltung und Parallelschaltung (Fig. 353

<table>
<tr><td>Fig. 353.</td><td>Fig. 353a.</td></tr>
<tr><td></td><td></td></tr>
</table>

und 353 a); bei letzterer wird nur die Oberfläche der eintauchenden Metalle vergrößert; es ist so, als hätte man nur ein Element mit geringerem Widerstande gleich w/n. Die EMK ist unverändert geblieben, denn sie ist unabhängig von der Oberfläche der sich berührenden Stoffe und nur von deren Beschaffenheit abhängig. Bei Folgeschaltung wird die Stromstärke i_f:

$$i_f = n \cdot V/(n \cdot w_i + w_a) = V/(w_i + w_a/n) \quad \ldots \quad (28)$$

bei Parallelschaltung:

$$i_p = V/(w_i/n + w_a) \quad \ldots \ldots \ldots \quad (29)$$

Ist w_a klein gegen w_i, so ist Gleichung (29) vorteilhaft; ist w_a groß, so wähle man Folgeschaltung Gleichung (28). Zur Darlegung von Ohms Gesetz bedient man sich der Tangentenbussole. Es werden nur die Stromstärken gemessen, und daraus unter Einschaltung bekannter Widerstände die Unbekannten V und w berechnet. Wir setzen:

$$i = V/(w_i + x) \quad \ldots \ldots \ldots \quad (30)$$

wo i proportional der Tangente des gemessenen Ablenkungswinkels α ist und x der Widerstand der Schließungsleitung. Schaltet man nun einen bekannten Widerstand r_1 ein, so beobachtet man die Ablenkung α_1, und $tg\,\alpha_1$ wird $= i_1$ gesetzt; also ist

$$i_1 = V/(w_i + x + r_1) \quad \ldots \ldots \ldots \quad (31)$$

aus diesen zwei Gleichungen lassen sich die gesuchten V und $w_i + x$ berechnen.

Schüler: Ich finde

$$w_i + x = i_1 . r_1/(i - i_1) \quad \ldots \ldots \ldots (32)$$

und $$V = i . i_1 . r_1/(i - i_1) \quad \ldots \ldots \ldots (33)$$

Meister: Ist x sehr klein, so gibt Gleichung (32) das Verhältnis von w_i zu r_1. Zur Prüfung des Ohm'schen Gesetzes schaltet man noch ein bekanntes r_2 ein; es wird

$$i_2 = V/(w_i + x + r_2) \quad \ldots \ldots \ldots (34)$$

Schüler: Also:

$$w_i + x = i_2 . r_2/(i - i_2) \quad \ldots \ldots \ldots (35)$$

und $$V = i . i_2 . r_2/(i - i_2) \quad \ldots \ldots \ldots (36)$$

Hier muß Gleichung (35) denselben Wert für $w_i + x$ ergeben wie Gleichung (32), d. h. zur Bestätigung des Gesetzes muß sich bewähren:

$$i_2 (i - i_1)/i_1 (i - i_2) = r_1/r_2 \quad \ldots \ldots \ldots (37)$$

Meister: Nimmt man ein anderes Element, dessen EMK gleich V_1 ist, so erhält man nach diesem Verfahren das Verhältnis V/V_1. Zum raschen Schließen von Leitungen gebraucht man den galvanischen Schlüssel, auch Rühmkorff's Stromwender, Pohl's Wippe mit Quecksilberkontakten. Mannigfach gibt es Stromschalter, genannt Pachytrope.

5. Stromverzweigung. Kirchhoff's Gesetze. Wheatstone's Brücke. Widerstandsmessung.

Meister: Bei beliebigen Verzweigungen und gegebenen EMK muß die Stromstärke in jedem einzelnen Zweige bestimmt werden. Die folgende Theorie entwickelte Kirchhoff, als er in Königsberg Student war. Immer lassen sich Verzweigungspunkte und Verzweigungsumringe finden. In einem Punkte stoßen drei oder mehr Leiterstücke zusammen, wenn sich ein Leiter in zwei oder mehr zerteilt (Fig. 354). Beim Beharrungsstande darf das Niveau sich nirgends ändern;

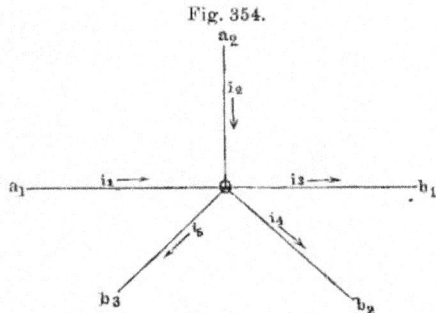
Fig. 354.

es muß deshalb $i_1 + i_2 = i_3 + i_4 + i_5$ sein; wir setzen allgemein:

$$\Sigma i = 0 \quad \ldots \ldots \ldots \ldots (38)$$

das ist das erste Kirchhoffsche Gesetz: Die Summe der in einem
Punkte zusammentreffenden Stromstärken ist gleich Null.
Im Umkreise (Fig. 355) dagegen gilt Ohms Gesetz für jedes Zweigstück

Fig. 355.

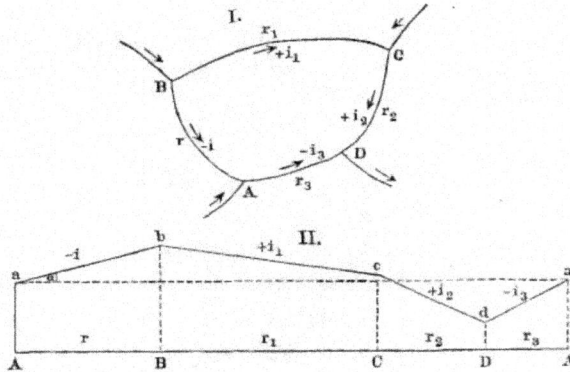

mit dem Widerstande r, wenn A und B zugleich die dort herrschenden
Potentiale sind, $i = (A - B)/r$, oder:

$$\left.\begin{aligned} i \cdot r &= A - B\\ i_1 \cdot r_1 &= B - C\\ i_2 \cdot r_2 &= C - D\\ i_3 \cdot r_3 &= D - A \end{aligned}\right\} \quad \ldots \ldots \ldots \ldots (39)$$

ebenso

und

aber

folglich: $i \cdot r + i_1 \cdot r_1 + i_2 \cdot r_2 + i_3 \cdot r_3 = 0$, kürzer geschrieben:

$$\Sigma (i \cdot r) = 0 \ldots \ldots \ldots (40)$$

das gilt aber nur, wenn keine EMK im Umkreise vorkommen; anderenfalls gibt die rechte Seite die Summe der EMK und wir schreiben:

$$\Sigma (i \cdot r) = \Sigma V \ldots \ldots \ldots (41)$$

das ist das zweite Gesetz von Kirchhoff, in Worten: Die Summe
der Produkte aus Stromstärke und Widerstand in jedem
Zweige eines Umringes ist gleich der Summe der elektro-
motorischen Kräfte im Umringe. Fig. 356 gibt den Fall, wo zwei
EMK gegeben sind; in Fig. 355 und 356 ist unter II ein Schema des
Potentialverlaufs verzeichnet. Die Abszissen sind reduzierte Widerstände. Der Umkreis ist aufgeschnitten gedacht, daher am Anfang und
Ende gleiche Potentialwerte stehen. Wir wollen sogleich zwei der einfachsten, aber wichtigsten Anwendungen vornehmen: zunächst die einfache Verzweigung (Fig. 357).

Schüler: Das erste Gesetz gibt für den Punkt a:

$$J = i + i_1 \quad \ldots \ldots \ldots \quad (42)$$

und der Punkt c gibt nichts Neues.

Meister: Bei n Verzweigungspunkten erhält man aus dem ersten Gesetz $(n-1)$ Gleichungen, also im vorliegenden Falle, da $n = 2$ ist, nur eine Gleichung.

Fig. 356.

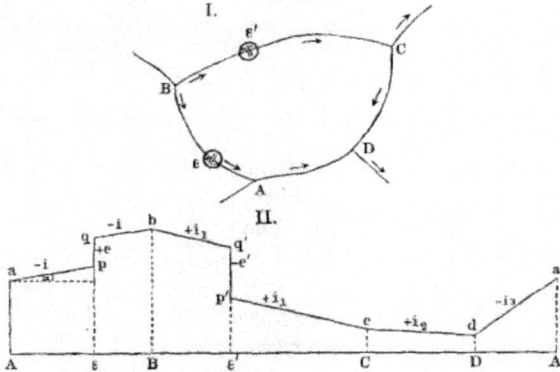

Schüler: Der Umkreis ohne EMK gibt:

$$i \cdot r - i_1 \cdot r_1 = 0 \quad \ldots \ldots \ldots \quad (43)$$

der andere gibt:

$$I \cdot R + i \cdot r = V \quad \ldots \ldots \ldots \quad (44)$$

Nun haben wir drei Gleichungen und können die drei Werte von J, i und i_1 durch V, r, r_1 und R ausdrücken. Es wird:

$$i = V \cdot r_1 / N \quad \ldots \ldots \ldots \quad (45)$$

$$i_1 = V \cdot r / N \quad \ldots \ldots \ldots \quad (46)$$

$$J = V \cdot (r + r_1)/N \quad \ldots \ldots \ldots \quad (47)$$

wo $N = r \cdot r_1 + R \cdot r + R \cdot r_1$ gesetzt ist.

Meister: Bei Verzweigungen wird der Widerstand vermindert; es addieren sich nämlich die Leitvermögen l und l_1, nicht aber die Zweigwiderstände, denn es ist

$$l + l_1 = 1/r + 1/r_1 = (r + r_1)/r \cdot r_1 \quad \ldots \ldots \quad (48)$$

die Zweige adc und abc haben zusammen einen Widerstand:

$$R = 1/(l + l_1) = r \cdot r_1/(r + r_1) \quad \ldots \ldots \quad (49)$$

Folgen sich dagegen zwei Zweige r und r_1, so ist der Widerstand gleich der Summe beider, dagegen die Leitfähigkeit [s. Gl. (20)] gleich $l \cdot l_1/(l + l_1)$. Endlich lehren die Gleichungen (45) und (46) noch, daß bei einer Verzweigung die Stromstärken in den Zweigleitern direkt wie

die Leitgrößen und umgekehrt wie die Widerstände sich verhalten. Die zweite überaus wichtige Anwendung ergibt sich, wenn quer
vom Leiter d (Fig. 357) ein Brückendraht nach einer Stelle des Leiters
b angelegt wird. Diese ganze Verzweigung (Fig. 358) heißt Wheatstone's

Fig. 357.   Fig. 358.

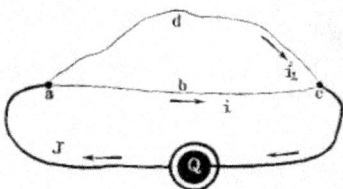 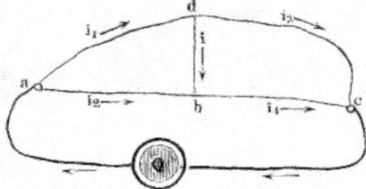

Brücke. Die Versuche werden so angestellt, daß im Brückenzweige
der Strom $i =$ Null wird. Nach dem ersten Gesetz ist alsdann:

$$i_1 = i_3 \quad \text{und} \quad i_2 = i_4 \ldots \ldots \ldots \quad (50)$$

Die Umkreise ergeben:

$$i_1 . r_1 = i_2 . r_2 \quad \text{und} \quad i_3 . r_3 = i_4 . r_4 \ldots \ldots \quad (51)$$

also durch Division beider Gleichungen und wegen Gleichung (50):

$$r_1 : r_3 = r_2 : r_4 \ldots \ldots \ldots \quad (52)$$

Das führt zu einer ergiebigen Widerstandsmessungsmethode.
Man kann $r_1 = r_2$ machen, dann muß $r_3 = r_4$ sein, sobald $i = 0$ ist.
Im Zweige db wird ein Strommesser eingeschaltet, ein empfindliches
Galvanometer oder Galvanoskop. Es enthält dc den zu messenden
Widerstand und bc einen Rheostat. Vermehrt man dc um irgend einen
Widerstand d, so wird $i = 0$ verraten, welche Einschaltung x dazu
erforderlich war. Auch spezifische Widerstände werden so bestimmt.
Es war Gleichung (9): $W = w . l/q$, also ist der spezifische Wert:

$$w = W . q/l \ldots \ldots \ldots \ldots \quad (53)$$

Es werden l und q gemessen und W beobachtet.

Spezifische Widerstände (w) eines Kub und Meterlänge (l)
eines Ohm:

	w	l		w	l
Ag	1 440	69	Pb	18 000	5,3
Cu	1 700	60	Sb	34 000	2,9
Au	2 000	50	Hg	94 300	1,063
Al	2 800	36	Bi	125 000	0,80
Zn	5 400	19	Neusilber . . .	20 000	5,00
Pt	9 100	12	2 Ag + 5 Pt . .	25 000	4,00
Fe	9 800	10,7	Nickelin . . .	40 000	2,5
Ni	12 000	8,3			

Fig. 359 zeigt den ganzen Aufbau der Brücke von G. Lorenz mit allen sechs Zweigen. Das Element ist in Q; die Brücke, von b bis c, enthält G; a und d sind Verzweigungspunkte; die beiden gleichen Zweige sind ab und db; sie können gleich 10 oder 100 gemacht werden, oder auch im Verhältnis von $1:10$. Es stellt R den zu messenden

Fig. 359.

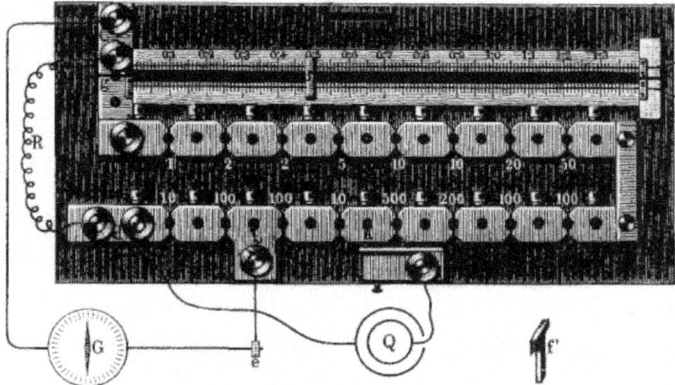

Widerstand dar; der geeichte Stöpselrheostat mit einem Satz von 1 bis 1000 Ohm, ähnlich einem Massensatz, gestattet jede Einschaltung und ein Rheokord von Poggendorff ermöglicht Bruchteile von Ohms einzuschalten; das ist notwendig, weil die Widerstandsmessung einer sehr großen Genauigkeit fähig ist. Die Benutzung der Brücke zur Bestimmung von Widerständen flüssiger Körper behandeln wir später.

6. Energieumsatz in festen Leitern. Erwärmung. Elektrisches Licht.

Meister: Die elektrische Energie wird in dem galvanischen Element durch chemische Affinität erzeugt. Auf Kosten dieser wird fort und fort eine Elektrizitätsmenge E auf das Potential V erhoben; das entspricht einer Arbeit $E \cdot V$, und da $I = E \cdot t$ ist, wird die Arbeit A in der Zeit T

$$A = I.V.T \quad \ldots \ldots \ldots \ldots (54)$$

Diese Energiemenge wird in festen Leitern in Wärme umgesetzt. Da $I = V/W$ oder $V = I.W$ ist, kann man auch schreiben:

$$A = I^2.W.T \quad \ldots \ldots \ldots \ldots (55)$$

Du wirst dich davon überzeugen können, daß rechts die Dimension der Energie sich richtig ergibt.

Schüler: Die Erwärmung ist also proportional dem Quadrat der Stromstärke und proportional dem Widerstande.

Meister: Doch nur unter der Bedingung eines konstanten I; bei der Abhängigkeit von mehreren Größen muß beachtet werden, welche

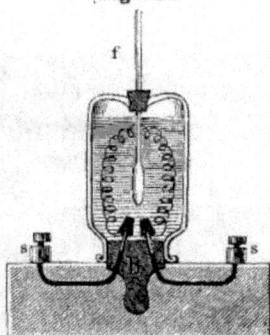

Fig. 360.

Werte konstant erhalten werden. Das Gesetz Gl. (55) wurde von E. Lenz und fast gleichzeitig von Joule gefunden. Der Lenzsche Apparat ist in Fig. 360 abgebildet. Es ist ein Kalorimeter, dessen Flüssigkeit durch den vom Strom erhitzten Draht erwärmt wird. Man mißt in einer Anzahl Sekunden die Temperaturerhöhung und berechnet die entwickelten Kalorien, die in Joule umzusetzen sind. Es entspricht 1 Joule genau den Einheiten von $I . V . T$; es ist

$$1 \text{ Joule} = 1 \text{ Amper} . 1 \text{ Volt} . 1 \text{ Sekunde,}$$

kurz:

$$1 \text{ Joule} = 1 \text{ Volt-Coulomb} \quad \ldots \ldots \quad (56)$$

Eine viel verwandte technische Einheit ist das Watt. Es ist

$$1 \text{ Watt} = 1 \text{ Joule}/1 \text{ Sekunde} = 1 \text{ Amper-Volt} \quad \ldots \quad (57)$$

meist rechnet man mit Wattstunden, und

$$1 \text{ Wattstunde} = 3600 \text{ Volt-Coulomb} \quad \ldots \ldots \quad (58)$$

ist wieder eine reine Energiegröße (s. Anhang). Die auf eine Sekunde bezogene Energieleistung wird Effekt genannt. In dieser Bezeichnung fallen Qualitäts- und Einheitsnamen zusammen.

Schüler: Also Watts sind Effekte und 1 Joule = 1 Wattsekunde.

Meister: Die Pferdekraft (Horse Power, HP) ist eine veraltete Einheit; die Benennung trifft nicht einmal zu, denn es soll keine Kraft, sondern ein Effekt sein, nämlich die Erhebung von 75 kg auf ein Meter in einer Sekunde, früher Kilogrammometer genannt, ein Name, der den Faktor Gal fortläßt.

Schüler: Als Effekt hätten wir für 1 HP anzusetzen:

$$75000 \text{ g} . 100 \text{ Zent} . 981 \text{ Gal}/1 \text{ Sek.} = 7357500000 \text{ Dynenzent}/\text{Sek.}$$
$$= 7357500000 \text{ Effekte, nahe} = 735 \text{ Watt;}$$

also ist

$$1 \text{ Watt} = 1/735 \text{ HP} \quad \ldots \ldots \ldots \quad (59)$$

Meister: Stoffe schmelzen bei einer gewissen Stromstärke i, wenn der Drahtdurchmesser 1 mm beträgt und zwar ist

	Cu	Al	Pt	Fe	Sn	Pb
$i =$	80	59	41	24	13	11 Amper.

Hierauf beruht die Galvanokaustik der Chirurgen. — Ein Stoff, der nicht schmilzt, wie Kohle, kann bis zur Weißglut erhitzt werden.

Schüler: Das gibt die elektrische Beleuchtung.

Meister: Eine Glühlampe (Fig. 361) enthält den dünnen Kohlefaden in luftleerer Glasglocke.

Schüler: Die Kohle kann nicht verbrennen, weil es an Sauerstoff fehlt.

Meister: Auch Metallfäden werden angewandt, aus Tantal, Osmium u. a. — Die Nernstlampe besteht aus einer Magnesium enthaltenden Porzellanart, es ist ein isolierender Stoff, der erwärmt zum Leiter wird und hell leuchtet, besonders bei Zusatz von seltenen Erden. Einen entsprechenden Versuch hat der Ingenieur P. Jablotschkoff schon 1880 angestellt, ohne die technische Tragweite zu erkennen.

Fig. 361.

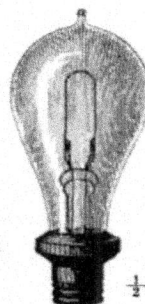

½

Schüler: Kann Elektrizität auch zum Heizen verwandt werden?

Meister: Es sind viele Apparate erfunden worden. Einen sehr zweckmäßigen Zimmerofen bringt das Patent R. v. Brockdorff: Wie eine Glühlampe wird der Ofen in den Kraftzählerstrom eingeschaltet; auch läßt er sich zur Ventilation und Schaffung frischer warmer Luft verwerten.

7. Umkehrbare und nicht umkehrbare Prozesse.
Peltier's Versuch.

Meister: Geht ein Strom durch die Verbindungsstelle zweier Stoffe, so tritt an dieser Stelle neben der allgemeinen Erwärmung noch eine besondere Erscheinung auf. Es wird die Verbindungsstelle erwärmt oder bei umgekehrter Stromrichtung abgekühlt. Diese von Peltier entdeckte Erscheinung führt man darauf zurück, daß an der Trennungsstelle ein Potentialsprung statthat, daher, wenn ein Strom hindurchgeht, die Elektronen auf ein anderes, höheres oder niedrigeres Potential gebracht werden müssen; es muß also ein Energieumsatz statthaben, der positiv oder negativ sein kann. Die galvanische Erwärmung ist eine nicht umkehrbare Erscheinung, die Peltier'sche ist eine umkehrbare.

Schüler: Ihr habt schon früher davon gesprochen (S. 263), als ihr das Gesetz von Le Chatelier-Braun besprcht.

Meister: Wenn die Bedingung eines Vorganges dem Zeichen nach eine Umkehr zuläßt, so muß erkundet werden, ob auch das Zeichen der Wirkung sich ins Gegenteil wandelt. Geschieht das, so ist der

Vorgang ein umkehrbarer, d. h. was soeben Wirkung war, kann als Ursache genommen werden, und was Ursache war, wird jetzt als Wirkung auftreten, und zwar auch mit Zeichenwechsel. Z. B. wir erwärmen eine Lötstelle und finden einen entstehenden Strom; kühlen wir die Stelle ab, so entsteht auch ein Strom, aber in umgekehrter Richtung.

Schüler: Der Vorgang ist also ein umkehrbarer, d. h. wenn wir einen Strom durchsenden, so tritt Erwärmung ein oder bei umgekehrter Richtung Abkühlung; das würden unsere Thermoströme sein (S. 509), und deren Umkehr ist Peltiers Versuch. Sollten nicht alle Vorgänge umkehrbar sein?

Meister: Durchaus nicht. Die allgemeine von Lenz gefundene Erwärmung der Schließung ist nicht umkehrbar, da bei Änderung der Stromrichtung immer wieder Erwärmung und nicht Abkühlung eintritt.

Schüler: Daher auch Erwärmung der Leitung keinen Strom erzeugen kann.

Meister: Im Gebiet des Elektromagnetismus werden wir die zahlreichsten Anwendungen des Satzes finden.

8. Elektrolyse. Faraday's Gesetz. Dissoziation. Ionenwanderung. Voltameter. Polarisation.

Meister: Jede chemische Zersetzung durch Elektrizität heißt Elektrolyse. Sie findet nur in zersetzbaren Flüssigkeiten statt, die leiten; solche heißen Elektrolyte.

Schüler: Die metallenen Zuleitungen nannten wir Elektroden. Positive Elektrizität tritt durch die Anode ein und aus der Kathode heraus.

Meister: „Kata“ heißt griechisch „hinab“ und „ana“ „hinauf“; die Worte sind also nach der Richtung des positiven Stromes gebildet. Wir behandeln zuerst einige unbestrittene Tatsachen und knüpfen die neuesten Auffassungen an. Die Bestandteile der Molekeln wandern nach entgegengesetzten Richtungen zu den Elektroden. Darum nennt man diese Bestandteile Ionen, d. h. Wanderer. Zur Anode wandert das Anion, zur Kathode das Kation. Das erste Gesetz der Elektrolyse heißt: Die an beiden Elektroden auftretenden Ionenmengen sind chemisch äquivalent. Schon vor 100 Jahren hat Dietrich v. Grotthuss (schriftstellerisch Theodor genannt) eine Vorstellung gehabt, die mit geringen, wenn auch sehr wesentlichen Änderungen noch heute besteht. Es galt zu erklären, wie es möglich sei, daß die Bestandteile einer Verbindung an weit voneinander entfernten Orten auftreten, während gar keine Veränderung des unzersetzten Teiles wahrnehmbar sei. Grotthuss nahm an, ein Elektrolyt bestehe aus $+$ und $-$ elektrischen Teilchen, die im elektrischen Gefälle sich ordnen werden, wie etwa

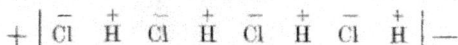

$$+ \;\Big|\; \overset{-}{\text{Cl}} \;\; \overset{+}{\text{H}} \;\; \overset{-}{\text{Cl}} \;\; \overset{+}{\text{H}} \;\; \overset{-}{\text{Cl}} \;\; \overset{+}{\text{H}} \;\; \overset{-}{\text{Cl}} \;\; \overset{+}{\text{H}} \;\Big|\; -$$

Nachdem links ein $\overset{-}{\text{Cl}}$ und rechts ein $\overset{+}{\text{H}}$ ausgeschieden sind, werden Wechselzersetzungen eintreten, $\overset{+}{\text{H}}$ verbindet sich mit $\overset{-}{\text{Cl}}$, und das Paar dreht sich herum usf., es bildet sich immer wieder die vorige Reihe.

Schüler: Mir scheint die Erregung wie eine Welle sich fortzupflanzen. Werden aber beiderseits gleich viel Atome ausgeschieden?

Meister: Gerade das muß statthaben. Es bewegen sich alle $\overset{+}{\text{H}}$ mit einer Geschwindigkeit u nach rechts, alle $\overset{-}{\text{Cl}}$ mit v nach links; dann sind rechts notwendig $u + v$ Teilchen frei geworden, aber links auch $(v + u)$ Teilchen $\overset{-}{\text{Cl}}$. Selbst wenn u oder $v = 0$ wäre, gäbe die Verschiebung immer gleiche Mengen der Ausscheidung. Grotthuss nahm an, der elektrische Strom zerspalte die Molekeln ClH auf der ganzen Strombahn; allein das widerspräche den Gesetzen der Energie, sofern einem jeden auch noch so schwachen Strom i schon eine Zersetzung entspricht. Clausius stellte die kinetische Hypothese auf, es seien einige Molekel im Zerfall begriffen, und diese seien die Stromträger. Arrhenius' Theorie aber behob alle früheren Bedenken, wie wir bald sehen werden. Ungleich schwieriger war die Grundlage des zweiten von Faraday gefundenen Gesetzes zu finden. Er stellte durch Beobachtungen fest, daß, wenn ein und derselbe Strom durch mehrere Elektrolyte, die hintereinander geschaltet sind, hindurchstreicht, überall einander äquivalente Mengen zersetzt und ausgeschieden werden. Hier nun ist der Begriff der Valenz oder Wertigkeit maßgebend. Wir denken uns eine Molekel aus zwei Ionen bestehend, die beide entgegengesetzte, aber gleich große Ladungen tragen. Gelöste Oxyde, Salze, Säuren sind hauptsächlich zur Leitung geeignet; $\overset{+}{\text{H}}$ oder ein Metallatom ist dann das Kation, — doch ist es nicht mehr ein Atom im gewöhnlichen Sinne, denn es ist mit einer ganz bestimmten elektrischen Ladung behaftet und hat zufolge dessen ganz andere Eigenschaften als ein neutrales oder unelektrisches Atom. Die Größe dieser Ladung wird zunächst im molaren Sinne zu geben sein. Jedes Grammäquivalent trägt 96 540 Coulomb. Diese Zahl ist zugleich der Ausdruck für den Begriff der chemischen Valenz. — Nehmen wir eine einwertige Säure HNO_3; sie zerfällt in $\overset{+}{\text{H}}$ und $\overset{-}{\text{NO}}_3$; auf 1 g Kation kommen 62 g Säurerest. Ebenso zerfällt $AgNO_3$ in $\overset{+}{\text{Ag}}$ und $\overset{-}{\text{NO}}_3$.

Und 107 g Silber tragen ebendieselbe Ladung von 96540 Coulomb! Ein drittes Gesetz lehrte die Beobachtung: In zersetzbaren Leitern findet niemals metallische Leitung statt, sondern die Elektrizität bewegt sich nur mit ihren Trägern fort. Hiernach besteht der Strom lediglich in der Wanderung der Ionen; diese Wanderung wurde zuerst von Hittorf gemessen. Alle diese Tatsachen sind der Ausgangspunkt einer umfassenden Theorie der Lösung.

Schüler: Ich verstehe nicht, wie man annehmen kann, die in Lösung befindlichen Molekel seien gespalten; es müßten sich doch die Ionen, da sie sich anziehen, sofort wieder miteinander verbinden?

Meister: Den Zerfall der Molekel in Ionen nennt man Dissoziation, d. h. Trennung. Deine Frage kann nur auf Grund molekularer Voraussetzungen beantwortet werden. In der kinetischen Gastheorie erkannten wir, daß ein Parameter, wie z. B. Druck oder Temperatur, auf eine Mannigfaltigkeit von gleichzeitigen Zuständen zurückgeführt werden kann, die sich um einen Mittelwert, den des Parameters, herumgruppieren (s. S. 272). So nimmt man auch hier an, daß die Ionen sich in Bahnen umeinander in der neutralen Molekel bewegen mögen, wobei sie zeitweilig aus dem gegenseitigen Wirkungsbereich heraustreten. Der Dissoziationsgrad zeigt an, welcher Bruchteil aller Molekel jeweilig zerspalten ist. Es ist auch hier ein Beharrungsstand, sofern in jeder Zeiteinheit ebensoviel Molekel zerfallen, wie durch Vereinigung der Ionen entstehen.

Schüler: Es sind also bald diese, bald jene Molekel in Zerfall?

Meister: Wir dürfen annehmen, daß etwa von einer Million Molekel irgendwelche 10 000 augenblicklich zerfallen sind, daß aber in einer Sekunde vielleicht 100 000mal solcher Wechsel statthat. Für unsere molare Betrachtung kommt nur eine Durchschnittszahl als Ausdruck des Beharrungsstandes zur Geltung.

Schüler: Demgemäß wäre in diesem Beispiele jeweilig 1 Proz. zerfallen, und das wäre auch der Dissoziationsgrad.

Meister: So ist es richtig. Wir werden sehen, daß dieser Dissoziationsgrad mit vielen physischen Erscheinungen in Beziehung steht, die ich dir schon jetzt nennen will: 1. die elektrische Leitfähigkeit der Lösungen, 2. die elektrolytische Ausscheidung, 3. die Dielektrizitätskonstante, 4. der osmotische Druck, 5. der Gefrierpunkt der Lösungen, 6. ihr Siedepunkt, 7. ihre Dampfspannung, 8. ihre Affinität.

Schüler: Das muß ja tief in die Wärmelehre und Chemie eingreifen!

Meister: Laß uns zunächst den experimentellen Teil der Elektrolyse erledigen und den Nachweis jener drei Gesetze besprechen. Das zweite Gesetz von Faraday gibt uns einen vortrefflichen Strommesser. Fig. 362 ist das Silbervoltameter. In der Schale A, die als Anode dient, befindet sich die zu zersetzende Lösung von $AgNO_3$. Als Kathode verwendet man einen Stab B, der unten aus Silber besteht; er ist mit Tüll umgeben, damit die bröckelnden Kristalle nicht zu Boden fallen. Am besten nimmt man beide Elektroden aus Silber, dann behält die Lösung ihre anfängliche Konzentration. Die Niederschlagsmasse ist proportional der Stromstärke i und der Versuchsdauer t, und da nach der Definition $i = e/t$ ist, so wird, wenn s die Silbermenge bedeutet

$$i = k . s/t \quad . \quad . \quad . \quad (60)$$

dieses k ist allgemein angebbar:

$$k = F/A \quad . \quad . \quad . \quad (61)$$

wo $F = 96540$ Coulomb und A das Atomgewicht einer Valenz bedeutet. Wenn z. B. $s\,g$ Silber niedergeschlagen sind, so ist, wenn der Versuch t Sekunden gedauert hat, $i = (s.96540/107).t$ Amper.

Schüler: Lasse ich den Strom eine Stunde andauern, so sind 3600 Ampersekunden, d. h. 3600 Coulomb hindurchgegangen; ich müßte Silber erhalten:

$$s = 107.3600/96540 \, g = 0,399 \, g.$$

Fig. 362.

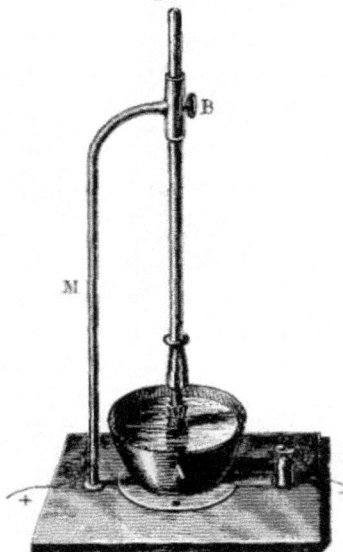

Meister: Richtig. Sehr brauchbar sind auch Kupfervoltameter. Hier bilden 63 g Cu eine Doppelvalenz, also verlangen sie 2.96540 Coulomb. Sehr praktisch sind die Quecksilbervoltameter, die kürzlich unter dem Namen „Stia-Zähler" von der Firma Schott in Jena eingeführt worden sind. Statt einer Wägung kann hier das elektrolytisch ausgeschiedene Quecksilber nach Raummaß jederzeit bequem abgelesen werden. Die Lösung, Kalium-Quecksilberjodid, hält sich jahrelang unverändert und ohne zu kristallisieren, was für technische Verwertung wichtig ist. Auf metallischen Niederschlägen beruht auch die Galvanoplastik. Es nimmt das niedergeschlagene Metall, Cu oder Au oder Ag oder Ni, die Gestalt der Elektroden an, wie Jacobi in Petersburg entdeckte. Die Festigkeit des Niederschlages hängt vom Lösungsmittel ab. Für Silber nimmt man Lösungen in Cyankalium; das Nitrat ergibt nur bröcklige Kristalle. Die Metallmassen von der

Matrize abzutrennen gibt es mancherlei Kunstgriffe; die Wachsformen
werden dazu, und auch um die Fläche leitend zu machen, mit Graphit be-
strichen.   Gibt die Elektrolyse gasförmige Ausscheidung, so wendet
man den Apparat Fig. 363 an.   Man führt Schwefelsäure durch die
Kugel R ein; sie steigt auf in die Röhren A und B bei geöffneten
Hähnen h und h'; dann können die Röhren mit der Flüssigkeit ange-

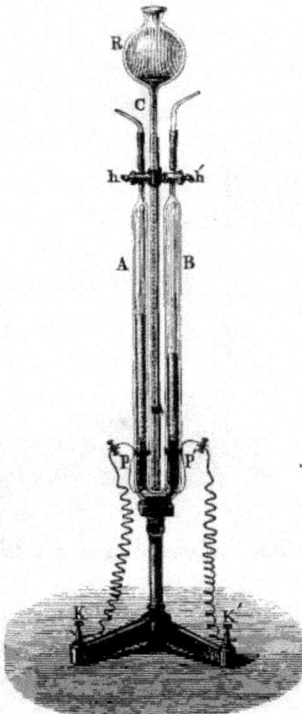

Fig. 363.

füllt werden.   Schließt man die Hähne
und läßt den Strom eintreten, so werden
die Ionen an den Elektroden sich an-
sammeln.   Jedes $\overset{+}{\text{H}}$ wird sofort bei seiner
Ankunft entladen.

Schüler: Das heißt, es kommen ihm
so viel Elektronen entgegen, daß es neutralisiert wird.

Meister: Richtig, und nun ist es
kein Ion $\overset{+}{\text{H}}$ mehr, sondern ein Atom H;
nur als solches, und zwar gepaart,
kann es in Gasform als H_2 entweichen; die Röhre füllt sich mit H_2 an;
das Anion $\overset{=}{SO_4}$ ist zweiwertig; an der
Anode wird O_2 ausgeschieden; auch hier
hat das $\overset{=}{O}$ seine Elektronen erst abgeben
müssen, ehe es ausgeschieden werden
konnte.   Oft kann das wandernde Ion
nicht ausgeschieden werden.   An der
Elektrode angekommen, verbindet es sich
mit dieser oder zersetzt eine Molekel der
Lösung, und es wird ein anderer Stoff
ausgeschieden; man nennt das eine
sekundäre Erscheinung.   Vor der
sichtbaren Ausscheidung eines Gases bedeckt sich die Elektrode mit einer Schicht,
die einen Potentialsprung hervorruft, der immer dem wirksamen
Strome entgegengerichtet ist und den Strom schwächt; dieser
auftretende Potentialsprung heißt Polarisation der Elektrode.

Schüler: Schon wieder dieser Name, der doch schon verbraucht ist.

Meister: Und wie früher, so trifft er auch hier nicht einmal zu.
Hier wäre der richtige Name „Widerstand", denn es wird sein Betrag
vom herrschenden Potential abgezogen; es ist jetzt

$$i = (V - V_1)/W \quad . \; . \; . \; . \; . \; . \; . \; . \quad (62)$$

wo V_1 die EMK der Polarisation bedeutet. Im Ohmschen Gesetz dagegen ist der Widerstand ein Faktor, mithin keine Kraft, was doch das Wort verlangen würde.

Schüler: Kann man denn nicht die passenden Namen einführen?

Meister: Das ist sehr gewagt und kaum ratsam, weil die Technik zu tief im Gebrauch des Wortes versunken ist. Die Widerstands-kästen müßten einfach „Schaltapparate" heißen, d. i. „Rheostate" = „Stromschalter".

Schüler: Die Polarisation muß wohl oft die Versuche beein-trächtigen?

Meister: Es ist erstaunlich, daß Ohm trotzdem sein Gesetz er-kennen konnte, denn damals hatte man noch keine konstanten Ketten ohne jegliche Polarisation. Ohm hielt an der Vorstellung fest, es müsse der Strom ähnlich dem Wärmestrom vor sich gehen, wie ihn Fourier gelehrt hatte. Das Temperaturgefälle war der leitende Gedanke; er übertrug ihn auf das elektrische Gebiet. Wie man Polarisation ver-meidet und wie man andererseits sie mächtig ausnutzt, werden wir bald kennen lernen. Heute behandeln wir noch ein merkwürdiges von G. Lippmann er-sonnenes Instrument, das Kapillarelektro-meter, das auf Polarisation der Elektroden beruht. In Fig. 364a enthält die ge-bogene Glasröhre Quecksilber, über dem rechts Luft sich befindet, links im Kapillar-rohr verdünnte Schwefelsäure (1 : 3). Das Kapillarrohr ist oben umgebogen und taucht in dieselbe Säure.

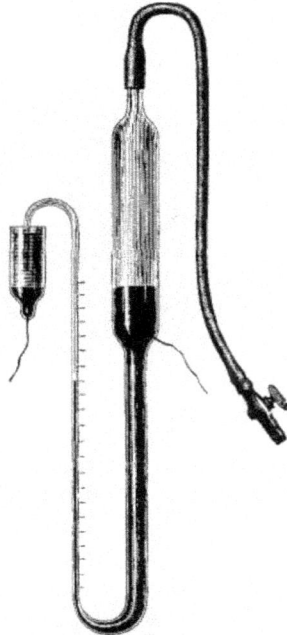

Fig. 364a.

Schüler: Unterhalb ist wieder Queck-silber; ich bemerke die zwei Zuleitungen. In der Kapillarröhre steht das Quecksilber tiefer infolge der Oberflächenspannung (siehe S. 134); der Stand soll wohl an der Skala abgelesen werden?

Meister: Man läßt einen Strom heran-treten; sofort entsteht Polarisation; eine $\overset{+}{\text{H}}$-Ionenschicht bedeckt die Quecksilber-oberfläche im Kapillarrohr und damit zu-gleich ändert sich die Oberflächenspan-nung vom Werte a auf a^1; den Über-druck $a - a^1$ kann man messen, indem man durch den Schlauch den Druck ändert, bis der anfängliche Stand wiederkehrt. Auf Grund dieser Erscheinung baute G. Lippmann sein Kapillarelektrometer (Fig. 364 b). Das Rohr A ist unten zu einer feinen Spitze ausgezogen, so daß es trotz des Druckes noch nicht in das mit verdünnter Schwefelsäure über Quecksilber gefüllte Gefäß ausfließt. Setzt man ein Daniell-

Fig. 364 b.

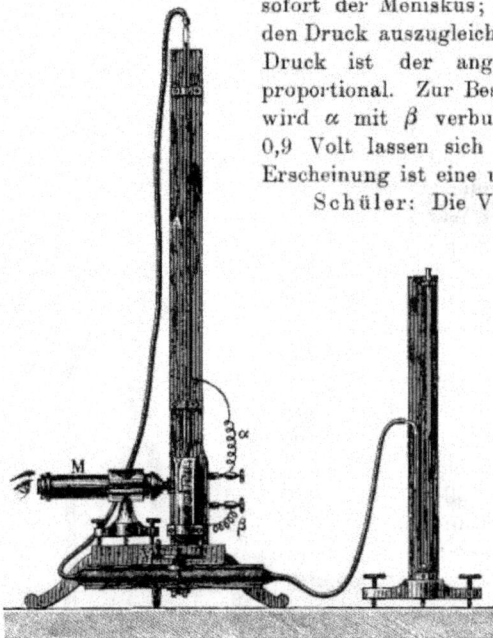

Element an α an und erdet β, so verschiebt sich sofort der Meniskus; das Manometer gestattet den Druck auszugleichen und zu messen; dieser Druck ist der angelegten Potentialdifferenz proportional. Zur Bestimmung des Nullpunktes wird α mit β verbunden. Potentiale bis zu 0,9 Volt lassen sich gut messen. Die ganze Erscheinung ist eine umkehrbare.

Schüler: Die Vermehrung des Potentials bewirkt eine Verminderung der Oberflächenspannung und umgekehrt, — also muß eine veränderte Oberflächenspannung elektrische Potentiale erwecken.

Meister: Richtig. Daraufhin baute Lippmann eine Maschine, bei der Arbeit verwandt wurde zur Änderung der Oberflächenspannung und diese schaffte Elektrizität; eine praktische Verwendung wurde nicht bezweckt. Eine weitere hochinteressante Frage brachte Ostwald auf, indem er den Versuch so einrichtete, daß Quecksilber in winzigen Tröpfchen ausfließt; es entsteht eine „Tropfelektrode", bei der das Potential = 0 werden soll. Hierauf gründete Ostwald eine Methode der unmittelbaren Messung von Potentialdifferenzen zwischen Metallen und Elektrolyten.

9. Lösungstheorie. Diosmose. Osmotischer Druck.
Pfeffers Versuche. Gesetze von van't Hoff und Arrhenius. Ionenwanderung und Theorie der Leitfähigkeit.

Meister: Die soeben besprochene Polarisation hängt aufs engste mit der Theorie der Erregung von Potentialsprüngen zusammen, wie wir sie in der Verbindung Zn|SO$_4$ annahmen, und diese Theorie bildet wiederum einen Teil der Lösungstheorie. Diesem großen Gebiet wollen wir den Begriff der Lösungstension und des osmotischen Druckes zugrunde legen. Den ersten Anstoß gab van 't Hoff 1887 mit der ganz neuen Vorstellung, daß die in Lösung befindlichen Molekel einen Partialdruck ausüben, ganz so wie einem Dampfe in einem Gasgemenge ein besonderer Druck zukommt. Wir denken uns Zucker in Wasser getaucht und schreiben dem Zucker einen Lösungsdruck zu, der zunimmt in dem Maße, als sich Zucker auflöst, bis ein Maximum erreicht wird.

Schüler: Dann träte die früher besprochene Sättigung ein.

Meister: Ja. Es ist dieser Punkt eine Funktion der Temperatur und wächst mit dieser. Wie nun eine Flüssigkeit ein Maximum der Spannkraft hat, bis zu der die Verdampfung vorschreitet, so findet hier eine Verflüssigung des Zuckers statt. Dabei kann der Zustand als ein Beharrungsstand angesehen werden, ähnlich wie beim Verdampfen.

Schüler: Es löst sich dann ebenso viel auf, wie sich niederschlägt. Wie hat man aber den Lösungsdruck nachweisen können?

Meister: Das war schon vorher geschehen durch die Versuche des berühmten Botanikers Pfeffer. Unter Osmose versteht man das Wandern von zwei verschiedenen Flüssigkeiten gegeneinander, wenn sie durch eine Membran voneinander getrennt sind. Die Flüssigkeiten durchdringen die Membran, begegnen sich in ihrem Innern und es beginnt nun eine gegenseitige Diffusion, unter Umständen auch eine nur einseitige.

Schüler: Wenn der Druck von beiden Seiten derselbe ist, so müßte doch Gleichgewicht statthaben?

Meister: Ganz richtig für den molaren Druck auf die Membran; aber molekular ist kein Gleichgewicht erreichbar. Der Abbé Nollet entdeckte die Osmose im Jahre 1748. In ein Glasgefäß voll Wasser (Fig. 365a) tauchte er ein mit Alkohol gefülltes, mit Tierblase verschlossenes Gefäß. Die Blase bläht sich stark auf infolge des osmotisch eingedrungenen Wassers. G. Parrot erkannte schon 1802 ihre weittragende physiologische Bedeutung. Dutrochet stellte zahlreiche Versuche an mit einem Apparat (Fig. 365b); der osmotische Druck entspricht dem Anstieg der Flüssigkeit bis r[1]. Dutrochet erfand die Namen Endosmose und Exosmose. Erst durch Traube's künstliche Membranen gewannen die Versuche erhöhte Bedeutung, nachdem es Pfeffer gelang, den zarten künstlichen Membranen einen festen Halt zu geben.

Fig. 365 a.

34*

Taucht man nämlich eine poröse Zelle, die mit $CuSO_4$-Lösung gefüllt ist, in ein mit Ferrocyankalium gefülltes Glasgefäß, so begegnen sich innerhalb der Tonzelle diese beiden Flüssigkeiten; es entsteht sofort ein zarter Niederschlag von Ferrocyankupfer. Man nimmt nun die Zelle heraus,

Fig. 365 b.

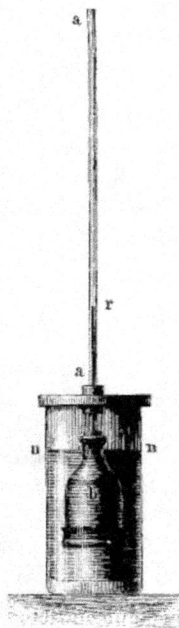

wässert sie außen und innen, so daß keine Flüssigkeit mehr im Innern der Tonzellenmasse vorhanden ist. Nun stellte Pfeffer den osmotischen Versuch an in der Absicht, ihn zu messen. Die Membran in der Tonzelle nennt man semipermeabel, d. h. halbdurchlässig. Sie ist nämlich so fein, daß zwar Wassermolekel ihre Poren durchlaufen können, Zuckermolekel aber, wie auch viele Salzmolekel, ihrer Größe wegen nicht hindurch können. Wenn nun außen Wasser, innen Zuckerlösung sich befindet, so lehrt der Versuch, daß Wasser von außen wohl hineindringt; es wächst der Wasserstand bis zu einer Maximalhöhe, die, auf die Dichte von Quecksilber reduziert, $= H$ sei. Der Unterschied $H - h$, wo h der Anfangsdruck ist, mißt den osmotischen Druck.

Schüler: Ich begreife nicht, warum diese Steighöhe bei r den osmotischen Druck angibt.

Meister: Früher nahm man an, das Zucker ziehe die Wasserteile an; heute können wir kinetisch vorgehen. Die Tonzelle erfährt innen und außen den gleichen Gesamtdruck. Innen aber besteht der Druck aus zwei Teilen: dem osmotischen Druck Z der Zuckermolekel und dem Druck w der Wassermolekel. Sei der Druck des Wassers außerhalb $= W$, so ist das molare Gleichgewicht gegeben durch

$$W = w + Z \ldots \ldots \ldots \ldots (63)$$

Nun beginnt die Diffusion des Wassers, weil $W > w$ ist. Der Teildruck Z nämlich findet seinen Gegendruck in den Zellen der Membran, die wie ein Sieb die Zuckermolekel zurückhalten.

Schüler: Jetzt begreife ich es; Wasser dringt von außen hinein, und ich meine, der Wasserdruck von innen wird wachsen bis zum Werte W, weil alsdann auch molekular Gleichgewicht eintritt.

Meister: Richtig; die Zunahme des inneren Druckes ist $W - w$, mithin $= Z$, dem gesuchten osmotischen Druck. Das ist zugleich der Partialdruck der Zuckermolekel in Lösung.

Schüler: Das ist wundersam schön!

Meister: Der osmotische Druck Z wurde nun für Lösungen bei verschiedenen Mengen gelösten Rohrzuckers gemessen. Die Versuche zeigen, daß der gemessene osmotische Druck in der Tat proportional dem Zuckergehalt ist, wie die dritte Zahlenreihe zeigt:

Konzentration k (Prozente)	Druck (mm Quecksilber) z	Verhältnis z/k
1	505	505
2	1016	508
4	2082	521
6	3075	513

Nachdem dieses entdeckt war, lag es nahe zu vermuten, daß auch eine Abhängigkeit von der Temperatur sich zeigen werde. Die folgende Versuchstabelle von Pfeffer bestätigt das zweite von van't Hoff ausgesprochene Gesetz: Der osmotische Druck Z ist proportional der absoluten Temperatur, und zwar ist der Druckkoeffizient $= 0{,}00367$, ganz wie bei Gasen:

Temperatur	Osmotischer Druck Z (Atmosphären)	
	beobachtet	berechnet
6,8	0,664	0,665
13,7	0,691	0,681
14,2	0,671	0,682
15,5	0,684	0,686
22,0	0,721	0,701
32,0	0,716	0,725
36,0	0,746	0,735

Die Übereinstimmung zwischen Beobachtung und Berechnung ist eine sehr gute, vollends da die zusammengestellten Versuche nicht in einem Zuge mit derselben Zelle ausgeführt waren. Aber noch mehr: Erinnerst du dich der Molformel für Gase?

Schüler: Jawohl. Es war

$$p \cdot v_m = 84540 \cdot T$$

(S. 183), wo aber v_m das Volum eines Mol war; und p sind Kilogramme pro Kar; der Faktor g ist rechts fortgelassen.

Meister: Jetzt wollen wir in Atmosphären den osmotischen Druck unserer einprozentigen Zuckerlösung berechnen. Ihr Volumen war $= 99{,}7$ Kub. Die Formel des Zuckers ist: $C_{12}H_{22}O_{11}$.

Schüler: Also ist ein Mol $= 12 \cdot 12 + 1 \cdot 22 + 11 \cdot 16 = 342$ g, und da 1 g 99,7 Kub einnimmt, ist das Volumen $v_m = 99{,}7 \cdot 342$ Kub; ich setze $T = 273$, es wird

$$p = R \cdot T/v_m = 84540 \cdot 273/99{,}7 \cdot 342 \cdot 1033{,}6 = 0{,}655 \text{ Atm.}$$

Das stimmt ja vortrefflich mit den Versuchen von Pfeffer! Jetzt kann man für viele Salze und Säuren den osmotischen Druck vorausberechnen!

Meister: Jawohl, aber erfreulich und überraschend ist es, daß die Formel und das Gesetz, wie es oben ausgesprochen ward, nur für organische Stoffe zutraf. Die Beobachtung zeigt nämlich bei Salzen und Säuren stets höhere Werte, als vorausberechnet war. Nun versuchte van 't Hoff die Formel auch diesen Stoffen anzupassen, indem er schrieb:

$$p \cdot v = i \cdot R \cdot T \quad \ldots \ldots \ldots \quad (64)$$

An diesen Korrektionsfaktor i knüpft die ganze weitere Entwickelung der neuen Erkenntnisse an. Svante Arrhenius gelang es, die Tragweite dieses i zu durchschauen; er bemerkte, daß eine Zuckerlösung die Elektrizität nicht leite und daß nur gute Leiter einen höheren osmotischen Druck aufwiesen, als berechnet war, mit anderen Worten es war stets nur dann $i > 1$. Daraus zog Arrhenius den Schluß, daß die Molekelzahl größer sei, als die Formel, z. B. NO_3, anzeige. Er schloß auf eine Dissoziation, und zwar auf eine in viel höherem Grade, als sie schon von Clausius angenommen war. Kinetisch gefaßt schien diese Annahme nahe zu liegen, aber chemisch war die Vorstellung neu und eigenartig: Von N gelösten Molekeln sei ein Bruchteil α dissoziiert, und zwar allgemein in p Ionen zerfallen; es ist z. B. $p = 2$ für HCl, und $p = 3$ für H_2SO_4. Die dissoziierten Molekel nennt Arrhenius aktiv, weil sie allein viele Eigenschaften bedingen. Da $\alpha \cdot N$ in je p zerfallen, so entstehen daraus $\alpha \cdot N \cdot p$ Ionen; offenbar sind $(1 - \alpha) \cdot N$ Molekel inaktiv, weil unzersetzt nachgeblieben. Das gibt nun im ganzen statt der N Molekel deren

$$S = N \cdot (1 - \alpha) + p \cdot N \cdot \alpha = N \cdot [1 + (p - 1)\alpha] \ldots \quad (65)$$

Die Molkonstante R wird also nicht von N Molekeln, sondern von

$$i = 1 + (p - 1) \cdot \alpha \quad \ldots \ldots \ldots \quad (66)$$

aus zu berechnen sein. Der Wert von α ließ sich nach mehreren Methoden finden, wie wir gleich sehen werden, und dadurch erhielt Arrhenius i für viele Nichtleiter, Basen, Salze und Säuren; die Nichtleiter aber ergaben immer $i = 1$.

Schüler: Stimmen denn nun die Beobachtungen des osmotischen Druckes mit den Berechnungen?

Meister: Da eben steckt eine große Schwierigkeit. Es fehlen uns die zur reinen Beobachtung erforderlichen halbdurchlässigen Häute. Die meisten Molekel durchdringen die künstliche Membran. Ostwald fand, daß gewisse Ionen, z. B. $\overset{++}{Cu}$ und auch $\overset{--}{SO_4}$, die Kunstmembran nicht durchdringen. Einen feinen Versuch hat Nernst ersonnen; es gelang ihm, Äther osmotisch durch eine Wasserwand hindurchtreten zu lassen, die Benzolmolekel nicht durchließ. Mit Eiweißzellen hat d u B o i s wichtige Versuche angestellt.

Schüler: Welche Beziehung hat nun der osmotische Druck zur Elektrolyse?

Meister: Die Benennung aktiv wurde ausgiebig bestätigt durch Elektrolyse. Es stellte sich heraus, daß die nicht dissoziierten Molekel gar keinen Anteil nehmen an der Elektrolyse, daß diese nur durch Ionen zustande kommt. Es war nämlich die Leitfähigkeit proportional dem Werte $p \cdot N \cdot \alpha$; darum nannte Arrhenius α den Aktivitätskoeffizienten, und das ist zugleich der Dissoziationsgrad. Es wächst α mit der Verdünnung und erreicht den Grenzwert 1, wenn alle N Molekel dissoziiert sind.

Schüler: Kann es denn so weit kommen?

Meister: Ganz sicher. Verdünnte Lösungen haben den größten Wert der relativen Leitfähigkeit, und man kann

$$\lambda = \alpha \cdot \lambda_0 \ldots \ldots \ldots \ldots (67)$$

setzen.

Schüler: Dann kann nach Gl. (66) i auch durch Leitfähigkeit ausgedrückt werden, denn es wird:

$$i = 1 + (p - 1) \cdot \lambda / \lambda_0 \ldots \ldots \ldots (68)$$

Meister: Ganz ebenso hängt der osmotische Druck von i ab; der Partialdruck des gelösten Salzes muß größer sein, als aus der Molgröße berechnet wird. Die Dampfspannung, der Siedepunkt, der Gefrierpunkt sind ebenfalls von i abhängig, wie F r. R a o u l t entdeckt hat.

Schüler: Die Erniedrigung des Gefrierpunktes war proportional der Anzahl gelöster Molekel; eine nicht dissoziierte Mollösung in Wasser erstarrte bei — 18° (s. S. 200), also wird die dissoziierte Lösung einen tieferen Gefrierpunkt haben; die Dampfspannung muß mit zunehmender Dissoziation abnehmen und der Siedepunkt steigen. Welche Fülle von Beziehungen!

Meister: Noch ein großes Gebiet haben wir anzuführen: die chemische Affinität ist gleichfalls der Dissoziationsgrad, denn nur aktive Molekel bedingen die chemische Avidität, wie O s t w a l d nach verschiedenen Methoden erwiesen hat. Die stärksten Säuren sind am meisten dissoziiert; es wächst ferner die relative Affinität aller Säuren mit der Temperatur und mit der Verdünnung genau entsprechend dem Verhalten der Dissoziation. Unter relativer Affinität versteht man das Verhalten einer Lösung, bezogen auf ein Mol. Verdünnt man irgend eine Lösung auf die Hälfte, so beträgt die Affinität, wie auch die Leitfähigkeit etwas mehr als die Hälfte des früheren. Das beweist, daß jetzt etwas mehr als die halbe Anzahl Molekel im Vergleich zum ersten Versuch dissoziiert ist und an der Leitung sich beteiligt. So sind denn nach allen Richtungen Arrhenius' Gesetze bestätigt: 1. Das Gesetz von van't Hoff gilt für alle Körper, und 2. jeder Elektrolyt besteht aus aktiven und inaktiven Molekeln.

Schüler: Mir wird es schwer zu verstehen, daß starke Säuren auch stark dissoziiert sind.

Meister: An diese Vorstellung wirst du dich bald gewöhnen. Salzsäure und Schwefelsäure sind bis zu 90 Proz. und mehr dissoziiert, und bei weiterer Verdünnung wird bald $\alpha = 1$. Nur ganz wasserfreie Säuren leiten nicht, sind auch nicht dissoziiert; schwache Säuren haben mehr inaktive Molekel.

Schüler: Also wären H_2CO_3 und Essigsäure weniger dissoziiert und deshalb schwache Säuren. Wie ist es denn mit H_2O?

Meister: Wasser leitet sehr schlecht, aber eine geringe Dissoziation hat es auch. Bei Wasserzersetzung wird zwar Schwefelsäure als leitende Flüssigkeit benutzt, aber M. Le Blanc hat gezeigt, daß es durchaus nicht die wandernden Ionen sind, die an den Elektroden ausgeschieden werden müssen. Dieses hängt vielmehr davon ab, welche von den dort anwesenden dissoziierten Teilchen am wenigsten einer Entladung widerstreben. Die Elektrizität scheint mit ihren Trägern mit einer gewissen Stärke verbunden zu sein, die Le Blanc Haftintensität nannte. Ionen sammeln sich an den Elektroden an und bilden eine elektrische Doppelschicht, die ähnlich einem Kondensator gedacht wird und die den Potentialsprung bedingt. Überlegen wir den Vorgang bei $|Zn\,HSO_4|$: Das Zn hat eine Lösungstension, der zufolge eine Schicht von $\overset{++}{Zn}$-Ionen sich dadurch bildet, daß Anionen herantreten $\overset{--}{SO_4}$, die die im unelektrischen Zn vorhandenen Elektronen verdrängen. Nun bildet sich augenblicklich der Kondensator $|\overset{++}{Zn} - \overset{--}{SO_4}|$, und das stellt den obenerwähnten Potentialsprung dar.

Schüler: Dann muß die Zn-Elektrode ein negatives Potential erhalten wegen der frei auf ihr befindlichen Elektronen.

Meister: Überlegen wir noch die Stellen $H_2SO_4|Cu$ und die andere $Cu|Zn$. Letztere können wir beiseite lassen, sie kann keine ergiebige Quelle abgeben; mag ein Potentialsprung da vorhanden sein er wird nur bedingen, daß an dieser Stelle etwas Wärme verbraucht oder geliefert wird, je nach der Stromrichtung. Die andere Stelle kann auch nicht als Quelle angesehen werden, da keine Verbindung zustande kommt; vielmehr wird hier Energie verzehrt. Es befinden sich hier $\overset{++}{Cu}$- und $\overset{+}{H}$-Ionen; es werden, wie Le Blanc gezeigt hat, zuerst die Ionen ausgeschieden, die einen geringeren Potentialsprung bedingen oder die weniger Haftintensität haben. Darum fällt zuerst

Kupfer heraus, weil es seine $\overset{++}{2e}$ leichter durch Elektronen neutralisiert, als $\overset{+}{H}$. Überhaupt ist für das Ausscheiden eines Ions ein gewisses Gefälle erforderlich, das ebenso groß ist wie der Potentialsprung, der beim Eintauchen beobachtet wird. Elektrolysiert man eine $NaSO_4$-Lösung, so sind die $\overset{+}{Na}$ die Kationen, aber ausgeschieden werden die $\overset{+}{H}$, die stets, wenn auch in geringer Zahl, vorhanden sind.

Schüler: Woran erkennt man aber, daß die $\overset{+}{H}$ nicht die Stromträger waren?

Meister: An der geänderten Konzentration; die Anodenseite ist sauer, die Kathodenseite ist alkalisch geworden. Damit kehren wir zur Ionenwanderung zurück. W. Hittorf verdanken wir die ersten Messungen. Er fand, daß die beiden Ionen mit verschiedenen Geschwindigkeiten wandern. Schematisch deutet Fig. 366 den Versuch an. Der Elektrolyt erfüllt die Räume A, B und C, die durch Membranen voneinander getrennt sind, so daß ihr Inhalt nachher analysiert werden kann. In B wurde keine Veränderung beobachtet. A und C haben sich verändert durch Abgang und Ankunft von Ionen; deren Beweglichkeit sei v und u, in dem Sinne, wie die Pfeile es andeuten. Auf der Kathode k schlägt sich das Kation nieder. Die Gesamtmenge des Niederschlages nennen wir $n_a + n_k$. Hier bedeutet n_a die durch Wanderung des Anions von C nach A freigewordene äquivalente Menge des Niederschlags, und n_k die durch Wanderung des Kations von A nach C freiwerdende Menge des Niederschlags. Infolge der Wanderung des Anions n_a ist die Lösung bei C um ebenso viel Grammäquivalente verdünnter geworden, denn n_a Cu hat sich niedergeschlagen, da es frei geworden ist; somit ist es aus der Lösung verschwunden, zunächst noch ohne Fortbewegung des Kations. Nun entspricht noch n_k der Wanderung des Kations, wobei die Konzentration bei C sich nicht ändern kann, da die herangekommene Menge sich sofort niederschlägt. Die Wanderungsgeschwindigkeiten v und u kann man nun den Mengen n_a und n_k proportionl setzen, denn bei den großen Reibungswiderständen ist die Geschwindigkeit eine konstante. Demnach ist

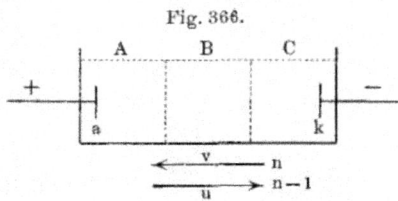

Fig. 366.

$$n_a : n_k = v : u \qquad \ldots \ldots \ldots \ldots (69)$$

Hieraus folgt: $\quad n_a/(n_a + n_k) = v/(v + u) \qquad \ldots \ldots \ldots (70)$

und $\quad n_k/(n_a + n_k) = u/(v + u) \qquad \ldots \ldots \ldots (71)$

Die links stehenden Ausdrücke geben die Mengen Kation, resp. Anion an, reduziert auf die Einheit des Gesamtniederschlages; die Größen rechts die relativen Geschwindigkeiten der Ionen, d. h. das Verhältnis ihrer Geschwindigkeiten zur relativen Gesamtgeschwindigkeit $(v + u)$.

Schüler: Ich bitte dringend um ein Beispiel.

Meister: Es wurde $CuSO_4$-Lösung elektrolysiert. Das Silbervoltameter ergab 1,008 g Ag; demnach war der Gesamtniederschlag $Cu = 1,008 . 63/2 . 107 = 0,2955$ g Cu. Die Lösung bei C verlor nur 0,2112 g Cu; das ist die Menge n_a Cu, der die äquivalente Menge hinübergewanderten Anions entspricht. Folglich war $n_k = 0,2955 - 0.2112 = 0,0843$ g Cu, also $v/(v + u) = 0,2112/0,2955 = 0,715$ und $u/(v + u) = 0,0843/0,2955 = 0,285$, also $v/u = 0,715/0,285 = 2,50$.

Schüler: Es bewegt sich das Cu-Kation viel langsamer als das Anion.

Meister: Das umfangreiche Gebiet ward durch F. Kohlrausch mächtig gefördert. Er verwandte zur Bestimmung der Leitfähigkeit der Flüssigkeiten Wheatstone's Brücke. Um dem Nachteil der Polarisation zu entgehen, wurden Wechselströme angewandt, und in der Brücke

Fig. 367.

konnte nun ein Galvanometer nichts mehr verkünden. Kohlrausch aber schaltete ein Telephon ein, in dem ein Geräusch nur dann verschwand, wenn $i = 0$ war (siehe S. 520). Die Widerstandsgefäße (Fig. 367) gestatteten zwar keine Ausmessung von l und q in Gl. (9), S. 510; aber man verzichtete hierauf und verglich die Widerstände mit dem einer 0,1 Mol-Normallösung von KCl. Der relative Widerstand ergibt sich aus dem Verhältnis w_f/w_n; die Leitfähigkeit ist der reziproke Wert. Kohlrausch fand, daß in stark verdünnten Lösungen ein jedes Ion eine bestimmte Beweglichkeit hat; das Leitungsvermögen ließ sich proportional der Summe $(u + v)$ ansetzen:

$$L = C.(u + v) \quad . \quad . \quad . \quad . \quad . \quad . \quad (72)$$

die Anteile: $\qquad L_a = C.u \quad$ und $\quad L_k = C.v \quad . \quad . \quad . \quad . \quad (73)$

So sind die Leitfähigkeiten auf Überführungszahlen zurückgeführt. Kohlrausch fand nun, daß die äquivalente Leitfähigkeit eine additive Eigenschaft ist. Es ließen sich für jedes Ion feste Werte angeben, z. B.:

Für Kationen:	H	K	Na	NH$_4$	Ag
	318	64,7	43,6	64,4	54,0
Für Anionen:	HO	Cl	J	NO$_3$	
	174	65,4	66,4	61,8	

es ist z. B. die Leitfähigkeit von KJ 64,7 + 66,4 = 131,1. Wasserfreie Säuren sind Nichtleiter. Wässerige Lösungen leiten immer besser

als andere. Kohlrausch gelang es auch, die absoluten Wander-
geschwindigkeiten zu bestimmen; sie sind erstaunlich klein:

Wanderungsgeschwindigkeiten in Mikrocel:

Kationen:	$\overset{+}{K}$	$\overset{+}{Na}$	$\overset{+}{Li}$	$\overset{+}{NH_4}$	$\overset{+}{Ag}$	$\overset{+}{H}$
	676	460	368	665	577	3294 Mikrocel,

Anionen:	$\overset{-}{Cl}$	$\overset{-}{NO_3}$	$\overset{-}{ClO_4}$	$\overset{-}{OH}$
	683	630	582	1802 Mikrocel.

Schüler: Also $\overset{+}{H}$ wandert am schnellsten und doch nur 0,003 29 Cel!

Meister: Kohlrausch berechnete auch die Kraft auf ein Grammäquivalent.

10. Ausnutzung und Vermeidung von Polarisation. Gaselemente. Akkumulatoren. Konstante Elemente. Normalelemente.

Meister: In Fig. 368 ist bei V die Polarisation durch den Strom
aus dem Element S erregt worden. Hebt man den Draht F aus dem
Quecksilber bei H heraus und taucht sofort L hinein, so ist nun ein
Gaselement eingeschaltet. Das Galvanometer G gibt einen kräftigen
Ausschlag, der aber rasch abnimmt, weil die Polarisation sich selber
wieder zerstört. Wie die Erregung
von Polarisation Stromarbeit kostet,
so liefert umgekehrt der Polari-
sationsstrom die Energie zurück.
Akkumulieren heißt anhäufen. Auch
unser Gaselement ist ein Akkumulator, wenn auch ein sehr unbe-
ständiger. Von großer Dauer aber
sind die allmählich verbesserten
Bleiakkumulatoren, die aus zwei
Platten, in Schwefelsäure getaucht,

Fig. 368.

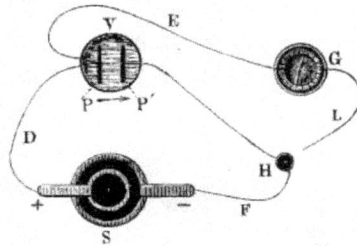

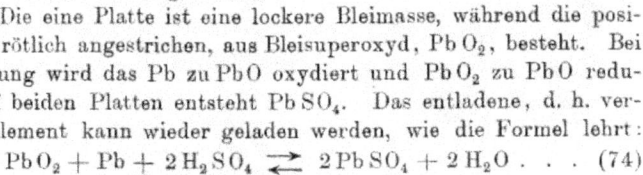

bestehen. Die eine Platte ist eine lockere Bleimasse, während die positive, meist rötlich angestrichen, aus Bleisuperoxyd, PbO_2, besteht. Bei
der Entladung wird das Pb zu PbO oxydiert und PbO_2 zu PbO reduziert. Auf beiden Platten entsteht $PbSO_4$. Das entladene, d. h. verbrauchte Element kann wieder geladen werden, wie die Formel lehrt:

$$PbO_2 + Pb + 2H_2SO_4 \rightleftarrows 2PbSO_4 + 2H_2O \quad . \quad . \quad . \quad (74)$$

Schüler: Der obere Pfeil entspricht der Entladung.

Meister: Ein Teil der Energie geht verloren; doch schätzt man
den Nutzeffekt auf 85 Proz. Das Potential eines Akkumulatorelementes
ist anfänglich 2,3 Volt, sinkt sehr bald auf 2,0 herab und bleibt sehr
lange beständig. Sobald 1,9 Volt auftreten, tut man gut, wieder zu
laden. Ein vollgeladener Akkumulator birgt eine elektrisch nutzbare

Elektrizitätsmenge, die man seine Kapazität nennt und in Coulomb oder Amperstunden angibt. Die Bleiakkumulatoren haben eine große Masse; man strebt nach Erfindungen mit weniger dichten Massen. Edison stellte einen solchen her, wo die negativen Platten aus Eisenoxydul und Graphit bestanden, die positiven aus $Ni(HO)_4$, als Flüssigkeit HKO oder $HNaO$-Lösung.

Schüler: Die Polarisation kann doch auch vermieden werden?

Meister: Gerade das haben wir im Gegensatz zum bisher Betrachteten noch zu erledigen. Wir sprachen schon von Daniells Element. Das Denkwürdige besteht darin, daß er absichtlich die Polarisation vermied, indem er die entstehenden Gase durch Metallfällung zu ersetzen wußte.

Schüler: Es wird an der Kathode statt Wasserstoff Kupfer niedergeschlagen; das war nur möglich durch Verwendung einer zweiten Flüssigkeit, der Kupfervitriollösung.

Meister: Alle solche Einrichtungen nennt man Depolarisatoren; Bunsen und Grove nahmen, statt Cu in Vitriol, Salpetersäure, weil sie so leicht zersetzt wird und daher das übergeführte Ion $\overset{+}{H}$ oxydiert. In die Säure stellte Bunsen Gaskohle, Grove Platin; beides ist gleich gut. Die EMK ist 1,6 Volt, während das Daniell 1 Volt gibt. Sehr beliebt ist Leclanché's Element. Das Zink taucht in Salmiaklösung, und die Kohle ist in Mangansuperoxyd eingebettet.

Schüler: Das letztere ist der Depolarisator.

Meister: Eine bequeme Tauchbatterie wird mit Chromsäure beschickt, die als Depolarisator dient gegenüber $Zn\,|\,HSO_4$. In den

Fig. 369.

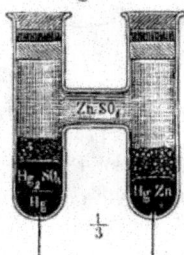

Trockenelementen ist der Elektrolyt ein Pulver von Flüssigkeit durchtränkt. Der Name Feuchtelement wäre zutreffender. Wichtig sind die Normalelemente, so genannt wegen der Beständigkeit ihrer EMK. Schon Daniells Element könnte dazu dienen, wenn gesättigte Kupferlösung genommen wird; doch ist die Diffusion der beiden Flüssigkeiten hinderlich. Clark baute ein Element $M - MSO_4 - HgSO_4 - Hg - M$, wo M ein Metall bedeutet. Clark nahm Zn, wie gewöhnlich geschieht, Weston aber Cadmium. Beide Elemente gelten als Normalelemente (Fig. 369). Als Elektrode dient Zinnamalgam; darüber steht eine Paste, die man durch Zerreiben von Hg_2SO_4, $ZnSO_4$ und Hg erhält. Beiderseits besteht der Verschluß aus Paraffin und Kork. Westons Element ist ebenso gebaut, enthält nur Zn statt Cd. Es hat 1,0196 Volt und ist nicht merklich von der Temperatur abhängig. Clarks Element hat 1,45 Volt.

X. Die elektromagnetischen Beziehungen.

Meister: Das umfangreiche Gebiet, das bisher unter der Bezeichnung der Fernwirkungen behandelt wurde, versuchen wir auf die Theorie der Kraftfelder aufzubauen. Ruhende Elektrizität erzeugt nur ein elektrisches Feld, bewegte aber zugleich ein magnetisches. Werden die Kräfte auf Massen übertragen, so spricht man von pondero-motorischen, besser von molomotorischen Kräften; solange nur Elektronen bewegt werden, sind es elektromotorische (EMK). Dieser Auffassung entspricht die Einteilung des Stoffes.

1. Molomotorische Erscheinungen. Elektrodynamik.

Meister: Fließt ein Strom in der Richtung PQ (Fig. 370), so entsteht ein magnetisches Raumfeld. Senkrecht zur Strombahn ent-

Fig. 370.

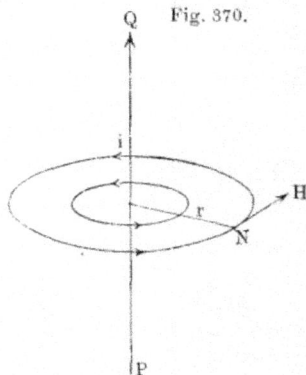

Fig. 371.

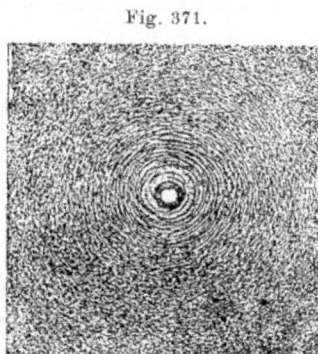

stehen Kraftlinien in einer jeden Ebene. In der Entfernung r erfährt ein nordmagnetisches Teilchen N weder eine Anziehung, noch eine Abstoßung, sondern eine Kraft, die senkrecht zur Ebene NPQ steht; denkt man sich im Strome PQ schwimmend, das Gesicht zu N gekehrt, so wird die Ablenkung nach links gerichtet. Die Kraftlinien bilden konzentrische Kreise (Fig. 371); das Feld heißt auch ein magnetischer Wirbelraum. Hans Christian Oersted entdeckte die Ablenkung der Magnetnadel im Jahre 1820.

Schüler: Hierauf beruhte auch die Tangentenbussole (S. 514).

Meister: Jawohl. Da wirkte ein kreisförmiger Leiter auf die im Zentrum befindliche Nadel. In Fig. 372 sind die Kraftlinien in einer Ebene angedeutet; ein ebensolches System ist in jeder durch die Achse gehenden Ebene vorhanden; eine Wulst von Kurven umgibt den Stromkreis. Formt man einen Draht zur Spirale, so hat der Strom in jeder Windung ähnliche Kraftlinien erzeugt; deren Zusammensetzung bildet innen ein-Kraftfeld, das dem eines Magnets gleicht, namentlich wenn die Spiralen eng aneinander liegen (Fig. 373). Solch eine strom-

Fig. 372.

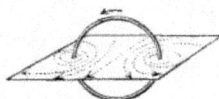

Fig. 373.

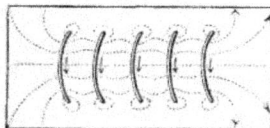

durchflossene Spirale wirkt wie ein Magnet. Die rechte Seite ist die nördliche, wenn der Strom die Pfeilrichtung hat. Blicken wir auf diesen Nordpol, so sehen wir den Strom umgekehrt wie der Uhrzeiger laufend. Mit Eisenfeilicht erhält man Fig. 374.

Fig. 374.

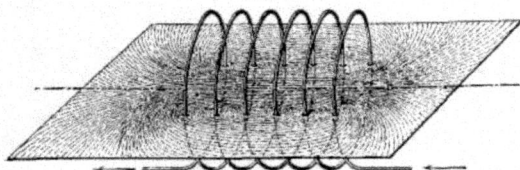

Schüler: Blicke ich hier von rechts her auf die Spirale, so habe ich einen Südpol vor mir, denn der Strom geht rechts herum.

Meister: In der Tat verhält sich solch eine Spirale ganz wie ein Magnet. Ist sie frei beweglich aufgehängt, so stellt sie sich sofort in den magnetischen Meridian, weil alsdann das magnetische Erdfeld mit dem der Spirale zusammenfällt. Und zwei stromdurchflossene Spiralen verhalten sich wie zwei Magnete.

Schüler: Es sollen also die gleichnamigen Pole sich abstoßen und die ungleichnamigen anziehen.

Meister: Überzeuge dich davon, daß nur, wenn ungleichnamige Pole der beiden Spiralen einander gegenüberstehen, die Kraftlinien in die gleiche Richtung fallen.

Schüler: Ich verstehe. Es ist, als ob die eine Spirale durch die andere fortgesetzt und verlängert werde.

Meister: Es gibt aber noch elementare Gesetze, die Ampère entdeckte und die man die elektrodynamischen Grundgesetze nennt. Ampère fand, daß gleichgerichtete Stromleiter sich gegenseitig anziehen, ungleichgerichtete sich abstoßen. Fig. 375 und 376 stellen die beiden Fälle dar.

Schüler: Ich muß zu verstehen suchen, daß die Ströme in ersterer Figur sich anziehen. Die Kraftlinien werden durch die kleinen Magnete angedeutet; so wie diese sich anziehen, so werden es auch die Felder tun, mithin auch die Stromleiter.

Meister: Wenn man die Kraftfelder für beide Ströme zusammensetzt, so erkennt man sofort, daß die Kraftlinien bei anziehenden

Fig. 375.

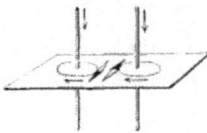

Fig. 376.

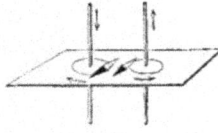

Fig. 377.

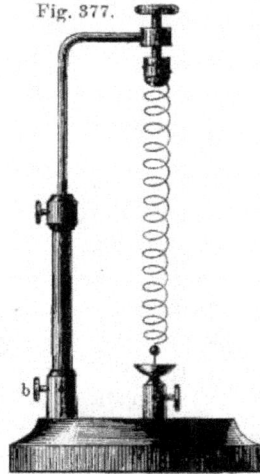

Fig. 378.

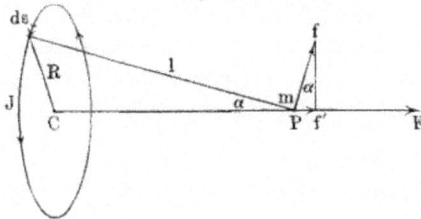

Strömen in der Verbindungslinie der beiden Leiter, dagegen im anderen Falle, innen dicht gedrängt, einander parallel und gleichgerichtet verlaufen und sich mithin zu erweitern streben, genau so, wie wir aus der Gestaltung der Kraftlinien bei zwei einander gegenübergestellten Magneten die Anziehung und Abstoßung erkannten (Fig. 312, S. 481). Jene Zusammenziehung entspricht dem Zuge längs den Kraftlinien, gemäß der Anzahl von Kraftröhren, während senkrecht zu den Kraftlinien eine ebenso große Abstoßung herrscht. Zwei einander parallel gestellte Leiter ziehen sich also auch an; daher eine Spirale, sobald Strom hindurchfließt, sich zusammenzuziehen sucht (Fig. 377). Beim Zusammenziehen wird der Strom unterbrochen.

Schüler: Dann muß die Spirale wieder zusammensinken und den Strom von neuem schließen, und so wird die Spirale Schwingungen ausführen.

Meister: Nun haben schon Biot und Savart ein nach ihnen benanntes Gesetz gefunden, demgemäß ein Stromelement ds auf einen Magnetpol m wirkt mit einer Kraft gleich $i.m.ds.sin\alpha\,r^2$, wo i die Stromstärke bedeutet und α den Winkel, den das Element ds mit der Verbindungslinie von ds und m macht (Fig. 378). Die auf m wirkende Kraft sei f; dann ist:

$$f = i.m.ds/l^2 \quad \dots \dots \dots \dots \quad (1)$$

Die vom ganzen Kreise ausgehenden Kräfte bilden einen Kegelmantel; ihre Resultante ist die Summe der nach f gerichteten Komponenten. Nun ist ds durch $2\pi R$ zu ersetzen und es ist $l = \sqrt{r^2 + R^2}$, wenn $CP = r$ gesetzt wird. Die Komponente $f' = f.sin\alpha = f.R/l$ gibt

$$f = 2\pi R.i.m.R/(r^2 + R^2).\sqrt{r^2 + R^2} \quad \dots \quad (2)$$

welches Gesetz in Worte zu fassen ist. Wir beschränken uns auf den Spezialfall $r = 0$. Dann ist der Magnetpol im Mittelpunkte C des Stromkreises; es wird

$$F = 2\pi.i.m/R \quad \dots \dots \dots \quad (3)$$

und die Feldstärke: $\qquad H = 2\pi.i/R \quad \dots \dots \dots \dots \quad (4)$

bei n Windungen: $\qquad H_n = 2\pi.n.i/R \quad \dots \dots \dots \quad (5)$

An diese wichtige Formel knüpft die schon oft erwähnte elektromagnetische Einheit der Stromstärke an. Die elektromagnetische Einheit erhalten wir, wenn der Halbmesser gleich 1 Zent ist und der Strom im Zentrum die Feldstärke 2π, d. h. eine Kraftröhre pro Kar erzeugt; ferner ist

Fig. 379. $\qquad$ 1 Amper $= 0,1$ elektromagn. Einh. $\dots$ (6)

Die Feldstärke 2π übt auf die elektromagnetische Einheit die Kraft einer Dyne aus.

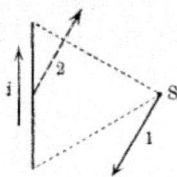

Schüler: Steht der Magnet im Zentrum fest und ist der Kreis beweglich, so wird er sich bewegen müssen.

Meister: Gewiß, nach dem Satz von der Gleichheit von Kraft und Gegenkraft. Es sei Fig. 379 der Strom i im Leiterstück, so würde ein Südpol S in der Richtung des Pfeiles 1, senkrecht zur Ebene durch S und den Leiter, bewegt werden.

Schüler: Und steht S fest, müßte der Leiter in der Richtung 2 bewegt werden.

Meister: Der Apparat Fig. 380 zeigt den Versuch. NS steht fest; bei e wird der Strom eingeleitet, geht durch dd nach b und verzweigt sich nach a und c, aus der Rinne f aber durch g nach h.

Schüler: Dann haben *a* und *c* absteigende Ströme; wäre *N* beweglich, würde es nach rechts bewegt werden; hier aber werden *c* und *a* links herum bewegt und umgekehrt, wenn man den Strom wendet.

Meister: Die Versuche über die Wirkung paralleler Ströme werden mit dem Apparat Fig. 381 angestellt. Das Gestell links trägt einen beweglichen Leiter; es wird je nach der Richtung im angenäherten Leiter *fg* Anziehung oder Abstoßung statthaben. Wirksamer ist eine

Fig. 380.

Fig. 381.

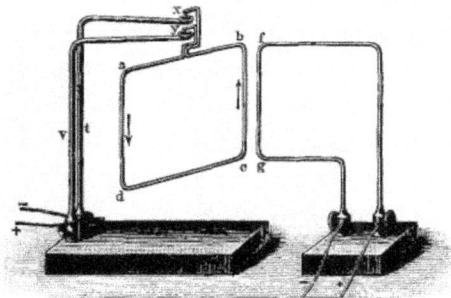

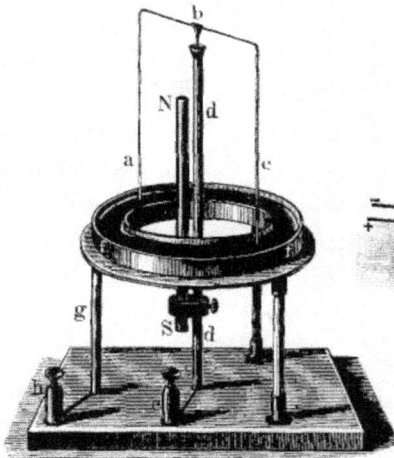

Fig. 382.

Fig. 383.

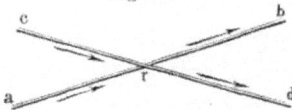

mehrfache Lage paralleler Drähte (Fig. 382). Auch gekreuzte Ströme ziehen sich an. In Fig. 383 gehen die Teile *a* und *c* nach dem Kreuzungspunkte hin, *b* und *d* dagegen fort. In beiden Fällen gibt es Anziehung zwischen *b* und *d*, Abstoßung zwischen *a* und *d*.

Schüler: Das muß auch aus den Kraftlinien zu erschließen sein, obwohl sie verwickelt aussehen mögen.

Meister: Auch Teile eines und desselben Stromes stoßen sich ab; die Drähte in Fig. 384 sieht man am Quecksilber hinlaufen. Unter allen Umständen suchen die Ströme sich parallel zu stellen. Einen schönen Meßapparat baute W. Weber, das Elektrodynamometer: Eine feste stromführende Spule ist von einer zweiten ebensolchen in senkrechter Stellung umgeben; sie nimmt denselben Strom auf. Die

Spulen suchen sich einander parallel zu stellen. Ströme i und i_1 wirken aufeinander mit $f = c \cdot i \cdot i_1/r^2$. Meist ist $i = i_1$, daher der Ausschlag proportional dem Quadrat der Stromstärke.

Schüler: Beim Galvanometer, wo der Strom auf die Magnetnadel ablenkend wirkt, ist ein Ausschlag einfach proportional der Stromstärke.

Meister: Wir wollen nun noch eine Anschauung von Ampère besprechen, die von Interesse ist. Einen Magnet stellte er sich vor als aus zahlreichen kleinen Magnetteilchen bestehend; ein jedes solches

Fig. 384.   Fig. 385.

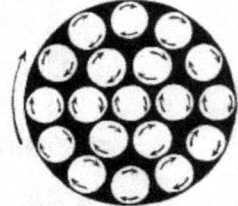

Teilchen aber ersetzte er durch einen elektrischen Kreisstrom (Fig. 385). Die kleinen Wirbel sind beständig und werden nicht mit der Zeit vermindert, ganz ähnlich wie wir solches für die Wärmebewegung annahmen.

Schüler: Dann gäbe es eine zweite Form der molekularen Bewegung, die als letzte anzusehen ist und die deshalb weiter besteht.

Meister: Dabei heben sich die Wirkungen benachbarter Stromteilchen gegenseitig auf und es bleibt eine Art von Solenoidstrom für die Wirkung nach außen übrig; es stimmt indes der Vergleich nicht in allen Stücken, denn das Solenoid wirkt stärker nach der Mitte hin. Das Maximum der Magnetisierbarkeit erklärt sich als erreicht, wenn alle Molekularströme einander parallel gerichtet sind. Auch den Erdmagnetismus erklärt man sich durch elektrische Ströme, die von Osten nach Westen streichen, denn alsdann erhält der Nordpol der Erde südlichen Magnetismus, und die Nadel weist deshalb ihr Nordende nach Norden.

2. Erregung von Magnetismus. Elektromagnete.

Meister: Da ein Strom ein magnetisches Feld erzeugt, so muß in einem genäherten Eisen auch Magnetismus hervorgerufen werden. Je stärker das Feld, um so stärker die Erregung. Fig. 386 ist eine Magnetisierungsspule mit starkem Felde. Bringt man weiches Eisen in das Innere, so entsteht ein kräftiger Magnet, der mit der Stärke des eingeführten Stromes zunimmt bis zu einem Maximum. Solch eine Vorrichtung heißt ein Elektromagnet. In Fig. 387 sind zwei Spulen zu einem Elektromagnet miteinander verbunden. Der weiche Eisenkern erfüllt beide Spulen und ist bügelförmig als Verbindung beider Teile an einem Gestell befestigt. Wie muß der Strom eingeleitet werden?

Schüler: Er muß wohl, wenn links ein Südpol entstehen soll, vorn wie der Zeiger der Uhr kreisen, rechts herum; und rechts umgekehrt, also links herum, so daß ein Nordpol entsteht.

Meister: Der Kern ragt vorn ein wenig hervor, so daß der Anker die beiderseitigen Felder schließen kann, wodurch eine beträchtliche

Fig. 386.

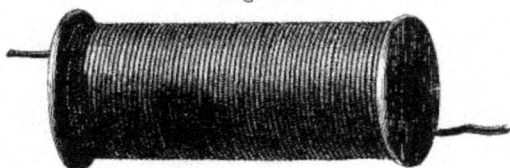

Tragkraft entsteht. Solche hufeisenförmige Magnete werden in verschiedenen Formen bis zu gewaltigen Größen gebaut; man kann nun nach Belieben den Magnet erregen und sofort wieder verschwinden lassen.

Fig. 387.   Fig. 388.

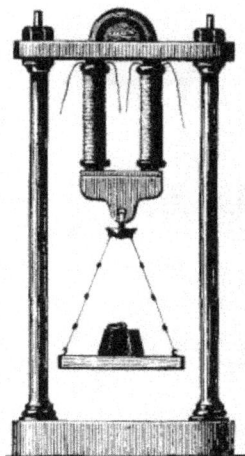 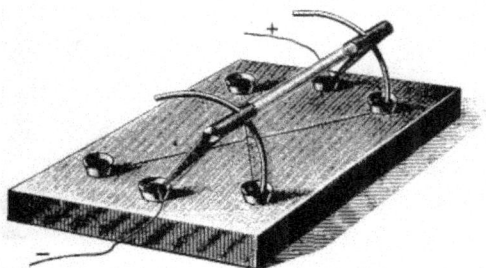

Schüler: Dazu braucht man ja nur den Strom zu öffnen und zu schließen.

Meister: Auch können die Pole beliebig ausgetauscht werden; dazu dient ein Stromwender oder Kommutator (Fig. 388). Die Zuleitungsstellen sind mit + und — bezeichnet. Kippt man den Bügel um, so geht der Strom in entgegengesetzter Richtung. Die Anziehungskraft wird auch zur Strommessung benutzt. Fig. 389 zeigt den aufgeschnittenen Apparat ohne Fußgestell. Deute ihn.

Schüler: Es bedeuten w die Drähte der Spule. Ein weiches Eisenstück r hängt an einer Drahtspirale und wird hinabgezogen, sobald ein Strom eingeleitet ist.

Meister: Mittels der Spule lassen sich auch aus Stahl kräftig
bleibende Magnete erregen.   Das Maximum der Erregbarkeit ist
nahezu proportional dem Querschnitte der Stäbe.
Die Erregbarkeit des weichen Eisens ist aber viel
größer als die des Stahles.

Fig. 389.

3. Molomotorische Erscheinungen zwischen Spulen und Magneten oder weichem Eisen.

Meister: Wo Magnetismus erregt wird, werden
auch Anziehungserscheinungen mannigfach auftreten.
Nähert man einer Spule einen Magnet, so lassen sich
die Wirkungen voraussehen (Fig. 390).

Fig. 390.

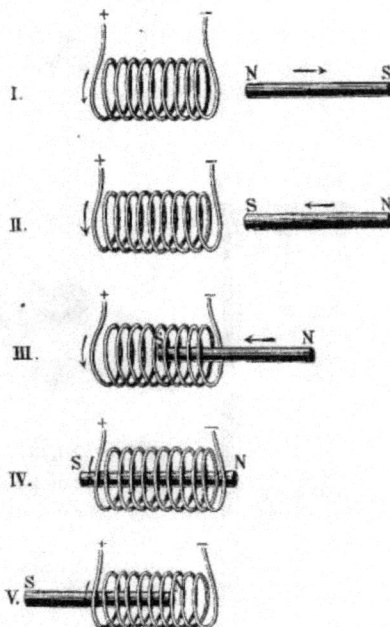

Schüler: Aus der Stromrichtung schließe ich, daß bei I unter dem
—-Zeichen ein Nordpol entsteht, daher wird der Magnet abgestoßen.
In der umgekehrten Lage II des Magnets tritt Anziehung ein.

Meister: Dasselbe zeigt III und IV, nur tritt bei IV eine Gleichgewichtslage ein, denn bei V wird der Stab zurückgezogen werden.

Schüler: Weil die +-Seite des Stromes den Nordpol anziehen wird.

Meister: Auch die Fig. 391 und 391 a wirst du deuten können

Schüler: Zwei Stäbe in der Längsrichtung ziehen sich stark an, weil die magnetischen Kraftlinien in dieselbe Richtung fallen, dagegen stoßen sie sich ab, wenn sie nebeneinander in der Spule liegen.

<table>
<tr><td>Fig. 391.</td><td>Fig. 391 a.</td></tr>
</table>

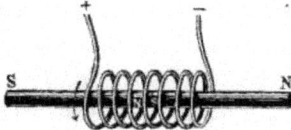 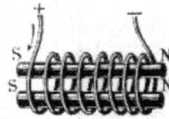

Meister: Viele dünne Stäbchen aus weichem Eisen verteilen sich nach der inneren Peripherie der Spule, ein Verhalten, das dem der Kraftlinien im Innern des Eisens entspricht. Auch außerhalb der Spirale wird dem Kraftfelde gemäß eine Bewegung eines genäherten Magnets beobachtet. Ein Eisenzylinder über den Windungen einer Spule wird ebenso nach der Mitte hingezogen.

Schüler: Ich wäre sehr begierig, solche Versuche anzustellen.

Meister: Dann versuche zuvor die vielen schönen Versuche von Waltenhofen zu studieren. Wegen der augenblicklich auftretenden, in beträchtlicher Stärke herstellbaren An-

Fig. 392.

ziehungskraft, wird der Elektromagnetismus bei zahlreichen Bewegungs-
apparaten verwandt. Man nennt sie
elektromagnetische Motoren. Alle
die vorhin besprochenen Fälle können
zur Anwendung kommen. Bald läßt
man den willkürlich zu schließenden
Strom auf Magnete oder auf Elektro-
magnete wirken, bald wird die Anziehung des weichen Eisens verwandt.

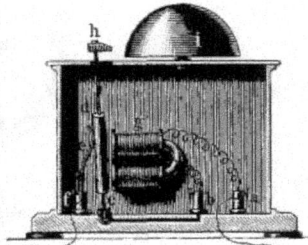

Ich führe dir nur einige dieser Apparate an, die häufig im praktischen Leben zu finden sind. Fig. 392 zeigt dir die Klingel.

Schüler: Ich meine, der angezogene Anker schlägt bei h an die Glocke i, sobald der Strom geschlossen wird. Zugleich wird der Strom geöffnet, weil der Anker bei e die Leitung unterbricht. Wahrscheinlich zieht eine Feder den Anker zurück, der Strom wird von neuem geschlossen und es erfolgt ein periodisches Klingeln.

Meister: Ganz ähnlich sind viele elektromagnetische Unterbrecher, wie Wagners Hammer (Fig. 393) und Foucaults Pendelunterbrecher (Fig. 393 a), auch elektrische Uhren u. a.

Schüler: Der erregte Elektromagnet zieht den Anker an und
unterbricht zugleich den Strom, worauf in Fig. 393 die Feder, in Fig. 393a
das Pendel zurückschwingen und von neuem den Strom schließen.

Fig. 393.   Fig. 393a.

 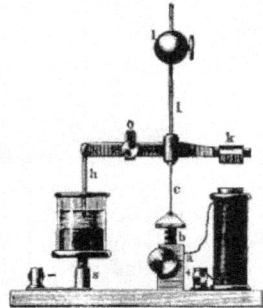

Meister: Von den zahlreichen Formen des elektromagnetischen Telegraphen zeige ich dir nur den Farbschreiber (Fig. 394).

Fig. 394.

Schüler: Ich erkenne den Elektromagnet *E* mit seinem Anker *o*, der ein Hebelwerk *nn* bewegt. Es wird bei Stromschluß das Ende des Hebels gegen den laufenden Papierstreifen *p* angedrückt.

Meister: Je nach der Dauer des Stromschlusses entsteht ein Punkt oder ein Strich. Aus Strichen und Punkten ist das Alphabet von Morse zusammengesetzt.

Schüler: Wie ist es aber möglich, mit einem Draht von einem Orte nach dem anderen und auch zurück zu schreiben?

Meister: Das zeigt dir die Fig. 395.

Schüler: Ich sehe, daß rechts der Taster niedergedrückt ist. Der Strom, den die Zelle *b* hergibt, geht also in der Richtung der Pfeile nach der anderen Station und erregt dort den Schreibapparat, der durch *m'* bloß angedeutet ist. Wie aber kehrt der Strom zurück?

Meister: Der Schluß geschieht durch die Erdleitung. Die Erde ist ein guter Leiter, man muß nur für eine innige Berührung der Platten sorgen. — Bei sehr langen Leitungen werden die Ströme durch Verluste geschwächt; alsdann benutzt man Relais oder Übertrager (Fig. 396). Der noch so schwache Strom in *M* bewegt den Anker *R*, wozu viel weniger Kraft erforderlich ist, als beim vorigen Apparat.

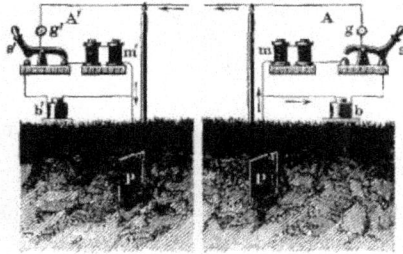

Fig. 395.

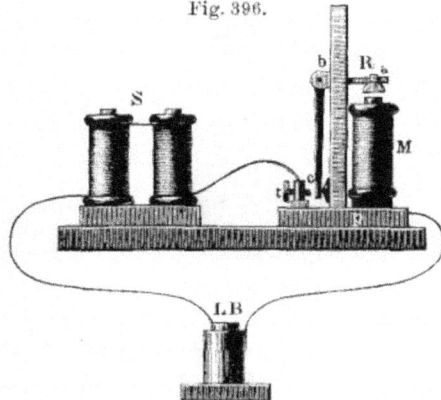

Fig. 396.

Diese kleine Bewegung schließt bei *c* die Leitung der Lokalbatterie *L B*, und *S* stellt nun den ganzen Schreib- oder Farbschriftapparat dar.

4. Die elektromotorischen Erscheinungen. Grundlehren der elektrischen Induktion.

Meister: Gesetzt, wir haben in der Nähe eines Magnets einen Strom.

Schüler: Dann wird der Magnet abgelenkt.

Meister: Und wenn wir den Strom im Leiter umkehren?

Schüler: Dann würde der Magnet in der entgegengesetzten Richtung abgelenkt werden. — Ich merke schon, was ihr vorhabt; die ganze Erscheinung ist umkehrbar. Was soeben Wirkung war, lasse ich Ursache sein; ich bewege in der Nähe des Leiters meinen Magnet, es muß ein Strom entstehen, denn das war vorhin Ursache!

Meister: Und in welcher Richtung?

Schüler: In einer, die die Magnetbewegung hemmen würde. Diese Erscheinung muß selbst wieder umkehrbar sein: bei entgegengesetzter Bewegung des Magnets muß der entgegengesetzte Strom entstehen.

Meister: Diese momentanen Ströme, denn sie dauern nur so lange, als die Erregung anhält, heißen Induktionsströme, das ganze Gebiet das der elektrischen Induktion. Nachdem Mich. Faraday die Grunderscheinung entdeckt hatte, fand Emil Lenz die soeben angegebene Regel für die Richtung der induzierten Ströme. Jede Bewegung ist relativ faßbar. Ob ein Magnet gegen den Leiter oder umgekehrt der Leiter gegen den Magnet bewegt wird, bleibt sich gleich.

Schüler: Ich könnte also statt einen Magnet dem Leiter zu nähern, auch den stromlosen Leiter an den Magnet heranschieben.

Meister: Ferner könnten wir, statt den Magnet zu nähern, ihn entstehen lassen. Auch Annäherung von Strömen an stromlose Leiter muß in diesen Ströme induzieren. Allen diesen Erscheinungen liegt die Beziehung zum Kraftfelde zugrunde. Als gleichwertig erscheinen dabei:

Entstehen oder Nähern von Magneten oder Strömen, sowie
Vergehen oder Entfernen von Magneten oder Strömen.

Nun gilt es weiter, die quantitative Fassung der Gesetze zu finden. Im homogenen magnetischen Felde und senkrecht zur Feldstärke H sei ein Leiterelement l vom Strome i durchflossen; dann erfährt es eine ablenkende Kraft:

$$ f = H.i.l \quad \dots \dots \dots \quad (7) $$

Die Überwindung dieser Kraft um die Strecke ds fordert die Arbeit:

$$ f.ds = H.i.l.ds \quad \dots \dots \dots \quad (8) $$

Bewegen wir denselben zunächst stromlosen Leiter vorwärts, so wird eine EMK induziert; es entsteht ein Strom i. Hiermit ist eine Arbeit geleistet gleich $e.i.dt$ in der Zeit dt; dieser Wert muß jenem gleich sein. Es wird

$$ e = H.l.ds/dt \quad \dots \dots \dots \quad (9) $$

Nun ist $l.ds$ das Flächenelement, das während dt überstrichen wird, und $H.l.ds = dn$ ist die Anzahl von Kraftröhren, die l durchschnitten hat. Also: In jedem bewegten Leiterelement wird eine EMK induziert gleich der Anzahl der in der Zeiteinheit durchschnittenen Kraftröhren. Allgemeiner bilde l den Winkel W mit der Feldstärke; es sei auch nicht senkrecht dazu, sondern unter einem Winkel w fortbewegt; das Elementargesetz lautet alsdann:

$$e = H.l.\sin W.\sin w.ds/dt \ . \ . \ . \ . \ . \ . \ (10)$$

d. h. die induzierte EMK ist gleich der Projektion des Leiters l auf eine zur Feldstärke senkrechte Ebene, multipliziert mit der Projektion des Weges ds in eine Senkrechte zu der durch l und H gelegten Ebene.

Schüler: Es muß also $e = 0$ sein, wenn W oder $w = 0$ sind.

Meister: Richtig. Eine Bewegung parallel der Feldrichtung gibt keine Induktion; ein Element, das parallel der Feldrichtung liegt, gibt auch keine; in beiden Fällen werden keine Kraftlinien geschnitten. Unter allen Umständen ist nach Gl. (9) und weil $H.l.ds = dn$ die Induktion:

$$e = dn/dt \ . \ . \ . \ . \ . \ . \ . \ . \ . \ (11)$$

Die Richtung induzierter Ströme findet man nach Flemings Regel: Spreize die ersten drei Finger der rechten Hand auseinander, so daß ein jeder mit dem anderen einen rechten Winkel bildet; wenn der Zeigefinger von S nach N geht und der Daumen nach der Bewegungsrichtung, so geht der Induktionsstrom in der Richtung des dritten Fingers. Dasselbe ergibt Faradays Regel: Schwimmt man im Felde in der Kraftrichtung, das Gesicht nach der Bewegungsrichtung, so ist der Induktionsstrom nach rechts gerichtet.

Schüler: Aber in einem einzelnen Element kann doch kein Strom zustande kommen?

Meister: Richtig. Gehen wir also weiter zu geschlossenen Leiterstücken. Denke dir zwei feststehende Leiter MM_1 und NN_1 (Fig. 397), auf denen die Leiter AB und CD hingleiten können. Die magnetische Kraft sei senkrecht zur Ebene der Zeichnung von oben nach unten. AB werde nach $A'B'$ fortbewegt, welche Induktion muß entstehen?

Fig. 397.

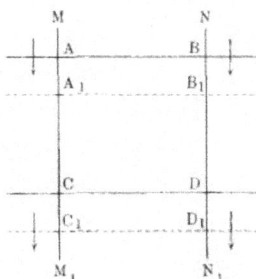

Schüler: Ich schwimme mit dem Kopf nach unten, das Gesicht nach CD, strecke die Rechte aus und finde in $A'B'$ richtig die angedeutete Stromrichtung; der Strom könnte durch NN_1, DC und M kreisen.

Meister: Wenn nun CD um ebensoviel nach C_1D_1 rückt, so würde ein ebensolcher Strom nach rechts entstehen.

Schüler: Mir scheint, die beiden Ströme begegneten sich; es käme keiner zustande.

Meister: Richtig. Überlegen wir nun die durchschnittenen Kraftröhren: Durch die Bewegung von AB sind aus dem Umkreise ebenso viele ausgeschlossen, wie durch Fortrücken von CD hinzukamen. Die umschlossene Anzahl blieb also unverändert; ein geringes Anstauen der Elektrizität von MM_1 nach NN_1 ist vorhanden. Anders wenn AB allein sich bewegt oder CD allein; der Strom ginge rechts oder links herum; Hauptsache bleibt, daß die Kraftröhren zu- oder abnehmen. In unsere Formel haben wir keine Konstante aufgenommen, weil wir die EMK schon definiert hatten; hier ist sie gleich 1 Volt, wenn ein Leiterstück von 1 Zent Länge mit der Geschwindigkeit von 1 Cel in einem Felde von 10^8 Dynen sich senkrecht zu den Kraftlinien bewegt. Die Stromstärke hängt zudem noch vom Widerstande ab nach Ohms Gesetz: $i = V/(W + w)$, denn auch hier unterscheidet man den äußeren W von dem Teil w, in dem die Induktion vor sich geht. Meist aber ist V sehr veränderlich, so daß es eine Funktion der Zeit wird; in jeder Zeit dt tritt die EMK $i \cdot dt$ auf und es ist

$$i \cdot dt = V \cdot dt/(W + w) \quad \ldots \ldots \ldots \quad (12)$$

d. h. die durchgeflossene induzierte Elektrizitätsmenge E

$$\int i \cdot dt = \int (de/dt) \cdot dt = \int de = E \quad \ldots \quad \ldots \ldots \quad (13)$$

d. h. der Integralstrom ist gleich der durchgeflossenen Elektrizitätsmenge. Die Gesamtdauer ist meist sehr kurz; ein eingeschaltetes Galvanometer gibt daher durch seinen momentanen Ausschlag die Menge E an. In Fig. 398 wird ein Magnet in eine Spirale gesteckt; es entsteht ein Strom, der den N-Pol abstieße, also ein gleichnamiger Pol, und daraus folgt die Stromrichtung. Ein Wechsel tritt ein, wenn die Mitte des hineingeschobenen Magnets die Mitte der Spule erreicht hat. Bei Weiterbewegung erscheint Induktion in umgekehrter Richtung. Statt des Magnets kann man Spulen anwenden, so daß auch hier acht Fälle denkbar sind (s. S. 552). Faradays erster Apparat ist Fig. 399. Ein Ring aus weichem Eisen ist mit zwei Spiralen umwunden; ein Strom tritt in I hinein.

Fig. 398.

Fig. 399.

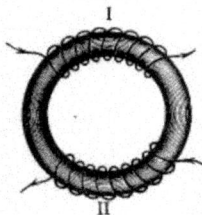

Schüler: Der Ring wird magnetisch; es entstehen Kraftröhren in II, also eine EMK, die es zum Strom bringt, sobald die Drahtenden geschlossen werden.

Meister: Sehr interessant ist der Erdinduktor (Fig. 400). Der Ring MN, mit einer Spirale umgeben, kann gedreht werden. Es ist der Erdmagnetismus, und zwar nur dessen vertikale Komponente,

die induziert, denn die Drahtwindungen umfassen bald Kraftröhren bis
zu einem Maximum, bald verlieren sie sie wieder bei weiterem Drehen.

Schüler: Die Induktion wird wohl alle halbe Umdrehung die
Richtung wechseln.

Meister: Ja. Die Achse des Apparates wird von S nach N gerichtet; der Ring sei in vertikaler Lage im Meridian, so umschließt er

Fig. 400.

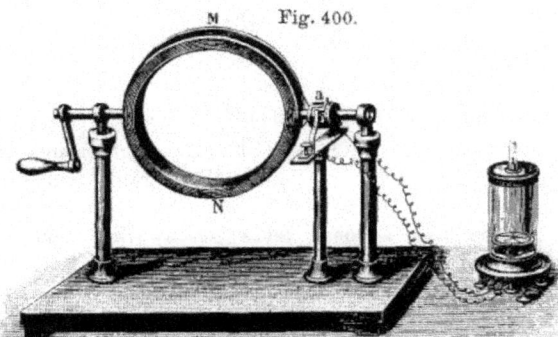

keine Kraftröhren; bei einer Drehung um 90° werden die verschiedenen
Teile eines jeden Ringes sehr verschieden induziert. Ein Element, das
den größten Kreis beschreibt, durchschneidet am meisten Kraftröhren;
je näher zur Achse, um so weniger, und zwar proportional dem Kosinus
des Neigungswinkels gegen die Achse. In allen Elementen entsteht
eine Induktion gleicher Richtung, am stärksten in der Anfangsstellung;
ist er bereits um 90° gedreht, so bleibt die Kraftröhrenzahl nahe konstant, die Induktion ist gleich 0 und erlangt weiterhin die umgekehrte
Richtung bis zur Stellung 180°, schwillt dann wieder ab usf.

Schüler: Es sind also Ströme wechselnder Richtung.

Meister: Der Verlauf entspricht einer Sinuswelle, wie denn auch
der Sinus des augenblicklichen Neigungswinkels den Integralstrom in

Fig. 401.

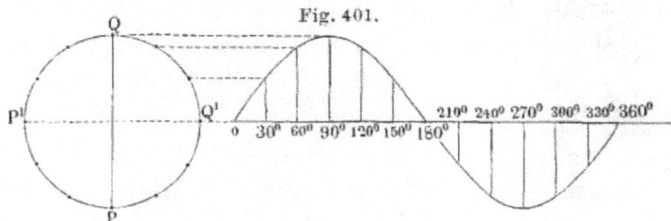

jedem Kreise darstellt. Bei a ist ein Kommutator angebracht, so daß
nun die Ströme in gleicher Richtung ins Galvanometer eintreten. Für

induzierte Ströme gilt immer Faradays Regel: Nimmt die Kraftröhrenzahl zu, so erhält der von S nach N Blickende einen Strom umgekehrt
wie der Zeiger der Uhr. In Fig. 401 stellen die Ordinaten die induzierten Stromstärken dar, die Abszissen die Zeit, ein Produkt beider
Größen, also die Flächen, geben den Integralstrom. Besteht der Ring
aus n Windungen, deren jede die Fläche q umspannt, so kann man eine
durchschnittliche EMK ansetzen gleich

$$2 . n . q . H/t \qquad \qquad (14)$$

wo t die halbe Umlaufsdauer bezeichnet. Die Stromstärke im Galvanometer, dessen Widerstand W ist, wird

$$J = E/(W + w) = 2 . n . q . H/(W + w) . t \quad \cdot \ \cdot \ \cdot \ (15)$$

Weber gelang es, die Intensität des Erdmagnetismus mit solch
einem Apparat zu bestimmen. Deiner Überlegung und Begründung
überlasse ich noch folgende Sätze: Nähert man einander zwei gleichgerichtete Ströme, so werden beide geschwächt, beim Entfernen
verstärkt. Zwei entgegengerichtete Ströme werden bei Annäherung
verstärkt. Ist Stromverstärkung Folge der Induktion, so muß Energie
zugeführt werden, bei Stromschwächung wird Energie gewonnen.

5. Induktion in Ringen, Platten, Spiralen. Selbstinduktion.

Meister: Das Verschieben von Spiralströmen oder von Magneten
ist meist mit viel Stromverlust verbunden. Zweckmäßiger erscheint
die Verwendung von Rotationen der Leiter um eine Achse, wobei die

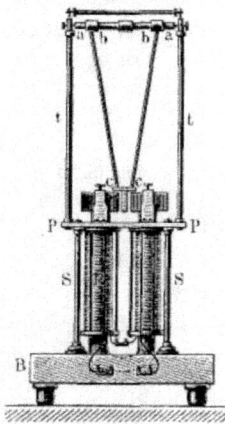

Fig. 402.

Reibung sehr gering ist. Im kraftlosen Felde
bewegt sich solch ein Gebilde infolge eines Anstoßes lange weiter; im Magnetfelde wird Arbeit
geleistet, und der Schwung ist bald verzehrt.
Dieser Art war bereits die Dämpfung durch
Induktion beim Galvanometer. Es gibt beiläufig auch mechanische Dämpfung: Ein am
schwingenden Körper befestigter Flügel taucht
in eine Schale mit Flüssigkeit oder auch in eine
Schale, die Luft enthält; Querwände hindern
die freie Luftbewegung. Eine starke Dämpfung
erfahren Platten im magnetischen Felde. Fig. 402
zeigt Waltenhofens Pendel $bbcc$, das um die
Achse aa lange hin und her schwingen kann.
Unter und zwischen cc ist eine Kupferplatte
angebracht zwischen den Ankern eines Elektromagnets; sobald dieser erregt ist, bleibt das
Pendel sofort im tiefsten Punkte stehen. Versucht man mit der
Hand zwischen den Schenkeln des Magnets die Platte hindurch-

zuführen, so empfindet man den Schnitt der Kraftlinien; es ist so, als gelte es, einen zähen Körper zu durchschneiden. Dabei wird immer kinetische Energie in Wärme umgesetzt. Einen wichtigen Begriff finden wir in der Selbstinduktion. Entsteht ein Strom, so erzeugt jedes Element der Schließung in allen anderen Elementen Induktion; der Gesamtstrom ist daher ein Doppelintegral, das von der Form des Leiters abhängt. Ändert sich der Strom um di/dt, so setzen wir die Selbstinduktion diesem proportional; es wird

$$e = L \cdot di/dt = dN/dt \quad \ldots \ldots \ldots (16)$$

Hier ist L die Selbstinduktion des Leiters und e eine EMK, die von der etwa schon vorhandenen E in Abzug zu bringen ist. Der veränderliche Strom i wird jetzt:

$$i = (E - L \cdot di/dt)/W \quad \ldots \ldots \ldots (17)$$

wo W der Leitungswiderstand ist. Offenbar ist L/dt von derselben Dimension wie W, und da dieses eine Geschwindigkeit war (s. Anhang), so ist L eine Länge. Hiermit stimmt überein, daß im erwähnten Doppelintegral im Zähler das Produkt zweier Längen und im Nenner deren Entfernung voneinander sich befindet. Multipliziert man Gleichung (17) mit $i \cdot W \cdot dt$, so kommt:

$$E \cdot i \cdot dt = i^2 \cdot W \cdot dt + L \cdot i \cdot di \quad \ldots \ldots (18)$$

Links steht die gesamte vom Strome geleistete Energie, rechts dagegen ist $i^2 \cdot W \cdot dt$ die Erwärmung, während $L \cdot i \cdot di$ die magnetische Induktionsarbeit ist. Da nun $L \cdot i \cdot di = d(\frac{1}{2} L \cdot i^2)$ ist, so stellt $\frac{1}{2} L \cdot i^2$ die magnetische Energie des Stromes i dar, deren Änderung gleich $L \cdot i \cdot di = i \cdot dN/dt$ Gl. (16) die Induktionsarbeit gibt.

Schüler: Findet denn bei jedem Öffnen eines Stromes Induktion statt?

Meister: Jawohl und auch bei jedem Schließen. Beim Öffnen wird der elektrische Strom durch Induktion in gleicher Richtung mächtig verstärkt, so daß man Funken in der Trennungsstelle erhält, die um so stärker sind, je größer L ist. Spiralen in der Leitung veranlassen kräftige Öffnungsfunken. Noch kräftiger werden sie, wenn man die Induktion verstärkt durch Einfügen von weichem Eisen in die Spirale. Schließung galvanischer Ketten zeigt nur dann Funken, wie de la Rue fand, wenn man mehrere tausend Elemente hintereinander schaltet. — Will man Widerstandsrollen herstellen, so muß alle Selbstinduktion vermieden werden. Da nun aber die Wickelung in Spiralform die bequemste ist, so behilft man sich durch bifilare Wickelung (Fig. 403). Will man die Selbstinduktion messen, so bedient man sich der Wheat-

Fig. 403.

stoneschen Brücke. Wird diese bei geschlossenem Strome auf Null eingestellt, so wird man beim Öffnen sowie beim Schließen einen Ausschlag erhalten, sobald in den vier abgeglichenen Leiterstücken eine Spule mit Selbstinduktion vorhanden ist. Auch bei einfacher Verzweigung kann man den sogenannten Extrastrom beobachten. Wenn in einem Zweige nur Induktionsstrom, also ohne Erwärmung, bestehen könnte, wäre $E = L \cdot di/dt$. Dieser Gleichung kann genügt werden durch die Gleichungen:

$$E = a \cdot \cos \cdot 2\pi t/T \quad \dots \dots \quad (19)$$

und
$$i = (a \cdot T/2\pi L) \cdot \sin 2\pi t/T \quad \dots \dots \quad (20)$$

Schüler: Dann wird $di/dt = (a/L) \cdot \cos 2\pi t/T$ und richtig:

$$L \cdot di/dt = a \cdot \cos 2\pi t/T = E \quad \dots \dots \quad (21)$$

6. Induktionsapparate. Transformatoren.

Meister: Stromerzeugende Apparate werden unterschieden, je nachdem sie elektrischen Strom liefern oder mechanische Arbeit. Ein Apparat der ersteren Art heißt ein Induktorium, letztere sind dynamoelektrische Maschinen, auch Motoren. Induktorien liefern Ströme von hoher Spannung, im technischen Sinne des Wortes; ihre Dauer ist klein, daher verwendet man in rascher Folge Schließung und Öffnung der erregenden Ströme, die im primären Leiter erzeugt werden. Dazu dienen die Unterbrecher von Wagner und Foucault (S. 550). Einen merkwürdigen Vorgang hat Wehnelts Unterbrecher. In verdünnter H_2SO_4 steht eine Pt-Spitze einer Bleiplatte gegenüber. Bei Stromschluß entwickeln sich Gasblasen an der spitzen Anode; sie unterbrechen den Strom, entweichen, und ein erneuter Schluß entwickelt eine neue Blase.

Schüler: Es sieht so aus, als werden die Schwingungen einer Feder oder eines Pendels durch schwingende Gasmassen ersetzt.

Meister: Die Hauptteile eines Induktoriums sind die primäre und die sekundäre Spirale, erstere aus dickem Kupferdraht mit wenig Windungen, in die der galvanische Strom eingeleitet wird. Die sekundäre Spirale umgibt die primäre und besteht aus langem, dünnem Draht in zahlreichen Windungen. Eine bedeutende Verstärkung gibt ein Eisenkern aus vielen dünnen Stäben. Fig. 404 zeigt den kleinen Induktionsapparat von Emil du Bois-Reymond, bei dem die sekundäre Spule auf einem Schlitten verstellbar ist.

Schüler: Links erkenne ich den Wagnerschen Hammer. Die Klemmschrauben a und y sind wohl die Enden der sekundären Spule, wo die Elektrizität abgeleitet werden kann.

Meister: Sehr große Apparate baute zuerst Rühmkorff (Fig. 405). (Der Unterbrecher fehlt.) Die Elektrizität soll in der Leidener Batterie ångesammelt werden. Sie springt bei *st* in Funken über, und die Batterie wird geladen. Man kann einen zweiten Schließungsbogen mit einem Funkenmesser einrichten, durch den die Batterie sich entladet. Je länger die Strecke *st* ist, um so kleiner ist die in die Batterie ge-

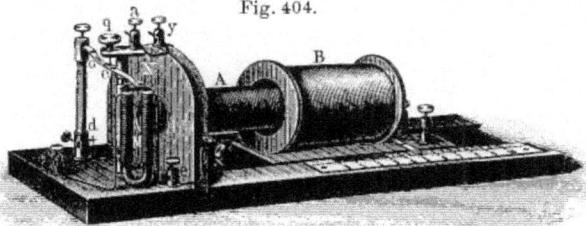

Fig. 404.

spendete Elektrizitätsmenge; |wird *st* klein genommen, so kann die Batterie sich durch das Induktorium zurück entladen. Bei allmählicher Verkleinerung von *st* kann schon nach dem ersten Induktionsstoß die Entladung eintreten. Der Funke sieht dann flammend aus; der Rückstand in der Batterie ist alsdann n e g a t i v, wenn sie positiv geladen

Fig. 405.

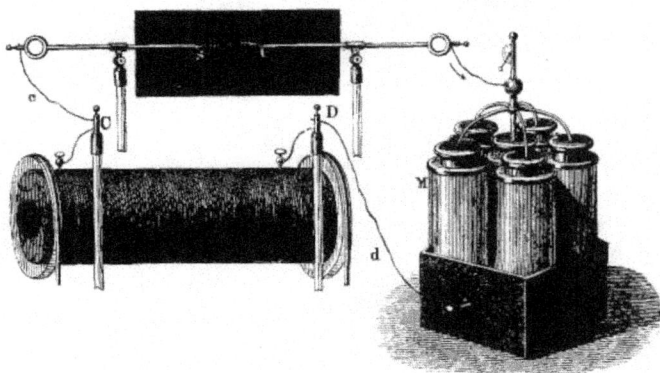

wurde. Die Entladung ist nämlich oszillatorisch, aber es kommt nur die erste Oszillation zustande. An diese Erscheinung schloß sich die Entdeckung n e g a t i v e r R ü c k s t ä n d e (s. S. 506). Bei gesteigerter Ladung oder bei kleinerer Funkenstrecke können auch mehrere Oszillationen vorkommen; die Rückstände treten abwechselnd mit $+-$ und $--$-Zeichen auf. Bei großer Funkenstrecke springt nur wenig Elektrizität über, weil erst bei hohem Potential die Entladung anhebt und die angesammelte Elektrizität größtenteils ins Induktorium sich zurück entladet. Das Innere des Induktoriums zeigt im Querschnitt Fig. 406. Mit dem Galvanometer lassen sich die Elektrizitätsmengen eines Induktionsstoßes messen. Im geschlossenen sekundären Kreise werden Öffnungs- und Schließungsströme gleich stark sein; sobald aber eine Funkenstrecke vorkommt, nimmt der Schließungsstrom ab und schwindet bei immer noch kleinen Strecken vollkommen. Den im primären Kreise auftretenden Induktionsstrom nannte Faraday Extrastrom. Störungen, die er verursacht, vermeidet man durch Fizeaus Kondensator, der mit der primären Spirale verbunden wird. Der Induktionsapparat ist zugleich ein Elektrizitäts-Transformator, d. h. er verwandelt einen starken galvanischen Strom von sehr geringer Spannung in einen Strom von kurzer Dauer, aber sehr hoher Spannung; derselbe Apparat kann auch umgekehrt hochgespannte Elektrizität in Ströme

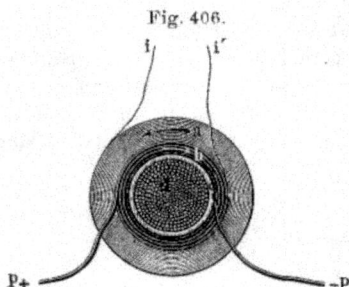

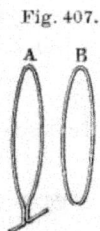

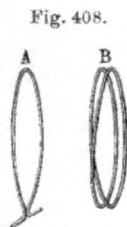

Fig. 406.   Fig. 407.   Fig. 408.

geringer Spannung und großer Stärke verwandeln, wenn man die ersteren in die sekundäre Spirale eintreten läßt; die primäre liefert dann ergiebige Ströme niedriger Spannung. Technisch wurde das verwertet zur Überführung hochgespannter Elektrizität von Laufen nach Frankfurt a. M. im Jahre 1891. Der Strom niederer Spannung hätte auf diesem Wege alle Energie in Wärme verwandelt, während jetzt ein Nutzeffekt von 75 Proz. erreicht ward.

     Schüler: Ich habe noch nicht begriffen, wodurch die Transformation in der soeben angeführten Art erfolgt.

     Meister: In Fig. 407 sei A ein primärer Strom, der in B eine EMK induziert und den Strom $I_1 = E/W$ liefert. Denke dir B gespalten in zwei Ringe, so wird der Widerstand eines jeden $2W$ sein, und in jedem wird ein Strom $i_2 = E/2W = i_1/2$ induziert. Statt zweier Ringe kann man eine Schlinge bilden (Fig. 408); ihr Widerstand ist $4W$, während die erregten EMK sich zusammensetzen zu $2E$; der Strom bleibt gleich $i/2$. Spalten wir den Ring B in n Ringe und bilden n Windungen, die denselben Raum wie früher einnehmen, so ist die induzierte EMK gleich $n . E$, der Widerstand aber gleich $n^2 . W$.

Schüler: Der Strom wird jetzt:

$$i_n = n \cdot E / n^2 \cdot W = i / n \quad \ldots \ldots \ldots \quad (22)$$

wir erhalten also hohe Spannung $n \cdot E$ und schwachen Strom i/n.

Meister: Die Energie aber bleibt dieselbe, denn

$$n \cdot E \cdot i/n = E \cdot i.$$

Dieselben Beziehungen gelten umgekehrt, wenn statt vieler dünner Drähte ein dicker genommen wird.

Schüler: Es wird dann die Spannung klein und der Strom stark sein.

7. Dynamoelektrische Apparate. Pacinotti's Ring.
Gramme's Maschine. Siemens' Dynamo.

Meister: In all diesen Apparaten werden Kraftröhrensysteme bewegt und dadurch in Leitern Ströme induziert von solcher Richtung, daß die Bewegung gehemmt wird.

Schüler: Das ist wieder das Kennzeichen geleisteter Arbeit.

Meister: Mit möglichst geringen Weglängen will man starke Feldänderungen hervorrufen. Fig. 409 zeigt Pacinottis Ringmaschine

Fig. 409.

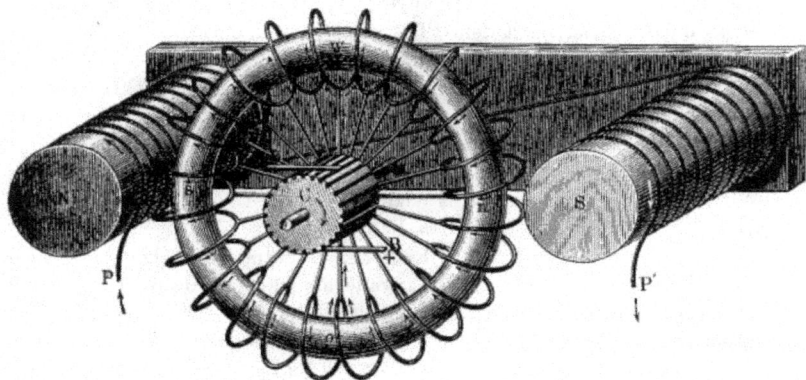

vom Jahre 1860. Der starke Elektromagnet bei NS erweckt beständig im Ringe aus weichem Eisen Magnetismus.

Schüler: Ich kann mir denken, daß die Kraftlinien, statt von N geradeaus nach S zu gehen, jetzt durch den Ring verlaufen (S. 483); s und n bezeichnen Ein- und Austrittsstellen der Kraftlinien. Ich sehe ferner einen Draht in einerlei Sinne um den Ring gewickelt; die kleinen Pfeile deuten gewiß die Richtung der Ströme an, die bei Drehung des Ringes mitsamt den Windungen in letzteren induziert werden.

Meister: In den beiden mit o und w bezeichneten Stellen findet
keine Induktion statt, weil die Kraftlinienanzahl hier konstant bleibt.

Schüler: Bei n und s aber umschließen die Drahtwindungen gar
keine Kraftlinien; mithin werden diese von n bis o anwachsen; hier erreichen sie ein Maximum; sie schwinden von o bis s und nehmen wieder
entgegengesetzten Charakter an, von s über das Maximum bei w bis n,
wo sie schwinden.

Meister: Gut. Ferner kann die Rotation des Eisens unbeachtet bleiben, denn die Induktion kommt gerade so zustande, als ruhte der Eisenring; die in ihm erregten Kraftlinien
behalten im Raume zwischen N und S immer dieselbe Lage.

Schüler: Das setzt doch voraus, daß der erregte Magnetismus
sofort wieder verschwindet und momentan erregt wird.

Meister: Allerdings findet eine kleine Verspätung statt, der man
auch Rechnung trägt. — Wir haben also Windungen, die sich über ein
feststehendes Ringfeld hin bewegen, obwohl der Eisenring sich auch
herumbewegt.

Schüler: Die Stromrichtung rechts muß dieselbe sein, wie wenn
in den ruhend gedachten Windungen ein Magnet hindurchgeschoben
würde. Nach Ampères Anschauung und nach Lenz' Gesetz finde ich
die Stromrichtung jener entgegengesetzt; damit stimmt die Zeichnung,
wenn die Drehung nach dem Pfeil bei C bestimmt wird.

Meister: Und auf der ganzen linken Seite ist die Richtung in
den Windungen die entgegengesetzte. Nun gilt es, die Elektrizität ab-
zufangen. Isolierte Leitungen führen zu den Drähten auf der Achse,
und bei BB schleifen Kontaktfedern, die die Elektrizität abführen.

Schüler: Ich habe noch ein Bedenken. Die Kraftlinien in den
Windungen nehmen von w bis n zu, aber von n bis o ab; müßte nicht
deshalb die Stromrichtung bei n sich umkehren?

Meister: Nein; denn die Kraftlinien verändern auch gerade bei n
ihre Richtung, und bei o ist es gerade umgekehrt; die Kraftlinien behalten ihre Richtung, aber nehmen nach links hin ab; daher ist die
induzierte Richtung umgekehrt. Diese Erklärung ist auf Grund von
Versuchen von Pfaundler vielfach berichtigt und vertieft worden
durch genaueren Verfolg der Kraftlinien. Die erregenden Magnete
heißen Feldmagnete; den ganzen umlaufenden Teil nennt man
Anker und unterscheidet Ring- oder Trommelanker (Hefner-
Alteneck). Die sammelnden Bürsten heißen Kollektoren. Die
Polschuhe müssen den Anker umfassen, damit möglichst viel Kraftröhren hindurchgehen. Fig. 410 zeigt die magneto-elektrische Maschine
von Gramme vom Jahre 1871. Man sieht, wie die Armatur aus
weichem Eisen den Anker eng umschließt. Im Jahre 1866 faßte
Werner Siemens den sinnreichen Gedanken, die elektrische Energie-

quelle durch Induktionsströme zu ersetzen, die aus mechanischer Energie
entstammten. Er benutzte dazu einen Teil desselben Stromes, den die
Bürsten B und B (Fig. 408) geben. Sie werden mit den Drahtenden P
und P' verbunden. Der Strom geht von $+ B$ aus nach P in den linken

Fig. 410.

Elektromagnet, umläuft dann den anderen rechts und geht beim
Austritt P' auf die $-B$-Bürste; hier findet Verzweigung statt bis o
und von da kehrt der Strom zurück zu B.

Schüler: Hier wird also zur Erzeugung der Elektrizität nur
mechanische Energie als Quelle verwandt.

Meister: Deshalb nannte Siemens seinen Apparat dynamoelektrische Maschine, woraus die Praxis das kurze Dynamo gebildet hat.

Schüler: Woher stammt aber die Erregung der Feldmagnete, da
ihr Kern doch unmagnetisch ist, bei der Ankerbewegung also gar keine
Induktion statthaben kann?

Meister: Das gerade ist so bewundernswert, daß der Apparat aus
diesem Grunde anfangs spielend leicht sich bewegt; bald aber merkt man,
daß er von selbst anfängt zu arbeiten. Jedes Eisen hat nämlich ganz
geringen Magnetismus, sei es auch nur den durch Erdmagnetismus induzierten; die ersten Spuren elektrischer Induktion vermehren rasch den

36*

Magnetismus des weichen Eisenkernes, die Induktion nimmt zu, und in
kurzer Zeit ist die volle Wirksamkeit eingetreten. Seit jener Zeit ist
der Grundgedanke derselbe geblieben, die Ausnutzung der Kraftröhren
aber vervollkommnet worden, und die Technik hat viele Formen und
Schaltungsarten angewandt. Als Schema dienen uns die Fig. 411 bis 413.
Es gibt Fig. 411 a und b Hauptschlußmaschinen; der Nutzstrom

Fig. 411 a.   Fig. 411 b.   Fig. 412.   Fig. 413.

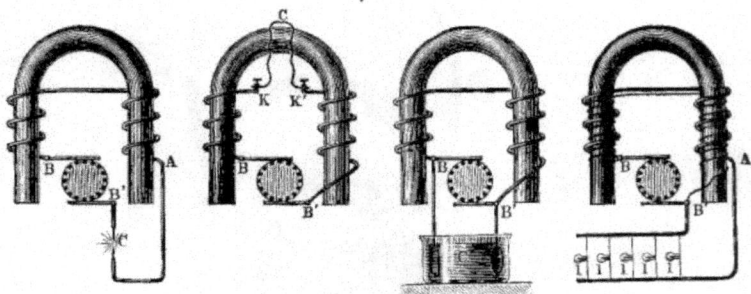

ist bei Fig. 411 a zwischen A und B' eingeschaltet, bei Fig. 411 b dagegen
zwischen beiden Schenkeln. Fig. 412 zeigt die Nebenschlußmaschine
(Shunt), Fig. 413 die Verbundmaschine (Compound). In beiden ist eine
zweite Umwickelung um die Schenkel angebracht. Wenn in der Nutz-
leitung eine Anzahl Lampen ausgelöscht wird, so brennen die übrigen
in unveränderter Stärke weiter: der äußere Widerstand ist nämlich vermindert, deshalb fließt mehr Elektrizität in die Schenkel, und man hat
erreicht, daß die EMK, also die sogenannte Klemmspannung, konstant bleibt. Die erhaltene Stromstärke ist immer, wenn w der äußere
und w_1 der Ankerwiderstand ist, $i = E/(w + w_1)$, also:

$$E = i.w + i.w_1 \qquad \ldots \ldots \ldots \quad (23)$$

wo $e = i.w$ als Klemmspannung anzusehen ist, während $i.w_1$ die vom
Anker in Anspruch genommene EMK angibt. Je größer w, um so
weniger Abfall der Spannungen wird der Anker zeigen. Bei $w = 0$
hat man Kurzschluß; i erhält seinen höchstmöglichen Wert. Nur e
entspricht der Nutzleistung und nicht E; sie ist gleich der aus-
genutzten Energie:

$$e.i = w.i^2 \text{ Volt/Amper} \ldots \ldots \ldots \quad (24)$$

Eine Dynamomaschine läßt sich auch in umgekehrter Weise verwenden.
Man läßt Strom in den Anker einer anderen Maschine treten; dann
wird deren Anker in Rotation geraten und Arbeit leisten können; wir
haben dann einen elektrodynamischen Motor. Wir stehen hier vor
einer hochentwickelten Technik, die längst zu einer umfangreichen
selbständigen Wissenschaft herangewachsen ist.

8. Wechselstrom und Gleichstrom. Tesla's Versuche. Bell's Telephon.

Meister: Daß die Induktionsströme bei jeder Umdrehung ihre Richtung wechseln, haben wir vorhin erkannt. Es ist mithin möglich, in eine Leitung Ströme eintreten zu lassen, die ihre Richtung vielmals in einer Sekunde wechseln. Sie lassen sich anwenden, sobald die gespendete Energie zur Erwärmung verwandt werden soll, bei Heiz- und Leuchtanlagen. Meist werden viele elektromagnetische Spulen an feststehenden Ankern vorbeigeführt. Auch zur Übertragung in ferne Orte eignet sich der Wechselstrom, wie auch der Drehstrom oder Mehrphasenstrom. Wo der Strom anlangt, kann er beliebig in Gleichstrom verwandelt oder direkt verwandt werden. Durch Hertz' Versuche angeregt, stellte Tesla Ströme von hoher Schwingungszahl her und entdeckte eine Reihe bemerkenswerter Erscheinungen. Durch ein Induktorium lud er eine Leidener Batterie, die durch eine Funkenstrecke und eine primäre Spule sich entlud; die sekundäre gab etwa eine Million Schwingungen in der Sekunde. Wurde sie durch Kupferdraht in sich geschlossen, so konnten trotzdem in einer Nebenschließung Glühlampen zu hellem Leuchten gebracht werden, weil der Weg über die Lampen keiner solchen Selbstinduktion ausgesetzt ist wie ein Kupferdraht; alle induzierte Elektrizität fließt in die Lampen ab. Setzt man auf die sekundäre Spule einen metallenen Ring, so wird er, sobald der Apparat im Gange ist, mächtig emporgeschleudert, weil auch in ihm Ströme induziert werden, von denen jeder einzelne eine dem erregenden Strome entgegengesetzte Richtung hat. Es findet also eine beständige Beschleunigung statt.

Schüler: Mich wundert, daß alle die Schwingungen voll zur Entwickelung kommen, da sie doch nur eine milliontel Sekunde andauern.

Meister: Mit welcher Genauigkeit Elektromagnetismus den Antrieben folgt, läßt uns auch das Telephon erkennen, bei dem Wechselströme ins Spiel treten. Fig. 414 zeigt Bell's Telephon. Es beruht auf Anwendung der magnet-, elektrischen Induktion. Die beiden Apparate, Sprecher und Hörer, sind ganz gleich gebaut.

Fig. 414.

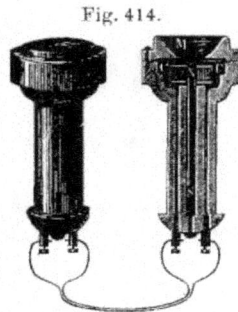

Schüler: Ich weiß, daß, wenn man das Oberstück M abschraubt, über den Stellen CC man eine dünne eiserne Platte findet, die, nur durch den Magnetstab NS angezogen, fest aufliegt.

Meister: Du hast dann auch die kleine Induktionsspule CC am Nordende bemerkt. Spricht man ins Mundstück hinein, so vollführt die eiserne Platte Schwingungen entsprechend den Schallwellen der Stimme, und diesen Schwingungen entsprechen wieder die induzierten Ströme, die in die andere Station fortgeleitet werden, wo die Spule wieder Magnetismus des Stabes erregt, dem wiederum Schwingungen der Eisenplatte entsprechen, die ebensolche Schallwellen erregen, wie sie in der Schallquelle enthalten waren.

Schüler: Es ist also eine doppelte Transformation. Mir erscheint der Vorgang durch die Feinheit aller Geschehnisse als das Erstaunlichste in der ganzen Physik!

Meister: Wir erkennen ja sogar das Stimmorgan befreundeter Personen, woraus ersichtlich, daß die Eisenplatte die verwickelte Wellenform, die allen Obertönen unserer Sprachlaute entspricht, widergibt.

Fig. 415.

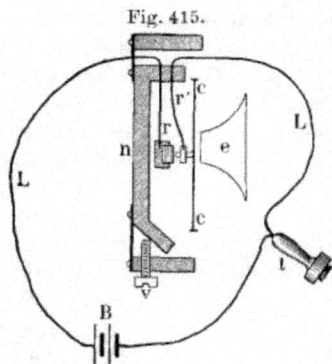

Schüler: Und in der unscheinbaren Induktionsspule laufen dementsprechend Ströme hin und her und müssen sogar das Trommelfell in derselben verwickelten Form erregen.

Meister: Und endlich tritt unser Nervenapparat hinzu und vermittelt noch die geistige Verständigung! Übrigens finden wohl Verluste statt. Mitlaute sind lange nicht so deutlich wie die Selbstlaute, daher kommt es, daß wir oft den Sinn des Gespräches zu erraten genötigt sind; Namen sind schwer zu telephonieren; man muß sie buchstabieren. Der Hör- wie der Sprechapparat wird durch Mikrophone empfindlich gemacht. Fig. 415 zeigt den Sender.

Schüler: Ich erkenne den Schallbecher e, die schwingende Platte cc.

Meister: Die Federn rr' tragen zwei parallel gestellte Kohlenstäbchen, die sanft aneinander gedrückt sind. Die Schallschwingungen ändern die Berührungsfläche und dadurch auch die Leitfähigkeit.

9. Theorie der Kondensatorentladung. Interferenz oszillatorischer Entladungen.

Meister: W. Thomson entwickelte im Jahre 1853 eine Theorie der Entladung von Konduktoren oder Kondensatoren, die ich dir mitteilen will, damit du sie nach Bedarf einsehen kannst. Wir haben erkannt, daß die Gesamtenergie A in andere Formen sich umsetzt, nämlich 1. in Wärme W und 2. in elektromagnetische Energie J, so daß $A = W + J$ ist. Aus Gl. (12) S. 491, (55) S. 521 und (16) S. 557 folgt:

$$- d (1/2\, E^2/C) = W \cdot i^2 \cdot dt + L \cdot i \cdot di \quad \ldots \ldots \quad (25)$$

wo, wie früher, E die Ladung bedeutet, W den Schließungswiderstand und L die Selbstinduktion. Da $i = dE/dt$, also auch $di/dt = d^2E/dt^2$ ist, kann Gl. (25) geschrieben werden:

$$-E.i.dt/C = W.i^2.dt + L.i.(di/dt).dt \ldots (26)$$

Hier hebt sich $i.dt$ heraus und es wird

$$-E/C = W.dE/dt + L.d^2E/dt^2$$

oder

$$d^2E/dt^2 + (W/L).(dE/dt) = -E/C.L \ldots (27)$$

Ist W so klein, daß es vernachlässigt werden kann, so wird

$$d^2E/dt^2 = -E/C.L \ldots (28)$$

Das Integral gibt

$$E = E_0.\cos\pi.t/T \ldots (29)$$

Da nun

$$d^2E/dt^2 = -(\pi^2/T^2).E_0\cos\pi.t/T = -(\pi^2/T^2).E_0$$

ist, so wird der Bedingung Gl. (28) genügt, wenn

$$\pi^2/T^2 = 1/C.L$$

oder

$$T = \pi.\sqrt{C.L} \ldots (30)$$

ist; eine Formel, die viel angewandt wird, obwohl sie niemals streng gültig ist, denn sie setzt voraus, es finde gar keine Erwärmung statt. An diese Formel knüpft sich eine allgemein eingebürgerte Ausdrucksweise: Statt zu sagen, man bilde eine Schließung aus einem Kondensator und einer Schließung, hört und liest man: „eine Schließung aus Kapazität und Selbstinduktion"; letztere bezieht man meist auf eine Spule oder Spirale, obwohl der übrige Teil der Schließung auch etwas zur Selbstinduktion beiträgt. — Ist aber W von Belang, wie meist, so ist die allgemeine Form der Lösung von Gl. (27):

$$E = K_1.e^{r_1 t} + K_2.e^{r_2 t} \ldots (31)$$

Die Konstanten K_1, K_2 werden durch gegebene Bedingungen bestimmt; r_1 und r_2 sind die Wurzeln der Gleichung:

$$r^2 + W.r/L + 1/C.L = 0 \ldots (32)$$

man braucht nämlich bloß (31) zweimal zu differenzieren und die Werte von E, dE/dt, d^2E/dt^2 in (27) einzusetzen, so ergibt sich Gl. (32) als Bedingung dafür, daß (31) eine Lösung ist. Die beiden Wurzeln sind:

$$r = -W/2L \pm \sqrt{W^2/4L^2 - 1/C.L} \ldots (33)$$

Wir setzen

$$-W/2L = a \text{ und } \sqrt{W^2/4L^2 - 1/C.L} = b \ldots (34)$$

also

$$r_1 = a + b \text{ und } r_2 = a - b \ldots (35)$$

Nun soll für

$$t = 0, E = E_0 \text{ und } dE/dt = 0 \ldots (36)$$

sein, also findet man:

$$K_1 + K_2 = E_0 \quad \text{und} \quad r_1 . K_1 + r_2 . K_2 = 0 \quad . \; . \; . \; (37)$$

woraus: $\quad K_1 = r_2 . E_0/(r_2 - r_1) \quad \text{und} \quad K_2 = - r_1 . E_0/(r_2 - r_1) \quad (38)$

oder $\quad\quad K_1 = (b - a) . E_0/2\,b \quad \text{und} \quad K_2 = (b + a)\,E_0/2\,b \quad . \; . \; (39)$

mithin: $\quad\quad E = E_0 \left\{ \dfrac{b - a}{2\,b} . e^{(a + b)t} + \dfrac{b + a}{2\,b} . e^{(a - b)t} \right\} \; . \; . \; . \; . \; (40)$

oder $\quad\quad E = \dfrac{E_0 . e^{at}}{2 . b} \left\{ (b - a) . e^{bt} + (b + a) . e^{-bt} \right\} \; . \; . \; . \; . \; (41)$

und hieraus: $\quad dE/dt = \dfrac{E_0 . e^{at}}{2 . b . C . L} \, (e^{bt} - e^{-bt}) \quad . \; . \; . \; . \; (42)$

wo die Werte für a und b wieder einzusetzen sind. Die Art der Entladung hängt nun davon ab, ob b reell oder imaginär ist. Ist b reell, so ist Gl. (42) die Lösung; die Entladung ist aperiodisch und setzt sich aus zwei Exponentialfunktionen zusammen. Aus Gl. (33) folgt, daß alsdann $\quad\quad W^2/4\,L^2 > 1/C . L . \; . \; . \; . \; . \; . \; . \; (43)$

sein muß. Großer Widerstand W und geringe Selbstinduktion L fördern diese Art der Entladung. Ist dagegen $W^2/4 . L^2 < 1/C . L$, so setzen wir $\quad\quad\quad\quad b = b_1 . i = b_1 . \sqrt{-1},$

also $\quad\quad\quad\quad b_1 = \sqrt{1/C . L - W^2/4\,L^2} . \; . \; . \; . \; . \; . \; (44)$

Nun ist $\quad\quad e^{b_1 . i . t} = \cos b_1 . t + i . \sin b_1 . t . \; . \; . \; . \; . \; . \; (45)$

$$e^{-b_1 . i . t} = \cos b_1 . t - i . \sin b_1 . t . \; . \; . \; . \; . \; . \; (46)$$

also $\quad E = (E_0 . e^{at}/2\,b_1 . i)\,(b_1 . i - a)\,(\cos b_1 t + i . \sin b_1 t)$
$\quad\quad\quad + (b_1 i + a) . (\cos b_1 t - i . \sin b_1 t) \quad . \; . \; . \;$ (47)

daraus:

$$E = E_0 . e^{at} (\cos b_1 t - a . \sin b_1 t/b_1) \; . \; . \; . \; . \; (48)$$

Hieraus ersieht man, daß man setzen muß:

$$\pi/T = b_1 = \sqrt{1/C . L - W^2/4\,L^2} . \; . \; . \; . \; (49)$$

also $\quad\quad\quad\quad T = \pi . \sqrt{1/CL - W^2/L^2} \; . \; . \; . \; . \; . \; (50)$

oder $\quad\quad\quad\quad T = \pi . \sqrt{C . L}/\sqrt{1 - C . W^2/4\,L} \; . \; . \; . \; . \; (51)$

Die Schwingungsdauer wird gefördert durch ein großes L und C; der Widerstand kann unter Umständen dabei sehr groß sein, wenn nur L bewirkt, daß T in Gl. (51) reell wird. Für die veränderliche Stromstärke ergibt sich aus Gl. (48) ein sehr einfacher Ausdruck:

$$i = dE/dt = (E_0/b_1 . L . C) . e^{-\frac{W . t}{2\,L}} \sin b_1 . t \quad . \; . \; . \; (52)$$

Die Geschwindigkeit ist $= 0$, wenn die Maxima von E eintreten, d. h.

bei $t = T$, $2\,T$, $3\,T \ldots$, und zwar betragen sie E_0, $K.E_0$, $K^2.E_0 \ldots$, wo der Dämpfungswert

$$K = e^{-\frac{W.T}{2L}} = e^{-\pi \Big/ \sqrt{\frac{4L}{C\,W^2} - 1}} \quad \ldots \ldots \quad (53)$$

gesetzt ist. Die Stromstärke ist im Maximum, wenn

$$tang.\,b_1.\,t = 2\,L.\,b_1 / W \quad \ldots \ldots \ldots \quad (54)$$

ist; nennt man w den Winkel, dessen Tangente $2\,L.\,b_1\,W$ ist, so fallen die Maxima auf die Zeiten w/b_1, $(w + \pi)/b_1$, $(w + 2\,\pi)/b_1 \ldots$

Thomson hat die Theorie auch auf den Beginn eines galvanischen Stromes ausgedehnt. Er setzt $E_0 = \infty$ und $C = \infty$, aber das Verhältnis E_0/C endlich, nämlich gleich einem Potentialwert V. Damit ist eine beständige Elektrizitätsquelle gegeben von unendlicher Kapazität, aber ein konstantes Potential V. Die Gleichung für i ergibt jetzt aus (42). weil

$$b = W\,2\,L = -a \quad \text{und} \quad 2\,b.\,L = W \quad \ldots \ldots \quad (55)$$

wird,

$$i = (V/W).\Big(1 - e^{-\frac{W.t}{2L}}\Big) \quad \ldots \ldots \ldots \quad (56)$$

Das ist das Ohmsche Gesetz, sobald das zweite Glied $= O$ geworden ist, was praktisch in sehr kurzer Zeit geschieht. Der Ausdruck (56) ist auch von Helmholtz aufgestellt worden. Die Fig. 339 (S. 505) gibt eine Vorstellung vom Gange einer gedämpften oszillatorischen Entladung. Daß mehrere solche Entladungen miteinander interferieren können, ist niemals bezweifelt worden; doch hat Oettingen durch Photographie der Bilder von Funken im rotierenden Spiegel auch die Interferenz zweier gedämpfter Schwingungen bildlich dargestellt. Fig. 416 zeigt die Einrichtung des Versuches: Es ist FK ein Fallapparat nach v. Lipharts Konstruktion; bei F befindet sich ein Scharnier und der metalle Stab F wird federnd

Fig. 416.

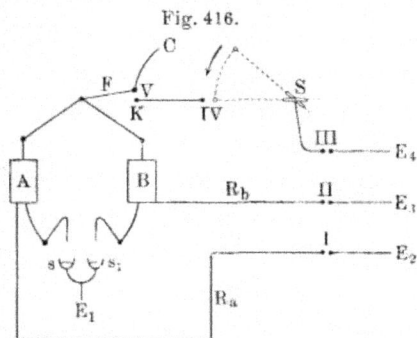

gegen eine metallene Kugel gedrückt, die mit dem Konduktor C der Elektrisiermaschine verbunden wird. Dadurch werden die Flaschen A und B gleichzeitig gleich hoch geladen; sie haben also stets gleich hohes Potential. Während des Ladens sind die äußeren Belegungen durch einen Doppelfallarm über s und s_1, der herabgelassen ist, bei E_1 geerdet. Nun werden A und B gleichzeitig entladen. indem man F gegen K bei V sinken läßt, wobei zugleich 1. der Konduktor der Maschine abgehoben und 2. die Erdung $s\,s_1$ aufgehoben wird in die in Fig. 416 gezeichnete Stellung. Die mechanische Einrichtung hierfür ist in der Figur fortgelassen. Die Elektrizität auf den äußeren Belegungen kann dann nur durch die beliebig zu ändernden Widerstände R_a und R_b durch die Funkenstrecken I und II zur Erde abfließen. A und B müssen gut isoliert sein. In III tritt nun der reine Interferenzfunke auf; hier wird die Elektrizität der Innenbelegung ohne eingeschalteten Widerstand zur Erde abfließen. Zwischen F und K tritt beim Senken des Fallarmes F noch kein Funke auf, weil die Leitung noch nicht geschlossen ist. Zwischen K und der Erdung bei E_4 ist nämlich der Zeiger des rotierenden Spiegels eingeschaltet; die Schließung der Leitung geschieht erst dann, wenn der mit dem Spiegel verbundene Zeiger in der Richtung des Pfeiles sich bis zur Stellung IV genau gegenüber K fortbewegt hat. Das Abströmen der Elektrizität von A und B über K und IV und III nach E_4 geschieht in dem kombinierten Rhythmus, wie ein solcher in den von R_a und R_b bedingten Oszillationen der anderen Bewegungen gegeben ist. Eine jede der beiden Oszillationen wird bestimmt durch die Kapazität jeder Flasche und durch die Selbstinduktion der Gesamtleitung vom inneren zum äußeren Beleg. Es entladet sich A durch I nach E_2, B durch II nach E_3; in III tritt eine reine Interferenzerscheinung auf. Da die Amplituden a der Teilentladungen gleich sind, setzen wir:

$$i = a \cdot e^{-K_a \cdot t} \cos (\pi t / T_a) + a \cdot e^{-K_b \cdot t} \cdot \cos (\pi \cdot t / T_b) \quad . \quad . \quad (57)$$

wo angenähert:

$$T_a = \pi \cdot \sqrt{C_a \cdot L_a} \quad \text{und} \quad T_b = \sqrt{C_b \cdot L_b} \cdot \quad . \quad . \quad . \quad . \quad (58)$$

Die Dämpfung war sehr nahe $= 1$. Die Widerstände R_a und R_b bestanden aus Spulen von Kupferdraht, von 1,7 mm Dicke in einfacher

Fig. 417.

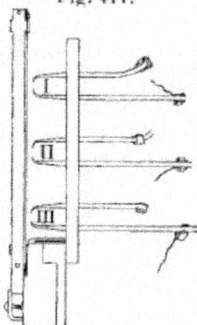

Schicht auf Holz gewickelt. Die Werte von T_a und T_b konnten mit dem rotierenden Spiegel gemessen und durch Rechnung geprüft werden. Als Elektroden wurden Spitzen aus Zinn gewählt, weil nach Feddersen dieses Metall am präzisesten erglüht und wieder verlischt; die Bilder fallen sehr rein aus. Fig. 417 gibt ein Bild der drei Funkenstrecken und ihrer Zuleitungen. Aus zahlreichen Versuchen hier nur ein Beispiel, wo $T_a : T_b = 4 : 7$ war. Zu jedem Versuche gehören drei Bilder (Fig. 418), entsprechend den Funken I, II und dem Interferenzfunken III, der aus der Übereinanderlagerung von I und II zu erschließen ist.

In Fig. 419 a und b wird zum Verständnis das Schema der Teilfunken und ihrer Zusammensetzung in zweifacher Weise gegeben: a) in Form von übereinander gelagerten Wellen von a bis m, und b) in schematischer

Andeutung das daraus erschlossene photographische Interferenzbild von
a bis m und weiter von n bis z. Es kommt eine volle kombinierte
Periode zustande, die sich von n bis z wiederholt. Dem positiven
ersten Strome a folgen zwei schwache negative b, c, usf.

Fig. 418.

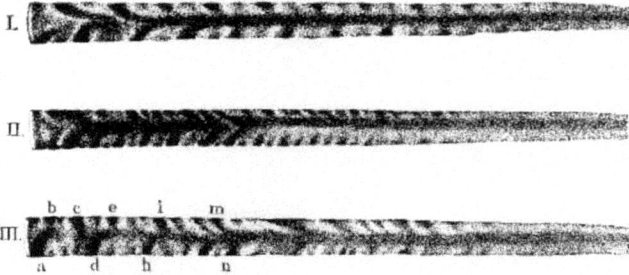

Schüler: Kommen elektrische Schwingungen auch dann zustande,
wenn nur metallische Konduktoren sich gegen die Erde entladen?

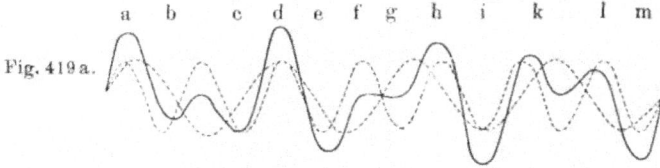

Fig. 419 a.

Fig. 419 b.

Meister: Das kann nicht bezweifelt werden. Übrigens hat
Oettingen seinen Brückenversuch (S. 569) auch mit einfachen metallischen Konduktoren angestellt und gefunden, daß zwar die Funkenstrecke stark hemmend wirkt, wenn sie groß ist, indes doch die Oszillation nicht hindert. Auch hat er dabei negative Entladungsrück-
stände gefunden. Auf die Eigenheiten der Funkenbilder (Fig. 418)
kommen wir später zurück.

10. Erscheinungen im elektromagnetischen Felde.
Paramagnetismus und Diamagnetismus. Hall-Phänomen.

Meister: Im Jahre 1845 entdeckte Faraday, daß im magnetischen Felde alle Stoffe influenziert werden, und zwar entweder ähnlich
dem Eisen oder dem entgegengesetzt; erstere nannte er paramagne-

tisch, letztere diamagnetisch. Ein länglich gestreckter paramagne-
tischer Körper stellt sich in die Richtung der Kraftlinien, ein diamagne-
tischer senkrecht dazu. Der Betrag bei letzteren ist immer nur gering,
am stärksten bei Wismut. Ein auf Quecksilber schwimmendes Stück
Wismut wird von jedem Magnetpol abgestoßen. Während induzierte
Kraftlinien im paramagnetischen Körper sich zusammendrängen, weichen
sie im diamagnetischen einander aus, wie Fig. 420 zeigt.

Fig. 420.

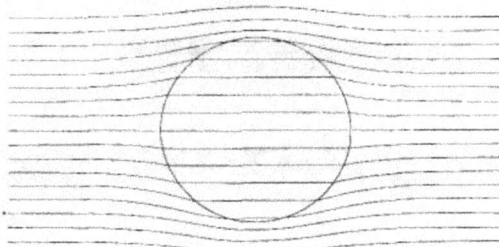

Schüler: Werden denn in diesem Falle auch Pole angenommen?
Meister: Ein Magnetpol induziert einen gleichnamigen Pol am
zugekehrten Ende. — W. Weber wies auch nach, daß die im Wismut
induzierten Ströme die entgegengesetzte Richtung haben im Vergleich
zur Induktion in Eisen. Auch Flüssigkeiten und Gase können para-
oder diamagnetisch sein. Flammen nehmen im magnetischen Felde
absonderliche Gestalten an; sie suchen dem Felde zu entfliehen. Je-
gorow und Georgiewski fanden, daß solche Flammen zum Teil polarisiertes Licht aussenden. — Wasser und Alkohol sind diamagnetisch,
auch die meisten organischen Flüssigkeiten. Von Gasen ist Sauerstoff
am stärksten paramagnetisch; für Verbindungen hat Stefan Meyer an
vielen Beispielen bewiesen, daß Diamagnetismus eine additive Eigenheit ist. Ferner gilt ein dem archimedischen ähnliches Gesetz: Es
verliert ein Körper scheinbar so viel an Para- oder Diamagnetismus,
wie das von ihm verdrängte Vo-
lumen des umgebenden Stoffes haben
würde. Übrigens verschwindet der
Diamagnetismus meist sofort außerhalb des Feldes; nur Quarz und
einige andere Körper behalten ihn
einige Tage bei. — Eine auf elektrische Ströme in Metallplatten auf-
tretende Wirkung des magnetischen Feldes nennt man das Hall-
Phänomen. In Fig. 421 ist P ein dünnes Goldblatt, das auf die

Fig. 421.

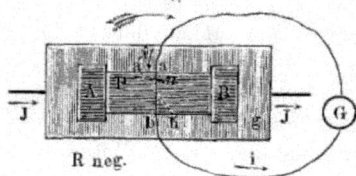

R neg.

Glasplatte g geklebt ist; A und B sind Messingstreifen, in die ein galvanischer Strom J in der Pfeilrichtung eingeführt wird. Eine an a und b angelegte, nach dem Galvanometer G führende Leitung enthält keinen Strom, weil die Stellen a und b gleiches Potential haben. Wurde nun ein magnetisches Feld senkrecht zur Platte erregt, so zeigte sich ein andauernder Strom i. Es mußten die Zuleitungen von a und b nach a' und b' versetzt werden, um i verschwinden zu lassen. Es war somit im Felde die Linie ab gleichen Potentials nach $a'b'$ gedreht worden. Wie in Gold, so tritt dieselbe Drehung auf in Ag, Pt, Ni u. a., dagegen im entgegengesetzten Sinne in Fe, Co, Sb u. a. Der Betrag ist nahe proportional der Feldstärke. Den stärksten Einfluß fanden v. Ettingshausen und Nernst im Tellur; dagegen fand Righi negative Drehung im Wismut.

Schüler: In allen zuletzt behandelten Erscheinungen kommt die Feldstärke in Betracht. Wie mißt man diese?

Meister: Wir haben schon früher erörtert (S. 473), wie man die Horizontalkomponente des Erdmagnetismus in absoluten Einheiten ermittelt; sobald man nun die Feldstärke F mit H vergleichen kann, so ist auch F in absolutem Maße bekannt. Verdets Methode ist die einfachste: Man nimmt eine flache Spirale aus einigen Windungen und mißt die Gesamtfläche S, die alle Windungen umfaßt; man bringt die Spirale ins magnetische Feld senkrecht zu den Kraftlinien und verbindet ihre Enden mit einem Galvanometer. Durch Drehung um genau 90^0, oder durch rasches Entfernen aus dem Felde, erhält man einen Induktionsstrom von etwa s Skalenteilen; man kann nun durch dasselbe Galvanometer den Erdinduktionsstrom (S. 555) schicken mit der Windungszahl S. Eine Drehung um 90^0 bringe den Ausschlag s_1 hervor, dann

ist

$$s_1 : s = S_i . H : S . F \quad . \ . \ . \ . \ . \ . \ . \ . \ . \ (59)$$

also

$$F = s . S_i . H / s_1 . S \quad . \ . \ . \ . \ . \ . \ . \ . \ (60)$$

11. Verhalten von Licht im Felde.
Drehung der Polarisationsebene. Zeeman's Versuch.

Faraday fand noch eine andere äußerst wichtige Erscheinung: Er brachte schweres Glas in die Richtung der Kraftlinien und fand, daß ein polarisierter Lichtstrahl gedreht wurde.

Schüler: Also ähnlich wie wir es schon beim Quarz kennen lernten?

Meister: Ganz so (S. 462). Die Drehung findet in dem Sinne statt, wie der positive Strom in den Windungen des Elektromagnets gerichtet ist. Solchen Drehungssinn nennt man einen positiven. G. Wiedemann fand für Schwefelkohlenstoff, daß die Drehung der Stromstärke des Magnets proportional sei; sie wächst ferner mit der Schwingungsfrequenz

des Lichtes und ist genau proportional der Länge der durchstrahlten
Schicht.   Den Betrag der Drehung für 1 Zent nennt man die Verdetsche
Konstante.

Schüler: Kommt solche Drehung nur im Glase vor?

Meister: O nein, in allen Stoffen.   Kundt fand, daß sehr dünne
Metallschichten sehr stark drehen, im Eisen etwa 30000 mal stärker als
im Glase, und zwar ist sie anomal, d. h. stärker für Rot als für Blau.
Er fand alle Stoffe positiv drehend, negativ nur in chemisch zusammengesetzten Lösungen, z. B. Eisenchloridlösung.   Zahlreiche Versuche
stellten v. Ettingshausen und Nernst an. — Eine große Entdeckung
verdanken wir ferner Zeeman: Er beobachtete ein Linienspektrum und
fand, daß im magnetischen Felde eine jede Linie in zwei oder mehr
andere zerspalten wird.   Strahlt das Licht in Richtung der Kraftlinien,
so entstanden meist zwei Linien zu beiden Seiten der ursprünglichen,
und zwar sind sie zirkular polarisiert nach entgegengesetzten Seiten.
Stehen aber die Kraftlinien senkrecht zur Strahlrichtung, so bleibt
außerdem noch eine mittlere Linie unverrückt stehen.   Mit Annahme
bloß negativer Elektronen gelang es Lorentz, eine Theorie zu entwickeln unter der Voraussetzung, daß die Elektronen in Kreisbahnen
in den Molekeln sich bewegen; es muß alsdann im elektrischen Felde
die Umlaufszeit sich ändern und zwar in beiderlei Sinne, je nach der
Umlaufsrichtung des Elektrons; die dritte Linie kommt nur dann hinzu,
wenn das Kraftfeld den Lichtschwingungen parallel ist.   Zur Darstellung
der Erscheinung hat W. König mehrere Verfahren ersonnen.   Kürzlich
hat W. Voigt eine umfassende Theorie dieser und anderer verwandter
Erscheinungen aufgebaut.

XI. Elektromagnetische Strahlung.

Meister: Im Jahre 1887 eröffnete uns Heinrich Hertz eine neue Welt von Erscheinungen, die alsbald zu einem umfangreichen wissenschaftlichen und praktisch-technischen Gebiete heranwuchsen.

Schüler: Meister, ich habe schon einiges über Hertz gelesen und erhielt dabei den Eindruck, als seien seine Versuche von hergebrachten Vorstellungen getragen; Influenz und Induktion sind doch keine neuen Grundgedanken.

Meister: In den Berichten, die du gelesen hast, dürften wohl die Hauptfragen übergangen sein. Das Neue liegt 1. in der Darstellung und Beobachtung stehender elektrischer Wellen in geschlossenen und ungeschlossenen Drähten, 2. im Nachweis einer endlichen Fortpflanzungsgeschwindigkeit von Influenz und Induktion, 3. im Nachweis gleicher Fortpflanzungsgeschwindigkeit in allen Leitern und Nichtleitern, 4. in der Ausbreitung von elektrischen Strahlen in Luft und im luftleeren Raume mit Lichtgeschwindigkeit, 5. in der Wesensgleichheit der elektrischen Strahlen mit dem Licht, 6. in der Entdeckung und im Nachweis von Spiegelung, Brechung, Polarisation und Beugung der elektrischen Strahlen, 7. im Nachweis, daß der elektrische Strahl von einem magnetischen begleitet ist mit gleicher Fortpflanzung, 8. in der Entdeckung der Wirkung ultravioletten Lichtes auf den elektrischen Zustand, 9. in der Erregung von Induktion durch bloße dielektrische Polarisation, 10. in der Erweiterung und Vertiefung der Maxwellschen Theorie elektromagnetischer Strahlung, die in einheitlicher Weise elektrostatische und magnetische Feldwirkung umfaßte.

Schüler: Das ist wohl viel! Ich spüre erneuten Eifer.

1. Hertz' erste Versuche über Influenz und Induktion.

Meister: Hertz ging aus von der üblichen Vorstellung elektrischer Schwingungen. Fig. 422 zeigt seinen Apparat. A ist ein Induktorium, in B treten die Induktionsfunken auf. In dieser Funkenstrecke entladet sich das Induktorium. Neu aber war die Vorstellung, daß nebenbei, entsprechend der Kapazität der kurzen Metallstäbe mit ihren

Fortsätzen, eine Entladung von sehr kurzer Dauer die Induktor-
entladung begleitete. Durch *D* wurde die Erregung auf das Drahtviereck *abcd* übertragen. Hertz fand, daß auch bei *M* ein Funke
auftrat, trotz der angeschlossenen metallischen Leitungsbahn. Wurde

Fig. 422.

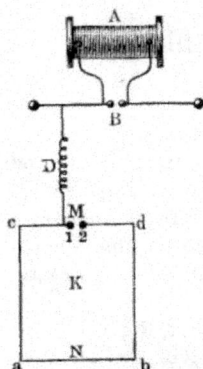

aber die Unterbrechung bei *N* angebracht, so blieb
der Funke aus, trat aber wieder auf, sobald die Verbindungsstelle am Leiter verschoben wurde. Trotz
der Kürze der Schließung machen sich die zeitlichen
Unterschiede des veränderlichen Potentials geltend.
Hier fand noch Leitung der Elektrizität statt;
bald aber wurde die Verbindung *D* fortgelassen.

Schüler: Dann mußte die Erregung durch
Induktion statthaben.

Meister: Es findet Influenz und Induktion
statt. Dieses Drahtviereck gestaltete sich nun allmählich zu einem wichtigen Werkzeug, dem Resonator, der das Mitschwingen verraten sollte.
Wurde die Kapazität der Konduktoren geändert
oder Kondensatoren angewandt, so mußte der
Resonator auch verändert werden. Fig. 423 zeigt die Anordnung,
bei der nun auch bei *M* Funken entstehen.

Schüler: Wie stellte man aber die Resonanz her?

Meister: Hertz formte sich mehrere Resonatoren von 10 bis
250 Zent Länge, das Maximum des Mitschwingens zeigte sich bei

Fig. 423.

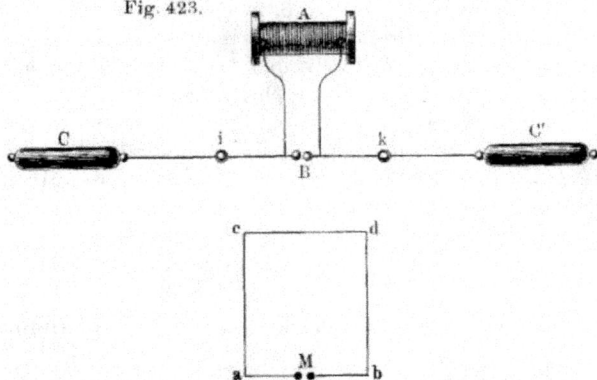

180 Zent. Dabei ergab sich das wichtige Resultat, daß das Metall
von gar keinem Einfluß auf die Funkenlänge war, was auch
schon von v. Bezold ausgesprochen wurde. In Fig. 423 bildet sich in
der Mitte zwischen *c* und *d* ein Knoten. Nähert man einen isolierten

Leiter dieser Stelle, so erhält man keine Funken, wohl aber um so größere, je weiter von diesem Punkte entfernt, und besonders lebhafte an den Enden. Die Funken beharren, wenn man in $\frac{1}{2}\,cd$ den Leiter mit einem Draht berührt; sie werden schwächer, wenn näher zum Ende. Nun wurden doppelte Längen geformt (Fig. 424).

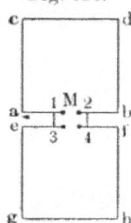
Fig. 424.

Schüler: Ich sehe, daß 1 und 3, sowie 2 und 4 miteinander verbunden sind; die Schließung ist also eine vollständige, metallische. Es wäre mithin ein Bauch bei M und Knoten zwischen cd und gh zu erwarten.

Meister: So war es auch. Zwischen 1 und 2 traten aber immer noch Funken auf, wenn auch schwächere. Als die Verbindung 2, 4 aufgehoben wurde, fand man bei 1, 3 den Knoten und bei 2, 4 den Bauch; die Schwingung war eine Oktave tiefer, wurde auch erst dann kräftiger, wenn die Kapazität des Erregers auch verdoppelt ward.

2. Einfluß ultravioletten Lichtes auf Funkenbildung.

Meister: Bei Gelegenheit der eben erwähnten Versuche entdeckte Hertz den erregenden Einfluß des Ultralichtes, wie wir es kurz nennen wollen (das ultrarote kann dann Infralicht genannt werden). Hertz schloß den Funken in ein Gehäuse aus Hartgummi ein; die Funken wurden merklich kleiner, und zwar fand sich nur der dem Funken zugekehrte Teil der Wandung als hemmend. Man konnte die Wirkung als eine geradlinige erkennen durch Einschiebung von Schirmen mit Spalten. Eingeschobene Tafeln von Glas und Paraffin verminderten auch die Funkenlängen; grobe Metallgitter dagegen waren unwirksam; mithin konnte es sich nicht um Induktion handeln. Schließlich erkannte Hertz, daß nur das Ultralicht wirksam war. Durch eine Quarzplatte wurde die Wirkung nicht gestört.

3. Benennung der Hauptrichtungen von Linien und Ebenen.

Meister: Für rascheres Erfassen der grundlegenden Versuche von Hertz ist eine zweckmäßige Benennung der Hauptrichtungen von Linien und Ebenen äußerst förderlich. Man gewinnt an Kürze des Ausdruckes und rascher Auffassung der Vorgänge. Freilich muß die Anwendung der Namen gründlich geübt werden. Wir wählen sie in bezug auf die sprechende Person. Richtungen nach oben oder unten nennen wir vertikal = scheitelrecht (von vertex, Scheitel) (Fig. 425). Die Richtung der ausgebreiteten Arme heiße brachial = armrecht (von brachium, Arm). Rechtwinkelig zu beiden heiße die Richtung orthogonal (griech.) Vielleicht wäre sagittal = pfeilrecht passender. Zu einer jeden dieser drei Richtungen steht eine Hauptebenenrichtung senkrecht; das zeigt sowohl die Fig. 425, wie auch die nachfolgende Übersicht, in der einem jeden Gebilde das senkrechte der anderen Art gegenübersteht. Frontal = stirnrecht (von frons, die Stirne; horizontal (vom griech. horos, Grenze und horizein, begrenzen). Neu ist eigentlich nur die letzte Benennung stathmal = wandrecht (von griech. stathme, Wand); der Name Orthogonal ist auf eine bestimmte Richtung eingeschränkt worden.

Fig. 425.

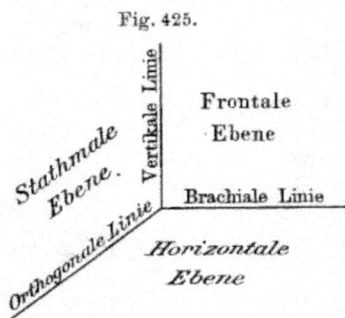

Gebilde einfach unendlicher Mannigfaltigkeit:

A. Linien.	B. Ebenen.
1. Orthogonal,	1. Frontal,
2. Vertikal,	2. Horizontal,
3. Brachial.	3. Stathmal.

Eine jede dieser Linienarten umfaßt eine unendliche Schar einander paralleler Linien im Raume.

Eine jede dieser Ebenenarten umfaßt eine unendliche Schar einander paralleler Ebenen im Raume.

An diese Benennungen schließen sich ferner drei neue Paare an nach folgendem Grundsatz:

Linien, die in irgend einer der Ebenen B liegen, erhalten deren Namen. Dadurch entstehen

Ebenen, die irgend welche Linien A enthalten, erhalten deren Namen. Dadurch entstehen

Gebilde doppelt unendlicher Mannigfaltigkeit:

C. Linien.		D. Ebenen.	
4. Frontale,	d. h. Linien,	4. Orthogonale,	d. h. Ebenen, die
5. Horizontale,	die in solchen	5. Vertikale,	solche Gerade
6. Stathmale,	Ebenen liegen.	6. Brachiale,	enthalten.

Diese Linien stehen senkrecht zu den ihnen entgegengesetzten Linien einfach unendlicher Mannigfaltigkeit. Sie können als Strahlbüschel in irgend einem Punkte solcher Ebene liegend erfaßt werden, mitsamt der doppelt unendlichen Schar von Linien im Raume, die ihnen parallel sind; z. B.: Alle frontalen Linien stehen senkrecht zu allen orthogonalen Linien.

Diese Ebenen stehen senkrecht zu den ihnen entgegengesetzten Ebenen einfach unendlicher Mannigfaltigkeit. Sie können als Ebenenbüschel mit irgend solch einer Linie als Achse erfaßt werden, mitsamt der doppelt unendlichen Schar von Ebenen im Raume, die ihnen parallel sind; z. B.: Alle brachialen Ebenen stehen senkrecht zu allen stathmalen Ebenen.

Übe dich in der Anwendung dieser Namen, denn es ist nicht ganz leicht, sie immer gleich zur Hand zu haben. Der Vorstellung die richtige Benennung hinzuzufügen, hilft eine Mnemotechnik mit den Buchstaben

$$O \quad V \quad B \qquad\qquad F \quad H \quad S$$

mit denen du irgend welche dir bekannte Namen verbinden kannst. Merke noch folgendes:

Frontale Linien umfassen alle Richtungen durch Drehung aus der vertikalen in die brachiale Lage in einer frontalen Ebene; daher sind v und b Linien zugleich f, aber nicht umgekehrt.	Orthogonale Ebenen umfassen alle Richtungen von der stathmalen bis zur horizontalen Ebene um ein und dieselbe orthogonale Achse; daher sind s und h Ebenen zugleich o, aber nicht umgekehrt.

Überlege die entsprechenden Sätze für die Gebilde unter 5 und 6.

Schüler: Gestattet mir die Frage, warum ihr nicht statt orthogonal senkrecht sagt?

Meister: Weil dieses Wort für die gegenseitige Beziehung aufbewahrt werden muß.

4. Hertz' Versuche über elektrische Erregung in ungeschlossenen Drähten und im Raume.

Meister: Zu beiden Seiten eines Funkenmessers befestigte Hertz Drähte von 5 mm Dicke, an deren Enden Kugeln aus Zinkblech angebracht waren von 30 Zent Durchmesser. Der Abstand ihrer Mittelpunkte betrug 100 Zent. Wie früher, so wurden auch jetzt oszillatorische Entladungen durch ein Induktorium erzeugt. Dieser Oszillator ist das „Erregersystem"; wir denken es vor uns brachial aufgestellt und in seiner Horizontalebene wird beobachtet; offenbar müssen die Erscheinungen in jeder die Achse des Oszillators enthaltenden Brachialebene dieselben sein. Die sekundäre Strombahn bestand aus 2 mm dickem Draht in Form eines Kreises von 70 Zent Durchmesser mit einer kleinen verstellbaren Funkenstrecke. Die Kreisform wurde meist gewählt, um durch Drehung die Lücke an jede Stelle des Umringes bringen zu können. Auch fand Resonanz mit dem Erreger statt. Es treten in den Elementen des Ringes EMK auf, von deren Betrag und Richtung es abhängt, ob die Potentialdifferenz so hoch ansteigt, daß in F ein Funke sichtbar wird. Die Form K dieser EMK setzt Hertz an:

$$K = A + B \cdot sin\,(2\,\pi\,s/S + d) \quad\ldots\ldots (1)$$

wo S der Umfang des Resonatorkreises ist und s die Bogenstrecken von der Lücke F im Drahtkreise an bis zu einem beliebigen Punkte.

Schüler: Die Kraft wäre demnach eine Konstante A mit Überlagerung einer über den Kreisdraht verlaufenden Welle, die einen Phasenabstand d gegen den Punkt F hat, mit der Amplitude B.

Meister: Richtig. Die höheren Glieder einer harmonischen Reihe können wegen der Resonanz vernachlässigt werden. Sehr lehrreich ist die weitere Behandlung von Gl. (1). Sie kann so geschrieben werden, daß statt einer Welle mit Phasenunterschied d zwei Wellen ohne Phasenunterschied sich überlagern; denn es ist

$$K = A + B \cdot \sin d \cdot \cos (2 \pi s/S) + B \cdot \cos d \cdot \sin (2 \pi s/S) \quad . \quad . \quad (2)$$

das letzte Glied nun enthält den Teil der EMK, der nichts zur Funkenbildung beitragen kann, weil $\sin 2 \pi s/S$ in den beiden F anliegenden Quadranten gleiche und entgegengesetzte Werte hat.

Schüler: Also sind es Kräfte, die einander entgegenwirken in gleicher Stärke, sowohl in den F anliegenden als in den F gegenüberliegenden Quadranten.

Meister: Ganz anders beim Kosinusgliede, denn F gegenüber haben beide Quadranten gleiches Zeichen, die EMK sind im Leiter gleichgerichtet und addieren sich. Ihnen wirken zwar die in den F anliegenden Quadranten erregten Kräfte entgegen, aber hier findet geringe Strömung statt. Es ist wesentlich, daß Hertz hier ungeschlossene Leiter der Betrachtung zugrunde legt. Sehr treffend vergleicht er den Vorgang mit der Erregung einer beiderseits gespannten Saite, die in mittleren Teilen geschlagen wird und ebenso stark in den beiden äußeren Strecken; die Saite wird die Grundschwingung ausführen, weil die äußeren Teile gehemmt sind. Ein konstantes Glied A kann nie durch Influenz entstehen, wohl aber durch Induktion. Diese ist gleich der in der Sekunde erfolgenden Kraftröhrenänderung innerhalb des Resonators. Der brachial gestellten Oszillation entspricht, wie wir wissen, ein stathmales magnetisches Feld, und zwar in Kreisen um die Oszillationsachse herum. Das sollte der Versuch zeigen. Der Wert dn/dt muß noch mit dem Sinus des Neigungswinkels m gegen die Resonatorebene (REb) multipliziert werden; das entstandene Feld wird als homogen angenommen. Ist es nicht homogen, so wird nur ein Teil zu A beitragen; sonst aber ist $A = (dn/dt) \cdot \sin m$, da in allen Elementen dieselbe Kraft in gleicher Richtung auftritt.

Schüler: Also wenn $m = 90°$, mithin das Kraftfeld senkrecht steht zur REb, tritt das Maximum von A auf.

Meister: Ferner ist zu beachten, daß auch A einen periodisch mit der Zeit veränderlichen Wert hat; unperiodisch ist es nur hinsichtlich der Strecke s. Die Maxima des Potentials auf dem Oszillator fallen mit den Minima von der Kraftröhrenzahl n zusammen, dagegen mit den Maxima von dn/dt, denn die Strömung ist die stärkste im Augenblick, wo die Ladungen gleich Null sind.

Schüler: Die Maximalwerte von dn/dt fallen also zeitlich mit den Maxima der Influenz zusammen.

Meister: Nennt man E die gesamte EMK und w ihren Neigungswinkel gegen die REb, ferner v den Winkel dieser Komponente $E \cos w$ mit der Anfangsrichtung FZ, so wird (Fig. 426)

$$B = E . \cos w . \sin v \ldots \ldots \ldots (3)$$

Schüler: Ich überlege, daß $B = O$ wird, sowohl wenn $w = 90^0$ ist, als auch wenn $v = O^0$ ist. Ist also die Gesamtkraft E senkrecht zur REb, so kann kein Funke entstehen; ebenso keiner, wenn die Komponente der Gesamtkraft oder sie selbst die Richtung FZ hat, denn dann erhalten die Enden des Resonatordrahtes immer gleiches Potential.

Fig. 426.

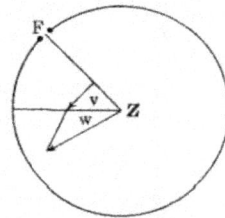

Meister: Richtig. Nun gilt es, alle Stellungen des Resonators im Raume zu prüfen. Es zeigte sich, daß in jeder Vertikalebene der Kreis keine Induktion zeigte; denn das Kraftfeld war dann parallel der REb; wohl aber gab es jetzt Influenz. Da von einer negativen und positiven Quelle die Influenz ausgeht, so ist sie umgekehrt proportional der dritten Potenz der Entfernung.

Schüler: Es ist das ähnlich der Wirkung eines Magnets (S. 469)?

Meister: Jawohl. Die Induktion dagegen ist umgekehrt proportional der ersten Potenz der Entfernung. Schon in 1,5 m Entfernung schwindet alle merkbare Influenz; weiterhin zeigt sich nur noch Induktion. Die Ausführung der Versuche ist sehr schwierig und mühsam. Der ganze Raum wird verdunkelt, damit man die oft winzigen Fünkchen wahrnehmen könne; an jeder Stelle wird der Resonator in allen Hauptstellungen geprüft und außerdem noch in seiner Ebene herumgedreht, bis man das Schwinden oder das Maximum des Funkens festgestellt hat. Ich war am 22. Januar 1888 selbst in Karlsruhe und habe Hertz den ganzen Tag experimentieren gesehen. Es war erstaunlich, mit welcher Sicherheit und wie schnell er die beiden Kraftarten erschloß; dabei hielt er den Resonator unisoliert in der Hand. Er wußte schon damals, daß so schnelle Schwingungen nicht durch schlechte Leiter geschwächt werden. Auf diese Versuchsreihe legte Hertz stets besonderes Gewicht, denn hier war es die Frage der zeitlichen Ausbreitung von Schwingungen, die zum ersten Male der Entscheidung entgegengeführt wurde. Von dieser seiner Arbeit sagt Hertz: „Die Auffindung und Entwirrung dieser äußerst regelmäßigen Erscheinungen machte mir besondere Freude!"

5. Hertz' Versuche über Induktion durch dielektrische Polarisation.

Meister: An die vorigen Versuche schlossen sich eine Reihe schöner Entdeckungen an. Die Frage, ob dielektrische Polarisation induzierend wirken könne, war der eigentliche Ausgangspunkt der Hertzschen Versuche gewesen, denn ein entsprechendes Thema war von der Berliner Akademie als Preisarbeit aufgegeben worden. Anfangs wollte es nicht gehen; endlich gelang es, eine Methode zu ersinnen. Es ward bei einer Stellung von Oszillator und Resonator, bei der keine Funken auftraten, ein Leitersystem dem Oszillator genähert, so daß wieder Funken im Resonator auftraten; näherte man jetzt von der entgegengesetzten Seite her einen massiven Isolator, so konnten die Funken wieder zum Verschwinden gebracht werden.

Schüler: Dann mußte offenbar der genäherte Nichtleiter die gleiche, aber dem Zeichen nach entgegengesetzte Induktion bewirkt haben.

Meister: Jawohl. Hertz bezeichnet deshalb den Apparat als eine Art Induktionswage. Daß diese Versuche eine neue Vorstellung hinsichtlich elektrischer Schwingungen erwecken, kannst du aus folgendem Vergleich von Hertz ersehen: Er sagt: Bei der hohen Frequenz der Schwingungen sind „die in Isolatoren durch dielektrische Polarisation verschobenen Elektrizitätsmengen von derselben Größenordnung wie die in Metallen durch Leitung in Bewegung gesetzten". Stark wirksam waren Asphalt und Pech, dann auch Schwefel, Sandstein, weniger Papier, Holz, Paraffin und Petroleum. Nun lag die Folgerung nahe, daß auch Luft und das Vakuum dielektrisch wirksam seien. So sind die Voraussetzungen der Maxwell-Hertzschen Theorie bestätigt. Die wichtige Frage der endlichen Fortpflanzungsgeschwindigkeit der Wellen in Luft hing mit diesen Versuchen eng zusammen. Dem war die nächstfolgende Untersuchung gewidmet.

6. Hertz' Versuche über stehende elektromagnetische Wellen in gerade ausgespanntem Draht.

Meister: Der Oszillator wurde nun orthogonal gestellt. Er bestand aus Platten, von denen Drähte zum Funkenmesser führten. Einer dieser Platten stand eine andere ebenso große gegenüber; von dieser lief ein 60 m langer Draht brachial fort und endete frei isoliert. Es übertrugen sich die Schwingungen auf den Draht, wurden am freien Ende reflektiert und es entstanden stehende Wellen, deren Charakter als elektrisch und magnetisch erwiesen ward. Das Schema zeigt Fig. 427. Der Resonator wird zunächst in stathmale Lage R gebracht und allmählich von D nach C hin bewegt. Es entstanden lebhafte Funken bei D, V_1, V_2 ..., dagegen keine bei N_1, N_2 ...; letztere Stellen sind also

Knotenpunkte. Diese Wirkung war keine Induktion, denn das magnetische Kraftfeld stand parallel der REb. Anders in der horizontalen Stellung R'. Die stahlmalen magnetischen Kraftlinien stehen jetzt senkrecht zur REb, also findet kräftige Induktion statt; im Gegensatz zu vorhin gab es jetzt Funken in N_1, N_2 ...

dagegen keine in D, V_1, V_2 ...
Bei elektrischen Knoten liegen also magnetische Bäuche und bei magnetischen Bäuchen elektrische Knoten. Mit jeder elek-

Fig. 427.

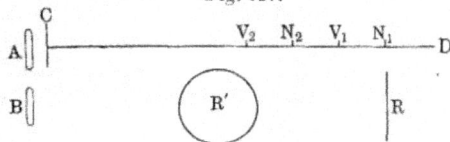

trischen Welle pflanzt sich zugleich eine magnetische mit gleicher Geschwindigkeit fort.

Schüler: Ich habe nicht erfaßt, warum diese Wellen um 90° gegeneinander verschoben sind.

Meister: Im Augenblick, wo die Elektrizität im Oszillator ruht, herrscht auf ihm die größte Potentialdifferenz; ist diese aber gleich Null, so ist der Strom im Oszillator am stärksten; daher zugleich die vollste Ausbildung des magnetischen Feldes. Die beiden Maxima sind also immer um 90° gegeneinander verschoben.

Schüler: Elektrische Wellenbäuche entsprechen elektrischen Spannungen, magnetische Wellenbäuche elektrischen Strömungen.

Meister: Als Resultat dieser Versuchsreihe hebt Hertz hervor, daß 1. elektrische Schwingungen im Raume als transversal erkannt worden sind, 2. daß sie mit Lichtgeschwindigkeit sich fortpflanzen. Der Schluß, daß in Drähten die Geschwindigkeit um 4:7 kleiner sei als in Luft, ist später widerlegt worden.

7. Hertz' Versuche über Fortpflanzung der Wellen längs Leitern und Nichtleitern.

Meister: Schon bei den vorigen Versuchen hatte Hertz vielfach Reflexionen von den Zimmerwänden erkannt; er beschloß, die Frage speziell zu klären. Vorher aber suchte er mit höchst sinnreichen Versuchen zu beweisen, daß gar kein Eindringen der elektrischen Erregung ins Innere der Leiter statthat, daß vielmehr nur längs der Oberfläche die Wellen sich fortpflanzen. Daß die Induktion von außen her in die Leiter oder an sie herantritt, ist unzweifelhaft. Eine geschlossene Metallhülle war nun völlig undurchlässig für rasche Schwingungen. Bei langsamen Stromschwankungen wird die Induktion nicht von Schutzhüllen beeinflußt, ganz ähnlich wie bei der Wärme. Hertz sagt: „Ein schlechter Leiter schützt vollständig gegen schnelle Temperaturänderungen, gar nicht gegen dauernde Ände-

rung; die Schwingungen dringen kaum tiefer hinein als Licht. Alle
elektromagnetische Fortpflanzung geschieht durch Nichtleiter, Leiter dagegen setzen der Fortpflanzung einen für
schnelle Schwingungen unüberwindlichen Widerstand entgegen." Das Paradoxon löst Hertz — nicht ganz leicht verständlich — dahin auf, daß Metalle zwar Nichtleiter der elektrischen Kraft
sind, aber „Leiter des scheinbaren Ursprungs dieser Kräfte". Selbst
im galvanischen Strome sei das außerhalb des Leiters vorhandene
elektrische Feld das Wirksame, da es fort und fort die Elektronen an-
treibt. Der Leiter wandelt deren Energie nur in Wärme um und stört
das Spiel elektrischer Strahlung.

Schüler: Vorhin spracht ihr doch von einer Fortleitung der
Elektrizität im Draht im Verhältnis 4 : 7; sollte da die Elektrizität nicht
im Innern des Drahtes fortgeleitet werden?

Meister: Hertz meint, diese Fortleitung geschehe nur längs der
Oberfläche, und induzierte Ströme dringen nicht ins Innere der Leiter.
Auch die theoretische Berechnung der Selbstinduktion von Leitern be-
dürfe einer erneuten Prüfung.

8. Die Elektrooptik von Hertz.

Meister: Nach all diesen grundlegenden Versuchen prüfte Hertz
alle Analogien zum Licht. Die Reflexion an ebenen und an Hohl-
spiegeln gelang vollständig, nachdem große Spiegel und raschere Oszillationen zustande gebracht waren. In rascher Folge bewies Hertz zuerst
die geradlinige Ausbreitung der Strahlen im Raume, dargetan durch
eingeschaltete Schirme. Geometrisch scharfe Grenzen gab es nicht, da
vielfach Beugung statthat. Dann wurden zylindrisch-parabolische Spiegel
geformt, 2 m hoch, die Öffnung 1,2 m, die Tiefe 0,7 m. In der vertikal
gehaltenen Brennlinie stand der Oszillator, also auch vertikal. Es traten
Funken im Resonator auf bis zu 6 m Entfernung, aber in der Nähe
einer senkrecht stathmal aufgestellten Wand bis zu 10 m. Nun wurde
Polarisation nachgewiesen: dem Oszillator gegenüber ward ein zweiter
Spiegel vertikal aufgestellt, in dessen Brennlinie sich ein dem Oszillator
gleicher Resonator befand. Er gab lebhafte Funken; drehte man aber
den Empfängerapparat um eine brachiale Achse in orthogonale Stellung,
so blieben die Funken aus.

Schüler: Dieser Versuch entspricht also genau dem Polarisationsapparat (Fig. 275, S. 455).

Meister: Die Reflexion erfolgt nach dem Spiegelungsgesetz $i = r$
und ist nicht diffus. Durch eingeschaltete Drahtgitter gelang es, die
Wellen in zwei Komponenten zu zerteilen, entsprechend den optischen
Versuchen mit eingeschalteten Kristallplatten. Zur Brechung wandte

Hertz ein Prisma von Asphalt von 1,5 m Höhe an; die Grundlinie war ein gleichschenkliges Dreieck von 1,2 m Schenkellänge und 30° brechendem Winkel. Es wog 600 kg und war in eine Holzkiste gegossen, die beim Versuche belassen wurde, da sie nicht stört. In gerader Linie, durch das Prisma hindurch, blieben die Funken aus; bei einer Ablenkung der elektrischen Strahlen von 11° bis 33° traten sie wieder auf. Der Brechungsindex lag zwischen 1,5 und 1,6. — Viele Versuche mit Wellen von 20 Zent Länge hat Righi angestellt. — Etwas später haben Oliver Lodge und Howard auch die Konzentration elektrischer Strahlen durch große Linsen erwiesen.

9. Lecher's und Arons' Anordnung zur Herstellung stehender Wellen.

Meister: Eine von Lecher getroffene Herrichtung ergibt die schönsten stehenden Wellen (Fig. 428). AA' mit F ist der Oszillator.

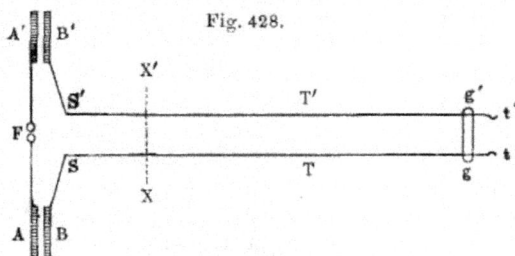

Fig. 428.

Durch Influenz werden die Platten BB' erregt und diese Erregung pflanzt sich fort in beiden Drähten TT'. Der Schwingungskreis kann durch einen Bügel XX' hergestellt werden; es bildet jetzt das System $ABSXX'B'A'$ ein durch zwei Kondensatoren geschlossenes System, dessen Schwingungsdauer durch Verschiebung von XX' geändert werden kann. Als Resonator aber wirkt das System $XTgg'T'X'$, wo gg' eine

Fig. 429.

Geißlersche Röhre ist, die aufleuchtet, sobald Resonanz statthat. Die Drähte TT' muß man lang nehmen, so daß mehrere stehende Wellen nebeneinander sich ausbilden können. Eine Röhre wie $gg't$ leuchtet auf an Bauchstellen, bleibt dunkel bei den Knoten. Man kann zugleich zwei Röhren aufsetzen; eine Röhre am Knotenpunkt stört die andere nicht. Arons brachte die beiden Drähte in ein Glasrohr (Fig. 429).

Ward die Luft verdünnt, so erkannte man am Leuchten die Bauchstellen. Nachher wurden viele Formen von Oszillatoren und Resonatoren geprüft von Righi, Lebedew, Pierce u. a.

10. Hertz' Versuche über molomotorische Wirkungen.

Meister: Mit einem Apparate ganz ähnlich dem Lecherschen gelang es Hertz, sowohl elektrische als magnetische Wirkungen der stehenden Wellen nachzuweisen. Als Empfänger sollten molomotorische Kräfte sich wirksam zeigen. Eine kleine Röhre aus Goldpapier, 5,5 Zent lang, hing horizontal an einem dünnen Fädchen und war eingeschlossen in ein Glasgehäuse. Befand sich dieser Apparat zwischen elektrischen Wellenbäuchen (Fig. 428), so suchte die Röhre in der Tat in orthogonale Lage sich zu begeben; zwischen Knoten gab es keine Ablenkung. Zum Nachweis der magnetischen Wellen diente ein ähnlicher kleiner Apparat: statt der kleinen Goldpapierröhre hing ein kreisförmiger Draht aus Aluminium am Faden. Es mußte dieser Ring an den elektrischen Bauchstellen sich ebenso wie die Röhre verhalten. In den Knoten aber blieb er nicht in Ruhe; es findet vielmehr Abstoßung statt, so daß der Ring sich den ausgespannten Drähten parallel zu stellen sucht. Das aber stimmt mit der Annahme eines wechselnden magnetischen Feldes an den magnetischen Bauchstellen überein. Endlich aber entwickelte nun Hertz die Theorie der elektromagnetischen Strahlung im Anschluß an Maxwell und begründete die elektromagnetische Theorie des Lichtes.

Schüler: Wenn nun die elektromagnetischen Wellen alle Eigenschaften des Lichtes besitzen, so verstehe ich wohl, daß man sie als Lichtstrahlen von großer Wellenlänge erfaßt, aber bezweifeln möchte ich noch, ob man auch umgekehrt das Licht als elektromagnetische Wellenbewegung hinstellen darf.

Meister: Das ist ganz richtig gedacht. Hertz selbst verlangt für die elektromagnetische Lichttheorie zwei große Stützen. Es müßten, sagt er, „aus dem Lichte unmittelbar elektrische und magnetische Wirkungen erhalten werden, wie andererseits elektromagnetische Wellen nunmehr nachgewiesen worden sind“. Eine „harmonische Vollendung des Gebäudes erfordert den Aufbau beider Pfeiler“; „der erstgenannte hat noch nicht in Angriff genommen werden können“, dem letzteren hat Hertz die Wege geöffnet. In neuester Zeit treten aber immer mehr Eigenheiten zutage, die man lichtelektrische nennt und die wenigstens als Bausteine zum zweiten Pfeiler zu beachten sind. Wir werden solche Erscheinungen bald besprechen.

11. Drahtlose Telegraphie.

Meister: Die großen Resultate von Hertz haben in rascher Folge ein weites praktisches Gebiet erzeugt, die drahtlose Telegraphie.

Alle dazu nötigen Elemente waren gegeben: die Erregung, die Fortleitung in der Luft und der Empfänger. Mit kühnem Blick gelang es
Marconi zu erkennen, daß eine Verfeinerung dieser Apparate zu praktischen Erfolgen führen müßte. Für den Sender galt es schnelle
Oszillationen von großer Gesamtenergie, für den Empfänger
höchste Empfindlichkeit herzustellen. Zahlreiche Formen sind
erprobt worden; auch wurde die Frequenz der Funken vermehrt, vor
allem wurde die Energie ent-
sprechend der Formel $A = \frac{1}{2} . C . P^2$
(S. 500) durch *große* Kapazität gesteigert bei gleichzeitiger Vermehrung
der Ladung E und des Potentials P,
denn die Vermehrung von C allein
würde die Gesamtenergie vermindern,
wie die Formel $A = \frac{1}{2} E^2 / C$
zeigt. Starke Induktionsapparate
sind für die Sendestation erforderlich. Ein in die Höhe ragender
die Oszillationen in den Raum über-
tragender Draht wird Antenne genannt. Auch hat man parabolische
Spiegel zur Richtung und Konzentration der Strahlen benutzt. Die
Empfängerstation hat auch eine Antenne, die mit dem Hauptapparat,
dem Resonator, verbunden wird, der
noch viele andere Namen erhalten

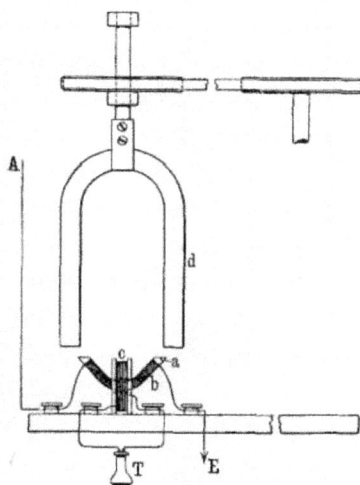

Fig. 430.

hat: Detektor, Indikator u. a. — Es gibt elektrolytische, wie der
von Schlömilch, in dem die Polarisation sich sofort ändert, wenn der
schwächste Strom induziert wird; magnetische von Rutherford
und von Marconi; letzteren zeigt Fig. 430. Der Magnet d wird in
Rotation versetzt, etwa eine Drehung in der Sekunde; a ist ein Bündel
Eisendraht, dessen Enden nach oben gerichtet sind; eine Spule b umgibt das Bündel und ist einerseits mit der Empfängerantenne A verbunden, andererseits geerdet. Der mittlere Teil ist außerdem von einer
Spule c umgeben, deren Enden zum Telephon T führen. In diesem
hört man jede von A aus neu hinzukommende Welle, da sie die Tonhöhe ändert, und das kann in Form des Morsealphabets geschehen.
Es gibt ferner bolometrische Indikatoren, z. B. von Fessenden,
Fig. 431. Der Apparat wird auf der Empfangsstation zwischen Antenne
und Erde eingeschaltet; die eintreffenden Wellen erwärmen das kleine
Platindrahtstück, dessen veränderter Widerstand Ausschläge gibt. Als
weitaus bester Empfänger gilt heute der Kohärer, auch Fritter

genannt. Ich will dir gleich die nach zahlreichen Versuchen zuletzt gewählte Form zeigen. In Fig. 432 ist Marconi's Kohärer abgebildet. Es ragen zwei Silberelektroden in eine Glasröhre. Zwischen ihnen ist ein keilförmiger Raum mit feinem Pulver gefüllt; es besteht

Fig. 431.

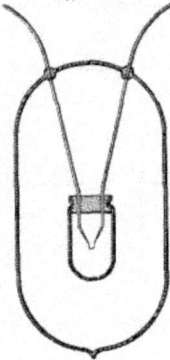

aus Feilicht, das sorgfältig ausgesucht wird. Es sind entweder zart oxydierte Feilspäne, oder zerstampfter Stahl, oder Silbernadeln, auch wohl Legierungen. Alle diese Pulver haben folgende merkwürdige Eigenschaft: Ihr elektrischer Widerstand ist sehr groß; sobald aber eine noch so schwache oszillatorische Erregung an sie herantritt, erhöht sich die Leitfähigkeit bedeutend; es entsteht ein Strom, der zum Relais führt.

Schüler: Und nun kann eine Lokalbatterie beliebig die Wirkung verstärken?

Meister: Und registrieren! Man hat bereits Druckapparate und hat bis 70 Worte in der Minute übermittelt! Noch viele andere Formen findest du im vorzüglichen Werke

Fig. 432.

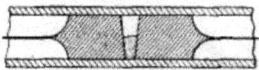

von Righi und Dessau: „Die Telegraphie ohne Draht", 2. Aufl., 1907, abgebildet und beschrieben. Merkwürdig ist nun, daß, sobald der erregende Strom aufhört, auch das Pulver den früheren Widerstand wieder annimmt; doch ist eine kleine Erschütterung förderlich.

Schüler: Das muß ja so schnell geschehen, daß jene vielen Zeichen einander folgen können!

Meister: Nicht unerwähnt soll bleiben, daß die merkwürdige Eigenschaft der Pulver schon Munck af Rosenschöld 1838 bemerkte, ferner Varley 1870, besonders aber D. E. Hughes 1879, der die ganze Widerstandsänderung und ihre Rückkehr fand. Systematisch verwandt hat sie zuerst Calzecchi-Onesti 1884. Zur Registrierung der atmosphärischen Elektrizität wandte sie 1895 Popoff in Kronstadt bei St. Petersburg an; er ließ bereits den elektromagnetisch angezogenen Anker zugleich an den Kohärer stoßen, so daß alsbald der hohe Widerstand zurückkehrte. Marconi erwarb erst 1896 ein Patent. Obwohl Marconi in jeder Hinsicht vorliegende Apparate anwandte, hat er sie doch mit Scharfsinn und Mut zu verbessern und verfeinern gewußt; der rasche Fortschritt berechtigt von einem System Marconi zu reden. Als Sender hatte er hoch emporstrebende Antennen. Solche sind auch schon früher benutzt worden von Dellmann, ja schon von Franklin und Richmann, freilich nur zu Influenzwirkungen. Fig. 433 zeigt die Sendestation links, Fig. 433 a die Empfängerstation rechts. Der Induktor c

speist den Oszillator e; mit dem Zuleiter d war die Kapazität u und die
Antenne v verbunden (später blieben u und w weg). Je höher die
Antennen, um so weiter konnte man telegraphieren. Anfangs wurde
der Oszillator in der Brennlinie eines Hohlspiegels aufgestellt, später fiel
auch dieser fort. Der Kohärer j war einerseits mit w und x verbunden,

Fig. 433.

Fig. 433 a.

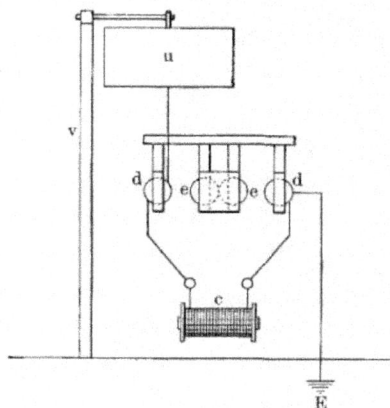
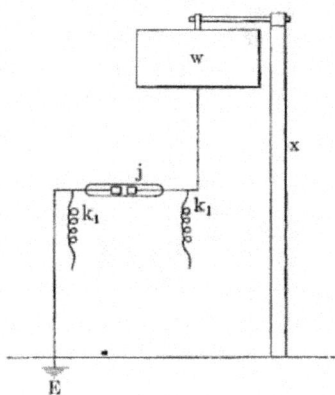

andererseits geerdet. Im Schema ist das Relais nebst Zubehör fortgelassen. In neuerer Zeit wird der Kohärer bis auf 1 mm Druck luftleer hergestellt; die Stromstärke soll in ihm nicht 1 Milliamper über-
schreiten, man schaltet deshalb im Relaisstrom gegen 1000 Ohm ein.

Schüler: Ich verstehe noch nicht die Bedeutung der Spiralen k_1.

Meister: Es sind Drosselspulen, die in den Relaisstrom eingeschaltet sind; ihre hohe Selbstinduktion schützt den Kohärer vor
dessen Unterbrechungsfunken. — Im Jahre 1897 waren die Fortschritte
in bezug auf Entfernung und Deutlichkeit erstaunlich schnell und
groß. Mit der Länge der Antenne wuchs die erreichbare Entfernung;
erst 3, dann 5, dann 15 km. Die Deutlichkeit soll die gleiche bleiben,
wenn die Antennenlänge proportional der Wurzel aus der Entfernung
vergrößert wird. In demselben Jahre erreichte auch Slaby 21 km,
1899 aber Marconi schon 136 km. Erst 1901 gelang es zunächst
300, dann in rascher Zunahme am 12. Dezember 1901 3400 km von
Poldhu in Cornwallis bis St. John auf Neufundland zu erreichen. Die
Antennen waren dabei nur 100 m hoch. Bei Nacht fand Marconi
die Übertragung deutlicher, vermutlich weil tags Sonnenstrahlen ent-
ladend wirken. Es wurden 1902 sogar 5100 km von Poldhu bis Cape
Cod in Massachusets, Boston gegenüber, geleistet.

Schüler: Wie soll man sich das vorstellen, daß die Hertzschen Strahlen die Erdkrümmung überwinden? Geht nicht alle Strahlung in geraden Linien vor sich und warum verliert sich nicht alle Wirkung im Raume?

Meister: Zur Entscheidung dieser Frage sind viele Versuche angestellt und viele Theorien herangezogen worden, dennoch ist die Frage noch nicht entschieden und es würde lohnen, weitere Untersuchungen anzustellen. Ich vermute, die Übertragung geschieht besonders längs der Oberfläche der Leiter, d. h. an der Grenzfläche zwischen Leiter und Nichtleiter. Gleitfunken über Wasser können sehr lang werden, viel länger als in Luft bei gleichem Potential. Darüber hat Max Töpler interessante Versuche angestellt. Die Übertragung geschieht immer sicherer, wenn Wasser die beiden Stationen trennt; auf dem Kontinent sind viel geringere Entfernungen erreichbar. Daß eine weite Übertragung in gerader Linie durch das Wasser statthabe, müßte erst erwiesen werden. Kürzlich soll Tesla ein neues drahtloses System erfunden haben mit Ausnutzung der elektrischen Erdströme. Ganz vor kurzem, 1909, hat A. Sommerfeld eine neue Theorie entwickelt. Er findet, daß bei geringen Entfernungen die Raumwellen durch Luft, Erde oder Wasser, bei größeren die Oberflächenwellen überwiegen, weil diese umgekehrt proportional der Entfernung abnehmen, die Raumwellen umgekehrt wie das Quadrat der Entfernung. Die Erreichbarkeit wird durch eine ideale Entfernung

$$\varrho = \frac{r}{k \cdot \lambda \cdot l^2}$$

ausgedrückt, wo r die reale Entfernung, k die Dielektrizitätskonstante, λ die Leitfähigkeit und l die Wellenlänge ist. Sommerfeld findet ϱ für Seewasser 9000 mal größer als für trockenen Boden!

Schüler: Und je größer die Wellenlänge l, um so weiter kann man reichen?

Meister: Alle Apparate werden fort und fort verbessert. Auch die Unterbrecher sind nicht unwichtig. In neuester Zeit hat der Quecksilberturbinenunterbrecher der Allgemeinen Elektrizitäts-Gesellschaft eine wesentliche Verbesserung erhalten durch Dessauer. Die Turbine dreht ein Gefäß mit Quecksilber; dieses steigt am Rande zentrifugal empor und wird von einem Zahnrade fortwährend geschnitten, so daß in rascher Folge Schluß und Öffnung der Leitung sehr präzise einander folgen. Dessauer bringt eine kleine wichtige Änderung an; an einer Stelle am Gefäßumfang befindet sich eine kleine Erhöhung, so daß das Quecksilber gezwungen wird etwas näher dem Zentrum seine Bahn einzuschlagen. Ein rotierender Zeiger durchschneidet nun sehr präzise diese Stelle.

Schüler: Die Frequenz konnte dann bestimmt werden.

Meister: F. Braun verstärkte mächtig die übertragene Energiemenge durch Anfügung großer Kondensatoren an-den Sendedraht mit gleichzeitiger Vermehrung der Ladung und des Potentials.

Schüler: Muß dazu nicht der Induktorfunke größer eingestellt werden?

Meister: Ja, aber mit Vorsicht, denn je größer er ist, um so höher steigt zwar das Potential, aber die Elektrizitätsmenge nimmt bald ab. Fessenden und Fleming nahmen kleine Funken, aber erhöhten den Druck zur Steigerung des Potentials. Braun schaltet dazu mehrere Schließungen hintereinander ein, Fig. 434. Viele andere Anordnungen wurden erprobt. Auch ward die Gestalt und Richtung der Antennen mehrfach ge-

Fig. 434.

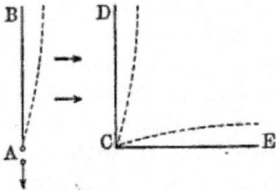

ändert; welches die beste Einrichtung sei scheint noch sehr ungewiß. Die Artung der Wellen birgt auch noch viel Unklares. In neuerer Zeit ist es mehreren Forschern gelungen mehrere Depeschen gleichzeitig zu übersenden auf Grund des Prinzips der Interferenz und des der Resonanz. Enthält nämlich eine Antenne Schwingungen zweierlei Art, so können zwei Empfänger, deren Schließungen in Übereinstimmung mit den Teilwellen sich befinden, ansprechen, eine jede nur ihrer Eigenschwingung entsprechend.

Schüler: Das erinnert an das Hören von Obertönen eines Klanges!

Meister: Durchaus. Es ist eine wichtige Aufgabe das Mitschwingen so zu gestalten, daß die Telegramme nicht belauscht werden

Fig. 435.

Fig. 436.

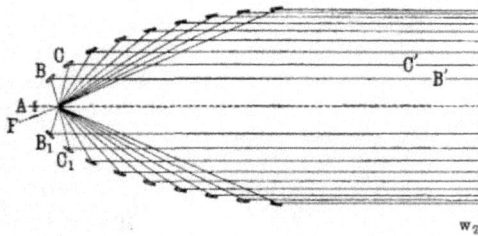

können. Es hat 1900 Blondel eine andere Art von Mitschwingen hergestellt, indem er den Rhythmus der Wellenfolge in Übereinstimmung brachte. Die mehrfach abgestimmte Telegraphie nimmt noch heute alles Interesse in Anspruch. Ein System, das noch große Zukunft haben dürfte, brachte Slaby auf: er verband mit der vertikalen eine horizontale Antenne CE (Fig. 435), und weil der Kohärer auf hohes

Potential anspricht, verband er bei E und nicht bei C, wo Knotenpunkte entstehen, den Kohärer. Seit 1901 hat Braun den Sender mit
parallelen Spiegeln versehen, die sogar aus parallelen Drähten bestehen
konnten. Fig. 436 zeigt den Querschnitt. Bald darauf benutzte Braun
die Spiegeldrähte A, B, C..., selbst als Antennen; alsdann aber muß
erstrebt werden, daß Schwingungen gleicher Frequenz mit solcher
Phasenverschiebung sich bilden, daß in der Ferne eine günstige Interferenz entsteht. Nicht zu übersehen ist ferner Brauns induktive
Koppelung des Senders, d. h. Einschaltung eines Transformators
zwischen Sendeantenne und Oszillator oder zwischen Antenne und
Kohärer, eine Einrichtung, die eigentlich schon Marconi 1898 als
„Jigger" patentieren ließ, freilich nur für den Empfänger.

     Schüler: Ist denn nun mit dem Abstimmen das Ablauschen auf-
gehoben?

     Meister: Noch nicht ganz; denn es gibt Kohärer, die einen weiten
Spielraum von Frequenz haben, auf dem sie ansprechen. Ferner aber
gibt es Wellenmesser, die rasch eine Messung der erregten Welle
zu bestimmen gestatten; dann kann durch Änderung von L und C
jede Periode leicht eingestellt werden. Nur Geheimzeichen vermindern
das Ablauschen. Sehr peinlich ist endlich die Möglichkeit einer ab-
sichtlichen Störung des Verkehrs, denn man kann Sendungen zu den
beabsichtigten hinzufügen, so daß ein Wirrwarr von Zeichen entsteht.
Doch ist sogar solch eine Störung nicht ganz leicht ausführbar; es ist
so als wollte man durch starken Lärm die Möglichkeit gesprochene
Worte zu verstehen hindern, ähnlich der „Obstruktion" in Parlamenten.

     Schüler: Ich las kürzlich, es sei zwischen zwei Dampfern, die in
200 km Entfernung voneinander von Rio Janeiro abfuhren, eine drahtlose Schachpartie gespielt worden. Nach drei Tagen gab sich der
Dampfer „Cap Roca" für besiegt von dem „Cap Blanco"; zuletzt,
heißt es, reichten sich die Parteien drahtlos die Hände!

     Meister: Das ist ein artiger Scherz, aber ohne besonderes
wissenschaftliches Interesse, da Schachzüge leicht im Morsealphabet anzugeben sind. Merkwürdiger ist es, daß nach erfolgreichen Versuchen
von Ed. Branly, drahtlose Fernsteuerung von Booten herzustellen, es
jetzt Gabet gelang, ein unbemanntes Torpedoboot zu lenken. Es hat
eine 4 m hohe Antenne; mittels Kohärer und Relais können zahlreiche
Schaltungen vorgenommen werden: Das Boot fährt vor- und rückwärts,
steuert nach rechts und nach links, bleibt stehen nach Belieben des
Steuermanns am Lande; er befand sich auf einer Leuchtturmbrücke.
Das Steuer folgt in zwei Sekunden; auch können Kanonen abgefeuert
und Minen zur Explosion gebracht werden. Ähnlich lenkbare vom
Lande aus steuerbare Luftschiffe, sollen von der Artillerie verwandt
werden zu Schießversuchen auf unbemannte Luftfahrzeuge.

12. Drahtlose Telegraphie und Telephonie mit unsichtbarem Licht.
Bell's Photophon. Telephotographie.
Simon's singender und sprechender Lichtbogen.

Meister: Zur Funkenbildung gehört eine gewisse Potentialdifferenz. Hertz entdeckte, wie wir sahen, den fördernden Einfluß des Ultralichtes (S. 577).

Schüler: Es wurde die Funkenbildung durch Ionisierung der Luft im Funkenraum erleichtert.

Meister: Die Erscheinung wird noch auffälliger, wenn die Funken in verdünnter Luft sich bilden. Zudem ist es die Kathode, die bestrahlt werden muß; sehr wirksam ist Platin, wie E. Wiedemann und Ebert fanden; besonders starke Wirkung erhielten sie zwischen einer Kathode A und der Kathode B aus einer Flüssigkeit, die Ultralicht stark absorbiert, wie Nigrosin, Fig. 437. Daß starke Ionisierung eintritt, zeigte W. Hallwachs: ein negativ geladener Konduktor verliert rasch seine Ladung, während die Bestrahlung positiv geladener Körper unverändert fortbesteht. A. Righi fand, daß von Ultralicht beschienene Dielektrika ebenfalls beeinflußt werden, und zwar bewegen sich die Elektronen längs den Kraftlinien bei hohem Druck, dagegen im Vakuum geradlinig, senkrecht zur Körperoberfläche; zuletzt treten Kathodenstrahlen auf. Righi gelang es, auch unelektrische Körper durch Ultralicht positiv zu laden.

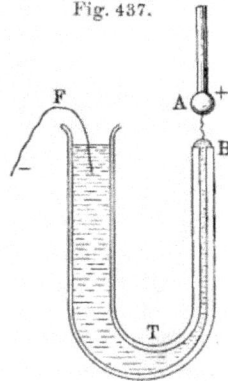
Fig. 437.

Schüler: Haben die sichtbaren Sonnenstrahlen auch Einfluß auf Entsendung von Elektronen?

Meister: Doch wohl, aber nur, wenn die geladenen Metalle aus amalgamiertem Zink oder irgend welchen Alkalimetallen bestehen. F. Zickler war der erste, der die Wirkung zur Lichttelegraphie benutzte. Die Funkenstrecke eines Induktoriums diente jetzt als Empfänger; sie wurde so eingestellt, daß die Funken eben ausblieben; sobald von der Sendestation Ultralicht herankam, entstanden sie wieder. Ein anderes Verfahren wandte Sella 1898 an: Einer Influenzmaschine Funken geben in einem eingeschalteten Telephon einen Ton an, dessen Höhe sofort sich ändert, wenn Ultrastrahlen die Funkenstrecke treffen.

Schüler: Offenbar weil mehr Entladungen zustande kommen.

Meister: Auch Töne können durch Licht übertragen werden. Als Sender dient ein Mikrophon mit Kohlekontakt (S. 565); als Empfänger eine Selenzelle. Im Jahre 1873 entdeckte nämlich May, Assistent von Willoughby Smith, die Eigenheit des Selens, bei Bestrahlung mit Licht leitfähig zu werden. Rot und Orange wirken am stärksten. Sofort nach Belichtung tritt die Wirkung ein, schwindet aber etwas langsamer. Werner Siemens hat die Eigenheit ausgenutzt zur Konstruktion eines Selenphotometers.

Schüler: Ich verstehe nicht, wie die Wirkung des Lichtes sich so rasch ins Innere eines metallischen Stoffes fortpflanzen kann.

Meister: Die Wirkung dringt nicht in merkliche Tiefe ein. Die durch Strahlung vermehrte Leitfähigkeit der Oberfläche genügt, eine

Fig. 438.

Selenzelle als Indikator zu verwenden; daher baut man sie so, daß eine sehr lange Elektrode einer ebenso langen in sehr geringer Entfernung gegenübersteht, während der Zwischenraum mit Selen in ganz dünner Schicht ausgefüllt wird, und zwar in geschmolzenem Zustande bei langsamer Erkaltung. Ruhmer baute, Fig. 438, eine Zelle aus einem Draht, der bifilar auf eine Glasröhre gewickelt ward; der Zwischenraum wurde mit Selen ausgegossen, und zwar wird das amorphe Selen durch Erwärmen auf 100° in kristallinisches umgewandelt, das nun sehr empfindlich ist.

Schüler: Ich bemerke noch, daß dieser Empfänger nach Art der Glühlampen einzuschalten ist.

Meister: Schon 1878 versuchte Alexander Graham Bell die Lichtstrahlen zu Telephonzwecken zu benutzen. Die Selenzelle schaltete er samt Telephon in einen Strom ein und belichtete die Zelle durch eine drehende angeblasene Sirenenscheibe.

Schüler: Hört man dann wirklich einen Ton entsprechend der Belichtungsfrequenz?

Meister: Bei Belichtung mit Sonnenlicht aus 200 m Entfernung konnte telephoniert werden mit rhythmischem Morsealphabet. Aber noch mehr, auch Töne und gesprochene Worte konnten mit Bell's Photophon telephoniert werden. Das Selen mußte dazu in solchem Rhythmus belichtet werden, wie es der Klangwechsel der Sprache angibt. Als Lichtquelle wurde eine Gasflamme verwandt mit Rudolph König's manometrischer Kapsel. Besser als Gas- waren Azetylenflammen. Noch weit besser aber gelang die Übertragung durch einen telephonartigen Sender, in den hineingesprochen wurde. Es ist in Fig. 439 D die empfangende Selenzelle. Die Linse A sammelt das durch A gesandte Licht, dessen Schwankungen vom Sprecher an der dünnen Spiegelplatte hervorgerufen werden; F ist eine Batterie, deren Strom durch die Zelle D im Telephon G Tonschwankungen bewirkt. Musikalische Töne wurden selbst durch Kerzenlicht übertragbar.

Schüler: Mithin ist auch das Morsealphabet übertragbar.

Meister: Hieran schloß sich eine wundersame neue Entdeckung; Bell fand, daß selbst Hartgummi, eingeschoben, die Wirkung nicht aufhob, sondern nur schwächte.

Schüler: Dann aber mußte Ultralicht wirksam sein?

Meister: Jawohl; aber noch mehr: Bell hielt das Gummiblatt ans Ohr und ließ intermittierendes Ultralicht darauf fallen; er vernahm deutlich den entsprechenden Ton! Dasselbe, aber weniger deutlich,

Fig. 439.

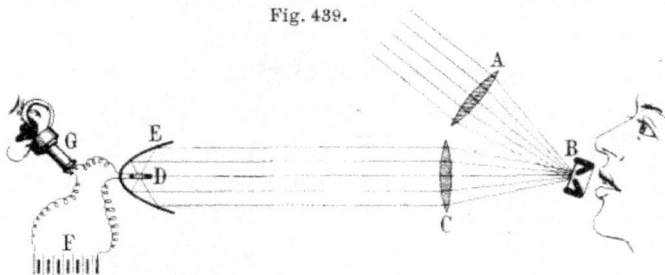

ergaben: Papier, Glimmer, am stärksten Antimon als dünnes Blättchen. Beliebige Körper mit berußter Oberfläche geben ziemlich starke Wirkungen. Alex. Gr. Bell baute daraufhin ein Photophon, wobei der Sender der schwingende Spiegel B selbst war (Fig. 439). Später wurden viel wirksamere Verfahren erfunden. Simon beobachtete 1898, daß ein elektrischer Lichtbogen in der Nähe eines angeregten Induktoriums ertönt.

Schüler: Die Tonhöhe entspricht wohl der Unterbrechungsfrequenz?

Meister: Jawohl; Fig. 440 zeigt das Schema. Der Stromkreis der Lampe b enthält die Primärspule A eines Transformators, während die Sekundärspule B mit Mikrophon m und Batterie verbunden ist. Die Drähte ll sind so lang, daß das in m Hineingesprochene bei b direkt nicht hörbar ist. Der Lichtbogen ertönt in allem, was in m hineintönt; selbst die Klangfarbe des Sprechers ist erkennbar, wenn man ein Hörrohr an b heranhält.

Fig. 440.

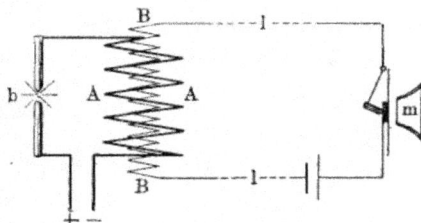

Schüler: So haben wir denn auch einen sprechenden Lichtbogen!

Meister: Simon wandelte aber sogleich den sprechenden in einen lauschenden und die Übertragung vermittelnden um: statt der Batterie nebst *m* wird ein gewöhnliches Telephon eingeschaltet. Man hält es ans Ohr und hört nun alle Worte, die durch einen Schalltrichter gegen *b* hin gesprochen werden. Auch gelang es Simon und auch Ruhmer, diese Töne mittels Selenzellenempfängers als Töne wiederzugeben. Diese feinen Unterbrechungen des Schalles entstehen im heißen Gase

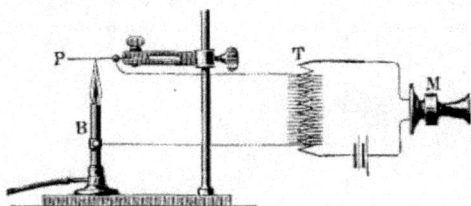

der Flamme; ihre Volumen-schwankung bedingt den Ton. Ruhmer gelang es auch einen Bunsenbrenner deutlich singen zu lassen. In Fig. 441 ist *P* ein Platin-plättchen, das die Flamme ertönen läßt in den bei *M* gesungenen Tönen. — Zahl-reiche andere Schaltungen mit erheblicher Schallverstärkung brachten Duddell 1900, Simon und Ruhmer, darunter einige von erstaunlicher Einfachheit. Auch lassen sich mehrere Mikrophone gleichzeitig einschalten, ein jedes mit eigenem Transformatorkreise. Eine merkwürdige Schaltung brachte Duddell:

Fig. 441.

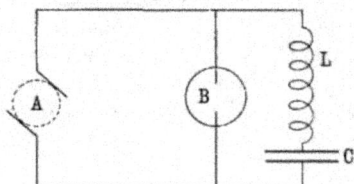

Den wie gewöhnlich erregten Licht-bogen brachte er zum Tönen, in-dem er mit dessen Elektroden eine Nebenschaltung verband, die Selbst-induktion *L* und Kapazität *C* ent-hielt nach dem Schema Fig. 442. Es entstehen kräftige Wechselströme, deren Frequenz die Tonhöhe des Lichtbogens bestimmt. Peucker nahm *C* sehr groß; dann konnte *L* fortbleiben. Righi endlich brachte 1902 den Kondensator selbst zum Tönen, wobei die Wechselzahl so groß war, daß schon Teslaversuche gelangen. Eine Lichttelephonie hat Simon 1901 in Hamburg mittels Hohlspiegel vorgeführt; bis 2500 m gelangen diese Versuche in Göttingen. Ruhmer hat später 15 km erreicht, auch das Drummondsche Kalklicht zum Tönen gebracht und die Registrierung der Töne bewerkstelligt, bis zu 20 Worten in der Minute. —

Fig. 442.

Schüler: Wenn man das alles vernimmt, muß man doch noch immer weitergehenden Leistungen entgegensehen?

Meister: Der Däne Valdemar Poulsen hat in der Tat einen bedeutenden Fortschritt erreicht durch Herstellung sogenannter unge-dämpfter Schwingungen. Wir hatten soeben Duddell's tönenden Lichtbogen besprochen (Fig. 440). Mit diesem gelang es bis zur Frequenz 60000 zu kommen. Poulsen brachte nun den Lichtbogen in eine Atmosphäre von reduzierenden Gasen, Wasserstoff oder besser Leuchtgas, und zwar innerhalb einer Flamme. Zugleich wurde die Schwingungsdauer in weiten Grenzen verändert. Eine Steigerung der Frequenz erreichte er durch Verwendung einer positiven Kupferelektrode, in Form einer Röhre, die durch innere Wasserzirkulation gekühlt wurde. Auch wurde senkrecht zum Lichtbogen ein starkes Magnetfeld erregt. Durch diese Vorrichtungen wurden mehrere hunderttausend Schwingungen erreicht, was der drahtlosen Telegraphie sehr förderlich war. Die Übertragung auf die Senderantenne geschah wie gewöhnlich durch induktive Koppelung.

Schüler: Worin besteht der Nutzen einer hohen Frequenz?

Meister: Die Schwingungen einfacher Oszillatoren ohne Kondensation sind sehr stark gedämpft; jede einzelne Entladung verlischt so rasch, daß die Aufeinanderfolge der Ströme zu vergleichen ist mit ebenso viel momentanen Stoßsendungen, zwischen denen vollständige Pausen bestehen. Diese Pausen mit neuen Energiesendungen auszufüllen ist die Aufgabe. Es folgen sich die ausgesandten Strahlen so schnell, daß unmittelbar nach Verlöschen einer Schwingung die volle neue einsetzt.

Schüler: Es sind also eigentlich keine ungedämpften, sondern rasche Folgen wenig gedämpfter Schwingungen; wenig, weil hohe Werte von L und C schon ohnehin die Dämpfung zu mindern gestatten.

Meister: Der Nebenschluß wird periodisch hergestellt mit Poulsen's Tikker, einem tönenden Zahnradunterbrecher, dessen Tonhöhe auch der Empfänger wahrnimmt, wenn ein Telephon eingeschaltet wird. Poulsen konnte drei Empfängern gleichzeitig drei verschiedene Depeschen übermitteln; dabei wichen die Abstimmungen nur um 4 Proz. voneinander ab! Poulsen berechnet, daß er auf mehrere 1000 km wirken könne! Dabei soll der Energieverbrauch ein geringer sein. Auch drahtlose Telephonie nach Poulsen's System ist Ruhmer geglückt. Soeben las ich, daß es „mittels tönender Funken gelungen sei, zwischen zwei Wöhrmanndampfern sich zu verständigen, von Kap Palmas bis zu den Kap Verde-Inseln"; d. h. über 3000 Kilometer Entfernung! Die weitere Behauptung, diese Verständigung sei über das „Afrikanische Hochland" hinweg gelungen, dürfte doch eine irrige sein, selbst wenn es die Kanarischen Inseln sein sollten, für die allein die angegebene Entfernung und Behauptung zuträfe.

Schüler: Ich habe auch von einer Fernphotographie gehört.

Meister: Zum Verständnis dieses von A. Korn 1902 erfundenen Verfahrens gehören: 1. die erläuterten Eigenschaften des Selens, 2. die Kenntnis des „Schwarzweiß-Verfahrens", das Bakewell 1848 erfand, und 3. das Saitengalvanometer des Physiologen W. Einthoven vom Jahre 1901. Beim Schwarzweiß-Verfahren handelt es sich um Wiedergabe eines Schriftzuges oder irgend einer Zeichnung. Mit isolierender

Tinte wird der zu übermittelnde Schriftzug auf eine leitende Platte geschrieben. Diese Platte wird in parallelen Zügen mit einem Stift überfahren, der einen Strom zum Empfänger schließt. Der Strom wird unterbrochen, sobald der Stift eine isolierende Stelle berührt. In der Empfangsstation führt synchron ein den Strom leitender Stift über eine chemisch empfindliche Tafel und verrät die Stromöffnung durch Ausbleiben der elektrolytischen Wirkung.

Schüler: Dann aber müssen die Stifte an beiden Stationen gleichzeitig niederfahren längs den Tafeln.

Meister: Und namentlich gleichzeitig eine neue Rasterlinie zu durchlaufen beginnen. Man erreicht das durch Elektromotoren, die eine gleichförmige Fortbewegung und Einstellung für den Beginn des Zuges bewirken. Einthoven's Galvanometer besteht aus einem äußerst feinen Draht oder metallisch belegten Quarzfaden, der in einem starken magnetischen Felde sich befindet und ausweicht, sobald ein noch so schwacher Strom ihn durchfließt. Einthoven erreichte schon anfangs einen merklichen Ausschlag bei 10^{-10} Amperstrom; später hat man viel höhere Empfindlichkeit erreicht, angeblich 10^{-15} Amper, freilich nur bei geringem Widerstande. Korn benutzte die Ausweichung der Saite, die ein Aluminiumscheibchen trug, um durch diese Scheibe den Zutritt eines durch Linsen konzentrierten Lichtbündels zum Empfangsfilm ganz oder teilweise so abzublenden, daß die durch den Senderfilm hindurchtretende Lichtmenge der den Empfangsfilm treffenden Lichtmenge entsprach. Nun handelt es sich darum, nicht bloß schwarz-weiß zu übermitteln, sondern die Tönungen einer Photographie oder Zeichnung. Es wird zunächst die Photographie auf ein Film übertragen und dieser Film wird in zylindrischer Form aufgestellt. Statt nun einen Stift fortzubewegen — wie vorhin — wird jetzt ein intensives Lichtstrahlbündel, durch eine Linse konzentriert, punktförmig auf den Senderfilm gerichtet und rasterweise fortgeführt. Das Lichtstrahlbündel durchsetzt den Film und trifft auf einen Spiegel, der die gesamte Lichtmenge auf eine Selenplatte wirft. Diese enthält den nach der Empfangsstation geleiteten Batteriestrom, dessen Stärke nun von der Lichtmenge abhängt, die der Filmpunkt des Senders durchgelassen hat. Dieser Lichtmenge entsprechend wird der Empfängerfilm belichtet, indem die Saite des Galvanometers ausweicht und in dem Maße mehr Licht — durch ein enges Löchlein — zur Wirkung bringt, als der Stromstärke entspricht.

Schüler: Bei dunkeln Stellen der Photographie wird also der Widerstand der Selenzelle groß sein, der Strom mithin schwach; das Aluminiumblättchen wird viel Licht abblenden. Die Empfangsstation hat offenbar eine eigene Lichtquelle, die wohl auch durch Linsen konzentrierte Strahlen auf das Aluminiumblättchen entsendet, und wenn dieses ausweicht, einen Lichtpunkt auf dem Empfangsfilm erzeugt.

Meister: Richtig. Zwischen den Hauptstädten Europas und auch in Amerika sind mehrere telephotographische Stationen in regelmäßigem Betriebe.

13. Entladung durch Gase bei verschiedenem Druck.
Röntgenstrahlen. Elektronentheorie.

Meister: Man hat bisher meist angenommen, daß die glühenden Metallteilchen, die von den Elektroden abgerissen werden, die Träger der elektrischen Oszillationen in der Funkenstrecke sind. Indes wird diese Annahme durch eine genaue Prüfung der Funkenbilder des rotierenden Spiegels widerlegt. In Fig. 418 (S. 571) sieht man deutlich, daß ein jedes Entladungsbild mit einem zarten Strich anhebt, der keine parabolische Krümmung aufweist, wie die großen Schweife, die bald darauf auftreten. Diese zarten Striche, auf die auch Feddersen schon aufmerksam wurde, möchte ich für ein momentanes Aufleuchten des Dielektriums halten. Die Spannung wächst und mit ihr die Polarisation bis zum plötzlichen Durchbruch der ganzen Strecke. Die Elektronen haben nun freie Bahn längs der ganzen Leitung; sie sind es, die auch alle später folgenden Oszillationen ausmachen. Die Elektronenmasse ist es, die zwischen den Belegungen unsichtbar hin und her schwingt.

Schüler: Aber die Metallteilchen werden doch offenbar losgerissen und ein jedes von ihnen strebt nach der gegenüberliegenden Elektrode?

Meister: Freilich, aber sieh nur genau hin; du wirst erkennen, daß die Teilchen, deren parabolisch gekrümmte Bahnen wir doch ins Zeitliche zu übersetzen wissen, niemals die gegenüberliegende Elektrode erreichen; ihre Geschwindigkeit ist schon innerhalb der Strecke verzehrt und sie verlöschen mitten auf der Bahn.

Schüler: Dann können sie allerdings nicht Träger der Oszillationen sein. Außerdem bemerke ich soeben, daß auch zeitlich solch eine Deutung notwendig wird: das Aufleuchten der Metallteilchen mitten in der Strecke dauert ja viel länger nach, oft durch mehrere Oszillationen hindurch. Es muß daher wohl angenommen werden, daß es die Elektronen sind, die den ganzen elektrischen Verkehr besorgen. Aber welche Rolle spielen nun die stark glühenden Metallteilchen?

Meister: Es kann uns nicht wundern, daß die kommenden Elektronen von der ihnen gegenüberliegenden Elektrode die Metallteile stark anziehen und sie abreißen; da die Atommasse aber über tausendmal größer ist, fliegen sie nicht weit, glühen aber lange und noch viel länger, wenn man statt Zinn andere Metalle nimmt. — Übrigens ist es ähnlich bei Bogenlampen. Mit Gleichstrom bedient erglüht der positive Pol, der dabei schnell verzehrt wird.

Schüler: Nun verstehe ich, warum die positive Seite der Oszilla-tion (Fig. 418) die hellleuchtende ist! Der zarte Funke hat aber schein-bar gar keine Dauer; entspricht er dem Elektronenflusse, so müßte das Leuchten die ganze Oszillationsdauer hindurch währen?

Meister: Daraus kann man schließen, daß es nicht der Elek-tronenfluß ist, sondern die zerrissene Gasstrecke, die da leuchtet. Elektronen leuchten niemals, ihre Schwingungen aber erregen Lichtwellen. In Fig. 418 sieht man auch in der

Fig. 443.

zweiten und dritten Oszillation glühende Gasteilchen, ohne parabolische Krümmung. — Je geringer der Gas-druck, ein um so geringeres Potentialgefälle genügt, die oft sehr lange Funkenstrecke zu durchbrechen. Die Leitfähigkeit wird mit der Verdünnung immer besser, bis schließlich bei äußerst geringem Druck der Raum als Isolator erscheint, selbst Strecken von 1 mm sind un-durchdringlich. Mit gewöhnlichen Manometern läßt sich dann der Druck nicht mehr messen; doch gelingt es mit MacLeod's Manometer, Fig. 443. R ist mit dem zu messenden Raum niedrigen Druckes verbunden und durch Quecksilber abgeschlossen. Das Manometer besteht aus den Räumen V, E und K, die sämtlich ermittelt worden sind. Es sei der unbekannte Druck x, wenn das Gas den Raum $V + E + K = v_1$ einnimmt. Nun erhebt man G; das Quecksilber steigt empor und steht zuletzt im Kapillarrohre K ein, wo ein gleichfalls bekanntes Volumen v_2 abgesperrt ist. Links ist R mit dem größeren Volumen verbunden. Man bestimmt die Erhebung des Quecksilbers im Rohre R über k; sie sei gleich b, so kann der Druck über $K = b$ gesetzt werden, weil der geringe Druck der in R herrscht, unmerklich ist neben b.

Schüler: Dann kann man nach Boyle's Gesetz schreiben:

$$x \cdot v_1 = (x + b) \cdot v_2, \quad \text{also} \quad x = b \cdot v_2 / (v_1 - v_2) \quad . \quad . \quad . \quad (4)$$

Meister: Bei großer Verdünnung wird das positiv geschichtete Licht immer mehr ausgedehnt; bald gibt es nur wenige Schichten, die durch einen dunklen Raum vom negativen Licht getrennt sind. Fig. 444 zeigt eine solche Erscheinung zugleich mit den an verschiedenen Stellen der Röhre beobachteten Potentialwerten. An der Kathode besteht ein plötzlicher Abfall; erst beim positiven Licht erhebt es sich, und zwar stark an den hellen Stellen; es wechselt sogar das Zeichen und damit ist ein Polarisationszustand erwiesen, wie wir schon einen solchen an-nahmen.

Schüler: Wie hat man nun das alles beobachten können?

Meister: Durch Sonden. Es sind Drähte an verschiedenen Stellen
von außen nach innen eingeführt und an empfindlichen Elektrometern
wird das Potential beobachtet. Tritt starke Schichtung ein, so ist das
Potential konstant bis zum dunklen Raum. An der Kathode erscheint

Fig. 444.

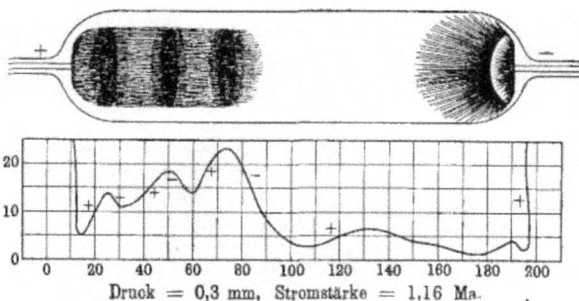

Druck = 0,3 mm, Stromstärke = 1,16 Ma.

das Glimmlicht, das, je verdünnter das Gas ist, um so weiter vordringt
und die Schichten nach vorn zurückdrängt. Zugleich treten aus der
Mitte der Kathode Strahlen auf, die Plücker entdeckte und schon
1869 Hittorf untersuchte. Sobald Kathodenstrahlen das Glas treffen,
erzeugen sie lebhafte Fluoreszenz. Auch erwecken sie in Mineralien
und Edelsteinen inten-
sives Licht, so in einer
Röhre von Crookes,
Fig. 445.

Fig. 445.

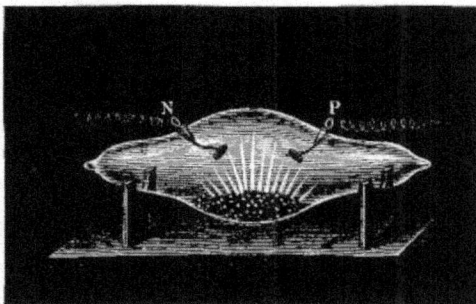

Schüler: Die Ka-
thode ist geneigt, wohl
damit die Strahlen das
Mineral treffen?

Meister: Daß sie
geradlinig verlaufen er-
kennt man durch Schat-
tenbildung. Der Ein-
fluß von Magneten auf
das Entladungslicht ist sehr eigenartig. Das positive, von der Anode
in die Röhre bis zum dunklen Raum sich erstreckende Licht, verhält
sich wie ein elektrischer Stromleiter und befolgt die Ampèreschen Gesetze; anders das negative Licht, das wie eine magnetische Substanz
sich verhält. Kathodenstrahlen rufen, wo sie auftreffen, starke Erwärmung hervor; hat die Kathode die Form eines Hohlspiegels, so
kann im Brennpunkt Weißglut erzeugt werden. Die Strahlen sind
nicht dem Lichte wesensgleich, sondern sie bestehen aus Elektronen,

die mit großer Geschwindigkeit von der Kathode ausgeschleudert werden.

Schüler: Ihr wart vorhin der Meinung, daß Elektronen niemals leuchten?

Meister: Die Kathodenstrahlen leuchten nicht; erst die Wärme, die sie erregen und die Röntgenstrahlen, die sie erzeugen, verraten ihre Wege. Wo immer Leuchten auftritt, sind es die erregten Gasteilchen, deren Spektra dabei sichtbar werden. Daß die Elektronen negativ

Fig. 446.

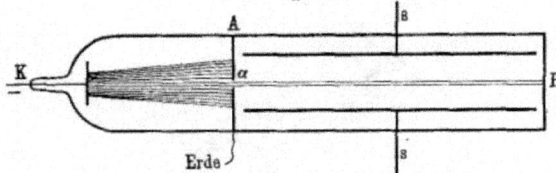

sind, wird dadurch bewiesen, daß sie abgestoßen werden, wenn man einen negativ geladenen Draht ihnen entgegen hält. Daß ihnen Masse zukommt, folgt aus folgenden Versuchen. In Fig. 446 dringen Kathoden-strahlen durch ein kleines Loch a und erzeugen in P Fluoreszenz. Von K bis a beobachtet man ein Potentialgefälle $= V$ und wenn ein Elektron die Elektrizitätsmenge e hat, so ist die ihm erteilte Energie $e \cdot V$. Diese wird umgesetzt in kinetische Energie $\frac{1}{2} m v^2$, wenn m die Masse be-deutet; man hat also

$$\frac{1}{2} m v^2 = e \cdot V \quad . \quad . \quad . \quad . \quad . \quad . \quad . \quad . \quad (5)$$

Der Röhre entlang sind zwei Aluminiumplatten angebracht, denen konstante Potentiale mitgeteilt werden. Alsbald werden die Kathoden-strahlen abgelenkt und bilden eine parabolische Krümmung, die eine neue Beziehung ergibt. Das Gefälle zwischen s und s_1 setzen wir $= E = dV/ds$, die Kraft also

$$= e \cdot dV/ds = e \cdot E \quad . \quad . \quad . \quad . \quad . \quad . \quad (6)$$

Es werde die Seitenablenkung an einer Stelle $= y$ gesetzt, so ist

$$y = \frac{1}{2} e \cdot E \cdot t^2/m \quad . \quad . \quad . \quad . \quad . \quad . \quad (7)$$

ähnlich wie beim Fallgesetz erläutert ist.

Schüler: Es ist also $e \cdot E/m$ die Beschleunigung des geladenen Teilchens und e und m haben die frühere Bedeutung?

Meister: Jawohl. Der Strahl beschreibt nun den Weg x zur Zeit t, alsdann ist die Geschwindigkeit

$$v = x/t \quad \text{und} \quad t = x/v \quad . \quad . \quad . \quad . \quad . \quad (8)$$

Schüler: Dann wird

$$y = \frac{1}{2} e \cdot E \cdot x^2/m \cdot v^2 \quad . \quad . \quad . \quad . \quad . \quad (9)$$

Meister: Das zeigt, daß die Strahlenbahn jetzt eine Parabel ist. Auch kann man mv^2/e aus $1/_2 E \cdot x^2/y$ berechnen. Andererseits lassen sich auch durch Magnete Kathodenstrahlen ablenken. Ein homogenes Magnetfeld läßt man senkrecht auf den Strahl wirken. Er wird abgelenkt und bildet einen Kreisbogen, dessen Radius r sei; während der Ablenkung bleibt nämlich der Strahl immer senkrecht zum Felde. Es besteht nun die Gleichung

$$m \cdot v^2/r = v \cdot e \cdot H \quad \ldots \ldots \ldots \ldots (10)$$

wo H die Feldstärke ist. Da nämlich die Kraft proportional der Stromstärke ist, so hat man hier dafür die Menge e mit der Geschwindigkeit v einzusetzen.

Schüler: Und links erkenne ich die Fliehkraft. Es wird

$$m \cdot v^2/e = 2 \cdot V \quad \ldots \ldots \ldots \ldots (11)$$

Meister: Und vorhin (Gleichung 10) hatten wir:

$$m \cdot v/e = H \cdot r,$$

also ist

$$v = 2 V H \cdot r \quad \ldots \ldots \ldots \ldots (12)$$

und

$$e/m = 2 \cdot V/H^2 \cdot r^2 = v \, H \cdot r \quad \ldots \ldots \ldots (13)$$

Da v vom Potential V abhängt, muß man verschiedene Geschwindigkeiten erwarten, je nach dem Potential. W. Kaufmann erhielt bei Werten V von 300 bis 14 000 Volt Geschwindigkeiten von $0{,}31 \cdot 10^{10}$ bis $0{,}68 \cdot 10^{10}$ Cel.

Schüler: Die Lichtgeschwindigkeit ist $3 \cdot 10^{10}$ Cel, also wird hier etwa $1/_4$ bis $1/_5$ davon erreicht.

Meister: Die Gleichung (13) ergab $e/m = 565 \cdot 10^{15}$, eine Zahl, die wir deuten können, wenn wir sie mit anderen vergleichen. Aus der Elektrolyse hat man für ein Wasserstoffion gefunden:

Fig. 447.

$$e/m = 0{,}29 \cdot 10^{15} \cdot \, . \quad (14)$$

Die Masse m des Wasserstoffions muß daher bei gleichem e etwa 1700 mal größer sein als die eines Elektrons. An diese Versuchsresultate knüpften die Hypothesen der Elektronen von J. J. Thomson und Em. Wiechert an. —

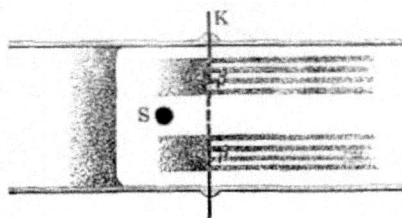

Im Gegensatz zu Kathodenstrahlen stehen die von Eug. Goldstein untersuchten Kanalstrahlen, ein Name, der an die Art ihrer Erzeugung erinnern soll. Die aus einer ebenen Fläche bestehende Kathode K, Fig. 447 hat mehrere Löcher, durch die Strahlen, die die Anode aus-

sendet, hindurchtreten. Auch sie erregen Fluoreszenz, sind aber positiv
elektrisch. Ihre Geschwindigkeit und Ladung hat W. Wien bestimmt.
Er fand

$$e/m = 0,23 . 10^{15} \quad \text{und} \quad v = 0,015^{15} \quad . \quad . \quad . \quad . \quad (15)$$

Schüler: Bei gleicher Ladung ist also m viel größer und v viel
kleiner.

Meister: Setzt man für e die frühere Zahl 96540 Coulomb ein,
so stimmt der Wert von m mit dem eines Wasserstoffmolions überein.
An die Kathodenstrahlen knüpft sich nun eine Reihe großer Entdeckungen.
Röntgen fand im Jahre 1887, daß das von Kathodenstrahlen getroffene
Glas selbst wieder neue Strahlen aussendet von ganz anderem Charakter.
Ergiebiger waren sie, wenn die Kathodenstrahlen auf die sogenannte
Antikathode fielen; das ist ein in der Röhre angebrachter Platinspiegel,
der leitend mit der Anode verbunden wird. Die Röntgenstrahlen
erregen starke Fluoreszenz, üben photographische Wirkung aus und
durchdringen in verschiedenem Grade feste Körper.

Schüler: Ich habe oft Röntgenbilder gesehen; es erscheinen deutlich die Knochen in der Hand und Geldstücke in der Geldtasche.

Meister: Fleischteile, auch Holz wird leicht durchsetzt und die
Schattenbilder, die du gesehen hast, sind von weittragender Bedeutung
für die Chirurgie geworden. Es ist eine ganze Röntgentechnik entstanden. Eine weitere Eigenschaft muß beachtet werden. Sowohl
Röntgenstrahlen als Kathodenstrahlen können Gase, auf die sie treffen,
leitend machen oder ionisieren. Diese Strahlen werden übrigens
nicht gebrochen, woraus man schließen kann, daß sie aus kurzen Stößen
bestehen, die im Lichtäther erregt werden. Die Fähigkeit Metalle zu
durchdringen, tritt in verschiedenem Grade auf; demgemäß spricht
man von „harten" oder „weichen" Strahlen. Die harten können nach
E. v. Schweidler 7 Zent tief in Blei eindringen, oder 19 Zent in Eisen
und 150 Zent in Wasser, wobei sie auf 1 Proz. geschwächt sind.

Schüler: Sollen wir uns die Röntgenstrahlen ähnlich den Hertzschen Strahlen vorstellen?

Meister: Sie sind mehr einem einzelnen starken Lichtstoß zu vergleichen. Ihr Weg ist nicht sichtbar, sondern nur ihre Wirkung.

14. Radioaktivität. Becquerelstrahlen. Radium. Uran. Thor.

Meister: Verwandt mit den erörterten sind die Becquerelstrahlen. Becquerel fand, daß Uranpecherz ohne äußere Einwirkung mannigfach Strahlen aussendet; sie erregen Fluoreszenz, wirken
photographisch und ionisieren die Luft. In erhöhtem Grade besitzen
Bestandteile des Erzes diese Eigenschaften. Madame S. Curie, geborene
Skladowska, gelang es aus dem dem Uranpecherz entzogenen Baryum-

chlorid einen ihm ähnlichen Stoff, das Radiumchlorid zu gewinnen; durch wiederholtes Auflösen und Kristallisieren erhielt sie immer reineres Radium und konnte dann auch das Atomgewicht zu 225 bestimmen.

Schüler: Das Baryum hat 137, steht also sehr weit vom Radium.

Meister: Ähnliche Abstände zeigen alle Metalle der alkalischen Erden. Auch hat das Spektrum Ähnlichkeit: einige starke Linien zwischen Gelb und Blau und verwaschene Banden. Mad. Curie brachte es so weit, daß neben diesen Linien die des Baryums kaum noch erkennbar waren. Es sind auch Verbindungen des Wismuts im Pecherz vorhanden, woraus sie das Polonium gewonnen hat. Alle diese Stoffe ionisieren stark die Luft; bei Gegenwart von Polonium verschwindet sofort jede elektrische Ladung. Dann hat man auch Thorverbindungen gefunden, aus denen ein neues Metall, Aktinium von Debierne hergestellt ward. Das Spektrum gibt allemal ein empfindliches Merkmal; weit empfindlicher aber ist die Fähigkeit zu ionisieren. Mad. Curie nannte Radioaktivität die Eigenschaft Becquerelstrahlen auszusenden. Man hat drei Arten Strahlen unterschieden; sie sind voneinander im magnetischen und elektrischen Felde zu trennen, wie es das Schema Fig. 448 zeigt. R ist der radioaktive Stoff; die γ-Strahlen lassen sich gar nicht

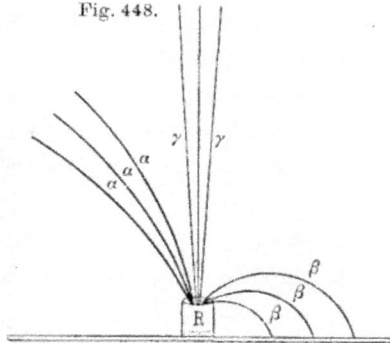

Fig. 448.

ablenken, die β-Strahlen werden im magnetischen Felde so abgelenkt, wie eine negativ elektrische Strömung, die α-Strahlen nach der entgegengesetzten Seite. Die γ-Strahlen sind ähnlich den Röntgenstrahlen, die β- den Kathodenstrahlen, die α- den Kanalstrahlen. Die Geschwindigkeit der α-Strahlen ist sehr beständig und beträgt gegen 20 Millionen Hektocel, also nahe $1/15$ der Lichtgeschwindigkeit; die β-Strahlen haben sehr verschiedene Geschwindigkeit und ihre Masse ist gegen 1700 mal kleiner, als die des Wasserstoffs. Sehr langsame β-Strahlen hat man δ-Strahlen genannt.

Schüler: Also kann man die β- und δ-Strahlen für ausgeschleuderte Elektronen halten?

Meister: In der Tat ist die Annahme von Elektronen an die β-Strahlen, insbesondere an die Ermittelung von e/m, angeknüpft worden. Die Wärmeentwickelung des Radiums ist einem Bombardement der α-Strahlen zuzuschreiben. Das Radium ist stets wärmer als seine Umgebung, daher es wahrscheinlich ist, daß auch im Innern die α-Teilchen sich bewegen und ihre kinetische Energie in Wärme sich wandelt.

Crookes und gleichzeitig Elster und Geitel entdeckten die „Szintillation". Läßt man α-Strahlen gegen $ZnSO_4$ aufprallen, so leuchtet dieses, aber mit der Lupe sieht man einzelne Punkte aufleuchten. Szintillation ist das Bombardieren der α-Strahlen. Viele Forscher halten die α-Atome für Helium.

Schüler: Ist denn mit der Absendung von α-Strahlen auch eine merkliche Abnahme der Gesamtmasse verbunden?

Fig. 449.

	Masse	Geschwindigkeit	Energie
α	◯	—	⊗
β	∘	——	⊕

Meister: Allerdings. Den abgesonderten Stoff hat man „Emanation" oder „Emanium" genannt, auch ihn aufgefangen; er entwickelt auch Wärme, und zwar periodisch. Eine hübsche Übersicht über die α- und β-Strahlenarten zeigt Rutherfords Schema, Fig. 449.

Schüler: Die Energie der α-Teile ist auffallend groß.

Meister: Weil ihre Masse groß ist wird auch die Wärmewirkung groß; außerdem sendet Radium etwa viermal mehr α- als β-Teile aus.

Schüler: Wie hat man nur das alles bestimmen können?

Meister: Fig. 450 zeigt die Anordnung zur Ermittelung der Leitfähigkeit. Auf der Platte A befindet sich der radioaktive Stoff. Parallel

Fig. 450.

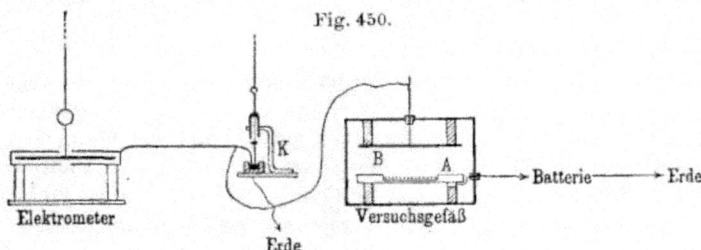

Elektrometer   Erde   Versuchsgefäß   Batterie   Erde

darüber ist die Platte B isoliert angebracht und mit einem Quadrantenpaar des Elektrometers verbunden, dessen anderes Paar geerdet ist. An A bringt man den positiven Pol einer Akkumulatorenbatterie an; der andere Pol ist geerdet.

Schüler: Dann hat A ein beständiges Potential?

Meister: Von etwa 300 Volt oder mehr. Sobald B mit dem Elektrometer verbunden ist, steigt das Potential auf B. Geht die Ladung zu schnell vor sich, so belastet man B mit einem Kondensator. Die Geschwindigkeit, mit der das Elektrometer sich ladet, hängt wesentlich vom leitend gewordenen Gase ab, während die Höhe des angelegten Potentials und die Kapazität B beiläufige Größen sind. Zuerst nimmt bei wachsendem Potential der Strom rasch zu, dann immer langsamer und erreicht ein Maximum, „Sättigungsstrom" genannt. Eine Anwendung des Ohmschen Gesetzes ist hier ausgeschlossen. Die mit Galvanometer gemessenen Ströme sind nicht den EMK proportional; mit Vermehrung der Gasschicht wächst der Strom, der von der Anzahl erzeugter Ionen abhängt; diese Zahl wächst mit dem Volumen. In dem Maße als Elektronen am Strom sich beteiligen, werden neue erzeugt; es ist also ein Maß für die Geschwindigkeit der Neubildung. Die Arten der Ionisierung sind verschieden: Ultralicht, Kathodenstrahlen, Röntgenstrahlen, radioaktive Stoffe, aber auch hohe Temperatur kann Gase ionisieren. A. Wehnelt fand, daß rotglühende Oxyde, besonders der alkalischen Erden, β-Strahlen aussenden.

Schüler: Also Elektronen. Kann der Strom zwischen A und B auch galvanometrisch gemessen werden?

Meister: Das Laden des Elektrometers ist empfindlicher. Aus dem merkwürdigen Gebiete, über das schon dicke Bücher und zahlreiche Arbeiten erschienen sind, will ich dir einige Beispiele vorführen: Das Thorium zeigt wunderbare Umwandlungen. Thorium und seine Verbindungen entsenden α-, β- und γ-Strahlen und außerdem eine „Emanation", eine Gasart von sonderbarer Beschaffenheit. Treibt man einen Luftstrom durch eine Röhre, die Thoriumoxyd enthält, ins Innere eines geladenen Elektroskops hinein, so fallen die zuvor geladenen Goldblättchen sofort zusammen; wird der Strom unterbrochen, so dauert die Wirkung noch einige Minuten weiter. Die entladende Wirkung wird dem Emanium zugeschrieben. Rutherford und Soddy haben das Gas rein dargestellt und setzten es hoher Temperatur aus, ohne eine Änderung wahrzunehmen; es kann den anderen trägen oder „edlen" Gasen zugezählt werden. Es wird bei -120^0 flüssig und kann dadurch von anderen Beimengungen getrennt werden. Wird das Gasgemisch durch eine Röhre getrieben, die mit flüssiger Luft umgeben ist, so entweichen alle Gase bis auf die Emanation. Dieses „Emanium" ist selbst radioaktiv, verliert aber diese Eigenschaft in kurzer Zeit. Die Zeit, die verstreicht bis die Aktivität auf die Hälfte gesunken ist, wird, sonderbar genug, „Periode" genannt. Die Aktivität besteht in Aussendung von α-Strahlen von großer Geschwindigkeit.

Schüler: Nimmt dann der Rückstand merklich an Masse ab?

Meister: Allerdings. Aber das merkwürdigste ist, daß der zurückbleibende Teil fest wird und sich auf benachbarte Gegenstände niederschlägt. Jeder Körper, den man der Thoriumemanation aussetzt, wird selbst radioaktiv. Auch diese „induzierte" Aktivität ist vergänglich. Besonders stark schlägt sich die Emanation auf einem negativ geladenen

Körper nieder. Fig. 451 zeigt ein geschlossenes Gefäß mit dem Draht A, der, mit Emanation beladen, stark aktiv wird, sogar 100 mal stärker als Thorium selbst.

Schüler: Hat sich denn ein Stoff auf A niedergeschlagen?

Meister: Ein Stoff, der durch starkes Reiben entfernt werden kann; chemisch ist er noch nicht nachweisbar, weil die Menge sehr gering ist, aber wohl elektrisch. Durch Glimmer kann man die Emanation zurückhalten, die Strahlen aber nicht; die Strahlen rufen keinen aktiven Niederschlag hervor, wohl aber der Luftstrom, der weiter-

Fig. 451.

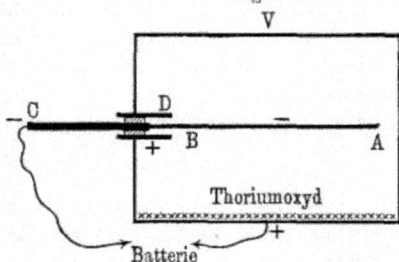

geführt werden kann. Der aktive Niederschlag hat andere Eigenschaften als das Emanium, woraus er entstand; er ist löslich in Säuren, läßt sich elektrolytisch fällen, und — wunderbar genug —, er entsendet nach einiger Zeit wieder α-, β- und γ-Strahlen. Man nimmt an, daß aus der Emanation sich Thorium-A bildet als fester Niederschlag; dieser wandelt sich wieder zurück in Thorium-B mit Strahlung. Einen stark aktiven Stoff erhielt Rutherford, als er Thoriumnitrat mit Ammoniak fällte. Der Niederschlag aus Thoriumhydroxyd war weniger aktiv; das eingedampfte Filtrat aber gab einen 1000 mal aktiveren Körper, als das Nitrat ist. Dieses Thorium-X entladet im Augenblick das Elektroskop; seine α-Strahlung nimmt langsam ab und in demselben Maße steigt die des Hydroxyds, so daß die Summe konstant bleibt.

Schüler: Aber dann muß doch der eine Körper in der Nähe des anderen sich befinden?

Meister: Nein, die Änderungen sind dieselben, auch wenn die Körper weit voneinander sind! Man erkannte schließlich, daß die Emanation aus dem Thorium-X entsteht, das im Thor enthalten ist. Es hat Fr. v. Lerch durch Elektrolyse Thorium-X abgeschieden. Es entsteht also aus Thorium Thorium-X; dieses strahlt α aus und entsendet Emanation; auch diese strahlt α aus und verwandelt sich in aktiven Niederschlag, d. h. in Thorium-A, das β-Strahlen ausgibt. Thorium-A wandelt sich in Thorium-B, das wieder α strahlt und dabei übergeht in Thorium-C, das nun α-, β- und γ-Strahlen ausstrahlt.

Schüler: Verhält sich das Radium auch dem ähnlich?

Meister: Radium entwickelt eine ungeheuer große Wärmemenge, es leuchtet im Dunkeln, erweckt Fluoreszenz, wirkt photographisch und ruft Entzündung auf der Haut hervor; Haloidkristalle nehmen in seiner Nähe eine intensive Farbe an —, infolge von eigentümlichen Neubildungen. Auch Radium gibt Emanation, die nicht mit jener übereinstimmt, da sie erst bei — 150⁰ flüssig wird. Treibt man die Emanation in einen Raum, der von flüssiger Luft umgeben ist und Kristalle von Willemit ($ZnSO_4$) — enthält, so bildet die Emanation feste Niederschläge und die Kristalle leuchten hell auf; desgleichen die Glaswände. Entfernt man das Luftbad, so verflüchtigt sich die Emanation wieder bei — 150⁰ und leuchtet in der ganzen Röhre. Zuletzt leuchten die Kristalle gleichförmig, infolge des aktiven Niederschlages. Auch Glas leuchtet, wird farbig und zuletzt schwarz. Dieser aktive Niederschlag ist kein gleichförmiger Stoff; er zerfällt nämlich und bildet einen aktiven Niederschlag, das Radium-A, das mit der „Periode drei Minuten" α-Strahlen aussendet; der Rest, Radium-B, entsendet nur β-Strahlen mit der Periode 26 Minuten; der Rest hiervon ist Radium-C, das wieder α-, β- und γ-Strahlen aussendet, mit einer Periode 19 Minuten. Radium-A wird am ergiebigsten auf einer negativen Elektrode niedergeschlagen; es läßt sich abwischen. Rutherford hält alle diese Stoffe für verschiedene Elemente, die sich ineinander umwandeln!

Schüler: Dieses Verhalten des Radiums ist doch ähnlich dem des Thoriums.

Meister: Doch ergab sich auch Neues, sofern eine Reihe langsamer sich wandelnder Niederschläge erhalten wurde, die Rutherford Radium-D, Radium-E und Radium-F nannte. Sie bilden den kleinen Rest der Emanation nach Aussendung der A, B und C. Die Eigenschaften dieser Körper entsprachen in allen Stücken den von anderen Forschern gefundenen und anders benannten Stoffen, nämlich Hoffmanns Radioblei, Marckwalds Radiotellur und Mad. Curies Polonium. Ersteres ist das beständigste und entsendet gar keine Strahlen, das zweite gibt β-Strahlen und das dritte α-Strahlen. In den zahlreichen Bänden der Sammlung „Wissenschaft" wirst du noch viel Belehrung finden.

Schüler: Wo kommen radioaktive Stoffe in der Natur vor?

Meister: Das Uranpecherz wird im böhmischen Erzgebirge gefunden. Uranerze findet man auch in Norwegen, Connecticut, Nordcarolina, Canada, Ceylon u. a. In der Atmosphäre und in der Erde sind aktive Stoffe und auch Emanation gefunden worden. In Räumen, die zur Bearbeitung des Pecherzes dienen, ist keine Anstellung von Versuchen möglich, weil alle Räume voll Emanation und aktivem Niederschlag sind. Elster und Geitel gelang es, aus der Luft die Emanation einzufangen! Ein Draht wurde frei in die Höhe gespannt und mit einem Potential versehen; nach einiger Zeit war er aktiv geworden. Sie fanden ferner, daß die Luft überall ionisiert ist. Sie versenkten einen Draht in die Erde und fanden ihn dann stark aktiv, auch die Luft in Kellern und Höhlen war sehr stark ionisiert. — Wilson fand

Regen und Schnee, desgleichen J. J. Thomson Quell- und Brunnen-
wasser aktiv. In Thermalquellen ist auch viel Helium gefunden worden.
Die Luft ist allerorts ionisiert, besonders stark nach dem Fallen des
Luftdruckes, vermutlich weil Emanation aus der Erde herausgesogen ist.

Schüler: Ihr spracht schon davon, daß die Erde atmet, sofern
der Luftdruckwechsel den Gasinhalt in der Erde und in der Luft beständig verändert.

Meister: Man hat berechnet, daß die Luft in unteren Schichten
gegen 1000 Elektronen oder negative Ionen im Kub enthält und etwas
mehr +-Atomionen. Es besteht in der Atmosphäre ein Potentialgefälle
von oben nach unten im Betrage von etwa 100 bis 200 Volt pro Meter.
Die meist positiv elektrische Raumladung wird oft durch meteorische
Einflüsse gestört. Der Regen führt die mit Staub und Wasser verbundenen Elektronen der Erde zu, daher die Luft meist +-elektrisiert
ist. — Die Ionisation der Luft entsteht durch mehrere Vorgänge,
hauptsächlich durch Emanationen und
deren Radioaktivität. Absorbiertes Ultralicht wird in Ionisation umgewandelt, wie
Versuche von Branly und Lenard gezeigt haben; es entstehen dabei —-Elek-
tronen, die sich mit Molekeln paaren, und
auch +-Atomionen oder +-Tagmen, die
man Tagmionen nennen könnte, deren
Beweglichkeit eine sehr geringe ist. Das
die Erdoberfläche treffende Licht schafft
nur Elektronen in die Atmosphäre, so daß
demzufolge ein Strom negativer Elektrizität
aufsteigt. Lichtelektrische Wirkung haben

Fig. 452.

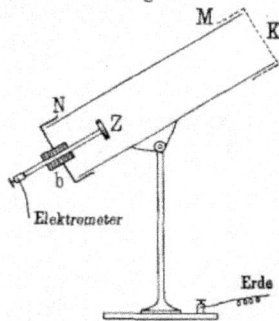

Elektrometer

Erde

Elster und Geitel an vielen Mineralien nachgewiesen, z. B. an Feld-
spat und Granit u. a., besonders an deren frischen Bruchflächen.

Schüler: Mit welchem Apparat werden solche Versuche ausgeführt?

Meister: Elster und Geitel bauten ein lichtelektrisches
Aktinometer, das in Fig. 452 schematisch dargestellt ist. Ein durch
Bernstein b gefaßter Eisenstift trägt ein frisch amalgamiertes Zn-
Plättchen Z und ist mit dem Elektrometer verbunden. Der Schutz-
zylinder NM samt dem Gestell ist geerdet. Man ladet Z mit einer
Trockenbatterie bis zu einem negativen Potential V, richtet den Apparat
gegen die Sonnenstrahlen, öffnet die Kappe K und beobachtet die zur
Entladung bis zum Werte V_1 vergangene Zeit t. Hierauf wiederholt
man den Versuch ohne Öffnung der Kappe und beobachtet die Zerstreuung in derselben Zeit t und findet ein Endpotential V_2, dann ist
folgender Ansatz zu machen. Es ist der Potentialverlust dV umgekehrt
proportional der Kapazität C des Elektrometers und seiner Nebenteile,

ferner proportional dem Potential V, der Zeit t und der gespendeten Strahlmenge dJ, also

$$dV = b \cdot t \cdot V \cdot dJ/C \quad \ldots \ldots \ldots \quad (16)$$

und hieraus:

$$J = C/b \cdot t \cdot (\log V/V_1 - \log V/V_2) \quad \ldots \ldots \quad (17)$$

wo b die willkürlich wählbare Einheit vertritt. Oft ist t so klein, daß man C durch angeschlossene Kondensatoren vergrößern muß. Die Beobachtungen zeigten einen ähnlichen Gang, wie ihn Bunsen und Roscoe mit ihrem HCl-Photometer fanden und Wiesner mit seinem Silbernitrat-Photometer, aber einen ganz anderen, als kalorimetrische oder bolometrische Apparate oder Thermoaktinometer ergaben. Als Beispiel zeige ich dir die in Wolfenbüttel gefundenen Werte für die verschiedenen Tagesstunden für Dezember und Juni:

Stunde:	7^a	8	9	10	11	12	1^p	2	3	4	5
Juni	81	120	161	247	293	309	309	294	266	219	17
Dezember .	0	0	2	3	7	6	7	7	2	0	

Elster und Geitel verdanken wir eine ganz neue Anschauung über die elektrische Zerstreuung. Feuchte Luft galt von jeher als Haupt-

Fig. 453.

bedingung für die Zerstreuung. Dieses uralte tiefgewurzelte Vorurteil vernichteten sie vollständig, indem sie nachwiesen, daß — abgesehen von geringen Verlusten durch Leitung längs der mangelhaft isolierten

Stützteile — nur durch Ionen, und zwar je nach dem Zeichen der Ladung, nur durch die eine dieser Arten Ionen die Zerstreuung erfolgt. Es zeigte sich, daß bei feuchtem Wetter und bei Nebel die Zerstreuung sogar eine geringere ist, als bei trockenem Wetter.

Schüler: Eurer Darstellung gemäß ist die Luft beständig positiv elektrisiert?

Meister: Jawohl, abgesehen von Störungen und zwar nimmt das Potential in der Luft mit der Höhe schnell zu. Das System Erde—Atmosphäre ist einem Kondensator zu vergleichen, in dem aber immerfort Strömungen statthaben, in dem Maße, als neue Ionisation den Strom unterhält. Es steigen — -Elektronen auf und + -Atomionen nieder, so zwar, daß mit der Neubildung zusammen genommen, ein Beharrungsstand sich einstellt. Die atmosphärische Stromdichte hat Ebert bei München gemessen und um Mittagszeit $i = 1{,}7 \cdot 10^{-16}$ Amp/Kar gefunden; Wilson in Schottland fand als Jahresmittel $2{,}2 \cdot 10^{-16}$ Amp/Kar! Nebel vermindern stets den Strom. Bei Regen tritt aber oft die entgegengesetzte Stromrichtung ein. — Einen großen Fortschritt verdanken wir Ebert, dem es gelang, die Zahl der in einem Kub enthaltenen

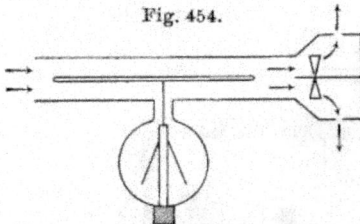

Fig. 454.

Ionen zu bestimmen mit seinem transportablen Ionenaspirator oder Ionenzähler (Fig. 453), dessen Gebrauch Fig. 454 schematisch dartut. Ein Ventilator schafft eine meßbare Luftmenge M in der Zeit t über die auf das Potential V geladene Platte hinweg bis ein Wert V_1 erreicht worden ist. Die Platte ist mit dem inneren Zylinder eines Kondensators direkt verbunden, während der äußere Zylinder geerdet ist. In elektrostatischen Einheiten ist alsdann die Elektrizitätsmenge

$$J = n \cdot \varepsilon = C \cdot (V - V_1)/300 \, M \cdot t \quad \ldots \ldots \quad (18)$$

Hier bedeutet n die Anzahl Ionen im Kub und $\varepsilon = 3{,}4 \cdot 10^{-10}$ ist das Elementarquantum Elektrizität, wie es durch J. J. Thomson bestimmt worden ist. Die Zahl 300 reduziert die in Volt gemessene Ladung J auf elektrostatisches Maß. Man fand eine Abhängigkeit der Ionenzahl von allen meteorologischen Elementen, insbesondere auch eine deutliche Abnahme bei zunehmender Feuchtigkeit.

Schüler: Ich danke euch, Meister, für die vielfache Anregung und auch für diesen Ausblick in eine Zukunftsphysik. Es ist nicht abzusehen, wohin die neuen Errungenschaften noch führen werden!

Anhang.

Herleitung und Beziehung der energetischen, elektrischen, magnetischen und technischen Einheiten.

1. Ableitung der Dimensionen.

Elektrostatisch:

E_s aus $E_s^2/l^2 = l \cdot m/t^2$
J_s " $J_s = E_s/t$
V_s " $V_s = E_s/l$
C_s " $E_s = C_s \cdot V_s$
W_s " $J_s = V_s/W_s$
M_s " $M_s = J_s \cdot l$

Elektromagnetisch:

M aus $M^2/l^2 = l \cdot m/t^2$
J " $M = J \cdot l = E \cdot l/t$
E " $E = J \cdot t$
V " $V \cdot J \cdot t = m \cdot l/t^2$
C " $E = C \cdot V$
W " $J = V/W$

2. Dimensionen der elektrostatischen und elektromagnetischen Einheiten.

Qualitäten	Einheiten		
	elektrostatisch	elektromagnetisch	Verhältnis
Magnetmenge	$M_s \sim l^{3/2} \cdot m^{1/2} \cdot t^{-2}$	$M \sim l^{3/2} \cdot m^{1/2} \cdot t^{-1}$	k
Elektrizitätsmenge . . .	$E_s \sim l^{3/2} \cdot m^{1/2} \cdot t^{-1}$	$E \sim l^{1/2} \cdot m^{1/2}$	k
Elektrisches Potential . .	$V_s \sim l^{1/2} \cdot m^{1/2} \cdot t^{-1}$	$V \sim l^{3/2} \cdot m^{1/2} \cdot t^{-2}$	k^{-1}
Elektrische Kapazität . .	$C_s \sim l$	$C \sim l^{-1} \cdot t^2$	k
Stromstärke	$J_s \sim l^{3/2} \cdot m^{1/2} \cdot t^{-2}$	$J \sim l^{1/2} \cdot m^{1/2} \cdot t^{-1}$	k
Widerstand	$W_s \sim l^{-1} \cdot t$	$W \sim l \cdot t^{-1}$	k^{-2}

3. Beziehungen der Einheiten aufeinander.

Elektromagnetisch und elektrostatisch	Technisch und elektromagnetisch	Technisch und elektrostatisch
$E = 3 \cdot 10^{10} \cdot E_s$	1 Coulomb $= 10^{-1} E$	1 Coulomb $= 3 \cdot 10^9 E_s$
$J = 3 \cdot 10^{10} \cdot J_s$	1 Volt $= 10^8 V$	1 Amper $= 3 \cdot 10^9 J_s$
$V = 1/3 \cdot 10^{10} \cdot V_s$	1 Farad $= 10^{-9} C$	1 Volt $= 1/300 V_s$
$W = 1/9 \cdot 10^{20} \cdot W_s$	1 Amper $= 10^{-1} J$	1 Ohm $= 1/9 \cdot 10^{11} W_s$
$C = 9 \cdot 10^{20} \cdot C_s$	1 Ohm $= 10^9 W$	1 Farad $= 9 \cdot 10^{11} C_s$

4. Energetische und technische Einheiten.

$$1 \text{ Cel} = \frac{1 \text{ Zent}}{1 \text{ Sek.}}; \quad 1 \text{ Gal} = \frac{1 \text{ Cel}}{1 \text{ Sek.}}.$$

Lichtgeschwindigkeit $k = 3 \cdot 10^{10}$ Cel $= 30\,000$ Megacel.

1 Dyne $=$ 1 Grammogal.

1 Erg $=$ 1 Dynenzent; 1 Joule $=$ 10^7 Erg.

1 Watt $= \dfrac{1 \text{ Joule}}{1 \text{ Sek.}} =$ 1 Voltamper $= \dfrac{1}{735}$ HP.

1 Amperstunde $=$ 3600 Coulomb $\sim$ 0,0373 g H_2 $\sim$ 0,1206 g Ag.

1 Valenz $=$ 96 540 Coulomb $\sim$ 1 g H $\sim$ 107 Ag.

1 Faradkugelhalbmesser von $\sim$ $9 . 10^6$ Kilometer $\sim$ 1400 Erdradien.

1 Mikrofarad $=$ 9000 Meter Radius (elektrostatisch).

1 Ohm $=$ 1,063 Siemens $\sim \dfrac{1 \text{ Erdquadrant}}{1 \text{ Sekunde}}$ (elektromagnetisch).

Vierstellige Logarithmentafel.

Nr.	0	1	2	3	4	5	6	7	8	9	D
10	0000	0043	0086	0128	0170	0212	0253	0294	0334	0374	41
11	0414	0453	0492	0531	0569	0607	0645	0682	0719	0755	38
12	0792	0828	0864	0899	0934	0969	1004	1038	1072	1106	35
13	1139	1173	1206	1239	1271	1303	1335	1367	1399	1430	32
14	1461	1492	1523	1553	1584	1614	1644	1673	1703	1732	30
15	1761	1790	1818	1847	1875	1903	1931	1959	1987	2014	28
16	2041	2068	2095	2122	2148	2175	2201	2227	2253	2279	26
17	2304	2330	2355	2380	2405	2430	2455	2480	2504	2529	25
18	2553	2577	2601	2625	2648	2672	2695	2718	2742	2765	23
19	2788	2810	2833	2856	2878	2900	2923	2945	2967	2989	22
20	3010	3032	3054	3075	3096	3118	3139	3160	3181	3201	21
21	3222	3243	3263	3284	3304	3324	3345	3365	3385	3404	20
22	3424	3444	3464	3483	3502	3522	3541	3560	3579	3598	19
23	3617	3636	3655	3674	3692	3711	3729	3747	3766	3784	18
24	3802	3820	3838	3856	3874	3892	3909	3927	3945	3962	18
25	3979	3997	4014	4031	4048	4065	4082	4099	4116	4133	17
26	4150	4166	4183	4200	4216	4232	4249	4265	4281	4298	16
27	4314	4330	4346	4362	4378	4393	4409	4425	4440	4456	16
28	4472	4487	4502	4518	4533	4548	4564	4579	4594	4609	15
29	4624	4639	4654	4669	4683	4698	4713	4728	4742	4757	15
30	4771	4786	4800	4814	4829	4843	4857	4871	4886	4900	14
31	4914	4928	4942	4955	4969	4983	4997	5011	5024	5038	14
32	5051	5065	5079	5092	5105	5119	5132	5145	5159	5172	13
33	5185	5198	5211	5224	5237	5250	5263	5276	5289	5302	13
34	5315	5328	5340	5353	5366	5378	5391	5403	5416	5428	13
35	5441	5453	5465	5478	5490	5502	5514	5527	5539	5551	12
36	5563	5575	5587	5599	5611	5623	5635	5647	5658	5670	12
37	5682	5694	5705	5717	5729	5740	5752	5763	5775	5786	12
38	5798	5809	5821	5832	5843	5855	5866	5877	5888	5899	11
39	5911	5922	5933	5944	5955	5966	5977	5988	5999	6010	11
40	6021	6031	6042	6053	6064	6075	6085	6096	6107	6117	11
41	6128	6138	6149	6160	6170	6180	6191	6201	6212	6222	10
42	6232	6243	6253	6263	6274	6284	6294	6304	6314	6325	10
43	6335	6345	6355	6365	6375	6385	6395	6405	6415	6425	10
44	6435	6444	6454	6464	6474	6484	6493	6503	6513	6522	10
45	6532	6542	6551	6561	6571	6580	6590	6599	6609	6618	10
46	6628	6637	6646	6656	6665	6675	6684	6693	6702	6712	9
47	6721	6730	6739	6749	6758	6767	6776	6785	6794	6803	9
48	6812	6821	6830	6839	6848	6857	6866	6875	6884	6893	9
49	6902	6911	6920	6928	6937	6946	6955	6964	6972	6981	9
50	6990	6998	7007	7016	7024	7033	7042	7050	7059	7067	9

Nr.	0	1	2	3	4	5	6	7	8	9	D
50	6990	6998	7007	7016	7024	7033	7042	7050	7059	7067	9
51	7076	7084	7093	7101	7110	7118	7126	7135	7143	7152	8
52	7160	7168	7177	7185	7193	7202	7210	7218	7226	7235	8
53	7243	7251	7259	7267	7275	7284	7292	7300	7308	7316	8
54	7324	7332	7340	7348	7356	7364	7372	7380	7388	7396	8
55	7404	7412	7419	7427	7435	7443	7451	7459	7466	7474	8
56	7482	7490	7497	7505	7513	7520	7528	7536	7543	7551	8
57	7559	7566	7574	7582	7589	7597	7604	7612	7619	7627	8
58	7634	7642	7649	7657	7664	7672	7679	7686	7694	7701	7
59	7709	7716	7723	7731	7738	7745	7752	7760	7767	7774	7
60	7782	7789	7796	7803	7810	7818	7825	7832	7839	7846	7
61	7853	7860	7868	7875	7882	7889	7896	7903	7910	7917	7
62	7924	7931	7938	7945	7952	7959	7966	7973	7980	7987	7
63	7993	8000	8007	8014	8021	8028	8035	8041	8048	8055	7
64	8062	8069	8075	8082	8089	8096	8102	8109	8116	8122	7
65	8129	8136	8142	8149	8156	8162	8169	8176	8182	8189	7
66	8195	8202	8209	8215	8222	8228	8235	8241	8248	8254	7
67	8261	8267	8274	8280	8287	8293	8299	8306	8312	8319	6
68	8325	8331	8338	8344	8351	8357	8363	8370	8376	8382	6
69	8388	8395	8401	8407	8414	8420	8426	8432	8439	8445	6
70	8451	8457	8463	8470	8476	8482	8488	8494	8500	8506	6
71	8513	8519	8525	8531	8537	8543	8549	8555	8561	8567	6
72	8573	8579	8585	8591	8597	8603	8609	8615	8621	8627	6
73	8633	8639	8645	8651	8657	8663	8669	8675	8681	8686	6
74	8692	8698	8704	8710	8716	8722	8727	8733	8739	8745	6
75	8751	8756	8762	8768	8774	8779	8785	8791	8797	8802	6
76	8808	8814	8820	8825	8831	8837	8842	8848	8854	8859	6
77	8865	8871	8876	8882	8887	8893	8899	8904	8910	8915	6
78	8921	8927	8932	8938	8943	8949	8954	8960	8965	8971	6
79	8976	8982	8987	8993	8998	9004	9009	9015	9020	9025	5
80	9031	9036	9042	9047	9053	9058	9063	9069	9074	9079	5
81	9085	9090	9096	9101	9106	9112	9117	9122	9128	9133	5
82	9138	9143	9149	9154	9159	9165	9170	9175	9180	9186	5
83	9191	9196	9201	9206	9212	9217	9222	9227	9232	9238	5
84	9243	9248	9253	9258	9263	9269	9274	9279	9284	9289	5
85	9294	9299	9304	9309	9315	9320	9325	9330	9335	9340	5
86	9345	9350	9355	9360	9365	9370	9375	9380	9385	9390	5
87	9395	9400	9405	9410	9415	9420	9425	9430	9435	9440	5
88	9445	9450	9455	9460	9465	9469	9474	9479	9484	9489	5
89	9494	9499	9504	9509	9513	9518	9523	9528	9533	9538	5
90	9542	9547	9552	9557	9562	9566	9571	9576	9581	9586	5
91	9590	9595	9600	9605	9609	9614	9619	9624	9628	9633	5
92	9638	9643	9647	9652	9657	9661	9666	9671	9675	9680	5
93	9685	9689	9694	9699	9703	9708	9713	9717	9722	9727	5
94	9731	9736	9741	9745	9750	9754	9759	9763	9768	9773	5
95	9777	9782	9786	9791	9795	9800	9805	9809	9814	9818	5
96	9823	9827	9832	9836	9841	9845	9850	9854	9859	9863	5
97	9868	9872	9877	9881	9886	9890	9894	9899	9903	9908	4
98	9912	9917	9921	9926	9930	9934	9939	9943	9948	9952	4
99	9956	9961	9965	9969	9974	9978	9983	9987	9991	9996	4

NAMENREGISTER.

SACHREGISTER.

Ebenfalls im SEVERUS Verlag erhältlich:

Ferdinand Braun
Drahtlose Telegraphie durch Wasser und Luft
Severus 2010 / 12x19 / 72 S. / 29,50 Euro
ISBN 978-3-942382-02-1

Ernst Mach
Principien der Wärmelehre
SEVERUS 2010 / 13,5x21,5 / 492 S. / 49,50 Euro
ISBN 978-3-942382-06-9

Eugen Goldstein
Canalstrahlen
SEVERUS 2010 / 12x19 / 92 S. / 29,50 Euro
ISBN 978-3-942382-08-3

Hermann von Helmholtz
Reden und Vorträge
SEVERUS 2010 / 13,5x21,5 / 372 S. / 29,50 Euro
ISBN 978-3-942382-16-8

www.ingramcontent.com/pod-product-compliance
Lightning Source LLC
Chambersburg PA
CBHW060416220326
41598CB00021BA/2200